机电工人实用技术手册系列

车工

实用技术手册

（第二版）

邱言龙　王兵　主编

中国电力出版社
CHINA ELECTRIC POWER PRESS

内 容 提 要

为了适应机械加工技术方面的发展，提高机械工人综合素质和实际操作能力，特组织编写了《机械工人实用技术手册系列》，以期为读者提供一套内容新、资料全、操作内容讲解详细的工具书。本套书注重实用性，且均按现行最新国家标准编写。

本书共十四章，主要内容包括：车床及其结构；车刀；车床夹具；车削加工原理；车削加工工艺；孔的加工；螺纹车削加工；复杂零件的车削加工；非金属材料车削加工；有色金属车削加工；难加工材料车削加工；普通卧式车床扩大加工范围；数控车削技术；典型零件的车削工艺分析等。

本书可供广大车工和有关技术人员使用，也可供相关专业学生参考。

图书在版编目(CIP)数据

车工实用技术手册/邱言龙，王兵主编. —2版. —北京：中国电力出版社，2017.12

ISBN 978-7-5198-1463-2

Ⅰ.①车… Ⅱ.①邱… ②王… Ⅲ.①车削-技术手册 Ⅳ.①TG51-62

中国版本图书馆CIP数据核字(2017)第291652号

出版发行：中国电力出版社
地　　址：北京市东城区北京站西街19号（邮政编码100005）
网　　址：http://www.cepp.sgcc.com.cn
责任编辑：马淑范
责任校对：李　楠　郝军燕
装帧设计：赵姗姗
责任印制：杨晓东

印　　刷：北京雁林吉兆印刷有限公司
版　　次：2018年4月第二版
印　　次：2018年4月北京第三次印刷
开　　本：880毫米×1230毫米　32开本
印　　张：30.75
字　　数：870千字
印　　数：0001—2000册
定　　价：98.00元

《车工实用技术手册(第二版)》

编　委　会

主　编　邱言龙　王　兵

副主编　刘继福　蔡伍军

参　编　邱言龙　王　兵　刘继福　蔡伍军

汪友英　雷振国　彭燕林　刘　文

审　稿　崔先虎　秦　洪

序

随着社会主义市场经济的不断发展，特别是中国加入 WTO 实现了与世界经济的接轨，中国的经济出现了前所未有的持续快速的增长势头，大量中国制造的优质产品出口到国外，并迅速占领大部分国际市场；我国制造业在世界上所占的比重越来越大，成为"世界制造业中心"的进程越来越快。与此同时，我国制造业也随之面临国际市场日益激烈的竞争局面，与国外高新技术企业相比，我国企业无论是在生产设备能力与先进技术应用领域，还是在人才的技术素质与培养方面，都还普遍存在着差距。要改变这一现状，势必在增添先进设备以及采用先进的制造技术（如 CAD/CAE/CAM、高速切削、快速原型制造与快速制模等）之外，更加需要大力培养能掌握各种材料成形工艺和模具设计、制造技术，且能熟练应用这些高新技术的专业技术人才。因此，我国企业不但要有高素质的管理者，更要有高素质的技术工人。企业有了技术过硬、技艺精湛的操作技能人才，才能确保产品加工质量，才能有效提高劳动生产率，降低物资消耗和节省能源，使企业获得较好的经济效益。

制造业是经济发展与社会发展的物质基础，是一个国家综合国力的具体体现，它对国民经济的增长有着巨大的拉动效应，并给社会带来巨大的财富。据统计：美国 68% 的财富来源于制造业，日本国民经济总产值的 49% 是由制造业提供的。在我国，制造业在工业总产值中所占的比例为 40%。近十年来我国国民生产总值的 40%、财政收入的 50%、外贸出口的 80% 都来自于制造业，制造业还解决了大量人员的就业问题。因此，没有发达的制造业，就不可能有国家真正的繁荣和强大。而机械制造业的发展规模和水平，则是反映国民经济实力和科学技术水平的重要标志之一。提高加工效率、降低生产成本、提高加工质量、快速更新产品，是制造业竞争和发展的基础和制造业先进技术水平的标志。

制造业也是技术密集型的行业，工人的操作技能水平对于保证产品质量，降低制造成本，实现及时交货，提高经济效益，增强市场竞争力，具有决定性的作用。近几年来社会对高技能型人才的需求越来越大，尤其是高级技能人才的严重缺乏已成为制约我国制造业快速发展的瓶颈，高级蓝领出现断层的消息屡屡见诸报端。如深圳 2005 年全市的技能人才需求量为 165 万人，但目前只有技术工人 116 万人，技师和高级技师类的高技能人才只有 1400 多人，因此许多企业用高薪聘请高级技术工人，一些高级蓝领的薪酬与待遇都是相当不错的，有的甚至薪金高于一般的经理和硕士研究生。有资料显示，我国技术工人中高级以上技工只占 3.5%，与发达国家 40% 的比例相去甚远。为此，国务院先后召开了“全国职业教育工作会议”和“全国再就业会议”，提出了“3 年 50 万新技师的培养计划”，强调各地、各行业、各企业、各职业院校等要大力开展职业技术培训，以培训促就业，全面提高技术工人的素质。

为贯彻“全国职业教育工作会议”和“全国再就业会议”精神，落实国家人才发展战略目标，促进农村劳动力转移培训，全面推进技能振兴计划和高技能人才培养工程，加快培养一大批高素质的技能型人才，我们精心策划组织编写了这套与劳动和社会保障部最新颁布的《国家职业标准》配套的《机械工人实用技术手册系列》，以期为读者提供一套内容新、资料全、操作内容讲解详细的工具书。本套丛书包括《钳工实用技术手册》《车工实用技术手册》《铣工实用技术手册》《磨工实用技术手册》《机修钳工实用技术手册》《工具钳工实用技术手册》《装配钳工实用技术手册》《模具钳工实用技术手册》《焊工实用技术手册》等。

本套丛书是在作者多年从事机械加工技术方面的研究和实践操

作的基础上总结撰写而成的。内容紧密结合企业生产和技术工人工作实际，内容写作起点较低，易于进阶式自学和掌握。内容包括技术工人应熟练掌握的基础理论、专业理论和其他相关知识，从一定层次上介绍了设备应用、操作技能、工艺规程、生产技术组织管理和国内、外新技术的发展和应用等内容，并列举了大量的工作实例。此外，本套丛书选材注重实用，编排全面系统，叙述简明扼要，图表数据可靠。全书采用了最新国家标准。

本套丛书的作者有长期从事中等、高等职业教育的理论和培训专家，也有长期工作在生产一线的工程技术人员、技师和高级技师。

尽管我们在编写的过程中，力求完美，但是仍难免存在不足之处，诚恳希望广大读者批评指正！

《机械工人实用技术手册系列》编委会

再版前言

随着新一轮科技革命和产业变革的孕育兴起，全球科技创新呈现出新的发展态势和特征。这场变革是信息技术与制造业的深度融合，是以制造业数字化、网络化、智能化为核心，建立在物联网和务（服务）联网基础上，同时叠加新能源、新材料等方面的突破而引发的新一轮变革，给世界范围内的制造业带来了广泛而深刻的影响。

十年前，随着我国社会主义经济建设的不断快速发展，为适应我国工业化改革进程的需要，特别是机械工业和汽车工业的蓬勃兴起，对机械工人的技术水平提出越来越高的要求。为满足机械制造行业对技能型人才的需求，为他们提供一套内容起点低、层次结构合理的初、中级机械工人实用技术手册，我们特组织了一批高等职业技术院校、技师学院、高级技工学校有多年丰富理论教学经验和高超的实际操作技能水平的教师，编写了这套《机械工人实用技术手册》丛书。首批丛书包括：《车工实用技术手册》《钳工实用技术手册》《铣工实用技术手册》《磨工实用技术手册》《装配钳工实用技术手册》《机修钳工实用技术手册》《模具钳工实用技术手册》《工具钳工实用技术手册》和《焊工实用技术手册》一共九本，后续又增加了《钣金工实用技术手册》《电工实用技术手册》和《维修电工实用技术手册》。这套丛书的出版发行，为广大机械工人理论水平的提升和操作技能的提高起到很好的促进作用，受到广大读者的一致好评！

由百余名院士专家着手制定的《中国制造 2025》，为中国制造业未来 10 年设计顶层规划和路线图，通过努力实现中国制造向中国创造、中国速度向中国质量、中国产品向中国品牌三大转变，推动中国到 2025 年基本实现工业化，迈入制造强国行列。“中国制造 2025”的总体目标：2025 年前，大力支持对国民经济、国防建设和人民生活休戚相关的数控机床与基础制造装备、航空装备、海洋工程装备与船舶、汽车、节能环保等战略必争产业优先发展；选择与国际先进水平已较为接近的航天装备、通信网络装备、发电与输变电装备、轨道交通装备等优势产业，进行重点突破。

“中国制造 2025”提出了我国制造强国建设三个十年的“三步走”战略，是第一个十年的行动纲领。“中国制造 2025”应对新一轮科技革命和产业变革，立足我国转变经济发展方式实际需要，围绕创新驱动、智能转型、强化基础、绿色发展、人才为本等关键环节，以及先进制造、高端装备等重点领域，提出了加快制造业转型升级、提升增效的重大战略任务和重大政策举措，力争到 2025 年从制造大国迈入制造强国行列。

由此看来，技术技能型人才资源已经成为最为重要的战略资源，拥有一大批技艺精湛的专业化技能人才和一支训练有素的技术队伍，已经日益成为影响企业竞争力和综合实力的重要因素之一。机械工人就是这样一支肩负历史使命和时代需求的特殊队伍，他们将为我国从“制造大国”向“制造强国”，从“中国制造”向“中国智造”迈进做出巨大贡献。

在新型工业化道路的进程中，我国机械工业的发展充满了机遇和挑战。面对新的形势，广大机械工人迫切需要知识更新，特别是学习和掌握与新的应用领域有关的新知识和新技能，提高核心竞争力。在这样的大背景下，对《机械工人实用技术手册》丛书进行修订再版。删除第一版中过于陈旧的知识和用处不大实用的理论基础，新增加的知识点、技能点涵盖了当前的较为热门的新技术、新设备，更加能够满足广大读者对知识增长和技术更新的要求。

本书由邱言龙、王兵主编，刘继福、蔡伍军副主编，参与编写的人员还有彭燕林、刘文、汪友英、雷振国等，本书由崔先虎、秦洪担任审稿工作，崔先虎任主审。

由于编者水平所限，书中错误在所难免，望广大读者不吝赐教，以利提高！欢迎通过 E-mail：qiuxm6769@sina.com 与作者联系！

编　者

2017.12

第一版前言

当前和今后一个时期，是我国全面建设小康社会、开创中国特色社会主义事业新局面的重要战略机遇期。建设小康社会需要科技创新，离不开技能人才。国务院组织召开的“全国人才工作会议”“全国职教工作会议”都强调要把“提高技术工人素质、培养高技能人才”作为重要任务来抓。当今世界，谁掌握了先进的科学技术并拥有大量技术娴熟、手艺高超的技能型人才，谁就能生产出高质量的产品，创出自己的名牌；谁就能在激烈的市场竞争中立于不败之地。我国有近一亿技术工人，他们是社会物质财富的直接创造者。技术工人的劳动，是科技成果转化为生产力的关键环节，是经济发展的重要基础。

高级技术工人应该具备技术全面、一专多能、技艺高超、生产实践经验丰富的优良的技术素质。他们需要担负组织和解决本工种生产过程中出现的关键或疑难技术问题，开展技术革新、技术改造，推广、应用新技术、新工艺、新设备、新材料以及组织、指导初、中级工人技术培训、考核、评定等工作任务。而技术工人要做到这些，则需要不断地学习和提高。

为此，我们编写了本书，以期满足广大车工学习的需要，帮助他们提高相关理论与技能操作水平。本书的主要特点如下：

（1）标准新。本书采用了国家新标准、法定计量单位和最新名词术语。

（2）内容新。本书除了讲解传统车工应掌握的内容之外，还加入了一些新技术、新工艺、新设备、新材料等方面的内容。

（3）注重实用。在内容组织和编排上特别强调实践，书中的大量实例来自生产实际和教学实践，实用性强，除了必须的基础知识和专业理论以外，还包括许多典型的加工实例、操作技能及最新技术的应用，兼顾先进性与实用性，尽可能地反映现代加工技术领域内的实用技术和应用经验。

（4）写作方式易于理解和学习。本书在讲解过程中，多以图和表来讲解，更加直观和生动，易于读者学习和理解。

由于编者水平所限，加之时间仓促，书中错误在所难免，望广大读者不吝赐教，以便提高！欢迎读者通过 E-mail：qiuxm6769@sina.com 与作者联系！

编　者

2009 年 10 月于古城荆州

目　录

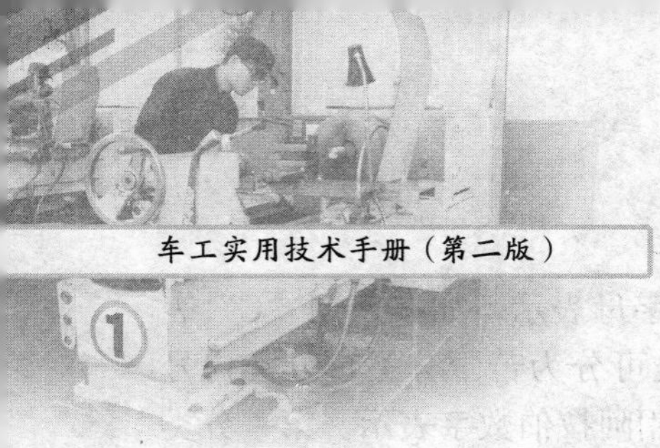

第一章

车床及其结构

第一节　车　床　概　述

一、车床型号的编制方法

机床型号是机床产品的代号，用以简明地表示机床的类别、主要技术参数、通用特性和结构特性等。目前，我国的机床型号均按 GB/T 15375—2008《金属切削机床型号编制方法》编制。

车床在金属切削机床中，占有显著的地位，它能完成多种加工工序。车床型号由基本部分和辅助部分组成，用汉语拼音字母及阿拉伯数字表示，中间用“/”隔开，读作“之”。车床型号表示方法如图 1-1 所示。

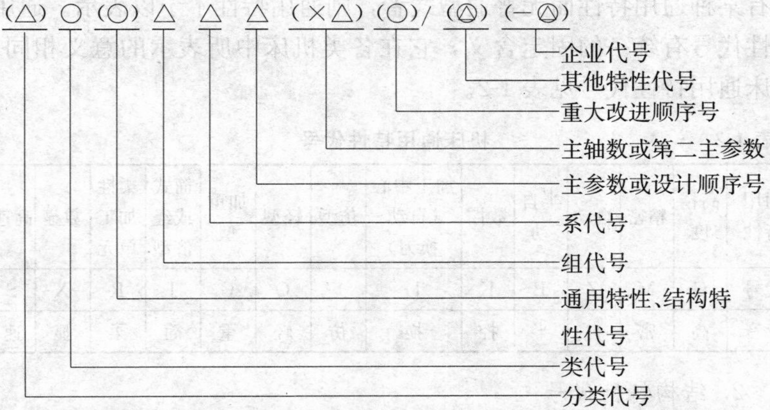

注：① 有“(　)”的代号或数字，当无内容时，则不表示，若有内容则不带括号；
② 有“○”符号者，为大写的汉语拼音字母；
③ 有“△”符号者，为阿拉伯数字；
④ 有“◬”符号者，为大写的汉语拼音字母，或阿拉伯数字，或两者兼有之。

图 1-1　车床型号的表示方法

(一) 机床的类代号

机床的类代号用大写的汉语拼音字母表示，如车床用“C”表示，钻床用“Z”表示。必要时，每类可分为若干分类，分类代号在类代号之前，作为型号的首位，并用阿拉伯数字表示。第一分类代号前的“1”省略，第“2”“3”分类代号则应予以表示，如磨床分类代号“M”“2M”“3M”。机床的类代号及读音见表1-1。

表1-1 机床的类代号

类别	车床	钻床	镗床	磨床			齿轮加工机床	螺纹加工机床	铣床	刨床	拉床	锯床	其他机床
代号	C	Z	T	M	2M	3M	Y	S	X	B	L	G	Q
读音	车	钻	镗	一磨	二磨	三磨	牙	丝	铣	刨	拉	割	其

(二) 机床的特性代号

机床的特性代号，包括通用特性代号和结构特性代号，用大写的汉语拼音字母表示，位于类代号之后。

1. 通用特性代号

当某类机床，除有普通型式外，还有下列某种通用特性时，则在类代号之后加通用特性代号予以区分，用汉语拼音字母表示。若仅有某种通用特性而无普通型式者，则通用特性不予以表示。通用特性代号有统一的固定含义，它在各类机床中所表示的意义相同。机床通用特性代号见表1-2。

表1-2 机床通用特性代号

通用特性	高精度	精密	自动	半自动	数控	加工中心(自动换刀)	仿型	轻型	加重型	简式或经济型	柔性加工单元	数显	高速
代号	G	M	Z	B	K	H	F	Q	C	J	R	X	S
读音	高	密	自	半	控	换	仿	轻	重	简	柔	显	速

2. 结构特性代号

对于主参数值相同，而结构、性能不同的机床，在型号中加上结构特性代号予以区分。它与通用特性代号不同，在型号中没有统一的含义。只在同类机床中起区分机床结构、性能不同的作用。结构特性代号应排在通用特性代号之后，用汉语拼音字母表示。

机床的组、系代号 每类机床都划分为10个组，每一组又划分为10个系，系代号位于组代号之后，各用一位阿拉伯数字表示，位于类代号或通用特性代号之后。车床类组、系划分见表1-3。

表1-3　车床类组、系划分表（摘自GB/T 15375—2008）

组		系		主参数	
代号	名称	代号	名称	折算系数	名称
0	仪表车床	0	仪表台式精整车床	1/10	床身上最大回转直径
		1			
		2	小型排刀车床	1	最大棒料直径
		3	仪表转塔车床		
		4	仪表卡盘车床	1/10	床身上最大回转直径
		5	仪表精整车床	1/10	床身上最大回转直径
		6	仪表卧式车床	1/10	床身上最大回转直径
		7	仪表棒料车床	1	最大棒料直径
		8	仪表轴车床	1/10	床身上最大回转直径
		9	仪表卡盘精整车床	1/10	床身上最大回转直径
1	单轴自动车床	0	主轴箱固定型自动车床	1	最大棒料直径
		1	单轴纵切自动车床	1	最大棒料直径
		2	单轴横切自动车床	1	最大棒料直径
		3	单轴转塔自动车床	1	最大棒料直径
		4	单轴卡盘自动车床	1/10	床身上最大回转直径
		5			
		6	正面操作自动车床	1	最大车削直径
		7			
		8			
		9			
2	多轴自动、半自动车床	0	多轴平行作业棒料自动车床	1	最大棒料直径
		1	多轴棒料自动车床	1	最大棒料直径
		2	多轴卡盘自动车床	1/10	卡盘直径
		3			
		4	多轴可调棒料自动车床	1	最大棒料直径
		5	多轴可调卡盘自动车床	1/10	卡盘直径
		6	立式多轴半自动车床	1/10	最大车削直径
		7	立式多轴平行作业半自动车床	1/10	最大车削直径
		8			
		9			

续表

组		系		主参数	
代号	名称	代号	名称	折算系数	名称
3	回轮、转塔车床	0	回轮车床	1	最大棒料直径
		1	滑鞍转塔车床	1/10	卡盘直径
		2	棒料滑枕转塔车床	1	最大棒料直径
		3	滑枕转塔车床	1/10	卡盘直径
		4	组合式转塔车床	1/10	最大车削直径
		5	横移转塔车床	1/10	最大车削直径
		6	立式双轴转塔车床	1/10	最大车削直径
		7	立式转塔车床	1/10	最大车削直径
		8	立式卡盘车床	1/10	卡盘直径
		9			
4	曲轴及凸轮轴车床	0	旋风切削曲轴车床	1/100	转盘内孔直径
		1	曲轴车床	1/10	最大工件回转直径
		2	曲轴主轴颈车床	1/10	最大工件回转直径
		3	曲轴连杆轴颈车床	1/10	最大工件回转直径
		4			
		5	多刀凸轮轴车床	1/10	最大工件回转直径
		6	凸轮轴车床	1/10	最大工件回转直径
		7	凸轮轴中轴颈车床	1/10	最大工件回转直径
		8	凸轮轴端轴颈车床	1/10	最大工件回转直径
		9	凸轮轴凸轮车床	1/10	最大工件回转直径
5	立式车床	0			
		1	单柱立式车床	1/100	最大车削直径
		2	双柱立式车床	1/100	最大车削直径
		3	单柱移动立式车床	1/100	最大车削直径
		4	双柱移动立式车床	1/100	最大车削直径
		5	工作台移动单柱立式车床	1/100	最大车削直径
		6			
		7	定梁单柱立式车床	1/100	最大车削直径
		8	定梁双柱立式车床	1/100	最大车削直径
		9			

续表

组		系		主参数	
代号	名称	代号	名称	折算系数	名称
6	落地及卧式车床	0	落地车床	1/100	最大工件回转直径
		1	卧式车床	1/10	床身上最大回转直径
		2	马鞍车床	1/10	床身上最大回转直径
		3	轴车床	1/10	床身上最大回转直径
		4	卡盘车床	1/10	床身上最大回转直径
		5	球面车床	1/10	刀架上最大回转直径
		6	主轴箱移动型卡盘车床	1/10	床身上最大回转直径
		7			
		8			
		9			
7	仿型及多刀车床	0	转塔仿型车床	1/10	刀架上最大车削直径
		1	仿型车床	1/10	刀架上最大车削直径
		2	卡盘仿型车床	1/10	刀架上最大车削直径
		3	立式仿型车床	1/10	最大车削直径
		4	转塔卡盘多刀车床	1/10	刀架上最大车削直径
		5	多刀车床	1/10	刀架上最大车削直径
		6	卡盘多刀车床	1/10	刀架上最大车削直径
		7	立式多刀车床	1/10	刀架上最大车削直径
		8	异形多刀车床	1/10	刀架上最大车削直径
		9			
8	轮、轴、辊、锭及铲齿车床	0	车轮车床	1/100	最大工件直径
		1	车轴车床	1/10	最大工件直径
		2	动轮曲拐销车床	1/100	最大工件直径
		3	轴颈车床	1/100	最大工件直径
		4	轧辊车床	1/10	最大工件直径
		5	钢锭车床	1/10	最大工件直径
		6			
		7	立式车轮车床	1/100	最大工件直径
		8			
		9	铲齿车床	1/10	最大工件直径

续表

组		系		主参数	
代号	名称	代号	名称	折算系数	名称
9	其他车床	0	落地镗车床	1/10	最大工件回转直径
		1			
		2	单能半自动车床	1/10	刀架上最大车削直径
		3	气缸套镗车床	1/10	床身上最大回转直径
		4			
		5	活塞车床	1/10	最大车削直径
		6	轴承车床	1/10	最大车削直径
		7	活塞环车床	1/10	最大车削直径
		8	钢锭模车床	1/10	最大车削直径
		9			

(三)机床的主参数、第二主参数

(1)机床的主参数用折算值(主参数乘以折算系数)表示,位于组、系代号之后。它反应机床的主要技术规格,主参数的尺寸单位为mm。如CA6140型车床,主参数的折算值为40,折算系数为1/10,即主参数(床身上最大工件回转直径)为400mm。

(2)机床的第二主参数一般是指主轴数、最大工件长度、最大车削长度和最大模数等。多轴车床的主轴数,以实际轴数列入型号中的第二主参数之后,并用“·”分开,如C2140·4;C2030·6等。常用车床主参数及折算系数见表1-3。

(四)机床的重大改进序号

当机床的结构、性能有更高的要求,并须按新产品重新设计、试制和鉴定时,才按改进的先后顺序选用A、B、C、…等汉语拼音字母(但“I”、“O”两个字母不得选用,以免和数字“1”和“0”混淆),加在型号基本部分的尾部,以区别原机床型号,如C6136A就是C6136型经过第一次重大改进的车床。

重大改进设计不同于完全的新设计,它是在原有机床的基础上进行改进设计,因此重大改进后的产品与原型号的产品,是一种取代关系。凡属局部的小改进,或增删某些附件、测量装置及改变工件的装夹方法等,因对原机床的结构、性能没有作重大的改变,故不属于重大改进,其型号不变。

标准中规定，型号中有固定含义的汉语拼音字母（如类代号、通用特性代号及有固定含义的结构特性代号），按其相对应的汉字字音读音，如无固定含义的结构特性代号及重大改进序号，则按汉语拼音字母读音，如CK6136A读作“车控6136A”。

二、车床分类及主要技术参数

（一）车床的分类

车床的类型很多，根据构造特点及用途不同分类，车床主要类型有：普通卧式车床、六角转塔车床、立式车床、单轴自动车床、多轴自动和半自动车床、多刀车床、仿形车床、专门化车床（如铲齿车床、凸轮车床、曲轴车床、轧辊车床等）等，其中以普通车床应用最为广泛。在机器制造业中，车床约占金属切削机床总台数的20%～35%，而卧式车床又占车床类机床的60%左右。车床的分类见表1-3。

车床也是最早应用数控技术的普通机床。随着数控技术、计算机程控技术的应用和发展，结构上的不断改进，使车床功能也得到了很大的提高和扩展，现已逐步形成以普通数控车床为主，兼顾立式和卧式车削加工中心为发展方向的先进车床。

（二）车床主要技术参数

常用各种普通车床的型号及主要技术参数分别见表1-4～表1-6。

表1-4　　卧式车床的型号与技术参数

（1）C616A、C6132D、C618K—1、C620—1卧式车床

技术参数		机床型号			
		C616A	C6132D	C618K—1	C620—1
工件最大直径	在床身上（mm）	320	320	360	400
	在刀架上（mm）	175	190	210	210
机床最大承重（kg）			470、627		
顶尖间最大距离（mm）		750	750、1000	850	650、900、1300、1900
加工螺纹范围	普通螺纹（mm）	0.5～10	0.45～20	0.5～6	1～192
	英制螺纹（t/in）	38～2	80～$1\frac{3}{4}$	48～$3\frac{1}{2}$	24～2
	模数螺纹（mm）	0.5～9	0.25～10	0.25～1.5	0.5～48
	径节螺纹		160～$3\frac{1}{2}$	24～14	96～1

续表

(1) C616A、C6132D、C618K—1、C620—1 卧式车床					
技术参数		机床型号			
		C616A	C6132D	C618K—1	C620—1
主轴	最大通过直径(mm)	29	52		38
	孔锥度(Morse No.)	5	6		5
	正转转速级数	24	16	12	21
	正转转速范围(r/min)	19～1410	20～1600	40～1200	12～1200
	反转转速级数		16		12
	反转转速范围(r/min)		20～1600		18～1520
进给量	纵向级数		138		
	纵向范围(mm/r)		0.04～2.16		
	横向级数		138		
	横向范围(mm/r)		0.02～1.08		
溜板行程	横向(mm)	195	255	210	280
	纵向(mm)	820	650、900		
刀架	最大行程(mm)	100	140	120	100
	最大回转角		±45°	±45°	±45°
	刀杆支承面至中心高距离(mm)		22		25
	刀杆截面 $B\times H$(mm)		20×20		25×25
尾座	顶尖套最大移动量(mm)	95	130		150
	横向最大移动量(mm)	±10	±10		±15
	顶尖套莫氏锥度(号)	4	4		4
电动机功率	主电动机(kW)	3	4 或 5.5	4	7
	总功率(kW)	3.125	4.165 或 5.665	4.125	7.62
外形尺寸	长(mm)	2340	2050、2300	2020	2509、2649、3169、3669
	宽(mm)	900	920	1240	1513
	高(mm)	1190	1220	1150	1210

续表

(1) C616A、C6132D、C618K—1、C620—1 卧式车床

技术参数		机床型号			
		C616A	C6132D	C618K—1	C620—1
工作精度	圆度(mm)	0.005	0.01	0.01	0.01
	圆柱度(mm)	100∶0.007	100∶0.01	100∶0.01	100∶0.01
	平面度(mm)	0.01/ϕ200	0.015/ϕ200	0.015/ϕ180	0.02/ϕ300
	表面粗糙度 Ra(μm)	0.8～1.6	1.6～3.2	1.6～3.2	1.6～3.2

(2) CA6140、C6146A、CA6150B、CHOLET550 卧式车床

技术参数		机床型号			
		CA6140	C6146A	CA6150B	CHOLET550
工件最大直径	在床身上(mm)	400	460	500	545
	在刀架上(mm)	210	260	300	312
机床最大承重(kg)			970、1300		
顶尖间最大距离(mm)		650、900、1400、1900	750、1000	650、900、1400、1900	1600
加工螺纹范围	普通螺纹(mm)	1～192	0.45～20	1～192	0.25～7
	英制螺纹(t/in)	24～2	80～$1\frac{3}{4}$	24～1/2	112～4
	模数螺纹(mm)	0.25～48	0.25～10	0.25～48	0.25～3.5
	径节螺纹	96～1	160～$3\frac{1}{2}$	96～1/2	112～8
主　轴	最大通过直径(mm)	48	78		52
	孔锥度	莫氏6号	90、1∶20	90、1∶20	
	正转转速级数	24	16	24	38
	正转转速范围(r/min)	10～1400	14～1600	10～1400	32～160
	反转转速级数	12	16	12	
	反转转速范围(r/min)	14～1580	14～1600	14～1580	
进给量	纵向级数	64	138	64	
	纵向范围(mm/r)	0.08～1.59	0.04～2.16	0.11～1.6	
	横向级数	64	138	64	
	横向范围(mm/r)	0.04～0.79	0.02～1.08	0.05～0.8	

续表

(2) CA6140、C6146A、CA6150B、CHOLET550 卧式车床

技术参数		机床型号			
		CA6140	C6146A	CA6150B	CHOLET550
溜板行程	横向(mm)	320	285	320	350
	纵向(mm)	650、900、1400、1900	650、900	650、900、1400、1900	
刀　架	最大行程(mm)	140	160	140	156
	最大回转角	±90°	±45°	±45°	
	刀杆支承面至中心高距离(mm)	26	28	32	
	刀杆截面 $B\times H$(mm)	25×25	25×20	30×30	
尾　座	顶尖套最大移动量(mm)	150	180	150	
	横向最大移动量(mm)	±10	±15	±10	
	顶尖套莫氏锥度(号)	5	5	5	
电动机功率	主电动机(kW)	7.5	5.5 或 7.5	7.5	7.5
	总功率(kW)	7.84	5.625 或 7.625	7.84	8.375
外形尺寸	长(mm)	2418、2668、3168、3668	2175、2525	2418、2668、3168、3668	3270
	宽(mm)	1000	1080	1037	1070
	高(mm)	1267	1300	1312	1230
工作精度	圆度(mm)	0.01	0.01	0.01	0.008
	圆柱度(mm)	200：0.02	300：0.03	200：0.02	300：0.018
	平面度(mm)	0.02/ϕ300	0.02/ϕ300	0.02/ϕ300	0.02～0.018/ϕ300
	表面粗糙度 Ra(μm)	1.6～3.2	1.6～3.2	1.6～3.2	0.8～1.6

续表

(3) C630—1、CW6163B、CW6180B、CW61100B卧式车床

技术参数		机床型号			
		C630—1	CW6163B	CW6180B	CW61100B
工件最大直径	在床身上(mm)	615	630	800	1000
	在刀架上(mm)	345	350	480	630
机床最大承重(kg)					
顶尖间最大距离(mm)		630、880、1280、1880、2680、4080、4880	1350、2850、3850、4850	1350、2850、3850	1300、2800、4800、7800、9800、13800
加工螺纹范围	普通螺纹(mm)	1～224	1～240	1～240	1～120
	英制螺纹(t/in)	28～2	14～1	14～1	28～1/4
	模数螺纹(mm)	0.25～56	0.5～120	0.5～120	0.5～60
	径节螺纹	112～1	28～1	28～1	56～1/2
主轴	最大通过直径(mm)	70	80	80	130
	孔锥度	80、1∶20	100、1∶20	100、1∶20	140、1∶20
	正转转速级数	18	18	18	21
	正转转速范围(r/min)	14～750	7.5～1000	5.4～720	3.15～135、2～200、1.6～160
	反转转速级数	9		6	12
	反转转速范围(r/min)	22～945		9.6～732	5～400、3.5～250、2.5～200
进给量	纵向级数	26	72	72	56
	纵向范围(mm/r)	0.07～1.33	0.1～24	0.1～24	0.1～12
	横向级数	26	72	72	56
	横向范围(mm/r)	0.02～0.45	0.05～12	0.05～12	0.05～6
溜板行程	横向(mm)	390	315	500	520
	纵向(mm)			1350、2850、3850	1450、2950、4950、7950、9950、13950

续表

(3) C630—1、CW6163B、CW6180B、CW61100B 卧式车床					
技术参数		机床型号			
		C630—1	CW6163B	CW6180B	CW61100B
刀架	最大行程(mm)	200	200	200	300
	最大回转角	±60°	±90°	±90°	±90°
	刀杆支承面至中心高距离(mm)	32.5	33	35	48
	刀杆截面 $B\times H$(mm)	30×30	30×30	30×30	45×45
尾座	顶尖套最大移动量(mm)	205	250	250	300
	横向最大移动量(mm)	±15	±20	±20	
	顶尖套莫氏锥度(号)	5	6	6	6
电动机功率	主电动机(kW)	10	10	13	22、17、13
	总功率(kW)	10.425	11.19	14.9	24
外形尺寸	长(mm)	2858、3112、3492、4132、4892、6375、7095	3690、5190、6120、7200	3660、5155、7390	4600、6100、8100、11100、13100、17100
	宽(mm)	1639	1380	1550	2150
	高(mm)	1275	1450	1630	1700
工作精度	圆度(mm)	0.015	0.01	0.01	0.02
	圆柱度(mm)	300∶0.03	300∶0.03	300∶0.03	300∶0.03
	平面度(mm)	0.025/ϕ300	0.02/ϕ300	0.02/ϕ300	0.03/ϕ500
	表面粗糙度 Ra(μm)	1.6～3.2	1.6～3.2	1.6～3.2	1.6～3.2

表 1-5　　　数控立式车床型号与技术参数

技术参数		机床型号		
		CH5112C	CH5116C	CH5120C
最大加工尺寸	直径(mm)	1250	1600	2000
	高度(mm)	1000	1230	1600
进给量范围(mm/r)		1～2000	1～2000	1～2000

续表

技术参数		机床型号		
		CH5112C	CH5116C	CH5120C
最大工件质量(kg)		5000	8000	10000
工作台转速	级数	无级	无级	无级
	范围(r/min)	3.15～315	2～200	3～200
工作台直径(mm)		1000	1400	1600
工作精度	圆度(mm)	0.01	0.01	0.01
	圆柱度(mm)	300：0.01	300：0.01	300：0.01
	平面度(mm)	ϕ300：0.025	ϕ300：0.025	ϕ300：0.03
电动机功率	主电动机(kW)	30	37	37
	总功率(kW)	40	49.55	53.13
外形尺寸	长(mm)	3797	3174	4680
	宽(mm)	4070	3467	4835
	高(mm)	4060	3650	5572

表 1-6　　数控卧式车床型号与技术参数

技术参数		机床型号			
		CKJ6136	CK6140A	CK6150A	CK6140—Ⅱ/1
最大工件直径(mm)×最大工件长度(mm)		360×750	400×1000	500×1000	1000 400×1500 2000
最大加工直径(mm)	床身上	360	400	500	400
	刀加上	210	300	350	210
	棒料	53	75	75	51
最大加工长度(mm)		750	900	900	900、1400、1900
脉冲当量	Z轴纵向(mm)	0.001	0.001	0.001	
	X轴横向(mm)	0.001	0.001	0.001	
主轴转速	级数	12	无级	无级	
	范围(r/min)	20～2000	30～3500 30～2300	30～2800 30～2300	

续表

技术参数		机床型号			
		CKJ6136	CK6140A	CK6150A	CK6140—Ⅱ/1
工作精度	圆度(mm)	0.005	0.005	0.005	0.01
	圆柱度(mm)	200∶0.02	300∶0.025	300∶0.025	300∶0.03
	平面度(mm)	ϕ300∶0.012	ϕ300∶0.015	ϕ300∶0.015	ϕ200∶0.02
	表面粗糙度 *Ra* (μm)	1.6	0.8	0.8	1.6
加工螺纹	英制(牙/in)				3～26
	米制(mm)				0.25～12
刀架行程	小刀架纵向(mm)				140
	横向(mm)				320
快移速度	*Z* 轴(m)				3
	X 轴(m)				0.75
最少增量	*Z* 轴(mm)				0.01
	X 轴(mm)				0.0025
最大编程尺寸	*Z* 轴(mm)				9999.99
	X 轴(mm)				4999.99
电动机功率	主电动机(kW)	4		AC30,DC15	
	总功率(kW)	4.125			
外形尺寸	长(mm)	1992	5080	5080	2668、3168、3668
	宽(mm)	1000	2280	2280	1000
	高(mm)	1170	2292	2290	1267

第二节　普通车床典型结构及传动系统

一、普通车床主要部分的名称和用途

(一)卧式车床的用途

卧式车床的万能性大、车削加工的范围较广。就其基本内容来

说，有车外圆、车端面、切断和切槽、钻孔、钻中心孔、车孔、铰孔、车螺纹、车圆锥面、车成形面、滚花和盘绕弹簧等(见图 1-2)。它们的共同特点是都带有回转表面。一般来说，机器中带回转表面的零件所占的比例是很大的，如各种轴类、套类、盘类零件。在车床上如果装上一些附件和夹具，还可进行镗削、研磨、抛光等。因此，车削加工在机器制造业中应用得非常普遍，因而它的地位也显得十分重要。

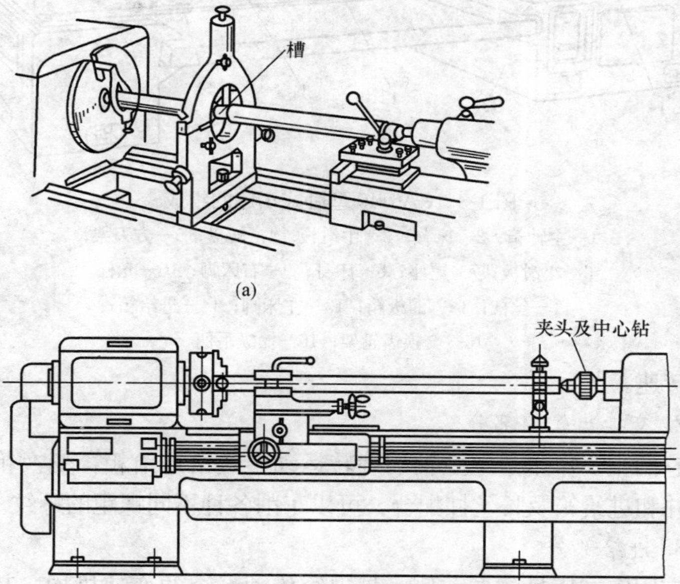

图 1-2　卧式车床的用途

(二)车床主要部分的名称及其作用

图 1-3 是 CA6140 型卧式车床的外形图，它的主要组成部分如下。

1. 主轴部分

它固定在床身的左上部，其主要功能是支承主轴部件，通过卡盘夹持工件并带动按规定的转速旋转，以实现主运动。主轴箱内有多组齿轮变速机构，变换箱外手柄的位置，使主轴可以得到各种不

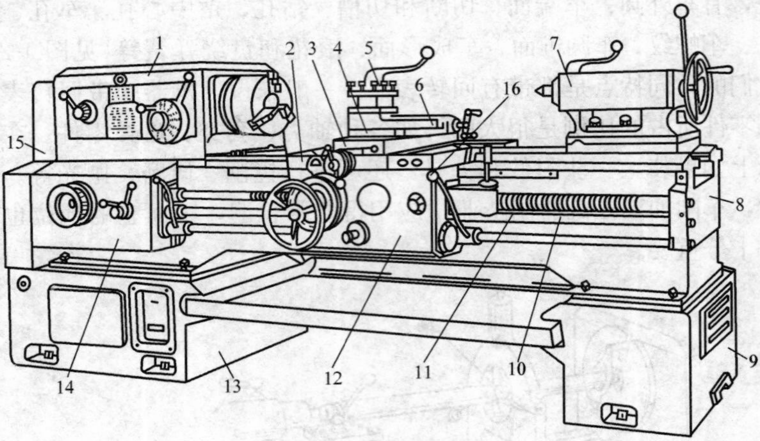

图 1-3　CA6140 型卧式车床的组成

1—主轴箱；2—床鞍；3—中滑板；4—转盘；5—方刀架；6—小滑板；7—尾座；8—床身；9—右床脚；10—光杠；11—丝杠；12—溜板箱；13—左床脚；14—进给箱；15—交换齿轮架；16—操纵手柄

同的转速。

2. 交换齿轮箱部分

它的主要作用是把主轴的旋转运动传送给进给箱。变换箱内齿轮，并和进给箱及长丝杠配合，可以车削各种不同螺距的螺纹。

3. 进给部分

它固定在床身的左前侧，是进给传动系统的变速机构。其主要功用是改变被加工螺纹的螺距或机动进给的进给量。

(1)进给箱。利用它内部的齿轮传动机构，可以把主轴传递的动力传给光杠或丝杠，变换箱外手柄的位置，可以使光杠或丝杠得到各种不同的转速。

(2)丝杠。用来车螺纹。

(3)光杠。用来传递动力，带动床鞍、中滑板，使车刀作纵向或横向的进给运动。

4. 溜板部分

它由床鞍 2、中滑板 3、转盘 4、小滑板 6 和方刀架 5 等组成。

其主要功能是安装车刀，并使车刀作进给运动和辅助运动。床鞍2可以沿床身上的导轨作纵向移动，中滑板3可沿床鞍上的燕尾形导轨作横向移动，转盘4可以使小滑板和方刀架转动一定角度。用手摇动小滑板使刀架作斜向运动，以车削锥度大的圆锥体。

(1)溜板箱。它固定在床鞍2的底部，与滑板部件合称为溜板部件，可带动刀架一起运动。实际上刀的运动是由主轴箱传出，经交换齿轮架15、进给箱14、光杠10(或丝杠11)、溜板箱12并经溜板箱内的控制机构，接通或断开刀架的纵、横向进给运动或快速移动或车削螺纹的运动。

(2)刀架。用来装夹车刀。

5. 尾座

它装在床身的尾座导轨上，可沿此导轨作纵向调整移动并夹紧在所需要的位置上其主要功能是装夹后顶尖支承工件。尾座还可相对于底座作横向位置的调整，便于车削小锥度的长锥体。尾座套筒内也可安装钻头、铰刀等孔加工刀具。

6. 床身

床身固定在左、右床脚上，是构成整个机床的基础。在床身上支持和安装车床各部件，并使它们在工作时保持准确的相对位置。床身上有两条精确的导轨，床鞍和尾座可沿导轨移动。床身也是车床的基本支承件。

7. 附件

车床附件还有中心架和跟刀架，车削较长工件时起支承作用；照明系统和冷却系统起照明和冷却作用。

二、普通卧式车床典型结构

下面以CA6140型普通卧式车床为例对普通卧式车床典型结构加以说明。

(一)主轴箱

是用于安装主轴和实现主轴旋转与变速的部件。图1-4是CA6140型卧式车床主轴箱的左侧视图。如果按传动轴的传动顺序，沿轴线Ⅰ-Ⅱ-Ⅲ(及Ⅴ)-Ⅵ取剖切展开，并把轴Ⅳ单独取剖切面，则可得到轴Ⅰ～Ⅵ的装配图，如图1-5所示。

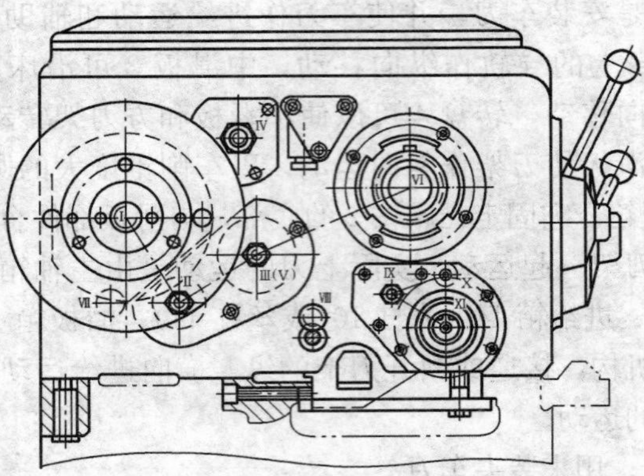

图 1-4　CA6140 型卧式车床主轴箱左侧视图

现按图 1-5 所示分析主轴箱Ⅰ～Ⅵ轴的结构及其调整工作如下。

1. 卸荷带轮装置

由主电动机经 V 带传动使主轴箱的轴Ⅰ转动，为提高轴Ⅰ的运动平衡性，V 带轮 1 采用了卸荷装置。如图 1-5 所示，箱体 4 通过螺钉固定一联接盘 3，V 带轮 1 用螺钉和定位销与花键套筒 2 联接，并支承在联接盘 3 内的两个深沟球轴承上，花键套筒 2 则以它的内花键与轴Ⅰ相联。这样带轮的转动可通过花键套筒 2 带动轴Ⅰ旋转，但带传动所产生的拉力经联接盘 3 直接传给箱体，因而使轴Ⅰ不受 V 带拉力的作用，从而减少弯曲变形，提高传动的平稳性。这种卸荷带轮装置特别适用于要求传动平稳的精密机床上。

2. 双向多片摩擦离合器和制动器的结构及调整

对照图 1-5 和图 1-6，在轴Ⅰ上装有一套双向多片摩擦式离合器，它的作用是接通或停止主轴的正转（利用左边一组摩擦片）和反转（利用右边一组摩擦片）。这两组摩擦离合器结构相同但摩擦片数量不等。现以左边一组为例说明其结构和调整方法。

摩擦离合器由内摩擦片 4、外摩擦片 5、止推环 2 和 3、调整螺圈 6 以及空套双联齿轮 1 组成。其中内摩擦片 4 以其花键孔与轴Ⅰ的花键相联一起转动。外摩擦片 5 以其内孔空套在轴Ⅰ的大径上，而以其外径上 4 个均布的凸键装在双联齿轮 1 的 4 条轴向槽中。当拉杆

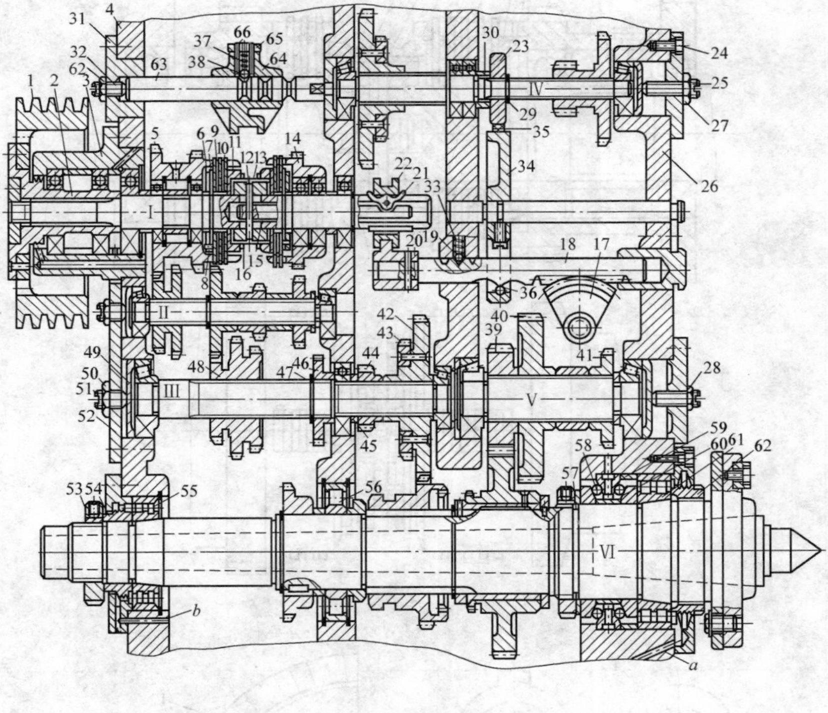

图 1-5　CA6140 型卧式车床主轴箱Ⅰ～Ⅵ轴的结构

1—V 带轮；2—花键套筒；3—联接盘；4—箱体；5—双联齿轮；6、7—止推环；8、12、28—销子；9—内摩擦片；10—外摩擦片；11—调整螺圈；13、22—滑套；14—单联齿轮；15—拉杆；16—弹簧定位销；17—扇形齿轮；18—齿条轴；19—弹簧钢球；20、64—拨叉；21—元宝形摆块；23—制动轮；24、25、51—螺钉；26—联接块；27、28、62、65—螺母；29—挡圈；30—垫圈；31—箱盖；32—调整螺栓；33、37—弹簧；34—制动杠杆；35—制动带；36、38—钢球；39、40、41、42、43、44、46—齿轮；45—垫圈；47—弹簧卡圈；48—三联滑移齿轮；49—压盖；50、53—锁紧螺母；52—轴承盖；54、59—隔套；55—后轴承；56—中间轴承；58—双列推力球轴承；60—调整垫圈；61—前轴承；63—导向轴；66—调整螺钉

10 通过销子 7 向左推动调整螺圈 6 时，使原来相间安装的内、外摩擦片互相压紧，于是轴Ⅰ的运动便通过内、外摩擦片之间的摩擦力传给齿轮 1 使主轴正向转动。同理，当调整螺圈 11 向右压时，使主轴反转。当螺圈 6 处于中间位置时，左右离合器都处于脱开状

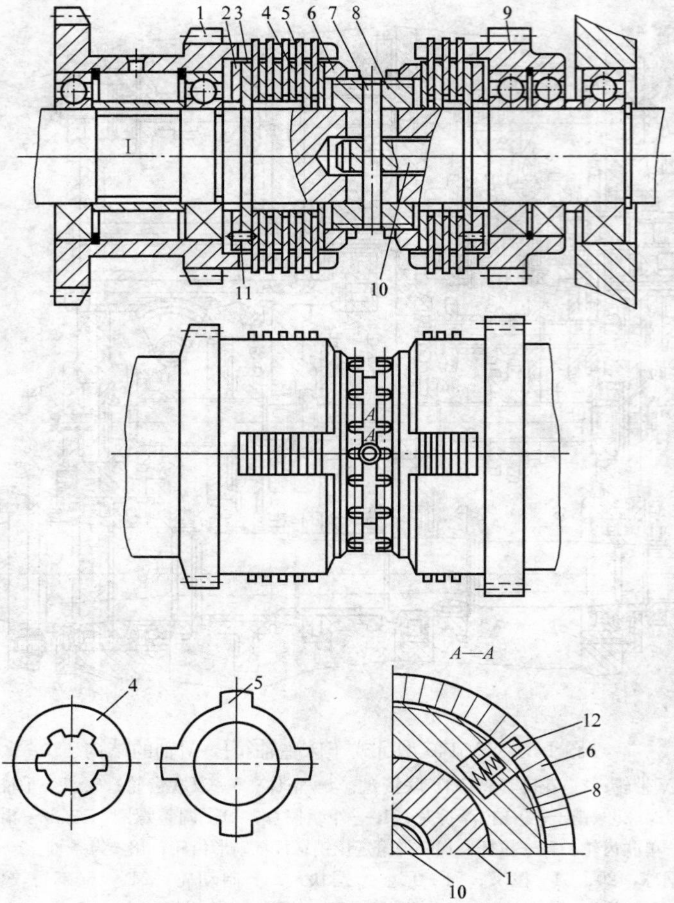

图 1-6　轴 I 上的多片摩擦离合器结构

1—双联齿轮；2、3—止推环；4—内摩擦片；5—外摩擦片；6—调整螺圈；7、11—销子；8—滑套；9—单联齿轮；10—拉杆；12—弹簧定位销

态，这时轴 I 虽然转动，但离合器不传递运动，故主轴处于停止状态。因为内外摩擦片之间能相对滑动，当主轴超负荷工作时，摩擦离合器就能自动断开 I 轴和主轴的传动联系，这就是过载保护。

通过调整螺圈 6 可以调整摩擦片间的间隙大小，即调整其传递转矩的能力。为了防止螺圈 6 在工作时自动松开，由弹簧定位销 12（见 *A-A* 剖面）插入调整螺圈 6 的轴向槽中定位。

拉杆的外力作用来自操纵手把 5（见图 1-7）。当操作者向上扳动手把 5 时，通过由零件 6、7、8 组成的杠杆机构使轴 9 和扇形齿板 10 顺时针转动，传动齿条轴向右移，经拨叉 20（见图 1-5）拨动滑套 22 右移。由于空心轴Ⅰ上的通槽中用圆柱销联接着一元宝形摆块，且摆块的下端弧形尾部卡在拉杆缺口槽中。所以，当滑套 22 右移时（滑套内孔两端带有锥体），摆块 21 右端被压，绕圆柱销顺时针摆动，其弧形尾部便拨动拉杆向左移动，从而使左边一组离合器被压紧。同理，当向下扳动手把时，右边一组离合器被压紧工作。当手把处于中间位置时，则两组离合器均处于脱开状态，见图 1-8。

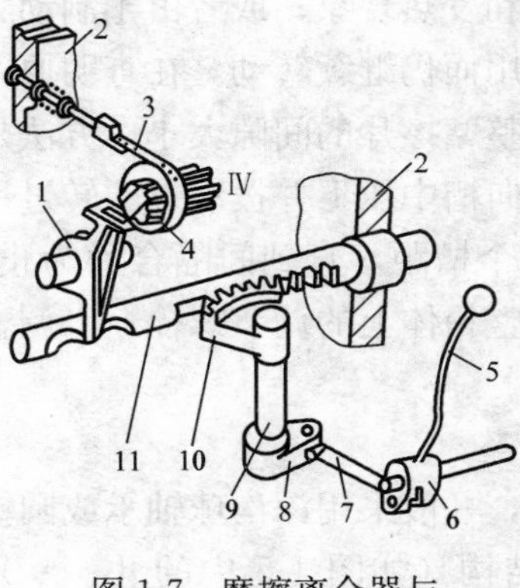

图 1-7 摩擦离合器与制动器的操纵机构

1—制动杠杆；2—箱体；3—制动钢带；4—制动轮；5—操纵手把；6—凸轮；7—拉杆；8—偏心块；9—垂直轴；10—扇形齿板；11—齿条轴

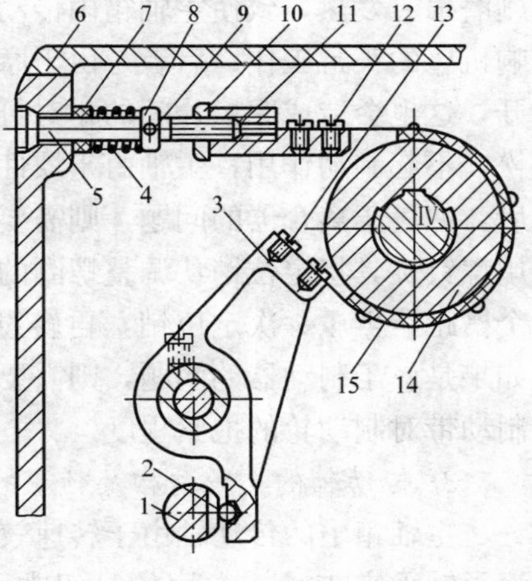

图 1-8 制动器结构原理图

1—齿条轴；2—钢球；3—制动杠杆；4—弹簧；5—调节螺栓；6—箱盖；7—垫圈；8—挡圈；9—销子；10—螺母；11—联接；12、13—螺钉；14—制动轮；15—制动钢带

在轴上装有制动轮 4，在制动杠杆 1 上用螺钉固定一制动钢带（图 1-7），制动钢带与制动轮之间夹有摩擦因数较大的皮革带，组

成制动器。调节箱体 2 的螺栓，便可调整制动带对制动轮的抱紧程度。

多片式摩擦离合器和制动器的工作是互相配合的，且都由手把 5 操纵，当两组离合器之一压紧工作时，制动杠杆 1 尾部的钢球刚好处于齿条轴 11 的低凹处，故放松了制动带；当两组离合器均脱开时，制动杠杆尾部的钢球即处于齿条轴 11 的高凸处，推动制动杠杆 1 逆时针摆动而使制动带抱紧制动轮，于是主轴立即停止转动。

机床工作时，可能产生主轴转速缓慢下降或闷车现象，或产生制动失灵现象。前者是由于摩擦片的间隔过大、压紧力不足，不能传递足够的转矩，致使摩擦片间产生打滑。这种打滑会使摩擦片急剧磨损、发热，致使主轴箱内传动件温度上升，严重时甚至还会影响机床的正常工作；后者是由于摩擦片间的间隙过小，不能完全脱开，这也会造成摩擦片间的相对打滑和发热现象；或者由于制动太松，不起制动作用，主轴由于惯性作用而仍继续转动。在查明原因后，如属于离合器的问题，则需要调整摩擦片的间隙大小，方法是用螺钉旋具将定位销从调整螺圈的轴向槽中压下并拨动螺圈转过一个槽距，再压一次定位销，再转过一个槽距，直到间隔合适为止。如果是属于制动器的问题，则需要调整箱体上的调节螺栓，以调整制动带对制动轮的抱紧程度。

3. 传动轴的支承结构及轴承的调整

主轴箱中的传动轴由于转速较高，一般采用深沟球轴承或圆锥滚子轴承来支承。常用的是双支承结构（如图 1-5 中的Ⅱ、Ⅴ），但对于较长的传动轴（如轴Ⅲ、Ⅳ），为了提高则度，则采用三支承结构，除两端各装一个圆锥滚子轴承外，在中间还装一个（或两个）深沟球轴承作为附加支承。

传动轴通过轴承，在主轴箱体上的轴向定位方向，有一端定位和两端定位两种。图 1-5 中轴Ⅰ为一端定位，其左轴承内圈固定在轴上，外圈固定在联接盘 3 内。作用于轴上的轴向力通过轴承内圈、滚珠和外圈传至联接盘 3，并继续传至主轴，使轴实现轴向定位。轴Ⅱ、Ⅲ、Ⅳ和Ⅴ都是两端定位。以花键轴Ⅲ为例，若松开锁紧螺母 50，拧动螺钉 51，推动压盖 49 及圆锥滚子轴承的外圈，消除了左端轴承间隙后，轴组件向右移。由于右端圆锥滚子轴承外圈被箱体上的阶台孔所挡，因而又消除了右轴承的间隙，并由此限定了轴Ⅲ组件在箱体上的轴向位置，实现两端定位。轴Ⅲ共有 4 个阶台，两端阶台分别安装圆锥滚子轴承、右端的第二个阶台分别串装有齿轮 42、43、44 及垫圈 45（是调整环），以限定上述零件在其上的轴向位置。三联齿轮 48 可在轴上滑移，它的不同的三个工作位置的定位，是通过导向轴 63 上的三个定位槽和拨叉 64 上安装的弹簧钢珠相吻合而实现的（注意！在展开图中导向轴与轴相距甚远，但在空间则是两相邻轴，且拨叉与三联滑移齿轮相联）。松开螺母 65，拧动有内六方孔的调整螺钉 66 可调整弹簧力的大小，以保证定位的可靠性。

4. 主轴部件结构及轴承的调整

主轴及其轴承，是主轴箱最重要的部分。加工时工件夹持在主轴上。并由其直接带动旋转作主运动，主轴的旋转精度、刚度和抗震性等对工件的加工精度和表面粗糙度都有直接影响，见图 1-5。

主轴采用三支承结构，前轴承 61 和后轴承 55 分别为 D3182121 和 E3182115 双列圆柱滚子轴承，中间轴承 56 为 E32216 圆柱滚子轴承。在靠前轴承处，装有 60°角接触的双列推力球轴承 58，以承受左右两个方向的轴向力。轴承的间隙对主轴的回转精度影响很大，使用中由于磨损导致间隙增大时，需及时调整。对前轴承 61，先松开螺母 62，再松开螺母 57 上的紧定螺钉；对后轴承 55，先松开螺母 53 上的紧定螺钉，然后拧动螺母 53，经隔套 54 推动轴承内圈在 1∶12 轴颈上右移。由于锥面的作用，薄壁的轴承内圈产生径向的弹性膨胀，将滚子与内、外圈之间的间隙消除，调整好后，必须锁紧螺母 53 上的紧定螺钉。中间轴承的间隙不能调整，一般情况下，只要调整前轴承即可，只有当调整前轴承后仍不能达到要求的旋转精度时，才须调整后轴承主轴轴承由液压泵供给润滑油进行充分润滑。为了防止润滑油外漏，前后轴承处都有油沟式密封装置。在螺母 62 和隔套 54 的外圆上有锯齿形环槽，主轴旋转时，借离心力的作用，把经过轴承后向外流出的润滑油甩到两端轴承盖的接油槽里，然后经回油孔a、b流回主轴箱。

主轴的空心阶台轴内有48mm的通孔，可以使长棒料通过；也可以通过钢棒卸下前顶尖；或用于通过气动或液压夹具的传动杆。主轴的尾端圆柱面是安装各种辅具的基面。图1-9所示是主轴的前端，有精密的莫氏6号锥孔，供安装前顶尖、心轴或夹具。主轴1前端为短锥联接盘式结构，它以短锥体和轴肩端面定位，用4个螺栓将卡盘或拨盘3固定在主轴1上并由主轴轴肩端面上的键2来传递转矩。

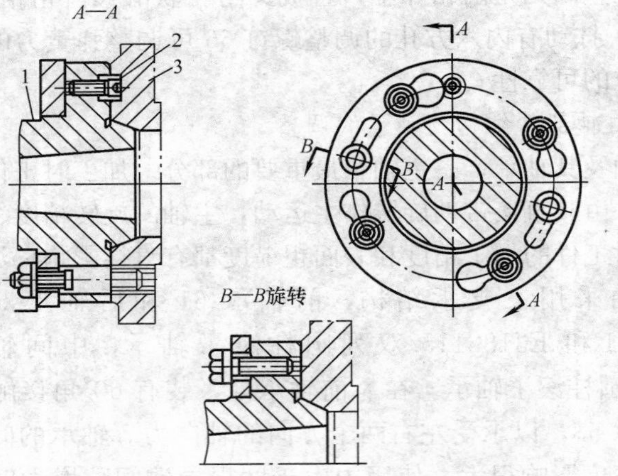

图1-9　主轴前端的结构形式

1—主轴；2—键；3—拨盘

5. 变速操纵机构

图1-10是主轴箱中变换轴上的联滑有移齿轮和其工作位置，使轴获得6级变速的操纵机构示意图。当手柄9转一周时，通过链条8可使轴7上的曲柄5和盘形凸轮同时转动一周。固定在曲柄5上的销子4上装有一滑块，它插在拨叉3的长槽中，因此当曲柄带着销子4作圆周运动时，拨叉3就拨动三联滑移齿轮2作左、中、右位置的变换。与曲柄同步转动的盘形凸轮6，其端面上的封闭曲线槽就迫使圆销10带动杠杆11摆动，从而使另一拨叉12

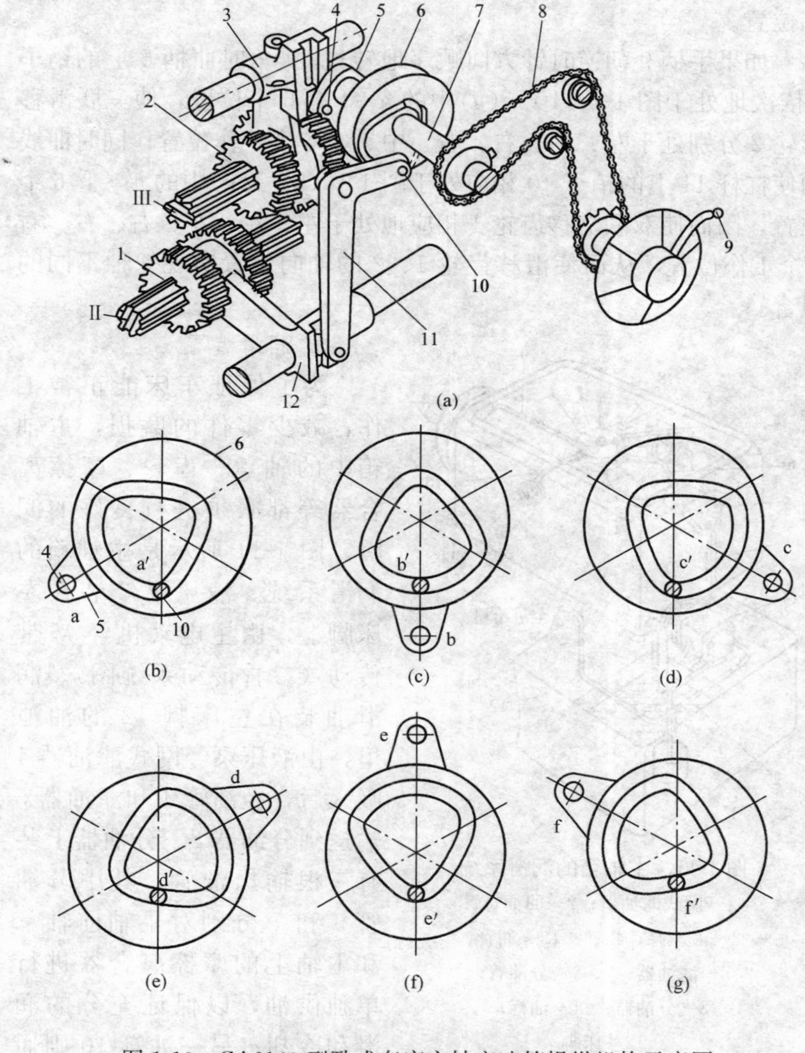

图 1-10　CA6140 型卧式车床主轴变速箱操纵机构示意图

1—双联滑移齿轮；2—三联滑移齿轮；3—拨叉；4—销子；5—曲柄；6—盘形凸轮；7—轴；8—链条；9—手柄；10—圆销；11—杠杆；12—拨叉

拨动双联滑移齿轮 1 改变左、右位置。当圆销 10 处于凸轮曲线槽的大半径处时，齿轮在左端位置；若处于小半径时，则移到右端位置。

如果手柄 9 朝逆时针方向顺序地转过 60°角时曲柄 5 上的销子 4 依次地处于图 1-10(b)～(g)中的 a～f 等 6 个位置，使三联滑移齿轮 2 分别处于左、中、右、右、中、左 6 个工作位置；同时曲线槽使杠杆 11 上的销子 10 相应处于图 1-10(b)～(g)中的 a′～f′ 6 个位置，因而使双联滑移齿轮 1 相应地处于左、左、左、右、右、右 6 个工作位置，从而使滑移齿轮 1、2 的轴向位置实现 6 种不同的组合。

6. 润滑装置

为了保证车床能正常工作，减少零件的磨损，主轴箱中的轴承、齿轮、摩擦离合器等都必须进行良好的润滑。图 1-11 所示是主轴箱的润滑系统。液压泵 3 装在左床脚上，由主电动机经 V 带传动（参看传动系统图）。润滑油装在左床脚 12 的油池里，由液压泵经网式滤油器 1 吸入后，经油管 4 和滤油器 5 输送到分油器 8。分油器上装有三根输出油管，其中分油管 9 和 7 分别对主轴前轴承和Ⅰ轴上的摩擦离合器进行单独供油，以保证充分的润滑和冷却；另一油管 10 则通向油标 11，以便检查润滑系统的工作情况，分油器上还钻有很多径向油孔，具有一定压力的润滑油从油孔向外喷射时，被高速旋转的齿轮飞溅到各处，对主轴箱的其他传动件及操纵机构进行润

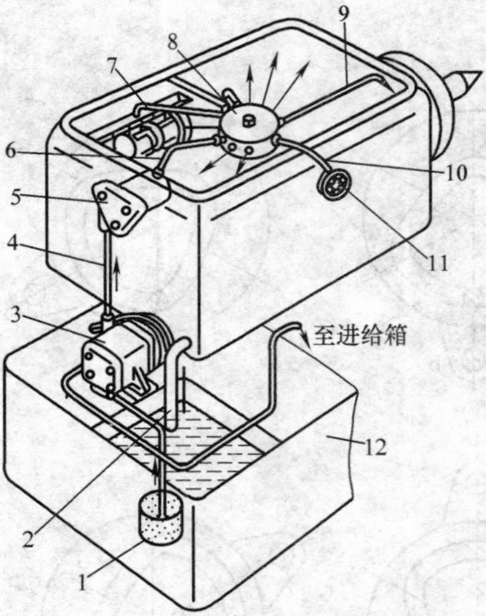

图 1-11　主轴箱的润滑系统

1—网式滤油器；2—回油管；3—液压泵；4、6、10—油管；5—滤油器；7、9—分油管；8—分油器；11—油标；12—床脚

滑。从各润滑面流回的润滑油集中在箱底，经回油管 2 流入左床脚的油池中。这一润滑系统采用箱外循环方式，主轴箱的热量由润滑油带至箱体外，冷却后再送回箱体内，因而可减少主轴箱的热变形，有利于保证机床的加工精度，并使主轴箱内的脏物及时排出，减少内部传动件的磨损。

（二）进给箱

进给箱的功用，是将主轴箱经交换齿轮传来的运动进行各种速比的变换，使丝杠、光杠得到不同的转速，以取得不同的进给量和加工不同螺距的螺纹。它主要由以下几部分组成；变换螺纹导程和进给量的基本螺距机构和增倍机构、变换螺纹种类的移换机构、丝杠与光杠转换机构以及操纵机构等（见图 1-12）。

CA6140 型车床的进给箱为双轴滑移齿轮进给箱。图 1-12 中的轴ⅩⅢ、ⅩⅤ、ⅩⅧ和ⅩⅨ4 轴同轴，轴ⅩⅣ、ⅩⅦ、ⅩⅩ三轴同轴。

1. ⅩⅢ、ⅩⅤ、ⅩⅧ和ⅩⅨ同轴组结构及轴承间隔的调整

轴ⅩⅤ两端，用半圆键联接着两个内齿轮作为内齿离合器，并通过两个深沟球轴承 3、4 支承在箱体上；轴ⅩⅨ左端也有一个内齿离合器。上述三个离合器的内孔均镗有轴承阶台孔，各安装有圆锥滚子轴承，以分别支承轴ⅩⅢ和ⅩⅧ。轴ⅩⅨ支承在支承套 6 上，两侧的推力球轴承 5、7 分别承受丝杠工作时所产生的两个方向的轴向力。松开锁紧螺母 8，调整另一螺母，则可调到推力球轴承的间隙，同时也限定了轴ⅩⅨ在箱体上的轴向位置。由于深沟球轴承 3、4 的外圈轴向位置没有约束，所以通过螺母 2 便可调整同轴组上所有圆锥滚子轴承的间隙。

丝杠的轴向窜动。直接与轴ⅩⅨ有关。除推力球轴承的间隙需要调到合适外，对其内齿离合器右侧面与轴线的同轴度误差，对支承套 6 两端面的平行度误差及其对轴线的垂直度误差，双螺母 8 两端面间的平行度误差及其对螺孔轴线的垂直度误差等都应该有较高的精度要求，否则将会使轴ⅩⅨ在旋转过程中产生轴向窜动，并传至丝杠，影响被加工螺纹的螺距精度。

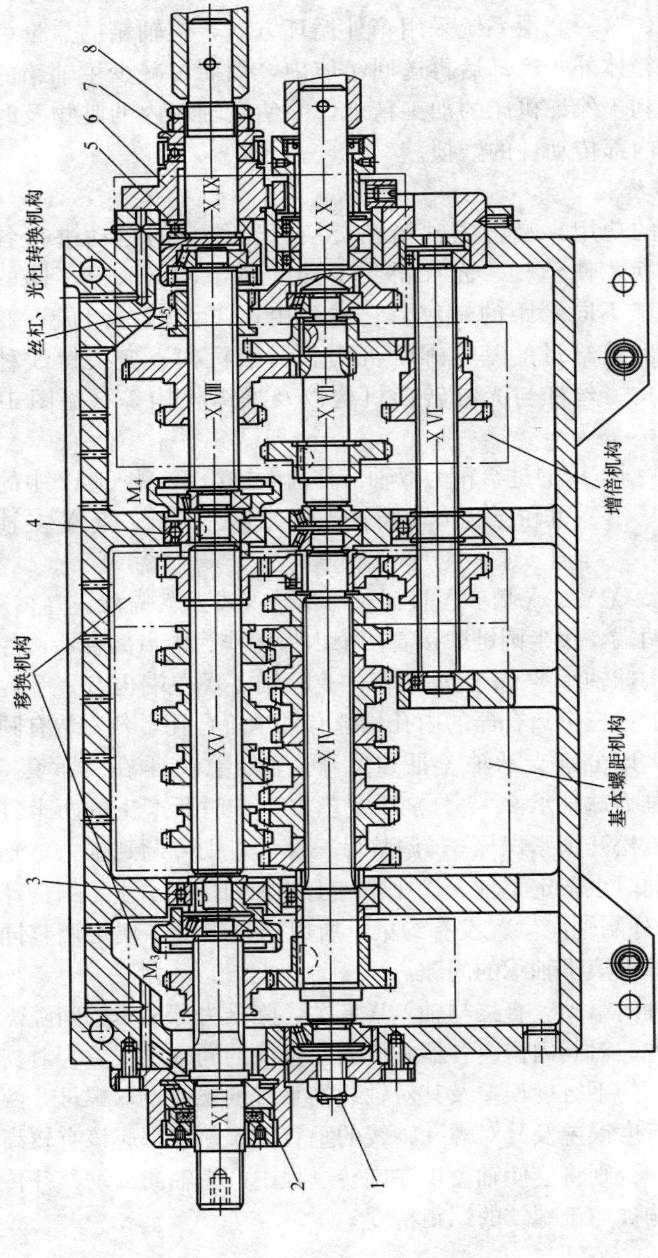

图 1-12　CA6140 型卧式车床进给箱结构图

1—调整螺钉；2—调整螺母；3、4—深沟球轴承；5、7—推力球轴承；6—支承套；8—双螺母

2. ⅩⅣ、ⅩⅦ、ⅩⅩ同轴组的结构及轴承间隔的调整

齿轮轴ⅩⅩ左端的齿轮内孔镗有一轴承台阶孔。并装有一圆锥滚子轴承，作为轴ⅩⅦ的右支承；轴ⅩⅣ为三支承结构，中间支承为深沟球轴承，其外圆的轴向位置也不固定，故通过螺钉1便能调整同轴组上所有的圆锥滚子轴承的间隙。

3. 基本组的变速操纵机构

基本组由ⅩⅤ轴上的4个单联滑移齿轮和ⅩⅣ轴上的8个固定齿轮组成。每个单联滑移齿轮依次与ⅩⅣ轴上的两个相邻的固定齿轮之一相啮合，而且要保证在同一时间内，基本组中只能有一对齿轮啮合。而这4个齿轮滑块是由一个手轮6通过4个杠杆2集中操纵的，图1-13为该操纵机构的操纵原理图，图1-14为该操纵机构的结构图。对照上述两图可知：杠杆2的一端装有拨叉1，另一端装有圆柱销5，通过操纵机构的前盖4的腰形孔插入手轮背面的环形槽中。环形槽上有两个相隔45°角、直径大于槽宽的圆孔C或D，孔内分别装有带斜面的压块10和11[见图1-13(a)]。安装时压块的斜面向里，以便与销5接触时向里压销5，压块11的斜面向外，与销5接触时能向外抬起销5。当转动手轮6至不同位置时，利用压块10、11和环形槽，可以操纵销5及杠杆2，使拨叉1和单联滑移齿轮能变换左、中、右3种不同位置。

固定在前盖4上的轴承8，套着手轮6；轴8上沿圆周均匀分布有8条V形槽，可使手轮作周向定位。轴8左右两端又各有一环形槽B和A，通过钢球7在B槽中使手轮作轴向定位。只有当手轮向右拉出，使螺钉9处于槽A的位置时才能转动手轮，手轮沿圆周每转45°就又改变基本组传动比一次，手轮转一周时，可使8种速比依次实现。当手轮推回到原来位置时，4组杠杆、拨叉中的圆柱销5，只有一个处于C孔（或D孔）中，通过压块使其中一组单联滑移齿轮处于啮合工作状态［图1-13(c)或(d)］，其余3个均处于环形槽中。即相应的单联滑移齿轮均处于中间空挡位置上［图1-13(b)］。

（三）溜板箱

图1-15和图1-16是CA6140型车床溜板箱展开图和结构图，

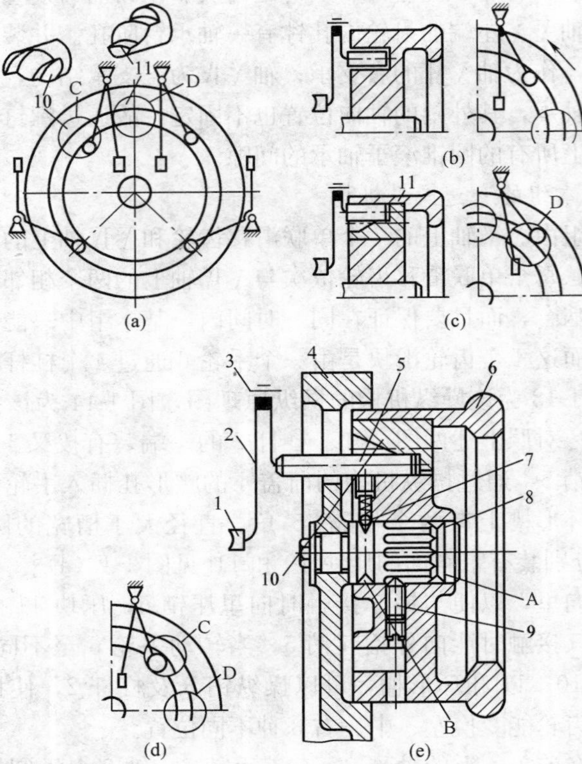

图 1-13　基本组的变速操纵机构原理

(a) 原理图；(b) 中间空挡位置；(c) 右边啮合位置；

(d) 左边啮合位置；(e) 结构简图

1—拨叉；2—杠杆；3—转轴；4—前盖；5—销；6—手轮；7—钢球；

8—轴；9—螺钉；10、11—压块

表示溜板箱中各轴的装配关系。溜板箱的作用，是将丝杠或光杠传来的运动转变为直线运动并带动刀架的进给。同时还能够控制刀架运动的接通、断开和换向；机床过载时控制刀架自动停止进给，并能实现手动操纵刀架移动和实现快速移动等。因此它具有以下几种机构：将光杠的运动传至齿轮齿条和横向进给的传动机构；接通、断开和转换纵、横向机动进给的转换机构；保证机床

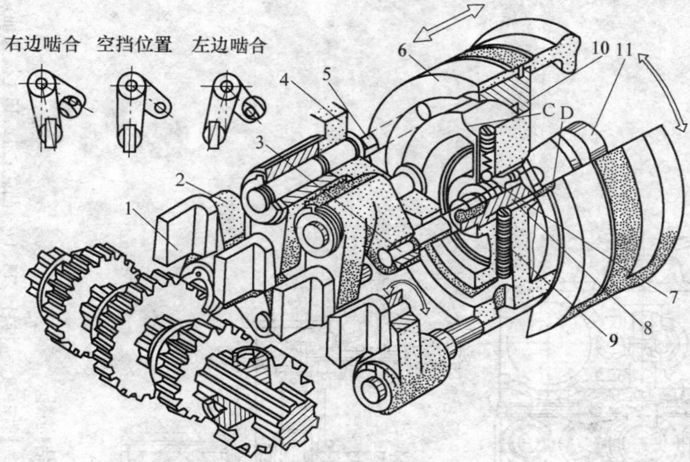

图 1-14　基本组的变速操纵主体图

1—拨叉；2—杠杆；3—转轴；4—前盖；5—销；6—手轮；
7—钢球；8—轴；9—螺钉；10、11—压块

工作安全的过载保护机构和互锁机构；控制刀架运动的操纵机构等。

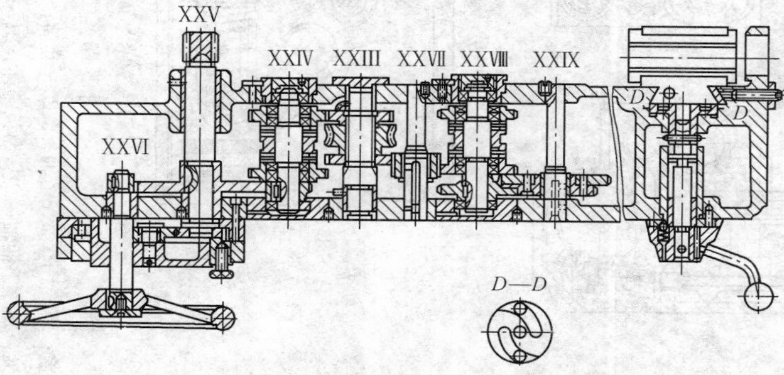

图 1-15　CA6140 型卧式车床溜板箱展开图

对照图 1-15、图 1-16 有利于看懂图 1-17 所示 CA6140 型卧式车床溜板箱传动操纵机构的立体图。

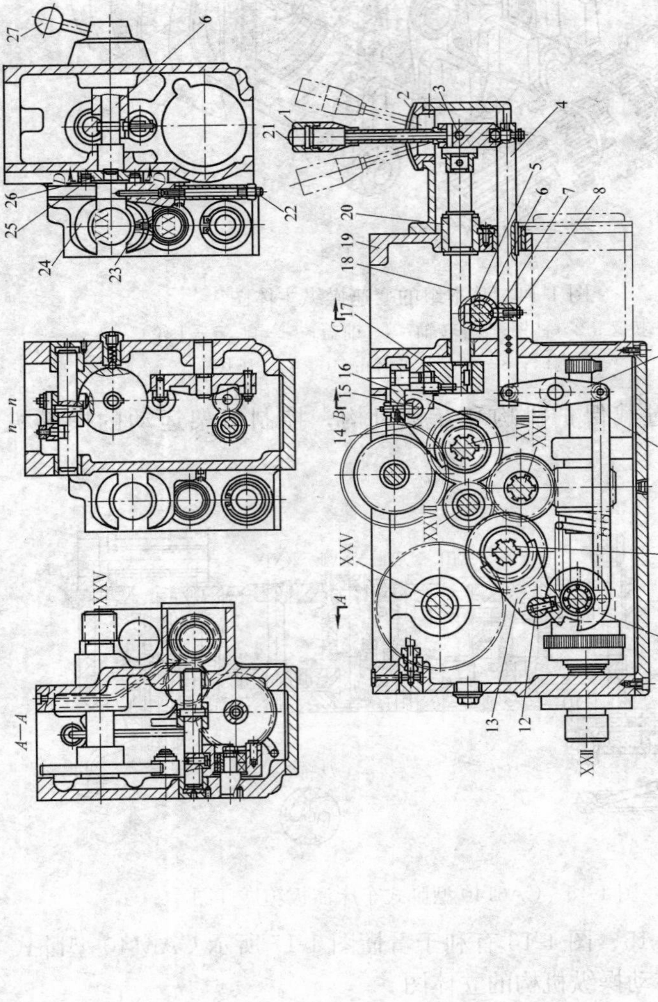

图 1-16 CA6140 型卧式车床溜板箱结构图

1,27—手柄；2—盖；3—销子；4,6—轴；5,20—套筒；7—圆柱销；8—弹簧；9、16—杠杆；10—推杆；11,17—凸轮；12,15—拨叉轴；13,14—拨叉；18—手柄轴；19—溜板箱体；21—快速按钮；22—调整螺钉；23、24—开合螺母；25—拨销；26—曲线槽盘

1. 开合螺母操纵机构

见图 1-16。车螺纹时，必须顺时针转动手柄 27，通过轴 6 带动曲线槽盘 26 转动。利用曲线槽，通过圆柱销带动上半螺母 24 和下半螺母 23 在溜板箱体 19 背后的燕尾形导轨内上下移动，使其相互靠拢，于是开合螺母与丝杠啮合。若逆时针方向转动手柄 27，则两半螺母相互分离，开合螺母与丝杠脱开。盘 26 的曲线槽接近盘中心部位的倾斜角较小，使开合螺母闭合后能自锁，不会因为螺母上的径向力而自动脱开。开合螺母的啮合位置及其与丝杠的间隔可用螺钉 22 调整并限定（见图 1-16*C*—*C* 剖视）；开合螺母与燕尾导轨的间隙，用螺钉 K（图 1-15）经平镶条进行调整。

2. 纵向横向机动进给及快速移动操纵机构

CA6140 型车床的纵、横向机动进给及快速移动。由手柄 1 集中操纵（图 1-16 和图 1-17），且手柄扳动方向与刀架运动方向一致，使用较方便。当手柄 1 向左或向右扳动时，手柄绕销子 3 摆动，手柄下端推动轴 4 向右或向左作轴向运动，使杠杆 9 摆动，推动推杆 10 使凸轮 11 转动。在凸轮圆周上制有曲线槽，因而迫使轴 12 上的拨叉 13 向前或向后轴向移动，从而使双向带端面齿的离合器 M6 与ⅩⅩⅣ轴上相应的 $z=48$ 空套齿轮的端面齿接合，于是就接通了向左或向右的纵向进给运动。当手柄 1 向后或向前扳动时，使轴 18 带动凸轮 17 来回转过一定的角度而圆柱凸轮 17 的圆周上的曲线槽迫使杠杆 16 摆动。杠杆 16 另一端的销子拨动轴 15 以及固定在拨叉 13 上向前或向后做轴向移动，从而使双向带端面齿的离合器 M7 与ⅩⅩⅧ轴上相应的 $z=48$ 空套齿轮的端面齿接合，于是就接通了向前或向后的横向进给运动。将手柄 1 扳至中间直立位置时，离合器 M6 和 M7 均处于中间断开状态，停止工作了纵向和横向进给。

手柄 1 的顶端装有点动快速电动机用的按钮 21，当把手柄 1 扳到左、右、前、后任一位置后，即接通了相应方向的慢速机动进给，若再按点动按钮 21，则可获得相应方向的刀架快速移动。另外，为了避免同时接通纵向和横向机动进给，在手柄 1 的盖 2 上开有十字槽，以限制手柄的位置。

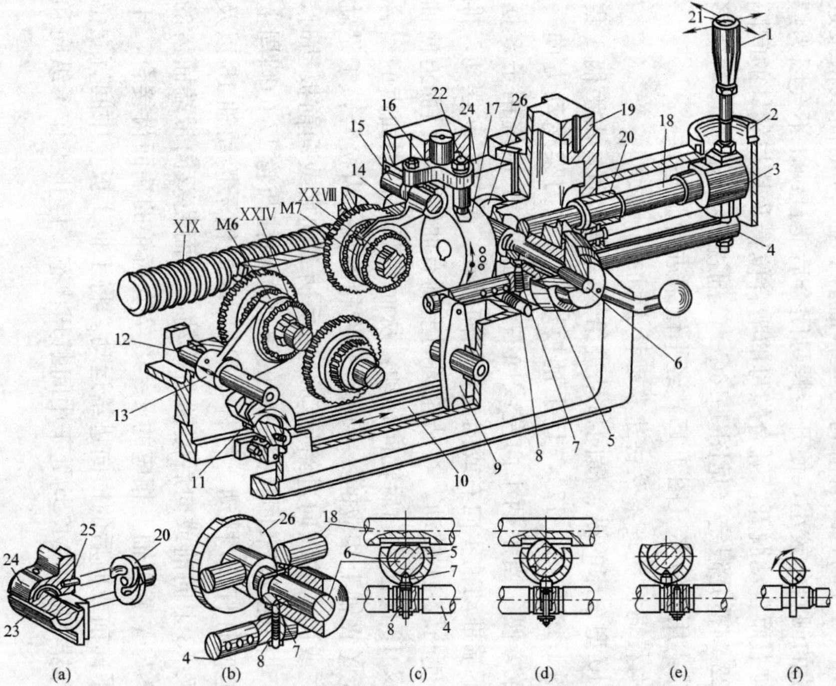

图 1-17　CA6140 型卧式车床溜板箱传动操纵机构

1、27—手柄；2—盖；3—销子；4、6—轴；5、20—套筒；7—圆柱销；8—弹簧；9、16—杠杆；10—推杆；11、17—凸轮；12、15—拨叉轴；13、14—拨叉；18—手柄轴；19—溜板箱体；21—快速按钮；22—调整螺钉；23、24—开合螺母；25—拨销；26—曲线槽盘

3. 互锁机构

互锁机构的作用，是当接通机动进给或快速移动时，开合螺母不能合上；而合上开合螺母时，则不允许接通机动进给或快速移动。

如图 1-17(b)所示为开合螺母操纵手柄 27 和刀架进给予快速移动操纵手柄 1 之间的互锁机构放大图。图 1-17(c)、(d)、(e)、(f)是互锁机构的原理图。图 1-17(c)为停机位置状态，即开合螺母脱开，机动进给也未接通，此时手柄 1 或 27 可任意扳动。图 1-17(d)为合上开合螺母机构时的状态，由于手柄轴 6 转过一定角度，它的凸肩进入轴 18 的槽中，将轴 18 卡住而不能转动。同时，凸肩又将圆柱销 7 压入轴 4 的孔中，使轴 4 不能轴向转动。由此可知，若合上开合螺母，手柄 1 就被锁住，因而机动进给和快速移动就不能接通。

图 1-17(e)为接通纵向进给时的情况。此时，因轴 4 移动，圆柱销 7 被轴 4 顶住，被卡在手柄轴6 凸肩的凹坑中，把轴 6 锁住，开合螺母手柄 27 不能扳动，开合螺母也就不能合上。图 1-17(f)为手柄 1 前后扳动时的情况，此时为横向机动进给。因轴 18 转动，其长轴也随之转动，于是手柄轴 6 凸肩被轴 18 顶住，轴 6 不能转动，所以开合螺母不能闭合。

4. 安全与超越离合器的结构及其调整

(1) 单向超越离合器。在 CA6140 型卧式车床的进给传动链中当接通机动进给时光杠ⅩⅩ的运动经齿轮副传动至蜗杆轴ⅩⅫ作慢速转动。当接通快速移动时，快速电动机 12 经一对齿轮副传动蜗杆轴ⅩⅫ作快速运动。这两种不同的运动同时传到一根轴上，而使轴不受损坏的机构称为超越离合器。

图 1-18 为安全与超越离合器的结构主体图。图中的单向超越离合器由齿轮 6、星状体 9、滚柱 8、弹簧 14 和顶销 13 等组成。滚柱 8 在弹簧和顶销的作用下，被楔紧在齿轮 6 及星状体 9 的楔缝里，如图 1-19 所示。机动进给时，齿轮 6 逆时针转动，使滚柱在齿轮 6 及星状体 9 的楔缝中越挤越紧，从而带动星状体旋转，使蜗杆轴慢速转动。假若同时接通快速移动，星状体直接随蜗杆轴一起

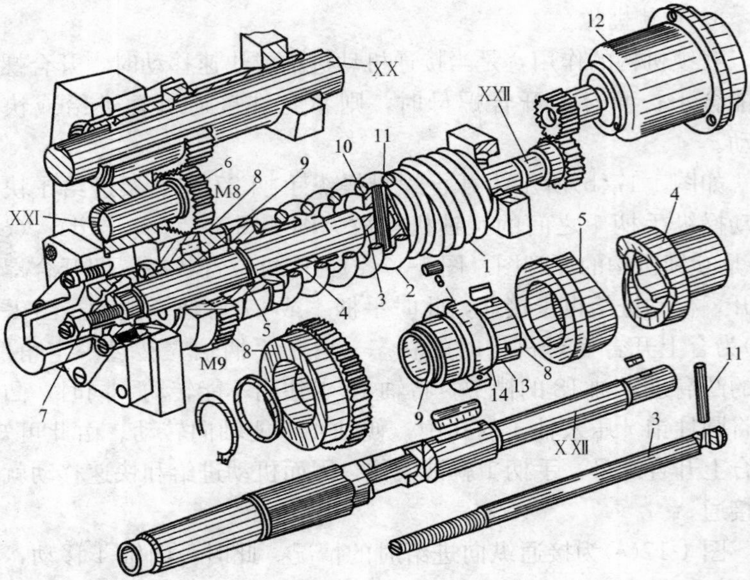

图 1-18　单向超越离合器与安全离合器

1—蜗杆；2—弹簧；3—杠杆；4、5—离合器；6—齿轮；7—螺母；8—滚柱；9—星状体；10—止推套；11—圆柱销；12—快速电机；13—顶销；14—弹簧

做逆时针快速转动。此时由于是星状体 9 比齿轮 6 转得快，迫使滚柱 8 压缩弹簧 14 滚到楔缝宽端。则齿轮的慢速转动不能传给星状体，也就是切断了机动进给。当快速电动机停止时，蜗杆轴又恢复慢速转动，刀架重新获得机动进给。

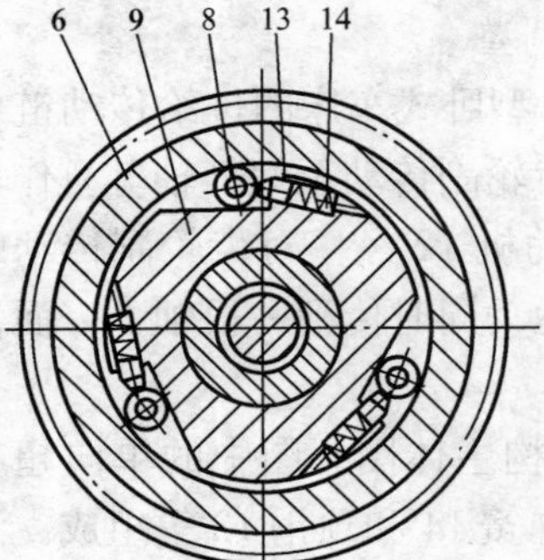

图 1-19　单向超越离合器工作原理

6—齿轮；8—滚柱；9—星状体；13—顶销；14—弹簧

（2）安全离合器。安全离合器也称过载保护机构。作用是在刀架机动进给的过程中，如进给的抗力过大或刀架的移动受到阻碍时，安全离合器能够自动断开轴 X Ⅻ 的运动，使自动进给停止，直到进载保护作用。它由端面带螺旋齿爪的左、

右离合器组成，左离合器与单向超越离合器的星状体联在一起（图1-18），且空套在蜗杆轴ⅩⅫ上；右离合器与蜗杆有花键连接，可在该轴上滑移，靠弹簧的作用与左离合器紧紧地啮合。

图1-20是安全离合器的原理图。正常进给情况下，运动由单向超越离合器及左离合器带动右离合器，使蜗杆轴转动[见图1-20(a)]。当出现过载或有阻碍时，蜗杆轴转矩增大并超过了许用值，两接合端面处产生的轴向力超过弹簧的压力，则推开右离合器[见图1-20(b)]。此时，左离合器继续转动，而右离合器却不能被带动，于是两离合器之间产生打滑现象[见图1-20(c)]。这样便切断了进给运动，右保护机构不受损坏。当过载现象消除后，安全离合器又恢复到原来的正常状态。

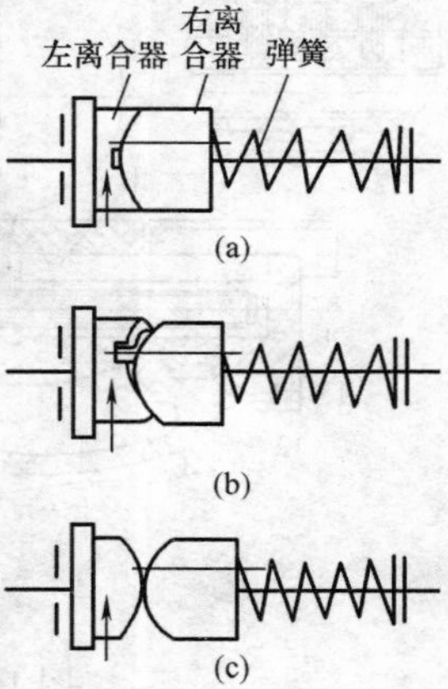

图1-20 安全离合器工作原理图

机床许用的最大进给力由弹簧的弹力大小来决定。拧动螺母，通过杠杆和圆柱销即可调整止推套的轴向位置，从而调整弹簧的弹力。

（四）滑动刀架部件

如图1-21所示，滑动刀架部件由床鞍1、中滑板2、转盘3、小滑板4和方刀架5等组成。

床鞍（俗称大拖板）安装在床身的V形与矩形组合导轨上，它有导向作用以保证刀架纵向移动轨迹的直线度要求。为了防止由于切削力的作用而使刀架翻转，在床鞍的前后两侧各装有两块压板13（前侧的压板在图中未画出），利用螺钉经平镶条12调整矩形导轨的间隙。在床鞍的前侧还装有一可调压板11，拧紧调整螺钉可将床鞍锁紧在床身导轨上，以免车削大的端面时刀架发生纵向窜动而影响表面的加工精度。中滑板2装在床鞍1顶面的燕尾形导轨上。此燕尾形导轨与床身上的组合导轨保持严格的垂直度要求。以保证横向车削的精度。燕尾形导轨的间隔，可用螺钉14、16使带

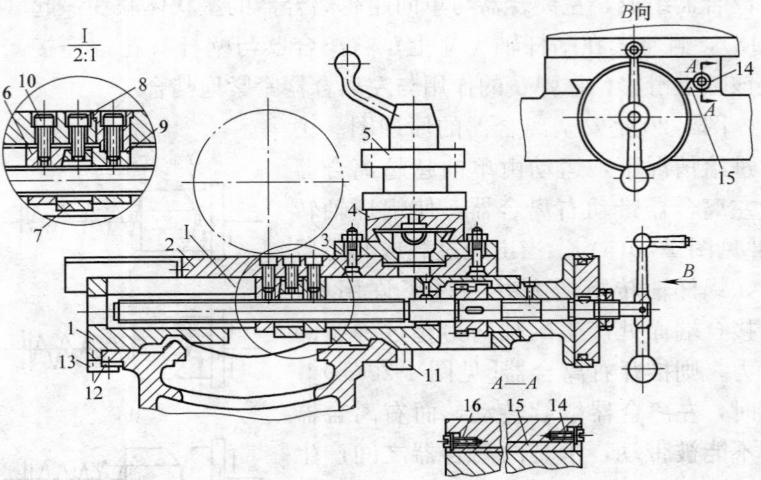

图 1-21　滑板刀架部件的结构

1—床鞍；2—中滑板；3—转盘；4—小滑板；5—方刀架；6—可调螺母；7—楔块；8—调节螺钉；9—固定螺母；10、14、16—螺钉；11—可调压板；12—平镶条；13—压板；15—镶条

有斜度的镶条 15 前后移动位置来进行调整。中滑板 2 由横向进给的丝杠螺母副传动，沿燕尾形导轨作横向移动。丝杠的右端支承在两个滑动轴承上，实现径向或轴向定位。利用可调的双螺母 6 和 9 可调整丝杠螺母的间隙。若由于磨损造成丝杆螺母间隙过大时，丝杆就会在工作过程中产生轴向窜动，致使车槽或车槽刀发生扎刀现象，甚至折断刀具，因而还需要调整间隙。机动进给时，丝杠由溜板箱的ⅩⅩⅨ轴的$z=59$的齿轮经丝杠上 $z=18$ 的固定齿轮旋转，手动进给时用摇手柄摇动。

中滑板的顶面上装有转盘 3，转盘上部的燕尾形导轨上装着小滑板 4。转盘的底面上有圆柱形定心凸台，与中滑板上的孔配合，可绕垂直轴线偏转$\pm 90°$角，因而可使小滑板沿一定倾斜方向进给，以便车削短圆锥面。转盘调整到需要位置后，用头部穿在环形 T 形槽中的两个螺栓紧固在中滑板上。

方刀架的结构如图 1-22 所示。方刀架安装在小滑板上，以小

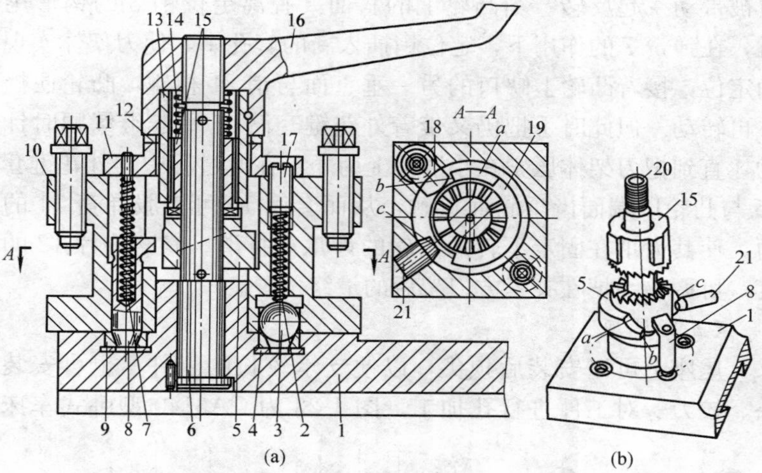

图 1-22　方刀架的结构

1—小滑板；2、7、14—弹簧；3—定位钢珠；4、9—定位套；5、19—凸轮；6、20—轴；8、18—定位销；10—方刀架；11—可调压板；12—垫片；13—内花键套筒；15—外花键套筒；16—手把；17—调整螺钉；21—固定销

滑板的圆柱凸台定中心，用拧在轴 6 末端螺纹上的手把 16 夹紧。方刀架可以转动间隔为 90°角的 4 个位置，使装在四侧的 4 把车刀轮流地进行切削。每次转位后，由定位销 8 插入小滑板的定位套 9 孔中进行定位，以便获得准确的位置。方刀架在换位过程中的松夹、拔出定位销、转位、定位以及夹紧等动作，都由手把 16 操纵。逆时针转动手把，使其从轴 6 的螺纹上拧松时，方刀架体 10 便被松开。同时，手把通过内花键套筒 13 带动外花键套筒 15 转动。外花键套筒的下端有锯齿形齿爪，与齿轮 5 上的端面齿啮合，因而齿轮也被带着沿逆时针方向转动。凸轮转动时，先由其上的斜面 a 将定位销 8 从定位套引孔中拔出，接着其缺口的一个垂直侧面 b 与装在方刀架体 10 中的固定销 21 相碰［见图 1-22（b）］，带动方刀架一起转动，定位钢珠 3 从定位套 4 孔中滑出。当刀架转至所需位置时，钢珠 3 在弹簧 2 的作用下进入另一定位孔，使方刀架进行初步定位（粗定位）。然后反向转动（顺时针方向）手把，同时凸轮 5

也被带动一起反转。当凸轮上的斜面 a 脱离定位销 8 的钩形尾部时，在弹簧 7 的作用下，定位销插入新的套孔中，使刀架体实现精确定位，接着凸轮上缺口的另一垂直面与销 21 相碰，凸轮便挡住不再转动。但此时手把仍又带着外花键套筒 15 一起继续顺时针转动，直到把刀架体压紧在小滑板上为止。在此过程中，外花键套筒 15 与凸轮以端面齿爪斜面接触，从而套筒 15 可克服弹簧 14 的压力，使其齿爪在固定不转的凸轮的齿爪上打滑。修磨垫片 12 的厚度，可调整手把在夹紧方刀架后的最终位置。

(五) 尾座

尾座上可以安装后顶尖，以便支承较长的工件；也可安装钻头、铰刀等对工件进行孔加工。图 1-23 为 CA6140 型卧式车床尾

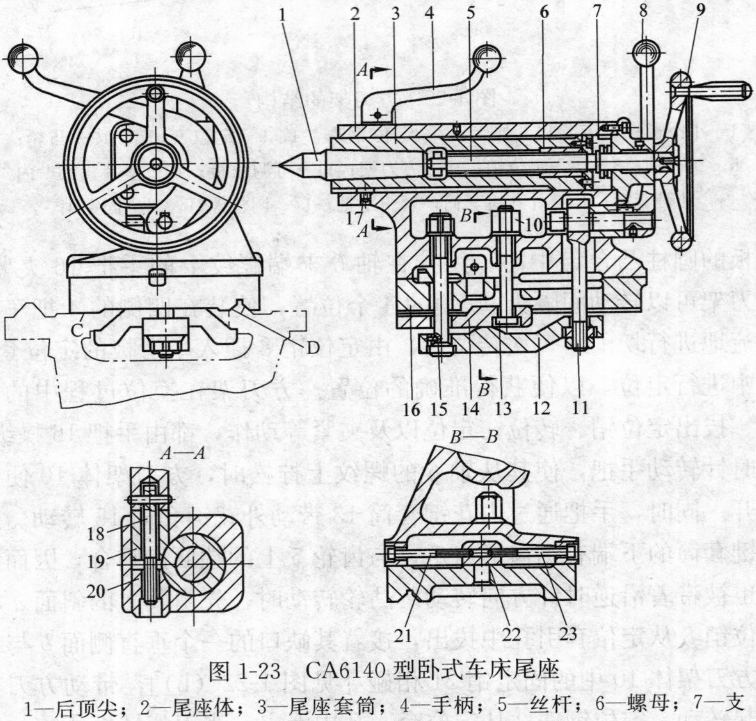

图 1-23　CA6140 型卧式车床尾座

1—后顶尖；2—尾座体；3—尾座套筒；4—手柄；5—丝杆；6—螺母；7—支承盖；8—快速紧固手柄；9—手轮；10—六角螺母；11—拉杆；12—杠杆；13—T 形螺栓；14—压板；15—螺栓；16—尾座底板；17—平键；18—螺杆；19、20—套筒；21、23—调整螺钉；22—T 形螺母

座的结构。

尾座体 2 安装在尾座底板 16 上，底板则安装在床身的平导轨 C 和 V 形导轨 D 上，它可以根据被加工工件的长短调整纵向位置。调整时向前推动快速紧固手柄 8，用手推动尾座使之沿床身导轨纵向移动。位置调整好后，再向后扳动快速紧固手柄，通过偏心轴、拉杆 11 及杠杆 12，就可将尾座夹紧在床身导轨上。有时为了将尾座紧固得更牢靠些，可再拧紧螺母 10，通过 T 形螺栓 13 用压板 14 夹紧。后顶尖 1 安装在尾座套筒 3 的锥孔中。尾座套筒 3 安装在尾座体 2 的孔中。并由平键 17 导向，所以它只能轴向移动，不能转动。丝杠 5 以螺母 6 和支承盖 7 支承，摇动手轮 9 可使丝杆转动，螺母 6 便带动套筒 3 纵向移动，以顶紧工件或进行钻、铰孔操作。当尾座套筒移至所需位置后，可用手柄 4 转动螺杆 18 以拉紧套筒 19 和 20，从而将尾座套筒 3 夹紧。如需要卸下顶尖，可转动手柄 9，使套筒 3 后退，直到丝杆 5 的左端顶住后顶尖，将后顶尖从锥孔中取出。

尾座体可沿底板 16 的横向导轨作横向移动，以便车削小锥度的长工件。它是利用两个调整螺钉 21、23 和固定在底板上的 T 形螺母 22 来进行调整和定位的。其最大横向行程为±15mm。

三、普通卧式车床传动链及传动系统

（一）传动链和传动系统图的概念

1. 传动链

如图 1-24 所示为卧式车床的传动方框图，从电动机到主轴，或由主轴到刀架的传动联系，称为传动链。前者称为主运动传动链，后者称为进给运动传动链。机床所有传动链的综合，便组成了整台机床的传动系统，并用传动系统图表示。

2. 传动系统图

用来表示机床各个传动链的综合简图，称为机床的传动系统图，CA6140 型卧式车床传动系统图如图 1-25 所示。各传动元件在图中用一些简单的符号，按照运动传递的先后顺序，以展开图的形式绘出。传动系统图只能表达传动关系，不能代表各元件的实际尺寸和空间位置，但它是分析机床内部传动规律和基本结构的有效

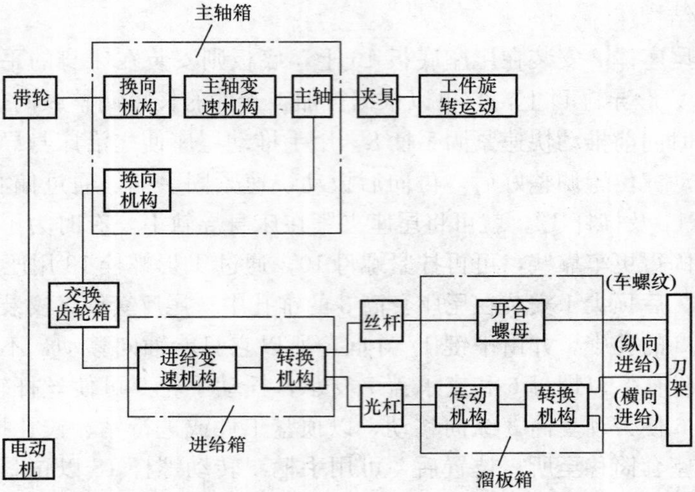

图 1-24　卧式车床传动方框图

工具。

（二）CA6140 型卧式车床的传动系统

在阅读传动系统图时，首先要注意平面展开图的特点。为了把一个主体的传动结构绘在平面图上，有时不得不把某一根轴绘制成折断线或弯曲成一定角度的折线，有时对于在展开后失去联系的传动副（如齿轮副），就用括号（或假想线）联接起来，以表示其传动联系。

在分析传动系统图时，第一步，进行运动分析，找出每个传动链两端的首件和末件（动力的输入端和输出端）；第二步，“联中间”了解系统中各传动轴和传动件的传动关系，明确传动路线；第三步，对该系统进行速度分析，列出传动结构式及运动平衡方程式。

1. 主运动传动链

该传动链的首末件是电动机和主轴。除完成主轴旋转运动外，还要完成主轴启动、停止、换向和调速。由图 1-25 可知，运动由电动机（1450r/min）传动比为 130/230 的带轮副，传到主轴箱中的Ⅰ轴，在轴Ⅰ上装有双向片式摩擦离合器 M1， 用来控制主轴的

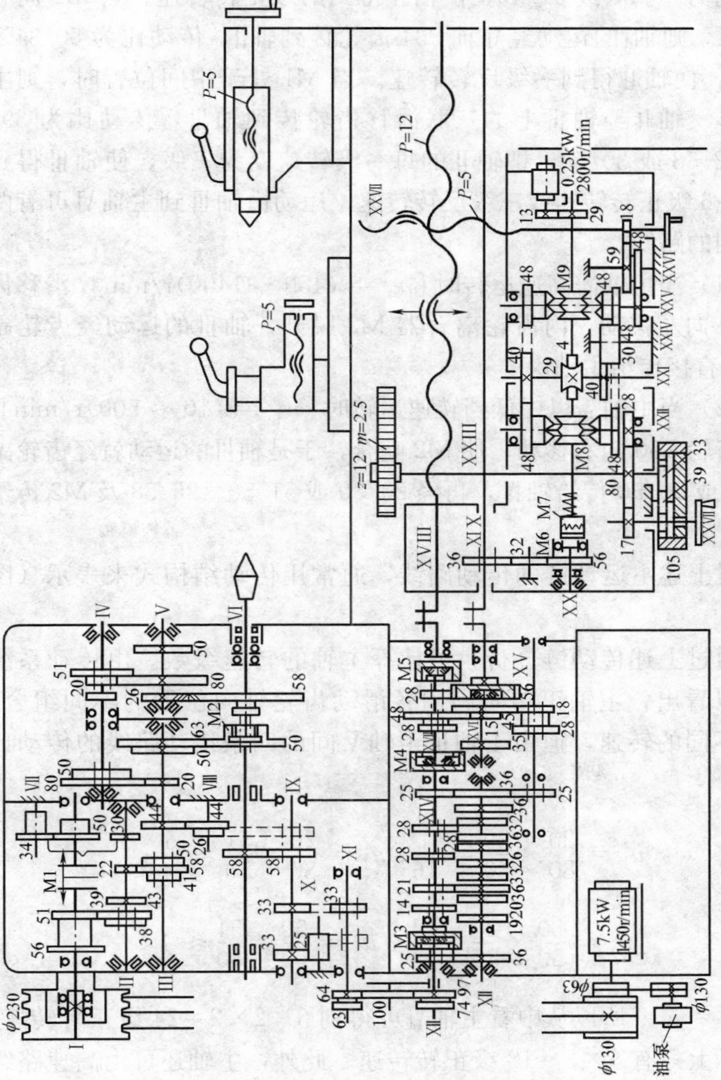

图 1-25　CA6140 型卧式车床传动系统图

正反转运动及停机。M1 的左右两端做成空套套在轴Ⅰ上带槽的双联齿轮上。当 M1 向左压紧时，轴Ⅰ的运动经双联齿轮传到轴Ⅱ，传动比为 56/38 或 51/43，使轴Ⅱ得到两级正转转速。当 M1 向右压紧时，则轴Ⅰ的运动经Ⅶ轴 Z34 齿轮传到轴Ⅱ，传动比为 50/34×34/30，使轴Ⅱ得到一级反转转速。当 M1 处于中间位置时，则主轴停转。轴Ⅱ经轴Ⅲ上的三联滑移齿轮传到轴Ⅲ，传动比为 39/41、22/58 或 30/50，把轴Ⅱ的每一级转速变为三级，使轴Ⅲ得到 2×3=6 级正转转速或三级反转转速。运动由轴Ⅲ到主轴Ⅵ可有两种不同的路线。

（1）当主轴需高速运转时［$n_{主}=(450\sim1400)\mathrm{r/min}$］，滑移齿轮 Z50 向左移动，内齿轮离合器 M2 脱开，轴Ⅲ的运动经齿轮副 63/50 直接传给主轴。

（2）当主轴需以中低挡转速运转时［$n_{主}=(10\sim500)\mathrm{r/min}$］，滑移齿轮 Z50 向右移动，使 M2 啮合，于是轴Ⅲ的运动就经齿轮副 20/80 或 50/50 传给轴Ⅳ，再经 20/80 或 51/50、26/58 及 M2 传给主轴。

对上述主运动链的传动路线，通常用传动结构式来表示（图 1-26）。

通过上述传动链分析，可计算主轴的转速级数。由传动系统图可以看出，主轴正转时利用各滑动齿轮轴向位置的不同组合，可得不同的转速，但由于轴Ⅲ至轴Ⅴ间的四条传动路线的传动比是：

$$u_1=\frac{20}{80}\times\frac{20}{80}=\frac{1}{16};\ u_2=\frac{20}{80}\times\frac{51}{50}\approx\frac{1}{4};$$

$$u_3=\frac{50}{50}\times\frac{20}{80}=\frac{1}{4};\ u_4=\frac{50}{50}\times\frac{51}{50}\approx1$$

其中 $u_2\approx u_3$。所以从中看主轴Ⅵ可得到 6×2×2=24 级正转转速，而实际上只有 6×3=18 级正转转速。此外，主轴还可由高速路线传动获得 6 级转速，所以主轴共可得 24 级正转转速。

图 1-26 为 CA140 型车床主运动链传动结构式。同理，主轴反

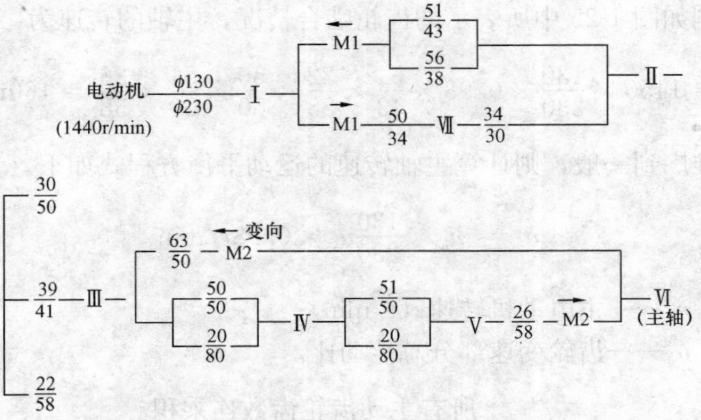

图 1-26　CA140 型车床主运动链传动结构式

转的传动路线可有 3＋9＝12 级反转转速。主轴反转通常不是用于切削，而是为了车螺纹时在不断开主轴和刀架间的传动链的情况下退刀，以免在下一次进给时发生乱牙。为了节省退刀时间，故反转比正转的转速高。

主轴各级转速，可用下列运动平衡方程式进行计算。

$$n_{主} = 1450 \times \frac{130}{230} u_{\mathrm{I}\text{-}\mathrm{II}} u_{\mathrm{II}\text{-}\mathrm{III}} \times \frac{63}{50} \text{（高挡转速）}$$

及 $$n_{主} = 1450 \times \frac{130}{230} u_{\mathrm{I}\text{-}\mathrm{II}} u_{\mathrm{II}\text{-}\mathrm{III}} u_{\mathrm{III}\text{-}\mathrm{IV}} u_{\mathrm{IV}\text{-}\mathrm{V}} \times \frac{26}{58} \text{（中、低挡转速）}$$

式中　$n_{主}$——主轴转速（r/min）；

$u_{\mathrm{I}\text{-}\mathrm{II}}$——Ⅰ-Ⅱ轴间双联滑移齿轮的传动；

$u_{\mathrm{II}\text{-}\mathrm{III}}$——Ⅱ-Ⅲ轴间三联滑移齿轮的传动比；

$u_{\mathrm{III}\text{-}\mathrm{IV}}$——Ⅲ-Ⅳ轴间双联滑移齿轮的传动比；

$u_{\mathrm{IV}\text{-}\mathrm{V}}$——Ⅳ-Ⅴ轴间双联滑移齿轮的传动比。

将 $u_{\mathrm{I}\text{-}\mathrm{II}}$、$u_{\mathrm{II}\text{-}\mathrm{III}}$、$u_{\mathrm{III}\text{-}\mathrm{IV}}$、$u_{\mathrm{IV}\text{-}\mathrm{V}}$ 的不同值代入并乘以 V 带的滑移系数 0.98，得主轴 18 级中、低挡转速为 10、12.5、16、20、25、32、40、50、63、80、100、125、160、200、250、320、400、500r/min。将 $u_{\mathrm{I}\text{-}\mathrm{II}}$、$u_{\mathrm{II}\text{-}\mathrm{III}}$ 的不同值代入得主轴的 6 级高挡转速为 450、560、710、900、1120、1400r/min。

例如图 1-25 中所表示的齿轮啮合情况，主轴的转速为

$$n_{主} = 1450 \times \frac{130}{230} \times 0.98 \times \frac{51}{43} \times \frac{22}{58} \times \frac{50}{50} \times \frac{51}{50} \times \frac{26}{58} = 160\text{r/min}$$

推广到一般，则计算主轴转速的运动平衡方程式如下。

$$n_m = n_e \times \frac{130}{230} u_c \times 0.98\text{r/min}$$

式中 n_e——主电动机转速（r/min）；

u_c——齿轮变速部分总传动比。

$$u_c = \frac{\text{所有主动齿轮齿数连乘积}}{\text{所有从动齿轮齿数连乘积}}$$

2. 进给运动传动链

进给运动传动链是使刀架实现纵向、横向运动或车削螺纹运动的传动链。

进给运动的动力来源也是主电动机，它的运动是经主运动链、主轴、进给传动链传至刀架，使刀架带着车刀实现进给或车削螺纹。由于刀架的进给量或加工螺纹的导程是以主轴每转过一转时刀架的移动量来表示的（mm/r），所以进给传动链的两端件应为主轴（首件）和刀架（末件）。

CA6140 型卧式车床进给运动传动链的传动路线，参考图 1-25 用图 1-27 的传动结构式表示。

（1）车削螺纹。该车床能车削米制、英制、模数和径节制 4 种标准螺纹。此外还可以车削扩大螺距、非标准螺距及精密的螺纹。无论车削哪一种螺纹，主轴与刀具之间必须保持严格的运动关系，即主轴每转一转，刀具应均匀地移动一个（被加工螺纹）螺距 P 的距离。上述关系称为车削螺纹时进给运动传动链的“计算位移”。在此基础上就可以列出车螺纹时的运动平衡方程式

$$P_h = 1\text{r(主轴)} u P_z$$

式中 u——从主轴到丝杠之间全部传动副的总传动比；

P_z——机床丝杠的导程（P_z=12mm）。

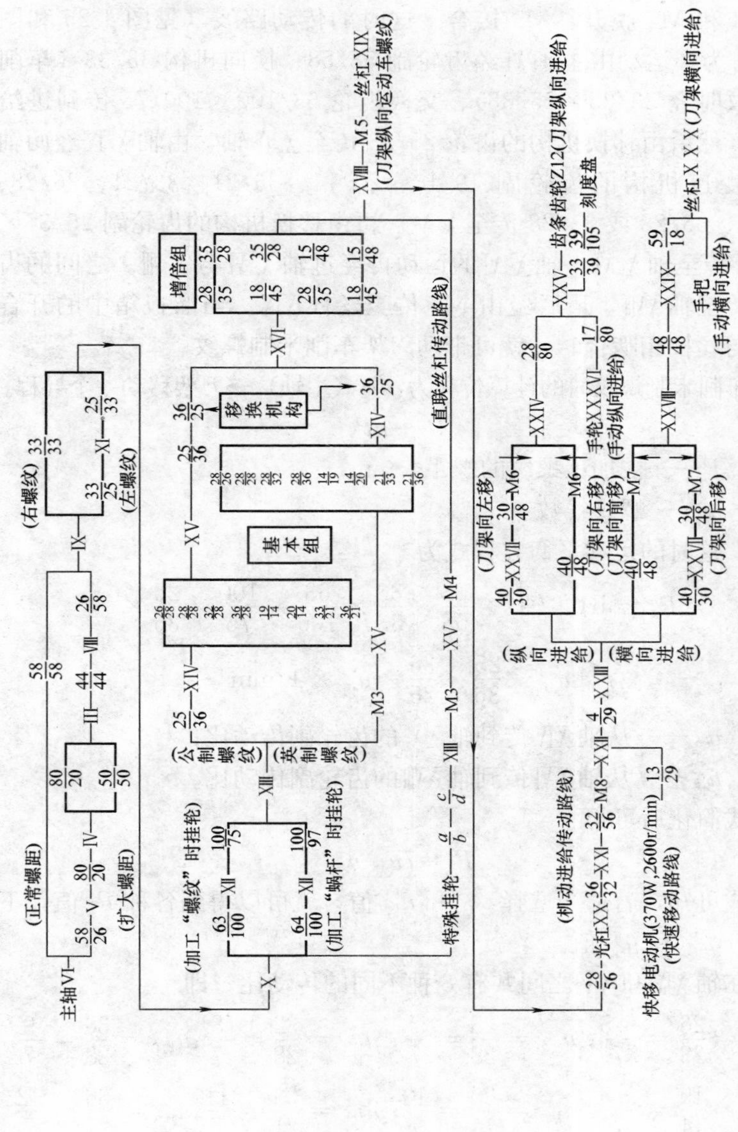

图 1-27 CA6140 型卧式车床进给运动系统传动结构图

由上式可知，为了能加工出各种不同类型和螺距的螺纹，进给传动链中的 u 值应能相应地改变。

1）车削米制螺纹。车削米制螺纹时，进给箱中的内齿轮离合器 M3 和 M4 脱开，M5 接合。这时的传动路线（见图 1-25 和图 1-26）为：运动由主轴Ⅵ经齿轮副 58/58、换向机构 33/33（车削左螺纹时经 33/25×25/33）、交换齿轮 63/100×100/75 传到进给箱中。然后由移换机构的齿轮 25/36 传至ⅩⅣ轴，由轴ⅩⅣ经两轴滑移变速机构的齿轮副 19/14、20/14、36/21、33/21、26/28、28/28、36/28 或 32/28 传至ⅩⅤ。再由移换机构的齿轮副 25/36×36/25 传至轴ⅩⅥ，轴ⅩⅥ的运动再经过轴ⅩⅥ与ⅩⅧ。之间的齿轮副传至轴ⅩⅧ，最后经由 M5 传至丝杠ⅩⅨ。当溜板箱中的开合螺母与丝杠相啮合时，就可带动刀架车削米制螺纹。

车削米制螺纹时的计算位移为：1r（主轴）→刀架移动一个导程。

$$P_Z=\kappa P$$

式中 P——被加工螺纹的螺距，mm；

κ——螺纹线数。

所以，这时的运动平衡方程式为

$$P_z=1\text{r}(主轴)\times\frac{58}{58}\times\frac{33}{33}\times\frac{63}{100}\times\frac{100}{75}\times\frac{25}{36}\times u_{基}\times\frac{25}{36}\times\frac{36}{25}\times u_{倍}\times 12\text{mm}$$

式中 $u_{基}$——从轴ⅩⅣ传到轴ⅩⅤ的齿轮副传动比；

$u_{倍}$——从轴ⅩⅥ传到轴ⅩⅧ的齿轮副传动比。

将上式简化后可得

$$P_z=7u_{基}\ u_{倍}$$

由此式可知，若适当选择 $u_{基}$ 和 $u_{倍}$ 值，就可以得到各种 P_z 值，下面来分 $u_{基}$ 和 $u_{倍}$ 值。

在轴ⅩⅣ和ⅩⅤ之间共有 8 种不同的传动比，即

$$u_{基1}=\frac{26}{28}=\frac{6.5}{7};\ u_{基2}=\frac{28}{28}=\frac{7}{7};\ u_{基3}=\frac{32}{28}=\frac{8}{7};u_{基4}=\frac{36}{28}=\frac{9}{7}$$

$$u_{基5}=\frac{19}{14}=\frac{9.5}{7};\ u_{基6}=\frac{20}{14}=\frac{10}{7};\ u_{基7}=\frac{33}{21}=\frac{11}{7};u_{基8}=\frac{36}{21}=\frac{12}{7}$$

显然这些传动比值成等差级数的规律排列，故只要改变传动副，就能车削出各种按等差数列排列的螺纹。这样的变速组称为进给箱的基本变速组（简称基本组）。

在轴ⅩⅥ到ⅩⅧ之间可有4种不同的传动比，即

$$u_{倍1}=\frac{18}{45}\times\frac{15}{48}=\frac{1}{8}\qquad u_{倍2}=\frac{28}{35}\times\frac{15}{48}=\frac{1}{4}$$

$$u_{倍3}=\frac{18}{45}\times\frac{35}{28}=\frac{1}{2}\qquad u_{倍4}=\frac{28}{35}\times\frac{35}{28}=1$$

上述4种传动比成倍数关系排列，因此只要改变 $u_{倍}$ 值就可车削按倍数关系变化的螺纹，以扩大车削的螺距。这种变速称为增倍变速组（简称增倍组）。

如果将以上两组串联使用，就可车削常用的、按分段等差数列排列的米制标准螺纹（见表1-7）。

表 1-7　　米制螺纹标准螺距

$u_{基}$ / $u_{倍}$	26/28	28/28	32/28	36/28	19/14	20/14	33/14	36/21
1/8	—	—	1	—	—	1.25	—	1.5
1/4	—	1.75	2	2.25	—	2.5	—	3
1/2	—	3.5	4	4.5	—	5	5.5	6
1	—	7	8	9	—	10	11	12

2）车削大螺距螺纹。从表1-7可看出，车米制螺纹的最大导程是12mm，当需加工导程大于12mm的螺纹时，例如车多线螺纹和拉油槽时，就得使用扩大螺距机构。这时应将轴Ⅸ上的滑移齿轮Z58移至右端（见图1-25中的假想线）位置，与Ⅷ轴上的齿轮Z26相啮合。于是主轴与轴Ⅸ之间不再是通过58/58直接联系，而是经轴Ⅴ、Ⅳ、Ⅲ及Ⅷ间的齿轮副实现运动联系（图1-26）。此时，自轴Ⅸ以后的传动路线仍与正常螺距时相同，而从轴Ⅵ到Ⅸ的传动比。

正常螺距时　$u_{Ⅵ\text{-}Ⅸ}=\frac{58}{58}=1$

扩大螺距时 $$u_{扩大1}=\frac{58}{26}\times\frac{80}{20}\times\frac{80}{20}\times\frac{44}{44}\times\frac{26}{58}=16$$

$$u_{扩大2}=\frac{58}{26}\times\frac{80}{20}\times\frac{50}{50}\times\frac{44}{44}\times\frac{26}{58}=4$$

所以，扩大螺距机构的功能是将螺距扩大 4 或 16 倍，以便车削大导程的螺纹。

3）车削模数螺纹。模数螺纹主要是指蜗杆和某些丝杠，是以模数 m 表示螺距的。单线模数螺纹，其螺距 $P_m=\pi m$，它与米制螺距相差一个 π。车模数螺纹时，传动路线与车米制螺纹时基本相同。为了解决这个 π 的问题，将交换齿轮轮换成（64/100）×（100/97），故其运动平衡方程式为

$$1_{r(主轴)}\times\frac{58}{58}\times\frac{33}{33}\times\frac{64}{100}\times\frac{100}{97}\times\frac{25}{36}u_{基}\times\frac{25}{36}\times\frac{36}{25}u_{倍}$$
$$\times 12\pi m\,\frac{64}{100}\times\frac{100}{97}\times\frac{25}{36}\approx\frac{7\pi}{48}$$

上式可化简为

$$m=\frac{7}{4}u_{基}\,u_{倍}$$

把 $u_{基}$ 和 $u_{倍}$ 的不同值分别代入上式可得标准模数螺纹 10 种，见表 1-8。

表 1-8　　模数螺纹模数 *m*　　(mm)

$u_{倍}$ \ $u_{基}$	26/28	28/28	32/28	36/28	19/14	20/14	33/21	36/21
1/8	—	—	0.25	—	—	—	—	—
1/4	—	—	0.5	—	—	—	—	—
1/2	—	—	1	—	—	1.25	—	1.5
1	—	1.75	2	2.25	—	2.5	2.75	3

4）车英制螺纹和径节螺纹　英制螺纹，是以每英寸长度上的螺纹牙数 a 表示（牙/in）。径节螺纹是一种英制蜗杆，它是用径节 P（牙/in）来表示。它们的螺距分别为

$$(英制)P_a=\frac{25.4}{a}\quad(\text{mm})$$

$$(径节制)P_P=\frac{25.4\pi}{P}\quad(\text{mm})$$

车英制螺纹和径节螺纹的传动路线，如图 1-26 所示。将轴ⅩⅢ上 Z25 单联滑移齿轮向右移，使与轴ⅩⅤ左端的内齿轮离合器 M3 离合。同时轴ⅩⅥ上的 Z25 单联滑移齿轮向左移，使与轴ⅩⅣ右端的 Z36 固定齿轮啮合，则轴ⅩⅢ的运动经 M3、轴ⅩⅤ、经基本变速组（其传动比与车公制螺纹时的传动比成倒数），传至轴ⅩⅣ，再经 36/25 传至轴ⅩⅥ，最后经倍增组、轴ⅩⅧ、内齿离合器 M5 传给丝杠。

车英制螺纹的运动平衡方程式为

$$1_{r(主轴)}\times\frac{58}{58}\times\frac{33}{33}\times\frac{63}{100}\times\frac{100}{75}\times\frac{1}{u_{基}}\times\frac{36}{25}\times u_{倍}\times 12=\frac{25.4}{a}$$

式中$\frac{63}{100}\times\frac{100}{75}\times\frac{36}{25}\approx\frac{25.4}{21}$，故上式可化简为

$$a=\frac{7u_{基}}{4u_{倍}}$$

把 $u_{基}$ 和 $u_{倍}$ 的不同值分别代入上式，可得标准英制螺纹 20 种（见表 1-9）。

表 1-9　　**英制螺纹α**　　（牙/in）

$u_{倍}$ \ $1/u_{基}$	28/26	28/28	28/32	28/36	14/19	14/20	21/33	21/36
1/8	—	14	16	18	19	20	—	24
1/4	—	7	8	9	—	10	11	12
1/2	$3\frac{1}{4}$	$3\frac{1}{2}$	4	$4\frac{1}{2}$	—	5	—	6
1	—	—	2	—	—	—	—	3

车径节螺纹的运动平衡方程式为

$$1_{r(主轴)}\times\frac{58}{58}\times\frac{33}{33}\times\frac{64}{100}\times\frac{100}{97}\times\frac{1}{u_{基}}\times\frac{36}{25}\times u_{倍}\times 12=\frac{25.4\pi}{P}$$

对比车英制螺纹时的平衡方程式左边，只有交换齿轮不同。

以$\frac{64}{100}\times\frac{100}{97}\times\frac{36}{25}\approx\frac{25.4\pi}{84}$代入上式并化简得

$$P=7\frac{u_{基}}{u_{倍}}$$

把 $u_{基}$ 和 $u_{倍}$ 的不同值分别代入上式，可得标准径节螺纹 24 种

（见表 1-10）。

表 1-10　　径节螺纹 P　　（牙/in）

$u_{倍}$ \ $1/u_{基}$	28/28	28/32	28/36	14/19	14/20	21/33	21/36
1/8	56	64	72	—	80	88	96
1/4	28	32	36	—	40	44	48
1/2	14	16	18	—	20	22	24
1	7	8	9	—	10	11	12

5）车削非标准螺距螺纹　当需要车削非标准螺距螺纹时，利用上述传动路线都无法得到，这时须将齿式离合器 M3、M4、M5 全部啮合。进给箱中的传动路线是由轴ⅩⅢ、M3、经ⅩⅤ、M4、ⅩⅧ、M5 传至丝杠ⅩⅨ，被加工螺纹的螺距是依靠调整交换齿轮的传动比 $u_{交}$ 来实现（图 1-25、图 1-26）。其运动平衡方程式为

$$P = 1_{r(主轴)} \times \frac{58}{58} \times \frac{33}{33} \times u_{交} \times 12$$

将上式化简，得交换齿轮的换置公式

$$u_{交} = \frac{a}{b} \cdot \frac{c}{d} = \frac{P}{12}$$

应用此换置公式，适当地选择交换齿轮 a、b、c 及 d 的齿数，就可车削出所需的螺距。由于传动路线较短，如选用较精确的交换齿轮，可车削出较精确的螺纹。

（2）机动进给。车削内外圆柱面时，可使用机动的纵向进给。车削端面时，可使用机动的横向进给。

1）传动路线　为了避免丝杠磨损过快及便于操纵（将刀架运动的操纵机构放在溜板箱上），机动进给运动，是由光杠经溜板箱传动的。运动由光杠ⅩⅩ经溜板箱中的齿轮副 36/32、32/56、超越离合器及安全离合器 M8，轴ⅩⅫ蜗杆副 4/29 传至轴ⅩⅩⅢ。此后有两条传动路线：一条是运动由轴ⅩⅩⅢ经齿轮副 40/48 或 40/30、30/48、双向离合器 M6、轴ⅩⅩⅣ、齿轮副 28/80、轴ⅩⅩⅤ传至小齿轮 Z12 时，由于小齿轮与固定在床身上的齿条相啮合，故使刀架作机动的纵向进给。另一条是由轴ⅩⅩⅢ经齿轮副 40/48 或 40/30、30/48、双向离合器 M7、轴在ⅩⅤⅢ及齿轮副 48/48、59/18 传至横进给丝杠ⅩⅩⅩ

后，就使刀架作机动横向进给。

为了避免发生事故，纵向、横向机动进给及车螺纹三种传动路线，只允许接通其中一种，这是由操纵机构及互锁机构来保证的。溜板箱中的双向离合器 M6 及 M7 是用于变换进给运动方向的。轴ⅩⅩⅩ上的手把用于横向移动刀架，轴ⅩⅩⅥ上的手轮用于纵向移动刀架。

2）纵向机动进给量。从图 1-25 和图 1-27 可以看出，由于机床有 4 种类型的传动路线，共能获得 64 种纵向进给量。其中经正常螺距、米制螺纹传动路线传动可获得正常进给量 32 种（0.08～1.22mm/r），其运动平衡方程式为

$$f_{纵}=1_{r(主轴)}\times\frac{58}{58}\times\frac{33}{33}\times\frac{63}{100}\times\frac{100}{75}\times\frac{25}{36}\times u_{基}\times\frac{25}{36}\times\frac{36}{25}u_{倍}$$

$$\times\frac{28}{56}\times\frac{36}{32}\times\frac{32}{56}\times\frac{4}{29}\times\frac{40}{30}\times\frac{30}{48}\times\frac{28}{80}\pi\times2.5\times12\text{mm/r}$$

化简后可得

$$f_{纵}=0.71u_{基}\ u_{倍}$$

另外 3 种类型的传动路线是：①正常螺距、英制螺纹传动路线，可获得从 0.86～1.59mm/r 的 8 种较大纵向进给量（其余都与上述路线重复）；②扩大螺距、英制螺纹传动路线，可得到从 1.71～6.33mm/r 的 16 种大的纵向进给量；③扩大螺距、米制螺纹传动路线，可得到从 0.028～0.054mm/r 的 8 种细进给量（见表 1-11）。

3）横向机动进给量。类似纵向进给的运动平衡方程式，也可列出横向进给的运动平衡方程式，化简后可得

$$f_{纵}=0.353u_{基}\ u_{倍}$$

对比纵、横向进给量计算公式可知，横向进给量为纵向进给量之半。

（3）刀架的快速运动。为了减轻工人劳动强度，缩短辅助时间，在机床的光杠右端装有快速电动机。当按下快速运动按钮，使快速电动机接通，经齿轮副 13/29 使轴ⅩⅫ高速转动，于是运动再经蜗杆蜗轮传动传给溜板箱内的传动机构，使刀架实现快速的横向或纵向进给。

表 1-11　　　　**CA6140 型卧式车床纵向进给量表**

进给量 f (mm/r)	$n_{主}$ (r/min)			$u_{倍}$ \ $u_{基}$ \ 移换机构	米制螺纹								英制螺纹							
					$\frac{26}{28}$	$\frac{28}{28}$	$\frac{32}{28}$	$\frac{36}{28}$	$\frac{19}{14}$	$\frac{20}{14}$	$\frac{33}{21}$	$\frac{36}{21}$	$\frac{28}{26}$	$\frac{28}{28}$	$\frac{28}{32}$	$\frac{28}{36}$	$\frac{14}{19}$	$\frac{14}{20}$	$\frac{21}{33}$	$\frac{21}{36}$
常用进给量	10～1400			1/8	0.08	0.09	0.10	0.11	0.12	0.13	0.14	0.15	—	—	—	—	—	—	—	—
				1/4	0.16	0.18	0.20	0.22	0.24	0.26	0.28	0.36	—	—	—	—	—	—	—	—
				1/2	0.33	0.36	0.41	0.46	0.48	0.51	0.56	0.61	—	—	—	—	—	—	—	—
				1	0.66	0.71	0.81	0.91	0.96	1.02	1.12	1.22	1.59	1.47	1.29	1.15	1.09	1.03	0.94	0.86
细小进给小	450～1400			1/8	0.028	0.032	0.036	0.039	0.043	0.046	0.050	0.054	—	—	—	—	—	—	—	—
加大进给量	10～32	1/8 (×16)	40～125	1/2 (×4)	—	—	—	—	—	—	—	—	3.16	2.93	2.57	2.28	2.16	2.05	1.87	1.71
		1/4 (×16)		1(×4)	—	—	—	—	—	—	—	—	6.33	5.87	5.14	4.56	4.32	4.11	3.74	3.42

第三节　车床的安装、调整及精度检验

一、车床安装要点

（一）车床的基础

车床的自重、工件的重量、切削力等，都将通过车床的支承部件而最后传给地基。所以地基的质量直接关系到车床的加工精度、运动平稳性、车床的变形、磨损以及车床的使用寿命。因此，车床在安装之前，首要的工作是打好基础。

车床地基一般分为混凝土地坪式（即车间水泥地面）和单独块状式两大类。因切削过程中会产生振动，车床的单独块状式地基需要采取适当的防振措施；对于高精度的车床，更需采用防震地基，以防止外界振源对车床加工精度的影响。

单独块状式地基的平面尺寸应比车床底座的轮廓尺寸大一些。地基的厚度则决定于车间土壤的性质，但最小厚度应保证能把地脚螺栓固结。一般可在机床说明书中查得地基尺寸。

用混凝土浇灌机床地基时，常留出地脚螺栓的安装孔（根据机床说明书中查得的地基尺寸确定），待将车床装到地基上并初步找好水平后，再浇灌地脚螺栓。常用的地脚螺栓如图 1-28 所示。

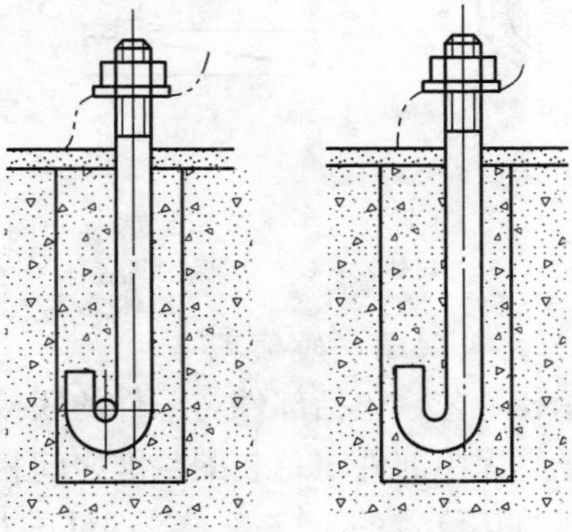

图 1-28　常用的地脚螺栓形式

（二）车床基础的安装方法

车床基础的安装通常有两种方法：一种是在混凝土地坪上直接安装车床，并用图 1-29 所示的调整垫铁调整水平后，在床脚周围浇灌混凝土固定车床。这种方法适用于小型和振动轻微的车床。另一种是用地脚螺栓将车床固定在块状式地基上，这是一种常用的方法。安装车床时，先将车床吊放在已凝固的地基上，然后在地基的螺栓孔内装上地脚螺栓并用螺母将其联接在床脚上。待车床用调整垫铁调整水平后，用混凝土浇灌进地基方孔。混凝土凝固后，再次对机床调整水平并均匀地拧紧地脚螺栓。

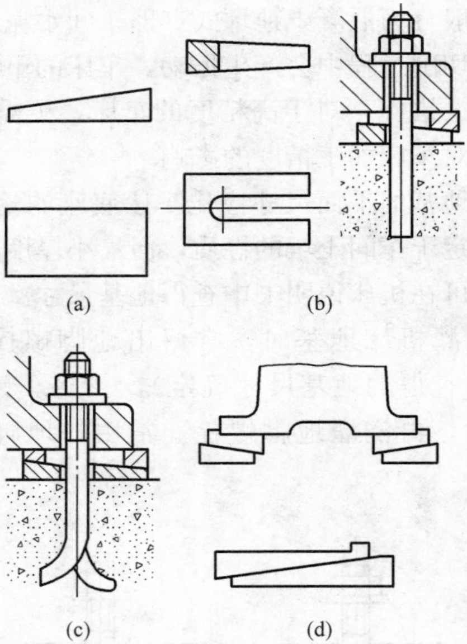

图 1-29　车床常用垫铁

(a) 斜垫铁；(b) 开口垫铁；(c) 带通孔斜垫铁；(d) 钩头垫铁

（三）卧式车床总装配顺序的确定

卧式车床的总装工艺，包括部件与部件的联接，零件与部件的连接，以及在联接过程中部件与总装配基准之间相对位置的调整或校正，各部件之间相互位置的调整等。各部件的相对位置确定后，还要钻孔，车螺纹及铰削定位销孔等。总装结束后，必须进行试车和验收。

总装配顺序，一般可按下列原则进行。

（1）首先选出正确的装配基准。这种基准大部分是床身的导轨面，因为床身是车床的基本支承件，其上安装着车床的各主要部件，而且床身导轨面是检验机床各项精度的检验基准。因此，机床的装配，应从所选基面的直线度、平行度及垂直度等项精度着手。

（2）在解决没有相互影响的装配精度时，其装配先后以简单方便来定。一般可按先下后上，先内后外的原则进行。例如在装配车床时，如果先解决车床的主轴箱和尾座两顶尖的等高度精度或者先解决丝杠与床身导轨的平行度精度，在装配顺序的先后上是没有多大关系的，问题是在于能简单方便地顺利进行装配就行。

（3）在解决有相互影响的装配精度时，应该先装配好公共的装配基准，然后再按次序达到各有关精度。

以 CA6140 车床总装顺序为例，如图 1-30 所示为其装配单元系统图。

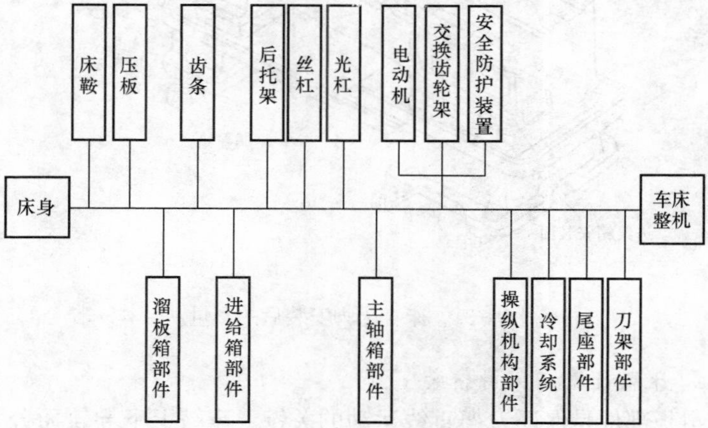

图 1-30　CA6140 车床总装配单元系统图

（四）卧式车床总装配工艺要点

1. 床身与床脚的装配

床身与床脚用螺栓联接，这也是车床总装的基本部件。床身导轨的精加工往往也是在床身与床脚结合后再进行的。其装配工艺要点如下。

(1) 将床身与床腿结合面的毛刺清除并倒角，同时在结合面加入 1～2mm 厚的纸垫，可防止漏油。

(2) 为了在安装时不引起机床的变形，对已达到规定精度的床身，在机床脚下应合理分布可调节垫铁。各垫铁应受力均匀，使整个床身搁置稳定。用水平仪指示读数来调整床身处于自然水平位置，并使床鞍导轨的扭曲误差至最小，如图 1-31 所示。

(3) 按导轨刮研步骤和方法刮削床身导轨，并用水平仪、百分表等量具测量导轨的直线度和平行度误差。

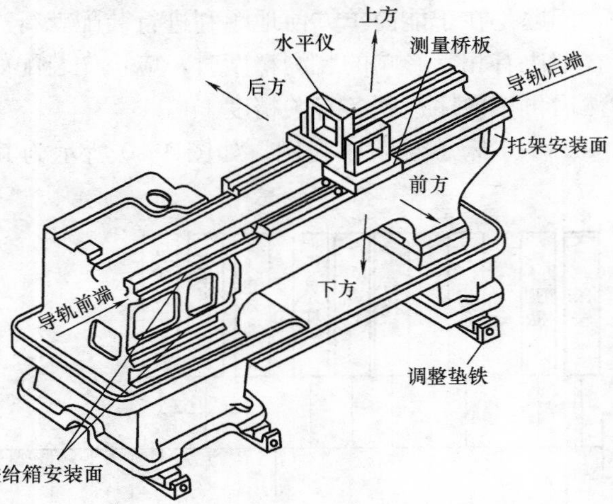

图 1-31 床身床脚安装后的测量

2. 床鞍配刮与床身拼装

滑板部件是保证刀架直线运动的关键。床鞍上下导轨面分别与刀架中滑板和床鞍导轨配刮而成。检查床鞍上、下导轨的垂直度误差的方法，见图 1-32 所示。先纵向移动溜板，校正床头放 90°角尺的一个边与溜板移动方向平行，然后将百分表移放在中滑板上，沿横向导轨全长上移动，百分表最大读数值，就是床鞍上、下导轨面的垂直度误差。若超差时，应继续刮研床鞍的下导轨面，直至合格。

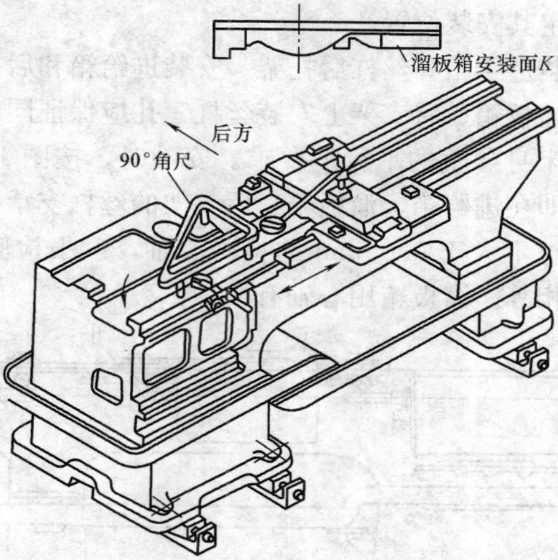

图 1-32 测量床鞍上、下导轨的垂直度误差

3. 溜板箱、进给箱及主轴箱的安装

(1) 溜板箱安装。溜板箱安装在总装配过程中起重要作用。其安装位置直接影响丝杠、螺母能否正确啮合，进给能否顺利进行，是确定进给箱和丝杠后支架安装位置的基准。

(2) 安装齿条。溜板箱位置校正后，则可安装齿条，主要是保证纵向进给小齿轮与齿条的啮合间隙。正常啮合侧隙为 0.08mm，检验方法和横向进给齿轮副侧隙检验方法相同。并以此确定齿条安装位置和厚度尺寸。

由于齿条加工工艺限制，车床齿条由几根拼接装配而成。为保证相邻齿条接合处的齿距精度，安装时，应用标准齿条进行跨接校正，如图 1-33 所示。校正后，在两根相接齿条的接合端面之间，须留有 0.5mm 左右的间隙。

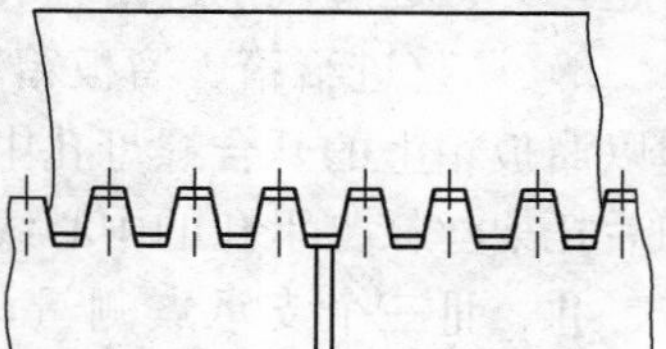

图 1-33 齿条跨接校正

齿条安装后，必须在溜板行程的全长上检查纵进给小齿轮与齿条的啮合间隙，间隙要一致。齿条位置调好后，每个齿条都配两个定位

销钉，以确定其安装位置。

（3）安装进给箱和丝杠后托架。安装进给箱和后托架主要是保证进给箱、溜板箱、后支架上安装丝杠三孔应保证同轴度要求，并保证丝杠与床身导轨的平行度要求。安装时，按图 1-34 所示进行测量调整。即在进给箱，溜板箱，后支架的丝杠支承孔中，各装入一根配合间隙不大于 0.05mm 的检验心轴，三根检验心轴外伸测量端的外径相等。溜板箱用心轴有两种：

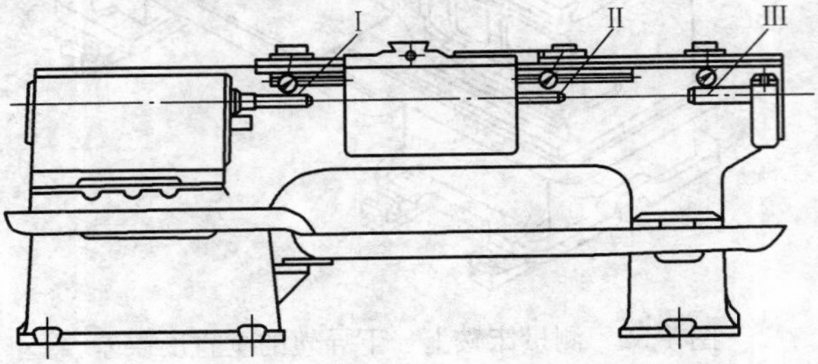

图 1-34　丝杠三点同轴度误差测量

一种外径尺寸与开合螺母外径相等，它在开合螺母未装入时使用；另一种具有与丝杠中径尺寸一样的螺纹，测量时，卡在开合螺母中。前者测量可靠，后者测量误差较大。

安装进给箱和丝杠后托架，可按下列步骤进行。

1）调整进给箱和后托架丝杠安装孔中心线与床身导轨平行度误差用专用测量工具，检查进给箱和后支架用来安装丝杠孔的中心线。其对床身导轨平行度公差：①上母线为 0.02mm/100mm，只许前端向上偏；②侧母线为 0.01mm/100mm，只许向床身方向偏。若超差，则通过刮削进给箱和后托架与床身结合面来调整。

2）调整进给箱、溜板箱和后托架三者丝杠安装孔的同轴度误差以溜板箱上的开合螺母孔中心线为基准，通过抬高或降低进给箱和后托架丝杠支承孔的中心线，使丝杠三处支承孔同轴。其精度在Ⅰ、Ⅱ、Ⅲ三个支承点测量，上母线公差为 0.01mm/100mm。横向方向移出或推进溜板箱，使开合螺母中心线进给箱、后托架中心线同轴。其精度为侧母线 0.01mm/100mm。

调整合格后，进给箱、溜板箱和后托架即配作定位销钉，以确保精度不变。

(4) 主轴箱的安装。主轴箱是以底平面和凸块侧面与床身接触来保证正确安装位置。底面是用来控制主轴轴线与床身导轨在垂直平面内的平行度误差；凸块侧面是控制主轴轴线在水平面内与床身导轨的平行度误差。主轴箱的安装，主要是保证这两个方向的平行度要求。安装时，按图 1-35 所示进行测量和调整。主轴孔插入检验心轴，百分表座吸在刀架下滑座上，分别在上母线和侧母线上测量，百分表在全长 (300mm) 范围读数差就是平行度误差值。

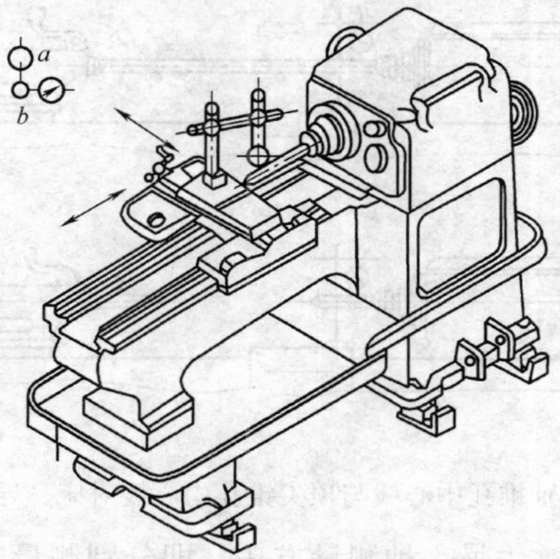

图 1-35　主轴轴线与床身导轨平行度误差测量

安装要求是：①上母线为 0.03mm/300mm，只许检验心轴外端向上抬起（俗称“抬头”），若超差刮削结合面；②侧母线为 0.015mm/300mm，只许检验心轴偏向操作者方向（俗称“里勾”）。超差时，通过刮削凸块侧面来满足要求。

为消除检验心轴本身误差对测量的影响，测量时旋转主轴 180°做两次测量，两次测量结果的代数和之半就是平行度误差。

(5) 尾座的安装。尾座的安装分如下两步进行。

1) 调整尾座的安装位置以床身上尾座导轨为基准，配刮尾座底板，使其达到精度要求。

2) 调整主轴锥孔中心线和尾座套筒锥孔中心线对床身导轨的等距离。测量方法如图 1-36(a)所示，在主轴箱主轴锥孔内插入一个顶尖，并校正其与主轴轴线的同轴度误差。在尾座套筒内，同样装一个顶尖，二顶尖之间顶一标准检验心轴。将百分表置于床鞍上，先将百分表测头顶在心轴侧母线，校正心轴在水平平面与床身导轨平行。再将测头触于检验心轴的上母线，百分表在心轴两端的读数差，即为主轴锥孔中心线与尾座套筒锥孔中心线，对床身导轨的等距度误差。为了消除顶尖套中顶尖本身误差对测量的影响，一次检验后，将顶尖退出，转过180°重新检验一次，两次测量结果的代数和之半，即为其误差值。

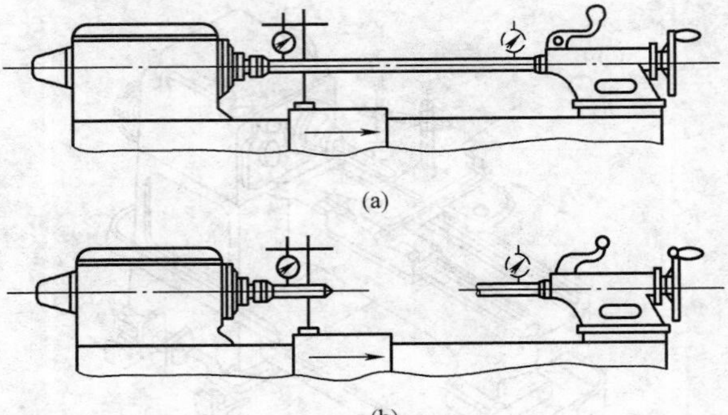

(a)

(b)

图 1-36　主轴锥孔中心线与顶尖锥孔中心线对床身导轨的等距度

图 1-36（b）为另一种测量方法，即分别测量主轴和尾座锥孔中心线的上母线，再对照两检验心轴的直径尺寸和百分表读数，经计算求得。在测量之前，也要校正两检验心轴在水平面内与床身导轨的平行度误差。

测量结果应满足上母线允差 0.06mm（只允许尾座高）的要求，若超差则通过刮削尾座底板来调整。

(6) 安装丝杠、光杠。溜板箱、进给箱、后支架的三支承孔同轴度校正后，就能装入丝杠、光杠。丝杠装入后应检验如下精度。

1）测量丝杠两轴承中心线和开合螺母中心线对床身导轨的等距度测量方法如图 1-37 所示，用专用测量工具在丝杠两端和中央三处测量。三个位置中对导轨相对距离的最大差值，就是等距度误差。测量时，开合螺母应是闭合状态，这样可以排除丝杠重量、弯曲等因素对测量数值的影响。溜板箱应在床身中间，防止丝杠挠度

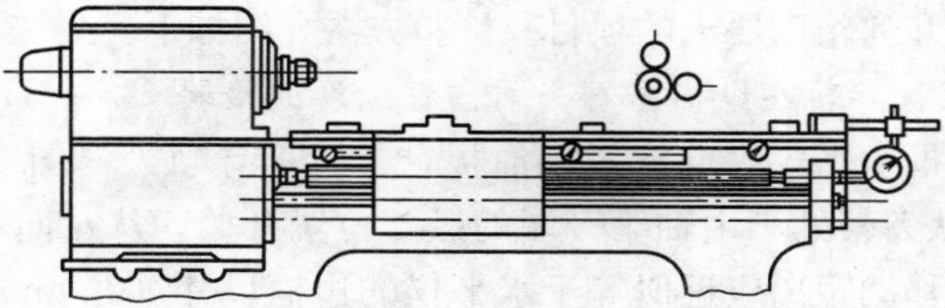

图 1-37　丝杠与导轨等距度及轴向窜动的测量

对测量的影响。此项精度允差为：①在丝杠上母线上测量为 0.15mm；②在丝杠侧母线上测量为 0.15mm。

2）丝杠的轴向窜动。测量方法如图 1-37 所示，在丝杠的后端的中心孔内，用黄油粘住一个钢球，平头百分表顶在钢球上。合上开合螺母，使丝杠转动，百分表的读数差就是丝杠轴向窜动误差，最大不应超过 0.015mm。

此外，还有安装电动机、交换齿轮架及安全防护装置及操纵机构等工作。

(7) 安装刀架。小刀架部件装配在刀架下滑座上，按图 1-38 所示方法测量小刀架移动对主轴中心线的平行度误差。

测量时，先横向移动刀架，使百分表触及主轴锥孔中插入的检验心轴上母线最高点。再纵向移动小刀架测量，误差不超过 0.03mm/100mm。若超差，通过刮削小刀架滑板与刀架下滑座的结合面来调整。

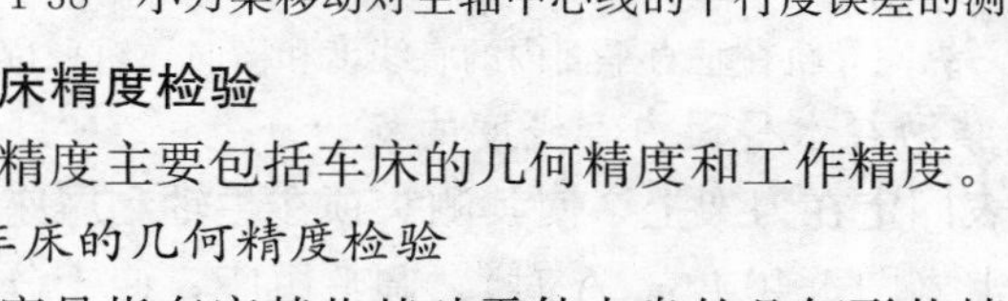

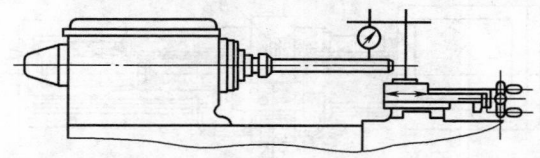

图 1-38　小刀架移动对主轴中心线的平行度误差的测量

二、车床精度检验

车床的精度主要包括车床的几何精度和工作精度。

（一）车床的几何精度检验

几何精度是指车床某些基础零件本身的几何形状精度、相互位置精度及其相对运动的精度。车床的几何精度是保证加工精度的最基本条件。

车床几何精度要求的项目及检验方法介绍如下。

1. 床身导轨在纵向垂直平面内直线度的检验

将方框水平仪纵向放置在溜板上靠近前导轨处（图 1-39 中位置 A），从刀架处于主轴箱一端的极限位置开始，从左向右移动溜板，每次移动距离应近似等于水平仪的边框尺寸（200mm）。依次记录溜板在每一测量长度位置时的水平仪读数。将这些读数依次排列，用适当的比例画出导轨在垂直平面内的直线度误差曲线。水平仪读数为纵坐标，溜板在起始位置时的水平仪读数为起点，由坐标原点起作一折线段，其后每次读数都以前折线段的终点为起点，画出相应折线段，各折线段组成的曲线，即为导轨在垂直平面内直线度曲线。曲线相对其两端连线的最大坐标值，就是导轨全长的直线度误差，曲线上任一局部测量长度内的两端点相对曲线两端点的连线坐标差值，也就是导轨的局部误差。

2. 床身导轨在横向平行度的检验

上一项检验结束后，将水平仪转位 90°，与导轨垂直（图 1-39 位置 B），移动溜板，逐段检查，水平仪在全行程上读数的最大代数差值就是导轨的平行度误差。

车床导轨中间部分使用机会较多，比较容易磨损，因此规定导轨只允许中部凸起。

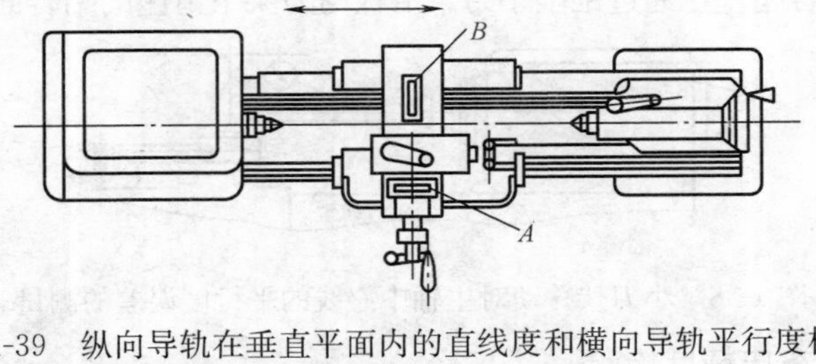

图 1-39　纵向导轨在垂直平面内的直线度和横向导轨平行度检验

3. 溜板移动在水平面内直线度的检验

将千分表固定在刀架上，使其测头顶在主轴和尾座顶尖间的检验棒侧母线上（图 1-40 位置 A 时），调整尾座，使千分表在检验棒两端的读数相等。然后移动溜板，在全行程上检验。千分表在全行程上读数的最大代数差值，就是水平面内的直线度误差。

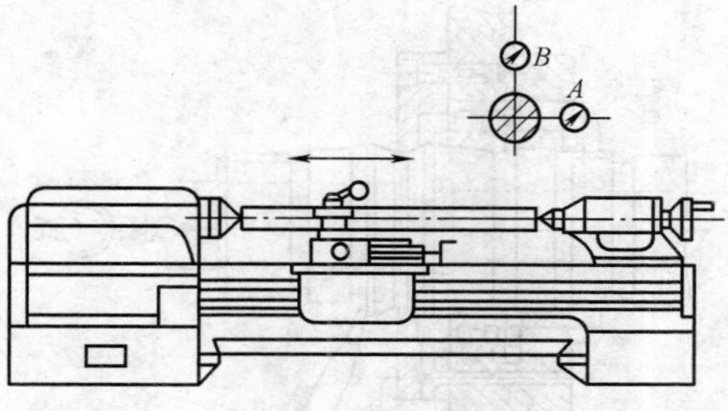

图 1-40　溜板移动在水平面内的直线度检验

4. 尾座移动时在垂直平面和水平面对溜板移动平行度的检验

将千分表固定在刀架上，使其测头分别顶在近尾座体端面顶尖套筒的上母线和侧母线上，如图 1-41 所示。A 位置检验在垂直平面内的平行度；B 位置检验在水平面内的平行度。锁紧顶尖套，使尾座与溜板一起移动（允许溜板与尾座之间加一个垫），在溜板的全部行程上检验。A、B 两位置的误差分别计算，千分表在任一测量段上和全部行程上读数的最大差值，就是车床局部长度内和全部长度上的平行度误差。

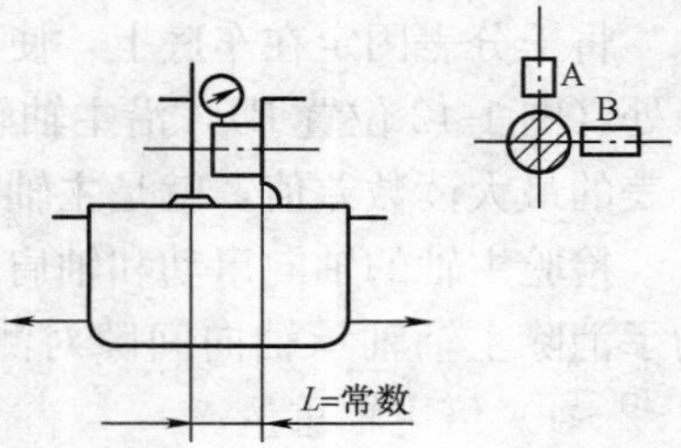

图 1-41　尾座移动对溜板移动平行度的检验

检验主轴与尾座两顶尖等高的方法则采用图 1-40 位置 B，两顶尖间顶一根长度约为最大顶尖距一半的检验棒，紧固尾座，锁紧顶尖套，将千分表固定在溜板上，移动溜板，在检验棒的两端检验上母线的等高度。千分表的最大读数差值就是主轴和尾座两顶尖等高的误差。通常只允许尾座端高。

5. 主轴轴向窜动量的检验

在主轴锥孔内插入一根短锥检验棒，在检验棒中心孔放一颗钢珠，将千分表固定在车床上，使千分表平测头顶在钢珠上（图 1-42 位置 A），沿主轴轴线加一力 F，旋转主轴进行检验，千分表读数的最大差值，就是主轴轴向窜动的误差。

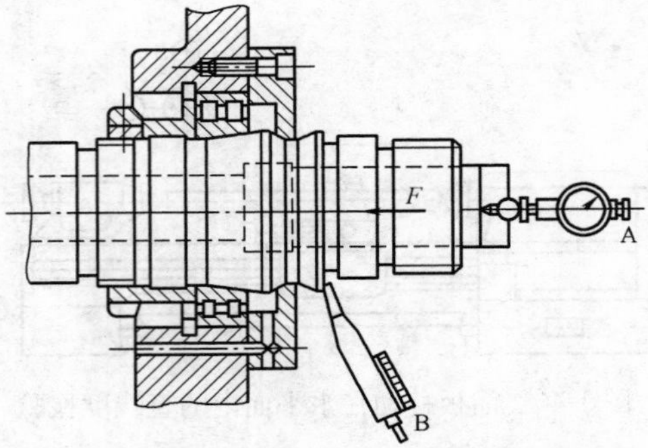

图 1-42　主轴轴向窜动和轴肩支承面跳动的检验

6. 主轴轴肩支承面跳动的检验

将千分表固定在车底上，使其测头顶在主轴轴肩支承面靠近边缘处（图 1-42 位置 B），沿主轴轴线加一力 F，旋转主轴检验。千分表的最大读数差值，就是主轴轴肩支承面的跳动误差。

检验主轴的轴向窜动和轴肩支承面跳动时外加一轴向力 F，是为了消除主轴轴承轴向间隙对测量结果的影响。其大小一般等于（1/2～1）倍主轴重量。

7. 主轴锥孔轴线径向圆跳动的检验

将检验棒插入主轴锥孔，千分表固定在溜板上，使千分表测头顶在靠近主轴端面 A 处的检验棒表面，旋转主轴检验。然后移动溜板使千分表移至距主轴端面 300mm 的 B 处，旋转主轴检验，如图 1-43 所示。A、B 的测量结果就是千分表读数的最大差值。为了消除检验棒误差对测量的影响，一次检验后，需拔出检验棒，相对主轴旋转 90°，重新插入主轴锥孔中依次再重复测量检验三次，取四次的测量结果平均值就是主轴锥孔轴线的径向圆跳动误差。A、B 两处的误差应分别计算。

8. 主轴轴线对溜板移动平行度的检验

在主轴锥孔中插入一检验棒，把千分表固定在刀架上，使千分表测头触及检验棒表面，如图 1-44 所示。移动溜板，分别对侧母线 A 和上母线 B 进行检验，记录千分表读数的最大差值。为消除检验棒轴线与旋转轴线不重合对测量的影响，必须旋转主轴 180°，再同样检验一次，A、B 的误差分别计算，两次测量结果的代数和之半就是主轴轴线

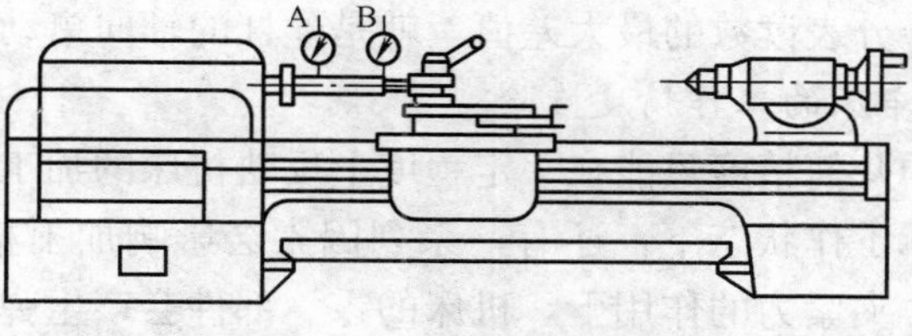

图 1-43　主轴锥孔轴线的径向圆跳动检验

对溜板移动的平行度误差。要求水平面内的平行度允差只许向前偏，即检验棒前端偏向操作者；垂直平面内的平行度允差只许向上偏。

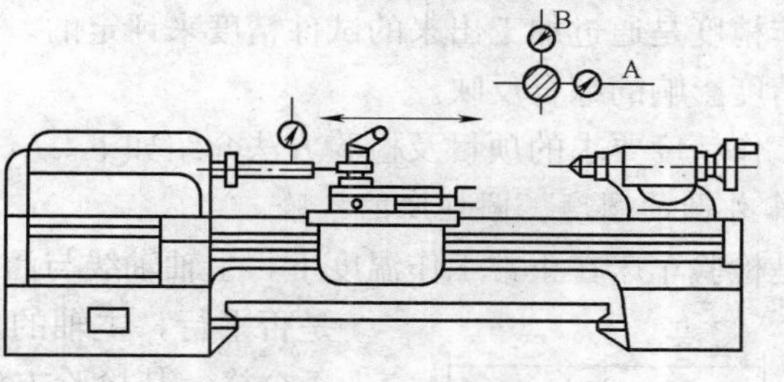

图 1-44　主轴轴线对溜板移动平行度的检验

9. 中滑板横向移动对主轴轴线的垂直度检验

将检验平盘固定于主轴锥孔中，千分表固定在中滑板上，使千分表测头顶在平盘端面，移动中滑板进行检验，如图 1-45 所示。将主轴旋转 180°，再同样检验一次，两次结果的代数和之半，就是垂直度误差。检验规定偏差方向 $\alpha \geqslant 90°$。

10. 丝杠的轴向窜动检验

在丝杠顶端中心孔内放置一钢球，将千分表固定在床身上，测头触及钢球，如图 1-46 所示。在丝杠中段闭合开合螺母，旋转丝

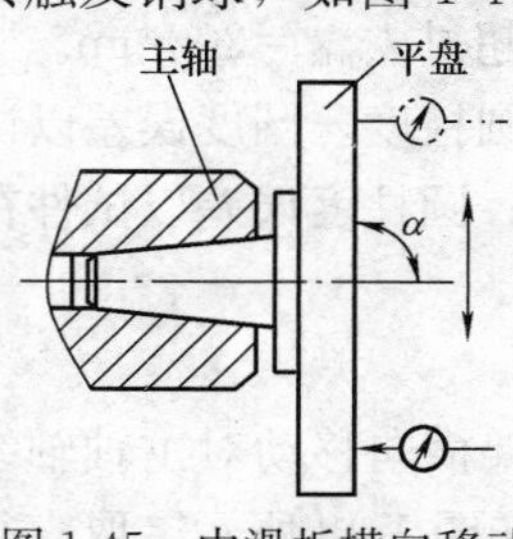

图 1-45　中滑板横向移动对主轴轴线的垂直度检验

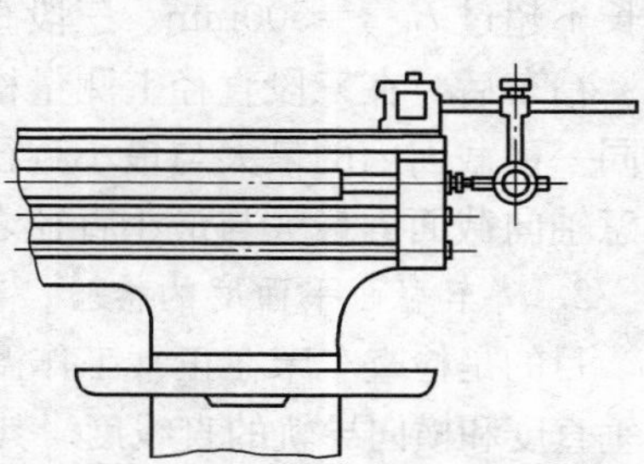

图 1-46　丝杠的轴向窜动检验

杠检验。千分表读数的最大差值，就是丝杠的轴向窜动误差。

（二）车床的工作精度检验

车床的几何精度只能在一定程度上反映机床的加工精度，因为车床在实际工作状态下，还有一系列因素会影响加工精度。例如，在切削力、夹紧力的作用下，机床的零、部件会产生弹性变形；在内、外热源的影响下，机床的零、部件会产生热变形；在切削力和运动速度的影响下，机床会产生振动等。车床的工作精度是指车床在运动状态和切削力作用下的精度，即车床在工作状态下的精度。车床的工作精度是通过加工出来的试件精度来评定的。也是各种因素对加工精度影响的综合反映。

车床工作精度要求的项目及检验方法介绍如下。

1. 精车外圆的圆度、圆柱度的检验

目的是检验车床在正常工作温度下，主轴轴线与溜板移动方向是否平行，主轴的旋转精度是否合格。其检验方法如图 1-47 所示。取直径≥$D_c/8$（D_c 为最大工件回转直径）的钢质圆柱试件，用卡盘夹持（试件也可直接插入主轴锥孔中），在机床达到稳定温度的工作条件下，用车刀在圆柱面上精车三段直径。当实际车削长度＜50mm 时，可车削两段直径。实际尺寸 $D \geqslant D_c/8$，长度 $l_1 = D_c/2$，最长不超过 $l_{1max} = 500$mm。三段直径长度不超过 $l_{2max} = 200$mm。

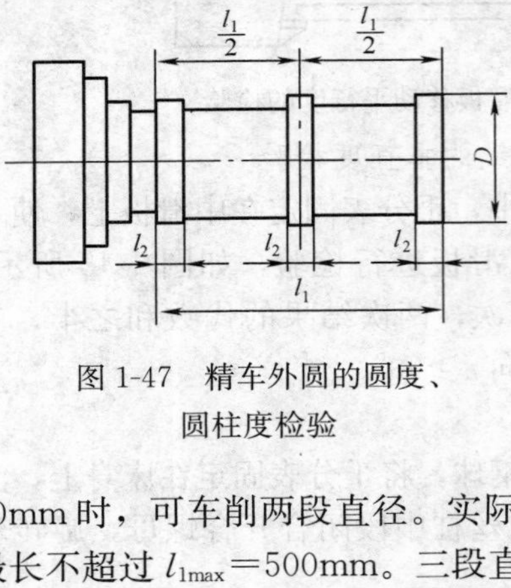

图 1-47 精车外圆的圆度、圆柱度检验

精车后，在三段直径上测量检验圆度和圆柱度。圆度误差以试件同一横截面内的最大与最小直径之差计算；圆柱度误差以试件在任意轴向截面内最大与最小直径之差计算。

2. 精车端面平面度的检验

目的是检查车床在正常工作温度下，刀架横向移动对主轴轴线的垂直度和横向导轨的直线度。其检验方法如图 1-48 所示。取直径大于或等于 $D_c/2$ 的盘形铸铁试件，用卡盘夹持，在机床达到稳定温度度的工作条件下，精车垂直于主轴的端面，可车两个或三个 20mm 宽的间隔平面，其中之一为中心平面。实际尺寸 $D \geqslant D_c/2$；L 最大不超过 $l_{max}=D_c/8$。

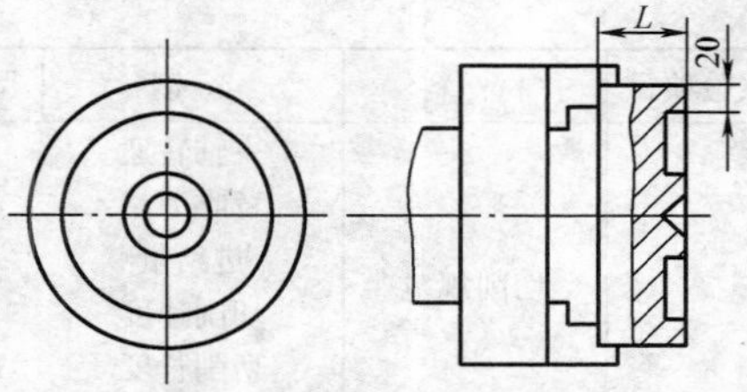

图 1-48　精车端面平面度的检验

精车后，用平尺和量块检验，也可用千分表检验。千分表固定在刀架上，使其测头触及端面的后部半径上，移动刀架检验，千分表读数的最大差值之半，就是端面平面度误差。

3. 精车螺纹时螺距误差的检验

目的是检查车床在正常工作温度下，车削加工螺纹时，其传动系统的准确性。其检验方如图 1-49 所示。在车床两顶尖间顶一根直径与车床丝杠直径相近（或相等）、长度 $L_{min} \geqslant$ 300mm 的钢质试件，精车和车床丝杠螺距相等的 60°普通螺纹。

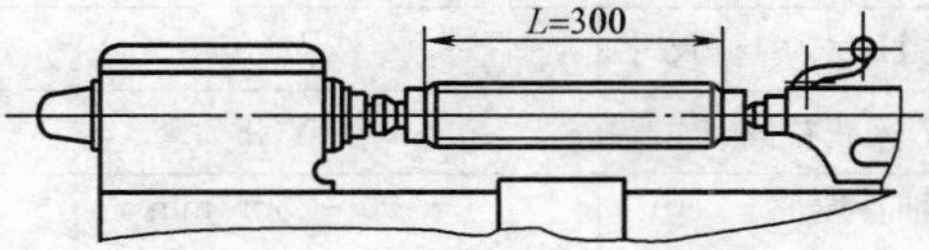

图 1-49　精车螺纹的螺距误差检验

精车后，在 300mm 和任意 50mm 的长度内，用专用精密检验工具在试件螺纹的左、右侧面，检验其螺距误差。螺纹表面无凹陷与波纹、表面粗糙度达到要求，检验结果才真实可信。

4. 车槽（切断）试验

目的是考核车床主轴系统及刀架系统的抗震性能，检查主轴部件的装配质量、主轴旋转精度、溜板刀架系统刮研配合的接触质量及配合间隙是否合适。

车床工作精度试验规范见表 1-12。

表 1-12　车床工作精度试验

试验项目	材　料	45 钢	尺寸	ϕ80mm～ϕ50mm×250mm
精车外圆试验	刀　具	1. 高速钢车刀几何形状：$\gamma_o=10°$　$\alpha_o=6°$　$K_r=60°$　$K'_r=60°$　$\lambda_s=0°$　$\gamma_\varepsilon=1.5$mm 2. 45°标准外圆车刀 YT30		

续表

试验项目	材　料	45 钢	尺寸	ϕ80mm～ϕ50mm×250mm
精车外圆试验	切削规范	主轴转速	n	230r/min
		背吃刀量	a_p	0.2～0.4mm
		进给量	f	0.08mm/r
		切削速度	v_c	58～32.8m/min
		切削长度	l_m	150mm
		机动时间	t_m	8.15min
	损耗功率	切削功率	P_m	0.123～0.077kW
		电动机功率	P_E	1.823～1.777kW
	精度检验	圆　度		0.01mm
		锥　度		0.01/100mm
	表面粗糙度	Ra2.5～1.25μm，工作物表面不应有目力直接能看到的振痕和波纹		
	装夹方式	用卡盘		
精车端面试验	材　料	铸铁 HT200	尺寸	ϕ250
	刀　具	45°标准右偏刀		YG8
	切削规范	主轴转速	n	96～230r/min
		背吃刀量	a_p	0.2～0.3mm
		进给量	f	0.12mm/r
		切削速度	v_c	75～178m/min
		切削长度	l_m	125mm
		机动时间	t_m	10.9～4.5min
	损耗功率	切削功率	P_m	0.485kW
		电动机功率	P_E	2.185kW
	精度检验	端面平面度		0.02mm（只许凹）
	装夹方式	用卡盘		
精车螺纹试验	材　料	45 钢	尺寸	ϕ40mm×500mm
	刀　具	高速钢 60°标准螺纹车刀		
	切削规范	主轴转速	n	19r/min
		背吃刀量	a_p	0.2mm（最后精车）
		进给量	f	6mm/r
	表面粗糙度	Ra2.5～1.25μm 无振动波纹		
	精度检验	在 100mm 测量长度上允差：0.05mm 在 300mm 测量长度上允差：0.075mm		
	装夹方式	用顶尖顶住		

续表

试验项目	材　料	45 钢	尺寸	ϕ80mm～ϕ50mm×250mm
切断试验	材　料	45 钢	尺寸	ϕ80mm×150mm
	刀　具	标准切刀		切刀宽度 5mm
	切削规范	主轴转速	n	200～300r/min
		进给量	f	0.1～0.2mm
		切削速度	v_c	50～70m/min
		切削长度	l_m	120mm
	表面粗糙度	切断底面不应有振动及振痕		
	装夹方式	用卡盘或插入主轴锥孔中		

注　精车外圆、端面及螺纹三项试验是大修理后的车床必须进行的，它可以综合性地检验车床的最后修理质量。至于切断试验只在必要时进行。

（三）卧式车床精度对加工质量的影响

影响加工质量的因素很多，当发现加工质量有问题时，首先应从工件材料、工件装夹、刀具、加工方法和零件结构工艺性等方面找原因。当这些因素被排除后，就要从车床精度方面找原因。

卧式车床的各项精度所对应的车床本身的误差，加工时就会在被加工的零件上反映出来，影响零件的加工质量和效率。卧式车床机床误差对加工质量的影响列于表 1-13，在实际生产中，可依据有关影响的因素对车床的精度误差进行调整或修理。

表 1-13　　卧式车床机床误差对加工质量的影响

序号	机床误差	对加工质量的影响	加工误差简图
1	床身导轨在垂直平面内的直线度误差	车内外圆时，刀具纵向移动过程中高低位置发生变化，影响工件素线的直线度，但影响较小	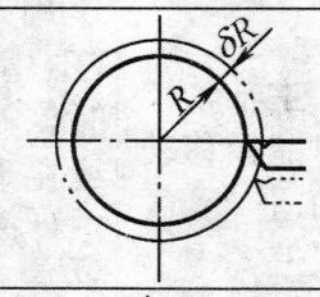
2	床身导轨的平行度误差	车内外圆时，刀具纵向移动过程中前后摆动，影响工件素线的直线度，影响较大	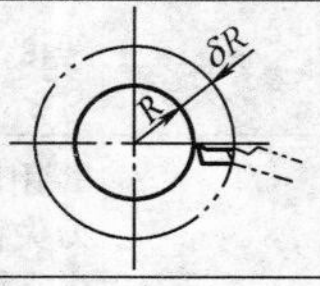
3	溜板移动在水平面内的直线度误差	车内外圆时，刀具纵向移动过程中前后位置发生变化，影响工件素线的直线度，影响很大	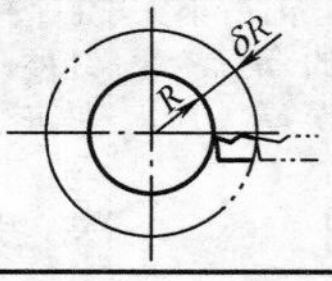

续表

序号	机床误差	对加工质量的影响	加工误差简图
4	主轴轴线的径向圆跳动误差	用两顶尖支承工件车削外圆时，影响工件的圆度，加工表面与中心孔的同轴度、多次装夹时加工出的各表面的同轴度，以及工作表面粗糙度	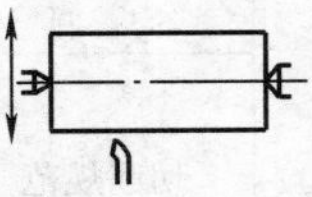
5	主轴定心轴颈的径向圆跳动误差	用卡盘夹持工件车削内外圆时，使工件产生圆度、圆柱度误差，增大表面粗糙度；影响加工表面与夹持面的同轴度，多次装夹中加工出的各表面的同轴度；钻、扩、铰孔时引起孔径扩大以及工件表面粗糙度	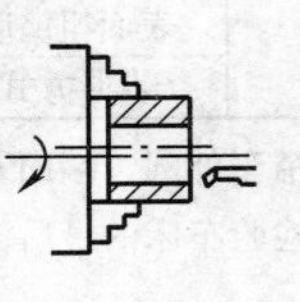
6	主轴的轴向窜动	车削端面时，影响工件的平面度。 精车内外圆时，影响加工表面的粗糙度 车削螺纹时，影响螺距精度	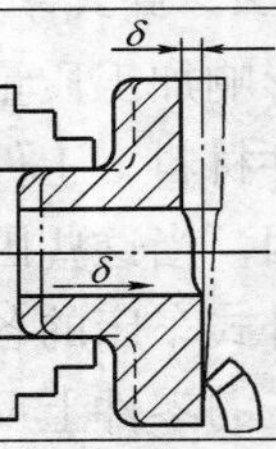
7	主轴轴肩支承面的跳动	使卡盘或其他夹具装在主轴上发生歪斜，影响被加工表面与基准面之间的相互位置精度，如内外圆同轴度，端面对圆柱轴线的垂直度等	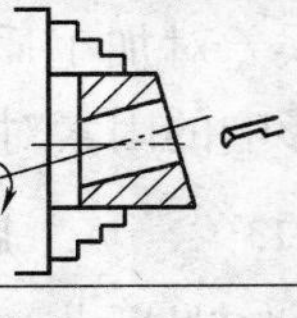
8	主轴轴线对溜板移动的平行度误差	用卡盘或其他夹具夹持工件（不用后顶尖支承）车削内外圆时，刀尖移动轨迹与工件回转轴线在水平面内的平行度误差，使工件产生锥度；在垂直平面内的平行度误差，影响工件素线的直线度	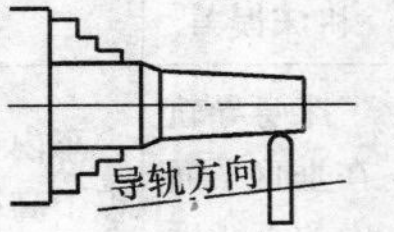 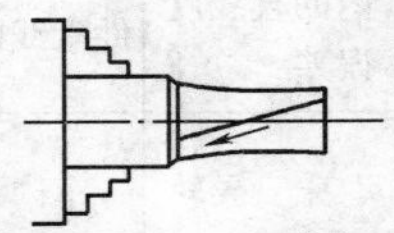
9	前后顶尖的等高度误差	用两顶尖支承工件车削外圆时，刀尖移动轨迹与工件回转轴线间产生平行度误差，影响工件素线的直线度；用装在尾座套筒锥孔中的刀具进行钻、扩、铰孔时，刀具轴线与工件回转轴线间产生同轴度误差，引起被加工孔的孔径扩大	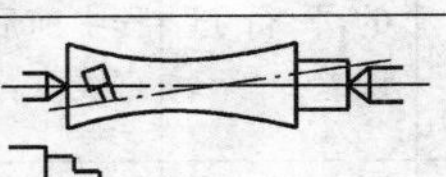 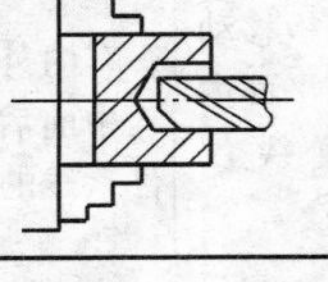

续表

序号	机床误差	对加工质量的影响	加工误差简图
10	尾座套筒锥孔轴线对溜板移动的平行度误差	用装在尾座套筒锥孔中的刀具进行钻、扩、铰孔时，在主轴轴线对溜板移动的平行度保证前提下，本项误差将使刀具轴线与工件回转轴线间产生同轴度误差，使加工孔的孔径扩大，并产生喇叭形	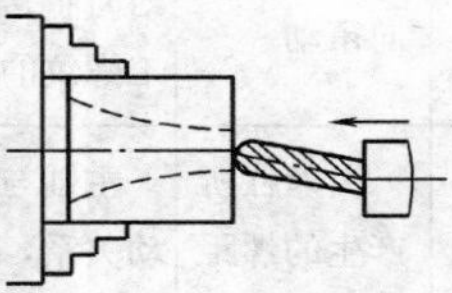
11	尾座套筒轴线对溜板移动的平行度误差	用两顶尖支承工件车削外圆时，影响工件素线的直线度 用装在尾座套筒锥孔中的刀具进行钻、扩、铰孔时，在主轴轴线对溜板移动的平行度保证前提下，本项误差将使刀具进给方向与工件回转轴线不重合，引起被加工孔的孔径扩大和产生喇叭形	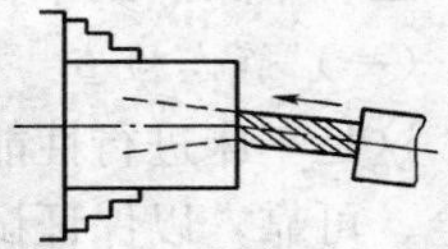
12	尾座移动对溜板移动的平行度误差	尾座移动至床身导轨上不同纵向位置时，尾座套筒的锥孔轴线与主轴轴线会产生等高度误差，影响钻、扩、铰孔以及两顶尖支承工件车削外圆时的加工精度，如产生圆柱度误差等	
13	小滑板移动对主轴轴线的平行度误差	用小滑板进给车削圆锥面时，影响工件素线的直线度	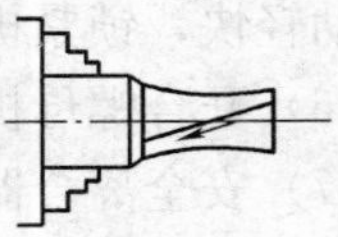
14	中滑板移动对主轴轴线的垂直度误差	车端面时影响工件的平面度和垂直度	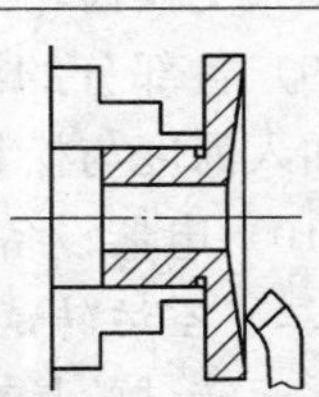

续表

序号	机床误差	对加工质量的影响	加工误差简图
15	丝杠的轴向窜动	车螺纹时，刀具随刀架纵向进给时将产生轴向窜动，影响被加工螺纹的螺距精度	略
16	由丝杠所产生的螺距累积误差	主轴与刀架不能保持准确的运动关系，影响被加工螺纹的螺距精度	略

注 表中所列各项车床精度误差，凡对车内外圆加工精度有影响的，则对车螺纹加工精度同样也有影响。

三、车床的试车和检查验收

（一）静态检查

这是车床进行性能试验之前的检查，主要是普查车床各部是否安全、可靠，以保证试车时不出事故。主要应从以下几方面检查。

(1) 用手转动各传动件，应运转灵活。

(2) 变速手柄和换向手柄应操纵灵活，定位准确、安全可靠。手轮或手柄转动时，其转动力用拉力器测量，不应超过 80N。

(3) 移动机构的反向空行程量应尽量小，直接传动的丝杠，不得超过回转圆圈的 r/30；间接传动的丝杠，空行程不得超过 r/20。

(4) 溜板、刀架等滑动导轨在行程范围内移动时，应轻重均匀和平稳。

(5) 顶尖套在尾座孔中作全长伸缩，应滑动灵活而无阻滞，手轮转动轻快，锁紧机构灵敏无卡死现象。

(6) 开合螺母机构开合准确可靠，无阻滞或过松的感觉。

(7) 安全离合器应灵活可靠，在超负荷时，能及时切断运动。

(8) 交换齿轮架交换齿轮间的侧隙适当，固定装置可靠。

(9) 各部分的润滑加油孔有明显的标记，清洁畅通。油线清洁，插入深度与松紧合适。

(10) 电器设备起动、停止应安全可靠。

（二）空运转试验

空运转试验是在无负荷状态下起动车床，检查主轴转速。从最低转速依次提高到最高转速，各级转速的运转时间不少于 5min，最高转速的运转时间不少于 30min，同时，对机床的进给机构也要进行低、中、高进给量的空运转，并检查润滑液压泵输油情况。

车床空运转时应满足以下要求。

（1）在所有的转速下，车床的各部工作机构应运转正常，不应有明显的振动。各操纵机构应平稳、可靠。

（2）润滑系统正常、畅通、可靠、无泄漏现象。

（3）安全防护装置和保险装置安全可靠。

（4）在主轴轴承达到稳定温度时（即热平衡状态），轴承的温度和温升均不得超过如下规定，即滑动轴承温度 60℃，温升 30℃；滚动轴承温度 70℃，温升 40℃。

对车床进行空运转试验的检验项目及验收要求见表 1-14。

表 1-14　　车床空运转试验的检验项目

序号	项　目	验　收　要　求
1	紧固件、操纵件、导轨间隙的检查	（1）固定连接面应紧密贴合，用 0.03mm 塞尺检验时应插不进。滑动导轨的表面除用涂色法检验接触斑点外，用 0.03mm 塞尺检查在端面部的插入深度应≤20mm （2）转动手轮手柄时，所需的最大操纵力不应超过 80N
2	主轴箱部件空运转试验	（1）检查主轴箱中的油平面，不得低于油标线 （2）变换速度和进给方向的变换手柄应灵活，在工作位置上和非工作位置上固定定位要可靠 （3）进行空运转试验，试验时从最低速度开始依次运转主轴的所有转速。各级转速的运转时间以观察正常为限，在最高速度的运转时间不得少于 30min （4）主轴的滚动轴承温度升高数不应超过 40℃；主轴的滑动轴承温度升高数不应超过 30℃；其他机构的轴承温度升高数不应超过 20℃；要避免因润滑不良而使主轴发生振动及过热 （5）摩擦离合器必须保证能够传递额定的功率而不发生过热现象 （6）主轴箱制动装置在主轴转数 300r/min 时，其制动为 2～3 转

续表

序号	项目	验收要求
3	对尾座部件的检查	(1) 顶尖套由轴孔的最内端伸出至最大长度时应无不正常的间隙和滞塞，手轮转动要轻便，螺栓拧紧与松出应灵便 (2) 顶尖套的夹紧装置应灵便可靠
4	溜板与刀架部件的检查	(1) 溜板在床身导轨上，刀架的上、下滑座在燕尾导轨上的移动应均匀平稳，镶条、压板应松紧适宜 (2) 各丝杠应旋转灵活准确，有刻度装置的手轮，手柄反向时的空程量不超过1/20转
5	进给箱、溜板箱部件的检查	(1) 各种进给及换向手柄应与标牌相符，固定可靠，相互间的互锁动作可靠 (2) 启闭开合螺母的手柄应准确可靠，且无阻滞或过松感觉 (3) 溜板及刀架在低速、中速、高速的进给试验中应平稳正常且无显著振动 (4) 溜板箱的脱落蜗杆装置应灵活可靠，按定位挡铁的位置能自行停止
6	对交换齿轮架的检查	交换齿轮要配合良好，固定可靠
7	对电动机、带的检查	电动机带的松紧要适中，四根V带应同时起作用
8	润滑系统的检查	各部分的润滑孔应有显著的标记，用油绳润滑的部位应备有油绳，有储油池的部分应将润滑油加到油标线高度
9	电气设备检查	其启动、停止等动作应可靠

(三) 负荷试验

车床经空运转试验合格后，将转速调至中速（最高转速的1/2或高于1/2的相邻一级转速）下继续运转，待其达到热平衡状态时，即可进行负荷试验。

全负荷强度试验的目的是考核车床主传动系统能否输出设计所允许的最大转矩和功率。试验要求在全负荷试验时，车床所有机构均应工作正常，动作平稳，不准有振动和噪声。主轴转速不得比空转时降低5%以上。各手柄不得有颤抖和自动换位现象。试验时，允许将摩擦离合器调紧2～3孔，待切削完毕再松开至正常位置。

车床负荷试验见表1-15。

表1-15　　车床负荷试验

试验项目	材　料	45钢	尺寸	ϕ194mm×750mm
车床全负荷强度试验	刀　具	45°标准外圆车刀		YT5
	切削规范	主轴转速	n	46r/min
		背吃刀量	a_p	5.5mm
		进给量	f	1.01mm/r
		切削速度	v_c	27.2m/min
		切削长度	l_m	95mm
		机动时间	t_m	2min
	损耗功率	空转功率	P_o	0.025～0.72kW
		切削功率	P_m	5.3kW
		电动机功率	P_E	7kW
	注意事项	1. 机床在重切削时所有各机构应正常工作，电气设备、润滑冷却系统及其他部分均不应有不正常现象，动作应平稳，不准有振动及噪声 2. 主轴转速不得比空回转时降低5%以上 3. 各部手柄不得有颤抖及自动换位现象		
	装夹方式	用顶尖顶住		
车床超负荷强度试验	材　料	45钢	尺寸	ϕ205mm×750mm
	刀　具	45°标准外圆车刀		YT5
	切削规范	主轴转速	n	46r/min
		背吃刀量	a_p	6.5mm
		进给量	f	1.01mm/r
		切削速度	v_c	29m/min
		切削长度	l_m	95mm
		机动时间	t_m	2min
	损耗功率	空转功率	P_o	0.625～0.72kW
		切削功率	P_m	6.6kW
		电动机功率	P_E	8.3kW
	注意事项	1. 在机床超负荷试验时，摩擦离合器不得脱开 2. 溜板箱的脱落蜗杆调整至不自动脱落 3. 交换齿轮架应固定可靠，更换齿轮啮合不应过紧 4. 切削时不应有显著的振动及噪声，各部手柄也不应有显著的颤抖和自动换位现象		
	装夹方式	用顶尖顶住		

注　1. 车床全负荷强度切削前将摩擦离合器调紧2～3个切口，切削完毕后再松开至正常情况。

2. 车床超负荷切削只在真正有需要的时候进行，一般不做这项试验。

四、卧式车床常见故障及排除方法

车床在使用过程中，会发生这样或那样的故障，而故障的发生和存在，一方面严重地影响工件的加工质量，甚至使加工无法继续进行下去；另一方面，故障将使车床有关部件磨损加剧，甚至导致部件损坏，进而停机修理。因此，当车床出现故障时，应能尽快地分析判断出故障发生部位和产生原因，并进一步分析并找出与故障相关的部件，提出消除故障的建议和方法，同时，对一般性的故障应自己动手设法消除。车床发生故障的种类很多，大致可归纳为：①车床本身制造精度误差；②零件磨损和损坏；③机构配合松动以及受到意外冲击等。卧式车床常见故障的性质、产生原因及排除方法见表1-16。

表1-16　卧式车床常见故障产生原因及排除方法

故　障	产生原因	消除方法
方刀架压紧及刀具紧固后出现小刀架手柄转动不灵活或转不动	(1) 小滑板丝杆弯曲 (2) 方刀架和小滑板底板的结合面不平，接触不良，压紧后或刀具固紧后小滑板产生变形	(1) 校直小滑板丝杆 (2) 刮研方刀架和小滑板的接触面，提高接触精度，增强刚性
横向移动手柄转动不灵活，轻重不一致	(1) 中滑板丝杆弯曲 (2) 镶条接触不良 (3) 中滑板上刻度盘内孔与外径不同轴，或内外圆与端面不垂直，或中滑板上孔轴线与端面不垂直 (4) 小滑板与中滑板的贴合面接触不良，紧固中滑板产生变形	(1) 校直中滑板丝杆 (2) 修刮镶条 (3) 修配刻度盘，使之内外径同轴，并与端面垂直，修刮中滑板，使之孔轴线与端面垂直 (4) 刮研中、小滑板的贴合面，提高接触精度
切削时主轴转速自动降低或自动停车	(1) 摩擦离合器过松或磨损 (2) 主轴箱变速手柄定位弹簧过松，使齿轮脱开 (3) 电动机带过松 (4) 摩擦离合器轴上的弹簧垫圈或锁紧螺母松动	(1) 调整摩擦离合器间隙，增大摩擦力 (2) 调整变换手柄定位弹簧压力，使手柄定位可靠，不易脱挡 (3) 调整V带的传动松紧程度 (4) 调整弹簧垫圈及锁紧螺钉

续表

故　障	产生原因	消除方法
停车后主轴的自转现象	（1）摩擦离合器调整过紧，停车后摩擦片仍未完全脱开 （2）制动器过松，制动带刹不住车	（1）调整放松摩擦离合器 （2）调紧制动带
溜板箱自动进给手柄容易脱开	（1）脱落蜗杆的弹簧压力过松 （2）蜗杆托架上的控制板与杠杆的倾角磨损 （3）进给手柄的定位弹簧压力过松	（1）调整脱落蜗杆的弹簧压力，使脱落蜗杆在正常负荷下不脱落 （2）焊补控制板，并将挂钩处修锐 （3）调紧弹簧，若定位孔磨损可铆补后重新打孔
溜板箱自动进给手柄在碰到定位挡铁后还脱不开	（1）脱落蜗杆压力弹簧调节过紧 （2）蜗杆锁紧螺母紧死，迫使进给箱的移动手柄跳开或交换齿轮脱开	（1）调松脱落蜗杆的压力弹簧 （2）松开蜗杆的锁紧螺母，调整间隙

第四节　其他典型车床简介

一、马鞍车床

马鞍车床如图 1-50 所示。它和普通车床不同之处在于：它的

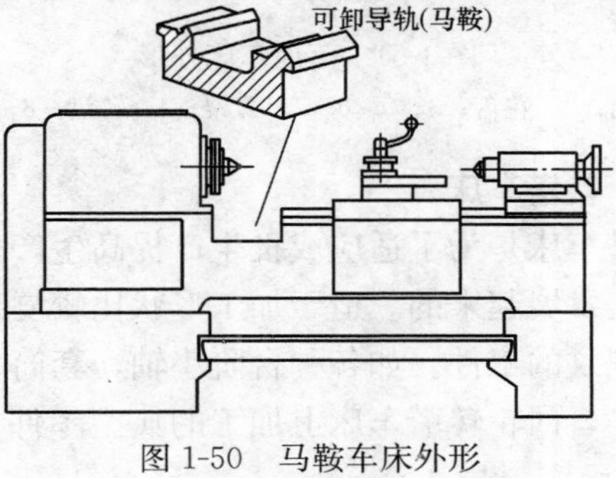

图 1-50　马鞍车床外形

主轴箱一侧具有一段可卸式导轨（马鞍），卸去马鞍后可使加工工件的最大直径增大。由于马鞍经常装卸，其床身导轨的工作精度及刚性不如卧式车床。它主要用在设备较少、单件小批量生产的小工厂及修理车间。

二、落地车床

落地车床适用于加工大而短、没有大直径螺纹的零件。落地车床外形如图 1-51 所示。落地车床又称大头车床，它完全取消了床身。主轴箱 1 及方刀架滑座 8 直接安装在地基和落地平板上，工件夹在花盘 2 上，刀架 3 和 6 可作纵向移动，刀架 5 和 7 可做横向移动，转盘 4 可以调整到一定角度位置，刀架 3 和 7 可以由单独电动机驱动，作连续进给运动，也可以经杠杆和棘轮机构，由主轴周期性地拨动，作间歇进给运动。用于加工特大零件的大头车床，花盘下地坑。

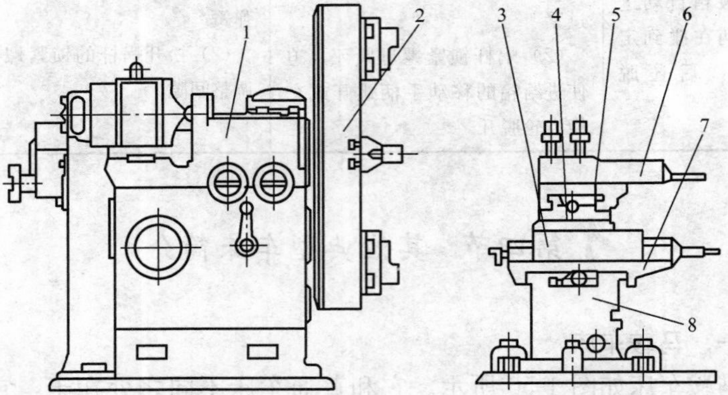

图 1-51　落地车床外形

1—主轴箱；2—花盘；3、5、6、7—刀架；4—转盘；8—刀架滑座

三、回轮、转塔车床

回轮、转塔车床是为了适应成批生产提高生产率的要求，在卧式车床的基础上发展起来的。适于加工形状比较复杂，特别是带有内孔和内、外螺纹的工件。如各种台阶小轴、套筒、油管接头、连接盘和齿轮坯等，回轮转塔车床上加工的典型零件如图 1-52 所示。

上述零件通常需要使用多种车刀、孔加工和螺纹刀具，如用卧式车床加工，必须多次装卸刀具，移动尾座，以及频繁的对刀、试切和测量尺寸等，生产效率很低。

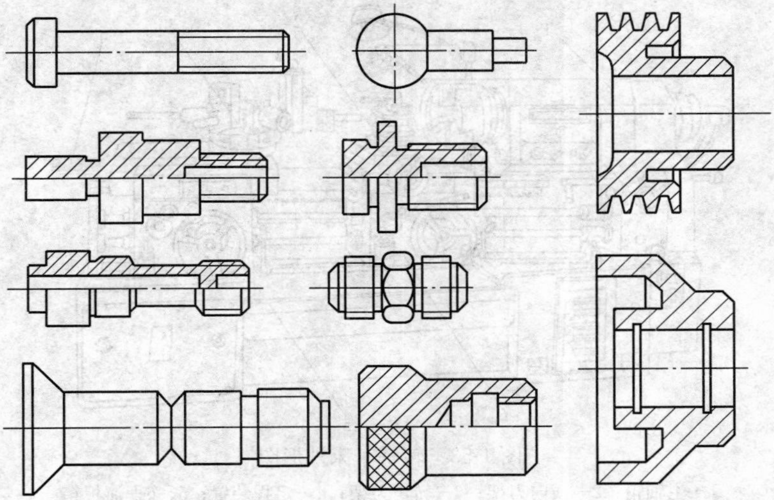

图 1-52　回轮转塔车床上加工的典型零件

回轮、转塔车床与卧式车床比较，结构上最主要的区别是，它没有尾座和丝杠，而在尾座的位置上有一个可以装夹多把刀具的刀架。加工过程中，通过刀架的转位，将不同刀具依次转到加工部位，对工件进行加工。回轮、转塔车床能完成卧式车床上的各种加工内容，只是由于没有丝杠，所以只能用丝锥和板牙加工内、外螺纹。

由于回轮、转塔车床需要花费较多的时间来调整机床，在单件或小批生产中，它的使用受到一定的限制。而在大批或大量生产中，回轮、转塔车床又为生产率更高的自动车床、多刀车床等所代替。

（一）转塔车床

转塔车床的外形见图 1-53 所示。主轴箱 1 和卧式车床的主轴箱相似。它具有一个可绕垂直轴线转位的六角形转塔刀架 3，在转塔刀架的六个位置上，各可装一把或一组刀具。转塔刀架通常只能作纵向进给运动，用于车削外圆、钻、扩、铰和车孔、攻螺纹和套螺纹等。横向刀架 2 主要用于车削大直径的外圆、成形面、端面、沟槽及切断等。转塔刀架和横向刀架各有一个溜板箱（5 和 6），用来分别控制它们的运动。转塔刀架后的定程装置 4，用来控制进给行程的终端位置，并使转塔刀架迅速返回原位。

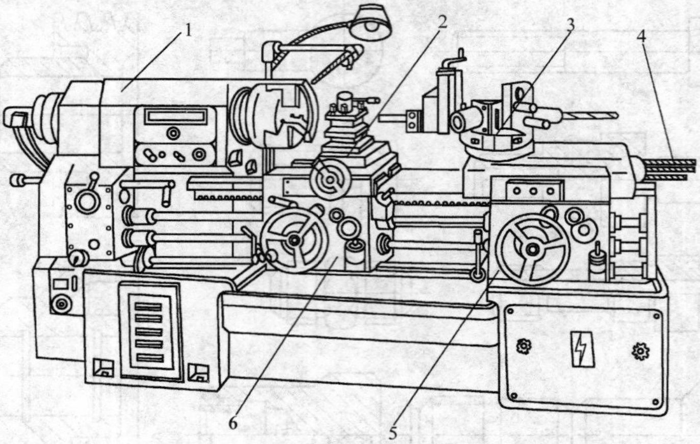

图 1-53　转塔车床外形图

1—主轴箱；2—横向刀架；3—转塔刀架；4—定程装置；5、6—溜板箱

在转塔车床上加工工件时，须根据工件的工艺过程，预先把所用的全部刀具装在刀架上，并根据加工尺寸调定好位置，并同时调定好定程装置的位置。转塔刀架可采用多刀顺序或同时对工件进行切削加工，生产效率高，适用于成批加工复杂零件。由于调刀费时长，因此不用于单件小批量生产。转塔车床上典型加工实例如图 1-54和表 1-17 所示。

表 1-17　　　　转塔车床典型加工工艺

工步	1	2	3	4	5	6	7	8	9
内容	挡料	钻中心孔	车外圆、倒角及钻孔	钻孔	铰孔	套螺纹	成形车削	滚花	切断

（二）回轮车床

回轮车床的外形见图 1-55。它具有一个可绕水平轴线转位的圆盘形回轮刀架 1，其回转轴线与主轴轴线平行。回轮刀架上沿圆周均匀地分布着许多轴向孔（通常为 12～16 个），供装夹刀具之用（图 1-56）。当装刀孔转到最高位置时，其轴线与主轴轴线在同一

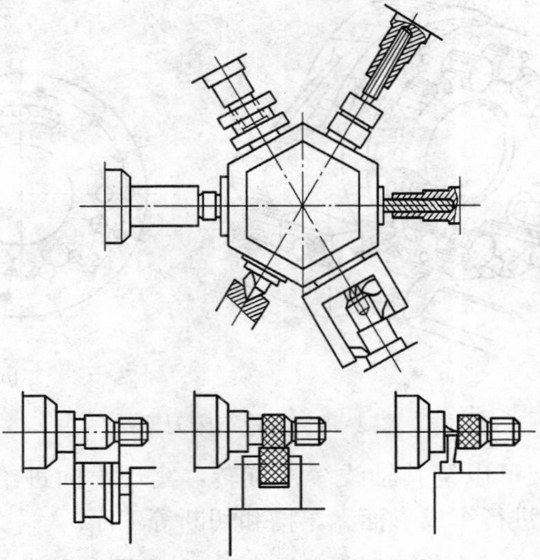

图 1-54　转塔车床典型加工实例

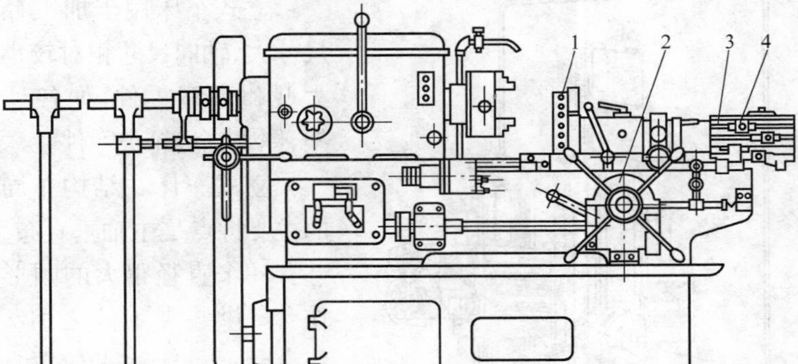

图 1-55　回轮车床外形图

1—圆盘形回轮刀架；2—溜板箱；3—定程装置；4—挡块

直线上。回轮刀架随纵向溜板和溜板箱 2（图 1-55）一起，沿床身导轨作纵向进给运动，以进行车外圆、钻孔、扩孔、铰孔和加工螺纹等。在回轮刀架的后端，装有定程装置 3，在定程装置的 T 形槽内，相对每一个刀具孔各装有一个可调节的挡块 4，用来控制刀具纵向行程的长度。

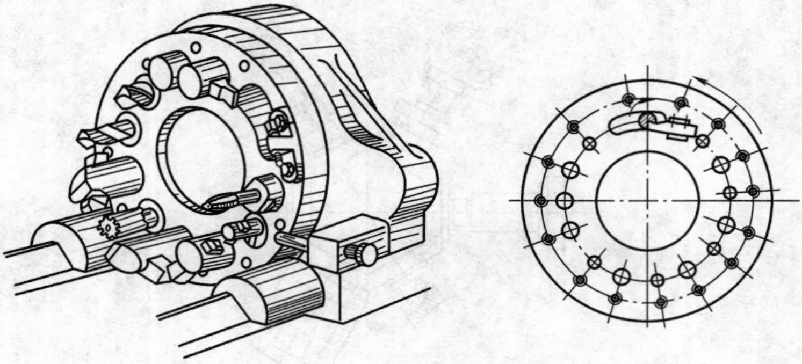

图 1-56　回轮车床刀架

回轮刀架可以绕其轴线缓慢旋转，实现横向进给运动［图 1-56（b)］，以进行车成形面、车槽和切断等工序。

四、立式车床

立式车床用于加工径向尺寸大、轴向尺寸相对较小的大型和重型零件，如各种机架、体壳、盘、轮类零件。

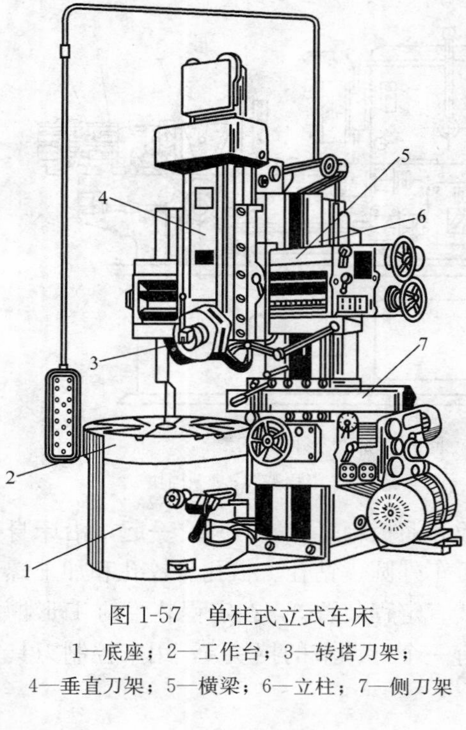

图 1-57　单柱式立式车床

1—底座；2—工作台；3—转塔刀架；4—垂直刀架；5—横梁；6—立柱；7—侧刀架

立式车床在结构布局上的主要特点是主轴垂直布置，并有一个直径很大的圆形工作台，供装夹工件之用，工作台台面处于水平位置，因而笨重工件的装夹和找正比较方便。此外，由于工件及工作台的重力由底座导轨推力轴承承受，大大减轻了主轴及其轴承的负荷，因而较易保证加工精度。

立式车床分单柱式(图 1-57）和双柱式（图 1-58）两

种。单柱式立式车床加工直径较小，最大加工直径一般小于 1600mm；双柱立式车床加工直径较大，最大的立式车床其加工直径超过 25000mm。

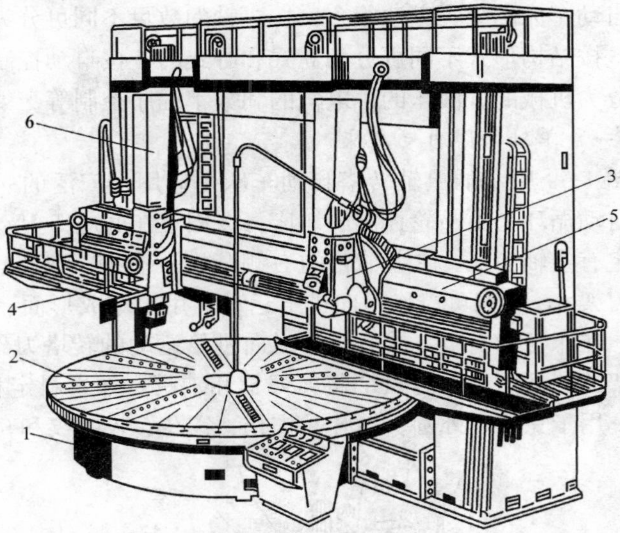

图 1-58　双柱式立式车床

1—底座；2—工作台；3—转塔刀架；4—垂直刀架；5—横梁；6—立柱

立式车床的工作台 2 装在底座 1 上，工件装夹在工作台上并由工作台带动作主运动。进给运动由垂直刀架 4 和侧刀架 7 来实现。侧刀架 7 可在立柱 6 的导轨上移动作垂直进给，还可以沿刀架滑座的导轨作横向进给。垂直刀架 4 可在横梁 5 的导轨上移动作横向进给；此外，垂直刀架滑板还可沿其刀架滑座的导轨作垂直进给。中小型立式车床的一个垂直刀架上，通常带有五边形转塔刀架 3，刀架上可以装夹多组刀具。横梁 5 可根据工件的高度沿立柱导轨升降。

五、自动车床和多刀车床

一台车床在无需工人参与，能自动完成一切切削运动和辅助运动，一个工件加工完后还能自动重复进行，这样的车床称为自动车床。能自动地完成一次工作循环，但必须由操作者卸下加工完毕的工件，装上待加工的坯料并重新起动车床，才能够开始下一个新的工作循环，这样的车床称为半自动车床。

自动和半自动车床能减轻操作者的劳动强度，并能提高加工精度和劳动生产率。所以在汽车、拖拉机、轴承、标准件等制造行业的大批量生产中应用极为广泛。

自动车床的分类方法很多。按主轴的数目不同可分为单轴和多轴的；按结构形式不同可分为立式和卧式的；按自动控制的方法不同可分为机械的、液压的、电气的和数字程序控制等。

（一）单轴转塔自动车床

图 1-59 所示的单轴转塔自动车床是应用很广泛的一种自动车床。自动循环是由凸轮控制的。床身 2 固定在底座 1 上。床身左上方固定有主轴箱 4。在主轴箱的右侧分别装有前刀架 5、后刀架 7 及上刀架 6，它们可以作横向进给运动，用于车成形面、车槽和切断等。在床身的右上方装有可作纵向进给运动的转塔刀架 8，在转塔刀架的圆柱面上，有六个装夹刀具和辅具（如送料定程挡块等）的孔，用于完成车外圆、钻孔、扩孔、铰孔、攻螺纹和套螺纹等工

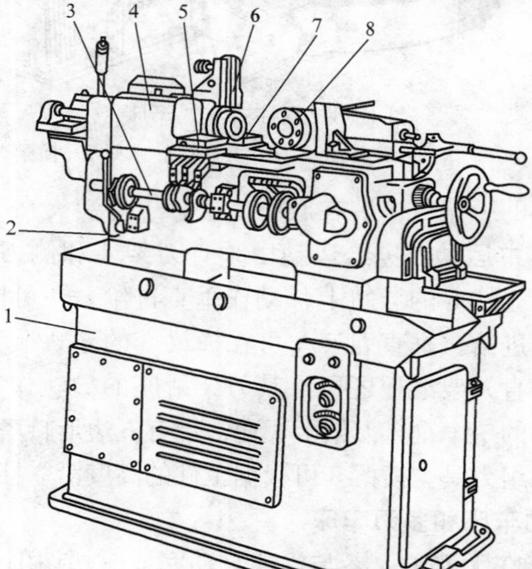

图 1-59　单轴转塔自动车床

1—底座；2—床身；3—分配轴；4—主轴箱；
5—前刀架；6—上刀架；7—后刀架；8—转塔刀架

作，在床身的侧面装有分配轴 3，其上装有凸轮及定时轮，用于控制机床各部件的协同动作，完成自动工循环。单轴转塔自动车床上加工的典型零件如图 1-60 所示。

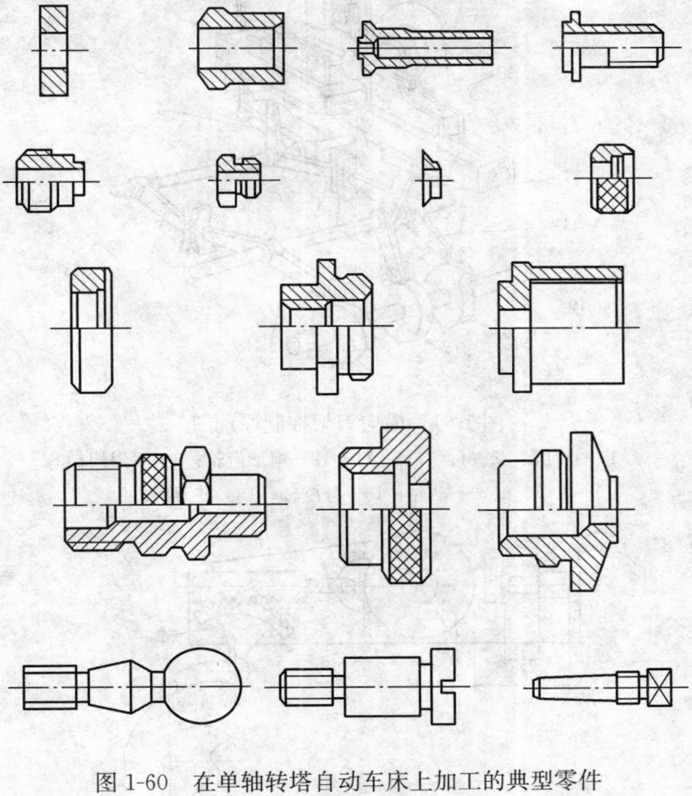

图 1-60　在单轴转塔自动车床上加工的典型零件

单轴转塔自动车床上刀架及前后刀架的控制原理如图 1-61 所示。当分配轴 10 转动时，凸轮 8 经扇形齿轮 12 来控制前刀架 13 的进给和退刀运动；凸轮 9 经扇形齿轮 11、4 控制后刀架 3 的进给和退刀运动；凸轮 7 经扇形齿轮 6、5、2 控制上刀架 1 的进给和退刀运动。

单轴转塔自动车床转塔刀架的控制原理如图 1-62 所示。转塔刀架的进给和退刀运动由床身右侧的分配轴上的凸轮 3 带动扇形齿轮 2 和齿条 1 驱动。

单轴转塔自动车床各刀架的作用见表 1-18。

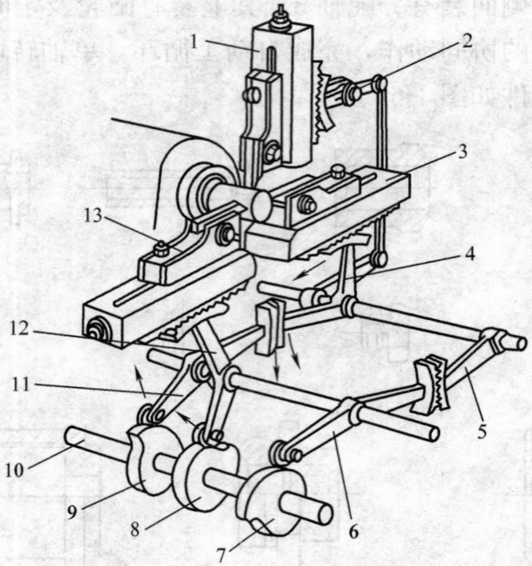

图 1-61　横向刀架控制原理图

1—上刀架；2、4、5、6、11、12—扇形齿轮；3—后刀架；
7、8、9—凸轮；10—分配轴；13—前刀架

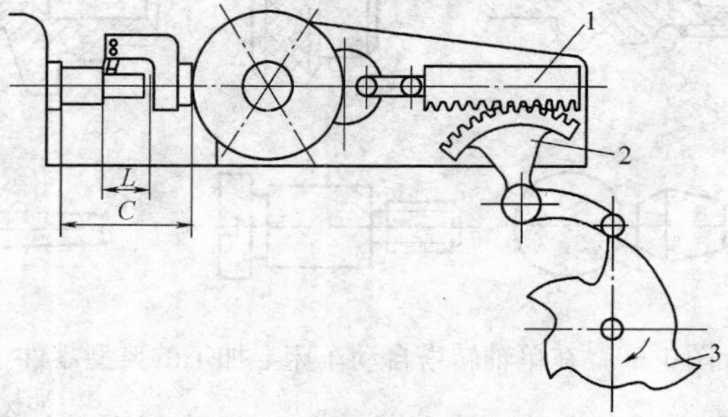

图 1-62　转塔刀架控制原理图

1—齿条；2—扇形齿轮；3—凸轮

表 1-18　单轴转塔自动车床各刀架的作用

刀架名称	作　用
转塔刀架	安装多组刀具和辅具，顺次投入工作，加工内外圆柱表面和螺纹
前刀架	加工成形表面和滚花
后刀架	切槽、切断
上刀架	切断

（二）单轴纵切自动车床

单轴纵切自动车床是切削加工轴类零件的自动车床。它的结构组成、工艺范围等可由 CMl107 型单轴纵切自动车床为例加以说明。

图 1-63 所示为 CMl107 型单轴纵切自动车床结构组成图，各部分的名称和作用见表 1-19 所述。

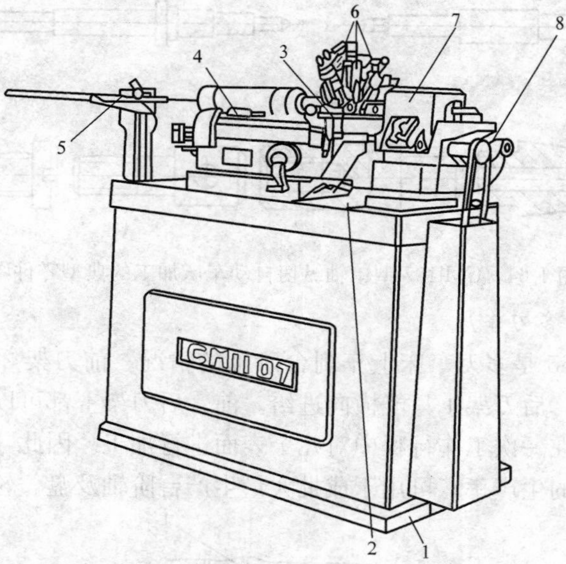

图 1-63　CMl107 型单轴纵切自动车床外形图

1—底座；2—床身；3—平刀架；4—主轴箱；5—送料装置；
6—上刀架；7—三轴钻铰附件；8—分配轴

表 1-19　　CMl107 型单轴纵切自动车床的主要部件及作用

名　称	作　用
天平刀架	与主轴有一定偏心距的轴线摆动时，其刀具实现横向进给
上刀架	实现刀具的横向进给
主轴箱	提供主运动和进给运动
分配轴	旋转时通过轴上安装的凸轮和挡块进给运动和辅助运动的指令，控制工作部件的运动
送料装置	储存和输送棒料
三轴钻铰附件	对工件实现钻、铰、攻丝加工

CMl107 型车床的工艺范围以各种钢或有色金属冷拔棒料为原材料，车削阶梯轴类零件，尤其适用于加工细而长的工件。主要加工圆柱面、圆锥面和成形表面。当采用附属装置时，可以扩大加工范围，进行钻孔、铰孔及螺纹加工等工作。常用于钟表、仪器及仪表制造行业中加工精密零件。图 1-64 为该车床加工的典型零件图。

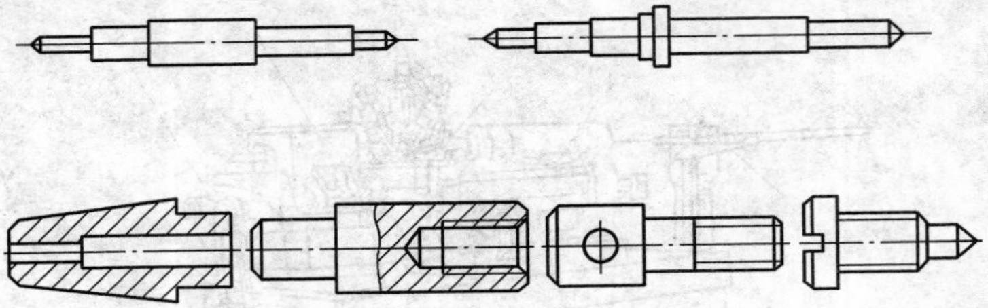

图 1-64　CMl107 型单轴纵切自动车床加工的典型零件图

(三) 多刀车床

图 1-65 是多刀车床上车削台阶轴的情况。前刀架 2 用于完成纵向车削，后刀架 1 只能横向进给。前、后刀架上都可以同时装几把车刀，在一次工作行程中对几个表面进行加工。因此，多刀车床具有较高的生产率，可用于成批大量生产台阶轴及盘、轮类零件。

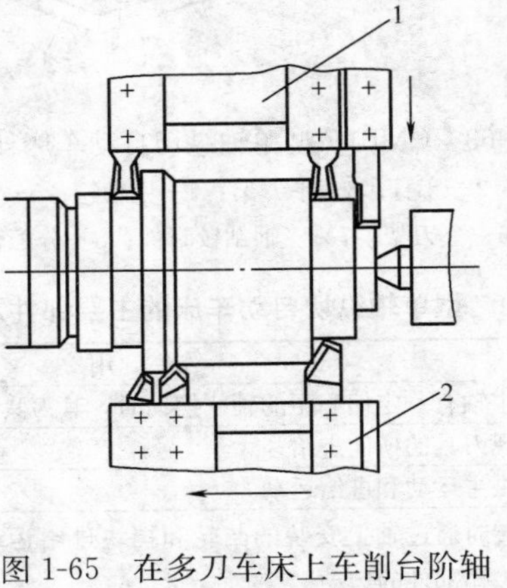

图 1-65　在多刀车床上车削台阶轴

1—后刀架；2—前刀架

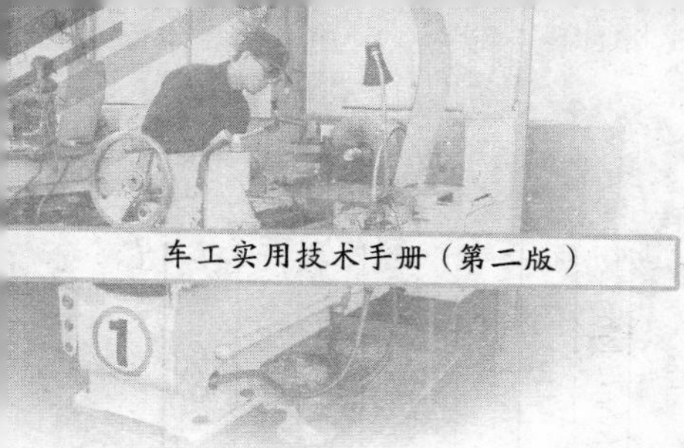

第二章

车　　刀

车刀是金属切削刀具中结构最简单、生产中应用最广泛的一种刀具。合理地选用和正确的刃磨车刀，对保证工件加工质量、提高生产效率有着重要的意义。了解车刀的几何角度、正确的选择刃磨和使用车刀，是学习车工技术的一个重要内容。

第一节　常用车刀切削部分的材料

一、车刀切削部分的材料

各类刀具材料的物理力学性能见表 2-1。

（一）高速钢

高速钢是含有较多钨、钼、铬、钒等合金元素的高合金工具钢，俗称锋钢或白钢。

高速钢刀具制造简单、刃磨方便，容易通过刃磨得到锋利的刀口，而且韧性较好，常用于承受冲击力较大的场合。高速钢特别适用于制造各种结构复杂的成形刀具和孔加工刀具，例如，成形车刀、螺纹车刀、钻头和铰刀等。高速钢的耐热性较差，因此不能用于高速车削。

常用高速钢的化学成分及力学性能见表 2-2。

高速钢车刀条见表 2-3。

（二）硬质合金

硬质合金是用钨和钛的碳化物粉末加钴作为黏结剂，高压压制成形后再经高温烧结而成的粉末冶金制品。硬度、耐磨性和耐热性均高于高速钢。切削钢时，切削速度可达 220m/min 左右。硬质合金的缺点是韧性较差，承受不了大的冲击力。硬质合金是目前应用最广泛的一种刀具材料。

表 2-1　刀具材料的物理力学性能

材料种类		密度 ρ (g/cm^3)	硬度 HRC(HRA) [HV]	抗弯强度 σ_{bb} (MPa)	冲击韧度 a_K (kJ/cm^2)	热导率 λ [W/(m·K)]	耐热度 t (℃)
工具钢	碳素工具钢	7.6～7.8	60～65 (81.2～84)	2160	—	41.87	200～250
	合金工具钢	7.7～7.9	60～65 (81.2～84)	2350	—	41.87	300～400
	高速钢	8.0～8.8	63～70 (83～86.6)	1960～4410	0.0098～0.0588	16.75～25.1	600～700
硬质合金	钨钴类	11.4～15.3	(89～91.5)	1080～2160	0.0019～0.0059	75.4～87.9	800
	钨钛钴类	9.35～13.2	(89～92.5)	882～1370	0.00029～0.00068	20.9～62.8	900
	钨钛钽(铌)钴类	14.4～15.0	(90.5～92)	1470	—	—	1000～1100
	碳化钛基类	12.7～13.5	(92～93.3)	780～1080	—	—	1100
陶瓷	氧化铝陶瓷	3.6～4.7	(91～95)	440～6860	0.00049～0.00117	4.19～20.93	1200
	氧化铝碳化物混合陶瓷			710～880			1100
	氮化硅陶瓷	3.26	[5000]	735～830	—	37.68	1300
超硬材料	立方氮化硼	3.44～3.49	[8000～9000]	2940	—	75.55	1400～1500
	人造金刚石	3.47～3.56	[10000]	210～480	—	146.54	700～800

表 2-2　常用高速钢的化学成分及力学性能

类型	牌号	化学成分的质量分数(%)							硬度 HRC	抗弯强度 σ_{bb} (MPa)	冲击韧度 a_K (kJ/cm²)	600℃高温硬度(HRC)	磨削性能
		C	W	Mo	Cr	V	Co	Al					
通用高速钢	W18Cr4V	0.70～0.80	17.5～19.0	≤0.30	3.80～4.40	1.00～1.40	—	—	63～66	3430	0.030	48.5	好。棕刚玉砂轮能磨
通用高速钢	W6Mo5-Cr4V2	0.80～0.90	5.50～6.75	4.50～5.50	3.80～4.40	1.75～2.20	—	—	63～66	4500～4700	0.050	47～48	较W18Cr4V稍差一些,棕刚玉砂轮能磨
通用高速钢	W12Cr4V4-Mo	1.20～1.40	11.50～13.0	0.90～1.20	3.80～4.40	3.80～4.40	—	—	65～67	3200	0.025	51.7	差
高生产率高速钢	W6Mo5-Cr4V2Al (501)	1.05～1.20	5.50～6.75	4.50～5.50	3.80～4.40	1.75～2.20	—	0.80～1.20	67～69	3430～3730	0.020	55	较 W18Cr4V 差一些
高生产率高速钢	W10Mo4-Cr4V3Al (5F6)	1.30～1.45	9.00～10.5	3.50～4.50	3.80～4.50	2.70～3.20	—	0.70～1.20	67～69	3070	0.020	54	较差
高生产率高速钢	W2Mo9-Cr4VCo8 (M42)	1.05～1.15	1.15～1.85	9.00～10.00	3.50～4.25	0.95～1.35	7.75～8.75	—	67～70	2650～3730	0.010	55	好，棕刚玉砂轮能磨

1. 硬质合金车刀的分类与应用

切削用硬质合金按其切屑排出形式和加工对象的范围可分为三个主要类别，分别以字母 K、P、M 表示。

表 2-3　　　高速钢车刀条　　　(mm)

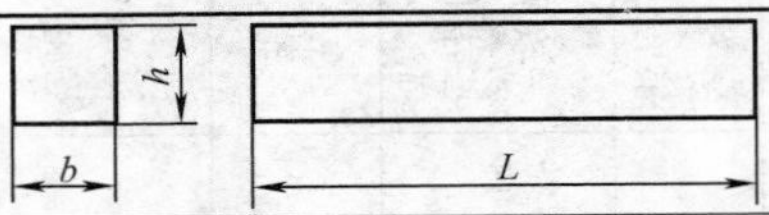

类别	b	h	L
正方形	4	4	63、80
	5	5	63、80
	6	6	63、80、100、160、200
	8	8	63、80、100、160、200
	10	10	63、80、100、160、200
	12	12	63、80、100、160、200
	(14)	(14)	100、160、200
	18	18	100、160、200
	(18)	(18)	160、200
	20	20	160、200
	22	22	160、200
	25	25	160、200

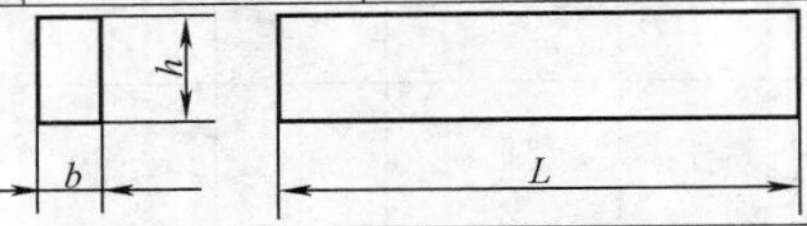

类别	h/b	b	h	L
矩形	1.6	4	6	100
		6	8	100
		5	10	100、160、200
		8	12	100、160、200
		10	16	100、160、200
		12	20	160、200
		16	25	160、200
	2	4	8	100
		5	10	100
		6	12	100、160、200
		8	16	100、160、200
		10	20	160、200
		12	25	160、200
	4	3	12	100、160
		4	16	100、160
		5	20	160、200
		6	25	160、200
	5	3	16	100、160
		4	20	100、160
		5	25	160、200

续表

圆形	d	L	d	L
	4	63、80、100	10	80、100、160、200
	5	63、80、100	12	100、160、200
	6	63、80、100、160	16	100、160、200
	8	80、100、160	20	160、200

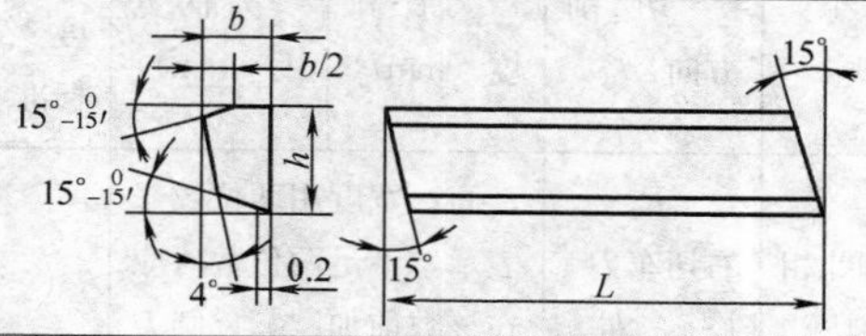

不规则四边形	b	h	L	b	h	L
	3	12	85、120	4	18	140
	5	12	85、120	3	20	140、250
	3	16	140、200	4	20	140、250
	4	16	140	4	25	250
	6	16	140	6	25	250

硬质合金的分类、用途、性能、代号（GB/T 2075—1998）以及与旧牌号的对照，见表 2-4。

表 2-4　　硬质合金的类别、性质与常用牌号

类别	成　分	常用牌号	适用范围	适用加工阶段	旧牌号
K 类（钨钴类）	WC+Co	K01	适用于加工短切屑的黑色金属、有色金属及非金属材料	精加工	YG3
		K10		半精加工	YG6
		K20		粗加工	YG8
P 类（钨钛钴类）	WC+TiC+Co	P01	适用于加工长切屑的黑色金属	精加工	YT30
		P10		半精加工	YT15
		P30		粗加工	YT5
M 类［钨钛钽（铌）钴类］	WC+TiC+TaC（NbC）+Co	M10	适用于加工长切屑或短切屑的黑色金属和有色金属	精加工、半精加工	YW1
		M20		半精加工、粗加工	YW2

2. 硬质合金车刀代号的规定

硬质合金焊接车刀型号由一组字母和数字代号组成，共六位号，分别代表车刀各项特征，见表 2-5。

表 2-5　硬质合金车刀代号规定

号　位	1	2	3	4	5	6
型号表示	06	R	25	25	—	P20
表示特征	车刀头部形式	切削方向	刀杆高度（mm）	刀柄宽度（mm）	车刀长度符合标准	刀片用途分组代号
说　明	查阅相关资料	*R*——右切车刀 *L*——左切车刀	高、宽度用两位数来表示，不足两位数时应在该数前加“0”，圆刀杆用两位数表示直径			见表 2-4

（三）涂层硬质合金刀片

涂层硬质合金刀片是在普通硬质合金刀片表面采用化学气相沉积或物理气相沉积的工艺方法，涂覆了一层约 5～12μm 的高硬度难熔金属化合物。这样既保持了硬质合金刀片基体的强度和韧性，又使其表面有更高的硬度和耐磨性、更小的摩擦系数和高的耐热性。涂层刀片可获得良好的切削效果，一般情况下，其刀具寿命比无涂层刀片提高了 13 倍，高者可达 510 倍。表 2-6 是国产涂层刀片的部分牌号及推荐用途。

表 2-6　国产涂层刀片的部分牌号及推荐用途

牌号	基体材料	涂层厚度（μm）	相当 ISO	性能及推荐用途
CN15	YW1	4～9	M10～M20 P05～P20 K05～K20	基体耐磨性好，韧性差，适用于委员长钢的连续切削和精加工，也可用于铸铁及有色金属精加工
CN25	YW2	4～9	M10～M20 K10～K30	基体韧性适中，适用于钢件精加工及半精加工，也可加工铸铁和有色金属

续表

牌号	基体材料	涂层厚度(μm)	相当ISO	性能及推荐用途
CN35	YT5	4～9	P20～P40 K20～K40	基体韧性较好，适用于钢材粗加工，间断和切削和强力切削
CN16	YG6	4～9	M05～M20 K05～K20	适用于铸铁、有色金属及其合金精加工
CN26	YG8	4～9	M10～M20 K20～K30	适用于有色金属及其合金半精加工及粗加工
CA15	特制专用基体	4～8	M05～M20 K05～K20	适用于有色金属及其合金精加工及半精加工
CA25	特制专用基体	4～8	M10～M30 K20～K30	适用于有色金属及其合金半精加工及粗加工
YB115 (YB21)	特制专用基体	5～8	K005～K25	适用于铸铁和其他短切屑材料的粗加工
YB125 (YB02)	特制专用基体	5～8	K05～K20 P10～P40	具有很好的耐磨性和抗塑性变形能力，宜在高速下精加工、半精加工钢、铸钢、锻造不锈钢及铸铁
YB135 (YB11)	特制专用基体	5～8	P25～P45 M15～M30	粗车钢和铸钢、钻削钢、铸钢、可锻铸铁、球铁、锻造奥氏体不锈钢等
YB215 (YB01)	特制专用基体	4～9	P05～P45 M10～M25 K05～K20	耐磨性和通用性很好，主要用于精加工和半精加工各种工程材料
YB415 (YB03)	特制专用基体	4～9	P05～P35 M05～M25 K05～K20	耐磨性和通用性很好，适于高速切削铸铁、钢和铸钢以及锻造不锈钢等
YB435	特制专用基体	4～9	P15～P45 M10～M30 K05～K25	适于粗加工和半精加工钢和铸钢等材料，在不良的条件下宜采用中等切削速度和进给量

续表

牌号	基体材料	涂层厚度（μm）	相当ISO	性能及推荐用途
YT15		5～10	—	涂层TiN，抗月牙洼磨损好，选用于碳钢、合金钢铸铁等材料的精加工和半精加工
YT14		5～10	—	Tic/TiN复合涂层，具有TiN涂层抗月牙洼磨损好和TiC涂层抗后面磨损好的优点，选用于碳钢、合金钢的精加工和半精加工
YT5		5～10	—	TiC/Al_2O_3复合涂层，与基体结合牢，抗氧化能力高，耐磨耐腐，适用于多种钢材、铸铁的精加工和半精加工
YG6 YG8		5～10	—	HfN涂层，寿命高，通用性好，适用于各种钢材、铸铁在高、中、低速下精加工和半精加工

二、超硬刀具材料

超硬刀具材料主要是指金刚石及立方氮化硼。其材料的牌号与性能见表2-7。

表2-7　　国产超硬材料的牌号与性能

类别	牌号	硬度（HV）	抗弯强度 σ_{bb}（GPa）	热稳定性（℃）	适用加工范围
金刚石复合刀片	FJ	≥7000	≥1.5	>800	（1）各种耐磨非金属，如玻璃、粉末冶金毛坯、陶瓷材料等 （2）各种耐磨有色金属，如各种桂铝合金 （3）各种有色金属光加工
	JRS-F	7200		850（开始氧化）	

续表

类别	牌号	硬度（HV）	抗弯强度 σ_{bb}（GPa）	热稳定性（℃）	适用加工范围
立方氮化硼复合刀片	FD	≥5000	≥1.5	≥100	（1）各种淬硬钢（小于65HRC）的粗精加工 （2）各种喷涂、堆焊材料 （3）含钴量大于10%的硬质合金
	LDP-CFII	7000～8000	0.46～0.53	1000～1200	精车、半精车淬硬钢、热喷涂零件、耐磨铸铁、部分高温合金等
	LDP-J-XF				适用于异形和多刃（铣刀等）刀具
	DLS-F	5800	0.35～0.58	1057～1121	

第二节　车刀切削部分的几何参数及其选择

车刀是车削加工中必不可少的刀具，了解和熟悉车刀组成、几何角度，合理地选用和正确的刃磨车刀，是车工必须掌握的关键技术之一，对保证加工质量、提高生产效率有极大的影响。

一、车刀切削部分基本术语

车刀由刀头（或刀片）和刀柄两部分组成。刀头担负切削工件，故又称为切削部分；刀柄用来把车刀装夹在刀架上。

刀头由若干刀面和切削刃组成，其结构名称与位置作用见表2-8。

表 2-8　　车刀刀头结构与刀面的名称和位置作用

车刀刀头的结构图

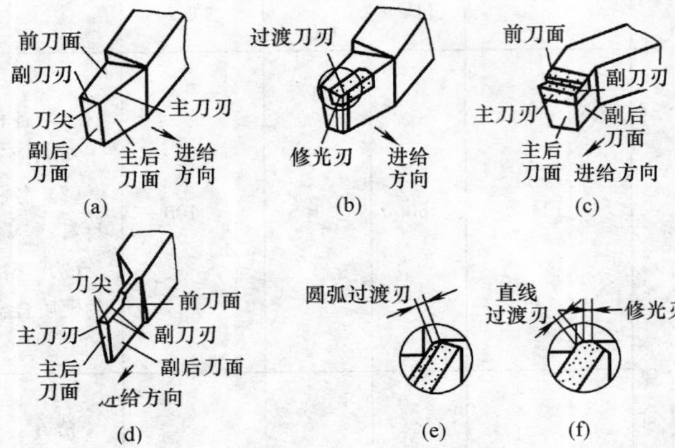

名　称	代号	位　置　作　用
前面	A_r	刀具上切屑流过的表面，也称前刀面
后面	A_a	分主后面和副后面。与工件上过渡表面相对的刀面称主后面 A_a；与工件上已加工表面相对的面称副后面 A'_a。后面又称后刀面，一般是指主后面
主切削刃	S	前面与主后面的交线。它担负着主要的切削工作，与工件上过渡表面相切
副切削刃	S'	前面与副后面的交线，它配合主切削刃完成少量的切削工作
刀　尖		主切削刃和副切削刃交会的一小段切削刃。为了提高刀尖强度和延长车刀寿命，多半刀头磨成圆弧或直线形过渡刃，如表图(e)、(f) 所示
修光刃		副切削刃上，近刀尖处一小段平直的切削刃，它在切削时起修光已加工表面的作用。装刀时必须使修光刃与进给方向平行，且修光刃的长度必须大于进给量才能起到修光作用

二、车刀的几何参数

车刀切削部分共有六个独立的基本角度，它们是主偏角、副偏角、前角、主后角、副后角和刃倾角；还有两个派生角度，即刀尖角和楔角。如图 2-1 所示。

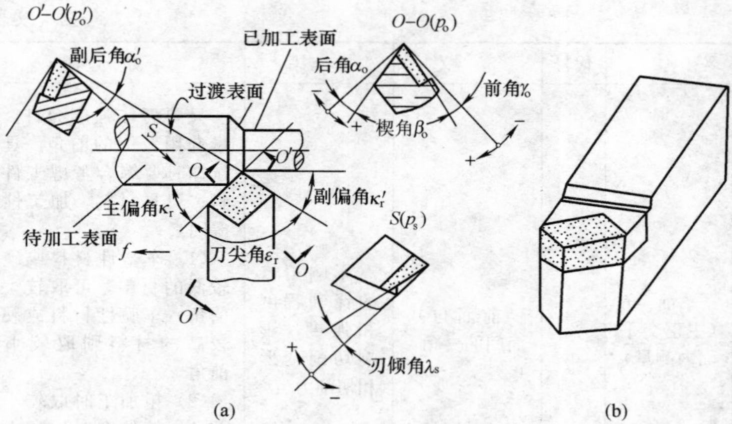

图 2-1　车刀切削部分主要几何角度

（a）几何角度的标注；（b）车刀外形图

车刀切削部分几何角度的定义、作用与初步选择见表 2-9。

表 2-9　车刀切削部分几何角度的定义、作用与初步选择

名称		代号	定义	作用	初步选择
主要角度	主偏角（基面内测量）	K_r	主切削刃在基面上的投影与进给运动方向之间的夹角。常用车刀主偏角有 45°、60°、75°、90°等	改变主切削刃的受力及导热能力，影响切屑的厚度	（1）选择主偏角时应重点考虑工件的形状和刚性。刚性差应选用大的主偏角，反之，则选用较小的主偏角 （2）加工阶台轴类的工件，主偏角选用时应大于 90°
	副偏角（基面内测量）	K'_r	副切削刃在基面上的投影与背离进给运动方向之间的夹角	减少副切削刃与工件已加工表面的摩擦，影响工件表面质量及车刀强度	粗车时副偏角选稍大些，精车时副偏角选稍小些。一般情况下副偏角取 6°～8°

续表

名称		代号	定义	作用	初步选择
主要角度	前角(主正交平面内测量)	γ_0	前面与基面间的夹角	影响刃口的锋利程度和强度，影响切削变形和切削力	只要刀体强度允许，尽量选用较大的前角。具体选择时要综合考虑工件材料、刀具材料、加工性质等因素 (1) 车塑性材料或硬度较低的材料，可取较大的前角；车脆性材料或硬度较高的材料则取较小的前角 (2) 粗加工时取较小的前角，精加工时取较大的前角 (3) 车刀材料的强度、韧性较差时，前角应取较小值，反之可取较大值
	主后角(主正交平面内测量)	a_0	主后面与主切削平面间的夹角	减少车刀主后面与工件过渡表面间的摩擦	(1) 粗加工时应取小的后角；精加工时应取较大的后角 (2) 工件材料较硬，取较小的后角；反之取较大后角 车刀后角一般选择 $a_0=4°\sim12°$ 如车削中碳钢工件，用高速钢车刀时：粗车取 $a_0=6°\sim8°$，精车取 $a_0=8°\sim12°$；用硬质合金车刀时，粗车取$a_0=5°\sim7°$，精车取 $a_0=6°\sim9°$
	副后角(副正交平面内测量)	a_0'	副后面与副切削平面间的夹角	减少车刀副后面与工件已加工表面的摩擦	(1) 副后角一般磨成与主后角大小相等 (2) 在切断等特殊情况下，为了保证刀具强度，副后角应取小值，为 1°～2°

续表

名称		代号	定义	作用	初步选择
主要角度	刃倾角（主切削平面内测量）	λ_s	主切削刃与基面间的夹角	控制排屑方向。当刃倾角为负值时可增加刀头强度，并在车刀受冲击时保护刀尖	—
派生角度	刀尖角（基面内测量）	ε_r	主、副切削刃在基面上的投影间的夹角	影响刀尖强度和散热性能	刀尖角可用下式计算：$\varepsilon_r=180^\circ-(K_r+K'_0)$
	楔角（主正交平面内测量）	β_0	前面与后面间的夹角	影响刀头截面的大小，从而影响刀头的强度	楔角可用下式计算：$\beta_0=90^\circ-(\gamma_0+\alpha_0)$

车刀刃倾角的正负值规定：车刀刃倾角有正值、零度和负值三种情况，其排出切屑情况、刀尖强度和冲击点先接触车刀的位置见表 2-10。

表 2-10　　车刀刃倾角的正负值规定

项目内容	说明与图示		
	正值	零度	负值
正负值规定	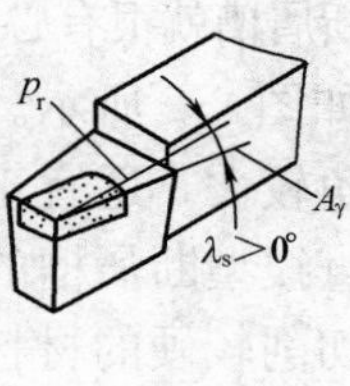	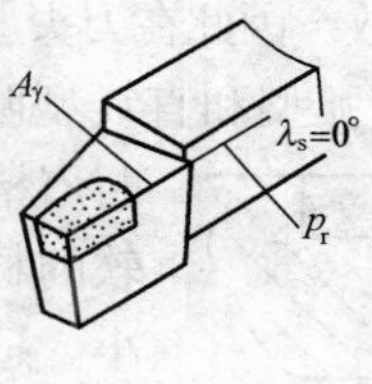	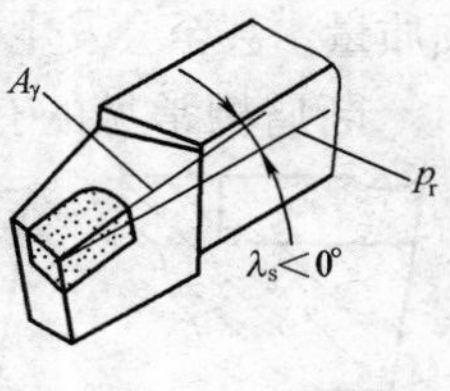
	刀尖位于主切削刃最高点	主切削刃和基面平行	刀尖位于主切削刃最低点

续表

项目内容	说明与图示		
	正值	零度	负值
排屑情况	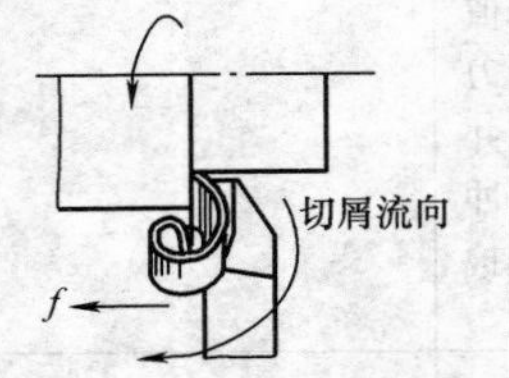	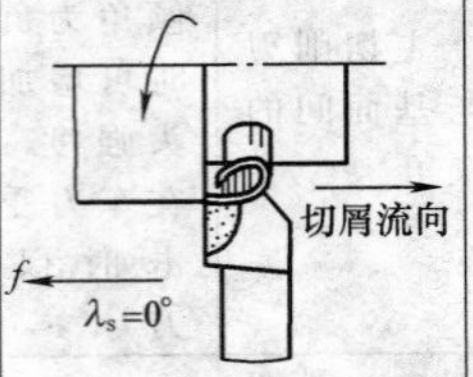	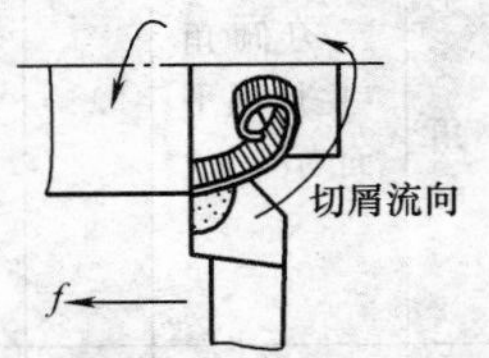
	流向待加工表面方向	垂直主切削刃方向排出	流向已加工表面方向
刀头受力点位置	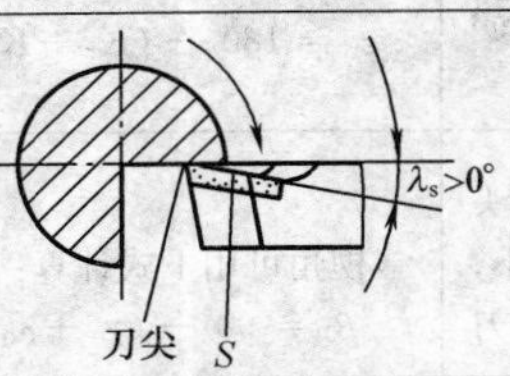	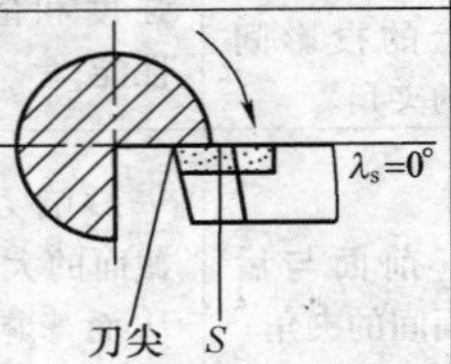	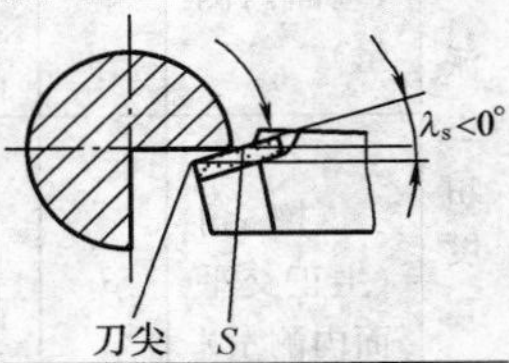
	刀尖强度较差，车削时冲击点先接触刀尖，刀尖易损坏	刀尖强度一般，冲击点同时接触刀尖和切削刃	刀尖强度较高，车削时冲击点先接触远离刀尖的切削刃处，从而保护了刀尖
适用场合	精车时，应取正值，一般为0°～8°	工件圆整、余量均匀的一般车削时，应取0值	断续切削时，为了增加刀头强度应取负值，一般为−15°～−5°

三、车刀的卷屑、断屑结构

解决好断屑是车削塑性金属的一个突出问题。若切屑不断、成带状缠绕在工件和车刀上，就会影响正常的车削，而且还会降低工件表面质量，甚至会发生事故。因此在刀头上磨出断屑槽就很有必要了。

断屑槽常见的有圆弧型和直线型两种，如图 2-2 所示。圆弧型断屑槽的前角较大，适宜于切削较软的材料；直线型断屑槽的前角较小，适宜于切削较硬的材料。

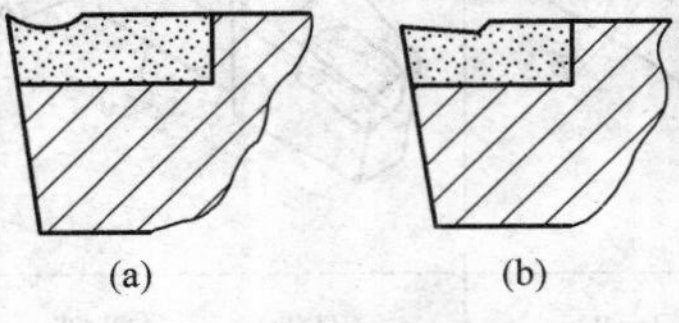

(a)　　(b)

图 2-2　断屑槽的两种型式

(a) 圆弧型；(b) 直线型

断屑槽的宽窄应根据车削加工时的背吃刀量和进给量来确定。硬质合金车刀断屑槽的参考尺寸见表

2-11。

表 2-11　　　　硬质合金车刀断屑槽的参考尺寸

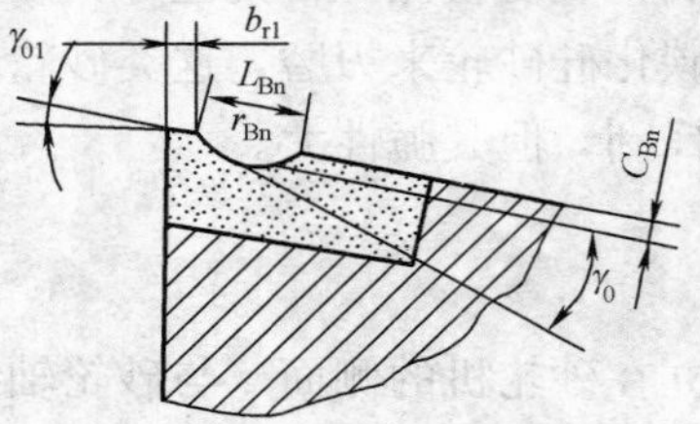	背吃刀量 a_p	进给量 f 0.3	0.4	0.5～0.6	0.7～0.8	0.9～1.2
		r_{Bn}				
圆弧形 C_{Bn}为 5～1.3mm（由所取的前角值决定），r_{Bn}在 L_{Bn}的宽度和 C_{Bn}的深度下成一自然圆弧	2～4	3	3	4	5	6
	5～7	4	5	6	8	9
	7～12	5	8	10	12	14

第三节　车刀的刃磨与检测

车刀的刃磨是形成正确合理的刀头几何角度的必要手段。车刀的刃磨有机械和手工刃磨两种。机械刃磨效率高，操作也很方便，其刃磨的几何角度非常准确，且质量也好。但在生产中，特别是在一些中、小型企业中仍采用手工刃磨的方法，因此，车工必须掌握好手工刃磨车刀的技术。

一、砂轮及其选用

砂轮机是用来刃磨各种刀具、工具的常用设备，由电动机、砂轮机座、托架和防护罩等部分组成，如图 2-3 所示。

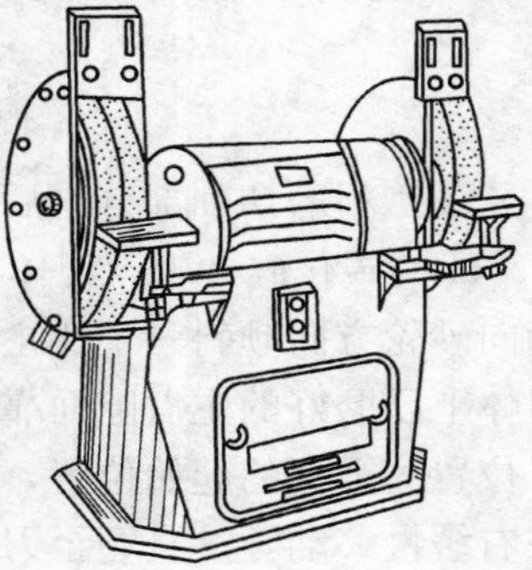

图 2-3　砂轮机

目前常用的砂轮主要采用人造磨料，有氧化物（刚玉类）、碳化物类和高硬磨料三类。砂轮的切削性能主要由磨料、粒度、硬度、结合剂、组织、形状和尺寸等要素决定。其常用指标有硬度、粒度。硬度从超软到超硬分 14 级，粒度号数越大，则颗粒尺寸越细。通常刃磨车刀硬度选用 M、N、K、L；粒度选用 60～80 号。

高速钢等车刀宜选用氧化物系白刚玉类砂轮来刃磨，这类砂轮多呈白色，其磨粒韧性好，比较锋利，硬度较低，自锐性好；硬质合金类车刀则宜选用碳化物系绿色碳化硅砂轮来刃磨，这类砂轮多呈绿色，其磨粒的硬度较高，刃口锋利，但其脆性大。

二、车刀常规刃磨面的刃磨

（一）刃磨的姿势

（1）刃磨车刀时，操作者应站立在砂轮机的侧面（与砂轮轴线约成 38°～55°夹角），以防砂轮碎裂，碎片飞出伤人。

（2）两手握车刀的距离要放开，两肘夹紧腰部，这样可减小抖动。

（3）磨刀时车刀应放在砂轮的水平中心。

（二）刃磨步骤

（1）先磨去车刀前面、后面上的焊渣，并将车刀底面磨平。可选用粒度为 24 号～36 号的氧化铝砂轮。

（2）粗磨刀体。在略高于砂轮中心水平位置处，将车刀翘起一个比后角大 2°～3°的角度，粗磨刀体的主后面和副后面，以形成后隙角，为磨车刀切削部分的主后面和副后面作准备，如图 2-4 所示。

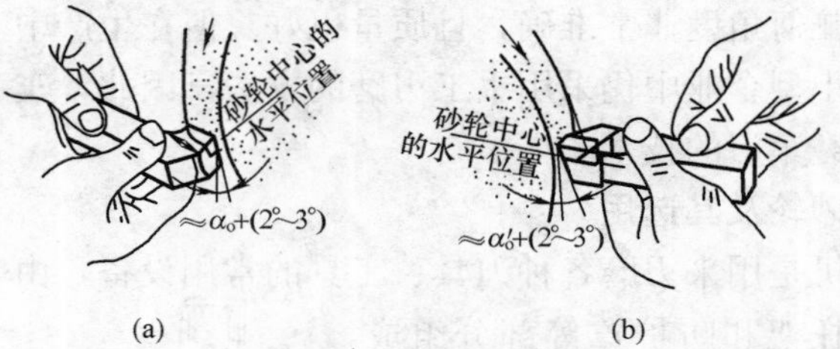

图 2-4　粗磨刀体

（3）粗磨切削部分主后角。选用粒度为 36 号～60 号、硬度为 G、H 的碳化硅砂轮。刀体柄部与砂轮轴心线保持平行，刀体底平面向砂轮方向倾斜一个比主后角大 2°～3°的角度。刃磨时，将车刀刀体上已磨好的主后隙面靠在砂轮的外圆上，以接近砂轮中心的水平位置为刃磨的起始位置，然后使刃磨位置继续向砂轮靠近，并作左右缓慢移动，一直磨至刀刃处为止。这样可同时磨出主偏角 k_r = 90°和主后角 α_0 = 4°。

（4）粗磨切削部分的副后角。刀柄尾部向右偏摆，转过副偏角 $\kappa'_r=8^\circ$，刀体底平面向砂轮方向倾斜一个比副后角大 $2^\circ\sim3^\circ$ 的角度，刃磨方法与刃磨主后面相同，但应注意磨至刀尖处为止。同时磨出副偏角 $\kappa'_r=8^\circ$ 和副后角 $\alpha'_0=4^\circ$。

（5）粗磨前角。以砂轮的端面粗磨出车刀的前面，同时磨出前角 $\gamma_0=12^\circ\sim15^\circ$，如图 2-5 所示。

（6）精磨主、副后刀面。选用粒度为 180 号～200 号的绿色碳化硅杯形砂轮。精磨前应修整好砂轮，保证回转平稳。刃磨时将车刀底平面靠在调整好角度的托架上，并使切削刃轻轻靠住砂轮端面，并沿着端面缓慢地左右移动，使砂轮磨损均匀、车刀刃口平直，如图 2-6 所示。

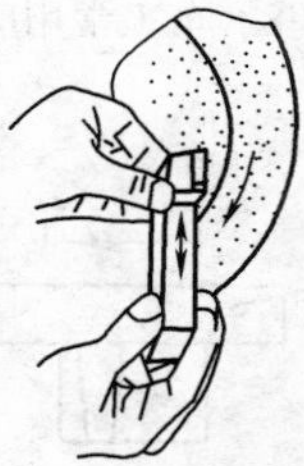

图 2-5　粗磨前角

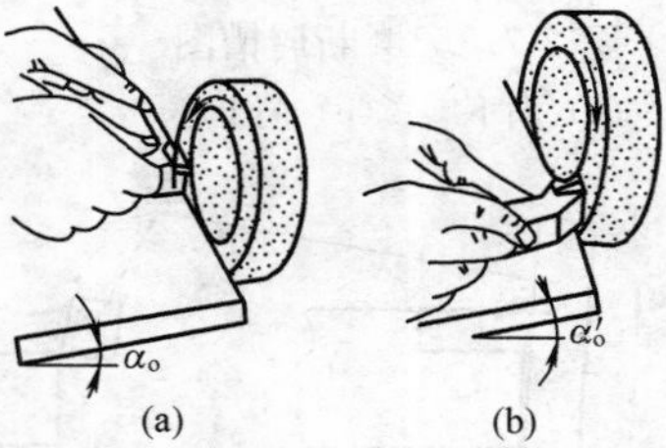

图 2-6　精磨主、副后面

（a）磨主后刀面；（b）磨副后刀面

三、刃磨断屑槽

手工刃磨的断屑槽一般为圆弧形。刃磨时，须将砂轮的外圆和端面的交角处用金刚石笔或硬砂条修成相应的圆弧。若刃磨直线型断屑槽，则砂轮的交角须修磨得很尖锐。刃磨时刀尖可向下磨或是向上磨，如图 2-7 所示。但选择刃磨断屑槽的部位时应考虑留出倒棱的宽度（即留出相当于进给量大小的距离）。

四、车刀的研磨

车刀研磨一般是用磨石进行手工作业。实践证明，不论是高速钢车刀还是硬质合金车刀，不论是粗车刀还是精车刀，都可用磨石研磨。车工常用的磨石如图 2-8 所示。

由于受砂轮机粒度、跳动等影响，刃磨出来的车刀各刀面形状及角度都不大准确，其表面粗糙度值也较大，这时可采用粗粒度的磨石先粗研磨，再用细粒度的磨石精研磨。研磨时，磨石应紧贴研磨面作短程的往复运动，幅度不宜过大，以防被研磨的面不平直，研磨到砂轮的磨削痕迹消失为止。车刀的研磨如图 2-9 所示。

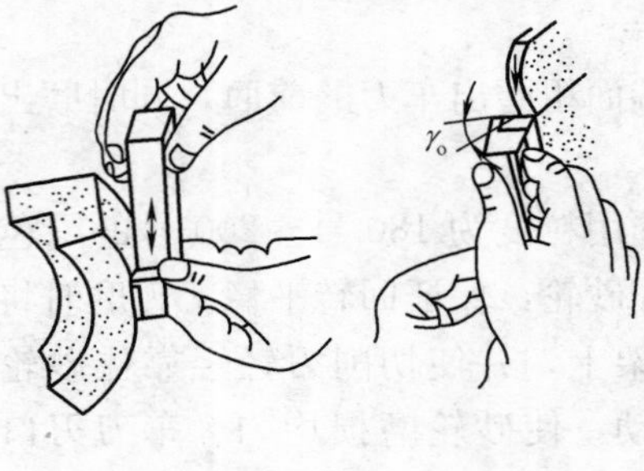

(a) (b)

图 2-7 刃磨断屑槽图

（a）向下磨；（b）向上磨

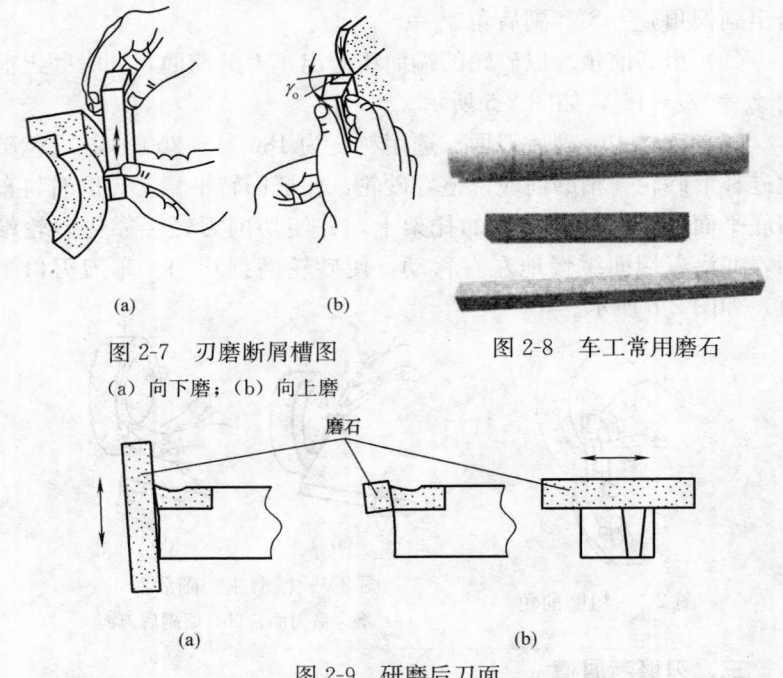

图 2-8 车工常用磨石

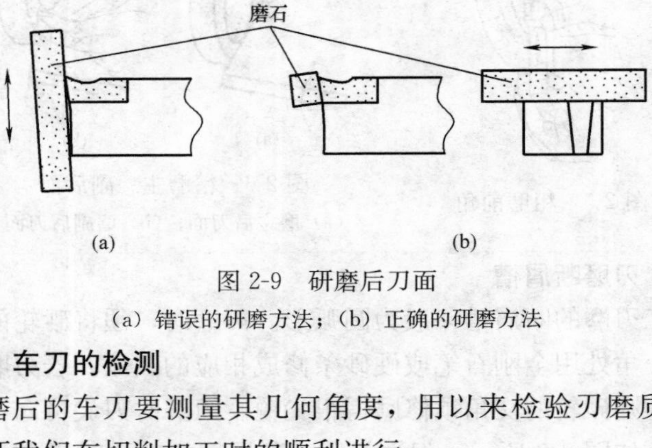

(a) (b)

图 2-9 研磨后刀面

（a）错误的研磨方法；（b）正确的研磨方法

五、车刀的检测

刃磨后的车刀要测量其几何角度，用以来检验刃磨质量的好坏。保证我们在切削加工时的顺利进行。

（一）用角度样板检测

图 2-10 所示，是用角度样板来检测车刀几何角度的情形。

这种检测方法极为简单易行，但测量不出车刀几何角度的具体数值，只能测出车刀角度接近多少度。

（二）用车刀量角台检测

1. 量角台的结构

量角台的结构如图 2-11 所示。这是一种新型的测量工具，可测量出车刀的全部角度及其角度的具体大小。

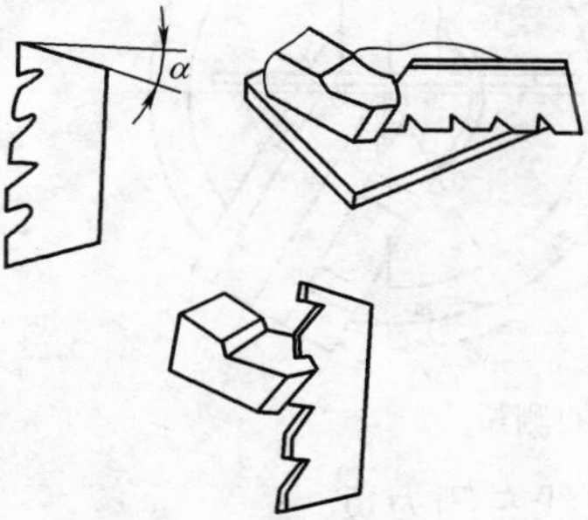

图 2-10　用样板测量车刀角度

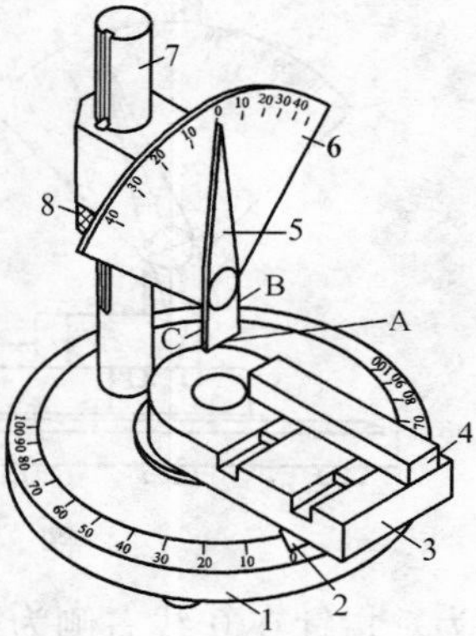

图 2-11　车刀量角台

1—底座；2—底座刻度指示；3—平台；4—靠尺；5—指针；6—扇形盘；7—立柱；8—螺母

它的结构是：由底座 1、平台 3、立柱 7 和扇形盘 6 组成。底座 1 为圆盘形，在 0°线左右方向各有刻度 100°，用于测量主偏角和副偏角，扇形盘 6 上有刻度±45°，用于测量前角、后角和刃倾角。扇形盘的前面有一个指针 5，指针下端是测量板。测量板的前、后两平面和三个刃口（左侧刃 C、右侧刃 B、下刃 A）可供测量使用。立柱 7 上带有螺纹，旋转螺母 8 就可以上下调整扇形盘的位置。测量时，把车刀安放在平台上，并靠紧活动靠尺 4。平台可在圆盘形底座上转动。

2. 用量角台测量车刀几何角度

其测量方法如下。

（1）前角的测量。如图 2-12 所示。

将车刀放在平台 3 上，其侧面紧靠活动靠尺 4，转动平台，使主切削刃与测量板的前平面贴合无缝，然后就将平台旋转 90°，也就是旋转到 0°线右侧 30°处，这时主切削刃在基面内的投影与测量板的平面垂直。将测量板的下刃与车刀前面重合无缝，指针在扇形盘上指示的数值就是前角的大小。图示前角为 20°。前角正、负的

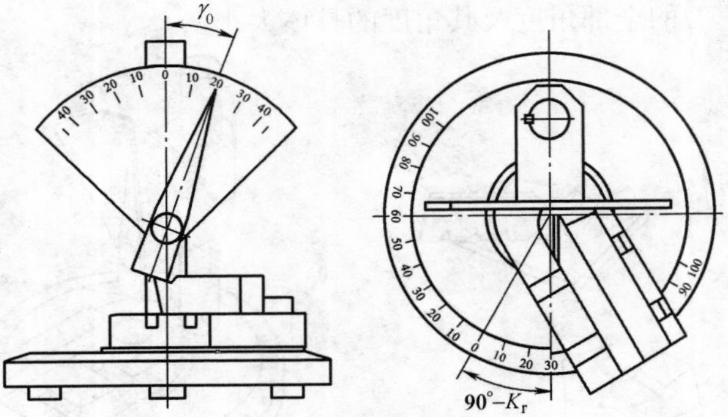

图 2-12　前角的测量

判断为：指针在 0°线右侧为正，在 0°线左侧为负。

（2）其他角度的测量。其他角度如主后角、副后角、主偏角、副偏角和刃倾角的测量，见图 2-13～图 2-17。

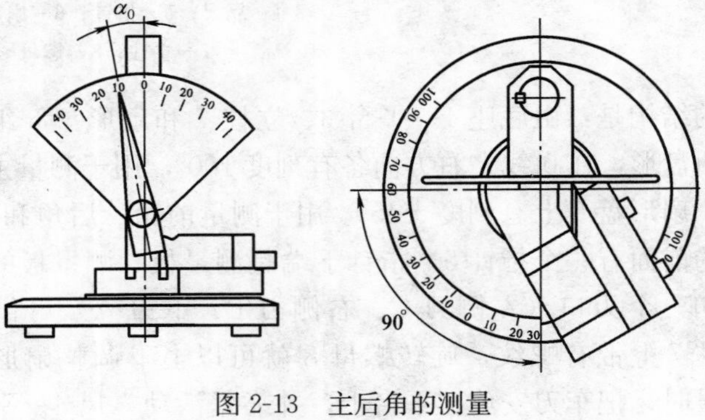

图 2-13　主后角的测量

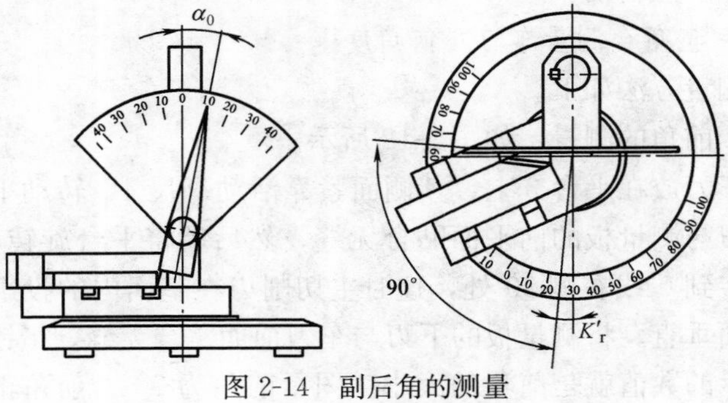

图 2-14　副后角的测量

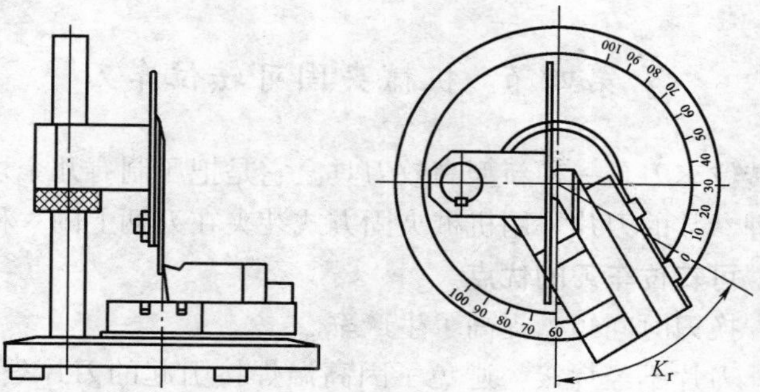

图 2-15　主偏角的测量

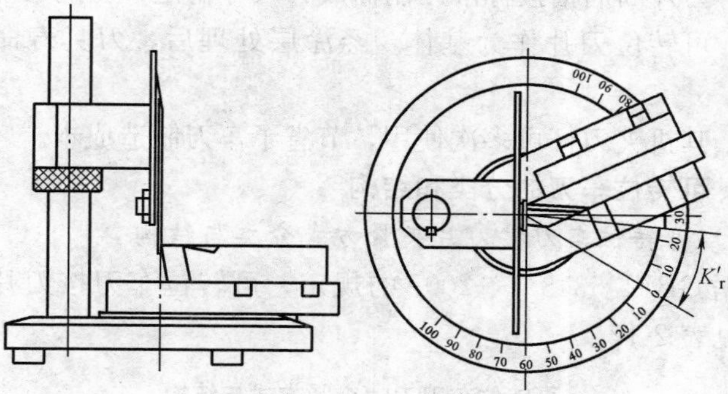

图 2-16　副偏角的测量

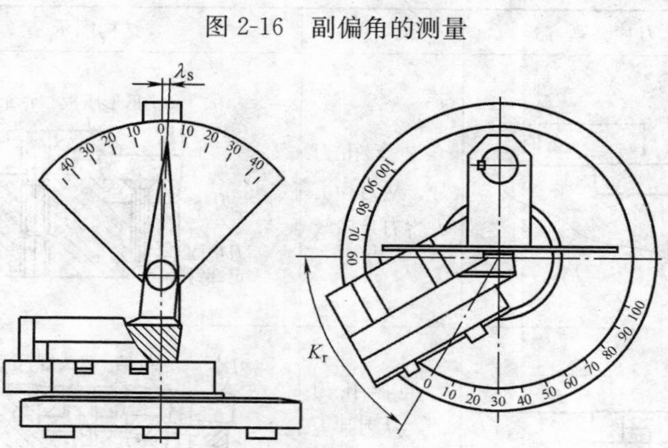

图 2-17　刃倾角的测量

第四节 机械夹固可转位车刀

可转位车刀是一种新型高效刀具。它是把压制有几个切削刃并具有合理参数的刀片，用机械夹固方式装夹在刀柄上的一种刀具。

一、可转位车刀的优点

（1）换刀时间短，提高了生产率。

（2）刀片不经焊接，避免了因高温焊接引起的刀片裂纹产生，延长了使用寿命。

（3）刀片断屑槽按标准压制而成，尺寸稳定，断屑可靠。

（4）可转位刀片作为基体，经涂层处理后，刀具寿命提高了1～3倍。

（5）其机夹刀杆可多次使用，节省了车刀制造成本。

二、可转位车刀的分类和结构

（一）可转位车刀按刀片夹紧方式分类与结构

根据GB/T 5343.1—2007的规定，可转位车刀按刀片夹紧方式分类见表2-12。

表2-12　可转位车刀刀片夹紧方式与结构

代号	刀片夹紧方式	说　明	结构图示
C	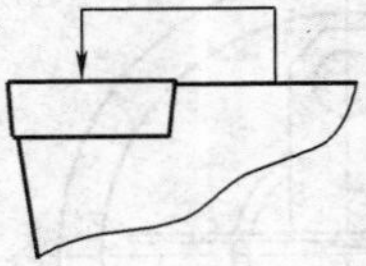	装无孔刀片，从刀片上方将刀片压紧	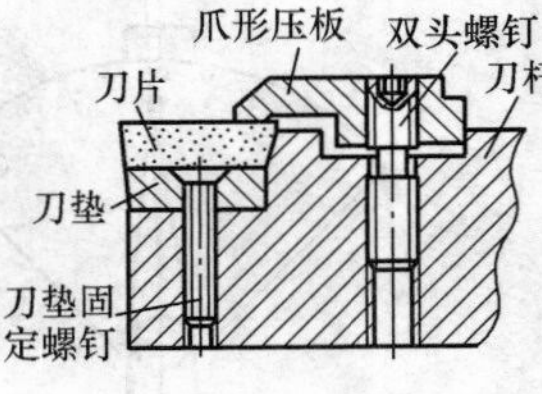
M	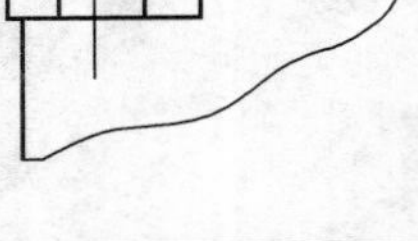	装圆孔刀片，从刀片上方并利用刀片孔将刀片夹紧	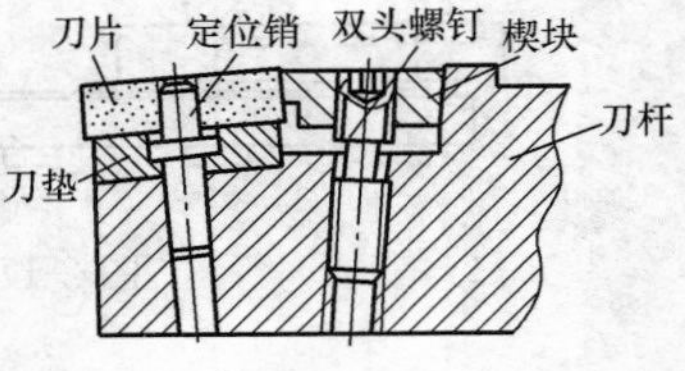

续表

代号	刀片夹紧方式	说　明	结构图示
P	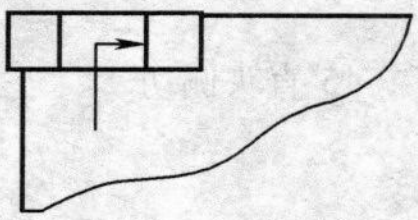	装圆孔刀片，利用刀片孔将刀片夹紧	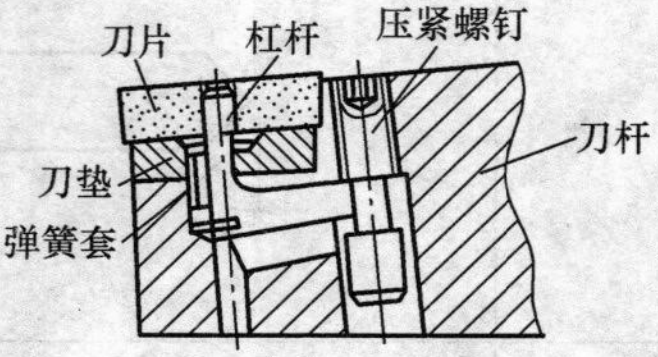
S	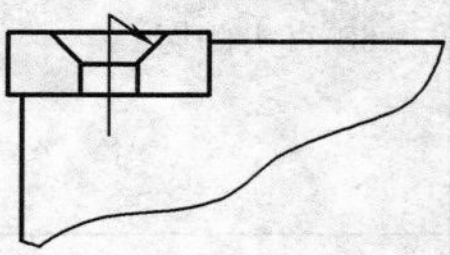	装沉孔刀片，螺钉直接穿过刀片孔将刀片夹紧	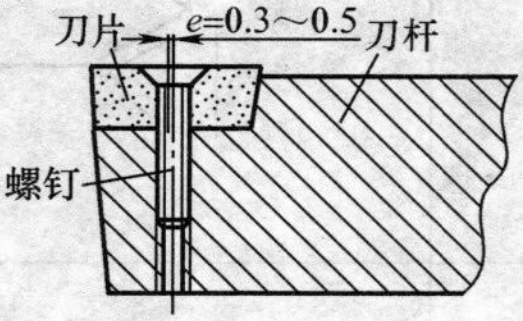

（二）可转位车刀按头部形式的分类与代号

分类形式与代号见表 2-13。

表 2-13　　　　可转位车刀头部形式及代号

代号	头　部　形　式	
A	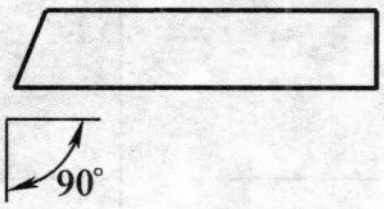	90°直头侧切
B	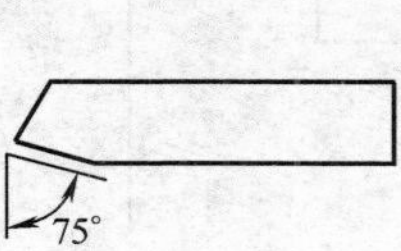	75°直头侧切
C		90°直头端切

续表

代号	头部形式	
D	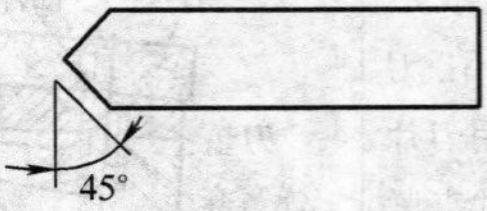	45°直头侧切
E	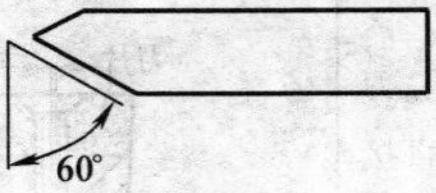	60°直头侧切
F		90°偏头端切
G	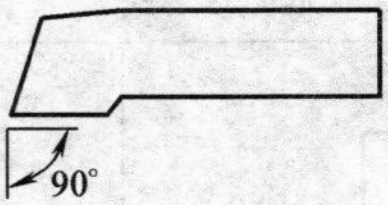	90°偏头侧切
S	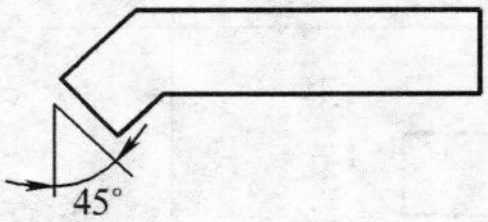	45°偏头侧切
T		60°偏头侧切

续表

代号	头部形式	
U		93°偏头端切
H	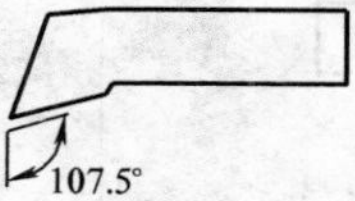	107.50°偏头侧切
J	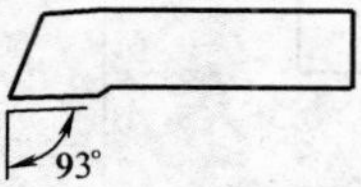	93°偏头侧切
K		75°偏头端切
L	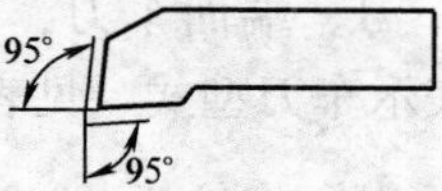	95°偏头侧切用端切
M		50°直头侧切
N	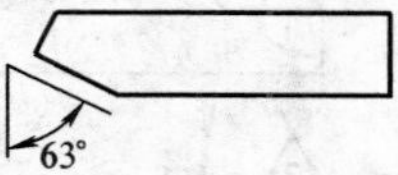	63°直头侧切

续表

代号	头部形式	
R	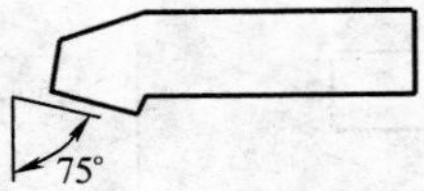	75°偏头侧切
V	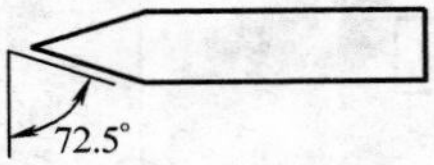	72.5°偏头侧切
W	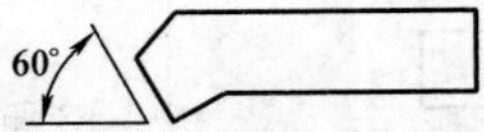	60°偏头端切
Y	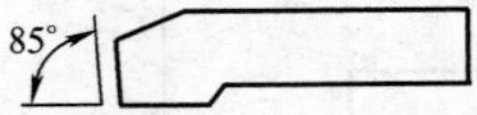	85°偏头端切

三、可转位车刀的型式

常用的可转位车刀有外圆车刀、端面车刀、仿形车刀等共 18 种型式，用第二到第四位代号表示车刀型式，见表 2-14。

表 2-14　可转位刀片型式（GB/T 5343.2—2007）

车刀型号		简　图
右切车刀	左切车刀	
TGNR	TGNL	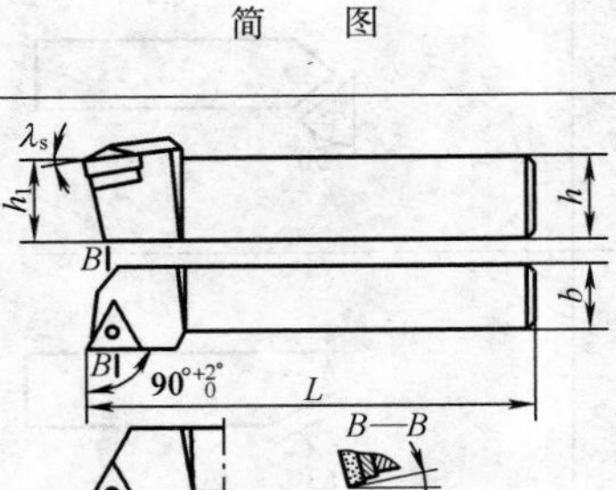 TGN型90°

续表

车刀型号		简　图
右切车刀	左切车刀	
FGNR	FGNL	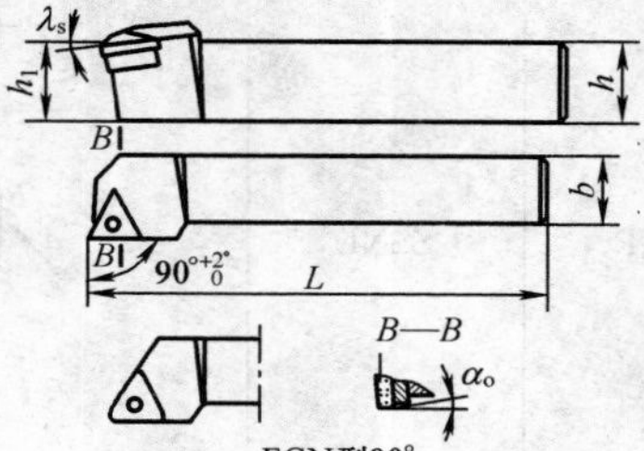 FGN型90°
WGNR	WGNL	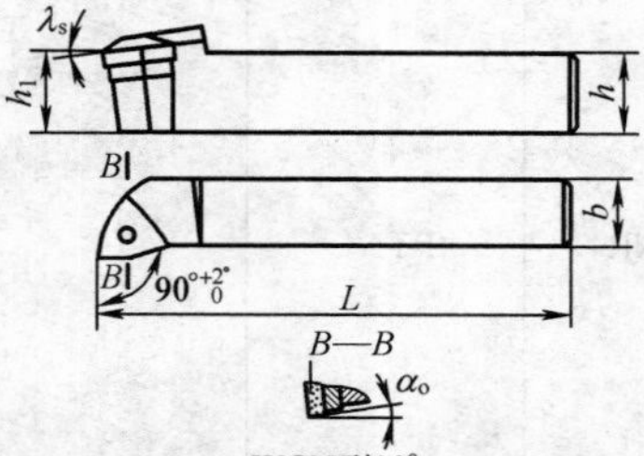 WGN型90°
SRNR	SRNL	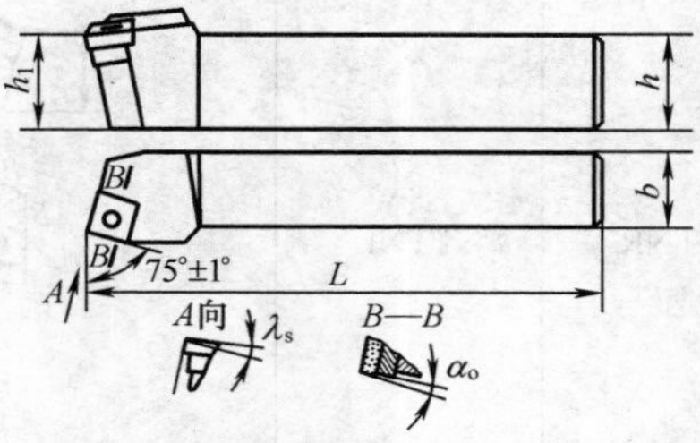 SRN型75°

续表

车刀型号		简　图
右切车刀	左切车刀	
SSNR	SSNL	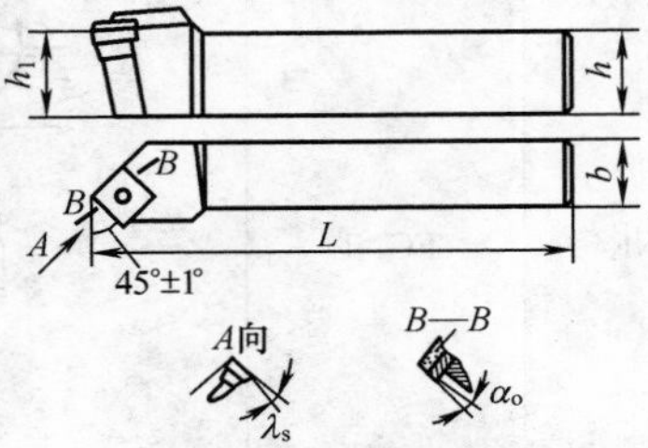 SSN型45°
PTNR	PTNL	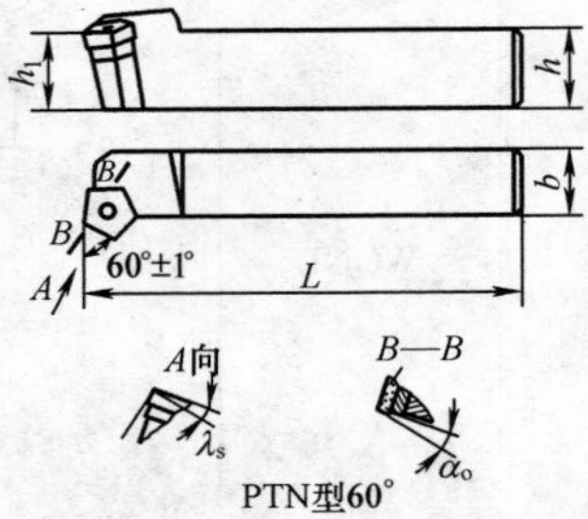 PTN型60°
TTNR	TTNL	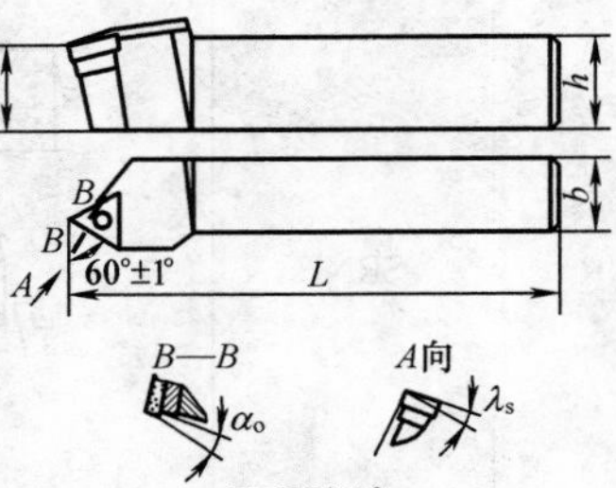 TTN型60°

续表

车刀型号		简　　图
右切车刀	左切车刀	
CJNR	CJNL	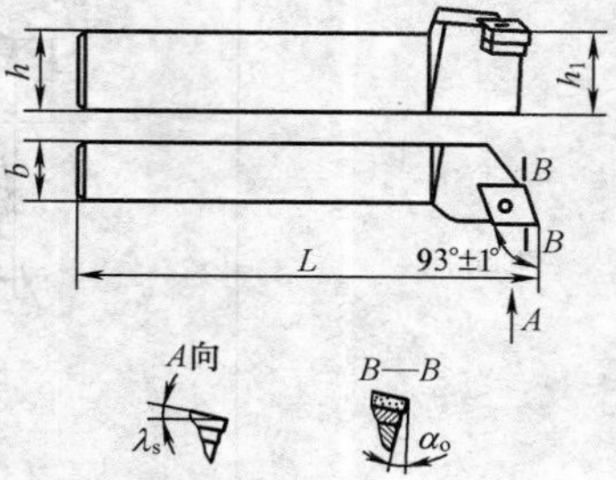 CJN型93°
DJNR	DJNL	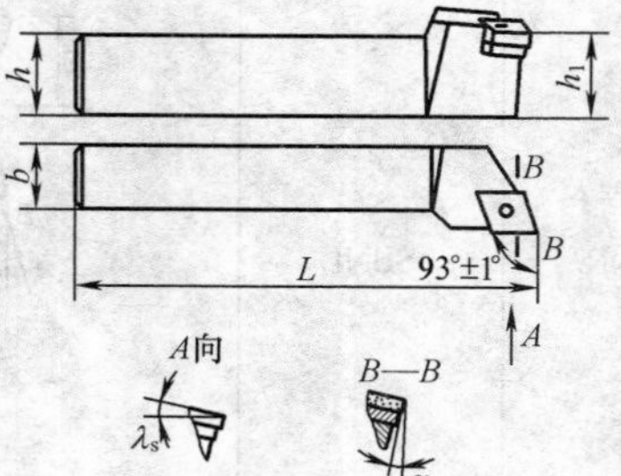 DJN型93°
WMNN		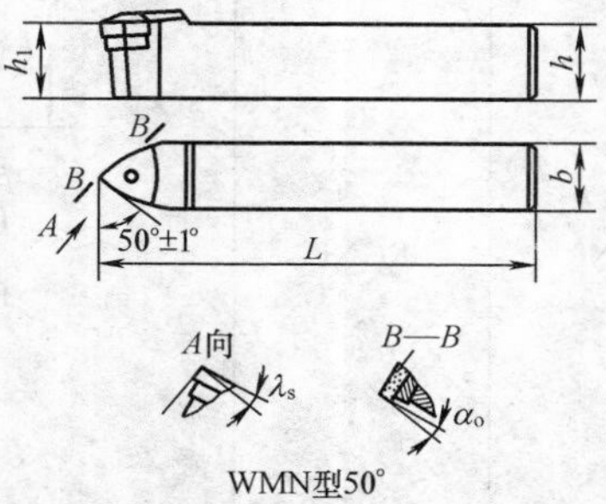 WMN型50°

续表

车刀型号		简图
右切车刀	左切车刀	
TENN		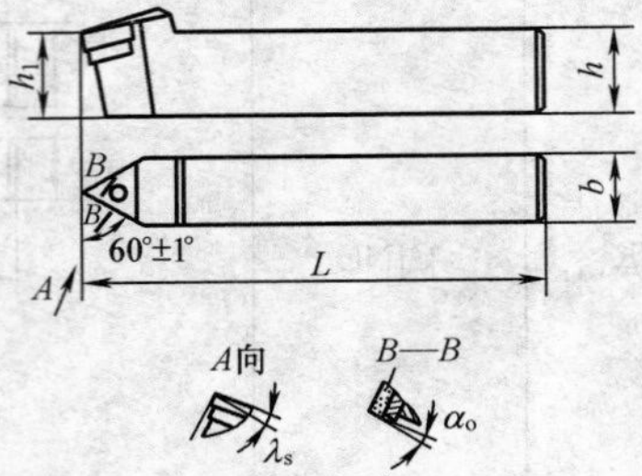 TEN型60°
SBNR	SBNL	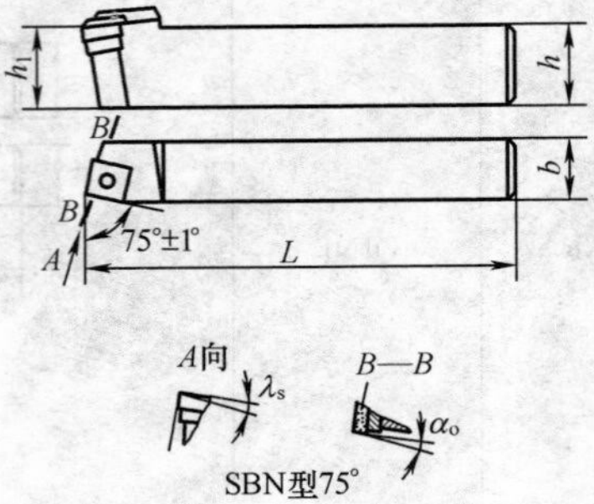 SBN型75°
RGNR	RGNL	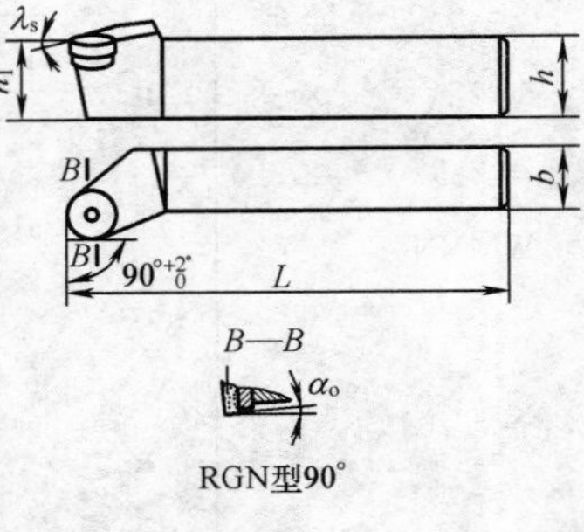 RGN型90°

续表

车刀型号		简　图
右切车刀	左切车刀	
TFNR	TFNL	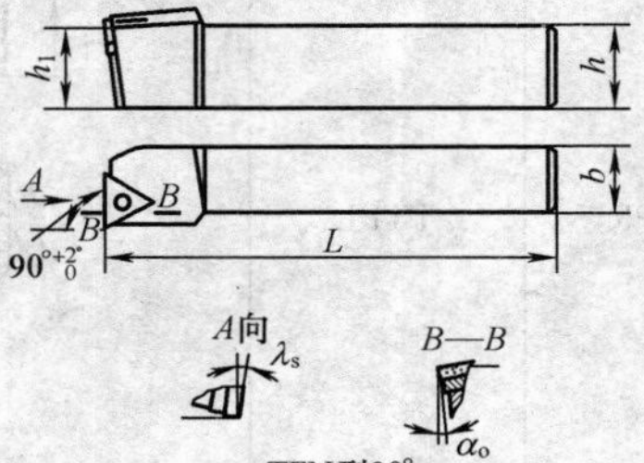 TFN型90°
SKNR	SKNL	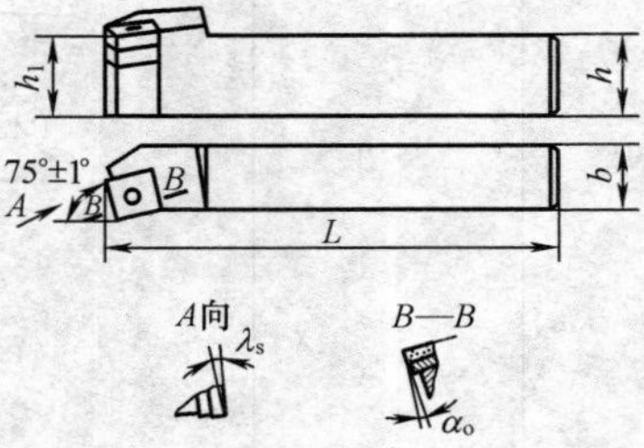 SKN型75°
TGPR	TGPL	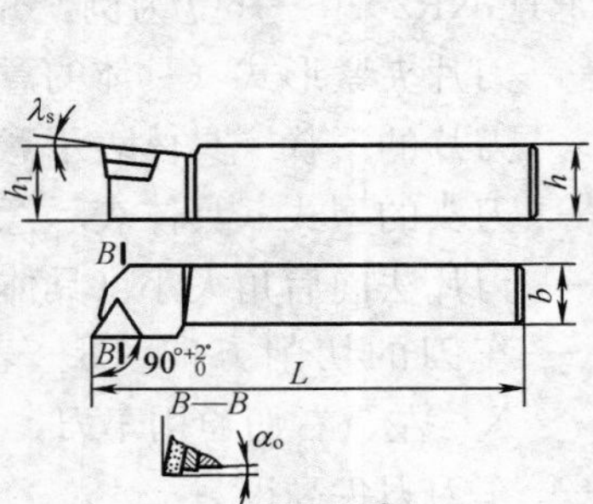 TGP型90°

续表

车刀型号		简图
右切车刀	左切车刀	
TTPR	TTPL	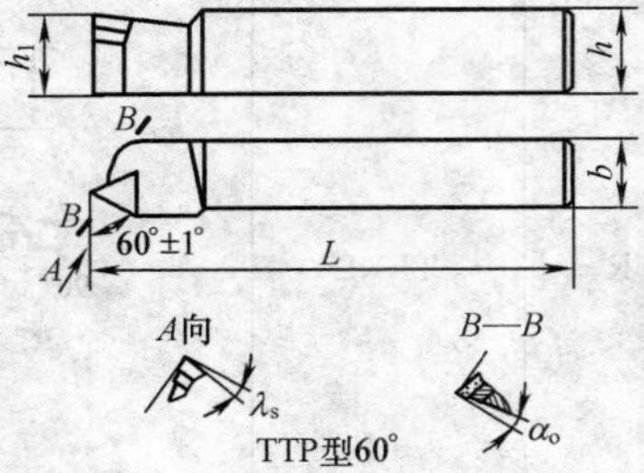
SSPR	SSPL	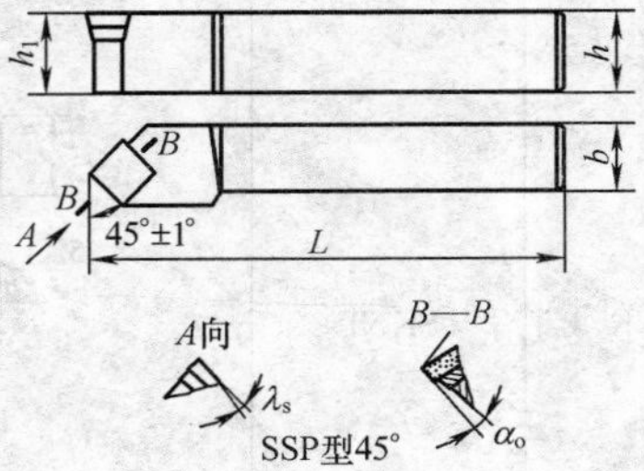

四、可转位车刀型号的表示规则

以 PTGNR2020—16Q 为例，介绍刀片型号的表示规则如下：

P——刀片夹紧形式（具体的意义见表 2-12）。

T——刀片的形状（具体表示意义见表 2-15）。

G——刀头的型式（具体表示意义见表 2-13）。

N——刀片法向后角大小（具体表示意义见表 2-16）。

R——车刀的切削方向（R—表示右切车刀、L—左切车刀、N—左、右切通用车刀，见表 2-17）。

20——车刀刀尖高度。

20——车刀刀杆宽度（车刀刀杆宽度不足两位数，则应在该数前加“0”）。

— ——车刀长度标准（如果车刀长度不符合 GB/T 5343.2—2007 的规定时，则用一字母表示其长度值，其具体的表示见表 2-18）。

16——车刀刀片边长（它舍去了小数部分，一般用两位数来表示。如：切削刃长度为 16.5mm，则其代号应表示为 16。但若舍去小数后只剩下一位数字，则在该数字前加“0”，如：切削刃长度为 9.525mm，则其代号为 09，见表 2-19）。

Q——以车刀的外侧面和后端面为测量基准的精密级车刀（具体表示见表 2-20）。

表 2-15　　车刀刀片形状的代号

代号	刀片形状	
T		正边形
F		偏 8°三边形
S		正方形
P	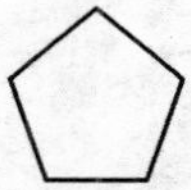	五边形

续表

代　号	刀片形状	
H		六边形
O	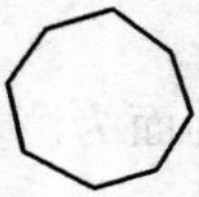	八边形
W		凸三边形
L		矩形
R		圆形
V		35°菱形
D		55°菱形
E		75°菱形
C		80°菱形
M		86°菱形
K	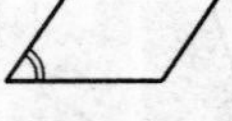	55°菱形
B		82°菱形
A		85°菱形

表 2-16　　刀片法向后角大小的代号

代　号	刀片法向后角	
A		3°
B		6°
C		7°
D		15°
E		20°
F		25°
G		30°
N		0°
P		11°
O	其余的后角需专门说明	

注　如果所有切削刃都用来作主切削刃。且具有不同的后角，则法向后角表示较长一段切削刃的法向后角，这段较长的切削刃便代表切削刃的长度。

表 2-17　　车刀切削方向的代号

代　号	R	L	N
切削方向 R	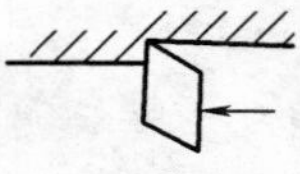	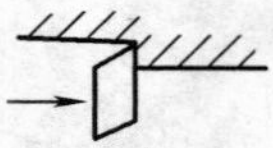	

表 2-18　　车刀长度值的代号

代　　号	A	B	C	D	E	F	G	H	J	K	L	M
车刀长度（mm）	32	40	50	60	70	80	90	100	110	125	140	150
代　　号	N	P	Q	R	S	T	U	V	W	X		Y
车刀长度（mm）	160	170	180	200	250	300	350	400	450	特殊尺寸		500

表 2-19　　车刀刀片长度的表示

长度范围（mm）	举　　例		说　　明
	长度（mm）	代　号	
≥10	16.5	16	用整数表示，小数不计
<10	9.25	09	

表 2-20　　不同测量基准的精密车刀代号

<table>
<tr><td>代号</td><td>Q</td><td>F</td><td>B</td></tr>
<tr><td>简图</td><td>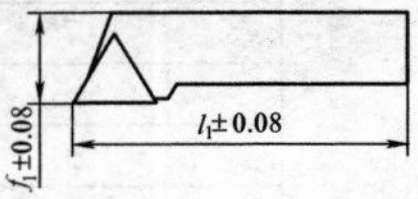
</td><td>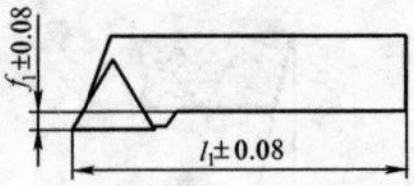
</td><td>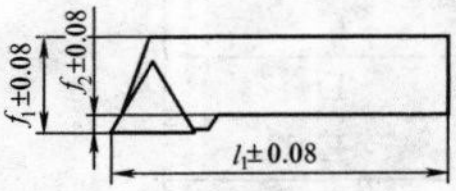
</td></tr>
<tr><td>测量基准面</td><td>外测面和后端面</td><td>内测面和后端面</td><td>内、外测面和后端面</td></tr>
</table>

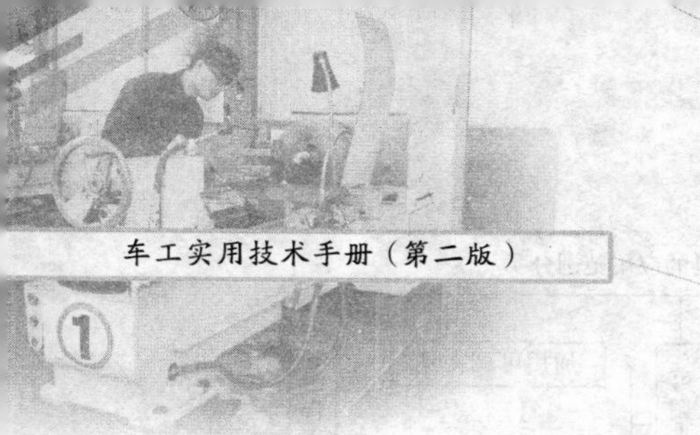

第三章

车 床 夹 具

第一节 机 床 夹 具 概 述

一、机床夹具的定义

在机床上加工工件时，为了保证工件加工精度，首先需要确定工件在机床上或夹具中占有正确位置，这一过程称为定位。

工件定位后，为了不因受切削力、惯性力、重力等外力作用而破坏工件已确定的正确位置，还必须对其施加一定的夹紧力而将其固定，使它在加工过程中保持定位位置不变，这一操作过程称为夹紧。

这种用以使工件准确地确定与刀具的相对位置，即将工件定位及夹紧，以完成加工所需的相对运动，在机床上所使用的一种辅助设备，称谓机床夹具（以后简称夹具），它也是工件定位和夹紧的机床附加装置。

二、机床夹具的分类

在实际生产中，由于工件是各式各样的，因此夹具形式繁多，结构各不相同。随着机械制造业发展的需要，新型夹具的结构不断出现，机床夹具的种类和结构形式越来越多，分类方法也有多种。机床夹具按照各种不同的特点进行分类如图 3-1 所示。

三、机床夹具的作用

机床夹具在机械加工中，对保证工件的加工质量、提高加工效率、降低生产成本、改善劳动条件、扩大机床使用范围、缩短新产品试制周期等方面，有着极其明显的经济效益。从机床夹具的使用情况可以看出，机床夹具的作用主要体现在下列几个方面。

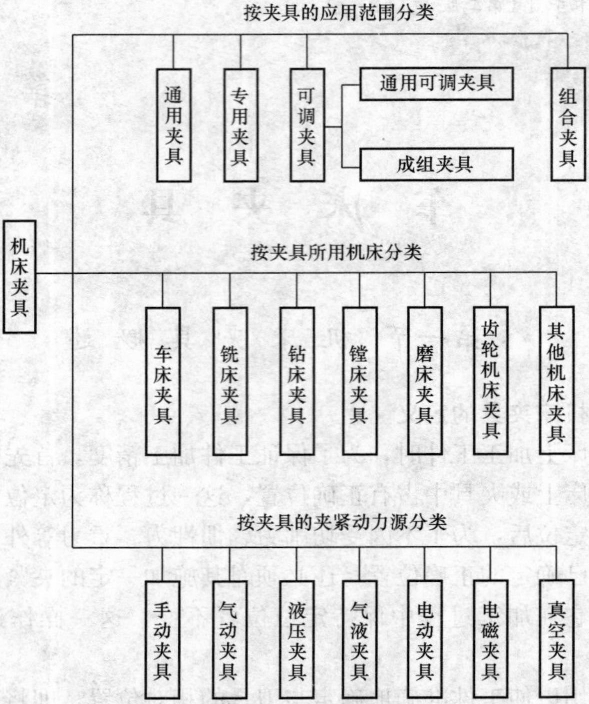

图 3-1　机床夹具的分类

1. 保证被加工表面的位置精度

使用夹具的主要作用是保证工件上被加工表面的相互位置精度，如表面之间的位置尺寸、平行度、垂直度、对称度、位置度、同轴度、圆跳动等。只要夹具在机床上正确定位及固定以后，工件就很容易在夹具中正确定位并夹紧。这样就保证了在加工过程中“同批”工件对刀具和机床保持确定的相对位置，这比划线找正的方法所能达到精度要高。尤其在加工成批工件时，使用专用夹具可以使一批工件的加工精度都稳定良好，不受或少受各种主观因素的影响，对保证产品质量及其稳定性起着重要作用。

2. 能实现快速夹紧

采用夹具缩短辅助时间的办法，主要是减少工件安装和找正的时间。使用钻孔夹具在加工时，省去划线、钻中心孔、找正的时间，因而缩短辅助时间，提高了生产效率。

3. 能扩大机床的工艺范围

在通用机床上采用夹具后，可以使机床的使用范围扩大。在车床的刀架上装上夹具后，就可利用主轴带动镗刀或铣刀，使车床变成镗床或铣床。对于某些结构的工件，其本身很难在通用机床上加工，必须采用夹具后，才能在原有机床上进行加工。在立式钻床上，可装上珩磨头，再配上一对行程开关和挡块，并将机床的控制部分稍加改装，可变成珩磨机。从而可使机床“一机多能”。

4. 减轻操作的劳动强度，保障生产安全

由于夹具中可以采用扩力机构来减小操作的原始力，而且有时还可采用各种机动夹紧装置，故可使操作省力，减轻劳动强度。根据加工条件，还可设计防护装置，确保操作者安全。

四、机床夹具的组成

夹具是由各种不同作用的元件所组成的。所谓夹具元件，是指夹具上用来完成一定作用的一个零件或一个简单的部件。若要成功设计一个夹具，首先就要会设计各个元件。生产中应用的夹具形式多种多样，新型夹具又不断出现。但若将作用相同的元件归纳在一起，则其夹具元件分类并不多。这些部分各自有其独立的作用，但又彼此相互联系。这样，不仅对掌握夹具组成规律，分析解剖夹具结构具有重要作用，而且运用“化整为零”的思维和研究方法，对学习、分析夹具及设计构思都是很有必要的。

根据夹具元件在结构中所起的不同作用，可将各种夹具的元件分为下列几类。

（1）定位元件及定位装置。在夹具中起定位作用的元件、部件，如各种V形块，定位销、键等。有些夹具还采用由一些零件组成的定位装置。

（2）夹紧装置。起夹紧作用的一些元件或部件。用来紧固工件保证在定位后的位置。如各种的弯头压板、螺母，以及开口垫圈和螺母、螺栓等。

（3）对刀引导件。引导刀具并确定刀具对夹具的相对位置所用的元件。如对刀块、快换钻套等，它们都是确定刀具相对于工件的正确位置并引导刀具进行加工的。

(4) 夹具本体。用来联接夹具上的所有各种元件和装置成为一个夹具整体，是夹具的基础件。并借助它与机床联接，以确定夹具相对于机床的位置。

(5) 自动定心装置。可同时起定位与夹紧作用的一些元件或部件。

(6) 分度装置。用于改变工件与刀具相对位置以获得多个工位的一种装置，可作为某些夹具的一部分。

(7) 其他元件及装置。包括与机床联接用的零件、各种联接件，特殊元件及其他辅助装置等。

(8) 靠模装置。它是用来加工某些特殊型面的一种特殊装置。

(9) 动力装置。在非手动夹具中，作为产生动力的部分，如气缸、液压缸、电磁装置等。

上述各类元件并非所有夹具都有，而定位元件、夹紧装置和夹具本体则是每一夹具都不可缺少的组成部分。

五、夹具系统的选用

选择最佳的夹具系统，应在保证产品质量、提高生产效率、降低成本、缩短工装准备周期和增加经济效益的基础上，结合生产组织和技术经济规律进行综合评价。夹具类型和结构型式需与生产纲领和生产类型相适应。

在大量生产条件下，完成某一工件的特定工序时，应最大限度地考虑保证产品质量和使用效率的要求，尽量采用机床夹具标准零件及部件的专用夹具。在结构上最大可能地机械化和自动化。其元件很少能重复使用，也很难做成可调式。

中批和小批生产类型选择夹具系统的经济原则，是在保证产品质量的条件下，用完成工艺过程所需费用和制造周期为分析基础，根据产品的生产纲领，选择不同的夹具系统进行比较。可选用通用程度较高的调整或调节个别定位和夹紧元件的通用可调夹具；或根据一组具体的零件族在工艺分类的基础上，选用专用程度较大的成组夹具，以提高夹具的适应性、继承性和柔性。

为适合单件、小批生产或试制任务，应选用可重复利用标准元件和组件组装的组合夹具，并最大限度地利用通用夹具。

夹具系统的选用见表 3-1。

表 3-1　　夹具系统的选用

夹具系统			生产类型				夹具系统特点
分类		说明	单件和小批生产	中批生产	大批生产	大量生产	
通用夹具		加工两种或两种以上工件的同一夹具	✓				不需进行特殊调整，不能更换定位和夹紧元件。用于一定外形尺寸范围的各种类似工件，具有很大的通用性。常为机床附件，用于单件小批生产
组合夹具		由可循环使用的标准夹具零、部件（专用零部件）组装成易于联接和拆卸的夹具	✓				分槽系列和孔系列两大类，由一整套预制的不同形状规格、具有互换性和耐磨性的标准元、部件组成。可迅速多次拼合成各种专用夹具，夹具使用后，元、部件可拆散保存
可调夹具	通用可调夹具	通过调整或更换个别零、部件，即能适用于多种工件加工的夹具	✓	✓			针对一定范围的工件设计，由通用基体和可调整部分组成，可换定位件、可调整夹紧元件。用于一组或一类工件的典型工序，调整范围较大，加工对象不定。适应多品种小批量生产。也可用于成组加工
可调夹具	专用可调或成组夹具	根据成组技术原理设计的用于成组加工的夹具	✓	✓			根据一组结构形状及尺寸相似、加工工艺相近的不同产品零件的某道工序而专门设计的，常带动力装置。可用于专业化成批、大批生产。对不同组零件具有专用性，对同一组零件具有可调性

续表

夹具系统		生产类型				夹具系统特点
分　类	说　明	单件和小批生产	中批生产	大批生产	大量生产	
专用夹具	专为某一工件的某一工序而设计的夹具			√	√	适于产品固定不变、批量较大的生产
高效专用夹　具	具有动力装置、机械化和自动化程度较高的专用夹具				√	顺序动作自动化的高生产率专用夹具，适用于稳定的大批大量生产

第二节　车床夹具常用元件和装置

一、车床夹具常用定位方法及定位元件

工件的定位是使同批工件都能在夹具中占据同一正确的加工位置，以保证工件相对于刀具和机床的正确加工位置。工件在夹具中的定位，是通过工件上的定位基准表面与定位元件的工作表面接触或配合来实现的。工件上被选作定位基准的表面常有平面、圆柱面、圆锥面和其他成形面及它们的组合。对这些基准表面可用各种不同的定位方法和定位元件来实现定位。

(一) 常用定位情况

设计夹具时，必须严格地按照工件的定位原理，分析、研究应该限制工件的哪几个自由度，而对哪几个自由度可以不必限制。夹具实际限制了工件的几个自由度，就叫作几点定位。根据工件的加工要求，正确应用定位原理分析工件在夹具中的定位，常有以下几种定位情况。

(1) 完全定位。必须用相当于6个定位支承点的定位元件，无重复地限制工件6个自由度的定位情况。

(2) 不完全定位（又叫部分定位）。用少于6个支承点的定位元件，恰好限制了影响工件加工要求的某些（少于6个）自由度，即该限制的自由度，必须都限制了的定位情况。

（3）欠定位。定位元件所相当的支承点数，少于应该限制的自由度数。即该限制的自由度而没有限制的定位情况。这是不允许的。

（4）过定位（又叫重复定位）。定位元件所相当的支承点数，多于应该限制的自由度数。即出现定位元件重复限制同一个自由度的定位情况。

由上述几种定位情况可知，完全定位和不完全定位都是符合工件定位原理的定位，而欠定位和过定位是不符合工件定位原理的定位。但在实际应用中，过定位不一定是必须避免的。在定位基准和定位元件精度都是很高的情况下，为了提高工件在加工中的刚度和稳定性，可以采用过定位的方式；但在一般情况下，特别是定位基准（面）的形位公差和定位元件的制造公差较大时，过定位是不允许的。此时，可改变定位元件的结构，去掉过定位的支承点，或使过定位的支承点不起作用，即改为活动的、自动定位的或可调节的定位元件，使其只起辅助支承作用。

表 3-2 是根据工件的加工要求，必须限制的自由度。

表 3-2　　根据工件要求必须限制的自由度

工序简图	加工要求	必须限制的自由度
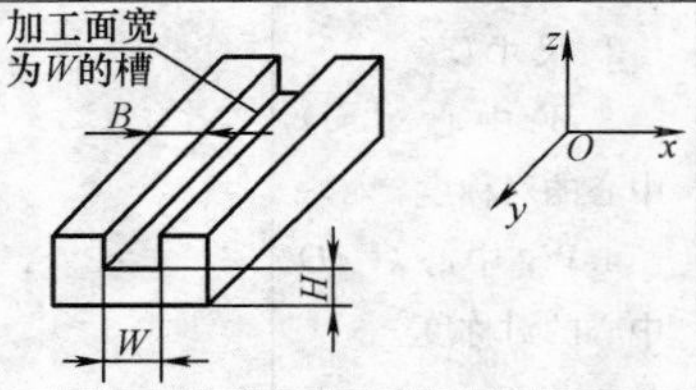	1. 尺寸 B 2. 尺寸 H	$\vec{x}$ $\vec{z}$ $\widehat{x}$ $\widehat{y}$ $\widehat{z}$
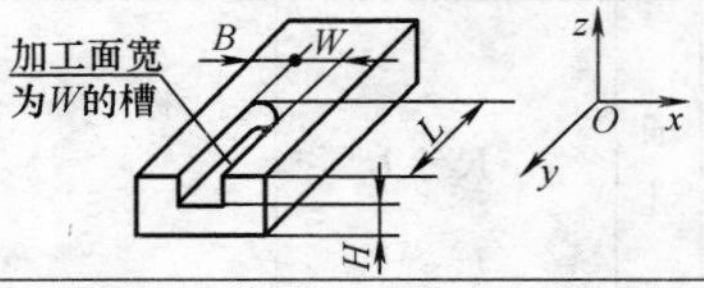	1. 尺寸 B 2. 尺寸 H 3. 尺寸 L	$\vec{x}$ $\vec{y}$ $\vec{z}$ $\widehat{x}$ $\widehat{y}$ $\widehat{z}$
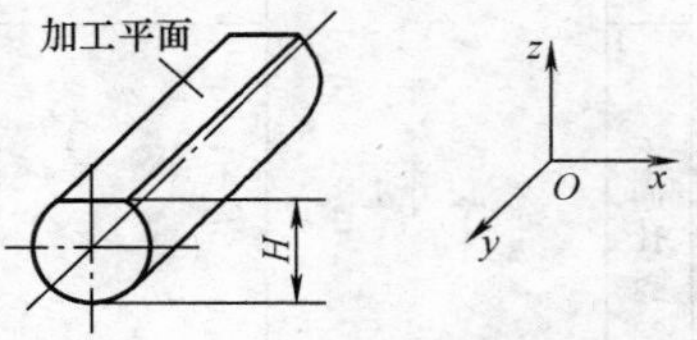	尺寸 H	$\vec{x}$ $\widehat{x}$

续表

工序简图	加工要求	必须限制的自由度
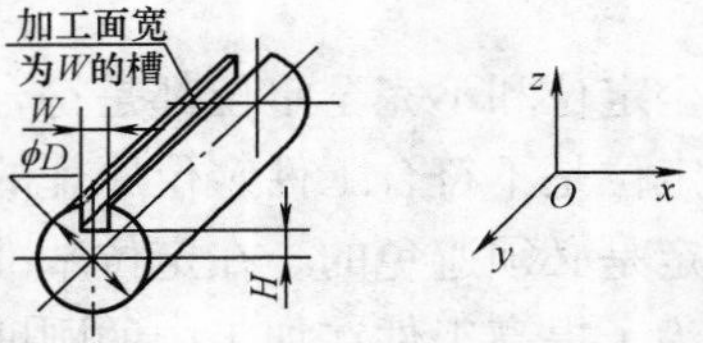	1. 尺寸 H 2. W 中心对 ϕD 中心的对称度	$\vec{x}$ $\vec{z}$ $\widehat{x}$ $\widehat{z}$
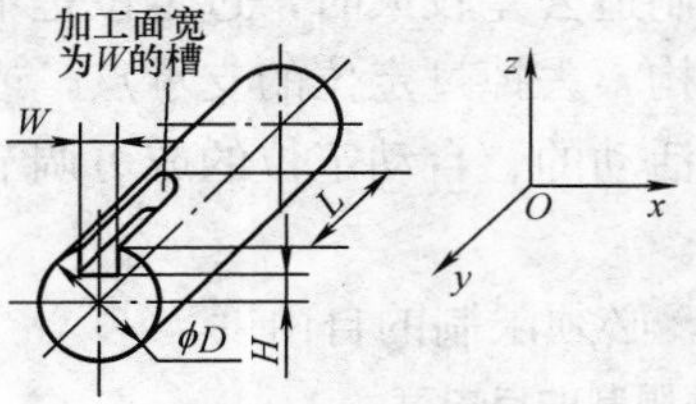	1. 尺寸 H 2. 尺寸 L 3. W 中心对 ϕD 中心的对称度	$\vec{x}$ $\vec{y}$ $\vec{z}$ $\widehat{x}$ $\widehat{z}$
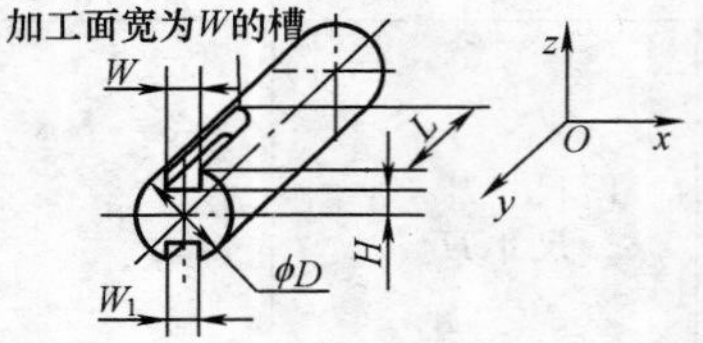	1. 尺寸 H 2. 尺寸 L 3. W 中心对 ϕD 中心的对称度 4. W_1 中心对 ϕD 中心的对称度	$\vec{x}$ $\vec{y}$ $\vec{z}$ $\widehat{x}$ $\widehat{y}$ $\widehat{z}$
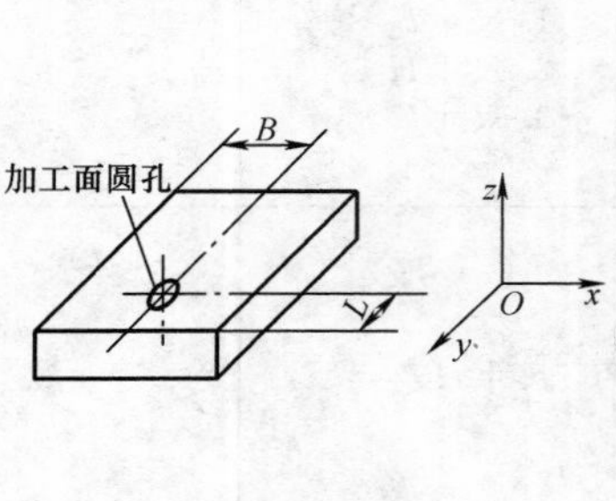	通孔：1. 尺寸 B	$\vec{x}$ $\vec{y}$ $\widehat{x}$ $\widehat{y}$ $\widehat{z}$
	不通孔：2. 尺寸 L	$\vec{x}$ $\vec{y}$ $\vec{z}$ $\widehat{x}$ $\widehat{y}$ $\widehat{z}$

续表

工序简图	加工要求		必须限制的自由度
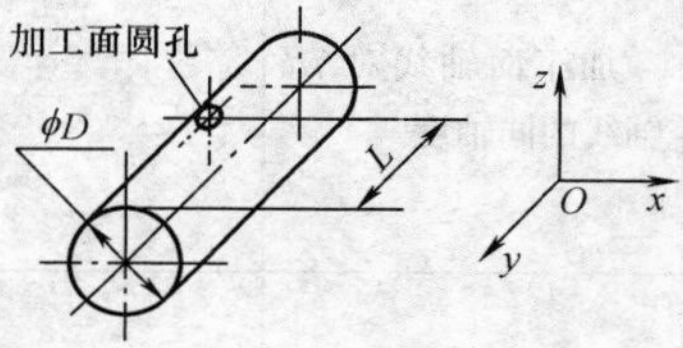	通孔	1. 尺寸 L 2. 加工孔轴线对 ϕD 轴线的位移度	$\vec{x}$ $\vec{y}$ $\widehat{x}$ $\widehat{z}$
	不通孔		$\vec{x}$ $\vec{y}$ $\vec{z}$ $\widehat{x}$ $\widehat{z}$
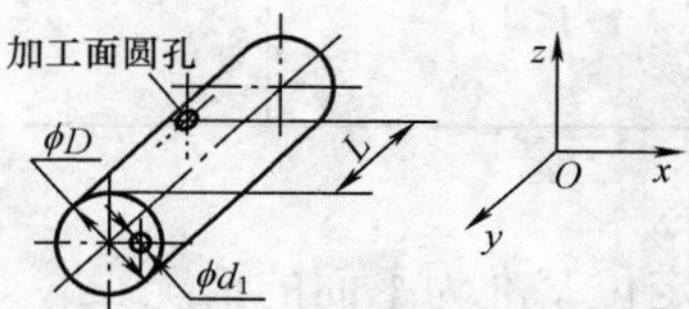	通孔	1. 尺寸 L 2. 加工孔轴线对 ϕD 轴线的位移度 3. 加工孔轴线对 ϕd_1 的位置度	$\vec{x}$ $\vec{y}$ $\widehat{x}$ $\widehat{y}$ $\widehat{z}$
	不通孔		$\vec{x}$ $\vec{y}$ $\vec{z}$ $\widehat{x}$ $\widehat{y}$ $\widehat{z}$
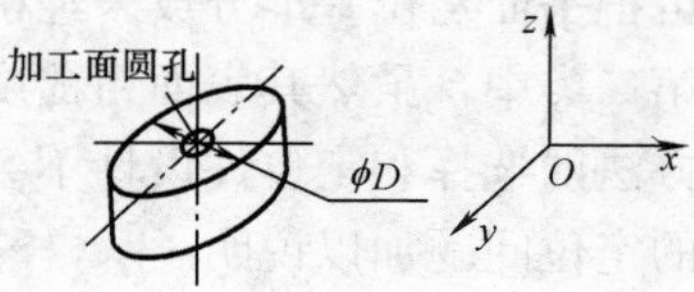	通孔	加工孔轴线对 ϕD 轴线的同轴度	$\vec{x}$ $\vec{y}$ $\widehat{x}$ $\widehat{y}$
	不通孔		$\vec{x}$ $\vec{y}$ $\vec{z}$ $\widehat{x}$ $\widehat{y}$
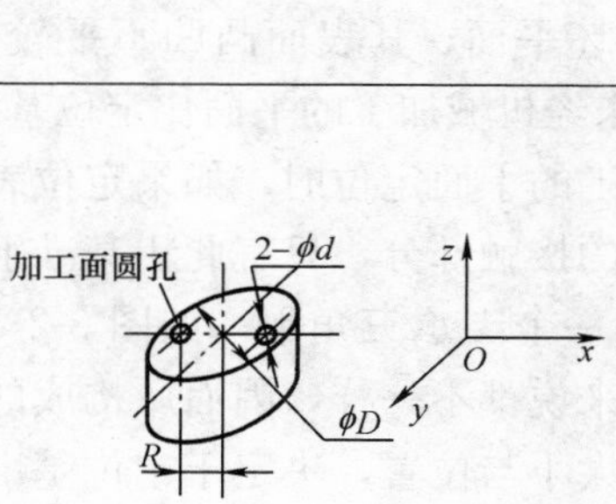	通孔	1. 尺寸 R 2. 加工孔轴线对 ϕd 轴线的位置度	$\vec{x}$ $\vec{y}$ $\widehat{x}$ $\widehat{y}$ $\widehat{z}$
	不通孔		$\vec{x}$ $\vec{y}$ $\vec{z}$ $\widehat{x}$ $\widehat{y}$ $\widehat{z}$

续表

工序简图	加工要求	必须限制的自由度
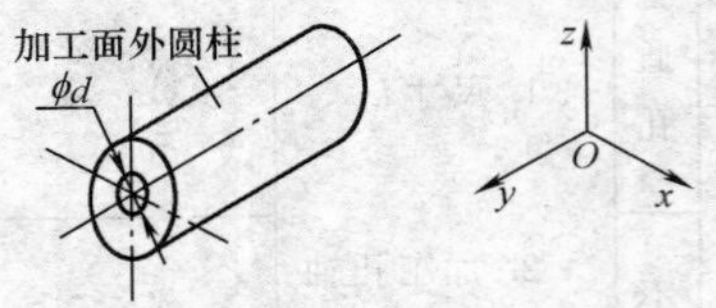	加工面轴线对 ϕd 轴线的同轴度	$\vec{x}$ $\vec{z}$ $\widehat{x}$ $\widehat{z}$
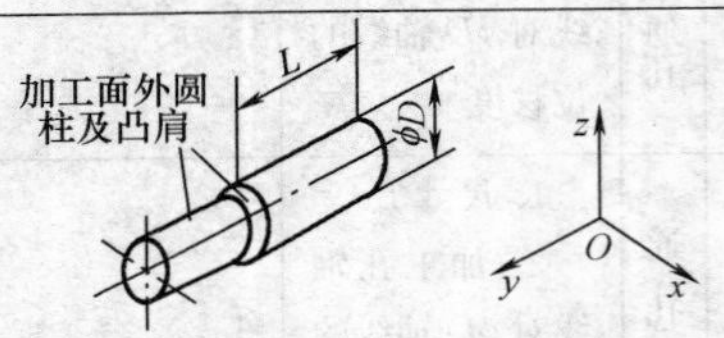	1. 加工面轴线对 ϕD 轴线的同轴度 2. 尺寸 L	$\vec{x}$ $\vec{y}$ $\vec{z}$ $\widehat{x}$ $\widehat{z}$

（二） 工件以平面定位

工件以平面定位，是指工件的定位基准为平面的情况。

1. 平面定位的定位方法

工件以平面定位时，定位基准面的状况、工件的结构尺寸及刚度等与定位方法选择有关。根据基准表面的好坏不同，定位方法和定位件的设计原则也将不同，一般可把平面定位基准分成未经机械加工的和已经机械加工的两类。对第二类中，虽然其表面粗糙度有差异，但数值上相差小，对于定位方法的选择和定位件设计不会引起原则性的区别。下面就上述两类的定位问题加以说明。

(1) 工件以未经机械加工的平面定位。这种平面一般是锻、铸后，经喷砂、酸洗或清理之后的毛坯平面，其表面凸凹不平较大。但在第一道加工工序中，往往就用未经机械加工的平面作定位基准，此称为粗基准。工件以未经机械加工的平面定位时，如果定位表面也是平面，则这时工件与定位表面的接触部分，只有此粗基准上的三个最高点与之接触，此三点形成一个支承三角形，如图 3-2 (a) 所示。这三点的位置对每一个工件来说都不一样，因而所构成的支承三角形也各异。此支承三角形的大小与位置，决定于定位基准平面凸出点的位置和工件重心的位置。支承三角形的大小与位置将会影响工件定位的稳定性。若切削力和夹紧力落在三角形以外时，工件定位就再不稳定。因而在以未经机械加工的平面定位时，为了使三个接触点合理地分布，夹具上常用三个支承销［图3-2（b）所示］，或用三段支承板，形成固定的支承三角形以取得稳定的定位。

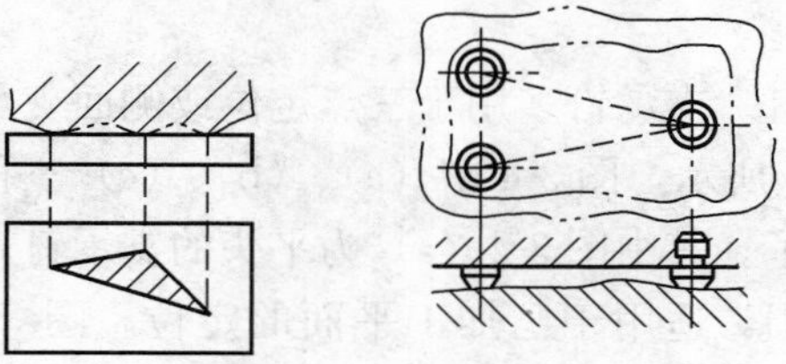

(a)　　(b)

图 3-2　未加工平面与定位表面成三点接触

（2）工件用已经机械加工过的平面定位。工件的基准平面经过机械加工后误差较小，可直接放在平面上定位。但为提高定位的稳定性和定位精度，对于刚度较好，而基准平面的表面粗糙度值较小及平面度误差不很大，轮廓尺寸又较大的工件，应将定位平面的中间部分挖低一些，如图 3-3（a）所示。对于刚度较差的工件，或基准的表面粗糙度值很大和平面度误差很大的工件，定位基准与定位平面的接触面积可以大些。为方便排屑，定位平面上也往往开有若干窄的小槽，如图 3-3（b）所示。

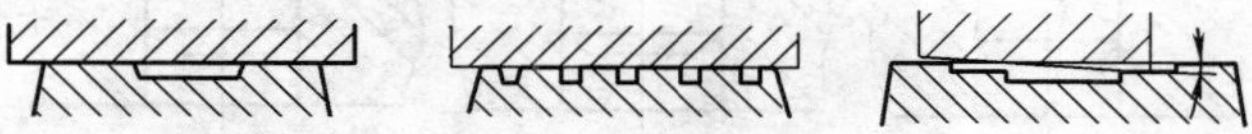

(a)　　(b)　　(c)

图 3-3　工件用经过机械加工的平面定位

定位平面的轮廓尺寸最好小于基准面的轮廓尺寸。否则经过长期磨损之后定位平面上将出现不平的痕迹，以后工件定位时，可能造成倾斜，如图 3-3（c）所示。

上述两种定位方法可以限制工件一个移动自由度和两个转动自由度。

2. 平面定位的定位件

工件以平面在夹具中定位时，常用的定位件可以是夹具的本体、支承销或支承板。下面分别介绍其构造上的特点。

（1）夹具定位表面为本体的一个平面。此种结构用于对中小型零件上已经机械加工过的基准来实现定位。工件以其基准平面直接放在本体上，这时本体的材料可以是 20 钢，表面渗碳淬火硬度为 58～62HRC。当产量不大时，也可用 45 钢，淬火后的硬度为 35～40HRC。

（2）支承钉。支承钉多用于三点定位或侧面支承的时候，其顶面形状如图 3-4 所示，图 3-4 中（a）、（b）、（c）三种较常用，且一般都已标准化了。其中图 3-4（a）为平头的支承钉，因与工件接触面大、不易磨损，适用于已加工平面的定位。图 3-4（b）为球头的支承钉，用于粗基准定位，以保证接触点的位置相对稳定。球头的支承钉易磨损，也易使基准表面产生较大的压痕，从而带来较大的夹紧误差，装配时也不易使三个支承钉的顶点保持在同一水平面上。图 3-4（c）为齿纹顶支承钉，也适用于粗基准定位。且接触面的摩擦因数较大，所以能使工件定位稳定，同时夹紧力可用得小些。若把它放在水平位置，容易积屑，影响定位，故常用于侧平面定位或顶面定位。

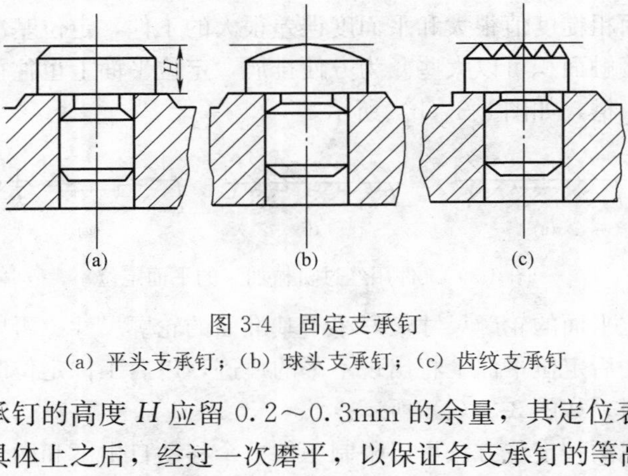

图 3-4　固定支承钉

（a）平头支承钉；（b）球头支承钉；（c）齿纹支承钉

支承钉的高度 H 应留 0.2～0.3mm 的余量，其定位表面在装配到夹具体上之后，经过一次磨平，以保证各支承钉的等高，并且与夹具体底面保持必要的位置精度。支承钉的材料为 T8 钢，淬火硬度 55～60HRC，支承钉的表面应进行氧化等防锈处理。支承钉的结构、尺寸均已标准化，设计时可查国家标准《机床夹具零件及标准件支承钉》（JB/T 8029.2—1999）。

（3）支承板。支承板常用于已经机械加工的平面定位。它常装在以铸铁制造的或其他不耐磨损的夹具体上。支承板的形状一般由工件定位基准的外形轮廓来决定，但应尽量简单，以便制造，如图3-5所示。

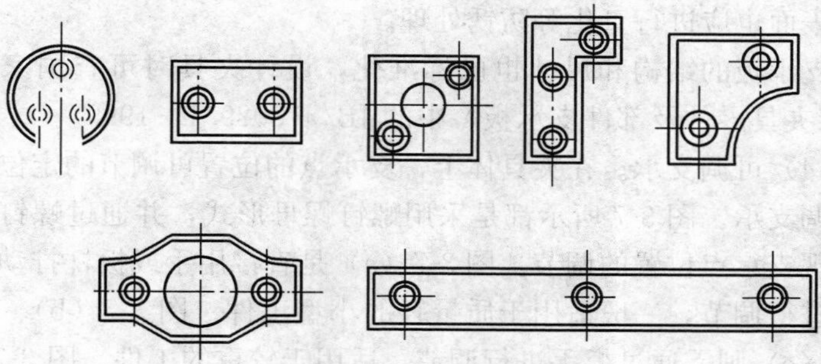

图 3-5 支承板的各种式样

支承板设计时，对清除切屑的问题，应加以注意，如图 3-6 所示的支承板的结构，其中 A 型平板型的结构简单，制造方便。支承板可用两个或三个螺钉固定在夹具体上，由于沉头螺钉头部的凹坑积屑不易清除，适用于侧平面定位。B 型带沟槽，是带斜槽的支承板，清除切屑方便。螺钉孔打在斜槽处，所以沉头螺钉凹坑处积存的切屑末不影响工件定位，适用于底面定位。

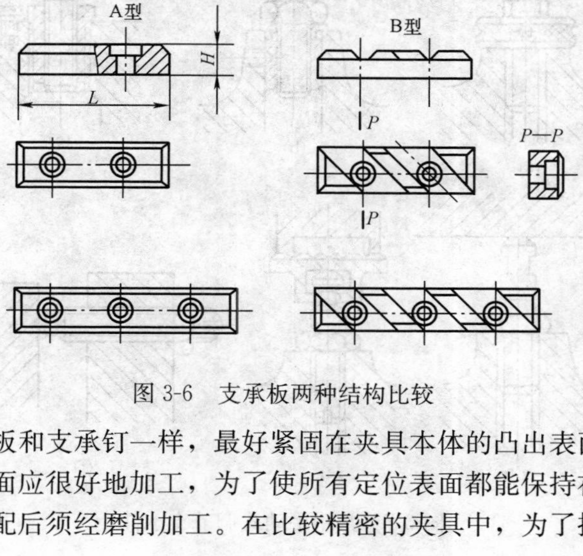

图 3-6 支承板两种结构比较

支承板和支承钉一样，最好紧固在夹具本体的凸出表面上。这些凸出表面应很好地加工，为了使所有定位表面都能保持在同一平面内，装配后须经磨削加工。在比较精密的夹具中，为了提高定位板的稳定可加圆柱销定位，使它不致因受力而滑动。

支承板的材料可用 T8 钢淬火硬度 55～60HRC，或用 20 钢、20Cr 钢制造，渗碳 0.8～1.2mm 淬火硬度 58～64HRC 制成，支承板的表面也应进行氧化等防锈处理。

支承板的结构和尺寸也已标准化，设计夹具时可查国家标准《机床夹具零件及部件支承板》中的 JB/T 8029.1—1999。

（4）可调支承。在夹具体上，支承点的位置可调节的定位件称为可调支承。图 3-7 所示都是采用螺钉螺母形式，并通过螺钉和螺母实现支承点位置的调节。图 3-7（a）是直接用手或扳杆拧动球头螺钉进行调节，一般适用于质量轻的小型工件。图 3-7（b）、（c）、（d）、（e）则需通过扳手进行调节，适用于较重的工件。图 3-7（f）是用螺钉旋具调节的，用以调节设置在工件侧面的支承点位置。可调支承的位置，一经调节恰当后，必须通过螺母锁紧，防止在使用过程中定位支承螺钉的松动而使其支承点位置发生变化。

可调支承主要适用于下列几种情况。

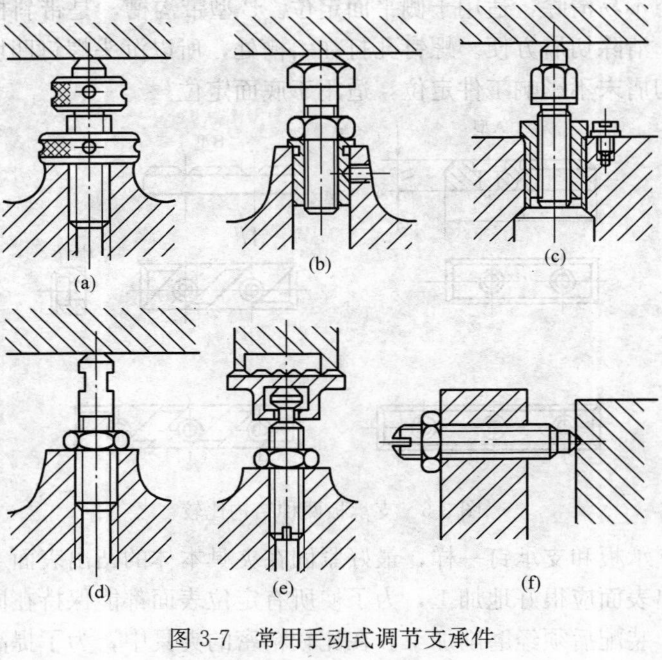

图 3-7　常用手动式调节支承件

1）用于毛坯制造精度不高，而又以粗基准定位时。尤其在中小批量生产时，不同批的毛坯尺寸往往相差很大，为保证以后工序加工余量相差小，保证加工精度，则需要用可调支承对同一批工件进行定位。

2）用于工件的定位基准表面上留有加工余量，而且各批工件的加工量又不相同的情况。

3）可用于同一类工件加工形状相同而尺寸不同的工件。

（5）浮动支承。浮动支承是指支承点的位置在工件定位过程中，随工件定位基准面位置变化而自动与之适应的定位件。这类支承在结构上的特点是活动或浮动的。

（三）工件以外圆柱面定位

工件以外圆柱面定位，是指工件的定位基准为外圆柱面的情况。工件以外圆柱面在夹具中定位时，应力求其轴线的位置与规定轴线相重合。常见的定位方法有：

1. 在圆柱孔中定位

（1）定位方法。如图 3-8 所示，定位时把工件外圆柱面（定位基准）直接放入定位孔中，即可实现定位，若定位孔较长，可限制工件四个自由度，若定位孔较短，可限制工件两个自由度。

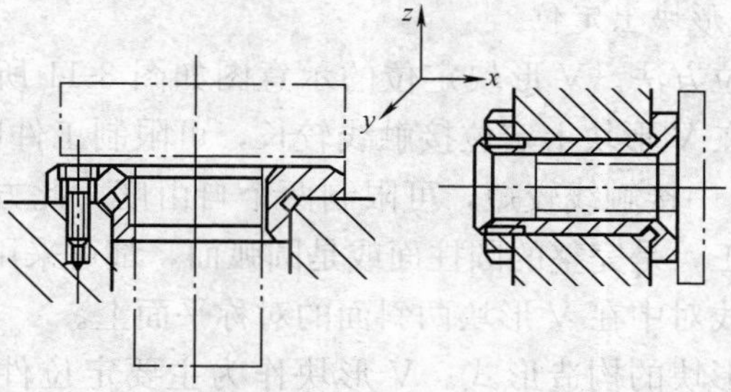

图 3-8　外圆柱面在圆柱孔中定位

（2）定位件用圆柱孔对工件外圆柱面实现定位时，定位件可分三大类。第一类是将定位孔做在夹具本体上，常用于中小尺寸的工件，此时本体的材料可以为 45 钢，经淬火后硬度达到 33～38HRC。一般用于本体尺寸不大而形状较复杂的情况，淬火后还可进行加工。另外，也用 20 钢作为本体，经渗碳与淬火回火，使硬度达到 58～63HRC，它常用于尺寸不很大，形状简单，在热处理后未经渗碳的表面还可进行加工的本体。

第二类定位件是将定位孔单独做在一个零件上，通常做成如图 3-9 所示定位衬套形式。将它固定在本体上。尤其当本体尺寸较大形状复杂时，用铸铁制造较为适宜。衬套材料一般选 20 钢，经渗碳淬火，使其硬度达 55～60HRC。

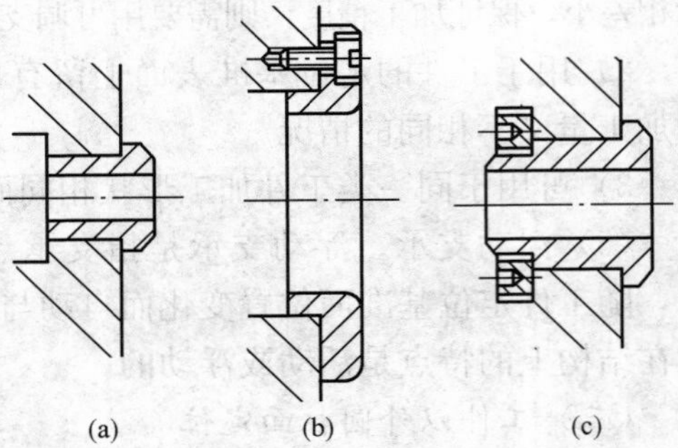

图 3-9 定位衬套的结构

第三类是在大型零件上加工使用的定位块。为减轻夹具质量，往往把定位孔做成几个定位块，用螺钉及圆柱销安装在本体上。这种定位件较整圆柱体节省材料，使夹具易制造，定位块一般选 45 钢，经淬火后硬度达到 30～35HRC。如图 3-10 所示在径向与轴向均起定位作用，且 8 个定位孔沿圆周均匀分布。

2. 在 V 形块上定位

（1）定位方法。V 形块定位的示意图如图 3-11 所示。图 3-11（a）中工件在 V 形块上定位接触线较长，可限制工件四个自由度。图 3-11（b）中接触线较短，可限制两个自由度。此方法不论基准是否经过加工，是完整的圆柱面或是圆弧面，都可采用。使工件的定位基准轴线对中在 V 形块两斜面的对称平面上。

（2）V 形块的构造形式。V 形块作为主要定位件有如图 3-12 所示的几种形式。常用的 V 形块角度有 60°、90°和 120°三种。中小型尺寸 V 形块材料，选用 20 钢，渗碳淬火硬度为 58～63HRC。大尺寸的 V 形块可选 T8A、T12A 或 CrMn 钢淬火为58～63HRC。

用作辅助定位的 V 形块，主要对工件进行角向定位。这时工件的中心位置已为其他主要定位件所保证，因而 V 形块工作面不需很长。如图 3-13（a）中 V 形块为固定的，而图 3-13（b）中 V 型块则为活动的，这种结构实际中比较常用。

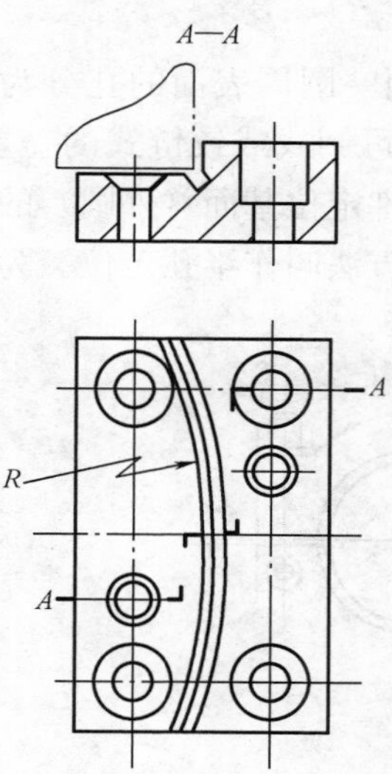

图 3-10 大型零件上加工用的定位块

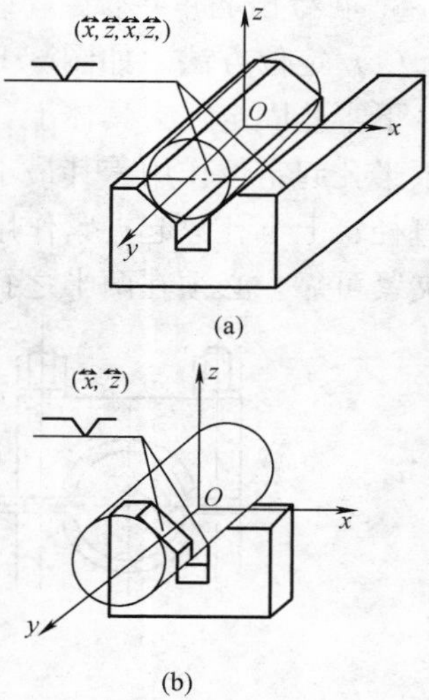

图 3-11 工件以外圆柱面在 V 形块上定位

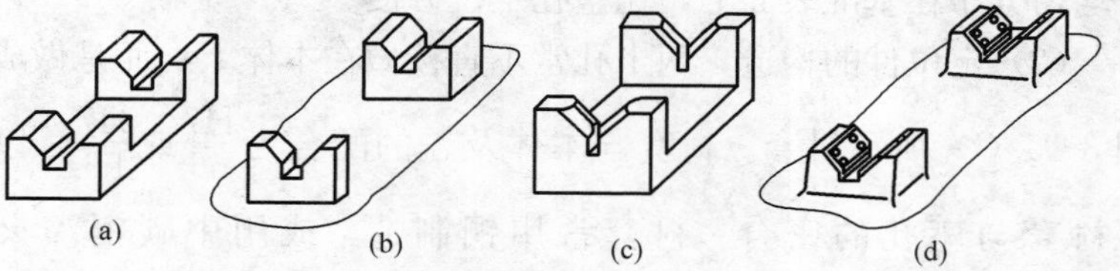

图 3-12 作为主要定位件的 V 形块

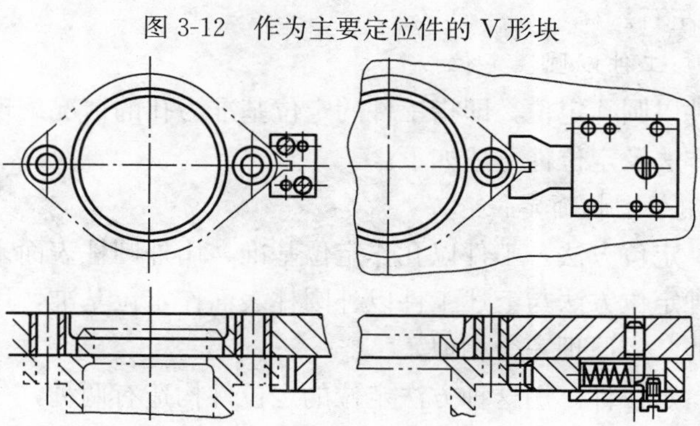

图 3-13 作为辅助定位件的 V 形块

3. 在半圆孔中定位

(1) 定位方法。如图 3-14 所示，把同一圆周表面的孔分为两半，下半孔固定在夹具体上，上半孔装在可卸式或铰链式的盖上。使下半孔起定位作用，其最小直径应取工件定位基面（外圆）的最大直径；上半孔只起夹紧作用，这种定位方法叫作半孔定位。为保证夹紧可靠，必须在两半之孔间留有间隙 t。

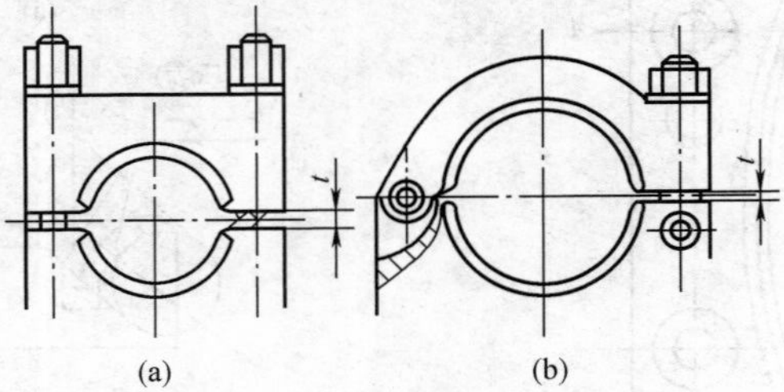

图 3-14　半孔定位件的构造

上述定位方法主要用于不适合用孔定位的大型轴类零件。夹紧力均匀分布在基准表面上，比整孔定位方便。

(2) 定位件的构造。两半孔常不直接做在本体上，而是做成如图 3-15 (i) 所示衬套。衬套与本体及盖的配合为 $\frac{H7}{n6}$ 或 $\frac{H7}{h6}$，以保证衬套与座孔的密合。衬套常用铜制造，或用中碳钢淬火至 35HRC 左右。

(四) 工件以圆孔定位

工件以圆孔定位，即指工件的定位基准为孔的情况。现将常用的定位方法及定位件分述如下。

1. 用外圆柱面定位

(1) 定位方法。工件以孔作定位基准，用外圆柱表面来实现定位，这种定位方法与上述工件以外圆柱表面作定位基准，用孔来实现定位的基本原理完全相似。

(2) 定位件。用这种方法定位的定位件构造有两种，一是定位表面做在单独零件上，称定位销；另外是定位表面可以直接做在夹具体上，称为心轴。

1）定位销的各种结构见图 3-15 所示。定位销工作部分的头部应倒角并抛光，以免安装时划伤工件基准表面。它与夹具体的连接部分，若径向、轴向力不大，则小的圆柱销只需压入本体即可，如图 3-15（a）和图 3-15（b）所示。否则还应用螺母拉紧，如图 3-15（c）所示。若定位销需经常更换时，要用套筒压入本体，而定位销与套筒相配合，并用螺母拉紧［图 3-15（d）］或用三个螺钉固定［图 3-15（e）］。对于尺寸较大的定位件应用螺钉固定［图 3-15（f）、（g）、（h）］，这时与本体的配合一般用过渡配合。对于直径较大的配合件，可做成镶套式如图 3-15（i）所示，目的是便于更换。

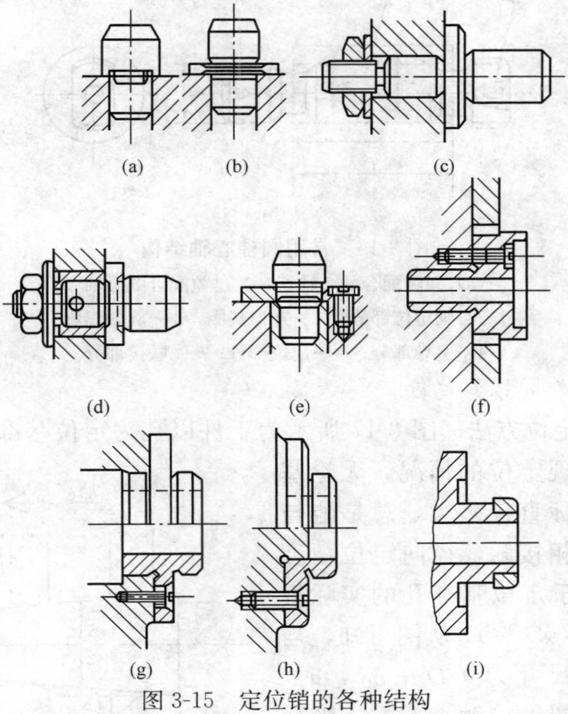

图 3-15 定位销的各种结构

2）心轴可作为一个单独夹具广泛用于车削、磨削加工。图 3-16（a）的心轴部分 1 与工件定位基准孔是间隙配合，旋紧螺母 3，通过开口垫圈 2，把工件夹紧。但定心精度低，适于工件加工表面与基准孔同轴度要求不高的情况。图 3-16（b）为过盈配合的心轴，它由引导部分 4、定位部分 5 与传动装置（例如鸡心夹头、拨盘等）相联系的联接部分 6 组成，这种心轴定心精度高，还可加工工件的端面。

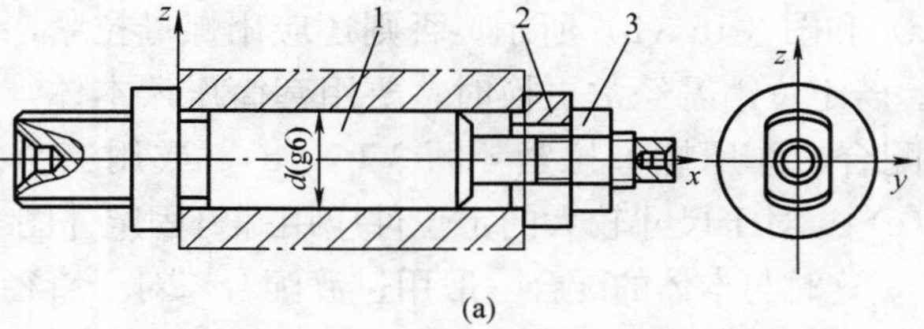

(a)

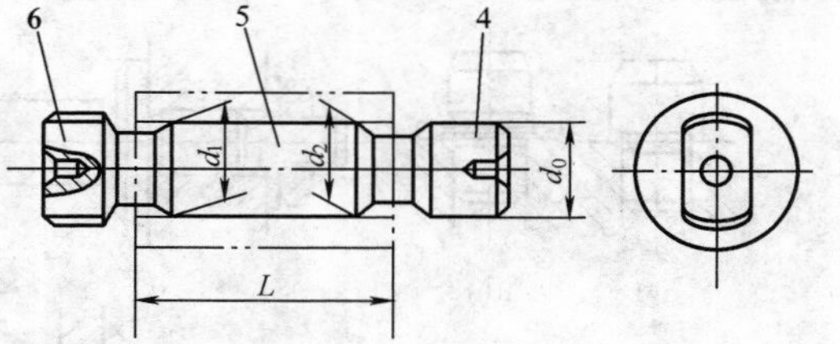

(b)

图 3-16　常用圆柱心轴结构

（a）间隙配合的心轴；（b）过盈配合的心轴

1—心轴定位部分；2 —开口垫圈；3 —旋紧螺母

4—引导部分；5 —定位部分；6 —联接部分

2. 用外圆锥面定位

（1）定位方法。图 3-17 所示为工件以孔为定位基准，在外圆锥面上实现定位的情况。无论基准孔的实际直径多大，总是能与定位表面相接触，径向定位精度很高，由于定位基准孔的实际直径有公差（$\phi D^{+\delta_D}_{0}$），从图可知，当孔径实际尺寸为（$D+\delta_D$）时，工件与外圆锥接触于左端。当孔径实际尺寸为 D 时，它们接触于右端。工件在锥面上的轴向位置决定于基准的公差 δ_D 的大小与定位表面的锥度 C，其轴向位移

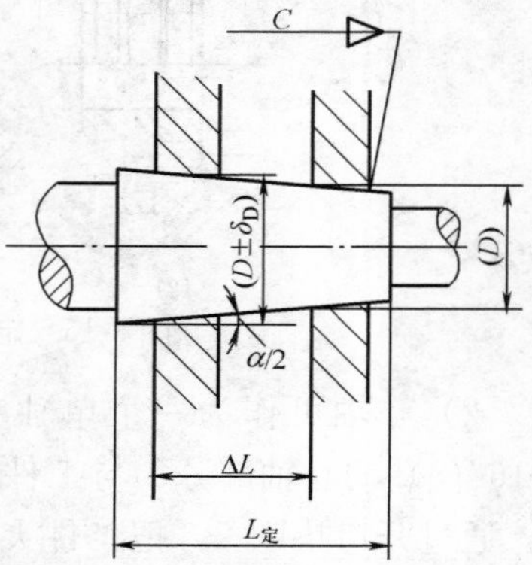

图 3-17　用圆锥面来实现定位

ΔL 为

$$\Delta L = \frac{\delta_D}{2\tan\frac{\alpha}{2}} = \frac{\delta_D}{C}$$

式中 α——圆锥角，(°)。

采用这种定位方法，工件易发生倾斜。为防止倾斜，常用小锥度定位，再就是用大锥度的同时再用工件的另一表面来定位。

(2) 小锥度定位法。这种方法是指工件定位时所用的心轴锥度很小，一般为

$$C = (1/1000) \sim (1/5000)$$

当工件定位基准的精度较高，工件材料硬度较高，C 值可取小些，反之，C 值可取大些。

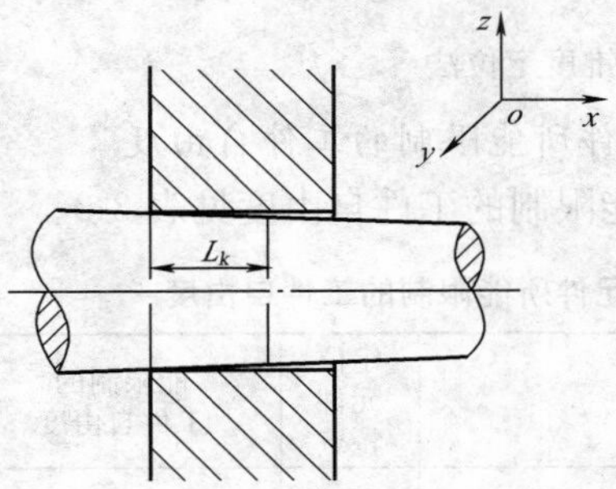

图 3-18 小锥度心轴定位

用这种方法定位，因锥度很小，因而使工件能楔紧在定位表面上。并且在楔入时，由于基准的某些弹性变形，而得到一段接触长度 L_k（图 3-18），以保证工件获得可靠的方向，从而防止工件发生倾斜。用这种方法定位，定心精度较高，但传递的转矩不大，装卸工件比较费时，且不能加工工件端面。

(3) 大锥度定位法。这种方法其特点是除了利用工件的定位孔作为基准外，还需利用工件上的另一表面来防止基准的倾斜。这一个表面可以是与基准同心的顶尖孔［图 3-19 (a)］，也可是工件上与基准轴线垂直的端面［图 3-19 (b)］。如图 3-19 (a) 所示，当定位表面的锥度不太大，基准也足够光滑时，可得到较高的定位精度，薄壁的空心轴套定位常用此法。图 3-19 (b) 所示的锥体做成活动的结构，目的是避免过定位，保证工件能与锥体及垂直于轴线的支承平面在任何基准直径下都能接触。为缩短锥体的行程，锥角 α 可做的大些。因没有像小锥度心轴定位时基准上有一段接触长度 L_k，故径向的定位精度不高。此方法常用于基准直径公差较大的工件的定位。

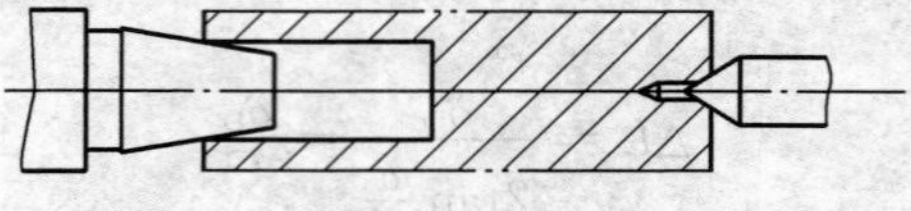

(a)

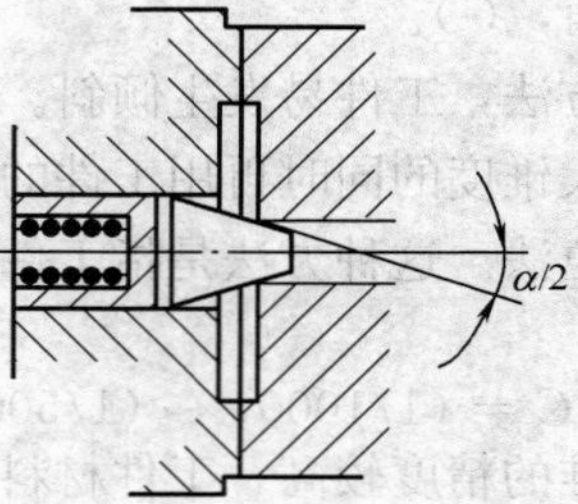

(b)

图 3-19　大锥度定位法

（五）常用定位方法和定位元件所能限制的工件自由度

常用定位方法和定位元件所能限制的工件自由度见表 3-3。

表 3-3　　常用定位方法和定位元件所能限制的工件自由度

工件定位基面	定位元件	工件定位简图	定位元件特点	能限制的工件自由度
平面	支承钉	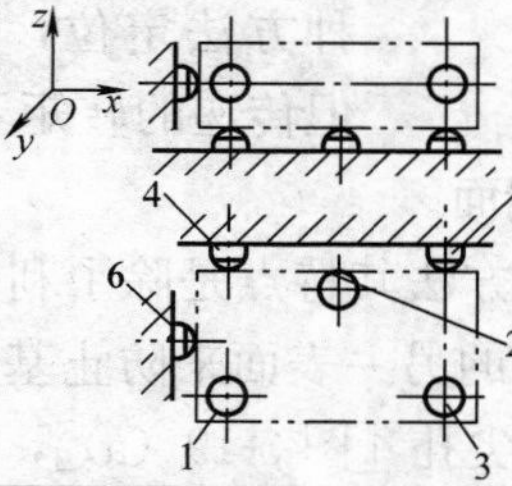		1、2、3—$\vec{z}$、$\widehat{x}$、$\widehat{y}$ 4、5—$\vec{y}$、$\widehat{z}$ 6—$\vec{x}$
	支承板	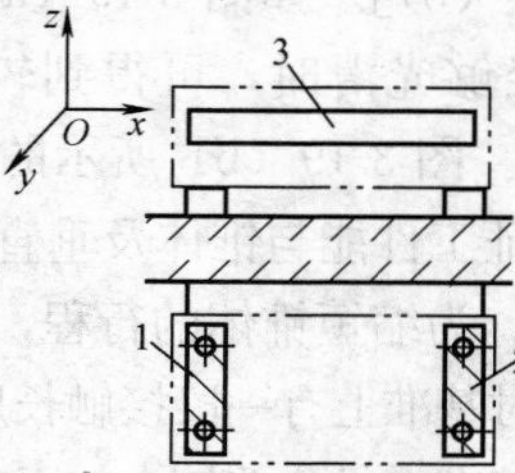		1、2—$\vec{z}$、$\widehat{x}$、$\widehat{y}$ 3—$\vec{y}$、$\widehat{z}$

续表

工件定位基面	定位元件	工件定位简图	定位元件特点	能限制的工件自由度
外圆柱面	支承板	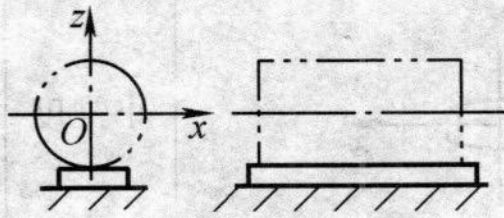		$\vec{z}$、$\widehat{x}$
	定位套	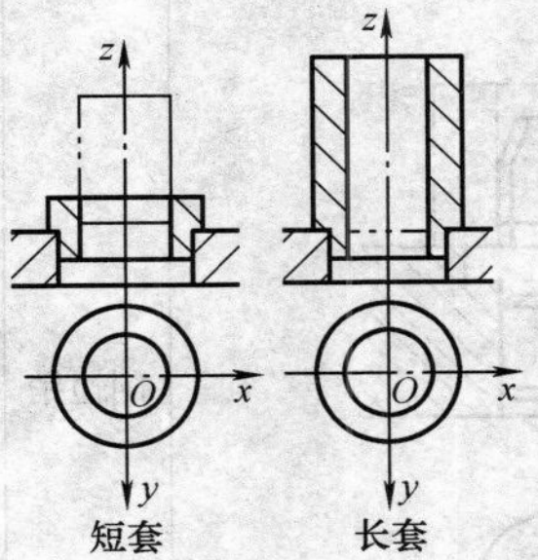	短套	$\vec{x}$、$\vec{y}$
			长套	$\vec{x}$、$\vec{y}$ $\widehat{x}$、$\widehat{y}$
	V形块	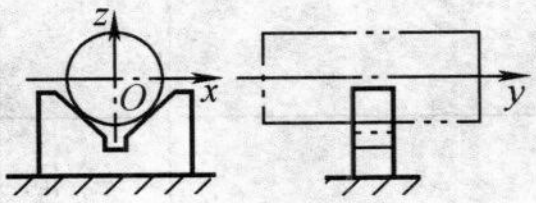	短V形块	$\vec{x}$、$\vec{z}$
圆孔	锥销	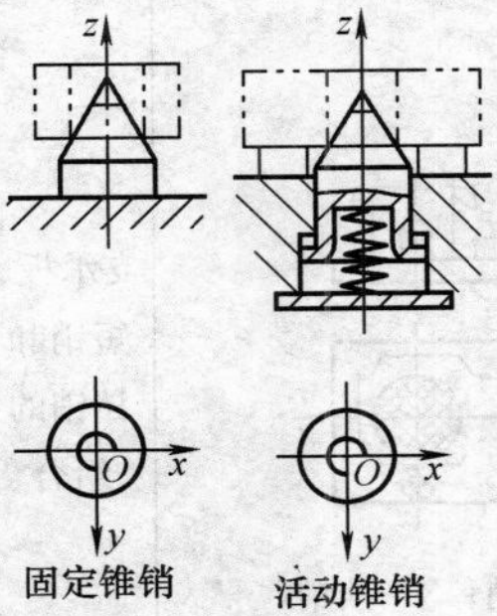	固定锥销	$\vec{x}$、$\vec{y}$、$\vec{z}$
			活动锥销	$\vec{x}$、$\vec{y}$

续表

工件定位基面	定位元件	工件定位简图	定位元件特点	能限制的工件自由度
圆孔	锥形心轴	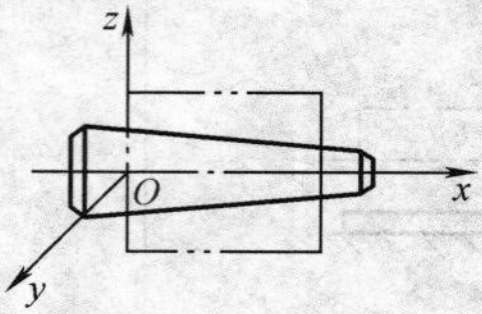	小锥度	$\vec{x}$、$\vec{y}$、$\vec{z}$ $\widehat{y}$、$\widehat{z}$
	削边销	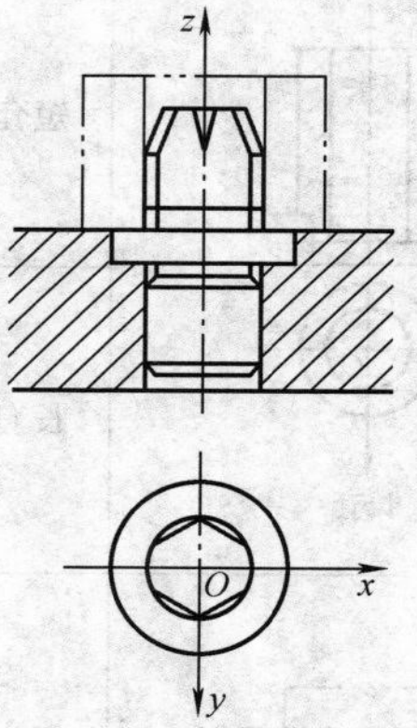	削边销	$\vec{x}$
二锥孔组合	顶尖	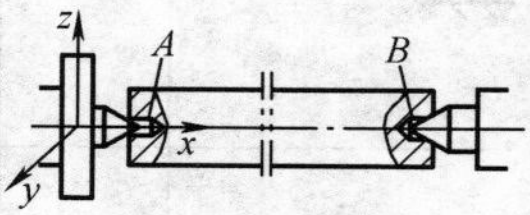	一个固定一个活动顶尖组合	$\vec{x}$、$\vec{y}$、$\vec{z}$ $\widehat{y}$、$\widehat{z}$
平面和孔组合	支承板短销和挡销	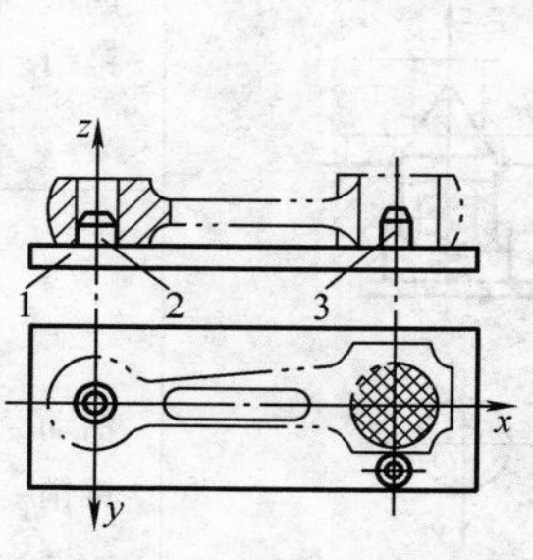 1—支板；2—短销；3—挡销	支承板、短销和挡销的组合	$\vec{x}$、$\vec{y}$、$\vec{z}$ $\widehat{x}$、$\widehat{y}$、$\widehat{z}$

续表

工件定位基面	定位元件	工件定位简图	定位元件特点	能限制的工件自由度
平面和孔组合	支承板和削边销	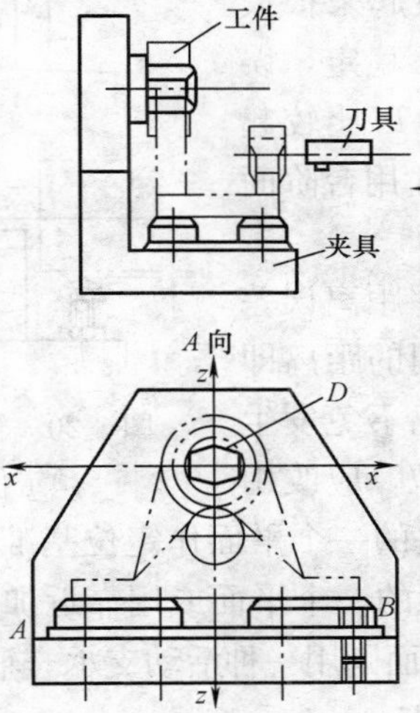	支承板和削边销的组合	$\vec{x}$、$\vec{y}$、$\vec{z}$ $\widehat{x}$、$\widehat{y}$、$\widehat{z}$
V形面和平面组合	定位圆柱、支承板和支承钉	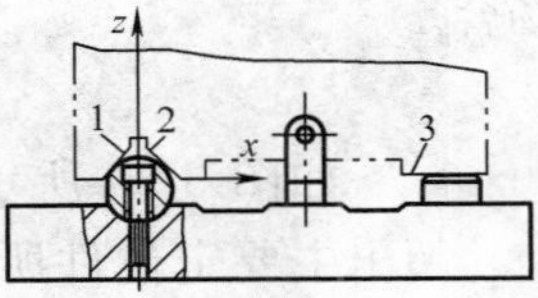（过定位，用于定位基面 1、2、3 精度较高时）	定位圆柱、支承板和支承钉的组合	定位圆柱—$\vec{x}$、$\vec{z}$、$\widehat{x}$、$\widehat{z}$ 支承板—$\widehat{x}$、$\widehat{y}$ 挡销—$\widehat{y}$ $\widehat{x}$—定位圆柱和支承板重复限制

二、辅助支承及其作用

（一）辅助支承的作用

工件在夹具中的位置，是由主要支承（起定位作用的支承）按工件的加工要求和工件的定位原理确定的。但由于工件结构形状复杂、刚度较差或定位基面较小，或工件以台阶面定位，在切削力或夹紧力等力作用下，单纯由主要支承定位，工件会产生变形或导致定位的不稳定。因此，需增设辅助支承，以提高工件的定位稳定性和支承刚度。其任务就是承受工件的重力、切削力或夹紧力，对工件不起定位作用，即不限制工件的自由度。

工件以台阶面定位，是指工件的定位基准为两平行的平面，当该两平行平面间的距离 H 与长度 L 比较起来很大时，如图 3-20 (a)，则定位不稳定，误差也将很大。故只有当 H 与 L 比较起来很小时，如图 3-20 (b)，才用台阶面的定位方法。

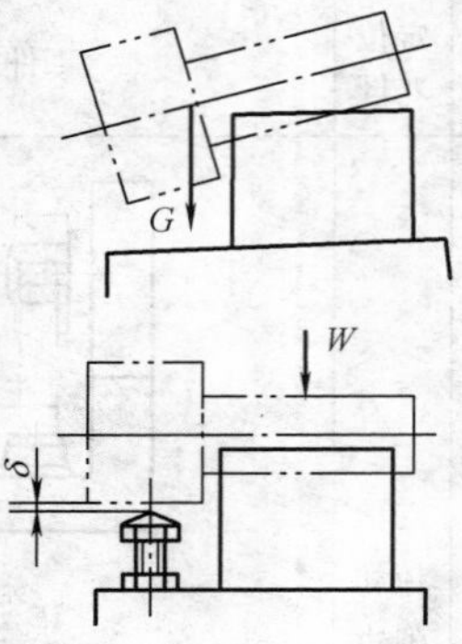

图 3-20　辅助支承起预定位作用

当定位基准的两台阶面间距离误差较大时，定位表面的两台阶间的距离即使做得再准确，工件定位时仍不免发生倾斜。此时不使用台阶面定位，应改用两表面中与工序尺寸直接有关的一个平面作定位基准。为增加定位的稳定性，也可选择其中较大的一个平面或用靠近加工部位的一个平面作定位基准。而另一个平面则用一种活动支承—辅助支承件。

(二) 辅助支承件的应用场合

辅助支承件适用于以下场合。

1. 起预定位作用

如图 3-20 所示。工件的重心超出主要定位件所形成的稳定区，就会出现倾斜，为此在工件重心所在部位下方设置辅助支承。

2. 提高夹具工作的稳定性

如图 3-21 所示，要在壳体零件的大端面上，沿圆周钻一组通孔，夹具用短圆柱定位销 2 和支承环 3 定位。因小头端面小，工件又高，为提高工件稳定性，便应设置三个均匀分布的辅助支承 4。

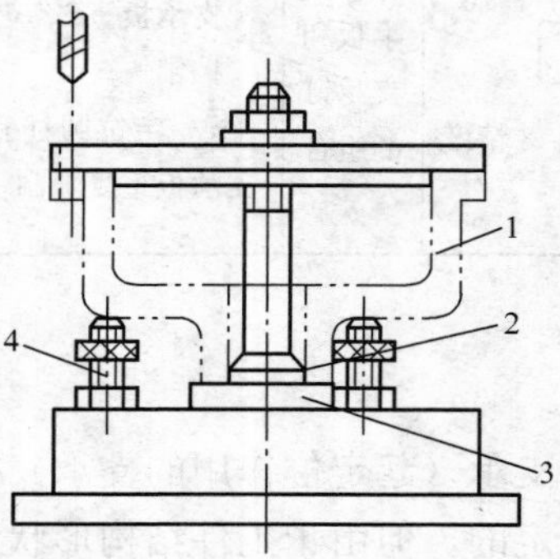

图 3-21　辅助支承提高夹具工作稳定性

1—工件；2—短圆柱定位销；3—支承环；4—辅助支承

3. 提高工件的刚度

在加工过程中所产生的切削

力，使刚度薄弱的被加工部位发生局部弹性变形，或者因切削力的波动而使工件产生振动，从而增大了加工表面粗糙度值和加工误差。所以，也要采用辅助支承。如图 3-22 所示，工件由于结构上的特点使定位不稳定，或如图 3-23 所示，工件由于局部刚性较差容易产生变形，而主要的夹紧力作用点又无法靠近加工表面，为防止工件加工时产生振动，可在工件的适当部位设置辅助支承并施加附加夹紧力 F_2 。这时辅助支承在定位支承对工件定位后才参与支承，仅与工件适当接触，不起任何消除自由度的作用。

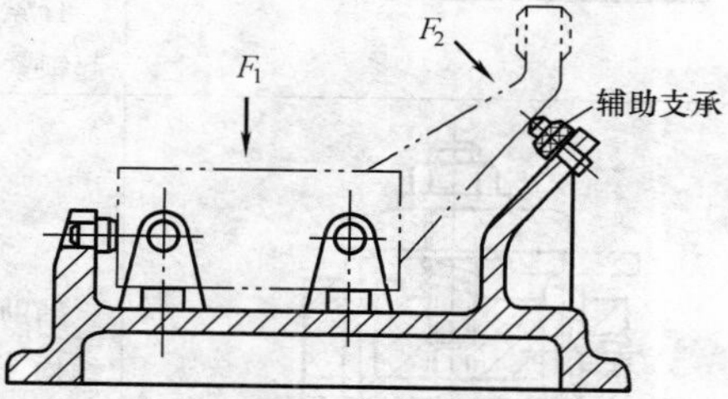

图 3-22 辅助支承使工件定位稳定

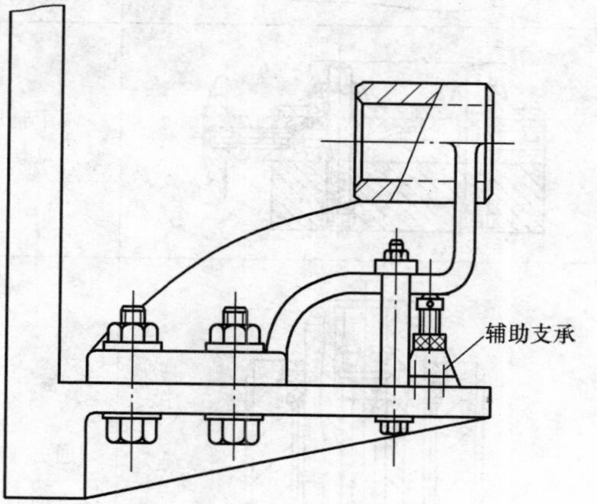

图 3-23 辅助支承增加工件的局部刚性

（三）辅助支承的典型结构

辅助支承的典型结构、特点及使用说明见表 3-4。

表 3-4　自动调节辅助支承（摘自 JB/T 8026.7—1999）

名　称	典　型　结　构	结构特点及使用说明
自动调节的辅助支承(又称自位辅助支承)	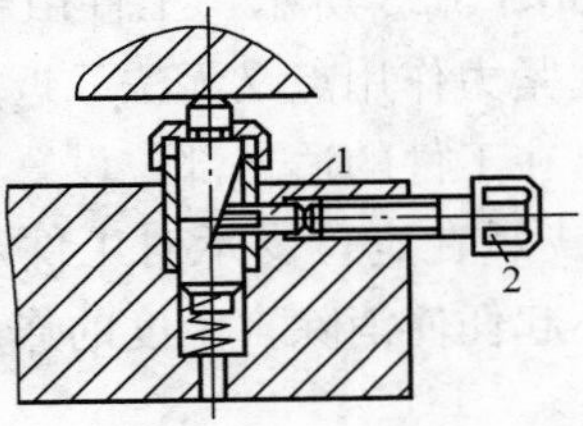	支承的高度高于主要支承，当工件装在主要支承上后，支承销被工件压下，并与工件保持接触，然后锁紧。适用于工件较轻，垂直切削力较小的场合 拧紧螺钉 2 时，滑块 1 起锁紧作用
与夹紧联动的自位辅助支承	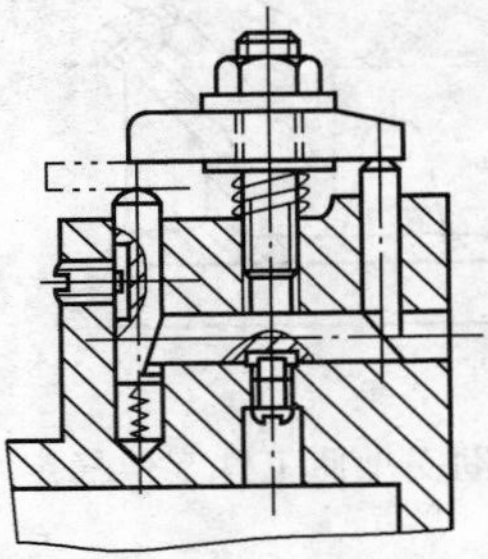	辅助支承和夹紧联动的结构
两点联动自位辅助支承	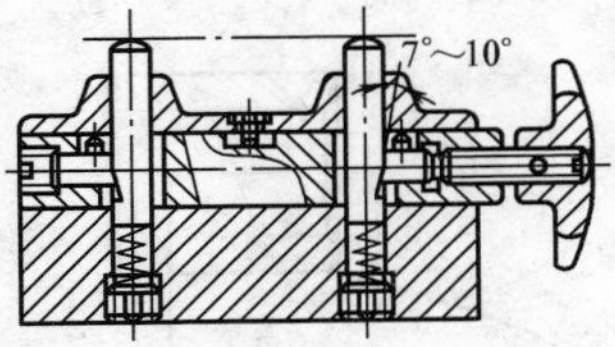	两个辅助支承点联动锁紧的结构
液压夹紧的自位辅助支承	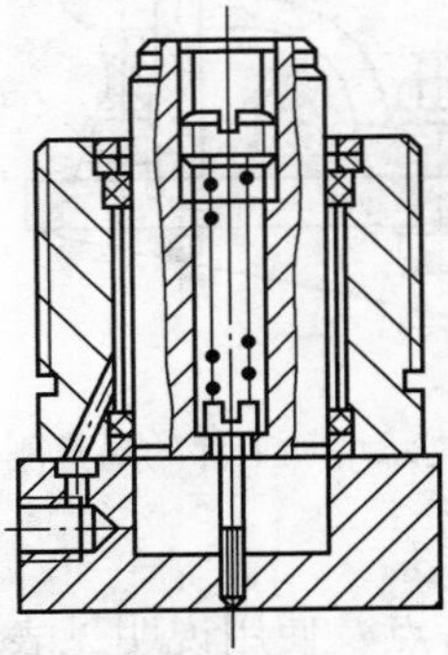	通过螺纹与夹具体连接，需有液压动力源

续表

名　称	典　型　结　构	结构特点及使用说明
推引辅助支承	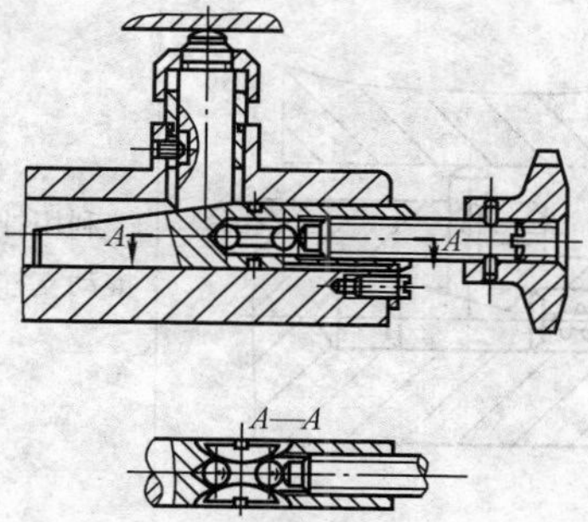	支承销的高度低于主要支承，当工件装在主要支承上后，推动手柄使支承销与工件接触，然后转动手柄迫使两半圆块外涨，锁紧斜楔。适用于工件较重，垂直切削力较大的场合 斜面角为 8°～10°
多点联动推引辅助支承	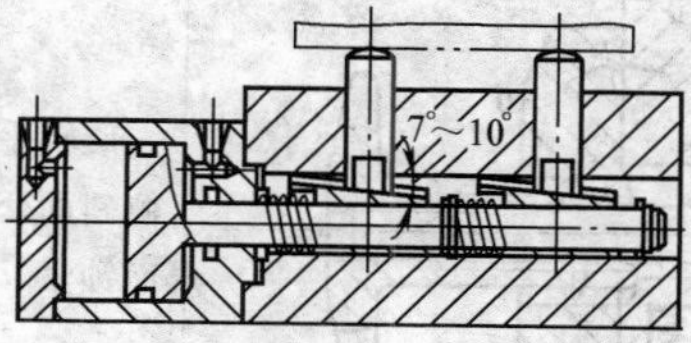	气动多点推引辅助支承，不工作时，活塞左移，使斜面滑块移向左侧，支承下缩。工作时，活塞移至图示位置，弹簧推滑块右移，直至各辅助支承点与工件接触为止。滑块的斜面角一般取 7°～10°，保证自锁
螺旋辅助支承	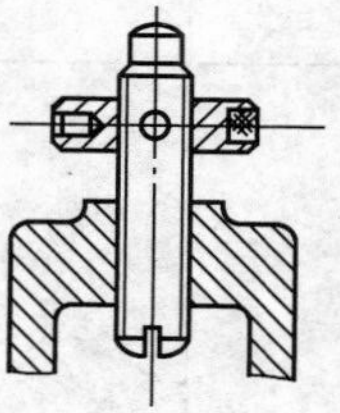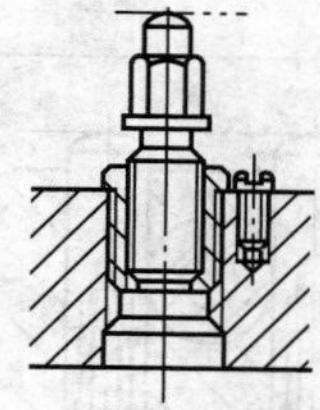	使用时必须逐个进行调整，以适应工件支承面的位置，用毕需旋下，待装入工件再调整使用。该支承结构简单，但效率较低
	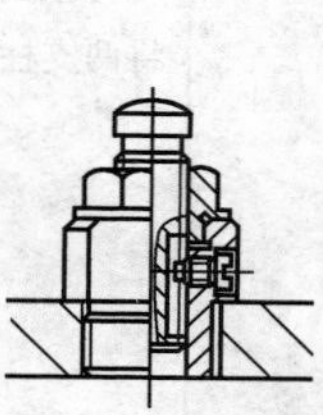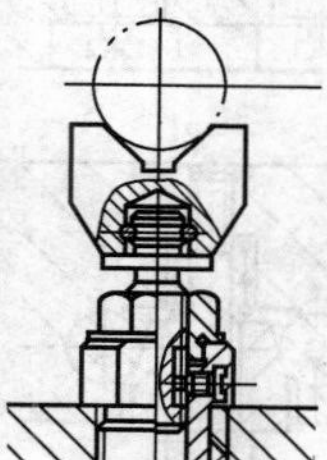	旋动上面的螺母，圆柱支承销（或 V 形块）可做轴向移动

续表

名称	典型结构	结构特点及使用说明
螺母斜楔推引辅助支承	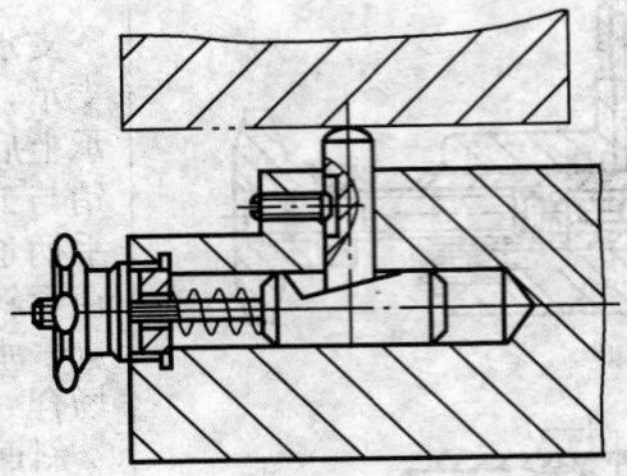	利用拧紧螺母，使斜楔推动支柱并锁紧
	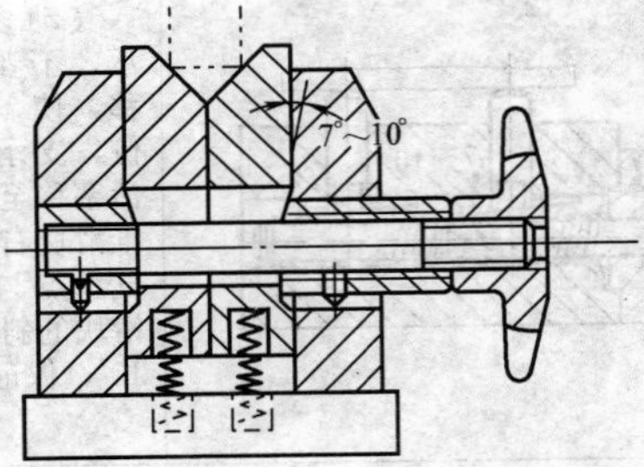	旋转手柄螺母，推动两侧斜面套筒，将两支承斜面锁紧
自位辅助支承	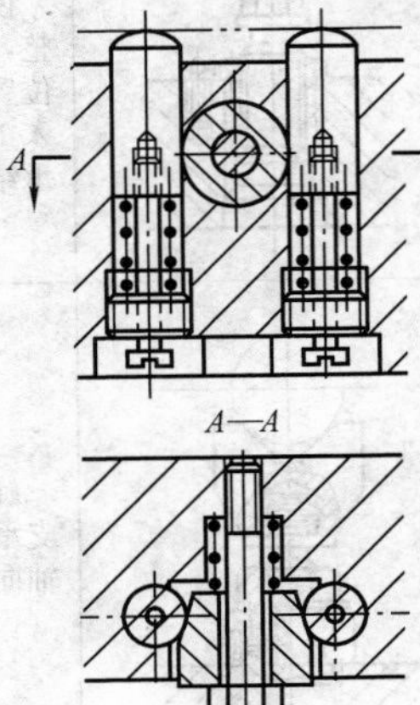	拧动螺栓，推动锥体，将两支柱锁紧

（四）辅助支承的使用方法

使用辅助支承时，工件必须首先在主要支承上定位之后才能参与工作。即辅助支承的位置是由工件位置确定的，而不是辅助支承确定工件的位置。因此，辅助支承的点数可视需要确定，而与工件的定位无关。使用辅助支承时，必须控制其施力大小，绝不允许施力过大以至破坏了主要支承应起的定位作用。所以，辅助支承在每次卸下工件后，必须松开，使其处于非工作状态，待装夹好工件后再调整锁紧。

三、车床夹具的夹紧机构及装置

工件定位后将其固定，使其在加工过程中保持定位位置不变的装置，称为夹紧装置。

（一）对夹紧装置的基本要求

对夹紧装置的基本要求可用牢、正、快、简四个字概括，它们的含义分别是：

牢——夹紧后，应保证工件在加工过程中的位置不发生变化。

正——夹紧时，应不破坏工件的正确定位。

快——操作方便，安全省力，夹紧迅速。

简——结构简单紧凑，有足够的刚性和强度，且便于制造。

（二）夹紧力和夹紧时的注意事项

夹紧力的确定包括夹紧力的大小、方向和作用点三个要素。

1. 夹紧力的大小

夹紧力必须保证工件在加工过程中位置不发生变化，但夹紧力也不能过大，过大会造成工件变形。夹紧力的大小可以计算，但一般用经验估算的方法获得。

2. 夹紧力的方向

一般情况下，夹紧力的方向应符合以下基本要求。

（1）夹紧力的方向应尽可能垂直于工件的主要定位基准面。使夹紧稳定可靠，保证加工精度。

（2）夹紧力的方向应尽量与切削力方向一致。

3. 夹紧力的作用点

选择夹紧力的作用点时应考虑下列原则。

(1) 夹紧力的作用点应尽可能地落在主要定位面上，这样可保证夹紧稳定可靠。

(2) 夹紧力的作用点应与支承件对应，并尽量作用在工件刚性较好的部位，如果夹紧力如图 3-24 (a) 那样作用，工件会产生较大的变形。改为图 3-24 (b) 那样作用，就有利于减小夹紧变形。尤其对一些内孔精度要求较高的薄壁工件，特别要防止夹紧变形。如精车薄壁套的内孔时不能用三爪卡盘径向夹紧。因为夹紧力径向作用在工件的薄壁上，容易引起变形 [见图 3-25 (a)]。只能用图 3-24 (b) 所示的车床夹具，用螺帽端面来压紧工件，使夹紧力沿工件轴向分布，这样可防止内孔产生夹紧变形。

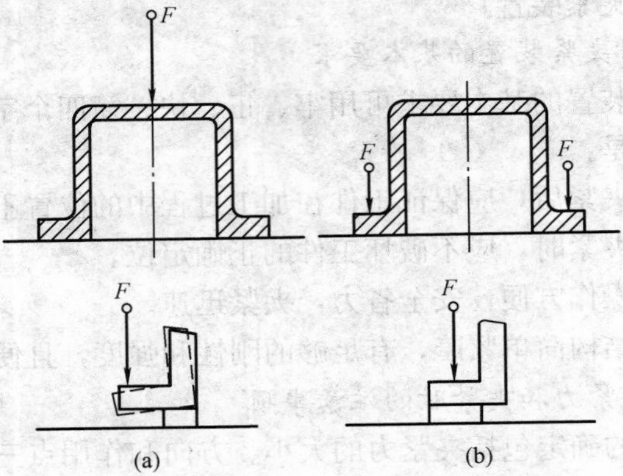

图 3-24　夹紧力的作用点

(a) 错误；(b) 正确

(3) 夹紧力的作用点应尽量靠近加工表面，防止工件产生振动。如无法靠近，就采用辅助支承，如图 3-22 和图 3-23 所示。

(三) 车床夹具中常用的夹紧装置

1. 螺旋夹紧装置

螺旋夹紧装置由于结构简单、夹紧可靠，所以应用最广。其缺点是夹紧和放松比较费时费力。

(1) 为了防止螺钉头部被挤压变形后拧不出，螺钉前端有一部分圆柱，并把它淬硬，如图 3-26 所示。

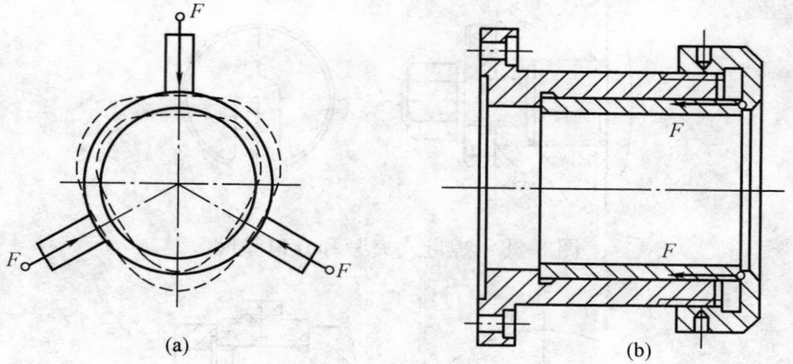

图 3-25　薄壁套的夹紧

（a）错误；（b）正确

为了防止螺钉拧紧时，螺钉头直接跟工件接触，并产生相对运动而造成压痕，可采用如图 3-27 所示的摆动压块。

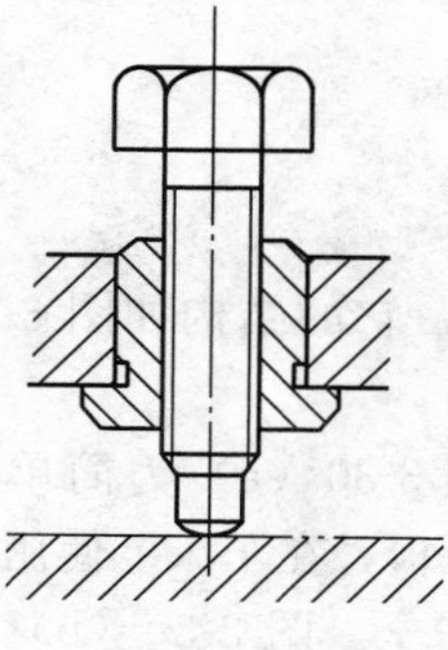

图 3-26　螺钉式夹紧

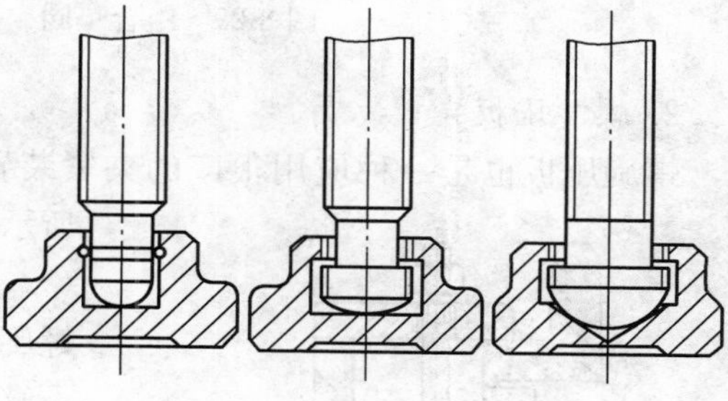

图 3-27　摆动压块

（2）螺母式夹紧。当工件以孔定位时（例如在心轴上），常用螺母来夹紧。其缺点是装卸工件时，必须把螺母从螺栓上全部旋出。改进方法是采用开口垫圈（图 3-28），卸下工件时，只需旋松螺母，抽去开口垫圈，即可将工件取下（螺母应比工件的孔径小）。开口垫圈应做得厚一些，并在淬硬后把两平面磨平。

当工件以很大的环形表面作为夹紧面时，可采用图 3-29 所示的组合垫圈。

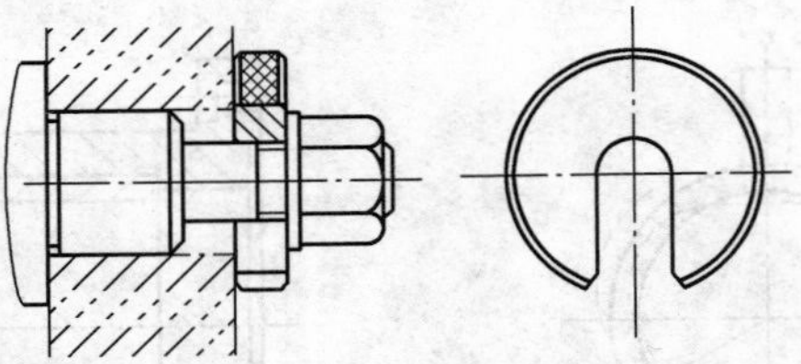

图 3-28　螺母式夹紧和开口垫圈

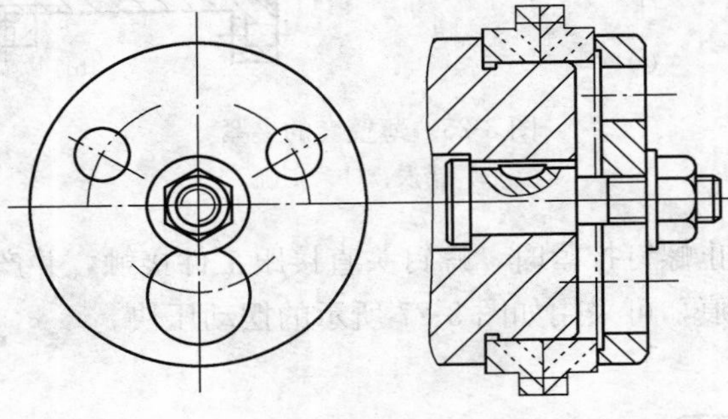

图 3-29　组合垫圈

2. 螺旋压板夹紧装置

螺旋压板也是一种应用很广的夹紧装置，它的结构如图 3-30 所示。

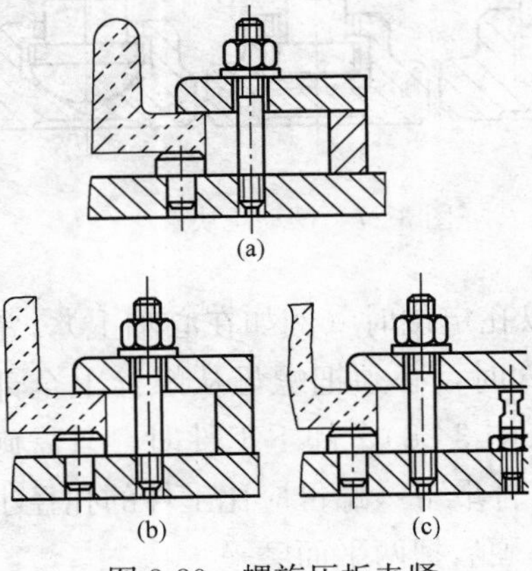

图 3-30　螺旋压板夹紧

(a) 简单的螺旋压板；(b) 整体式螺旋压板；(c) 可调高度的螺旋压板

图 3-30 (a) 为简单的螺旋压板，在车床上使用时不够安全。图 3-30 (b) 为整体式螺旋压板，比较安全，但高度不能调整。图 3-30 (c) 为可调整高度的螺旋压板，使用安全、方便。

结构较完善的螺旋压板夹紧装置见图 3-31。由螺栓 5 与螺母 4 通过压板 6 压紧工件 1，支柱 7 可调节高度，压板 6 的底面有纵向槽，使压板在螺母旋紧时不致转动。压板中间有一长腰形孔，装卸工件时，只要旋松螺母并将压板后移，即可装卸工件。弹簧 2 可使压板在螺母松开后自动抬起。为了避免由于压板倾斜而接触不良，采用了球面垫圈 3。

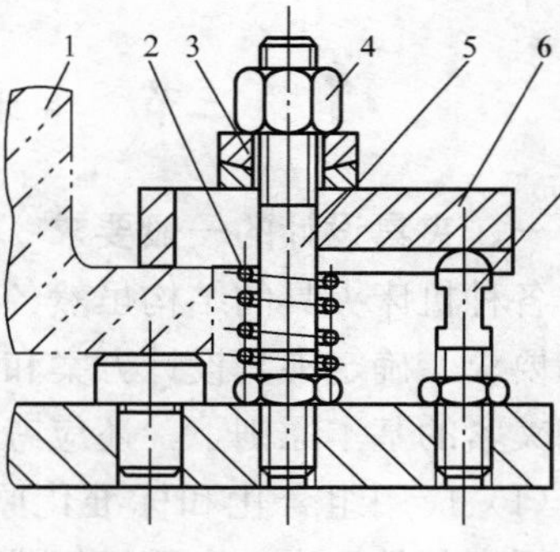

图 3-31　结构较完善的螺旋压板夹紧装置

1—工件；2—弹簧；3—球面垫圈；4—螺母；5—螺栓；6—压板；7—支柱

当工件由于结构上的原因而无法采用中间压紧压板装置时，可采用旁边压紧的螺旋压板夹紧装置（图 3-32）。

图 3-33 所示为钩形压板夹紧装置。其特点是结构紧凑、使用方便，但制造较复杂。

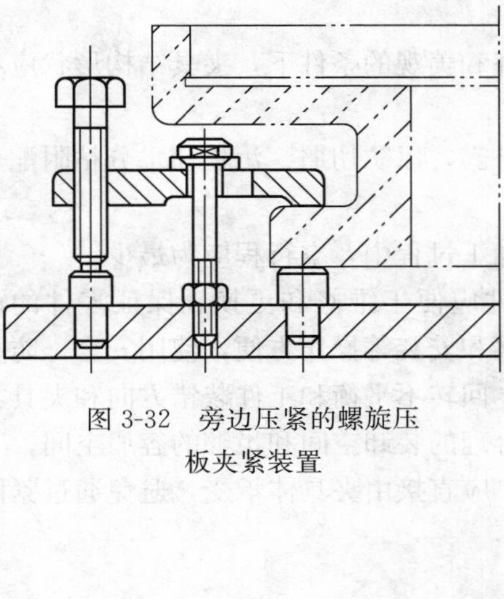

图 3-32　旁边压紧的螺旋压板夹紧装置

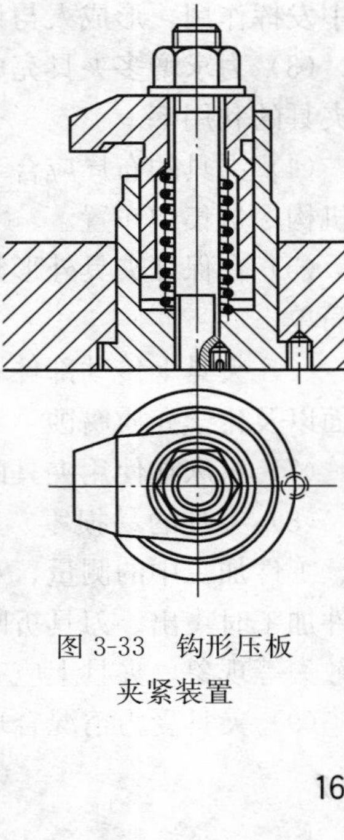

图 3-33　钩形压板夹紧装置

第三节　车床夹具的典型结构

一、夹具设计的一般要求

各种机床夹具的结构虽然各异，但其中有许多共同的规律和统一的要求。确定夹具设计方案和选择结构时，在遵循工件的定位原理和夹紧的基本原则下，还应考虑下述一般要求。

（1）应用组合化和标准化原则完善设计方法。尽量采用由通用、标准部件、零件和毛坯组成的可调整夹具或通用夹具来完成一个或一组工件的加工工序，保持夹具设计的继承性，节省设计制造的成本。

（2）有条件时，在设计工作中应建立并应用信息检索系统，利用计算机中的设计、显示、输出和绘图的程序库和夹具结构元件、典型图形设备说明书、材料标准等数据库有关资料，对本工序的夹具进行结构综合，绘制夹具结构装配图及零件图。另外，利用人机对话审查研究并修改设计的模型，使人的丰富经验和直觉知识在设计中发挥作用，形成人与计算机紧密配合交互工作的新方法。

（3）力求增多夹具完成的工序数，提高夹具的通用性，以便扩大夹具的利用率。

（4）夹具的布局应合理，夹紧原理正确和动作简单，操纵和控制机构尽量集中布置。

（5）在保证夹具外形整齐和美观的条件下，夹具结构形状应尽量简单。

（6）夹具上传动部件不外露，以防切屑、污物和水分粘附配合表面以及化学介质腐蚀。

（7）机床在使用夹具的加工过程中，空行程应为最少。

（8）夹具的易损零、部件应便于维修和更换。保证零件的调整、工件加工中的测量、观察和安装等操作方便，使用安全。防止零件加工时飞出、刀具折断、回转不平衡和工件装错方向和夹具零件散失等现象。夹具上应有合理的装卸空间和足够的容屑空间。

（9）夹具受力情况合理，应直接由夹具体承受，避免通过紧固螺钉受力。

（10）夹具整体结构应有好的工艺性。能适应现实条件的机床设备和工艺水平，并使其能用通用机床附件、辅具和标准刀具进行加工，不用或少用专用和特殊工艺装备。保证夹具各零件的制造生产率高、劳动量少、装配方便、投产周期短的可能性。显示夹具设计的综合优越性，达到最佳指标。选定结构时参考下述规则。

1）合理选用重要零件的材料和毛坯类型和规格、力学性能、型材品种的结构形状和参数，遵守继承性和通用性原则。

2）选择最佳结构、最简单和最短的传动链及配置方案，选用最简单合理的设计方案。

3）夹具结构应考虑夹具主要尺寸偏差和形位公差，以及工件加工时直接检验的可能性和方便。

4）力求使设计基准和工序基准重合，减少尺寸换算和定位误差，便于定位和检测。避免采用斜面、过渡圆弧和毛坯面作基准。

5）有根据地选择基准和装配尺寸链及配合精度。

6）正确掌握和选择机构的调整和补偿环节。如采用调整垫、可调螺钉，以降低零件的制造精度和保证互换性能，改进装配工艺性。

7）合理分配夹具的独立部件组成装配单元。组件结构应具有顺序调整和试验的条件，避免需整套重新装拆。

8）合理布置检查和找正用的基准孔。准确标注倾斜表面位置的尺寸和角度。

9）各零件除满足使用要求和加工工艺性外，还要有装配的可能性，修配和调整方便，使用最少的专用装配工具，最大限度缩短钳工修配和找正的工作量，以及补充的机械加工。尽量使各组件能进行分步的独立平行装配，正确处理装配尺寸链中的修正环节。

10）大型和精密零件及整套重型夹具要搬运方便。

（11）夹具上定位元件表面要便于清除切屑。工件定位时要易于接近，以便观察定位贴合情况。

（12）考虑夹具由于工件毛坯加工余量增大或采用大切削用量

而超载，要保证在切削过程中夹紧的可靠性或能够调整。

（13）设计应注意安全防护技术要求的有关规定，保证操作安全。通常，手动操作用的手柄和杠杆所需力不应超过 40N，工件质量超过 12kg 的夹具在移动工件时，应考虑起吊装置，保证装卸安全，防止吊运时工件自行落下。手动翻转的夹具连同工件的质量，一般不得超过 8kg。为防止操作者手指插入，动力夹紧装置运动部件间的间隙不得小于 30mm；为防止手掌插入时，不得小于 120mm。其上的夹紧元件和工件之间的间隙不应超过 5mm，以防试装时手指插入压伤。

（14）力求夹具的结构和零部件稳定可靠，具有高的强度和刚度，又要减轻质量　提高刚度减轻质量的设计方法如下。

1）使零件形状完全具有等强度结构，使零件沿轴线的每一剖面和在该剖面上每一点的应力都相等，可使其质量大为降低。当受到弯曲和扭转及其他复杂情况时，在每一剖面的应力分布不均，这时可将负荷最小部位上剖面的多余材料去掉，使材料聚集到负荷最大处，使剖面上的应力均匀，接近等强度状态。例如采用在对接处设加强板、用减轻孔、剖面渐变和受力部位进行加强等措施。

2）选用合理的剖面形状。质量相同的合理剖面形状见表 3-5。

表 3-5　　质量相同的合理剖面形状

剖面简图	剖面尺寸比		刚度指数	强度指数
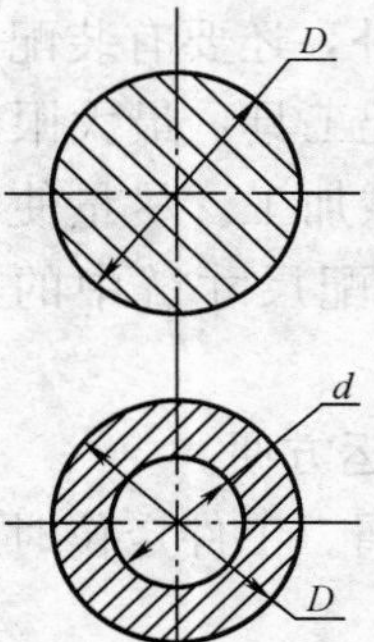	$\frac{d}{D}$	—	1	1
		0.6	2.1	1.7
		0.8	4.5	2.7
		0.9	10.0	4.1

续表

剖面简图	剖面尺寸比		刚度指数	强度指数
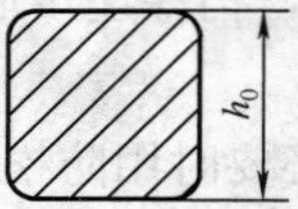	$\frac{h}{h_0}$	—	1	1
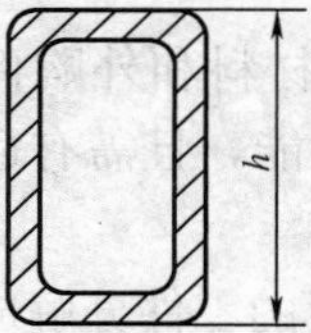		1.5	3.5	2.2
		2.5	9	3.7
		3.0	18	5.5
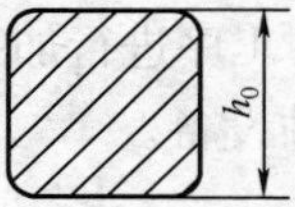	$\frac{h}{h_0}$	—	1	1
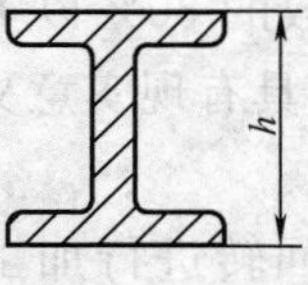		1.5	4.3	2.7
		2.5	11.5	4.5
		3	21.5	7.0

3）选用最简单合理的传力形式和最少的零件数。在静不定的结构中、其刚度分配应合理，内应力分布均匀、消除应力集中现象。

4）尽量减少连接件、采用整体结构。

5）选用强度高、质量轻和抗震的材料。

6）用焊接件代替铸件。

（15）避免直接在夹具体上设置摩擦表面和工艺性差、不便加工的重要配合面。

（16）复杂的重要夹具和大型动力传动装置的夹具，应设置互锁和程序自动控制的机构，提高动作的逻辑性和可靠性。保证使用安全，以免操作失误造成工艺事故和机构损坏。

（17）夹具所采用的每种机构以及机构所采用的零件，都应有足够的理论依据。

(18) 对设计的机构要进行运动正确性检查，保证所有预定的夹紧点都能接触工件。检查浮动环节数是否足够，构件连接形式是否正确，以免夹紧元件的运动出现干涉。

(19) 夹具上重要的螺纹连接部位应可靠。必要时用防松螺母、防松垫圈等措施。

(20) 应注意正确选用现有材料，落实稀缺材料和外购件。材料的力学性能和物理性能应符合零件的工况和功能，且需有适当的热处理和表面处理及润滑、使夹具经久耐用。

(21) 简化零件表面形状，可将复杂结构要素的零件分解成几个简单几何要素的零件与主体连接。有时为了提高形位精度，可将几个简单形状的零件组合为一个整体零件，以便集中工序进行加工。

(22) 充分利用本企业产品中的零部件和特种设备。

二、车床夹具的特点和基本要求

在金属切削机床中，车床约占加工设备总数的30%以上。合理设计车床夹具，对提高劳动生产率和经济效益具有现实意义。

(一) 车床夹具特点

车床夹具是装在机床主轴上带着工件一同回转进行加工工件的。在高速回转状态下，工件具有离心力和不平衡惯量。因此，夹具的定位基准必须保证工件被加工孔或外圆的轴线与机床主轴的回转轴线完全重合。

(二) 车床夹具设计要求

设计这类夹具除保证工件满足工序要求外，还应考虑下述要求。

1. 对夹具结构要求

(1) 力求夹具结构简单、紧凑、轻便。夹具的轮廓尺寸、悬伸长度和质量要求尽量减小。夹具重心尽可能靠近机床主轴的连接盘端面，便于采用大的切削用量。

(2) 在加工过程中，能用常用量具进行测量并有测量基准，测量时不破坏原有的定位状态。测量基准面要和定位基准面保持在同一平面上或设置测量柱。夹具上有时应考虑便于安置量具的测量用槽和空间。

（3）切屑能顺利排出且便于清理，能防护切屑和切削液，以免使机械失灵和精度降低。

（4）夹具经调整连接件（更换过渡盘或连接盘）后，即可在另一型号的机床上安装使用，以便适应生产调度的需要。为此，夹具最大外圆应具有校准回转中心的环槽基面，以备重新安装时找正用。

（5）要考虑便于观察加工过程中的切削情况，装卸工件操作方便。

（6）轮番小批生产时应运用成组技术，采用可调通用车夹具，优先考虑配制专用卡爪的自定心卡盘和花盘的可能。

（7）单轴和多轴卧式自动车床的辅具均已有标准结构，属机床附件，设计可选用。

（8）花盘式车床夹具的夹紧部位应尽量减小轴向轮廓尺寸，以免加工端面妨碍进给运动和增加镗孔时镗刀杆悬伸长度。

（9）按工件形状和工序要求，正确选择夹具的结构形式。当定位基准和加工表面同轴线时，则采用悬臂式带柄心轴或顶尖式心轴。对于形状复杂且定位基准轴线和加工表面轴线相互成一定角度时，采用角铁式车床夹具，如图 3-34 所示。当定位基准轴线和加工表面轴线相互平行且偏离一定距离时，用花盘式车床夹具加工。

2. 对夹紧装置要求

（1）夹紧机构应安全耐用。夹紧点应选在工件直径最大处。夹紧力应足够，但不得使工件和夹具的定位基面变形。夹紧元件回转时，在其惯性和离心力作用下应无松脱和减小夹紧力的趋势［标准三爪自定心卡盘当转速在（1500～2000）r/min 时，卡爪由于离心力作用，夹紧力下降 15％～20％；当卡盘转速达 6300r/min 时，其卡爪上的夹紧力几乎降低到零］。

（2）设计时工件夹紧点的选取，应考虑下列因素。

1）工件颠覆力矩的大小，与 L/D 值成比例，如图 3-35 所示。夹紧点位置应尽量靠近加工部位或借助尾座的顶尖压紧工件。

2）D/D_0 值越大，对切削转矩的影响越小，夹紧越可靠。故工件夹紧点宜选在工件直径最大或使夹紧处的直径大于工件加工处的直径。

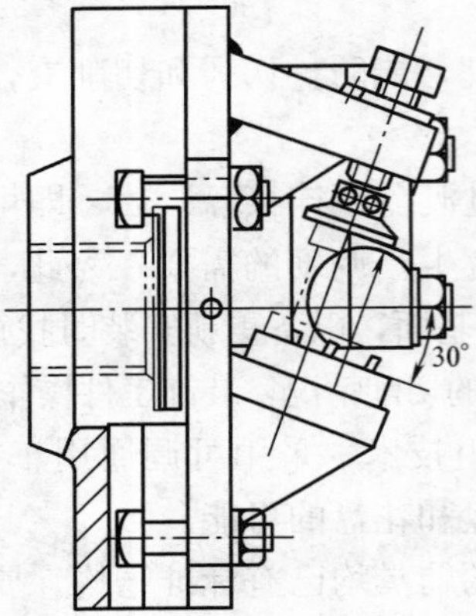

图 3-34 角铁式车床夹具

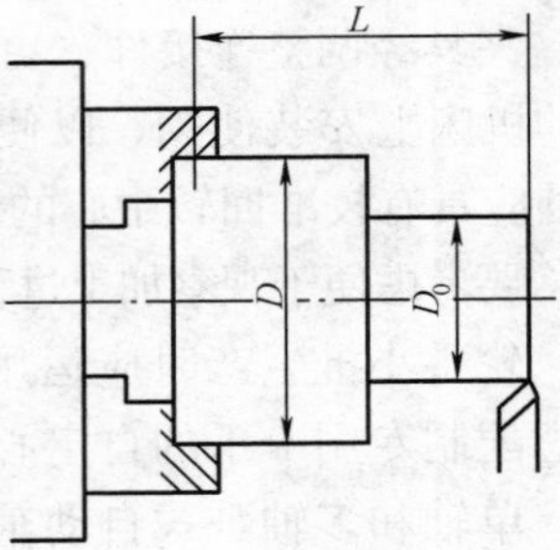

图 3-35 工件夹紧点的选取

3）夹具体和夹紧机构应有足够的刚度，使在承受夹紧力和切削力时不致变形或使夹具上的作用力和反作用力成封闭系统。图 3-34 角铁式车床夹具夹紧装置的布置易引起夹具连接面的变形。

（3）加工薄壁工件，应使夹紧力作用点数量增多并均匀分布。作用点位置应靠近加工部位以减少夹紧变形和切削力引起的变形，夹紧部位应选在工件刚度较大处。为了提高定心精度和生产率，推荐采用自定心夹紧元件和机构。

3. 夹具的平衡

夹具工作时，应保持在平衡状态下回转，以免机床主轴轴承过早磨损和加工时振动，这样，对工件的加工精度和刀具寿命不致造成影响。夹具各零件的重心应尽量靠近回转轴线。夹具的平衡可在夹具体上适当位置采取现场钻削或铣削，去掉多余金属；或在其上直接铸出配重、减轻孔、灌铅和配重等法来实现。平衡重应最小，其位置和质量应能现场进行调节。平衡重块可采用整块或不同厚度的薄片以便调节。配重装在夹具上或工件上不得妨碍加工，必要时可加大夹具体连接盘外径以减小配重厚度。除非转速高达 1500r/min 以上，通常不要求获得精密的平衡精度。夹具加工不对称的工件或具有不均匀的加工余量时，也必须校平衡。允许的平衡精度，夹具连同所装的工件在（125～2000）r/min 范围时，相应力矩不得大于（0.015～0.8）×9.8N·cm。

4. 夹具的安全措施

（1）夹具在径向回转范围内，无论对称与否，夹具体应为圆柱形，无突出部分和易松脱的零件（见图 3-36），或加护罩，杜绝回转时易引起操作事故。为了便于在机床上安装，防止切削力过大时剪断联接螺钉，装在机床主轴连接盘内的夹具体应具有凸肩，其配合直径可留 0.5mm 间隙，供精密找正用。

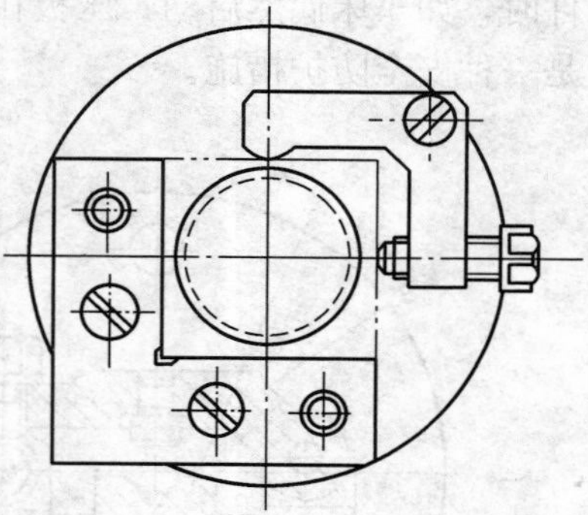

图 3-36　夹具径向应无突出零件

（2）采用离心式拨盘加工时，转速不应低于 200r/min；采用带弹簧顶销的拨盘时，转速不得超过 2000r/min。

（3）环形压板上的夹紧螺钉槽，加工时的夹紧方向要和工件承受切削抗力 F 的方向一致（见图 3-37）。

（4）夹具上的转动压板，需设置克服工件所承受切削抗力的挡销（见图 3-38）或防压板支承螺钉转动的凹坑。

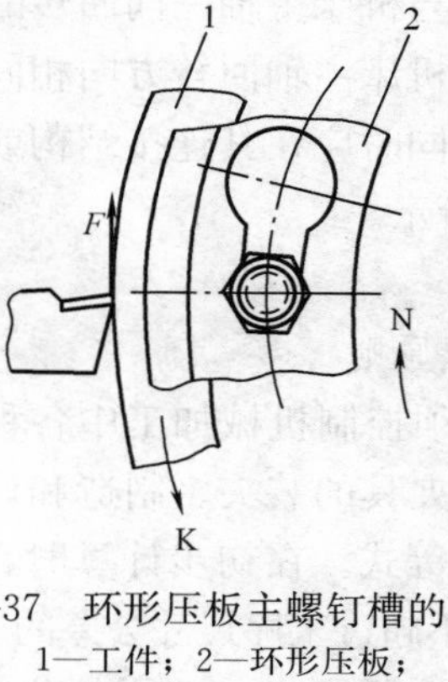

图 3-37　环形压板主螺钉槽的布置

1—工件；2—环形压板；

K—工件回转方向；F—切削抗力；

N—压板回转趋势

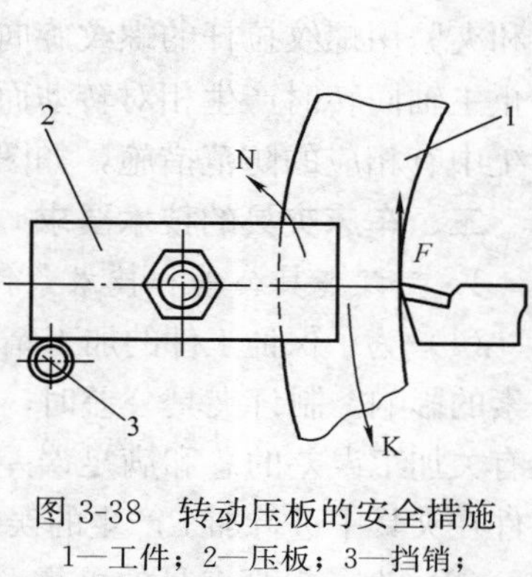

图 3-38　转动压板的安全措施

1—工件；2—压板；3—挡销；

K—工件回转方向；F—切削抗力；

N—压板回转趋势

(5) 图 3-39 所示为工件安装在可调 V 形块的角铁式车床夹具中。其铰链压板的回转轴线是在图示回转方向的靠近操作者一侧。这样，在拧紧活节螺栓上的螺母虽然距离较远，但可防止在装夹工件时，如车床偶然启动，压板在回转过程中不致损坏夹具或机床，是一种安全防护措施。

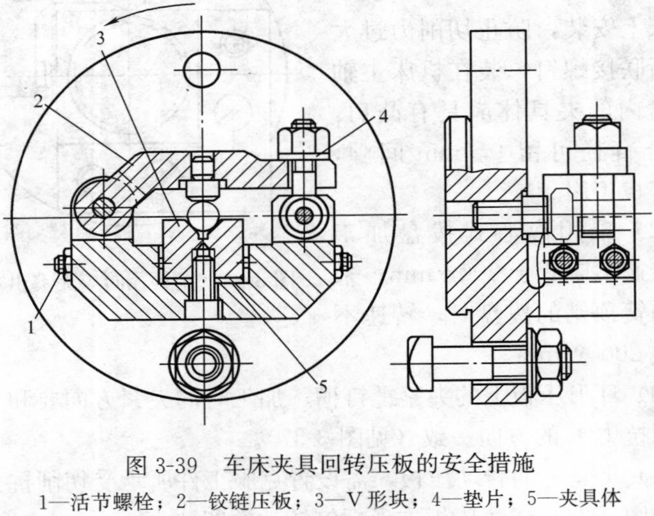

图 3-39 车床夹具回转压板的安全措施

1—活节螺栓；2—铰链压板；3—V 形块；4—垫片；5—夹具体

(6) 在气动或液动的夹紧装置中，与机床主轴一同回转的活塞杆和夹紧用螺纹拉杆的螺纹旋向，应与机床主轴回转方向相同，以防止主轴回转时产生相对转动而松动。同时应在其连接结构或控制系统中有相应的防范措施，如图 3-40 所示。

三、车床夹具的技术要求

1. 制订夹具公差和技术条件的基本原则

(1) 为了保证工件的加工精度，必须控制机械加工中各种误差因素的影响。制订夹具公差时，应保证夹具的装夹、制造和调整以及有关加工误差的总和满足误差计算不等式。在初步计算时，应使工件在夹具中进行加工产生的误差总和不超过工序尺寸公差的 1/3。

(2) 为了提高夹具的可靠性和延长夹具寿命，必须考虑夹具在使用中磨损的补偿和易损件的更换。因此，在现有加工设备和技术

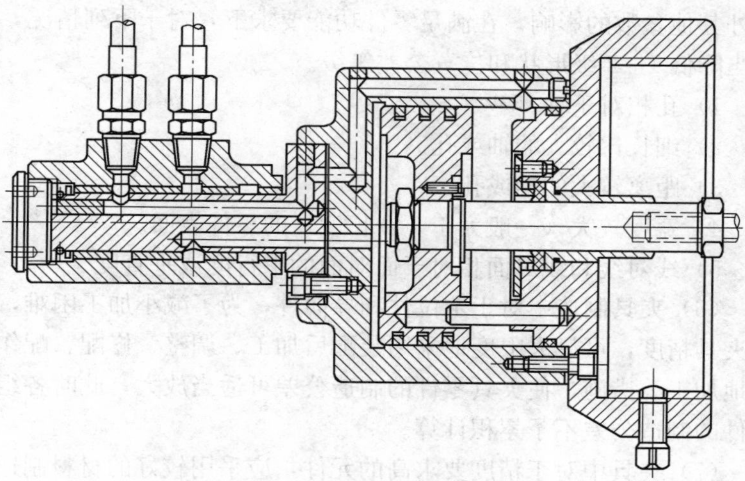

图 3-40 回转液动缸拉紧螺杆的活塞结构

水平条件下，在不增加制造困难和机构繁琐的原则下，应尽量把夹具公差值制订得更小些，以保证工件的加工精度、增大夹具磨损公差值的储备量，延长夹具的使用寿命。

（3）夹具中与工件加工尺寸有关的尺寸公差，不论其尺寸公差是单向还是双向的，都应转化为对零偏差线对称分布的双向偏差，并以工件的平均尺寸为夹具的基本尺寸，然后根据工件公差规定该尺寸相应的制造偏差。在分析计算定位误差时，应使其作对称分布，以便最大限度地利用制造公差。通常，当为接触式定位时，取工件公差的中间尺寸状态为工序基准的理想状态。当为配合式定位时，如配合的定位基准为轴，则取工件公差的最小极限尺寸为理想状态。如定位基准为孔，则取其最大极限尺寸为理想状态。

（4）夹具中的尺寸公差和技术条件以及形状和位置公差不要互相矛盾和重复，公差等级应与表面粗糙度相适应。凡注有公差的部位都应有相应的检验基准，且便于检查。

（5）根据零件的功能要求，并考虑加工的经济性和零件的结构、刚度等条件，在同一要素上给出的形状公差值应小于位置公差值，通常位置公差等级相应比形状公差低 1～2 级，而形状公差等级应相应比尺寸公差低 1～2 级。考虑到加工的难易程度和除主参数外其他参数的影响，在满足零件功能要求下，对于下列情况，可适当降低 1～2 级形状和位置公差等级。

1）孔相对于轴。

2）细长比较大的轴或孔。

3）距离较大的轴或孔。

4）宽度较大（一般大于 1/2 长度）的零件表面。

5）线对线和线对面相对于面对面的平行度或垂直度。

（6）夹具制造中对于定位件和导向件，为了减小加工困难，提高夹具精度，可最大限度地采用装配后加工、调整、修配、配作或就地加工等措施，使夹具零件的制造公差可适当放大，此时各组成零件的制造公差不予累积计算。

（7）夹具中对于精度要求高的元件，应采用较好的材料制造及适当的材料配合或采用严格的热处理措施以保证其精度。

（8）夹具的设计公差不仅要保证工艺过程卡片上所规定的公差和技术条件，同时要保证产品图样的公差和技术要求。

（9）装配后进行加工所保证的公差等级可订得高些；装配后不再或不能加工保证的公差等级应订得低些。

（10）夹具中与工件有关的尺寸公差必须与工艺文件和产品图样上标注的公差相符合。

（11）当夹具的基准面较大而被测量的面较小时，公差精度等级可订得高些，反之，则应低些。

（12）标注主要尺寸和技术条件时，应注意基准面的选择。一般应尽量选用夹具上较大的表面作为基准面。

（13）夹具本身结构复杂，制造成本较高者，为了使夹具精度的储备能力较大，宁可将其技术条件和尺寸公差的精度提高些。

（14）标注尺寸应从保证设计结构的工艺性，并使其制造费用较低，达到要求的精度方便可靠。

2. 夹具总图公差的制订

确定夹具总图上主要尺寸公差的理论依据是满足加工误差计算不等式。但在实际设计工作中，依靠误差计算不等式来确定夹具的有关公差是不现实的，通常是按经验数据。按不同类型和精度要求的夹具，考虑工件加工偶然性误差，取工件公差值的1/2～1/5为夹具有关尺寸和形位公差的制造公差。实践证明，除夹具的制造公差外，取工件公差的1/5～2/5作为夹具加工过程误差和各种可能引起误差的保险储备量，仍能保证工件的加工精度，故工件公差的剩余部分就可作为夹具中能相关补偿的允许磨损变形综合值，如图3-41所示。

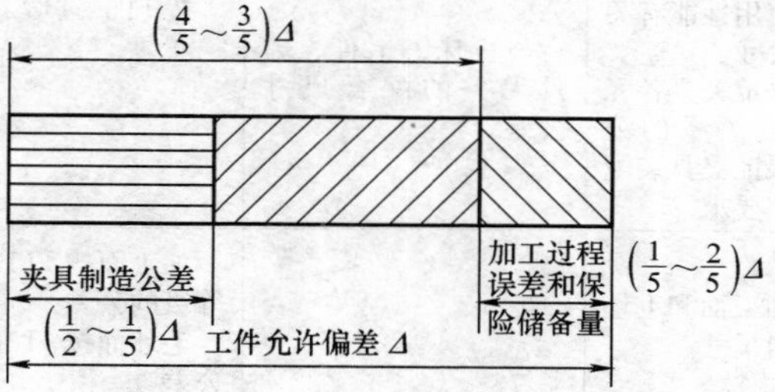

图3-41 夹具各项误差的配置

夹具公差按零件功能要求，可分为3类（表3-6），但最重要的是对第1类公差选用。由于工具制造的加工精度可达到较高的程度，所以夹具零件的公差相应为IT7～IT8级精度。各种机床夹具的公差按工件工序公差的选取见表3-7。

表3-6 夹具公差的确定

公差类别	公差特性	公差内容	确定公差值的原则
1	（1）实现工件加工尺寸和位置精度有直接关系的尺寸公差，其变化影响工件加工尺寸精度 （2）直接影响工件加工位置的尺寸公差和几何精度	（1）导向钻套和镗套轴线对定位元件的坐标位置、轴线间距和与刀具配合的尺寸公差 （2）定位元件与对刀元件位置的尺寸公差 （3）定位元件对机床安装基准的相应位置及定位面尺寸公差 （4）工件加工面对定位元件的联系尺寸和配合尺寸的公差	（1）工件加工尺寸的公差精度等级高于IT9时，取工件工序尺寸公差的1/3～1/4 （2）工件加工尺寸的公差精度等级低于IT9时，取工件工序尺寸公差的1/5～1/10 （3）夹具定位元件之间、定位元件与导向元件或对刀元件之间以及其他相关尺寸和相互位置的公差，一般取工件加工尺寸公差相应的1/3。但考虑到夹具的制造、装配、磨损和装夹等情况、故常取工件公差的1/5～1/2，常用1/3～1/2

续表

公差类别	公差特性	公差内容	确定公差值的原则
2	（1）与工件加工尺寸和形状位置无直接关系的尺寸公差 （2）与夹具的机构作用功能、工作特性和零件使用性能有关的配合尺寸 （3）决定夹具各元件间相互关系的公差，以保证夹具装配后的使用要求	各元件和辅助装置相互联接及与夹具体联接和配合的尺寸公差 与机床、工件、刀具无关的配合尺寸公差	按 IT6～IT7 级公差等级选用
3	零件加工面和毛坯面的自由尺寸		加工面按 IT13～IT14 级公差等级的公差 毛坯面按 IT16 级公差等级的公差

表 3-7　　夹具公差的选用

<table>
<tr><th rowspan="2">夹具形式</th><th colspan="5">工件工序尺寸公差Δ（mm）</th></tr>
<tr><th>0.03～0.10</th><th>0.10～0.20</th><th>0.20～0.30</th><th>0.30～0.50</th><th>自由尺寸</th></tr>
<tr><td>车床夹具</td><td>1/4</td><td>1/4</td><td>1/5</td><td>1/5</td><td rowspan="3">1/5</td></tr>
<tr><td>钻床夹具</td><td>1/3</td><td>1/3</td><td>1/4</td><td>1/4</td></tr>
<tr><td>镗床夹具</td><td>1/2</td><td>1/2</td><td>1/3</td><td>1/3</td></tr>
</table>

3. 夹具总图技术条件的制订

设计夹具总图，除了规定有关尺寸的精度外，还要制订各有关元件之间、各元件的有关表面之间的相互位置精度以保证协调整个夹具的工作精度。通常包括下列几个方面。

（1）定位元件之间或定位元件对夹具体基准面或找正基面间相互位置要求。

（2）定位元件与机床连接元件或找正基面的相互位置要求。

（3）对刀元件与机床连接元件或找正基面的相互位置要求。

（4）定位元件与导向元件间的相互位置要求。

上述技术条件是保证工件相应的加工要求所必需的，也是夹具的制造和使用单位在装配、验收和定期检修的依据。

凡与工件加工要求有直接关系的形状位置误差可按工件加工技

术条件所规定的公差的 1/2～1/5 范围选取。与工件加工要求无直接关系者，可按表 3-8 选取。

表 3-8　　夹具形位公差一般技术条件

技术条件内容	参考数值①（mm），≤
同一平面的支承钉或支承板的等高公差	0.02
定位元件工作表面对定位键或定向键侧面的平行度或垂直度	0.02∶100
定位元件工作表面对夹具体底面的平行度或垂直度	0.02∶100
钻套轴线对夹具体底面的垂直度	0.05∶100
镗套前后导向时的同轴度 I	0.02
对刀块工作表面对定位元件工作表面的平行度或垂直度	0.03∶100
对刀块工作表面对定位键槽侧面的平行度或垂直度	0.02∶100
车床夹具的找正基面对其回转轴线的径向圆跳动	0.02

① 指形状和位置误差与工件加工要求的技术条件无直接关系的参考值。

四、车床夹具与机床主轴的连接

（1）带锥柄的卡头应用长螺杆在机床主轴孔中拉紧（除非工件轻且小、锥柄配合程度好或尾座有后顶尖顶紧）。

（2）卡盘、花盘和角铁式车床夹具，可选用有定心短锥孔的连接盘与机床主轴连接。连接盘内锥孔与主轴前端短锥面相配合，因其相对作用且消除间隙，提高了定心精度和接触刚度。采用带回转垫圈的快换连接夹紧装置（见图 3-42）比用主轴锥孔连接方便。

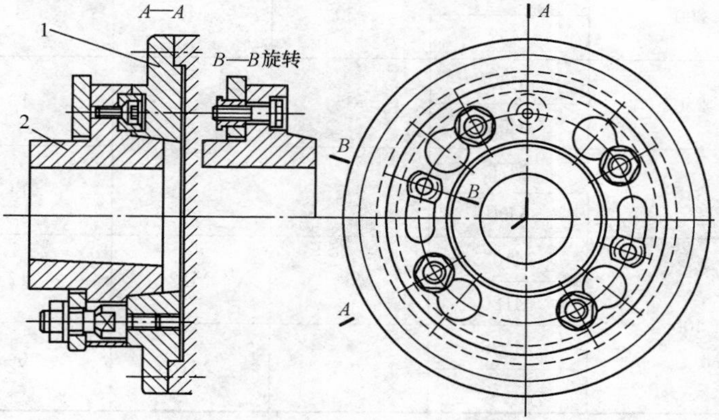

图 3-42　带回转垫圈的快换连接盘

1—快换连接盘；2—主轴

在常有反转或制动主轴工作时，夹具与主轴的连接应有键或销等防松装置。表 3-9 为车床主轴过渡盘的保险垫圈系列尺寸。

表 3-9　　车床主轴过渡盘保险垫圈　　(mm)

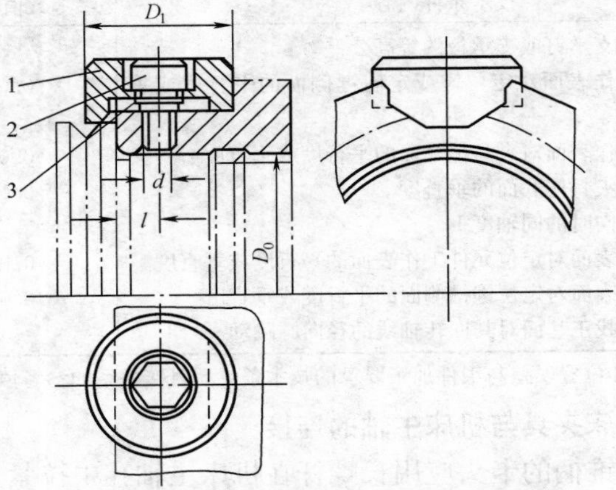

1—保险垫圈；2—螺钉；3—轴用钢丝挡圈

卡盘直径	主轴 D_0	D_1	d	l
160	M33	$\phi 25$	M6	6
	M39			
200	M45	$\phi 30$	M8	8
	M52			
250	M60	$\phi 35$	M10	10
	M68			
315	M76	$\phi 45$		14
	M90			
400	M105	$\phi 55$	M12	17
	M120			
	M135	$\phi 65$	M16	22
	M150			

(3) 在生产中需频繁更换夹具，为保护机床主轴定心部分不受磨损和简化夹具的制造，常采用定心轴颈为标准系列尺寸的通用过

渡盘或花盘，以适应各种卡盘和夹具的配合连接。过渡盘和花盘采用铸铁材料，其定心凸肩和端面，待安装到机床主轴上就地修正可获得更高的精度。为了延长使用寿命和节省材料，其定心凸肩用淬硬的钢套压入（见图 3-43）。

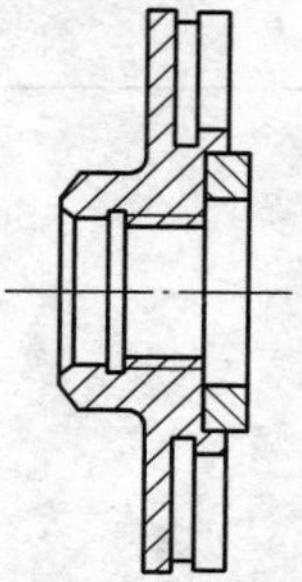

图 3-43　过渡盘的定心凸肩

（4）卡头的锥柄与机床主轴锥孔表面的啮合长度应大于 75%，近主轴的大端配合紧密时定心较稳。

（5）为了进给轻便，四方刀架回转空间应宽裕，便于使用和调整定程挡铁装置。工件加工终止处离主轴连接盘端部不要太近，该距离可取 65～85mm（当通用卡盘厚度）。

（6）夹具在机床上的定位基准表面不能直接找正时，需在其上适当地安置找正用的端面、找正孔、找正环。夹具定位支承较小或无法安置找正孔时，考虑采用找正端面。定位面断续的大型夹具宜用找正孔，中小型夹具多用找正环。一般找正环的表面应比夹具体外圆低 5～6mm，以避免碰伤找正环表面。

第四节　车床通用夹具

一、顶尖类

顶尖式车床夹具主要有以下几种：

1. 固定顶尖

固定顶尖的型式见表 3-10，规格见表 3-11。

表 3-10　固定顶尖的型式

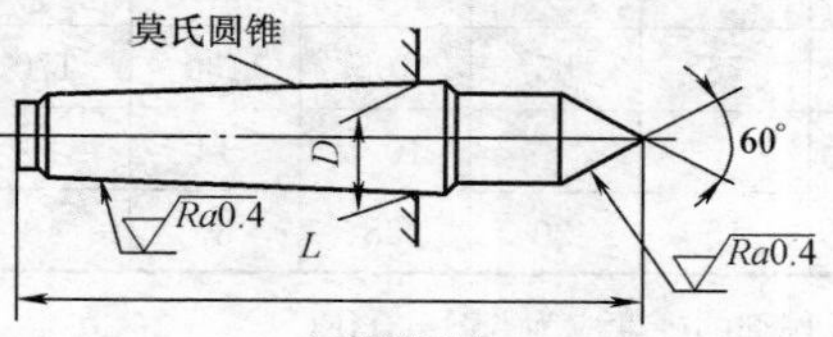

(a)普通顶尖

续表

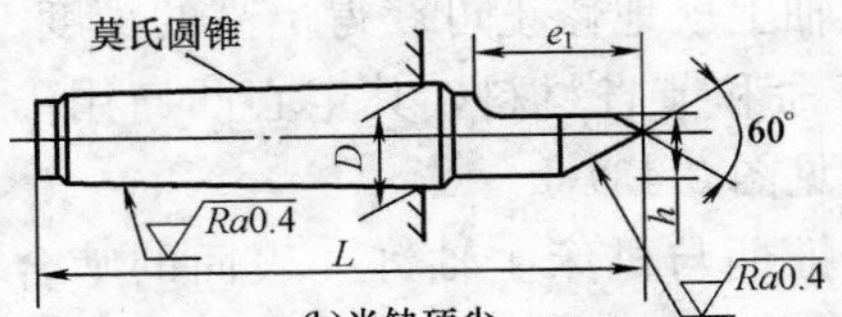

(b)半缺顶尖

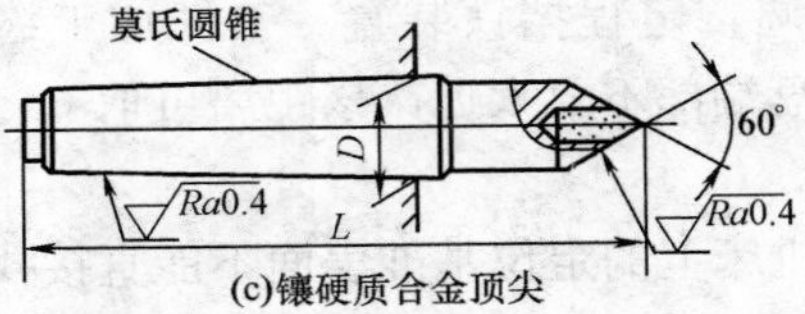

(c)镶硬质合金顶尖

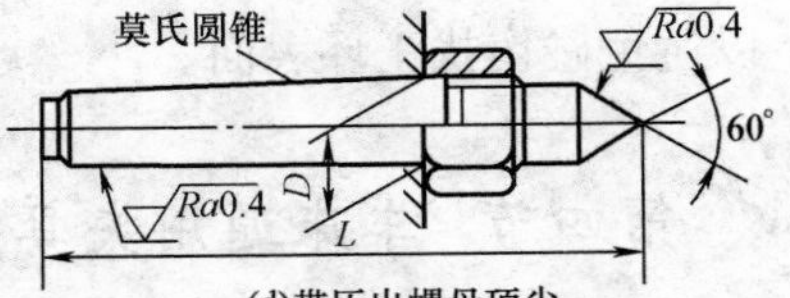

(d)带压出螺母顶尖

参数	类型	莫氏锥度						
		0	1	2	3	4	5	6
D	a、b、c、d	9.045	12.065	17.780	23.825	31.267	44.399	63.348
L	a、b、c	70	80	100	125	160	200	280
	d	75	85	105	130	170	210	290
h	b	6	8	10.5	14	19	26	33
e_1		15	20	28	36	48	60	85

注 1. 锥度部分及尾部的硬度应为 55～58HRC。

2. 各种固定顶尖均有普通的及精密的两种精度等级。

表 3-11 固定顶尖的规格

产品名称	型号	原型号	顶尖尾锥号数（莫氏）	外形尺寸（mm）(尾锥大端直径×总长)
固定顶尖	D110	DG0	0	ϕ9.045×70
	D111	DG1	1	ϕ12.065×80
	D112	DG2	2	ϕ17.780×100
	D113	DG3	3	ϕ23.825×125
	D114	DG4	4	ϕ31.267×160
	D115	DG5	5	ϕ44.399×200
	D116	DG6	6	ϕ63.348×280
镶硬质合金顶尖	D120	DX0	0	ϕ9.045×70
	D121	DX1	1	ϕ12.065×80
	D122	DX2	2	ϕ17.780×100
	D123	DX3	3	ϕ23.825×125
	D124	DX4	4	ϕ31.267×160
	D125	DX5	5	ϕ44.399×200
	D126	DX6	6	ϕ63.348×280
半缺顶尖	D130	DB0	0	ϕ9.045×70
	D131	DB1	1	ϕ12.065×80
	D132	DB2	2	ϕ17.780×100
	D133	DB3	3	ϕ23.825×125
	D134	DB4	4	ϕ31.267×160
	D135	DB5	5	ϕ44.399×200
	D136	DB6	6	ϕ63.348×280
镶硬质合金半缺顶尖	D141	DA1	1	ϕ12.065×80
	D142	DA2	2	ϕ17.780×100
	D143	DA3	3	ϕ23.825×125
	D144	DA4	4	ϕ31.267×160
	D145	DA5	5	ϕ44.399×200
	D146	DA6	6	ϕ63.348×280

续表

产品名称	型号	原型号	顶尖尾锥号数（莫氏）	外形尺寸（mm）(尾锥大端直径×总长)
带压出螺母顶尖	D151	DG-1-1	1	ϕ12.065×85
	D152	DG-1-2	2	ϕ17.780×105
	D153	DG-1-3 DY3	3	ϕ23.825×130
	D154	DG-1-4 DY4	4	ϕ31.267×170
	D155	DG-1-5 DY5	5	ϕ44.399×210
	D156	DG-1-6 DY6	6	ϕ63.348×290
镶硬质合金带压出螺母顶尖	D160	DL0	0	ϕ9.045×75
	D161	DL1	1	ϕ12.065×85
	D162	DL2	2	ϕ17.780×105
	D163	DL3	3	ϕ23.825×125
	D164	DL4	4	ϕ31.267×160
	D165	DL5	5	ϕ44.399×200
	D166	DL6	6	ϕ63.348×280

注 1. 60°圆锥表面的径向跳动允差：普通级 0.01mm；精密级 0.005mm；高精度级 0.003mm。

2. 莫氏圆锥与标准莫氏量规的接触面积：普通级>75%，精密级>80%，高精度级>85%。

2. 回转顶尖

回转顶尖的型式及其规格见表 3-12。

表 3-12　回转顶尖的型式及规格（JB/T 3580—2011）

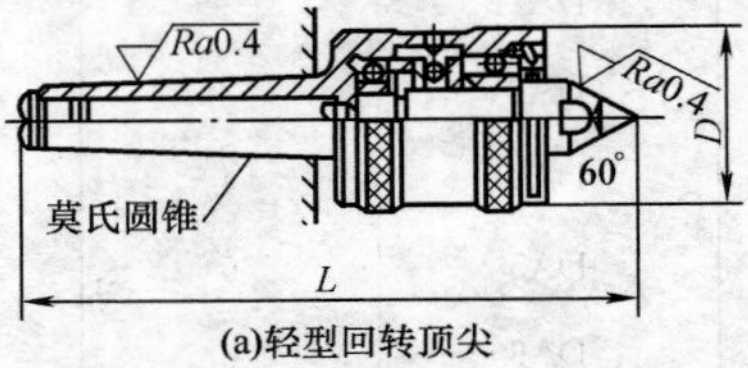

(a)轻型回转顶尖

续表

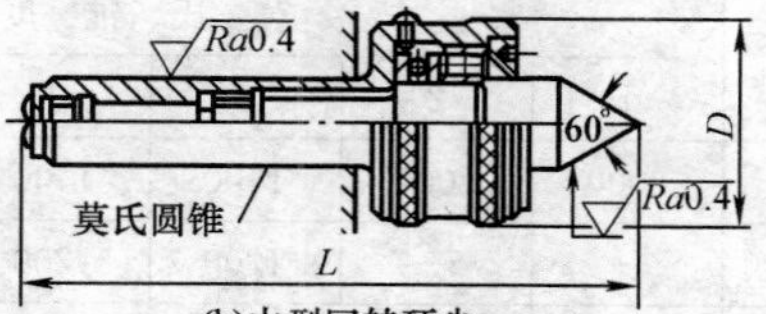

(b)中型回转顶尖

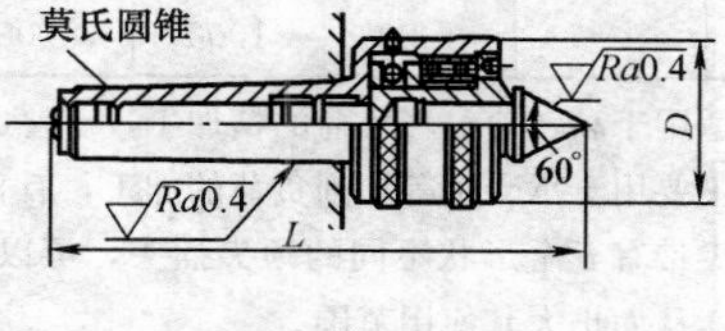

(c)插入式回转顶尖

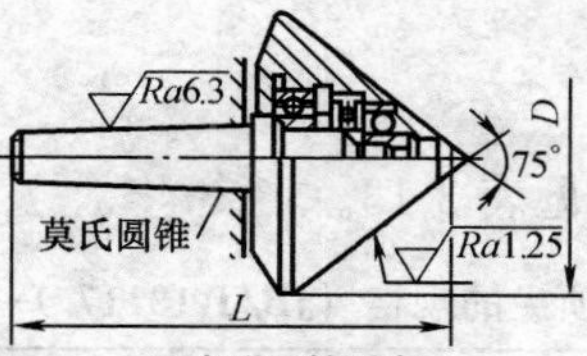

(d)伞形回转顶尖

参数	类型	莫氏锥度					
		1	2	3	4	5	6
D（mm）	a	35	42	52	62	—	—
	b	—	—	57	67	90	130
	c	—	45	57	65	90	110
	d	—	85	100	160	200	250
L（mm）	a	114	134	170	205	—	—
	b	—	—	160	195	255	370
	c	—	135	168	197	255	328
	d	—	125	160	210	252	335
径向负荷（N）	a	400	700	1100	1500	—	—
	b	—	—	1800	2800	4500	6000
	c	—	1400	1800	2800	4500	6000
	d	—	1200	1800	3000	4500	6000

续表

参数	类型	莫氏锥度					
		1	2	3	4	5	6
极限转数（r/min）	a	2000	2000	1400	1400	—	—
	b	—	—	1200	1200	800	600
	c	—	1500	1200	1200	800	600
	d	—	1200	1000	1000	800	600

注　1. 轻型回转顶尖适用于高转速、轻负荷的精加工，有普通精度和高精度两种。

2. 中型回转顶尖主要用于承受中等切削负荷的加工，有普通精度和高精度两种。

3. 插入式回转顶尖带有五个形状不同的顶尖插头，可以根据工件的不同情况来选择顶尖插头，从而扩大其使用范围。

4. 伞形回转顶尖（也称大头顶尖或管子顶尖）主要用于加工管套类零件，可以承受较高的负荷。

3. 内拨顶尖

内拨顶尖的规格见表 3-13。

表 3-13　　内拨顶尖的规格（JB/T 10117.1—1999）

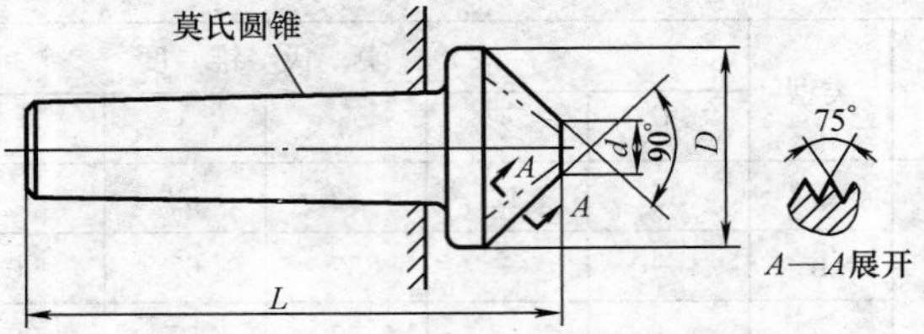

规格（mm）	莫氏圆锥				
	2	3	4	5	6
D	30	50	75	95	120
L	85	110	150	190	250
d	6	15	20	30	50

注　1. 标记示例：莫氏圆锥 4 号的内拨顶尖：顶尖 4JB/T 10117.1—1999。

2. 莫氏圆锥尺寸和偏差按 GB/T 1443—1996《莫氏工具圆锥的尺寸和公差》。

4. 夹持式内拨顶尖

夹持式内拨顶尖的尺寸见表 3-14。

表 3-14　　夹持式内拨顶尖的尺寸（JB/T 10117.2—1999）　　（mm）

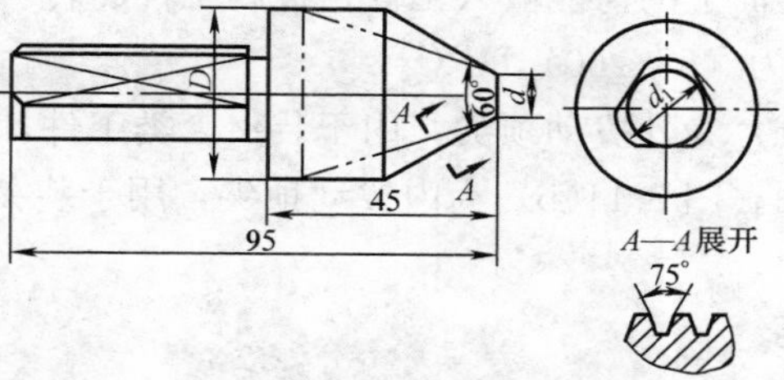

d	基本尺寸	12	16	20	25	32	40	50	63	80	100
	极限偏差	0 −0.5									
D		35	40	45	50	55	63	75	90	110	125
d_1		20		25	30		45		40		60

注　标记示例：*d*=12mm 的夹持式内拨顶尖：顶尖 12JB/T 10117.2—1999。

5. 外拨顶尖

外拨顶尖的尺寸见表 3-15。

表 3-15　　外拨顶尖的尺寸（JB/T 10117.3—1999）

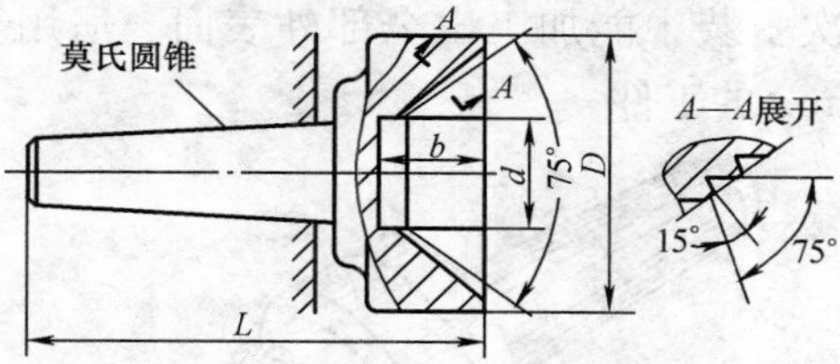

规格（mm）	莫氏圆锥				
	2	3	4	5	6
D	34	64	100	110	140
d	8	12	40		70
L	86	120	160	190	250
b	16	30	36	39	42

注　1. 标记示例：莫氏圆锥 4 号的外拨顶尖，顶尖 4 JB/T 10117.3—1999。

2. 莫氏圆锥尺寸和偏差按 GB/T 1443—1996《莫氏工具圆锥的尺寸和公差》。

为了缩短装夹时间，通常可采用内、外拨动顶尖（图 3-44）。这些顶尖的锥面上的齿能嵌入工件，拨动工件旋转。圆锥角一般采用 60°，硬度为（58～60）HRC。

图 3-44(a）为外拨动顶尖，用于装夹套类工件，它能在一次装夹中加工外圆。图 3-44(b）为内拨动顶尖，用于装夹轴类工件。

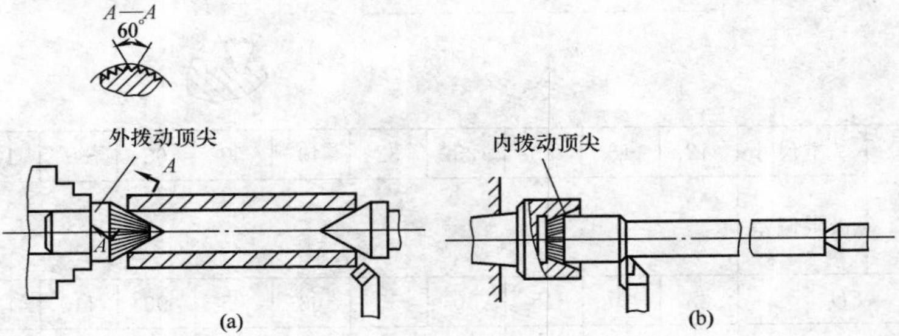

图 3-44　内外拨动顶尖
(a）外拨动顶尖；(b）内拨动顶尖

6. 端面拨动顶尖

如图 3-45 所示。这种前顶尖装夹工件时，利用端面拨爪带动工件旋转，工件仍以中心孔定心。这种顶尖的优点是：能快速装夹工件，并在一次安装中能加工出全部外表面。适用于装夹外径为 ϕ（50～150）mm 的工件。

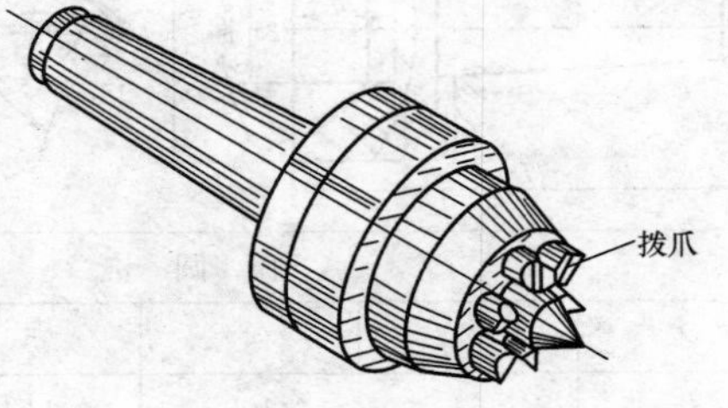

图 3-45　端面拨动顶尖

此外，还有带端面齿的顶尖（图 3-46）和三尖杆拨动顶尖（图 3-47）。

7. 内锥孔顶尖

内锥孔顶尖的尺寸见表 3-16。

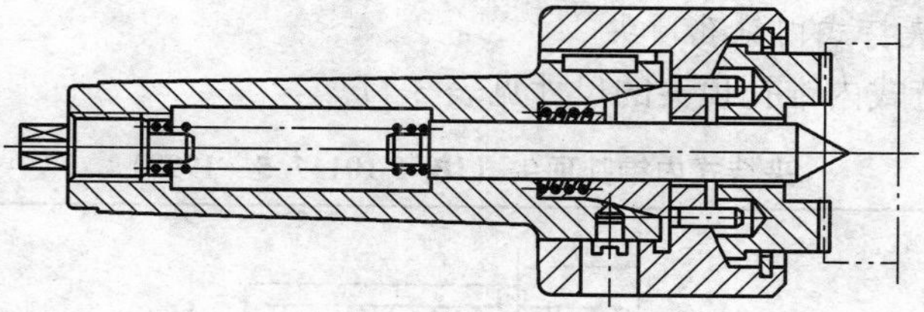

图 3-46　带端面齿的拨动顶尖

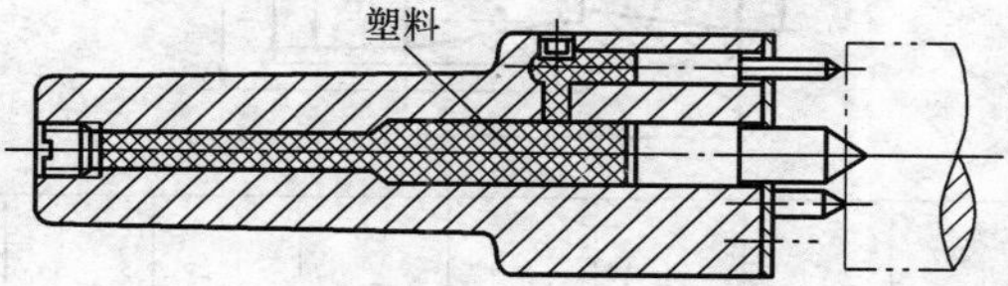

图 3-47　三尖杆拨动顶尖

表 3-16　　内锥孔顶尖（JB/T 10117.4—1999）　（mm）

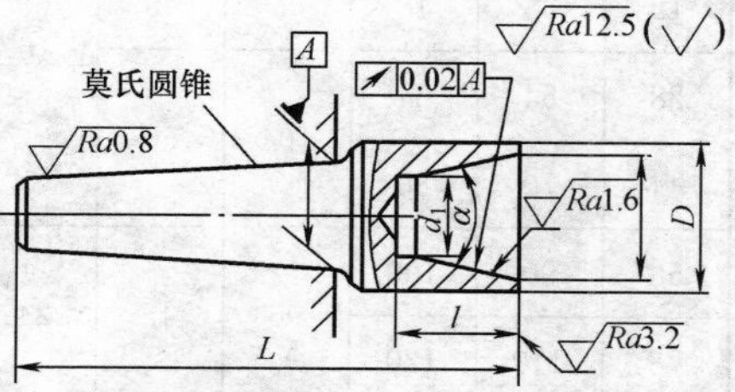

技术条件：
材料　T8
热处理（55～60）HRC
锥柄部（40～45）HRC
其他技术条件按 GB/T 2259 的规定

公称直径（适用工件直径）	莫氏圆锥	d	D	d_1	L	l	α
8～16	4	18	30	6	140	48	16°
14～24		26	39	12	160	55	
22～32		34	48	20			
30～40		42	56	28	200		
38～48	5	50	65	36			
46～56		58	74	44	210		
50～65		67	84	48	220	60	24°
60～75		77	95	58			
70～85		87	105	68			
80～95		97	116	78			

8. 夹持式内锥孔顶尖

夹持式内锥孔顶尖的尺寸见表 3-17。

表 3-17　　夹持式内锥孔顶尖（JB/T 10117.5—1999）　　（mm）

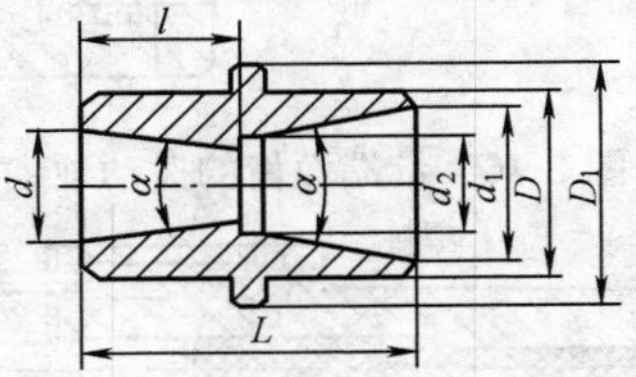

公称直径（适用工件直径）	d	d_1	d_2	D	D_1	L	l	α
4～10	10	12	4	24	34	60	28.5	16°
8～24	18	26	12	38	48	96	43	
22～40	34	42	28	54	64	104	50	
38～56	50	58	44	70	80			
50～75	67	77	58	90	100	96	45	24°
70～95	87	97	78	110	120			

注　1. 标记示例：公称直径为 22～40mm 的夹持式内锥孔顶尖：顶尖 22～40 JB/T 10117.5—1999。

2. 适用于具有气动或液压尾座车床的前顶尖。

9. 滚子式自动夹紧顶尖

如图 3-48 所示。这种夹具由顶尖与滚子自动夹紧卡头组合而成。用手沿逆时针方向旋转外套 3，此时滚柱 6 便可沿径向退开，工件即可装入保持架内。松手后，拉簧 7 作用使外套 3 自动回位，致使三个滚柱 6 沿径向卡住工件，加工时由切削力作用于工件而夹紧。

二、心轴类

1. 心轴设计

心轴是以工件的孔为定位基准，进行外圆和两端平面加工的夹

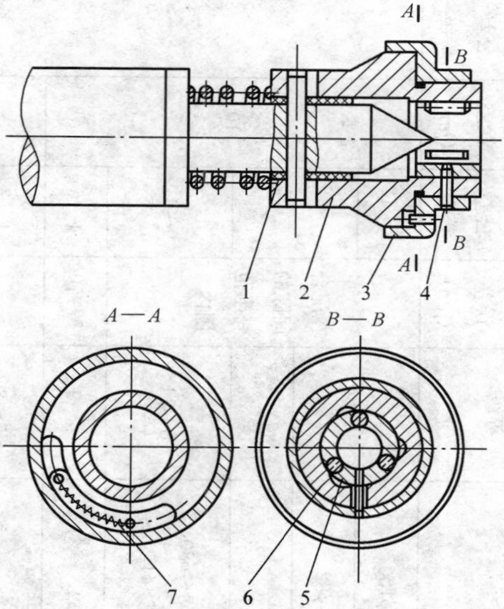

图 3-48　滚子式自动夹紧顶尖
1—橡胶圈；2—卡头座；3—外套；4—销子；
5—保持架；6—滚柱；7—拉簧

具，对套筒、连接盘和杯形工件，在单件甚至大批量生产中均广泛使用。常用的各种类型心轴和工件基准孔的精度状态及其加工能达到精度见表 3-18。

心轴按结构和在机床主轴的安装方法，有支承在机床顶尖间的顶尖心轴，夹紧在机床主轴锥孔内的带柄心轴和固定在机床主轴端面上的连接盘心轴。顶尖心轴结构简单，其两端的中心孔对其定位基准容易做到很高的同轴度，用机床尾座的顶尖压紧中心孔可获得足够的刚度（机床主轴转速≤120r/min 时，可采用固定顶尖）。它适于加工较长和定心精度要求较高的工件和进行重切削，也可用于任一型号机床的检测、划线工作。但在机床上每次更换工件时必须移动顶尖和从顶尖间卸下带工件的心轴，增加辅助时间和劳动强度，不适于加工大型工件和大批量生产。顶尖心轴的长度与直径比对许用切削力的关系见表 3-19。

表 3-18　　各类型心轴选用表

定心结构	定心夹紧动作	工件基准孔配合状态	心轴名称	定心夹紧元件		加工直径范围（mm）	工件基准孔径公差等级	最小装夹误差和形状位置公差等级（IT）			
								径向		轴向	
				结构	形状			误差（μm）	公差等级	误差（μm）	公差等级
定径式	螺母一端压紧	保证最小间隙	带键心轴	同一整体	带键圆柱	ϕ16～ϕ100	7～8	在配合间隙的一半范围内①	9～12	10	—
			花键心轴		花键	ϕ14～ϕ82			—		
			螺纹心轴		螺纹牙型	—	—				
			圆柱心轴		圆柱	顶尖式 ϕ8～ϕ80 带柄式＞ϕ16	8～11		9～12		
		过盈	圆柱心轴			＞ϕ3	8～9	5～10	4～6		
	工件压入	一端圆周楔紧	圆锥心轴		圆锥	＞ϕ3～ϕ100	5～8 分级芯轴 9	5～10	4～7 1～2	—	
			带圆柱锥度心轴		圆锥和圆柱	ϕ8～ϕ80	7	5～10	3～5	—	2～5

续表

定心结构	定心夹紧动作	工件基准孔配合状态	心轴名称	定心夹紧元件		加工直径范围（mm）	工件基准孔径公差等级	最小装夹误差和形状位置公差等级（IT）			
				结构	形状			径向		轴向	
								误差（μm）	公差等级	误差（μm）	公差等级
涨开式	定位同时夹紧	张紧	弹簧卡头心轴	套装弹性元件	弹簧夹头	外圆定心>ϕ5 内孔定心>ϕ15 ～ϕ200	6～13	20～100	5～10	5～50	7～10
			塑胶心轴		薄壁套筒	ϕ12～ϕ310	6～8	5～10	3～5	—	2～5
			波形套心轴		波形薄壁套	ϕ6～ϕ350	6～9	5～10	25		2～5
			V形弹簧垫心轴		V形弹性垫	ϕ25～ϕ200	6～11	10～30	3～5		—
			碟形弹簧垫心轴		碟形弹性垫	ϕ4～ϕ200	7～11	10～30	4～9		
			薄壁鼓膜卡盘	整体薄壁带爪卡盘		ϕ65～ϕ300	7～9	3～5	—	20～50	
			楔式卡爪心轴	斜面张紧滑块		带柄式 ϕ36～ϕ90 法兰式 ϕ80～ϕ140	②	50～100	3～5	—	5～7
			钢球心轴	钢球在圆锥上张紧		—	7～8	5～20	—		—
	自动		滚柱自紧心轴	滚柱自动张开楔紧		ϕ18～ϕ110	8～9	③			

① 通常为 0.02mm～0.03mm。

② 工件孔已加工或未加工均可。

③ 单滚柱的为配合间隙 1/2，三滚柱的为 30μm、滚针式为 5μm。

表 3-19　　顶尖心轴长径比关系

悬伸长度 l（mm）	$5d$	$6d$	$7d$	$8d$	$9d$	$10d$
许用切削力比例	1	0.77	0.48	0.33	0.22	0.16

带柄心轴使用时，能两手同时操作，装卸工件比顶尖心轴方便省力，且易于做成空心和在一端安置夹紧装置，适于加工作业时间少、装卸频繁的工件，但定心精度较低、刚度较差，故不适于加工较长的工件和重切削，通常用于加工长度小于其直径的工件。锥柄一般要用螺杆拉紧。一般带柄心轴的悬伸长度小于其尾柄直径的 5 倍，心轴悬伸长度与其直径 d 对许用切削力的关系见表 3-20。

表 3-20　　带柄心轴长径比关系

悬伸长度 l（mm）	$1d$	$2d$	$3d$	$4d$	$5d$
许用切削力比例	1	0.125	0.037	0.015 6	0.008

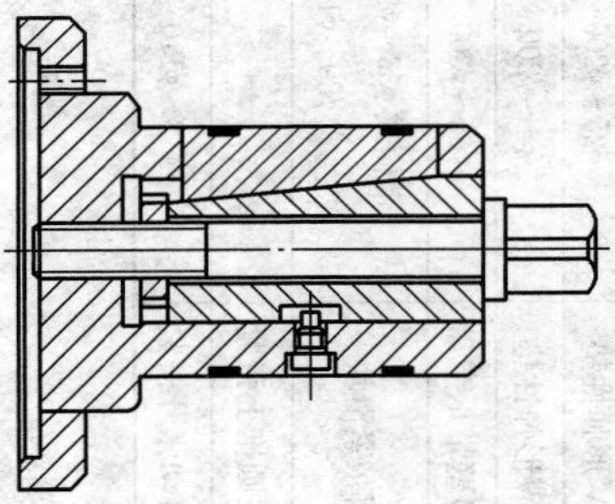

图 3-49　带连接盘心轴

加工较短的大型或重型工件时，采用在机床主轴连接端面上夹紧的带连接盘心轴（见图 3-49）。这种安装方法增大了心轴的工作刚度。采用气动或液动夹紧装置的心轴，其轴向力作用在机床主轴上，可以提高系统刚度，减少工件装夹误差 20%～40%。

2. 心轴的种类

（1）间隙配合的圆柱心轴。工件以孔及端作基准在带肩的圆柱心轴上定位，用螺母通过开口垫圈将工件夹紧（见图 3-50）。工件孔如有键槽、矩形或渐开线花键，则心轴的定位工作面设计为相应的剖面结构，轴向夹紧力可小些。心轴的定位工作面与工件基准孔的配合，按工件待加工面对其基准孔的同轴度要求选取，一般为 h6 并保证有 0.02～0.025mm 的最小配合间隙，故装卸工件方便，但定心精度较低。这种心轴结构简单，设计和制造方便，且可同时安装几个工件一次加工。与锥度心轴比较，长度短、剖面大、刚度大，适于同轴度的要求大于基准孔与心轴配合最大间隙的较长工件进行重切削加工用。心轴的中心孔与直接做在本体的定位表面具有很高的同轴度，并应带保护锥以免碰伤中心孔。设计时应考虑下述几点。

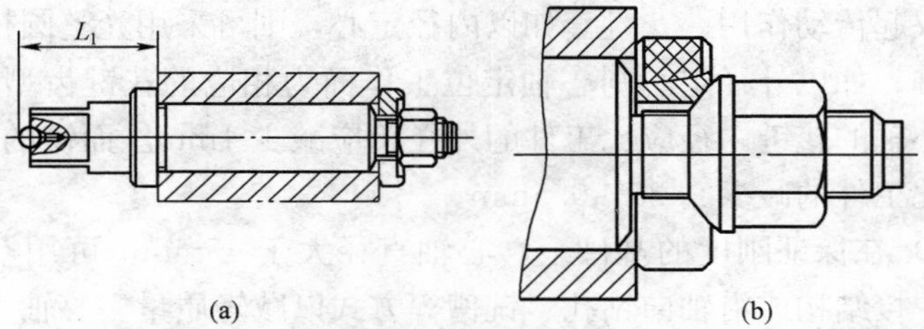

图 3-50 圆柱心轴

（a）带凹肩开口垫圈；（b）用球面螺母夹紧

1）为了节省装卸的辅助时间，采用带凹肩的 B 型快换开口垫圈［见图 3-50（a）］，以防止工作时产生松动，而造成事故。球面六角螺母或球面带肩螺母［图 3-50（b）］夹紧，虽然可保证与工件贴合均匀，但球面螺母经热处理后，球面中心有时螺纹中径翘曲，心轴夹紧后可能使工件轴线偏移。

2）心轴或卡头的螺纹直径应尽量大，长度力求缩短，以免拧紧时螺纹部分扭曲变形而降低系统刚度。故常用减小螺母六角外廓尺寸的专用减薄螺母来增大螺纹直径。螺纹尾端宜留 4～10mm 长度的圆柱段，使螺母沿此导向拧入，且可保护螺纹不碰毛。

3）为了装卸工件轻便，直径大的定位圆柱基准可沿轴向削肩数处，仅留四段 4～6mm 宽的圆柱面(见图3-51)，但薄壁套

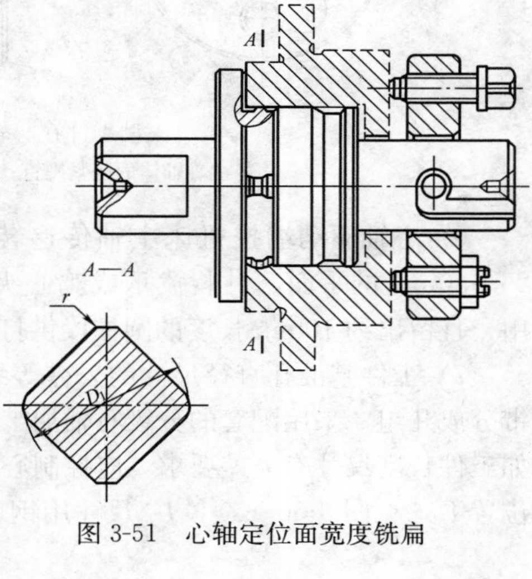

图 3-51 心轴定位面宽度铣扁

筒类工件除外，以免加工后产生多边形。

4）花键心轴定位工作面的配合应根据工件的花键连接定心方法和工艺过程选定。但在热处理以前工件使用的心轴、不论工件的花键联接的定心方法如何，花键心轴均以其外径与工件配合定心，键宽仅起传动作用。花键套如以内径定心，则可采用光整圆柱或圆锥心轴；如以外径定心则心轴定位工作面为相应的花键齿型剖面。这时心轴的花键内径应比工件的外径相应减少 1mm。而键的宽度，一般比工件的减少 0.25～0.5mm。

5）在保证刚度的基础上，心轴直径大于 45mm，可用空心钢管的焊接结构或沿轴向钻孔、铣槽等方式以减轻质量。心轴直径大于 85mm 时，一般不用一个螺母在心轴中心上压紧的结构，以免螺母拧紧时使心轴端部变形和操作费力，设计方式如图 3-52 所示。直径大于 40mm 的心轴，可采用铸铁件镶淬火钢（见图 3-53）减轻质量。

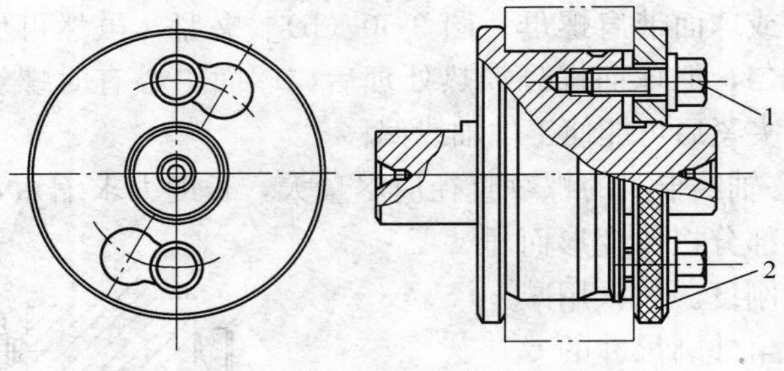

图 3-52　大型工件在心轴上的压紧

1—装在心轴体的压紧螺钉；2—快换压板

6）心轴驱动端按机床主轴传递转矩设计。并削扁一段长约 25～30mm 的平面，供装拨爪或鸡心夹头、拧紧螺母和刀具越程用，且留出约 10mm 长度的圆柱段供打印夹具标记。

7）工件基准孔直径尺寸的公差等级如太低，可将工件孔公差带分成几组，采用配套的分级心轴加工，以使配合间隙减小。这时如工件长度尺寸有公差要求，应控制心轴中心孔至轴肩端面的轴向位置 L_1［见图 3-50（a）］。L_1 尺寸用钢球测量，其尺寸公差可取工

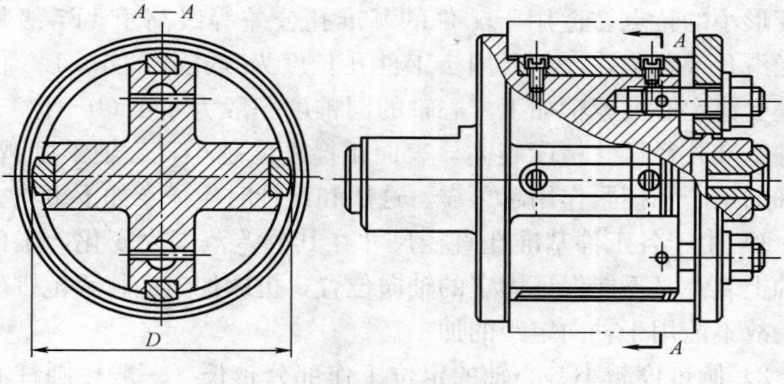

图 3-53　镶钢铸造心轴

件长度公差的 0.3 倍。

(2) 过盈配合的心轴。为使工件能迅速而准确地套入心轴，心轴上有按间隙配合（e8）制造的导向部分 L_1［见图 3-54（a)］；其工作部分 L_3 按两种情况制造：当心轴与工件的配合长度小于孔径时，按过盈配合 r6 制造，当大于孔径时，应做成锥形，前端按间隙配合为 h6，后端过盈配合按 r6 制造。心轴的前端设有传动部分。图中其他尺寸为设计尺寸。

为了车削两侧端面不必重调刀具位置，常采用可拆套筒作工件压入各心轴的支承垫［见图 3-54（b)］，以保证工件在互换的心轴上精确的轴向位置。缺点是工件装卸需有压床设备，辅助时间和操作工作量较大，且心轴工作部分磨损很快。

(3) 锥度心轴。锥度心轴的两端有中心孔，在机床上用顶尖支承。具有定心精度高、结构简单、制造方便、无夹紧装置和工件夹

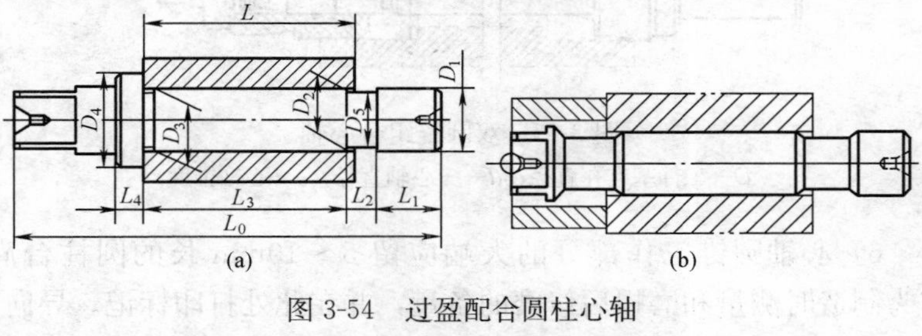

图 3-54　过盈配合圆柱心轴

(a) 带肩心轴；(b) 带支承垫心轴

紧变形小的特点。适用于工件的基准孔公差等级高于 IT7 级精度的光滑孔或花键孔，主要用于工件孔长度为其孔径的 1～1.5 倍的薄壁套筒定心夹紧精加工。心轴的圆锥度一般为 1/1500～1/3000。工件基准孔径尺寸精度越高，表面粗糙度值越小，心轴锥度越小，心轴的定心和楔紧作用越可靠。选用和设计时应注意如下事项。

1）由于各工件基准孔直径尺寸在其公差范围内变化，工件在心轴上装夹又不能保证固定的轴向位置，机床加工的行程范围较大等，故不能用于轴向定距的加工。

2）圆锥度越小、心轴的定位工作部分越长（一般比圆柱心轴的长 1 倍)，系统刚度越低，只能用于精细加工用。

3）每次要与工件装在机床顶尖上，要在心轴上压出和压入或轻击工件，操作较繁琐，辅助时间占用多，所以只能加工轻型小件，不适于大批量生产。

4）与工件楔紧的接触长度较短且夹紧部分远离工件的一端时，工件在心轴上轴线可能歪斜，故不适于端面加工，也不适于较长工件的加工。为确保工件端面跳动量，心轴的圆锥角应为工件在该工序允许跳动量的（0.24～0.3）倍。

5）工件基准孔直径 D 公差带较大、孔较长或同轴度要求较高时，应选用配套的一组分级心轴、带圆柱部分的锥度（锥度 α）心轴或双圆锥的组合心轴（见图 3-55)。

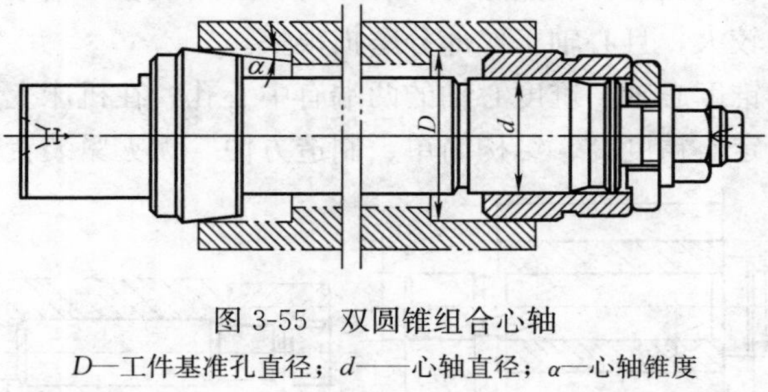

图 3-55 双圆锥组合心轴

D—工件基准孔直径；d——心轴直径；α—心轴锥度

6）心轴圆锥工作部分的大端应留 5～10mm 长的圆柱台肩，作为制造时测量和磨损后修磨的备量，并在此处打印标记。导向部分取 5mm 长，并有 15°的引导斜角。

锥度心轴的国家标准见表 3-21。

表 3-21　　锥度心轴的尺寸（摘自 JB/T 10116—1999）　　（mm）

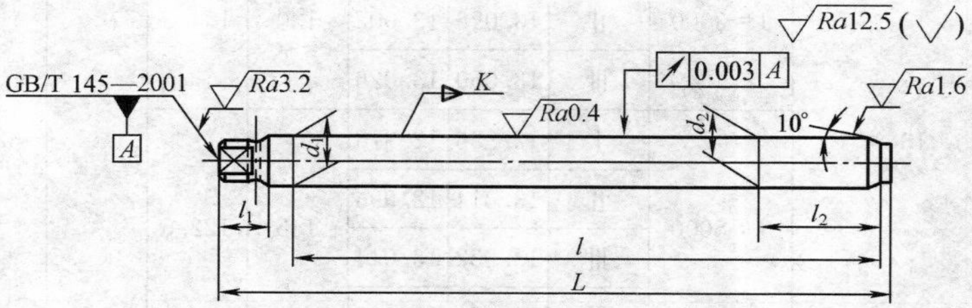

<table>
<tr><th>工件孔径公称直径</th><th>K</th><th>支号</th><th>d1</th><th>d2</th><th>L</th><th>l</th><th>l1</th><th>l2</th></tr>
<tr><td rowspan="3">8</td><td rowspan="3">1∶3000</td><td>Ⅰ</td><td>8.002</td><td>7.982</td><td rowspan="3">95</td><td rowspan="3">80</td><td rowspan="3">10</td><td rowspan="3">20</td></tr>
<tr><td>Ⅱ</td><td>8.022</td><td>8.002</td></tr>
<tr><td>Ⅲ</td><td>8.042</td><td>8.022</td></tr>
<tr><td rowspan="3">10</td><td rowspan="3">1∶3000</td><td>Ⅰ</td><td>10.002</td><td>9.982</td><td rowspan="3">105</td><td rowspan="3">85</td><td rowspan="3">12</td><td rowspan="3">25</td></tr>
<tr><td>Ⅱ</td><td>10.022</td><td>10.002</td></tr>
<tr><td>Ⅲ</td><td>10.042</td><td>10.022</td></tr>
<tr><td rowspan="7">11</td><td rowspan="3">1∶3000</td><td>Ⅰ</td><td>11.002</td><td>10.978</td><td rowspan="3">125</td><td rowspan="3">99.5</td><td rowspan="14">14</td><td rowspan="7">27.5</td></tr>
<tr><td>Ⅱ</td><td>11.026</td><td>11.002</td></tr>
<tr><td>Ⅲ</td><td>11.050</td><td>11.026</td></tr>
<tr><td rowspan="4">1∶5000</td><td>Ⅰ</td><td>10.996</td><td>10.978</td><td rowspan="4">140</td><td rowspan="4">117.5</td></tr>
<tr><td>Ⅱ</td><td>11.014</td><td>10.996</td></tr>
<tr><td>Ⅲ</td><td>11.032</td><td>11.014</td></tr>
<tr><td>Ⅳ</td><td>11.050</td><td>11.032</td></tr>
<tr><td rowspan="7">12</td><td rowspan="3">1∶3000</td><td>Ⅰ</td><td>12.002</td><td>11.978</td><td rowspan="3">125</td><td rowspan="3">102</td><td rowspan="7">30</td></tr>
<tr><td>Ⅱ</td><td>12.026</td><td>12.002</td></tr>
<tr><td>Ⅲ</td><td>12.050</td><td>12.026</td></tr>
<tr><td rowspan="4">1∶5000</td><td>Ⅰ</td><td>11.996</td><td>11.978</td><td rowspan="4">145</td><td rowspan="4">120</td></tr>
<tr><td>Ⅱ</td><td>12.014</td><td>11.996</td></tr>
<tr><td>Ⅲ</td><td>12.032</td><td>12.014</td></tr>
<tr><td>Ⅳ</td><td>12.050</td><td>12.032</td></tr>
</table>

续表

工件孔径公称直径	K	支号	d_1	d_2	L	l	l_1	l_2
13	1∶3000	Ⅰ	13.002	12.978	130	104.5	14	32.5
		Ⅱ	13.026	13.002				
		Ⅲ	13.050	13.026				
	1∶5000	Ⅰ	12.996	12.978	145	122.5		
		Ⅱ	13.014	12.996				
		Ⅲ	13.032	13.014				
		Ⅳ	13.050	13.032				
14	1∶3000	Ⅰ	14.013	13.976	170	146		35
		Ⅱ	14.050	14.013				
	1∶5000	Ⅰ	13.996	13.978	150	125		
		Ⅱ	14.014	13.996				
		Ⅲ	14.032	14.014				
		Ⅳ	14.050	14.032				
15	1∶3000	Ⅰ	15.013	14.976	175	148.5	16	37.5
		Ⅱ	15.050	15.013				
	1∶5000	Ⅰ	14.996	14.978	155	127.5		
		Ⅱ	15.014	14.996				
		Ⅲ	15.032	15.014				
		Ⅳ	15.050	15.032				
16	1∶3000	Ⅰ	16.013	15.976	175	151		40
		Ⅱ	16.050	16.013				
	1∶5000	Ⅰ	15.996	15.978	155	130		
		Ⅱ	16.014	15.996				
		Ⅲ	16.032	16.014				
		Ⅳ	16.050	16.032				

续表

工件孔径公称直径	K	支号	d_1	d_2	L	l	l_1	l_2
17	1∶3000	Ⅰ	17.013	16.976	180	153.5	16	42
		Ⅱ	17.050	17.013				
	1∶5000	Ⅰ	16.996	16.978	160	132.5		
		Ⅱ	17.014	16.996				
		Ⅲ	17.032	17.014				
		Ⅳ	17.050	17.032				
18	1∶3000	Ⅰ	18.013	17.976	185	156		45
		Ⅱ	18.050	18.013				
	1∶5000	Ⅰ	17.996	17.978	160	135		
		Ⅱ	18.014	17.996				
		Ⅲ	18.032	18.014				
		Ⅳ	18.050	18.032				
19	1∶3000	Ⅰ	19.017	18.972	210	182.5	18	47.5
		Ⅱ	19.062	19.017				
	1∶5000	Ⅰ	19.002	18.972	225	197.5		
		Ⅱ	19.032	19.002				
		Ⅲ	19.062	19.032				
20	1∶3000	Ⅰ	20.017	19.972	215	185		50
		Ⅱ	20.062	20.017				
	1∶5000	Ⅰ	20.002	19.972	230	200		
		Ⅱ	20.032	20.002				
		Ⅲ	20.062	20.032				
21	1∶3000	Ⅰ	21.017	20.972	215	187.5		52.5
		Ⅱ	21.062	21.017				
	1∶5000	Ⅰ	21.002	20.972	230	202.5		
		Ⅱ	21.032	21.002				
		Ⅲ	21.062	21.032				

续表

工件孔径公称直径	K	支号	d_1	d_2	L	l	l_1	l_2
22	1∶3000	Ⅰ	20.017	21.972	220	190	18	55
		Ⅱ	22.062	22.017				
	1∶5000	Ⅰ	22.002	21.972	235	205		
		Ⅱ	22.032	22.002				
		Ⅲ	22.062	22.032				
24	1∶3000	Ⅰ	24.017	23.972	225	195		60
		Ⅱ	24.062	24.017				
	1∶5000	Ⅰ	24.002	23.972	240	210		
		Ⅱ	24.032	24.002				
		Ⅲ	24.062	24.032				
25	1∶3000	Ⅰ	25.017	24.972	225	197.5		62.5
		Ⅱ	25.062	25.017				
	1∶5000	Ⅰ	25.002	24.972	240	212.5		
		Ⅱ	25.032	25.002				
		Ⅲ	25.062	25.032				
26	1∶3000	Ⅰ	26.017	25.972	215	187		52
		Ⅱ	26.062	26.017				
	1∶5000	Ⅰ	26.002	25.972	230	202		
		Ⅱ	26.032	26.002				
		Ⅲ	26.062	26.032				
28	1∶3000	Ⅰ	28.017	27.972	225	191	22	56
		Ⅱ	28.062	28.017				
	1∶5000	Ⅰ	28.032	27.972	240	206		
		Ⅱ	28.022	28.002				
		Ⅲ	28.062	28.032				
30	1∶3000	Ⅰ	30.017	29.922	230	195		60
		Ⅱ	30.062	30.017				

续表

工件孔径公称直径	K	支号	d_1	d_2	L	l	l_1	l_2
30	1∶5000	Ⅰ	30.002	29.972	245	210	22	60
		Ⅱ	30.032	30.002				
		Ⅲ	30.062	30.032				
32	1∶3000	Ⅰ	32.020	31.966	260	226		64
		Ⅱ	32.074	32.020				
	1∶5000	Ⅰ	32.002	31.966	275	244		
		Ⅱ	32.038	32.002				
		Ⅲ	32.074	32.038				
	1∶8000	Ⅰ	31.993	31.966	315	280		
		Ⅱ	32.020	31.993				
		Ⅲ	32.047	32.020				
		Ⅳ	32.074	32.047				
35	1∶3000	Ⅰ	35.020	34.966	270	232	25	70
		Ⅱ	35.074	35.020				
	1∶5000	Ⅰ	35.002	34.966	285	250		
		Ⅱ	35.038	35.002				
		Ⅲ	35.074	35.038				
	1∶8000	Ⅰ	34.993	34.966	320	286		
		Ⅱ	35.020	34.993				
		Ⅲ	35.047	35.020				
		Ⅳ	35.074	35.047				
37	1∶3000	Ⅰ	37.020	36.966	275	236		74
		Ⅱ	37.074	37.020				
	1∶5000	Ⅰ	37.002	36.966	290	254		
		Ⅱ	37.038	37.002				
		Ⅲ	37.074	37.038				
	1∶8000	Ⅰ	36.993	36.966	325	290		
		Ⅱ	37.020	36.993				
		Ⅲ	37.047	37.020				
		Ⅳ	37.074	37.047				

续表

工件孔径公称直径	K	支号	d_1	d_2	L	l	l_1	l_2
38	1∶3000	Ⅰ	38.020	37.966	275	238	25	76
		Ⅱ	38.074	38.020				
	1∶5000	Ⅰ	38.002	37.966	290	256		
		Ⅱ	38.038	38.002				
		Ⅲ	38.074	38.038				
	1∶8000	Ⅰ	37.993	37.966	330	292		
		Ⅱ	38.020	37.993				
		Ⅲ	38.047	38.020				
		Ⅳ	38.074	38.047				
40	1∶3000	Ⅰ	40.020	39.966	280	242	28	80
		Ⅱ	40.074	40.020				
	1∶5000	Ⅰ	40.002	39.966	300	260		
		Ⅱ	40.038	40.002				
		Ⅲ	40.074	40.038				
	1∶8000	Ⅰ	39.993	39.966	335	296		
		Ⅱ	40.020	39.993				
		Ⅲ	40.047	40.020				
		Ⅳ	40.074	40.047				
42	1∶3000	Ⅰ	42.020	41.966	285	246		84
		Ⅱ	42.074	42.020				
	1∶5000	Ⅰ	42.002	41.966	305	264		
		Ⅱ	42.038	42.002				
		Ⅲ	42.074	42.038				
	1∶8000	Ⅰ	41.993	41.966	340	300		
		Ⅱ	42.020	41.993				
		Ⅲ	42.047	42.020				
		Ⅳ	42.074	42.047				

续表

工件孔径公称直径	K	支号	d_1	d_2	L	l	l_1	l_2
45	1∶3000	Ⅰ	45.020	44.966	295	252	32	90
		Ⅱ	45.074	45.020				
	1∶5000	Ⅰ	45.002	44.966	315	270		
		Ⅱ	45.038	45.002				
		Ⅲ	45.074	45.038				
	1∶8000	Ⅰ	44.993	44.966	350	306		
		Ⅱ	45.020	44.993				
		Ⅲ	45.047	45.020				
		Ⅳ	45.074	45.047				
50	1∶3000	Ⅰ	50.020	49.966	305	262		100
		Ⅱ	50.074	50.020				
	1∶5000	Ⅰ	50.002	49.966	325	280		
		Ⅱ	50.038	50.002				
		Ⅲ	50.074	50.038				
	1∶8000	Ⅰ	49.993	49.966	360	316		
		Ⅱ	50.020	49.993				
		Ⅲ	50.047	50.020				
		Ⅳ	50.074	50.047				

注　1. 心轴可成组使用，也可按工件孔公差带分布及心轴尺寸分布对心轴、支号对应选用。

2. 心轴 K 值应按工件孔的直径、长度及同轴度要求的公差等级选用。

3. 工件孔公差带为：F7～F9，G6、G7，H6～H9，J6～J8，Js6，K6～K8，M6，M7，N6，N7。

4. 材料：T10A，热处理：58～64HRC。

（4）带圆柱的锥度心轴。当工件定位基准孔长度大于其孔径1.5倍以上，则锥度心轴的小端应采用适当直径的一段圆柱，以补偿锥度结构对定心精度的影响。工件装夹在带圆柱锥度心轴上，一端的歪斜程度要比整个为锥度心轴的小些（见图3-56），心轴的定心精度更高些。心轴的圆锥部分锥度通常取1/100～1/300，圆柱部分直径的基本尺寸取工件定位孔的最小极限尺寸，其公差带取 h6 或 k6。工件直径为 8～50mm 的带圆柱锥度心轴主要结构尺寸见表 3-22。

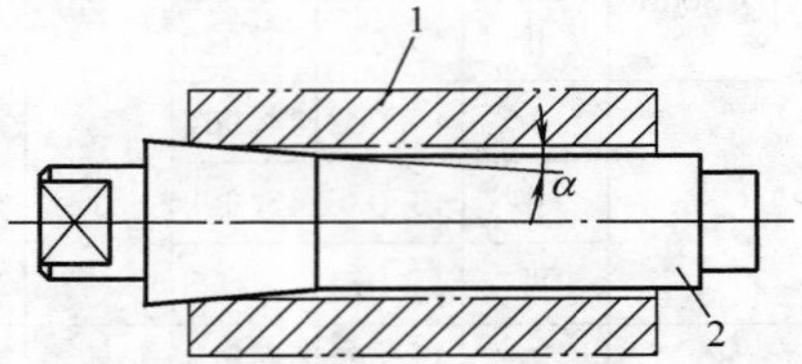

图 3-56　带圆柱的锥度心轴

1—工件；2—心轴

表 3-22　　带圆柱锥度心轴主要结构尺寸　　（mm）

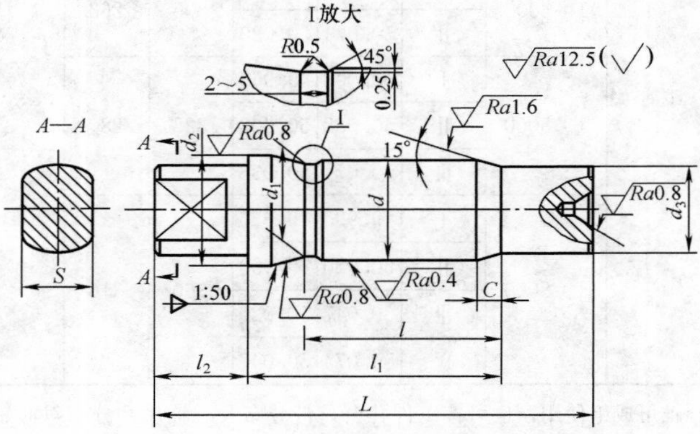

d 公差带 h6 或 k6	l	L	d_1 公差带 h6	d_2 公差带 h6	d_3	l_1	l_2	S 公差带 d11	C
8	8	36	7.990	8.100	7.1	16	10	6	1.6
	16	44				24			
9	10	42	8.990	9.100	8.0	18	12		
	18	48				24			
10	10	42	9.990	10.100	9.0	18		7	
	20	52				28			

续表

d 公差带 h6 或 k6	l	L	d_1	d_2	d_3	l_1	l_2	S 公差带 d11	C
			公差带 h6						
11	12	50	10.988	11.120	10.0	22	14	8	1.6
	22	60				32			
12	12	50	11.988	12.120	11.0	22			
	25	63				35			
13	14	52	12.988	13.120		24			2.5
	25	63				35			
14	14	52	13.988	14.120	12.0	24		10	
	28	66				38			
15	14	56	14.988	15.120	13	24	16		
	28	70				38			
16	16	58	15.988	16.120	14	26			
	32	74				42			
17	16	58	16.988	17.120	15	26			
	32	74				42			
18	18	60	17.988	18.120	16	28			
	36	78				46			
19	18	66	18.986	19.140		30	18		
	36	84				48			
20	20	68	19.986	20.140	17	32		14	4
	40	88				52			
22	22	70	21.986	22.140	19	34			
	45	94				58			
24	25	74	23.986	24.140	20	38		17	
	50	98				62			
25	25	74	24.986	25.140	22	38			
	50	98				62			

续表

d 公差带 h6 或 k6	l	L	d_1	d_2	d_3	l_1	l_2	S 公差带 d11	C
			公差带 h6						
28	28	84	27.986	28.140	25	40	22	20	4
	56	112				68			
30	30	86	29.986	30.140		42			
	60	116				72			
32	32	92	31.983	32.170	28	48	22	20	6
	63	122				78			
34	34	95	33.983	34.170		50			
	67	125				82			
36	36	100	35.983	36.170	32	50	25	24	
	71	135				85			
38	38	102	37.983	38.170		52			
	75	140				90			
40	40	110	39.983	40.170	36	55	28	28	
	80	150				95			
42	42	115	41.983	42.170		58			
	85	155				100			
45	45	125	44.983	45.170	40	60	32	32	
	90	170				105			
48	48	128	47.983	48.170		64			
	95	175				110			
50	50	130	49.983	50.170		66			
	100	180				116			

注 1. 工件孔基准面的公差为 G6、G7、H6、H7、Js6、Js7、k6、k7。

2. 心轴工作面对两中心孔轴线的径向圆跳动为 3 级公差。

3. 心轴材料及热处理：$d \leqslant 20$ 采用 T8A，(58～64) HRC。

$d > 20$ 采用 20Cr，渗碳深度 1.2～1.5mm，(55～60) HRC。

（5）弹簧心轴。弹簧心轴是一种定心夹紧装置。它既能定心，又能夹紧，也是车床上常用的典型夹具。图 3-57（a）所示是直式弹簧心轴。它最大的特点是直径上膨胀较大（膨胀量可达 1.5～5mm）。因此，适用范围较大；图 3-57（b）所示是台阶式弹簧心轴，它的膨胀量为 1～2mm。为了使弹簧外套 1 松下方便，在旋松螺钉 2 时，依靠螺钉小台阶带动弹簧外套 1 一起向外松脱。

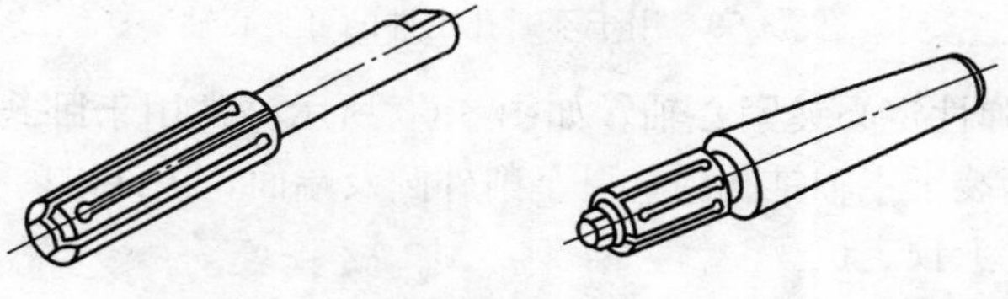

(a)

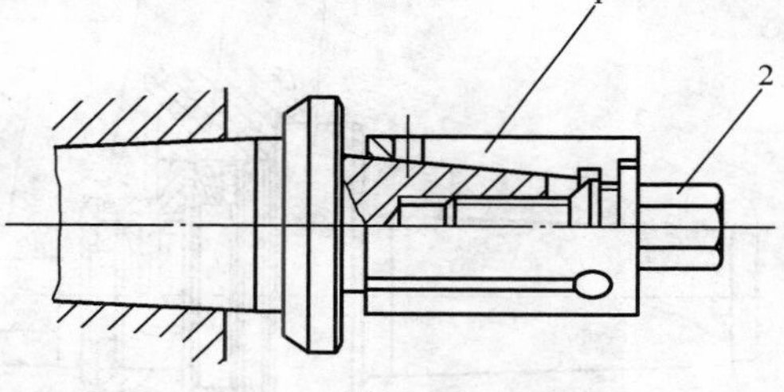

(b)

图 3-57　弹簧心轴

（a）直式；（b）台阶式

1—弹簧外套；2—螺钉

（6）其他心轴简介。除上述心轴外，还有可胀心轴、弹性心轴、尖顶式心轴、锥柄式心轴等。下面分别进行简单的介绍。

1）可胀心轴，见图 3-58。

2）用于不通孔工件的可胀心轴，如图 3-59 所示。

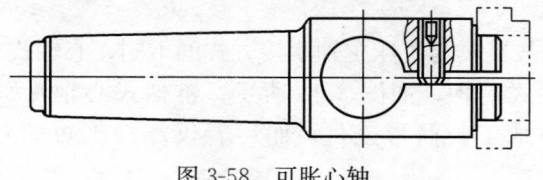

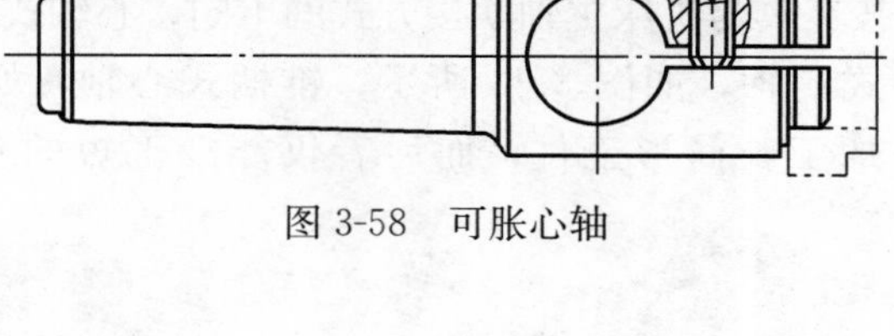

图 3-58　可胀心轴

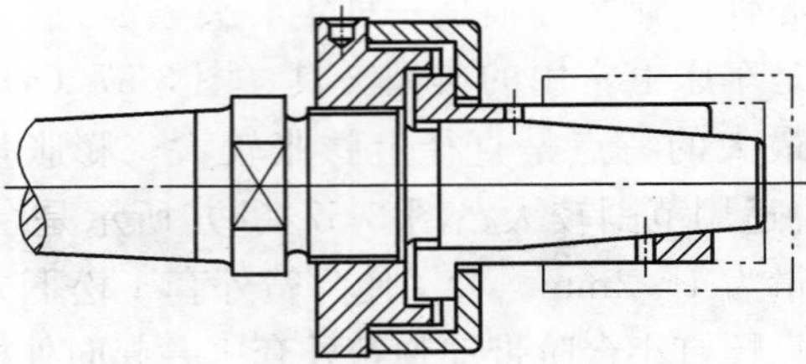

图 3-59　用于不通孔工件的可胀心轴

3）弹性定心夹紧心轴，如图 3-60 所示。常用于卧式车床上，莫氏锥柄装于主轴锥孔内，可车削外圆及端面，工件以内孔和端面在心轴 1 上预定位。

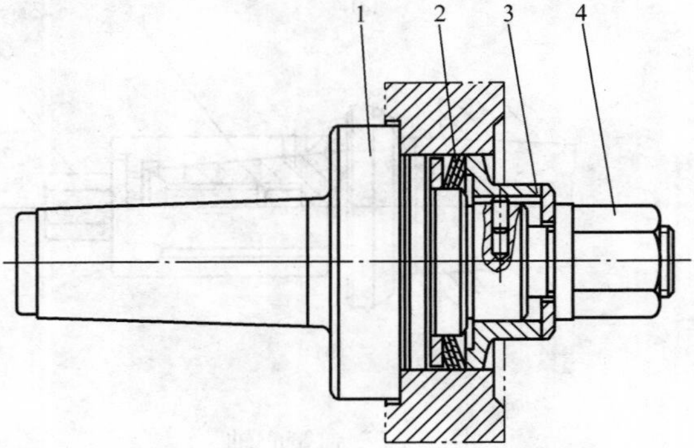

图 3-60　弹性定心夹紧心轴

1—心轴；2—碟形弹簧；3—压环；4—螺母

4）车薄壁工件用的弹性心轴，如图 3-61 所示。这种心轴适用于精车长薄壁工件外圆，动力源通过拉杆 3 带动压板 4，使装在心轴 1 上的弹性盘 2 外胀，将工件定心、夹紧。拉杆 3 右移，松开工件。

此外，按夹具与机床主轴联接方式的不同，心轴式车床夹具还可分为顶尖式心轴，如图 3-62 所示；锥柄式心轴，如图 3-63 所示。前者可加工长筒形工件，而后者仅能加工短的套筒或盘状工件。

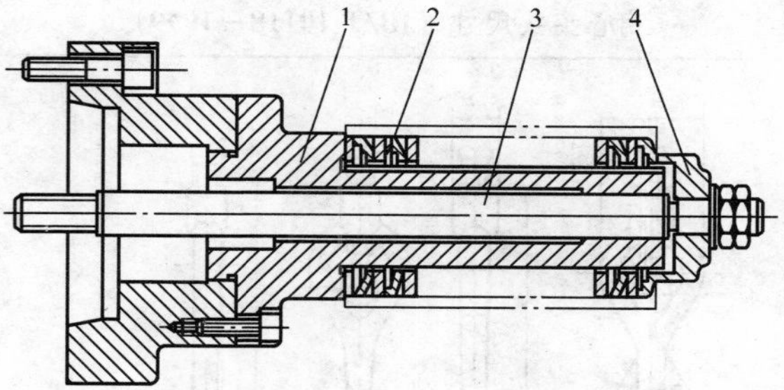

图 3-61　车薄壁工件弹性心轴

1—心轴；2—弹性盘；3—拉杆；4—压板

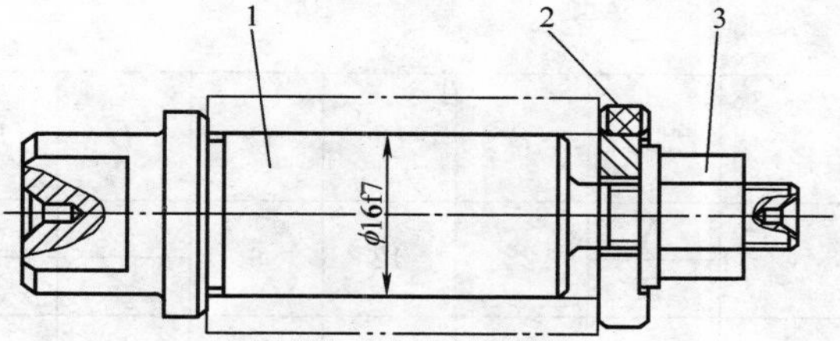

图 3-62　顶尖式心轴

1—心轴；2—开口垫圈；3—螺母

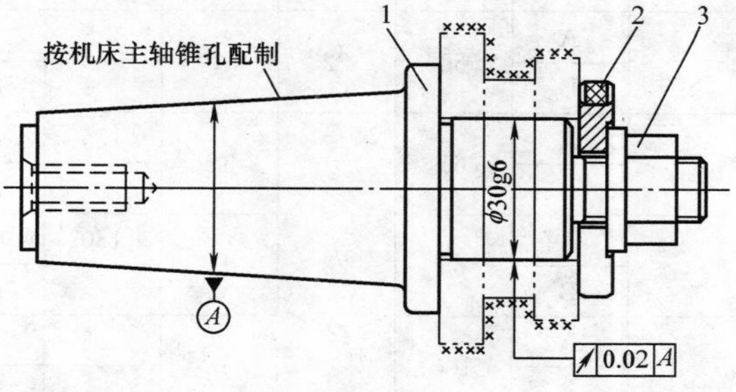

图 3-63　锥柄式心轴

1—锥柄心轴；2—开口垫圈；3—螺母

三、夹头、夹板、拨盘类

1. 鸡心夹头

鸡心夹头的规格见表 3-23。

表 3-23　　鸡心夹头尺寸（JB/T 10118—1999）　　（mm）

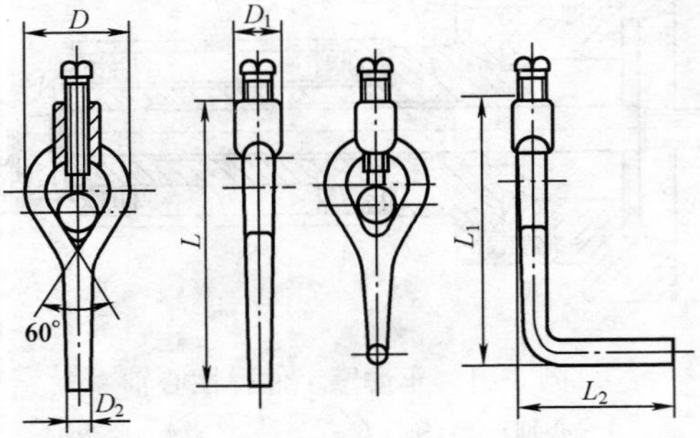

A型　　B型

公称直径（适用工件直径）	型号	D	D_1	D_2	L	L_1	L_2
3～16	A	22	12	6	75	—	—
	B				—	70	40
>6～12	A	28	16	8	95	—	—
	B				—	90	50
>12～18	A	36	18		115	—	—
	B				—	110	60
>18～25	A	50	22	10	135	—	—
	B				—	130	70
>25～35	A	65	28	12	155	—	—
	B				—	150	75
>35～50	A	85		14	180	—	—
	B				—	170	80
>50～65	A	100		16	205	—	—
	B				—	190	85
>65～80	A	120	34	18	230	—	—
	B				—	210	90
>80～100	A	150		22	260	—	—
	B				—	240	95
>100～130	A	180	40	25	290	—	—
	B				—	270	100

2. 卡环

卡环尺寸见表 3-24。

表 3-24　　**卡环（JB/T 10119—1999）**　　（mm）

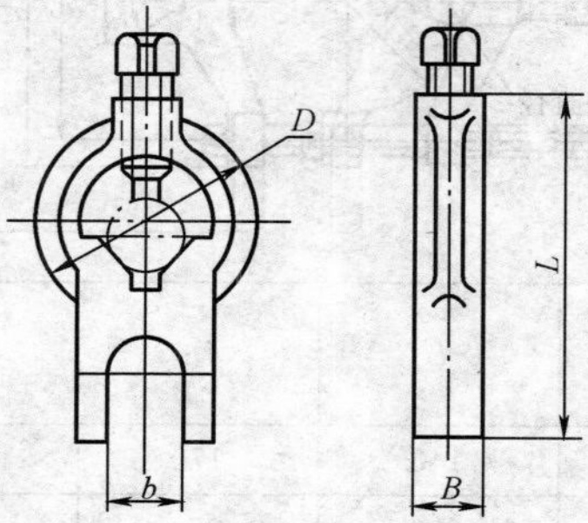

<table>
<tr><th>公称直径
（适用工件直径）</th><th>D</th><th>L</th><th>B</th><th>b</th></tr>
<tr><td>5～10</td><td>26</td><td>40</td><td rowspan="2">10</td><td rowspan="5">12</td></tr>
<tr><td>>10～15</td><td>30</td><td>50</td></tr>
<tr><td>>15～20</td><td>45</td><td>60</td><td rowspan="3">13</td></tr>
<tr><td>>20～25</td><td>50</td><td>67</td></tr>
<tr><td>>25～32</td><td>56</td><td>71</td></tr>
<tr><td>>32～40</td><td>67</td><td>90</td><td rowspan="4">18</td><td rowspan="9">16</td></tr>
<tr><td>>40～50</td><td>80</td><td>100</td></tr>
<tr><td>>50～60</td><td>95</td><td>110</td></tr>
<tr><td>>60～70</td><td>105</td><td>125</td></tr>
<tr><td>>70～80</td><td>115</td><td>140</td><td rowspan="5">20</td></tr>
<tr><td>>80～90</td><td>125</td><td>150</td></tr>
<tr><td>>90～100</td><td>135</td><td>160</td></tr>
<tr><td>>100～110</td><td>150</td><td>165</td></tr>
<tr><td>>110～125</td><td>170</td><td>190</td></tr>
</table>

3. 夹板

夹板的尺寸大小见表 3-25。

表 3-25　　夹板尺寸 (JB/T 10120—1999)　　(mm)

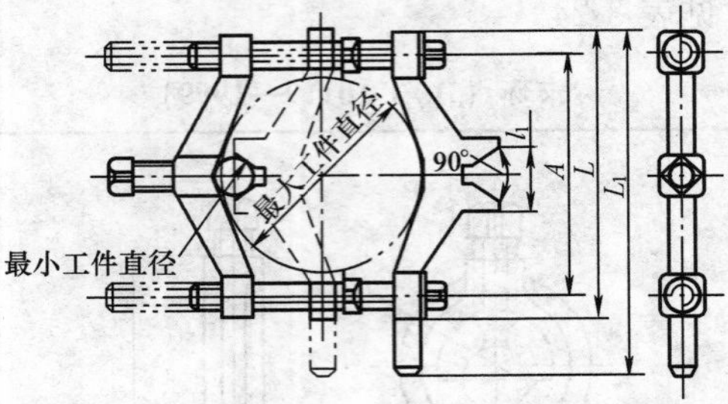

公称直径 (适用工件直径)	L	L_1	A	l_1
20～100	140	170	120	30
30～150	200	270	172	42

4. 车床用快换卡头

车床用快换卡头见表 3-26。

表 3-26　　车床用快换卡头 (JB/T 10121—1999)　　(mm)

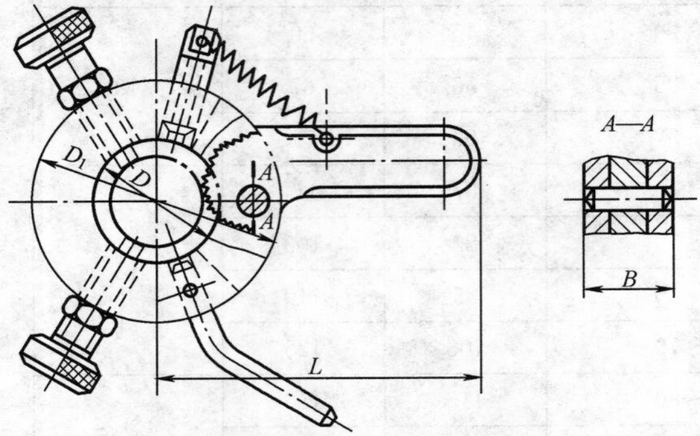

公称直径 (适用工件直径)	8～14	>14～18	>18～25	>25～35	>35～50	>50～65	>64～80	>80～100
D	22	25	32	45	60	75	90	110
D_1	45	50	65	80	95	115	140	170
B	15	18	20		24			28
L	77	79	85	91	120	130	138	150

5. 拨盘

车床常用拨盘有C型拨盘（表3-27）和D型拨盘（表3-28）两种。

表3-27　　C型拨盘（JB/T 10124—1999）　　（mm）

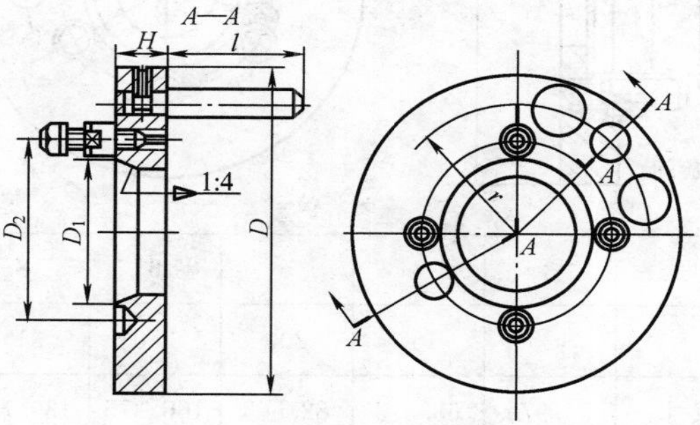

<table>
<tr><td colspan="2">主轴端部代号</td><td>3</td><td>4</td><td>5</td><td>6</td><td>8</td><td>11</td></tr>
<tr><td colspan="2">D</td><td>125</td><td>160</td><td>200</td><td>250</td><td>315</td><td>400</td></tr>
<tr><td rowspan="2">D1</td><td>基本尺寸</td><td>53.975</td><td>63.513</td><td>82.563</td><td>106.375</td><td>139.719</td><td>196.869</td></tr>
<tr><td>极限偏差</td><td colspan="2">+0.008
0</td><td colspan="2">+0.010
0</td><td>+0.012
0</td><td>+0.014
0</td></tr>
<tr><td colspan="2">D2</td><td>75.0</td><td>85.0</td><td>104.8</td><td>133.4</td><td>171.4</td><td>235.0</td></tr>
<tr><td colspan="2">H</td><td colspan="2">20</td><td>25</td><td colspan="2">30</td><td>35</td></tr>
<tr><td colspan="2">r</td><td>45</td><td>60</td><td>72</td><td>90</td><td>125</td><td>165</td></tr>
<tr><td colspan="2">l</td><td colspan="2">60</td><td>75</td><td colspan="2">85</td><td>90</td></tr>
</table>

表 3-28　　D 型拨盘（JB/T 10124—1999）　　(mm)

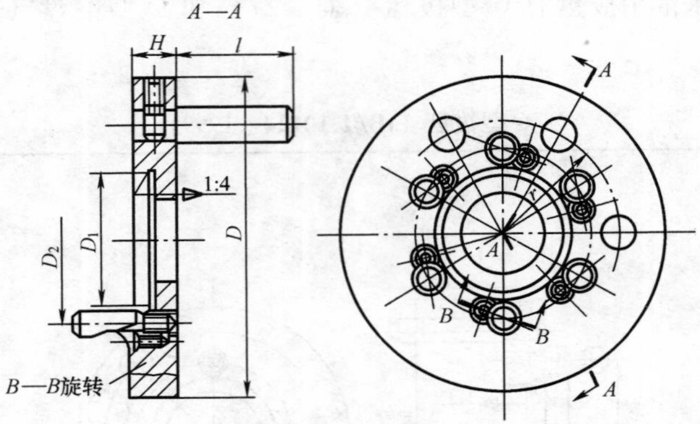

主轴端部代号		3	4	5	6	8	11
D		125	160	200	250	315	400
D_1	基本尺寸	53.975	63.513	82.563	106.375	139.719	196.869
	极限偏差	+0.003 −0.005		+0.004 −0.006		+0.004 −0.008	+0.004 −0.010
D_2		70.6	82.6	104.8	133.4	171.4	235.0
H		25		28	35	38	45
r		45	60	72	90	125	165
l		50		65	80		90

注　拨盘尺寸按 GB/T 5900.1～5900.3—1997《机床法兰式主轴端部与花盘互换性尺寸》选用时，应注意新老机床主轴端部尺寸是否一致。

四、卡盘、过渡盘类

1. 三爪自定心卡盘

它分为短圆柱形（表 3-29）和短圆锥形（表 3-30）三爪自定心卡盘两种。

2. 四爪单动卡盘

它分为短圆柱形（表 3-31）和短圆锥形（表 3-32）四爪单动卡盘两种。

表 3-29　　　　短圆柱型三爪自定心卡盘　　　　（mm）

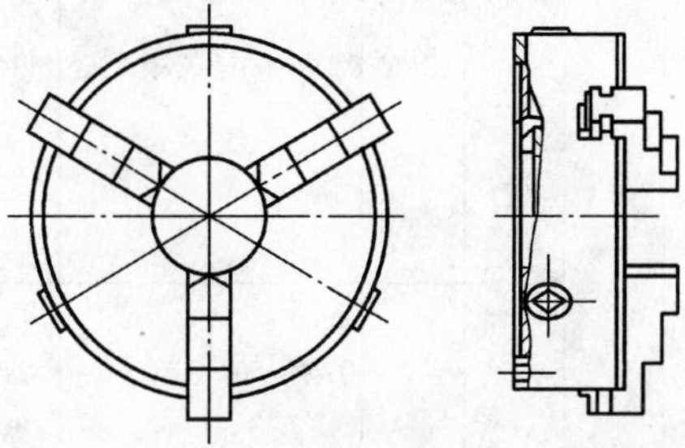

产品名称	型号	原型号	技术规格											外形尺寸（卡盘直径×高度）	净质量（kg）
			卡盘直径	卡盘孔径	正爪夹紧范围	正爪撑紧范围	反爪夹紧范围	定心精度	止口孔径	止口深度	螺钉个数×直径	螺孔定位直径	活爪两螺孔中心距		
短圆柱型三爪自定心卡盘（连身爪）	K11125	KZ125	φ125	φ30	φ2.5～φ40	φ38～φ125	φ38～φ110	0.080	φ95	3.5	3×M8	φ108		φ125×78.0	4.7
	K11130	KZ130	φ130	φ30	φ3.0～φ40	φ40～φ130	φ42～φ120		φ100	3.5		φ115		φ130×86.0	5.6
				φ40						6.0		φ142		φ160×95.0	8.8
	K11160	KZ160	φ160	φ45	φ3～φ55	φ50～φ160	φ55～φ145		φ130	5.0				φ160×95.0	9.0
				φ40										φ160×97.5	9.0

续表

产品名称	型号	原型号	技术规格											外形尺寸(卡盘直径×高度)	净质量(kg)
			卡盘直径	卡盘孔径	正爪夹紧范围	正爪撑紧范围	反爪夹紧范围	定心精度	止口孔径	止口深度	螺钉个数×直径	螺孔定位直径	活爪两螺孔中心距		
短圆柱型三爪自定心卡盘(连身爪)	K11200	KZ200	φ200	φ65	φ4～φ85	φ65～φ200	φ65～φ200	0.080	φ165	5.0	3×M10	φ180		φ200×109.0	15.5
				φ60						5.0				φ200×109.0	15.9
	K11250	KZ250	φ250	φ80	φ6～φ110	φ80～φ250	φ90～φ250		φ206		3×M12	φ226		φ250×120.0	24.9
	K11320	KZ320	φ320	φ100	φ10～φ140	φ95～φ320	φ100～φ320	0.125	φ265		3×M16	φ290		φ320×144.0	43.1
									φ270					φ320×154.5	45.0

续表

产品名称	型号	原型号	技术规格											外形尺寸（卡盘直径×高度）	净质量（kg）
			卡盘直径	卡盘孔径	正爪夹紧范围	正爪撑紧范围	反爪夹紧范围	定心精度	止口孔径	止口深度	螺钉个数×直径	螺孔定位直径	活爪两螺孔中心距		
短圆柱型三爪自定心卡盘（活爪）	K11200A	KZ200-1	ϕ200	ϕ65	ϕ4～ϕ85	ϕ65～ϕ200	ϕ65～ϕ200	0.100	ϕ165	5.0	3×M10	ϕ180	44.4	ϕ200×122.0	16.0
				ϕ60						6.0				ϕ200×124.0	17.0
	K11250A	KZ250-1	ϕ250	ϕ80	ϕ6～ϕ110	ϕ80～ϕ250	ϕ90～ϕ250		ϕ206	5.0	3×M12	ϕ226	54.0	ϕ250×136.0	28.5
	K11320A	KZ320-1	ϕ320	ϕ100	ϕ10～ϕ140	ϕ95～ϕ320	ϕ100～ϕ320	0.125	ϕ265	5.0	3×M16	ϕ290	63.5	ϕ320×154.0	43.0
	K11400A	KZ400-1	ϕ400	ϕ130	ϕ15～ϕ210	ϕ120～ϕ400	ϕ120～ϕ400		ϕ340	5.0		ϕ368	76.2	ϕ400×164.0	71.5

表 3-30 短圆锥型三

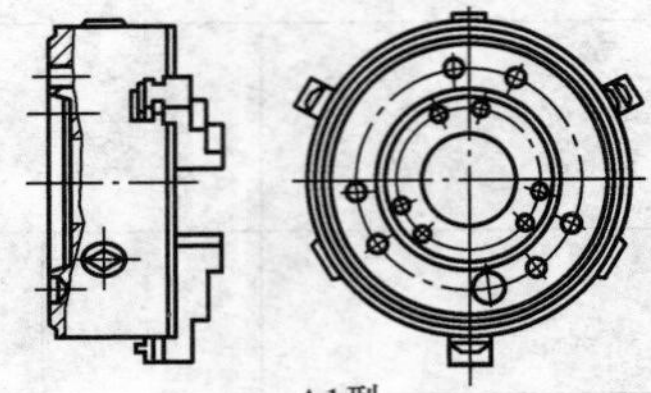

A1型

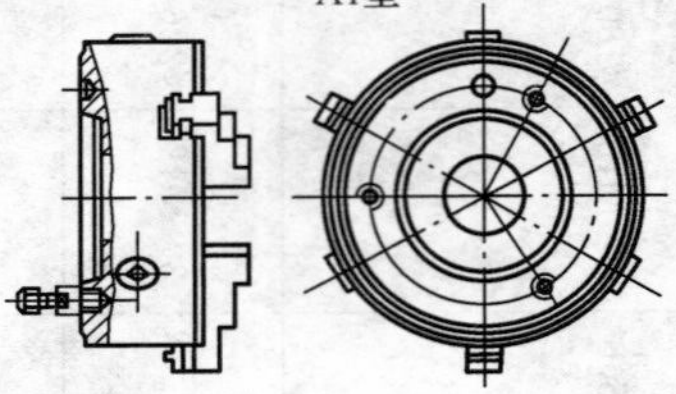

C 型

产品名称	型号	原型号	技术				
			卡盘直径	卡盘孔径	正爪夹紧范围	正爪撑紧范围	反爪夹紧范围
短圆锥型三爪自定心卡盘	K11200/$A_1$4	KY200/$A_1$4	φ200	φ60	φ4～φ85	φ65～φ200	φ65～φ200
	K11200C/$A_2$4			φ40			
	K11250/$A_1$6	KY250$A_1$6	φ250	φ55	φ6～φ110	φ80～φ250	φ90～φ250
	K11250A/$A_1$6	KY250-1$A_1$6					
	K11250C/$A_1$6						
	K11400A/$A_1$11	KY400-1$A_1$11	φ400	φ130	φ15.0～φ210	φ120～φ400	φ120～φ400
	K11200/C5	KY200C5	φ200	φ50	φ4～φ85	φ65～φ200	φ65～φ200
	K11250A/C6	KY250-1C6	φ250	φ70	φ6～φ110	φ80～φ250	φ90～φ250
	K11250A/C8	KY250-1C8		φ80			
	K11315A/C11	KY313-1C11	φ315	φ100	φ10～φ140	φ95～φ315	φ100～φ315
	K11200A/D4	KY200-1D4	φ200	φ40	φ4～φ85	φ65～φ200	φ65～φ200
	K11250A/D6	KY250-1D6	φ250	φ70	φ6～φ110	φ80～φ250	φ90～φ250
	K11325C/D8		φ325	φ100	φ11.5～φ165	φ90～φ350	φ195～φ340

爪自定心卡盘

(mm)

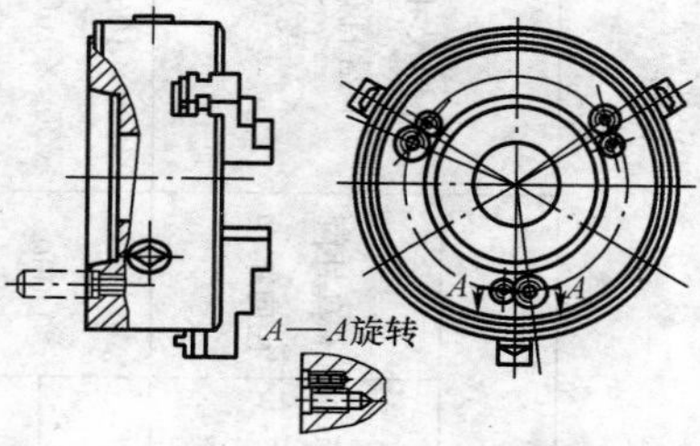

D 型

规格							
定心精度	配套主轴头号	短圆锥大端直径	螺钉个数×直径	螺孔定位直径	活爪两螺孔中心距	外形尺寸(卡盘直径×高度)	净质量(kg)
0.100	$A_1$4	φ63.513	3×M10	φ82.6		φ200×128.0	18.0
						φ200×101.0	16.6
	$A_2$4				56.0	φ200×133.0	18.5
	$A_1$6	φ106.375	6×M12	φ133.4		φ250×149.0	32.0
0.100					54.0	φ250×143.0	28.0
					70.0		
0.125	$A_1$11	φ196.869	6×M18	φ235.0	76.2	φ400×193.5	117.0
0.100	C5	φ82.563	4×M10	φ104.8		φ200×118.0	18.5
	C6	φ106.375	4×M12	φ133.4	54.0	φ250×151.0	20.0
	C8	φ139.719	4×M16	φ171.4		φ250×151.0	20.0
0.125	C11	φ196.869	6×M20	φ235.0	63.5	φ315×170.0	43.0
0.100	D4	φ63.513	3×M10×1	φ82.6	44.4	φ200×133.0	20.0
	D6	φ106.375	6×M16×1.5	φ133.4	54.0	φ250×154.0	32.0
0.125	D8	φ139.719	6×M20×1.5	φ171.4	88.0	φ325×164.5	53.0

表 3-31 短圆柱型四爪单动卡盘 (mm)

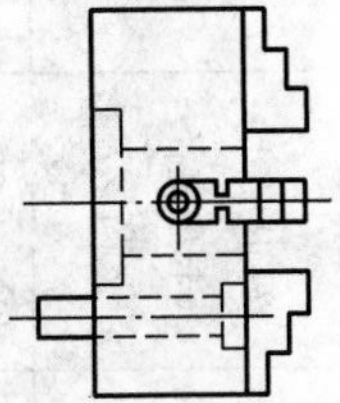

<table>
<tr><th rowspan="2">产品名称</th><th rowspan="2">型号</th><th rowspan="2">原型号</th><th colspan="10">技术规格</th><th rowspan="2">净质量(kg)</th></tr>
<tr><th>卡盘直径</th><th>卡盘孔径</th><th>正爪夹持范围</th><th>反爪夹持范围</th><th>止口孔径</th><th>止口深度</th><th>螺钉个数×直径</th><th>螺孔定位直径</th><th>卡盘外圆径向跳动</th><th>外形尺寸(卡盘直径×高度)</th></tr>
<tr><td rowspan="5">短圆柱型四爪单动卡盘</td><td>K72200</td><td>KN200</td><td>φ200</td><td>φ50
φ55</td><td>φ10～φ100</td><td>φ63～φ200</td><td>φ80</td><td>6</td><td>4×M10</td><td>φ95.0
φ112.0</td><td rowspan="2">0.060</td><td>φ200×106.0
φ200×106.0</td><td>15.0
12.5</td></tr>
<tr><td>K72250</td><td>KN250</td><td>φ250</td><td>φ75
φ65</td><td>φ15～φ130</td><td>φ80～φ250</td><td>φ110
φ100</td><td>6</td><td>4×M12</td><td>φ130
φ120</td><td>φ250×120.0</td><td>21.5</td></tr>
<tr><td>K72300</td><td>KN300</td><td>φ300</td><td>φ75
φ95</td><td>φ18～φ160</td><td>φ90～φ300</td><td>φ152
φ140</td><td>6</td><td>4×M12</td><td>φ130
φ165</td><td rowspan="3">0.075</td><td>φ250×117.5
φ300×128.5</td><td>22.0
30.0</td></tr>
<tr><td>K72320</td><td>KN320</td><td>φ320</td><td></td><td>φ20～φ170</td><td>φ100～φ320</td><td></td><td>6</td><td rowspan="2">4×M16</td><td></td><td>φ300×132.0
φ320×134.0</td><td>30.0
39.3</td></tr>
<tr><td>K72400</td><td>KN400</td><td>φ400</td><td>φ125</td><td>φ25～φ250</td><td>φ118～φ400</td><td>φ160</td><td>8</td><td>φ185</td><td>φ400×143.0</td><td>55.5</td></tr>
</table>

表 3-32

短圆锥型四爪单动卡盘

(mm)

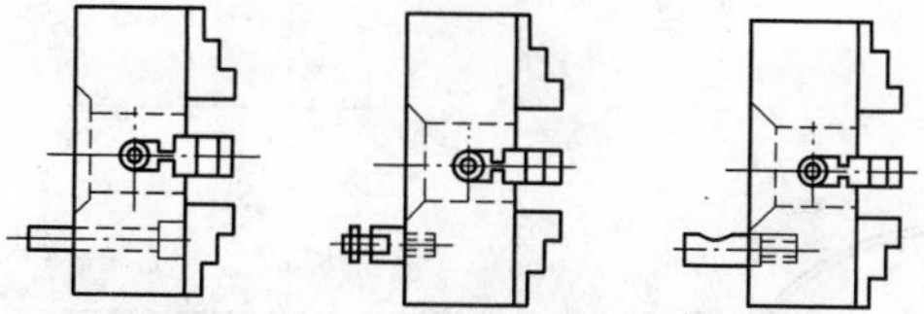

短圆锥 A_2 型　　短圆锥 C 型　　短圆锥 D 型

产品名称	型号	原型号	技术规格									外形尺寸（卡盘直径×高度）	净质量（kg）
			卡盘直径	卡盘孔径	正爪夹持范围	反爪夹持范围	配套主轴头号（1∶4锥度）	短圆锥大端孔径（锥角：7°7′30″）	螺钉个数×直径	螺孔定位直径	卡盘外圆径向跳动		
短圆锥型四爪单动卡盘	K72200/$A_2$4		φ200	φ55	φ10～φ100	φ63～φ200	A24	φ63.513	4×M10	φ85.0	0.060	φ200×107	13.5
		KH200/A24		φ56								φ200×106	15.0
	K72250/$A_1$6		φ250	φ75	φ15～φ130	φ80～φ250	$A_1$6	φ106.375	4×M12	φ133.4		φ250×120	21.5
	K72320/$A_2$6		φ320	φ95	φ20～φ170	φ110～φ320	$A_2$6					φ320×134	40.0
	K72400/$A_1$6	KH400-A16	φ400	φ95	φ25～φ250	φ118～φ400	$A_1$6	φ106.375	8×M12	φ133.4		φ400×149	
	K72200/C4	KH200-C4	φ200	φ55	φ10～φ100	φ63～φ200	C4	φ63.513	4×M10	φ85.0	0.060	φ200×113	35.9
	K72250/C5	KH250-C5	φ250	φ75	φ15～φ130	φ80～φ250	C5	φ82.563	4×M10	φ104.8		φ250×120	28.7
	K72350/C8	KH350-C8	φ350	φ95	φ20～φ26	φ100～φ350	C8	φ139.719	4×M16	φ171.4		φ350×143	51.8
	K72400/C8	KH400-C8		φ125			C8	φ139.719	4×M16	φ171.4		φ400×143	61.3
	K72500/C8	KH500-C8	φ500	φ125	φ35～φ300	φ125～φ500	C8	φ139.719	4×M16	φ171.4	0.100	φ500×160	100.0
	K72200/D4		φ200	φ55	φ10～φ100	φ63～φ200	D4	φ63.513	3×M10×1	φ85.0		φ200×107	13.5
	K72250/D5	KH250-D5	φ250	φ75	φ15～φ130	φ80～φ250	D5	φ82.563	6×M12×1	φ104.8		φ250×120	
	K72250/D6	KH250-D6					D6	φ106.375	6×M16×1.5	φ133.4		φ250×125	25.0
	K72315/D6	KH315-D6	φ315	φ95	φ20～φ170	φ100～φ315	D6	φ106.375	6×M16×1.5	φ133.4	0.075	φ315×134	36.6
	K72400/D8		φ400	φ125	φ25～φ250	φ120～φ400	D8	φ139.719	6×M20×1.5	φ171.4		φ400×143	56.0

3. 过渡盘

它包括C型和D型三爪自定心卡盘用过渡盘以及四爪单动卡盘用过渡盘等几种，见表3-33～表3-36。

表3-33　C型三爪自定心卡盘用过渡盘（JB/T 10126.1—1999）　(mm)

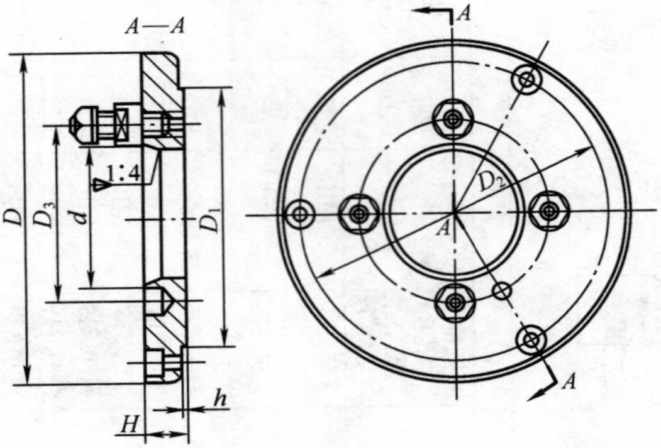

主轴端部代号		3	4	5	6	8	11	
D		125	160	200	250	315	400	500
D_1	基本尺寸	95	130	165	206	260	340	440
	极限偏差 n6	+0.045 +0.023	+0.052 +0.027		+0.060 +0.031	+0.066 +0.034	+0.073 +0.037	+0.080 +0.040
D_2		108	142	180	226	290	368	465
D_3		75.0	85.0	104.8	133.4	171.4	235.0	
d	基本尺寸	53.975	63.513	82.563	106.375	139.719	196.869	
	极限偏差	+0.003 0		+0.010 0		+0.012 0	+0.004 0	
H		20	25	30		38	40	
h_{max}		2.5	4.0					5.0

表 3-34　D 型三爪自定心卡盘用过渡盘（JB/T 10126.1—1999）（mm）

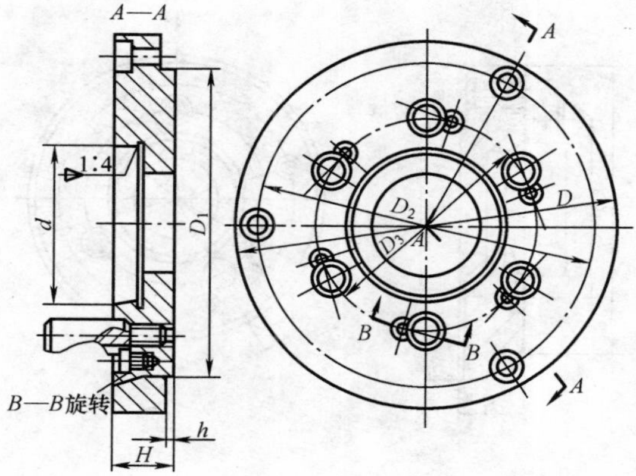

主轴端部代号		3	4	5	6	8	11	
D		125	160	200	250	315	400	500
D_1	基本尺寸	95	130	165	206	260	340	440
	极限偏差 n6	+0.045 +0.023	+0.052 +0.027		+0.060 +0.031	+0.066 +0.034	+0.073 +0.037	+0.080 +0.040
D_2		108	142	180	226	290	368	465
D_3		70.6	82.6	104.8	133.4	171.4	235.0	
d	基本尺寸	53.975	63.513	82.563	106.375	139.719	196.869	
	极限偏差	+0.003 −0.005		+0.004 −0.006		+0.004 −0.008	+0.004 −0.010	
H		25		30	35	38	45	
h_{max}		2.5	4.0					5.0

表 3-35　C 型四爪单动卡盘用过渡盘（JB/T 10126.1—1999）(mm)

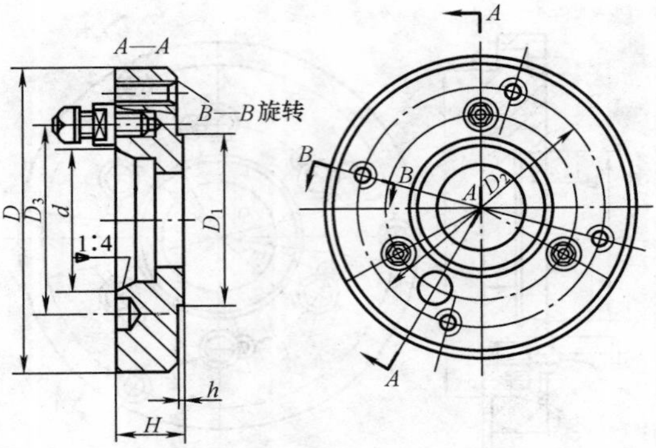

主轴端部代号		4	5	6	8	11	
卡盘直径		200	250	315	400	500	630
D		140	160	200	230	280	320
D_1	基本尺寸	75	110	140	160	200	220
	极限偏差 n6	+0.039 +0.020	+0.045 +0.023	+0.052 +0.027		+0.060 +0.031	
D_2		95	130	165	185	236	258
D_3		85.0	104.8	133.4	171.4	235.0	
d	基本尺寸	63.513	82.563	106.375	139.719	196.869	
	极限偏差	+0.008 0	+0.010 0		+0.012 0	+0.014 0	
H		30	35		45	50	60
h_{max}		5			7		9

表 3-36 D 型三爪单动卡盘用过渡盘（JB/T 10126.1—1999） （mm）

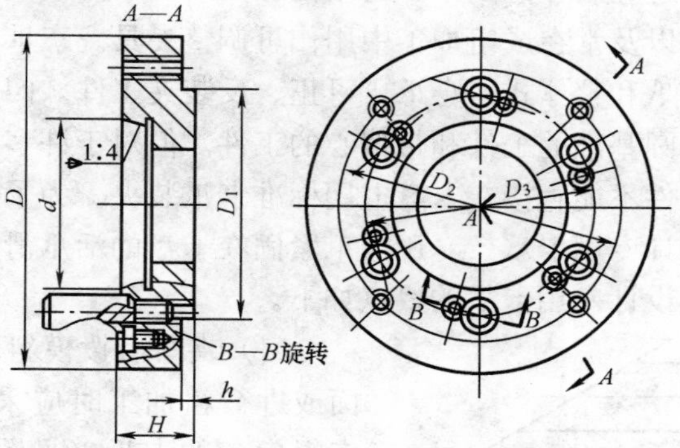

<table>
<tr><td colspan="2">主轴端部代号</td><td>4</td><td>5</td><td>6</td><td>8</td><td colspan="2">11</td></tr>
<tr><td colspan="2">卡盘直径</td><td>200</td><td>250</td><td>315</td><td>400</td><td>500</td><td>630</td></tr>
<tr><td colspan="2">D</td><td>140</td><td>160</td><td>200</td><td>230</td><td>280</td><td>320</td></tr>
<tr><td rowspan="2">D_1</td><td>基本尺寸</td><td>75</td><td>110</td><td>140</td><td>160</td><td>200</td><td>220</td></tr>
<tr><td>极限偏差
n6</td><td>+0.039
+0.020</td><td>+0.045
+0.023</td><td colspan="2">+0.052
+0.027</td><td colspan="2">+0.060
+0.031</td></tr>
<tr><td colspan="2">D_2</td><td>95</td><td>130</td><td>165</td><td>185</td><td>236</td><td>258</td></tr>
<tr><td colspan="2">D_3</td><td>82.6</td><td>104.8</td><td>133.4</td><td>171.4</td><td colspan="2">235.0</td></tr>
<tr><td rowspan="2">d</td><td>基本尺寸</td><td>63.513</td><td>82.563</td><td>106.375</td><td>139.719</td><td colspan="2">196.869</td></tr>
<tr><td>极限偏差</td><td>+0.003
−0.005</td><td colspan="2">+0.004
−0.006</td><td>+0.004
−0.008</td><td colspan="2">+0.004
−0.010</td></tr>
<tr><td colspan="2">H</td><td>30</td><td colspan="2">35</td><td>45</td><td>50</td><td>60</td></tr>
<tr><td colspan="2">h_{max}</td><td colspan="3">5</td><td colspan="2">7</td><td>9</td></tr>
</table>

4. 专用卡爪的设计

在车床的加工中，大量采用标准的三爪自定心和四爪单动卡盘，因为它适应尺寸范围广、通用性强，所以广泛用于单件和中小批量生产，以及常在成组加工中用作可调整夹具。三爪自定心卡盘有装配式活爪和整体式连身爪，可正、反装夹工件。四爪单动卡盘用于装夹非圆基准的工件和带偏心的工件。但对于许多外形复杂的异形铸、锻件不能直接在卡盘上用标准卡爪装夹。为了扩大卡盘的功能，可设计专用卡爪。专用卡爪紧固在卡盘的活爪滑座上作专用可调夹具。设计专用卡爪的要点如下。

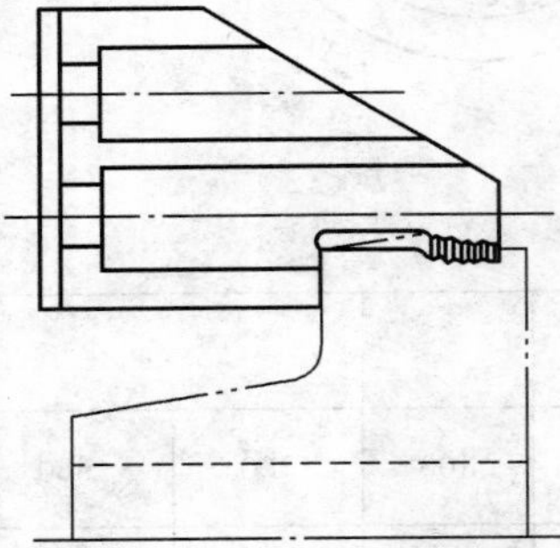

图 3-64　粗尖齿的卡爪

（1）夹紧有拔模斜度的毛坯表面或进行粗加工时应采用经淬硬、有粗尖齿的卡爪（见图 3-64），也可在大型软爪上装镶有齿纹的压块（见图 3-65）。夹紧有锥度的铸铁件，卡爪的夹紧面除了带齿形外，也可装淬硬的锥端圆销以加强夹紧作用，也可采用锥端紧定螺钉以便于制造和调整（见图 3-66）。

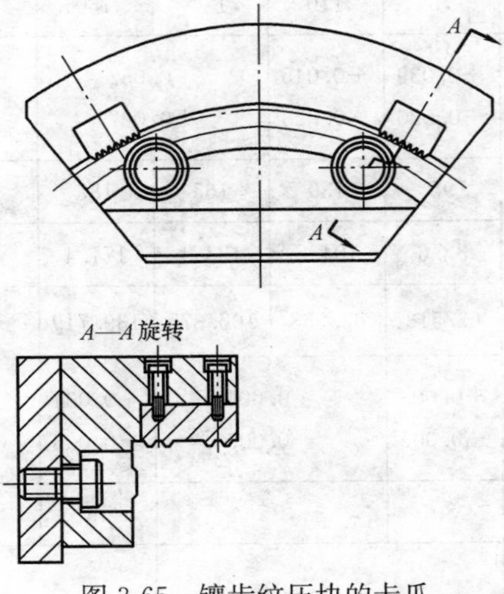

图 3-65　镶齿纹压块的卡爪

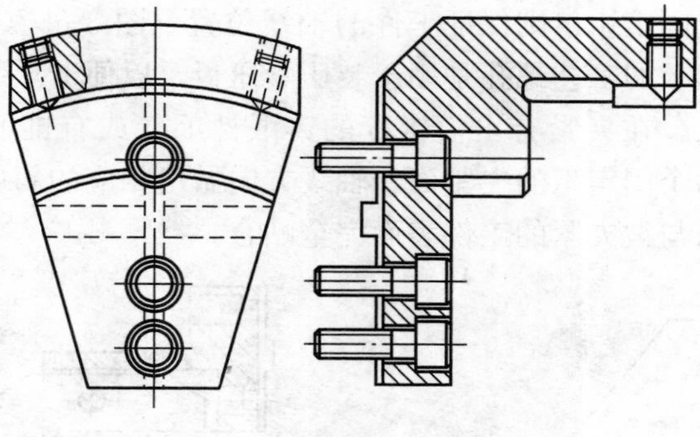

图 3-66　装锥端螺钉的卡爪

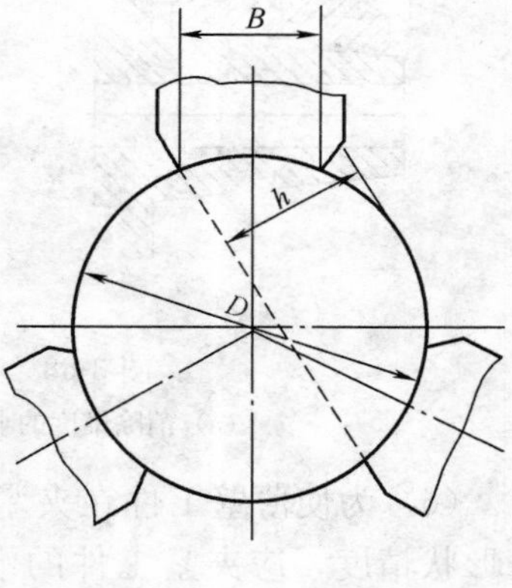

图 3-67　钳口的宽度

（2）有细齿纹的软爪或淬硬的平整光滑的卡爪，用于夹紧已加工过的工件表面。

（3）夹紧小直径工件时，卡爪夹紧面的钳口宽度 B（见图 3-67）应避免连身爪相碰而产生干扰。三个卡爪夹紧工件的钳口部分太宽，易与工件成鞍形的 6 点接触，使卡爪对工件的定心因干涉而效果变坏。这时，应将卡爪的钳口两侧倒角，使其两对应点的连线小于工件半径，即 $h<D/2$（见图 3-67）。

（4）为避免工件在一个截面上定心，故对于较短的盘形工件要增加承挡端面以提高夹紧的稳定性和刚度。对于较长的轴类工件要在沿轴向保持较大距离的两处进行夹紧，以获得较好的定心和定向，这时卡爪夹紧工作面对机床轴线的平行度应严格要求。在较长或较宽的范围夹紧工件时，应适当地在纵向和横向减少卡爪与工件的接触面或相互错开，使夹紧更可靠。

（5）当夹紧较长的工件时，为了消除工件锥度形状误差，保证对机床轴线的同轴度，在卡盘的三个卡爪中应有一个具有自由摆动的弧形压块结构［见图 3-68（a）］，以保证在工件的毛坯面上夹紧可靠，两个固定钳口则保证工件的轴线位置。图 3-68（b）在摆动压板处卡爪上的工艺螺孔是用于装压紧压板，以便卡爪装配在卡盘上就地加工。在夹紧有出模锥度的铸锻件毛坯或有锥度和阶梯轴时，应将两个固定爪的夹紧面在轴线方向做出相应的斜度或阶梯尺寸，使卡爪与被夹紧的工件表面完全贴合。

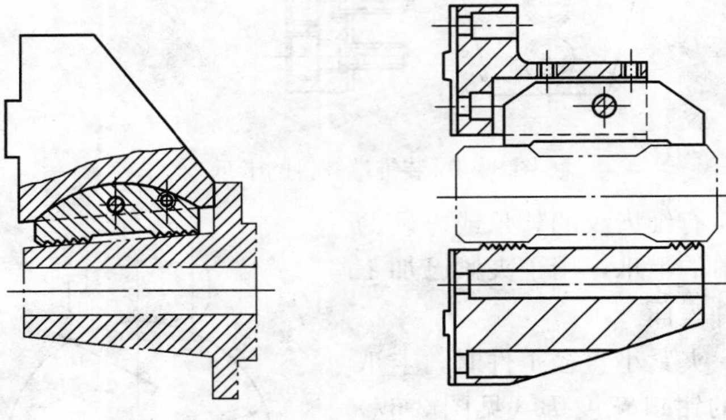

(a)　　(b)

图 3-68　有自位钳口的卡爪

（a）消除锥度的卡爪；（b）夹紧铸、锻毛坯

（6）为使薄壁工件在夹紧力和切削力作用下不产生变形以保证形状精度，应夹紧工件的端面或工艺基准（见图 3-69），或采用宽形软爪将工件圆周几乎全部包紧（见图 3-70），使卡爪的夹

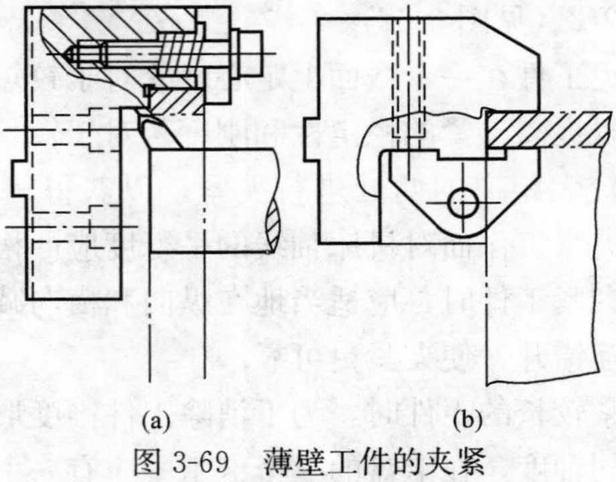

(a)　　(b)

图 3-69　薄壁工件的夹紧

（a）夹紧工件端面；（b）夹紧工件工艺留量

紧力均匀分布在工件圆周上或刚度最大部位。夹紧薄壁工件的钳口定心夹紧直径应与工件的基准直径的偏差应保持在±0.025mm范围内，以保证夹紧压力在钳口整个面积内均布。如钳口孔径太大，则形成三点夹紧，太小则压在钳口6处边缘上。

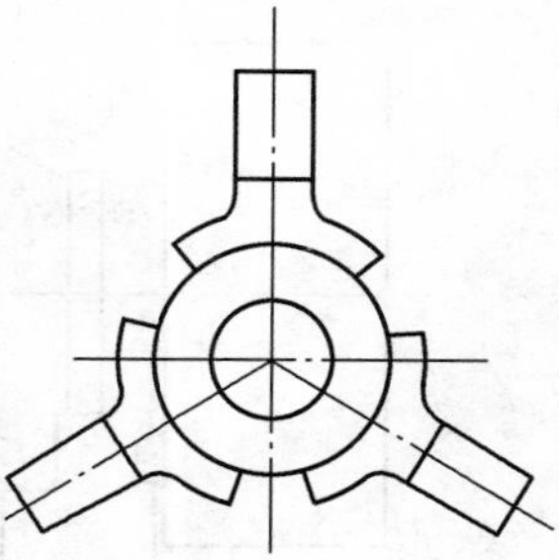

图3-70　夹紧薄壁工件的钳口

（7）承受轴向切削力或作端面定位的卡爪支承面，应尽量贴紧在卡盘端面。

（8）专用卡爪上安装的螺栓，要尽可能抵消其力臂长度上夹紧力产生的杠杆作用力。

（9）设计专用卡爪的质量尽可能小些，以减少离心力。

（10）专用卡爪的悬伸长度，不得超过卡盘内活爪滑座的长度，以免其损坏。

（11）任何重新调整卡爪或更换专用卡爪，都会引起卡盘定心精度的降低。为了提高卡盘的定心精度，通常采取下述措施。

1）提高卡盘在主轴上的安装精度，使其配合紧密、消除间隙；并选用主轴连接盘带外圆定心短锥的机床。

2）提高卡爪钳口与工件的接触刚度和降低钳口工作面的表面粗糙度，加强系统刚度。

3）用经过精密找正中心和有精密配合开缝套筒的孔，装夹工件外圆，可使工件定心精度大为提高。

4）工序安排时，应尽量在一次装夹中加工全部或大部分表面，采用集中工序可消除每次重新装夹工件的装夹误差。

5）将安装在卡盘上的专用卡爪钳口就地加工，以消除装配误差。加工钳口时，应在负荷作用下进行，以消除全部传动和连接机构的间隙。图3-71为在卡爪钳口上将工艺盘1预先夹紧或将工艺环2撑紧，使产生以后装夹工件加工时将重复产生的应力。然后将钳口加工到装夹工件时所需的尺寸。被夹紧件为工艺盘时，卡爪钳口加工的直径尺寸应小于或等于被加工工件外圆基准直径的尺寸。而被撑紧的工艺环则应大于或等于工件孔基准直径的尺寸。采用开

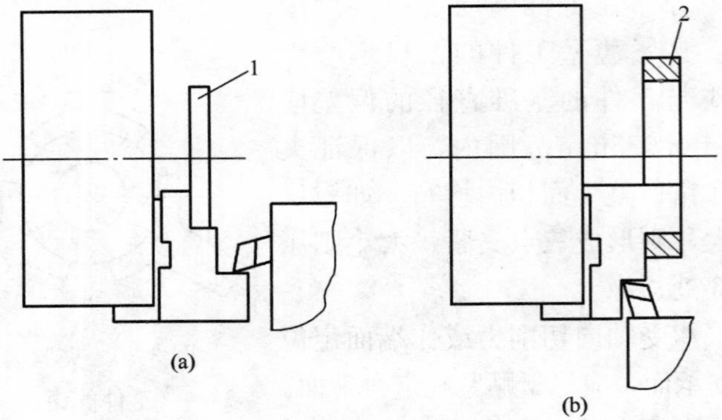

图 3-71　卡盘钳口的就地镗制

(a) 夹紧工艺盘；(b) 撑紧工艺环

1—工艺盘；2—工艺环

缝套筒（见图 3-72）并就地加工钳口，其定心精度可达 0.03mm。

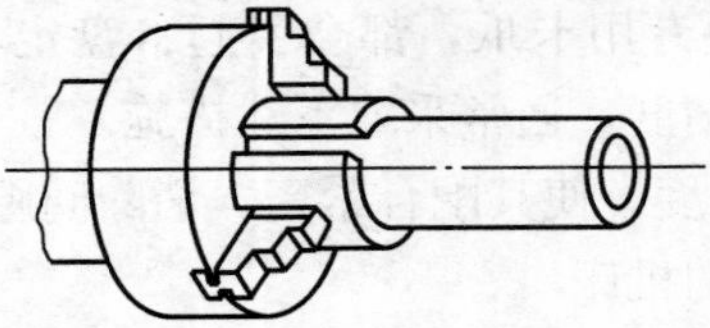

图 3-72　开缝套筒夹紧薄壁工件

5. 卡盘式夹具

卡盘式夹具，适用于以规则外圆表面或不规则外圆表面作主要定位基准的工件。夹具主要部分采用已标准化、系列化了的两爪或三爪自动定心夹紧卡盘。图 3-73（a）所示为两爪卡盘应用实例。它的工作原理是使用左右螺杆 1 带动两滑块作等速相向移动，滑块 2 上安装着可换的卡爪 3，工件的定心和夹紧就是卡爪 3 来保证。实际生产中，卡爪可根据不同的工件设计成如图 3-73(b)～(e)的形式，以便更换。

五、圆盘类

圆盘类车床夹具能加工各种盘类、套筒类及齿轮类的工件。工件的外形为对称旋转体。因此，设计出的夹具一般也是对机床主轴轴线对称平衡的。夹具主要用以保证被加工表面与定位基准间的同轴度和垂直度误差。图 3-74 和图 3-75 所示就是这类夹具的典型结构。

图 3-74 是加工套筒内孔的圆盘式车床夹具。工件以外圆和端面在定位件 2 中定位，用三个螺旋压板 3 及螺母 4 夹紧。夹具上的

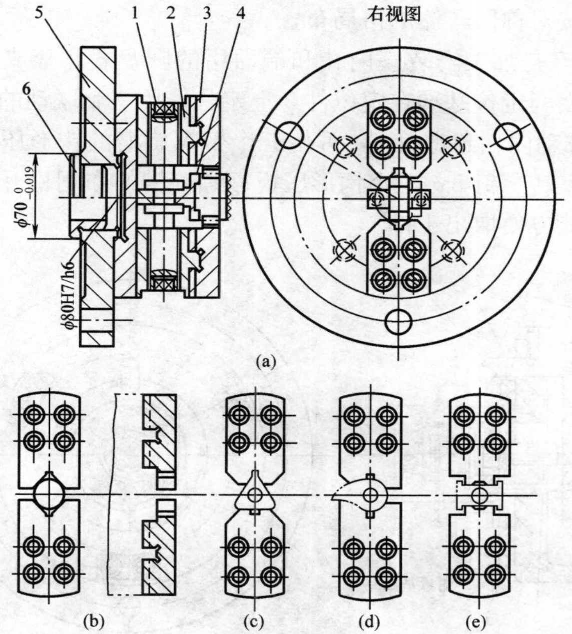

图 3-73　两爪定心夹紧卡盘

1—左右螺杆；2—滑块；3—卡爪；4—轴向定位器；5—圆盘；6—定位器

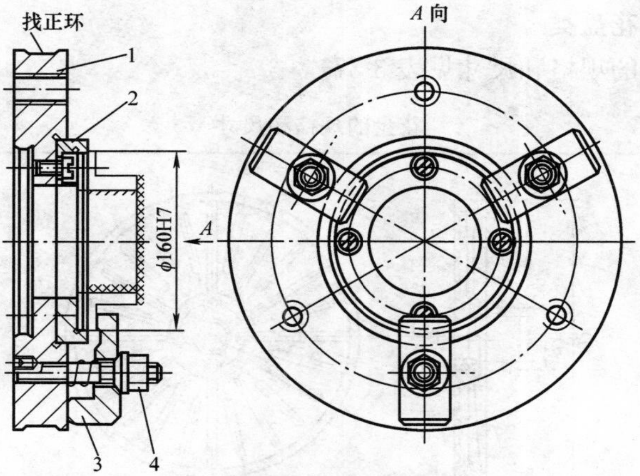

图 3-74　圆盘式车床夹具

1—圆盘；2—定位件；3—压板；4—螺母

各元件均按对称回转体的格局布置。

图 3-75 是加工安装座内孔和端面用的圆盘式车床夹具。工件以孔和端面为定位基准在定位件 3 上定位，用三个联动的钩形压板 2 夹紧。拧动内六角螺钉 5，可使三个带螺旋槽的钩形压板同时夹紧工件；反转螺钉 5，三个钩形压板靠螺旋槽的作用松开工件后自动转位，能方便取出工件。

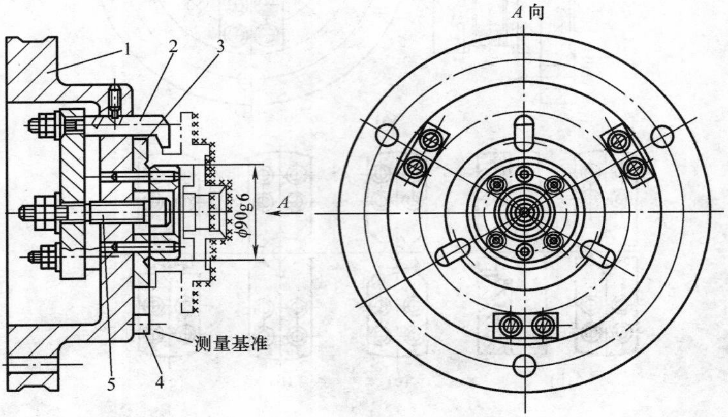

图 3-75　具有联动压板的圆盘式车床夹具

1—夹具体；2—钩形压板；3—定位件；4—测量块；5—内六角螺钉

六、花盘类

花盘的规格和尺寸见表 3-37。

表 3-37　　**花盘的规格和尺寸**　　(mm)

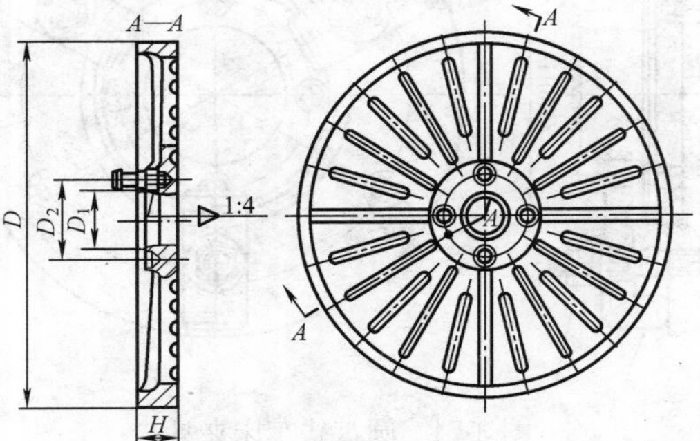

C 型

续表

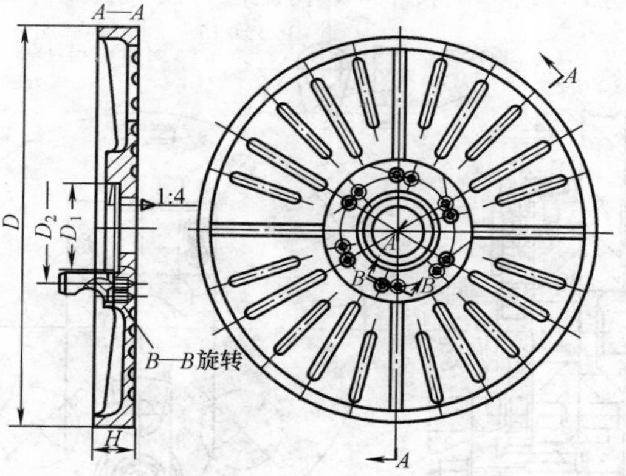

D 型

车床		D	D_1			D_2	H
				极限偏差			
规格	主轴端部代号		基本尺寸	C 型	D 型		
320	5	500	82.563	+0.010 0	+0.004 −0.006	104.8	50
400	6	630	106.375			133.4	60
500	8	710	139.719	+0.012 0	+0.004 −0.008	171.4	70
630	11	800	196.869	+0.014 0	+0.004 −0.010	235.0	80

注　花盘尺寸按 GB/T 5900.1～5900.3—1997《机床法兰式主轴端部与花盘互换性尺寸》；选用时，应注意新老机床主轴端部尺寸是否一致。

花盘类夹具主要用于被加工工件并非是对称旋转体。而定位基准与被加工表面之间，不仅有同轴度要求，有时还会有平行度、垂直度的要求。这类夹具可进行单工位加工，也可进行多工位加工，它与角铁式车床夹具一样，一般不对称，要进行平衡。

图 3-76 所示是加工连杆类零件大头孔用的花盘式车床夹具。连杆以小头孔、大端外圆弧和一个端平面在夹具端平面 A、定位销和活动 V 形块中定位夹紧，圆盘上有两个平衡孔。

图 3-77 所示为镗孔、车端面回转夹具。工件以平面和两定位销孔为基础，以分度回转盘 6 和两定位销 5 定位。用两块移动压板

9 夹紧工件。在加工完一个孔后，松开螺钉 10，拔出插销 7，将分度回转盘 6 连同工件绕 0 回转 180°，待定位、锁紧后，再加工另一个孔。

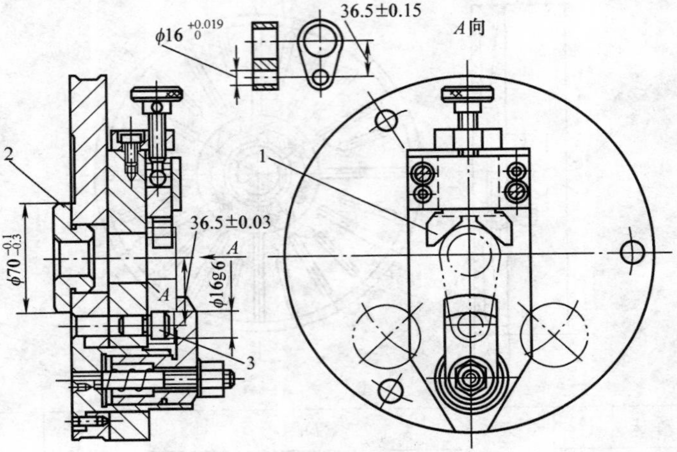

图 3-76　花盘式车床夹具

1—活动 V 形块；2—安装塞；3—定位销

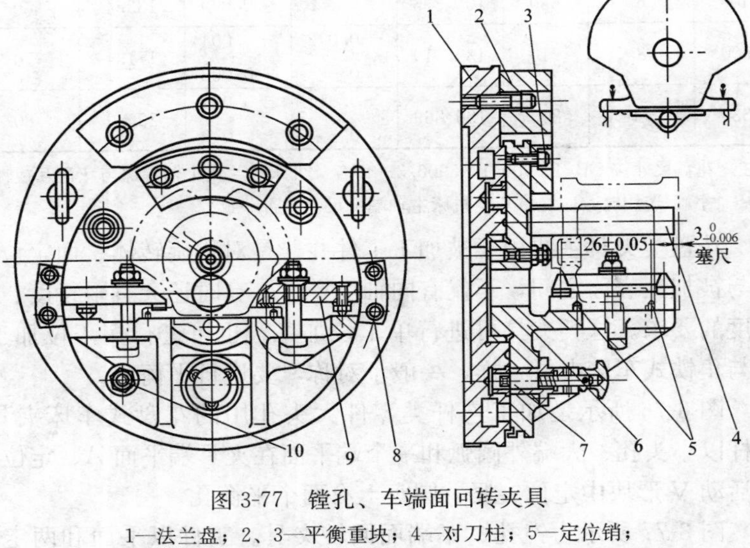

图 3-77　镗孔、车端面回转夹具

1—法兰盘；2、3—平衡重块；4—对刀柱；5—定位销；6—分度回转盘；7—插销；8、9—压块；10—T 形螺钉

七、角铁类

这类夹具的最大结构特点是夹具体成角铁形，其重量偏向一边，为保证旋转时的动平衡，所以要进行平衡。这类夹具典型结构如图 3-78 和图 3-79 所示。

图 3-78 所示为角铁式车床夹具。工件以一平面和两个小孔为定位基准，而被加工表面的轴线与定位基准成任意角度，是靠斜面和两个定位销上定位以保证其角度要求，用两个钩形压板压紧。

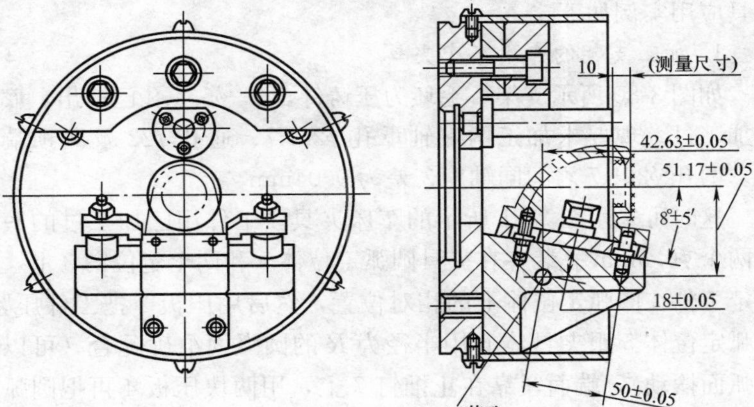

图 3-78　角铁式车床夹具（一）

图 3-79 所示为角铁式车床夹具。工件被加工的内圆表面的轴

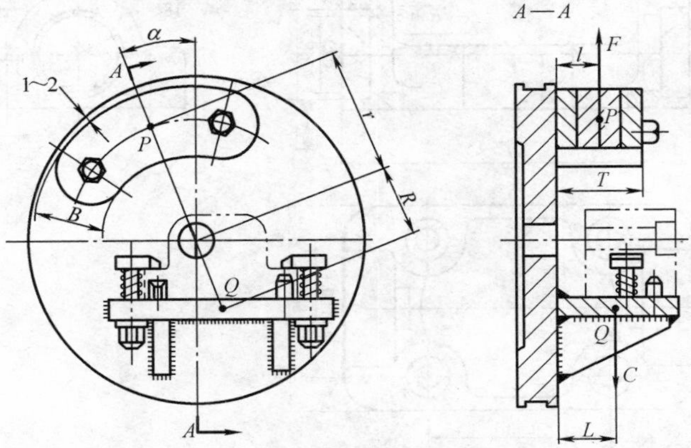

图 3-79　角铁式车床夹具（二）

线与定位基准平行，因而夹具要设计成角铁式，是靠定位销和两压板定位夹紧的。

第五节　车床专用夹具和成组夹具

一、车床专用夹具

专用夹具是专为某一工件的某一工序而设计的夹具。车床专用夹具应用实例如下。

1. 加工支架的专用车床夹具

如图3-80所示支架，毛坯为压铸件，4—ϕ6.5孔已铸出，底面已加工过。现要求加工两端轴承孔ϕ26K7、通孔ϕ22及两顶端端面。两孔ϕ26K7之间同轴度公差为0.04mm。

这时可采用图3-81所示的车床夹具。工件用已加工过的底面及两个ϕ6.5mm孔装夹在夹具圆弧定位体5和两个定位销3上，以确定工件在圆弧定位体上的相对位置，然后用压板2把工件压紧。圆弧定位体5跟夹具体6用半径为R的圆弧面准确配合（可以沿圆弧面摆动），端面紧靠在止推钉7上，用两块压板4再把圆弧定位体压紧在夹具体6上。

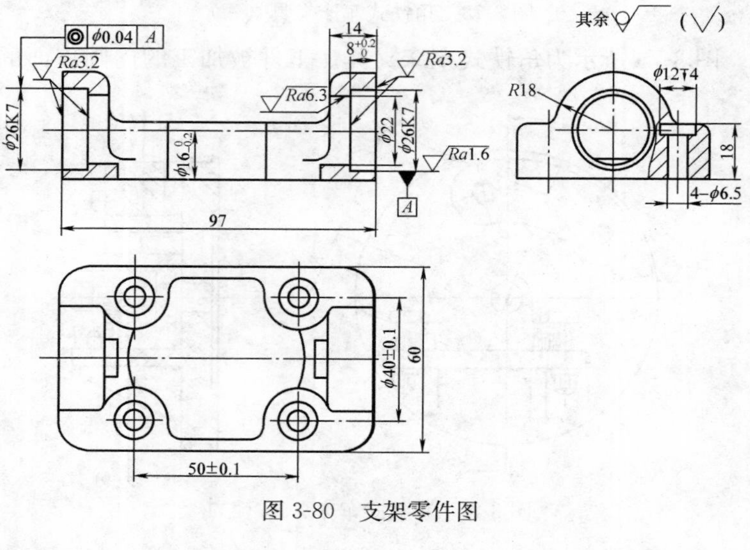

图3-80　支架零件图

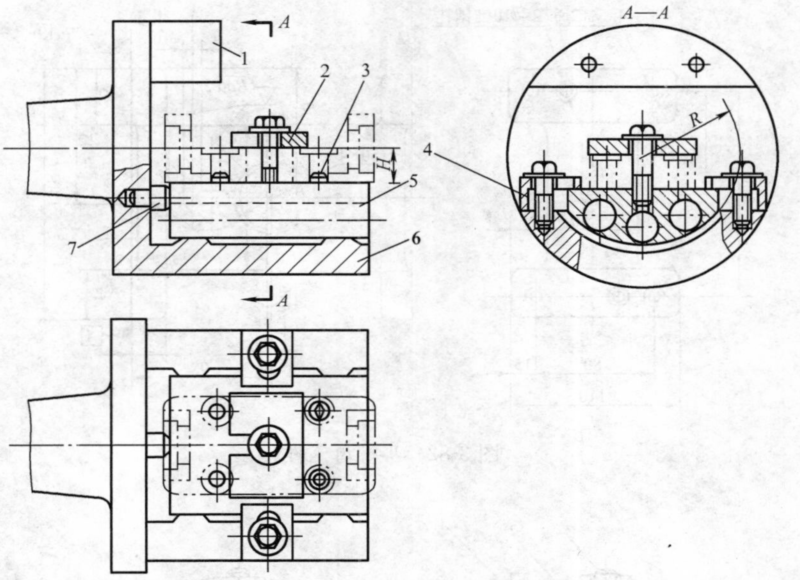

图 3-81 加工支架的车床夹具

1—平衡块；2、4—压板；3—定位销；5—圆弧定位体；6—夹具体；7—止推钉

夹具用锥柄与机床主轴连接。应使圆弧面的轴线与主轴的回转轴线达到较高的同轴度要求，同时保证圆弧半径 R 的中心与定位面之间的距离 H，就能控制工件上孔的轴线与底面之间的高度尺寸。

当一端加工完毕后，松开两块压板 4，把圆弧定位体调转 180°，压紧后就可加工另一端。由于中心高度和几何中心都未改变，两端轴承孔的同轴度也就得到保证。

2. 加工半螺母的专用车床夹具实例

图 3-82 所示为半螺母工件。为了便于车削梯形螺纹，毛坯采用两件合并加工后，在铣床上用锯片铣刀切开；车削梯形螺纹前，上、下两底面及 4-M12 螺孔已加工好，2-ϕ10mm 锥销孔铰至 2-ϕ10H9 作定位孔用。

图 3-83 所示为半螺母专用车床夹具。工件以“两孔一面”定位形式安装在夹具的角铁上，构成完全定位，并借助于工件上两个 M12 螺孔用两只螺钉 1 紧固工件。为了增加工件的装夹刚性，

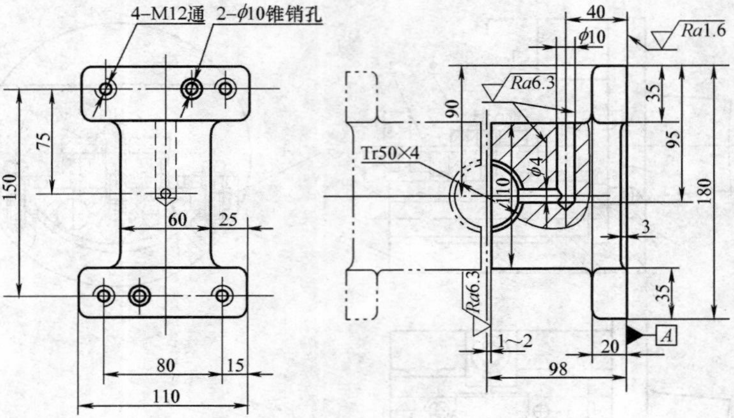

图 3-82　半螺母工件

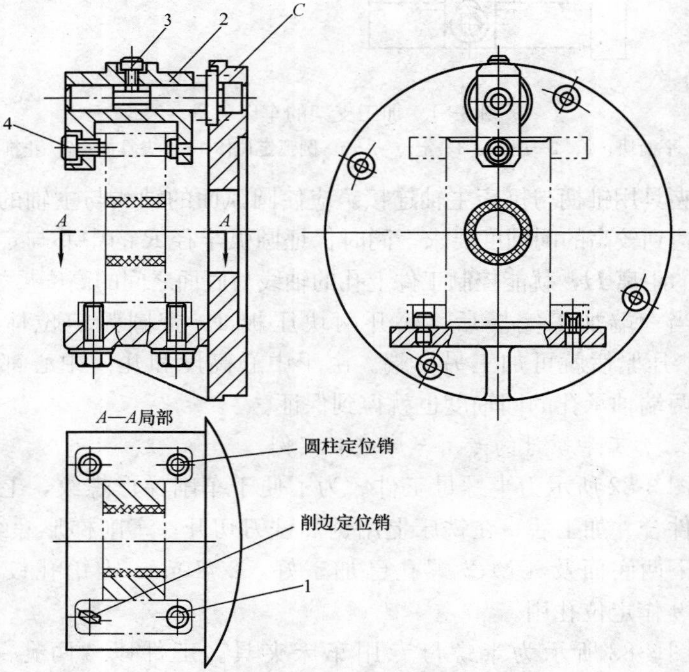

图 3-83　半螺母专用车床夹具

1、3、4—螺钉；2—支承套

在上端增加一个辅助支承。使用时先松开螺钉 3，将支承套 2 向上转动，装上工件并旋紧螺钉 1，然后转下支承套，旋紧螺钉 4。再锁紧螺钉 3 后便可加工工件。由于辅助支承夹紧处是毛坯面，误差较大，所以应制成可移动式的。

夹具用 4 只螺钉安装在车床的花盘上（或特制的连接盘）上，找正夹具上的外圆基准 C，并用螺钉紧固后即可使用。由于夹具上下质量相差不多，而且车螺纹时的转速较低，所以可以不用平衡块。

3. 阀体外圆、端面及内孔角铁式车床夹具

图 3-84 为阀体零件工序图。图 3-85 为加工阀体外圆、端面及内孔角铁式车床夹具。

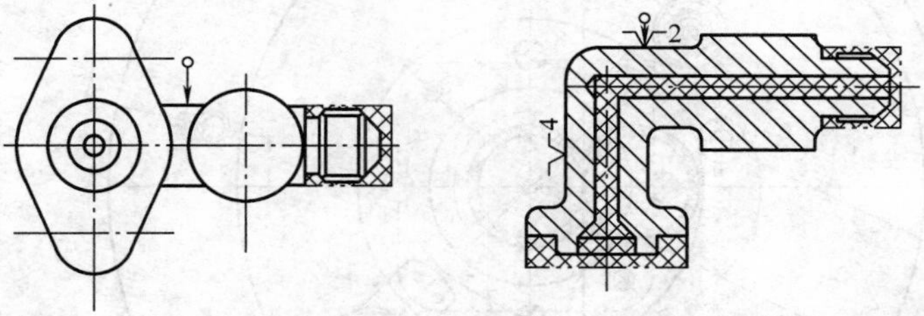

图 3-84 阀体零件工序图

按工序要求并根据基准重合的原则，应选用工件上的外圆、端面和一小孔为定位基面。但从夹具结构设计、使用方便起见，现采用内孔、端面和小孔为定位基面，定位元件为定位销 6、定位套 10 及削边销 7，实现了完全定位。（为了保证工序要求，在先行工序中，应首先保证内孔 d 与外圆 $\phi 70$ mm 的同轴度。）分别拧紧两个螺母 5，通过钩形压板 4，将工件夹紧。当车好一孔后，拧松螺母 12，拔出分度销 9，使转盘 3 绕转轴 8 转一个角度，再将分度销 9 插入夹具体 1 的另一个分度孔中，拧紧螺母 12，同时将配重块 2 上的插销 11 拔出并回转一定角度，把插销 11 插入转盘 3 的下一个销孔中，即可加工另一个孔。

夹具体 1 以一面和内止口与法兰盘的一面和凸缘外圆相配合并固定，形成一个夹具整体。法兰盘以内孔和端面与机床主轴配合，

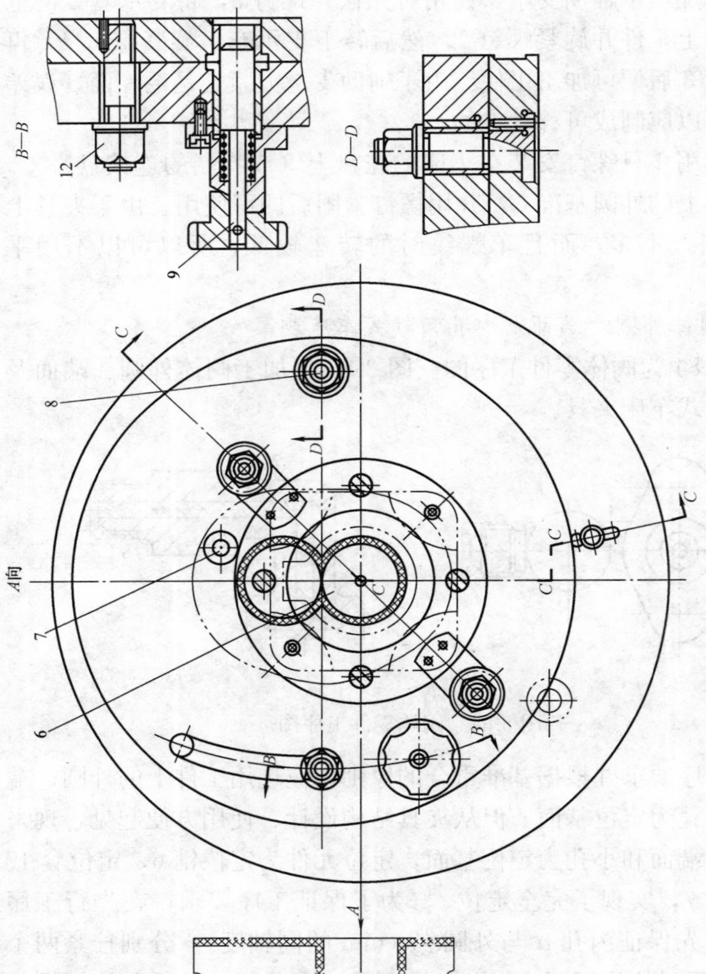

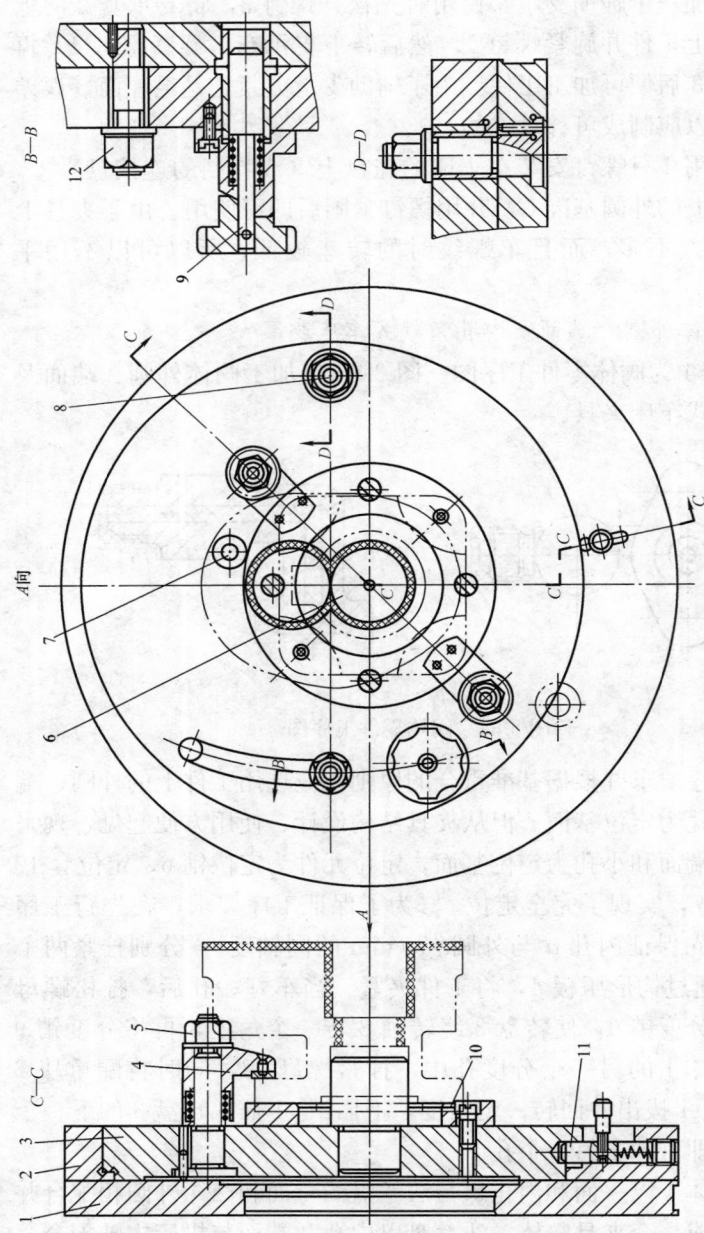

图 3-85 阀体外圆、端面及内孔角铁式车床夹具

1—夹具体；2—配重块；3—转盘；4—钩形压板；5、12—螺母；6—定位销；7—削边销；8—转轴；9—分度销；10—定位套；11—插销

通过法兰盘上的找正面进行校正，使两者轴线同轴后紧固。实现了工件待加工孔的轴线与车床的回转轴线一致，完成了正确安装工件的任务。

本夹具结构紧凑，适用于加工端面跳动要求较高的偏心孔工件。

4. 齿轮泵体上的齿轮窝孔车床夹具

图 3-86 为齿轮泵体的工序图，工件的内孔 d，外圆 $\phi 70_{-0.02}^{0}$、A 面及 $\phi 9_{0}^{+0.03}$ 孔在本工序前已加工好，现车削两个 $\phi 35_{0}^{+0.027}$ 齿轮窝孔端面 T 和孔的底面 B。并要求保证如下几点。

（1）孔 C 对 $\phi 70_{-0.02}^{0}$ mm 的同轴度公差值为 $\phi 0.05$ mm。

（2）两孔的中心距为 $30_{-0.02}^{+0.01}$ mm。

（3）T 面对 A 面、B 面的平行度公差值为 0.02mm。

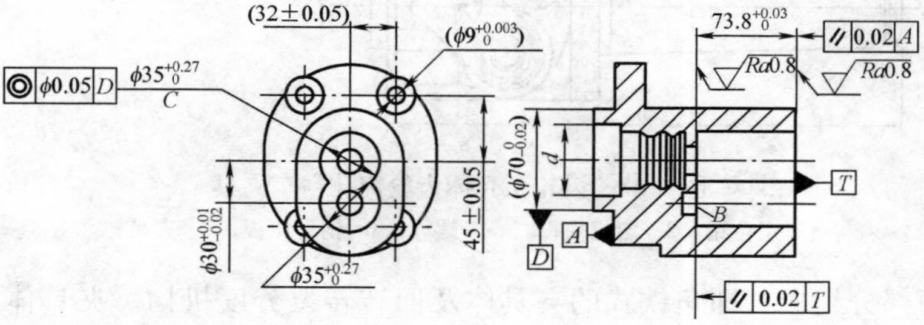

图 3-86　齿轮泵壳体工序图

图 3-87 为所使用的专用夹具。工件以两个相互成 90°圆柱面（毛坯）在定位块 2 上定位，实现了完全定位。拧动螺母 3，通过钩形压板 4，将工件压紧。由于定位基面为毛坯面（粗基面），考虑到工件两内孔的垂直相交要求，采取在一次安装中完成两个垂直面的加工任务，本夹具设计了转位机构。完成在一个方向上的加工任务以后，松开螺母 5，拔出定位销 1，将定位块 2 连同工件转动 90°后，将定位销 1 插入夹具体 6 上的另一个分度孔中，拧紧螺母 5 后，即可车削相邻 90°的外圆、端面、螺纹及内孔。

夹具以莫氏锥柄装于主轴锥孔内，实现了待加工孔的轴线与车床主轴的轴线一致。本夹具结构简单、操作方便。夹具主要由

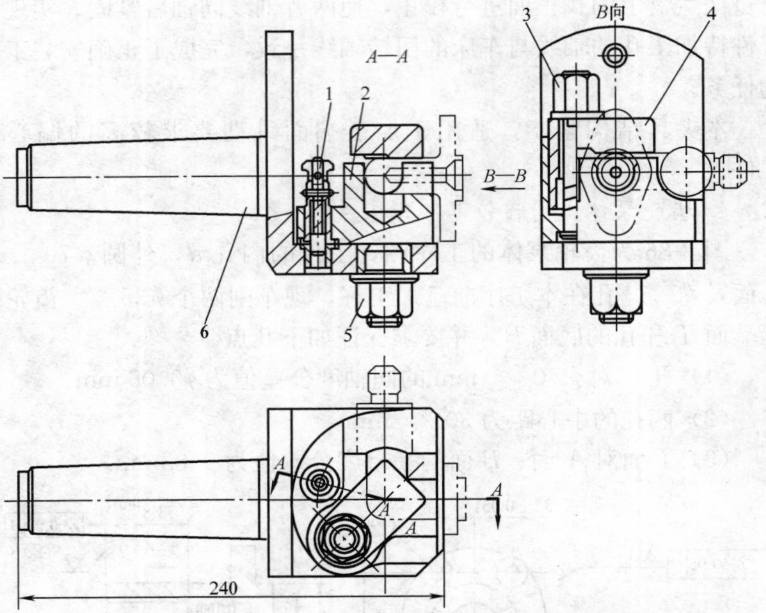

图 3-87　齿轮泵壳体齿轮窝孔精车夹具
1—定位销；2—定位块；3、5—螺母；4—钩形压板；6—夹具体

两部分组成，即角铁式的夹具体及回转转位分度机构。夹具体的莫氏锥柄与角铁部分，可以做成一体，但工艺性差，也可装配而成。

本夹具适用于小件批量生产。由于工件较小，加工精度要求也并不高，所以一般不配制配重块。

为了保证加工质量，本夹具采用了如下的措施。

（1）为减少定位误差，先行工序应控制定位孔 d 与外圆 $\phi70$ 的同轴度误差。

（2）控制配合间隙，减少定位误差。

（3）控制夹具体 1 的定位圆孔与找正面同轴度误差，以提高夹具的安装精度。

（4）控制夹具体 1 的定位端面与找正面的垂直度误差，以提高工件的定位面与加工面的平行度。

(5) 控制夹具体1上的分度孔的精度（与找正面的同轴度及两中心距精度、插销的配合间隙），以满足分度精度及中心距精度要求。

二、车床成组夹具

（一）成组夹具的特点、设计及其应用

成组夹具是指按成组技术的原理，在零件分类成组的基础上，针对一组（或几组）相似零件的一个（或几个）工序而设计制造的夹具。它由两大部分组成，即基本部分和可换调整部分。基本部分是零件组所有零件共用的部分，它包括夹具体、夹紧机构和传动装置等。而可换调整部分是针对零件组中某种（或几种）零件专门设计的专用部分。它包括定位元件、导向元件、夹紧元件及组合元件等。根据加工组内不同的零件进行更换和调整，来满足一组零件加工要求。

1. 成组夹具的特点及设计方法

(1) 成组夹具的特点。

1）通用可调。成组夹具具有通用可调夹具的特点，但成组夹具的工艺性更为广泛，针对性更强。

2）“三相似”原则。成组夹具的设计主要是依据成组零件的“三相似”原则而进行设计的。所谓“三相似”原则内容如下。

a. 工件的结构要素相似，即强调其特征的结构形式相似。具体要求是加工部位的结构形式、设计（或工艺）基准形式和夹紧部位的结构形式相似，并为之制定相似的工艺流程。

b. 工艺要素相似，即强调其定位基准形式相似，以便获得设计功能相同、结构相同或相似的可调或可换的定位元件。

c. 工件尺寸相似，即强调合理尺寸分段，以确保设计的成组夹具总体与工件的尺寸比例适当，达到结构紧凑，布局合理。

根据上面的“三相似”原则，对被加工零件进行全面分析、合理分组是设计成组夹具的前提，也是发挥成组夹具优势的关键。

3）采用成组夹具的综合效果。

a. 提高夹具设计的“三化”程度，提高夹具的使用率。成组夹具使用率一般可达90%以上。而专用夹具一般为50%～60%

左右。

b. 扩大机床的使用范围，提高生产效率和零件的加工质量。

c. 减少夹具设计和制造的工作量，节省金属材料，降低制造成本，提高夹具的制造精度。

d. 缩短新产品的技术准备周期，提高企业的竞争能力。降低工人的劳动强度，提高劳动生产率，促使生产计划的安排更加合理，缩短生产准备周期。

e. 减少夹具在库房中存放面积，缩短生产过程的辅助时间。

（2）成组夹具的设计方法。

1）零件分类分组的法则。在已开展成组技术的单位，可按成组技术的零件编码原则，进行零件的分类分组。在未开展成组技术的单位，可按无编码分类分组法用直观经验，把类型（即使用机床、夹紧方式、加工内容）相似的零件挑选出来。形成所需的成组工序。

2）成组零件的分析　设计前，首先要对成组夹具设计依据进行分析研究。其设计依据是：

a. 成组夹具设计任务书。任务书的内容是工艺人员对零件分类分组、工艺特性及定位夹紧等内容进行全面仔细考虑后而提出的，它一般包括下列几点：①夹具的名称和编号；②使用的机床型号和编号方式；③被加工零件组的种类和加工部位尺寸、精度和表面粗糙度，以及零件矩阵特征和技术要求；④夹具结构示意图（包括对零件的定位和夹紧要求）；⑤可调尺寸范围；⑥夹具动力源的形式（机械、液压或气动等）。

b. 零件图样。该组零件的全部零件图样。

c. 成组工艺规程。该组零件的全部成组工艺规程。通过对设计“三依据”进行分析研究，从中找出具有典型特征（结构形状、尺寸和工艺要素）的零件作为代表，称之为主复合零件。然后将复合零件的加工表面加以典型化，作为主要设计对象进行构思。

3）成组夹具的结构设计。成组夹具的结构，主要是由零件的几何形状来确定。零件尺寸分段又直接影响夹具结构的复杂程度。为解决好结构问题，一般要做好下面的方案设计。

a. 零件的选型工作。在零件的分类分组中，根据“三相似”原则，将同类型的零件分在一起，并删除形状特殊的零件，以简化夹具的结构。

b. 合理的尺寸分段。在成组夹具设计中，夹具结构应具有最小的轮廓尺寸，并能简化调整，便于操作。这些要求与被加工零件的分散程度有关，当一组零件的尺寸相差较大时，要进行同组零件的尺寸分段，也就是进一步划分调整组。其原则是，在一个调整组中被加工零件的种类不宜过多，一般为3～5种为最宜。

另一个影响夹具结构的因素是一次装夹的零件数量。

4）分解定位点和夹紧点。成组夹具可调整部分的设计，实质上就是把定位点和夹紧点进行合理的分解，然后把相应的定位点（或夹紧点）分布在若干块可以移动的调整块上。连杆类零件加工组，其中的定位点和夹紧点分解成三组，最后对每组的定位点和夹紧点进行具体的结构设计。分解定位点和夹紧点应遵循下列原则：

a. 可以将距离比较近的定位点（或夹紧点）分在一起。

b. 分在一起的定位点（或夹紧点）所对应的每个零件的定位尺寸变化不要太大。

c. 分在一起的定位点（或夹紧点）进行移动时，对零件定位表面（或夹紧表面）相对位置的变化要小。

图3-88是按照以上三点原则，对定位点和夹紧点分解后的示意。

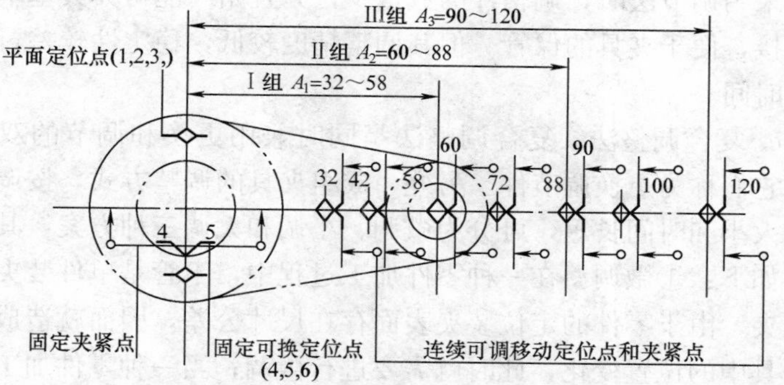

图3-88 分解定位点和夹紧点

5）确定零件组在夹具上的最佳位置。设计时，要尽量使机床、夹具和刀具之间的调整量为最小，这个位置即为零件组在夹具上的理想位置。

6）调整部位的调整方法。调整、可换元件的设计原则，应保证成组夹具调整时间最短、力求简单可靠，一般有下列三种方法。

a. 更换法。更换法是成组夹具在调整时，根据工件加工要求（一般为较高精度要求）及有关尺寸的变化更换调整件的方法。这种调整件称为更换件。更换件可能是个别元件，也可能是组件或部件。

更换法允许工件定位基面及夹紧部位的结构及尺寸有较大的变化。其调整精度取决于更换件的制造精度以及它们之间或它们与通用基体之间的配合精度。因此要求更换件具有较高的精度和耐磨性。更换法常常可以达到较高的精度，而且精度稳定性好、工作可靠、调整简单，不受操作者水平限制。

b. 调节法。调节法是成组夹具调整时不更换调整件而仅调节调整件的位置，这种调整件称为调节件。

调节的方式通常又可分为无级调节和定尺寸调节两种。后者一般是调整件按孔距来变换不同的位置，通常用于大尺寸范围的调节。无级调节则是调整件做连续移动或转动，从而达到规定的调整尺寸。定尺寸调节法具有某些和更换法相同的特点，不同之处仅在于整个零件组的安装及加工中，调整件并不更换，而仅改变在夹具中的相对位置。

采用调节法时，调整件的数量少，并且始终能与夹具基本部位相连接，便于夹具的保管。但其调整精度较低，稳定性较差，调整较费时间。

c. 复合调整法。复合调整法是同时兼用更换和调节的双重作用，它们称为更换调节件。另外，成组夹具的调整方式，按调整距离的大小和时间长短，可分为微调、小调和大调三种方案，其设计原则如下：①微调。在一种零件加工过程中，不管是单件装夹或多件装夹，由于零件的定位装夹表面存在尺寸公差，因而就造成零件在夹具中的位置变化，此时就需要进行微调；当一种零件加工完毕后，要更换同一调整组中的另一个零件时，一般也采用微调机构进行调整。②小调。当一个调整组中的零件全部加工完毕后，要更换另一个调整组中的零件时，一般可采用小调的方式进行调整；③大调。当同组零件全部加工完毕后，要更换另一个零件组中的零件时，一般均采用大调的方式进行调整。

以上三种调整方式，如图 3-89 所示。该图为多件装夹的成组铣床夹具。在加工同一种零件的过程中，由于零件定位夹紧表面尺寸公差的影响，因而造成零件在夹具中定位面至夹紧面距离位置尺寸的不一致。但由于夹紧机构是液压缸，液压缸在夹紧过程中，它本身具有一定尺寸范围的行程，虽然由于零件在夹具中定位面至夹紧面距离尺寸的不一致，故这种小距离的微调，就靠液压缸本身的行程在夹紧过程中来自动进行调节。至于小调或大调，主要是改变液压缸座和夹具底板之间锯齿啮合的齿数。调整的移动方式有如图 3-89 所示间断移动调整，连续移动调整如图 3-90 所示。间断移动调整一般是当调整块在夹具体内调整次数较少，而且调整尺寸变化较小时应用。而连续移动

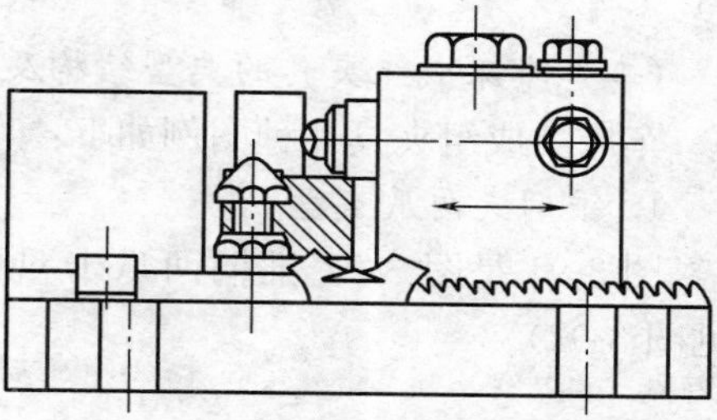

图 3-89 间断移动的调整结构

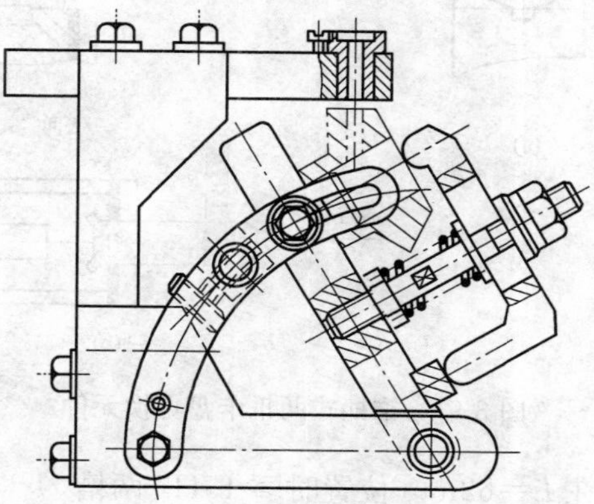

图 3-90 连续移动的调整结构

调整结构一般用于当调整块在夹具体内调整次数比较频繁，而且调整尺寸变化较大的情形。

7）夹具基体部位的设计。夹具基体是成组夹具的基础。在设计夹具基体时，除应保证结构合理外，还应保证夹具基体有足够的刚度，而且在可能的范围内，力求能加工零件组的全部（或大部分）零件。

（二）车床成组夹具的典型结构及应用实例

车床类成组夹具几种图例如下：

1. 锥柄式两爪卡盘

图 3-91 是图 3-92 锥柄两爪卡盘的可换件。其技术要求如下（见图 3-92）。

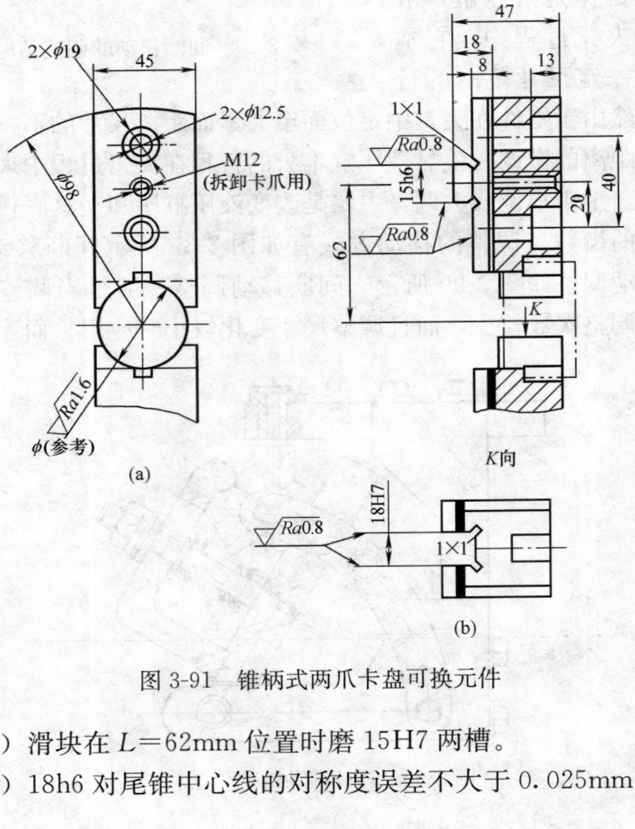

图 3-91 锥柄式两爪卡盘可换元件

（1）滑块在 $L=62$mm 位置时磨 15H7 两槽。

（2）18h6 对尾锥中心线的对称度误差不大于 0.025mm。

（3）两 15H7 距回转中心的尺寸公差，在滑块行程范围内的任何位置不大于 0.05mm。

（4）P 面对尾锥中心线垂直度误差不大于 0.02mm。

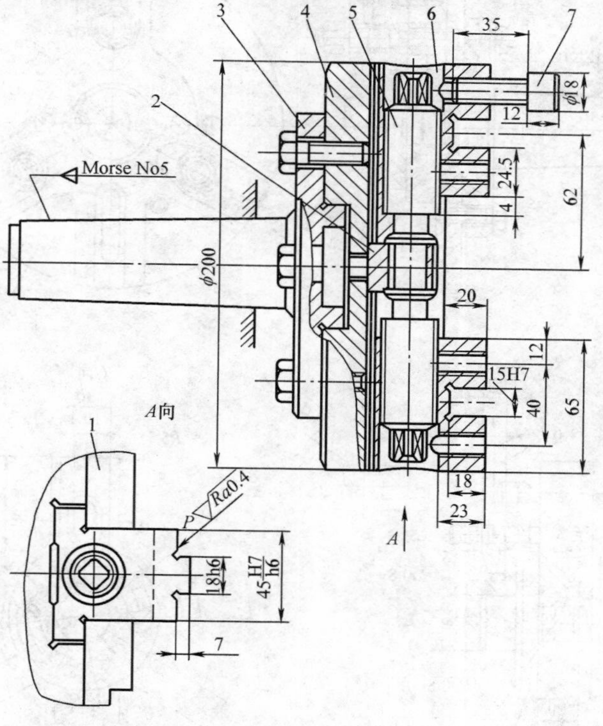

图 3-92　锥柄式两爪卡盘

1—压板；2—限动块；3—尾锥；4—基体；

5—螺杆；6—滑块；7—螺钉

2. 锥柄式成组花盘

图 3-93（b）为图 3-93（a）锥柄式成组花盘的可换元件。当 $d<28$mm，$\phi70$H7 处固紧槽可开在 $\phi44$mm 处。技术要求如下（图 3-93）。

（1）$\phi25$H7 中心对尾锥中心的同轴度误差不大于 0.02mm。

（2）B 面对尾锥中心的垂直度误差不大于 0.02mm/50mm。

（3）基体压板不适用时可另行设计。

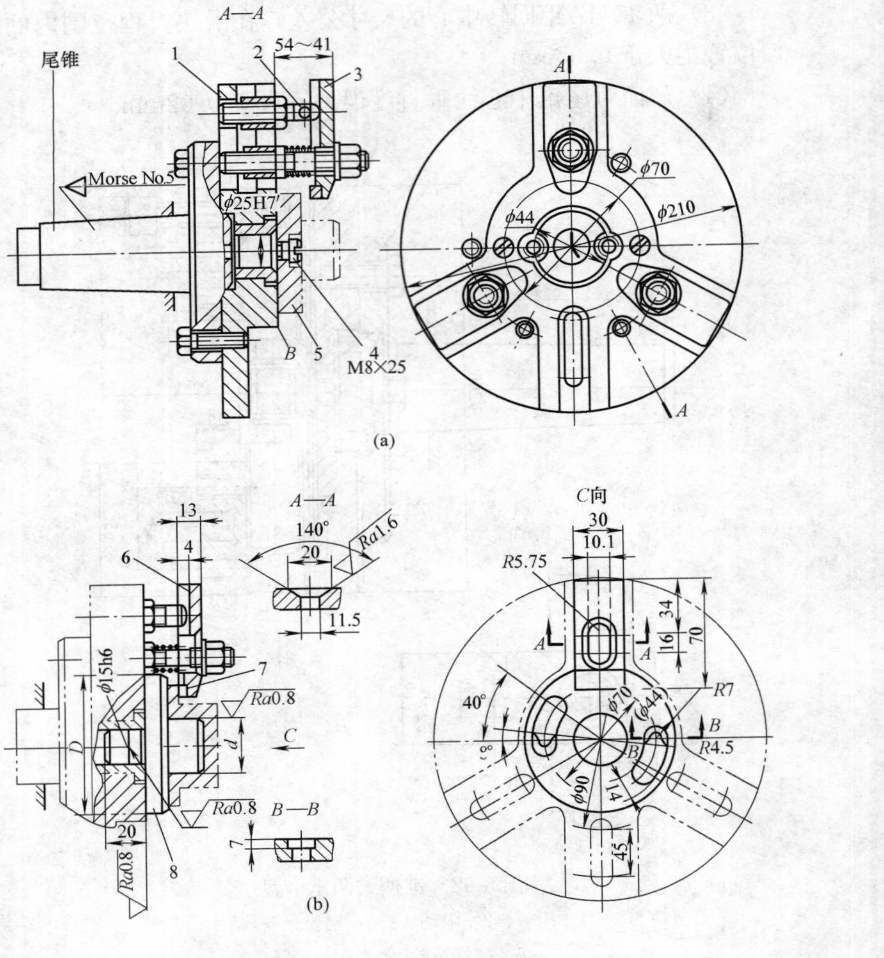

图 3-93　锥柄式成组花盘

1—花盘；2—支承；3、6—可换压板；

4—螺钉；5、8—可换定位块；7—镶铜

3. 成组车削轴套件偏心卡盘的结构特点

如图 3-94 所示，弹簧夹头可根据工件定位直径的变化变换。工件在弹簧夹头内定位和夹紧。偏心可通过螺杆调节，导轨内的滑块偏心量能直接从刻度上看出，精确度为 0.05mm。调节后通过螺

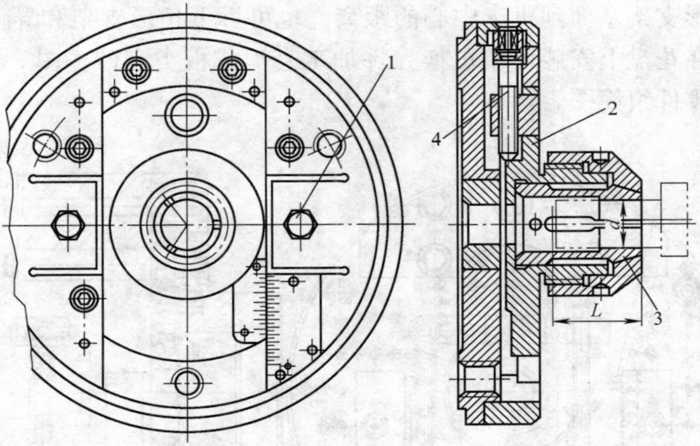

图 3-94 偏心卡盘

1—螺钉；2—滑块；3—弹簧夹头；4—螺杆

钉将滑块压紧。

适用于偏心轴类零件的车、镗工序，定位直径 $d=25$mm，长度 $L<55$mm，偏心量 $e<10$mm。

图 3-95 为加工零件组简图。

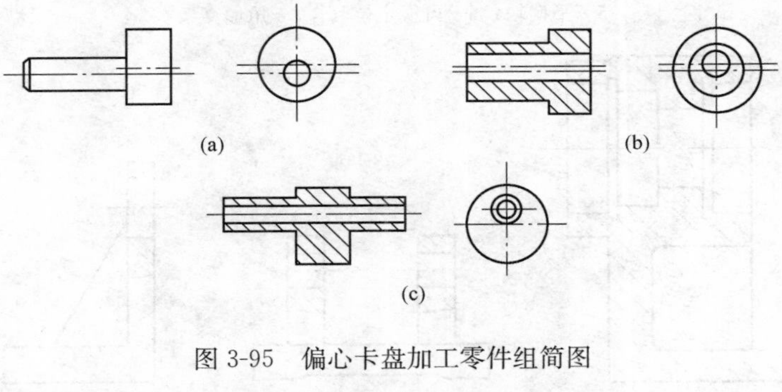

图 3-95 偏心卡盘加工零件组简图

4. 成组车异形件夹具的结构特点

如图 3-96 所示，夹具由联接车床主轴的铸铁过渡盘，经过淬硬的花盘和可调角形支架组成。角形支架和花盘的平面上有一系列连接螺孔和定位坐标孔及可换定位套，供定位和夹紧一组零件的可调可换元件用。角形支架两侧的导向板上有基准销和刻度，以便调整角形支架基面到机床中心的距离。也可拆下角形支架和导向板，直接在花盘上安装可调可换元件加工套类或板类零件。图 3-97 为加工零件组简图。

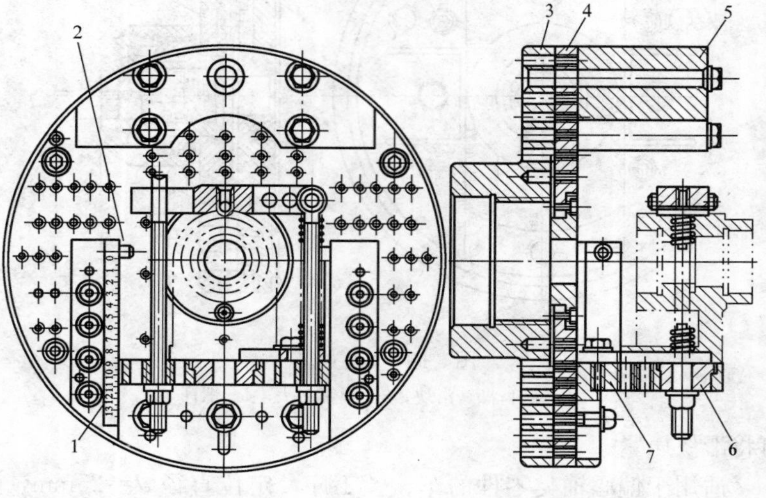

图 3-96　成组车异形件夹具

1—导向板；2—基准销；3—过渡盘；4—花盘；5—平衡块；6—可换定位套；7—角形支架

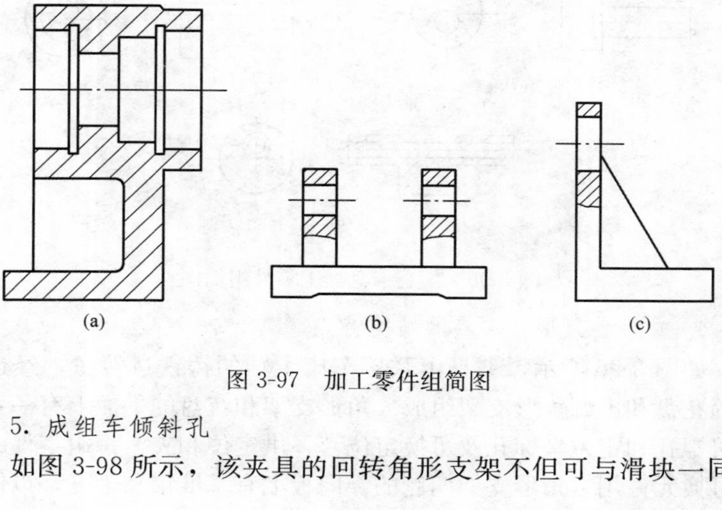

图 3-97　加工零件组简图

5. 成组车倾斜孔

如图 3-98 所示，该夹具的回转角形支架不但可与滑块一同移动，而且可在0°～50°范围内绕圆销转动，以适应加工不同角度倾斜孔的壳体或支架类等中、小型零件。经淬硬的回转角形支架的基面上有T形槽和可换定位套，以便安装可调可换件和夹紧元件。图3-99为图3-98所示夹具的加工零件组简图。

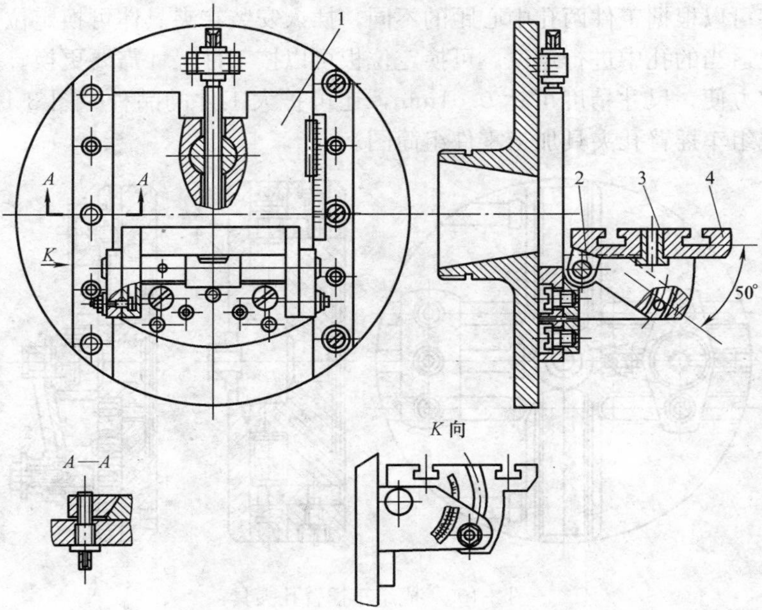

图3-98 成组车倾斜孔夹具

1—花盘；2—圆销；3—可换定位套；4—回转角形支架

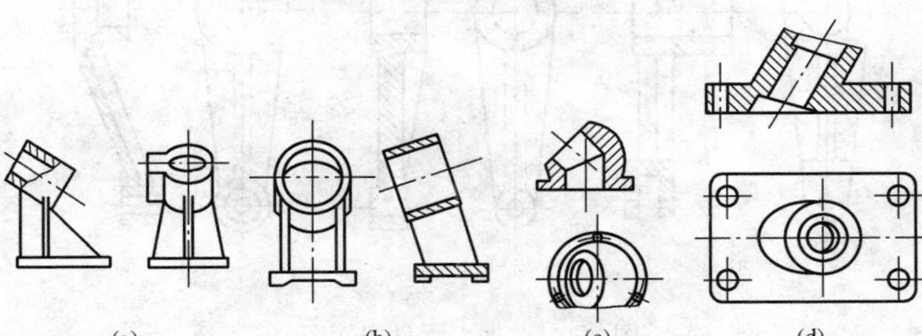

图3-99 成组车倾斜孔夹具加工零件组简图

6. 成组车摇臂孔夹具

如图 3-100 所示，本夹具适用加工摇臂或连杆类零件。工件以一个加工过的孔和端面在可换定位座上定位和夹紧。通过螺栓分别使滑块上的卡爪，将工件毛坯外圆夹压，即可进行加工。可换定位座可以根据工件两孔中心距的不同，插入安装在夹具体可换定位板上适当的孔中进行定位。可换定位板可以按工件尺寸需要更换。调整方便，尺寸精度可达 0.01mm，还可扩大工件的品种。图 3-101 成组车摇臂孔夹具加工零件组简图。

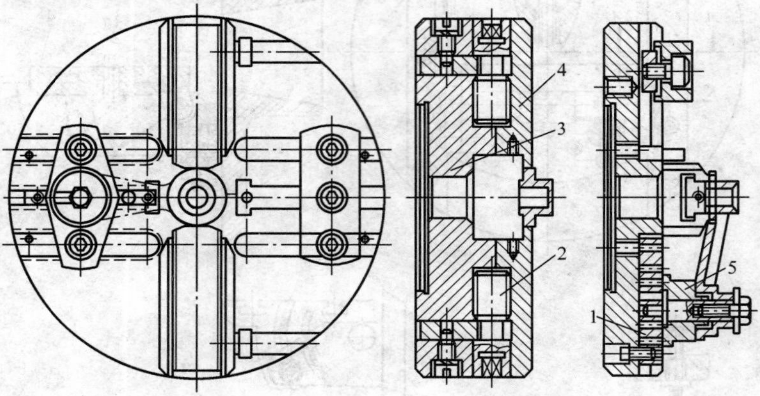

图 3-100　成组车摇臂孔夹具

1—可换定位板；2—螺栓；3—基体；4—卡爪；5—可换定位座

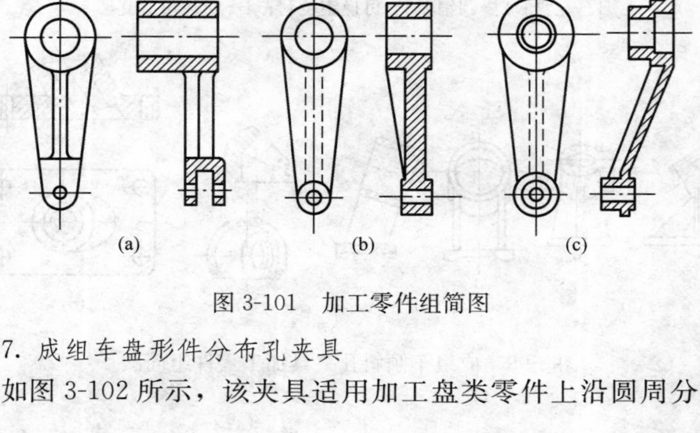

图 3-101　加工零件组简图

7. 成组车盘形件分布孔夹具

如图 3-102 所示，该夹具适用加工盘类零件上沿圆周分布的孔。工件在分度圆盘和可换定位销上定位，用垫片和可调钩形压板分别在中心线和外圆处将工件压紧。一组工件分布孔的分度半径，通过花盘上的定位销，插入滑块上的一组相应的定位孔内来进行调整。工件的分度孔是用滑块上插销插入分度圆盘来保证的。图3-103为加工零件组简图。

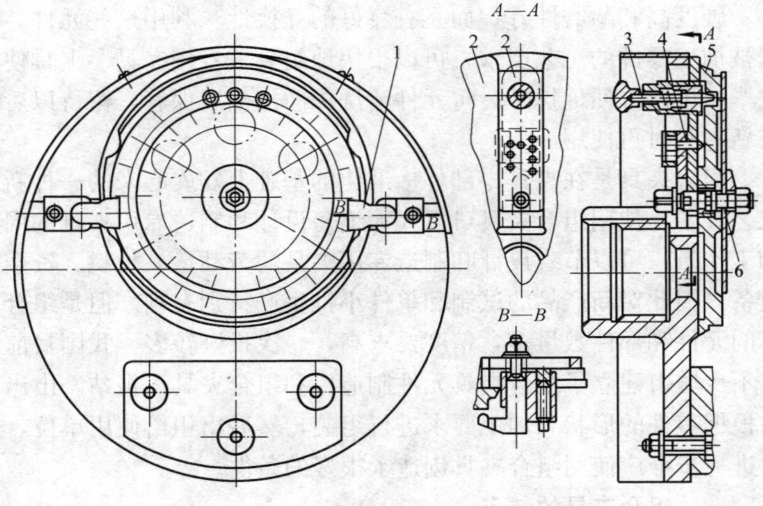

图 3-102　成形车盘形分布孔夹具

1—可调钩形压板；2—花盘滑块；3—插销；4—销子；5—可换定位销

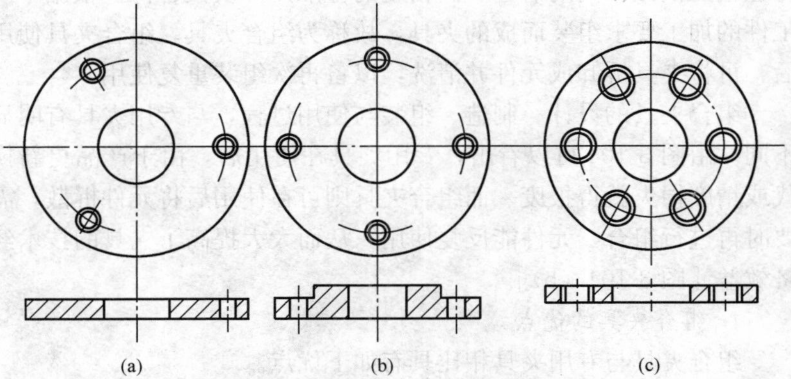

图 3-103　成形车盘形分布孔夹具加工零件组简图

第六节 车床组合夹具简介

组合夹具是由可循环使用的标准夹具零部件（或专用零部件）组装成易连接和拆卸的夹具。其零部件相互配合部分的尺寸公差小、硬度高和耐磨性好，而且有良好的互换性。利用这些元件，根据被加工零件的工艺要求，可以很快地组装成专用夹具。夹具使用完毕，可以方便地拆开，将元件清洗擦净加油后保管，留待以后组装新夹具时再使用。

组合夹具是在夹具零部件标准化的基础上发展起来的一种新型工艺装备。使用组合夹具可以大大缩短设计和制造专用夹具的周期和工作量；可以节省设计和制造专用夹具的劳动量、材料、资金和设备。因此对新产品的试制和单件小批生产特别有利。但是组合夹具的元件和部件数量多，精度要求高，一次投资较多。我国目前已有不少城市建立了组合夹具元件制造厂和组合夹具出租站。由出租站根据零件的形状和加工要求进行组装，然后出租给使用单位，这对进一步推广使用组合夹具创造了很好的条件。

一、组合夹具的特点

组合夹具是一种标准化、系列化和通用化程度较高的机床夹具。它是由一套预先制造好的不同形状、不同规格、不同尺寸、具有完全互换性和高耐磨性、高精度的标准元件及其合件，根据不同工件的加工要求组装而成的夹具，故称为组合夹具。组合夹具使用后，可将夹具拆卸成元件并清洗，以备再次组装重复使用。

组合夹具的设计、制造、组装与使用过程，与专用夹具有明显不同。由图 3-104 可以看出，专用夹具在使用后，由于产品更新换代或精度损失就得报废。而组合夹具则可在使用后将元件拆散，需要时再进行组合，元件能反复使用，从而大大提高了夹具的技术经济效益［图 3-104 (b)］。

1. 组合夹具的优点

组合夹具与专用夹具相比具有如下优点。

(1) 组合夹具灵活多变又易于掌握。一个拥有 2 万个左右元件的组合夹具组装站，每月可组装出各类组合夹具400多套，以适应千变万化的被加工工件的需要。

（2）可缩短产品生产准备周期。设计、组装组合夹具工时短，可大大地缩短产品生产准备周期。通常一套较复杂的专用夹具，经设计到制造需要1个月左右的时间，而组装一套中等复杂程度的组合夹具只要几小时，从而可缩短生产准备期90%以上。

（3）可降低材料消耗和节约人力。由于组合夹具元件可长期反复使用，因而大大地节省了专用夹具设计和制造工作量，节省了制造专用夹具的材料。制造一套中等复杂程度的专用夹具，约需金属材料10～30kg，而组合夹具每次使用仅折旧消耗0.3～1kg，从而可节约95%以上的材料。

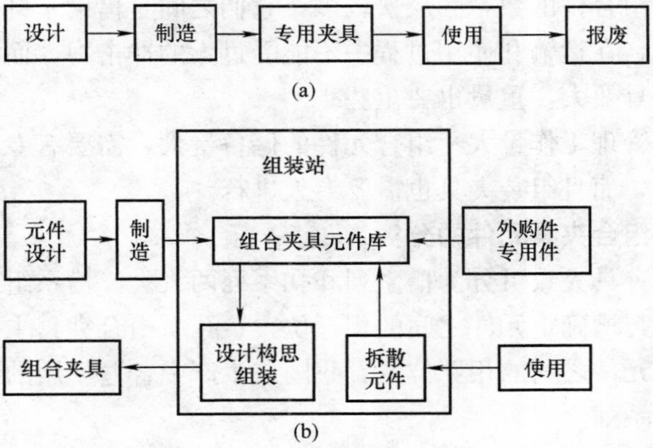

图3-104　专用夹具与组合夹具的区别

（a）专用夹具；（b）组合夹具

（4）可以提高工艺装备水平和系数。由于组装站可以为用户迅速而及时地提供（或出租）组合夹具，使多品种、小批量企业的工艺装备情况可达到大批量生产的水平，从而提高了生产率，降低了生产成本。

（5）可减少夹具存放面积。由于组合夹具元件可以循环使用，可减少逐年积累的专用夹具的数量，从而可减少车间存放夹具的面积。

由于组合夹具具有以上的优点，因而在多品种、小批量生产的企业中得到了有效的应用，特别在新产品试制阶段，使用组合夹具可以取得明显的技术经济效益。

2. 组合夹具的缺点

组合夹具也有缺点，使其应用受到一定的限制。其主要表现如下。

（1）初期投资费用高。由于组合夹具元件和组合件需要较大数量的储备，而这些元件和组合件的精度和表面质量要求较高，工艺复杂，材料多为合金钢。因此，开始制造时比较困难，成本也较高。

（2）体积大、结构复杂。在组装用于加工较复杂的工件时，夹具元件和组合件的数量和层次较多，它们之间是借助于键和螺钉连接起来的，在运输和使用过程中不能受过大的冲击力，而且体积要比专用夹具要大，重量也要重些。

（3）管理工作量大。组合元件的储备量大，需要有专人负责管理、维护，而且组装夹具也需要专人进行。

二、组合夹具元件的分类

组合夹具大致可分为槽系列和孔系列两大类。槽系组合夹具主要通过键与槽确定元件之间的相互位置；孔系组合夹具主要通过销和孔确定元件之间的相互位置。我国在生产中普遍使用的组合夹具大多是槽系列。

根据组合夹具连接部位结构要素的承效能力和适应工件外形尺寸大小，又可分为大、中、小三个系列，见表 3-38。

表 3-38　　组合夹具系列

系列名称及代号	结构要素	可加工最大工件轮廓尺寸（mm）
大型组合夹具元件 DZY	槽口宽度 16mm 联接螺栓 M16	2500×2500×1000
中型组合夹具元件 ZZY	槽口宽度 12mm 联接螺栓 M12	1500×1000×500
小型组合元件 XZY	槽口宽度 8mm，6mm 联接螺栓 M8，M6	500×250×250

组合夹具元件按用途可分为 8 大类，每一类又有多个品种和多种规格。这些品种、规格不同的元件，其区别在于外形尺寸和相应的螺钉直径、定位键宽度不同。组合元件类别、品种和规格见表 3-39。

下面主要介绍我国槽系组合夹具各类元件中一些主要品种的外观形状，而孔系组合夹具元件分类与槽系基本相同。各类元件及主要用途如下。

1. 第一类：基础件

基础件主要作夹具体用，也是各类元件安装的基础。通过定位键和槽用螺栓可定位和安装其他元件，组成一个统一的整体。基础件有方形基础板、长方形基础板、圆形基础板和角尺形基础板等结构形式，如图 3-105 所示。其中圆形基础板还可作简单的分度。角尺

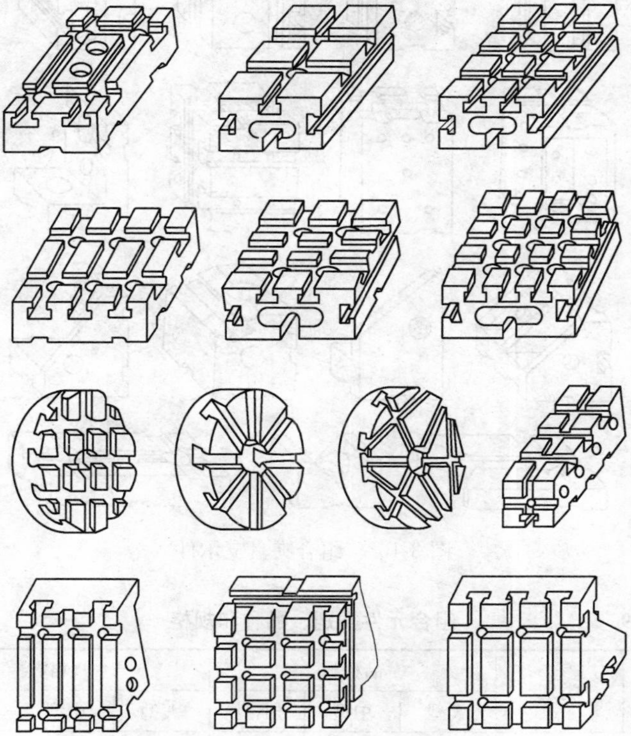

图 3-105　组合夹具基础件

形基础板可作弯板及较强的支柱，也可作钻模、铣削夹具的夹具体。

2. 第二类：支承件

它是组合夹具的骨架元件，各种夹具结构的组成都缺少不了它。支承件用作不同高度的支承和各种定位支承平面。它还起到上下连接作用，即把上面的合件及定位、导向等元件通过它与其下面的基础板连成一体。它包括各种垫片、垫板、支承、角铁垫板、菱形板、V形块等，如图3-106所示。

图3-106　组合夹具支承件

表3-39　组合元件类别、品种和规格

序号	类别	品种数			规格数		
		大型	中型	小型	大型	中型	小型
1	基础件	3	9	8	9	39	35

续表

序号	类别	品种数			规格数		
		大型	中型	小型	大型	中型	小型
2	支承件	17	24	34	105	230	186
3	定位件	7	25	27	30	335	236
4	导向件	6	12	17	16	406	300
5	压紧件	6	9	11	13	32	31
6	紧固件	15	16	18	96	143	133
7	其他件	8	18	13	25	135	74
8	组合件	2	6	11	4	13	22

3. 第三类：定位件

定位件如图 3-107 所示。有定位键、定位销、定位盘、各种定

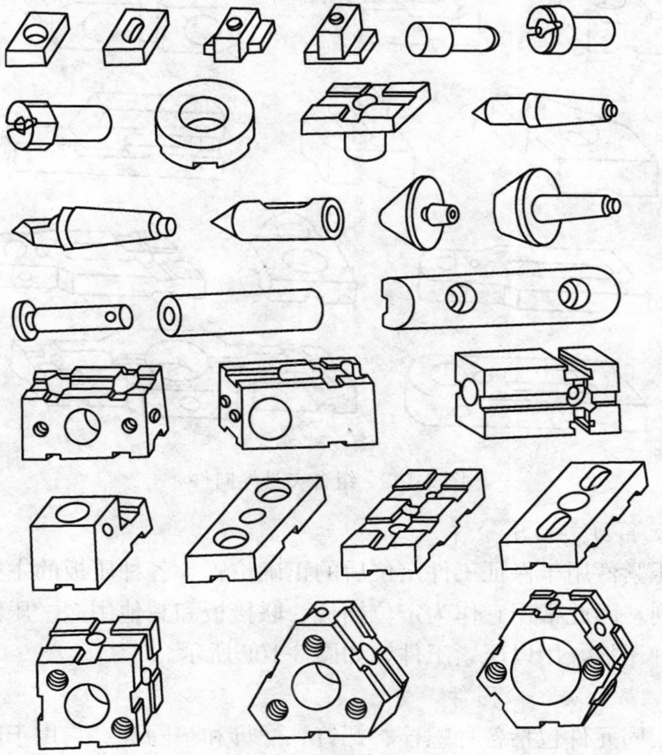

图 3-107　组合夹具定位件

位支承、定位支座、镗孔支承、对位轴及各种顶尖等。定位元件主要用在组装时确定各元件之间或元件与工件之间的相对位置，用于保证夹具中各元件的定位精度和联接强度及整个夹具的刚度。

4. 第四类：导向件

导向元件主要用来确定孔加工时刀具与工件的相对位置，有的导向件可作工件定位用，有的也可作引导刀具的作用。如图 3-108 所示，它包括各种结构和规格的钻模板、钻套和导向支承等。

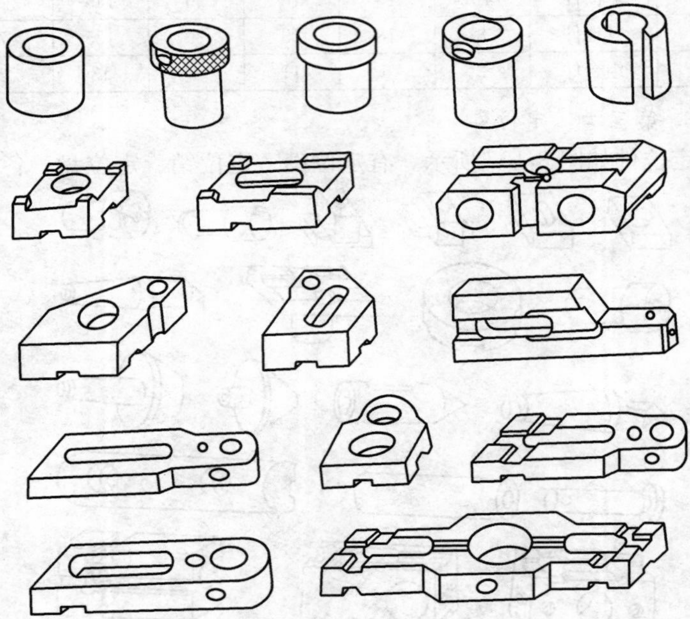

图 3-108　组合夹具导向件

5. 第五类：压紧件

压紧件用于保证工件定位后的正确位置。各种压板的主要面都经磨削，因此常用它作为定位挡板、联接板和其他用途。压紧件包括各种压板，用以压紧工件，如图 3-109 所示。

6. 第六类：紧固件

紧固元件包括各种螺栓、螺钉、螺母和垫圈等。它用于联接组合夹具中的各种元件及紧固被加工工件，它在一定程度上影响着整

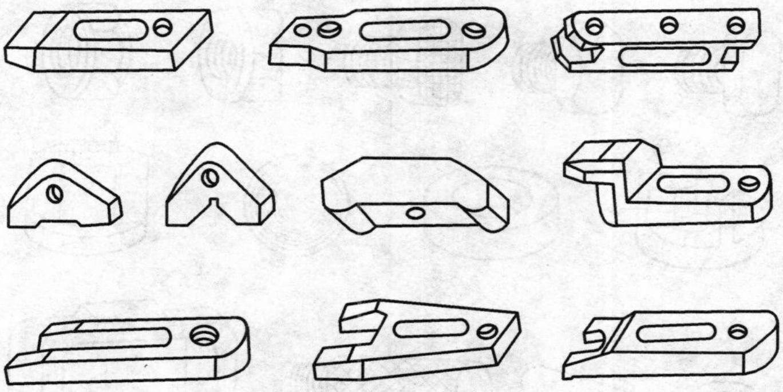

图 3-109　组合夹具压紧件

个夹具的刚性。组合夹具使用的螺栓和螺母，一般要求强度高、寿命长、体积小，如图 3-110 所示。

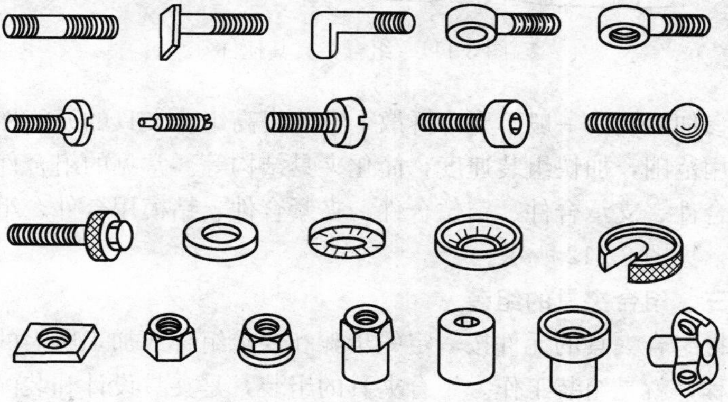

图 3-110　组合夹具紧固件

7. 第七类：其他件

这类元件是在组合夹具的元件中难以列入上述几类元件的，统一并入其他件。包括：连接板、回转压板、浮动块、各种支承钉、支承帽、支承环、二爪支承、三爪支承等，其用途各不相同，它们在夹具中主要起辅助作用，如图 3-111 所示。

8. 第八类：组合件

组合件是指由几个元件组成的单独部件，在使用过程中以独立

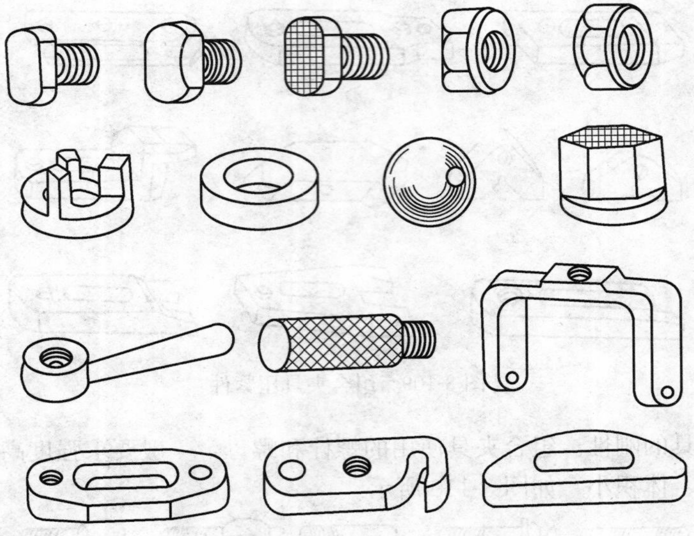

图 3-111　组合夹具其他件

部件参加组装，一般不允许拆散。它能提高组合夹具的万能性，扩大使用范围，加快组装速度，简化夹具结构等。常见的组合件分为分度合件、支承合件、定位合件、夹紧合件、钻模用合件、组装工具等，见图 3-112 所示。

三、组合夹具的组装

把组合夹具的元件按一定的步骤和要求组合成加工所需的夹具的过程，就是组装工作。组合夹具的组装，是夹具设计和装配统一的过程。正确的组装过程，一般按下列步骤进行。

1. 熟悉工件加工工艺和技术要求

因为组合夹具是为加工某工件的一个工序服务的，因此在组装前必须对这个工件的工艺规程和工件图样上的技术要求有所了解，特别是对本工序所要求达到的技术要求要了解透彻。此外，还应掌握组合夹具现有各类元件的结构和规格等情况。

2. 拟定组装方案

在熟悉了加工工件的工艺和技术要求后，经过分析，就可按工件的定位基准来选择定位元件，并考虑其如何固定和调整。同时，

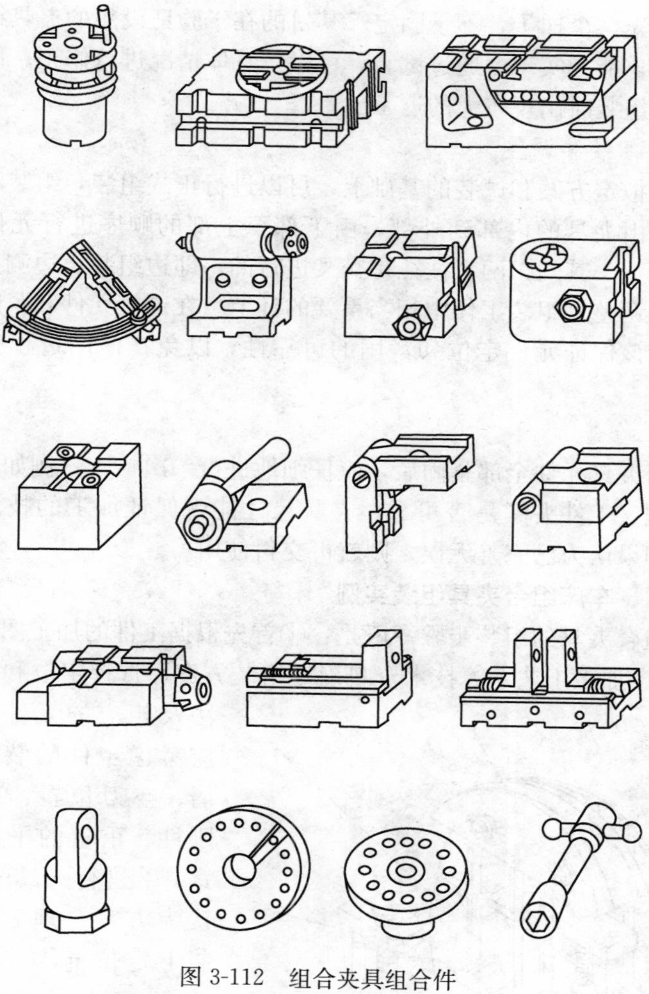

图 3-112 组合夹具组合件

按工件的形状、夹紧部位来选择夹紧元件，确定夹紧装置的结构。此外，还应考虑有哪些特殊要求需要保证，采用哪些元件来实现这些特殊要求等。最后，还应大体上设想一下整个夹具总的布置情况。

3. 试装

在有了上述初步设想后，就可着手进行试装。即按设想的夹具结构，先摆个样子，不予固定。其目的在于验证设想的夹具结构是否合理，能否实现，通过试装，可以按具体情况进行修正，以避免在正式组装时出现较大的返工。

4. 组装和调整

在拟定方案和试装的基础上，可以进行正式组装，组装时一般是按照由夹具的内部到外部，由下部至上部的顺序进行元件的组装、调整。其间，两者往往是交叉进行的，即边组装、边测量、边调整。调整是组装工作中相当重要的环节。在连接元件和紧固元件时，应该保证元件定位和紧固的可靠性，以免在使用过程中发生事故。

5. 检查

当夹具元件全部紧固后，应仔细地进行一次检查，例如结构是否合理、工件夹紧是否可靠、夹具尺寸能否保证加工的技术要求等。如果认为已完善无误，则就可交付使用。

四、车床组合夹具组装实例

组合夹具的组装步骤一般是：①首先根据工件的加工图样（或实物)、加工工艺卡等技术资料确定组装方案，选择定位和夹紧方法及相应的元件，同时应考虑工件的装卸、排屑、空刀位置、夹具的刚性、重量的平衡等因素。②进行夹具的试装，认为方案合理后，即可装上定位键，进行元件的连接和尺寸调整工作；③仔细检验夹具的总装精度、尺寸精度和相互位置精度，经认为合格后方可交付使用。

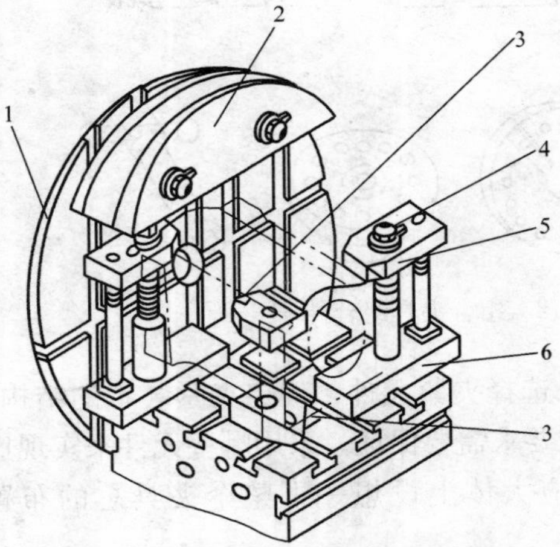

图 3-113　组合车床夹具

1—基础件；2—辅助件；3—定位件；4—紧固件；5—压紧件；6—支承件

图 3-113 所示是已组装成组合车床夹具。

第七节　车床夹具的分析与改进

夹具设计制造不像机器、部件产品有试制、改进、再试制、投产等过程。所以，对较复杂的夹具，难免在使用时会发现一些缺陷。此时需要进行夹具的改进，以提高零件的加工制造精度，保证质量。

一、夹具的设计

夹具设计中存在缺陷和不足，最好在审图时，通过认真、细致地审阅、分析、发现问题，及时修正，这样损失最小。夹具在制造中发现问题，多为加工工艺性问题，则应立即进行工艺性改进，以免影响产品的质量。夹具制造后，属于外表使用性能的问题，通过观察实物和操作，易被发现，如结构是否合理、操作是否方便和安全、定位和夹紧是否稳定可靠等。但如果存在影响工作精度的问题，则需要通过对夹具的设计精度、制造精度、机床的实际精度等因素进行全面综合的分析和误差计算，才能找出原因，进行改进。下面以凸轮夹具为例，简述夹具设计必须考虑的问题。

图 3-114 所示为凸轮零件，生产批量为 40 件。

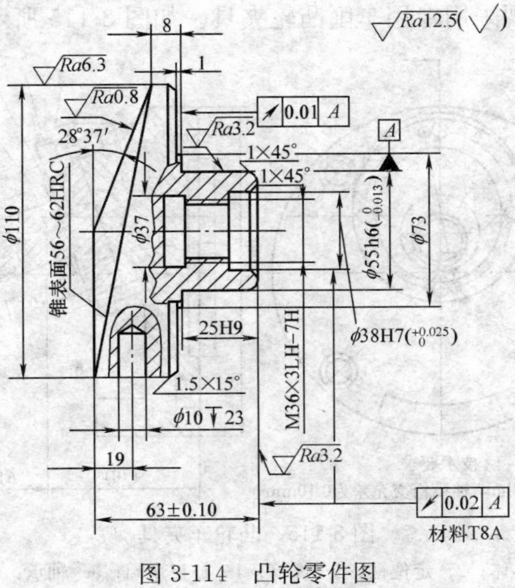

图 3-114　凸轮零件图

1. 加工工艺分析

(1) 凸轮零件在 ϕ55h6 外径处装有推力轴承。ϕ38H7 孔和 M36×3 左—7H 螺纹与主轴联接，由主轴带动凸轮转动，凸轮端面与高硬度的滚轮接触存在滚动摩擦和滑动摩擦，所以，端面要求有高的硬度和较细的表面粗糙度。

(2) 零件是一个端面凸轮，它的凸轮面是个圆锥面，其圆锥轴线与 ϕ55h6 轴线的夹角＝28°37′/2（即为 14°18′30″）。

(3) 零件圆锥面经车削后淬硬（表面），再磨削圆锥面，才能保证表面粗糙度要求。

(4) 零件除圆锥外，其余各加工面加工时，粗车和精车应分开，粗车适当工序分散，但对于精车 ϕ55h6 外径、25H9 两端平面，ϕ38H7 孔和内螺纹 M36×3 左—7H 的车削，从保证零件的位置精度要求考虑，宜采用工序集中的方法。

(5) 凸轮零件上的 ϕ10mm 深 23mm 的孔，是在装配或维修时便于装卸零件用的。

2. 夹具设计

凸轮零件的加工关键是如何加工与 ϕ55h6 轴线夹角＝28°37′/2 的圆锥面。现采用专用车削凸轮夹具。如图 3-115 所示。

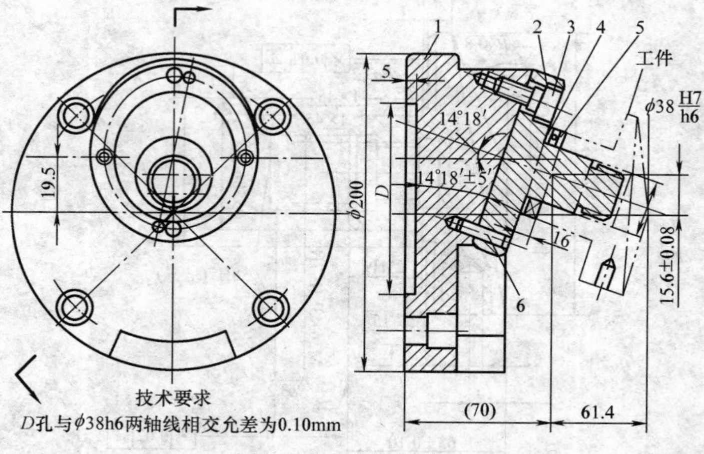

图 3-115 凸轮车夹具

1—夹具体；2—定位柱；3—螺钉；4—补正垫圈；5—轴承；6—锥销

夹具通过车床连接盘相联接，使工件圆锥面轴线与车床主轴轴线重合，即可车出工件的圆锥凸轮面。这种车夹具比一般用靠模机构加工凸轮的方法要简单、经济、方便。

车夹具中件 4 补正垫圈的设置，改善了夹具制造的工艺性。件 5 推力轴承的设置，便于切削加工后卸下工件。

使用夹具加工凸轮，采用孔和端面定位，故在车削中不宜选用较大的切削用量，同时凸轮又是利用自身的左旋螺纹（M36×3 左－7H）夹紧，所以车削加工时主轴必须反转。

夹具设计的一般步骤如下。

（1）收集、分析零件图资料，明确夹具的设计要求。

（2）选择工件的定位基准。

（3）确定夹具的结构方案，包括：工件的定位、夹紧方法；刀具对刀方式；夹具体的结构型式。

（4）选择确定最为经济合理的最佳方案，并绘制设计后的夹具总装图。

二、支承座车床夹具的分析

图 3-116 所示为支承座零件，工件上有 ϕ62J7 和 ϕ35H7 两个互相垂直的孔。图 3-117 和图 3-118 分别用来加工这两个孔的夹具。支承座为批量生产。

1. 工艺分析

（1）工件的设计基准是 ϕ62J7 孔轴线 A 和平面 B。

（2）工件的关键精度是 ϕ35H7 孔轴线对 ϕ62J7 孔轴线 A 的垂直度误差 0.03mm 和两孔轴线的相交度误差 0.1mm。加工时如超差则将不能修复。

（3）工件 ϕ62J7 孔轴线 A 对平面 B 的垂直度为 0.02mm，精度较高。但平面 B 是个刮削平面，加工中如垂直度超差，则因 B 面与其他面的尺寸精度为未注公差尺寸，故可以重新修刮 B 面，使之达到精度要求。

（4）加工中选工件 B 面作为精基准。其工艺过程为

铣 B 面⟶刮 B 面⟶车两孔、螺纹、端面⟶铣尺寸 37mm 面⟶钻孔。

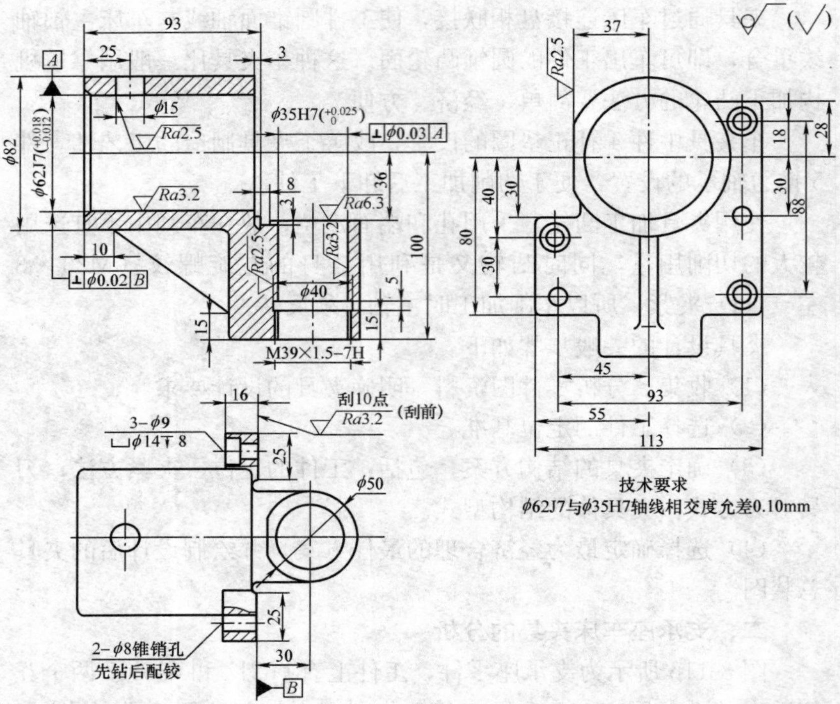

图 3-116　支承座零件图

2. 夹具分析

(1) 图 3-117 所示夹具以工件 B 面作主要定位基准加工 ϕ62J7 孔，工件定位基准与设计基准重合。图 3-118 所示夹具以工件 B 面和 ϕ62J7 孔作定位基准，加工 ϕ35H7 孔和螺纹，对工件两孔轴线相交度来说，工件定位基准与设计基准重合。对工件两孔垂直度来说，工件定位基准与设计基准不重合，但与加工 ϕ62J7 孔的基准是统一基准。

(2) 采用图 3-117 和图 3-118 夹具分别加工工件两孔，增大了两孔垂直度的加工定位误差，同时在加工中需要更换夹具来进行车削，增加了工作量和难度。

3. 夹具的误差分析

工件在夹具中定位，会产生误差，其中包括：①由基准不重合

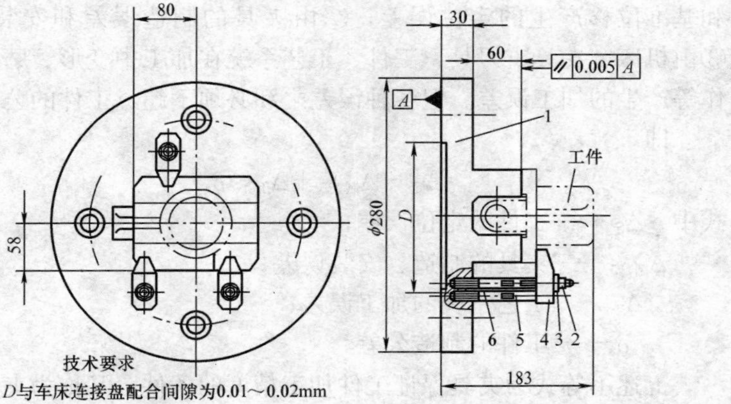

图 3-117　花盘式夹具

1—夹具体；2—螺母；3—垫圈；4—压板；5—支承杆；6—螺柱

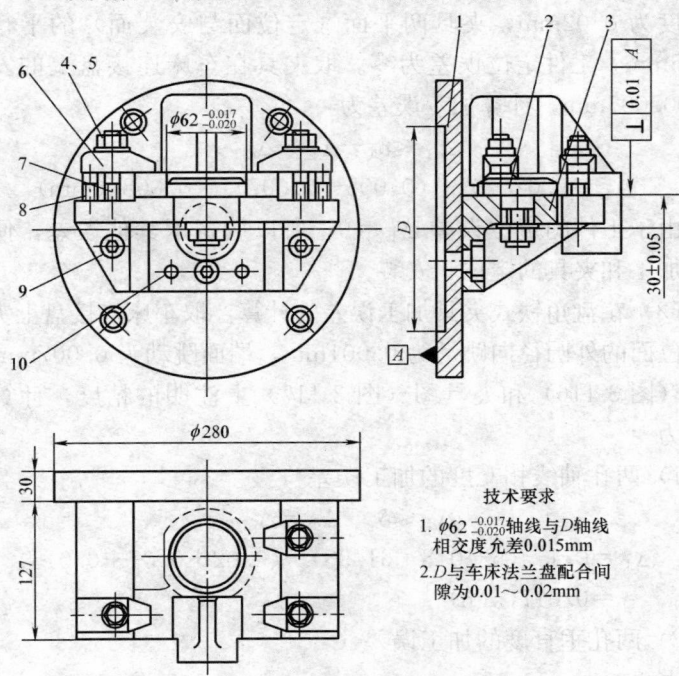

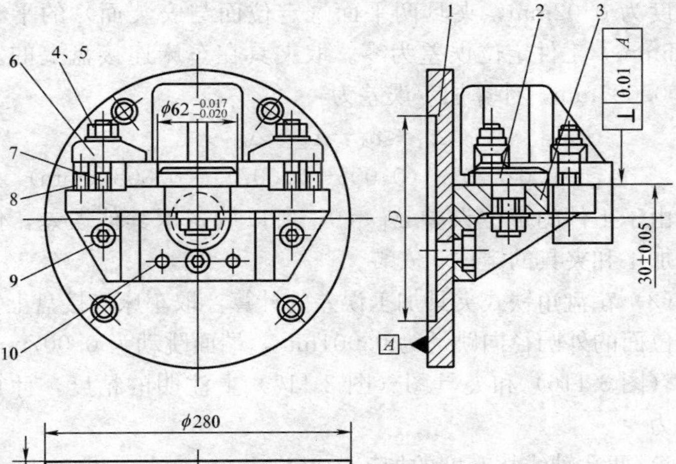

图 3-118　花盘角铁式夹具

1—夹具体；2—定心轴；3—角铁；4、5—螺母、垫圈；

6—压板；7、8、9—螺钉；10—锥销

和基准位移产生的定位误差；②由夹具的制造误差和安装误差；③由机床、夹具、刀具、工件、工艺系统在加工中变形、磨损、操作等产生的加工误差。但各种误差之和必须不超过工件的公差。

即

$$\Delta_{定}+\Delta_{制、安}+\Delta_{工}\leqslant\delta_{a}$$

式中 $\Delta_{定}$——工件的定位误差；

$\Delta_{制、安}$——夹具的制造、安装误差；

$\Delta_{工}$——工艺系统的加工误差；

δ_{a}——工件的制造公差。

上述不等式为夹具保证工件加工精度的条件，又称为夹具的误差计算不等式。是夹具设计中必须遵守的原则。

（1）花盘式夹具加工误差的计算。已知工件 ϕ62J7 孔对平面的垂直度为 0.02mm，夹具两平面（定位面与安装面）的平行度为 0.005mm，工件定位误差为零。取夹具在车床连接盘上的安装误差为 0.007mm，计算加工误差为

$$\Delta_{工}\leqslant\delta_{a}-\Delta_{定}-\Delta_{制、安}$$

$$\Delta_{工}=0.02-0-(0.005+0.007)=0.008\ (\text{mm})$$

由于工件的定位误差 $\Delta_{工}=0$，所以放宽了其他误差，便于工件的加工和夹具的定位、安装。

（2）花盘角铁式夹具加工误差的计算。取车床连接盘上夹具安装定位面的外圆径向跳动为 0.001mm，端面跳动为 0.007mm 及零件图（图 3-116）和夹具图（图 3-117）上注明的精度，计算加工误差为

1）两孔轴线相交度的加工误差

$$\Delta_{工}\leqslant\delta_{a}-\Delta_{定}-\Delta_{制、安}$$

$$\Delta_{工}=0.1-(62.018-61.98)-(0.02+0.01+0.015)=0.017(\text{mm})$$

2）两孔垂直度的加工误差

由于 $\Delta_{定}=0.02\text{mm}$；$\Delta_{制、安}=0.01+0.007=0.017\ (\text{mm})$

则： $\Delta_{定}+\Delta_{制、安}=0.02+0.017=0.037\ (\text{mm})>0.03\ (\text{mm})$

即 $$\Delta_{定}+\Delta_{制、安}>\delta_a$$

从计算可知，工件的定位误差与夹具的制造、安装误差之和已大于工件两孔垂直度公差，因此是不符合夹具设计原则不等式的，也不可能加工出合格的零件。

4. 车床夹具的改进

（1）采用多定位面车夹具的分析。图 3-119 所示夹具，是在图 3-117 和图 3-118 夹具的基础上，进行改进设计的支承座夹具。工件的定位基准不变。

1）夹具分析如下（与图 3-117 和图 3-118 夹具比较）。

a. 用这个夹具加工支承座上两个互相垂直的孔，比前面采用两个夹具分别进行加工要方便。

b. 夹具中压板 8 在假想线位置时，先加工支承座 ϕ62J7 孔，当压板在实线位置时，再加工 ϕ35H7 孔及螺纹等。

c. 夹具中件 3 采用弹性轴套作定位元件，提高了加工支承座时两孔轴线相交度的定位精度。

d. 夹具 B 面和 C 面在夹具上是个刚性整体，夹具的安装误差随夹具的变化而变化，对加工支承座两孔的垂直度无影响。

e. 由于夹具上 B 面对 A 面和 C 面的双基准位置度要求，便可以避免 B 面对 A 面和 C 面对 A 面两项位置度，从而可避免在最大误差时将其累积于工件两孔垂直度上。

2）夹具的误差计算。取车床连接盘上夹具安装定位面的外圆径向跳动为 0.01mm，端面跳动为 0.007mm 及支承座零件图（图 3-116）和多定位面车夹具（图 3-119）上标注的有关尺寸精度，计算加工误差如下。

a. 孔对平面垂直度的误差计算。

$$\Delta_{工}\leqslant\delta_a-\Delta_{定}-\Delta_{制、安}$$

$$\Delta_{工}=0.02-0-(0.005+0.007)=0.008\ (\mathrm{mm})$$

因为其他的条件均未发生变化，所以孔对平面垂直度的误差计算方法仍与前花盘式夹具（图 3-117）的计算相同。

b. 两孔轴线相交度的加工误差。

$$\Delta_{工}\leqslant\delta_a-\Delta_{定}-\Delta_{制、安}$$

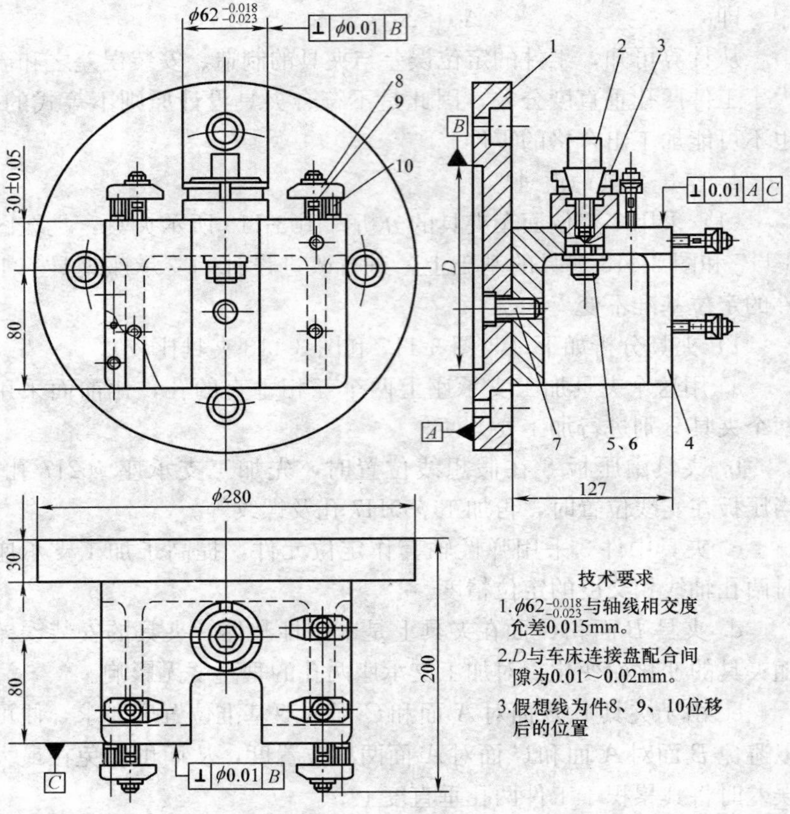

图 3-119　多定位面车夹具

1—夹具体；2—锥轴；3—弹性轴套；4—定位体；
5、6—螺母垫圈；7、9—螺钉、螺柱；8—压板；10—支承钉

$$\Delta_{工}=0.1-0-(0.02+0.01+0.015)=0.055\ (mm)$$

由于采用弹性轴套作定位元件，消除了定位误差，从而放宽了加工误差，较容易保证工件的加工质量。

c. 两孔垂直度的加工误差。

$$\Delta_{工}\leqslant\delta_{a}-\Delta_{定}-\Delta_{制、安}$$

$$\Delta_{工}=0.03-(0.02-0.007)-0.01=0.007\ (mm)$$

由于工件的主要定位基准与设计基准不重合和夹具的安装误差

对加工两孔垂直度无影响。因此，计算式中的工件定位误差，就是工件 ϕ62J7 孔对平面的最大垂直度误差减去含在其中的夹具安装误差。夹具的制造、安装误差，只代入夹具的制造误差。

（2）采用转位车夹具的分析。图 3-113 所示夹具，仍然是为加工支承座（图 3-116）而进行改进设计的一种车夹具，这种夹具与前面所讨论的夹具相比较，在结构等方面差异较大。

1）夹具分析如下。

a. 仍将支承座的 *B* 面作为主要定位基准。次要定位基准是工件上 37mm 的加工面和三个 ϕ9mm 孔中的一个作基准。

b. 直接利用工件上的三个已有螺钉孔，用三个 M8 的螺钉直接压紧工件，省去了一套夹紧机构。

c. 工件在夹具上定位基准和夹紧方法的变化，必然也应对工件的加工工艺过程做相应的改变。工艺过程改变如下。

a）铣 *B* 面和尺寸为 37mm 加工面。

b）钻 2—ϕ8mm 孔和 3—ϕ9mm 孔及沉孔 ϕ14mm，对其中一个 ϕ9mm 孔应提高其加工精度以用来做定位基准之用。

c）刮 *B* 面。

d）车 ϕ62J7 孔、ϕ35H7 孔和螺纹等。

e）钻 ϕ15mm 侧孔。

d. 工件在夹具定位体 3 上安装并定位后，加工两个互相垂直孔的过程中，工件不需要重新拆装定位，只要松开螺栓 4，转动定位体即可实现对工件的重新定位安装。

e. 工件 ϕ62J7 孔对平面的垂直度，由夹具体 3 上的工件定位面对件 1 安装面 *A* 的平行度和插销 16 在转位车夹具（图 3-120）主视图的位置来保证。

f. 工件两孔垂直度，由夹具中定位体 3 顺时针方向转位 90°后，插销 16 在转位车夹具（图 3-120）*D-D* 剖视图的位置来保证。

g. 夹具中因定位体 3 与定心板 9 的 ϕ70mm 内、外圆有配合间隙，所以定位体可以绕插销 16 作微量转动，这会影响定位体重复定位的精度，因此，在转位车夹具制造和对工件进行装夹时，用技术要求 4、5 两条规定，把定位体重复定位产生的误差变化，也包括在夹具位置度的精度内。

h. 夹具中定位体 3，对批量生产而言，装卸工件次数频繁，故选用钢材制造。这样，定位体上三个 M8 螺纹孔的使用寿命可延长，但选用钢材后又对加工制造带来了难度。

i. 工件上用三个 M8 螺钉紧固在夹具定位体 3 上，而定位体又用单个 M20 螺栓压紧，因此，车削加工时刚度较差，不宜选用大的切削用量。

j. 夹具的制造误差，对加工工件两孔后的轴线相交度无影响。

k. 夹具在车床上安装所产生的安装误差，对加工工件两孔的垂直度和两孔轴线相交度均无影响。

l. 夹具中设置了件 2 平衡块，便于调整平衡。

2）夹具的误差计算。取车床连接盘上夹具安装定位面的外圆径向跳动为 0.01mm，端面跳动为 0.0017mm 及支承座零件图（图 3-118）和转位车夹具上标注的有关尺寸精度，计算加工误差如下。

a. 孔对平面垂直度的加工误差 $\Delta_{工}=0.008\text{mm}$。

因为其他的参数、条件均未改变，所以孔对平面垂直度的误差也与前面讨论的一样。

b. 两孔轴线相交度的加工误差计算，见下式。

$$\Delta_{工}\leqslant\delta_{a}-\Delta_{定}-\Delta_{制、安}$$

$$\Delta_{工}=0.1-(0.02-0.005-0.007)-0=0.092(\text{mm})$$

由于夹具的制造误差和在车床上安装时产生的安装误差，对加工支承座两孔轴线相交度均无影响，故在计算时可将其去掉。

c. 两孔垂直度的加工误差如下。

$$\Delta_{工}\leqslant\delta_{a}-\Delta_{定}-\Delta_{制、安}$$

$$\Delta_{工}=0.03-(0.02-0.007)-0.005=0.012(\text{mm})$$

由于夹具在车床上安装时产生的安装误差，对加工支承座两孔垂直度无影响。因此，在计算时也应将其去掉。

将前面提到的用各种夹具加工支承座两孔后的三项位置精度加工误差进行比较（见表 3-40）。可以看出，多定位面车夹具和转位车夹具都可以采用。但从保证工件主要关键精度和对加工支承座的两孔垂直度有利考虑，选用加工误差大的转位车夹具（图 3-120）为好。如果从零件与夹具的联接刚度来考虑，则选用多定位面车夹具（图 3-119），生产效率比前者要高，但零件的精度控制不如前者来得容易些。

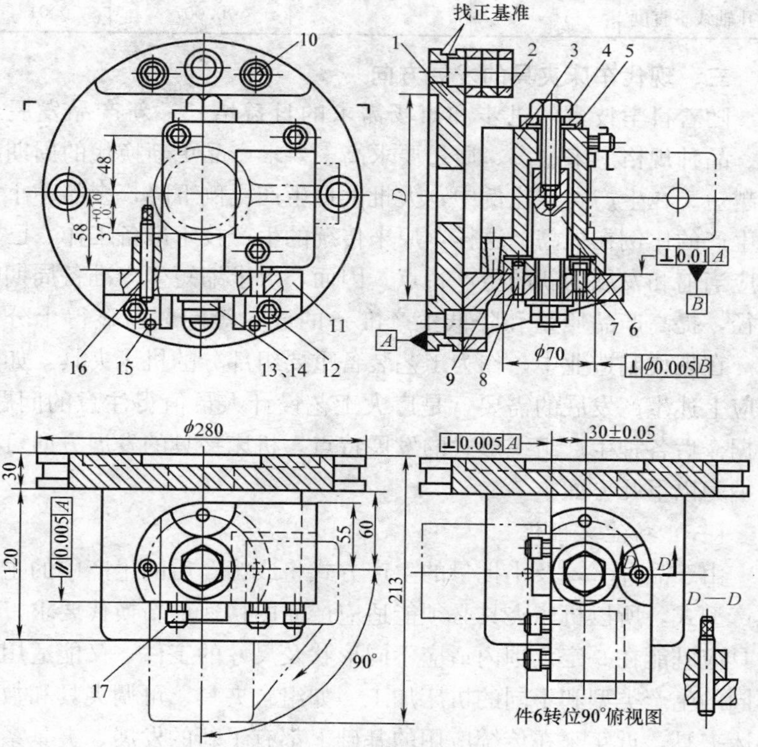

技术要求

1.件3与件9的ϕ70mm配合间隙≤0.005mm。
2.ϕ70mm与D孔两轴线不相交允差0.015mm。
3.D孔与机床连接盘配合间隙0.01~0.02mm。
4.件3定位面对A的平行度0.005mm为ϕ70mm配合间隙在任意方向时的平行度。
5.件3定位面对A垂直度0.005mm为ϕ70mm配合间隙在任意方向时的垂直度

图 3-120　转位车夹具

1—夹具体；2—平衡块；3—定位体；4、5、13、14—螺栓、螺母、垫圈；6—轴；7、10、12、17—螺钉；8、15—圆锥销；9—定心板；11—弯板；16—插销

表 3-40　　夹具加工误差比较

项目 \ 夹具精度	加工误差（mm）			
	花盘式夹具	花盘角铁式夹具	多定位面车夹具	转位车夹具
孔对平面垂直度	0.008	—	0.008	0.008
两孔轴线相交度	—	0.017	0.055	0.092
两孔轴线垂直度	—	—	0.007	0.012

三、现代车床夹具的发展方向

随着科学技术的进步和市场需求的日益增长，新产品发展迅速、品种规格愈来愈多、质量要求高、要求产品更新换代的周期越来越短。在生产类型比例中，大批大量生产比例下降，多品种小批量生产的比例在提高。这样，原来传统的生产技术准备工作，已不适应当前和发展的新的生产特点。因而，寻求缩短生产准备周期的途径，提高产品质量和降低生产准备的成本等问题已显得十分突出。在现代制造业中，作为工艺装备重要组部分的机床夹具，如何适应上述生产发展的需要，是广大工艺设计人员值得注意的问题。根据今后各种生产组织形式的发展特点，机床夹具的发展方向可以归纳为以下几方面。

（一）功能柔性化

由于品种多，及小批量的生产方式将成为今后的生产中的主要生产型式，所以机床夹具必须能适应产品的快速更新换代要求，即夹具应既能在一定范围内适应不同形状及尺寸的工件，又能适用于不同的生产类型和不同的机床加工。如组合夹具、可调夹具和数控机床夹具，近年来在传统应用的基础上都有了新的发展。夹具系统的柔性化和自动交换系统的应用是目前夹具现代化的最高形式。为了适应柔性制造系统（FMS）和集成制造系统的发展需求，必然还将会进一步得到发展。

（二）传动高效化、自动化

为了减少调整夹紧力辅助时间和减轻工人的劳动强度，提高生产效率，在现代机床夹具上普遍采用机械化和自动化的高效传动件。如在拼装式夹具的基础板中装有多个液压缸，以传动台面的各种夹紧机构；带微型高压液压缸传动的动力合件以及各种增压器的应用等，都反映了夹紧力装置的重大进展。

夹具传动的高效化和自动化还表现在如定位、夹紧、分度、转位、联锁、翻转、工件传送和自动上下料等的各种动作的应用。近年来，国内外对各种自动化机构都给予了充分的重视，并开展了广泛的研究。

（三）制造的精密化

随着产品质量要求的不断提高，对夹具精度也提出了更高的要求，如定心夹具的定心精度目前可以达到微米级甚至亚微米级。采用高精度的球头顶尖支持工件可以加工出轴的径向圆跳动量在 1μm 以下。又如高精密的分度转台，分度精度可达±0.1′。在孔系组合夹具基础板上，采用调节节粘接法，孔的节距精度可达几个微米。

（四）旋转夹具的高速化

为了获得车削加工零件的高表面质量，对于有色金属材料切削速度要求高达 1000m/min 以上，对于黑色金属也要求超过 600m/min。为了适应这种情况，除机床主轴应采取相应结构外，夹持工件的卡盘或夹头必须采用特殊结构，如反离心力高速卡盘即是已应用于生产的一种实例。对高速卡盘在转速增高的情况下，除要求动态夹紧力能保持不变外，还应有夹紧力检测显示和补偿系统。当夹紧力降低到某一限值时，夹紧液压缸即能自动增压，使动态夹紧力始终保持在所要求的范围。

（五）结构标准化、模块化

夹具标准化是生产专业化和柔性化的基础。不仅尽可能提高各类夹具元件（包括毛坯半成品在内）的标准化、规格化程度；而且应有各种类型夹具结构的标准（如可调整夹具标准、组合夹具标准、自动线夹具标准等）。同时应对专用夹具零部件，可调整夹具零部件及组合夹具零部件等，实行统一的标准化、规格化，以便使有一部分零部件，能在各类夹具上通用。在此基础上，就有可能组织夹具零件、传动装置甚至整套夹具的专业化定点生产。使原来单件生产的夹具，转变为专业化生产，以保证质量、降低成本、缩短生产周期。这样进一步提高标准化、规格化程度。

世界各国都很重视这项工作。机床夹具的标准化在我国已有一定的基础，如用于专用夹具的《机床夹具零件及部件》国家标准JB/T 8004.1～10—1995 和 JB/T 8004～8046—1995；用于槽系组合夹具的有机械工业部标准 JB/T 5366～5373—1991 和 JB/T 6184～6695—1992，以及航空工业部标准（HB 系统）。在可调夹具和拼装夹具等方面，目前我国还没有形成国家标准。随着生产的发展，夹具的标准化工作与夹具本身的发展应作为一个有机的系统来研究。

模块化是在夹具的标准化和组合化的基础上发展起来的新型夹具。组合夹具和拼装夹具的进一步发展将为夹具模块化开拓广阔的应用前景。目前国外已在基础件、支承件、动力件等方面开发了模块化夹具的雏形，如模块式虎钳，采用不同规格的钳口和动力合件。即可加工不同形状和尺寸的工件。

（六）设计自动化

在现代机械制造中，随着计算机辅助设计的广泛应用，机床夹具的 CAD 技术也逐渐应用于生产。在国外的一些柔性制造系统中，可以直接在生产过程中利用计算机进行组合夹具或可调夹具的组装方案分析、比较，直接选出理想的方案并显示打印出总装图形。这就为提高设计速度、保证设计质量、缩短生产准备周期以及改善夹具管理等工作，创造了更为有利的条件。

在夹具自动化设计工作中，除设计过程可由人机交互方式完成图样设计外，还应包括夹具零件加工过程的计算机辅助编制（CAPP）和加工程序（机床用）的自动编制等，这是机床夹具的计算机辅助设计与制造（CAD/CAM）一体化的重要内容，也是夹具设计自动化发展方向的趋势。

（七）加强机床夹具方面的基础研究

机床夹具除上述各方面发展趋势外，还有一些有关夹具的基础理论和制造等方面的问题值得研究，如工件的定位理论，夹具的精度（或误差）分析及其与加工总误差的关系。夹具合理精度的制订，夹具元件磨损规律和磨损标准的制订等都是值得研究的基本问题。

（八）采用新结构、新工艺、新材料来设计和制造夹具

随着技术水平的不断提高，在机床夹具中采用新结构、新工艺、新材料已愈来愈普遍。例如有的厂家采用了环氧树脂胶接的装配夹具，不仅节省了坐标镗床的工作量，还缩短了夹具的制造周期。在新材料方面，针对夹具零件中定位件、导向件容易磨损的关键，已有采用硬质合金来制造。为解决畸形零件和非导磁性零件装件困难的关键，有采用了一分石蜡和三分松香浇成的磨床夹具。实践证明，这些材料具有一定的力学性能，能满足机械加工中定位的要求，并简化了制造工艺，缩短了生产周期，并能保证零件的加工精度。

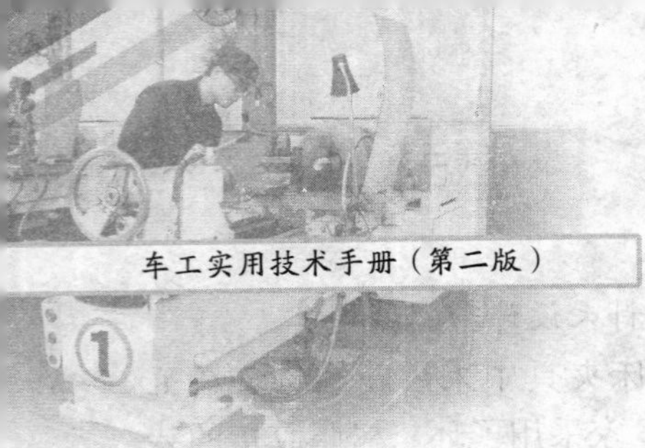

第四章

车削加工原理

第一节　车削的基本概念

一、车削加工及基本内容

车削加工就是在车床上利用工件的旋转运动和刀具的直线往复运动来改变毛坯的形状和尺寸，把它加工成符合图样要求的零件。

车削加工的范围很广，就其基本内容来说，有车外圆、车端面、切断和车槽、钻中心孔、车孔、铰孔、车螺纹、车圆锥面、车成形面、滚花和盘绕弹簧等（如图 4-1 所示）。它们的共同特点是都带有旋转表面。在车床上如果装上一些附件和夹具，还可以进行铣削、磨削、研磨、抛光等。

因此，车削加工在机械制造业中应用得非常普遍，因而它的地位也显得十分重要。

二、切削运动

（一）工作运动

在切削过程中，为了切除多余的金属，必须使工件和刀具作相对的工作运动。按其作用，工作运动可分为主运动和进给运动两种，如图 4-2 所示。

1．主运动

机床的主要运动，它消耗机床的主要动力。车削时，工件的旋转运动是主运动。通常，主运动的速度较高。

2．进给运动

使工件的多余材料不断被去除的工作运动。它包括车外圆时的纵向进给运动，车端面时的横向进给运动等。

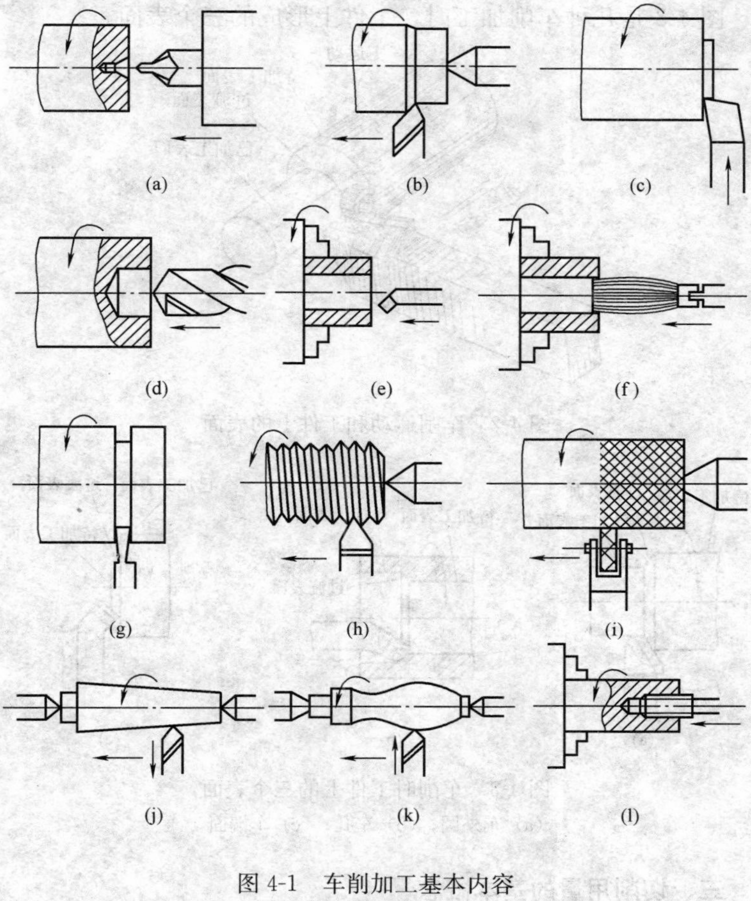

图 4-1　车削加工基本内容

(a) 钻中心孔；(b) 车外圆；(c) 车端面；(d) 钻孔；(e) 车孔；
(f) 铰孔；(g) 切断和车槽；(h) 车螺纹；(i) 滚花；
(j) 车圆锥面；(k) 车成形面；(l) 攻螺纹

(二) 工件上形成的表面

车刀切削工件时，使工件上形成已加工表面、过渡表面和待加工表面，如图 4-2 所示。

(1) 已加工表面。工件上经刀具切削而产生的表面。

(2) 过渡表面。工件上由切削刃形成的那部分表面。

(3) 待加工表面。工件上有待切除的表面。

图 4-3 是几种车削加工时，工件上形成的三个表面。

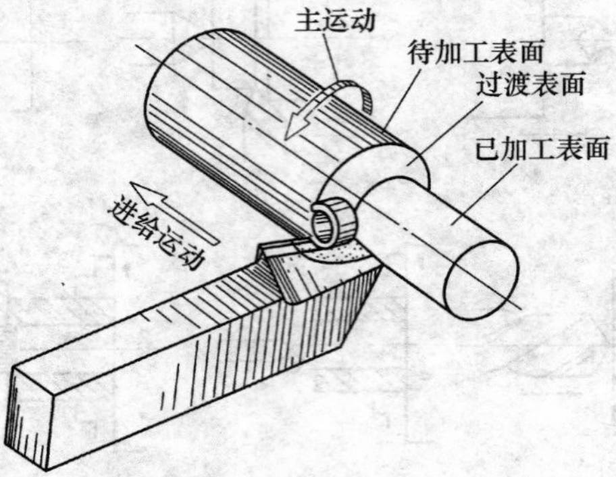

图 4-2　车削运动和工件上的表面

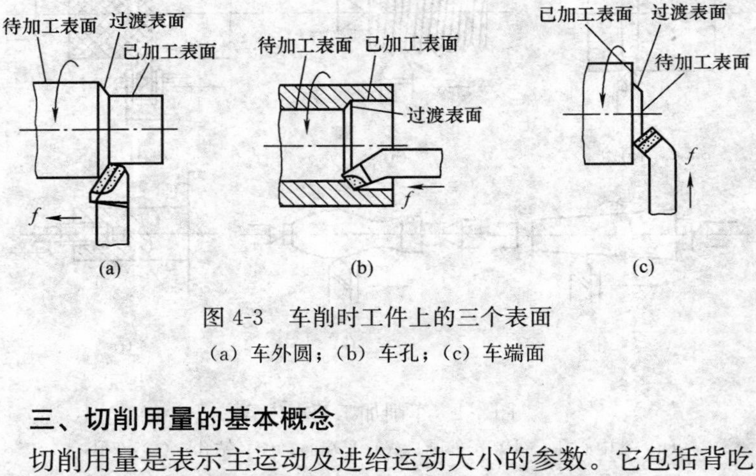

图 4-3　车削时工件上的三个表面

(a) 车外圆；(b) 车孔；(c) 车端面

三、切削用量的基本概念

切削用量是表示主运动及进给运动大小的参数。它包括背吃刀量、进给量和切削速度三要素。

（一）背吃刀量

工件上已加工表面和待加工表面之间的垂直距离（图 4-4），也就是每次吃刀时车刀切入工件的深度。车外圆时的背吃刀量可按下式计算。

$$a_p = \frac{d_w - d_m}{2}$$

式中　a_p——背吃刀量，mm；

d_w——工件待加工表面直径，mm；

d_m——工件待已加工表面直径，mm。

（二）进给量

工件每转动一周，车刀沿进给方向移动的距离（图 4-4）。它是衡量进给运动大小的参数。进给量又分纵向进给量和横向进给量两种。

纵向进给量——沿车床床身导轨方向的进给量；

横向进给量——垂直于车床床身导轨方向的进给量。

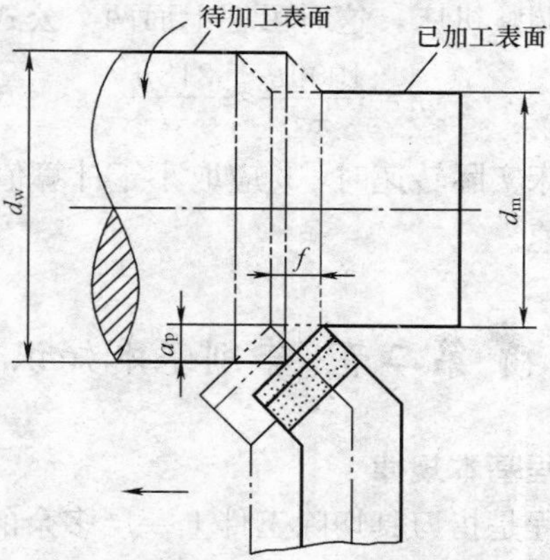

图 4-4　背吃刀量和进给量

（三）切削速度

在进行车削加工时，刀具切削刃上的某一点相对待加工表面在主运动方向上的瞬时速度，也可以理解为车刀在 1min 内车削工件表面的理论展开长度（但必须假定切屑没有变形和收缩），如图4-5所示。它是衡量主运动大小的参数（单位：m/min）。

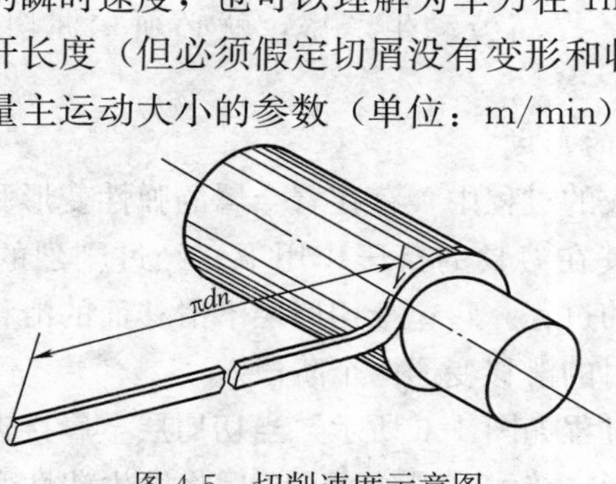

图 4-5　切削速度示意图

切削速度的计算公式为

$$v_c=\frac{\pi dn}{1000}\approx\frac{dn}{318}$$

式中 v_c——切削速度，m/min；

d——工件直径，mm；

n——车床主轴转速，r/min。

在实际生产中，往往是已知工件直径，并根据工件材料、刀具材料和加工要求等因素选定切削速度，再将切削速度换算成车床主轴转车速，以便调整机床，这时可把上面两个公式改写为

$$n=\frac{1000v_c}{\pi d}\approx\frac{318v_c}{d}$$

但在选取车床实际转速时，n 应取小于计算值且在铭牌上与之最接近的车床转速。

第二节　车削基本知识

一、车削过程基本规律

金属车削过程是指刀具切除工件上一层多余的金属，从形成切屑到已加工表面的全过程。车削加工中出现的各种物理现象，如总切削力、切削热、刀具磨损与刀具寿命、卷屑与断屑规律等都与切屑形成过程有着密切的关系。因此要会正确刃磨和合理使用刀具，并充分发挥刀具的切削性能，合理选择切削用量。要提高加工质量、降低成本、提高劳动生产率，就必须掌握切削过程的基本规律。

（一）切屑的形成

在切屑形成的过程中，存在着金属的弹性变形和塑性变形。切屑层变形是指其在刀具的挤压作用下，经过剧烈的变形后形成切屑，脱离工件的过程。它包括切屑层沿滑移面的滑移变形和切屑在前刀面上排出时的滑移变形两个阶段。

切屑形成过程如图 4-6 所示，当切屑层金属接近滑移面 OA 时将发生弹性变形，接触到滑移面 OA 后将发生塑性变形。塑性变形

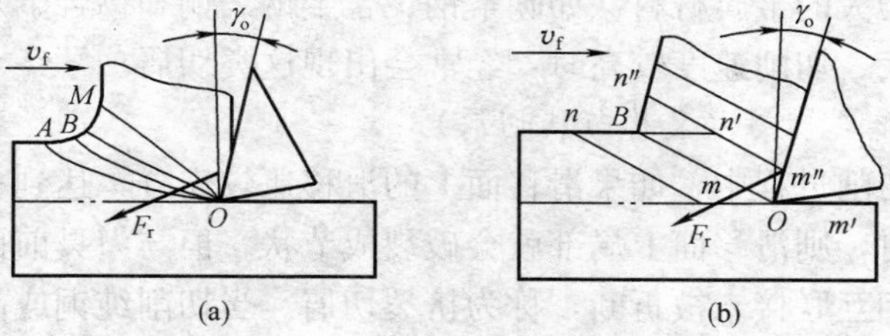

图 4-6 切屑形成过程

（a）金属滑移；（b）切屑形成过程

的表现形式是在切削力的作用下，金属产生不能恢复原状的滑移。随着滑移量的不断增大，当到达 OM 面时塑性变形超过金属的极限强度，金属就断裂下来形成切屑。由于底层与前面发生摩擦滑移，变形比外层更厉害。底层长度也大于上层长度，因而发生卷曲。塑性变形越大，卷曲也越厉害，最后切屑离开前面，变形结束。

（二）切屑的种类

在切屑的形成过程中，由于工件材料和切削条刊的不同，形成的切屑形状也不同，一般切屑的形状有带状切屑、挤裂切屑、粒状切屑和崩碎切屑四种类型，如图 4-7 所示。

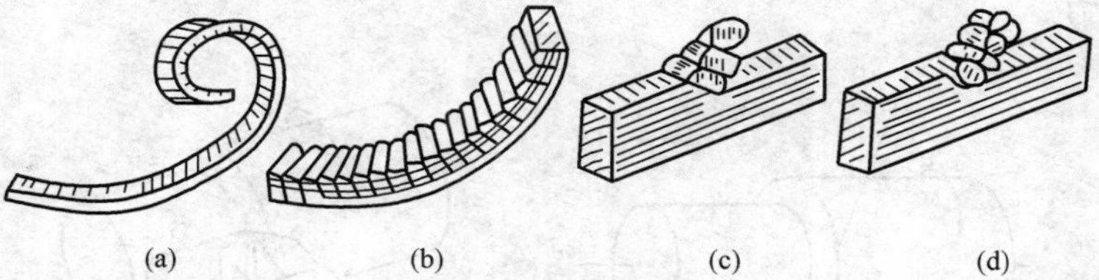

图 4-7 切屑的类型

（a）带状切屑；（b）挤裂切屑；（c）粒状切屑；（d）崩碎切屑

1. 带状切屑

在切削过程中，如果滑移面上的滑移没有达到破裂强度（即塑性变形不充分），那么就形成连绵不断的带状切屑，如图 4-7（a）所示。在切屑靠近刀具前面的一面很光滑，另一面呈毛茸状。当切削塑性较大的金属材料（如碳素钢、合金钢、铜和铝合金）或刀具前角较大、切削速度较高时，经常会出现这类切屑。

2. 挤裂切屑（又称节状切屑）

在切削过程中，如果滑移面上的滑移比较充分，达到材料的破裂强度时，则滑移面上局部就会破裂成节状，但与刀具前面接触的一面还相互联接未被折断，称为挤裂切屑。当切削纯铜或高速、大进给量切削钢材时，易得到这类切屑。如图 4-7（b）所示。

3. 粒状切屑

在切削过程中，如果整个滑移面上均超过材料的破裂强度，则切屑就成为粒状。用低速大进给量切削塑性材料时，就是这类切屑。如图 4-7（c）所示。

4. 崩碎切屑

在切削铸铁、黄铜等脆性金属时，切削层几乎不经过塑性变形阶段就产生崩裂，得到的切屑呈不规则的粒状，如图 4-7（d）所示。加工后的工作表面也较为粗糙。

二、车削时的切削力和切削功率

1. 总切削力的来源

切削过程中切削部位所产生的全部切削力称为总切削力。图 4-8 中F与F'是分别作用于刀具和工件上的一个切削部分总切削力。

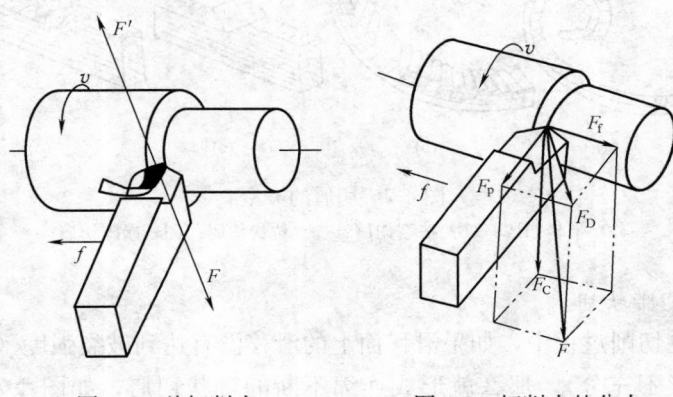

图 4-8 总切削力

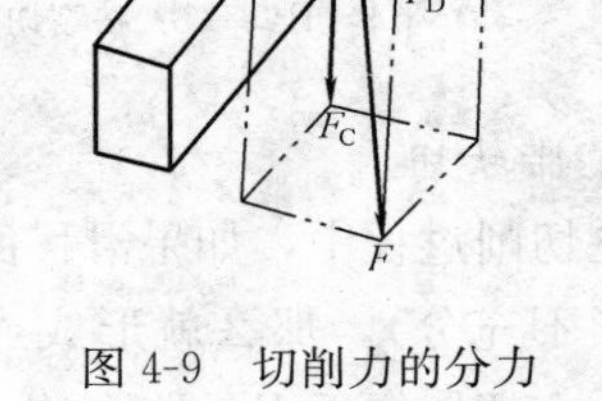

图 4-9 切削力的分力

切削时作用在刀具上的切削力来源于两个方面：①变形所产生的变形抗力；②前面与切屑和后刀面与工件之间的摩擦力。

2. 切削分力及其作用

在生产中为了测量和应用方便，常把总切削力分解成相互垂直的两个分力，即切削力 F_c、背向力 F_p 和进给力 F_f（图 4-9）。

切削力 F_c 是主运动切削速度方向上的分力，又称切向力。背向力 F_p 是横向进给方向的分力，又称径向力。进给力 F_f 是纵向进给方向的分力，又称轴向力。

由图 4-9 可知，总切削力与各分力之间的关系为

$$F=\sqrt{F_{xy}^2+F_z^2}=\sqrt{F_x^2+F_y^2+F_z^2}=\sqrt{F_c^2+F_D^2}=\sqrt{F_c^2+F_p^2+F_f^2}$$

一般情况下，切削力 F_c 是三个分力中最大的一个分力，它消耗了切削功率的 95%左右，是设计与使用刀具的主要依据，也是验算机床与夹具中主要零部件的强度和刚性以及确定机床电动机功率的主要依据。此外，它还是切削加工时选择切削用量所考虑的重要因素。

背向力 F_p 不消耗功率，但对工艺系统变形及工件的加工质量有一定的影响，特别是在刚度较差的工件加工中影响更显著。

进给分力 F_f 消耗总功率的 5%左右，主要作用在机床进给系统，因此常用作验算机床进给系统中主要零部件强度和刚度的依据。

3. 切削功率

切削功率是指车削时在切削区域内消耗的功率，通常计算的是主运动消耗的功率。

$$P_m=\frac{F_z v_c}{60\times1000}$$

式中　P_m——主切削功率，kW；

F_z——主切削力，N；

v_c——切削速率，m/min。

在校验与选取机床电动机功率时，应使

$$P_m \leqslant P_E \eta$$

式中　P_E——机床电动机功率，kW；

η——机床传动效率，一般取 $\eta=0.75\sim0.78$。

若 P_m 超过 P_E 和 η 的乘积时，一般可采取降低切削速度或减少切削力等措施。

第三节　切 削 液 的 选 择

一、切削液的作用

1. 冷却作用

切削液的冷却作用主要是将切削热迅速从切削区带走，使切削温度降低。其冷却性能决定于它的导热系数、比热、汽化热、温度、流量、流速及冷却方式等。水的导热系数为油的 3～5 倍，比热为油的 2～2.5 倍，汽化热为油的 7～13 倍，因此水的冷却性能比油的高很多。在浇注冷却，以对流热交换为主的条件下大致可用工件的冷却速率 m 来表示切削液的冷却性能。m 值按下式确定：

$$m=\frac{(I_n\theta_0-I_n\theta)}{t}\quad(1/s)$$

式中　θ_0——试件的初始温度,℃；

θ——试件经 t 秒后的温度,℃；

t——经过的时间，s。

根据实验测定的结果，水及水类切削液皂化油类的冷却性能好。

切削液的冷却性能还与泡沫性有关。由于泡沫内的空气的导热性比水的导热性差，所以多泡沫的切削液冷却性能相对低些。消除泡沫的有效措施是在切削液中加入适量的抗泡沫剂。

切削液本身的温度对冷却效果影响很大，例如将切削液的温度由 40℃降低到 5～10℃时，刀具上的温度可降低 7～10℃，刀具寿命可提高 1～2 倍。因此应要求切削液有一定的流量及流速，使切削液保持较低的温度。

2. 润滑作用

切削过程中，切削液能渗透到工件与刀具之间，在切屑与刀具的微小间隙中形成一层很薄的吸附膜，减少摩擦因数，因此可减少刀具、切屑、工件间的摩擦，使切削力和切削热降低，减少了刀具的磨损，使排屑顺利，并提高工件的表面质量。对于精加工，润滑作用就显得更重要了。

切削液的润滑性能与形成润滑膜的能力有关，要求润滑膜形成快，与金属表面结合牢固，能耐压耐热，本身剪切强度低。润滑膜可由物理吸附及化学吸附形成。物理吸附主要靠切削液中的油性添加剂，见表 4-1，它对金属有强烈的吸附性。化学吸附主要靠在切削液中加入极压添加剂，如含硫、氯、磷、碘等元素的添加剂。这些物质将与被切金属发生化学反应而形成化学吸附膜。化学吸附膜能在高温高压的极压润滑状态下保持润滑作用，如含硫的极压切削油（包括极压切削油以及加入含硫添加剂的矿物油等）切钢时能在 1000℃左右保持其润滑性能。含氯添加剂的切削液与金属反应生成氧化亚铁、氧化铁等，这些化合物有石墨那样的层状结构，剪切强度和摩擦因数都比较小。含磷的添加剂与金属反应生成磷酸铁膜，它具有比硫、氯更良好的降低摩擦和减少刀具磨损的效果。

切削液的润滑性能还与其渗透性有关，渗透性越好，润滑效果愈好。而液体的渗透性又取决于它的表面张力与黏度以及与金属的亲和力。采用高压喷射冷却法和喷雾冷却法可提高切削液的渗透性。

3. 清洗作用

切削过程中产生的细小切屑容易粘附在工件和刀具上，影响工件的表面粗糙度和刀具的寿命。如加注一定压力、足够流量的切削液，则可将切屑迅速冲走，以免切屑堵塞或划伤已加工表面和机床导轨。这一作用对磨削、深孔加工等工序特别重要。

为此，要求切削液有良好的流动性，并有足够的压力与流量。切削液除应起以上作用外，还应有防锈作用，以保护机床、刀具、工件等不致生锈。还应有防腐（防止切削液霉变、发臭）、无毒、化学稳定性好等性能。

二、切削液的分类、配方及适用范围

1. 切削液的分类

切削液主要有水基、油基两种，其分类及适用范围见表 4-2。

2. 切削液中的添加剂

为使切削液具有良好的冷却、润滑作用，需要在切削液中加入各种化学物质，这些化学物质统称为添加剂。主要有油性添加剂、极压添加剂、乳化剂等。前两种添加剂的作用是增大润滑效果；乳化剂是使矿物油和水乳化，形成稳定乳化液的添加剂，它是一种表面活性剂，它的分子由极性基团和非极性基团两部分组成。极性基团是亲水的，可溶于水，非极性基团是亲油的，可溶于油。油与水本来是不相溶的，加入乳化剂后它能定向地排列，吸附在油水两相界面上。极性端向水，非极性端向油，把油和水连接起来，降低油—水界面张力，使油以微小的颗粒稳定地均匀分布在水中，形成水包油（o/w）乳化液，如图 4-10 所示。

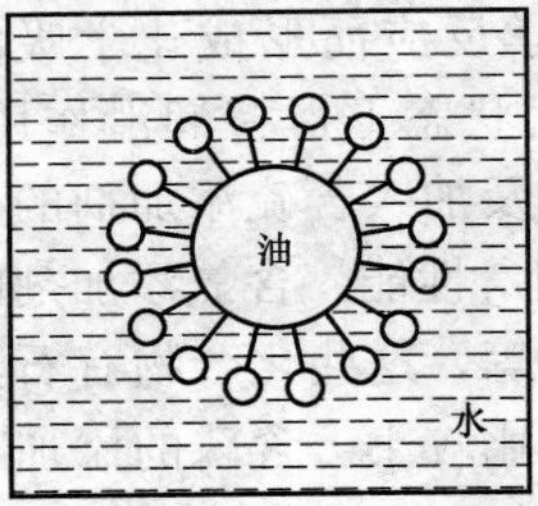

图 4-10 水包油（o/w）乳化液示意图

表面活性剂在乳化液中，除了起乳化作用外，还能形成润滑膜，起油性添加剂的作用。

除了上述添加剂外，切削液中还有防锈、防霉、抗氧化添加剂等。切削液中常用添加剂见表 4-1。

3. 切削液的选用

加工中使用的切削液要根据工件材料、刀具材料、加工方法、加工要求、机床类别等情况综合考虑，合理选用。

高速钢刀具耐热性差，一般采用切削液。粗加工时，金属切除量多，产生的热量大，这时使用切削液的主要目的是为了降低切削温度，可选用以冷却性能为主的切削液，如 3%～5%的乳化液或合成切削液。精加工时主要要求减小加工表面粗糙度和提高加工精度，应选用以润滑性能为主的切削液。为减少刀具与工件间的摩擦和粘结、拟制积屑瘤，宜选用极压切削油或高浓度的极压乳化液。

硬质合金刀具由于耐热性好，一般不用切削液。必要时，也可以采用低浓度的乳化液或者是合成切削液，但必须充分、连续地浇注，否则刀片会因冷热不均匀，产生很大内应力而导致破裂。

从加工材料方面考虑，切削钢等塑性材料需用切削液；切削铸铁等脆性材料时，可不用切削液，因为使用切削液的作用不明显，且会污染工作场地。切削高速钢、高温合金等难加工材料时摩擦状态为高温高压边界摩擦状态，宜选用极压切削油或极压乳化液，有时还需专门配制特殊的切削液，对于铜、铝及铝合金，为了得到较高的表面质量和精度，可采用10％～20％的乳化液或多效性合成切削液或煤油等。

从加工方法考虑，钻孔、攻丝、铰孔和拉削等工序，刀具与已加工表面的摩擦较严重，宜采用乳化液、极压乳化液和极压切削油。成形刀具、螺纹刀具、齿轮刀具等的价格较贵，要求刀具寿命长，宜采用极压切削油、硫化切削油等。

4. 切削液的加注方法

为了使切削液的性能得到充分发挥，必须根据使用刀具和加工方法的不同，采用与目的相适应的加注方法。

目前一般流行的方法是使用循环泵从喷嘴供应切削液到切削区的循环泵供液法。在实际使用时，还必须考虑一定的供液量、供液压力和供液方向和方式。封闭式切削加工刀具的排屑槽易被切屑堵塞，可强制供给高压切削液；硬质合金和陶瓷之类脆性刀具材料会由于加热和冷却的反复热冲击而易于产生裂纹，可用环状供液装置均匀冷却或者用喷雾供液装置进行连续的冷却，从而防止产生裂纹。

喷雾供液法是把切削液微粒化用空气鼓入，因此其渗透性优越，而且易于汽化，一旦进入切削区就会以汽化热的形式把热量带走，冷却性能亦佳。但此法是使切削液成雾状注入，因此对操作者而言有吸入口内的危险，若长期进行此种作业，可能会有损于健康。

表 4-1 切削液中常用的添加剂

类别		添加剂
油性添加剂		动植物油、脂肪酸及其皂、脂肪醇及多元醇、酯类、酮类、胺类等
极性添加剂		硫、氯、磷、碘等的化合物，如硫化油、硫氯化油、氯化石蜡、氯化脂肪酸、二烃基二硫代硫酸锌、环烷酸铅等
防锈添加剂	水溶性	亚硝酸钠、磷酸三钠、磷酸氢二钠、水玻璃、三乙醇胺、单乙醇胺、苯甲酸钠、苯甲酸胺、苯乙醇胺、尿素、硼酸、苯骈三氮唑等
	油溶性	石油磺酸钡、石油磺酸钠、石油磺酸钙、环烷酸锌、二壬基萘磺酸钡、烯基丁二酸、氧化石油脂及其皂、硬脂酸铝、羊毛脂及其皂、司本-80（山梨糖醇单油酸酯）等
防霉添加剂		苯酚、五氯酚、硫柳汞（已基汞硫代水杨酸钠）等。对人有毒性，应限制使用
抗泡沫添加剂		二甲基硅油、油酸铬、植物脂
助溶添加剂		乙醇、正丁醇、苯二甲酸酯、乙二醇醚等
乳化剂（表面活性剂）	阴离子型	石油磺酸钠、油酸钠皂、松香酸钠皂、高碳酸钠皂、磺化蓖麻油、油酸三乙醇胺等
	非离子型	平平加（聚氯乙烯脂肪醇醚）、OP（聚氯乙烯烷基酚醚）、司本（山梨糖醇油酸酯）、吐温（聚氯乙烯山梨糖醇油酸酯）等
乳化稳定剂		乙二醇、乙醇、正丁醇、二乙二醇单正丁基醚、二甘醇、高碳醇、苯乙醇胺、三乙醇胺
抗氧化添加剂		二叔丁基对甲酚（雅诺）

表 4-2　　切削液的分类及适用范围

类别			主要组成	性能	适用范围	备注
水基切削液	合成切削液（水溶液）[①]	普通型	在水中添加亚硝酸钠等水溶性防锈添加剂，加入碳酸钠或磷酸三钠，使水溶液微带碱性	冷却性能、清洗性能好，有一定的防锈性能。润滑性能差	粗磨、粗加工	常用配方见表 4-3 序号 1～4
		防锈型	在水中除添加水溶性防锈添加剂外，再加表面活性剂、油性添加剂	冷却性能、清洗性能、防锈性能好，兼有一定的润滑性能，透明性较好	对防锈性要求高的精加工	常用配方见表 4-3 序号 6～11
		极压型	再加极压添加剂	有一定极压润滑性	重切削和强力磨削	常用配方见表 4-3 序号 12
		多效型	—	除具有良好的冷却、清洗、防锈、润滑性能外，还能防止对铜、铝等金属的腐蚀作用	适用于多种金属（黑色金属、铜、铝）的切削及磨削加工，也适用于极压切削或精密切削加工	—
	乳化液[②]	防锈乳化液	常用 1 号乳化油加水稀释成乳化液	防锈性能好，冷却性能、润滑性能一般，清洗性能稍差	适用于防锈性要求较高的工序及一般的车、铣、钻等加工	常用配方见表 4-3 序号 13～18 常用浓度 2%～5%
		普通乳化液	常用 2 号乳化油加水稀释成乳化液	清洗性能、冷却性能好，兼有防锈性能和润滑性能	应用广泛，适用于磨削加工及一般切削加工	常用配方见表 4-3 序号19～21 磨削用浓度 2%～3%
		极压乳化液	常用 3 号乳化油加水稀释成乳化液	极压润滑性能好，其他性能一般	适用于要求良好的极压润滑性能的工序，如拉削、攻丝、铰孔以及难加工材料的加工	常用配方见表 4-3 序号 22～24 常用浓度 15%～25%

续表

类别		主要组成	性能	适用范围	备注
油基切削液（切削油）	矿物油	5号、7号高速机械油，10号、20号、30号机械油，煤油等	润滑性能好，冷却性能差，化学稳定性好，透明性好	适用于流体润滑，可用于冷却、润滑系统合一的机床，如多轴自动车床、齿轮加工机床、螺纹加工机床	有时需加入油溶性防锈添加剂，常用配方见表4-3序号20、25、26
	动植物油	豆油、菜油、棉籽油、蓖麻油、猪油、鲸鱼油、蚕蛹油等	润滑性能比矿物油更好。但易腐败变质，冷却性能差，黏附在金属上不易清洗	适用于边界润滑，可用于攻丝、铰孔、拉削	渐被极压切削油代替
	复合油	以矿物油为基础再加若干动植物油	润滑性能好，冷却性能差	适用于边界润滑，可用于攻丝、铰孔、拉削	渐被极压切削油代替
	极压切削油	以矿物油为基础再加若干极压添加剂、油性添加剂及防锈添加剂等，最常用的有硫化切削油③、含硫氯，硫磷或硫氯磷的极压切削油	极压润滑性能好，可代替动植物油或复合油	适用于要求良好的极压润滑性能的工序、如攻丝、铰孔、拉削、滚齿、插齿以及难加工材料的加工	—

① 合成切削液又称水溶液，合成切削液标准为GB/T 6144—2010《合成切削液》。

② 乳化油标准SH/T 0692—2000《防锈油》规定乳化油分为1号、2号、3号、4号；4号是透明型的，适用于精磨工序。

③ 硫化切削油标准为SH/T 0692—2000《防锈油》。

表 4-3　　常用切削液的配方

类别	使用代号	序号	组　成	质量分数(%)	使用说明
合成切削液	1	1	亚硝酸钠 碳酸钠 水	0.2～0.5 0.25～0.5 余量	俗称苏打水，是通常用于磨削的最普通的电解质水溶液配方。水的硬度高时应多加一些碳酸钠。润滑性较差
		2	磷酸三钠 亚硝酸钠 硼砂 碳酸钠 水	0.25～0.60 0.25 0.25 0.25 余量	可代替煤油用于珩磨
		3	洗净剂 6503（椰子油烷基醇酰胺磷酸酯） 亚硝酸钠 OP—10 水	3 0.5 0.5 余量	清洗性好，用于磨削
		4	油酸钠皂 亚硝酸钠 水	3 0.5 余量	用于磨削
	2	5	氯化硬脂酸 含硫添加剂 TX—10（非离子型表面活性剂） 硼酸 三乙醇胺 742 消泡剂 水	0.4 0.6 0.1 0.1 0.2 1.6 余量	稀释成 2%浓度使用，适用于高速磨削
		6	三乙醇胺 癸二酸 亚硝酸钠 水	17.5 10 8 余量	稀释成 2%浓度使用，有一定润滑性，可用于高温合金的切削加工（车、钻、铣）

续表

类别	使用代号	序号	组成	质量分数(%)	使用说明
合成切削液	2	7	亚硝酸钠 三乙醇胺 甘油 苯甲酸钠 水	1 0.4 0.4 0.5 余量	适用于磨削高温合金
		8	防锈甘油络合物(甘油92份,硼酸62份,氢氧化钠45份,水56份) 硫代硫酸钠 亚硝酸钠 三乙醇胺 聚乙二醇(相对分子质量400) 碳酸钠 水	22.4 9.4 11.7 7 2.5 5 余量	稀释至5%～10%水溶液,用于磨削黑色金属。防锈性好,有一定极压性
		9	防锈甘油络合物(甘油92份,硼酸62份,氢氧化钠45份,水56份) 硫代硫酸钠 三乙醇胺 聚乙二醇(相对分子质量400) 磷酸三钠 水(用磷酸调至pH=7.5)	2.8 1.2 1.4 0.3 0.5 余量	可用于磨削有色金属
		10	聚乙二醇 蓖麻酸二乙醇胺盐 三聚磷酸钾 亚硝酸钠 防锈络合物(山梨醇50份,三乙醇胺30份,苯甲酸8份,硼酸12份) 水	10 4 3 5 30 余量	棕色透明水溶液,稀释至4%～8%水溶液可用于磨削加工,防锈性好,润滑性稍差

续表

类别	使用代号	序号	组　成	质量分数（%）	使用说明
合成切削液	2	11	石油磺酸钠 高碳酸三乙醇胺 水（用三乙醇胺调至pH=7.5）	0.3～0.5 0.3～0.5 余量	可用于精磨
		12	{氯化脂肪酸 {聚氧乙烯醚 磷酸三钠 亚硝酸钠 三乙醇胺 水	{0.25 {0.50 0.80 1.00 0.5～1.0 95.95～96.45	QTS—1 用于粗加工和精磨 用于铣削和精车 用于钻削
乳化液	3	13	石油磺酸钡 环烷酸锌 磺化油（D. A. H） 三乙醇胺油酸皂（10：7） L—AN15 全损耗系统用油	11.5 11.5 12.7 3.5～5 余量	又称乳-1 防锈乳化油，2%～3%浓度水溶液适用于一般加工，防锈性较好
		14	石油磺酸钡 石油磺酸钠 环烷酸钠 三乙酸胺 L—AN15 全损耗系统用油	1 12 16 1.5 余量	防锈乳化油，2%～3%浓度水溶液适用于一般加工，防锈性较好
		15	石油磺酸钡 十二烯基丁二酸 油酸 三乙醇胺 L—AN32 全损耗系统用油	12 2 11.5 6.5 余量	防锈乳化油，2%～3%浓度水溶液适用于一般加工，防锈性较好

续表

类别	使用代号	序号	组　成	质量分数(%)	使用说明
乳化液	3	16	油酸 三乙醇胺 二环己胺 磺酸钡甲苯溶液（1∶2） 苯酚 L—AN15 全损耗系统用油	12 4 2 10 2 余量	D—15 防锈防霉乳化油，防锈性、防霉性好，使用时间长
		17	高碳酸 石油磺酸钠 三乙醇胺 L—AN7 全损耗系统用油	5 15 3～4 余量	F—25E 防锈切削乳化油，2%浓度水溶液可用于磨削，5%浓度水溶液可用于车削、钻削。防锈性好，清洗性稍差
		18	石油磺酸钠 高碳酸钠皂 L—AN46 全损耗系统用油	13 4 余量	F25D—73 防锈乳化油，3%～5%浓度水溶液用于磨削及铣削，5%～10%浓度水溶液用于粗车加工，10%～25%浓度水溶液用于精车加工
	4	19	石油磺酸钡 磺化油 三乙醇胺 油酸 氢氧化钾 水 L—AN7 或 L—AN20 全损耗系统用油	10 10 10 2.4 0.6 3 余量	69—1 防锈乳化油，2%～3%浓度水溶液可用于磨削，清洗性能好，兼有防锈性
		20	石油磺酸钠 三乙醇胺 蓖麻油酸钠皂 苯骈三氮唑 L—AN7 全损耗系统用油	36 6 19 0.2 余量	NL 型乳化油，2%～3%浓度水溶液可用于磨削，防锈性较好

续表

类别	使用代号	序号	组成	质量分数（%）	使用说明
乳化液	4	21	石油磺酸钠 34.9% 三乙醇胺 8.7% 油酸 16.6% 乙醇 4.9% L—AN15 全损耗系统用油 34.9%	2	半透明乳化液，可用于精磨加工，清洗性能好
			苯乙醇胺	0.2	
			水	97.8	
	5	22	氯化石蜡	10	极压乳化油，20%～25%浓度水溶液可用于攻螺纹、滚压螺纹及一些难加工材料的切削加工，有较好的润滑性
			石油磺酸钠	9	
			油酸	5	
			三乙醇胺	4	
			石油磺酸钡	2.5	
			环烷酸铅	3.3	
			7 号高速机械油	10	
			L—AN15 全损耗系统用油	余量	
		23	石油磺酸钠	10	极压乳化油，15%～25%浓度水溶液可代替硫化切削油，用于攻螺纹、车削、插齿等工序，防锈性较好
			石油磺酸铅	6	
			氯化石蜡	4	
			三乙醇胺	3.5	
			氯化硬脂酸	3	
			油酸	3	
			L—AN32 全损耗系统用油	余量	
		24	石油磺酸钠	25	极压乳化油，15%～25%浓度水溶液可用于攻螺纹、插齿等工序
			氯化石蜡	12	
			硫化棉子油	8	
			三乙醇胺	4	
			煤油	4	
			油酸	2	
			L—AN15 全损耗系统用油		

续表

类别	使用代号	序号	组成	质量分数(%)	使用说明
切削油	6	25	L—AN15 或 L—AN32 全损耗系统用油 石油磺酸钡	95～98 2～5	可用于铜、铝等材料的攻螺纹、铰孔、滚齿、插齿等工序
		26	煤油 石油磺酸钡	98 2	清洗性好
	7	27	煤油，可添加适量的机械油		用于铸铁切削加工，有色金属磨削、珩磨、超精加工
	8	28	硫化切削油 L—AN15 或 L—AN32 全损耗系统用油		比例按需要配制，是较常用的切削油，应用范围广
		29	硫化切削油 煤油 油酸 L—AN15 或 L—AN32 全损耗系统用油	30 15 30 25	是较常用的切削油，应用范围广，可用于加工有色金属及其合金
		30	硫化鲸鱼油 L—AN15 全损耗系统用油	2 98	可用于磨削螺纹，加工后应清洗防锈
		31	电容器油 硫化切削油 氯化石蜡 磷苯甲酸二丁醋 防锈油 A 骈苯三氮唑	42.5 5 3 2 20 0.5	冷却、润滑作用良好，可改善切削条件，特别在铰孔时比用一般切削液可使表面粗糙度值降低
		32	电容器油 氯化石蜡 磷苯甲酸二丁醋 防锈油 A 骈苯三氮唑	42.5 35 2 20 0.5	对切削不锈钢有良好作用，特别在采用丝锥、板牙攻螺纹和车螺纹时作用更为显著
		33	电容器油 硫化切削油 氯化石蜡 防锈油 A 骈苯三氮唑	44.5 15 20 20 0.5	可减小加工中的粘刀现象，提高加工表面质量

续表

类别	使用代号	序号	组成	质量分数(%)	使用说明
切削油	9	34	氯化石蜡 二烷基二硫化磷酸锌 L—AN7 全损耗系统用油	29 1 79	极压切削油，可代替豆油，用于车削、拉削、钻孔、攻螺纹、铰孔，加工后应清洗防锈
		35	氯化石蜡 环烷酸铅 石油磺酸钡 7 号高速机械油 L—AN32 全损耗系统用油	10 6 0.5 10 余量	极压切削油，可代替植物油、硫化切削油，用于车削、拉削、铣削、滚齿
		36	石油磺酸钡 石油磺酸钙 氧化石油脂钡皂 二烷基二硫代磷酸锌 L—AN7 全损耗系统用油	4 4 4 4 余量	F43 型极压切削油，可用于不锈钢、合金钢的车削、钻削，铣削时用 1∶1 煤油混合使用，螺纹加工及铰孔时可添加 0.5%的二硫化钼
		37	氯化石蜡 硫化棉子油 二烷基二硫代磷酸锌 石油磺酸钠 甲基硅油 煤油 L—AN10 全损耗系统用油	20 5 1 2 5×10^{-6} 4 余量	10 号攻螺纹油，可代替植物油
		38	氯化石蜡 硫化棉子油 二烷基二硫代磷酸锌 十二烯基丁二酸 2,6—二叔丁基对甲酚 甲基硅油 L—AN32 全损耗系统用油	8 5 1 0.03 0.3 5×10^{-6} 余量	20 号滚齿油，适用于使用复杂刀具（如齿轮滚刀、花键滚刀、拉刀）的加工工序

续表

类别	使用代号	序号	组成	质量分数(%)	使用说明
切削油	9	39	氯化石蜡 磷酸三甲酚酯 OT_1 OT_2 非离子型表面活性剂 L—AN15 全损耗系统用油	20%～30% 10%～20% 8%～13% 1%～2% 2% 余量	JQ—1精密切削润滑剂，以10%～15%加入到矿物油中，可代替动植物油，用于精密加工，在钻孔、铰孔、攻螺纹、拉削、铣、插齿、滚齿等都有明显效果

注 表中使用代号的意义如下：

1—润滑性不强的合成切削液；2—润滑性较好的合成切削液；3—防锈乳化液（1号乳化液）；4—普通乳化液（2号乳化液）；5—极压乳化液(3号乳化液)；6—矿物油；7—煤油；8—硫化切削油，含硫的极压切削油，动植物油与矿化油的复合油；9—极压切削油。

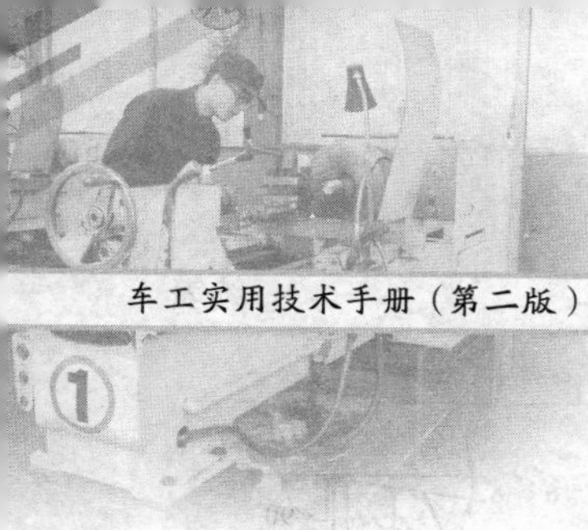

第五章

车削加工工艺

第一节　外圆的车削

外圆是常见的轴类、套类零件最基本的表面。外圆的车削是车工入门必须学会的基本操作。

一、外圆车刀

常用的外圆、端面和台阶用车刀的主偏角有45°、75°和90°等几种。

1．车刀的分类和判别

车刀按其进给方向的分类和判别见表5-1。

表5-1　　按车刀进给方向的分类和判别

车刀类型	别称	右车刀	左车刀
45°车刀	弯头车刀	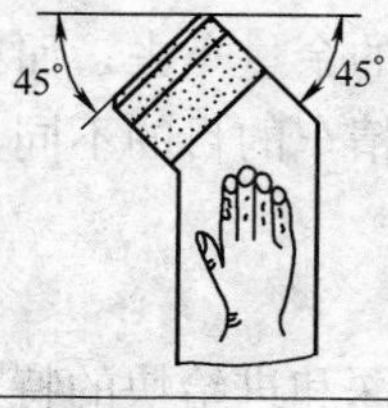	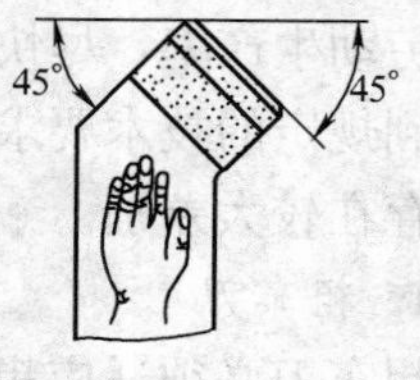
75°车刀	—	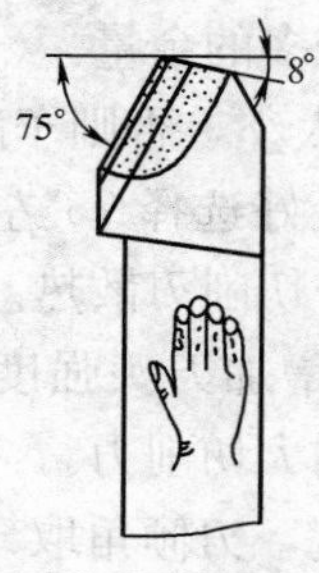	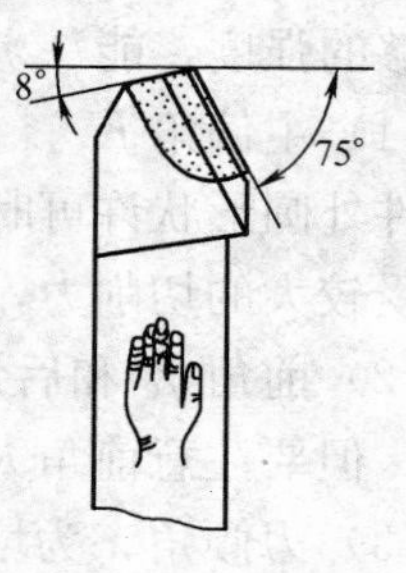

续表

车刀类型	别称	右车刀	左车刀
90°车刀	偏刀	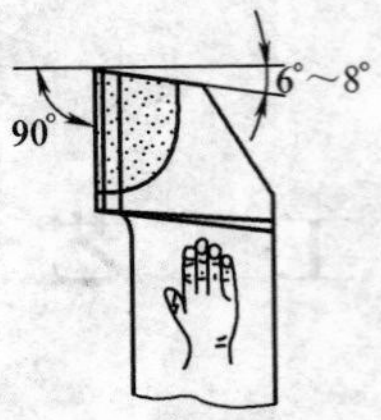	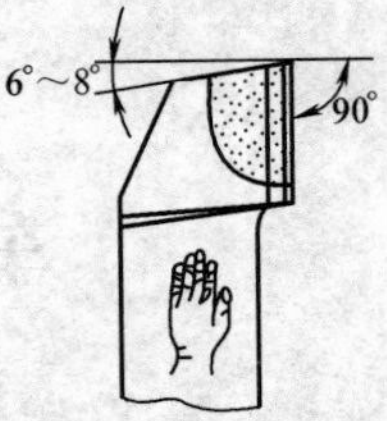
说明		右车刀的主切削刃在刀柄左侧，由车床的右侧向左侧纵向进给	左车刀的主切削刃在刀柄右侧，由车床的左侧向右侧纵向进给
左右手判别法		将平摊的右手手心向下放在刀柄的上面，如果主切削刃和右手拇指为同一侧，则该车刀为右车刀	将平摊的左手手心向下放在刀柄的上面，如果主切削刃和左手拇指为同一侧，则该车刀为左车刀

2. 车刀的特点与应用

车刀的特点与应用见表5-2。

二、加工不同精度的车刀

车削轴类工作一般可分为粗车和精车两个阶段。粗车的作用是提高劳动生产率，尽快将毛坯上的余量车去；而精车的作用是使工件达到规定的技术要求。粗车和精车的目的不同，对所用车刀的要求也存在较大差别。

1. 粗车刀

粗车刀必须适应粗车时吃刀深和进给快的特点。主要要求车刀有足够的强度，能一次进给车去较多的余量。

（1）主偏角 K_r。主偏角不宜太小，否则车削时容易引起振动。当工件外圆形状许可时，主偏角最好选择75°左右。这样车刀不但能承受较大的切削力，而且有利于切削刃散热。

（2）前角 γ_0 和后角 a_0。为了增加刀头强度，前角和后角应选小些。但要注意前角太小反而会增大切削力。

（3）刃倾角 λ_s 为增加刀头强度，刃倾角取－3°～0°。

表 5-2　　车刀的特点与应用

车刀类型	图　示	特点及应用	应用图示
45°车刀	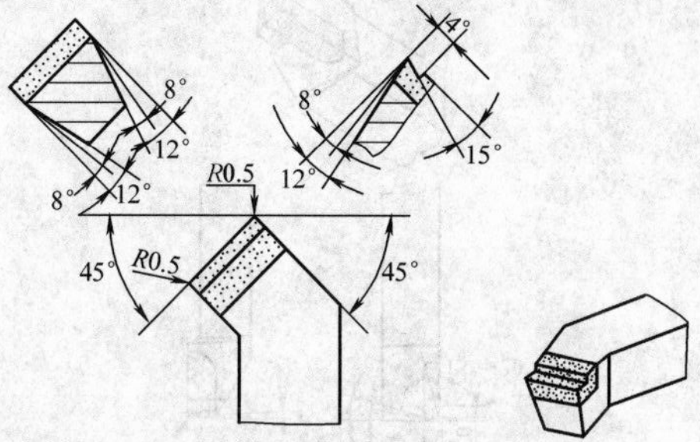(a)　(b)	图示为加工钢料用的典型 45° 硬质合金车刀。车刀的刀尖角 ε_r = 90°，刀尖强度和散热性都比 90° 车刀好。常用于车削工件的端面和进行 45° 倒角，也可用来车削较短的外圆	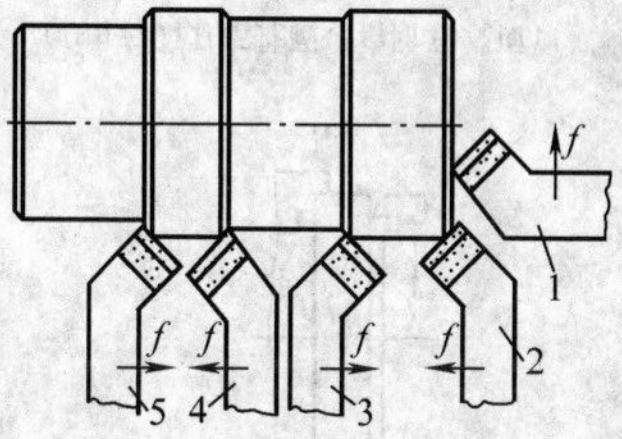1、3、5—45° 左车刀 2、4—45° 右车刀
75°车刀	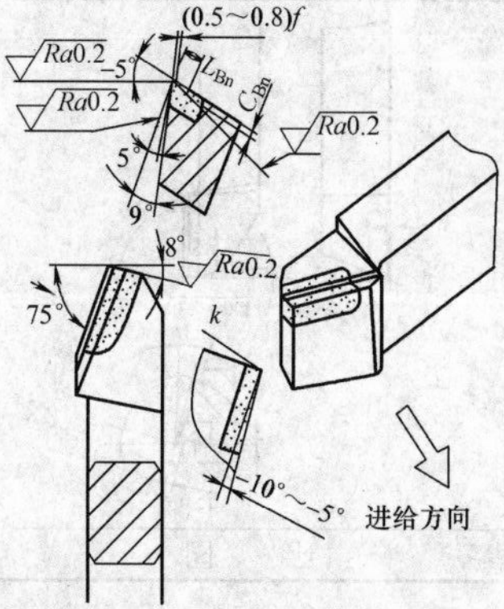	图示为加工钢料用的典型 75° 硬质合金车刀。车刀刀尖角 ε_r > 90°，刀尖强度高，较耐用。适用于粗车轴类工件的外圆和对加工余量较大的铸锻件外圆进行强力车削，还适用于车削铸锻件的大端面	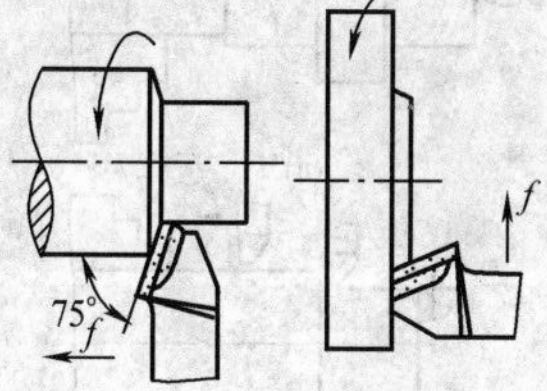(a)　(b) (a)75° 右车刀车外圆 (b)75° 左车刀车端面

续表

车刀类型	图示	特点及应用	应用图示
90°车刀	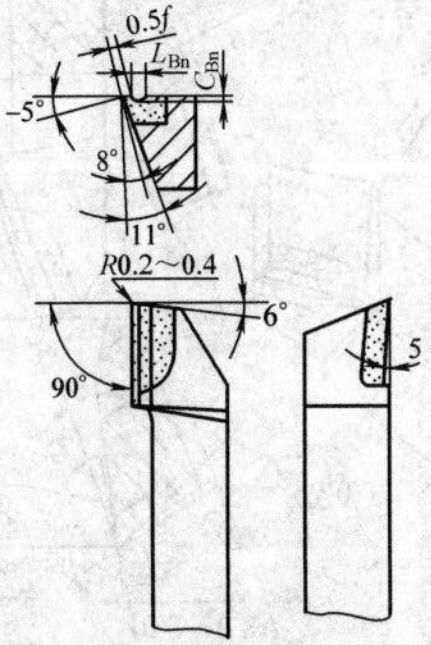 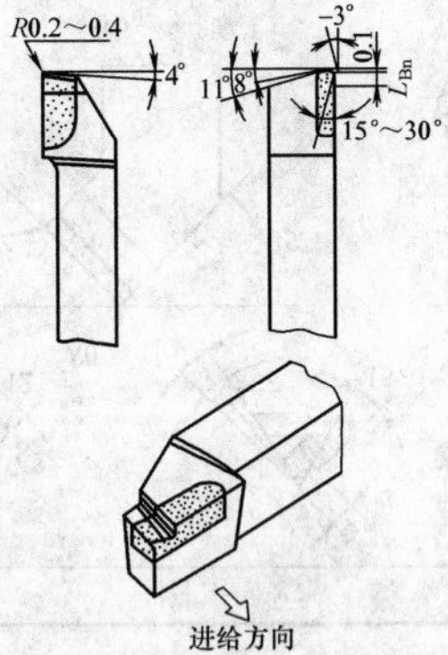	左上图为加工钢料用的典型硬质合金精车刀。其刀尖角 $\varepsilon_r<90°$，散热条件比前两者差，但应用广泛； 左下图为横槽精车刀。在主切削刃上磨有大的正值刃倾角（$\lambda_s=15°\sim30°$），可保证切屑排向工件待加工表面，但这种车刀车削时的背吃刀量应选得较小（$a_p<0.5mm$）。右偏刀一般用来车削工件的外圆、端面和右向台阶；左偏刀一般用来车削工件的外圆和左向台阶，也适用于车削直径较大且长度较短的工件的端面。90°车刀因其主偏角较大，车外圆时的背向力 F_p 较小，所以不易使工件产生径向弯曲	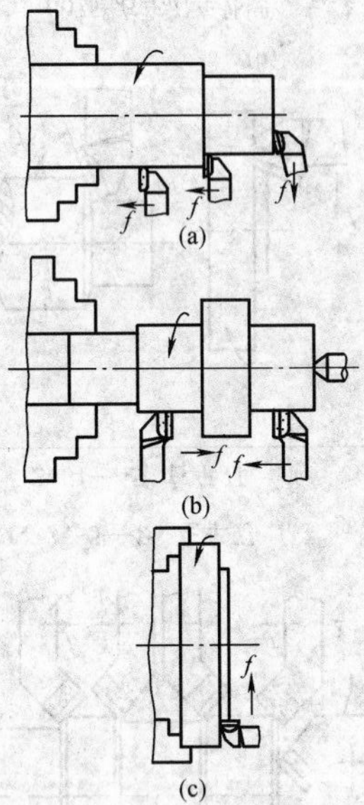 (a)用右偏刀车外圆、台阶和端面； (b)用左、右偏刀车台阶； (c)用左偏刀车端面

（4）倒棱宽度 b_{r1} 与倒棱前角 γ_{01}。为增加切削刃的强度，主切削刃上应磨有倒棱，如图 5-1 所示。倒棱宽度为 $b_{r1}=(0.5\sim0.8)f$，倒棱前角 $\gamma_{01}=-10^\circ\sim-5^\circ$。

（5）过渡刃偏角 $k_{r\varepsilon}$（过渡刃）。为了增加刀尖强度，改善散热条件，使车刀耐用，刀尖处应磨有过渡刃。采用直线形过渡刃时，其过渡刃偏角 $K_{r\varepsilon}=1/2kr$，过渡刃长度 $b_\varepsilon=0.5\sim2\text{mm}$。如图 5-2 所示。

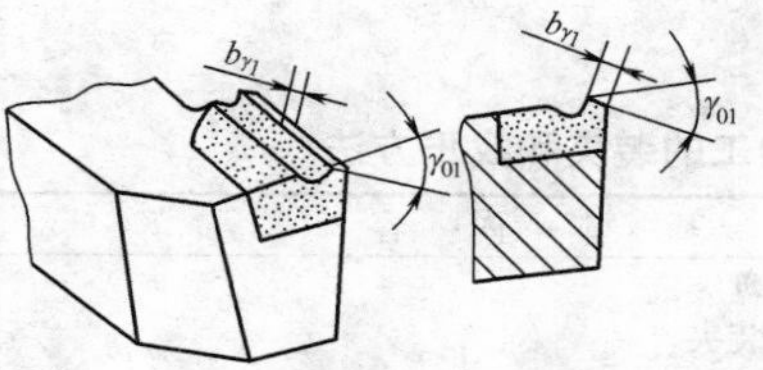

图 5-1　倒棱

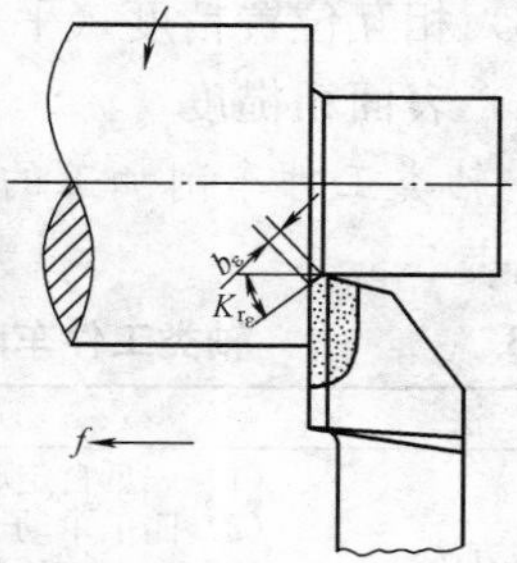

图 5-2　直线形过渡刃

（6）断屑槽。粗车塑性金属（如中碳钢）时，为使切屑能自行折断，应在车刀前面上磨有断屑槽。常用的断屑槽有直线形和圆弧形两种，其尺寸大小主要取决于背吃刀量和进给量。

2. 精车刀

工件精车后需要达到图样要求的尺寸精度和较小的表面粗糙度，并且车去的余量较少，因此要求车刀锋利，切削刃平直光洁，必要时还可磨出修光刃。精车时必须使切屑排向工件的待加工表面。

选择精车刀几何参数的一般原则如下。

（1）为了减小工件表面粗糙度值，应取较小的副偏角 K'_r 或在副切削刃上磨出修光刃。一般修光刃的长度 $b'_\varepsilon=(1.2\sim1.5)f$。

（2）前角 γ_0 一般应大些，以使车刀锋利，车削轻快。

（3）后角 a_0 也应大些，以减少车刀和工件之间的摩擦。精车时对车刀强度的要求不高，允许取较大的后角。

（4）为了使切屑排向工件的待加工表面，应选用正值的刃倾角（一般取 $\lambda_s=3^\circ\sim8^\circ$）。

（5）精车塑性金属时，为保证排屑顺利，前面应磨出相应宽度的断屑槽。

三、加工精度要求与装夹找正方法

1. 加工精度要求

包含以下内容。

(1) 尺寸精度(包括直径和长度)。

(2) 几何形状精度(圆度、圆柱度、直线度)。

(3) 相互位置精度(平等度、垂直度、对称度)。

(4) 表面粗糙度。

2. 轴类工件车削加工的装夹和找正方法

见表5-3。

表5-3 轴类工件车削加工的装夹和找正方法

方 法	基 本 内 容
装夹方法	(1) 三爪自定心卡盘装夹 (2) 四爪单动卡盘装夹 (3) 一夹一顶装夹 (4) 两顶尖间装夹
找正方法	(1) 目测找正法 (2) 小铜棒找正法 (3) 端面挡块找正法 (4) 百分表找正法

四、切削用量的合理选择

半精车和精车时切削用量的选择，必须保证加工精度和表面粗糙度，同时还要考虑必要的刀具寿命和生产效率。

1. 背吃刀量

半精车和精车时的吃刀深度是根据加工精度和表面粗糙度要求，由粗加工或半精加工后的余量确定的。但必须注意的是，当用硬质合金车刀切削时，由于刃口在砂轮上不易刃磨得十分锋利(刃口圆弧半径较大)，最后一次走刀的吃刀的力度不宜太小，否则因受加工硬化的影响，很难达到对工件表面粗糙度的要求。

2. 进给量

半精车和精车时，由于工件表面粗糙度的要求，限制了进给量的增大。为了减小工艺系统的弹性变形，减小已加工表面的表面粗糙度值，精车时通常采用高转速小走刀量的车削方法加工。高速切削时按表面粗糙度选择进给量可参考表5-4。

表 5-4　　高速车削时按表面粗糙度选择进给量的参考值

刀具	表面粗糙度（μm）	工件材料	副偏角 K'_r（°）	切削速度范围（m/min）	刀尖圆弧半径（mm） 0.5	1.0	2.0
					进给量 f（mm/r）		
$K'_r>0°$	$Ra<20$	钢、铸铁及青铜	5	不限制	—	1.0～1.1	1.3～1.5
			10		—	0.8～0.9	1.0～1.1
			5		—	0.7～0.8	0.9～1.0
	$Ra<10$	钢、铸铁及青铜	5	不限制	—	0.55～0.7	0.7～0.85
			10～15		—	0.45～0.6	0.6～0.7
	$Ra<5$	钢	5	<50	0.22～0.30	0.25～0.35	0.30～0.45
				50～100	0.23～0.35	0.35～0.40	0.40～0.55
				>100	0.35～0.40	0.40～0.50	0.50～0.60
			10～15	<50	0.18～0.25	0.25～0.30	0.30～0.45
				50～100	0.25～0.30	0.30～0.35	0.35～0.55
				>100	0.30～0.35	0.35～0.40	0.50～0.55
		铸铁及青铜	5	不限制	—	0.30～0.50	0.45～0.65
			10～15		—	0.25～0.40	0.50～0.55

续表

刀具	表面粗糙度（μm）	工件材料	副偏角 K'_r（°）	切削速度范围（m/min）	刀尖圆弧半径（mm）		
					0.5	1.0	2.0
					进给量 f（mm/r）		
$K'_r>0°$	$Ra<2.5$	钢	≥5	30～50	—	0.11～0.15	0.14～0.22
				50～80	—	0.14～0.2	0.17～0.25
				80～100	—	0.16～0.25	0.23～0.35
				100～130	—	0.20～0.30	0.25～0.39
				>130	—	0.25～0.30	0.35～0.39
		铸铁及青铜	≥5	不限制	—	0.15～0.25	0.20～0.35
	$Ra<1.25$	钢	≥5	100～180	—	0.12～0.15	0.14～0.17
				110～130	—	0.13～0.18	0.17～0.23
				>130	—	0.17～0.20	0.21～0.27
$K'_r=0°$的车刀	$Ra5～10$	钢	0	>50	≤5（当 $a_p>1$mm）		
	$Ra1.25～2.5$			>100	2.0～3.0（当 $a_p=0.4～0.6$mm）		
	$Ra5～10$	铸铁	0	不限制	≤5（当 $a_p>1$mm）		
	$Ra<2.5$				2.0～4.0（当 $a_p=0.4～0.6$mm）		

3. 切削速度

为了抑制积屑瘤的产生，使工件的精度和表面粗糙度不受影响，同时，由于精车的被切削屑较薄，切削力小，具备了适当提高切削速度的条件。因此，用硬质合金车刀精车一般都采用较高的切削速度（通常选用）；而高速钢车刀则宜采用较低的切削速度；断续切削亦应采用较低的切削速度。

精车中车刀的磨损影响加工精度和表面粗糙度，因此，应选用耐磨性能好的刀片材料，并尽可能使车刀在最佳切削速度范围内工作。采用硬质合金车刀车削，切削速度的选择可参考表 5-5。

表 5-5　　硬质合金外圆车刀的切削速度参考值

工件材料	热处理状态	a_p=0.3～2mm	a_p=2～6mm	a_p=6～10mm
		f=(0.08～0.3)mm/r	f=(0.3～0.6)mm/r	f=(0.6～1)mm/r
		切削速度 v(m/min)		
低碳钢易切削钢	热轧	140～180	100～120	70～90
中碳钢	热轧	130～160	90～110	60～80
	调质	100～130	70～90	50～70
合金结构钢	热轧	100～130	70～90	50～70
	调质	80～110	50～70	40～60
工具钢	退火	90～120	60～80	50～70
不锈钢	—	70～80	60～70	50～60
灰铸铁	HB<190	90～120	60～80	50～70
	HB=190～225	80～110	50～70	40～60
高锰钢	—		10～20	
铜及铜合金	—	200～250	120～180	90～120
铝及铝合金	—	300～600	200～400	150～300
铸铝合金	—	100～180	80～150	60～100

注　表列切削钢材及灰铸铁的切削速度是刀具寿命为（60～90）min 的数值。

五、减小工件表面粗糙度值的方法

生产中若发现工件的表面粗糙度达不到技术要求，应观察表面粗糙度值大的现象，找出影响表面粗糙度的主要原因，提出解决办法。

常见的表面粗糙度值大的现象如图 5-3 所示，可采取以下措施见表 5-6。

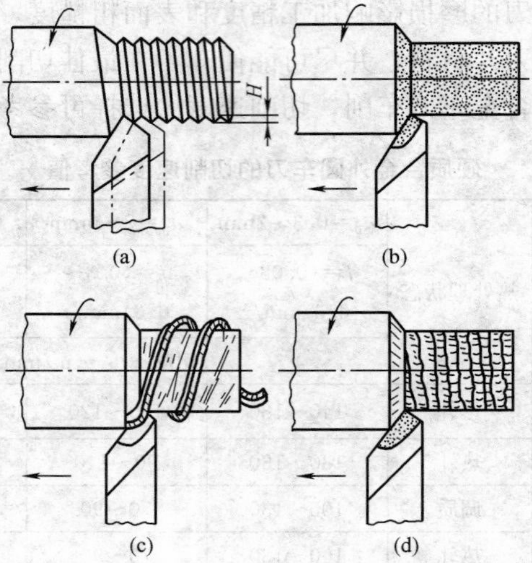

(a)　(b)

(c)　(d)

图 5-3　常见的表面粗糙度值大的现象

(a) 残留面积；(b) 毛刺；(c) 切屑拉毛；(d) 振纹

表 5-6　**减小表面粗糙度值的方法**

方法		说明
减小残留面积高度[图 5-3(a)]	减小主偏角和副偏角	一般情况下，减小副偏角对减少表面粗糙度效果较明显。但减小主偏角会使背向力 F_p 增大，若工艺系统刚性差，会引起振动
	增大刀尖圆弧半径	但如果车床刚性不足，刀尖圆弧半径 r_ε 过大会使背向力 F_p 增大而产生振动，反而会使表面粗糙度值变大
	减小进给量	进给量 f 是影响表面粗糙度最显著的一个因素，进给量 f 越小，残留面积高度 R_{max} 越小。此时，鳞刺、积屑瘤和振动均不易产生，因此表面质量越高

续表

方　法		说　明
避免工件表面产生毛刺[图5-3(b)]		工件表面产生毛刺一般是由积屑瘤引起的。这时可用改变切削速度的方法来控制积屑瘤的产生。如果用高速钢车刀时，应降低切削速度（v_c<3m/min），并加注切削液；用硬质合金车刀时，应提高切削速度，避开最易产生积屑瘤的中速（v_c=20m/min）区域。另外，应尽量减小车刀前面和后面的表面粗糙度值，保持刀刃锋利
避免磨损亮斑		工件在车削时，已加工表面出现亮斑或亮点，切削时有噪声，说明车刀已严重磨损。 磨钝的切削刃将工件表面挤压出亮痕，使表面粗糙度值变大，这时应及时更换或重新刃磨车刀
防止切屑拉毛已加工表面		被切屑拉毛的工件表面一般是不规则的很浅的痕迹，如图5-3（c）所示。这时应选用正值刃倾角的车刀，使切屑流向工件待加工表面，并采取卷屑或断屑措施
防止和减少振纹	车床方面	调整车床主轴间隙，提高轴承精度；调整滑板楔铁，使间隙小于0.04mm，并使移动平稳轻便
	刀具方面	合理选用刀具几何参数，经常保持切削刃的光洁和锋利。增加刀具的装夹刚度
	工件方面	增加工件装夹刚度，例如装夹时不宜悬伸太长，细长轴应采用中心架或跟刀架支撑
	切削用量方面	选用较小的背吃刀量和进给量，改变切削速度
合理选用切削液，保证充分冷却润滑		采用合适的切削液是消除积屑瘤、鳞刺和减小表面粗糙度值的有效方法。车削时，合理选用切削液并保证充分冷却润滑，可以改善切削条件；尤其是润滑性能增强使切削区域金属材料的塑性变形程度下降，从而减小已加工表面的粗糙度值

六、车削质量分析

车削外圆时，常常会产生废品，各种废品产生的原因及预防方法见表5-7。

表 5-7　　车削轴类工件产生废品的原因及预防方法

废品种类	产生原因	预防方法
尺寸精度达不到要求	（1）看错图样或刻度盘使用不当	（1）必须看清图样的尺寸要求，正确使用刻度盘，看清刻度值
	（2）没有进行试车削	（2）根据加工余量算出背吃刀量，进行试切削，然后修正背吃刀量
	（3）量具的误差或测量不正确	（3）量具使用前，必须检查和调整到零位，正确掌握测量方法
	（4）由于切削热的影响，使工件尺寸发生变化	（4）不能在工件温度较高时测量，如测量，应掌握工件的收缩情况，或浇注切削液，降低工件温度
	（5）机动进给没有及时关闭，使车刀进给长度超过台阶长度	（5）注意及时关闭机动进给，或提前关闭机动进给，再用手动进给到长度尺寸
	（6）车槽时，车槽刀的主切削刃太宽或太窄，使槽宽不正确	（6）根据槽宽刃磨车槽刀的主切削刃宽度
	（7）尺寸计算错误，使槽的深度不正确	（7）对留有磨削余量的工件，车槽时应考虑磨削余量
产生锥度	（1）用一夹一顶或两顶尖装夹工件时，后顶尖轴线不在主轴轴线上	（1）车削前必须通过调整尾座找正锥度
	（2）用小滑板车外圆，小滑板的位置不正确，即小滑拖板的基准刻线跟中滑板的“0”刻线没有对准	（2）必须事先检查小滑板基准刻线与中滑板的“0”刻线是否对准
	（3）用卡盘装夹纵向车削时，床身导轨与车床主轴轴线不平行	（3）调整车床主轴与床身导轨的平行度
	（4）工件装夹时悬伸较长，车削时因切削力的影响使前端让开而产生锥度	（4）尽量减少工件的伸出长度，或另一端用后顶尖支顶，以增加装夹刚度
	（5）车刀中途逐渐磨损	（5）选用合适的刀具材料，或适当降低切削速度

续表

废品种类	产生原因	预防方法
圆度超差	（1）车床主轴间隙太大	（1）车削前检查主轴间隙，并调整合适。如主轴轴承磨损严重，则需要更换轴承
	（2）毛坯余量不均匀，切削过程中背吃刀量变化太大	（2）半精车后再精车
	（3）工件用两顶尖装夹时，中心孔接触不良，或后顶尖顶得不紧，或前后顶尖产生径向圆跳动	（3）工件用两顶尖装夹时，必须松紧适当，若回转顶尖产生径向圆跳动，需及时修理或更换
表面粗糙度达不到要求	（1）车床刚度低，如滑板镶条太松，传动零件（如带轮）不平衡或主轴太松引起振动	（1）消除或防止由于车床刚度不足而引起的振动（如调整车床各部分的间隙）
	（2）车刀刚度低或伸出太长引起振动	（2）增加车刀刚度正确装夹车刀
	（3）工件刚度低引起振动	（3）增加工件的装夹刚度
	（4）车刀几何参数不合理，如选用过小的前角、后角和主偏角	（4）选用合理的车刀几何参数（如适当增加前角、选用合理的后角和主偏角等）
	（5）切削用量选用不当	（5）进给量不宜太大，精车余量和切削速度应选用恰当

第二节　切断和切沟槽

一、切断

在车削加工中，把棒料和工件切成两段（或数段）的加工方法叫切断。切断的关键是切断刀的几何参数选择和选择合理的切削用量。

1. 切断刀及其应用

切断刀是以横向进给为主，前端的切削刃是主切削刃，两侧的切削刃是副切削刃。切断刀分为高速钢和硬质合金切断刀两类，两类切断刀的基本几何角度的名称和作用相同，只是由于材料的不同，结构上各有一些特点。

（1）高速钢切断刀。图 5-4 所示是高速钢切断刀的形状，其几何参数的选择原则见表 5-8。

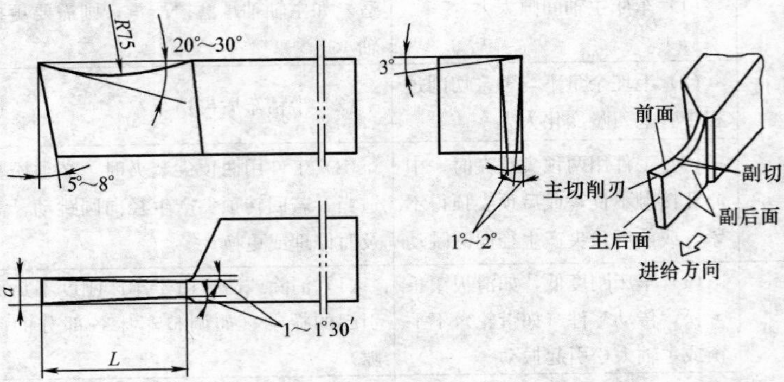

图 5-4　高速钢切断刀

表 5-8　　高速钢切断刀几何参数的选择

角　度	符 号	数 据 和 公 式
主偏角	K_r	$K_r=90°$
副偏角	K_r'	取 $K_r'=1°\sim1°30'$
前角	γ_0	切断中碳钢工件时，通常取 $\gamma_0=20°\sim30°$；切断铸铁工件时，取 $\gamma_0=0°\sim10°$。前角由 R75 的圆弧形前面自然形成
后角	α_0	一般取 $\alpha_0=5°\sim7°$
副后角	α_0'	切断刀有两个后角 $\alpha_0'=1°\sim2°$
刃倾角	λ_s	主切削刃要左高右低，取 $\lambda_s=3°$
主切削刃宽度	a	一般采用经验公式计算 $\alpha\approx(0.5\sim0.6)\sqrt{d}$ 式中　d—工件直径，mm
刀头长度	L	计算公式为 $L=h+(2\sim3)$ 式中　h—切入深度（mm）。 切断实心工件时，切入深度等于工件半径；切断空心工件时，切入深度等于工件的壁厚

为了减少工件材料的浪费，保证切断实心工件时能切到工件的中心，一般切断刀的主切削刃较窄，刀头较长，其刀头强度相对其

他车刀较低，所以在选择几何参数和切削用量时应特别注意，如图5-5所示。

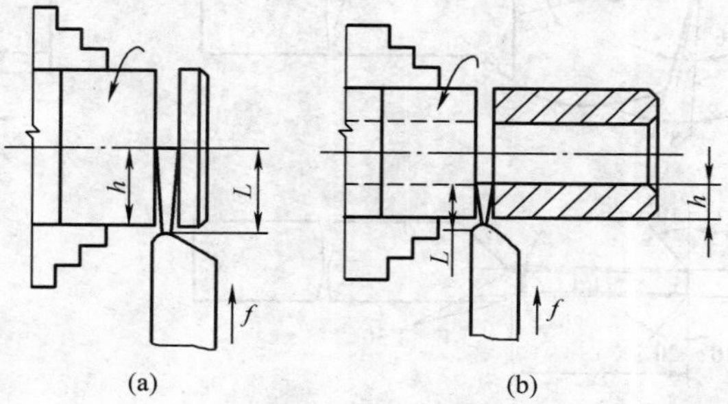

图5-5　切断刀的刀头长度

（a）切断实心工件时；（b）切断空心工件时

另外，为了使切削顺利，在切断刀的弧形前面上磨出卷屑槽，卷屑槽的长度应超过切入深度。但卷屑槽不可过深，一般槽深为0.75～1.5mm，否则会削弱切断刀刀头的强度。在切断工件时，为使带孔工件不留边缘，实心工件的端面不留小凸头，可将切断刀的切削刃略磨斜些，如图5-6所示。

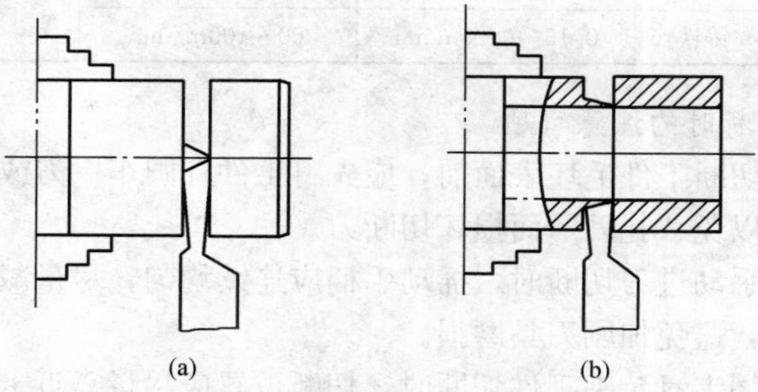

图5-6　斜面刃切断刀及其应用

（a）切断实心工件时；（b）切断空心工件时

（2）硬质合金切断刀。硬质合金切断刀的结构形状如图5-7所示。

为了便于排屑，把主切削刃两边倒10°～20°角。为了增加刀头强度，一般把刀头下部做成鱼肚形。

2. 切削用量的选择

切断时的切削用量选择见表5-9。

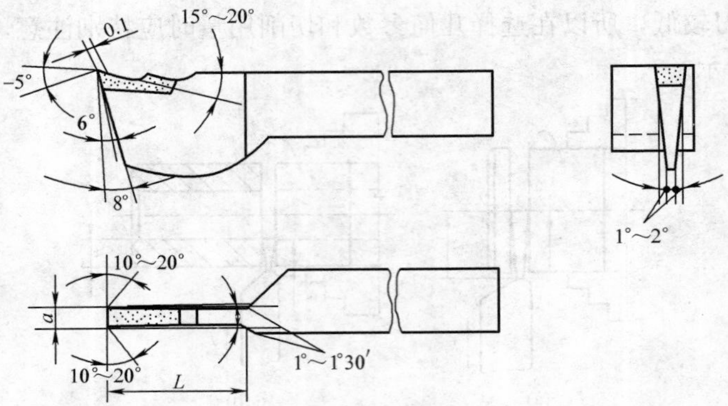

图 5-7　硬质合金切断刀

表 5-9　　　　　　切断时的切削用量的选择

材　料		切　削　用　量		
刀具材料	工件材料	进给量 f	切削速度 v_c	背吃刀量 a_p
高速钢	钢件	0.05～0.10mm/r	30～40m/min	等于切断刀的主切削刃宽度
	铸铁	0.10～0.20mm/r	15～25m/min	
硬质合金	钢件	0.10～0.20mm/r	80～120m/min	
	铸铁	0.15～0.25mm/r	60～100m/min	

3. 切断时的注意事项

(1) 切断工件毛坯表面前，应先将工件外圆车一刀或尽量减小进给量，以免“扎刀”而损坏切断刀。

(2) 手动进刀切断时，摇动手柄应连续均匀，尽量减少摩擦和冷硬现象，避免加剧刀具磨损。

(3) 用卡盘装夹工件切断时，切断位置应尽量靠近卡盘，避免振动。

(4) 用一夹一顶装夹切断工件时，在工件即将切断之前，应卸下工件后再敲断。

(5) 切断时不准用两顶尖装夹工件，否则工件切断瞬间会飞出伤人，酿成事故。

二、切沟槽

在机械零件上，由于工件情况和结构工艺性的需要，有各种不同断面形成的沟槽。在车端面直槽和轴肩时，沟槽车刀的几何形成是外圆车刀与内孔车刀的综合，其中左侧刀尖相当于车内孔。

1. 常见内沟槽的类型、结构、作用及车削的方法

常见的内沟槽的类型、结构、作用及车削的方法见表 5-10。

表 5-10　常见内沟槽的类型、结构、作用及车削方法一览表

类型	退刀槽	轴向定位槽	油气通道槽	内 V 槽（密封槽）
结构图	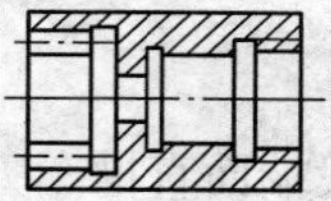	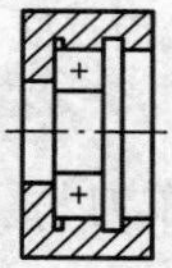	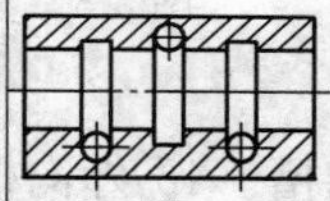	
作用	在车削螺纹、车孔、磨削外圆和内孔时作退刀用	在适当的位置的轴向定位槽中嵌入弹性挡圈，以实现滚动轴承等的轴向定位	在液压或气动滑阀中车出内沟槽，用以通油或通气	在内 V 形槽内嵌入油毛毡，以起防尘作用并防止轴上的润滑剂溢出
车削图	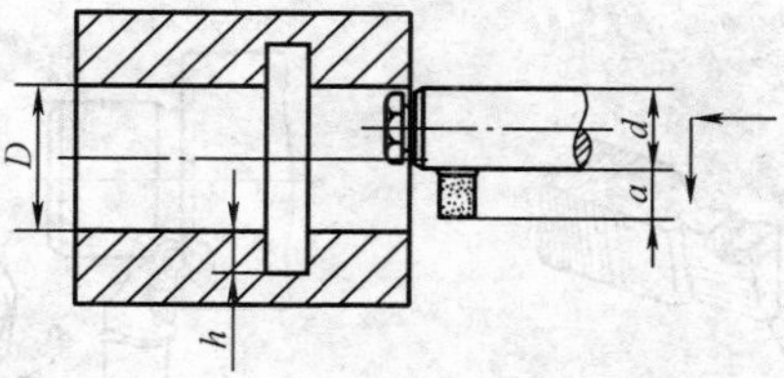			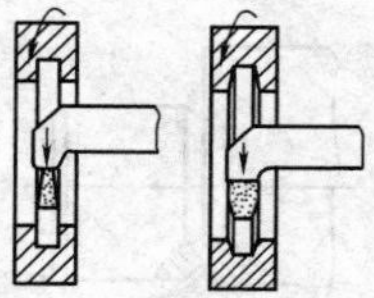
车削方法	在车狭窄的内沟槽时，可直接用内沟槽车刀准确的主切削刃宽度来保证；车较宽内沟槽时，可以用多次车槽的方法来完成			一般先用内孔车槽刀车出直槽，然后用内成形刀车削成形

2. 车端面直槽

在端面上车直槽时，端面直槽车刀的几何形状是外圆车刀与内孔车刀的综合。其中刀尖 a 处相当于车内孔，此处副后面的圆弧半径 R 必须小于端面直槽的大圆半径，以防止后面与工件端槽孔壁相碰。装夹端面直槽刀时，注意使其主切削刃垂直于工件轴线，以

保证车出的直槽底面与工件轴线垂直，见图 5-8。

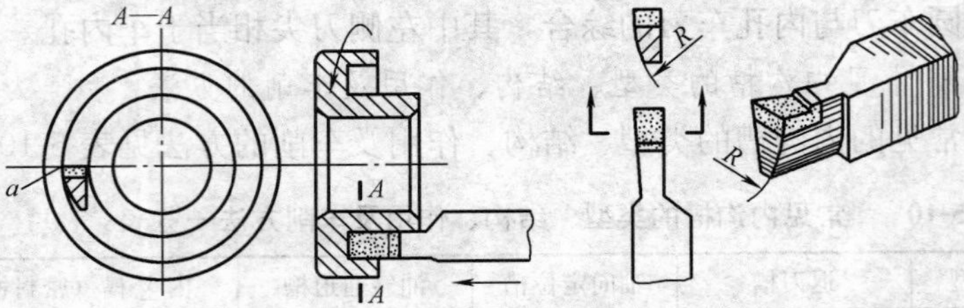

图 5-8　车端面直槽

3. 车轴肩槽

（1）车 45°外沟槽。45°外沟槽车刀与一般端面直槽车刀有几何形状相同，如图 5-9（a）所示，车削时，可把小滑板转过 45°，用小滑板进给车削沟槽。

（2）车圆弧外沟槽。圆弧外沟槽车刀可根据沟槽圆弧 R 的大小相应地磨成圆弧形刀头来进行车削，如图 5-9（b）所示。车削端面直槽和轴肩槽时，沟槽车刀的左侧刀尖［见图 5-9（a）中 a 处］相当于车孔，刀尖的副后面应相应地磨成圆弧 R，并保证一定的后角。

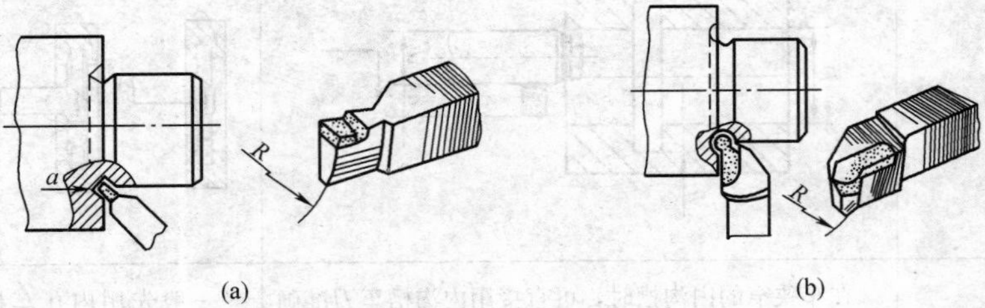

(a)　(b)

图 5-9　车轴肩槽

（a）车 45°外沟槽；（b）车圆弧沟槽

第三节　车 削 圆 锥 面

一、锥度与锥角系列

一般用途圆锥的锥度与锥角系列见表 5-11。应优先选用第一系列，当不能满足需要时，可选用第二系列。特殊用途圆锥与锥角系列见表 5-12。特殊用途的圆锥，通常只用于表中说明栏所指的适用范围。

表 5-11　　一般用途圆锥的锥度与锥角

基本值		推算值		
系列 1	系列 2	圆锥角 α		锥度 C
120°	•	—	—	1∶0.288675
90°	•	—	—	1∶0.500000
•	75°	—	—	1∶0.651613
60°	•	—	—	1∶0.866025
45°	•	—	—	1∶1.207107
30°	•	—	—	1∶1.866025
1∶3	•	18°55′28.7″	18.924644°	—
•	1∶4	14°15′0.1″	14.250033°	—
1∶5	•	11°25′16.3″	1.421186°	—
•	1∶6	9°31′38.2″	9.527283°	—
•	1∶7	8°10′16.4″	8.171234°	—
•	1∶8	7°9′9.6″	7.152669°	—
1∶10	•	5°43′29.3″	5.724810°	—
•	1∶12	4°46′18.8″	4.771888°	—
•	1∶15	3°49′59″	3.818305°	—
1∶20	•	2°51′51.1″	2.864192°	—
1∶30	•	1°54′34.9″	1.909682°	—
•	1∶40	1°25′56.8″	10432222°	—
1∶50	•	1°8′45.2″	1.145877°	—
1∶100	•	0°34′22.6″	0.572953°	—
1∶200	•	0°17′11.3″	0.286478°	—
1∶500	•	0°6′52.5″	0.114591°	—

表 5-12　　特殊用途圆锥的锥度与锥角

基本值	推算值			说明
	圆锥角 α		锥度 C	
18°30′	—	—	1∶3.030115	纺织工业
11°54′	—	—	1∶4.797451	纺织工业
8°40′	—	—	1∶6.598442	纺织工业
7°40′	—	—	1∶7.462208	纺织工业
7∶24	16°35′39.4″	16.594290°	1∶3.428571	机床主轴，工具配合
1∶9	6°21′34.8″	6.359660°	—	电池接头

续表

基本值	推算值			说明
	圆锥角 α		锥度 C	
1∶16.666	3°26′12.2″	3.436716°	—	医疗设备
1∶12.262	4°40′11.6″	4.669884°	—	Morse No. 2
1∶12.972	4°24′35.1″	4.414746°	—	No. 1
1∶15.748	3°38′13.4″	3.637060°	—	No. 33
1∶18.779	3°3′1.0″	3.050200°	—	No. 3
1∶19.264	2°58′24.8″	2.973556°	—	No. 6
1∶20.288	2°49′24.7″	2.823537°	—	No. 0
1∶19.002	3°0′52.4″	3.014543°	—	Morse No. 5
1∶19.180	2°59′11.7″	2.986582°	—	No. 6
1∶19.212	2°58′53.8″	2.981618°	—	No. 0
1∶19.254	2°58′30.6″	2.975179°	—	No. 4
1∶19.922	2°52′31.5″	2.875406°	—	No. 3
1∶20.020	2°51′41.0″	2.861377°	—	No. 2
1∶20.047	2°51′26.7″	2.857417°	—	No. 1

二、圆锥各部分尺寸的计算

1. 圆锥的基本参数

圆锥的基本参数如图 5-10 所示。

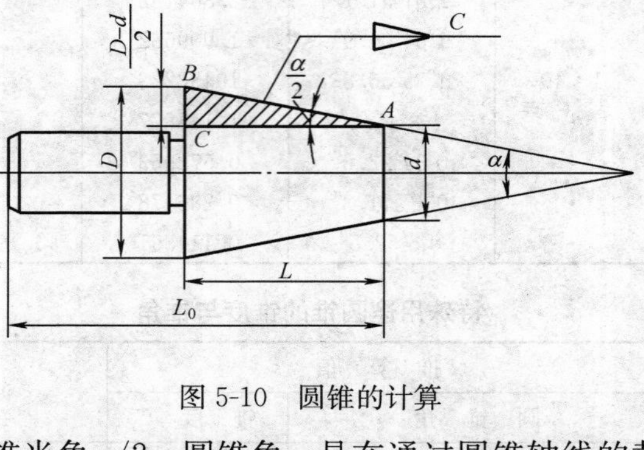

图 5-10 圆锥的计算

(1) 圆锥半角 $\alpha/2$。圆锥角 α 是在通过圆锥轴线的截面内，两条素线间的夹角。在车削时经常用到的是圆锥角 α 的一半，即$\alpha/2$，称为圆锥半角。

(2) 最大圆锥直径 D。简称大端直径。

(3) 最小圆锥直径 d。简称小端直径。

（4）圆锥长度 L。最大圆锥直径处与最小圆锥直径处的轴向距离。

（5）锥度 C。圆锥大、小端直径之差与长度之比，即

$$C=\frac{D-d}{L}$$

锥度 C 确定后，圆锥半角 $\alpha/2$ 则能计算出。因此，圆锥半角 $\alpha/2$ 与锥度 C 属于同一基本参数。

2. 圆锥的各部分尺寸计算

由上可知，圆锥具有四个基本参数，只要已知其中任意三个参数，便可以计算出剩余的那个未知参数。

圆锥半角 $\alpha/2$ 与其他三个参数的关系。在图样上，一般常标注 D、d、L，而在车圆锥时，往往需要将小滑板由 0°转动一定的角度，而转动的角度正好是圆锥半角 $\alpha/2$。因此，必须计算出圆锥半角 $\alpha/2$。

在图 5-11 中

$$\tan(\alpha/2)=\frac{BC}{AC};\ BC=\frac{D-d}{2};\ AC=L$$

$$\tan(\alpha/2)=\frac{D-d}{2L}$$

其他三个参数与圆锥半角 $\alpha/2$ 的关系。如下：

$$D=d+2L\tan(\alpha/2);d=D-2L\tan(\alpha/2);L=\frac{D-d}{2\tan(\alpha/2)}$$

应用 $\tan(\alpha/2)=\dfrac{D-d}{2L}$ 计算 $\alpha/2$，须进行三角函数计算。当圆锥半角 $(\alpha/2)<6°$ 时，可以用下列近似公式计算：

$$\alpha/2\approx 28.7°\times\frac{D-d}{L}=28.7°\times C$$

采用近似公式计算圆锥半角 $\alpha/2$ 时，应注意如下几点。

（1）圆锥半角在 6°以内。

（2）计算结果是“度”，度以后的小数部分是十进位的，而角度是 60 进位。应将含有小数部分的计算结果转化成度、分、秒、例如 2.35°并不等于 2°35′。因此，要用小数部分去乘 60′，即 60×

0.35＝21′，所以2.35°应为2°21′。

三、标准工具圆锥

为了制造和使用方便，降低生产成本，常用的工具、刀具上的圆锥都已经标准化。即圆锥的各部分尺寸，都符合几个号码的规定，使用时，只要号码相同，则能互换。标准工具圆锥已在国际上通用，不论哪个国家生产的机床或工具，只要符合标准圆锥都能达到互换要求。

常用标准工具的圆锥有下面两种。

1. 莫氏圆锥

莫氏圆锥是机器制造业中应用最为广泛的一种，如车床主轴锥孔、顶尖、钻头柄 铰刀柄等。莫氏圆锥分为0号、1号、2号、3号、4号、5号和6号七种，最小的是0号，最大的是6号。莫氏圆锥号码不同，圆锥的尺寸和圆锥半角都不同。莫氏圆锥的锥度见表5-13。

表5-13　莫氏圆锥的锥度

号数	锥度 C	圆锥角 α	圆锥半角 $\alpha/2$	tan（$\alpha/2$）
0	1∶19.212＝0.05205	2°58′46″	1°29′23″	0.026
1	1∶20.048＝0.04988	2°51′20″	1°25′40″	0.0249
2	1∶20.020＝0.04995	2°51′32″	1°25′46″	0.025
3	1∶190922＝0.050196	2°52′25″	1°26′12″	0.0251
4	1∶19.254＝0.051938	2°58′24″	1°29′12″	0.026
5	1∶19.002＝0.0526265	3°0′45″	1°30′22″	0.0263
6	1∶19.180＝0.052138	2°59′4″	1°29′32″	0.0261

2. 米制圆锥

米制圆锥分4号、6号、80号、100号、120号、140号、160号和200号八种，其中140号较少采用。它们的号码表示的是大端直径，锥度固定不变，即C＝1∶20。如200号米制圆锥的大端直径为ϕ200mm，锥度C＝1∶20。米制圆锥的优点是锥度不变，记忆方便。

除了常用标准工具的圆锥外，还经常遇到各种专用的标准圆锥，其锥度大小及应用场合见表5-14。

表 5-14　　专用标准圆锥的锥度

锥度 C	圆锥角 α	圆锥半角 α/2	应用举例
1∶4	14°15′	7°7′30″	车床主轴法兰及轴头
1∶5	11°25′16″	5°42′38″	易于拆卸的连接，砂轮主轴与砂轮法兰的结合，锥形摩擦离合器等
1∶7	8°10′16″	4°5′8″	管件的开关塞、阀等
1∶12	4°46′19″	2°23′9″	部分滚动轴承内环锥孔
1∶15	3°49′6″	1°54′23	主轴与齿轮的配合部分
1∶16	3°34′47″	1°47′24″	圆锥管螺纹
1∶20	2°51′51″	1°25′56″	米制工具圆锥，锥形主轴颈
1∶30	1°54′35″	0°57′23″	锥柄的铰刀和扩孔钻与柄的配合
1∶50	1°8′45″	0°34′23″	圆锥定位销及锥铰刀
7∶24	16°35′39″	8°17′50	铣床主轴孔及刀杆的锥体
7∶64	6°15′38″	3°7′49″	刨齿机工作台的心轴孔

四、圆锥零件的技术要求

圆锥零件的主要表面是圆锥面，其主要技术要求如下。

1. 锥度（角度）精度

按标准规定，圆锥精度分为配合圆锥精度和非配合圆锥精度两种。根据圆锥零件用途不同而规定不同的锥度或角度公差。对于配合精度要求高的圆锥零件，一般采用涂色法检查，其接触面积要求在 70%以上。

2. 尺寸精度

相互配合的圆锥尺寸精度主要是圆锥大端、小端的直径精度。如加工 Morse 圆锥时，是利用锥度量规上的刻线或台阶控制圆锥的大端或小端的尺寸精度，其公差值一般估 0.0625～0.1303mm。至于圆锥长度若无特殊要求，一般按未注公差尺寸的极限偏差对待。对于非配合的圆锥尺寸精度，除特殊要求外，一般也可以按国标中未注公差尺寸的极限偏差处理。

3. 形位精度

形位精度主要包括圆锥面的圆度、直线度等，一般应限制在圆锥直径公差范围以内，对于几何精度要求高的圆锥，可在零件图上规定其公差值。

4. 表面粗糙度

一般配合圆锥面的表面粗糙度 Ra 为 0.8～0.4μm；高精度锥面（如量块、量规）的表面粗糙度 Ra 可达 0.2～0.025μm。

五、圆锥零件的车削要点

圆锥面的车削要点除与一般轴类零件车削要点有相似之处以外，还有以下几点。

1. 转动小滑板车内、外圆锥

小滑板转动的角度应使车刀运动轨迹跟工件轴线成圆锥半角 $\alpha/2$，并调整好小滑板镶条的松紧，以保证车削后的圆锥角度正确和表面质量。

2. 用宽刃刀车圆锥

车刀主切削刃必须平直，并使刃倾角 $\lambda_s=0°$，主切削刃与工件轴线的夹角应为圆锥半角 $\alpha/2$。

3. 用两顶尖装夹车圆锥

正确调整尾座的偏移量，其偏移距离 S 应使工件轴线与车刀进给方向的夹角等于圆锥半角 $\alpha/2$；正确掌握尾座偏移的方向，如工件圆锥小端在尾座处，尾座要向内（即向操作者方向）移动，反之，尾座则向外（即离操作者方向）移动；当成批车削圆锥时，必须使中心孔深度、大小及工件总长基本一致，否则将影响同批工件前后加工的锥度发生变化；为避免中心孔与顶尖接触不良而使中心孔磨损不均，可采用球形顶尖装夹工件，如图 5-11 所示。

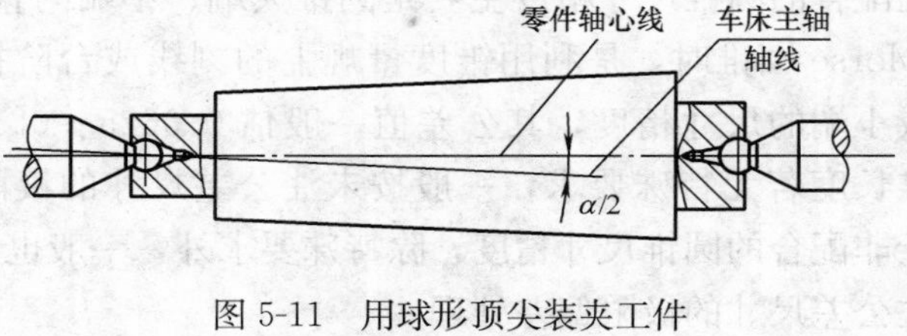

图 5-11　用球形顶尖装夹工件

4. 铰削圆锥孔

在加工直径较小的内圆锥时，可采用锥形铰刀铰削，使加工后的圆锥精度高，表面粗糙度值可达 Ra1.6～0.8μm，其加工方法如下。

（1）钻直孔→粗车和半精车锥孔→精铰成形。适用加工直径和锥度较大的内圆锥。

（2）钻直孔→粗铰→精铰成形。适用于加工直径和锥度较小的内圆锥。

在铰削时，应注意调整尾座轴线与车床主轴轴线重合；选择较小的切削用量，切削速度一般选用 5m/min 以下；铰削内圆锥时，车床主轴只能顺转，不能倒转，否则铰刀切削刃容易损坏。

5. 车圆锥的装刀要求

车圆锥面时，车刀刀尖必须严格对准工件旋转中心，以保证车削后的圆锥面素线直线度及圆锥直径和角度正确。如图 5-12 所示，当车刀刀尖装得不对准工件旋转中心时，将使车削后的圆锥面素线为一条曲线而形成双曲线误差。当圆锥大端直径 D 正确时，则小端直径增大（$d'>d$），锥度变小（$\alpha'<\alpha$），从而严重影响圆锥面的配合精度。

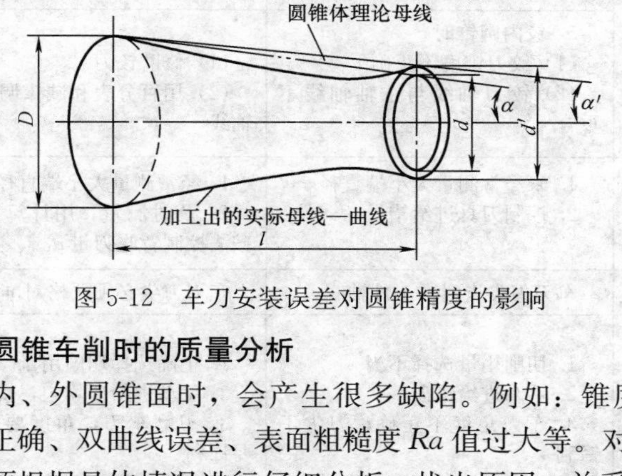

图 5-12　车刀安装误差对圆锥精度的影响

六、圆锥车削时的质量分析

加工内、外圆锥面时，会产生很多缺陷。例如：锥度（角度）或尺寸不正确、双曲线误差、表面粗糙度 Ra 值过大等。对所产生的缺陷，必须根据具体情况进行仔细分析，找出原因，并采用相应的措施加以解决。现将产生废品的主要原因及预防方法列于表 5-15。

表 5-15　车圆锥时产生废品的原因及预防措施

废品种类	产生原因	预防措施
锥度（角度）不正确	1. 用转动小滑板法车削时： （1）小滑板转动角度计算差错或小滑板角度调整不当。 （2）车刀没有固紧。 （3）小滑板移动时松紧不均	（1）仔细计算小滑板应转动的角度、方向、反复试车校正。 （2）紧固车刀。 （3）调整镶条间隙，使小滑板移动均匀

续表

废品种类	产生原因	预防措施
锥度（角度）不正确	2. 用偏移尾座法车削时 （1）尾座偏移位置不正确 （2）工件长度不一致	（1）重新计算和调整尾座偏移量 （2）若工件数量较多，其长度必须一致，或两端中心孔深度一致
	3. 用仿形法车削时 （1）靠模角度调整不正确 （2）滑块与锥度靠模板配合不良	（1）重新调整锥度靠模板角度 （2）调整滑块和锥度靠模板之间间隙
	4. 用宽刃刀法车削时 （1）装刀不正确 （2）切削刃不直 （3）刃倾角 $\lambda_s \neq 0$	（1）调整切削刃的角度和对准中心 （2）修磨切削刃的直线度 （3）重磨刃倾角，使 $\lambda_s = 0$
	5. 铰内圆锥时 （1）铰刀锥度不正确 （2）铰刀轴线与主轴轴线不重合	（1）修磨铰刀 （2）用百分表和试棒调整尾座套筒轴线
大小端尺寸不正确	1. 未经常测量大小端直径 2. 控制刀具进给错误	1. 经常测量大小端直径 2. 及时测量，用计算法或移动床鞍法控制背吃刀量 a_p
双曲线误差	车刀刀尖未对准工件轴线	车刀刀尖必须严格对准工件轴线
表面粗糙度达不到要求	1. 切削用量选择不当 2. 手动进给错误 3. 车刀角度不正确，刀尖不锋利 4. 小滑板镶条间隙不当 5. 未留足精车或铰削余量	1. 正确选择切削用量 2. 手动进给要均匀，快慢一致 3. 刃磨车刃，角度要正确，刀尖要锋利 4. 调整小滑板镶条间隙 5. 要留有适当的精车或铰削余量

第四节　车削成形面

在机床和工具中，由于设计和使用方面的需要，有些工件表面的素线不是直线，而是一些曲线，如手柄、手轮和圆球等成形面，如图 5-13 所示。根据成形工件批量的大小、精度要求及其特点，确定采用双手控制法、成形法或专用工具法进行加工。

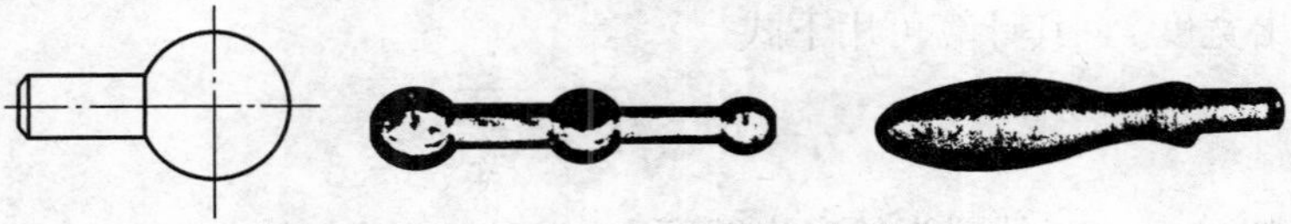

(a)　　(b)　　(c)

图 5-13　成形面工件

(a) 单球手柄；(b) 三球手柄；(c) 摇手柄

一、成形工件的工艺特点与尺寸计算

1. 成形工件的工艺特点

成形工件的外形较为复杂，表面曲线流畅、美观，形状精度，尺寸精度以及表面粗糙度要求较严格。

2. 成形工件的尺寸计算

(1) 凹圆弧的宽度计算。在车削如图 5-14 所示的凹圆弧工件时，要先确定长度 L，然后再车削圆弧到一定深度 t。L 和 t 可用下式计算

$$L = 2\sqrt{R^2 - h^2}$$

$$t = R - h$$

式中　L——工件凹圆弧宽度，mm；

t——工件凹圆弧深度，mm；

R——工件凹圆弧半径，mm；

h——工件圆弧中心高度，mm。

(2) 端面圆弧突出宽度的计算。车削如图 5-15 的端面圆头时，

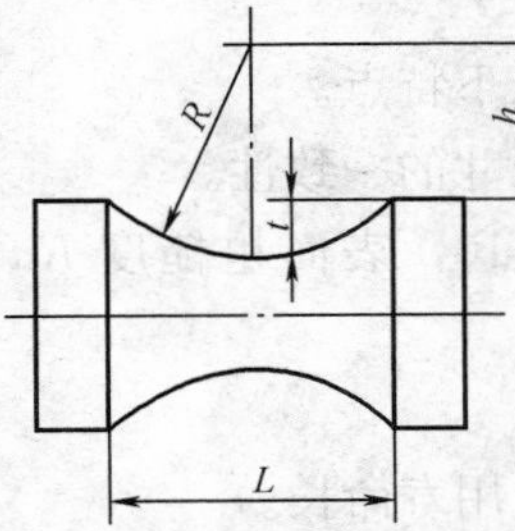

图 5-14　凹圆弧工件

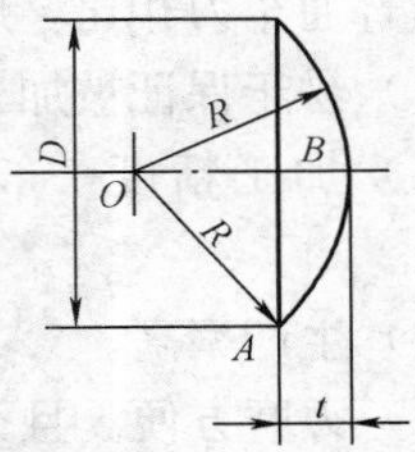

图 5-15　端面圆头突出宽度

D 和 $R(D\neq 2R)$ 在图样上已标注。但在车削时，也需知道圆弧的突出宽度 t，其计算可用下式

$$t=R-\sqrt{R^2-\frac{D^2}{4}}$$

式中 t——工件圆头的突出宽度，mm；

R——工件圆头的圆弧半径，mm；

D——工件的直径，mm。

（3）球形部分长度的计算。车削圆球时，应先切一条槽，如图5-16所示，槽的右端距离 L 应小于圆球直径。这个距离可用下式计算

$$L=\frac{1}{2}(D+\sqrt{D^2-d^2})$$

式中 L——槽右侧与工件端面间的距离，mm；

D——圆球直径，mm；

d——槽的直径，mm。

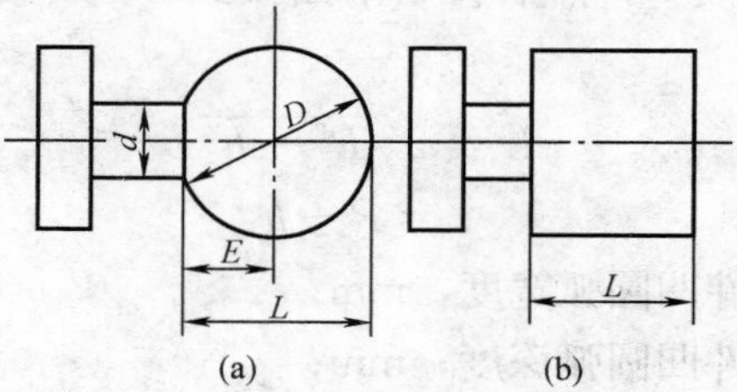

图 5-16　球形工件

二、成形车刀

1. 成形车刀的特点

与普通车刀相比，成形有车刀有以下特点。

（1）易于保证被加工工件形状和尺寸的一致性。

（2）加工精度一般可达 IT9～IT10，表面粗糙度 Ra 6.3～3.2μm。

（3）生产率高。

（4）刃磨方便。且刃磨次数多，使用寿命长。

（5）设计制造、计算较为复杂，制造成本较高。

（6）适用于在成批和大批生产中应用。

2. 成形车刀的种类

成形车刀按进给方式可分为如下三种。

（1）径向成形刀。车削前径向切削力较大，易引起振动。它不适合加工细长和刚性差的工件。按其刀体形状结构又可分为平体成形车刀、棱体成形车刀、圆体成形车刀，如图 5-17 所示。

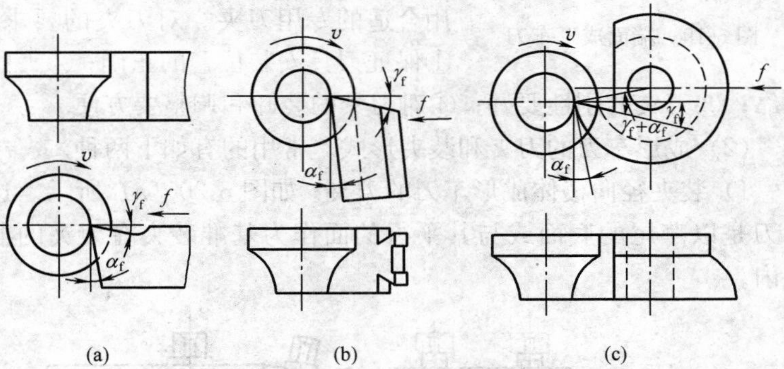

图 5-17　径向成形车刀

（a）平体成形车刀；（b）棱体成形车刀；（c）圆体成形车刀

（2）切向成形车刀。在切削时，其切削刃是沿工件已加工表面的切线方向切入的，其生产效率较低。主要用于廓形深度不大、细长、刚性差的工件，其形状如图 5-18 所示。

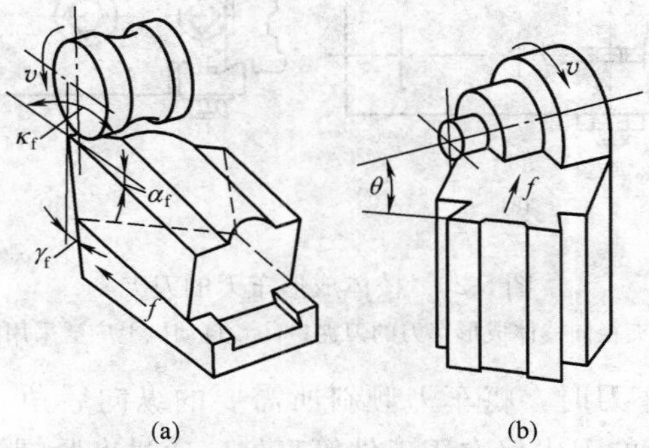

图 5-18　切向成形车刀

（a）切向进刀的成形车刀；（b）斜装成形车刀

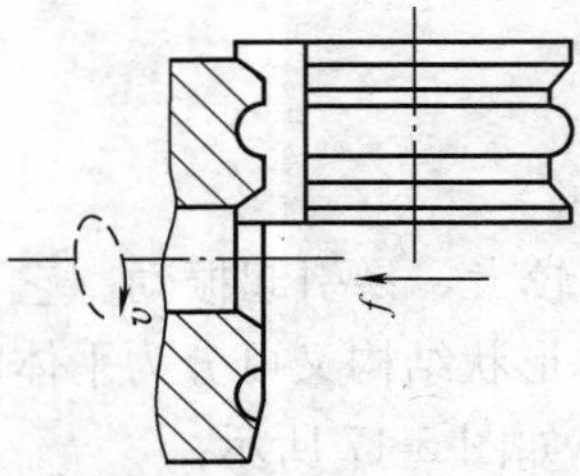

图 5-19 端面成形车刀

(3) 轴向成形车刀用以加工端面成形表面，工件回转，成形车刀做轴向进给运动。如图 5-19 所示。

3. 成形车刀的安装形式

(1) 成形车刀对刀夹的要求。用成形车刀加工时，必须根据加工需要采用合适的专用刀夹。对刀夹的要求是：①保证刀具安装位置的正确；②夹固要可靠；③刀夹的刚性要好；④对刀具的装卸和调整要方便。

(2) 成形车刀的刀夹和装夹形式。常用的有如下两种。

1) 装夹径向棱体成形车刀的刀夹。如图 5-20 (a) 所示。这种车刀是以燕尾的底面或与其平行的面作为基准装夹在刀夹的燕尾槽内。

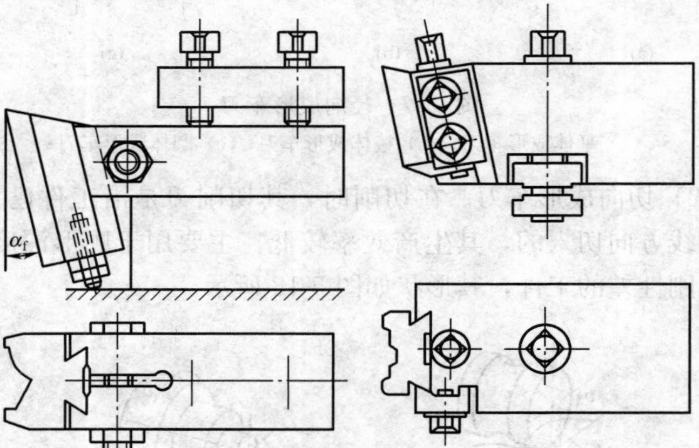

图 5-20 棱体成形车刀的刀夹

(a) 装夹径向棱体成形车刀的刀夹；(b) 自动机上广泛采用的刀夹

在安装车刀时，将车刀倾斜所需要的纵向后角 α_f，并使切削最小工件直径的刀尖仅次于工件等高处。通过夹紧螺钉将刀具装夹在正确的工作位置。刀具下端的螺钉，可用来调整刀尖位置和高低，并可增加工作时的稳定性。

图 5-20（b）所示为自动机上广泛采用的装夹方法。

2）装夹径向圆体成形车刀的刀夹。如图 5-21 所示。这种车刀是以圆柱孔作为定位基准套在刀夹的螺杆上。

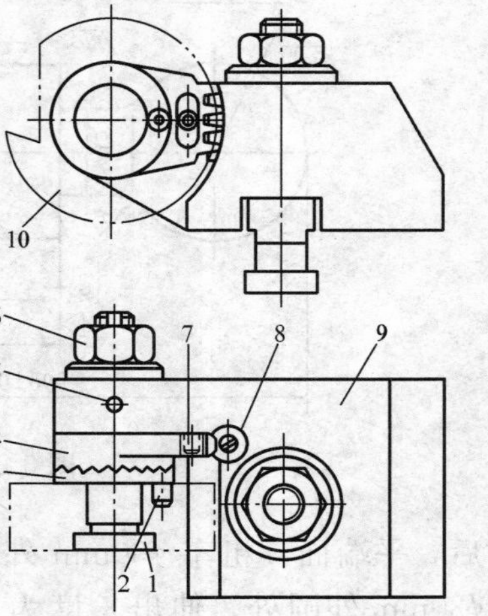

图 5-21　圆体成形车刀的刀夹
1—螺杆；2、5、7—销子；3—齿环；4—扇形板；6—螺母；8—蜗杆；9—刀夹；10—车刀

车刀通过销子与齿环相连，齿环的端面齿与扇形板端面齿相啮合，以便用来防止车刀工作时因受力而转动和粗调刀尖位置，扇形板与蜗杆啮合则用于微调刀尖位置，销钉用于控制扇形板的转动范围。安装时，将刀尖调整至与工件中心等高后，便可使刀具得到所要求的前角和后角，然后锁紧螺杆上的螺母，即能使刀具处于正确的工作位置。

齿环的端面也可直接在成形车刀端面上开出。但对于直径较小或工作时切削力不大的成形车刀，可以不用齿纹而是直接依靠摩擦力来夹紧。

三、成形面的加工工艺分析

成形工件加工比较简单，加工数量少，形状误差要求不高的成形工件，一般采用双手控制法、成形法，加工数量较多且形状误差要求较高的成形工件，多采用仿形法和使用专用工具车削成形工件。现以图 5-22 所示单球手柄的加工过程为例来分析其加工工艺过程。

工艺分析：如图 5-22 所示单球手柄，一端为特形面——$S\phi 30\text{mm}\pm 0.05\text{mm}$ 球面，一端为滚花面。从切削关系上看，滚花加工时对工件的装夹力要求较大，滚花时的切削力很大，对工件的装夹位置有很大的破坏性，因此滚花工序要最先加工。将毛坯装夹

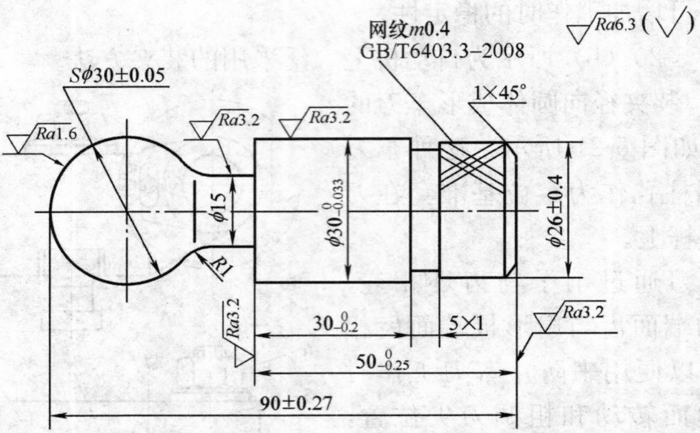

图 5-22　单球手柄

后，平端面，粗车 φ30mm 外圆处至 φ30.5mm × 70mm。调头夹 φ30mm 外圆处，伸出长度为 30mm、平端面、车外圆 φ26mm × 20mm、车槽 5mm×1mm、滚花、倒角 1×45°。尤其要强调的是倒角应在滚花后进行，显得工件干净、整齐。调头，夹 φ30mm 圆柱处，伸出长度 50mm，车槽、车圆球并且同时车出总长。最后夹垫过铜皮的滚花处，精车 $\phi30_{-0.033}^{\ 0}$ mm、$Ra3.2\mu m$ 至尺寸。

从整个工件的要求上看，没有位置精度要求。所以分别加工两端的各部位不受位置度的影响，而且都以中间部位为装夹基准，大大缩短了工件地伸出长度，为此提高了工件的刚性和加工的稳定性。

四、成形面的检验

成形面工件在车削过程中和车好以后，一般都要用样板来检验。图 5-23 表示用样板检验成形面工件的方法。检验时，必须使

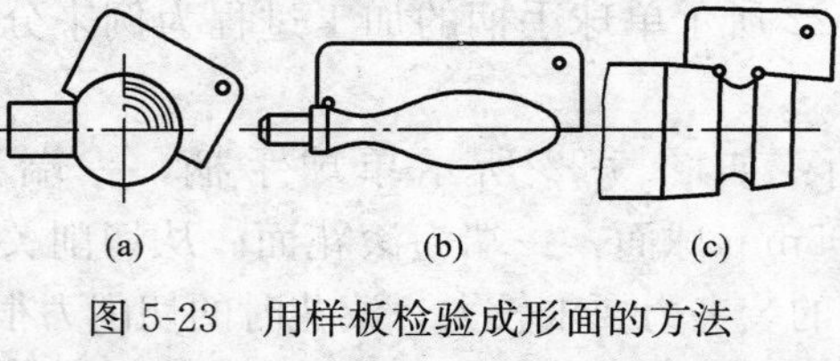

图 5-23　用样板检验成形面的方法

（a）检验圆球；（b）检验摇手柄；（c）检验锥面圆弧

样板的方向跟工件轴线一致，并使检查样板平面通过工件轴线。成形面是否正确，可以根据样板与工件之间的缝隙大小来判断。

在车削和检验圆球时，也可用图 5-24 所示的方法。这种方法用千分尺变换几个方向来测量圆球的圆度误差。

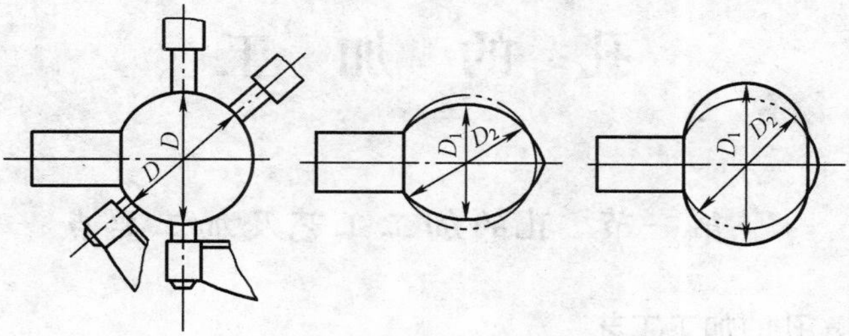

图 5-24　用千分尺测量圆球的圆度误差

五、成形面的车削质量分析

车削成形面比车削圆锥面更容易产生废品，其废品种类、产生原因及预防措施见表 5-16。

表 5-16　　车削成形面时产生废品的原因及预防方法

废品种类	产生原因	预防方法
成形面轮廓不正确	（1）用双手控制法车削时，纵横向进给不协调 （2）用成形法车削时，成形刀形状刃磨得不正确；没有对准车床主轴轴线，工件受切削力产生变形而造成误差 （3）用仿形法车削时，靠模形状不准确，安装得不正确或仿形传动机构中存在间隙	（1）加强车削练习，使左右手的纵横向进给配合协调 （2）仔细刃磨成形刀，车刀高度装夹准确，适当减小进给量 （3）使靠模形状准确，安装正确，调整仿形传动机构中的间隙，使车削均匀
表面粗糙度达不到要求	（1）材料切削性能差，未经预备热处理，车削困难 （2）产生积屑瘤 （3）切削液选用不当 （4）车削痕迹较深，抛光未达到要求	（1）对工件进行预备热处理，改善切削性能 （2）控制积屑瘤的产生，尤其是避开产生积屑瘤的切削速度 （3）正确选用切削液 （4）先用锉刀粗、精锉削，再用砂布抛光

第六章

孔 的 加 工

第一节 孔的加工工艺及加工要点

一、孔的加工工艺

常用的孔加工方法有钻、扩、铰、镗、拉、磨等。在生产中对某一工件的孔采用何种加工方法，必须根据工件的结构特点（形状、尺寸及孔径的大小）和主要技术要求（孔的尺寸精度、表面粗糙度及形位精度等），以及生产批量等条件，分析比较各种加工方法，最后得出最佳方案。

(1) 加工不同精度和表面粗糙度的孔，可采用相应的加工方法和步骤。

(2) 选择孔的加工方法，必须考虑工件的结构形状是否适合在相应机床上装夹与加工，并用简便的方法保证加工精度要求。工件结构形状不同，往往也影响孔的加工工艺方法。

例如，箱体上的重要孔，一般尺寸较大，精度和表面质量要求较高（公差等级 IT7 级和表面粗糙度值 $Ra3.2\sim0.8\mu m$）。该孔与某个或某些孔的轴线间有尺寸精度、同轴度、平行度及垂直度要求。这类孔一般在铣床上加工能比较方便地保证其精度和技术要求。

对支架或单个轴承座上的重要孔，其尺寸精度或表面粗糙度有一定要求，孔的轴线与底面间一般也有一定尺寸精度和位置精度要求。当工件尺寸较大时，可在铣床上加工；尺寸较小时，则可在车床上用花盘和角铁装夹进行孔的加工。

对回转对称体上的孔，精度和表面粗糙度有一定要求，如孔与外圆有同轴度要求，孔与端面有垂直度要求，这类工件一般在车床上加工。

对于连杆类零件，往往有孔距尺寸要求，两孔轴线平行度和孔与端面垂直度要求，一般经过划线或使用钻模在钻床上加工；对于形状简单，尺寸不大的工件，也可在车床上利用花盘装夹进行加工。

(3) 工件加工批量不同，往往采用的加工方法也不同。以车削齿轮坯为例，其内孔公差等级为 IT7 级，表面粗糙度值 $Ra1.6\mu m$，下列方法均能达到要求。

1）钻→粗镗→精镗（车床）。

2）钻→镗→粗磨→精磨（车床、磨床）。

3）钻→扩→粗铰→精铰（车床）。

采用方案 1)，在普通车床上用试切法镗孔达公差等级 IT7 和表面粗糙度值为 $Ra1.6\mu m$ 是比较困难的，并且生产率不高。

采用方案 2)，其内孔容易达到技术要求，尤其对淬过火的工件采用这种方法较好，但生产率也不高。

当工件生产批量较大时，采用方案 3)。由于扩孔钻、铰刀是多刃刀具，在一次走刀后便能切去加工余量，达到孔的技术要求，因此生产效率高。但采用这种方法需配备一套价值较贵的扩孔钻和铰刀。

二、孔的加工方法及加工余量

孔的加工方法，除车孔（镗孔）和以上介绍切削加工方法外，还有冷压加工（无切屑加工）采用的挤光和滚压加工。孔的挤光和滚压属于孔的精密加工，将在本章第二节中专门介绍。

1. 扩孔、镗孔、铰孔余量

扩孔、镗孔、铰孔余量见表 6-1。

表 6-1 扩孔、镗孔、铰孔余量 (mm)

直径	扩或镗	粗铰	精铰
3～6	—	0.1	0.04
>6～10	0.8～1.0	0.1～0.15	0.05
>10～18	1.0～1.5	0.1～0.15	0.05

续表

直径	扩或镗	粗铰	精铰
＞18～30	1.5～2.0	0.15～0.2	0.06
＞30～50	1.5～2.0	0.2～0.3	0.08
＞50～80	1.5～2.0	0.4～0.5	0.10
＞80～120	1.5～2.0	0.5～0.7	0.15
＞120～180	1.5～2.0	0.5～0.7	0.20
＞180～260	2.0～3.0	0.5～0.7	0.20
＞260～360	2.0～3.0	0.5～0.7	0.20

2. 金刚镗孔余量

金刚镗孔余量见表6-2。

表6-2　金刚镗孔余量　(mm)

镗孔直径	轻合金		巴氏合金		青铜、铸铁		钢	
	粗镗	精镗	粗镗	精镗	粗镗	精镗	粗镗	精镗
≤30	0.2	0.1	0.3	0.1	0.2	0.1	0.2	0.1
＞30～50	0.3	0.1	0.4	0.1	0.3	0.1	0.2	0.1
＞50～80	0.4	0.1	0.5	0.1	0.3	0.1	0.2	0.1
＞80～120	0.4	0.1	0.5	0.1	0.3	0.1	0.3	0.1
＞120～180	0.5	0.1	0.6	0.2	0.4	0.1	0.3	0.1
＞180～260	0.5	0.1	0.6	0.2	0.4	0.1	0.3	0.1
＞260～360	0.5	0.1	0.6	0.2	0.4	0.1	0.3	0.1
＞360～500	0.5	0.1	0.6	0.2	0.5	0.2	0.4	0.1
＞500～640	—	—	—	—	0.5	0.2	0.4	0.1
＞640～800	—	—	—	—	0.5	0.2	0.4	0.1

3. 磨孔余量

磨孔余量见表6-3。

表6-3　磨孔余量　(mm)

孔的直径	热处理状态	孔的长度				
		≤50	＞50～100	＞100～200	＞200～300	＞300～500
≤10	未淬硬	0.2	—	—	—	—
	淬硬	0.2	—	—	—	—

续表

孔的直径	热处理状态	孔的长度				
		≤50	>50～100	>100～200	>200～300	>300～500
>10～18	未淬硬	0.2	0.3	—	—	—
	淬　硬	0.3	0.4	—	—	—
>18～30	未淬硬	0.3	0.3	0.4	—	—
	淬　硬	0.3	0.4	0.4	—	—
>30～50	未淬硬	0.3	0.3	0.4	0.4	—
	淬　硬	0.4	0.4	0.4	0.5	—
>50～80	未淬硬	0.4	0.4	0.4	0.4	—
	淬　硬	0.4	0.5	0.5	0.5	—
>80～120	未淬硬	0.5	0.5	0.5	0.5	0.6
	淬　硬	0.5	0.5	0.6	0.6	0.7
>120～180	未淬硬	0.6	0.6	0.6	0.6	0.6
	淬　硬	0.6	0.6	0.6	0.6	0.7
>180～260	未淬硬	0.6	0.6	0.7	0.7	0.7
	淬　硬	0.7	0.7	0.7	0.7	0.8
>260～360	未淬硬	0.7	0.7	0.7	0.8	0.8
	淬　硬	0.7	0.8	0.8	0.8	0.9
>360～500	未淬硬	0.8	0.8	0.8	0.8	0.8
	淬　硬	0.8	0.8	0.8	0.9	0.9

4．珩磨孔加工余量

珩磨孔加工余量见表 6-4。

表 6-4　　珩磨孔加工余量　　(mm)

零件基本尺寸	直径余量						珩磨前偏差(H7)
	精镗后		半精镗后		磨后		
	铸铁	钢	铸铁	钢	铸铁	钢	
≤50	0.09	0.06	0.09	0.07	0.08	0.05	+0.025
>50～80	0.10	0.07	0.10	0.08	0.09	0.05	+0.03

续表

零件基本尺寸	直径余量						珩磨前偏差(H7)
	精镗后		半精镗后		磨后		
	铸铁	钢	铸铁	钢	铸铁	钢	
>80～120	0.11	0.08	0.11	0.09	0.10	0.06	+0.035
>120～180	0.12	0.09	0.12	—	0.11	0.07	+0.04
>180～260	0.12	0.09	—	—	0.12	0.08	+0.045

5. 研磨孔加工余量

研磨孔加工余量见表6-5。

表6-5 研磨孔加工余量 (mm)

零件基本尺寸	铸铁	钢
≤25	0.010～0.020	0.005～0.015
>25～125	0.020～0.100	0.010～0.040
>125～300	0.080～0.160	0.020～0.050
>300～500	0.120～0.200	0.040～0.060

注 经过精磨的零件，手工研磨余量为0.005～0.010mm。

三、孔的加工精度

1. 车削内孔

在车床上加工内孔，可采取钻孔、扩孔、镗孔（或车孔）、铰孔等切削加工方法和滚压加工方法。在车床上加工内孔的公差等级及适用范围见表6-6。

表6-6 在车床上加工内孔的公差等级及适用范围

加工方案	精度（IT）	表面粗糙度 Ra（μm）	适用范围
钻	11～13	12.5	未淬硬钢、铸铁及有色金属实心毛坯（加工孔径15～20mm）
钻-铰	9～10	1.6～3.2	
钻-粗铰-精铰	7～8	0.8～1.6	
钻	12～13	12.5	未淬硬钢、铸铁及有色金属实心毛坯（加工孔径15～35mm）
钻-扩	10～11	3.2～6.3	
钻-扩-铰	8～10	1.6～3.2	
钻-扩-粗铰-精铰	7～9	0.8～1.6	

续表

加工方案	精度（IT）	表面粗糙度 Ra（μm）	适用范围
粗镗	11～13	6.3～12.5	未淬硬钢、铸铁及有色金属铸孔（或锻孔）毛坯
粗镗-半精镗	9～11	1.6～3.2	
粗镗-半精镗-精镗（铰）	8～10	0.8～1.6	
粗镗-半精镗-精镗-浮动镗铰	6～7	0.4～0.8	
粗镗-半精镗-精镗-浮动镗铰-滚压	6～8	0.1～0.4	未淬硬钢件的铸孔或锻孔毛坯

2. 孔的其他加工方法

除了在车床上对孔实行加工以外，大部分工件孔的加工还必须借助于钻床、镗床、磨床等设备，对孔实行半精加工和精加工。不同加工方法所达到的孔径的公差等级与表面粗糙度见表6-7。

表6-7　不同加工方法所达到的孔径的公差等级与表面粗糙度

加工方法	孔径精度	表面粗糙度 Ra（μm）
钻	IT12～13	12.5
钻、扩	IT10～12	3.2～6.3
钻、铰	IT8～11	1.6～3.2
钻、扩、铰	IT6～8	0.8～3.2
钻、扩、粗铰、精铰	IT6～8	0.8～1.6
挤光	IT5～6	0.025～0.4
滚压	IT6～8	0.05～0.4

对于不同孔距精度采用夹具装夹方法及加工方法见表6-8。

表6-8　不同孔距精度及其加工方法

孔距精度 Δa(mm)	加工方法	适用范围
±0.25～0.5	划线找正、配合测量与简易钻模	单件、小批生产
±0.1～0.25	用普通夹具或组合夹具、配合快换卡头	小、中批生产
	盘、套类工件可用通用分度夹具	

续表

孔距精度 Δa(mm)	加 工 方 法	适 用 范 围
±0.1～0.25	采用多轴头配以夹具或多轴钻床	小、中批生产
±0.03～0.1	利用坐标工作台、百分表、量块、专用对刀装置或采用坐标、数控钻床	单件、小批生产
	采用专用夹具	大批、大量生产

第二节 钻孔、扩孔和锪孔

孔加工是机械加工的重要操作技能之一。孔加工的方法主要有两类：一类是在实体上加工出孔，即用麻花钻、中心钻等直接钻孔；另一类是对已有孔进行再加工，即扩孔钻、锪孔钻和铰刀进行扩孔、锪孔和铰孔等。

一、常用钻孔刃具与装夹工具

（一）钻孔

用钻头在实体工件上加工孔的方法叫作钻孔。

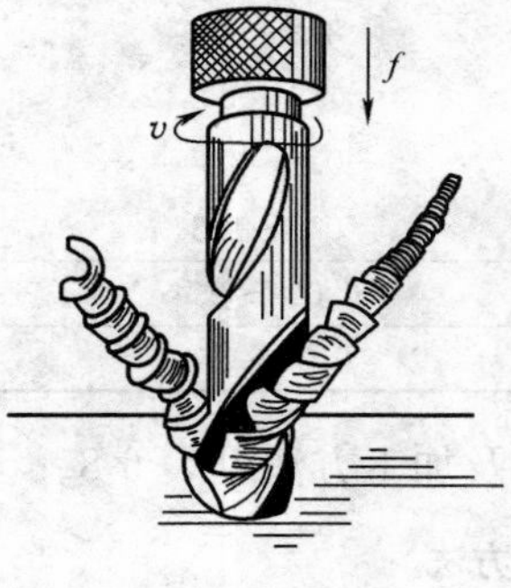

图 6-1 钻削运动分析
v—主体运动；f—进给运动

1. 钻削运动

工件固定不动，钻头安装在主轴上做旋转运动（也称机床的主体运动），钻头沿轴线方向移动（也称机床的进给运动），如图 6-1 所示。

2. 钻削特点

由于钻削时是在半封闭的状态下进行切削的，其转速高，切削量也大，排屑很困难，所以钻削时有以下几个特点。

（1）摩擦严重，需要较大的钻削力。

（2）产生热量多，且散热困难，因而温度较高，钻头磨损快。

（3）由于钻削时的挤压和摩擦，容易使孔壁产生冷硬现象，增大加工难度。

（4）由于钻头长而细，钻削时易产生振动。

（5）加工精度不高。

（二）常用刃具

钻孔时所用的刃具有麻花钻、扁钻、深孔钻、中心钻等，但最常用的刃具是麻花钻。

1. 麻花钻的组成和结构

麻花钻的结构如图 6-2 所示。

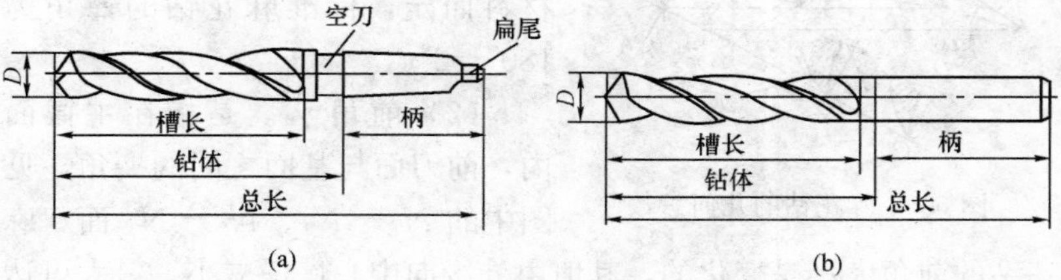

图 6-2　麻花钻的组成

（a）锥柄麻花钻；（b）直柄麻花钻

（1）钻头的柄。钻头上用于夹持和传动的部分，有圆柱形直柄和莫氏锥柄两种。直径小于 ϕ13mm 采用直柄麻花钻，大于 ϕ13mm 的采用莫氏锥柄麻花钻。

（2）钻头的空刀。钻体上直径减小的部分。为磨制钻头时的砂轮退刀槽，一般用来打印商标和规格。

（3）钻体。钻头上由柄部分延伸至横刃的部分。钻头由两条主切削刃、一条横刃、两个前面和两个后面组成，如图 6-3 所示，其作用是担任主要切削工作。槽长部分有两条螺旋槽和两条窄的刃带，其作用是用来保持工作时的正确方向并起修光孔壁的作用，此外还能排屑和输送切削液。

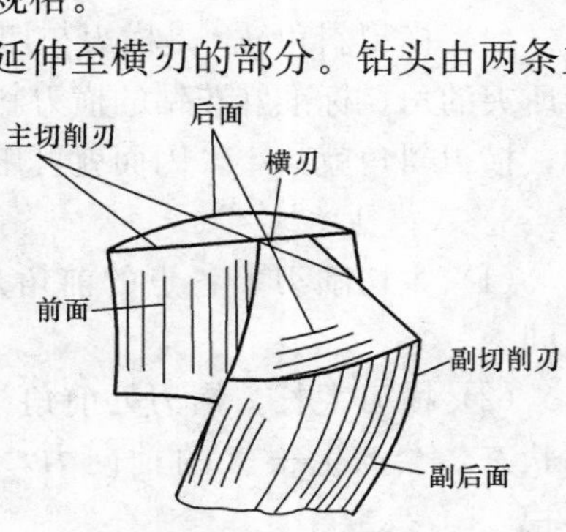

图 6-3　钻头的切削部分

2. 切削部分的几何参数

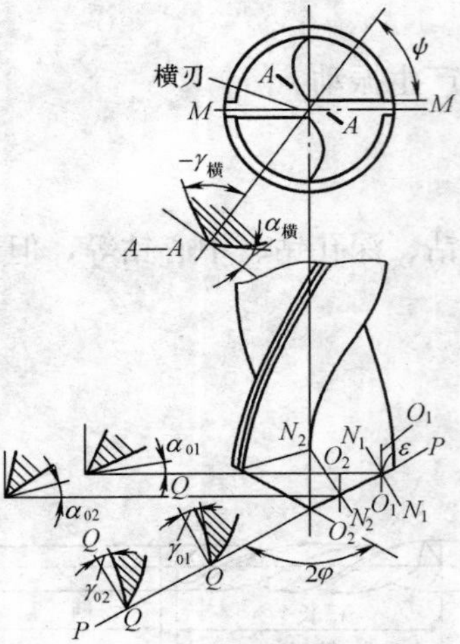

图 6-4　麻花钻的几何参数

如图 6-4 所示。钻头切削部分的螺旋槽表面称为前面，切削部分顶端两个曲面称为后面，钻头的棱边为副后面。钻孔时的切削平面见图中的 $P—P$，基面为图中的 $Q—Q$。

(1) 顶角 $2\kappa_r$。是两主切削刃在其平行平面 $M—M$ 上投影之间的夹角。钻孔时锋角的大小由工件材料而定，标准麻花钻的锋角为 $180°\pm2°$。

(2) 前角 γ_0。是指在主截面内，前刀面与基面之间的夹角，见图中的 $N_1—N_1$、$N_2—N_2$ 面。麻花钻的前角大小是变化的，其值由外缘向中心慢慢减小，最大可达 30°，在 $D/3$ 处转为负值，横刃处为 $-54°\sim-60°$。前角越大，切削越省力。

(3) 后角 α_0。是后刀面与切削平面之间的夹角，见图中 $O_1—O_1$、$O_2—O_2$ 剖面后角的大小也是不等的，其变化与前角正好相反。直径为 15～30mm 的钻头，外缘处的后角为 9°～12°，钻心处则为 20°～26°，横刃处为 30°～36°。后角的作用是为了减少后刀面与加工表面之间的摩擦。

(4) 横刃斜角 ψ。是横刃与切削刃在垂直于钻头轴线平面上投影所夹的角。标准麻花钻的横刃斜角为 50°～55°。当后角刃磨偏大时，横刃斜角就减小，因而就可用来判断后角刃磨是否正确。

3. 麻花钻的缺点

(1) 主切削刃上各点的前角是变化的，致使各点的切削性能不同。

(2) 横刃太长，横刃处前角为负值，切削时横刃呈现挤压刮削状态，会产生很大的轴向力，钻头因此易产生抖动，使定心不稳。

(3) 主切削刃太长，全宽参加切削，切屑较宽，排屑不利。

（三）钻头的刃磨

由于钻头的磨钝和为了适应工件材料的变化，钻头切削部分和角度需要经常刃磨。

1. 刃磨要求

（1）麻花钻主要刃磨两个主后刀面。

（2）刃磨时，要保证锋角和后角的大小适当。

（3）两条主切削刃应该对称。

（4）横刃斜角为55°。

2. 麻花钻的刃磨方法

刃磨方法如图6-5所示，具体操作如下。

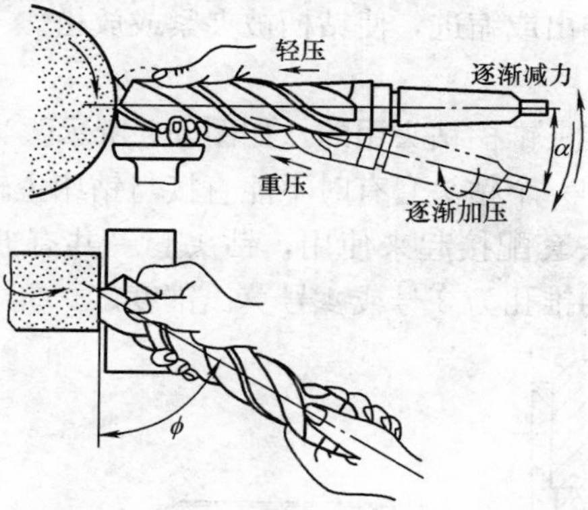

图6-5　麻花钻的刃磨

（1）用右手握住钻头前端作支点，左手握钻头柄部。

（2）放下钻头与砂轮的正确位置，使钻头轴心线与砂轮外圆柱面母线在水平面内的夹角为锋角的1/2，同时钻尾向下倾斜。

（3）刃磨时，将主切削刃置于比砂轮中心略高的位置，以钻头前端支点为圆心，右手缓慢地使钻头绕其轴线由下向上转动，同时施加适当的压力。右手配合左手的向上摆动作缓慢地同步下压运动（略带转动），刃磨压力慢慢增大，于是磨出后角，但要注意左手不能摆动太大，以防磨出负后角或将另一面主切削刃磨掉。其下压的速度和幅度随要求的后角而变化；为了保证钻头近中心处磨出一个后角，还应作适当的右移运动。当一个主后刀面磨好后，将钻头转过180°刃磨另一个主后刀面，人和手要保持原有的位置和姿势，这样才能磨出两条对称的主切削刃。按此方法不断反复，两主后刀面经常交换磨，边磨边观察，边检查，直至达到要求为准。

（四）装夹工具

1. 钻夹头

钻夹头用来装夹13mm以内的直柄钻头，如图6-6所示。夹头体1上端锥孔与夹头柄装配，夹头柄做成莫氏锥体装入钻床主轴锥孔内。钻夹头中的三个夹爪4用来夹紧钻头的柄部，当带有小锥齿轮的钥匙3带动夹头套2上的大锥齿轮转动时，与夹头套紧配的内螺纹圈5也同时旋转。因螺纹圈与三个夹爪上的外螺纹相配，于是三个夹爪便能伸出或缩进，使钻柄被夹紧或放松。

2. 钻头套

它是用来装夹锥柄钻头用的，如图6-7所示。当用较小直径的钻头钻孔时，用一个钻头套有时不能直接与钻床主轴锥孔相配，这时可用几个钻头套配接起来使用，钻头套一共有五种，见表6-9。一般立钻主轴的锥孔为3号或4号莫氏锥度。

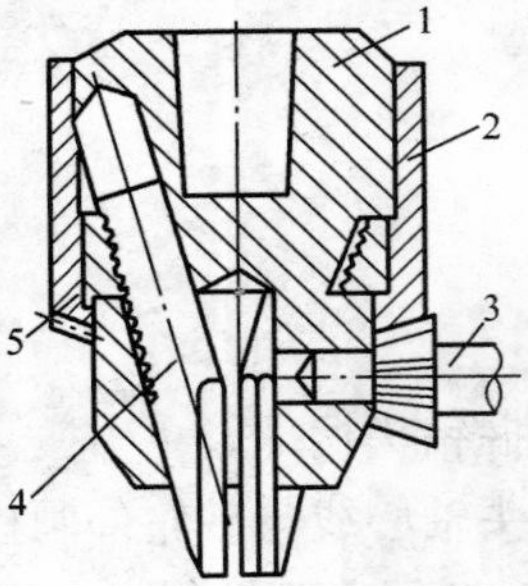

图6-6 钻夹头

1—夹头体；2—夹头套；3—钥匙；4—夹爪；5—内螺纹

图6-7 钻头套

表6-9 钻头套标号与内外锥度

标　号	内锥孔（莫氏锥度）	外圆锥（莫氏锥度）
1号钻头套	1	2

续表

标　　号	内锥孔（莫氏锥度）	外圆锥（莫氏锥度）
2号钻头套	2	3
3号钻头套	3	4
4号钻头套	4	5
5号钻头套	5	6

3. 快换钻夹头

在钻床上加工同一工件时，往往需要调换直径不同的钻头。使用快换钻头可以不停车换装刀具，大大提高了生产效率，也减少了对钻床精度的影响。快换钻夹头的结构如图6-8所示。

更换刀具时，只要将滑套1抽上提起，钢珠2受离心力的作用而贴于滑套端部的大孔表面，使可换套筒3不再受钢珠的卡阻。此时，另一手就可将装有刀具的可换套筒取出，然后再把另一个装有刀具的可换套筒装上。放下滑套，两粒钢珠重新卡入可换套筒凹坑内，于是更换上的刀具便跟着插入主轴锥孔内的夹头体一起转动。弹簧环4可限制滑套的上下位置。

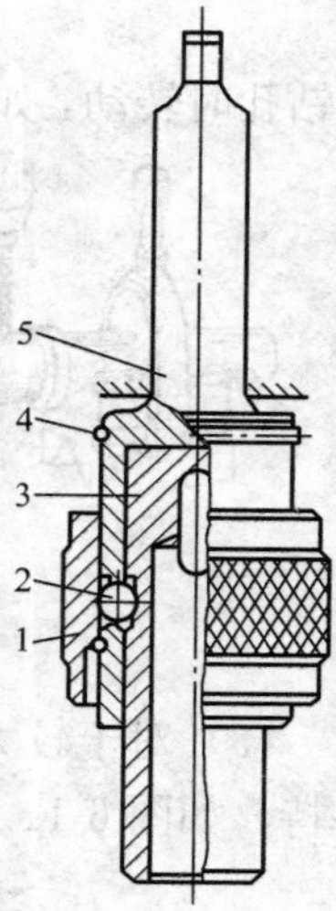

图6-8　快换钻夹头
1—滑套；2—钢珠；3—可换套筒；4—弹簧环；5—夹头体

二、钻孔的方法

（一）工件的夹持

一般钻8mm以下的孔，而工件又可以用手握住时，就用手捏住工件钻孔（工件上锋利的边角必须倒钝），这样较为方便。除此之外，钻孔前一般须将工件装夹牢固，方法如下。

（1）工件可用平口虎钳装夹，如图6-9所示。钻直径大于8mm的孔时，必须将平口虎钳用螺栓、压板固定，以减少钻孔时的振动。

（2）圆柱形的工件可用V型块装夹并配以压板压紧，以免工件

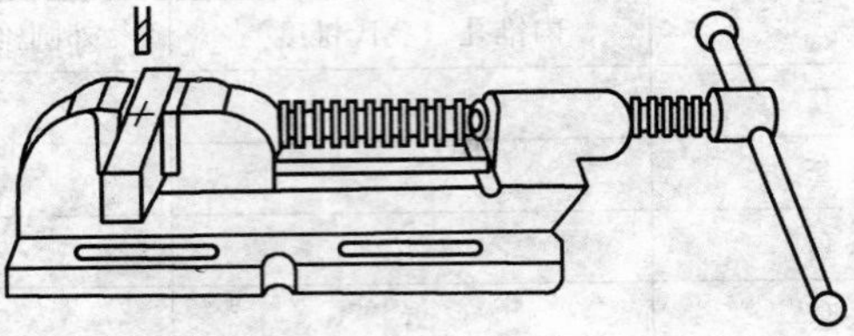

图 6-9 用平口虎钳夹持

在钻孔时转动，如图 6-10 所示。

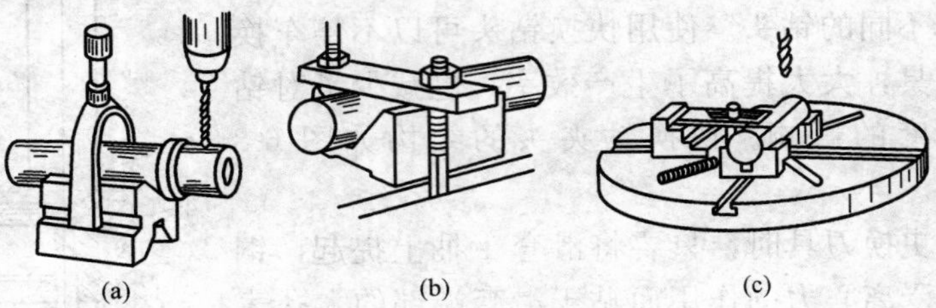

图 6-10 用 V 型块、压板夹持

（3）对于较大的工件且钻孔直径在 10mm 以上时，可用压板夹持，如图 6-11。

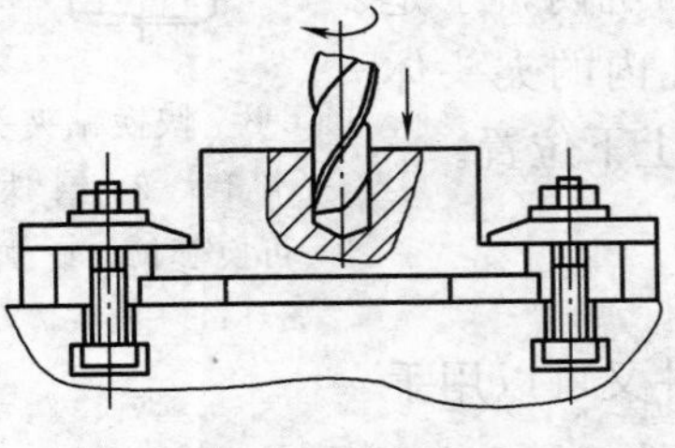

图 6-11 用压板夹持工件

（4）底面不平或加工基准在侧面的工件，可用角铁进行装夹。

（5）钻孔的要求较高且批量大的工件，可采用专用的钻夹具来夹持。

（二）一般工件的钻孔方法

钻孔前，应在工件上划出所要钻孔的十字中心线和直线径，并在孔的圆周上（90°位置）打四只样冲眼，作为钻孔后检查用。

钻孔开始时，先调整钻头或工件的位置，使钻尖对准钻孔中心，然后试钻一浅坑检查。孔将要钻穿时，须减小进给量，若采用的是自动进给，此时最好改为手动进给，以减少孔口的毛刺，并防止钻头折断或钻孔质量降低等现象。

钻不通孔时，可按钻孔深度调整挡铁，并通过测量实际尺寸来控制钻孔深度；钻深孔时，一般钻进深度达到直径的 3 倍时，钻头要退出排屑。以后每钻进一定深度，钻头都要退出排屑一次；钻直径超过 30 的孔时，应分两次钻削，先用 0.5～0.7 倍孔径的钻头钻孔，然后再用所需孔径的钻头扩孔。

（三）其他钻孔的方法

1. 在圆柱工件上钻孔

在轴类或套类等圆柱形工件上钻与轴心线垂直相交的孔，特别是当孔的中心线与工件的中心线对称度要求较高时，常采用定心工具，如图 6-12（a）所示。

在钻孔工件的端面划出所需的中心线，用 90°角尺找正端面中心线使其保持垂直，如图 6-12（b）所示。换上钻头将钻尖对准工件中心后，再把工件压紧，然后钻孔。

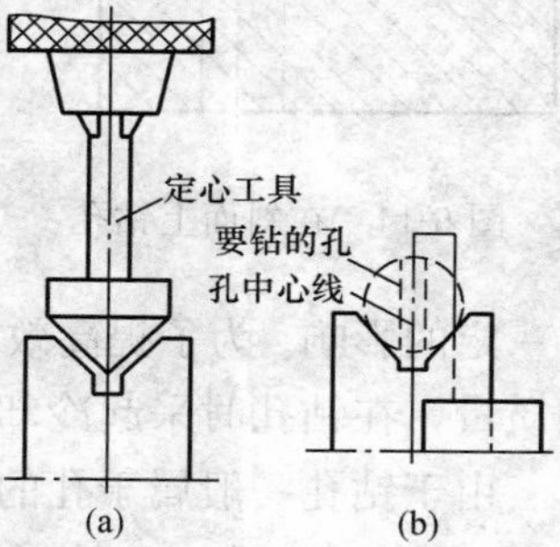

图 6-12 在圆柱形工件上钻孔

对称度要求不高时，不必用定心工具，而是用钻头的顶来找正 V 型块的中心位置，然后用 90°角尺找正工件的端面中心线，并使钻尖对准孔中心，压紧工件，进行试钻和钻孔。

2. 钻半圆孔

对所钻半圆孔的工件，若孔在工件的边缘，可把两工件合起来夹持在机用平口虎钳上钻孔，如图 6-13（a）所示。若只需一件，可用一块与工件相同的材料和工件拼合在一起夹持在平口虎钳上钻孔。若在如图 6-13（b）所示的工件上钻半圆孔，则可先用同样材料嵌入工件内，与工件合钻一个圆孔，然后去掉嵌入材料，这样工件上就只

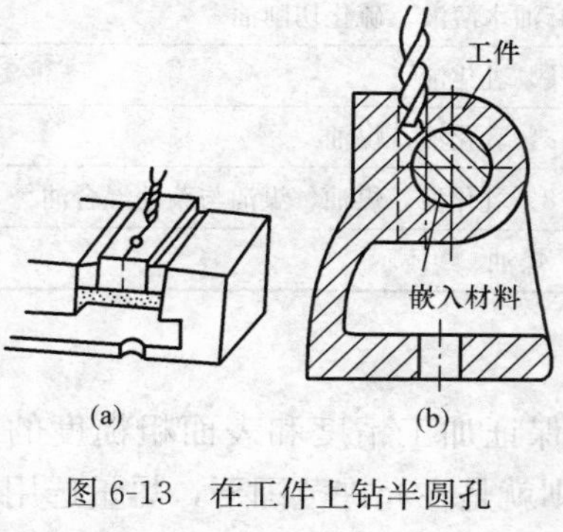

图 6-13 在工件上钻半圆孔

留下半圆孔了。

3. 在斜面上钻孔

为了在斜面上钻出合格的孔，可用立铣刀或錾子在斜面上加工出一个小平面，然后先用中心钻或小直径钻头在小平面上钻出一个浅坑，最后用钻头钻出所需的孔，如图 6-14 所示。

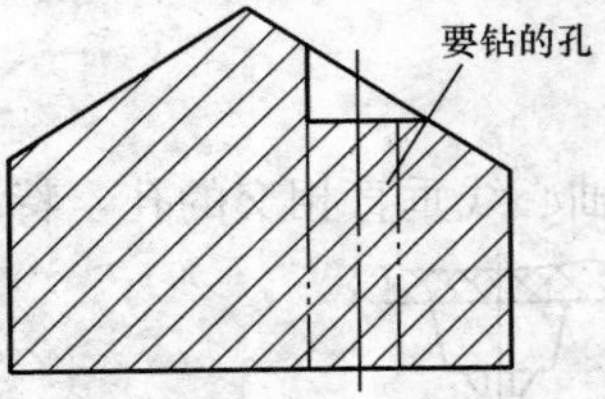

图 6-14　在斜面上钻孔

（四）钻孔时的冷却润滑与切削用量的选择

1. 钻孔时的冷却润滑

在钻孔的过程中，由于切屑变形和钻头与工件的摩擦所产生的切削热，严重地降低了钻头的切削能力，甚至引起钻头退火，同时对钻孔的质量也有一定的影响。为了提高效率、延长钻头的使用寿命和保证孔加工的质量，在钻孔时采起冷却润滑是一项重要的工作。

由于钻孔一般属于孔的粗加工，所以采用冷却液的作用主要是冷却。钻削钢、铜、铝等合金材料时，一般都可用体积分数 3%～8%的乳化液，以起到冷却作用。钻各种材料所用切削液见表 6-10。

表 6-10　　钻各种材料的切削液

工件材料	切削液（体积分数）
各类结构钢	3%～5%乳化液，7%硫化乳化液
不锈钢、耐热钢	3%肥皂加 2%亚麻油水溶液，硫化切削油
纯铜、黄铜、青铜	不用，或用 5%～8%乳化液
铸铁	不用，或用 5%～8%乳化液，煤油
铝合金	不用，或用 5%～8%乳化液，煤油，煤油与菜油混合油
有机玻璃	5%～8%乳化液，煤油

2. 钻孔时的切削用量的选择

选择切削用量的目的是为了保证加工精度和表面粗糙度的要求，一般来说，其选择的基本原则就是在允许范围下，尽量选用较

大的进给量 f。当进给量 f 受到表面粗糙度和钻头刚度限制时，再考虑选用较大的切削速度 v。具体情况应根据钻头的直径、钻头的材料、工件材料、表面粗糙度等多个方面来决定。各种材料钻削时的切削用量见表 6-11。

三、扩孔

用扩孔钻或麻花钻将工件上原有的孔进行扩大的加工称为扩孔。

（一）扩孔的应用

由于扩孔的切削条件比钻孔时有了较大的改善，所以扩孔钻的结构与麻花钻相比有较大的区别。图 6-15 为扩孔钻工作部分的结构简图，其结构特点如下。

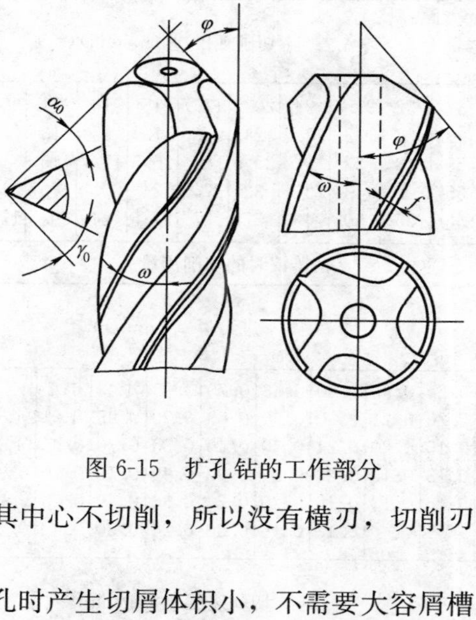

图 6-15 扩孔钻的工作部分

(1) 因为其中心不切削，所以没有横刃，切削刃只做成靠边缘的一段。

(2) 因扩孔时产生切屑体积小，不需要大容屑槽，从而扩孔钻可以加粗钻芯，提高刚度，使切削平稳。

(3) 由于容屑槽较小，扩孔钻可做出较多刀齿，增强导向作用。一般整体式扩孔钻有 3～4 个齿。

(4) 因背吃刀量较小，切削角度可取大值，这样会使切削省力。

表 6-11　　各种材料钻削时的切削用量

钻钢料时的切削用量														
性能	进给量 *f*（mm/r）													
	0.20	0.27	0.36	0.49	0.66	0.88								
	0.16	0.20	0.27	0.36	0.49	0.66	0.88							
好	0.13	0.16	0.20	0.27	0.36	0.49	0.66	0.88						
	0.11	0.13	0.16	0.20	0.27	0.36	0.49	0.66	0.88					
	0.09	0.11	0.13	0.16	0.20	0.27	0.36	0.49	0.66	0.88				
		0.09	0.11	0.13	0.16	0.20	0.27	0.36	0.49	0.66				
			0.09	0.11	0.13	0.16	0.20	0.27	0.36	0.49	0.88			
				0.09	0.11	0.13	0.16	0.20	0.27	0.36	0.66	0.88		
					0.09	0.11	0.13	0.16	0.20	0.27	0.49	0.66	0.88	
差						0.09	0.11	0.13	0.16	0.20	0.36	0.49	0.66	0.88
							0.09	0.11	0.13	0.16	0.27	0.36	0.49	0.66
											0.20	0.27	0.36	0.49
钻头直径 *d*（mm）	切削速度 *v*（m/min）													
≤4.6	43	37	32	27.5	24	20.5	17.7	15	13	11	9.5	8.2	7	6
≤9.6	50	43	37	32	27.5	24	20.5	17.7	15	13	11	9.5	8.2	7
≤20	55	50	43	37	32	27.5	24	20.5	17.7	15	13	11	9.5	8.2
≤30	55	55	5	43	37	32	27.5	24	20.5	17.7	15	13	11	9.5
≤6	55	55	55	50	43	37	32	27.5	24	20.5	17.7	15	13	11

钻铸铁时的切削用量													
硬度（HBS）	进给量 *f*（mm/r）												
140～152	0.20	0.24	0.30	0.40	0.53	0.70	0.95	1.3	1.7				
153～166	0.16	0.20	0.24	0.30	0.40	0.53	0.70	0.95	1.3	1.7			
167～181	0.13	0.16	0.20	0.24	0.30	0.40	0.53	0.70	0.95	1.3	1.7		
182～199		0.13	0.16	0.20	0.24	0.30	0.40	0.53	0.70	0.95	1.3	1.7	
200～217			0.13	0.16	0.20	0.24	0.30	0.40	0.53	0.70	0.95	1.3	1.7
218～240				0.13	0.16	0.20	0.24	0.30	0.40	0.53	0.70	0.95	1.3
钻头直径 *d*（mm）	切削速度 *v*（m/min）												
≤3.2	40	35	31	28	25	22	20	17.5	15.7	14	12.5	11	9.5
≤8	45	40	35	31	28	25	22	20	17.5	15.5	14	12.5	11
≤20	51	45	40	35	31	28	25	22	20	17.5	15.5	14	12.5
≤20	55	53	47	42	37	33	29.5	26	23	21	18	16	14.5

注　钻头为高速钢标准麻花钻。

（二）扩孔时的切削用量

1. 扩孔前扩孔直径的确定

用麻花钻钻孔时，钻孔直径为 0.5～0.7 倍的要求孔径；用扩孔钻扩孔，钻孔直径为 0.9 倍的要求孔径。

2. 背吃刀量

如图 6-16 所示，扩孔时的背吃刀量 a_p（mm）为

$$a_p=\frac{D-d}{2}$$

式中 d——原有孔径的直径，mm；

D——扩孔后的直径，mm。

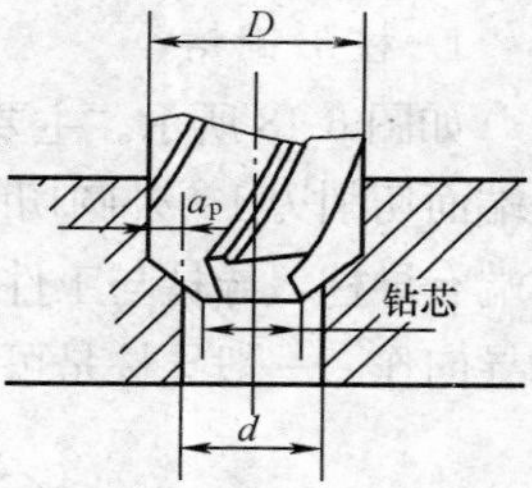

图 6-16 扩孔

扩孔一般应用于孔的半精加工和铰孔前的预加工。其加工质量要比钻孔高，一般尺寸精度可达 IT10～IT9，表面粗糙度可达 $Ra25\sim6.3\mu m$。扩孔的切削速度为钻孔时的 1/2，扩孔的进给量为钻孔的 1.5～2 倍。

实际生产中，一般可用麻花钻代替扩孔钻使用。扩孔钻适用于成批大量扩孔的加工。

四、锪孔

用锪孔钻对工件孔口加工出平底或锥形沉孔的加工方法叫锪孔，常见的锪孔应用如图 6-17 所示。锪孔的作用是：

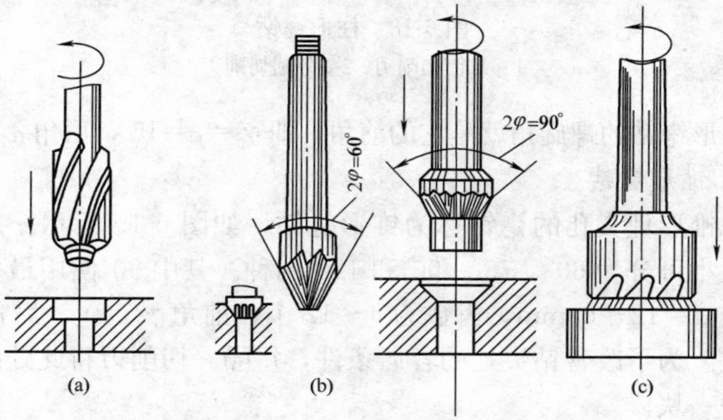

图 6-17 锪孔的应用

（a）锪圆柱埋头孔；（b）锪锥形埋头孔；（c）锪孔口和凸台平面

（1）在工件的联接端锪出柱形或锥形埋头孔，用埋头螺钉埋入孔内把有关零件联接起来，使外观整齐、结构紧凑。

（2）将孔口锪平，并与中心线垂直，能使联接螺栓的端面与联接件保持良好的接触。

（一）锪钻的种类和特点

锪孔钻分为柱形锪钻、锥形锪钻和端面锪钻三种。

1. 柱形锪钻

如图 6-18 所示。主要用来锪圆柱形埋头孔，其起主要切削作用的是端面切削刃 1，外圆切削刃 2 为副切削刃，起修光孔壁的作用。锪钻前端有导柱，导柱与工件原有的孔是间隙配合，以保证有良好的定心和导向作。一般导柱是可拆的，也可以将导柱和锪钻做成一个整体。

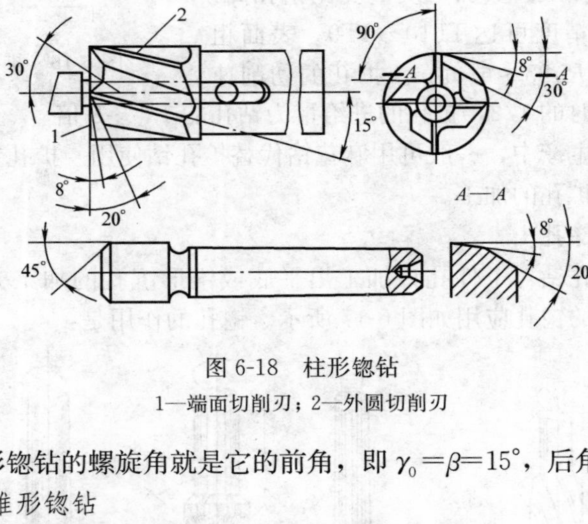

图 6-18　柱形锪钻

1—端面切削刃；2—外圆切削刃

柱形锪钻的螺旋角就是它的前角，即 $\gamma_0=\beta=15°$，后角 $\alpha_0=8°$。

2. 锥形锪钻

锪锥形埋头孔的锪钻称为锥形锪钻，如图 6-19 所示。按其锥角的大小可分为 60°、75°、90°和 120°四种。其中 90°使用最多。锪钻直径 $d=12\sim60$mm，齿数为 4～12 个，前角 $\gamma_0=0°$，后角 $\alpha_0=6°\sim8°$。为了改善钻尖处的容屑条件，每隔一切削刃将此处的切削刃磨去一块。

3. 端面锪钻

专门用来锪平口端面的锪钻称为端面锪钻，如图 6-20 所示。

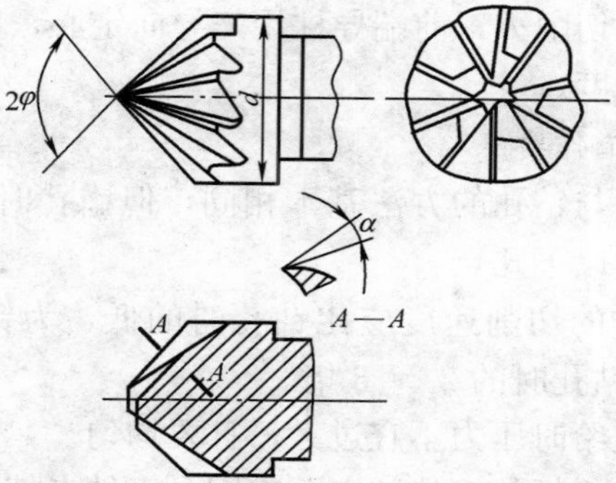

图 6-19　锥形锪钻

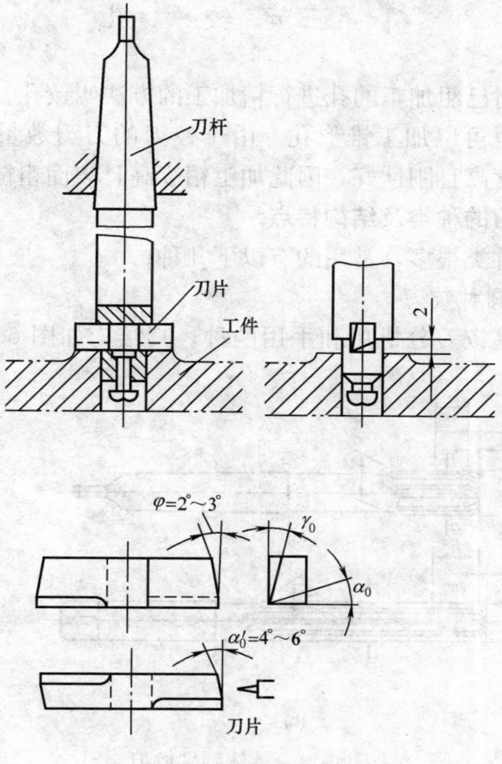

图 6-20　端面锪钻

它的端面刀齿为切削刃，前端导柱用来导向定心，以保证孔端面与孔中心线的垂直度。

(二) 锪孔工作要点

锪孔的方法与钻孔的方法基本相同，但锪孔时刀具容易振动，故锪孔时应注意以下几点。

(1) 锪孔时的切削速度应比钻孔时的低，为钻孔时的 1/3 ～ 1/2，进给量为钻孔时的 2 ～ 3 倍。

(2) 手动进给时压力不宜过大，且要均匀。

(3) 锪钻的刀杆的刀片装夹要牢固，工件夹持要稳定。

(4) 锪钢件时，要在导柱和切削表面加切削液。

第三节 铰　　孔

用铰刀对已粗加工的孔进行精加工的方法叫铰孔，一般可加工圆柱形孔，也可以加工锥形孔。由于铰刀的刀刃数量多、导向性好、尺寸精度高且刚性好，因此加工精度高且表面粗糙度小。

一、铰刀的种类及结构特点

铰刀的种类很多，常用的有以下几种；

1. 整体圆柱铰刀

整体圆柱铰刀分机用和手用两种，其结构如图 6-21 所示。主

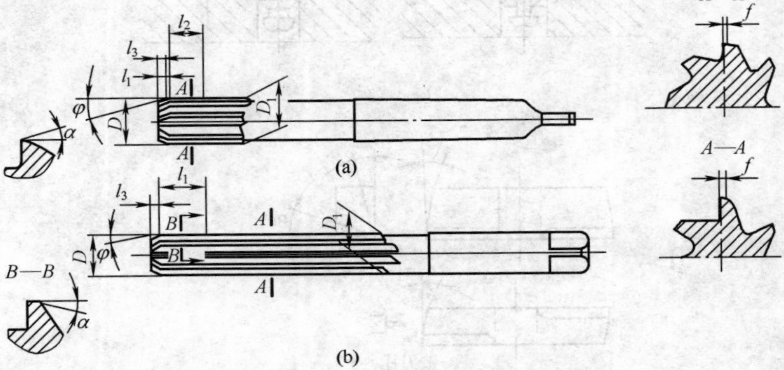

图 6-21　整体圆柱铰刀

(a) 机铰刀；(b) 手铰刀

要用来铰削标准系列的孔。由工作部分、颈部和柄部三个部分组成，主要结构参数有：直径（D），切削锥角（$2K_r$）；切削部分和校准部分的前角（γ_0）；后角（α_0）；校准部分的刃带宽（f）；齿数（z）等。

它的工作部分包括引导部分、切削部分和校准部分。引导部分的作用是便于铰刀放入孔中，切削部分 l_1 担负主要切削工作，校准部分 l_2 是用来引导铰孔方向和校准孔的尺寸，也是铰刀的后备部分。其刃带宽是为了防止孔口扩大和减少与孔壁的摩擦。

一般手铰刀的齿距在圆周上不是均匀分布的，为了便于制造和测量，不等齿距的铰刀常制成 180°对称的不等齿距，见图 6-22 所示。采用不等齿距的铰刀，铰孔时切削刃不会在同一地点停歇而使孔壁产生凹痕，从而能将硬点切除，提高了铰孔的质量。

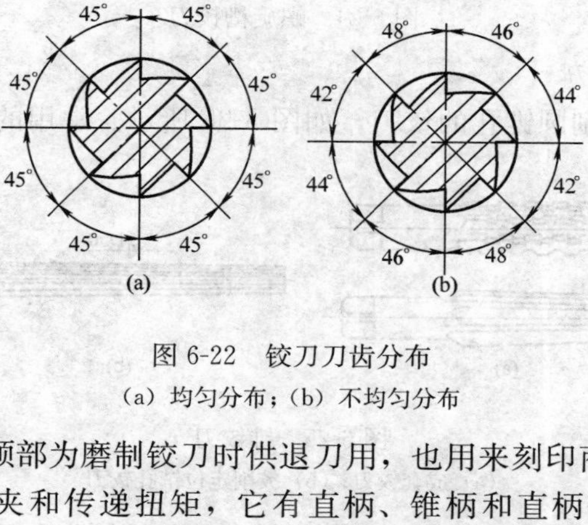

图 6-22　铰刀刀齿分布

(a) 均匀分布；(b) 不均匀分布

铰刀的颈部为磨制铰刀时供退刀用，也用来刻印商标和规格。柄部用来装夹和传递扭矩，它有直柄、锥柄和直柄带方榫三种形式。

2. 可调节手铰刀

在单件生产或修配工作中用来铰削非标准孔，其结构如图6-23

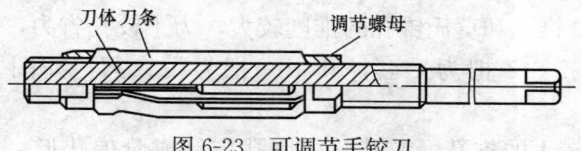

图 6-23　可调节手铰刀

所示，它由刀体、刀齿条及调节螺母等组成。标准可调节手铰刀的直径范围为 6～54mm。其刀体用 45 钢制作。直径≤12.75mm 的刀齿条，用合金钢制作；直径＞12.75mm 的刀齿条，用高速钢制作。

3. 螺旋槽手铰刀

用普通铰刀铰键槽孔时，刀刃会被键槽边卡住而使铰削无法进行，这时就必须改用螺旋槽铰刀，如图 6-24 所示。铰孔时铰削力沿圆周均匀分布，铰削平稳，铰孔光滑。铰刀螺旋方向一般左旋，以避免因顺时针转动而产生自动旋进现象，同时左旋刀刃容易将切屑推出孔外。

图 6-24　螺旋槽铰刀

4. 锥铰刀

用来铰削圆锥孔的铰刀，如图 6-25 所示。常用的锥铰刀有以下四种。

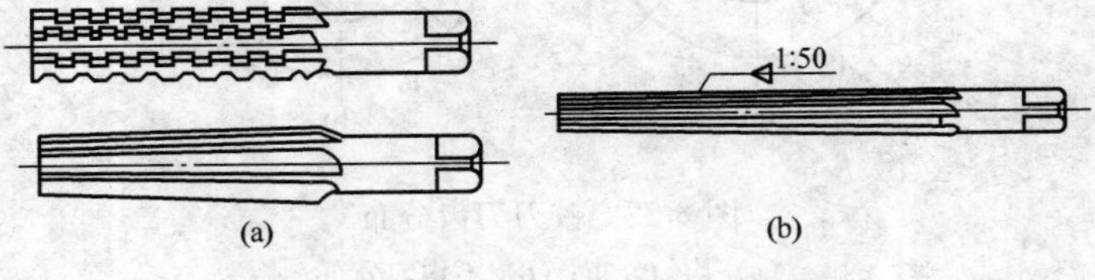

图 6-25　锥铰刀
(a) 成套铰刀；(b) 铰削定位销孔铰刀

(1) 1∶10 锥铰刀用来铰削联轴器上与锥销配合的锥孔。

(2) 莫氏锥铰刀用来铰削 0～6 号莫氏锥孔。

(3) 1∶30 锥铰刀用来铰削套式刀具上的锥孔。

(4) 1∶50 锥铰刀用来铰削定位销孔。

1∶10 锥孔和莫氏锥孔的锥度较大，为了铰孔省力，这类铰刀一般制成 2～3 把为一套，其中一把为精铰刀，如图 6-25 (a) 所示。

锥度较大的锥孔，铰孔前的底孔应钻成阶梯孔形，如图 6-26

所示。阶梯孔最小直径按锥铰刀的小端直径来确定，其余各段直径可根据锥度来推算。

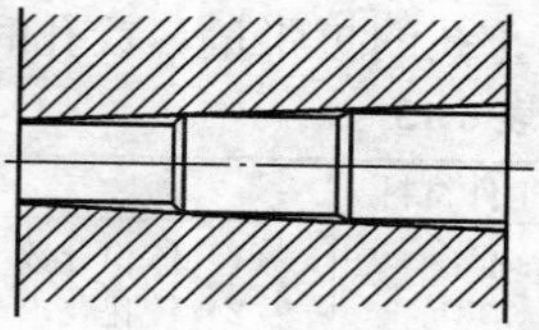

图 6-26 阶梯孔

二、铰孔的方法

1. 铰孔余量的确定

铰孔以前，孔径必须加工到适当的尺寸，使铰刀只能切下很薄的金属层。铰孔前的加工余量见表 6-12。

表 6-12 铰孔前铰削余量的确定

孔径（mm）	加工余量（mm）		
	粗、精铰前总加工余量	粗 铰	精 铰
12～18	0.15	0.10～0.11	0.04～0.05
18～30	0.20	0.14	0.06
30～50	0.25	0.18	0.07
60～75	0.30	0.20～0.22	0.08～0.09

2. 机铰的切削速度和进给量

为了获得较小的加工粗糙度，必须避免产生积屑瘤，减少切削热及变形，应取较小的切削速度。铰钢件时为(4～8)m/min；铰铸件时为(6～8)m/min。对铰钢件及铸铁件的进给量可取(0.5～1)mm/r，铰铜件、铝件时可取(1～1.2)mm/r。

3. 操作方法

(1) 手铰时两手用力要均匀、平稳，不得有侧向压力，同时适当加压，使铰刀均匀进给。

(2) 铰刀铰孔或退出铰刀时，铰刀不能反转，防止刃口磨钝和将孔壁划伤。

(3) 机铰时，应使工件一次装夹进行钻、铰工作，铰削完工后，必须等到铰刀完全退出孔口后方能停车，以防孔壁拉出痕迹。

4. 铰孔时的切削液选择

润滑和冷却对所铰孔的粗糙度和尺寸精度都有很大的影响。润滑和冷却可以降低孔壁表面的粗糙度值、延长铰刀的使用寿命，并防止孔的扩张量。铰孔时的切削液选用见表 6-13。

表 6-13　　铰孔时切削液的选用

工件材料	切　削　液
钢	(1) 体积分数 10%～20%的乳化液 (2) 铰孔要求高时，可采用体积分数为 30%的菜油加 70%的乳化液 (3) 高精度铰削时，可用菜油、柴油、猪油
铸铁	(1) 不用 (2) 煤油，但要引起孔径缩小（最大缩小量是 0.2～0.04mm） (3) 低浓度乳化液
铝	煤油
铜	乳化液

三、铰孔质量分析

铰孔时的质量分析见表 6-14。

表 6-14　　铰孔的质量分析情况

废品形式	产　生　原　因
孔壁表面粗糙度值超差	(1) 铰削余量太大或太小 (2) 铰刀切削刃不锋利，或粘有积屑瘤、切削刃崩裂 (3) 切削速度过高 (4) 铰削或退刀时反转 (5) 没有合理选用切削液
孔呈多棱形	(1) 铰削余量过大 (2) 铰孔时工件装夹太紧造成变形
孔径扩大	(1) 机铰时铰刀与孔轴心线不重合 (2) 铰削时用力不均匀，使铰刀摆动 (3) 切削速度太高，冷却不充分，造成温度上升，直径增大 (4) 铰锥孔时，未常用锥销试配、检查
孔径缩小	(1) 铰刀磨钝或磨损 (2) 铰削铸铁时加煤油，造成孔径收缩

第四节　小孔和深孔加工

一、深孔加工

在机器制造中，一般孔的深径比 $l/d \geqslant 5$ 时称为深孔。深孔加工有如下特点。

（1）深孔加工中，孔轴线容易歪斜，钻削中钻头容易引偏。

（2）刀杆受内孔直径限制，一般细而长，刚度差、强度低，车削时容易产生振动和“让刀”现象，使零件产生波纹和锥度等缺陷。

（3）钻孔或扩孔时切屑不易排出，切削液不易进入切削区域，散热困难，钻头易磨损。

（4）深孔加工很难观察孔的加工情况，加工质量不易控制。

深孔加工有深孔钻削、深孔镗削、深孔精铰、深孔磨削、深孔滚压、珩磨等方法。

（一）钻削深孔

钻削深孔时，必须采用深孔钻。

深孔钻削按工艺的不同可分为在实心料上钻孔、扩孔、套料三种，而以在实心料上钻孔用得最多。按切削刃的多少分为单刃和多刃；按排屑方式分为外排屑（枪钻）和内排屑（BTA 深孔钻、DF 系统深孔钻和喷吸钻）两种，其工作原理见图 6-27。

各种深孔钻的使用范围根据被加工深孔的尺寸、精度、表面粗糙度、生产率、材料可加工性和机床条件等因素而定。外排屑枪钻适用于加工 $\phi(2\sim20)$mm，长径比 $L/D>100$，表面粗糙度值 $Ra(12.5\sim3.2)\mu m$、精度为 H8～H10 级的深孔，生产效率略低于内排屑深孔钻。BTA 内排屑深孔钻适用于加工 $\phi(6\sim60)$mm、长径比为 $L/D<100$、一般表面粗糙度值 $Ra3.2\mu m$ 左右、精度为 H7～H9 级的深孔，生产率较高，比外排屑高 3 倍以上。喷吸钻适合于 $\phi(6\sim65)$mm、切削液压力较低的场合，其他性能同内排屑深孔钻。DF 系统是近年来新发展的一种深孔钻。它的特点是有一个钻杆，钻杆由切削液支托，振动较少，排屑空间较大，加工效率高，精度好，可用于高精度深孔加工；其效率比枪钻高 3～6 倍，比 BTA 内排屑深孔钻高 3 倍。

1. 深孔钻削刀具

深孔钻削刀具必须具有一定的强度和刚度。生产中常用以下几种钻深孔刀具。

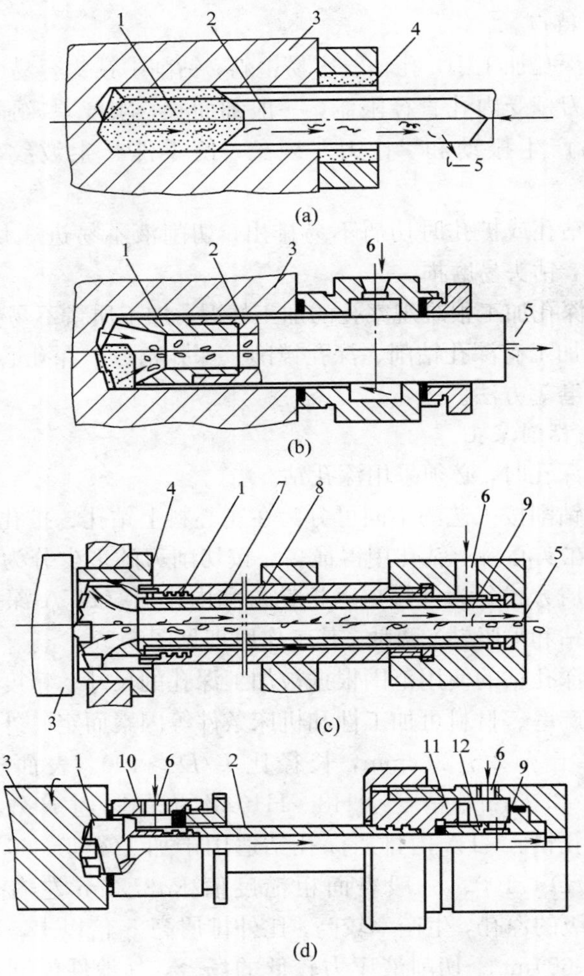

图 6-27　深孔钻的工作原理图

(a) 外排屑深孔钻（枪钻）；(b) BTA 内排屑深孔钻；
(c) 喷吸钻；(d) DF 内排屑深孔钻

1—钻头；2—钻杆；3—工件；4—导套；5—切屑；6—进油口；7—外管；
8—内管；9—喷嘴；10—引导装置；11—钻杆座；12—密封套

(1) 扁钻。如图 6-28 所示简易扁钻。钻削时，切削液由钻杆内部注入孔中，切屑从零件孔内排出，适用精度和表面粗糙度要求不高的较短的深孔。

另一种带有导向块的扁钻，其结构如图 6-29 所示。其优点是加工时导向块在孔中起导向作用，可防止钻头偏斜。

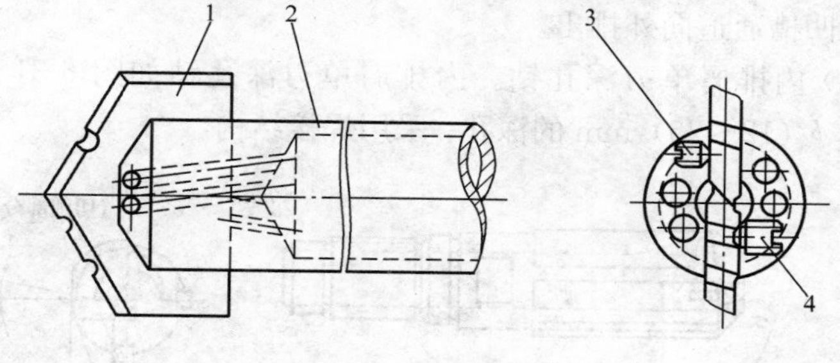

图 6-28 简易扁钻

1—钻头；2—钻杆；3、4—紧固螺钉

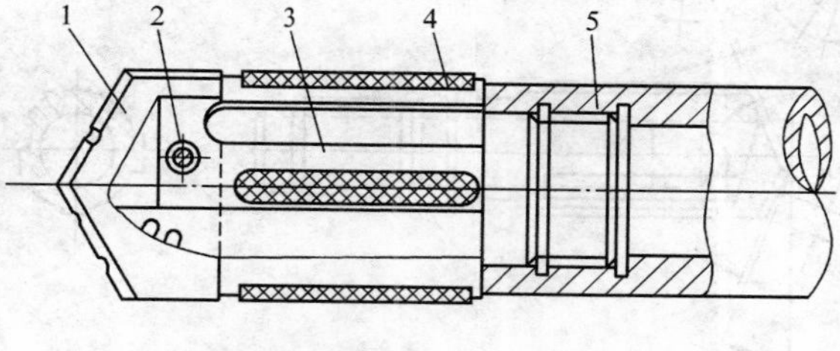

图 6-29 带有导向块的扁钻

1—钻头；2—紧固螺钉；3—钻体；4—导向块；5—钻杆

（2）外排屑单刃深孔钻。外排屑单刃深孔钻如图 6-30 所示。

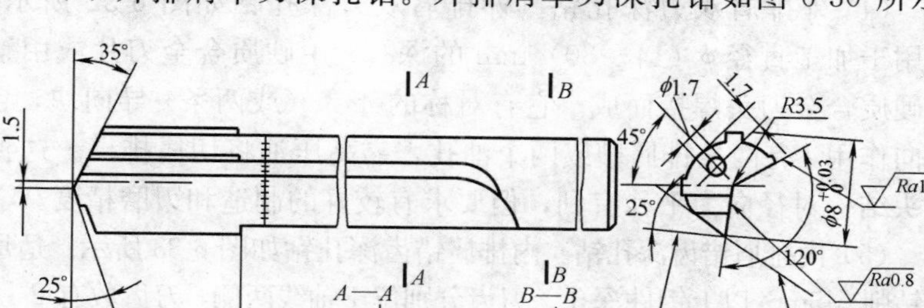

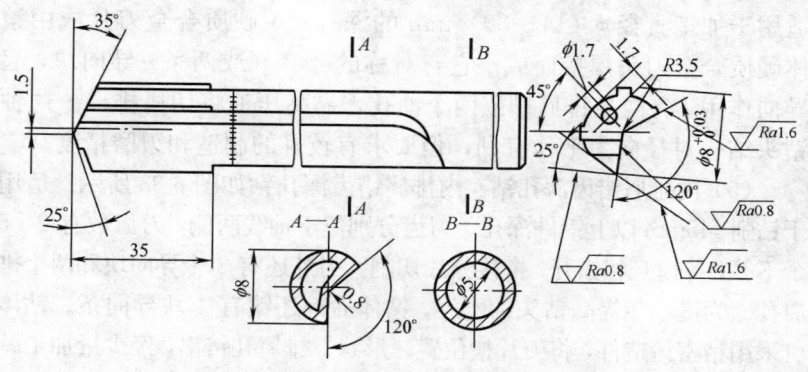

图 6-30 外排屑单刃深孔钻

该钻最早用于加工枪管，故常称枪钻。枪钻也是ϕ（2～6）mm深孔加工的唯一方法，适用于ϕ（2～20），深径比$L/D>100$的深孔。切削液经钻杆内孔，从钻头后部的进油孔喷射，压入切削区，切屑从钻头凹槽通道向外排出。

（3）内排屑单刃深孔钻。内排屑单刃深孔钻如图6-31所示。适用于ϕ（12～25）mm的深孔，采用焊接结构。

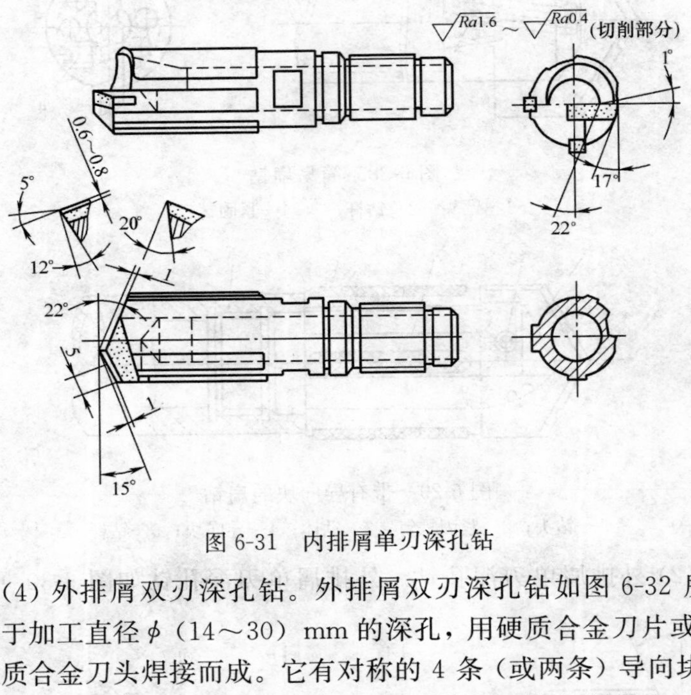

图6-31　内排屑单刃深孔钻

（4）外排屑双刃深孔钻。外排屑双刃深孔钻如图6-32所示。适用于加工直径ϕ（14～30）mm的深孔，用硬质合金刀片或用整体硬质合金刀头焊接而成。它有对称的4条（或两条）导向块，起导向作用，有两条排屑槽或两个油孔，靠高压油将切屑排出。这种钻头结构对径向力平稳有利，但要求有较好的制造和刃磨精度。

（5）内排屑错齿深孔钻。内排屑错齿深孔钻如图6-33所示。适用于钻削ϕ45mm以上钢件深孔。刀齿分别位于轴线两侧，刀齿数有2～5个不等，各齿互相错开，搭接分片切割。另外还有3个导向块和两个排屑孔。为进一步提高钻头的刚度，钻体后部还镶有4块导向条。钻体可采用精密铸造件，将刀片槽位置、形状、排屑孔铸出，经少量加工就可以成成品。与钻杆联接部分大多数为矩形多线螺纹。

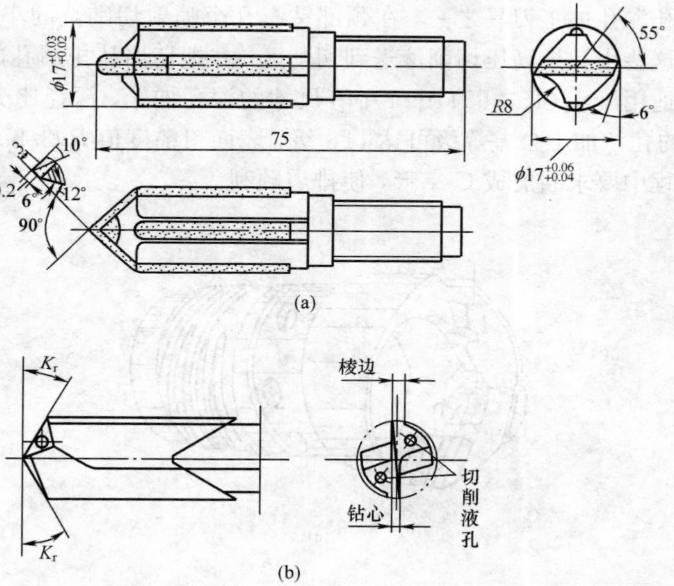

图 6-32 外排屑双刃深孔钻

(a) 外排屑双刃深孔钻之一；(b) 外排屑双刃深孔钻之二

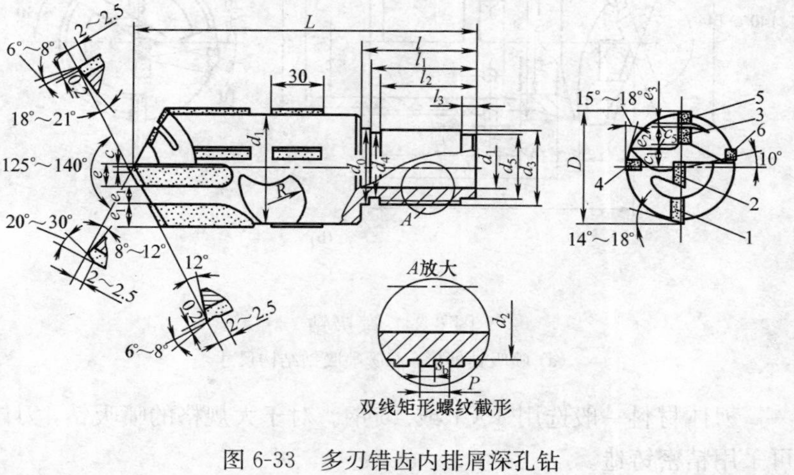

图 6-33 多刃错齿内排屑深孔钻

1、2、3—刀齿；4、5、6—导向块

（6）喷吸钻。喷吸钻如图 6-34 所示。喷吸钻又称喷射钻，属于实心孔深孔加工刀具之一，在颈部钻有几个喷射切削液的小孔 H，通过这些小孔把高压切削液送到切削区，并把切屑从排屑孔向后排出。适用于 ϕ（18～65）mm 中等尺寸的深孔加工，深径比 $L/D<100$ 的孔，加工公差等级可达 IT8 级，表面粗糙度值 $Ra3.2\mu m$，切削过程中要求断屑成 C 字形，使排屑顺利。

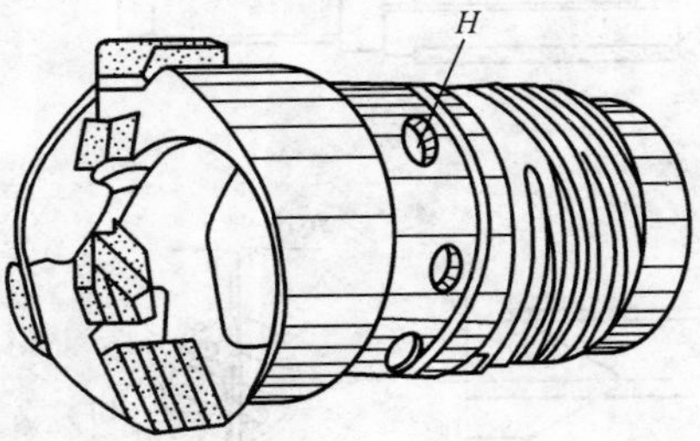

(a)

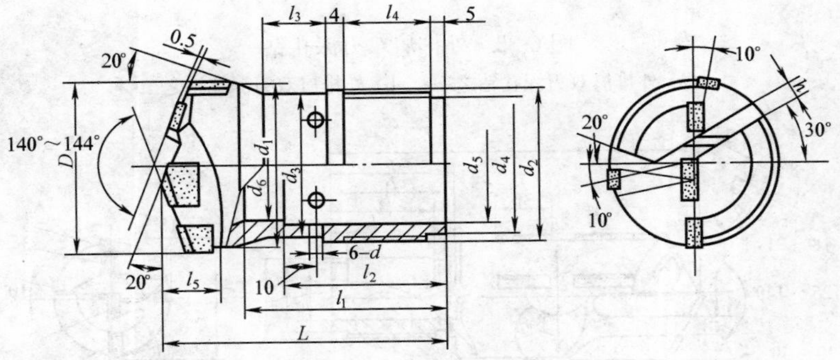

(b)

图 6-34　喷吸钻
(a) 喷吸钻外形；(b) 喷吸钻结构尺寸

刀体材料一般选用 40Cr 或 45 钢。对于大规格的喷吸钻，刀体可采用精密铸造。

（7）深孔扩孔钻。深孔扩孔钻如图 6-35 所示。这种钻头刀头

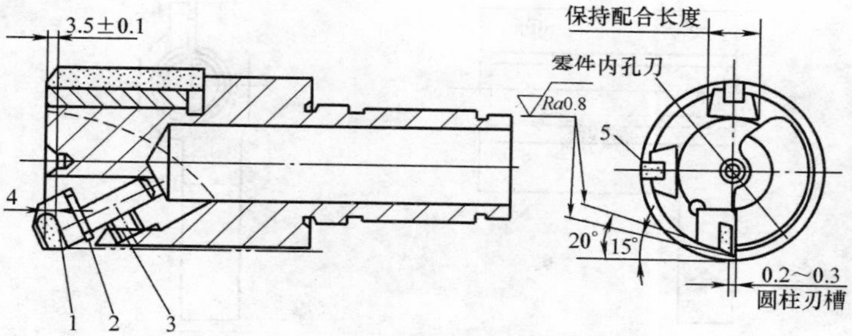

图 6-35　扩孔深孔钻

1—刀头；2—垫圈；3—螺钉；4—刀体；5—导向块

可换，适用于加工直径 ϕ40mm 以上的深孔。在加工深孔时，可以校正在钻削时产生的缺陷，并能提高加工精度和表面质量。适用于半精加工和精加工。

2. 深孔加工的辅助工具

在成批加工的深孔工件中，多采用专用深孔钻床加工，而在单件或小批量生产中，则可在一般车床上附加一些辅助工具来加工深孔。在车床上加工深孔时使用的主要辅助工具有如下几种。

（1）钻杆。钻杆如图 6-36 所示，外径比内孔直径小（4～8）mm，前端的矩形内螺纹和导向圆柱孔 d 与钻头尾部相联接，构成整个深孔钻，装卸迅速方便。为了防止弯曲变形，使用后应涂防锈油吊挂存放。

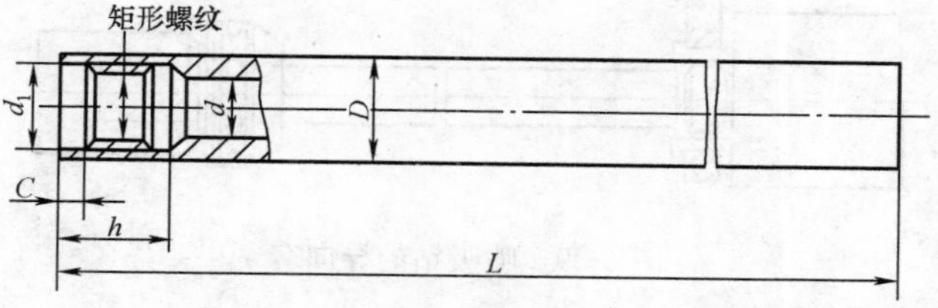

图 6-36　钻杆

（2）钻杆夹持架。钻杆夹持架如图 6-37 所示。使用时，将夹持架安装在车床方刀架上，拧动夹持架上的紧固螺钉来夹持钻杆。安装时，必须使开口衬套（有的夹持架衬套为弹性衬套）的轴线对准

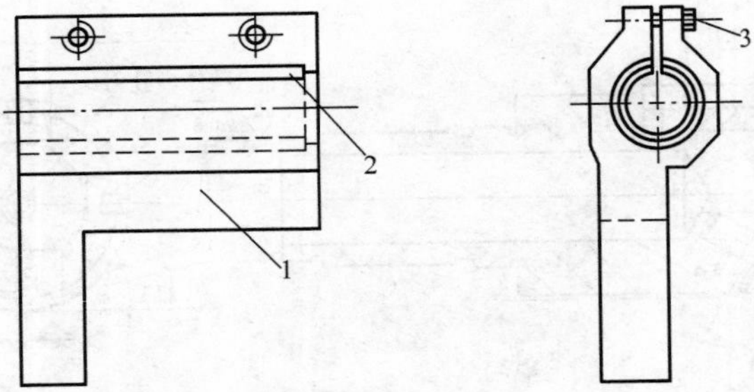

图 6-37　弹性钻杆夹持架

1—夹持架体；2—开口衬套；3—紧固螺钉

机床主轴轴线。

(3) 导向套。为了防止钻头刚进入工件时产生扭动，在工件前端应安装导向套。图 6-38 是枪孔钻的导向套。这种导向套不但可以引导钻头进入工件，而且使切削液和切屑可从空挡 A 排出，而后导向套 B 可以防止枪孔钻的转动。图 6-39 是喷吸钻的导向套。

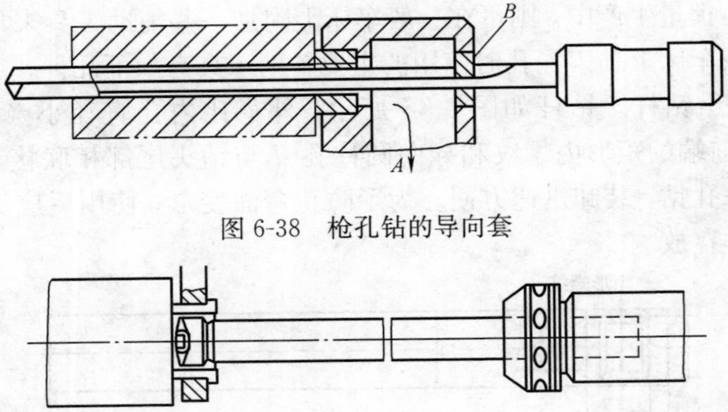

图 6-38　枪孔钻的导向套

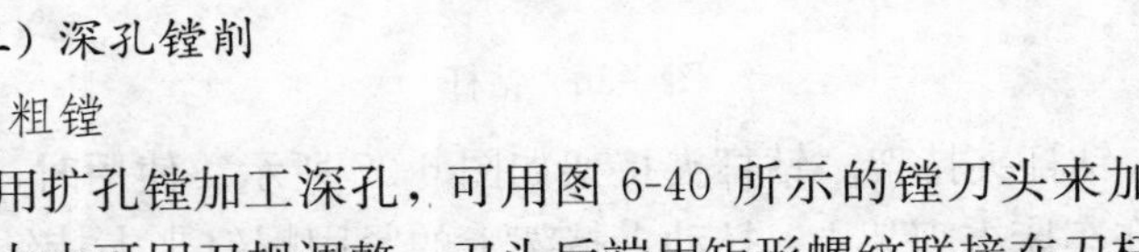

图 6-39　喷吸钻的导向套

(二) 深孔镗削

1. 粗镗

采用扩孔镗加工深孔，可用图 6-40 所示的镗刀头来加工。所镗孔径大小可用刀规调整。刀头后端用矩形螺纹联接在刀杆上。而刀杆最好用钻削用的钻杆，这样就无需更换和调整刀杆。

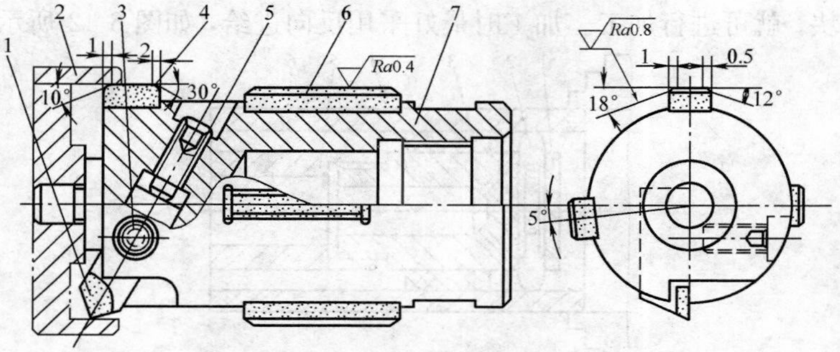

图 6-40 深孔镗刀头

1—刀头；2—刀规；3—调节螺钉；4—前导向垫；5—紧固螺钉；6—后导向垫；7—刀套

2. 精镗

精镗深孔时所采用的刀具是深孔浮动镗刀块，如图 6-41 所示。采用浮动镗刀进行深孔精加工，可以得到更高的精度和更好的表面

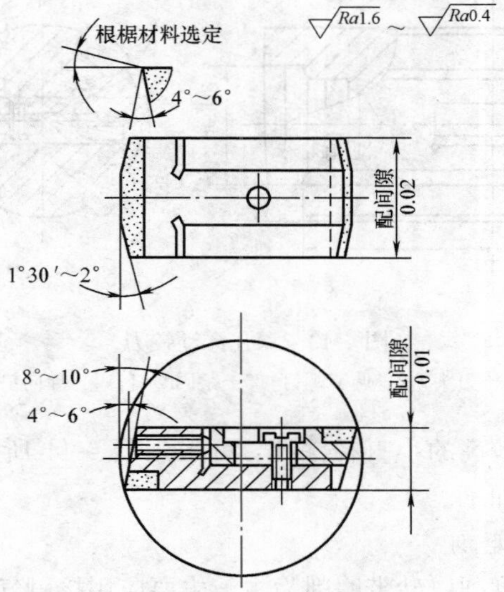

图 6-41 深孔用浮动镗刀块

粗糙度。其具体方法是：半精加工后，工件装夹不动，换上浮动镗刀块，就可进行加工。加工时最好采用反向进给，如图 6-42 所示。

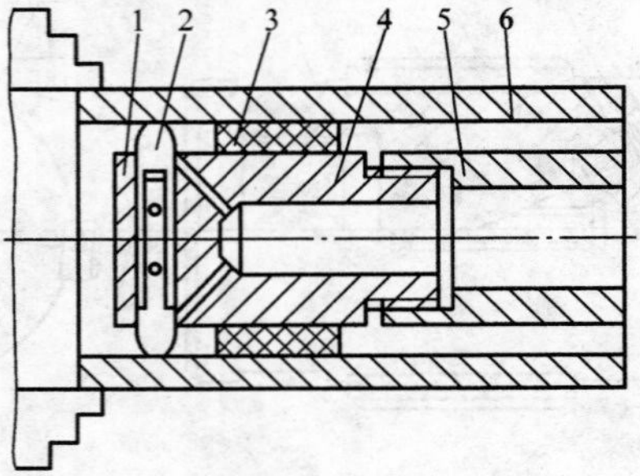

图 6-42　深孔精镗

1—压盖；2—精镗刀块；3—亚麻布；4—导向头；5—刀杆；6—工件

（三）深孔精铰

精铰深孔可用图 6-43 所示的深孔浮动铰刀进行加工。这种方法加工精度高、生产效率高，适用于成批量生产。

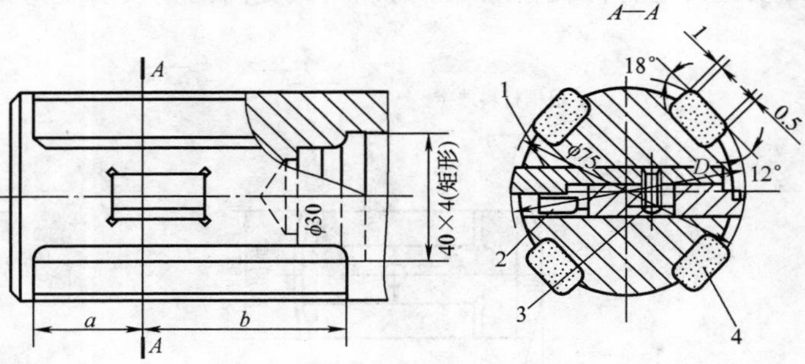

图 6-43　深孔浮动铰刀

1—刀头；2—调节螺钉；3—紧固螺钉；4—导向垫

对于精度较高的小直径深孔，可采用图 6-44 所示的小直径深孔铰刀进行精加工。

（四）深孔磨削

深孔工件磨削以砂带磨削为主，主要应用接触气囊装置，其结构工作情况如图 6-45 和图 6-46 所示。

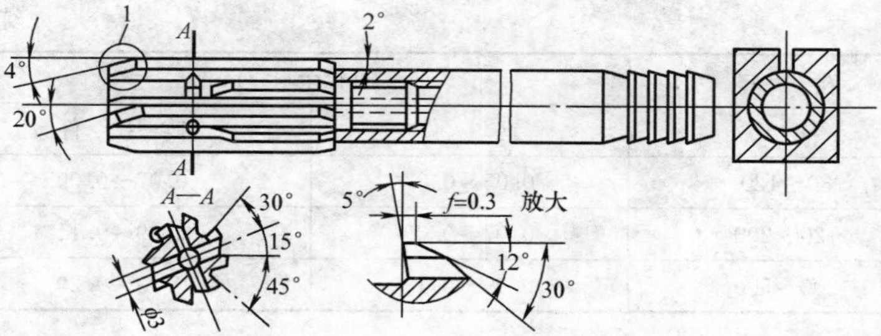

图 6-44 小直径深孔铰刀

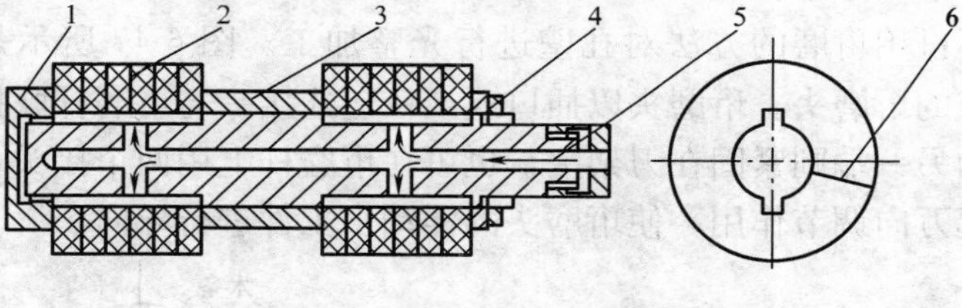

图 6-45 接触气囊结构示意图

1、4—螺母；2—接触气囊；3—隔套；5—压缩空气；6—橡胶环开口

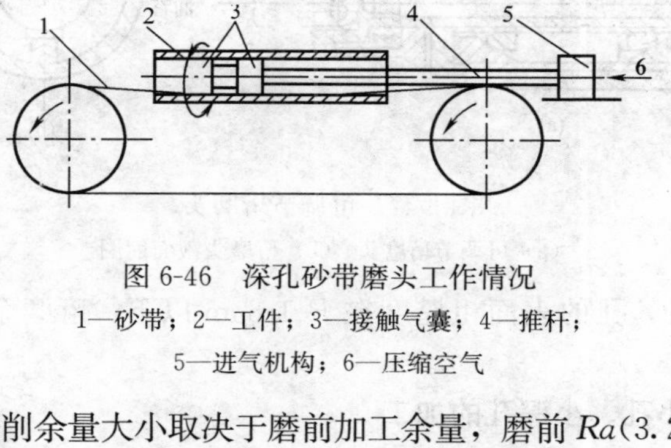

图 6-46 深孔砂带磨头工作情况

1—砂带；2—工件；3—接触气囊；4—推杆；
5—进气机构；6—压缩空气

深孔磨削余量大小取决于磨前加工余量，磨前 $Ra(3.2\sim1.6)\mu m$ 时，可按表 6-15 选择。

表 6-15　　深孔磨削余量

孔径（mm）	直径余量（mm）	
	钢件	铸铁件
25～50	0.015～0.03	0.03～0.05
50～80	0.03～0.05	0.05～0.07

续表

孔　径 (mm)	直径余量 (mm)	
	钢　件	铸 铁 件
80～120	0.05～0.07	0.07～0.09
120～200	0.07～0.09	0.09～0.11
200～500	0.09～0.13	0.13～0.20

(五) 深孔珩磨

对于尺寸精度和表面粗糙度要求高的细长深孔，在浮动镗铰后，还可用珩磨的方法对孔壁进行光整加工。图 6-47 所示是一种可调节的珩磨头。珩磨头以插口式或铰链式接头与珩磨杆联接，珩磨杆的另一端则紧固在刀架上，也可在珩磨杆上用两个接头，使珩磨杆起万向调节作用，使珩磨头的浮动由工件进行导向。

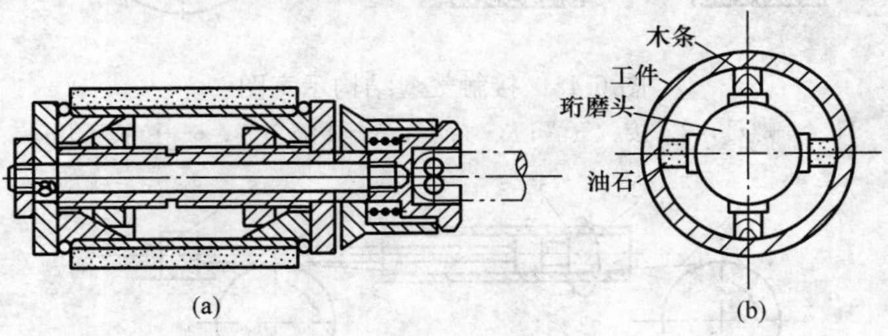

图 6-47　可调节珩磨头
(a) 可调节珩磨头；(b) 珩磨头截面简图

珩磨前，孔的表面粗糙度在 $Ra1.6\mu m$ 以下，珩磨余量为0.1～0.5mm。

二、小孔、小深孔的加工

(一) 小孔、微孔的钻削方法

小孔、微孔的加工特点如下。

(1) 加工孔直径≤3mm。

(2) 排屑困难，在微孔加工中更加突出，严重时切屑堵塞，钻头易折断。

(3) 切削液很难注入孔内，刀具寿命低。

（4）刀具重磨困难，小于 1mm 钻头需在显微镜下刃磨。

1. ϕ(1～3)mm 小孔加工需解决的问题

（1）机床主轴转速要高，进给量要小，平稳。

（2）需用钻模钻孔或用中心钻引钻，以免在初始钻孔时钻头引偏、折断。

（3）为了改善排屑条件，一般钻头修磨按图 6-48 进行。

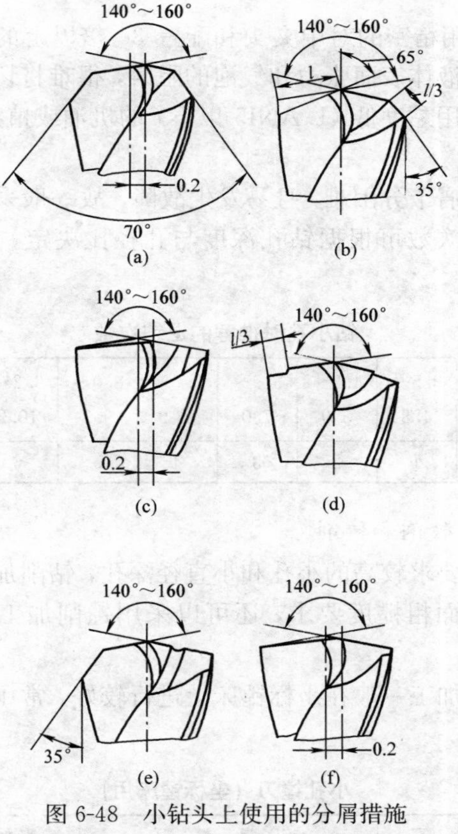

图 6-48 小钻头上使用的分屑措施

(a) 双重锋角；(b) 单边第二锋角；(c) 单边分屑槽；(d) 台阶刃；(e) 加大锋角；(f) 钻刃磨偏

（4）可进行频繁退钻，便于刀具冷却和排屑，也可加黏度低（L-ANI5 以下）的机油或植物油（菜油）润滑。

2. ϕ1mm 以下微孔加工需解决的问题

(1) 微孔加工时，钻床主轴的回转精度和钻头的刚度是影响微孔加工的关键，故需有足够高的主轴转速，一般达（10000～15000）r/min;钻头的寿命要长，重磨性要好。对钻头在加工中磨损或折断应有监控系统。

(2) 机床系统刚度要好，加工中不允许有振动，一定要有消振措施。

(3) 应采用精密的对中夹头和配置 30 倍以上的放大镜或瞄准对中仪。由于液体表面张力和气泡的阻碍，很难将切削液送到切削区域，一般采用黏度低（L-ANI5 以下）的机油或植物油（菜油）润滑、冷却。

(4) 因排屑十分困难，且易发生故障，故一般采用频繁退钻方式解决。退钻次数可根据钻孔深度与孔径比决定。退钻次数参考表 6-16。

表 6-16　　钻小孔时推荐的退钻次数

孔径/孔深	<3.5	3.5～4.8	4.8～5.9	5.9～7.0	7.0～8.0	8.0～9.2	9.2～10.2	10.2～11.4	11.4～12.4
退钻次数	0	1	2	3	4	5	6	7	8

(二) 小孔镗削和铰削

对于精度要求较高的小孔和小直径深孔，钻削加工不能满足其精度要求和表面粗糙度要求，还可以采用镗削加工和铰削加工的方法。

小孔镗削加工一般在坐标镗床上进行较好，常用的小孔镗刀见表 6-17。

表 6-17　　小孔镗刀（坐标镗床用）

	弯头镗刀	铲背镗刀	整体硬质合金镗刀
简图	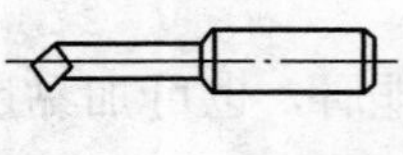	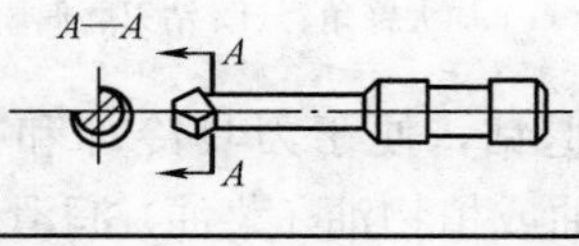	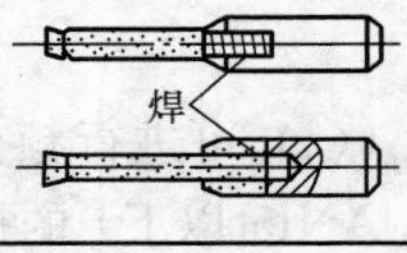

续表

	弯头镗刀	铲背镗刀	整体硬质合金镗刀
特点	制造简单，刃磨方便	刀头后面为阿基米德螺旋面，刃磨时只需磨前面	刀头、刀体采用整体硬质合金与钢制刀杆焊在一起，刚性好

注 小孔镗刀适用于直径≤10mm的小孔。

小直径深孔铰削可采用图6-44所示铰刀进行加工。这种铰刀由于切削部分短，不能矫正孔的直线度误差，所以铰孔前要求孔的半精加工应保证孔的直线度要求。在安装铰刀时，铰刀轴线应与工件轴线重合。这些都是提高孔精度的必要措施。

（三）小深孔砂绳磨削

砂绳是以纱绳作基底（或在砂绳内裹以金属丝），表面粘附磨料。有的用府绸作基底，粘以P240～P280的磨料，裁成4mm宽的砂条，再卷成螺旋状的砂绳，可以解决缝纫机等某些小深孔的加工难题，并可获得粗糙度较低的内孔表面。

（四）小孔、锥孔、不通孔和短孔珩磨

1. 小孔珩磨工艺

(1) 手动珩磨法。是在小型卧式矩形珩磨机上进行，工人手握工件在珩磨头上进行往复移动，珩磨杆转速在2000r/min左右，可无级调速。对不便于装夹的小件、薄壁件采用手动珩磨极为方便，而且效率高、废品率低，可适用于各种批量生产。

(2) 顺序珩磨法。是用一组金刚石珩磨杆，尺寸由小到大，每个珩磨杆只作一次往复行程，每次行程珩去的余量在几个微米以内，珩磨次序按珩磨杆的尺寸顺序进行，直到最后获得所需产品尺寸，并可得到较高的尺寸精度。

这种方法多用固定式夹具与刚度联接珩磨头（磨杆），带回转工作台的多轴珩磨机，工作台需有较高的回转定位精度。

(3) 单油石珩磨法。珩磨头用单面楔胀开油石。一般多用超硬磨料油石，其寿命与尺寸精度较高。适用于珩磨孔径为ϕ(5～20)mm

的孔，有较长的导向条，可保证珩磨孔较高的直线度要求，常用于珩磨各种阀孔及液压泵的柱塞孔等。珩磨头为刚度联接，可以采用浮动或固定式夹具，用小型立式珩磨机，往复运动为机械驱动。

2. 小孔珩磨头

孔径在 5mm 以上的，多采用珩磨头，油石数量随着孔径的增大而增加，见表 6-18；孔径在 5mm 以下的，需采用电镀超硬磨料珩磨杆，即在加工好的钢杆上电镀 1～2 层超硬磨料，并根据孔径及余量制成一组直径相差 0.005～0.01mm 的珩磨杆。图 6-49 所示为不同直径的电镀磨料珩磨杆，其上有供珩磨液流通的直线槽与螺旋沟槽，在珩磨过程中通珩磨液，可起到冷却与排屑作用。

表 6-18　珩磨油石断面尺寸与数量的选择

珩磨孔径（mm）	油石数量（条）	油石断面尺寸（$B\times H$）（mm）	金刚石油石断面尺寸（$B\times H$）（mm）
5～10	1～2	—	1.5×2.2
10～13	2	2×1.5	2×1.5
13～16	3	3×2.5	3×2.5
16～24	3	4×3.0	3×3.0
24～37	4	6×4.0	4×4.0
37～46	3～4	9×6.0	4×4.0
46～75	4～6	9×8.0	5×6.0
75～110	6～8	10×9，12×10	5×6.0
110～190	6～8	12×10，14×12	6×6.0
190～310	8～10	16×13，20×20	—
＞300	＞10	20×20，25×25	—

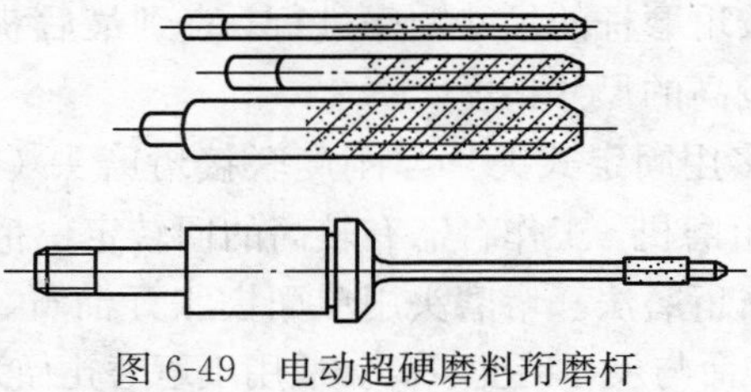

图 6-49　电动超硬磨料珩磨杆

3. 锥孔珩磨

锥孔珩磨头见图 6-50，其中心轴 1 的锥度必须与珩磨孔要求的锥度一致。珩磨时珩磨头进入工件，心轴 1 通过键 5 带动本体 2 转动，同时本体 2 又作往复运动，带着油石座 3，既随心轴转动，又沿心轴轴线移动，从而珩出一定锥度的孔。锥孔珩磨余量不宜过大，而且心轴旋转时的振摆与轴向窜动应保持最小。珩磨头用刚度联接，配用固定式夹具。选用超硬磨料油石珩磨长锥孔，可以获得较高的珩磨效率与锥度。

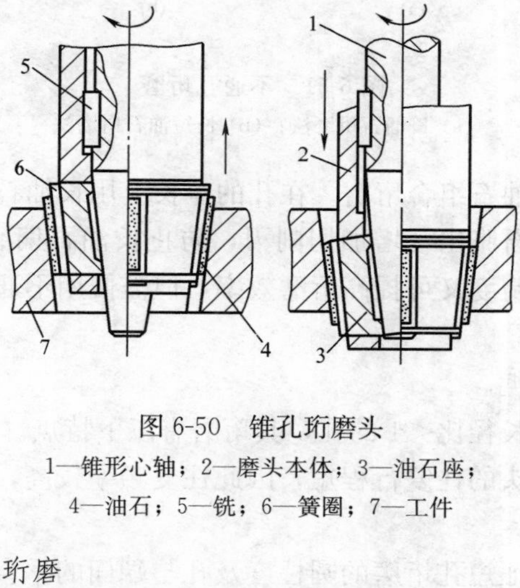

图 6-50 锥孔珩磨头

1—锥形心轴；2—磨头本体；3—油石座；
4—油石；5—铣；6—簧圈；7—工件

4. 不通孔珩磨

（1）不通孔珩磨需要选用换向精度较高的珩磨机，其往复换向误差不大于 0.5mm，珩磨主轴的轴向窜动，珩磨头与油石座的轴向间隙均需严格要求。若为全封闭的不通孔珩磨，则需采用卧式珩磨机，珩磨头与不通孔端的间隙可≤1mm。

不通孔珩磨有两种工艺方法见图 6-51。

（2）长油石珩磨。按通孔珩磨原则选择油石长度，珩磨中使油石在不通孔端换向时自动停留片刻（1～2s），或在预定时间内，对不通孔端进行若干次短行程的珩磨，时间间隔可通过试验确定。这种方法宜采用寿命较高的金刚石油石，可在普通珩磨机上进行。

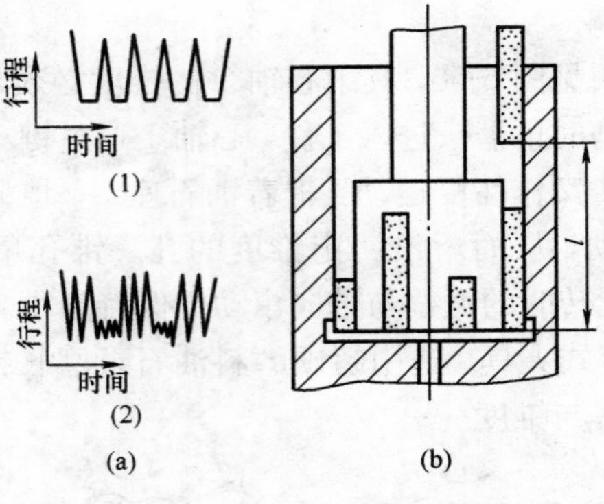

图 6-51　不通孔珩磨

(a) 长油石珩磨法；(b) 长短油石珩磨法

(3) 长短油石组合珩磨。在孔的全长上用长油石珩磨，在孔的不通端将短油石胀出，增加切削刃，防止长油石偏磨和产生锥度，即可保证孔的精度又可提高珩磨效率，但需使用不通孔珩磨头，见图 6-51 (b)。

5. 短孔珩磨

短孔是指长径比<1 的孔，其珩磨有以下特点。

(1) 珩磨头的往复行程短，因此往复频率较高，宜用机械驱动的往复机构。

(2) 为保证短孔珩磨的圆柱度及孔与端面的垂直度要求，宜采用刚度联接的珩磨头与平面浮动夹具，如图 6-52 所示。对工件的轴向压紧力不宜过大，以免使端面与孔不垂直的工件产生变形。由于珩磨头是刚度联接，夹具的对中精度要求很高，且要有准确的导向装置，以保证孔的珩磨精度。

(3) 短孔珩磨油石的长度一般等于或略超过孔长 L，而油石珩磨行程在孔端的越程距离为油石长度的 1/5。

(4) 短孔珩磨头的往复行程短，要求珩磨油石有较高的珩磨效率，而珩磨压力较低。因此，一般在珩磨条上尽量布置较多的油石条数，而且要求油石自锐性好。

(5) 对于盘件孔，如果工件两端面平整、平行，可进行多件装夹珩磨，如图 6-53 所示。将工件叠装在开口的筒形夹具内，用心轴定位后再夹紧工件，取出心轴后进行珩磨，可以获得较高的效率与精度。

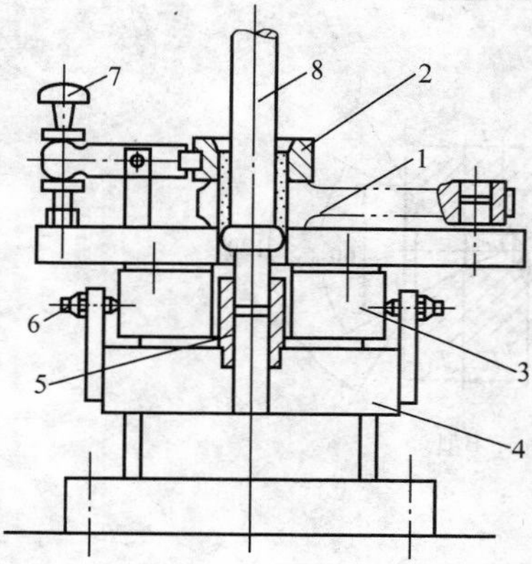

图 6-52 短孔珩磨夹具

1—工件；2—压板；3—浮动体；4—本体底座；5—导向套；6—限位螺钉；7—手轮；8—珩磨头

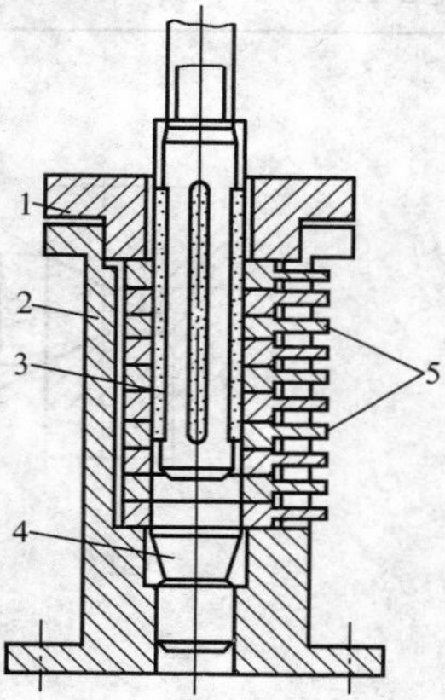

图 6-53 盘件短孔叠装珩磨夹具

1—压环；2—夹具本体；3—珩磨头；4—工件；5—工件

（五）小孔、不通孔研磨和挤光

直径<8mm 的小孔精加工可采用弹性研瓣研磨。不通孔的精密加工也可采用不通孔研磨心棒进行研磨。小孔的精加工还可采用挤光加工方法。

第五节 精密中心孔的加工

一、中心孔的合理选用

对于较长的或必须经过多次装夹才能完成的工件，如长轴、长丝杆的车削，或工序较多在车削后还要进行铣、磨的工件。为了使每次装夹都能保持其装夹精度（保证同轴度），可以采用顶尖装夹的方法。因为用两顶尖装夹方便，不需要找正，装夹精度高。

用两顶尖装夹，必须先在工件的端面钻中心孔。中心孔的型式见表 6-19。

表 6-19　　中心孔的型式　　(mm)

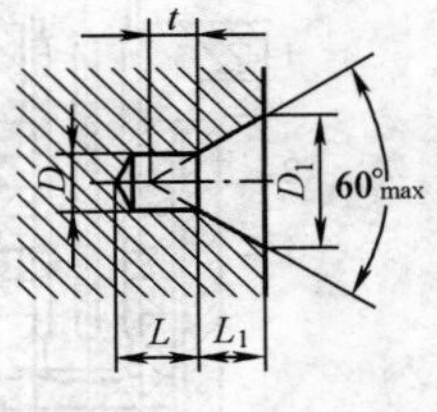

A型

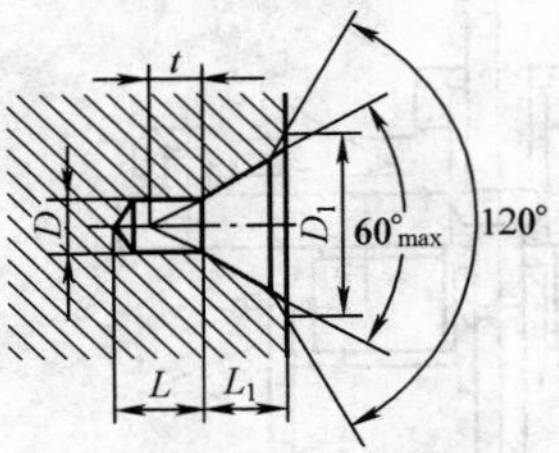

B型

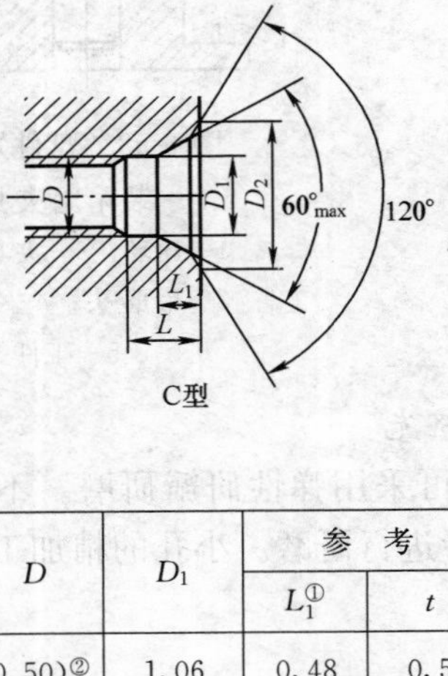

C型

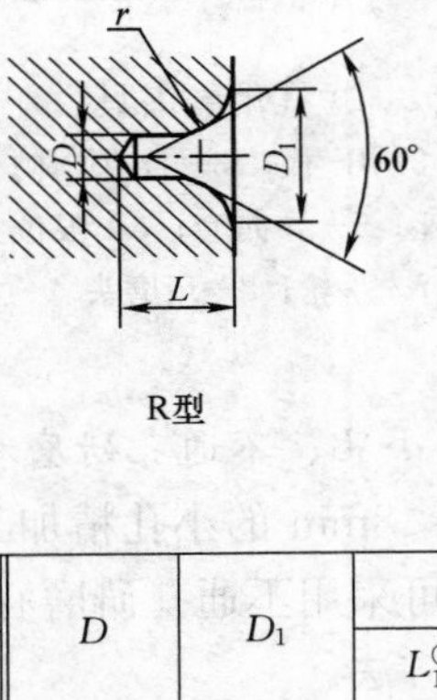

R型

类型	D	D_1	参考		D	D_1	参考	
			$L_1$①	t			$L_1$①	t
A型	(0.50)②	1.06	0.48	0.5	2.50	5.30	2.42	2.2
	(0.63)	1.32	0.60	0.6	3.15	6.70	3.07	2.8
	(0.80)	1.70	0.78	0.7	4.00	8.50	3.90	3.5
	1.00	2.12	0.97	0.9	(5.00)	10.60	4.85	4.4
	(1.25)	2.65	1.21	1.1	6.30	13.20	5.98	5.5
	1.60	3.35	1.52	1.4	(8.00)	17.00	7.79	7.0
	2.00	4.25	1.95	1.8	10.00	21.20	9.70	8.7

续表

类型	D	D_1	参考		D	D_1	参考	
			$L_1$①	t			$L_1$①	t
B型	1.00	3.15	1.27	0.9	1.00	12.50	5.05	3.5
	(1.25)	4.00	1.60	1.1	(5.00)	16.00	6.41	4.4
	1.60	5.00	1.99	1.4	6.30	18.00	7.36	5.5
	2.00	6.30	2.54	1.8	(8.00)	22.40	9.36	7.0
	2.50	8.00	3.20	2.2	10.00	28.00	11.66	8.7
	3.15	10.00	4.03	2.8	—	—	—	—

类型	D	D_1	D_2	L	参考	D	D_1	D_2	L	参考
					L_1					L_1
C型	M_3	3.2	5.8	2.6	1.8	M_{10}	10.5	16.3	7.5	3.8
	M_4	4.3	7.4	3.2	2.1	M_{12}	13.0	19.8	9.5	4.4
	M_5	5.3	8.8	4.0	2.4	M_{16}	17.0	25.3	12.0	5.2
	M_6	6.4	10.5	5.0	2.8	M_{20}	21.0	31.3	15.0	6.4
	M_8	8.4	13.2	6.0	3.3	M_{24}	25.0	38.0	18.0	8.0
R型	1.00	2.12	2.3	3.15	2.50	4.00	8.50	8.9	12.50	10.00
	(1.25)	2.65	2.8	4.00	3.15	(5.00)	10.60	11.2	16.00	12.50
	1.60	3.35	3.5	5.00	4.00	6.30	13.20	14.0	20.00	16.00
	2.00	4.25	4.4	6.30	5.00	(8.00)	17.00	17.9	25.00	20.00
	2.50	5.30	5.5	8.00	6.30	10.00	21.20	22.5	31.50	25.00
	3.15	6.70	7.0	10.00	8.00	—	—	—	—	—

① 尺寸 L_1 取决于中心钻的长度，此值不小于 t 值。

② 括号内的尺寸尽量不采用。

中心孔是加工轴类工件的定位基准和检验基准，所以加工时中心孔必须按以下原则进行合理选用。

（1）按工件轴端直径 D_0 选用，见表 6-19。

（2）毛坯重量超过表中所列 D_0 相对应的重量时，应参考表中工件最大重量选。

（3）表中最大重量是指工件毛坯支承在两顶尖间的安全重量。有中心架支承时，对 60°和 75°中心孔，其超过重量为安全重量的

10%～20%；对90°中心孔，其超过重量为安全重量的30%。

(4) 中心孔锥面表面粗糙度值，用于粗加工时，应小于$Ra3.2\mu m$；用于精加工，应小于$Ra1.6\mu m$。

(5) 中心孔锥度C=60°用于中心高h<500mm的车床；α=75°用于h=650～1000mm的车床；α=90°用于$h\geqslant$1250mm的车床。

二、中心孔的型式及适用范围

中心孔的型式及各部分尺寸，选择中心孔的参数据见表6-20。

表6-20中，D型中心孔的形状与B型中心孔相似，只是在120°保护锥以外又多了一段直径为D_1的圆柱面，以适应工件端面车削的需要。

此外，R型中心孔的形状与A型中心孔相似，只是将A型中心孔的α角圆锥改成圆弧面。这样与顶尖锥面的配合变成线接触，在装夹工件时，能自动纠正工件少量的位置误差。

表6-20　　中心孔型式与应用范围

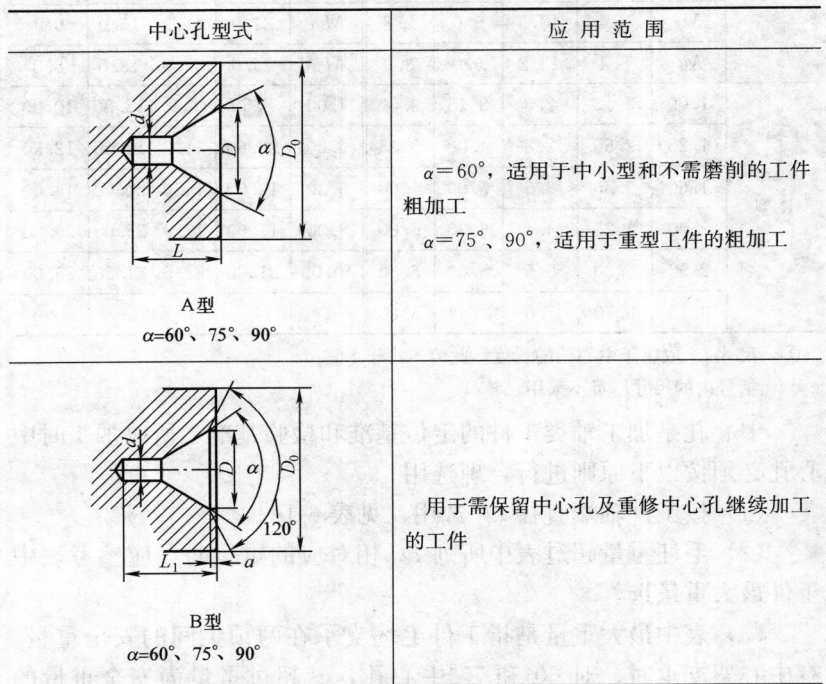

中心孔型式	应用范围
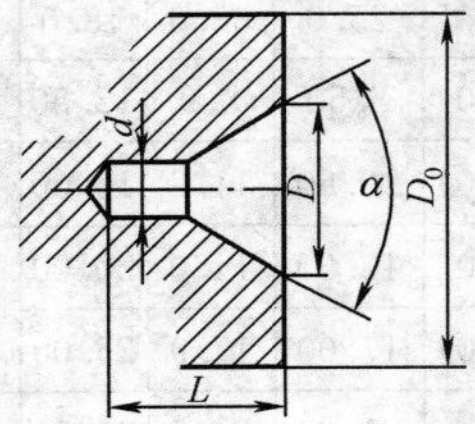 A型 α=60°、75°、90°	α=60°，适用于中小型和不需磨削的工件粗加工 α=75°、90°，适用于重型工件的粗加工
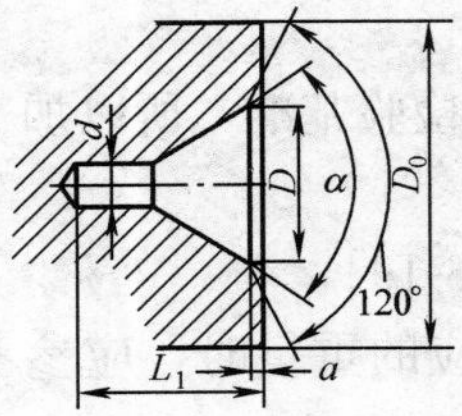 B型 α=60°、75°、90°	用于需保留中心孔及重修中心孔继续加工的工件

续表

中心孔型式	应用范围
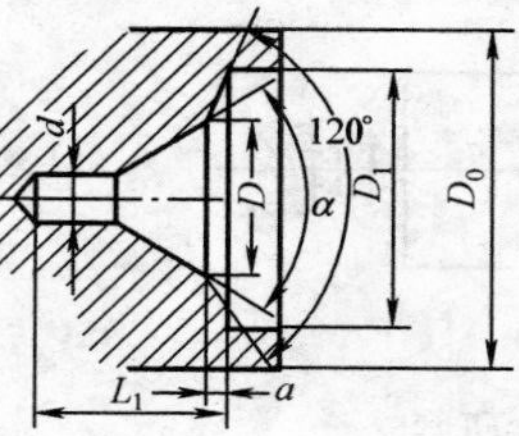 C型 α=60°	设计或工艺上的特殊需要，如吊挂、连接其他零件等
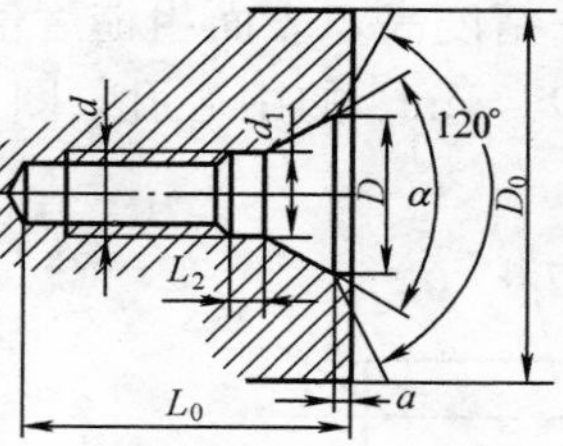 D型 α=60°、75°、90°	需要车端面的工件

三、精密中心孔的加工方法

有些用于精加工的轴类工件的中心孔，其精度要求较高，使用以前必须经过精密加工。如需磨削的轴类工件，其中心孔都应在磨削前进行研磨。

研磨是常见精密中心孔加工方法。中心孔的具体研磨方法如下。

1. 用铸铁顶尖研磨

如图 6-54 所示，可粗、精研和抛光（高精度中心孔）。粗研用 F100～F200 金刚砂，精研用 W10 或 W14 特殊氧化铝研磨剂，抛光用氧化铬。研磨剂用质量分数为 75%的全损耗系统用油和质量分数为 25%的煤油与研磨粉调制，研磨转速以（200～400）r/min

为宜。此法研磨精度高，适用于较长、较重的工件研磨，但效率低。

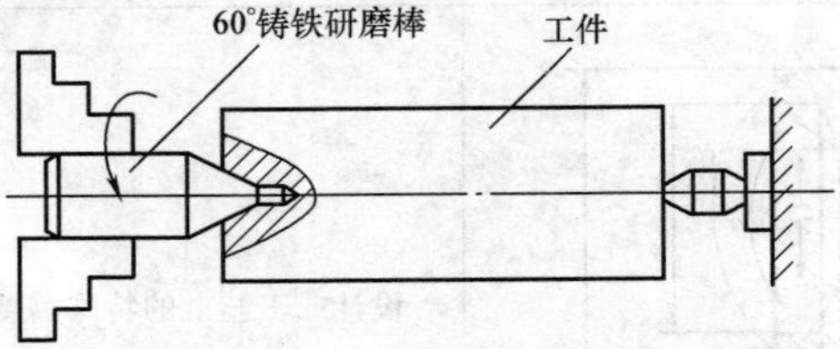

图 6-54　用铸铁顶尖研磨

2. 用硬质合金顶尖挤研

用 60°角硬质合金顶尖（图 6-55 所示）对工件进行高速挤研。挤研转速，对硬质材料为（200～400）r/min，软质材料为（800～1200）r/min，挤研时间为 2～5s。此法精度高，表面粗糙度值小，研具耐用。图 6-55（a）适用于研挤 $D \leqslant 5$mm 的中心孔，图 6-55（b）适用研挤 $D=5 \sim 10$mm 的中心孔。

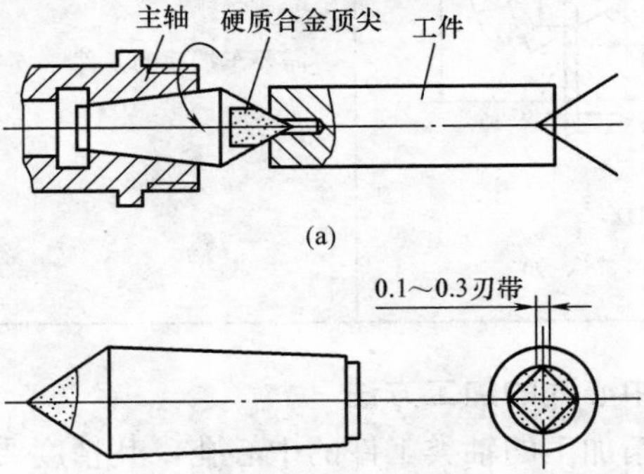

图 6-55　用硬质合金顶尖挤研

（a）圆锥顶尖；（b）四棱顶尖

3. 用金刚石顶尖研磨

用 60°角金刚石顶尖（图 6-56 所示）分粗、半精和精三次研磨，工艺参数见表 6-21。研磨时，也可以加煤油或碳酸钠或亚硝酸钠水溶液冷却，此方法的特点是精度高、效率也高。

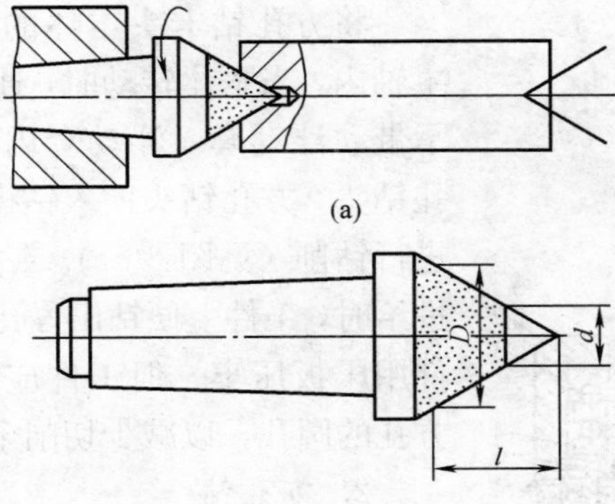

图 6-56 用金刚石顶尖研磨

（a）标准顶尖；（b）专用顶尖

表 6-21　　　　用金刚石顶尖研磨的工艺参数

类别	顶尖粒度	研磨余量 δ(mm)	表面粗糙度 Ra(μm)	转速 n(r/min)		时间 t(s)	
				工件（顶尖不动）	顶尖（工件不动）	顶尖不动	工件不动
粗研磨	60^t～120^t	0.08～0.15	0.8～0.4	100～300	150～500	15～5	12～2
半精研磨	100^t～180^t	0.05～0.10	0.4～0.2				
精研磨	150^t～W40	0.02～0.05	<0.2				

第六节 特殊孔的加工

一、方孔钻削

在普通钻床上采用方孔钻卡头、定位心轴三角形钻头、钻模套等三种工具，即可在铸铁、铸钢等脆性材料上钻削出精度不高的方孔（通孔或不通孔）。

1. 方孔钻卡头

钻方孔的关键是钻卡头，它必须同时达到下述三个要求。

（1）旋转并传递动力（一般 $n=30$r/min）。

（2）向下进给［一般 $f=(0.1～0.2)$mm/r］。

（3）方孔钻头在钻模内作规则的浮动。

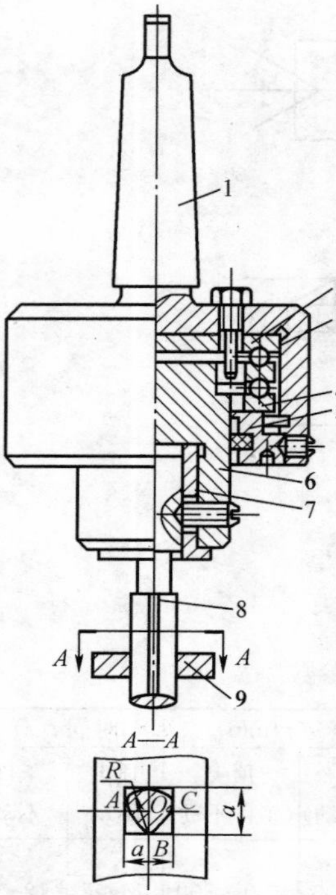

图 6-57　方形钻卡头

1—锥柄（本体）；2—上轴承座；3—钢球；4—下轴承座；5—锁紧螺母；6—浮动套；7—衬套；8—方孔钻头；9—靠模

将方孔钻卡头本体的锥柄装入钻床主轴内，当本体转动时，通过方形平面轴承带动浮动套。浮动套内装有衬套与方孔钻头，方孔钻头伸入钻模套内，对工件进行钻削（见图 6-57）。钻床主轴回转并进给时，工件上便钻出方孔。钻模套与工件用压板压牢。但工件应先钻一个小于方孔的圆孔，以减少切削余量。

2. 方孔钻

图 6-57*A*—*A* 剖面中，若方孔的边长为 *a*，以方孔边长 *a* 的中点 *B* 为圆心，*R*=*a* 为半径作圆弧，可得 *A*、*C* 两点 6 然后再以 *A*、*C* 为圆心，*R*=*a* 为半径作圆弧，交于 *B* 点；*A*、*B*、*C* 组成圆弧三角形，即为方孔钻头的横截面形状。将 *ABC* 圆弧三角形在 *a*×*a* 方孔中转动，则 *A*、*B*、*C* 三点形成的轨迹就是方孔的 *a*×*a* 四条边。此时圆弧三角形 *ABC* 的中心 *O* 在平面内作规则的浮动。如果将 *A*、*B*、*C* 三点做成锋利的刃口，则 *ABC* 圆弧三角形在转动时，就可切削成 *a*×*a* 的方孔(四角略有圆弧)。但实际制造方孔钻时，应使 *R* 约小于边长 *a*(约 0.2mm 左右)，使钻头在钻模内易于转动。在钻头中心钻出圆孔 *d*，便于磨刃口(见图 6-58)。

3. 钻模套

方孔钻头切削时，必须在钻模套中转动才能在工件上钻出方孔（图 6-57 中 *A*—*A* 截面）。钻模套材料为 20Cr，渗碳处理，硬度为 56HRC 左右。

二、空间斜孔加工

坐标镗床可用来加工空间斜孔。由于被加工孔的轴线与基面成空间角度，加工前的坐标换算比较繁琐，因此，搞清楚空间斜孔轴线在投影坐标系中的角度关系十分重要。

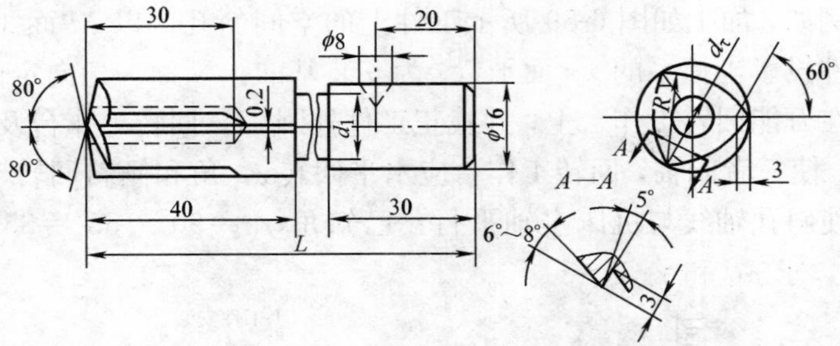

图 6-58 方孔钻

表 6-22 为空间斜孔角度换算的计算公式。只要知道任意两个角度，就可确定其他四个角度。

表 6-22 空间斜孔角度换算计算公式

序号	计算公式	角度关系图
1	$\tan\alpha_H \tan\beta_W \tan\gamma_V = 1$	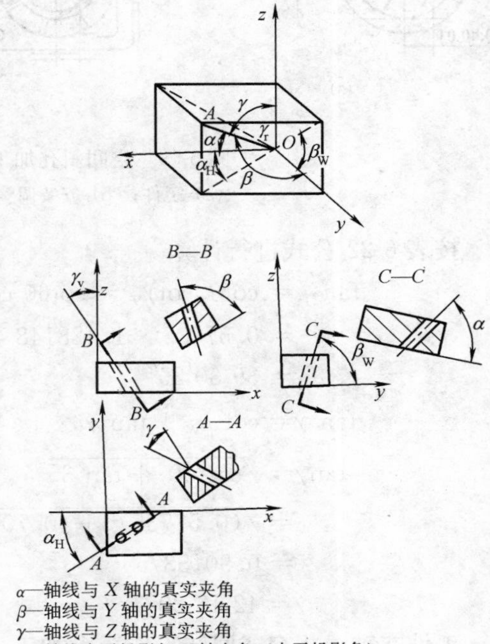
2	$\cos^2\alpha + \cos^2\beta + \cos^2\gamma = 1$	
3	$\tan^2\alpha = \cot^2\alpha_H + \tan^2\alpha_H$	
4	$\tan^2\beta = \cot^2\alpha_H + \tan^2\beta_W$	
5	$\tan^2\gamma = \cot^2\beta_W + \tan^2\gamma_V$	
6	$\tan\alpha_H = \tan\alpha\cos\beta_W$	
7	$\tan\beta_W = \tan\beta\cos\gamma_V$	
8	$\tan\gamma_V = \tan\gamma\cos\alpha_H$	
9	$\cot\alpha_H = \tan\beta\sin\gamma_V$	
10	$\cot\gamma_V = \tan\alpha\sin\beta_W$	
11	$\cot\beta_W = \tan\gamma\sin\alpha_H$	
12	$\cos\alpha = \cot\alpha_H\cos\beta$	
13	$\cos\alpha = \cos\alpha_H\sin\gamma$	
14	$\cos\alpha = \sin\gamma_V\sin\beta$	
15	$\cos\beta = \cot\beta_W\cos\gamma$	
16	$\cos\beta = \cos\beta_W\sin\alpha$	
17	$\cos\beta = \sin\alpha_H\sin\gamma$	α—轴线与 X 轴的真实夹角
18	$\cos\gamma = \cot\gamma_V\cos\alpha$	β—轴线与 Y 轴的真实夹角 γ—轴线与 Z 轴的真实夹角 α_H—轴线水平投影与 X 轴夹角（水平投影角）
19	$\cos\gamma = \cos\gamma_V\sin\beta$	γ_V—轴线正投影与 X 轴夹角（正投影角）
20	$\cos\gamma = \sin\beta_W\sin\alpha$	β_W—轴线侧投影与 Y 轴夹角（侧投影角）

例如，加工如图 6-59 所示工件上的空间斜孔。以 M 面（该面与工件投影坐标系的 xy 面平行）为安装基准，N 面为角向定位面，装夹在万能回转工作台上，并找正工件外圆 D。回转工作台及机床主轴，使三者同轴，回转工作台应水平回转 α_H 角和倾斜回转 γ 角，才能使斜孔轴线与机床主轴平行。已知角 $\gamma_V=90°-55°=35°$，$\beta_W=60°$，求 α_H 和 γ。

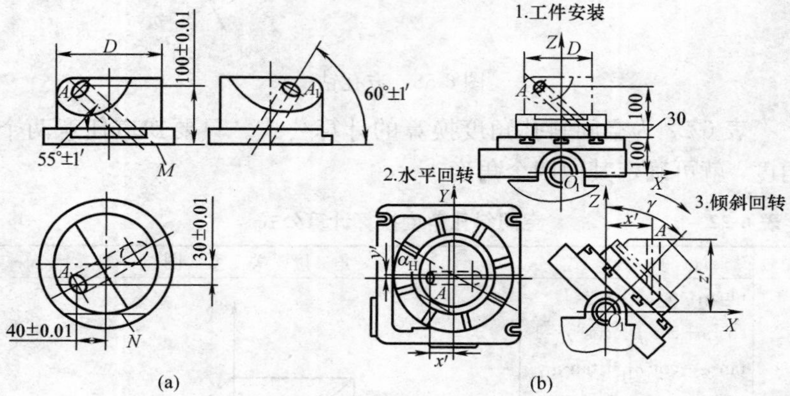

图 6-59　空间斜孔加工

（a）工件；（b）安装调整

按表 6-22 公式进行计算

$$\tan\alpha_H=\cot\beta_W\cot\gamma_V=\cot60°\cot35°$$

$$=0.57735\times1.428148=0.824541$$

$$\alpha_H=39°30'25''$$

$$\tan^2\gamma=\cot^2\beta_W+\tan^2\gamma_V$$

$$\tan\gamma=\sqrt{\cot^2 60°+\tan^2 35°}$$

$$=\sqrt{(0.57735)^2+(0.700208)^2}$$

$$=0.9075375$$

$$\gamma=42°13'30''$$

工件在轴线相交式回转工作台上加工，轴线相交的 O_1 点为加工坐标测量原点，利用回转工作台参数计算加工坐标。回转前，斜

孔轴线上的 A 点原始坐标为 $x=-40\text{mm}$，$y=-30\text{mm}$，$z=230\text{mm}$。

回转工作台回转 $\alpha_H=39°30'25''$后，A 点相对于 O_1 点的坐标为

$$\begin{aligned} x' &= x\cos\alpha_H + y\sin\alpha_H \\ &= (-40)\cos39°30'25'' + (-30)\sin39°30'25'' \\ &= (-40)\times0.771547 + (-30)\times0.636172 \\ &= (-30.862) + (-19.085) \\ &= -49.947(\text{mm}) \end{aligned}$$

$$\begin{aligned} y' &= y\cos\alpha_H - x\sin\alpha_H \\ &= (-30)\cos39°30'25'' - (-40)\sin39°30'25'' \\ &= -(30)\times0.771547 - (-40)\times0.636172 \\ &= (-23.146) - (-25.447) \\ &= 2.301(\text{mm}) \end{aligned}$$

$$z = z' = 230\text{mm}$$

回转工作台倾斜回转 $\gamma=42°13'30''$后，A 点相对于 O_1 点的坐标为

$$\begin{aligned} x'' &= x'\cos\gamma + z'\sin\gamma \\ &= (-49.947)\times\cos42°13'30'' + 230\times\sin42°13'30'' \\ &= (-49.947)\times0.740511 + 230\times0.672044 \\ &= 117.585(\text{mm}) \end{aligned}$$

$$y'' = y' = 2.301\text{mm}$$

加工时，机床工作台移动 $x''=117.585\text{mm}$，主轴箱（或滑板）移动 $y''=2.301\text{mm}$，机床主轴轴线与待加工孔轴线重合，即可进行加工。

应当指出：当工艺基准与设计基准不一致时，工件上所标注的角度在加工过程中不能直接应用，应按表 6-22 的公式进行换算。若以工件图的投影坐标系为准，以 xy 面为安装基准，回转工作台回转角度为 α_H，倾斜角为 γ；以 xz 面为安装基准面，回转工作台回转角度 γ_V，倾斜角为 β；以 yz 面为安装基准面，回转工作台回转角为 β_W，倾斜角为 α。

空间斜孔加工时的找正方法见表 6-23。

表 6-23　　空间斜孔加工时的找正方法

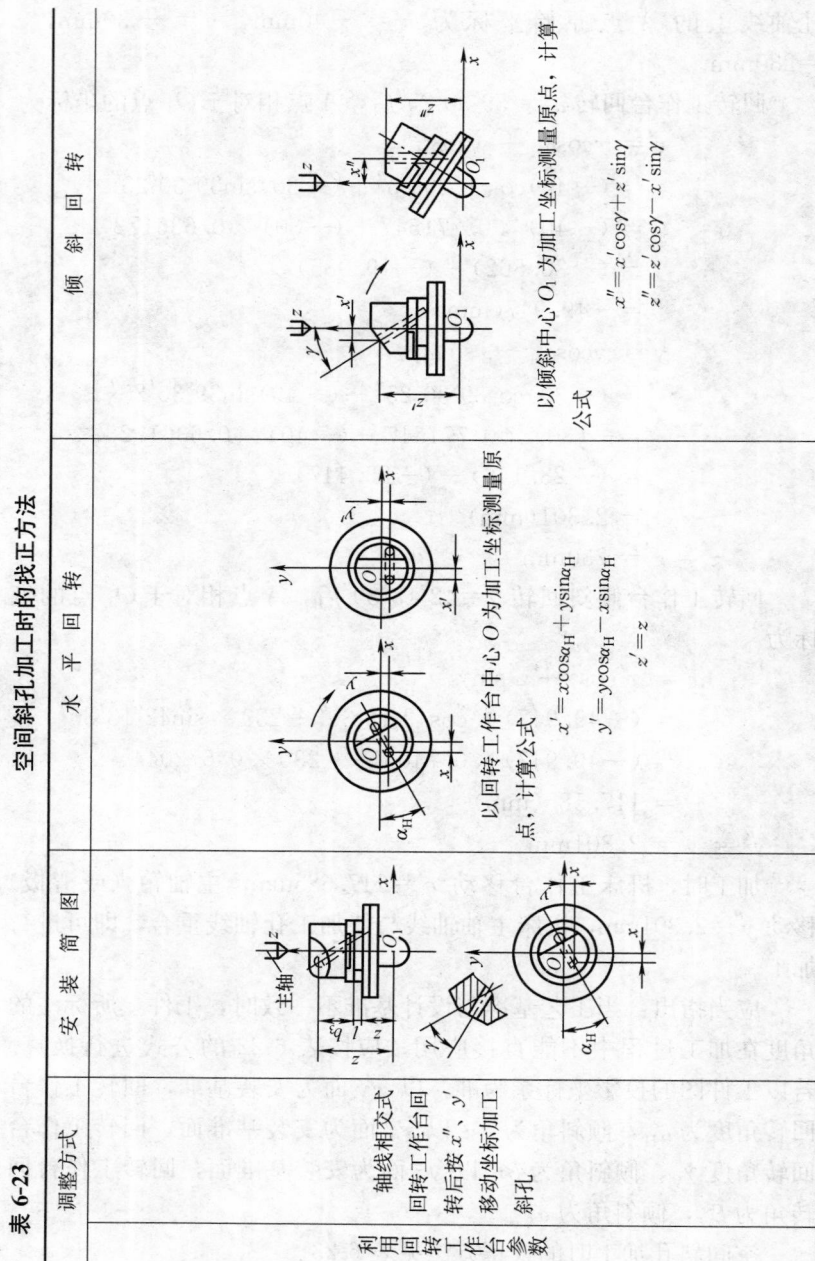

调整方式		安装简图	水平回转	倾斜回转
利用回转工作台参数	轴线相交式回转工作台回转后按 x''、y' 移动坐标加工斜孔	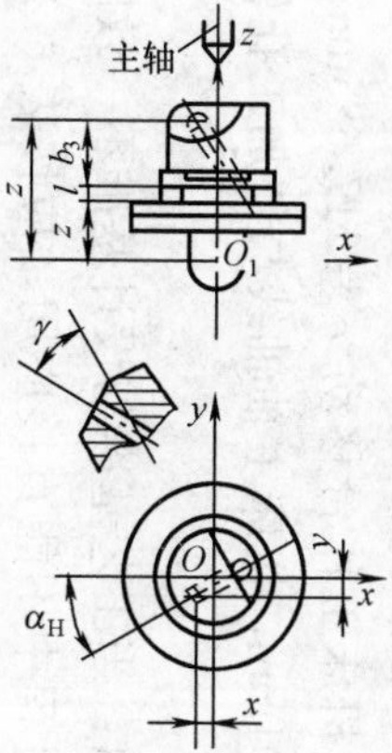	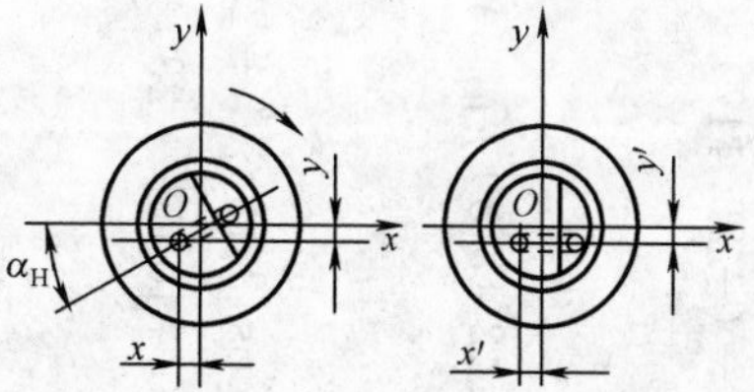以回转工作台中心 O 为加工坐标测量原点，计算公式 $x'=x\cos\alpha_H+y\sin\alpha_H$ $y'=y\cos\alpha_H-x\sin\alpha_H$ $z'=z$	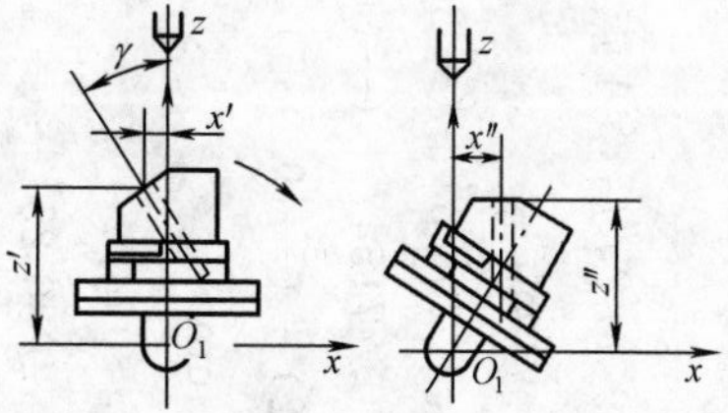以倾斜中心 O_1 为加工坐标测量原点，计算公式 $x''=x'\cos\gamma+z'\sin\gamma$ $z''=z'\cos\gamma-x'\sin\gamma$

续表

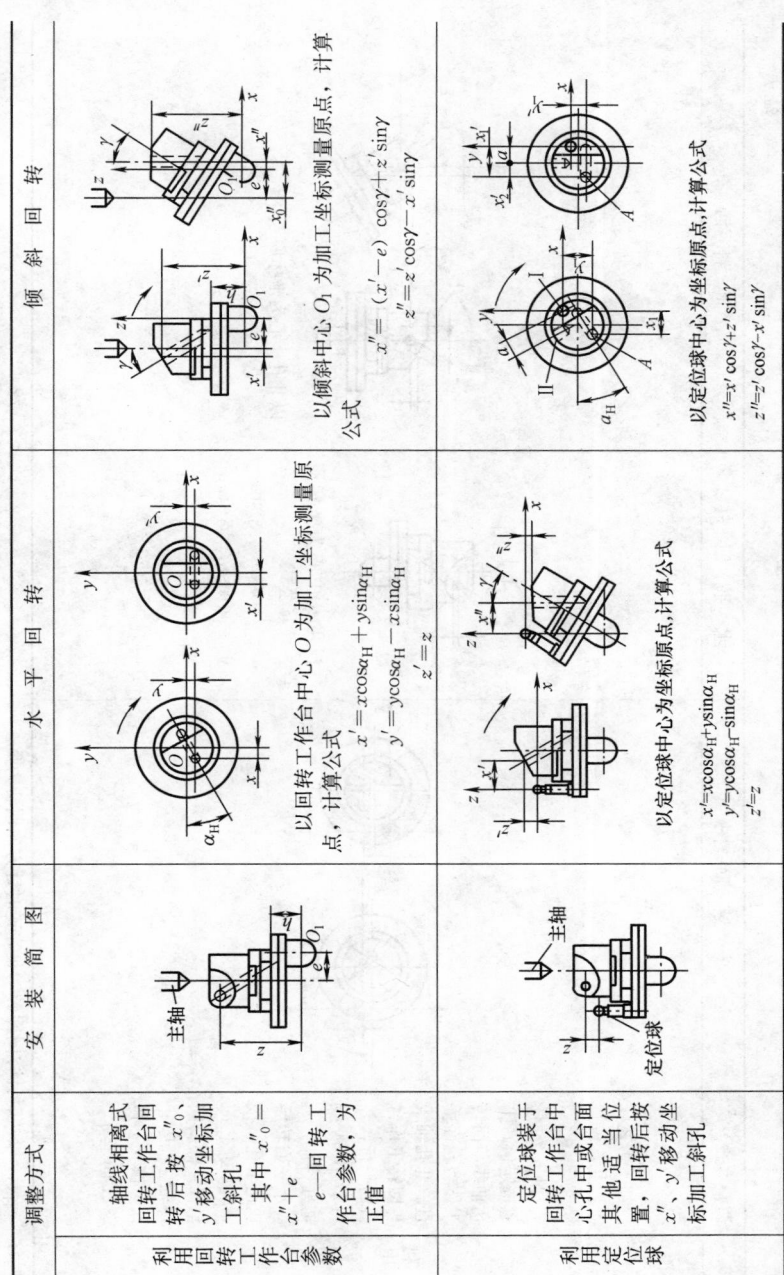

调整方式		安装简图	水平回转	倾斜回转
利用回转工作台参数	轴线相离式回转工作台回转后按 x''_0、y' 移动坐标加工斜孔 其中 $x''_0=x''+e$ e—回转工作台参数，为正值	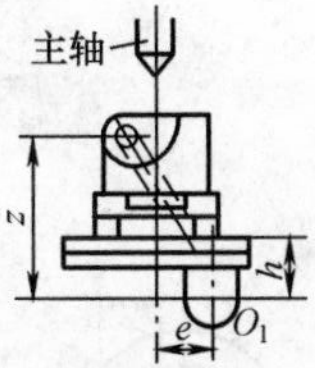	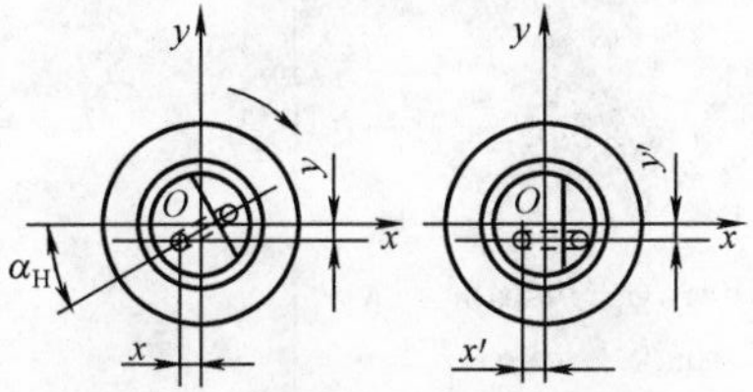 以回转工作台中心 O 为加工坐标测量原点，计算公式 $x'=x\cos\alpha_H+y\sin\alpha_H$ $y'=y\cos\alpha_H-x\sin\alpha_H$ $z'=z$	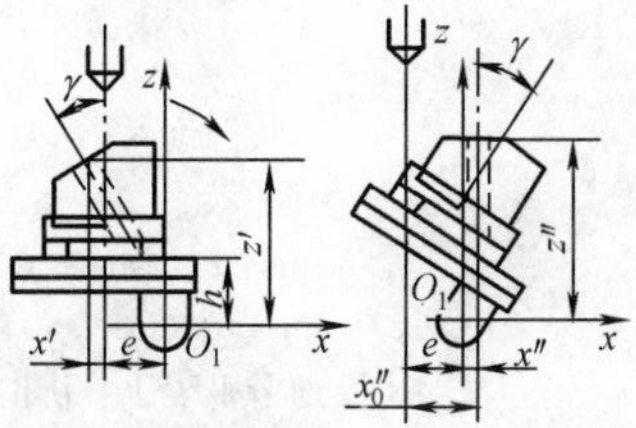 以倾斜中心 O_1 为加工坐标测量原点，计算公式 $x''=(x'-e)\cos\gamma+z'\sin\gamma$ $z''=z'\cos\gamma-x'\sin\gamma$
利用定位球	定位球装于回转工作台中心孔中或台面其他适当位置，回转后按 x''、y' 移动坐标加工斜孔	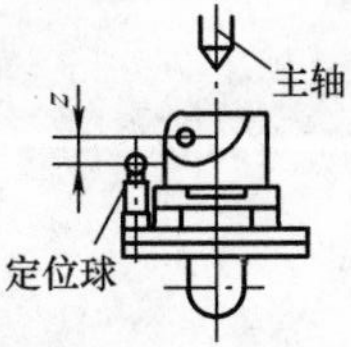	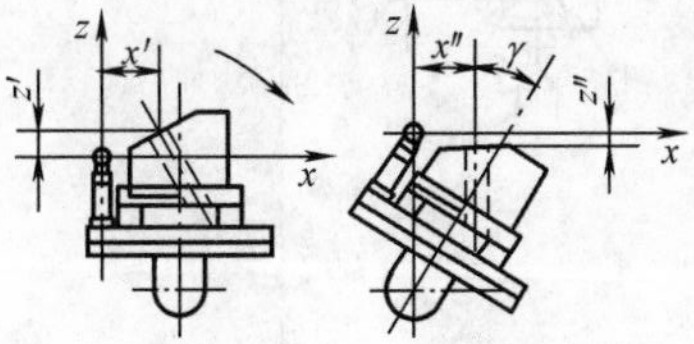 以定位球中心为坐标原点,计算公式 $x'=x\cos\alpha_H+y\sin\alpha_H$ $y'=y\cos\alpha_H-\sin\alpha_H$ $z'=z$	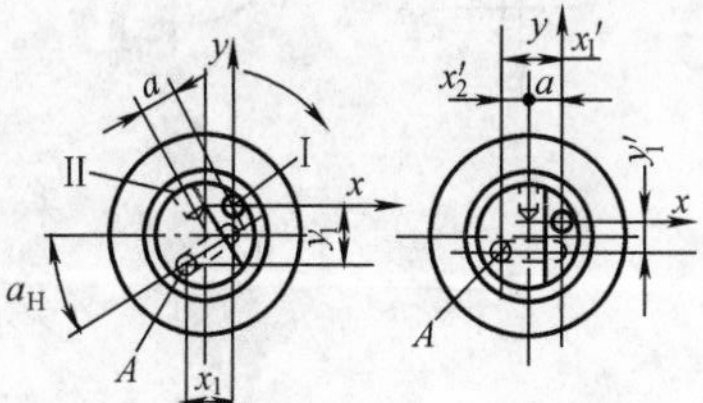 以定位球中心为坐标原点,计算公式 $x''=x'\cos\gamma+z'\sin\gamma$ $z''=z'\cos\gamma-x'\sin\gamma$

续表

调整方式		安装简图	水平回转	倾斜回转
利用工艺孔	加工工艺孔Ⅰ、Ⅱ，位置尺寸 x_1、y_1、z_2 和 a 为任意选定值。Ⅰ孔轴线与回转工作台台面垂直。Ⅱ孔轴线与回转工作台台面平行，并与斜孔轴线垂直 水平回转后找正Ⅰ孔，按 y'_1 移动 Y 向坐标。倾斜回转后找正Ⅱ孔，按 x''_2 移动 X 向坐标	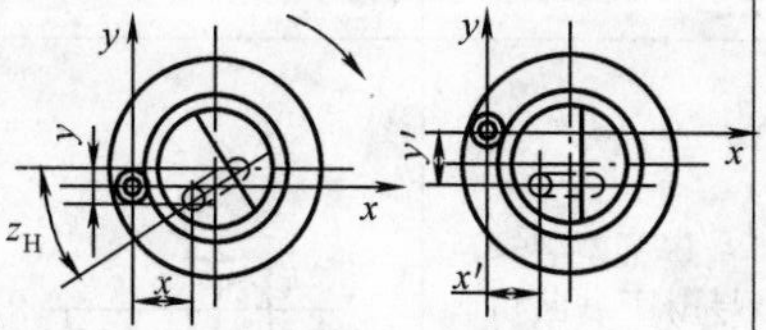	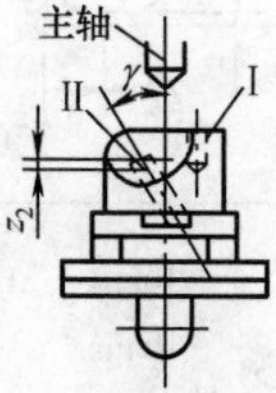 以Ⅰ孔中心为坐标原点，计算公式 $x'=x_1\cos\alpha_H+y_1\sin\alpha_H$ $y'_1=y_1\cos\alpha_H-x_1\sin\alpha_H$ $x'_2=x'_1-\alpha$	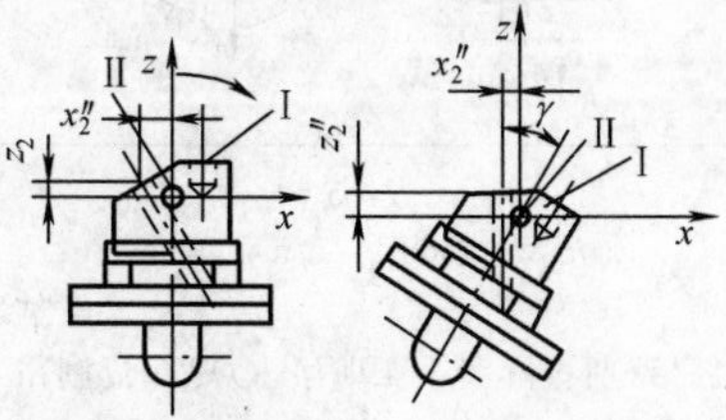 以Ⅱ孔中心为坐标原点，计算公式 $x'_2=x'_2\cos\gamma+z_2\sin\gamma$ $z''_2=z_2\cos\gamma-x'_2\sin\gamma$

注　α_H、γ 以顺时针方向回转为正，逆时针方向回转为负。

三、间断孔、花键孔珩磨

1. 间断孔珩磨

对于各种缸体、箱体及阀体等零件的同轴等径或台阶孔，采用珩磨比用研磨经济且质量高。间断孔珩磨方法如图 6-60 所示。

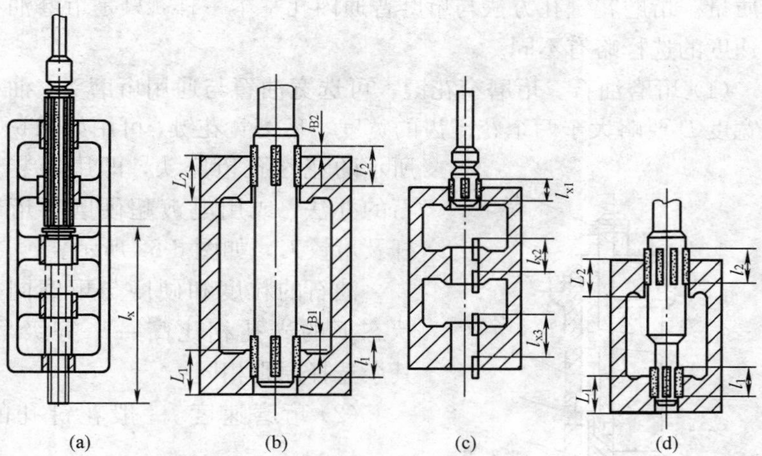

图 6-60 间断孔珩磨方法

(a) 短距孔；(b) 长距孔；(c) 不等长孔；(d) 阶梯孔

(1) 短距孔珩磨。可采用长油石珩磨，如图 6-60 (a) 所示。常用于内燃机气缸体的曲轴孔加工。由于珩磨头在一次行程内经过所有的孔，所以油石磨损均匀，并能使各孔获得较好的同轴度。但珩磨头必须导向好，珩磨头的长度应保证油石有三个孔的跨距长度，在上下换向端有两个孔的跨距长度留在孔内，以便校正珩磨头的偏摆。由于油石与孔接触是间断的，有利于提高油石的自锐性。珩磨头的往复速度不宜选得太高。

(2) 长距孔珩磨［见图 6-60 (b)］。不宜采用长油石，宜根据其孔长选择相应的油石长度 l_1 与 l_2，同时分别珩磨。但珩磨头上的油石必须硬度相同，修磨到尺寸一致，以便上下孔同时珩磨到尺寸。

这种珩磨工艺同样可应用于同轴的阶梯孔［见图 6-60 (d)］。只是珩磨头油石尺寸不同。

(3) 不等长孔珩磨［图 6-60 (c)］。若不宜采用长油石，可采用短油石分别珩磨，也可保证其同轴度和圆柱度要求。

2. 花键孔珩磨

花键孔的最终光整加工若采用珩磨，可显著提高磨削效率和产品质量。珩磨花键孔方法与珩磨普通内孔基本一样，只是珩磨油石与速度的选择略有不同。

(1) 珩磨油石。珩磨窄花键，可选宽油石与通用珩磨头，油石的宽度 B 要略大于两个花键齿的宽度。珩磨宽花键，可用如图 6-61 所示的花键孔珩磨头，即用斜装油石的办法，或用电镀超硬磨料珩磨杆及珩铰刀，如图 6-62 所示。

油石的粒度和硬度与珩磨同等状态下的光孔相比高一个等级号，其余选择原则相同。

(2) 珩磨速度。一般花键孔的

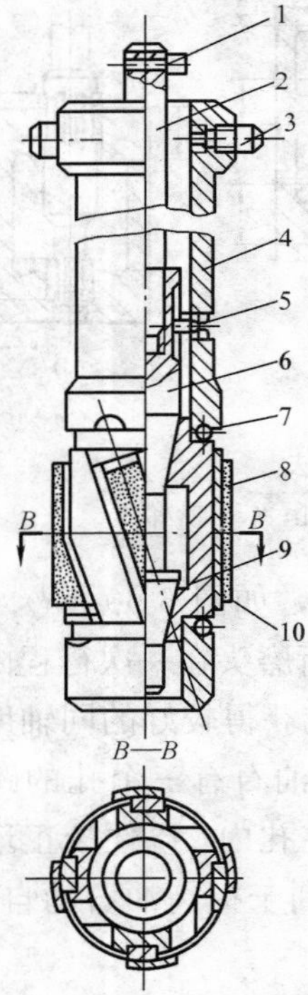

图 6-61　花键孔珩磨头

1—销子；2—推杆；3—销钉；4—磨头本体；5—镗销；6—胀锥；7—弹簧圈；8—垫块；9—油石座；10—油石

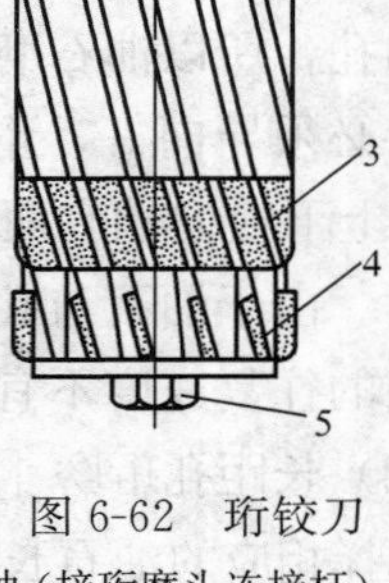

图 6-62　珩铰刀

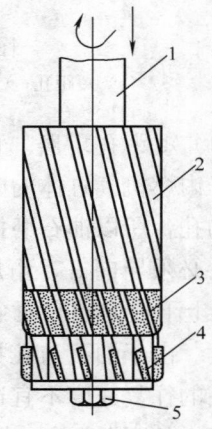

1—心轴(接珩磨头连接杆)；2—导向柱；3—珩铰刀；4—硬质合金铰刀；5—紧固联接螺钉

精加工都在淬火处理后，珩磨速度要根据工件孔的实际硬度确定。虽然花键孔可以改善油石的自锐性，珩磨速度 v_t 可以偏高选用，但若花键孔是淬硬件，珩磨速度仍要以保证满足需要的珩磨效率为准，即不宜过高，否则油石会在内孔“打滑”。珩磨网纹交叉角 θ 保持在 30°左右。

四、螺孔的挤压加工

挤压丝锥挤压螺孔，在国外已成为一种成熟的工艺，国内近年来也有不少工厂在推广使用。挤压丝锥主要应用于延伸性较好的材料，特别是强度、精度较高、粗糙度较细而螺纹直径较小（M6 以下)的螺纹精加工。

挤压丝锥挤压螺纹的主要特点如下。

（1）加工螺纹精度高，可达到 4H 级精度。

（2）加工螺纹表面粗糙度值可达 $Ra(0.63\sim0.32)\mu m$。

（3）丝锥寿命高，特别是 M6 以下的丝锥，能承受较大的转矩而不宜折断。

（4）挤压螺纹速度也比普通丝锥攻螺纹高。

挤压丝锥的结构日趋完善，使用范围不断在扩大。其常用种类及使用范围见表 6-24。

表 6-24　　挤压丝锥的种类及使用范围

序号	种　类	简　图	使用范围
1	三棱边挤压丝锥	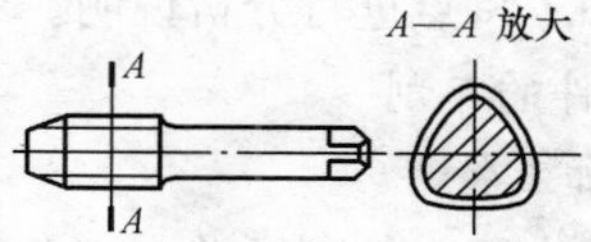	适用于 M6 以下的挤压丝锥
2	四棱边挤压丝锥	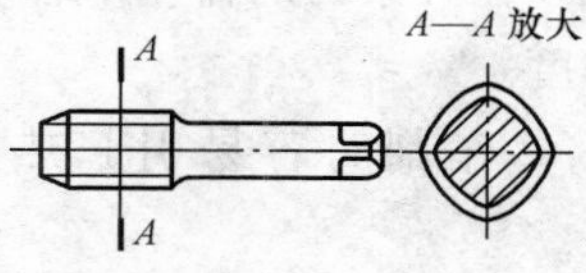	多用于 M6 左右的挤压丝锥

续表

序号	种　类	简　图	使用范围
3	六棱边挤压丝锥	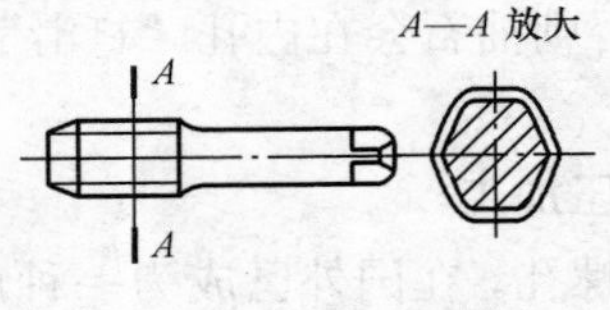	适用于M6以上的挤压丝锥
4	八棱边挤压丝锥	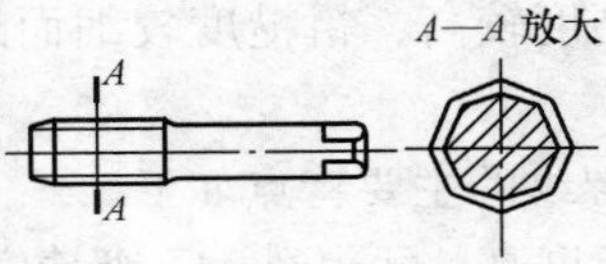	

五、薄壁孔工件加工

随着机械加工技术水平的提高，薄壁工件已在各工业部门得到日益广泛的应用。

薄壁孔工件加工应解决的关键技术是变形问题。而工件产生变形的原因来自切削力、夹紧力、切削热、定位误差和弹性变形等方面。其中影响变形最大的因素是夹紧力和切削力。

薄壁孔工件根据批量大小和精度不同可分别采用车削、镗孔、磨削、研磨、滚压加工等方法加工。在此仅以薄壁孔工件的车削、磨加工为例，对其加工特点进行分析说明。

（一）薄壁孔工件的车削

1. 薄壁工件的加工特点

车薄壁工件时，由于工件刚度差，在车削过程中，可能产生以下现象。

（1）因工件壁薄，在夹紧力的作用下容易产生变形，影响工件的尺寸精度和形状精度。

（2）因工件较薄，车削时容易引起热变形，工件尺寸不易控制。

（3）在切削力（特别是径向切削力）的作用下，容易产生振动和变形。影响工件的尺寸精度、形位精度和表面粗糙度。

2. 防止和减少薄壁工件变形的方法

针对车薄壁工件可能产生的问题，防止和减少薄壁工件变形，一般可采取下列方法。

（1）工件分粗、精车，可以消除粗车时因切削力过大而引起的变形。

（2）车刀保持锋利并充分浇注切削液。

（3）增加装夹接触面，将局部夹紧力机构改为均匀夹紧力机构，可采用开缝套筒［见图 6-63（a）］和特制的大面扇形软卡爪［见图 6-66（b）］，有机玻璃心轴或液性塑料定心夹具，将夹紧力均匀分布在工件上，以减小变形。

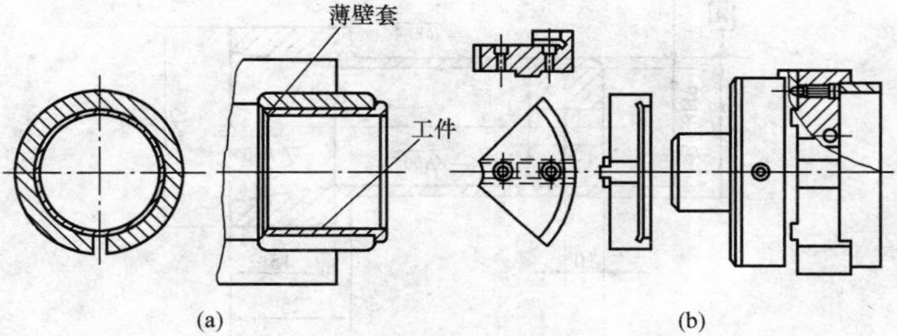

图 6-63 增加接夹接触面减少工件变形

（a）开缝套筒；（b）特制的软卡爪

（4）改变夹紧力的方向和作用点，薄壁孔工件应将径向夹紧方法改为轴向夹紧方法，采用如图 6-64 所示夹具装夹，用螺母端面来压紧工件，使夹紧力沿工件轴向分布，并可增加工件刚度，防止夹紧变形。

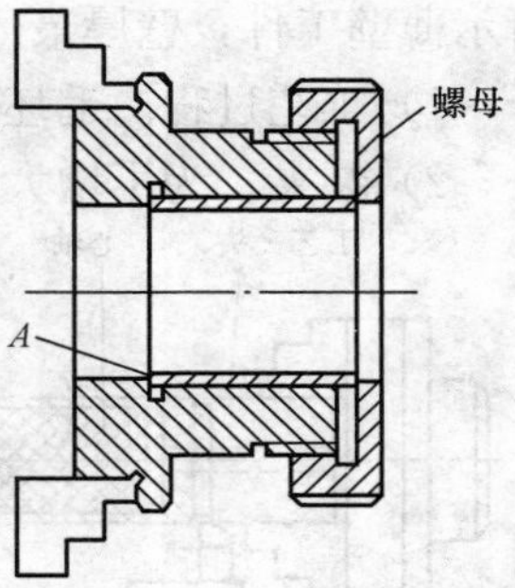

图 6-64 薄壁套的装夹方法

（5）增加工艺肋（见图 6-65 所示），使夹紧力作用在肋上，以减少工件变形。

3. 薄壁孔加工实例

（1）普通薄壁工件加工。如图 6-66

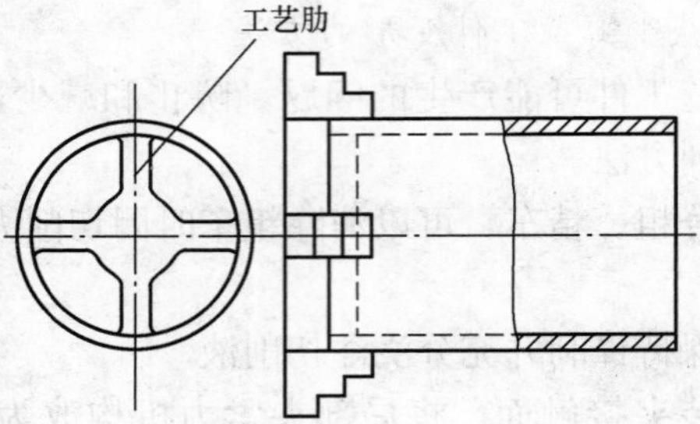

图 6-65　增加工艺肋减少工件变形

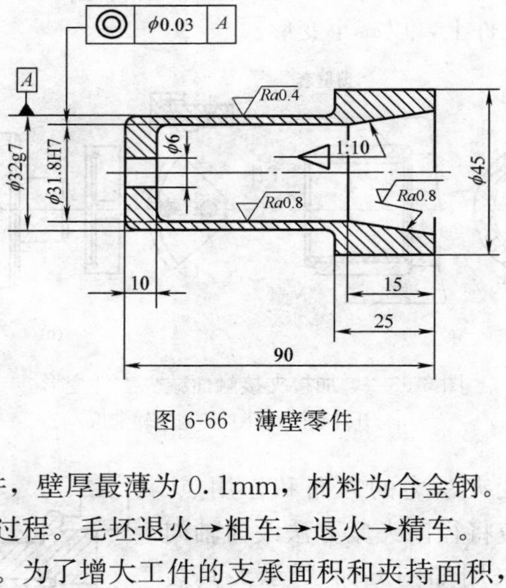

图 6-66　薄壁零件

所示薄壁工件，壁厚最薄为 0.1mm，材料为合金钢。

1）工艺过程。毛坯退火→粗车→退火→精车。

2）装夹。为了增大工件的支承面积和夹持面积，在工件一端留出工艺夹头，工件孔与有机玻璃心轴相配合（见图 6-67），使之受力均匀，防止变形。

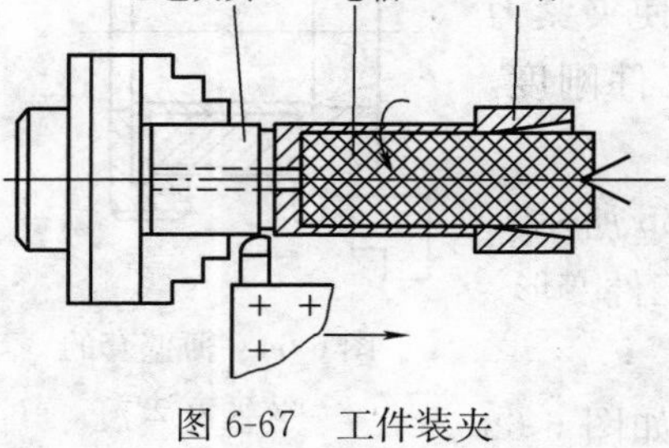

图 6-67　工件装夹

3）刀具。利用 W18Cr4V 左偏刀，几何角度为 $\gamma_0=15°$，$\alpha_0=10°$，$K_r=90°$，λ_s

$=0^{\circ}$，$K_r' = 8^{\circ}$，刀尖圆弧半径 $r_{\varepsilon} = 0.1\text{mm}$，表面粗糙度值 $< Ra0.2\mu\text{m}$。

4）车削用量。以减小车削力和车削热为原则，尽可能采用较小的背吃刀量、进给量，并进行高速切削。故取 $a_p = 0.03\text{mm}$，$f=0.06\text{mm/r}$，v 为（25～30）r/min。

5）车削要点。有如下 5 个方面。

a. 粗车时，各外圆及端面均留余量 1.2～2mm，钻出 ϕ6mm 孔，留 35mm 左右的工艺夹头；

b. 精车时，各外圆和端面均留 0.5～0.8mm 余量，内孔车到尺寸；

c. 心轴与孔配合间隙为 0.005mm，表面粗糙度不大于 $Ra0.4\mu\text{m}$，清洗干净，心轴涂机械油后推入工件孔中，精车外圆；

d. 精车完后进行表面抛光；

e. 全部加工过程要用 10%乳化液充分冷却润滑。

（2）大型薄壁件的加工。大型薄壁件加工的特点是工件尺寸大、壁薄、刚度差，装夹时容易产生变形，切削过程产生振动及热变形。故加工时应采取如下措施。

1）选择适当的夹紧方法，减少夹紧变形。粗加工时，可采用十字支撑夹紧（图 6-68），增加夹紧力。筒形薄壁件加工内、外圆时，可采用轴向压紧装夹（图 6-69）。当工件较高时，加工会产生振动，可增加辅助支撑装夹（图 6-70）。加工大型薄铜套时，最好增加工艺肋或工艺夹头装夹（图 6-71）。

2）粗、精加工要分工序进行。工件在粗加工之后，经自然时

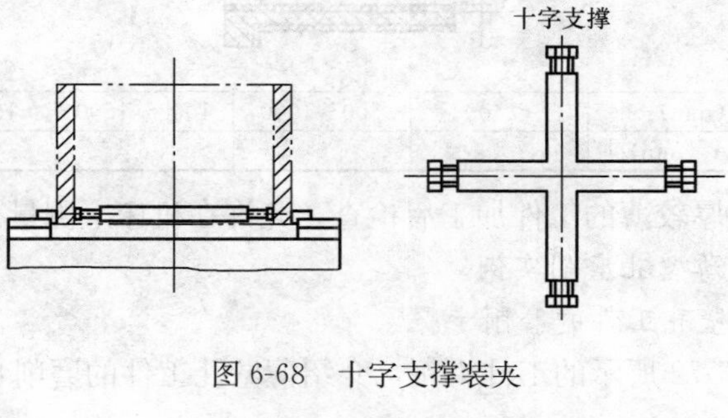

图 6-68　十字支撑装夹

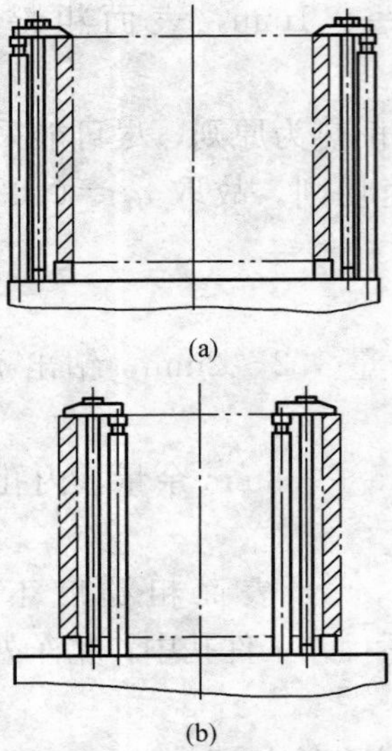

图 6-69 轴向压紧装夹

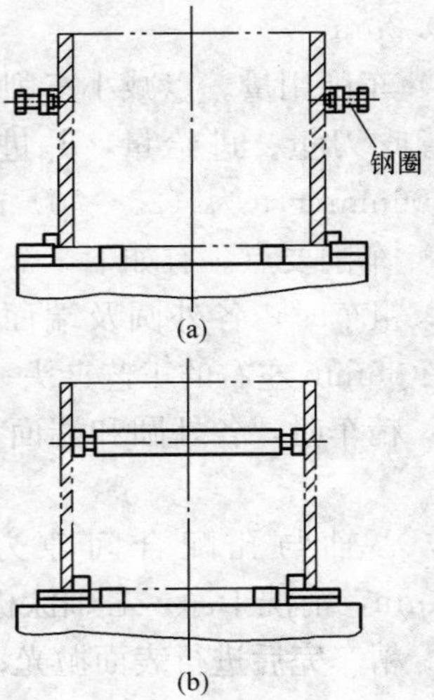

图 6-70 辅助支撑装夹

（a）外支撑；（b）内支撑

效，消除粗加工时的残余内应力。粗车后留精车余量，见表 6-25。

表 6-25 薄壁件精车余量

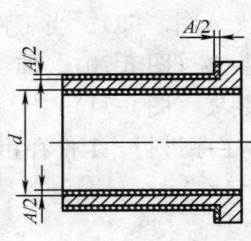

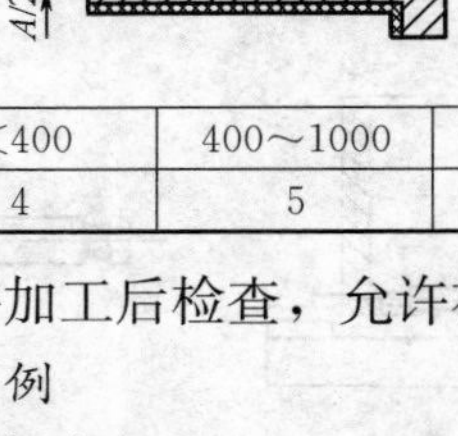

孔径 d（mm）	＜400	400～1000	1000～1500	1500～2000
直径余量 A（mm）	4	5	6	8

3）壁厚较薄的工件加工后检查，允许在机床上测量。

（二）薄壁孔磨削实例

1. 薄壁孔工件的磨削步骤

以图 6-72 所示的工件为例，介绍薄壁孔工件的磨削步骤如下。

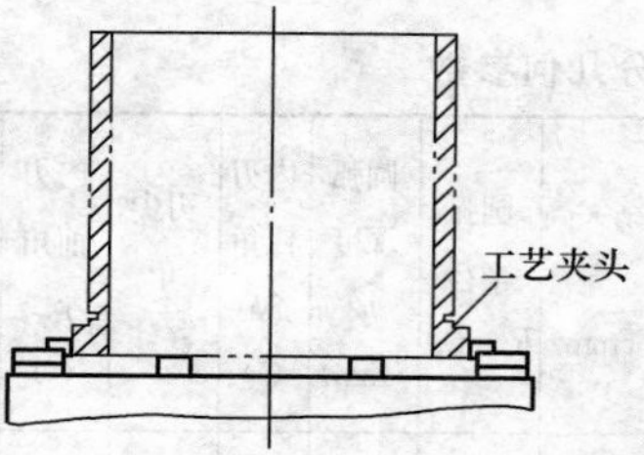

图 6-71　工艺夹头装夹

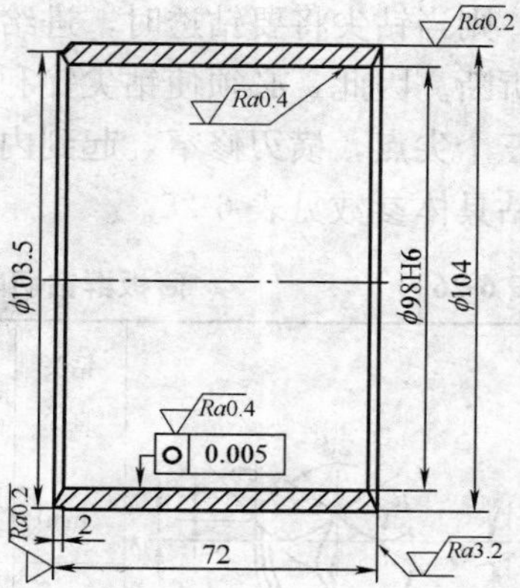

图 6-72　薄壁套

(1) 热处理，消除应力。

(2) 平磨两端面，控制平行度误差<0.02mm。

(3) 粗磨 ϕ98H6 孔。

(4) 粗磨 ϕ104mm 外圆。

(5) 平磨二端面，控制平行度误差<0.01mm。

(6) 研磨 ϕ103.5 端面，控制平行度误差<0.003mm。

(7) 精磨如 ϕ98H6 至尺寸。

(8) 精磨 ϕ104mm 外圆至尺寸。

2. 防止工件变形措施

防止和减少工件变形，是薄壁套磨削加工的关键，主要采取以下措施。

(1) 粗磨前后，对零件进行消除应力的处理，以消除热处理、磨削力和磨削热引起的应力变形。

(2) 工艺上考虑粗、精磨分开，减少磨削背吃刀量和磨削力。

(3) 改进夹紧方式，减小变形。采用图 6-46 所示夹具装夹磨内孔，且 A 面经过研修，平面度很高，故工件变形很小。

六、薄板孔加工

薄板件刚度差、易变形，钻孔时容易引起切削振动，使孔不圆和产生毛刺。由于一般钻床有轴向窜动，如采用普通麻花钻钻薄板，则当钻尖将要钻透时，进给量、切削力突然加大，最容易使钻头折断。因此，必须使钻尖锋利，将月牙圆弧加大，外刃磨尖，形成三个尖点，横刃修窄，起到内刃定中心、外刃切圈的作用。薄板群钻具体参数见表 6-26。

表 6-26　　薄板群钻切削部分几何参数

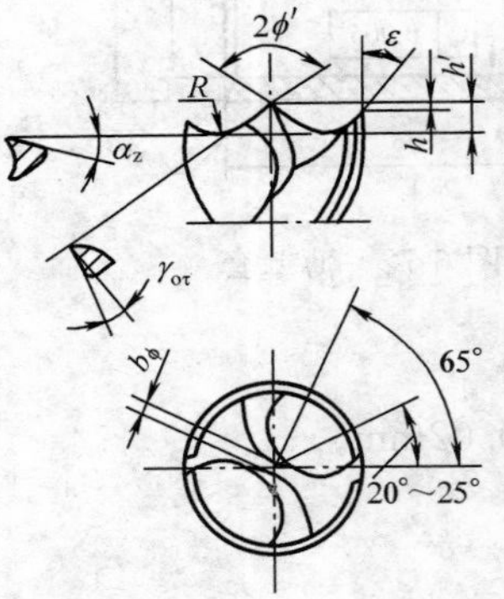

钻头直径 d (mm)	横刃长 b_ψ (mm)	钻尖高 h (mm)	圆弧半径 R(mm)	圆弧深度 h' (mm)	内刃锋角 $2\phi'$ (°)	刃尖角 ε(°)	内刃前角 $\gamma_{o\tau}$ (°)	圆弧后角 α_R(°)
5~7	0.15	0.5	用单圆弧连接	>(δ+1)	110	40	−10	15
>7~10	0.2							
>10~15	0.3							
>15~20	0.4	1	用双圆弧连接					12
>20~25	0.48							
>25~30	0.55							
>30~35	0.65	1.5						
>35~40	0.75							

注　1. δ是指料厚。

2. 参数按直径范围的中间值来定，允许偏差为±Δ/2。

薄板孔的加工，根据孔径尺寸不同和精度要求不同，还可采用冲孔模实行冲裁加工。冲裁模加工不仅能冲单孔，还能冲多孔。如印制板冲孔模，能冲制复铜铂环氧板孔径 ϕ1.3mm，板厚 1.5mm 的小孔。对金属材料板件冲裁加工，可根据精度要求不同采用普通冲孔模和精孔冲模加工。

精度要求很高的薄板孔工件，由于装夹时容易产生变形，磨削加工或珩磨加工内孔时可采用多件叠装如图 6-53 所示夹具装夹加工，但要求薄板上下两面平整、平行，外形规则，这样不仅增加工件装夹时的刚度，而且保证同一批工件有较高的尺寸精度和形位精度，并可提高加工效率。

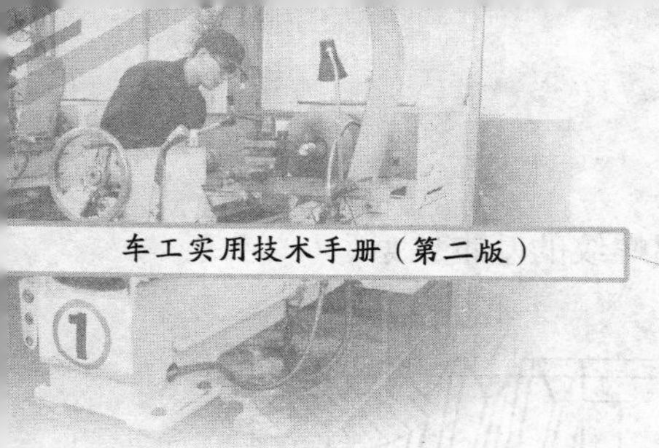

第七章

螺 纹 车 削 加 工

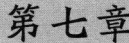

螺纹的加工方法有很多种，在专业生产中多采用滚压螺纹、轧螺纹和搓螺纹等一系列的先进加工工艺；而在一般的机械加工中，通常采用车螺纹的方法。

第一节　螺纹的分类及计算

一、螺纹的分类

螺纹按用途可分为紧固螺纹、管螺纹和传动螺纹；按牙型可分为三角形螺纹、矩形螺纹、圆形螺纹、梯形螺纹和锯齿形螺纹；按螺旋线方向可分为右旋螺纹和左旋螺纹；按螺旋线线数可分为单线螺纹和多线螺纹；按母体形状可分为圆柱螺纹和圆锥螺纹等。螺纹分类如图 7-1 所示。

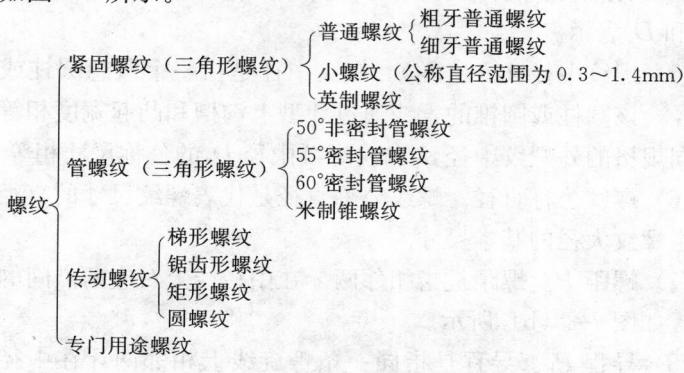

- 螺纹
  - 紧固螺纹（三角形螺纹）
    - 普通螺纹
      - 粗牙普通螺纹
      - 细牙普通螺纹
    - 小螺纹（公称直径范围为 0.3～1.4mm）
    - 英制螺纹
  - 管螺纹（三角形螺纹）
    - 50°非密封管螺纹
    - 55°密封管螺纹
    - 60°密封管螺纹
    - 米制锥螺纹
  - 传动螺纹
    - 梯形螺纹
    - 锯齿形螺纹
    - 矩形螺纹
    - 圆螺纹
  - 专门用途螺纹

图 7-1　螺纹分类

二、螺纹的基本要素

螺纹牙型是在通过螺纹轴线剖面上的螺纹轮廓形状。下面以普通螺纹的牙型为例（见图 7-2），介绍螺纹的基本要素。

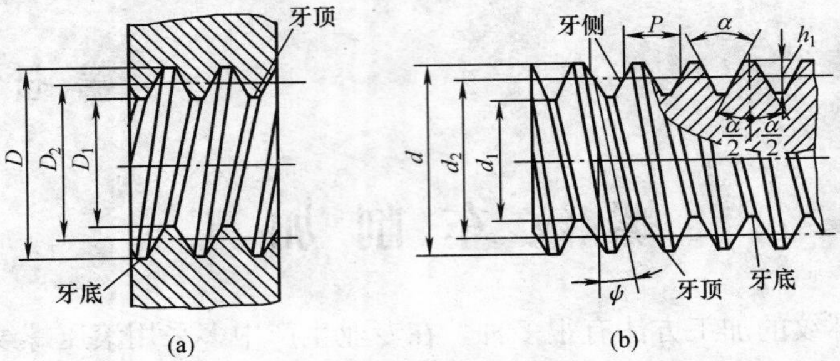

图 7-2　普通螺纹的基本要素

（a）内螺纹；（b）外螺纹

（1）牙型角 α。牙型角是在螺纹牙型上，相邻两牙侧间的夹角。

（2）牙型高度 h_1。牙型高度是在螺纹牙型上，牙顶到牙底在垂直于螺纹轴线方向上的距离。

（3）螺纹大径（d、D）。螺纹大径是指与外螺纹牙顶或内螺纹牙底相切的假想圆柱或圆锥的直径。外螺纹和内螺纹的大径分别用 d 和 D 表示。

（4）螺纹小径（d_1、D_1）。螺纹小径是指与外螺纹牙底或内螺纹牙顶相切的假想圆柱或圆锥的直径。外螺纹和内螺纹的小径分别用 d_1 和 D_1 表示。

（5）螺纹中径（d_2、D_2）。螺纹中径是指一个假想圆柱或圆锥的直径，该圆柱或圆锥的素线通过牙型上沟槽和凸起宽度相等的地方。同规格的外螺纹中径 d_2 和内螺纹中径 D_2 的公称尺寸相等。

（6）螺纹公称直径。螺纹公称直径是代表螺纹尺寸的直径，一般是指螺纹大径的基本尺寸。

（7）螺距 P。螺距是指相邻两牙在中径线上对应两点间的轴向距离，如图 7-2（b）所示。

（8）导程 P_h。导程是指同一条螺旋线上相邻两牙在中径线上对应两点间的轴向距离。

导程可按下式计算。

$$P_h = nP$$

式中　P_h——导程，mm；

　　　n——线数；

　　　P——螺距，mm。

（9）螺纹升角 ψ。在中径圆柱或中径圆锥上，螺旋线的切线与垂直于螺纹轴线的平面的夹角称为螺纹升角（图 7-3）。

螺纹升角可按下式计算。

$$\tan\psi=\frac{P_h}{\pi d_2}=\frac{nP}{\pi d_2}$$

式中　ψ——螺纹升角，(°)；

　　　P——螺距，mm；

　　　d_2——中径，mm；

　　　n——线数；

　　　P_h——导程，mm。

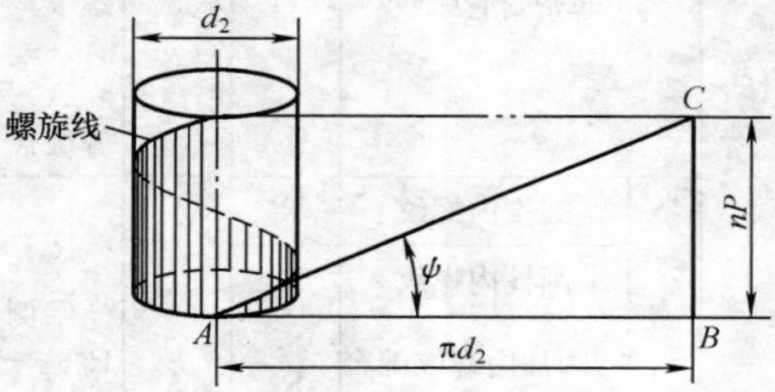

图 7-3　螺纹升角

三、螺纹的标记

常用螺纹的标记见表 7-1。

表 7-1　　螺纹的标记

螺纹种类		特征代号	牙型角	标记实例	标记方法
普通螺纹	粗牙	M	60°	M16LH—6g—L 示例说明： M——粗牙普通螺纹 16——公称直径 LH——左旋 6g——中径和顶径公差带代号 L——长旋合长度	（1）粗牙普通螺纹不标螺距 （2）右旋不标旋向代号 （3）旋合长度有长旋合长度 L、中等旋合长度 N 和短旋合长度 S，中等旋合长度不标注 （4）螺纹公差带代号中，前者为中径公差带代号，后者为顶径公差带代号，两者相同时则只标一个
	细牙	M	60°	M16×1—6H7H 示例说明： M——细牙普通螺纹 16——公称直径 1——螺距 6H——中径公差带代号 7H——顶径公差带代号	

续表

<table>
<tr><th colspan="3">螺纹种类</th><th>特征代号</th><th>牙型角</th><th>标记实例</th><th>标记方法</th></tr>
<tr><td rowspan="8">管螺纹</td><td colspan="2">55°非密封管螺纹</td><td>G</td><td>55°</td><td>G1A
示例说明:
G——55°非密封管螺纹
1——尺寸代号
A——外螺纹公差等级代号</td><td rowspan="7">尺寸代号:在向米制转化时,已为人熟悉的、原代表螺纹公称直径(单位为英寸)的简单数字被保留下来,没有换算成毫米,不再称作公称直径,也不是螺纹本身的任何直径尺寸,只是无单位的代号
右旋不标旋向代号</td></tr>
<tr><td rowspan="4">55°密封管螺纹</td><td>圆锥内螺纹</td><td>R_c</td><td rowspan="4">55°</td><td rowspan="4">$R_c1\frac{1}{2}$—LH
示例说明:
R_c——圆锥内螺纹,属于55°密封管螺纹
$1\frac{1}{2}$——尺寸代号
LH——左旋</td></tr>
<tr><td>圆柱内螺纹</td><td>R_p</td></tr>
<tr><td>与圆柱内螺纹配合的圆锥外螺纹</td><td>R_1</td></tr>
<tr><td>与圆锥内螺纹配合的圆锥外螺纹</td><td>R_2</td></tr>
<tr><td rowspan="2">60°密封管螺纹</td><td>圆锥管螺纹(内外)</td><td>NPT</td><td>60°</td><td>NPT3/4—LH
示例说明:
NPT——圆锥管螺纹,属于60°密封管螺纹
3/4——尺寸代号
LH——左旋</td></tr>
<tr><td>与圆锥外螺纹配合的圆柱内螺纹</td><td>NPSC</td><td>60°</td><td>NPSC3/4
示例说明:
NPSC——与圆锥外螺纹配合的圆柱内螺纹,属于60°密封管螺纹
3/4——尺寸代号</td></tr>
<tr><td colspan="2">米制锥螺纹(管螺纹)</td><td>ZM</td><td>60°</td><td>ZM14—S
示例说明:
ZM——米制锥螺纹
14——基面上螺纹公称直径
S——短基距(标准基距可省略)</td><td>右旋不标旋向代号</td></tr>
</table>

续表

螺纹种类	特征代号	牙型角	标记实例	标记方法
梯形螺纹	T_r	30°	$T_r36\times12(P6)—7H$ 示例说明： T_r——梯形螺纹 36——公称直径 12——导程 P6——螺距为 6mm 7H——中径公差带代号 右旋，双线，中等旋合长度	(1) 单线螺纹只标螺距，多线螺纹应同时标导程和螺距 (2) 右旋不标旋向代号 (3) 旋合长度只有长旋合长度和中等旋合长度两种，中等旋合长度不标 (4) 只标中径公差带代号
锯齿形螺纹	B	33°	B40×7—7A 示例说明： B——锯齿形螺纹 40——公称直径 7——螺距 7A——公差带代号	
矩形螺纹		0°	矩形 40×8 示例说明： 40——公称直径 8——螺距	

四、螺纹的计算

(一) 三角形螺纹的计算

普通螺纹、英制螺纹和管螺纹的牙型都是三角形，所以统称为三角形螺纹。

1. 普通螺纹的牙型和计算

普通螺纹的牙型如图 7-4 所示。其计算公式见表 7-2。

表 7-2　普通螺纹的计算

基本参数	代号		计算公式
	外螺纹	内螺纹	
牙型角	α		$\alpha=60°$
螺纹大径(公称直径)(mm)	d	D	$d=D$
螺纹中径(mm)	d_2	D_2	$d_2=D_2=d-0.6495P$
牙型高度(mm)	h_1		$h_1=0.5413P$
螺纹小径(mm)	d_1	D_1	$d_1=D_1=d-1.0825P$

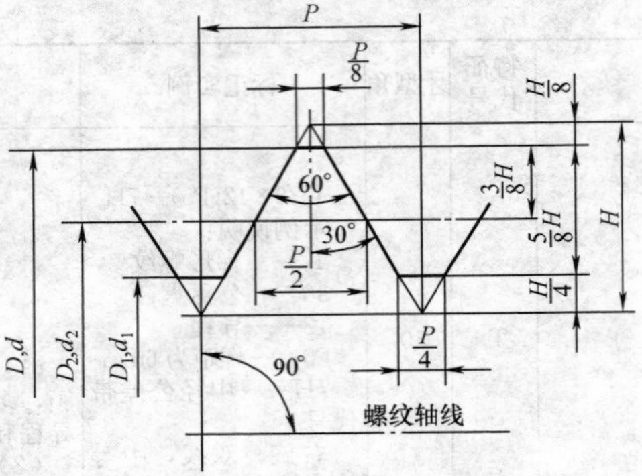

图 7-4　普通螺纹牙型

2. 英制螺纹

英制螺纹在我国设计新产品时不使用，只有在某些进口设备中和维修旧设备时应用。英制螺纹的牙型如图 7-5 所示，为 55°，公称直径是指内螺纹的大径，用 in 表示。螺距 P 以 1in 中的牙数 n 表示，如 1in 中有 12 牙，则螺距为（1/12）in。英制螺纹螺距与米制螺距的换算如下。

$$P=\frac{1\text{in}}{n}=\frac{25.4}{n}\quad \text{mm}$$

英制螺纹 1in 内的牙数及各基本要素的尺寸可从有关手册中查出。

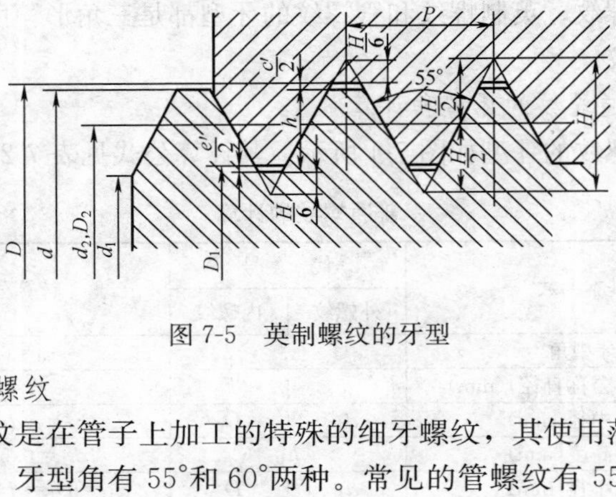

图 7-5　英制螺纹的牙型

3. 管螺纹

管螺纹是在管子上加工的特殊的细牙螺纹，其使用范围仅次于普通螺纹，牙型角有 55°和 60°两种。常见的管螺纹有 55°非密封管螺纹、55°密封管螺纹、60°密封管螺纹、米制锥螺纹四种，其中55°非密封管螺纹用得较多。管螺纹的牙型和应用见表 7-3。

虽然米制锥螺纹在性能上一点也不比其他管螺纹差，但是由于继承性的关系，米制锥螺纹的使用还不普遍。

表 7-3　　　　管螺纹的牙型和应用

管螺纹	管螺纹的牙型	牙型角	锥度及适应的压力	用　途
55°非密封管螺纹（GB/T 7307—2001）	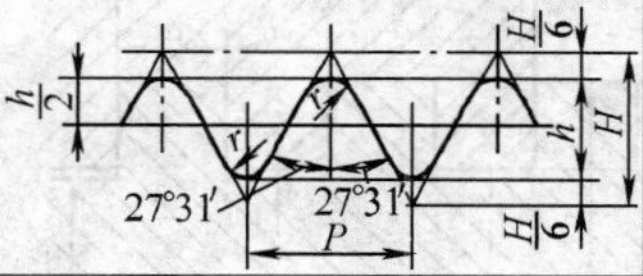	55°	无锥度，适应较低的压力	适用于管接头、旋塞、阀门及其附件
55°密封管螺纹（GB/T 7306.1～7306.2—2000）	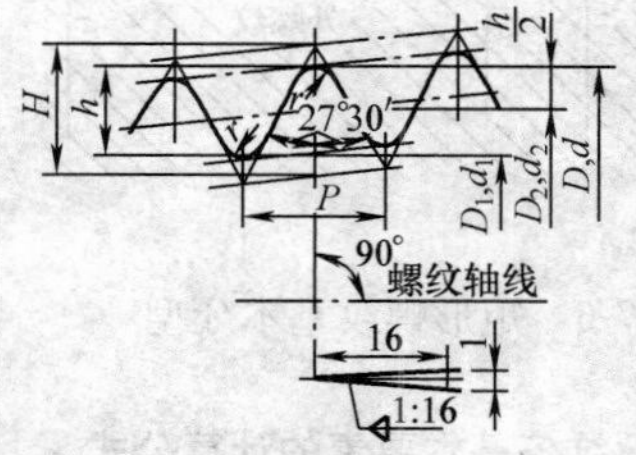	55°	1∶16的锥度可以使管螺纹连接时越旋越紧，适应较高的压力	适用于管子管接头、旋塞、阀门及附件
60°密封管螺纹（GB/T 12716—2002）	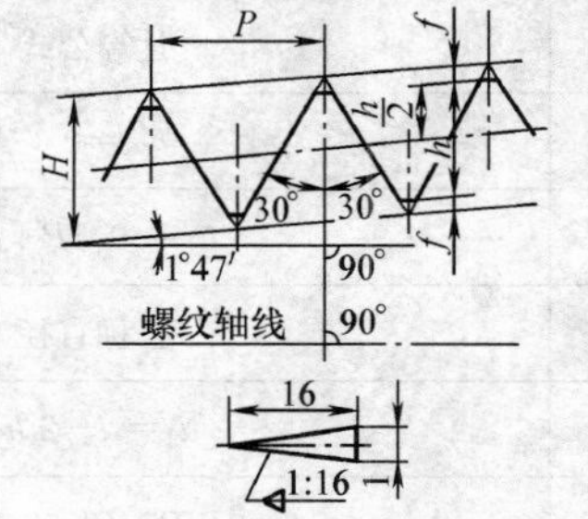	60°		适用于机床上的油管、水管、气管的连接
米制锥螺纹（GB/T 1415—1992）	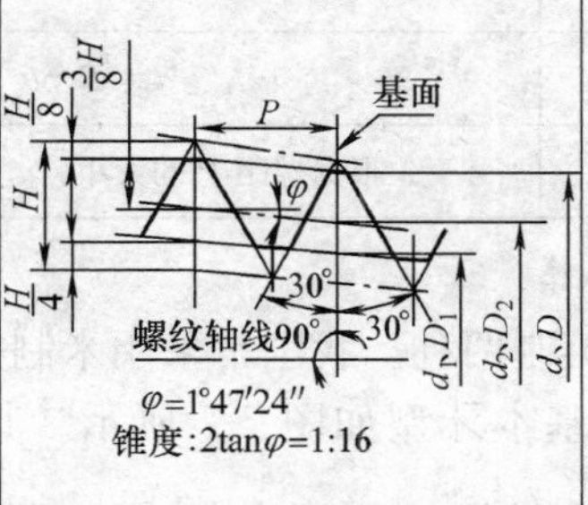	60°		适用于气体或液体管路系统依靠螺纹密封的连接螺纹（水、煤气管道用螺纹除外）

(二) 矩形螺纹的计算

矩形螺纹也称方牙螺纹，是一种非标准螺纹。在零件图上的标记为“矩形公称直径×螺距”，如：矩形 40×6。矩形螺纹的牙型如图 7-6 所示，其基本要素的计算公式见表 7-4。

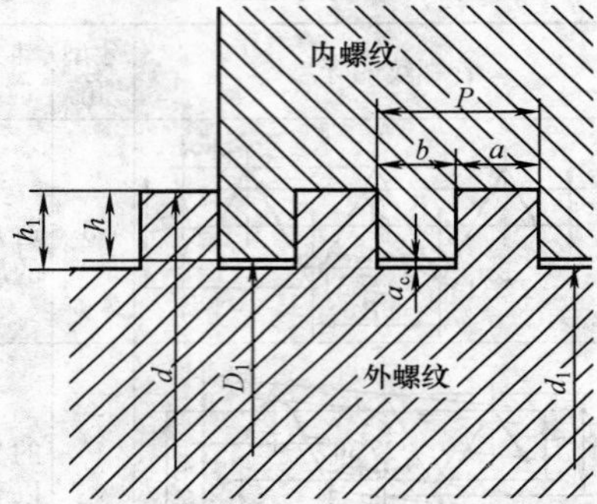

图 7-6 矩形螺纹基本牙型

表 7-4 矩形螺纹各基本要素的计算公式

基本参数	符号	计算公式
牙型角	α	$\alpha=0°$
牙型高度	h_1	$h_1=0.5P+a_c$
外螺纹大径	d	公称直径
外螺纹小径	d_1	$d_1=d-2h_1$
外螺纹槽宽	b	$b=0.5P+(0.02\sim0.04)$
外螺纹牙宽	a	$a=P-b$
牙顶间隙	a_c	根据螺距 P 的大小：$a_c=0.1\sim0.2$

(三) 梯形螺纹的计算

梯形螺纹分米制和英制两种。我国常采用米制梯形螺纹（牙型角为 30°），梯形螺纹的基本牙型如图 7-7 所示。其基本要素的名称、代号及计算公式见表 7-5。

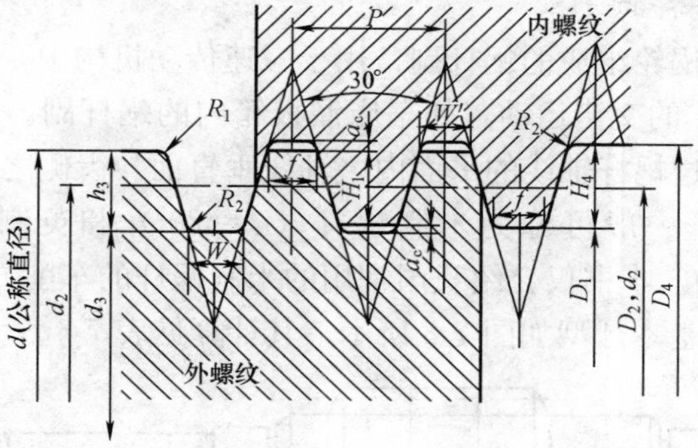

图 7-7 梯形螺纹基本牙型

表 7-5 梯形螺纹的计算

名称		代号	计算公式			
牙型角		α	$\alpha=30°$			
螺距		P	由螺纹标准确定			
牙顶间隙		a_c	P	1.5～5	6～12	14～44
			a_c	0.25	0.5	1
外螺纹	大径	d	公称直径			
	中径	d_2	$d_2=d-0.5P$			
	小径	d_3	$d_3=d-2h_3$			
	牙高	h_3	$h_3=0.5P+a_c$			
内螺纹	大径	D_4	$D_4=d+2a_c$			
	中径	D_2	$D_2=d_2$			
	小径	D_1	$D_1=d-P$			
	牙高	H_4	$H_4=h_3$			
牙顶宽		f、f'	f、$f'=0.366P$			
牙槽底宽		W、W'	$W=W'=0.336P-0.536a_c$			

（四）锯齿形螺纹的尺寸计算

锯齿形螺纹的牙型角为 33°。锯齿形螺纹能承受较大的单向力，通常用于起重和压力设备中。锯齿形螺纹基本要素的尺寸及计算公式可查阅有关资料。

（五）蜗杆的计算

蜗杆和蜗轮组成的蜗杆副常用于减速传动机构中，以传递两轴在空间成90°的交错运动，如车床溜板箱内的蜗杆副。蜗杆的齿形角 α 是在通过蜗杆轴线的平面内，轴线垂直面与齿侧之间的夹角见表7-6。蜗杆一般可分为米制蜗杆（$\alpha=20°$）和英制蜗杆（$\alpha=14.5°$）两种。本书仅介绍我国常用的米制蜗杆的车削方法。

蜗杆的基本牙型如图7-8所示，其计算见表7-6。

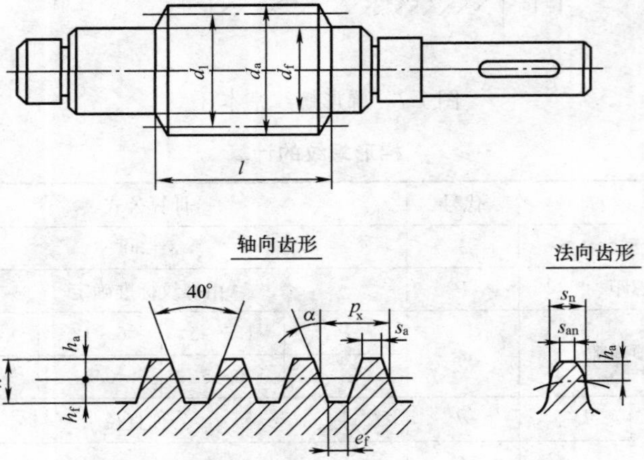

图7-8　蜗杆的基本牙型

表7-6　　蜗杆的计算

名称	计算公式	名称		计算公式
轴向模数 m_x	（基本参数）	齿根圆直径 d_f		$d_f=d_1-2.4m_x$ $d_f=d_a-4.4m_x$
头数 z_1	（基本参数）			
分度圆直径 d_1	（基本参数）	导程角 γ		$\tan\gamma=\frac{P_z}{\pi d_1}$
齿形角 α	$\alpha=20°$	齿顶宽 s_a	轴向 s_a	$s_a=0.843\ m_x$
轴向齿距 p_x	$P_x=\pi m_x$		法向 s_{an}	$s_{an}=0.843m_x\cos\gamma$
导程 P_z	$P_z=z_1p_x=z_1\pi m_x$	齿根槽宽 e_f	轴向 e_f	$e_f=0.697m_x$
齿顶高 h_a	$h_a=m_x$		法向 e_{fn}	$e_{fn}=0.697m_x\cos\gamma$
齿顶根 h_f	$h_f=1.2m_x$	齿厚 s	轴向 s_x	$s_x=\frac{p_x}{2}=\frac{\pi m_x}{2}$
全齿高 h	$h=2.2m_x$			
齿顶圆直径 d_a	$d_a=d_1+2m_x$		法向 s_n	$s_n=\frac{p_x}{2}\cos\gamma=\frac{\pi m_x}{2}\cos\gamma$

第二节 螺 纹 车 刀

螺纹车刀因螺纹的种类而有很多种。不同的螺纹车刀对应于不同螺纹的车削加工。

一、三角形螺纹车刀

三角形螺纹车刀有内、外之分，其刀尖角 ε_r 有 60°和 55°两种。60°的螺纹车刀适应于普通螺纹、60°密封管螺纹和米制锥螺纹的车削加工；55°的螺纹车刀适应于英制螺纹、55°非密封性管螺纹和 55°密封管螺纹的车削加工。

下面以刀尖角 ε_r＝60°的三角形螺纹车刀为例进行介绍。

（一）三角形外螺纹车刀

1. 高速钢三角形外螺纹车刀

其形状如图 7-9 所示。为了车削顺利，粗车刀应选用较大的背前角（γ_p＝15°）。为了获得较正确的牙型，精车刀应选用较小的背前角（γ_p＝6°～10°）。

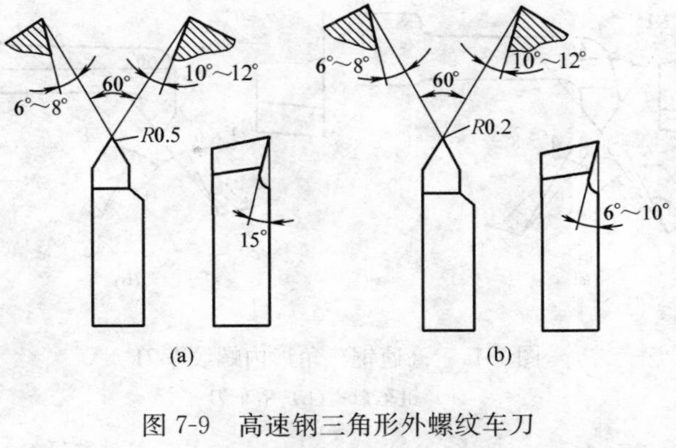

图 7-9 高速钢三角形外螺纹车刀

（a）粗车刀；（b）精车刀

2. 硬质合金三角形外螺纹车刀

其几何形状如图 7-10 所示，在车削较大螺距（P＞2mm）以及材料硬度较高的螺纹时，在车刀两侧切削刃上磨出宽度为 b_{r1}＝0.2～0.4mm 的倒棱。

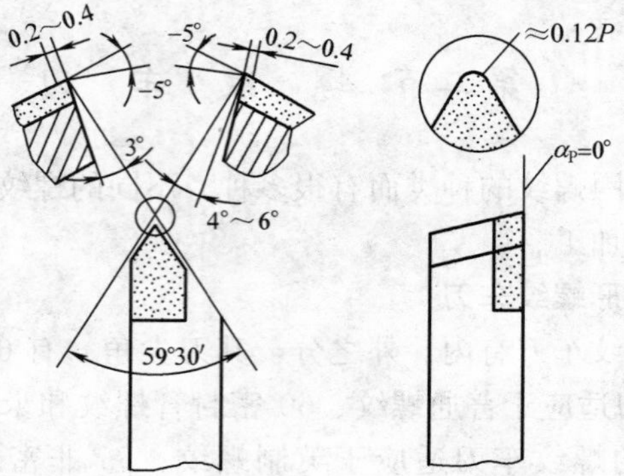

图 7-10　硬质合金三角形外螺纹车刀

（二）三角形内螺纹车刀

高速钢三角形内螺纹车刀的几何形状如图 7-11 所示；硬质合金内螺纹车刀的几何形状如图 7-12 所示。内螺纹车刀除了其刀刃几何形状应具有外螺纹车刀的几何形状特点外，还应具有内孔车刀的特点。

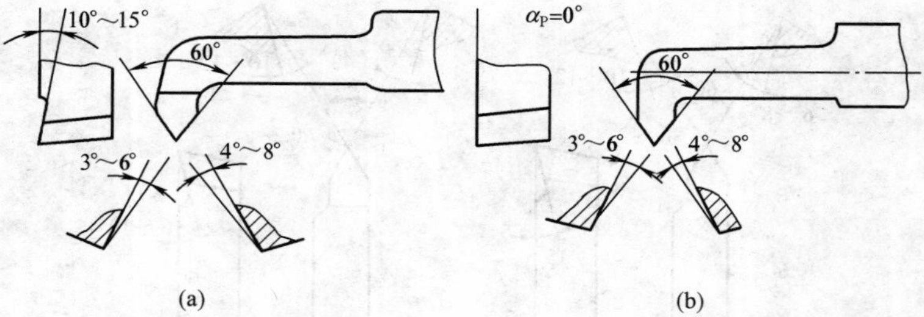

图 7-11　高速钢三角形内螺纹车刀
（a）粗车刀；（b）精车刀

二、矩形螺纹车刀

矩形螺纹车刀与车槽刀十分相似，其几何形状如图 7-13 所示。

刃磨矩形螺纹车刀应注意以下问题。

（1）精车刀的主切削刃宽度直接决定着螺纹的牙槽宽，其主切削刃宽度 $b=0.5P+(0.02\sim0.04)$mm。

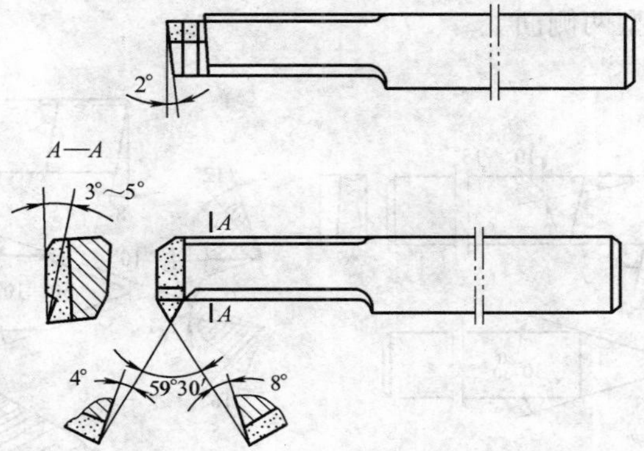

图 7-12　硬质合金三角形内螺纹车刀

(2) 为了使刀头有足够的强度，刀头长度 L 不宜过长，一般取 $L=0.5P+(2\sim4)$mm。

(3) 矩形螺纹的螺纹升角一般都比较大，刃磨两侧后角时必须考虑螺纹升角的影响。

(4) 为了减小螺纹牙侧的表面粗糙度，在精车刀的两侧面切削刃上应磨有 $b'_{\varepsilon}=0.3\sim0.5$mm 修光刃。

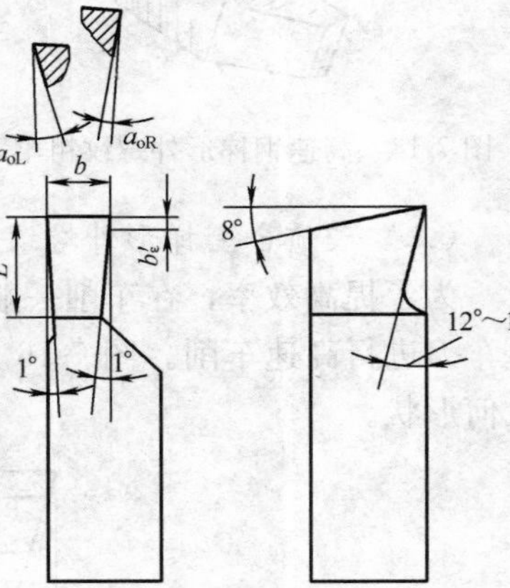

图 7-13　矩形螺纹车刀

三、梯形螺纹车刀

(一) 高速钢梯形外螺纹粗车刀

高速钢梯形外螺纹粗车刀的几何形状如图 7-14 所示，车刀刀尖角 ε_r应小于螺纹牙型角 30′。为了便于左右切削并留有精车余量，刀头宽度应小于牙槽底宽 W。

(二) 高速钢梯形外螺纹精车刀

高速钢梯形外螺纹精车刀的几何形状如图 7-15 所示。车刀背前角 $\gamma_p=0°$，车刀刀尖角 ε_r等于牙型角 α。为了保证两侧切削刃切削顺利，都磨有较大前角（$\gamma_0=12°\sim16°$）的卷屑槽。但在使用时必须注意，车刀前端切削刃不能参加切削。该车刀主要用于精车梯形外螺纹牙型两侧面。

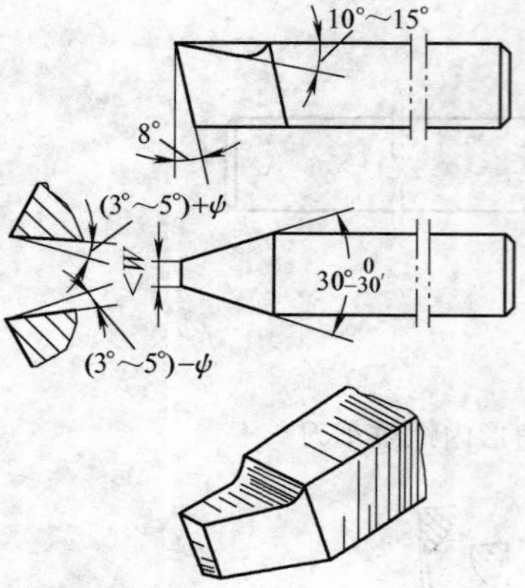

图 7-14　高速钢梯形外螺纹粗车刀

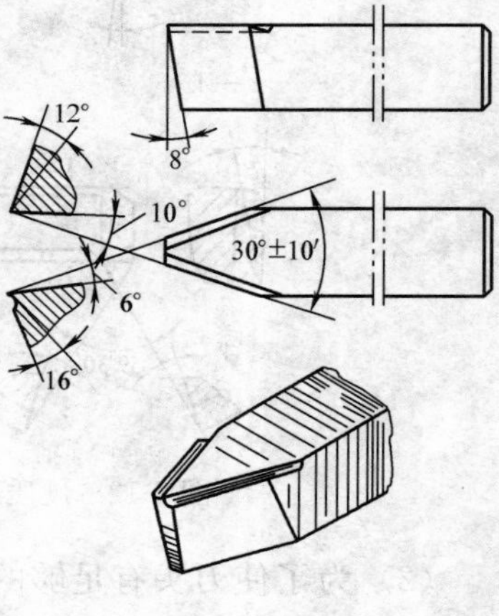

图 7-15　高速钢梯形外螺纹精车刀

（三）硬质合金梯形外螺纹车刀

为了提高效率，在车削一般精度的梯形螺纹时，可使用硬质合金车刀进行高速车削。图 7-16 所示为硬质合金梯形外螺纹车刀的几何形状。

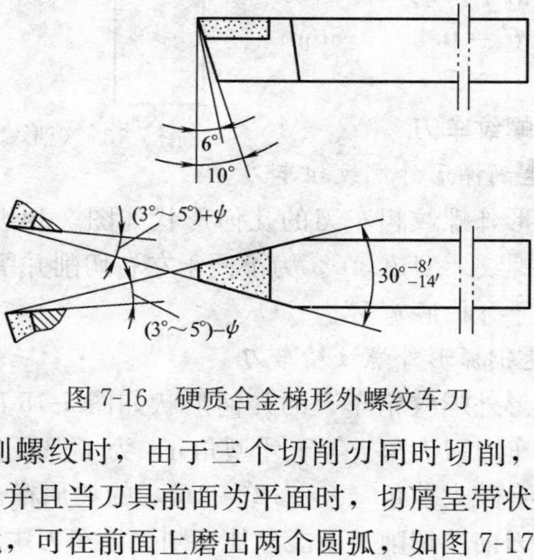

图 7-16　硬质合金梯形外螺纹车刀

高速车削螺纹时，由于三个切削刃同时切削，切削力较大，易引起振动；并且当刀具前面为平面时，切屑呈带状排出，操作很不安全。为此，可在前面上磨出两个圆弧，如图 7-17 所示。

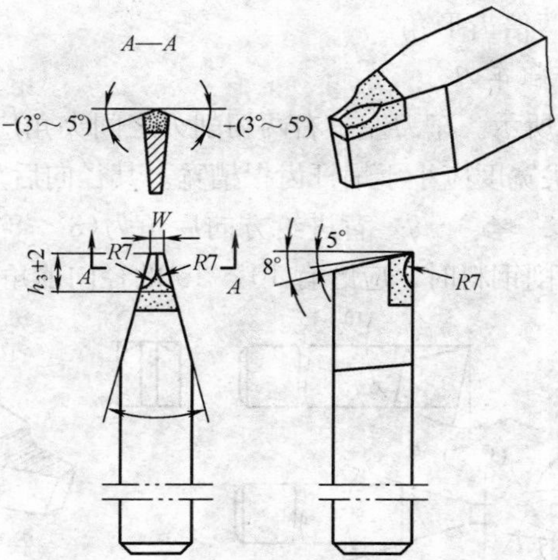

图 7-17　双圆弧硬质合金外螺纹车刀

（四）梯形内螺纹车刀

图 7-18 所示为梯形内螺纹车刀，其几何形状和三角形内螺纹车刀基本相同，只是刀尖角应刃磨成 30°。

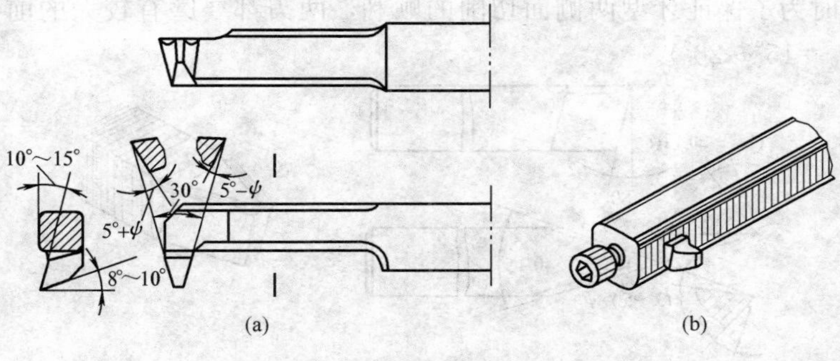

图 7-18　梯形内螺纹车刀

四、锯齿形螺纹车刀

锯齿形螺纹车刀的几何形状和梯形螺纹车刀相似，只是锯齿形螺纹车刀的刀尖角应刃磨成 33°。

五、蜗杆车刀

蜗杆车刀与梯形螺纹车刀也相似，但蜗杆车刀两侧切削刃之间的夹角应磨成两倍齿形角。

（一）蜗杆粗车刀

如图 7-19 所示。车刀左、右两切削刃之间夹角应小于两倍齿形角，且车刀刀尖宽度应小于蜗杆齿根槽宽。其径向后角为 6°～8°，进给方向后角为(3°～5°)＋ψ，背进给方向后角为(3°～5°)－ψ(ψ 为蜗杆导程角)。当切削钢料时，应磨有 10°～15°的径向前角。

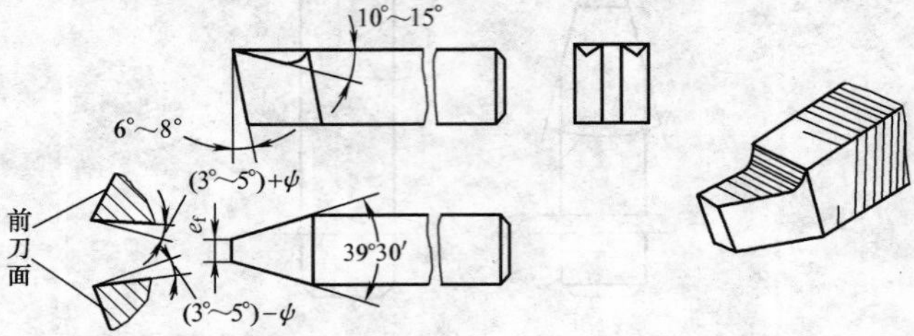

图 7-19　蜗杆粗车刀

（二）蜗杆精车刀

如图 7-20 所示。为保证蜗杆牙型的正确性，蜗杆车刀左、右两切削刃之间的夹角应等于两倍的齿形角。且径向前角应等于 0°。同时为了保证牙型两侧面切削的顺利，两刃都要磨有较大的前角(γ_0＝15°～20°)。

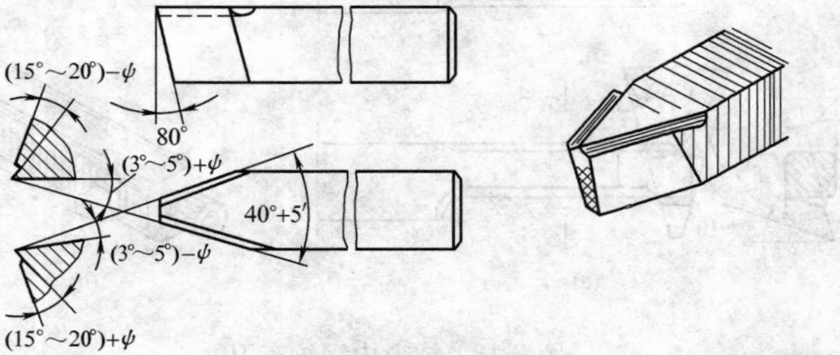

图 7-20　蜗杆精车刀

第三节　螺纹车削的方法

一、车螺纹时乱牙的预防

车螺纹时，都要经过几次进给才能完成。如果在第二次进给时，车刀刀尖偏离前一次进给车出的螺旋槽，则会把螺旋槽车乱，称为乱牙。

（一）产生乱牙的原因

当丝杠转一转时，工件未转过整数转，是产生乱牙的主要原因。

车螺纹时，工件和丝杠都在旋转，如提起开合螺母之后，至少要等丝杠转过一转，才能重新按下。当丝杠转过一转时，工件转了整数转，车刀就能进入前一次进给车出的螺旋槽内，不会产生乱牙。如丝杠转过一转后，工件没有转过整数转，就要产生乱牙。

是否产生乱牙的判断方法：$P_{丝}/nP_{工}=$整数，则不会产生乱牙，否则会产生乱牙。

（二）预防乱牙的方法

常用预防乱牙的方法是开倒顺车。即在一次行程结束时，不提起开合螺母，把车刀沿径向退出后，将主轴反转，使螺纹车刀沿纵向退回，再进行第二次车削。这样的往复车削过程中，因主轴、丝杠和刀架之间的传动没有分离，车刀刀尖始终在原来的螺旋槽中，所以不会产生乱牙。

采用倒顺车时，主轴换向不能过快，否则车床传动部分受到瞬时冲击，易使传动机件损坏。

二、螺纹车削的方法

（一）三角形螺纹的车削

三角形螺纹的车削方法有低速车削和高速车削两种。

1. 低速车削

低速车削时，使用高速钢螺纹车刀，并分别用粗车刀和精车刀对螺纹进行粗车和精车。低速车削螺纹的精度高、表面粗糙度值小，但效率低。低速车削螺纹的进刀方法有直进法、斜进法和左右切削法。如图 7-21 所示。

值得注意的是：低速车削螺纹时应注意根据车床和工件的刚度、螺距大小，选择不同的进刀方法。

2. 高速车削

用硬质合金车刀高速车削三角形螺纹时，切削速度可比低速车

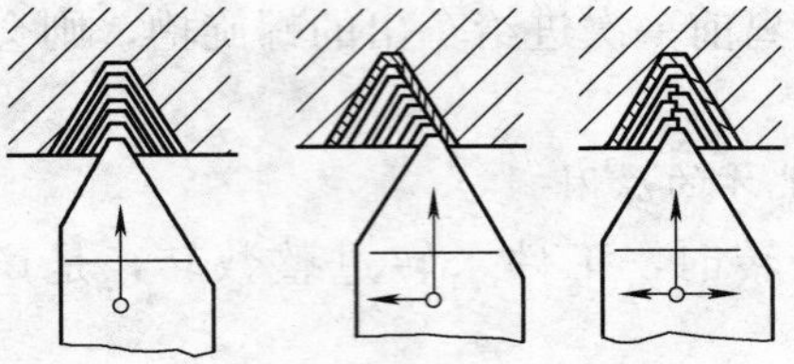

图 7-21　低速车削三角形螺纹的进刀方法

削螺纹提高 15～20 倍，而且行程次数可以减少 2/3 以上，如低速车削螺距 $P=2$mm 的中碳钢材料的螺纹时，一般 12 个行程左右；而高速车削螺纹仅需 3～4 个行程即可。因此，可以大大提高生产率，在工厂中已被广泛采用。

高速车削螺纹时，为了防止切屑使牙侧起毛刺，不宜采用斜进法和左右切削法，只能用直进法车削。高速切削三角形外螺纹时，受车刀挤压后会使外螺纹大径尺寸变大。因此，车削螺纹前的外圆直径应比螺纹大径小些。当螺距为 1.5～3.5mm 时，车削螺纹前的外径一般可以减小 0.2～0.4mm。

3. 内螺纹的车削

内螺纹纬度的车削与外螺纹相似，只是进退刀方向不同而已。但因车三角形内螺纹时，因车刀切削时的挤压作用，内孔直径（螺纹小径）会缩小，在车削塑性金属时尤为明显，所以车削内螺纹前的孔径 $D_{孔}$ 应比内螺纹小径 D_1 的基本尺寸略大些。车削普通内螺纹前的孔径可用下列近似公式计算。

车削塑性金属的内螺纹时

$$D_{孔} \approx D-P$$

车削脆性金属的内螺纹时

$$D_{孔} \approx D-1.05P$$

式中　$D_{孔}$——车内螺纹前的孔径，mm；

D——内螺纹的大径，mm；

P——螺距，mm。

（二）矩形螺纹的车削

矩形螺纹一般采用低速车削。车削 $P<4$mm 的矩形螺纹，一

般不分粗、精车，用直进法使用一把车刀车削完成。车削螺距 $P=4\sim12$mm的螺纹时，先用直进法粗车，两侧各留 0.2～0.4mm 的余量，再用精车刀采用直进法精车，如图 7-22（a）所示。

车削大螺距（$P>12$mm）的矩形螺纹，粗车时用刀头宽度较小的矩形螺纹车刀采用直进法切削，精车时用两把类似左右偏刀的精车刀，分别精车螺纹的两侧面，如图 7-22（b）所示。但是，在车削过程中，要严格控制牙槽宽度。

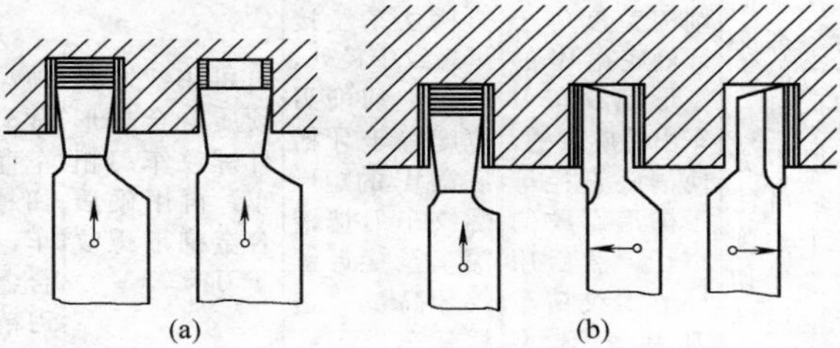

图 7-22　低速车削矩形螺纹

（a）直进法；（b）左右车削法

（三）梯形螺纹的车削

梯形螺纹有两种车削方法，它们各自的进刀方法及其特点和使用场合，见表 7-7。

表 7-7　梯形螺纹的车削方法

车削方法	低速车削法			高速车削法	
进刀方法	左右车削法	车直槽法	车阶梯槽法	直进法	车直槽法和车阶梯槽法
图示		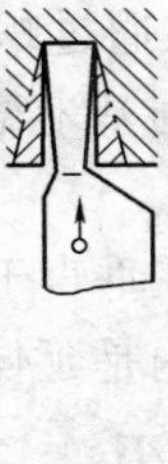	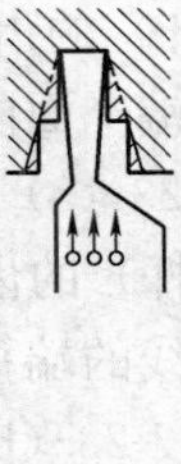	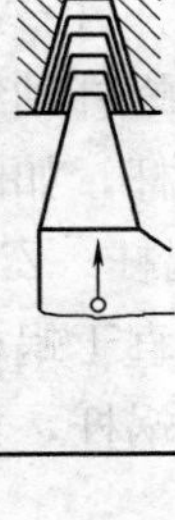	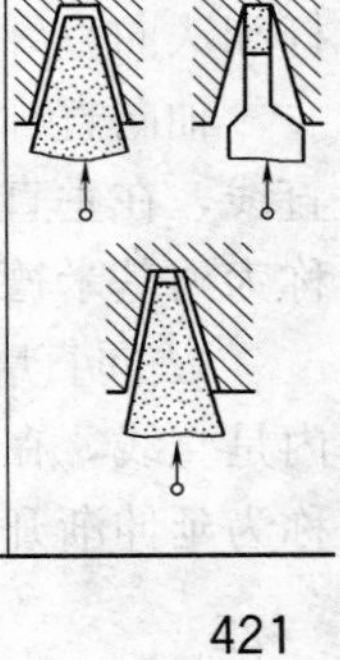

续表

车削方法	低速车削法			高速车削法	
进刀方法	左右车削法	车直槽法	车阶梯槽法	直进法	车直槽法和车阶梯槽法
车削方法说明	在每次横向进给时，都必须把车刀向左或向右做微量移动，很不方便。但是可防止因三个切削刃同时参加切削而产生振动和扎刀现象	可先用主切削刃宽度等于牙槽底宽 W 的矩形螺纹车刀车出螺旋直槽，使槽底直径等于梯形螺纹的小径。然后用梯形螺纹精车刀精车牙型两侧	可用主切削刃宽度小于 $P/2$ 的矩形螺纹车刀，用车直槽法车至接近螺纹中径处，再用主切削刃宽度等于牙槽底宽 W 的矩形螺纹车刀把槽深车至接近螺纹牙高 h_3，这样就车出了一个阶梯槽。然后用梯形螺纹精车刀精车牙型两侧	可用双圆弧硬质合金梯形外螺纹车刀粗车，再用硬质合金梯形螺纹车刀精车	为了防止振动，可用硬质合金车槽刀，采用车直槽法和车阶梯槽法进行粗车，然后用硬质合金梯形螺纹车刀精车
使用场合	车削 $P \leqslant$ 8mm 的梯形螺纹	粗车 $P \leqslant$ 8mm 的梯形螺纹	精车 $P >$ 8mm 的梯形螺纹	车削 $P \leqslant$ 8mm 的梯形螺纹	车削 $P>$8mm 的梯形螺纹

（四）锯齿形螺纹的车削

锯齿形螺纹的车削方法和梯形螺纹相似，在此不再赘述。

（五）蜗杆的车削

1. 蜗杆的齿形

蜗杆的齿形是指蜗杆齿廓形状。常见蜗杆的齿形有轴向直廓蜗杆和法向直廓蜗杆两种。

轴向直廓蜗杆（ZA 蜗杆）的齿形在通过蜗杆轴线的平面内是直线，在垂直于蜗杆轴线的端平面内是阿基米德螺旋线，因此，又称为阿基米德蜗杆，如图 7-23（a）所示。

法向直廓蜗杆（ZN 蜗杆）的齿形在垂直于蜗杆齿面的法平面内是直线，在垂直于蜗杆轴线的端平面内是延伸渐开线，因此，又称为延伸渐开线蜗杆，如图 7-23（b）所示。

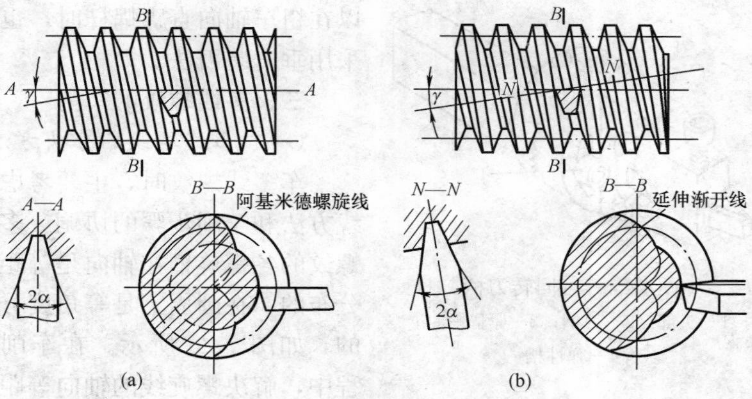

图 7-23　蜗杆的齿形

（a）轴向直廓蜗杆；（b）法向直廓蜗杆

机械传动中最常用的是阿基米德蜗杆（即轴向直廓蜗杆），这种蜗杆的加工比较简单。若图样上没有特别标明蜗杆的齿形，则均为轴向直廓蜗杆。

2. 车蜗杆时的装刀方法

蜗杆车刀与梯形螺纹车刀相似，但蜗杆车刀两侧切削刃之间的夹角应磨成两倍齿形角。在装夹蜗杆车刀时，必须根据不同的蜗杆齿形采用不同的装刀方法。

（1）水平装刀法。精车轴向直廓蜗杆时，为了保证齿形正确，必须使蜗杆车刀两侧切削刃组成的平面与蜗杆轴线在同一水平面内。这种装刀法称为水平装刀法，如图 7-23（a）所示。

（2）垂直装刀法。车削法向直廓蜗杆时，必须使车刀两侧切削刃组成的平面与蜗杆齿面垂直。这种装刀方法称为垂直装刀法，如图 7-23（b）所示。

由于蜗杆的导程角 γ 比较大，为了改善切削条件和达到垂直装刀法的要求，可采用图 7-24 所示的可回转刀柄。刀柄头部可相对于刀柄回转一个所需的导程角，头部旋转后用两只紧固螺钉紧固。这种刀柄开有弹性槽，车削时不易产生扎刀现象。用水平装刀法车削蜗杆时，由于其中一侧切削刃的前角变得很小，切削不顺利，所

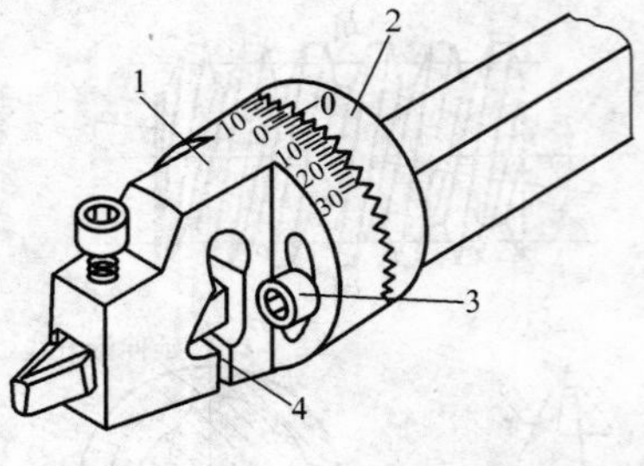

图 7-24　可回转刀柄
1—头部；2—刀柄；3—紧固螺钉；4—弹性槽

以在粗车轴向直廓蜗杆时，也常采用垂直装刀法。

三、多线螺纹的车削

(一) 多线螺纹的分头方法

车多线螺纹时，主要考虑分线方法和车削步骤的协调。多线螺纹的各螺旋槽在轴向是等距离分布的，在圆周上是等角度分布的，如图 7-25 所示。在车削过程中，解决螺旋线的轴向等距离分布或圆周等角度分布的问题称为分线。

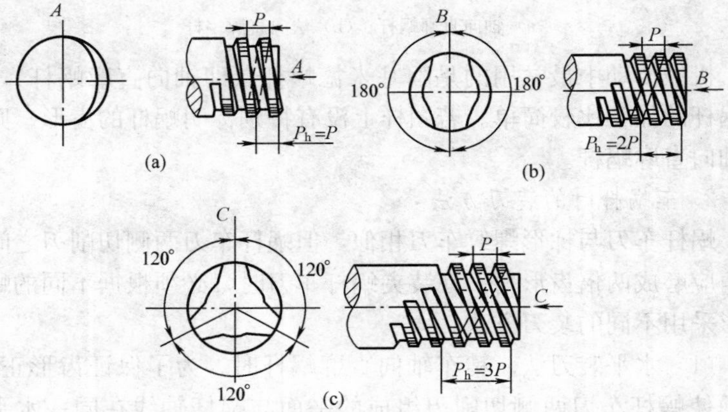

图 7-25　螺旋线的线数在圆周上和轴向的分布
(a) 单线；(b) 双线；(c) 三线

根据各螺旋线在轴向等距或圆周上等角度分布的特点，分线方法有轴向分线法和圆周分线法两种。

1. 轴向分线法

轴向分线法是按螺纹的导程车好一条螺旋槽后，把车刀沿螺纹轴线方向移动一个螺距，再车第二条螺旋槽。用这种方法只要精确控制车刀沿轴向移动的距离，就可达到分线的目的。

(1) 用小滑板刻度分线。先把小滑板导轨找正到与车床主轴轴线平行。在车好一条螺旋槽后，把小滑板向前或向后移动一个螺距，再车另一条螺旋槽。小滑板移动的距离，可利用小滑板刻度控制。

（2）利用开合螺母分线。当多线螺纹的导程为车床丝杠螺距的整数倍且其倍数又等于线数时，可以在车好第一条螺旋槽后，用开倒、顺车的方法将车刀返回到开始车削的位置，提起开合螺母，再用床鞍刻度盘控制车床床鞍纵向前进或后退一个车床丝杠螺距，在此位置将开合螺母合上，车另一条螺旋槽。

（3）用百分表和量块分线。对等距精度要求较高的螺纹分线时，可利用百分表和量块控制小滑板的移动距离。其方法是：把百分表固定在方刀架上，并在床鞍上紧固一挡块，在车第一条螺旋槽以前，调整小滑板，使百分表触头与挡块接触，并把百分表调整至“0”位。当车好第一条螺旋槽后，移动小滑板，使百分表指示的读数等于被车螺距。如图 7-26 所示。

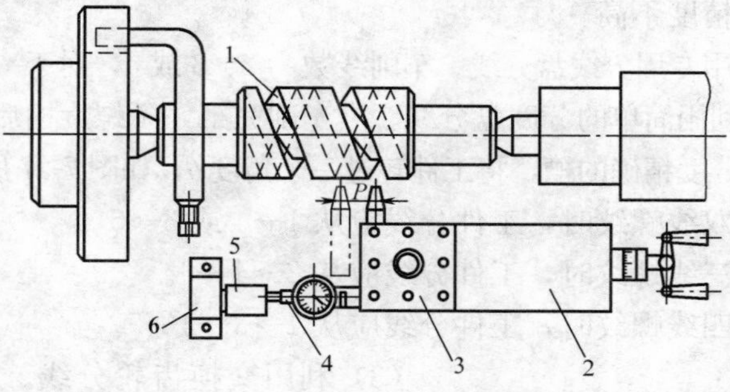

图 7-26　用百分表和量块分线

1—第一条螺旋槽；2—小滑板；3—方刀架；4—百分表；5—量块；6—挡块

对螺距较大的多线螺纹进行分线时，因受百分表量程的限制，可在百分表与挡块之间垫入一块（或一组）量块，其厚度最好等于工件螺距。用这种方法分线的精度较高，但由于车削时的振动会使百分表走动，在使用时应经常校正“0”位。

2. 圆周分线法

因为多线螺纹各螺旋线在圆周上是等角度分布的，所以，当车好第一条螺旋槽后，应脱开工件与丝杠之间的传动链，并把工件转过一个角度θ，再连接工件与丝杠之间的传动链，车削另一条螺旋槽，这种分线方法称为圆周分线法。

多线螺纹各起始点在端面上相隔的角度θ为

$$\theta=\frac{360^\circ}{n}$$

式中 θ——多线螺纹在圆周上相隔的角度（°）；

n——多线螺纹的线数。

圆周分线法的具体方法有如下几种。

（1）利用三爪自定心卡盘和四爪单动卡盘分线。当工件采用两顶尖装夹并用卡盘的卡爪代替拨盘时，可利用三爪自定心卡盘分三线螺纹，利用四爪单动卡盘分双线和四线螺纹。当车好一条螺旋槽后，只需要松开顶尖，把工件连同鸡心夹头转过一个角度，由卡盘上的另一只卡爪拨动，再用顶尖支撑好后就可车削另一条螺旋槽。

这种分线方法比较简单，但由于卡爪本身的误差较大，使得工件的分线精度不高。

（2）用专用分线盘分线。车削线数为 2、3 或 4，对于一般精度的螺纹，可利用简单的分度盘分线。当车削完第一条螺旋槽后，利用分线盘上的分度精确的槽，将工件转过一个角度θ，如图 7-27 所示。

当车双线螺纹时，工件分线应从 1→4 或 3→5。

当车三线螺纹时，工件分线应从 2→4→6。

当车四线螺纹时，工件分线应从 1→3→4→5。

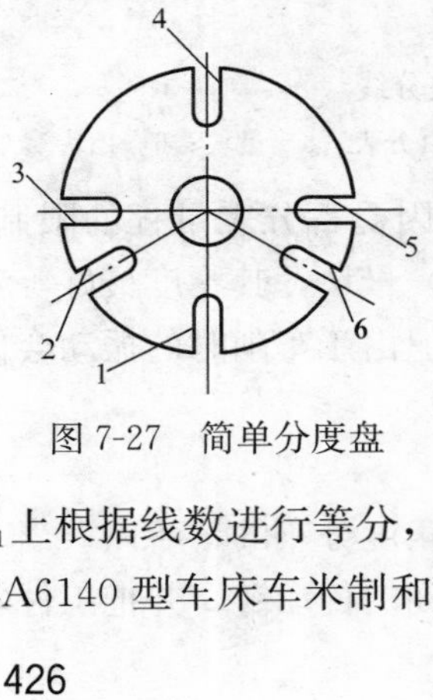

图 7-27 简单分度盘

（3）利用交换齿轮分线。车多线螺纹时，一般情况下，车床的交换齿轮箱中的交换齿轮z_1与主轴转速相等，z_1转过的角度等于工件转过的角度。因此，当z_1的齿数是螺纹线数的整数倍时，就可以利用交换齿轮分线。

具体分线步骤如图 7-28 所示。当车好一条螺旋槽后，停车并切断电源，在z_1上根据线数进行等分，在与z_1的啮合处用粉笔做记号 1 和 0。如 CA6140 型车床车米制和英制螺纹时的齿轮z_1的齿数为 63，在车削三线螺纹时，应在离记号 1 第 21 齿处做记号 2 和 3，随后松开交换齿轮架，使 z_1 与 z_2 脱开，用手转动主轴，使记号 2 或 3 对准记号 0，再使 z_1 与 z_2 啮合，就可车削第二条螺旋槽了。车第三条螺旋槽时，也用同样的方法。用这种方法分线的优点是分线精确度较高，但所车螺纹的线数受 z_1 齿数的限制，操作也较麻烦，所以不宜在成批生产中使用。

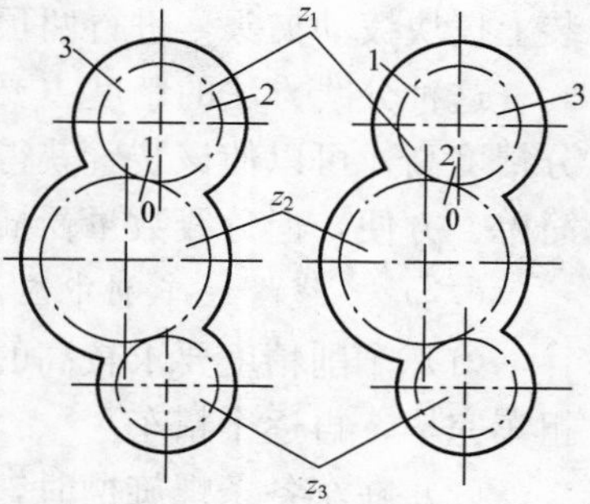

图 7-28　交换齿轮分线

（4）用多孔插盘分线。图7-29所示为车多线螺纹时用的多孔插盘。多孔插盘装夹在车床主轴上，其上有等分精度很高的定位插孔（多孔插盘一般等分 12 或 24 孔），它可以对 2、3、4、6、8 或 12 线的螺纹进行分线。

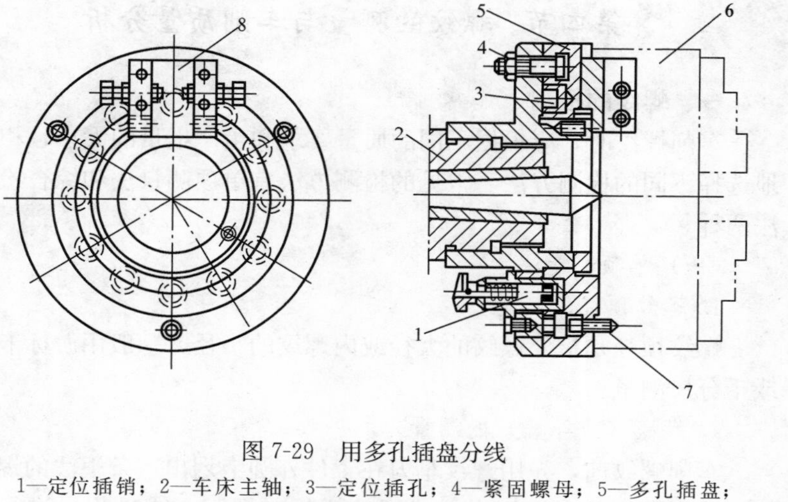

图 7-29　用多孔插盘分线

1—定位插销；2—车床主轴；3—定位插孔；4—紧固螺母；5—多孔插盘；6—卡盘；7—紧定螺钉；8—拨块

分线时，先停车松开紧固螺母，拔出定位插销，把多孔插盘旋转一个角度，再把插销插入另一个定位孔中。再紧固螺母，分线工作就完成了。多孔插盘上可以装夹卡盘，工件夹持在卡盘上；也可装上拨块拨动夹头，进行两顶尖间的车削。

这种分线方法的精度主要取决于多孔插盘的等分精度。如果等分精度高，可以使该装置获得较高的分线精度。多孔插盘分线操作简单、方便，但分线数量受插孔数量限制。

(二) 多线螺纹车削中应注意的问题

(1) 车削精度要求较高的多线螺纹时，应先将各条螺旋槽逐个粗车完毕，再逐个精车。

(2) 在车各条螺旋槽时，螺纹车刀切入深度应该相等。

(3) 用左右切削法车削时，螺纹车刀的左右移动量应相等；当用圆周分线法分线时，还应注意车每条螺旋槽时小滑板刻度盘的起始格数要相等。

(4) 车削导程较大的多线螺纹时，螺纹车刀纵向进给速度较快，进刀和退刀时要防止车刀与工件、卡盘、尾座相碰。

第四节　螺纹的测量与车削质量分析

一、螺纹的检测

车削螺纹时，应根据不同的质量要求和生产批量的大小，相应地选择不同的检测方法。常见的检测方法有单项测量法和综合检验法两种。

(一) 单项测量法

1. 螺纹顶径的测量

螺纹顶径是指外螺纹的大径或内螺纹的小径，一般用游标卡尺或千分尺测量。

2. 螺距（或导程）的测量

车削螺纹前，先用螺纹车刀在工件外圆上划出一条很浅的螺旋线，再用钢直尺、游标卡尺或螺纹样板对螺距（或导程）进行测量，如图 7-30 所示。车削螺纹后螺距（或导程）的测量，也可用同样的方法，如图 7-31 所示。

用钢直尺或游标卡尺进行测量时，最好量 5 个或 10 个牙的螺距（或导程长度），然后取其平均值；用螺纹样板进行测量时，将

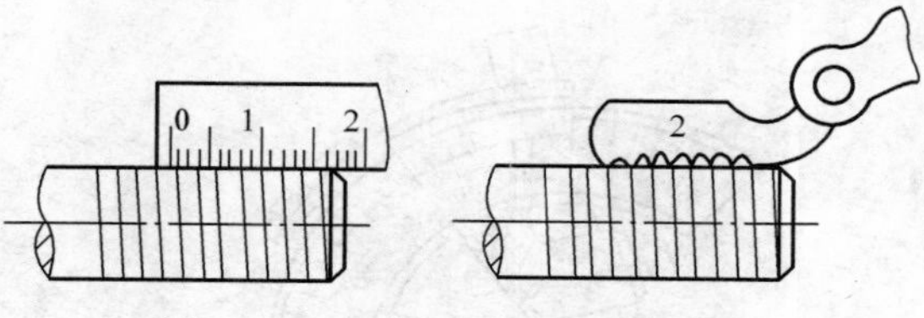

(a)　(b)

图 7-30　车削螺纹前螺距

（a）用钢直尺测量；（b）用螺纹样板测量

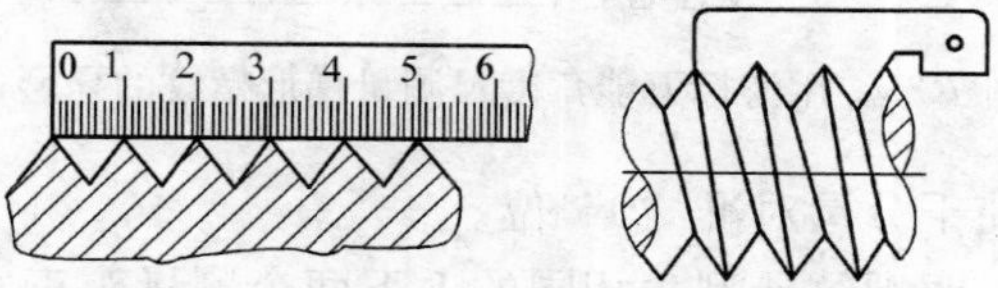

(a)　(b)

图 7-31　车削螺纹后螺距（或导程）的测量

（a）用钢直尺测量；（b）用螺纹样板规测量

螺纹样板中的钢片沿着通过工件轴线的方向嵌入螺旋槽中，如完全吻合，则说明被测螺距（或导程）是正确的。

3. 牙型角的测量

一般螺纹的牙型角可以用螺纹样板［图 7-31（b）］或牙型角样板（图 7-32）来检验。

梯形螺纹和锯齿形螺纹可用游标万能角度尺来测量，其测量方法如图 7-33 所示。

4. 螺纹中径的测量

（1）用螺纹千分尺测量螺纹中径。三角形螺纹的中径可用螺纹千分尺测量，如图 7-34 所示。螺纹千分尺的读数原理与千分尺相同，但不同的是，螺纹千分尺有 60°和 55°两套适用于不同牙型角和不同螺距的测量头。测量头可以根据测量的需要进行选择，然后分别插入千分尺的测杆和砧座的孔内。但必须注意，在更换测量头后，必须调整砧

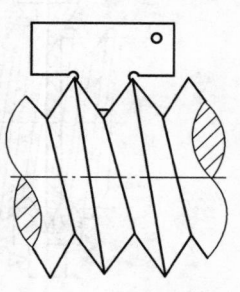

图 7-32　用牙型角样板检验

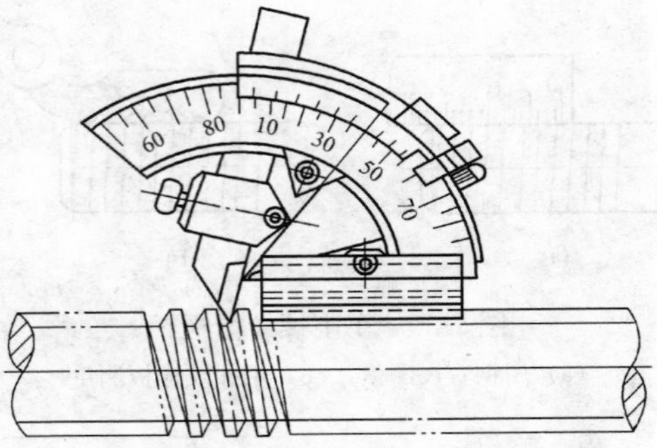

图 7-33　用游标万能角度尺测量梯形螺纹的牙型角

座的位置，使千分尺对准“0”位。

测量时，跟螺纹牙型角相同的上下两个测量头正好卡在螺纹的牙侧上。从图 7-34 中可以看出，*ABCD* 是一个平行四边形，因此测得的尺寸 *AD* 就是中径的实际尺寸。

螺纹千分尺的误差较大，为 0.1mm 左右。一般用来测量精度不高、螺距（或导程）为 0.4～6mm 的三角形螺纹。

(2) 三针测量螺纹中径。用三针测量螺纹中径是一种比较精密的测量方法。三角形螺纹、梯形螺纹和锯齿形螺纹的中径均可采用三针测量。测量时，将三根量针放置在螺纹两侧相对应的螺旋槽内，用千分尺量出两边量针顶点之间的距离 *M*（图 7-35）。根据 *M*

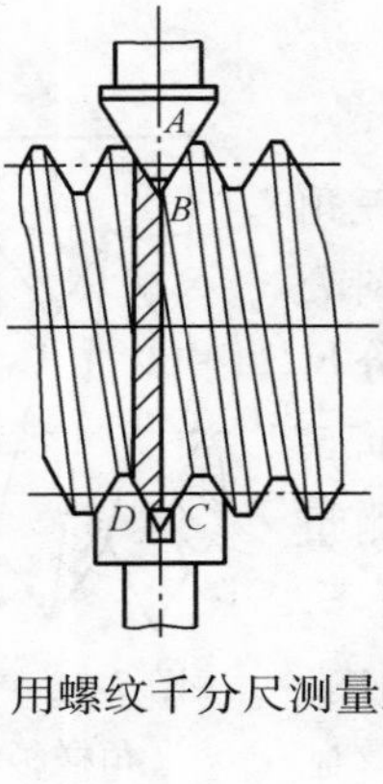

图 7-34　用螺纹千分尺测量螺纹中径

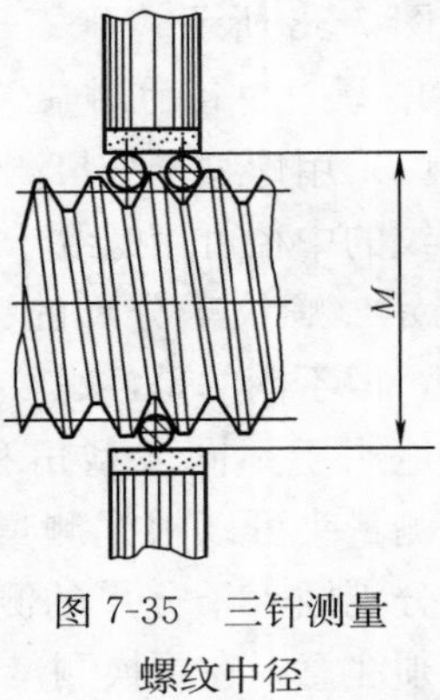

图 7-35　三针测量螺纹中径

的值可以计算出螺纹中径的实际尺寸。三针测量时，M 值和中径 d_2 的计算公式见表 7-8。

表 7-8　三针测量螺纹中径 d_2（或蜗杆分度圆直径 d_1）的计算公式

螺纹或蜗杆	牙型角 α	M 值的计算公式（mm）	量针直径 d_0（mm）		
			最大值	最佳值	最小值
普通螺纹	60°	$M=d_2+3d_D-0.866P$	$1.01P$	$0.577P$	$0.505P$
英制螺纹	55°	$M=d_2+3.166d_D-0.961P$	$0.894P-0.029$	$0.564P$	$0.481P-0.016$
梯形螺纹	30°	$M=d_2+4.864d_D-1.866P$	$0.656P$	$0.518P$	$0.486P$
米制蜗杆	20°（齿形角）	$M=d_1+3.924d_D-4.316m_x$	$2.446m_x$	$1.672m_x$	$1.610m_x$

测量时所用的三根直径相等的圆柱形量针，是由量具厂专门制造的，也可用三根新直柄麻花钻的柄部代替。量针直径 d_D 不能太小或太大。最佳量针直径是指量针横截面与螺纹中径处牙侧相切时的量针直径［图 7-36（b）］。量针直径的最大值、最佳值和最小值可用表 7-8 中的公式计算出。选用量针时，应尽量接近最佳值，以便获得较高的测量精度。

（3）单针测量螺纹中径。用单针测量螺纹中径的方法如图 7-37所示。这种方法比三针测量法简单。测量时只需使用一

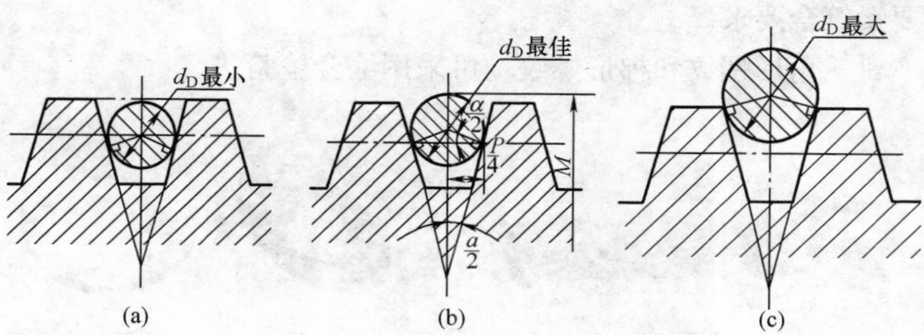

图 7-36　量针直径的选择

（a）最小量针直径；（b）最佳量针直径；（c）最大量针直径

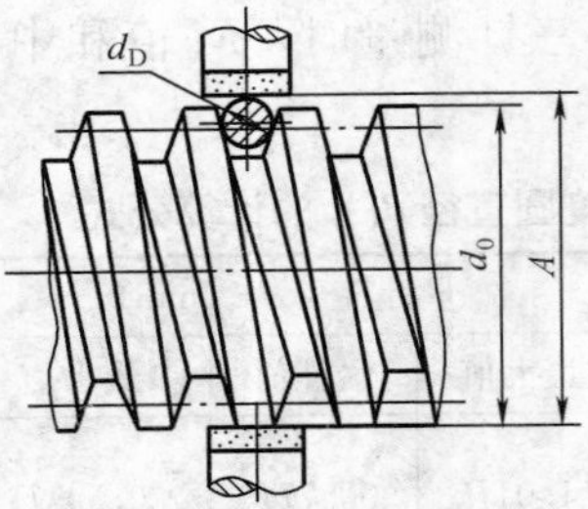

图 7-37　单针测量螺纹中径

根量针，另一侧利用螺纹大径作基准，在测量前，应先量出螺纹大径的实际尺寸，其原理与三针测量法相同。

单针测量时，千分尺测得的读数值（螺纹中径）可按下式计算。

$$A=\frac{M+d_0}{2}$$

式中　d_0——螺纹大径的实际尺寸，mm；

M——用三针测量时千分尺的读数，mm；

A——螺纹中径，mm。

直径较大的梯形螺纹和锯齿形螺纹，如果螺纹外径比较精确，并能以外径作为基准时，可用单针测量螺纹中径。但单针测量，尤其是车削过程中的测量没有三针测量精确。

（二）综合检验法

综合检验法是用螺纹量规对螺纹各基本要素进行综合性检验。螺纹量规（图 7-38）包括螺纹塞规和螺纹环规，螺纹塞规用来检验内螺纹，螺纹环规用来检验外螺纹。它们分别有通规 T 和止规 Z，在使用中要注意区分，不能搞错。如果通规难以拧入，应对螺纹的各直径尺寸、牙型角、牙型半角和螺距等进行检查，经修正后再用通规检验。当通规全部拧入，止规不能拧入时，说明螺纹各基本要素符合要求。

对三角形螺纹和梯形螺纹均可采用综合检验法。

(a)

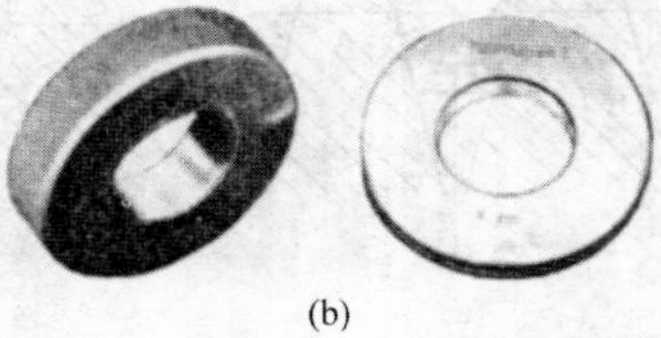

(b)

图 7-38　螺纹量规

(a) 螺纹塞规；(b) 螺纹环规

二、蜗杆的测量

在蜗杆测量的参数中，齿顶圆直径、齿距（或导程）、齿形角和螺纹的大径、螺距（或导程）、牙型角的测量方法基本相同。下面重点介绍蜗杆分度圆直径和法向齿厚的测量。

（一）蜗杆分度圆直径的测量

分度圆直径 d_1 也可用三针和单针测量，其原理及测量方法与测量螺纹相同。三针测量米制蜗杆的计算公式见表 7-8。

（二）法向齿厚 S_n 的测量

蜗杆的图样上一般只标注轴向齿厚 S_x，在齿形角正确的情况下，分度圆直径处的轴向齿厚与齿槽宽度应相等。但轴向齿厚无法直接测量，常通过对法向齿厚 S_n 的测量来判断轴向齿厚是否正确。

蜗杆的法向齿厚 S_n 是一个很重要的参数，法向齿厚 S_n 的换算公式如下

$$S_n = S_x \cos\gamma = \frac{\pi m_x}{2}\cos\gamma$$

法向齿厚可以用齿厚游标卡尺进行测量，如图 7-39 所示，齿厚游标卡尺由互相垂直的齿高卡尺和齿厚卡尺组成。测量时卡脚的测量面必须与齿侧平行，也就是把刻度所在的卡尺平面与蜗杆轴线相交一个蜗杆导程角。

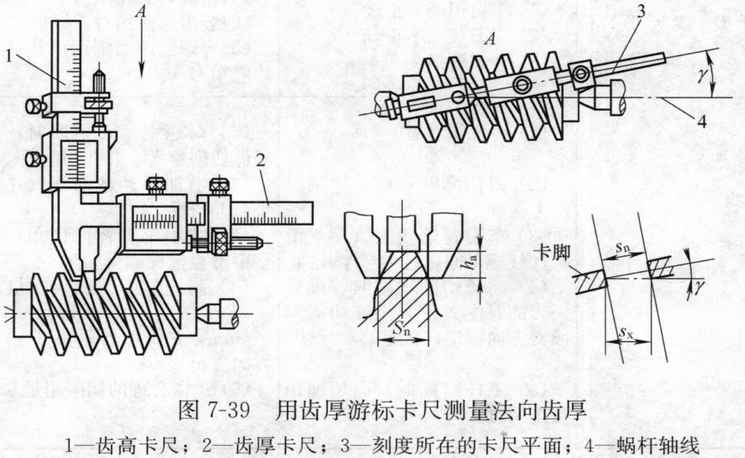

图 7-39　用齿厚游标卡尺测量法向齿厚

1—齿高卡尺；2—齿厚卡尺；3—刻度所在的卡尺平面；4—蜗杆轴线

测量时应把齿高卡尺读数调整到齿顶高 h_a 的尺寸（必须注意齿顶圆直径尺寸的误差对齿顶高的影响），齿厚卡尺所测得的读数就是法向齿厚的实际尺寸。这种方法的测量精度比三针测量差。

三、车螺纹及蜗杆时的质量分析

车螺纹及蜗杆时产生废品的原因及预防方法见表 7-9。

表 7-9　车螺纹及蜗杆时产生废品的原因及预防方法

废品种类	产生原因	预防方法
中径（或分度圆直径）不正确	（1）车刀切入深度不正确 （2）刻度盘使用不正确	（1）经常测量中径（或分度圆直径）尺寸 （2）正确使用刻度盘
螺距（或轴向齿距）不正确	（1）交换齿轮计算或组装错误；主轴箱、进给箱有关手柄位置扳错 （2）局部螺距（或轴向齿距）不正确 1）车床丝杠和主轴的窜动过大 2）溜板箱手轮转动不平衡 3）开合螺母间隙过大 （3）车削过程中开合螺母抬起	（1）在工件上先车出一条很浅的螺旋线，测量螺距（或轴向齿距）是否正确 （2）调整螺距 1）调整好主轴和丝杠的轴向窜动量 2）将溜板箱手轮拉出，使之与传动轴脱开或加装平衡块使之平衡 3）调整好开合螺母的间隙 （3）用重物挂在开合螺母手柄上防止中途抬起
牙型（或齿形）不正确	（1）车刀刃磨不正确 （2）车刀装夹不正确 （3）车刀磨损	（1）正确刃磨和测量车刀角度 （2）装刀时使用对刀样板 （3）合理选用切削用量并及时修磨车刀
表面粗糙度大	（1）产生积屑瘤 （2）刀柄刚度不够，切削时产生振动 （3）车刀背前角太大，中滑板丝杠螺母间隙过大产生扎刀 （4）高速切削螺纹时，最后一刀的背吃刀量太小或切屑向倾斜方向排出，拉毛螺纹牙侧 （5）工件刚度低，而切削用量选用过大	（1）高速钢车刀切削时，应降低切削速度，并加切削液 （2）增加刀柄截面积，并减小悬伸长度 （3）减小车刀背向前角，调整中滑板丝杠螺母间隙 （4）高速切削螺纹时，最后一刀的背吃刀量一般要大于0.1mm，并使切屑垂直于轴线方向排出 （5）选择合理的切削用量

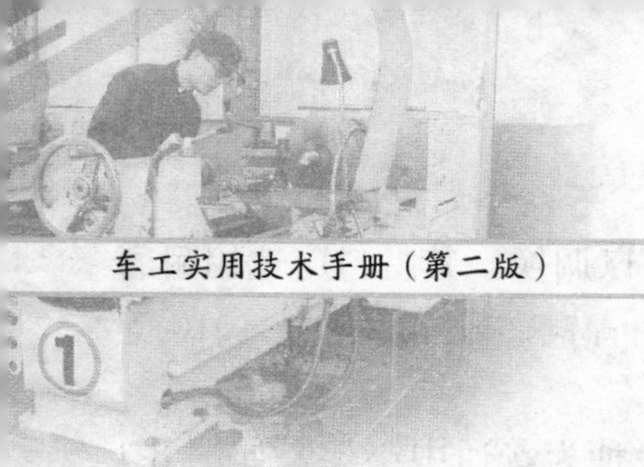

第八章

复杂零件的车削加工

在车床上加工的零件一般都是旋转体零件，通常可用自定心卡盘和单动卡盘来装夹便能加工了，但是，对于那些外形不规则、形状复杂、容易变形和相对位置精度要求很高的零件，加工起来就很困难了。

第一节　细长轴的车削加工

工件的长度 L 与直径 d 之比（即长径比）>25 的轴类零件称为细长轴。由于细长轴本身刚性差（L/d 值越大，刚性越差），因此在车削过程中会出现以下问题。

（1）工件受切削力、自重和旋转时离心力的作用，会产生弯曲、振动，严重影响其圆柱度和表面粗糙度。

（2）在切削过程中，工件受热伸长产生弯曲变形，车削就很难进行，严重时会使工件在顶尖间卡住。

细长轴车削虽然的难度较大，但也有一定的规律性，主要是抓住三个关键技术：①中心架和跟刀架的使用；②解决工件热变形伸长；③合理选择车刀几何形状等。

一、中心架的使用

（一）中心架的构造

中心架的结构如图 8-1 所示。工作时，架体 1 通过压板 8 和螺母 7 紧固在床身上，上盖 4 和架体用圆柱销作活动连接。为了便于装卸工件，上盖可以打开或扣合，并用螺钉 6 来锁定。三个支撑爪 3 的升降，分别用三个螺钉 2 来调整，以适应不同直径的工件，并分别用三个螺钉 5 来锁定。

中心架支撑爪是易损件，磨损后可以调换，其材料应选用耐磨性好、不易研伤工件的材料，通常选用青铜、胶木、尼龙1010等材料。

中心架一般有两种常见的形式，一种为普通中心架，如图8-1（a）所示；另一种为滚动轴承中心架，如图8-1（b）所示。滚动轴承中心架的结构大体与普通中心架相同，不同之处在于支撑爪的前端装有三个滚动轴承，以滚动摩擦代替滑动摩擦。它的优点是耐高速、不会研伤工件表面；缺点是同轴度稍差。

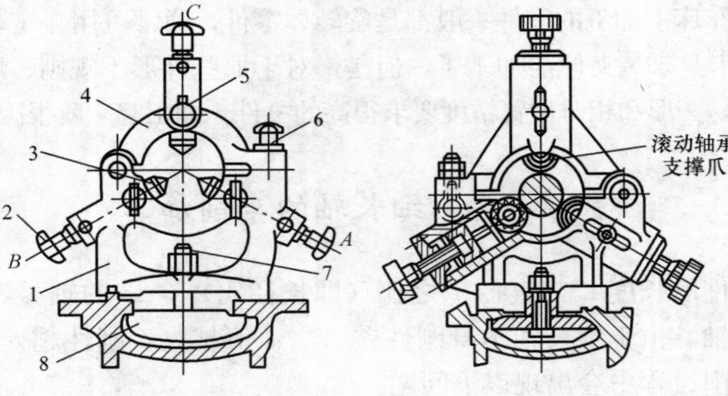

(a) (b)

图8-1 中心架的结构

（a）普通中心架；（b）滚动轴承中心架

1—架体；2—调整螺钉；3—支撑爪；4—上盖；5、6—螺钉；7—螺母；8—压板

（二）使用中心架支撑车削细长轴

使用中心架支撑车削细长轴，关键是使中心架与工件接触的三个支撑爪所决定圆的圆心与车床的回转中心重合。车削时，一般是用两顶尖装夹或一夹一顶方式安装工件，中心架安装在工件的中间部位并固定在床身上。

1. 当工件用两顶尖装夹时

当工件用两顶尖装夹时，通常有以下两种形式。

（1）中心架直接支撑在工件中间。当工件加工精度要求较低，可以采用分段车削或调头车削时，中心架直接支撑在工件中间，如

图 8-2 所示。

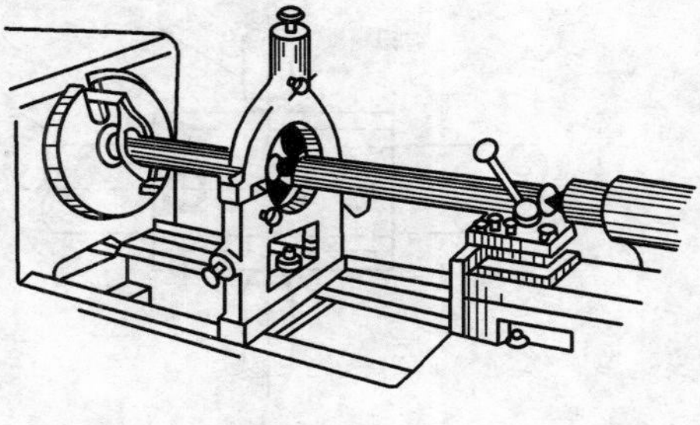

图 8-2　用中心架支撑车削细长轴

采用这种支撑方式，可使工件的长径比减少一半，细长轴的刚性则可增加好几倍。工件装上中心架之前，必须在毛坯中间车出一段圆柱面沟槽作为支撑轴颈，其直径应略大于工件要求的尺寸（以便以后精车）。车此段沟槽时，应采取低转速、小进给量的切削方法，沟槽的表面粗糙度值应$<Ra\ 1.6\mu m$，圆度误差$<0.05mm$，否则，会使工件出现仿形误差。然后装上中心架，并在开车时按照A→B→C的顺序调整中心架的三个支撑爪，使它们与工件沟槽外圆柱面轻轻接触。当车削是由尾座向床头方向进行时，可车到沟槽附近位置，然后将工件调头装夹，把中心架的三个支撑爪轻轻支撑已加工表面。因此，可在已加工表面与三个支撑爪之间垫细号纱布（纱布背面贴住工件，有砂粒的一面向着三爪）或研磨剂，进行研磨跑合。

在整个加工过程中，支撑爪与工件接触应经常加润滑油，防止磨损或“咬坏”，并要随时用手感来掌握工件与中心架三个支撑爪摩擦发热的情况，如发热厉害，须及时调整三个支撑爪与工件接触表面间的间隙，决不能等到出现“吱吱”叫声或“冒烟”时再去调整。

（2）中心架配以过渡套支撑工件。当车削某段部分不需要加工的细长轴时，或加工不适于在中段车沟槽、表面又不规则的工件（如安置中心架处有键槽或花键等）或毛坯时，可采用中心架配以过渡套支撑工件的方式车削细长轴。过渡套的结构如图 8-3 所示。过渡套外径圆度误差应在±0.01mm之内，其内孔要比被加工工件的外径大 20～30mm。过渡套两端各装有 3～4 个调整螺钉，用这些螺钉夹持毛坯工件。使用时，调整过渡套上的螺钉，使过渡套外径的轴线与车床主轴的轴线重合，然后装上中心架，使三个支撑爪

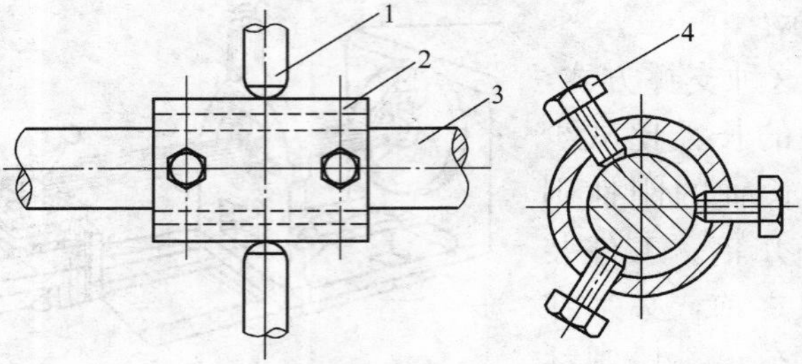

图 8-3　过渡套

1—中心架；2—过渡套；3—工件；4—调整螺钉

与过渡套外圆轻轻接触，并能使工件均匀转动，即可车削，如图8-4所示。

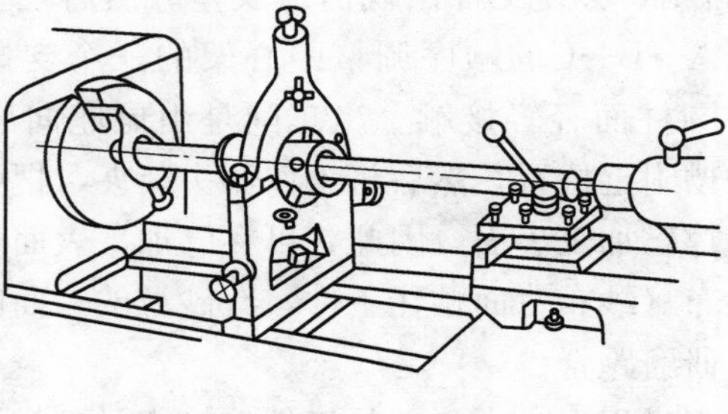

图 8-4　用过渡套车削细长轴

2. 当工件一端用卡盘夹紧，一端用中心架支撑时

此时工件在中心架上的装夹和找正通常有以下三种形式。

(1) 工件一夹一顶半精车外圆后，若需加工端面、内孔或精车外圆时，由于半精车外圆与车床主轴同轴，所以只需将中心架放置在床身上的适当位置固定，以工件外圆为基准，依次调整中心架的三个支撑爪与工件外圆轻轻接触，并分别用紧固螺钉锁紧支撑爪，然后在支撑爪处加注润滑油，移去尾座顶尖，即可车削。

(2) 若工件不太长，且外圆已加工，此时可将工件一端夹在卡盘上，另一端用中心架支撑。调整中心架支撑爪之前，用手转动卡盘，用划针及百分表找正工件两端外圆，然后依次调整三个支撑爪，使之与工件轻轻接触即可。

(3) 若工件较长，可将工件一端夹持在卡盘上，另一端用中心架支撑。先在靠近卡盘处将工件外圆找正，然后摇动床鞍、中滑板，用划针及百分表在工件两端作对比测量（若工件两端被测处直径相同）或者用游标高度尺测量两端实际尺寸，减去相应半径差比较（若工件两端被测处直径不相同）并以此来调整中心架支撑爪，使工件两端高低一致［图 8-5（a)］、前后一致［图 8-5（b)］。

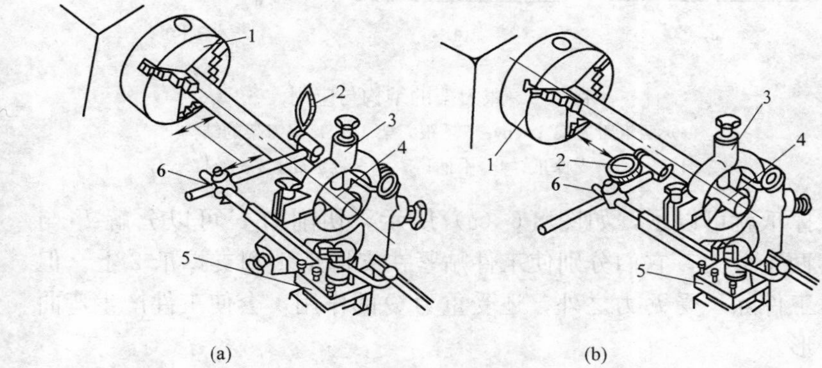

图 8-5　在中心架上找正工件

(a) 找正高低位置；(b) 找正前后位置

1—三爪自定心卡盘；2—百分表；3—中心架；4—工件；5—刀架；6—表架连杆

二、跟刀架的使用

跟刀架一般固定在床鞍上跟随车刀移动，承受作用在工件上的切削力。

细长轴刚性差，车削比较困难，如采用跟刀架来支撑，可以增加刚性，防止工件弯曲变形，从而保证细长轴的车削质量。

(一) 跟刀架的结构

常用的跟刀架有两种：两爪跟刀架［图 8-6（a)］和三爪跟刀架［图 8-6（b)］，结构如图 8-6（c）所示。支撑爪 1、2 的径向移动可直接旋转手柄 4 实现。支撑爪 3 的径向移动可以用手柄转动锥齿轮 5，再经锥齿轮 6 转动丝杠 7 来实现。

(二) 跟刀架的选用

从跟刀架用以承受工件上的切削力 F 的角度来看，只需两支

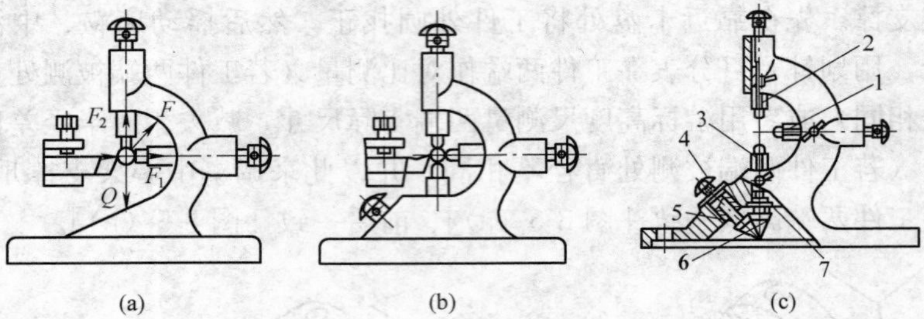

图 8-6　跟刀架的结构与应用

(a) 两爪跟刀架；(b) 三爪跟刀架；(c) 跟刀架的结构

1、2、3—支撑爪；4—手柄；5、6—锥齿轮；7—丝杠

支撑爪就可以了，如图 8-6（a）所示。切削力 F 可以分解 F_1 与 F_2 两个分力，它们分别使工件贴紧在支撑爪 1 和支撑爪 2 上。但是工件除了受 F 力之外，还受重力 Q 的作用，会使工件产生弯曲变形。

因此车削时，若用两爪跟刀架支撑工件，则工件往往会受重力作用而瞬时离开支撑爪，瞬时接触支撑爪，而产生振动；若选用三爪跟刀架支撑工件，工件支撑在支撑爪和刀尖之间，便上下、左右均不能移动，这样车削就稳定，不易产生振动。所以选用三爪跟刀架支撑车削细长轴是一项很重要的工艺措施。

三、减少工件的热变形伸长

车削时，由于切削热的影响，使工件随温度升高而逐渐伸长变形，这就叫“热变形”。在车削一般轴类零件时可不考虑热变形伸长问题，但在车削细长轴时，因为工件长，总伸长量大，所以一定要考虑热变形的影响。工件热变形伸长量可按下式计算

$$\Delta L = aL\Delta t$$

式中　a——材料线膨胀系数，1/℃；

L——工件的总长，mm；

Δt——工件升高的温度，℃。

常用材料线膨胀系数可查阅表 8-1。

表 8-1　　常用材料线膨胀系数 a

材料名称	温度范围（℃）	a（$\times10^{-6}$℃）	材料名称	温度范围（℃）	a（$\times10^{-6}$℃）
灰铸铁	0～100	10.4	2Cr13	20～100	10.5
球墨铸铁	0～100	10.4	GCr15	100	14.0
45 钢	20～100	11.59	纯铜	20～100	17.2
T10A	20～100	11.0	黄铜	20～100	17.8
20Cr	20～100	11.3	铝青铜	20～100	17.6
40Cr	25～100	11.0	锡青铜	20～100	18.0
65Mn	25～100	11.1	铝	0～100	23.8

车削细长轴时，为了减少热变形的影响，主要采取以下措施。

1. 细长轴应采用一夹一顶的装夹方式

卡爪夹持部分不宜过长，一般在 15mm 左右，最好用钢丝圈垫在卡盘爪的凹槽中（图 8-7 所示），这样以点接触，使工件在卡盘内能自由调节其位置，避免夹紧时形成弯曲力矩。这样，在切削过程中发生热变性伸长，也不会因卡盘夹死而产生内应力。

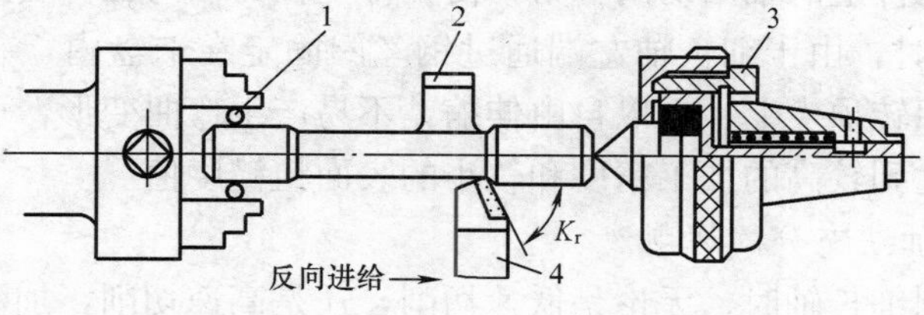

图 8-7　车削细长轴的关键措施

1—钢丝圈；2—三爪跟刀架；3—弹性回转顶尖；4—合理的几何角度车刀

2. 使用弹性回转顶尖来补偿工件热变形伸长

弹性回转顶尖的结构如图 8-8 所示。顶尖 1 由前端圆柱滚子轴承 2 和后端的滚针轴承 5 承受径向力，有推力球轴承 4 承受轴向推力。在圆柱滚子轴承和推力球轴承之间，放置两片碟形弹簧 3。当工件变形伸长时，工件推动顶尖，使碟形弹簧压缩变形（即顶尖能自动后退）。经长期生产实践证明，车削细长轴时使用弹性回转顶尖，可以有效地补偿工件的热变形伸长，工件不易产生弯曲，使车

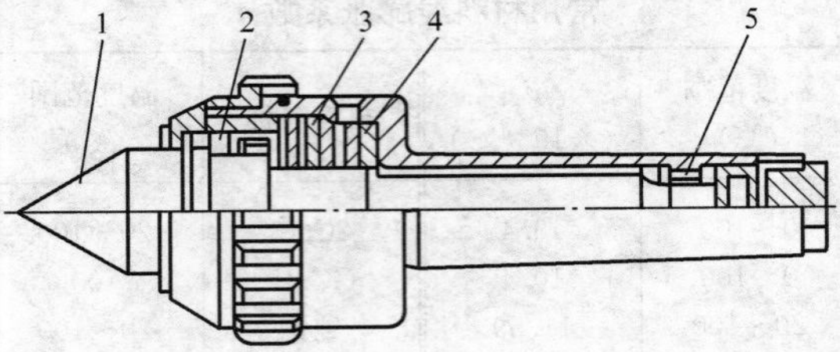

图 8-8　弹性回转顶尖

1—顶尖；2—圆柱滚子轴承；3—碟形弹簧；
4—推力球轴承；5—滚针轴承

削可以顺利进行。

3. 采取反向进给方法

车削时，通常纵向进给运动的方向是床鞍带动车刀由床尾向床头方向运动，即所谓正向进给。反向进给则是床鞍带动车刀由床头箱向床尾方向运动。正向进给时，工件所受轴向切削分力，使工件受压（与工件变形方向相反），容易产生弯曲变形。而反向进给时，作用在工件上的轴向切削分力，使工件受拉力（与工件变形方向相同），同时，由于细长轴左端通过钢丝圈固定在卡盘内，右端支撑在弹性回转顶尖上，可以自由伸缩，不易产生弯曲变形，而且还能使工件达到较高的加工精度和较小的表面粗糙度值。

4. 加注充分的切削液

车削细长轴时，无论是低速切削，还是高速切削，加注充分的切削液能有效地减少工件所吸收的热量，从而减少工件热变形伸长。加注充分的切削液还可以降低刀尖切削温度，延长刀具使用寿命。

四、合理选择车刀的几何形状

车削细长轴时，由于工件刚性差，车刀的几何形状对减少作用在工件上的切削力，减少工件弯曲变形和振动，减少切削热的产生等均有明显的影响，选择时主要考虑以下几点。

（1）车刀的主偏角是影响径向切削力的主要因素，在不影响刀具强度的情况下，应尽量增大车刀主偏角，一般细长轴车刀的主偏角选 $K_r=80°\sim93°$。

（2）减少切削力和切削热，应选择较大的前角，一般取 $\gamma_0=15°\sim30°$。

（3）前刀面应磨有 $R1.5\sim R3$mm 圆弧形断屑槽。

（4）选择正值刃倾角，通常取 $\lambda_s=+3°\sim+10°$，使切屑流向待加工表面。此外，车刀也容易切入工件，并可减少切削力。

（5）为了减少径向切削力，刀尖圆弧半径应磨得较小（$r_\varepsilon<0.3$mm），倒棱的宽度应选小些，一般为 $0.5f$，以减少切削时的振动。

此外，选用红硬性和耐磨性好的刀片材料，并提高刀尖的刃磨质量，也是一些行之有效的措施。

（6）细长轴车刀如图 8-9 所示。

综上所述，车削细长轴的关键技术措施是选择合理的几何角度的车刀，采用三爪跟刀架和弹性回转顶尖支撑，并实行反向进给方法来车削，如图 8-9 所示。

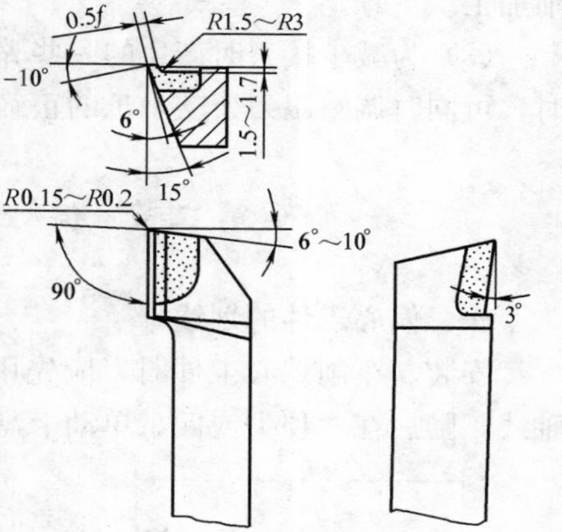

图 8-9　细长轴车刀

五、注意事项

（1）车削细长轴时，要充分浇注冷却润滑液，防止工件热变形，同时也要给支承爪处抹一些润滑脂，起到润滑。

（2）在粗车工件毛坯时，应将其一次进刀车圆，否则会影响跟刀架的正常工作。

（3）在切削过程中，要随时注意顶尖的松紧情况。其检查方法是：开动车床使工件旋转，用自己的右手拇指和食指捏住回转顶尖转动部分，如图 8-10 所示。这时顶尖是可以停止转动的，当松开手指时，顶尖又能恢复转动。这样就说明顶尖的松紧情况良好。

（4）在车削时，如果发生振动，可在工件上套一个轻重适当的套环，或挂一个齿轮等，可帮助消振。

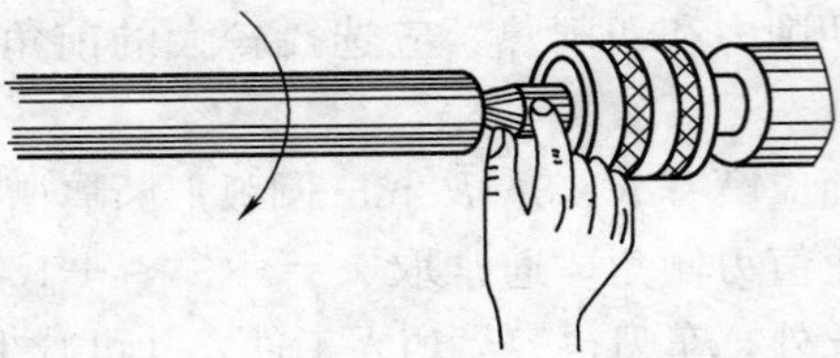

图 8-10　顶尖松紧情况的检查

（5）细长轴的毛坯尽可能圆、直，否则就会增加车削时的难度。

（6）细长轴车削完成后，有必要挂吊起来，以防其弯曲。

（7）宜采用三爪跟刀架和具有弹性的后顶尖及反向进给法来车削加工。

（8）为减少接刀时产生的一些弊端，在车削跟刀架支承处外圆时，可同时调整跟刀架支承爪的正确位置。

第二节　偏心工件的车削

一、偏心工件的划线

安装、车削偏心工件时，应先用划线的方法确定偏心轴（套）轴线，随后在两顶尖或四爪单动卡盘上安装。

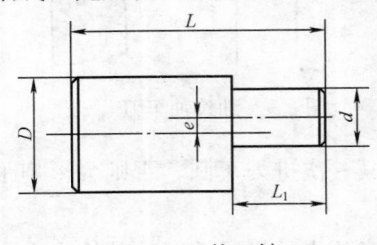

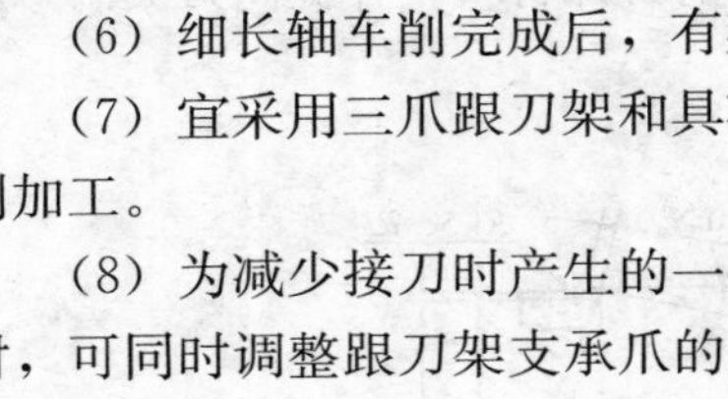

图 8-11　偏心轴

偏心轴的划线步骤如下。

（1）先将工件毛坯车成一根光轴，直径为 D，长为 L，如图 8-11 所示。使两端面与轴线垂直（其误差大影响找正精度），表面粗糙度值为 $Ra1.6\mu m$。然后在轴的两端面和四周外圆上涂一层蓝色显示剂，待干后将其放在平板上的 V 形架中。

（2）用游标高度尺测量光轴的最高点，如图 8-12 所示，并记下读数，再把游标高度尺的游标下移工件实际测量直径尺寸的一半，并在工件的 A 端面划出一条水平线，然后将工件转过 180°，仍用刚才调整的高度，再在 A 端面划另一条水平线。检查前、后两条线是否重合，若重合，即为此工件的水平轴线；若不重合，则需将游标高度尺进行调整，游标下移量为两平行线间距的一半。如此反复，直至使两平行线重合为止。

(3) 找出工件轴线后，即可在工件的端面和四周划圈线。

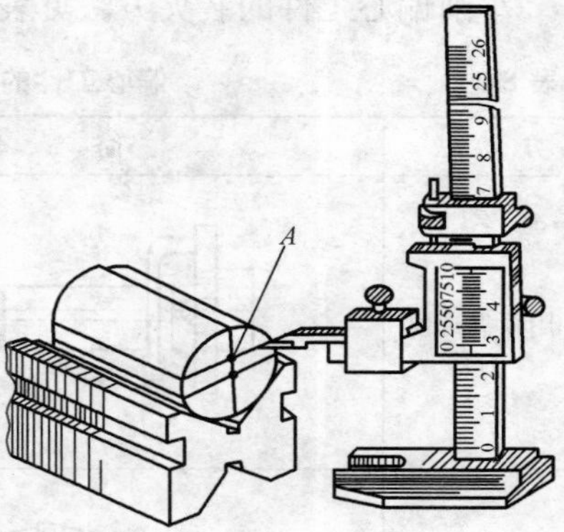

图 8-12　在 V 形架上划偏心的方法

(4) 将工件转过 90°，用平型直角尺对齐已划好的端面线，然后再用刚才调整好的游标高度尺在轴端面和四周划一道圈线，这样在工件上就得到两道互相垂直的圈线了。

(5) 将游标高度尺的游标上移一个偏心距尺寸，也在轴端面和四周划一道圈线。

(6) 偏心距中心线划出后，在偏心距中心处两端分别打样冲眼，要求敲打样冲眼的中心位置准确无误，眼坑宜浅，且小而圆。

1) 若采用两顶尖装夹车削偏心轴，则要依此样冲眼先钻出中心孔。

2) 若采用四爪单动卡盘装夹车削时，则要依此样冲眼先划出一个偏心圆，同时还须在偏心圆上均匀地、准确无误地打上几个样冲眼，以便找正，如图 8-13 所示。

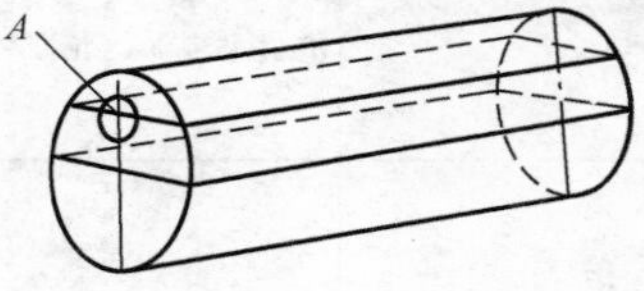

图 8-13　划偏心

二、偏心工件的加工方法

1. 偏心工件的定位基准

(1) 轴类工件以中心孔和外圆为定位基准。

(2) 套类工件以外圆和端面为定位基准。

(3) 外形不规则工件定位基准各异，可采用花盘、V 型块和角铁等附件定位。

2. 偏心工件的装夹方法

车削偏心工件的装夹方法见表 8-2。

表 8-2　　偏心工件的装夹方法

方　法	简　图	应　用
用顶尖拔顶	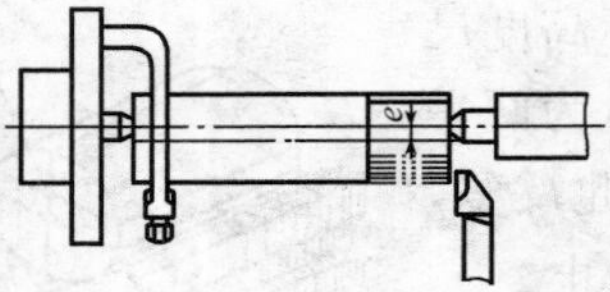	车削较长的偏心轴
用四爪单动卡盘装夹		夹紧力大，适于单件生产、加工精度不高的中小工件
用三爪自定心卡盘装夹	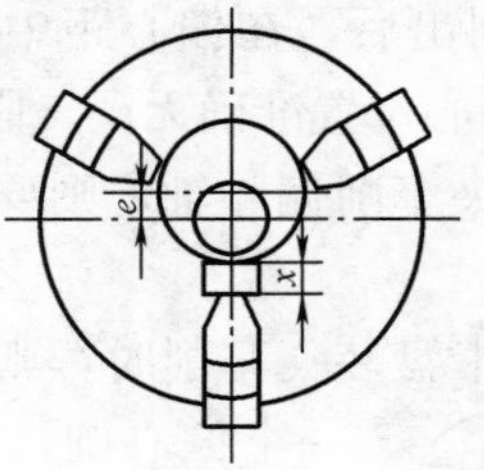	车削批量较大，长度较短的偏心工件垫片厚度 $x=1.5e\pm k$ 式中，k 为修正系数 $k=1.5\Delta e$ 式中，Δe 为实测偏心距误差（mm）
用花盘装夹	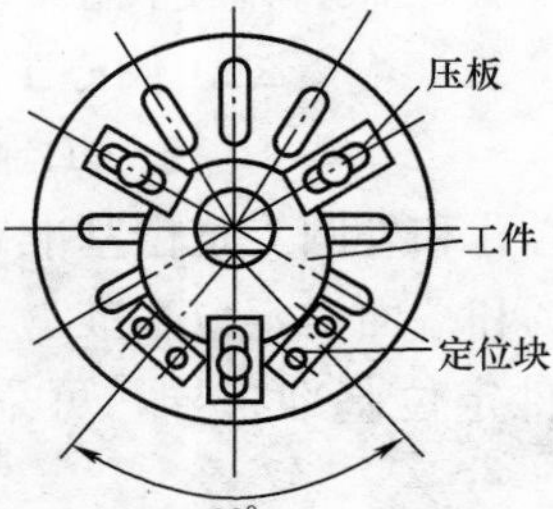	车削长度短、直径大、精度要求不高的偏心孔工件

续表

方　法	简　图	应　用
用双重卡盘装夹	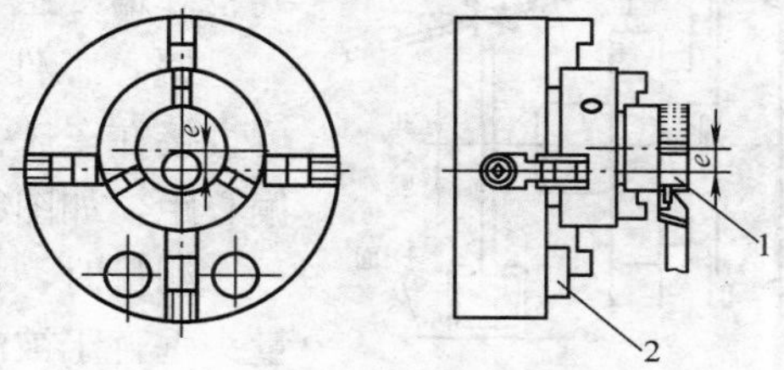 1—工件；2—平衡铁	成批生产较短的偏心轴
用偏心卡盘装夹	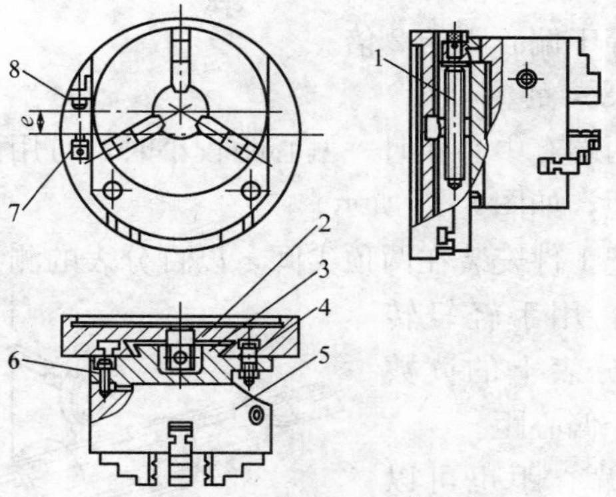 1—丝杠；2—底盘；3—偏心体； 4—锁紧螺钉；5—三爪自定心卡盘； 6—螺钉；7、8—测量头	适用于车削短轴和盘套类的较精密偏心工件，偏心距可调整

3. 偏心工件的车削要点

（1）适当加平衡块，保持车削平衡。

（2）夹紧部分应垫软质金属片，保护工件并增加夹紧力。

（3）不完整的扇形块工件应尽量成对装夹，使之对称平衡，便于测量。

（4）对于偏心和重量都大的工件，其车削用量要选择大些；反之则要小些。

（5）车削曲轴时，曲轴空挡处应有轴向支承，以减小曲轴的变形。

三、偏心工件的测量

1. 在车床上直接测量或检查偏心距

偏心工件加工完毕后，可直接在车床上检查或测量偏心距，如图8-14所示。

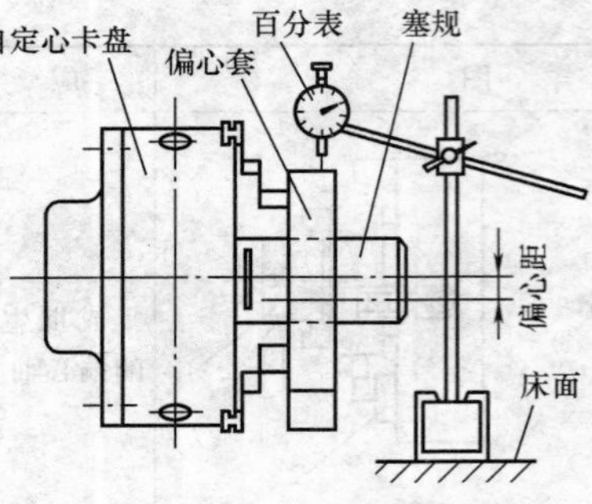

图 8-14　在车床上直接测量或检查偏心距

测量时，将百分表的测量头垂直于被测卡爪夹紧的外圆表面上，用手转动卡盘，百分表上指示出的最大和最小值之差等于偏心距的2倍。

2. 测量偏心轴的偏心距

偏心轴的两端有中心孔时，偏心距较小时，可用两顶尖装夹方法来测量偏心距，如图 8-15 所示。

测量时，把工件安装在两顶尖间，以百分表的测量头垂直于偏心轴部分表面，用手轻轻转动偏心轴，百分表上的读数值的一半就等于偏心距。

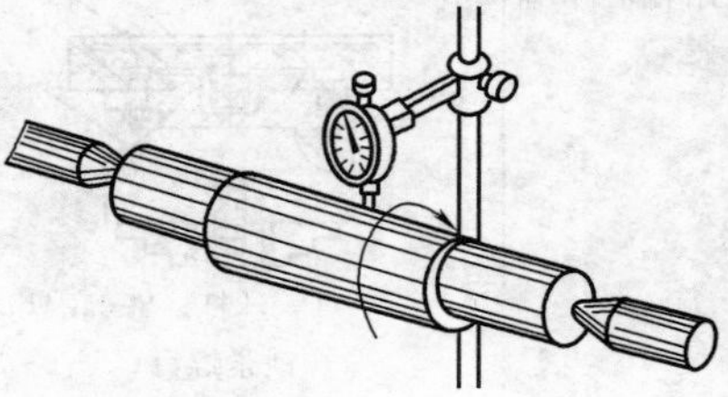

图 8-15　在两顶尖间测量偏心距的方法

偏心套的偏心距也可以用类似的方法来测量。

3. 测量较大偏心距的方法

偏心距较大的偏心工件，有时受百分表测量范围的限制，偏心距不能直接测得。此时可用间接测量偏心距，如图 8-16 所示。

把工件放在V型铁槽上，转动偏心轴，将百分表测量头垂直于上表面，测出偏心轴的最高点，然后将工件固定，再将百分表沿工件轴线水平移动，测量出偏心外圆到基准外圆之间距离 a，再按下式计算方法求出偏心距。

$$D/2 = e + (d/2) + a$$

$$e = D/2 - (d/2) - a$$

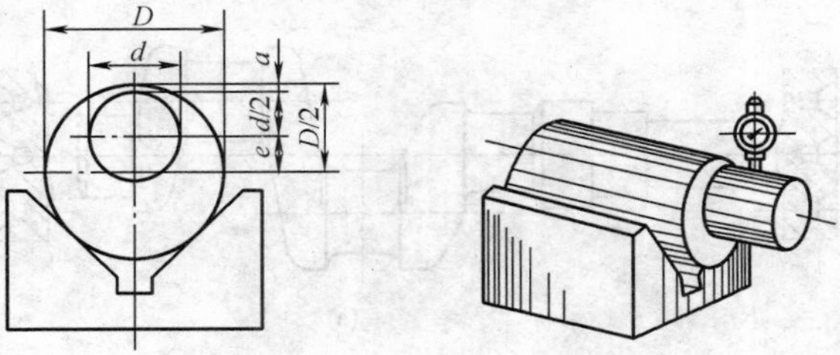

图 8-16　偏心距的间接测量方法

式中　e——偏心距，mm；

D——基准轴直径，mm；

d——偏心轴直径，mm；

a——基准轴外圆到偏心轴外圆之间的最小距离，mm。

上述方法，必须把基准轴直径和偏心轴直径用千分尺测出正确的实际尺寸（应精确到 0.01mm），否则计算值会产生误差。

四、曲轴的车削

根据发动机的性能和用途不同，曲轴分为二拐、四拐、六拐、八拐等几种。根据曲柄颈拐数不同，曲柄之间互成 90°、120°和 180°等角度。曲轴毛坯一般用铸造或球墨铸铁浇注成形。

1. 曲轴的车削方法

曲轴实际上也是一种偏心工件。简单的两柄曲轴如图 8-17 所示。其曲柄颈之间互成 180°。

它的加工原理与偏心轴基本相同，用中心孔定位，在两顶尖间装夹加工。但两端主轴颈的尺寸较小，一般不能直接在轴端钻曲柄颈中心孔。因此，可以在两端加留工艺轴颈［见图 8-17（a)］或装上偏心夹板［见图 8-17（b)］。在工艺夹板（或偏心夹板上钻出中心孔）A 和偏心中心孔 B_1、B_2。当两顶尖干部带头在中心孔 A 中，可车削各级主轴颈外圆。两顶尖先后干部带头在中心孔 B_1 和 B_2 中，可分别车削两曲柄颈。加工完毕后，车去两端工艺轴颈，取总长至尺寸要求。若用偏心夹板车削时，为了防止偏心夹板转动，可用螺钉或借用键定位。如不能留螺钉沉孔，可在轴颈外圆留 3～4mm 余量，备用于精车。

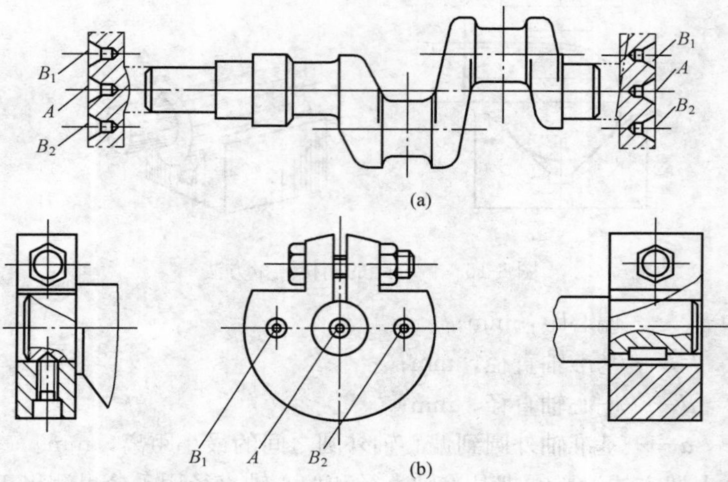

图 8-17　两拐曲轴

(a) 用两顶尖装夹车削；(b) 用偏心夹板装夹车削

若是偏心距大并较为复杂的曲轴，可用偏心卡盘、专用夹具来装夹工件。

2. 曲轴的测量方法

(1) 用可调量规测量。可调量规测量曲轴精度的方法见图 8-18。这是一个测量六拐曲轴角度的方法。

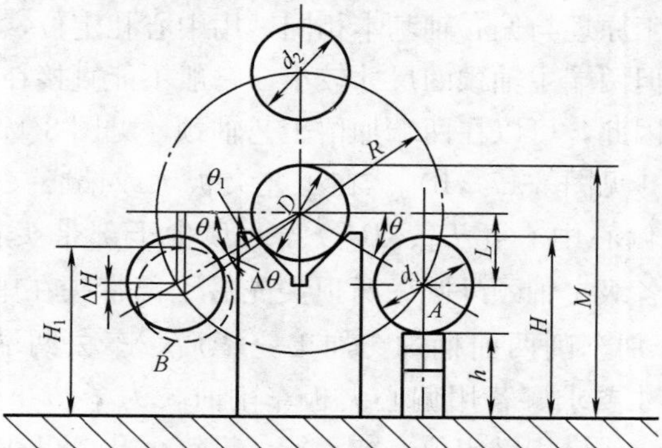

图 8-18　用可调量规测量两拐曲轴角度误差

先把曲轴两端轴颈支承在一对 V 形架上，并找正主轴中心线与平板平行，然后在一个曲柄颈下垫进一只可调量规，其高度可按下式计算。

$$h=M-\frac{D}{2}-R\sin\theta-\frac{d_1}{2}$$

式中　h——垫块高度，mm；

M——主轴颈外圆顶点高度，mm；

D——主轴颈实测直径尺寸，mm；

R——偏心距，mm；

θ——曲柄颈与主轴颈中心平面之间的夹角，(°)；

d_1——曲柄颈 A 的实测直径尺寸，mm。

检验时，先测量出曲柄颈 A 的高度 H，再测量出曲柄颈 B 的高度 H_1，并计算出高度差 ΔH，再用下式计算出角度误差 $\Delta\theta$。

$$\Delta\theta=\theta_1-\theta$$

$$\sin\theta=\frac{L}{R}$$

$$\Delta H=H_1-H$$

式中　ΔH——曲柄颈 B 与 A 的中心高差，mm；

L——曲柄颈 A 中心至主轴颈中心水平面的距离，mm。

(2) 用分度头测量。如图 8-19 (a) 所示，是用分度头来测量角度误差。

曲轴的一端夹持在分度头的三爪自定心卡盘中，另一端用可调 V 形架支承，用百分表找正主轴颈的中心线后，将第一挡曲轴轴颈旋转至水平位置，用百分表测出 H_1 值，将分度头旋转曲柄之间夹角 θ 长后，再用百分表测量出 H_2 值，经过计算［如图 8-19 (b)］，可得

$$L_1=H_1-(d_1/2),L_2=H_2-(d_2/2),\Delta L=L_1-L_2$$

$$\sin\Delta\theta=\Delta L/R$$

式中　d_1——曲轴轴颈 A 的实际尺寸，mm；

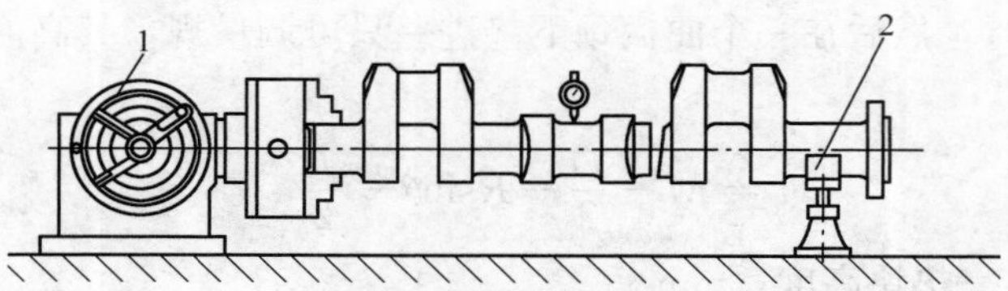

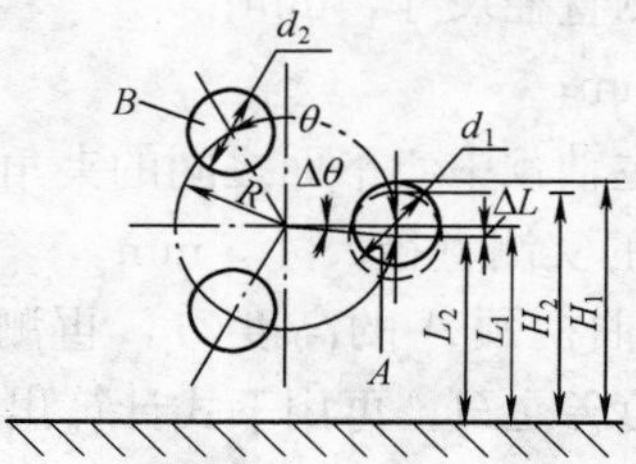

图 8-19　用分度头测量误差

（a）测量方法；（b）计算方法

d_2——曲轴轴颈 B 的实际尺寸，mm；

L_1——曲轴轴颈 A 的中心高，mm；

L_2——转过角度后曲轴轴颈 AB 的中心高，mm；

ΔL——曲轴轴颈 A 和 B 的中心高度差，mm；

$\Delta\theta$——曲轴轴颈 A 和 B 的角度误差，(°)；

R——偏心距，mm。

第三节　薄壁工件的车削加工

薄壁工件就是指工件内、外直径之差较小[$D-d=(2\sim5)$mm]的套类零件。

一、薄壁工件的车削加工特点

车薄壁工件时，由于工件的刚性差，在车削过程中，可能产生以下现象。

（1）因工件壁薄，在夹紧力的作用下容易产生变形，从而影响工件的尺寸精度和形状精度。

（2）因工件壁薄，车削时容易引起热变形，工件尺寸难以控制。

（3）在切削力（特别是径向切削力）的作用下，容易产生振动和变形，影响工件的尺寸精度，形状、位置精度和表面粗糙度。

二、防止和减少薄壁工件变形的方法

防止和减少薄壁工件变形的方法见表 8-3。

表 8-3　　防止和减少薄壁工件变形的方法

方法	说　明	图　示
工件分粗、精车	工件分粗、精车可消除粗车时因切削力过大而引起的变形	—
合理选用刀具的几何参数	精车薄壁工件时，刀柄的刚度要求高，车刀的修光刃不宜过长（一般取 0.2 ～ 0.3mm），刃口要锋利 车刀几何参数可参考下列要求： （1）外圆精车刀。$K_r=90°\sim93°$，$K'_r=15°$，$\alpha_0=14°\sim16°$，$\alpha'_0=15°$，γ_0 适当增大 （2）内孔精车刀。$K_r=60°$，$K'_r=30°$，$\gamma_0=35°$，$\alpha_0=14°\sim16°$，$\alpha'_0=6°\sim8°$，$\lambda_s=5°\sim6°$	—

续表

方法	说　明	图　示
增加装夹接触面	采用开缝套筒和特制的软卡爪，使接触面增大，让夹紧力均布在工件上，因而夹紧时工件不易产生变形	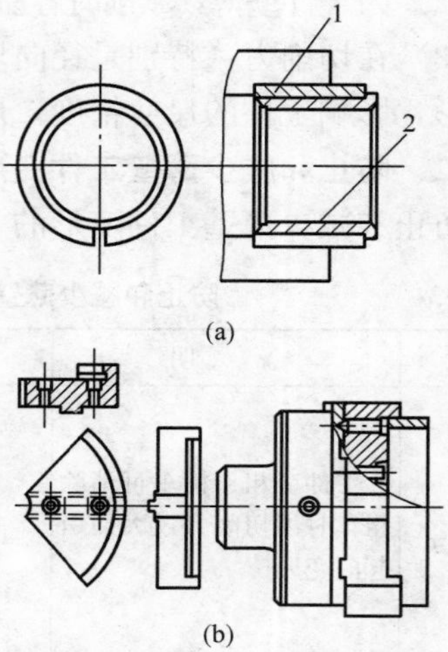 增大装夹接触面减少工件变形 (a) 开缝套筒；(b) 特制的软卡爪 1—薄壁套；2—工件
应用轴向夹紧夹具	车薄壁工件时，尽量不使用径向夹紧，而优先选用轴向夹紧的方法，如右图所示。工件1靠螺母2的端面实现轴向夹紧，由于夹紧力 F 沿工件轴向分布，而工件轴向刚度大，不易产生夹紧变形	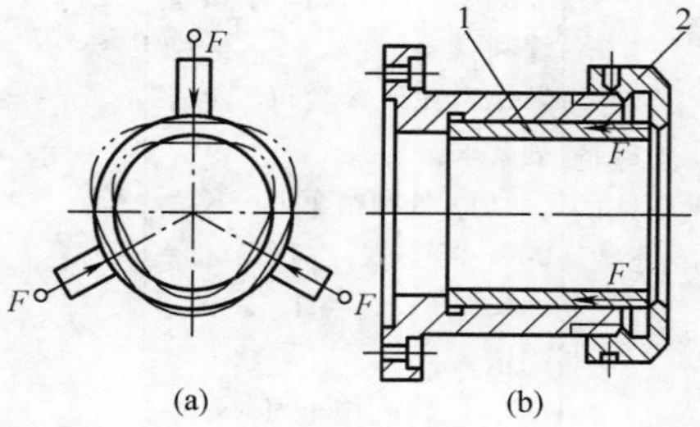 薄壁套的夹紧 (a) 错误；(b) 正确 1—工件；2—螺母

续表

方法	说　明	图　示
增加工艺肋	有些薄壁工件在其装夹部位特制几根工艺肋，以增强此处刚性，使夹紧力作用在工艺肋上，以减少工件的变形，加工完毕后，再去掉工艺肋	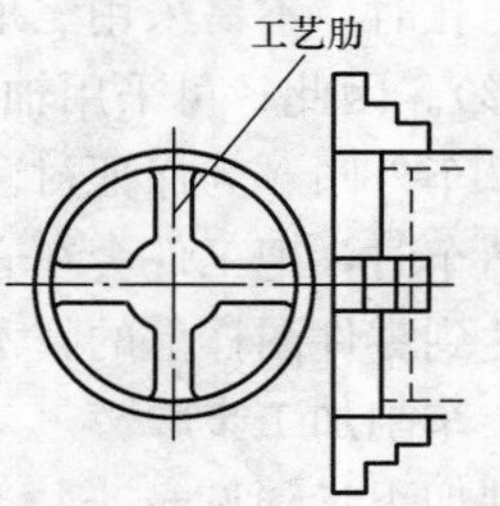
增大车刀的前角，浇注充分切削液	增大车刀的前角以减小切削力，避免振动。另外，充分加注切削液，以防止工件变形和刀具磨损，同时也要选择较小的切削深度、进给量和适当的切削速度	—

三、薄壁工件的车削实例

图 8-20 是一薄壁工件（铜衬套）的零件图，材料ZQSn6-6-3，其特点是孔壁很薄，尺寸精度和形位公差要求很高。

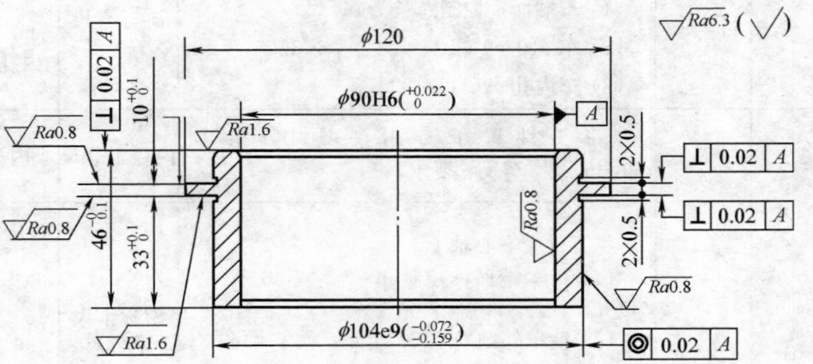

图 8-20　铜衬套

工艺分析如下：

（1）铜衬套材料。毛坯材料采用铸造锡青铜并且是空心铸件。

（2）精车要领。因工件的尺寸精度和形位精度很高（垂直度和

同轴度的基准都是 A，即 $\phi90H6$ 的轴线），精车时，要根据加工原则，先加工基准要素（$\phi90H6$ 的内孔）部分。由于工件孔壁较薄，在精车内孔时，不易采用三爪卡盘装夹（因夹紧力是径向的易引起形状变形）。因此，可采用轴向夹紧夹具来装夹。

(3) 车外圆。为保证衬套上各端面的垂直度、外圆和内孔的同轴度，精车时，把工件套在心轴上加工，这样就能以内孔为定位基准，来达到零件图样上的技术要求。

四、车削加工步骤

车削加工步骤见表 8-4。

表 8-4　　铜衬套的车削加工步骤

名　称		材　料	毛坯尺寸	数　量
铜衬套		ZQSn6-6-3	……	……
工序	顺序	加工内容	量具	刀具
粗车	1	夹住 $\phi104$ 毛坯外圆 (1) 粗车端面 (2) 车削 $\phi120$ 外圆至尺寸要求 (3) 车削 $\phi104e9\sim\phi104^{+0.50}_{+0.40}$，长度 33～32.5	游标卡尺 千分尺	45°弯头刀 90°车刀
	2	调头用软爪夹住 $\phi104\times32.5$ 处 (1) 车端面，控制总长为 $46^{+0.60}_{+0.50}$ (2) 车 $\phi104e9\times10\sim104^{+0.50}_{+0.40}\times32.5$ (3) 车内孔 $\phi90H6\sim89^{+0.6}_{+0.5}$	游标卡尺 千分尺	45°弯头刀 90°车刀 内孔车刀
精车	3	将工件置于专用夹具中，精车 $90H6^{+0.022}_{0}$ 至尺寸要求	内径千分尺	内孔车刀
	4	将工件套在心轴上 (1) 精车端面，控制 $10^{+0.10}_{0}$ 或 $46^{0}_{-0.1}$ 的尺寸 (2) 精车外圆及 $\phi120$ 端面，使 $\phi104e9\times33^{+0.10}_{0}$ 尺寸至要求 (3) 精车另端面，控制总长 $46^{0}_{-0.1}$	游标卡尺 千分尺	45°弯头刀 90°车刀
	5	调头精车外圆及 120 端面，使 $\phi104e9^{-0.072}_{-0.159}\times10^{+0.10}_{0}$ 至尺寸要求	千分尺	90°车刀
	6	检查	—	—

第四节　不规则零件的车削

一、不规则零件车削的常用工具及辅具

不规则零件车削时，通常需用相应的车床附件或专用车床夹具来加工。常用的工具及辅具见表 8-5。

表 8-5　　　不规则零件车削时常用的工具及辅具

工具及辅具		说　明	图　示
花盘		被加工表面回转轴线与基准面互相垂直，外形复杂的工件（如双孔连杆、支撑座等）	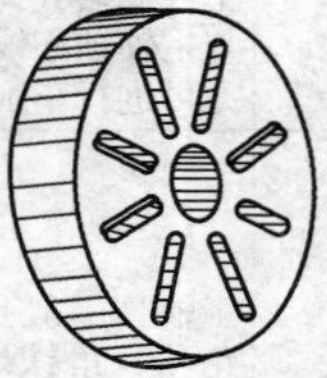
角铁	常见角铁	当外形复杂，而且被加工表面与基准面要求平行时，可在角铁上加工（一般是与花盘一起使用的）	 内角铁 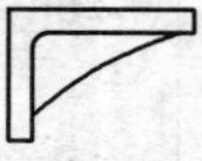 外角铁  带圆孔角铁  带燕尾槽角铁 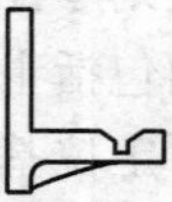 带V形槽角铁 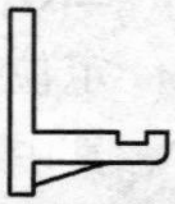 带凹槽角铁
	微型角铁	对于小型复杂，如十字孔工件、环首螺钉等，它们的体积均很小，质量也轻，而且基准面到加工表面中心的距离不大，如果用花盘、角铁加工非常不便，这时可用微型角铁加工，不仅方便，而且还可高速车削，效率也高	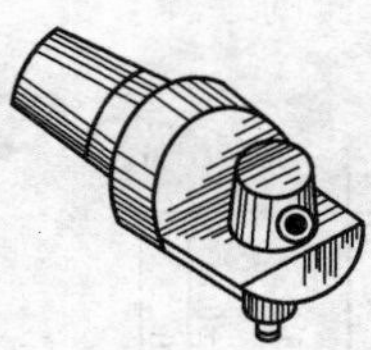 加工十字孔 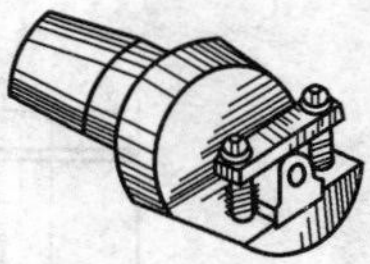 加工螺纹 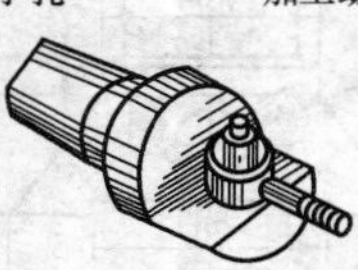 加工环首螺钉

续表

工具及辅具	说　明	图　示
四爪单动卡盘	四爪单动卡盘适用于装夹大型和形状不规则的工件。因其四个卡爪能各自独立运动，而不能向三爪自定心卡盘的卡爪那样同时一起作径向移动，这就使得工件在装夹后有一个较大的偏差，故而我们也就只有将工件旋转中心校正到与主轴轴心线重合后，方可进行车削	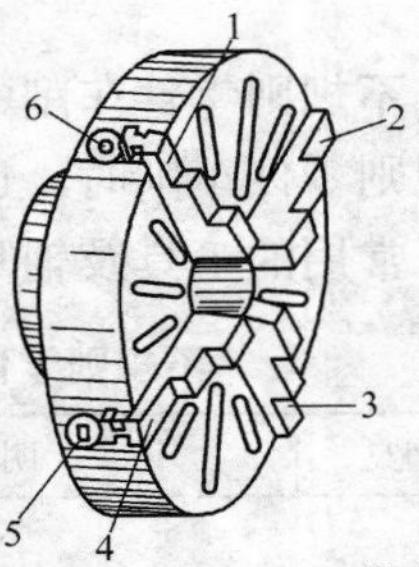 1、2、3、4—卡爪；5、6—带方孔丝杠
辅具	辅具一般是应用于花角、角铁之上，用以来紧固、装夹或平衡之用	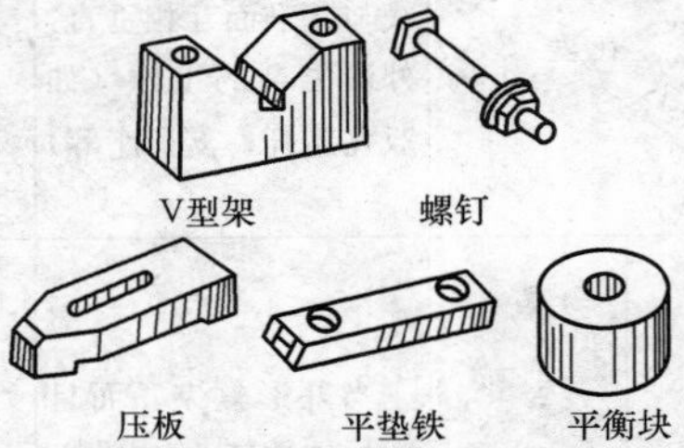

二、不规则零件定位基准的选择

定位基面包括主要定位基面、导向定位基面和止推定位基面三种。其中主要定位基面选择的正确与否，对零件的加工和使用影响尤为重要。

1. 主要定位基面的选择

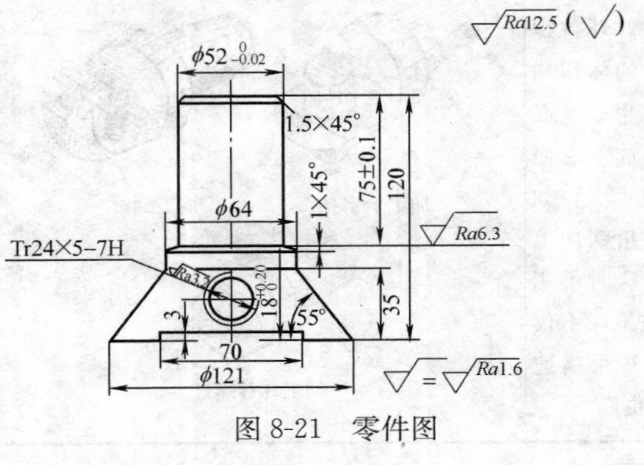

图 8-21　零件图

（1）主要定位基面应尽量和零件的装配、使用基面相一致，这样有利于达到装配和配合时的要求，应根据图样的具体工件形状、尺寸和质量、技术要求分析确定。图 8-21 所示零件，各部尺寸均已加工完毕，现需加工梯形内螺纹 Tr24×5－7H。零件的装夹如图 8-22 所示。

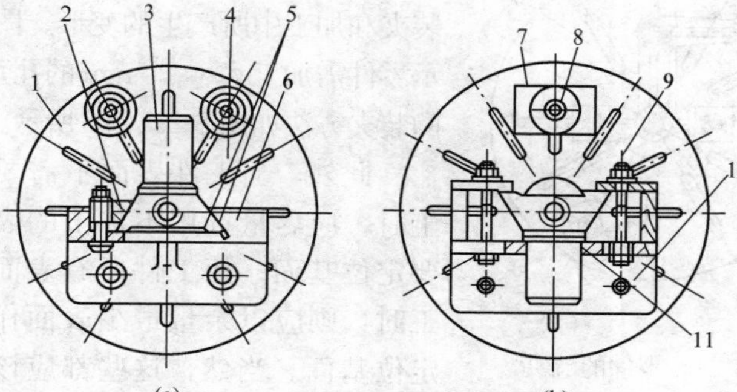

图 8-22　零件的装夹

(a) 主要定位基面正确；(b) 主要定位基面不正确

1、7—花盘；2—斜度压板；3、9—工件；4、8—配重；

5、11—主要定位基准面；6—带燕尾槽角铁；10—带圆孔角铁

(2) 选择的主要定位基面应尽可能地对零件进行一次装夹，即完成全部或大部分的加工内容，以避免因更换定位基面而带来的加工误差。同时，还要考虑能使装夹牢靠，加工、测量简便易行。图 8-23 所示零件用图 8-24 的装夹方法比较合理，若以两端的孔定位，会因为主要定位基面的变动和装夹次数的增加而增大加工误差。

(3) 零件上作为主要定位基面的面，其尺寸应尽量大并接近将要加工的部位。若以毛坯面作为主要定位基面时，则应选用较为平整的

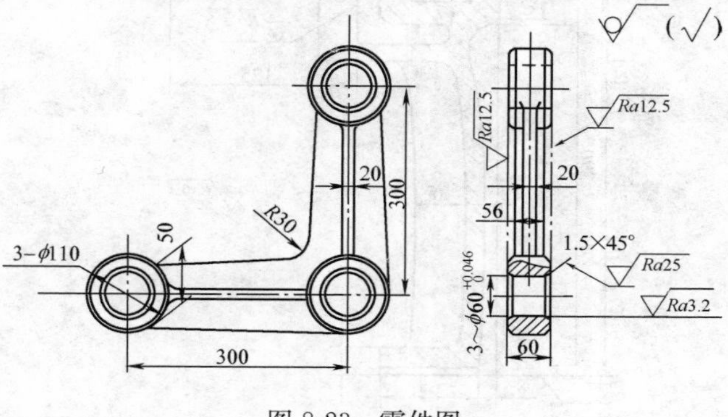

图 8-23　零件图

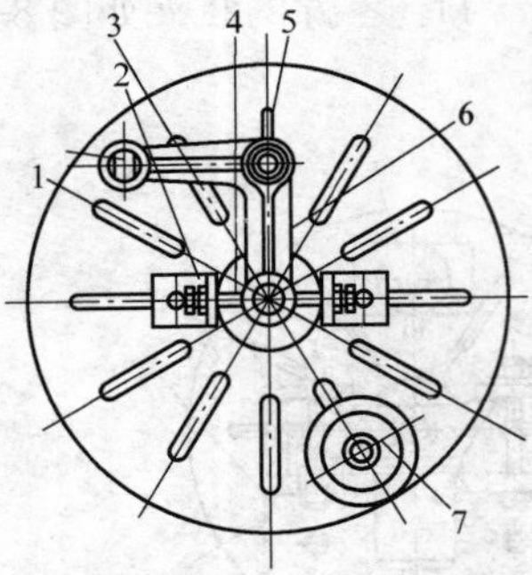

图 8-24　零件的装夹

1—心轴；2—小角铁；3—花盘；4—螺钉；5—螺母、垫圈；6—工件；7—配重

表面，以保持足够的刚性，增加装夹时的稳定性，可有效地防止或减少零件在装夹和加工中所产生的变形。图 8-25 所示零件需加工 $\phi28^{+0.015}_{0}$ mm 的孔，其正确的装夹方法如图 8-26（a）所示。

此外，当工件表面不需要全部加工时，应尽量选用不加工的表面作主要定位基面；而工件所有表面都要加工时，则应以余量最少表面作为主要定位基面。当然，这些都应该以保证定位精度、夹紧牢靠为前提。

2. 导向定位基面和止推定位基面的选择

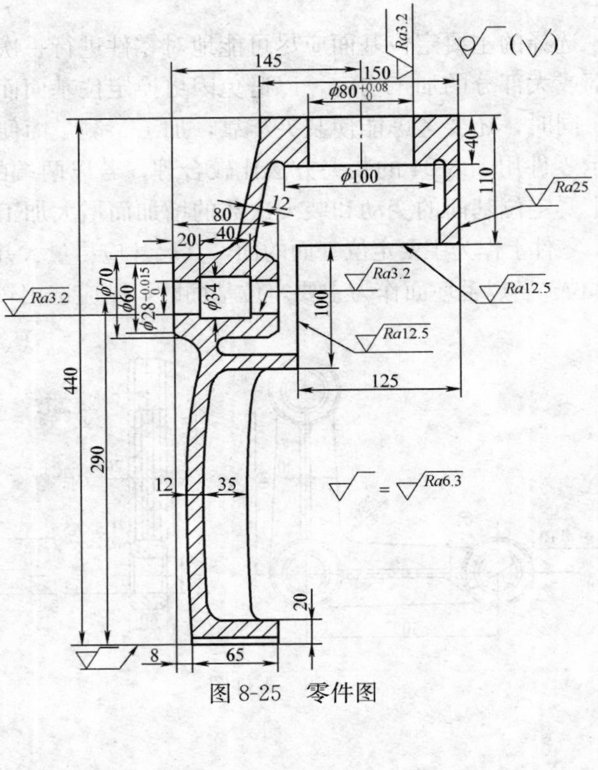

图 8-25　零件图

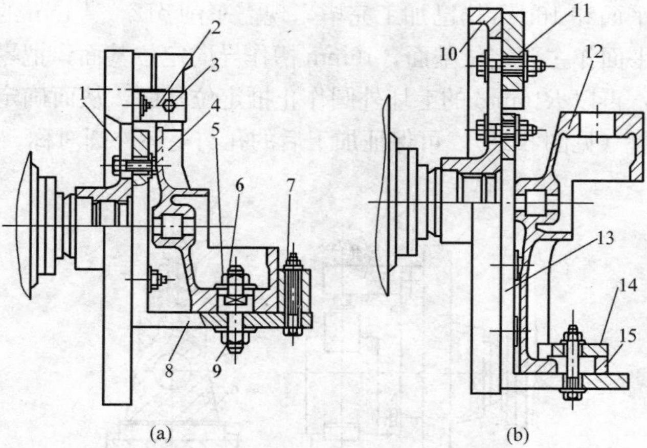

图 8-26　零件的装夹

（a）正确的主要定位基面；（b）不正确的主要定位基面

1、10—花盘；2—小角铁；3—定位螺钉；4、12—工件；5—心轴；6、9—螺母；7—导向板；8、13—角铁；11—配重；14—底板；15—垫板

在主要定位基面已确定的基础上，还要注意导向定位基面和止推定位基面的选择。首先，应选择工件上需校直或有对称要求的部位和对加工部位有相对位置要求的面，分别作为导向定位基面和止推定位基面。没有这些要求时，则可选择最长的表面作导向定位基面，选择尺寸最小或较小的表面作止推定位基面。这样可以获得稳定可靠的定位。例如图 8-27 所示零件。

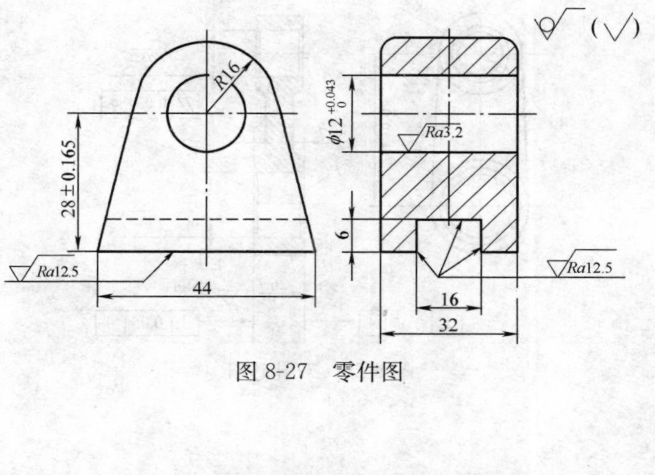

图 8-27　零件图

底平面和16mm槽已加工完毕，现需车削$\phi 12^{+0.043}_{0}$mm的孔。可选择底平面作主要定位基面，16mm槽作导向定位基面，把零件装在角铁上，再以R16mm的毛坯外圆作止推定位基面，从而确定工件的加工位置（见图8-28），可保证加工后的孔与毛坯外圆对称。

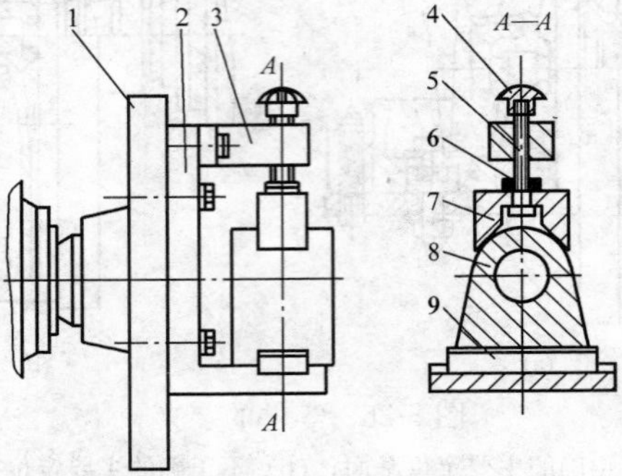

图8-28 零件的装夹

1—花盘；2—内角铁；3—支承架；4—手柄；5—螺钉；6—螺母；7—V形架；8—工件；9—定位键

三、不规则零件的安装找正方法

1. 花盘上安装找正零件

现以在花盘上车削双孔连杆为例说明（如图8-29所示）。双孔连

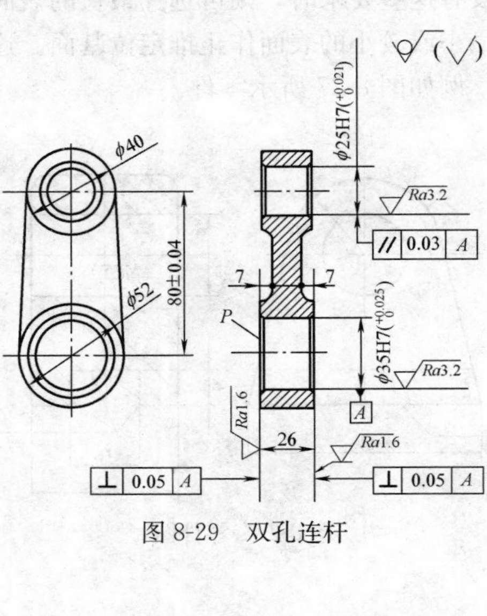

图8-29 双孔连杆

杆主要有四个表面要加工，即前后两个平面、上下两个内孔。若两个平面已精加工，现要加工两个内孔。由于两孔中心距有一定要求，且两孔轴线要相互平行且与基准面垂直，而且两孔本身有一定的尺寸要求。因此必须要求：①花盘本身的形状公差是工件相关公差值的1/2～1/3；②要有一定的测量手段以保证两孔中心距的公差。

图 8-30 所示为车削双孔连杆的装夹方法。

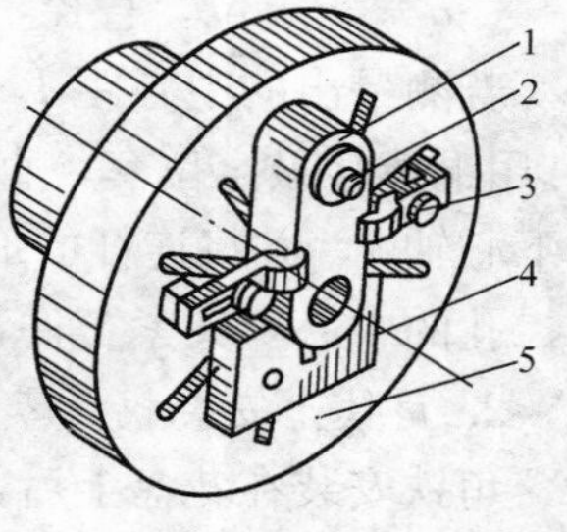

图 8-30　双孔连杆装夹方法

1—连杆；2—压紧螺钉；3—压板；4—V 形架；5—花盘

其装夹步骤如下。

（1）首先选择前后两个平面中的一个合适平面作为定位基准面，将其贴平在花盘盘面上。

（2）V 形架 4 轻轻靠在连杆下端圆弧形表面，并初步固定在花盘上。

（3）按预先划好的线找正连杆第一孔，然后用压板 3 压紧工件。

（4）调整 V 形架，使其 V 形槽轻抵工件圆弧形表面，并锁紧 V 形架。

（5）用螺钉 2 压紧连杆另一孔端。

（6）加适当配重铁，将主轴箱手柄置于空挡位置，用手转动花盘，使之能在任何位置都处于平衡状态。

（7）用手转动花盘，如果旋转自由，且无碰撞现象，即可开始车孔。

第一个工件找正以后，其余工件即可按 V 形架定位加工，不必再进行找正。

车削第二孔时，关键问题在于保证两孔距公差，为此要求采用适当的装夹和测量方法。

先在主轴锥孔内安装一根专用心轴 1，并找正心轴的圆跳动，再在花盘上安装一个定位套 2，其外径与加工好的第一孔呈较小的间隙配合，如图 8-31 所示。然后用千分尺测量出定位套 2 与心轴 1 之间的距离 M，再用下式计算中心距

$$L=M-\frac{D-d}{2}$$

式中 L——两孔实际中心距，mm；

M——千分尺测得的距离，mm；

D——专用心轴直径，mm；

d——定位套直径，mm。

若测量出的中心距 L 与图样要求不符，则可微松定位套螺母3，用铜棒轻敲定位套，直至符合图样要求为止。中心距校正好后，取下心轴1，并将连杆已加工好的第一孔套在定位套上，并校正好第二孔的中心，夹紧工件，即可加工第二孔。

2. 角铁上安装找正零件

角铁安装在花盘上后，首先用百分表检查角铁的工作平面与主轴轴线的平行度。检查方法如图 8-32 所示。先将百分表装在中滑板或床鞍上，使测量头触及角铁的工作平面，然后慢速移动床鞍，观察百分表的摆动值，其最大值与最小值之差，即为平行度误差。如果测得结果超出工件公差的 1/2，若工件数量较少，可在角铁与花盘的接触平面间垫上合适的铜皮或薄纸加以调整；若工件数量较多，则应重新修刮角铁，直至使测量结果符合要求为止。

现以如图 8-33 所示的轴承座为例说明一下零件在角铁上的安装与找正方法。

(1) 若工件数量较少，可将轴承座装夹在角铁上后(图8-34所示)，

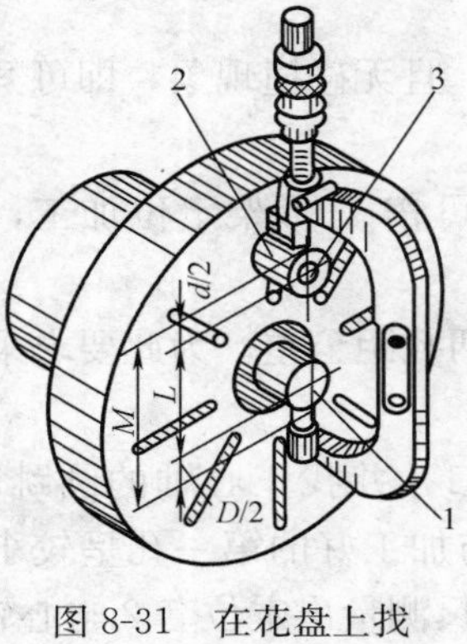

图 8-31 在花盘上找正中心距的方法

1—心轴；2—定位套；3—螺母

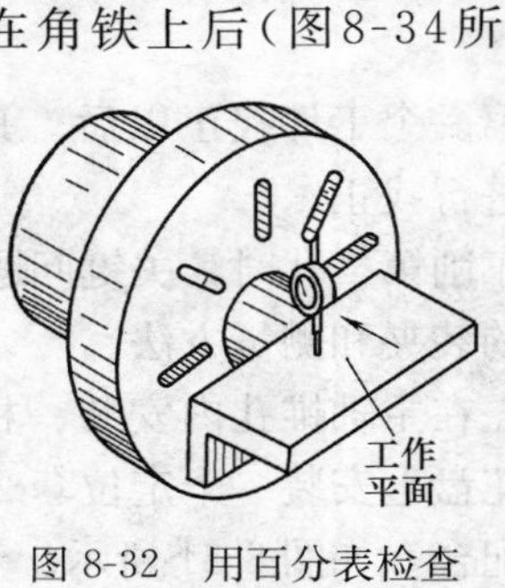

图 8-32 用百分表检查角铁的工作平面

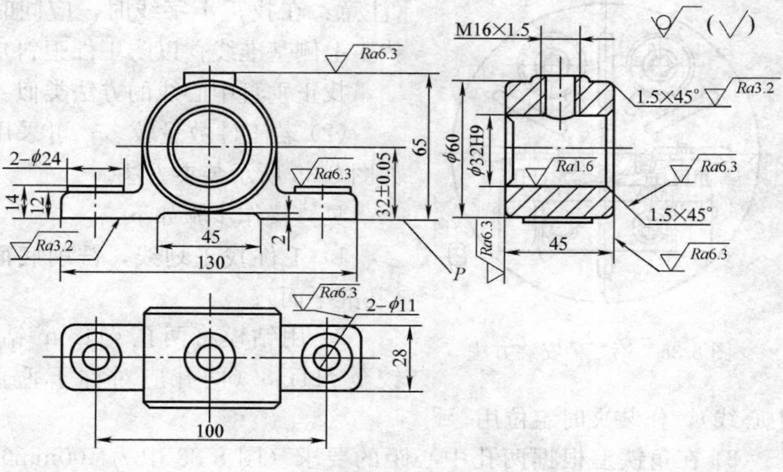

图 8-33　轴承座

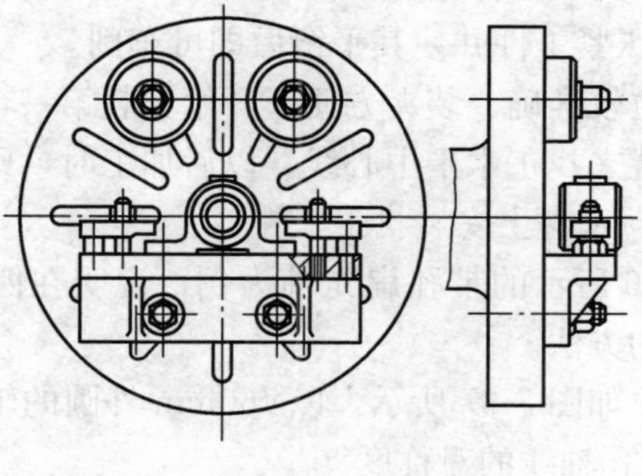

图 8-34　第一种安装方法

先用压板轻压，再用划线盘找正轴承座轴线，根据划好的十字线找正轴承座的中心高。

具体操作步骤如下。

1）调整划针高度，找正水平中心线。

2）使针尖通过工件水平中心线，然后将花盘旋转 180°，再用划针轻拉一条水平线，若两线不重合，可将划针尖调整到两条平行线的中间位置。

3）调整角铁，使工件水平线向划针高度方向调整。

4）重复上述步骤，使划针所划的两条水平线直到重合为止。

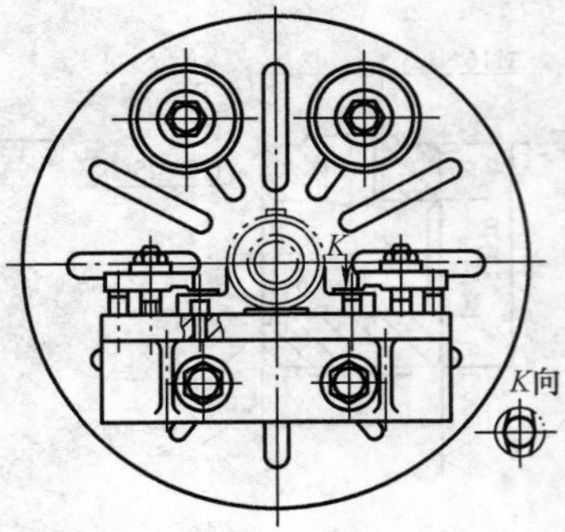

图 8-35　第二种安装方法

（注意：在找正十字线时，应同时找正上侧基准线，以防工件歪斜）。

找正垂直中心线的方法类似。

（2）若工件数量较多，可采用如图 8-35 所示装夹方法。

具体操作步骤如下：

1）工件找正划线，铣削底面（基准平面）；

2）用钻模将两孔 ϕ11mm 钻、铰至 ϕ11H8（两孔应对称于垂直中心线），作装夹时定位用；

3）在角铁上根据两孔中心距的要求（图 8-33 中为 100mm），钻、铰孔并压入两只定位销（工件采用一面两销定位）；

4）用压板压紧工件并使其平衡后即可车削。

此方法定位较准确、装夹方便（开始安装第一个工件时仍需通过调整角铁位置来找正水平中心线，以后加工时，则不需重复）。

3. 四爪单动卡盘上安装找正零件

现以图 8-36 所示的带孔扁光轴为例，说明在四爪单动卡盘上装夹找正零件的方法。

（1）粗校。如图 8-37 所示，以 ϕ60mm 外圆的轴线为基准，校正 $\phi 20^{+0.021}_{0}$ mm 孔轴线的对称度。

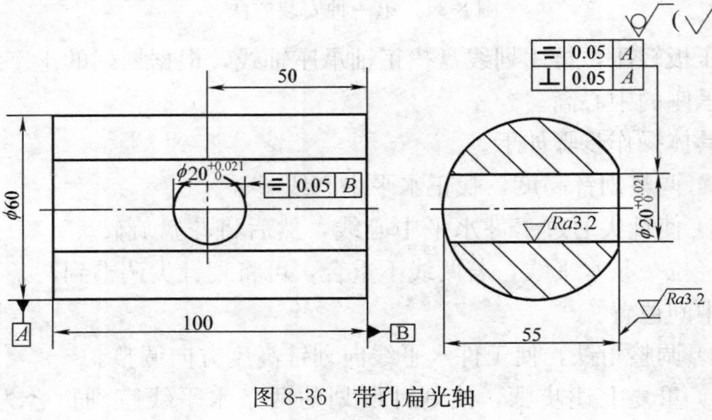

图 8-36　带孔扁光轴

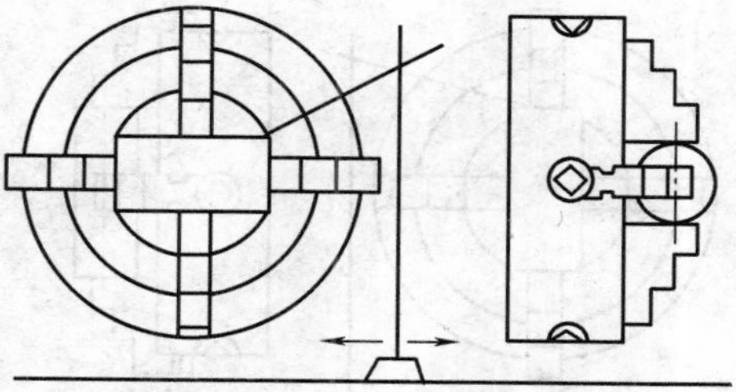

图 8-37 找正轴线对称度

具体方法如下：

1）用手转动卡盘使零件处于水平状态，用划线盘校正零件两端圆柱的最高点，观察其间隙，转 180°使零件成水平位置，再找正零件两端圆柱表面的最高点，观察其间隙，作比较后找正，应多次复校。

2）如图 8-38 所示，以 ϕ60mm 外圆轴线为基准，用线针盘校正两端圆柱表面离卡盘最远点的跳动量，找正 $\phi20^{+0.021}_{0}$ mm 孔轴线的垂直度。

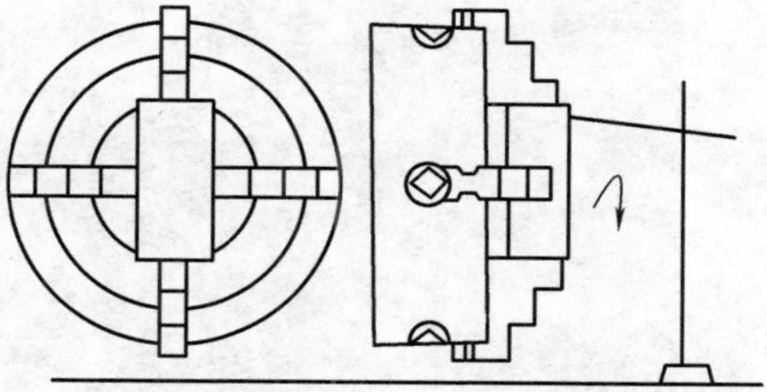

图 8-38 校轴线的垂直度

3）以图 8-39 所示方法，找正 $\phi20^{+0.021}_{0}$ mm 孔与两端面的对称度。

（2）精校。用百分表（杠杆式）按前述方法进行精校。

四、注意事项

（1）精校时，应注意百分表的换向手柄的位置的用表安全。在测量中一般量程应取中间值并应保持其值的稳定。

（2）由于断续切削，平面容易产生凹凸不平，应用钢直尺检查平面度。

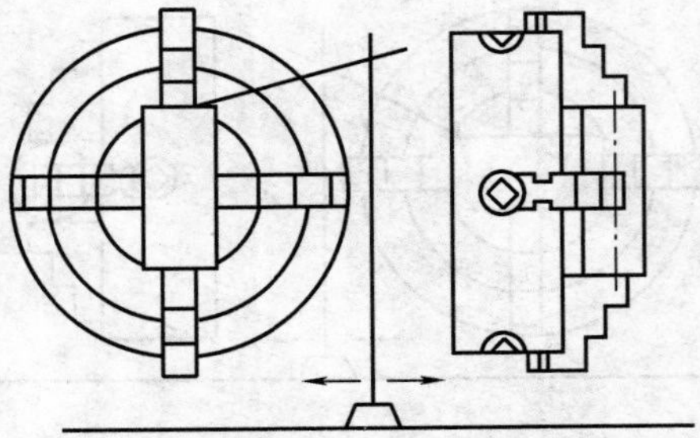

图 8-39 找正孔轴线与两端面的对称度

(3) 在单独找正垂直度和对称度后，应综合复检，以防相互干扰，从而影响精度。

(4) 在找正零件时，应注意基面的统一，否则会产生积累误差，影响精度。

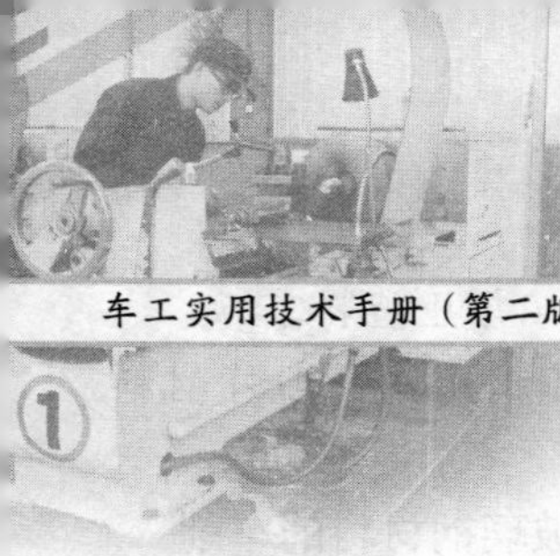

第九章

非金属材料车削加工

在机械产品中，采用非金属材料制成的零件种类很多，但大多数非金属零件的成型和精度、质量的保证通常不由切削加工来实现。需要进行必要的切削加工的非金属材料，主要有塑料、橡胶类等。

第一节　塑　料　车　削

一、塑料切削

塑料是一大类合成材料的总称。它是以树脂为主加入填料等而制成的有机物。按树脂性质不同，分为热塑性和热固性两大类。热固性塑料比热塑性塑料难加工。这里主要介绍热固性塑料的车削加工用的刀具。

1. 塑料切削特性

由于塑料导热系数小，切削区散热状况差。如果刀具前后角太大、楔角减小、散热面积减少，导致刀具温度升高、因过热使刃口磨损变钝，这样塑料会过热而烧焦（热固性塑料）或熔化（热塑性塑料）成为废品。

实践表明，对加工玻璃纤维增强塑料（玻璃钢）用高速钢刀具或 YT 类、YW 类硬质合金刀具磨损严重，只有含钴量少的硬质合金 YG3X 硬度高、导热能力好，因而刀具寿命长。但其刃磨不易锋利，且易崩刀，勉强能加工。利用金刚石车刀或立方氮化硼车刀加工玻璃钢，不但大大提高生产率，即使很难切削的环氧树脂型玻璃钢也能保证足够的刀具寿命。

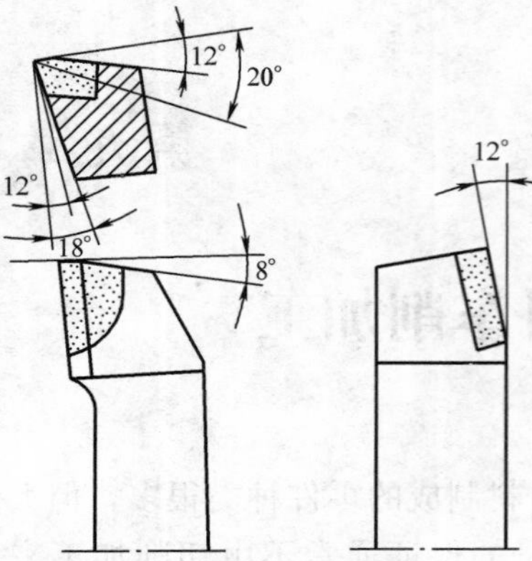

图 9-1 加工层压塑料车刀

2. 加工层压塑料车刀

如图 9-1 所示，刀片材料为 YG8。

二、玻璃钢材料的车削

1. 玻璃钢材料的车削特性

玻璃钢是用玻璃纤维或玻璃布增强的工程塑料。其种类有聚酯玻璃钢、酚醛玻璃钢、环氧玻璃钢和改性呋喃玻璃钢等。玻璃钢质轻而坚硬，其机械强度可与一般钢材相比。玻璃钢还具有不导电、耐水、耐化学腐蚀等优点，因而可以代替防腐材料，其中环氧玻璃钢在工业上应用较为广泛。

玻璃钢较坚硬、机械强度较高，其切削性能与胶木相似，与金属材料和橡胶相比较，容易切削加工。

2. 玻璃钢的切削刀具

(1) 刀具材料。一般采用钨钴类硬质合金的 YG6 和 YG8。

(2) 刀具几何参数选择。根据车削加工过程中刀具几何参数对刀具磨损的影响情况，在车削玻璃钢时，硬质合金车刀的几何参数选择见表 9-1。

表 9-1　　加工玻璃钢时硬质合金外圆车刀合理几何参数

工件材料	高硅氧玻璃布层压板材料(含 $SiO_2$90%)		玻璃纤维缠绕材料		玻璃布带缠绕材料		环氧玻璃布卷管		玻璃纤维模压材料	
工　序	粗车	精车	粗车	精车	粗车	精车	粗车	精车	粗车	精车
刀具材料	YG3X YG3 YA6		YG3X YG3 YA6		YG3X YG3 YA6		YG8 YG6X		YG3X YG3 YA6	
前角 γ_0(°)	14～20	20～24	20～25	25～30	14～18	18～22	18～20		18～22	
后角 α_0(°)	10～12	12～14	12～14	14～16	8～10	8～10	12～15		12～14	
刃倾角 λ_s(°)	0		5～8		0		10～14		0	
刀尖半径 r_ε(mm)	0.2～0.75		1～3		1～3	宽刀刃			0.5～1	
主偏角 K_r(°)	90 或 45		30～45		30～45		90		45～60	
副偏角 K'_r(°)	6～8		30～45		10～15		8		30～45	
副后角 α'(°)	12～15		12～14		8～10		12～15		12～14	

（3）玻璃钢切削实用刀具。

1）玻璃钢外圆车刀。主要用于加工玻璃纤维缠绕材料。刀片材料为 YG3，YG6。如图 9-2 所示。

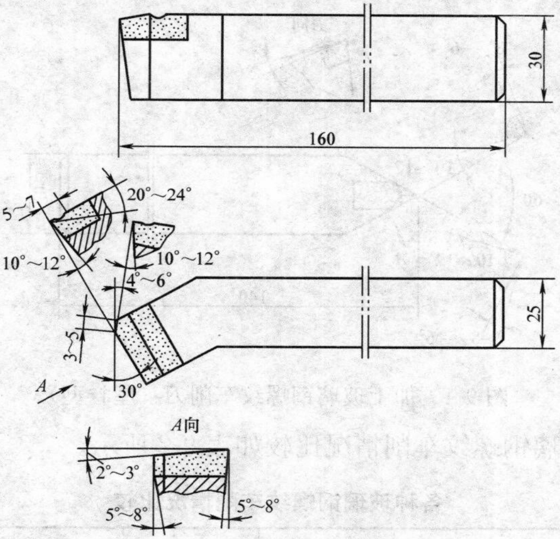

图 9-2　玻璃钢外圆车刀

2）玻璃钢螺纹车削刀具。螺纹车刀是一种成形车刀，它的刀尖角取决于螺纹牙型角。如图 9-3 和图 9-4 所示。

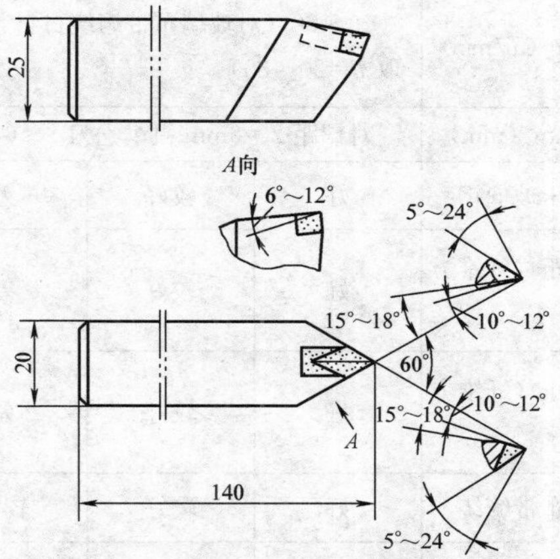

图 9-3　加工玻璃钢螺纹车削刀（月牙洼型）

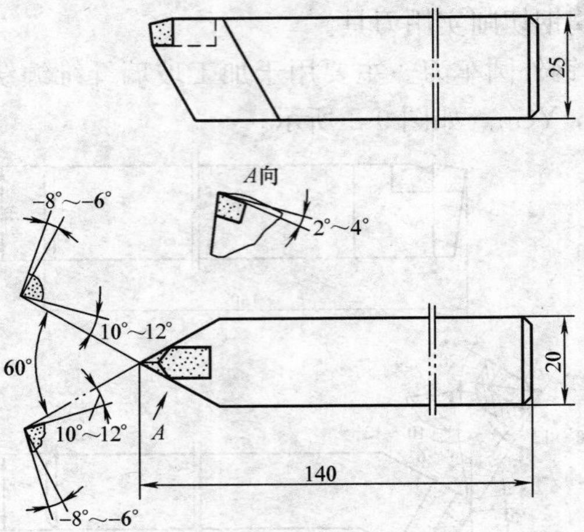

图 9-4 加工玻璃钢螺纹车削刀（屋脊型）

各种玻璃钢螺纹车削情况比较如表 9-2 所示。

表 9-2　　各种玻璃钢螺纹车削情况比较

刀型		月牙洼型	屋脊型	负刃倾角型	正刃倾角型
刀具角度	前角 γ_0（°）	5～24	−15～−5	0	0
	后角 α_0（°）	10～12			
	刃倾角 λ_s（°）	−12～−6	−10～−5	−16～−5	5～15
切削用量	切削速度 v（m/min）	20～80（对玻璃布带缠绕材料，当螺距≤2mm 时，取 v=20～35）			
	背吃刀量 a_P（mm）	对螺距 2～6mm 粗车吃刀 2～6 次，精车 2 次			
质量情况	高硅氧层压玻璃钢	好	较好	差	很差
	高硅氧模压（纤维方向横向）	好	较好	差	很差
	高硅氧模压（纤维方向纵向）	好	较好	差	很差
	酚醛玻璃布带缠绕	好	较好	较好	尚可
	聚酯玻璃纤维缠绕	好	较好	较好	尚可

3）镶陶瓷刀片的车刀。图 9-5 所示为镶陶瓷刀片的车刀结构与几何参数。使用陶瓷刀车削纤维塑料、氨基塑料和酣基塑料的效果较好，其合理的几何参数列入表 9-3 中。陶瓷刀片可以是机夹的或焊接的，刀杆材料选用 50 钢或 T7。

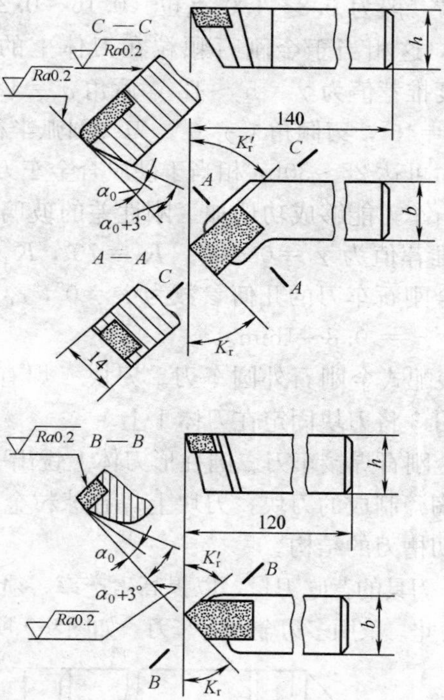

图 9-5　镶陶瓷刀片的车刀结构

表 9-3　　**陶瓷车刀几何参数**

塑料类型	几何角度（°）					r_s（mm）
	γ_0	α_0	K_r	K'_r	λ_s	
氨基塑料	−5～0	12	30～90	45	0	1
酚基塑料	−5～0	12	30～90	45	0	1
纤维塑料	0	12	30～90	45	0	1

4）金刚石车刀。对于某些玻璃纤维塑料来说，即使采用 YG3X 硬质合金车刀和最佳的几何参数，刀具寿命仍不理想。在这

种情况下，最好用金刚石车刀进行半精车和精车。一般金刚石车刀的生产率为硬质合金车刀的 4～5 倍。当后刀面磨钝标准为 $h_{后}$ = 0.14～0.16mm 时，金刚石车刀寿命可比硬质合金车刀高 20 倍左右。

金刚石颗粒一般为 0.8～1.0 克拉（0.16～0.20g)，最大背吃刀量为 1.5mm，这相当于金刚石颗粒在刀体上的最大悬伸量的 90%。车刀角度推荐值为 $\gamma_0 = 5° \sim 12°$，后角 $\alpha_0 = 12°$，主、副偏角相等，$K_r = K'_r = 45°$，刃倾角 $\lambda_s = 0°$，刀尖圆弧半径 $r'_\varepsilon = 0.8$mm。这时，车刀寿命可达 25～30h，相当于硬质合金车刀的几十倍。

球粒金刚石车刀能够成功地加工刚性差的玻璃纤维塑料零件。刀具几何参数推荐值为 $\gamma_0 = 0° \sim 7°$，$K_r = 70°$，$K'_r = 10°$，$\lambda_S = 0°$；切削玻璃钢的金刚石车刀的几何参数为 $\gamma_0 = 0°$，$\alpha_0 = 6° \sim 10°$，$K_r = 45°$，$\lambda_s = 0°$，$r'_\varepsilon = 0.8 \sim 1$mm。

图 9-6 是装配式金刚石外圆车刀。刀块 4 焊有金刚石颗粒 5，由压块 2 与螺钉 3 将刀块固定在刀体 1 上。

图 9-7 是金刚石焊接车刀。圆柱形刀体上铣出一个平面，纵向槽中焊有金属陶瓷制成的刀块，刀块上焊有球粒金刚石。图 9-8 是装配式金刚石切槽刀的结构。

加大金刚石刀具的背吃刀量，以提高生产率，须克服金刚石颗粒偏小的弱点。为此，采用多刃金刚石车刀，如图 9-9 所示。刀体上有三

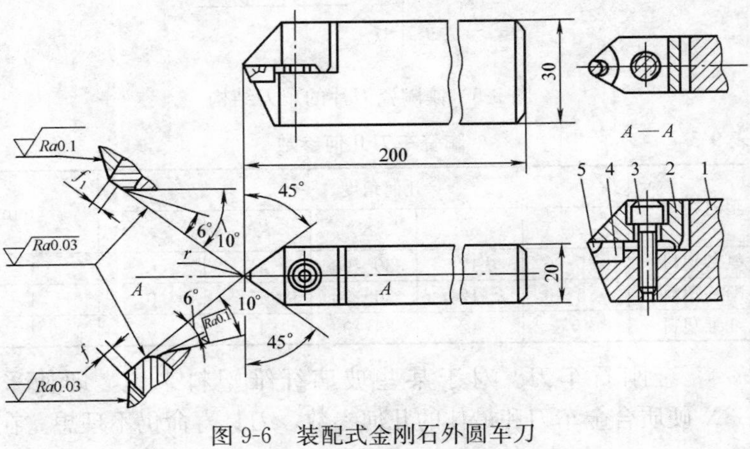

图 9-6　装配式金刚石外圆车刀

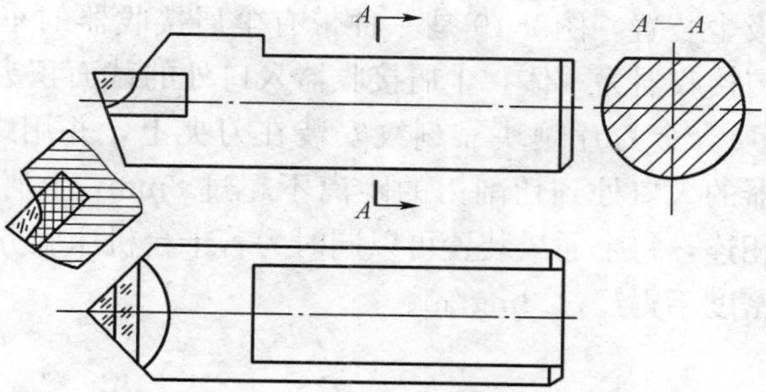

图 9-7　金刚石焊接车刀

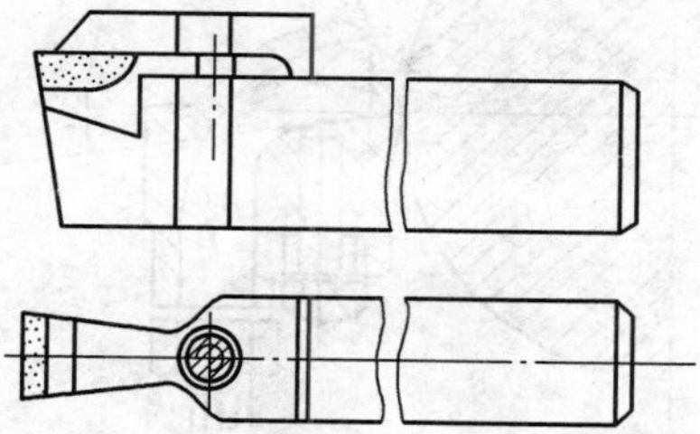

图 9-8　装配式金刚石切槽刀

个孔，每个孔里装有镶金刚石的圆柱体刀块 3，由螺钉 2 固定。这种车刀按照分段吃刀的原则进行切削，总的背吃刀量可达6～7mm。

5）带有尘屑接收器的车刀。由于塑料加工会产生大量粉尘，有的产生氯化氢、石炭酸、苯胺等有害气体，危害人体健康，所以

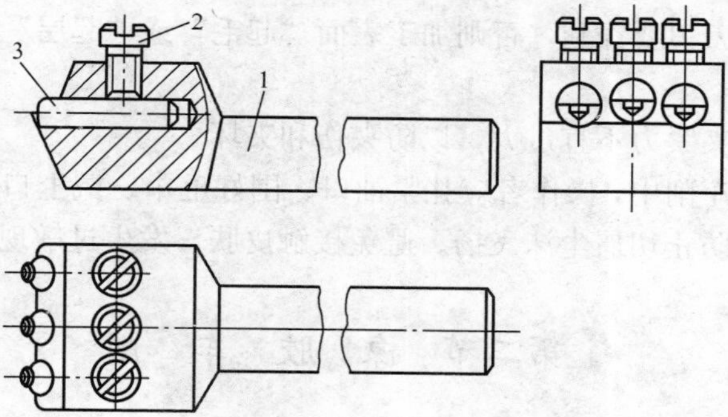

图 9-9　多刃金刚石车刀

1—刀杆；2—螺钉；3—刀块

需要使用吸尘装置。图 9-10 是一种带有尘屑接收器的车刀。车刀刀夹与尘屑接收器为一体，尘屑接收器入口处的截面积为 20mm×20mm，硬质合金刀片镶块靠刻纹安装在刀夹上，并用螺钉固定。尘屑接收器的入口处到切削刃的距离不超过 8mm，尘屑接收器与通风装置相连，每个通风装置可以同时为若干台机床服务。作业场所的尘埃密度不得超过 $2mg/m^3$。

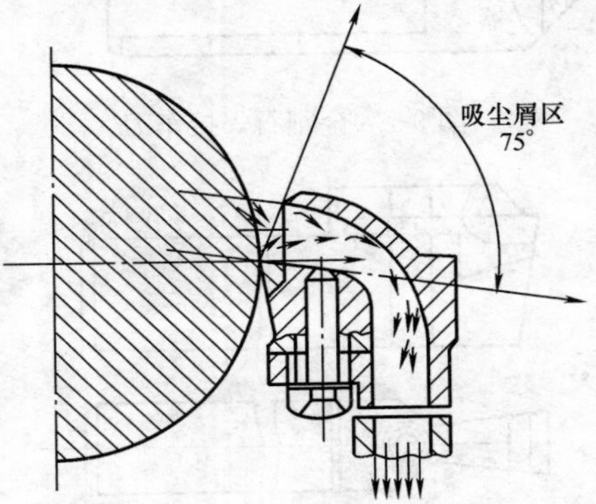

图 9-10 带有尘屑接收器的车刀

3. 车削玻璃钢的切削用量

车削玻璃钢时进给量可选取 $f=(0.1\sim0.6)$mm/r，切削速度和背吃刀量 a_p 可参考一般钢材选取。

4. 车削玻璃钢时的注意事项

(1) 刀刃要锋利，否则加工表面“起毛”或“起层”增大表面粗糙度。

(2) 夹紧力不宜过大，以防夹伤和夹坏。

(3) 车削中，操作者应扎紧袖口、围好毛巾、戴上口罩。采用水冷却，防止切屑尘沫飞扬。避免接触皮肤，发生过敏现象。

第二节 橡 胶 车 削

一、橡胶的车削特性

橡胶材料除具有一般非金属材料所共有的导热性差、强度低等特征外，还具有极好的弹性、可弯曲性、耐磨性、抗腐蚀性和良好的绝缘性。在机械工业中应用广泛，被用来制造减振、密封零件。绝大多数橡胶制品是采用模具热压制成，一些零件、配件也可临时采用切削加工而成。若用切削加工，通常采用车削和磨削加工。

车削加工橡胶材料时，由于橡胶材料强度低、弹性大，在切削力作用下很容易变形，难以保证加工精度和表面粗糙度要求。因此必须注意以下两个方面。

（1）为保证车削顺利，所用车刀必须锋利，并采取很大的前角和后角，同时增大车刀的过渡刃和修光刃，以降低单位刃长上的切削力和切削热，减少弹性变形。前刀面应有较大的排屑槽，保证排屑流畅，一般前刀面呈平面型。

（2）橡胶材料强度低、弹性大，特别是软橡胶，在车削中很容易变形，工件装夹要防止变形。有些工件可将橡胶钉在木板上，或用木质心轴装夹套、圈类工件，以增加其强度，然后以木板或心轴定位装夹于卡盘上进行车削。

二、切削橡胶的刀具

1. 刀具材料

切削橡胶常用的刀具材料有 T8A 、T10A 、T12A 工具钢和 W9Cr4V2 、W18Cr4V 高速钢。切削含杂质较多的硬橡胶时，也可用硬质合金刀。但由于这类材料热导率小，热量不易散发，因此要用导热性良好的钨钴类硬质合金 YG8 和 YG6。

2. 刀具的种类及几何形状

车削橡胶的车刀几何参数一般情况下，粗车时，前角 $\gamma_0=40°\sim45°$，后角 $\alpha_0=8°\sim12°$；精车时，前角 $\gamma_0=45°\sim55°$，后角 $\alpha_0=10°\sim15°$。刀杆与前刀面相连部位要磨成大圆弧，以使切屑通畅排出。

3. 橡胶车削的几种实用刀具

加工橡胶制作的主要工序是车削外圆、切断和钻孔，下面主要介绍这几道工序的刀具。

（1）车削大件橡胶的纵车车刀如图 9-11 所示。

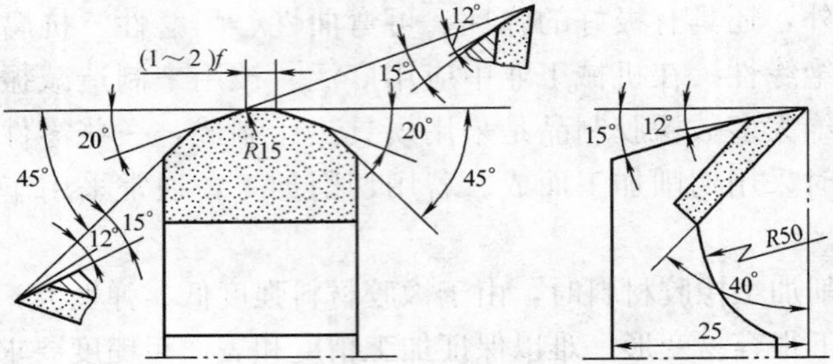

图 9-11　橡胶纵车车刀

(2) 加工橡胶的平刃车刀如图 9-12 所示。刀片材料为 YG8。采用大前角 $\gamma_0=45°$，大后角 $\alpha_0=15°$。磨出过渡刃和修光刃，使刀刃锋利，分散切削热，减少弹性变形。

(3) 外圆车刀适用于粗、精车橡胶件的外圆，对夹杂过多的硬橡胶可使用具有较大前、后角的车削软钢的普通外圆车刀；而对弹性较大的软橡胶，则应使用图 9-13 所示的外圆车刀；图 9-14 为车削硬橡胶材料的硬质合金车刀形状及几何参数。

(4) 加工硬橡胶的螺纹车刀。如图 9-15 所示。为了便于刃磨，刀具由两个刀体组成，分别焊有 YG3 硬质合金刀片。顶刃前角 $\gamma_0=10°$，两侧刃的前刀面向里倾斜 45°角，切屑均垂直于螺纹牙型侧面流出，保证螺纹的加工质量。使用前，首先把内侧平

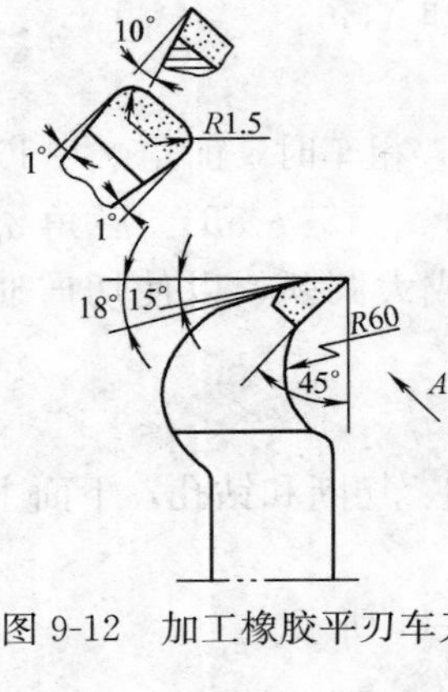

图 9-12　加工橡胶平刃车刀

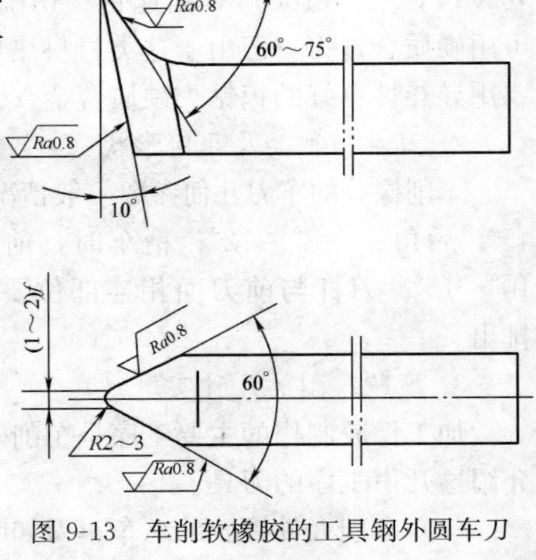

图 9-13　车削软橡胶的工具钢外圆车刀

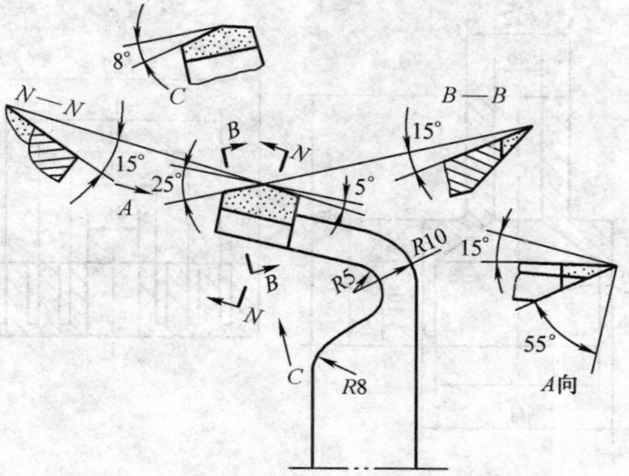

图 9-14　车削硬橡胶的硬质合金外圆车刀

面 45°前刀面磨好，然后将两个刀体用螺钉组装成一体，刀尖处不准有缝隙，再磨两侧后角。切削证明，切出螺纹不会出现撕裂掉口等现象。使用时应注意车下来的切屑不可缠绕在工件上，此外加工第一个工件时，外径要留有余量，进行试刀切削，试好后再把工件车到需要的外径。

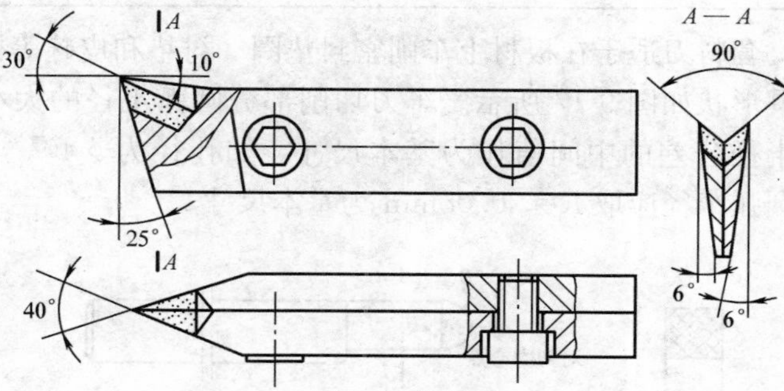

图 9-15　加工硬橡胶的螺纹车刀

（5）橡胶密封圈的切割刀具。如图 9-16（a）所示。小批量生产图 9-16（b）所示密封圈时，可用如图 9-16（a）所示刀具加工。刀具材料为 45 圆钢，将圆钢车削出刀具形状后进行淬火处理。把切割刀装在钻床主轴上，选择适当的转速，用手进给，把橡胶切制成形。切割顺序按表 9-4 序号 1 、2、3、…进行。

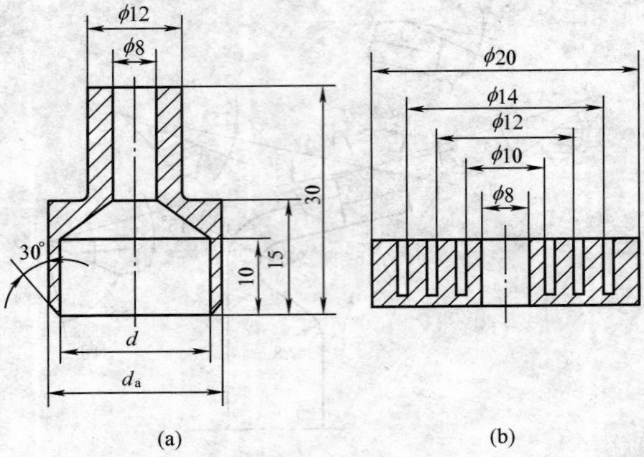

图 9-16　橡胶密封圈切割刀具

(a) 刀具；(b) 工件

表 9-4　　切割顺序

序　号	1	2	3	4	5
d	8	10	12	14	20
d_0	9	11	13	15	21

(6) 套料刀适于在板材上车削密封垫圈、衬垫和皮碗等橡胶零件，刀具形状如图 9-17 所示。车刀切削部分圆弧半径的大小应取零件孔半径公差的中间值作为基本尺寸。如孔径为 $\phi 40^{+0.16}_{0}$ mm，则刀具圆弧半径应取 R=20.08mm 为基本尺寸。

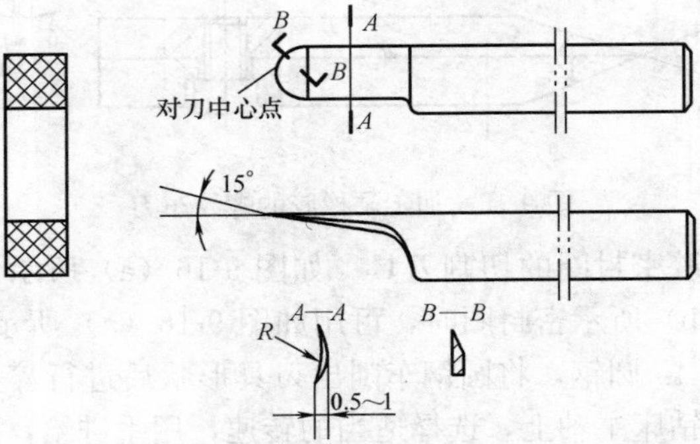

图 9-17　车削橡胶的套料车刀

（7）内端面车刀适于车削孔内的台阶端面。如车削密封衬垫和皮碗等，其结构如图 9-18 所示。

（8）车橡胶材料的切断刀，主要是用来切断和车外圆台阶端面软橡胶切断刀。切断刀用高速钢制造，刃口薄而锋利。刀尖角 $\varepsilon_r = 15^\circ$，使之易切入工件。加工时，切削用量为 $v = 90\text{m/min}$，$f = 2\text{mm/r}$。在普通车床上切断外径 $\phi 40$、内孔 $\phi 20$、厚 5mm 的橡胶垫圈时，每分钟可切 10 件。效率高、加工表面平整光滑。其结构如图 9-19 所示。

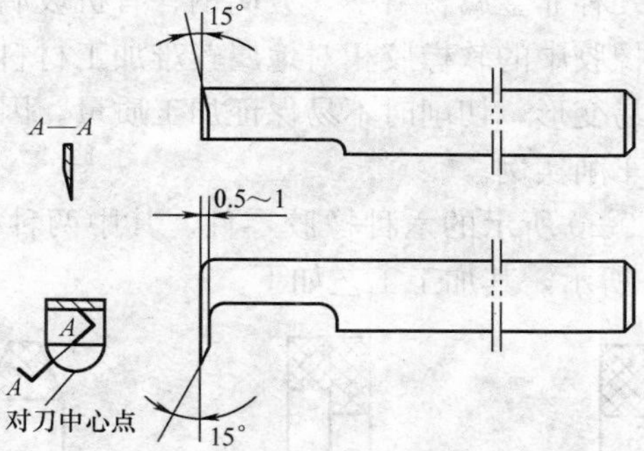

图 9-18　车削橡胶的内端面车刀

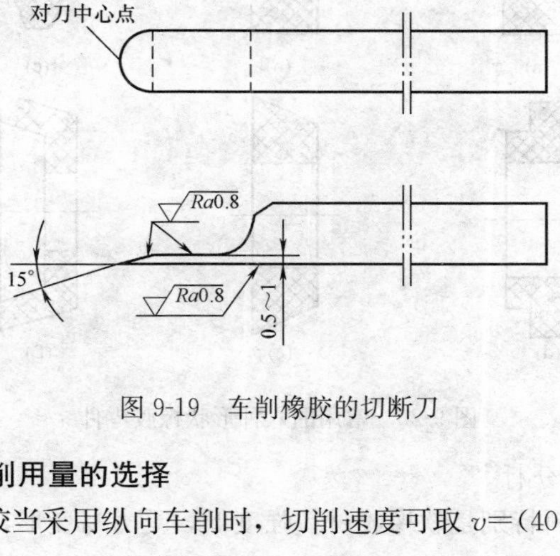

图 9-19　车削橡胶的切断刀

三、切削用量的选择

车削橡胶当采用纵向车削时，切削速度可取 $v = (40 \sim 60)\text{m/min}$，

纵向进给量取 $f=$（0.1～0.5）mm/r，背吃刀量取 $a_p=0.5$～3mm。

当切削形式采用切进（如套料刀的切进和内端面车刀的切进等）或切断时，常用的切削用量为：切削速度 $v=$（100～250）m/min，进给量 $f=$（0.2～0.5）mm/r。切断和切进时的背吃刀量 a_p 等于切入刀片部分的宽度（亦称为刀片厚度），切进和切断时因刀具切入部分较薄，有上下刃口，所以切进和切断时，靠挤压裂开并不产生切屑。

四、车削加工实例

以上所述几种非金属材料中，玻璃钢、有机玻璃和夹布胶木属易切削材料，橡胶中的软橡胶相对地属较难加工材料，这主要是由于橡胶受力后易变形，切削时不易保证加工质量。因此，这里只介绍橡胶材料的车削实例。

车削如图 9-20 所示的六种橡胶零件。其中两种橡胶零件的零件图如图 9-21 所示，其加工工艺如下。

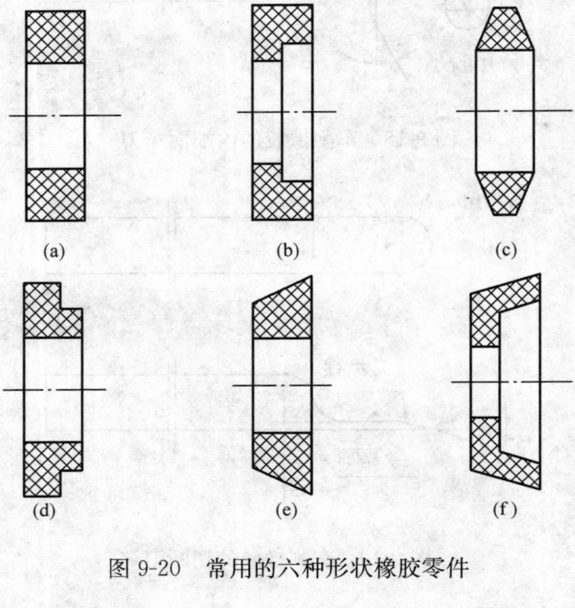

图 9-20 常用的六种形状橡胶零件

1. 工艺分析

橡胶材料特别是软橡胶材料强度低，受力易变形，加工时应使

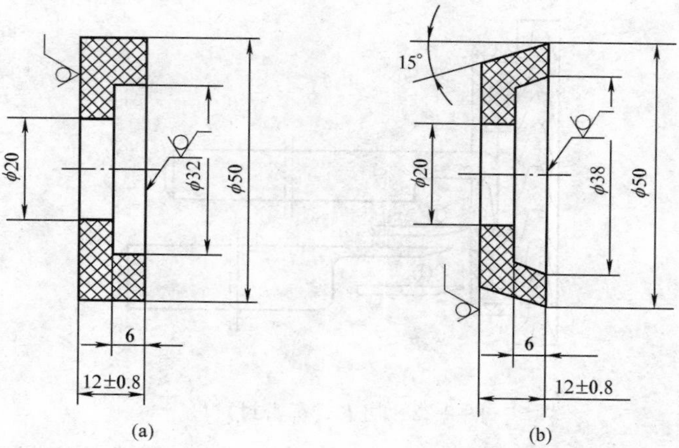

图 9-21　橡胶零件图

（a）密封衬垫；（b）密封皮碗

用楔角 $\beta_0=10^\circ\sim15^\circ$ 的锋利刀具。刀具刃口要经过刃磨、磨石研磨、细磨石精研三个步骤，使刃口锋利的程度如同剃头刀，装夹方法应视原材料的形状而定。但总的原则是，压紧力应均匀，尽可能增加工件的刚性。

2. 加工工艺和车削步骤

（1）车削如图 9-21（a）所示的零件。其装夹方法按橡胶材料的形状确定，如材料形状为板材，则可将橡胶板用钉子钉在圆形木板上，再把圆形木板夹在四爪单动卡盘或三爪自定心卡盘的反爪内，然后用套料刀和内端面车刀配合使用。如图 9-22 所示，采取切进式进刀，其车削步骤如下。

1）车内孔。用套料刀①对好内径尺寸，纵向（轴向 ）切进。

2）车内台阶孔。用套料刀②纵向切进，切入深度为台阶孔的长度，然后退出套料刀。

3）车内台阶端面。用内端面车刀③，横向（径向）切进，保证内台阶尺寸达到图样要求。

4）车外圆。用套料刀④纵向切进，保证外圆尺寸达到图样要求，然后切下零件。

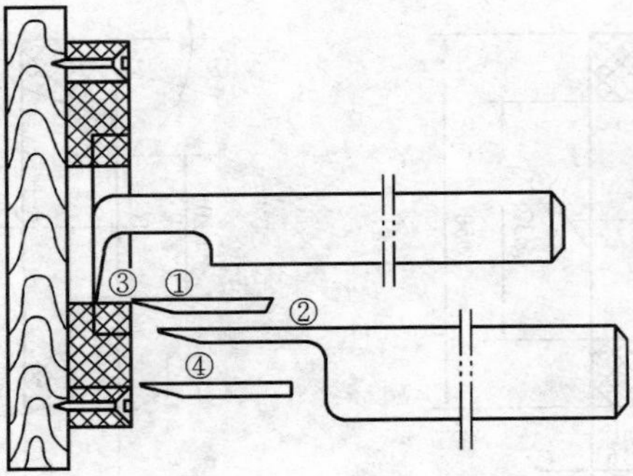

图 9-22　切进式车密封衬垫

(2) 车削密封皮碗。车削如图 9-21 (b) 所示的密封皮碗零件，车削形式采用切进法，如图 9-23 所示。工件材料形状为橡胶平板，将橡胶平板钉在圆木板的端平面上，再把圆木板夹持在三爪卡盘的反三爪里进行车削。其车削步骤如下。

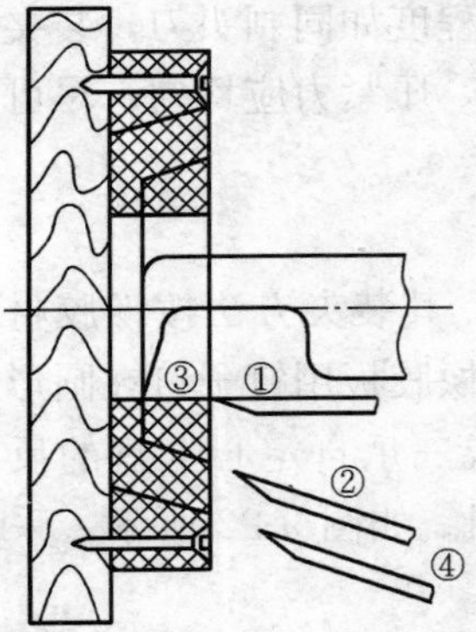

图 9-23　切进式车削密封皮碗

1) 车内孔。用套料刀①车内孔至图样要求。

2) 车内锥面。将小刀架转动一角度，用套料刀②车削内锥面，保证深度要求，然后退刀。

3) 车内锥端面。用内端面车刀，切进车成内端面。

4) 车外锥面。以步骤②小刀架所转动的角度，用套料刀④斜切入工件，车成工件外锥。

(3) 车削密封圈零件。结构如图 9-20 (c) 所示，其加工方法和车削步骤如下。

1) 车内外圆。把板料钉在圈木板上，用三爪自定心卡盘反爪夹持，用套料刀纵向切进车成内、外圆；如果橡胶为棒料，则先按工件的长度尺寸切断，再按外圆端面定位，放在夹具套里车成内孔，然后使用心轴，车成外圆。

2）车削两端斜面。如图9-24所示，把车好内外圆和长度的密封圈半成品，套装在木棒心轴上，转动小刀架，并用小刀架进给，用①号切断刀车右端斜面，再用②号切断刀斜切左端斜面。

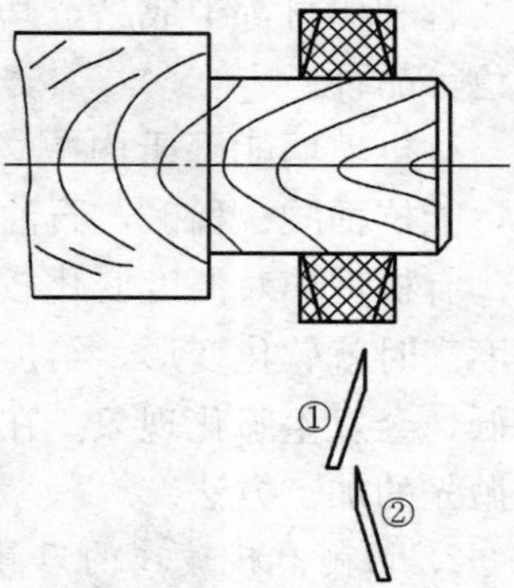

图9-24　切密封圈斜面

五、车削时的注意事项

车削橡胶材料时，应注意以下几点。

（1）不要用油类切削液冷却和润滑，以防油类腐蚀零件，致使变形。如特殊需要时，可采用水冷却。

（2）在加工过程中，当毛坯料用板料，采用切进式进刀时，要掌握进刀尺寸，并且加工任何表面都应一次车成。

在对刀时，先用车刀在零件表面轻轻划一印痕，然后用量具测量，用刻度盘来控制一次车成，否则由于余量小，橡胶弹性大，在进刀时会产生“让刀”现象，致使零件尺寸难以控制，并产生不平整和表面粗糙等现象。

（3）定位与装夹中，当毛坯采用板材，加工较大密封圈时，钉子要均匀地钉在木板上，且底面与木板接触要平整，以防止加工后零件产生变形。

当采用心轴装夹时，在加工中要掌握橡胶零件变形的规律，以便找正，确保零件精度。

（4）当加工公差较小的零件时，应采取车削、磨削加工。车削后要留磨削加工余量，最后用磨削来保证加工精度。

第三节　有机玻璃及夹布胶木材料的车削

一、有机玻璃的车削

1. 有机玻璃的车削特性

工业上用的有机玻璃，常用的是聚甲基丙烯酸甲酯挤压成形的板、管和棒材等半成品。其外观为透明、半透明、不透明、有色和无色等品种。

有机玻璃能溶于丙酮、醋酸乙酯及芳族烃和氯化烃类有机溶剂，能抗稀酸、稀碱、石油和乙醇，还具有较好的绝缘性。

有机玻璃对温度变化较敏感。因此，加工时要控制切削温度。温度高时就软化变形，给加工带来很大困难，影响加工质量；温度过低，会发生脆化现象。在车床上对有机玻璃一般采取车削、研磨和抛光的加工方法。

2. 切削有机玻璃的刀具

(1) 刀具材料。切削有机玻璃常用的刀具材料有 YG6，YG8 和 W18Cr4V 等硬质合金和高速钢。

(2) 刀具角度。前角 $\gamma_0=30°\sim40°$，后角 $\alpha_0=10°\sim12°$，其余几何角度与通用车刀相同。

3. 车削有机玻璃的切削用量

车削有机玻璃时，进给量可选取 $f=(0.08\sim0.3)$mm/r。切削速度粗车时比车削一般钢材略高，精车或车削薄壁有机玻璃件时比车削一般钢材略低，这是为了减少热变形。背吃刀量 a_p 可参照一般钢材选取。

4. 车削注意事项

车削有机玻璃时，应注意以下几点。

(1) 刀刃要锋利，防止工件变形和表面过于粗糙。

(2) 背吃刀量不宜过大，防止碎裂。

(3) 进给量不宜过大，防止挤压变形。

(4) 要防止温度过高产生变形和温度过低产生脆裂。要使零件不变形和脆裂，加工中可用压缩空气或加少量冷却润滑液冷却来控制。

二、夹布胶木材料的车削

1. 夹布胶木材料的车削特性

夹布胶木是经浸渍酚或甲酚甲醛脂醇树脂的棉织品叠层压制而成的，待干燥后，切边修饰而成板材或棒材。夹布胶木的型号很多，其机械性能较高，在机械产品中多用于制造齿轮、轴承支架、滑动轴承及绝缘物品等。因是叠层压制，所以在切削加工时易起层，应使用锋利的车刀，并注意切削力的方向。夹布胶木属易切削的非金属材料，切削时，刀具前、后角宜取大值。

2. 切削夹布胶木的刀具

(1) 刀具材料。切削夹布胶木常用的刀具材料有 YG6，YG8 和 W18Cr4V 等。

(2) 刀具角度。前角 $\gamma_0=35°\sim40°$，后角 $\alpha_0=12°\sim14°$，其余角度与通用车刀相同。

3. 车削夹布胶木的切削用量

车削夹布胶木时，进给量可选取 $f=(0.1\sim0.4)$mm/r，切削速度和背吃刀量取 a_p 与一般钢件相同。

4. 车削注意事项

车削夹布胶木时，应注意以下两点。

(1) 刀刃要锋利，否则工件易产生变形和起层。

(2) 作好防护，如扎紧袖口、围好毛巾和戴好口罩等，防止屑末钻入人体。

第四节　陶　瓷　车　削

一、陶瓷的常温车削与加热车削

(一) 陶瓷的常温车削

1. 可加工陶瓷的特性

可加工陶瓷是一种近年来发展较快的新材料，它既保持了普通陶瓷耐高温、绝缘性好、耐腐蚀、抗压强度高及刚性较好的特点，又具有可切削性，在航天工业及其他工业中应用日渐增多。

一种由 SiO_2，MgO，K_2O 及少量氟云母微晶玻璃烧制而成的可加工陶瓷的性能参数如下。

(1) 密度：(2.5～2.8) g/cm^3。

(2) 弯曲强度平均值：＞108MPa。

(3) 硬度：努氏 (Knoop) 硬度 250。

(4) 冲击韧性平均值：很小。

（5）电阻率平均值：$10^{14}\Omega\cdot cm$。

（6）线膨胀系数平均值：7.5×10^{-16}/℃（−55～200℃）。

（7）热导率平均值：>1.7W/(m·K)（常温至500℃）。

2. 可加工陶瓷车削加工特点

由以上参数看出可加工陶瓷具有高的硬度、刚度和抗压强度，低的密度、电导率和热导率，以及耐腐蚀的特点，属硬脆而传热不快的难加工材料。其切削加工的特点如下。

（1）切削阻力大，切入困难。组成可加工陶器的各种氧化物显微硬度很高，在切削过程中容易造成粒磨损。

（2）切削热不易散去，加剧刀具磨损，可能引起工件的热裂。

（3）由于韧性差，抗拉强度低，切削条件稍一恶化，就容易使工件崩裂。

3. 陶瓷常温切削的机理

陶瓷是脆性材料，其切削机理类似于青铜和铸铁等。在用金刚石刀具切削陶瓷的实验中可以观察到，被切陶瓷材料首先在刀刃附近产生裂纹，裂纹先向前下方扩展，其深度超越背吃刀量，然后，一边前进一边向上方扩展，最后穿过上部的自由表面，形成较大的薄片状切屑，在切削表面上留下凹痕，如图9-25所示，这称为大规模破坏。如果从这种状态开始切削，实际切削的只是崩碎之后的残留部分，在小裂纹附近发生小裂纹破坏，生成切削表面上的较平滑部分。在小规模破坏连续发生之后，则如图9-25（b）所示。这种大规模破坏和小规模破坏反复交替进行切除工件材料，这一过程可用图9-26示意。大规模破坏时裂纹的扩展从Ⅰ开始到Ⅳ结束，并不一定要经过Ⅱ、Ⅲ阶段。从Ⅰ、Ⅱ到Ⅳ或从Ⅰ突然转向Ⅳ都是可能的。如果裂纹上方的材料能够早些除掉，裂纹就不再向下扩

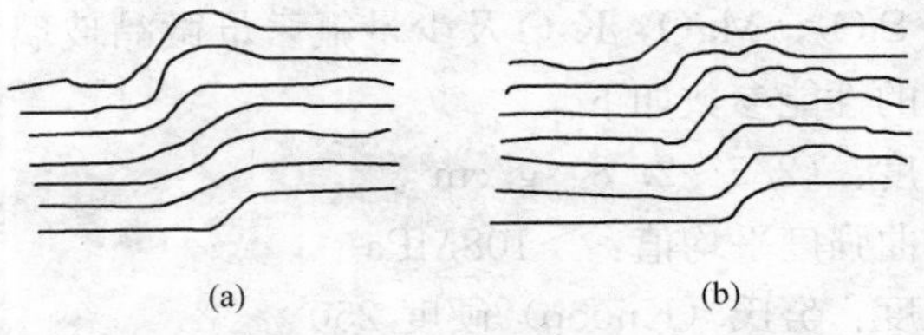

图9-25　刃口附近的被切削陶瓷状态

展，即可以得到较好的切削表面。

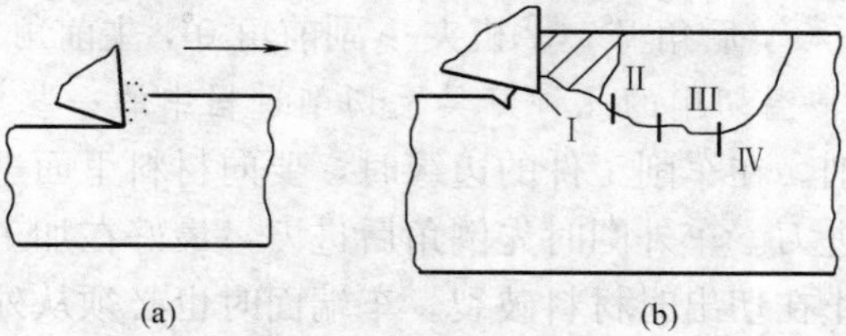

图 9-26　陶瓷材料切削过程的破坏

（a）小规模破坏；（b）大规模破坏

4. 陶瓷常温切削的切削条件

（1）刀具材料。根据上述机理，刀具材料应具有耐磨性好、硬度高、红硬性好、与陶瓷无亲和力的性能。

最好的刀具材料为聚晶金刚石（由于天然金刚石为单晶体，抗冲击韧性差，容易产生突然破损），其硬度可达 10000HV，热导率也较高。立方氮化硼的硬度也很高，可达 8000～9000HV，耐热性很好，优于包括金刚石在内的其他刀具材料。耐热性好的细粒度硬质合金如 YH1、YH2、YG3X、YG6X 和上海硬质合金厂的 1＃、600＃刀片也是较好的适宜材料。

（2）刀具几何角度。切削可加工陶瓷由于切屑为粉状，即未经塑性变形即被挤裂，从前刀面流出时与刀具前刀面接触较小，只在主切削刃附近接触，因此前角的作用与切削塑性金属时不同，显得不太重要。为增强刀头强度和散热，对于硬质合金刀具一般应选择小一些的前角或负前角，尤其在粗加工时更应注意提高刀具的强度。

刀具后角直接与已加工表面发生摩擦和挤压，是影响切削性能的重要因素，应在保证刀具强度的前提下适当增大，一般为 15°。

在精加工时，刀具前角应比粗加工小，$\gamma_0=0°\sim5°$。同时，后角也应随之减少一些，$\alpha_0=10°$。

下面主要介绍国外车削和镗削可加工陶瓷（硬度为努氏 250）的刀具几何角度。

1）高速钢（含钴高速钢、M42 、W12Mo3Cr4V3Co5Si）：副前角 0°，主前角 15°，主后角 5°，副后角 5°。

2）硬质合金（YG6X、YG6A、YG8N、YG6）：①焊接：副前角1°，主前角0°，后角7°；②机夹：副前角0°，主前角0°，后角5°。

5. 陶瓷常温切削的几种刀具及切削过程中的一些技术措施

（1）车削。在车削工件的边缘时，要向材料里面进刀，而不能向材料外面进刀。车外圆时先倒角后进刀，最好在加工时由工件两端进刀，防止在切出时材料破裂。车端面时也必须从外向里走刀。

（2）切断刀。如图9-27所示两种。

切断刀应磨成特殊形状，图9-27（a）是将前刀面与主切削刃磨成圆弧，使两刀尖最先划槽以避免崩边，还可以起定心作用，分解切削力，改善散热条件。

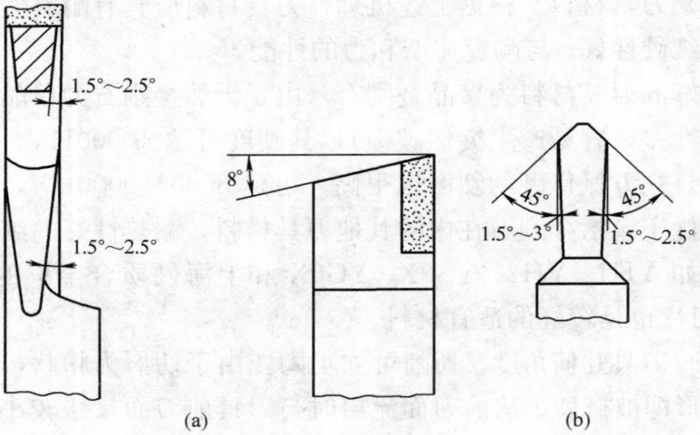

图9-27　切断刀的特点

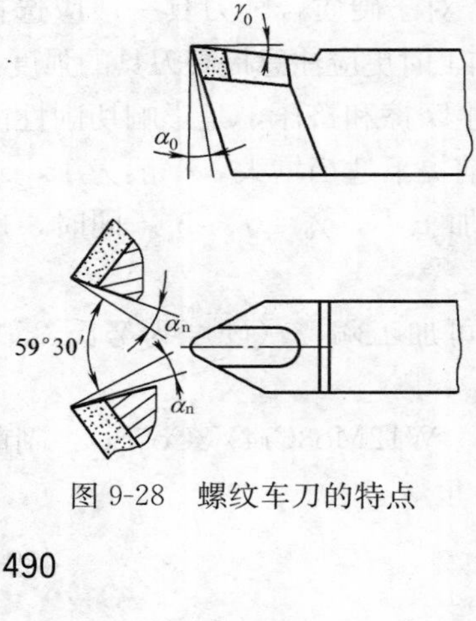

图9-28　螺纹车刀的特点

图9-27（b）为另一种切断刀，用于槽宽2～3mm的情况。

（3）螺纹车刀（焊接硬质合金刀片）。其刀具几何角度如图9-28所示。有较大的径向前角$\gamma_0=10°$，使刀具比较锋利，并采用－5°的刃倾角，以避免掉牙崩边，后角$\alpha_0=15°$，法向后角可以是5°～10°。在安装刀具时，应使刀尖略低于工件中心0.2mm

左右。

(4) 钻削。钻孔时若孔径较大，应先钻小孔，然后扩孔。钻头刃磨要锋利，横刃要小。

(二) 陶瓷的加热车削

由陶瓷常温车削机理可见，陶瓷材料的零件切削后不易得到理想的切削表面，而且刀具的磨损亦较严重。解决陶瓷切削时的脆性问题可用加热切削的方法。这种加热切削与单纯用加热来降低金属屈服强度的加热切削不同，而是利用陶瓷材料塑性变形对温度的依赖性大于裂纹源形成对温度的依赖性这一性质，将脆性破坏改变为延伸性的破坏。

有资料显示，用硬质合金可转位外圆车刀（其几何参数为：$\gamma_0=-5°$，$\alpha_0=5°$，$\alpha'_0=5°$，$K_r=75°$，$K'_r=15°$，$\lambda_S=-5°$，刀尖半径 r 为 0.4mm 和 0.8mm，切削用量为：切削速度 $v_c=20\sim45$m/min，背吃刀量 $a_P=0.5$mm，进给量 $f=0.051$mm/r)，对莫来石陶瓷（Al_2O_3 47%，SiO_2 49%，常用温度为 1450℃，密度 2.5g/cm^3，抗弯强度 $\sigma_{bb}=145$MPa）进行纵向车削，车削时用乙炔火焰加热至1170～1300℃时可以顺利地车削，并且得到不太长的带状切屑。加热温度越高，带状切屑越长。

用同样的刀具和切削条件纵向车削氧化镁陶瓷（MgO 97%，SiO_2 1%，常用温度 1800℃，密度 3.5g/cm^3 时，抗弯强度 $\sigma_{bb}=$ 98MPa)，实验结果和纵车莫来石大致相同，并且随着加热温度提高，切屑的连续性增加，已加工表面质量得到显著改善。

对于上述两种陶瓷进行钻削实验，未加热时，成崩碎切屑，并因刀具磨损掉下来的粉末而使切屑变黑。加热钻削时，产生带状切屑，并很少产生刀具磨损的粉末。

由上述对两种陶瓷的车削和钻削可以推断，加热切削适用于更多的陶瓷材料。

二、陶瓷车削切削用量的选择

1. 切削速度

可加工陶瓷为硬脆材料，后刀面与加工表面的摩擦为切削热产生及刀具磨损的主要根源。切削速度增大时，切削热也增多，刀具磨损加快，工件易产生热裂。为防止工件热裂，提高刀具寿命，一般选择较低的切削速度。

2. 进给量与背吃刀量

可加工陶瓷硬度高，刀刃切入材料时遇到抗力就大，增加进给量会使抗力增加，致使材料容易崩碎。一般取 $f=(0.03\sim0.10)$mm/r。背吃刀量可取得大些，一般取 0.5～6mm。切削液主要是为了冷却，所以用水质冷却润滑液即可。国外切削陶瓷切削用量见表 9-5。

表 9-5　国外切削陶瓷切削用量（硬度：努氏 250）

加工方法	背吃刀量(mm)	高速钢 切削速度(m/min)	高速钢 进给量(mm/r)	高速钢 刀具牌号	硬质合金 切削速度(m/min) 焊接	硬质合金 切削速度(m/min) 机夹	硬质合金 进给量(mm/r)	硬质合金 刀具牌号
单刃车削	1 4	15 12	0.05 0.13	S11 S9	38 37	46 43	0.05 0.13	K01
镗削	0.25 1.25 2.50	15 12 9	0.05 0.75 0.102	S9 S11	34 27 26	40 32 30	0.05 0.75 0.102	K01

加工方法	背吃刀量(mm)	切削速度(m/min)	进给量(mm/r)	刀具
镗削	0.13～0.40 0.40～1.25 1.25～3.20	760 460 245	0.075～0.15 0.15～0.13 0.30～0.50	金刚石镗刀

加工方法	切削速度(m/min)	进给量(mm/r) 切料刀宽(mm) 1.5	3	6	成形刀宽(mm) 12	18	25	35	50	刀具牌号
切料和成形车削	6	0.025	0.038	0.05	0.05	0.038	0.038	0.025	0.018	S4,S5
	80	0.025	0.038	0.05	0.05	0.038	0.038	0.025	0.018	R40,M40

加工方法	切削速度(m/min)	进给量(mm/r) 名义孔径(mm) 1.5	3	6	12	18	25	35	刀具牌号
钻削	12	0.025	0.050	0.102	0.15	0.20	0.25	0.30	S9,S11

注　表中刀具材料系外国或国际 ISO 标准牌号。S4、S5 为含钼高速钢，相当于我国的 W6Mo5Cr4V2、W6Mo5Cr4V3；S9、S11 为含钴优质高速钢，相当于我国的 W12Cr4V5Co5、W2Mo9Cr4Co8、W12Mo3Cr4V3Co5Si。硬质合金 K01 相当于 YG3、YG3X；K10 相当于 YG3X、YG6A、YD10、YG813、YGRM（6J）、YH1 等；K20 相当于 YG6、YG8A、YG532；M20 相当于 YH2、M2、YW3 等；K40 相当于 YG546；M40 相当于 YG640。

第五节　复合材料车削

一、复合材料的切削特点

（一）复合材料的切削机理

1. 切屑形成

以纤维增强复合材料为例来说明。这类复合材料是由纤维和基体组成的两相或多相结构，属非均质而且又是各相异性的，其切屑过程中形成的切屑，是一系列脆性断裂所形成的小段和粉末，与金属切屑不同，不承受大的塑性变形。但当纤维和基体材料的塑性较大时，塑性变形也会有所增大。

2. 切削力

以钻削为例，切削力的主要来源如下。

（1）克服被加工材料弹性变形的抗力。

（2）克服被加工材料中纤维断裂和基体剪切的抗力。

（3）克服切屑对前刀面的摩擦和后刀面对加工表面和已加工表面的摩擦阻力。

3. 各种切削要素对钻削力的影响

（1）切削速度的改变对钻削力影响不大。

（2）钻削力随着进给量（f）的增加而增大。

（3）钻头直径大时，轴向力和扭矩也增大。

（4）钻头几何参数的影响：① 顶角（2φ）越大，轴向力增大但扭矩减小；② 增大螺旋角（β_0）则前角增加，从而导致轴向力和扭矩减小；③ 横刃斜角（ψ）越大，轴向力和扭矩越小；④ 钻心厚度（$2\gamma_0$）越大，轴向力和扭矩增加。

4. 切削温度

切削热主要来源于纤维断裂和基体剪切所消耗的功，以及切屑对前刀面的摩擦和后刀面对已加工表面摩擦所消耗的功。

举例来说，钻削碳纤维和凯夫拉（Kevlar）纤维时，切削温度都较低，切削速度增加时，温度也增加，但变化不大，而增加进给量时，温度却有所降低。

5. 刀具磨损

加工碳纤维和凯夫拉纤维复合材料时，刀具磨损的原因主要是磨粒磨损。碳纤维硬度较高（70～90HS，相当于53～65HRC)，对普通高速钢刀具磨损严重。对于硬质合金刀具，磨损程度较小。

加工碳纤维复合材料时，若使用天然金刚石刀具，在前刀面一侧会发生磨损，使切削刃逐渐变成圆形，导致加工表面发生起毛现象。当采用烧结金刚石刀具时，刀具磨损仅为硬质合金刀具的1/3。

(二) 复合材料的加工质量

1. 加工（钻削）时的主要缺陷

复合材料的孔加工质量问题较多，不合格率也高（有时达60%)。

(1) 钻削碳纤维增强复合材料时，加工质量的主要缺陷如下。

1) 孔形不圆；

2) 孔的尺寸收缩；

3) 孔的入口和出口处劈裂或撕裂；

4) 孔壁周围材料发生分层。

(2) 钻削凯夫拉（Kevlar）纤维复合材料时，加工质量的主要缺陷为：

1) 孔的入口处纤维沿边切不断，产生一圈纤维毛边；

2) 孔的内壁纤维弹出，起毛，孔形不圆；

3) 孔的出口处材料撕裂，纤维不断；

4) 孔壁周围发生分层。

由上看出，材料分层和劈裂是纤维增强复合材料的共同缺陷，也是钻削的主要问题。

2. 引起分层和劈裂的主要原因及其控制

纤维增强复合材料的机械性能在各个方向上是不同的，沿纤维铺层方向的强度和刚度比较高，而垂直于纤维方向（通常是孔的轴线方向）的强度和刚度比较低。由于树脂断裂而在孔壁发生分层，钻削时轴向力越大，分层出现的机会越多。

钻通孔时，分层和劈裂现象多发生于钻出开始前。因为钻出过程的轴向切削力是变化的，钻头横刃首先脱离切削，然后是两个主切削刃逐渐脱离切削，使轴向力逐渐减少，在钻通孔开始时的瞬间接近零。但是随着材料厚度减小时，强度下降的速率大于轴向力下降的速率，这使得切削材料内部应力在此时急剧增加。这一矛盾使待切削材料层未被切削就先行破坏。这种破坏表现为沿联系强度最弱的纤维间粘结层的破坏，即分层、劈裂现象。

根据分层和劈裂产生的原因，采取的最简单的措施是在钻出过程即将开始前，将机动进给改为手动进给，通过试验，利用手感获得经验，并掌握避免分层和劈裂的进给速度及其变化。

3. 加工表面的粗糙度

复合材料被加工表面加工后的粗糙度与纤维性质、切削力方向与纤维方向的角度有关。

在相同条件下，凯夫拉（Kevlar）纤维因韧性大，不易被切断，容易产生毛边，所以其粗糙度较玻璃纤维和碳纤维的粗糙度低。碳纤维脆性大易脆断，所以粗糙度较好。

切削方向与纤维方向成一定角度或垂直于纤维方向时，加工表面的粗糙度都较大，而平行于纤维方向切削时，则表面粗糙度较好。这是因为切削方向与纤维方向成一定角度时，容易在切削过程中产生过切、回弹和基体剥落等现象。

二、复合材料切削实用刀具

（一）复合材料切削加工的改善措施

复合材料构件成形后，加工量很小时，一般采用磨削或特种加工方法进行加工。切割时，可采用片状金刚石砂轮、条形锯、带锯、钢丝绳锯（表面涂金刚石粉）、超声振动工具（ 西欧国家用于切割纸蜂窝等 ），用激光可切割碳纤维飞机蒙皮（美国生产 F-15 飞机时用过 ）。修边时则可用小直径、细磨粒的磨头。对于大型轮廓表面加工，国外已有专用机器人来完成。

（二）复合材料切削加工实用刀具

复合材料切削加工较多的是孔加工，在此主要介绍碳纤维复合材料和凯夫拉（Kevlar）纤维复合材料钻孔所用刀具。

1. 钻削碳纤维复合材料时采用的刀具

（1）钻头。钻头材料常采用硬质合金，或改进了几何形状的高速钢。图 9-29（a）为修磨横刃的钻（美国波音公司用）；图 9-29（b）为枪孔钻（美国洛克希德公司用）。

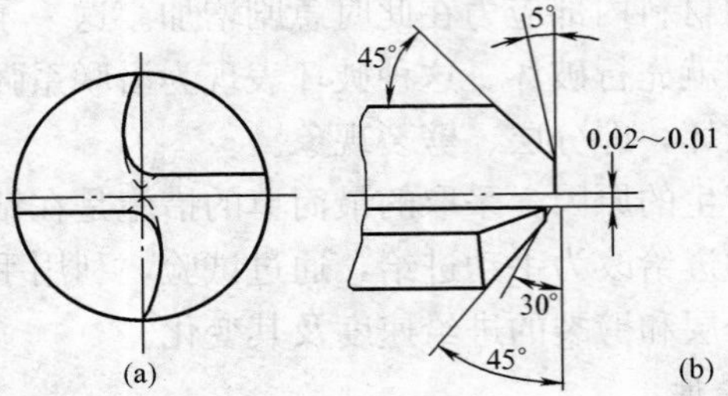

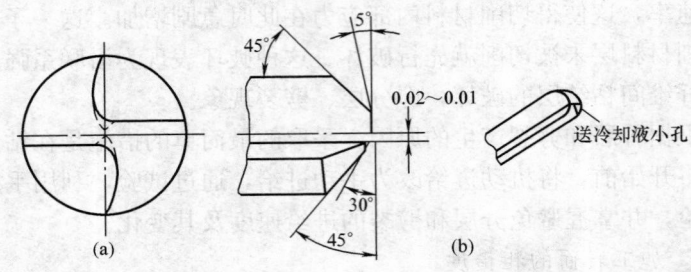

图 9-29　加工碳纤维复合材料的钻头
（a）修磨横刃的钻；（b）枪孔钻

（2）钻铰复合刀具。当孔的精度和表面质量要求较高时，采用钻铰复合刀具可获得较理想的效果，刀具寿命也大大提高。图9-30为这种刀具的图例。从结构上看，钻铰复合刀具由钻头和带有切削刃与修光刃的直齿铰刀组成。铰刀可有较小的倒锥，以防止进刀和推刀时擦伤已加工表面。

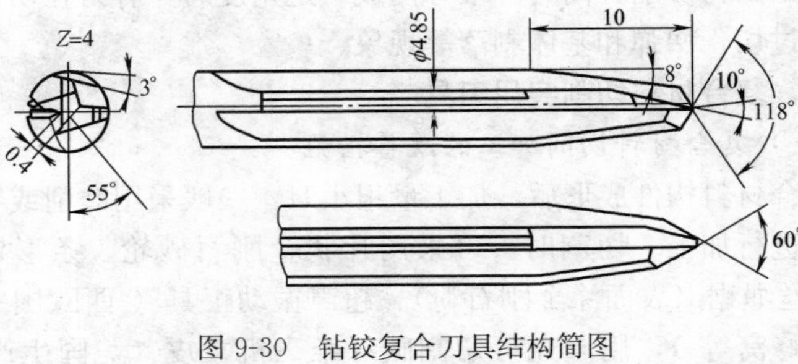

图 9-30　钻铰复合刀具结构简图

当用 2.5mm 厚的碳纤维复合材料板作试件，在板的底面衬垫合成木板，在 ZA4112 型小台钻上进行试验时，使用高速钢 W18Cr4V 和硬质合金 YG330 两种刀具材料，及各自两种不同的刀具结构加工所得结果如表 9-6 所示。

表 9-6　用不同材料和结构的刀具钻削碳纤维复合材料的试验数据

刀具材料	刀具形式	钻头直径 (mm)	转速 (r/min)	进给量 (mm/r)	加工孔数 (个)	表面粗糙度 Ra(μm)	刀具磨损 V_H
W18Cr4V	普通麻花钻	4.8	1400	0.1	6	3.2	完全磨损
	钻铰复合刀具	4.85	1400	0.1	100	1.6～0.8	
			2500	0.06	80		
YG330	普通麻花钻	5	4000	0.05	100	3.2	0.20
	钻铰复合刀具	4.85	4000	0.05	550	0.8～0.4	0.10

注　1. 垫板应采用比工件硬度低的绝缘材料，如绝缘纤维板、硬橡皮、木板等。
2. 工件纤维排列不均匀，有缩孔、脱胶等缺陷时，即使是顺纤维方向切削，也会有分层、剥离、纤维松散等现象发生，必须及时采取补救措施。
3. 采用硬质合金刀具时，转速很高，必须在刀具转动平稳后再开始切削工作。
4. 加工时必须用润滑剂，配备吸尘装置，操作者戴防尘面具，以策安全。

2. 切削凯夫拉（Kevlar）纤维复合材料的刀具

由于凯夫拉纤维韧性大，钻孔时宜用锋利刃口划断孔周边纤维，获得良好效果。基于这种原因，推荐采用图 9-31 的几种刀具。

（1）加工凯夫拉纤维的钻头有如下七种。

1）无横刃钻。如图 9-31（a）所示。

2）铲钻（或扁钻）。如图9-31（b）所示。其主切削刃为曲线形，钻尖采用接近 90°前角，后角为零，因此后刀面始终与孔壁摩擦，能起挤压烫平的作用。这种刀具钻孔的质量好，但强度较差，容易崩刃，而且不能自动定心。

3）"O" 形钻。如图 9-31（c）所示。其刃口呈圆环形。

4）"C" 形钻。如图 9-31（d）所示。其刃口呈带缺口的圆环形。

以上四种都用外圆周刃口切削，可使孔周未切下的凯夫拉纤维尽可能少。

5）弧形三尖钻。如图 9-31（e）所示。钻心尖起定心作用，借助两个外尖划出所需圆孔，可用高速钢麻花钻磨削而成，刃磨时必须十分注意三个钻尖的相对位置和锋利程度。

6）改型麻花钻。如图 9-31（f）所示。其特点是靠原来主刃处又加了两个刃口，用于切去孔外侧材料。

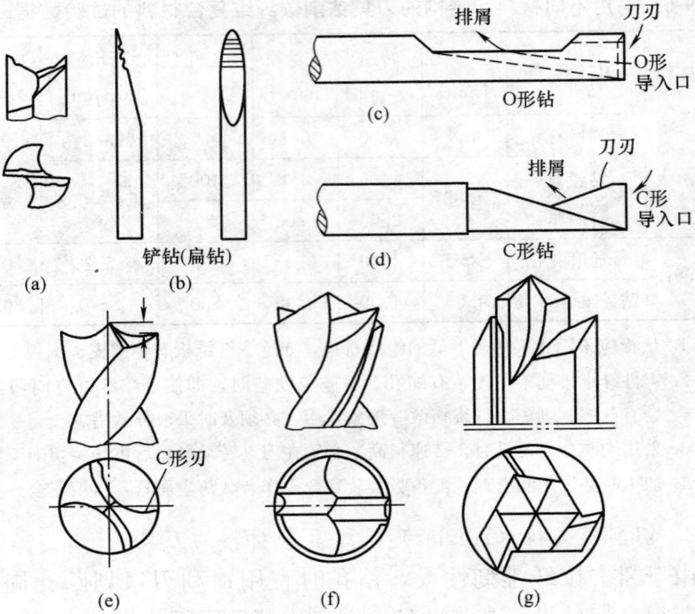

图 9-31　加工凯夫拉纤维的钻头

7）三刃钻。如图 9-31（g）所示。该钻有三个外刃，另外还有一个三刃中心钻。

图 9-31 中（e）、（f）、（g）三种钻头的优点是定心好，而且也有外圆周刃口，一般可得到更好的加工效果。

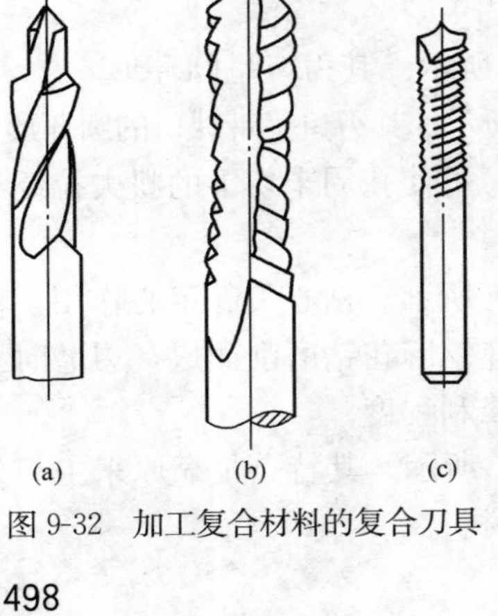

图 9-32　加工复合材料的复合刀具

利用以上钻头加工凯夫拉纤维复合材料时，仍需在工件底部加垫板或贴上垫布，防止孔出口处劈裂。

（2）加工复合材料的复合刀具。铣削用刀具可做成左右螺旋刃口的形状，使刃口切削力压向板内，防止分层。图 9-32 为几种复合刀具，除了钻铰复合刀具外，图

9-32（a）为台阶钻型，图 9-32（b）和图 9-32（c）皆为钻铣复合刀具，图 9-32（c）用于切削凯夫拉纤维时效果较好。该刀具钻削时可利用刀尖处圆弧刃口，铣削时因有左右螺旋的切削齿，可减少分层。

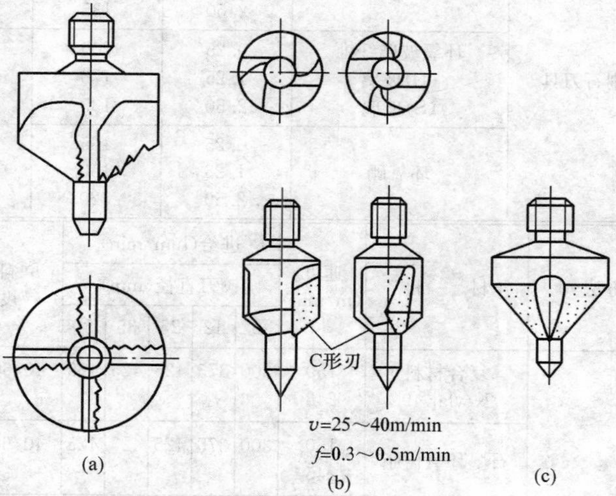

图 9-33 加工复合材料的锪窝钻

（3）加工凯夫拉纤维复合材料的锪窝钻。如图 9-33 所示。

图 9-33（b）所示的 C 形刃，能将纤维引向中间加以切断，而不往孔周外挤出。图 9-33（c）为某研究所研制的涂金刚石粉的锪窝钻，效果良好。

三、复合材料切削用量选择

国外切削复合材料的一些数据列于表 9-7 中，表中所列主要是用金刚石刀具和磨轮加工复合材料的切削用量。

表 9-7 用金刚石刀具和磨轮加工复合材料时切削用量选择

加工方法	被加工材料	背吃刀量 (mm)	切削速度 (m/min)	进给量 (mm/r)
镗削金刚石刀具	复合材料	0.25	215	0.050
		1.25	185	0.102
	Kevlar 49	2.50	150	0.150

续表

加工方法	被加工材料	背吃刀量(mm)	切削速度(m/min)	进给量(mm/r)
镗削金刚石刀具	环氧石墨合成材料	0.25 1.25 2.50	200 170 135	0.050 0.102 0.150
	环氧玻璃纤维 (E)玻璃 (S)玻璃	0.25 1.25 2.50	200 170 135	0.050 0.102 0.150
	环氧硼	0.25 1.25 2.50	185 150 120	0.050 0.102 0.150

加工方法	材料	速度(m/min)	进给(mm/min) 铰刀直径(mm) 6	12	25	35	50	磨料粒度	金刚石浓度
铰削金刚石刀具	复合材料 Kevlar 49	150 245	300	375	425	425	425	40/60	100
	石墨环氧树脂	150 245	300	375	425	425	425	40/60	100
	环氧玻璃纤维 (E)玻璃 (S)玻璃	150 245	300	375	425	425	425	40/60	100
	硼环氧树脂	150 245	300	375	425	425	425	40/60	100

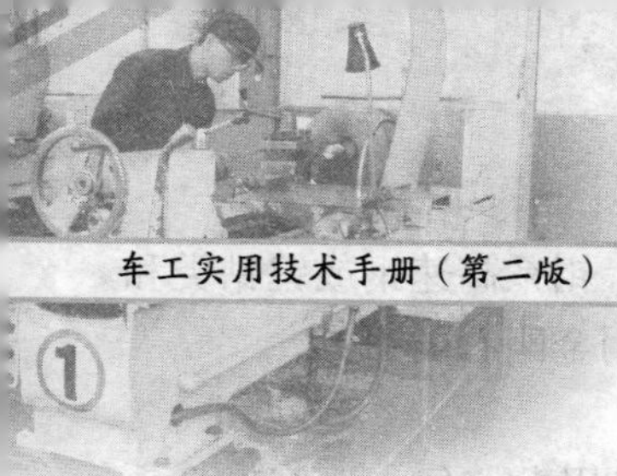

第十章

有色金属车削加工

通常，把铁类金属及其合金以外的金属及其合金称作有色金属。因镍合金、钛合金等属难加工材料的车削将在第十一章中介绍，故本章主要介绍铜及铜合金、铝及铝合金、镁合金以及其他有色金属的车削。

第一节 铜及铜合金材料的车削

一、纯铜车削

（一）纯铜的车削特点

纯铜的硬度和强度较低，切削层单位面积的切削力（亦称单位切削力）不大，例如 T2 的单位切削力为 1619N/mm^2，45 钢为 11962N/mm^2，且热导率高，故允许采用较高的切削速度。但其线膨胀系数大、伸长率大、韧性也大，这些均为切削加工的不利因素，与 45 钢相比，相对加工性只有 65%。

退火状态的纯铜车削易粘刀，不易断屑；常产生水纹状波形并发出刺耳的噪声；加工过程中吸热多，且线膨胀系数大，故不易控制加工精度。

经冷变形硬化后的纯铜硬度有所提高，塑性有所下降，切削加工性得到较大改善。某些纯铜中含有硫、硒、碲等元素，在允许的含量范围内，随着这些元素含量的增加，纯铜的切削加工性也得到逐步改善。

（二）纯铜车削刀具

1. 刀具材料

纯铜车削刀具材料可选用钨系高速钢、钼系高速钢或钨钴类和通用类硬质合金，也可根据加工要求，选用金刚石类刀具。

2. 几何参数

由于纯铜塑性高，强度和硬度低，宜采用大前角 $\gamma_0=25°\sim35°$，较大后角 $\alpha_0=8°\sim12°$ 和较大副偏角 $K'_r=10°\sim15°$，使切削刃锋利。前面常磨出浅而宽的大圆弧断屑槽，并采取断屑措施，以利切屑卷曲和折断；主后面常磨出两条搓板形圆弧槽。

3. 纯铜车削实用刀具

（1）92°纯铜外圆车刀（图 10-1）。该车刀的几何参数及切削用量参见表 10-1 。车削时，采用乳化液冷却润滑，精加工时表面粗糙度 Ra 可达 1. 6μm。

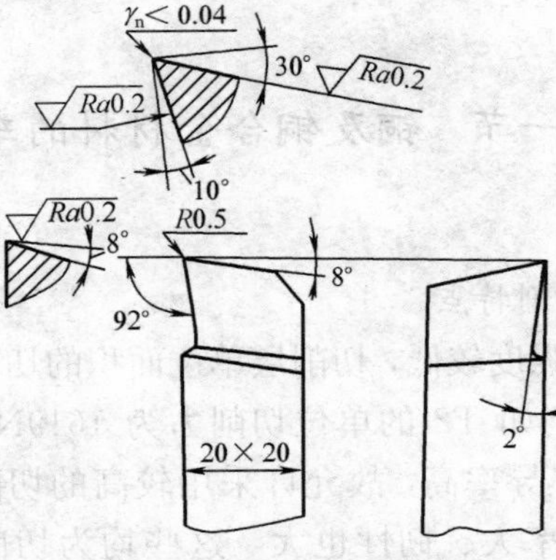

图 10-1　92°纯铜外圆车刀

表 10-1　　92°纯铜外圆车刀的几何参数及切削用量

刀具材料	几何参数					切削用量		
	γ_0	α_0	K_r	K'_r	λ_s	v_c（m/s）	a_P（mm）	f（mm/r）
W18Cr4V	30°	10°	92°	8°	2°	1. 67～2. 5	2～10	0. 1～0. 2

（2）80°纯铜外圆车刀（图 10-2）。该车刀的几何参数及切削用量参见表 10-2。

（3）无氧铜机夹断屑车刀（图 10-3）。该车刀的几何参数及切削用量参见表 10-3。

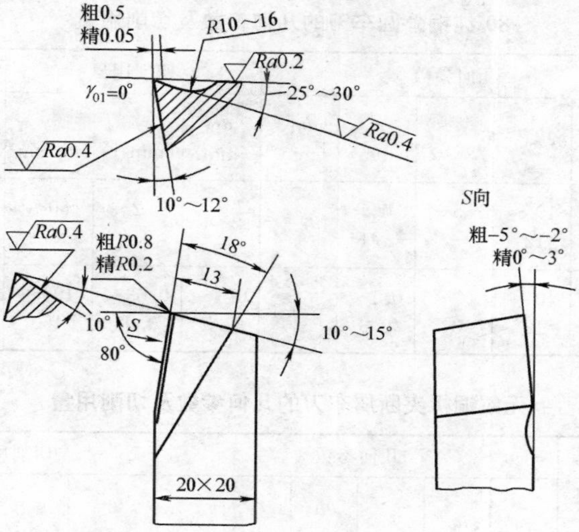

图 10-2 80°纯铜外圆车刀

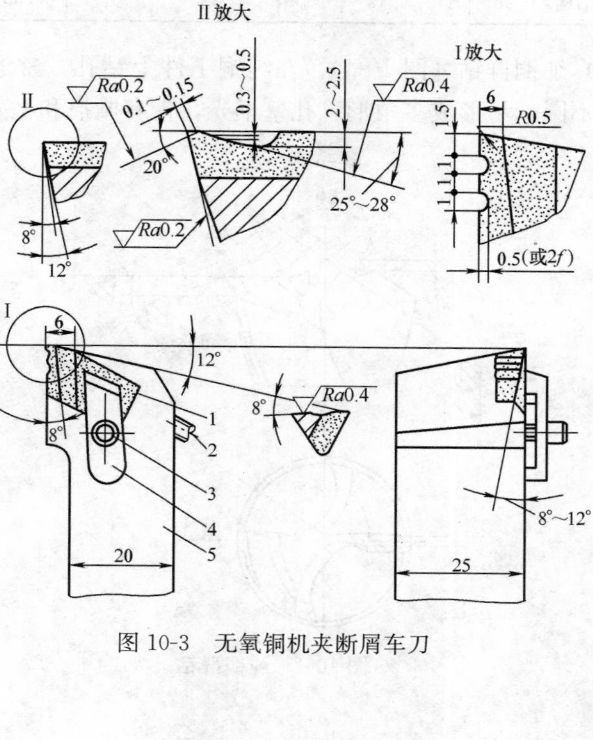

图 10-3 无氧铜机夹断屑车刀

表 10-2　80°纯铜外圆车刀的几何参数及切削用量

加工性质	几何参数					切削用量			刀具材料
	γ_0	α_0	λ_s	r_ε (mm)	b_{r1} (mm)	a_P (mm)	f (mm/r)	v_c (m/min)	
粗车	20°～25°	10°～12°	−5°～−2°	0.5～1	0.5	2～6	0.2～0.4	60～100	W6Cr4V4Mo5SiNb
精车	25°～30°	10°～12°	0°～3°	0.1～0.3	<0.1	0.1～0.5	0.03～0.08	100～150	

表 10-3　无氧铜机夹断屑车刀的几何参数及切削用量

刀具材料	几何参数						切削用量		
	γ_0	a_0	λ_s	b_{r1} (mm)	r_ε (mm)	γ_{01}	a_P (mm)	f (mm/r)	v_c (m/min)
YG8（上压式结构）	25°～28°	8°	8°～12°	0.1～0.15	0.5	−20°	5～6	0.3～0.55	200～250

（4）纯铜群钻（图 10-4）。在纯铜工件上钻孔，常遇到的问题是孔形不圆，易形成多角形；孔壁不光，带有撕痕和毛刺；不易断

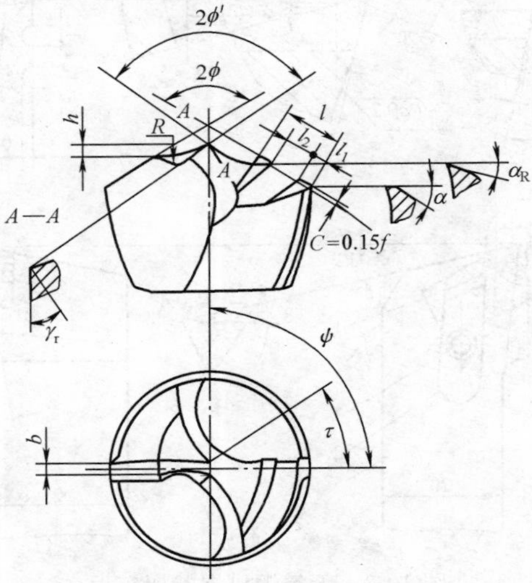

图 10-4　纯铜群钻

屑，缠绕在钻头上，操作不安全；由于纯铜线膨胀系数大，冷却时孔径回缩快，因此容易使钻头咬死在孔中。

针对上述问题，纯铜群钻应适当减小内刃锋角（2ϕ）；加大钻尖高度以提高定心精度；适当减小内刃前角（γ_τ）及圆弧刃后角（α_k），加大横刃斜角 ψ，以得到较小的内刃侧后角，从而增大阻尼，减轻振动，使孔不产生多角形。当直径大于 25mm 时，外刃磨出分屑槽，必要时可在前面上磨出断屑台，以利切屑顺利排出。纯铜群钻几何参数见表 10-4。

表 10-4　　纯铜群钻几何参数

钻头直径 D	尖高 h	圆弧半径 R	横刃长 b	外刃长 l	槽距 l_1	槽宽 l_2	槽数 Z	外刃锋角 2ϕ	内刃锋角 $2\phi'$	横刃斜角 ψ	内刃前角 γ_r	内刃斜角 τ	外刃后角 α	圆弧后角 α_K
5～7	0.35	1.25	0.15	1.3	—	—								
>7～10	0.5	1.75	0.2	1.9	—	—								
>10～15	0.8	2.25	0.3	2.6	—	—	—	120	115	90	−25	30	15	12
>15～20	1.1	3	0.4	3.8	—	—								
>20～25	1.4	4	0.48	4.9	—	—								
>25～30	1.7	4	0.55	8.5	2.2	4.2								
>30～35	2	4.5	0.65	10	2.5	5	1	120	115	90	−25	35	12	10
>35～40	2.3	5	0.75	11.5	2.9	5.8								
参数按直径范围的中间值来定，允许偏差为±2.5mm									近似比例	$h\approx0.06D$ $R\approx0.2D$（$D\leqslant25$） $R\approx0.15D$（$D>25$） $b\approx0.02D$ $l\approx0.2D$（$D\leqslant25$） $l\approx0.3D$（$D>25$）				

注　表中尺寸单位为 mm；槽数为条；角度为度。

（三）纯铜切削用量的选择

纯铜切削用量的选择见表 10-5～表 10-9。

表 10-5　　纯铜基本表面车削切削用量的选择

加工内容	硬度(HRB)	状态	切削用量 a_p (mm)	v_c (m/min)	f (mm/r)	刀具材料
车外圆、端面	10～70	退火	1	40	0.18	S4，S5
			4	34	0.40	S4，S5
			8	27	0.50	S4，S5
			16	21	0.75	S4，S5
			1	84～90[①]	0.18	K01，M10
			4	69～76	0.40	K10，M10
			8	64～70	0.75	K20，M20
			16	58～66	1.0	K20，M20
			0.13～0.40	460～915	0.075～0.15	金刚石
			0.40～1.25	245～460	0.15～0.30	
			1.25～3.2	120～245	0.30～0.50	
	60～100	冷拉	1	46	0.18	S4，S5
			4	38	0.40	S4，S5
			8	30	0.50	S4，S5
			16	24	0.75	S4，S5
			1	87～100	0.18	K01，M10
			4	73～84	0.40	K10，M10
			8	69～76	0.75	K20，M20
			16	60～72	1.0	K20，M20
			0.13～0.40	520～975	0.075～0.15	金刚石
			0.40～1.25	305～520	0.15～0.30	
			1.25～3.2	185～305	0.30～0.50	
车、镗孔	10～70	退火	0.25	40	0.075	S4，S5
			1.25	32	0.13	S4，S5
			2.5	27	0.30	S4，S5
			0.25	67～79	0.075	K01，M10
			1.25	55～64	0.13	K10，M10
			2.5	46～53	0.30	K20，M20
			0.13～0.40	520	0.075～0.15	金刚石
			0.40～1.25	275	0.15～0.30	
			1.25～3.2	150	0.30～0.50	

续表

加工内容	硬度（HRB）	状态	切削用量			刀具材料
			a_P（mm）	v_c（m/min）	f（mm/r）	
车、镗孔	60～100	冷拉	0.25 1.25 2.5	46 37 30	0.075 0.13 0.30	S4，S5 S4，S5 S4，S5
			0.25 1.25 2.5	73～85 58～69 49～58	0.075 0.13 0.30	K01，M10 K10，M10 K20，M20
			0.13～0.40 0.40～1.25 1.25～3.2	670 365 245	0.075～0.15 0.15～0.30 0.30～0.50	金刚石

① 焊接式硬质合金取小值，可转位式硬质合金取大值。

表 10-6　纯铜钻、铰切削用量的选择

加工方法	材料状态（HRB）	v_c（m/min）	f（mm/r）								刀具材料
			孔的基本尺寸（mm）								
			1.5	3	6	12	18	25	35	50	
钻削	退火10～70	15 21	0.025 —	 0.075	 0.15	 0.25	 0.33	 0.40	 0.55	 0.65	S2,S3
	冷拉60～100	18 26	0.025 —	 0.075	 0.15	 0.25	 0.33	 0.40	 0.55	 0.65	S2,S3
铰削	退火10～70	27 115	（粗）	0.075 0.075	0.13 0.13	0.20 0.20	—	0.25 0.25	0.30 0.30	0.40 0.40	S3,S4,S2 K20
		11 15	（精）	0.102 0.102	0.15 0.15	0.25 0.25	—	0.30 0.30	0.40 0.40	0.50 0.50	S3,S4,S2 K20
	冷拉60～100	27 120	（粗）	0.075 0.075	0.13 0.13	0.20 0.20	—	0.25 0.25	0.30 0.30	0.40 0.40	S3,S4,S2 K20
		11 15	（精）	0.102 0.102	0.15 0.15	0.25 0.25	—	0.30 0.30	0.40 0.40	0.50 0.50	S3,S4,S2 K20

续表

加工方法	材料状态(HRB)	v_c (m/min)	f(mm/r)								刀具材料
			孔的基本尺寸(mm)								
			1.5	3	6	12	18	25	35	50	
油孔钻或强制冷却钻削	退火 10~70	26 76		0.075 0.075	0.15 0.15	0.25 0.25	0.30 0.30	0.40 0.40	0.45 0.45	0.50 0.50	S2,S3 K10
	冷拉 60~100	30 84		0.075 0.075	0.15 0.15	0.25 0.25	0.30 0.30	0.40 0.40	0.45 0.45	0.50 0.50	S2,S3 K10

加工方法	材料状态(HRB)	v_c (m/min)	孔的基本尺寸(mm)								刀具材料
			18~25	35	50	75	100	150	200	≥200	
扁钻	退火 10~70	15	0.20	0.25	0.36	0.45	0.55	0.90	1.10	1.25	S3,S4,S5,S2
	冷拉 60~100	18	0.20	0.25	0.36	0.45	0.55	0.90	1.10	1.25	S3,S4,S5,S2

加工方法	材料状态(HRB)	v_c (m/min)	f(mm/r)						刀具材料
			孔的基本尺寸(mm)						
			2~4	4~6	6~12	12~18	18~25	25~50	
深孔钻削	退火 10~70	105	0.004~0.006	0.008~0.013	0.025~0.063	0.038~0.075	0.050~0.102	0.075~0.13	K20
	冷拉 60~100	115	0.004~0.006	0.008~0.013	0.025~0.063	0.038~0.075	0.050~0.102	0.075~0.13	K20

表 10-7　　纯铜车螺纹切削用量的选择

螺纹直径	第一次走刀 a_P (mm)	第末次走刀 a_P (mm)	v_c (m/min)	刀具材料	v_c (m/min)	刀具材料
>M26	0.25	0.025	9~30	S4	30~60	K10,M10
<M25	0.25	0.025	15~45	S4	60~90	K10,M10

表 10-8　　纯铜套丝、攻丝切削用量的选择

材料状态(HRB)	v_c (m/min)								刀具材料
	螺距 (mm)								
	>3		1.5~3		1~1.5		<1		
	套丝	攻丝	套丝	攻丝	套丝	攻丝	套丝	攻丝	
退火 10~70	5~	3.6	11~	8	15~	11	17~	12	S3, S4, S2
冷拉 60~100	8	5	15	9	18	14	20	15	

表 10-9　　纯铜切断和成形车切削用量的选择

材料状态(HRB)	v_c (m/min)	f(mm/r)								刀具材料
		切刀宽度(mm)			成形刀宽度(mm)					
		1.5	3	6	12	18	25	35	50	
退火 10～70	26	0.050	0.075	0.089	0.075	0.063	0.050	0.038	0.025	S4,S5
	46	0.050	0.075	0.089	0.075	0.063	0.050	0.038	0.025	K40,M40
冷拉 60～100	27	0.050	0.075	0.089	0.075	0.063	0.050	0.038	0.025	S4,S5
	52	0.050	0.075	0.089	0.075	0.063	0.050	0.038	0.025	K40,M40

二、铜合金车削

1. 铜合金材料的车削特征

铜及铜合金的导电性和导热性好，抗磨性高，并有很好的抗锈蚀性能，其强度和硬度都比普通碳钢低，切削加工性能好，属易切削材料。一般批量生产的中等零件，可以采用多刀多刃切削，批量生产的小型零件，可以采用成形刀一次切削完成。

铜合金可分为青铜和黄铜。机械结构件中常用铜合金材料有H62、H68、HPbS9-1，QSn4-4-2.5、QAl10-3-1.5、ZCuZn40Mn3Fe1和ZCuSnSPbSZnS等。青铜比较脆，车削时与铸铁有些相似，而黄铜比较软，略有韧性，车削时与低碳钢相近。在车削铜合金时，比较容易获得较小的表面粗糙度。由于铜及铜合金的强度和硬度较低，所以在切削力及夹紧力的作用下，容易产生变形。铜合金材料的线胀系数比钢及铸铁大，因此工件的热变形也大。

铜合金材料的相对切削加工性能见表 10-10。

表 10-10　　铜合金材料的相对切削加工性能

名　称	牌　号	相对切削加工性（%）
普通黄铜	H96	70
	H90	70
	H85	105
	H80	105
	H70	105
	H65	105
	H63	140
	H62	140
	H59	155

续表

名　称	牌　号	相对切削加工性（%）
铅黄铜	HPb6-3-3	350
	HPb61-1	260
	HPb59-1	280
锡黄铜	HSn70-1	105
	HSn62-1	90
	HSn60-1	70
锰黄铜	HMn58-2	80
铁黄铜	HFe59-1-1	90
硅黄铜	HSi80-3	140
锡青铜	QSn4-4-2.5	315
	QSn4-4-4	315
	QSn6.5-0.1	70
	QSn6.5-0.4	70
	QSn4-0.3	70
	QSn7-0.2	55
铝青铜	QAl5	70
	QAl7	70
	QAl9-2	70
	QAl9-4	70
	QAl10-3-1.5	70
	QAl10-4-4	70
铍青铜	QBe2	70
	QBe1.9	70
硅青铜	QSi1-3	105
锰青铜	QMn5	70
铬青铜	QCr0.5	70
镉青铜	QCd	70
普通白铜	B19	70
	B25	70
铁白铜	BFe30-1-1	70
锌白铜	BZn15-20	70
铸造铜合金	ZCuSn5Pb5Zn5	315
	ZCuSn10Pb1	260
	ZCuSn10Zn2	260
	ZCuPb10Sn10	(315)
	ZCuAl10Fe3	70

2. 车削铜合金材料的刀具

车削铜合金材料时，常用的刀具材料有高速钢（W18Cr4V）和钨钴类硬质合金（YG6，YG8）等；加工耐磨青铜及铸造铜合金时，也可采用硬质合金 YG8N 和 YW2；若加工需要，也可选用金刚石刀具。对一些特形零件的车削，也可采用碳素工具钢（T10A、T12A）和合金工具钢（9SiCr、GCr9）作为成形刀材料，用这些材料作刀具，刃磨比较方便，但刀具的寿命较低。

车削铜合金时，刀具应刃磨锋利，并用油石研磨。刀刃附近的表面粗糙度值应在 $Ra0.8$ 以下，一般不需磨负倒棱。车削黄铜时，取前角 $\gamma_0=10°\sim25°$，后角 $\alpha_0=8°\sim10°$；车削青铜时，取 $\gamma_0=0°\sim10°$，$\alpha_0=6°\sim8°$，其余角度与通用车刀相同。

切削铜合金材料的常用刀具如下。

（1）90°外圆粗车刀。如图 10-5 所示，刀具前面选用锋刃大圆弧断屑槽型，以利切屑卷曲并成节状，能顺利排屑。加工黄铜时前角取大值，加工青铜时前角取小值，切削用量见表 10-11。

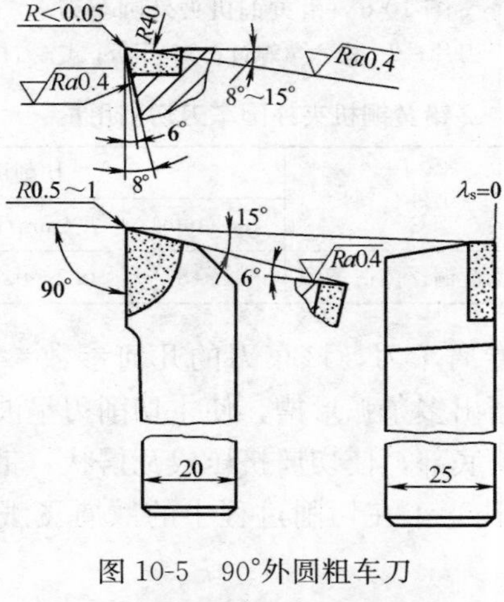

图 10-5　90°外圆粗车刀

表 10-11　　90°外圆粗车刀切削用量

刀具材料	工件材料	切削用量		
		a_p（mm）	f（mm/r）	v_c（m/min）
YG8，YG6X	加工黄铜、青铜	4～8	0.3～0.6	80～100

（2）铅黄铜机夹外圆车刀。如图 10-6 所示。刀具前面选用锋刃平面型，主偏角 $K_r=75°$，切削稳定性好。选用带 7°后角的硬质合金刀片，安装后使前角 $\gamma_0=2°$，$\lambda_S=0°\sim2°$；刀尖圆弧半径粗车时取 $r_\varepsilon=0.1\sim0.3$mm，精车时取 $r_\varepsilon=0.5\sim1$mm，切削用量见表 10-12。

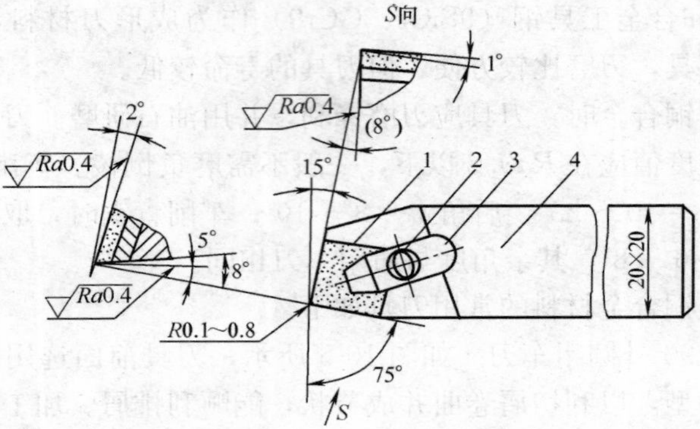

图 10-6　铅黄铜机夹外圆车刀

1—刀片；2—内六角螺钉；3—压板；4—刀杆

表 10-12　　铅黄铜机夹外圆车刀切削用量

刀具材料	工件材料	切削用量		
		a_P（mm）	f（mm/r）	v_c（m/min）
YG8，YG6，YG8N	铅黄铜、铸造黄铜	2～8	0.2～0.6	120～180

（3）铅黄铜卷屑车刀。该车刀的几何参数参见图 10-7。刀具前面沿进给方向磨出多条弧形槽，使主切削刃呈波纹状。切削过程中，切屑流向弧槽底部，使切屑挤压成瓦楞状、带状卷屑，有效地防止了脆黄铜 HPb59-1 在切削过程中的散屑飞溅现象。切削用量见表 10-13。

表 10-13　　铅黄铜卷屑车刀切削用量

刀具材料	工件材料	切　削　用　量		
		a_P（mm）	f（mm/r）	v_c（m/min）
W18Cr4V	HPb59-1	4～10	0.08～0.2	100～150

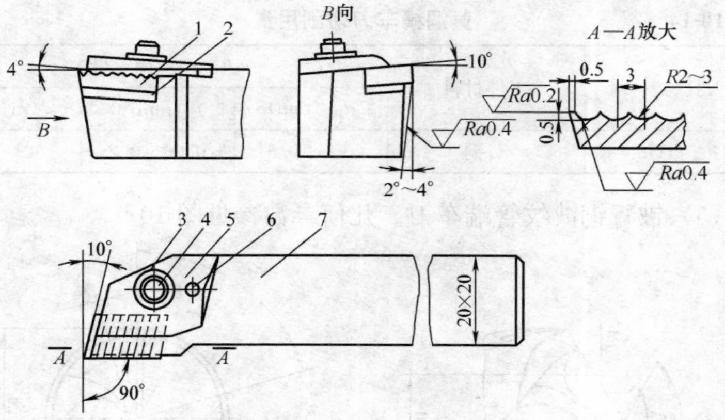

图 10-7　铅黄铜卷屑车刀

1—刀片；2—刀垫；3—内六角螺钉；

4—垫圈；5—压板；6—销；7—刀杆

（4）黄铜精车刀。该车刀的几何参数参见图 10-8。刀具前面磨出断屑槽并形成大前角，使切削刃锋利，切削轻快，已加工表面可达 Ra（1.6～0.8）μm。切削用量见表 10-14。

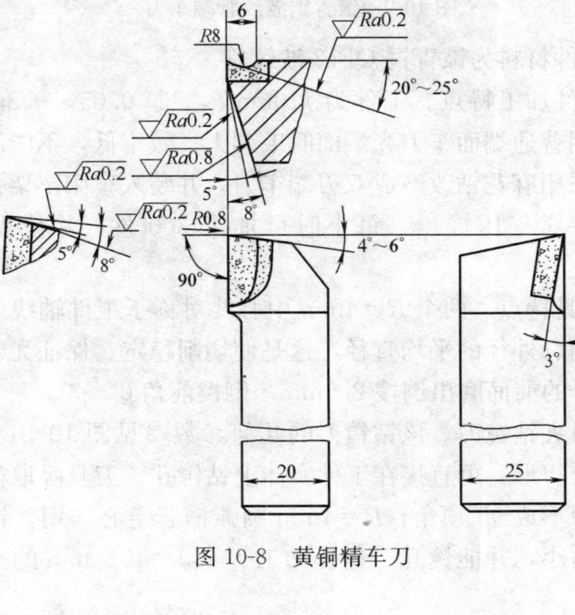

图 10-8　黄铜精车刀

表 10-14　　黄铜精车刀切削用量

刀具材料	工件材料	切削用量		
		a_P（mm）	f（mm/r）	v_c（m/min）
YG6、YG8N	黄铜	0.3～0.6	0.06～0.2	100～120

（5）铍青铜波纹管端车刀。几何参数参见图 10-9。

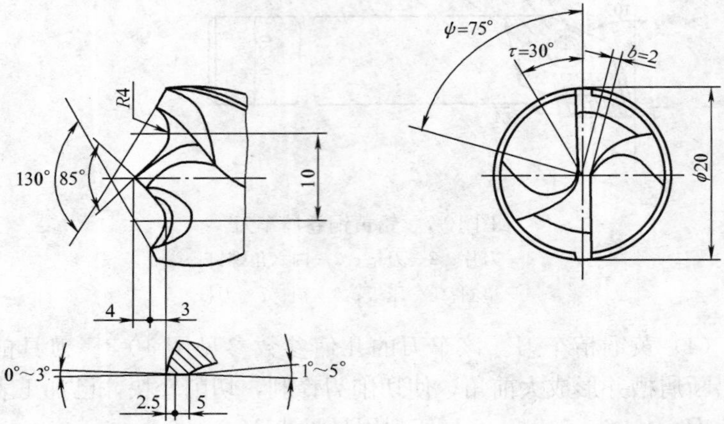

图 10-9　铍青铜波纹管端车刀

1）工件材料为铍青铜 QBe2 波纹管。

2）工件加工特点。工件为 ϕ10mm、壁厚 0.05～0.3mm 的薄壁管件，用普通端面车刀光端面时毛刺大、效率低，不能满足生产要求。现采用麻花钻改磨成双刃端车刀，并装入车床尾架孔中进行加工，零件靠气压推出，每小时可加工 300 件，并使光端面无毛刺。

3）刀具特点。两个 R＝4mm 中心要对称于工件轴线，中心距等于工件内、外径的平均直径，这是使切削稳定、保证无毛刺的关键。R 部分的前面磨出倒棱 2.5mm，倒棱前角 0°～3°。

（6）机夹钻镗刀。该钻镗刀的几何参数参见图 10-10。该刀具为钻镗复合刃形，可直接在工件实体上钻镗孔。刀具吸取群钻的特点，两主刃形成 95°顶角，R＝4mm 圆弧槽起定心作用，钻削时比群钻轴向力小，并能镗孔。适合加工 ϕ（30～40）mm 的孔。使用

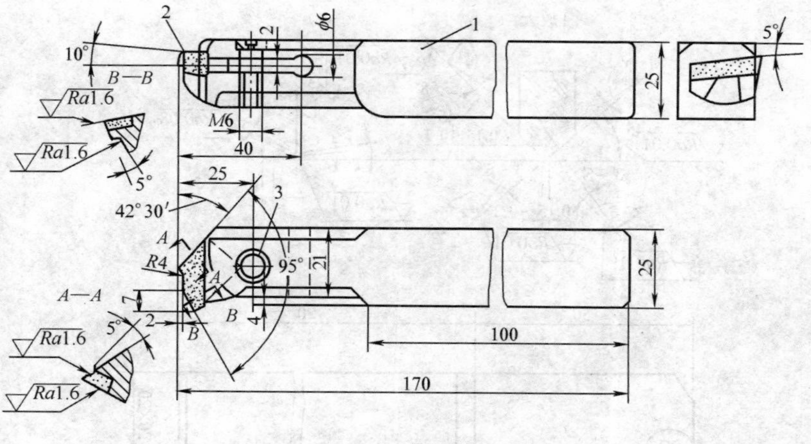

图 10-10　机夹钻镗刀

1—刀体；2—刀片；3—螺钉

时，刃尖中心须对准主轴回转中心，或高于中心 0.1～0.2mm；机夹钻镗刀的切削用量参见表 10-15。采用该刀具加工孔比普通麻花钻提高效率 2～4 倍。

表 10-15　　钻镗刀的切削用量

刀具材料	工件材料	切削用量		
		a_P（mm）	f（mm/r）	v_c（m/min）
YG8	铸造铜合金、铸铁	⩾15	0.2～0.4	80～100

（7）天然金刚石内孔镗刀（图 10-11）。

1）工件材料。铅黄铜 HPb59-1。

2）工件技术要求。孔径 $\phi35^{+0.01}_{0}$ mm×40mm 通孔，孔径圆度误差⩽0.003mm，直线度误差⩽0.003mm，表面粗糙度 Ra =0.1μm。

3）金刚石在刀体上的固定方法。金刚石脆性较大，难以焊接，通常采用机械夹固、粘接和粘接加机械夹固法。机械夹固法简单易行，更换刀片方便，但夹紧力不易控制，夹紧力大时会损坏刀片；粘接法通常采用无机粘结剂和环氧树脂等，方法简单，且刀片不受预紧力，更换刀片也不困难，这是目前使用较多的一种方法；粘接

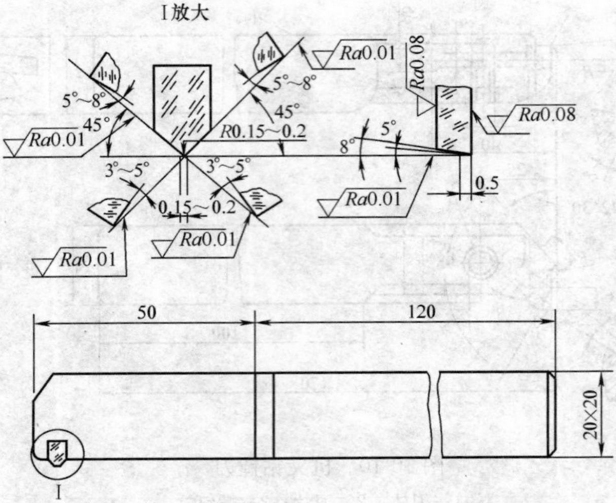

图 10-11　天然金刚石内孔镗刀

加机械夹固是防止刀片在切削过程中松动，提高可靠性的一种方法。本例采用粘接法，其牢固程度是可靠的。

4）刀具几何参数选择。由于金刚石性脆，为保证刃口强度，防止崩刃，宜选取较小的正前角 $\gamma_0=0°\sim2°$（加工黄铜和铝合金时）或小的负前角 $\gamma_0=-5°$（加工青铜时）。后角取大值使刃口锋利，有利于减小已加工表面粗糙度值，但会降低切削刃强度。为兼顾以上两个方面，一般取 $\alpha_0=5°\sim10°$。金刚石车刀的主偏角可在 30°～90°范围内选择。为增加刀尖强度，一般都磨出过渡刃和修光刃，既可防止刀尖崩损，又可提高已加工表面质量，切削用量见表 10-16。

表 10-16　天然金刚石内孔镗刀切削用量

刀具材料	工件材料	切削用量		
		a_p（mm）	f（mm/r）	v_c（m/min）
天然金刚石	铅黄铜（HPb59-1）	0.03～0.3	0.02～0.06	210～450

5）加工效果。由于工件精度极高，采用其他刀具材料难以稳定加工精度。采用该刀具能稳定地保证加工精度，但要求机床的平稳性也很高。

（8）立方氮化硼外圆车刀。该车刀几何参数参见图 10-12；切削用量参见表 10-17。

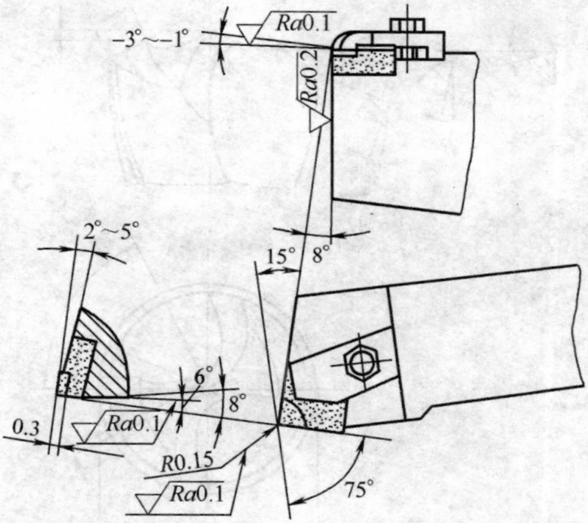

图 10-12　立方氮化硼外圆车刀

表 10-17　　　　立方氮化硼外圆车刀切削用量

刀具材料	工件材料	切削用量		
		a_P（mm）	f（mm/r）	v_c（m/min）
聚晶立方氮化硼	铸造铜合金（ZCuPb10Sn10）	0.2～0.5	0.05～0.1	160

（9）黄铜群钻（图 10-13）。钻削黄铜时，由于工件材料强度和硬度较低，当切削刃锋利时，容易产生“扎刀”现象。“扎刀”是一种自动切入现象，轻则使孔出口处划伤，产生毛刺，重则使钻头崩刃或折断，同时损伤孔壁，产生质量事故。

标准麻花钻切削刃外缘处前角近 30°，这是产生“扎刀”的主要原因。可把外缘处的切削刃修磨成三角形小平面，使外刃侧角 $\gamma_f=6°\sim10°$，即可克服“扎刀”现象。如果钻软黄铜，当表面粗糙度要求不高时，宜将侧前角磨成负值 $\gamma_f=-10°\sim-5°$，把棱边磨窄，并将外缘刀尖修磨出过渡圆弧 $R=0.5\sim1$mm。为减小轴向力，可将横刃磨短。修磨外刃及横刃的几何参数可参见图 10-13 和表 10-18。

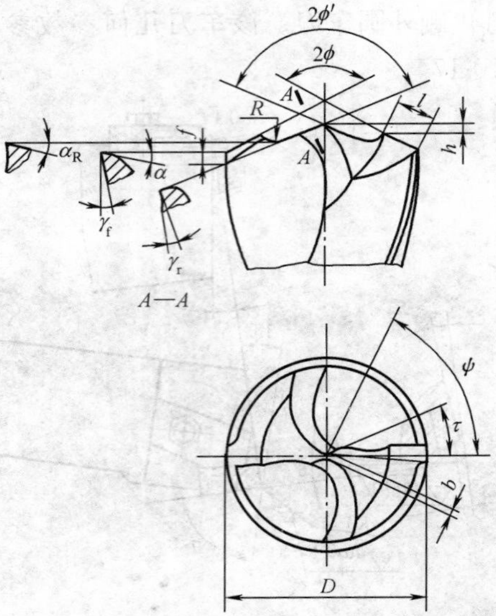

图 10-13 黄铜群钻

表 10-18 黄铜群钻几何参数

钻头直径 D	尖高 h	圆弧半径 R	横刃长 b	外刃长 l	修磨长度 f	外刃锋角 2ϕ	内刃锋角 $2\phi'$	横刃斜角 ψ	外刃侧前角 γ_f	内刃前角 γ_r	内刃斜角 τ	外刃后角 α	圆弧后角 α_R
5～7	0.2	0.75	0.15	1.3	1.5	125	135	65	8	−10	20	15	18
>7～10	0.3	1	0.2	1.9									
>10～15	0.4	1.5	0.3	2.6									
>15～20	0.55	2	0.4	3.8	3						25	12	15
>20～25	0.70	2.5	0.48	4.9									
>25～30	0.85	3	0.55	6									
>30～35	1	3.5	0.65	7.1									
>35～40	1.15	4	0.75	8.2									
备注	(1) 参数按直径范围的中间值来定 (2) 钻胶木时不必修磨前面 (3) γ_f 指外缘点纵向修磨前角，便于观察控制 (4) 尺寸单位为 mm；角度单位为度									近似比例	$h\approx0.03D$ $R\approx0.1D$ $b\approx0.02D$ $l\approx0.2D$		

3. 车削铜合金材料的切削用量

车削铜合金材料的背吃刀量和进给量，与车削一般钢材相同。而切削速度因其比较容易切削可取大些，粗车时取 $v=100\text{m/min}$，精车时取 $v=300\text{m/min}$，选取时还应考虑机床、工件、夹具和刀具工艺系统的刚性，刚性好可取大值，刚性差可适当降低。

三、车削加工实例

1. 车削铜合金型套

车削如图 10-14 所示的零件，材料为锡青铜，小批量生产，毛坯为长棒料。

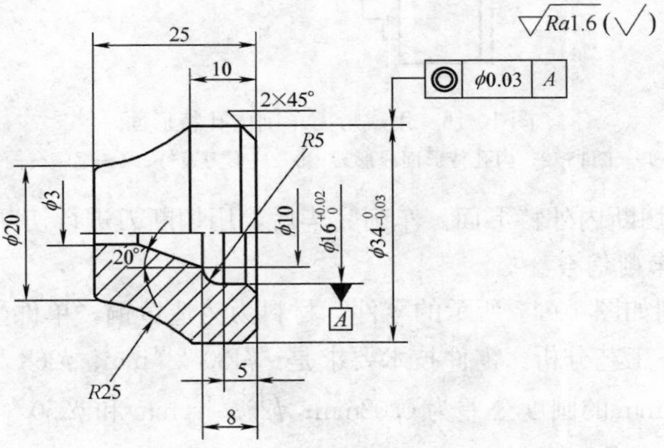

图 10-14　铜合金型套

（1）工艺分析。由于零件的精度和表面粗糙度要求不高，工件又小，内孔与外圆均为特形面，所以采用成形刀加工较为方便。为了提高生产效率、节约辅助时间，零件经一次装夹（棒料从主轴孔穿入，用三爪自定心卡盘夹紧），用两把成形刀和一把切断刀，即可将工件车成。刀具材料可采用碳素工具钢或合金工具钢，大批生产时，可采用高速钢。

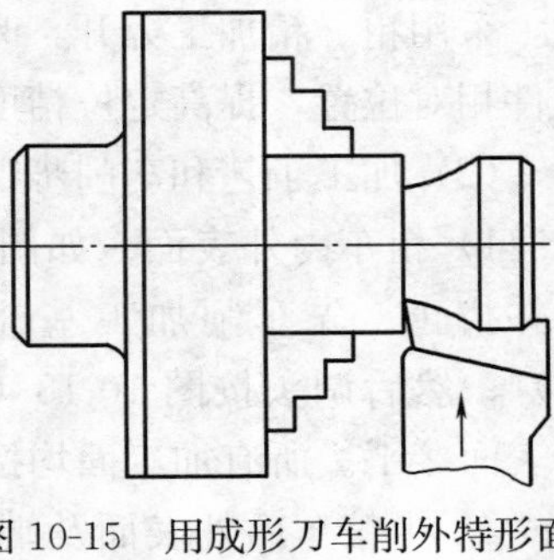

图 10-15　用成形刀车削外特形面

（2）加工工艺和车削步骤。

1）车削外特形面。如图 10-15

所示，将外特形面成形刀安装在方刀架上，以中滑板横向进给切削，一次车成 $\phi34_{-0.003}^{\ 0}$ mm 外圆、$R25$ 圆弧及倒角 2×45°。

2）车削内特形面。如图 10-16 所示，把成形刀安装在尾座套筒里，转动尾座手轮进给切削，将内特形面加工成。

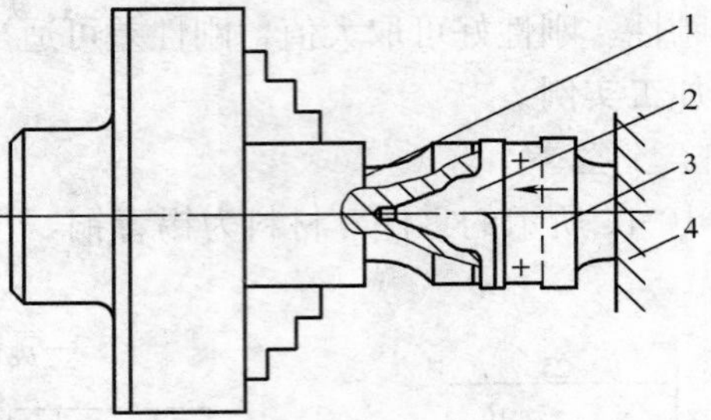

图 10-16　用成形刀车削内孔特形面

1—工件；2—内孔特形面成形刀；3—成形刀刀杆；4—尾座套筒

3）切断内外特形面。车削完毕后，用切断刀进行切断。

2. 车削铜合金套

车削如图 10-17 所示的零件，材料为铸造黄铜，单件生产。

（1）工艺分析。零件技术要求是：$\phi130_{\ 0}^{+0.03}$ mm、$\phi268_{-0.05}^{\ 0}$ mm 和 $\phi250_{\ 0}^{+0.025}$ mm 的圆度公差为 0.02mm；$\phi268_{-0.05}^{\ 0}$ mm 和 $\phi250_{\ 0}^{+0.025}$ mm 的同轴度公差为 0.02mm；$\phi130_{\ 0}^{+0.03}$ mm 孔的轴线和右端面对基准面 B 的垂直度和平行度公差分别为 0.02mm 和 0.03mm。该零件的结构特点是直径较大而壁薄、精度较高、表面粗糙度较小。虽然材料的切削性能好，但是材料的强度较低，加工时很容易产生变形。因此，采用粗、精加工分开，改变加工方法和装夹方向，并反复调整工件相对位置，提高定位精度等来保证加工精度。

（2）加工工艺和车削步骤。

1）粗车内外表面。如图 10-18 所示，用四爪单动卡盘装夹工件并找正。先车削加工基准面 B 一端的所有加工面［图 10-18（a）］；然后调头按图 10-18（b）所标加工处车削另一端，并将外圆表面接平。所有加工面均按单边留余量 1.5～2mm。

2）半精车内外表面及端面。如图 10-19 所示，用四爪单动卡

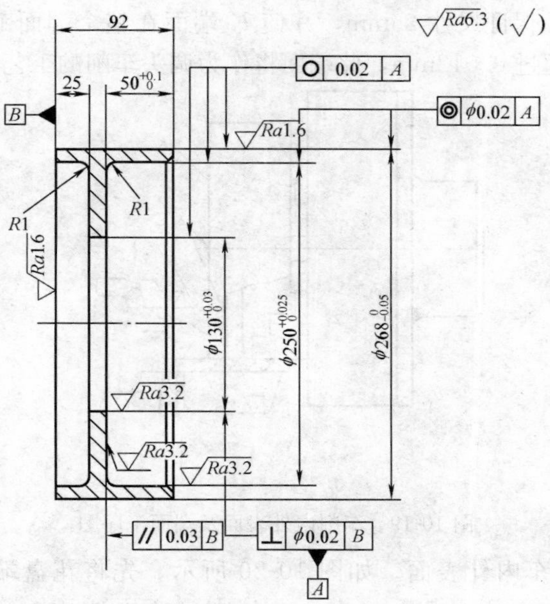

图 10-17　铜合金套零件图

盘反爪涨紧工件内孔，经找正后夹紧工件，夹紧力不宜过大。按图上所标加工处车削内外圆及端面。表面 d 和 D 经半精车后，留精车余量 1.0～1.2mm；表面 N 及内孔 $\phi250$mm 车至图样要求。车

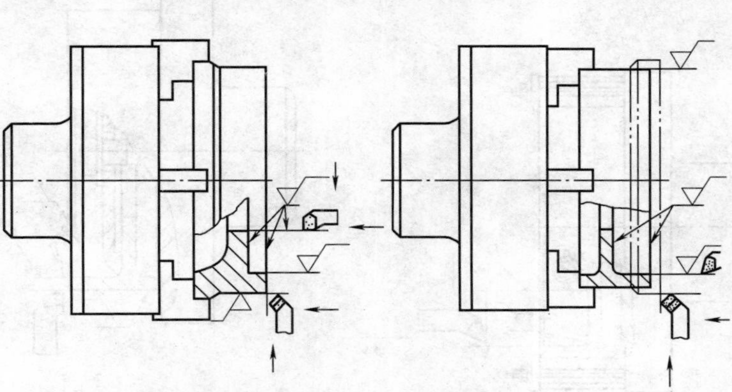

图 10-18　车内外圆表面工序图

平端面 K，保证尺寸 25mm，并使 K 端面在整个端面范围内的平面度不得超过 0.012mm，此端面将作为调头车削的工艺基准。

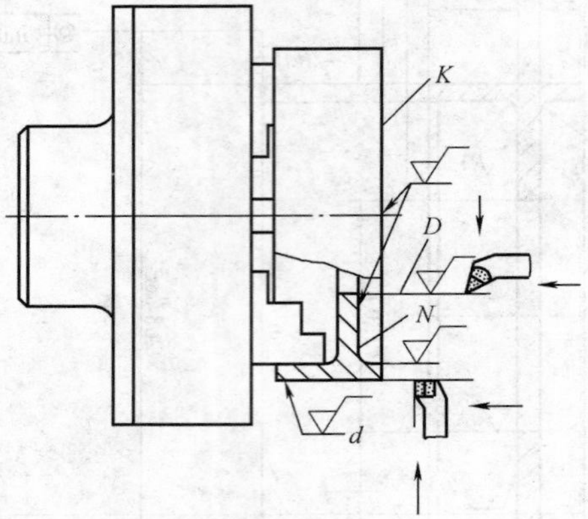

图 10-19　车削内外表面及端面工序图

3）精车内外表面。如图 10-20 所示。先将花盘端面精细车平，并留出定位小凸台，小凸台的直径比工件 ϕ250mm 孔径小 0.5～1.0mm，用作初定位。将工件 K 面与花盘精细车过的端平面紧贴，用螺栓压板压紧工件，压紧力要均匀，同时找正内孔表面 D 的跳动量不大于 0.05mm。按图上所标加工处精车各表面至图样要求。

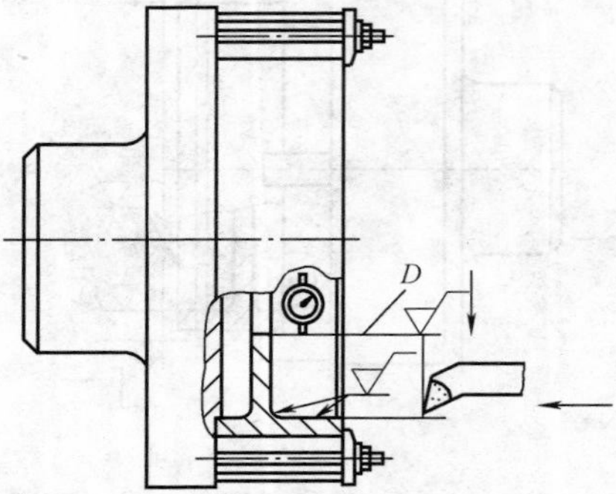

图 10-20　车削内圆及端面工序图

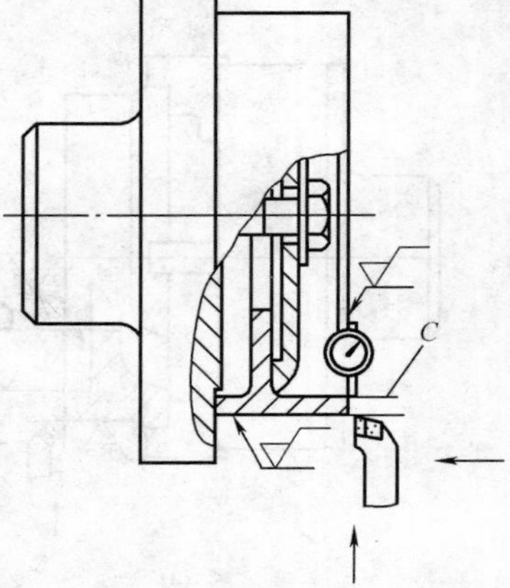

图 10-21　车削外圆及端面工序图

按图 10-20 所标加工处车好后，用一内压板如图 10-21 所示轻轻压紧工件，然后拆除压板，再按图 10-21 所示找正内孔表面 C，跳动量不得大于 0.01mm，精车所标加工处的外圆及端面至图样要求。

四、车削注意事项

(1) 铜合金材料粗车、钻孔、铰孔和车削螺纹时，应使用冷却润滑液。

(2) 精车时，要注意工件的热胀冷缩现象；避免汗手摸工件，以防手汗侵蚀已加工表面，再车削时车刀打滑。

(3) 由于铜合金的强度和硬度较低，因此在装夹零件时，其夹紧力要均匀，且夹紧力不宜过大，以防止零件变形而影响加工精度。

第二节　铝、镁合金材料的车削

一、铝、镁合金材料的车削特性

铝、镁合金具有密度小、硬度低和导热性好的特点，切削加工性好，都属易切削材料。

铝合金材料分变形铝合金和铸造铝合金两类。机械结构件中常用变形铝合金材料有 LY11 和 LY12 等；常用铸造铝合金材料有 ZL101（ZA1Si7Mg）和 ZL104（ZA1Si9Mg）等。

镁合金材料分变形镁合金和铸造镁合金两类。镁合金是最轻的结构材料，比强度、比刚度大，能承受大的冲击载荷，对有机酸、碱类和液体燃料有较高的耐蚀性，广泛地应用于航空、航天工业中。机械结构件中常用变形镁合金材料有 MB1、MB2 和 MB15 等；常用铸造镁合金材料有 ZMgZn4Zr 和 ZMgA18ZnMn 等。

车削铝、镁合金时，可采用高速切削、多刀具或多刃切削。镁合金熔点低，且在车削过程中容易燃烧起火，切削时不能使用切削液，必要时可用压缩空气冷却。

二、车削铝、镁合金材料的刀具

车削铝、镁合金材料常用刀具材料有钨钴类硬质合金（YG6

和 YG8)、高速钢(W18Cr4V)及优质碳素工具钢(T12A)等，T12A 和 W18Cr4V 主要用于制造成形车刀。

车削铝合金材料时，车刀前角 $\gamma_0=20°\sim25°$，后角 $\alpha_0=8°\sim12°$；车削镁合金材料时，车刀前角 $\gamma_0=25°\sim35°$，后角 $\alpha_0=10°\sim15°$。其余角度与通用车刀相同。刀具应刃磨锋利，并研磨使表面粗糙度 Ra 值$<1.6\mu m$。

1. 车削铝、镁合金材料用的典型刀具

(1) 加工铝合金车刀。图 10-22 所示为车削铝合金弯头车刀。根据铝合金的车削特性，车刀应选用较大的前角($\gamma_0=20°\sim30°$)和主偏角($K_r=60°\sim90°$)，并适当加大后角($\alpha_0=12°$)。

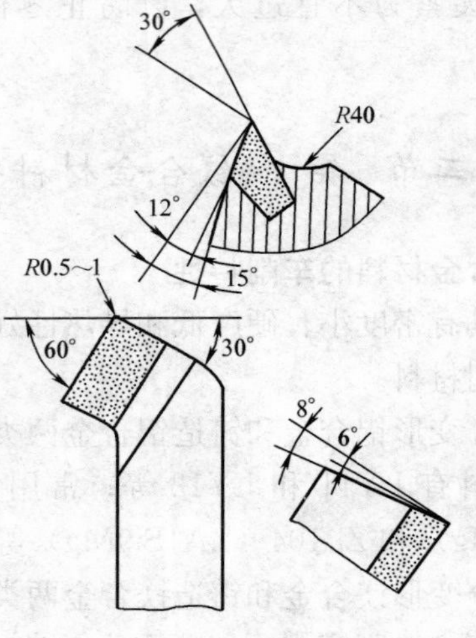

图 10-22 车削铝合金弯头车刀

1) 刀片材料为 YG8，刀杆材料为 45 钢。

2) 采用大前角 $\gamma_0=30°$，前面磨成圆弧形，无倒棱，刃倾角 $\lambda_s=0°$，前刀面表面粗糙度为 $Ra0.4$，以减少切屑的粘附。这种车刀切削阻力小，排屑流畅，切屑呈刨花式排出。

3) 主偏角 $K_r=60°$，副偏角 $K'_r=30°$，刀尖圆弧半径 $R=0.5\sim1mm$，使刀尖有一定的强度。

4) 后角 $\alpha_0=12°$，后刀面的表面粗糙度为 $Ra0.4$，以减少后刀面与加工面的摩擦。粗车铝合金时用乳化液，精车时用煤油作为冷却润滑液。

（2）加工铝、镁合金多刃车刀。如图 10-23 所示。为车削铝、镁合金的双刃弯头车刀。

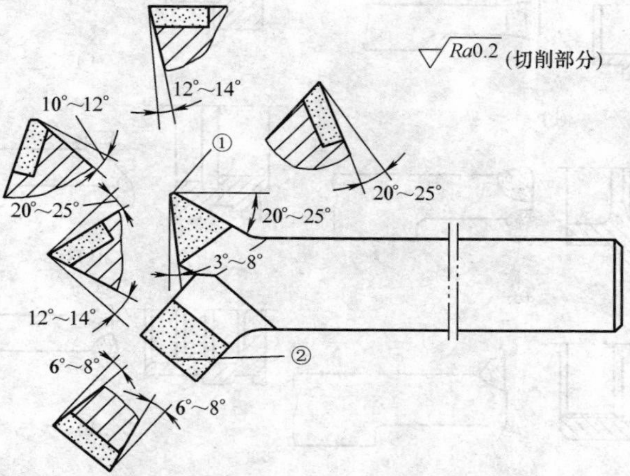

图 10-23　加工铝、镁合金车刀

1）刀片材料为 YG8，刀杆材料为 45 钢。

2）车刀特点。刀刃①可加工外圆，刀刃②可加工内孔、外端面和内、外 45°倒角。

3）切削用量。背吃刀量 a_p＝0.5～5mm，进给量 f＝（0.05～0.6）mm/r，切削速度 v＝（150～500）m/min。

2. 多刃车刀常见加工示例

图 10-24 所示为加工铝、镁合金多刃车刀常见加工示意图，供刀具设计和改进时参考。其具体尺寸、切削角度和刀头材料未具体列出，使用者可根据被加工零件尺寸和材料确定。对其他较为复杂的零件，也可在此基础上再创新。

三、车削铝、镁合金材料的加工工艺

1. 车削铝、镁合金材料的切削用量的选择

铝、镁合金材料为塑性较大的易切削材料，在一定的切削速度范围内容易形成积屑瘤。因此，车削铝、镁合金材料时，采用提高

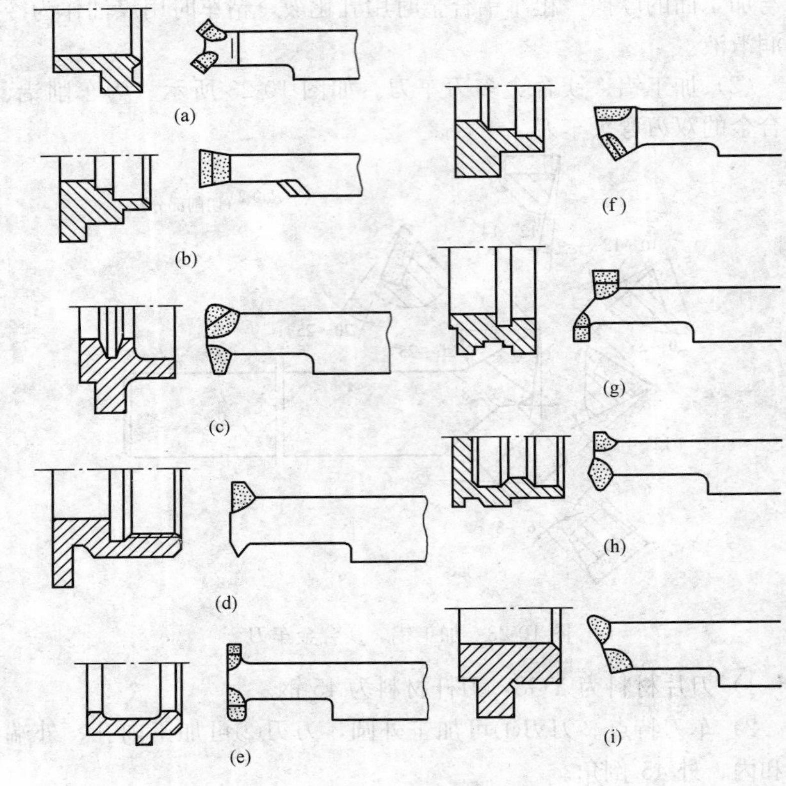

图 10-24　铝、镁合金多刃车刀常见加工示意图

切削速度，避开积屑瘤形成区，以获得较小的表面粗糙度值，同时可达到提高生产效率的目的。通常切削速度 $v=(150\sim500)$m/min，背吃刀量与进给量的选取与车削一般钢材相同。

2. 车削铝、镁合金材料的切削液

车削铝合金材料时，粗车可采用乳化液，精车时不能使用乳化液，以防发生腐蚀现象，可采用煤油或压缩空气（车削镁合金材料严禁使用切削液，只能用压缩空气冷却）。

四、车削加工实例

1. 铝合金零件的车削

车削一个如图 10-25 所示的零件，材料为铸造铝合金

（ZL105），单件生产。

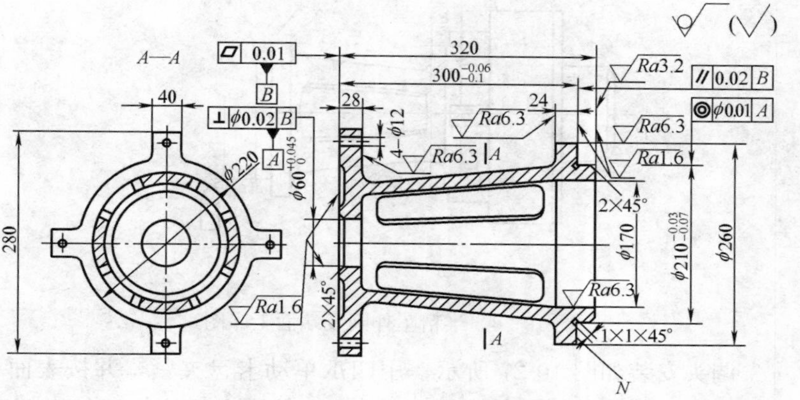

图 10-25　铝合金支架零件图

（1）加工工艺分析。零件的技术要求是：①B 面的平面度为 0.01mm；②N 面与 B 面的平行度为 0.02mm；③$\phi210_{-0.07}^{-0.03}$ mm 对 $\phi60_{0}^{+0.045}$ mm 的同轴度为 0.01mm，$\phi60_{0}^{+0.045}$ mm 孔轴线对 B 面的垂直度为 0.02 mm。工件的精度和表面粗糙度要求较严，在结构上主要的加工表面，分别集中在零件的两端，中间是结构强度较差的连接筋部分，车削时将因悬伸过长而容易产生变形。

本零件的加工工艺路线为：粗车→时效→半精车→钻孔→低温时效→精车。

（2）加工工艺和车削步骤。

1）粗车。用四爪单动卡盘夹持 $\phi220$mm 外圆，以不加工外圆 $\phi220$mm 与四条筋的外锥面为找正基准。找正夹持好后，车削 $\phi260$mm、$\phi210_{-0.07}^{-0.03}$ mm 两外圆及其端面和 $\phi170$mm 内孔，留余量 3～5mm；调头夹持 $\phi260$mm 外圆粗车 B 端面和粗镗孔 $\phi60_{0}^{+0.045}$ mm，留余量 3mm。

2）热处理。人工时效。

3）半精车。如图 10-26 所示。用四爪单动卡盘装夹工件 $\phi220$mm 外圆，B 端面紧贴卡爪，找正工件中心，半精车表面 N 和 d，各留余量 1.0～1.5mm；精车表面 1 和 2（作为调头安装时的找正基准）。

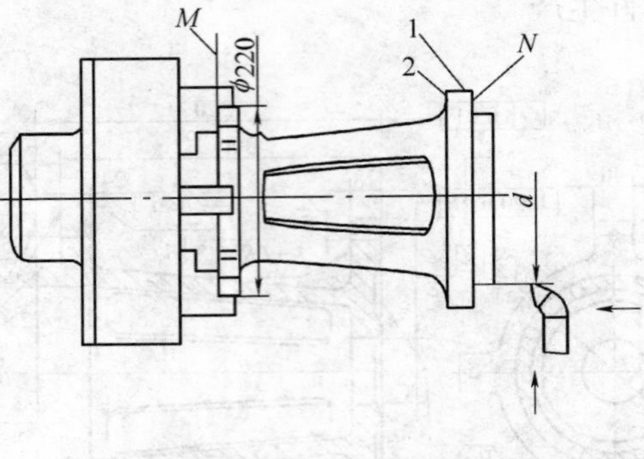

图 10-26　半精车外圆及端面工序图

调头安装如图 10-27 所示，用四爪单动卡盘夹紧，并按表面 1 和 2 找正，其跳动量不得大于 0.05mm，按图上标注加工处半精车内孔 D 及内倒角 2×45°，孔 D 留余量 1.0～1.5mm；精车 B 面，其平面度误差在整个加工范围内不得大于 0.02mm。

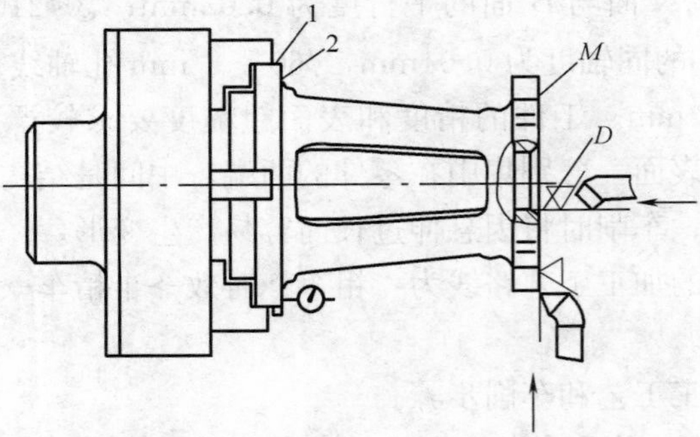

图 10-27　精车内孔工序图

4）修研。修研表面 B，保证其平面度误差不大于 0.01mm，表面粗糙度在 Ra1.6 以下，作为精车时的定位基准。

5）精车。如图 10-28 所示，将工件 B 端面紧贴花盘，用螺栓和螺母等预压紧，按表面 d 找正，跳动量不得大于 0.05mm，最后均匀压紧工件，精车表面 D、d、N。一般精车第一个零件时，应将花盘大端面轻车一刀，以便消除误差；采用一次装夹和定位精车表面 d、D、N，能可靠地保证加工质量。

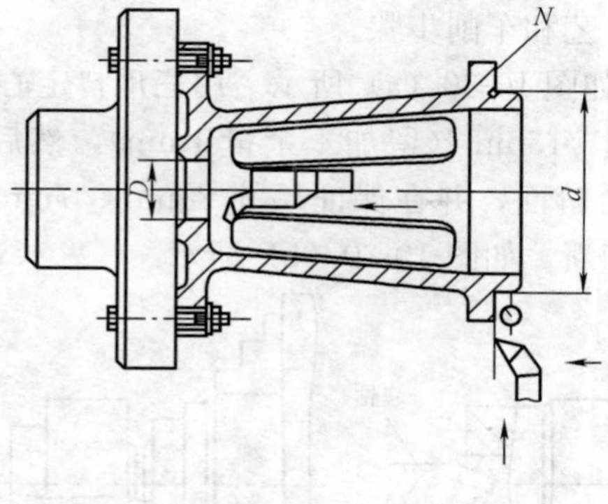

图 10-28　精车内外圆和端面工序图

2. 镁合金零件的车削

车削一个如图 10-29 所示的零件。材料为镁合金（MB1），小批量生产，毛坯为长棒料。

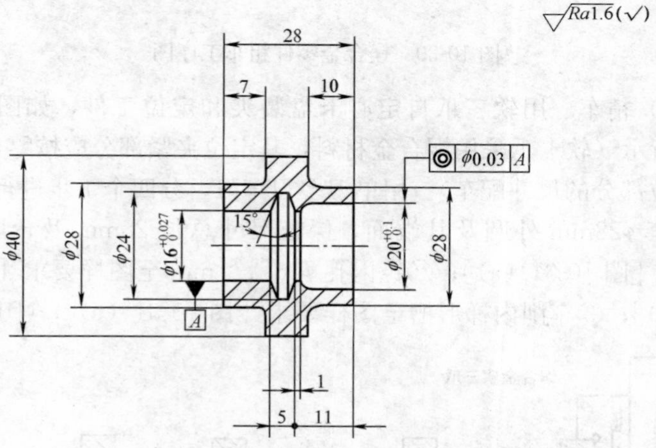

图 10-29　镁合金密封挡圈零件图

（1）工艺分析。零件技术要求是内孔 $\phi20^{+0.1}_{0}$ mm 对内孔 $\phi16^{+0.027}_{0}$ mm 的同轴度为 0.03mm。加工时可分为两道工序完成，粗车内外圆后切断；再用单刀多刃刀具加工切断后的半成品件内外圆及有关表面，达到图样要求。若为批量生产，可采用单刀多刃高速钢车刀一次完成粗车外圆，台阶面及切断工作。

(2) 加工工艺和车削步骤。

1) 粗车。如图 10-30 (a) 所示。用三爪自定心卡盘装夹棒料，先用扁钻钻内孔 $\phi15$mm（留加工余量 1mm），然后用单刀多刃刀具车削外圆及台阶面，并在保证尺寸 28mm、7mm、$\phi28$mm 的情况下，将零件切断。如图 10-30 (b) 所示。

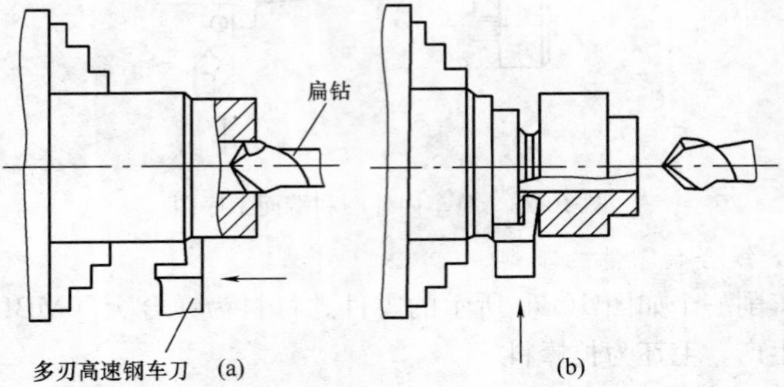

图 10-30　镁合金零件粗车工序图

2) 精车。用软三爪自定心卡盘装夹和定位工件，如图 10-31 (a) 所示（软卡爪采用铜合金材料，其定位夹紧部分应按零件被装夹定位部分的尺寸配车）。用单刀多刃车刀，分四个工步进行加工：①精车 $\phi28$mm 外圆及其端面，保证尺寸总长 28mm 及台阶尺寸 10mm [图 10-31 (a)]；②镗内孔 $\phi16^{+0.027}_{0}$ mm 至图样要求 [图 10-31 (b)]；③车削内梯形槽至图样要求 [图 10-31 (c)]；④用车外

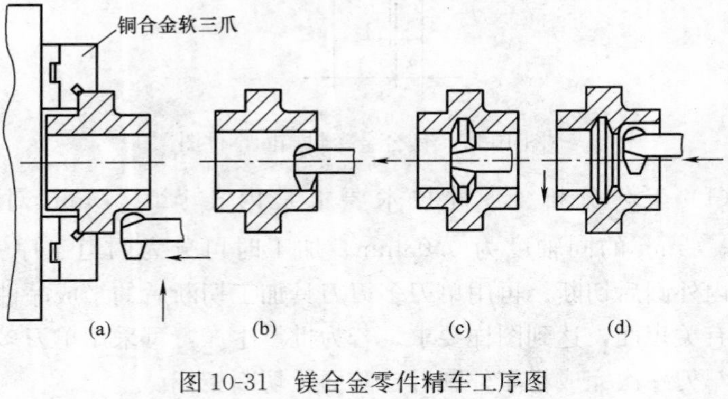

图 10-31　镁合金零件精车工序图

圆的刀刃，工件反转，镗削内孔 $\phi20^{+0.1}_{0}$ mm 至图样要求，并保证尺寸 11mm [图 10-31（d)]。

五、车削铝、镁合金材料的注意事项

(1) 铝、镁合金材料较软。虽然具有良好的加工性能，但切削时容易产生弹性变形，使零件的内外圆产生圆度误差和端面跳动误差，特别是薄壁零件更为显著。工件装夹时夹紧力不宜过大，着力点要选择适当，且应夹紧力均匀。车刀刀具几何角度选择适当，并保持刀刃锋利，防止刀具变钝使切削力和切削热增大，使工件产生变形。

(2) 铝、镁合金材料线膨胀系数较大。车削时要考虑热胀冷缩对工件尺寸的影响。要掌握铝合金在切削过程中的热胀冷缩规律。车削中，当工件由常温升到 40℃时，直径在 ϕ(20～100)mm 的范围内，胀大约 0.005～0.04mm。当零件温度下降到常温时则尺寸相对缩小。为防止加工后工件温度下降使加工尺寸相应缩小导致工件报废，加工时应适当增大工件尺寸或将工件尺寸控制在最大极限尺寸范围。

(3) 镁合金材料在加工中，当切削区温度达 400°C 以上时容易引起燃烧，尤其是潮湿的镁合金碎屑，在 450～480°C 时有自燃的危险。因此，车削镁合金材料时，应有严格的安全措施，准备好防火器材（如石墨粉、石棉被、砂子和熔剂粉等），禁止使用水或普通化学灭火器灭火，以防发生爆炸事故。加工中，镁合金切屑应随时清除，且不要与其他材料切屑相混合。

(4) 镁合金材料的抗蚀能力极差，加工后的成品零件应用氧化溶液进行处理。

第三节 其他有色金属车削

本节简要介绍锌合金、铅合金、锡合金、锆合金、控制膨胀合金等有色金属合金的车削，以及钨、钼、铀、金、铂、银等有色金属的车削。

一、其他有色金属的切削加工性

有色金属中的锌合金、铅合金、锡合金硬度和强度均较低，常温下塑性也较差，属易切削材料，因此具有良好的切削加工性，其

切削加工性与易切削铜合金大体相当，刀具材料和刃磨参数的选择可参阅车削铜合金；锆合金的切削加工性一般，与球墨铸铁、可锻铸铁相近；磁性合金（磁芯铁）的切削加工性稍好，与灰铸铁相近；控制膨胀合金（又称精密合金，典型材料有因瓦合金、可伐合金）强度高、韧性大，属较难切削加工材料，其中易切削控制膨胀合金的切削加工性与中温热模具钢接近，其余控制膨胀合金的切削加工性则与镍基高温合金接近。

纯钨的硬度和强度较高，常温下性极脆，其切削加工性很差。有时采用两端向中间走刀的办法以避免刀具切出时的脆性撕裂而损坏工件尖角；也有采用喷灯加温工件至200℃左右，使之脆性降低而满足加工要求；纯钼在常温下塑性较好，且硬度不高，拉伸强度也不大，切削加工性比钨好；铀在常温下的切削加工性与奥氏体不锈钢大体接近。

金、铂、银等贵重金属一般情况下加工余量少，常选用金刚石刀具进行加工，其切削加工性与纯度有关。纯度高者相对难加工些，但总的说来属较易切削材料。

其余有色金属车削的刀具刃磨要点为：①当工件硬度低、强度小、纯度高、塑性好时，取较大的前角、后角和副偏角，反之则取较小值；②刃倾角的选择可根据排屑要求、切削刃的强度、刀具的锋利程度等综合而定。

二、其他有色金属的切削用量选择

其他有色金属的切削用量选择参见表10-19～表10-22。

表10-19　　其他有色金属基本表面车削切削用量选择

工件材料	材料状态(HBS)	加工内容	切削用量			刀具材料
			a_P (mm)	v_c (m/min)	f (mm/r)	
锌合金	压铸 80～100	车外圆、端面	1	115	0.18	S4，S5
			4	110	0.40	
			1	245～305①	0.18	K20，M20
			4	190～235	0.40	

续表

工件材料	材料状态（HBS）	加工内容		切削用量 a_P（mm）	切削用量 v_c（m/min）	切削用量 f（mm/r）	刀具材料
锌合金	压铸 80～100	车、镗孔		0.25 1.25 2.5	115 90 79	0.075 0.13 0.30	S4，S5
				0.25 1.25 2.5	225～265 180～215 140～165	0.075 0.13 0.30	K20，M20
铅合金	铅巴氏合金、巴氏合金（高砷），铸造 10～20 铅锑合金，铸、轧、挤 5～15	车外圆、端面		1 4 8	150 120 76	0.18 0.25 0.40	S4，S5
				1 4 8	305 245 150	0.18 0.25 0.40	K20，M20
		车、镗孔		0.25 1.25 2.5	150 120 100	0.075 0.13 0.20	S9，S11
			巴氏	0.25 1.25 2.5	225～265 180～215 145～170	0.075 0.13 0.20	K20，M20
			铅锑	0.25 1.25 2.5	260～305 215～245 150～175	0.075 0.13 0.20	
锡合金	锡巴氏合金铸造 15～30	车外圆、端面		1 4 8	150 120 76	0.18 0.25 0.40	S4，S5
				1 4 8	305 245 150	0.18 0.25 0.40	K20，M20
		车、镗孔		0.25 1.25 2.5	150 120 100	0.075 0.13 0.20	S9，S11
				0.25 1.25 2.5	260～305 215～245 150～175	0.075 0.13 0.20	K20，M20

续表

工件材料	材料状态(HBS)	加工内容	切削用量			刀具材料
			a_P (mm)	v_c (m/min)	f (mm/r)	
锆合金	140～280	车外圆、端面	1	46	0.18	S4，S5
			4	30	0.40	
			8	24	0.50	
			1	84～100	0.18	K20，M20
			4	69～81	0.40	
			8	53～60	0.50	
		车、镗孔	0.25	46	0.075	S4，S5
			1.25	37	0.13	
			2.5	24	0.30	
			0.25	73～85	0.075	K20，M20
			1.25	58～69	0.13	
			2.5	47～56	0.30	
易切削磁性合金	磁性铁(含 Si ≤2.5%)锻造 185～240	车外圆、端面	0.50	46	0.025	S9，S11
			1.5	38	0.050	
			2.5	30	0.075	
			0.50	150	0.025	P01
			1.5	135	0.050	
			2.5	120	0.075	
		车、镗孔	0.25	46	0.050	S9，S11
			1.25	37	0.075	
			2.5	30	0.13	
			0.25	135	0.050	P01
			1.25	105	0.075	
			2.5	95	0.102	
磁性合金	磁性铁(含 Si ≤4%)锻造 185～240	车外圆、端面	0.50	30	0.025	S9，S11
			1.5	27	0.050	
			2.5	24	0.075	
			0.50	135	0.025	P01
			1.5	120	0.050	
			2.5	115	0.075	
		车、镗孔	0.25	30	0.050	S9，S11
			1.25	24	0.075	
			2.5	21	0.13	
			0.25	120	0.050	P01
			1.25	95	0.075	
			2.5	84	0.102	

续表

工件材料	材料状态（HBS）	加工内容	切削用量			刀具材料
			a_P（mm）	v_c（m/min）	f（mm/r）	
易切削控制膨胀合金	退火或冷拉 125～220	车外圆、端面	0.50 1.25 2.5	34 34 26	0.075 0.15 0.30	S9，S11
		车、镗孔	0.25 1.25 2.5	27 27 24	0.050 0.075 0.13	
控制膨胀合金	因瓦合金 可伐合金 退火或冷拉 125～250	车外圆、端面	0.50 1.5 2.5	8 9 9	0.075 0.15 0.25	S9，S11
		车、镗孔	0.25 1.25 2.5	6 8 8	0.050 0.075 0.13	
钨	密度 93% 压坯并烧结 290～320	车外圆、端面	1 4	27 24	0.18 0.25	K01
		车、镗孔	0.25 1.25 2.5	24 20 17	0.075 0.13 0.25	
	密度 96% 密度 100% 锻造或电弧熔铸 290～320	车外圆、端面	1 4	40 37	0.18 0.25	
		车、镗孔	0.25 1.25 2.5	34 27 26	0.075 0.13 0.25	
钼	去应力处理 220～290	车外圆、端面	1 4	100 88	0.13 0.25	K20，M20
		车、镗孔	0.25 1.25 2.5	85 69 62	0.050 0.102 0.20	
铀	锻轧退火 56～58 HRA	车外圆、端面	1 4	53～60 38～46	0.25 0.40	M20
		车、镗孔	0.25 1.25 2.5	46～53 37～43 27～32	0.15 0.20 0.30	

续表

工件材料	材料状态(HBS)	加工内容	切削用量			刀具材料
			a_p(mm)	v_c(m/min)	f(mm/r)	
金	各种硬度	车	0.13～0.40 0.40～1.25 1.25～3.2	1525～2135 760～1525 305～610	0.075～0.15 0.15～0.30 0.30～0.50	金刚石
		车、镗孔	0.13～0.40 0.40～1.25 1.25～3.2	1220 610 230	0.075～0.15 0.15～0.30 0.30～0.50	
铂	各种硬度	车外圆、端面	0.25 0.65	60 46	0.075 0.13	S4，S5
			0.25 0.65	90～105 76～90	0.050 0.102	K10
			0.13～0.40 0.40～1.25 1.25～3.2	915～1065 610～915 305～610	0.075～0.15 0.15～0.30 0.30～0.50	金刚石
		车、镗孔	0.13～0.40 0.40～1.25 1.25～3.2	760 460 245	0.075～0.15 0.15～0.30 0.30～0.50	金刚石
银	各种硬度	车外圆、端面	0.25 0.65	60 46	0.075 0.13	S4，S5
			0.25 0.65	90～105 76～90	0.050 0.102	K10
			0.13～0.40 0.40～1.25 1.25～3.2	1525～2135 760～1525 305～760	0.075～0.15 0.15～0.30 0.30～0.50	金刚石
		车、镗孔	0.13～0.40 0.40～1.25 1.25～3.2	1220 610 230	0.075～0.15 0.15～0.30 0.30～0.50	金刚石

注 焊接式硬质合金取小值，可转位式硬质合金取大值。

表 10-20　　其他有色金属钻削切削用量选择

工件材料	材料状态（HBS）	v_c（m/min）	f(mm/r) 孔的公称直径(mm) 1.5	3	6	12	18	25	35	50	刀具材料
锌合金	压铸 80～100	76	0.050	0.102	0.18	0.30	0.40	0.45	0.55	0.65	S2,S3
铅合金	铅巴氏合金 巴氏合金 （高砷） 10～20 铸后	90	0.050	0.102	0.18	0.30	0.40	0.45	0.55	0.65	S2,S3
铅合金	铅锑合金 铸、轧、挤 5～15	90	0.025	0.102	0.18	0.30	0.40	0.45	0.55	0.65	S2,S3
锡合金	锡巴氏合金;铸 15～30	90	0.025	0.102	0.18	0.30	0.40	0.45	0.55	0.65	S2,S3
锆合金	锻、轧、挤 140～280	17	0.050	0.075	0.102	0.15	0.20	0.25	0.30	0.40	S2,S3
磁性合金	含 Si<2.5% 锻 185～240	24	0.025	0.050	0.102	0.15	0.20	0.25	0.30	0.40	S9,S11
磁性合金	含 Si<4% 锻 185～240	15	0.025	0.050	0.102	0.15	0.20	0.25	0.30	0.40	S9,S11
控制膨胀合金	易切削;退火、冷拉 125～220	18	0.025	0.075	0.102	0.20	0.25	0.30	0.40	0.45	S9,S11
控制膨胀合金	退火、冷拉 125～250	9	0.025	0.075	0.102	0.20	0.25	0.30	0.40	0.45	S9,S11
钨	密度 93%; 压坯并烧结 290～320	46	—	—	0.050	0.050	0.050	—	—	—	K10
钨	密度 96%、 100%锻或电弧熔铸 290～320	46	—	—	0.050	0.050	0.050	—	—	—	K10
钼	去应力处理 220～290	23 34	0.025 —	— 0.075	— 0.13	— 0.18	—	—	—	—	S9,S11
铀	锻、轧;退火 56～58HRA	8 10	— —	0.025 0.025	0.025 0.050	0.038 0.075	0.038 0.102	0.038 0.13	— 0.13	— 0.13	K10①

① 采用特殊的成分（TaC20%，WC72%，Co8%），若无，可用 C-2 或 M20。

表 10-21　其他有色金属铰削切削用量选择

工件材料	材料状态(HBS)	v_c (m/min) 粗	v_c (m/min) 精	f(mm/r) 铰刀直径(mm) 3	6	12	25	35	50	刀具材料
锌合金	压铸 80～100	60 170	30 46	0.13 0.13	0.25 0.25	0.40 0.40	0.50 0.50	0.65 0.65	0.70 0.70	S3， S4,S2 K20
锆合金	轧、锻、挤 140～280	17 53		0.13 0.102	0.20 0.18	0.30 0.25	0.45 0.40	0.50 0.50	0.65 0.65	
磁性合金	锻造 (易切削) 185～240	17 27		0.075 0.075	0.102 0.102	0.18 0.18	0.30 0.30	0.40 0.40	0.45 0.45	S9， S11， K20
			11 14	0.075 0.102	0.15 0.15	0.20 0.20	0.30 0.30	0.40 0.40	0.50 0.50	
	锻造 185～240	14 21		0.075 0.075	0.102 0.102	0.18 0.18	0.30 0.30	0.40 0.40	0.45 0.45	
			8 11	0.102 0.102	0.15 0.15	0.20 0.20	0.30 0.30	0.40 0.40	0.50 0.50	
控制膨胀合金	退火或冷拉 (易切削) 125～220	23 34		0.102 0.102	0.15 0.15	0.25 0.25	0.40 0.40	0.50 0.50	0.65 0.65	
			14 18	0.102 0.102	0.15 0.15	0.25 0.25	0.40 0.40	0.45 0.45	0.50 0.50	
	退火或冷拉 125～250	20 30		0.102 0.102	0.15 0.15	0.25 0.25	0.40 0.40	0.50 0.50	0.65 0.65	
			12 15	0.102 0.102	0.15 0.15	0.25 0.25	0.40 0.40	0.45 0.45	0.50 0.50	
钨	密度 96%、100% 锻造或电炉熔铸 290～320	38		0.025	0.050	0.075	0.102	0.13	0.15	K20
钼	去应力处理 220～290	15 37	9 12	0.075 0.075	0.15 0.15	0.25 0.25	0.30 0.30	0.36 0.36	0.40 0.40	S3， S4,S2 K20
铀	锻轧 56～58 HRA	15	 3	0.050 0.025	0.102 0.025	0.15 0.025	0.20 0.038	0.25 0.038	0.30 0.038	K20 M20

表 10-22　其他有色金属切断、成形车削切削用量选择

工件材料	材料状态(HBS)	v_c(m/min)	f(mm/r)								刀具材料
			切刀宽度(mm)			成形刀宽度(mm)					
			1.5	3	6	12	18	25	35	50	
锌合金	压铸 80～100	23 90	0.050 0.050	0.050 0.050	0.050 0.050	0.089 0.089	0.089 0.089	0.075 0.075	0.063 0.063	0.050 0.050	S4,S5 K40, M40
铅合金(铸)	铅巴氏合金 10～20	30 90	0.050 0.050	0.075 0.075	0.102 0.102	0.13 0.13	0.102 0.102	0.075 0.075	0.050 0.050	0.025 0.025	
	铅锑合金 5～15	30 105	0.050 0.050	0.075 0.075	0.102 0.102	0.13 0.13	0.102 0.102	0.075 0.075	0.050 0.050	0.025 0.025	
锡合金(铸)	锡巴氏合金 15～30	30 105	0.050 0.050	0.075 0.075	0.102 0.102	0.13 0.13	0.102 0.102	0.075 0.075	0.050 0.050	0.025 0.025	
锆合金	锻、轧、挤 15～30	11 34	0.025 0.025	0.025 0.025	0.025 0.025	0.050 0.050	0.050 0.050	0.050 0.050	0.025 0.025	0.025 0.025	
磁性合金	锻(含 Si <2.5%) 185～240	30 105	0.025 0.025	0.050 0.050	0.063 0.063	0.075 0.075	0.063 0.063	0.050 0.050	0.038 0.038	0.025 0.025	
	锻(含 Si <4%) 185～240	21 76	0.025 0.025	0.050 0.050	0.063 0.063	0.075 0.075	0.063 0.063	0.050 0.050	0.038 0.038	0.025 0.025	
控制膨胀合金	退火或冷拉 125～220	27	0.050	0.075	0.102	0.13	0.102	0.075	0.050	0.025	S9,S11
	退火或冷拉 125～250	8	0.025	0.050	0.075	0.102	0.075	0.063	0.050	0.025	
钨	密度 93% 压坯并烧结 290～320	15	0.025	0.038	0.050	0.050	0.038	0.038	0.025	0.018	K40, M40
	密度 96%、 100%锻、 电弧熔铸 290～320	27	0.025	0.038	0.050	0.050	0.038	0.038	0.025	0.018	
钼	去应力处理 220～290	62	0.025	0.038	0.050	0.050	0.038	0.038	0.025	0.025	K20
铀	锻、轧 56～58HRA 退火	46	0.050	0.075	0.102	0.102	0.075	0.063	0.050	0.025	

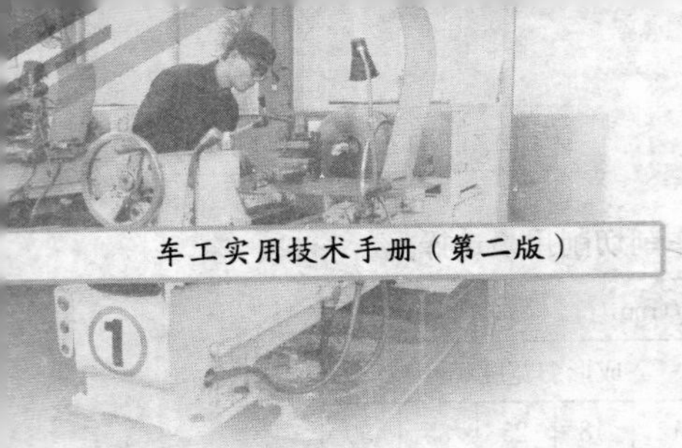

第十一章

难加工材料车削加工

随着科学技术的进步和工业的迅速发展，人们对现代产品的性能与使用技术提出了更高的要求。产品技术要求的提高，对所使用材料的种类、性能等提出了较高的要求。由此产生了大量的合金型、复合型新材料，给产品的成型带来了各种各样的困难，产生了所谓的“难加工材料”。本章主要把我国近年来难加工材料的车削方法和生产实践中积累的宝贵经验，介绍给大家。

第一节　金属材料的切削加工性能

一、金属材料切削加工性能及其评价标准

1. 工件材料的切削加工性

工件材料的切削加工性是指材料用刀具进行切削加工的难易程度。材料容易切削称之为切削加工性好（或易切削）；反之，称之为切削加工性差（或难切削加工）。切削加工性，有时也叫可加工性，或机械加工性。

2. 切削加工性的评价指标

粗加工时，通常以刀具寿命和切削力为评价指标；精加工时，用表面粗糙度值为评价指标；而自动化加工（或深孔加工）时，则用断屑难易程度为评价指标。但是，切削某种工件材料时，无论粗加工，还是精加工，人们关注的都是在一定刀具寿命条件下，某种材料所允许的最高切削速度，并以此作为加工性的评定指标。如普通金属材料取刀具寿命 $t=60$min 时，所允许的切削速度为 v_{60}；难加工材料用 v_{30}、v_{20} 或 v_{15} 来表明其切削加工性。

3. 相对切削加工性（K_r）

生产实践中都用相对切削加工性来衡量。相对切削加工性，是指被切削加工件材料在相同刀具寿命条件下（刀具寿命为 60min）所允许的切削速度 v_{60} 与基准材料（一般为 45 钢）所允许的切削速 $[v_{60}]$ 的比值，即

$$K_r = \frac{v_{60}}{[v_{60}]}$$

若 $K_r>1$ 时，说明被切削的材料加工性比基准材料（45 钢）好，容易切削；若 $K_r<1$ 时，则被比较的材料切削加工性比 45 钢差。当 $K_r \leqslant 0.5$ 时，被切削材料为难加工材料。可见，K_r 越小，材件加工难度越大。常用工件材料相对加工性可分为八级，见表 11-1。

表 11-1　　常用工件材料切削加工性等级

加工性等级	名称及种类		相对加工性 K_r	代表性材料
1	很容易切削材料	一般有色金属	3.0	5-5-5 铜铅合金，铝铜合金，铝镁合金，锌合金
2	容易切削材料	易切削钢	2.5～3.0	退火 15Cr 钢
3		较易切削钢	1.6～2.5	正火 30 钢，黄铜等
4	普通材料	一般钢及铸铁	1.0～1.6	45 钢，40 硼钢，灰铸铁等
5		稍难切削材料	0.65～1.0	2Cr13 调质钢，85 热轧钢，锰钢，硅锰钢，铬锰钢，碳素工具钢等
6	难切削材料	较难切削材料	0.5～0.65	45Cr 调质钢，65 锰调质钢，耐热钢，马氏体不锈钢
7		难切削材料	0.15～0.5	50CrV 调质，1Cr18Ni9Ti，钛合金，工业纯铁，淬火钢
8		很难切削材料	<0.15	某些钛合金，铸造镍基高温合金，Mn13 高锰钢

二、难加工材料的特性与加工性能的分级

当加工材料的强度、硬度、塑性、韧性等各项性能指标均较高，而热导率较低时，这类材料就属难加工材料。

1. 难加工材料的特性与加工难点

因工件材料特性使得切削加工性表现为“难”切削时，其特性与加工难点问题有如表 11-2 所示的关系。一般材料也存在表中相

应关系，仅是难点程度不同。

2. 工件材料切削加工性的分级

工件材料的切削加工性，可以利用工件材料的力学性能来分析判断，将工件材料的强度、硬度、塑性、韧性和热导率等五项性能指标各项都划分成 11 级，并以数字顺序表示，如表 11-3 所示，表中 5 级以下者为难加工材料范围。

表 11-2　　难加工材料的特性与加工难点的关系

材料特性	材料特性使切削加工性变难的关系	
	特性影响大的因素	切削加工性变难的表现
①高硬度 ②硬质点含量多	①②③⑤⑥	刀具磨损快、寿命低
③加工硬化严重 ④高强度	①③④	切削力大
⑤热导率低	③④⑤	切削温度高
⑥与刀具材料化学反应大 ⑦韧性高、塑性大	③⑦⑧	已加工表面质量差
⑧与刀具材料的亲和性强	④⑦⑧	切屑处理困难

表 11-3　　工件材料切削加工性分级表

加工性	等级代号	硬度		抗拉强度 σ_b (MPa)	伸长率 δ_s (%)	冲击功 A_k (J)	热导率 λ (W·mk)
		(HBS)	(HRC)				
易切削	0	<50	—	<200	<10	<16	1.0～0.7
	1	51～100		200～450	10～15	16～31	0.7～0.4
	2	101～150		450～600	15～20	31～47	0.4～0.2
较易切削	3	151～200		600～800	20～25	47～63	0.2～0.15
	4	201～250	<24.5	800～1000	25～30	63～78	0.15～0.1
较难切削	5	251～300	24.6～31.8	1000～1200	30～35	78～110	0.1～0.08
	6	301～350	31.9～37.7	1200～1400	35～40	110～141	0.08～0.06
	7	351～400	37.8～43.0	1400～1600	40～50	141～157	0.06～0.04
难切削	8	401～480	43.1～50	1600～1800	50～60	157～196	0.04～0.02
	9	481～635	51～60	1800～2000	60～100	196～235	<0.02
	9	>635	>60	2000～2500	>100	235～314	

三、车削难加工材料时刀具材料的选择

车削不同类型的难加工材料，可参照表11-4选用不同的刀具材料。

表11-4　车削难加工材料时刀具材料的选择

难加工材料种类	代表材料	推荐采用的刀具材料	超硬材料与硬质合金寿命之比	备　注
耐磨非金属材料	玻璃钢、石墨、机械用碳、碳纤维、陶瓷、尼龙、各种塑料、胶木、硅橡胶、树脂与各种研磨材料的混合材料	人造金刚石复合刀片	提高几十倍至几百倍	对于某些材料也可采用立方氮化硼刀具
耐磨有色金属	过共晶硅铝合金（含硅量达17%～23%）、巴氏合金（轴承合金）、铍青铜	（1）人造金刚石 （2）立方氮化硼	提高几十倍至百多倍	如材料硬质点硬度较低且表面粗糙度要求不严时，推荐采用立方氮化硼刀具
耐磨黑色金属	各种铸铁（硼铸铁、钒钛铸铁、硬镍铸铁、合金总量≥20%的合金铸铁），各种喷涂层、某些钢基硬质合金	（1）立方氮化硼 （2）陶瓷 （3）新牌号硬质合金	提高几倍至十多倍	硬质合金只能用0.25m/s以下低速，超硬刀具可用1.67m/s或更高速度粗车宜用陶瓷刀具
化学活性材料	各种钛合金、镍和镍合金、钴和钴合金、各种含有容易与碳化合的组成的材料	立方氮化硼	提高10倍以上	
高硬度高强度材料	60HRC以上、强度超过1.5GPa以上的钢材，如淬火工模具钢	（1）立方氮化硼 （2）陶瓷	提高60倍以上	超硬刀具的切削速度可达1～2.5m/s或更高

续表

难加工材料种类	代表材料	推荐采用的刀具材料	超硬材料与硬质合金寿命之比	备注
中硬高强度材料	硬度不超过40HRC、强度不超过1.00GPa的钢材，如调质合金结构钢	(1) 硬质合金 (2) 立方氮化硼	提高不多	有特殊要求时可用立方氮化硼刀具
高温高强度材料	各种不锈钢和各种高温合金	(1) 硬质合金 (2) 立方氮化硼	提高不多	对于小件和表面粗糙度较小的工件可采用立方氮化硼刀具

第二节　高强度钢的车削加工

所谓高强度钢，是指那些强度、硬度都很高，同时又具有很好的韧性和塑性的合金结构钢。低合金结构钢调质后，$\sigma_b>1.2$GPa、$\sigma_s>1$GPa的钢，称为高强度钢；$\sigma_b>1.5$GPa、$\sigma_s>1.3$GPa的钢，称为超高强度钢。

一、超高强度钢的分类、性能和可加工性能

超高强度钢按其合金含量的不同，分为低合金超高强度钢、中合金超高强度钢和高合金超高强度钢。由于强度高、韧性大、硬度高，均属于较难和难切削加工材料。

按含合金元素成分的不同分为铬钢、锰钢、镍钢、铬镍钢、铬锰钢、铬钼钢、锰硅钢、铬镍钨钢和铬镍钼钒钢等。主要牌号有40Cr、40CrSi、30CrMnSi、35CrMnSiA、30CrMoSiNi2、40CrNi2Mo、45CrNiMoV、37Si2MnCrNiMoV、4Cr5MoVSi、PCrNi3MoV(炮钢)、0Cr15Ni7Mo2Al、00Ni18Co8Mo5TiAl和25Ni9Co4CrMoV等。

按其淬(火)透性的高低和力学性能,合金调质钢又分为两类。

1. 低淬透性（低强度）调质钢

如40Mn、50Mn、45Mn2、35SiMn、42SiMn、40MnB、40MnVB和40Cr等。可采用“锻造→调质→机加工”或“锻造→退火→粗车

→调质→精车”的工艺路线。调质后的硬度（约 207～229HBS）、强度（σ_b=0.79～0.98GPa，σ_S=0.5～0.79GPa，a_k=0.59MJ/m^2）较低，切削加工性略差于碳钢，但精车时要注意积屑瘤和鳞刺的产生。

2. 中淬透性合金调质钢（也称中合金超高强度钢）

如 42CrMo、35CrMo、40CrMn、35CrMnTi、30CrMnSi 和 38CrMaAl 等。调质后有较高的强度（σ_b=0.98～1.08GPa，σ_S=0.84～0.93GPa，a_k=0.49～0.88MJ/m^2），它们的切削加工性比低淬透性合金调质钢差。如铬-锰钢韧性大，断屑差。刀具用 YW1 或 YW2，精加工或半精加工时可选用 YD05 或 YN05 硬质合金。

3. 高淬透性合金调质钢（也称超高合金超高强度钢）

如 37CrNi3、40CrNiMo、45CrNi、40CrMnMo 和 25Cr2Ni4W 等。这类钢具有较高的强度（σ_b=0.98～1.17GPa）和硬度（约 217～269HBS），特别是较高的韧性（a_k=0.78～0.98MJ/m^2）。由于含镍量增加，切削加工性明显变差，属难加工材料。

表 11-5 是部分铬镍调质钢退火状态下的相对切削加工性。

表 11-5　　部分铬镍调质钢的相对切削加工性

钢　号	40CrNi	45CrNi	37CrNi3	40CrNiMo	30CrNi2MoV
相对加工性（%）	84	87 （正火 74）	87 （正火 74）	75	65

二、高强度钢合理的切削条件

1. 根据高强度钢的强度及加工方法推荐使用的硬质合金牌号

切削高强度钢推荐使用的硬质合金牌号见表 11-6。

表 11-6　　切削高强度钢推荐使用的硬质合金牌号

钢的强度 σ_b（GPa）	切削条件					
	车削			铣削		
	荒车	粗车与半精车	精车	面铣	立铣	切槽切断
1.4～1.7	YT①	YG6X YD05 YN05	YGRM（型面） YG3X YD05 YN05	YG6X YG3X	YG6X YG8	YG1011 YG8

续表

钢的强度 σ_b (GPa)	切削条件					
	车削			铣削		
	荒车	粗车与半精车	精车	面铣	立铣	切槽切断
1.7～2.3	YT	YG6X YG3X YD05	YGRM(型面) YG3X YD05 YN05	YG6X YG3X	YG6 YG8	YG1011 YG6X YG3

① 荒车在调质前可用通用类硬质合金材料。YD05 指北方工具厂生产的牌号。

2. 不同牌号硬质合金刀片车削高强度钢的效果比较

车削高强度钢的应用实例见表 11-7。

表 11-7　车削高强度钢的应用实例

被加工材料				刀具材料	切削用量			切削效果
材料	硬度(HRC)	加工性质	规格(mm)		v (m/min)	a_p (mm)	f (mm/r)	
30CrMnSiNiMoA	>50	车外圆	φ530×32	YT30 YMo51(YH1)	51.2	0.5 2	0.15 0.3	刀具寿命 30min 刀具寿命 60min
40Cr	48～52	车外圆	φ260×20	YG6 YH2	17	0.5	0.08	走一刀需刃磨12次
25CrMoVA	28～32	车螺纹	M36×3×45	YW2 YN10	45～50 45～90	0.4～0.5	3	车1件 车20件
35CrMo	HB 220～290	车圆弧	φ143	YT30 YN05	40～50 35	0.2～0.3	0.11 0.046	车 3～4 件，*Ra*2 车 7～8 件，*Ra*1
30CrMnSiA	HB >227	车外圆	φ100×90	YT15 YN05	15.7 30.8	2.5～3 2.5～3.5	0.24 0.24～0.3	*Ra*8，不耐磨 高速，高效，耐磨
PCrNiW	—	切断	—	YT15 YW3	50～60 70～80	5.5	手动	*Ra*16 *Ra*8 寿命提高

续表

被加工材料				刀具材料	切削用量			切削效果
材料	硬度(HRC)	加工性质	规格(mm)		v (m/min)	a_p (mm)	f (mm/r)	
30CrMo-Al	HB 240～270	车外圆	ϕ145×24	YT15 YMo51 (YH1)	60 65	0.5	0.3	车2件 车4件
Mn13	HB 179～229	车外圆	ϕ216×350	YW2 YMo52 (YH2)	11	2～3 2～4	0.62	刀具寿命90min 刀具寿命420min
Mn13	铸件有夹砂	车外圆	ϕ600	YG8 YMo52 (YH2)	12.6 30	2 3～5	0.2 0.36	车10mm有叫声 车60mm无叫声
40CrMn-SiMoVA	54	车外圆	ϕ90×1100	YMo 51.52 (YH_1, YH_2	42.4 30	0.4 1	0.15	车650mm长 车990mm长开始磨损
30Cr2-MoV	—	车外圆	ϕ450×400	YT30 YN05	200～300	0.1～0.6	0.08～0.2	$Ra2$，锥度>0.02mm不合格 合格，v提高1倍
38Cr-MoAl	HB 280	车外圆	ϕ50×430	YT14 707	62 100	5	0.5	生产效率提高1倍

切削实验和车削高强度钢和超高强度钢性能优越的硬质合金有三种，即YD、YN和涂层类。三类中，从耐磨性、抗月牙洼磨损能力、刀片稳定性等方面综合分析，YD05性能较全面，H36（上海硬质合金厂生产）次之；YN05耐磨性很好，但稳定性差；TiC涂层刀片切削性能很好，是加工高强度钢、超高强度钢很有前途的刀具材料。不同牌号硬质合金刀片车削效果见表11-8。

表 11-8　　不同硬质合金刀片车削高强度钢效果比较

被加工高强度钢牌号	工作内容	被比较的刀具牌号	车削效果
30CrMnSiNiMoA (>50HRC)	车外圆	YM05(YH1)比 YT30	刀具寿命提高 1 倍
35CrMo (220～290HBS)	车圆弧面	YN05 比 YT30	刀具寿命提高 2～3 倍
30Cr2MoV	车外圆	YT30 YN05	锥度>0.02mm，不合格 锥度<0.02mm 合格，且 v 高

综合比较，YN05 耐磨性最好，YD05 稳定性好，分别推荐作为高强度钢的精加工和半精加工的主要刀具材料。

3. 切削高强度钢推荐的几何角度

生产实践证明，使用机夹式刀具经济效益显著，应尽量选用；而高频(高温)焊接式刀具的刀片损坏严重，应尽量少用。切削高强度钢刀具的几何角度推荐值见表 11-9。

表 11-9　　切削高强度钢刀具的几何角度推荐值

几何参数	工作条件	选取范围
γ_0	$\sigma_b \leqslant 0.8$GPa $\sigma_b > 0.8 \sim 1.0$GPa $\sigma_b > 1$GPa	5°～10° 0°～5° −5°～0°
α_0	半精加工 精加工	8°～10° 10°～12°
K_r	系统刚性好，背吃刀量小，进给量较大，工件硬度较高 系统刚性较好($L/d<6$)，加工盘形、筒形零件 系统刚性较差($L/d=6\sim12$)，切深较大或有冲击时 系统刚性差($L/d>12$)，车台阶轴，切断，切槽	10°～30° 30°～45° 60°～75° 90°～93°
K_r'	宽刃或具有修光刃车刀 切槽切断 精车 粗车 粗镗 由中间切入的切削	0° 1°～3° 5°～10° 10°～15° 15°～20° 30°～45°
λ_s	精车，精镗 切槽，切断 粗车，粗镗 断续切削	0°～4° 0° −10°～−5° −30°～−10°

车削调质处理钢（30CrMnSiA）时，使用 YN05 刀片，$\gamma_0=6°\sim8°$，效果理想；用 YM051（YH1）和 YH052C（YH2）加工 40CrMnSiMoVA（$\sigma_b=1.9$GPa）超高强度钢时，$\gamma_0=12°$ 较为适宜。$K_r=30°$，一般可获得较高的刀具寿命。

4. 切削高强度钢的切削用量

高强度钢在热处理前加工并不困难，调质处理后，因强度大、硬度高、韧性好而使切削困难。但调质后多系半精加工和精加工，背吃刀量和进给量已无多大的选择余地，因此，切削用量的选择主要是切削速度的优化问题。

一般在选择硬质合金刀具情况下，当其他条件相同时，高强度钢切削速度主要取决于强度(σ_b)的大小，$\sigma_b=1.5\sim1.7$GPa 时，切削速度 $v=(40\sim45)$m/min 为宜；σ_b 增大，v 随之相应下降，其修正系数参照表 11-10 中的推荐值。

表 11-10　　高强度钢切削速度的选择

抗拉强度 σ_b（$\times10^7$Pa）	150～170	180	200	220
切削速度修正系数	1	0.9	0.75	0.6

5. 切削高强度钢的切削液

（1）含 10%乳化液、5%硫化油和 0.2%苏打水的水剂切削液是使用效果较好的冷却液（其余 84.8%是水）。

（2）含 85%硫化油、10%锭子油和 5%轻柴油的油剂切削液用于加工内孔，效果也较理想。

三、高强度钢车削实用技术

以加工 30CrMnSiA 和 35CrMnSiA 为例。

1. 硬质合金刀片加工高强度钢的刀具几何参数和切削用量

见表 11-11 和表 11-12。

表 11-11　　硬质合金刀具的主要几何参数

材　　料	30CrMnSiA		35CrMnSiA	
工序	半精车	精车	半精车	精车
刀片号	YD05	YN05	YD05	YN05
前角　γ_0	3°～5°	0°～2°	1°～3°	−2°～0°
后角　α_0	8°	12°	8°	12°

续表

材　料	30CrMnSiA		35CrMnSiA	
主偏角 K_r 刀尖角 ε_r 刃倾角 λ_s 刀尖圆弧 r_ε	26° 108° −4°～−2° 2mm	26° 108° 0° 0.5mm	26° 108° −4°～−2° 1～2mm	26° 108° 0° 1mm

表 11-12　　硬质合金刀具的切削用量

材　料	30CrMnSiA		35CrMnSiA	
工序	半精车	精车	半精车	精车
背吃刀量 a_p/(mm)	0.7	0.3	0.55～0.8	0.3
进给量 f(mm/r)	0.8	0.2	0.24～0.3	0.13
切削速度 v(m/min)	83	208	48	116

2. 采用金属复合陶瓷刀片（机夹式）几何参数和切削用量见表 11-13 和表 11-14。

表 11-13　　金属复合陶瓷刀具几何参数

被加工材料	复合陶瓷刀片	刀具几何角度				刀尖圆弧半径	负倒棱	
		γ_0	α_0	K_r	λ_s	γ_s (mm)	倒棱宽度 b_{r1} (mm)	倒棱前角 γ_{01}
30CrMnSiA	AG2	−5°	5°	45°	−3°	0.5～0.6	0.2	−25°
35CrMnSiA	AT6							−20°

表 11-14　　陶瓷刀具切削用量及使用效果

序号	刀片号	加工方式	工件材料	硬度(HRC)	切削用量			使用效果(每刃加工件数)
					v (m/min)	a_p (mm)	f (mm/r)	
1	AT6	精车	35CrMnSiA②	42～48	150	0.5～0.8	0.26～0.28	30～35
2	AG2	半精车	30CrMnSiA	39～42	94.2	0.5～1.6	0.45	182.5
3	AT6	半精车	30CrMnSiA	39～42	79.12	0.5～1.6	0.45	94.3
4	YD05①	半精车	30CrMnSiA	39～42	79.12	0.5～1.6	0.45	30～60

① YD05 系作对比用。

② σ_b=1.65GPa。

四、高强度钢车削实例

1. 铬钼渗碳钢粗车用车刀（图 11-1）

粗车铬钼渗碳钢工艺参数见表 11-15。

表 11-15　　　　粗车铬钼渗碳钢工艺参数

刀具名称	工件材料	刀具材料	刀具几何角度			刀具几何参数			切削用量		
			γ_0	α_0	K_r	负倒棱宽度 b_{r1} (mm)	负倒棱前角 γ_0	刀尖圆弧半径 r_ε (mm)	v (m/s)	f (mm/r)	a_p (mm)
90°粗车刀	12CrMo 15CrMo 20CrMo	YT14 YW1 YW2	12°～16°	12°	90°	0.2	−10°	1	0.83～1.16	0.3～0.6	3～8

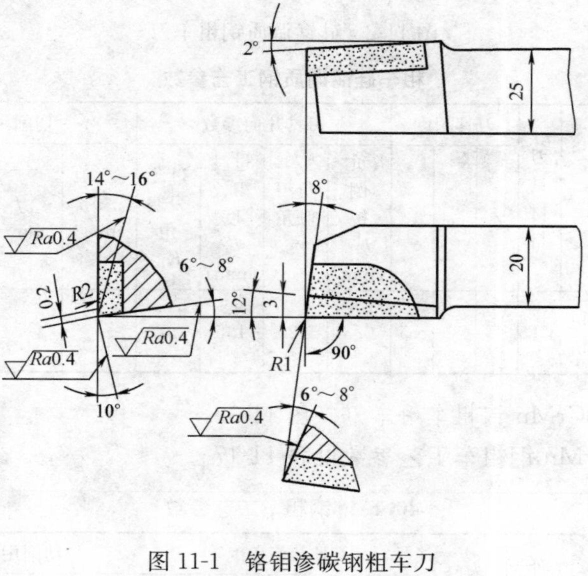

图 11-1　铬钼渗碳钢粗车刀

2. 硅锰调质钢粗车用车刀（图 11-2）

粗车硅锰调质钢工艺参数见表 11-16。使用 CA6150 型车床或立式车床。

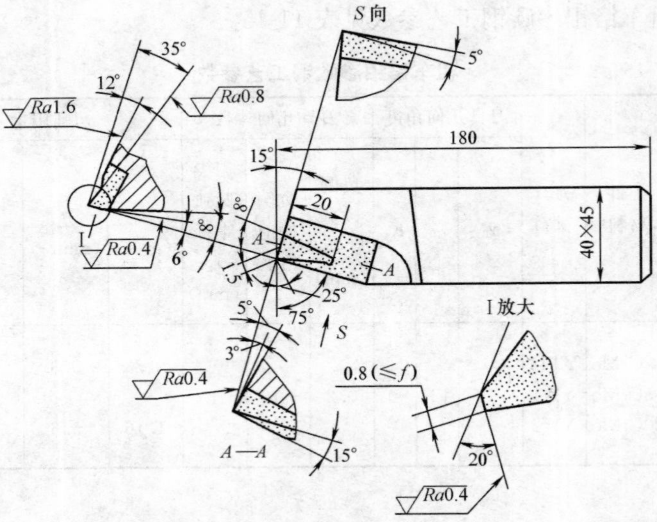

图 11-2　硅锰调质钢粗车刀

表 11-16　　粗车硅锰调质钢工艺参数

刀具名称	工件材料	刀具材料	刀具角度			刀具几何参数				切削用量		
			γ_0	α_0	λ_s	负倒棱 b_{r1} (mm)	负刃倾角 γ_{01}	过渡刃长度 b_ε (mm)	过渡刃偏角 $K_{r\varepsilon}$	v (m/s)	f (mm/r)	a_p (mm)
粗车刀	35CrMn 42CrMn	YT5	35°	8°	−5°	0.8	−20°	1.5	25°	0.5～1.0	0.8～1.1	10～20

3. 40CrMn 钢粗车用车刀（图 11-3）

40CrMn 钢粗车工艺参数见表 11-17。

表 11-17　　40CrMn 钢粗车工艺参数

刀具名称	工件材料	刀具材料	刀具几何角度					切削用量		
			γ_0	α_0	K_r	λ_s	ε_r	v (mm/s)	f (mm/r)	a_p (mm)
外圆粗车刀	40CrMn	YT5	−5°	10°	45°	−5°	105°	0.4～0.43	0.4～0.8	8～11

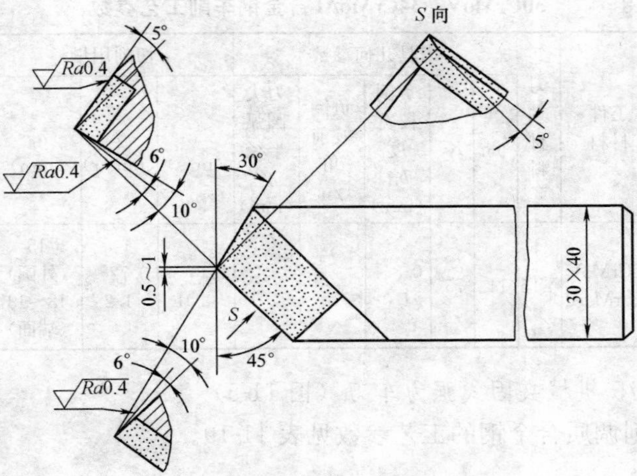

图 11-3　40CrMn 钢粗车刀

4. 75°立焊刀片强力车刀（图 11-4）

30CrMoV、34CrMoAl 合金钢车削工艺参数见表 11-18。采用立焊刀片，增大刀片厚度，提高刀片承受冲击的能力：前刀面磨出 R10 并与主切削刃成 10°的外斜式断屑槽，保证可靠的断屑。

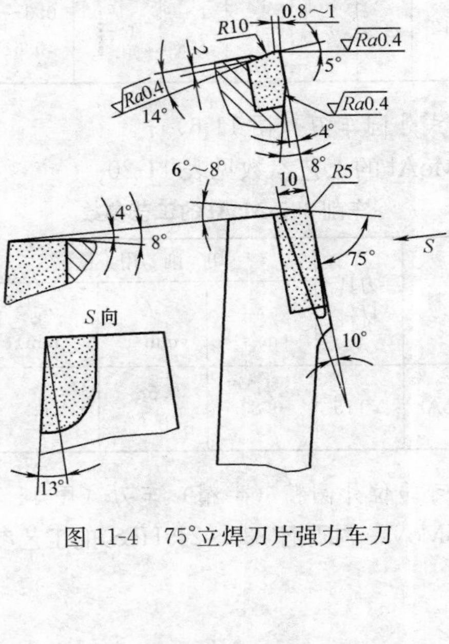

图 11-4　75°立焊刀片强力车刀

表 11-18　　30CrMoV、34CrMoAl 合金钢车削工艺参数

刀具名称	工件材料	刀具材料	刀具几何参数					切削用量			使用车床
			γ_0	K_r	负倒棱宽度 b_{r1} (mm)	负倒棱前角 γ_{01}	刀尖圆弧半径 γ_ε (mm)	v (m/s)	f (mm/r)	a_p (mm)	
75°立焊刀片强力车刀	30CrMoV 34CrMoAl	YT5	14°	75°	0.8～1.0	—5°	5	0.67～0.91	0.72～1.2	15(外圆) 18～13(端面)	C516A立车 C680立车

5. 75°机械夹固式强力车刀（图 11-5）

车削调质合金钢的工艺参数见表 11-19。

表 11-19　　车削调质合金钢粗、精车的工艺参数

刀具名称	刀具材料	刀具几何参数					切削用量			使用车床
		γ_0	α_0	负倒棱宽度 b_{r1} (mm)	负倒棱前角 γ_{01}	过渡刃长度 b_ε (mm)	v (m/s)	f (mm/r)	a_p (mm)	
75°机械夹固式强力车刀	YT15	12°	4°	0.2	−15°	1～1.5	1～2	0.3～0.6	1～6	C6160 C6140 C616

6. 40°楔压式外圆车刀（图 11-6）

车削 38CrMoAl 的工艺参数见表 11-20。

表 11-20　　车削 38CrMoAl 的工艺参数

刀具名称	工件材料	刀具材料	切　削　用　量			使用机床
			v (m/s)	f (mm/r)	a_p (mm)	
40°斜压式外圆车刀	38CrMoAl	YT15	0.83	0.5～0.8	6	1722 型仿形车床

7. 90°偏心可转位外圆精（半精）车刀（图 11-7）

车削 45CrNiMoVA 调质钢(230～245HBS)的工艺参数见表 11-21。

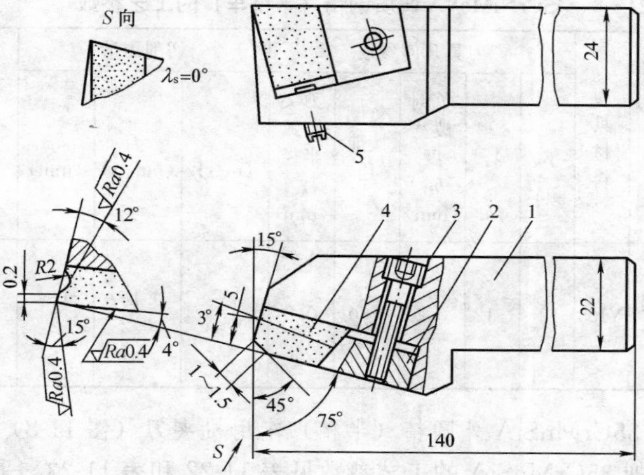

图 11-5　75°机械夹固式强力车刀

1—刀杆；2—楔块；3—内六角螺钉；

4—刀片；5—调整螺钉

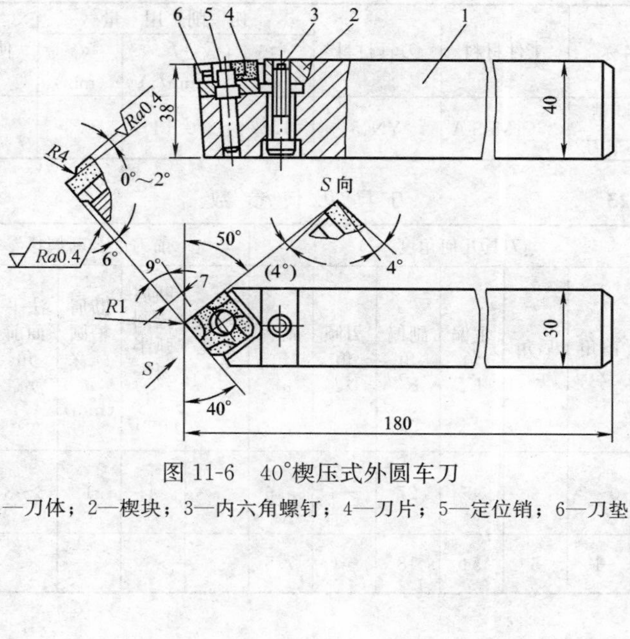

图 11-6　40°楔压式外圆车刀

1—刀体；2—楔块；3—内六角螺钉；4—刀片；5—定位销；6—刀垫

表 11-21　45CrNiMoVA 调质钢精（半精车）的工艺参数

刀具名称	刀具材料	刀具几何参数					切削用量			使用车床
		γ_0	λ_s	负倒棱宽度 b_{r1} (mm)	负倒棱前角 γ_{01}	刀尖圆弧半径 γ_ε (mm)	v (m/s)	f (mm/r)	a_p (mm)	
90°偏心转位外圆精(半精)车刀	Y105	12°	−12°	0.2	−10°	0.2	1～1.41	0.1～0.2	1～2	CW6140

8. 35CrMnSiA 外圆精（半精）车用机夹刀（图 11-8）

车削 35CrMnSiA 的工艺参数见表 11-22 和表 11-23。采用可转位的偏心销夹紧机构，正五边形刀片，刀刃数多，刀片材料利用率高，车削辅助时间少，效率高，每条刀刃平均加工 15.8 件（半精加工每条刀刃平均加工 30.8 件）。

表 11-22　精（半精）车 35CrMnSiA 合金钢的工艺参数

刀具名称	工件材料	刀具材料	切削用量			使用机床
			v (m/s)	f (mm/r)	a_p (mm)	
机夹外圆精（半精）车刀	35CrMnSiA	YN05	1.67	0.13	0.3	C6140

表 11-23　刀具几何参数

工序种类	刀具几何角度（°）						前刀面及断屑槽参数				
	前角 γ_0	后角 α_0	主偏角 K_r	副偏角 K_r'	刃倾角 λ_s	副后角 α_0'	断屑槽宽 W_n (mm)	断屑槽圆弧半径 R_h (mm)	断屑槽圆弧深 h (mm)	法平面前角 γ_{nb} (°)	刀尖半径 (mm)
半精加工	0～2	6	45	27	−4	5.6	5	4	1	6～8	2
精加工	4	6	54	18	−6	7.5	—	—	—	—	—

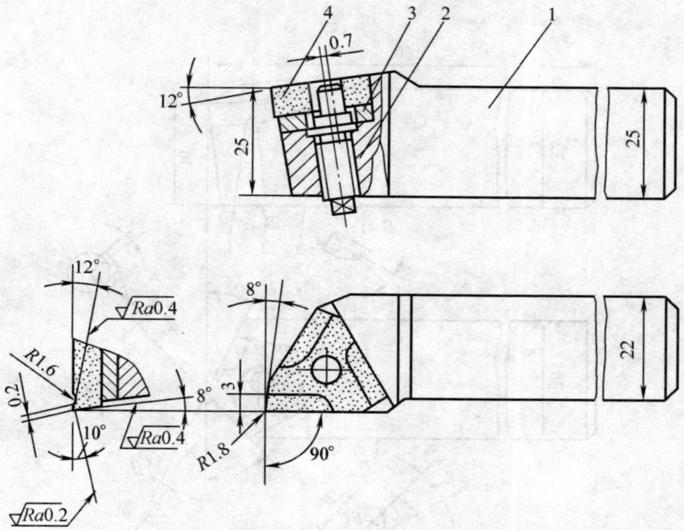

图 11-7 90°偏心可转位外圆精（半精）车刀

1—刀杆；2—偏心销；3—刀垫；4—刀片

9. 精车模具钢 75°外圆车刀（图 11-9）

精车模具钢的工艺参数见表 11-24。

表 11-24　　精车模具钢的工艺参数

刀具名称	工件材料	刀具材料	切削用量			使用机床
			v (m/s)	f (mm/r)	a_p (mm)	
75°外圆车刀	5CrMnMo	YD05 Y220	0.66～1	0.1～0.4	1～3	CW6110

10. 75°可转位粗镗刀（图 11-10）

合金钢镗孔的工艺参数见表 11-25。选带 7°法向后角的沉孔可转位刀片，采用沉头螺钉，将刀片直接压在车刀刀杆上，结构简单、制造方便，工作可靠。

11. 70°机夹可转位粗镗刀（图 11-11）

70°机夹可转位粗镗刀镗孔的工艺参数见表 11-26。

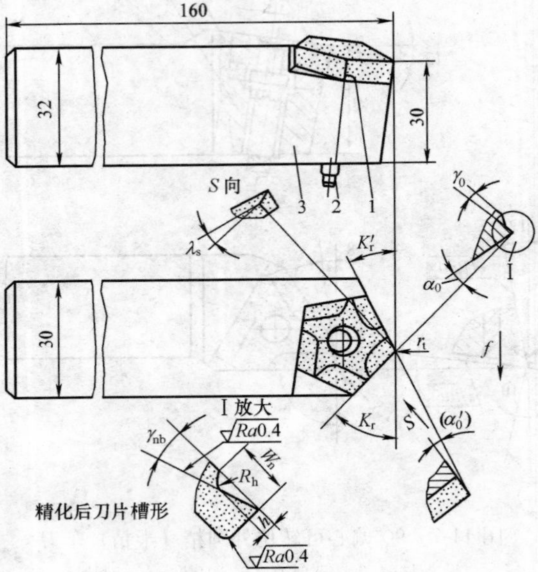

图 11-8　35CrMnSiA 外圆精（半精）车用机夹刀

1—刀片；2—偏心销；3—刀杆

表 11-25　　合金钢镗孔的工艺参数

刀具名称	工件材料	刀具材料	刀具几何参数				切削用量			使用车床
			γ_0	K_r	负倒棱宽度 b_{r1} (mm)	负倒棱前角 γ_{01}	v (m/s)	f (mm/r)	a_p (mm)	
75°可转位粗镗刀	40Cr	YT15	20°	75°	1～0.2	−5°	1.33～2	6.25～0.4	3～5	C6140

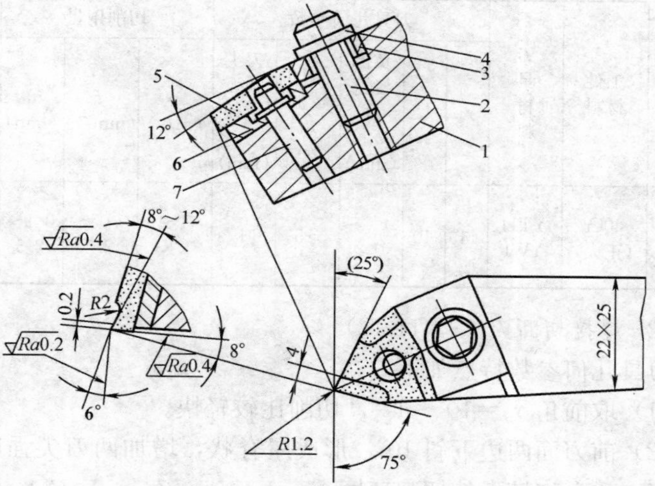

图 11-9　精车模具钢 75°外圆车刀

1—刀杆；2—内六角螺钉；3—楔块；
4—垫圈；5—刀片；6—刀垫；7—销子

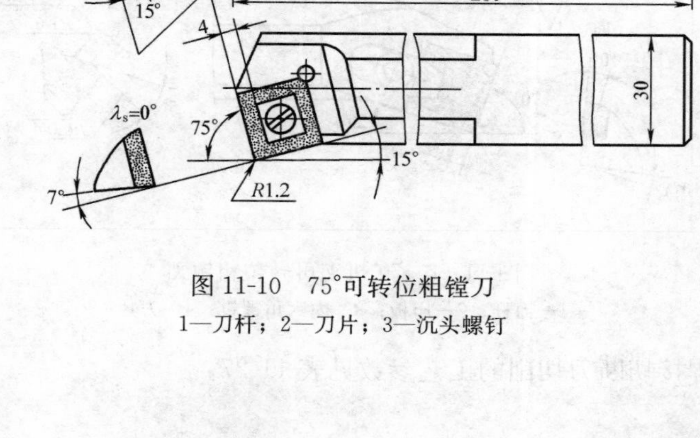

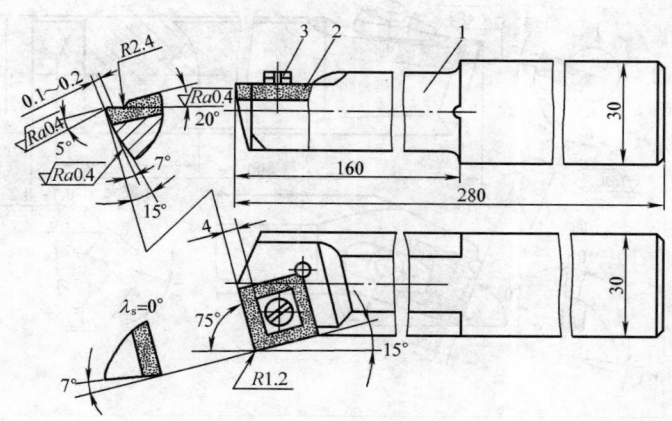

图 11-10　75°可转位粗镗刀

1—刀杆；2—刀片；3—沉头螺钉

表 11-26　70°机夹可转位粗镗刀镗孔的工艺参数

刀具名称	工件材料	刀具材料	刀具几何参数					切削用量			使用车床
			γ_0	λ_s	负倒棱宽度 b_{r1} (mm)	负倒棱前角 γ_{01}	刀尖圆弧半径 γ_ε (mm)	v (m/s)	f (mm/r)	a_p (mm)	
70°机夹转位精镗车刀	40Cr（正火）	YT14 YW1	14°	-10°	0.1～0.2	−5°	1	1～1.33	0.05～2.5	0.1～2.5	CW6163

12. 焊接切断刀（图 11-12）

刀具几何参数特点如下。

（1）取前角 $\gamma_0=10°\sim12°$，切削比较轻快。

（2）前刀面两边下斜 10°，形成屋脊状，增加两刀尖强度和抗冲击能力，允许较大的切削速度。

（3）刀头的支承部分呈鱼肚形，增加了支承刚度和强度，减少了切削时的振动。

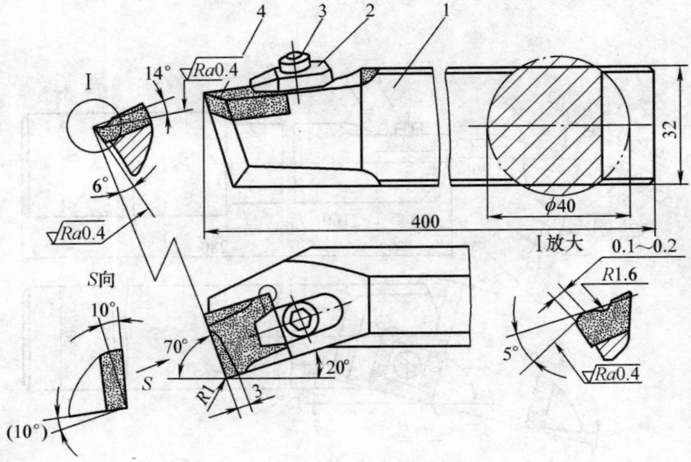

图 11-11　70°机夹可转位粗镗刀

1—刀杆；2—压板；3—内六角螺钉；4—刀片

焊接切断刀切削的工艺参数见表 11-27。

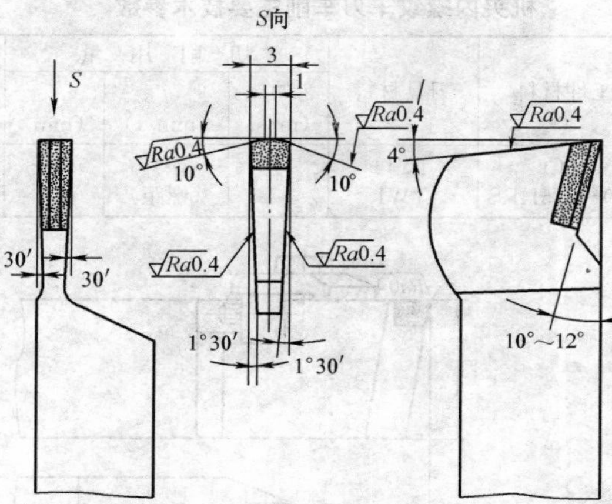

图 11-12　焊接切断刀

表 11-27　　焊接切断刀切削的工艺参数

刀具名称	工件材料	刀具材料	切削用量			使用机床
			v (m/s)	f (mm/r)	a_p (mm)	
鱼肚形切断刀	40Cr	YT14 YW2	1.33	—	—	C6140

13. 机夹螺纹车刀（图 11-13）

机夹螺纹车刀车削主要技术参数见表 11-28。

表 11-28　　机夹螺纹车刀车削主要技术参数

刀具名称	工件材料	刀具材料	切削用量			使用机床
			v (m/s)	f (mm/r)	a_p (mm)	
机夹螺纹车刀	40Cr (210～225HBS)	YT14 YW1 YD05	1～1.66	P （螺距）	0.05～0.5	CW6140 CW6163

14. 机夹内螺纹车刀（图 11-14）

机夹内螺纹车刀车削主要技术参数见表 11-29。

表 11-29　　机夹内螺纹车刀车削主要技术参数

刀具名称	工件材料	刀具材料	切削用量			使用机床
			v (m/s)	f (mm/r)	a_p (mm)	
机夹内螺纹车刀	40Cr 210～225HRS	TY14 YW1	1～1.66	P (螺距)	0.05～0.5	CW6140 CW6163

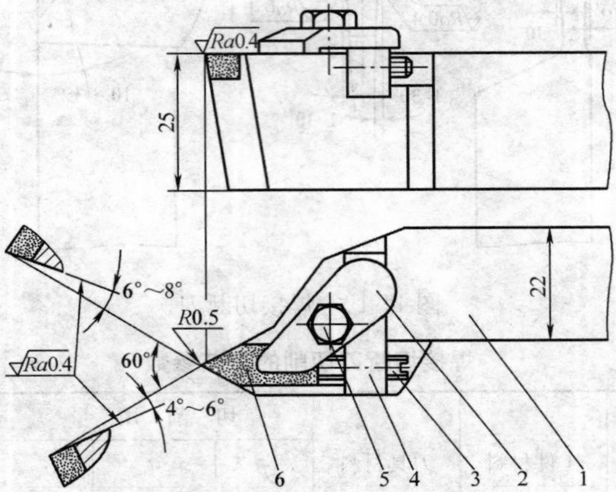

图 11-13　机夹螺纹车刀

1—刀杆；2—压板；3—调整螺钉；

4—定位板；5—压紧螺钉；6—刀片

15. 钻削铬镍合金钻头（图 11-15）

铬镍合金钻削主要技术参数见表 11-30。

表 11-30　　铬镍合金钻削主要技术参数

刀具名称	工件材料	刀具材料	切削用量			使用机床
			v (m/s)	f (mm/r)	a_p (mm)	
钻合金钢钻头	铬镍合金钢（孔深 150mm)	W18Cr4V	0.37	0.76	—	C6140

钻削铬镍合金钻头特点如下。

(1) 进给量大，相当于一般钻头 4～5 倍，对铬镍高强度合金钢尤为合适。

(2) 右螺旋角 β=29°，一条主切削刃上磨出分屑槽，使排屑顺

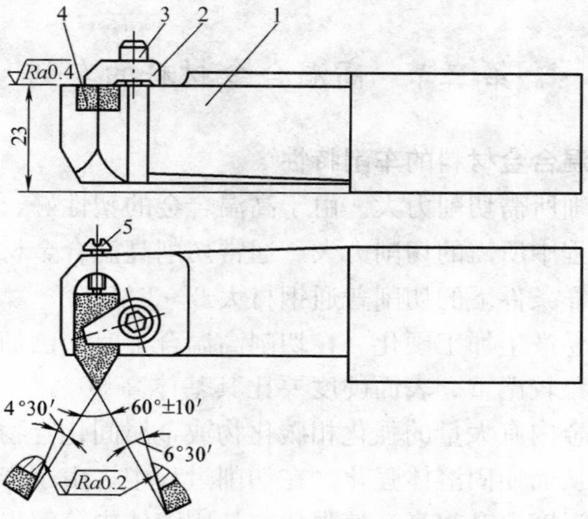

图 11-14　机夹内螺纹车刀

1—刀杆；2—压板；3—内六角螺钉；
4—刀片垫圈；5—调整螺钉

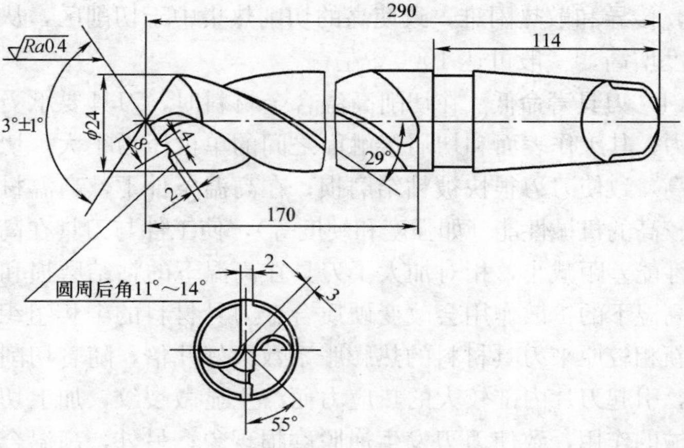

图 11-15　加工铬镍合金钢钻头

利，两条螺旋状的细屑和不卷的长屑连续从孔中排出，孔内不积屑。加工孔深 150mm 左右，不需退出钻头排屑。

（3）寿命高，该钻头横刃经过修磨，增大内刃和横刃前角，大大改善了钻削条件，比一般钻头提高工效 3～4 倍。

第三节 高温合金材料的车削

一、高温合金材料的车削特性

(1) 车削所需切削力大。由于高温合金的塑性好、强度高，因此，切削过程中所需的切削力大。通常切削高温合金材料所需的切削力，比同样条件下的切削普通钢材大 2～3 倍。

(2) 容易产生加工硬化。在切削高温合金时，已加工表面上的加工硬化现象较严重。表面硬度要比其基体高 50%～100%。这是由于高温合金内有大量的强化相碳化物或金属间化合物溶于奥氏体固溶体中，从而使固溶体强化。在切削过程中，由于产生大量的切削热，切削温度上升很高，使强化物从固溶体中分解出来，并呈现极细的弥散相分布，使强化能力增加，从而产生加工硬化。

(3) 切削温度高。切削高温合金材料时，塑性变形消耗的能量很大，这些能量 90%以上转变为热能，而高温合金材料的导热率很低，传导和散热困难，致使高的切削热集中于切削区，从而使切削温度增高，一般可达 1000℃左右。

(4) 刀具寿命低。在切削高温合金材料时，刀具要承受很大的切削力，其工作表面和切屑接触面之间的单位压力很大，切削温度又很高，致使刀刃很快被粘结磨损；在高温条件下，高温材料仍能保持较高的机械性能（如强度和硬度等)，使工件与刀具在高温下的机械性能差距减小，相对加大了刀具在高温下的粘结磨损和扩散磨损；高温下的扩散作用会改变硬质合金刀具材料的金相组织，而产生的新相较原来刀具材料的热膨胀系数大好几倍，随着切削温度的增高，引起刀片内部较大的热应力而产生显微裂纹，加上切削过程中机械的作用，致使刀刃发生崩脱磨损现象；另外，高温合金中由于存在大量的硬度极高的碳化物或合金碳化物的强化相，且分布不均，同时由于加工硬化现象存在较严重，这两者均导致刀具的机械磨损增大。机械磨损、相变磨损、粘结磨损，直接影响着刀具的使用寿命。

(5) 属难加工材料。常见的高温合金材料为 Fe 基高温合金、Ni

基高温合金、Ti 合金等。这些材料的特点是耐热性高、导热性低，如 Ti 合金的导热系数还不到 45 钢的 1/10。强度、韧性和延伸率都很大。高温合金的切削加工性能很差，若以 45 钢的切削性为基准，有的高温合金材料，仅为 45 钢的 1/20。可见高温合金的切削性能是很差的。高温材料的耐热性越高，其切削性能也就越差。

二、高温合金材料车削工艺参数的选择

1. 车削高温合金材料所使用的车刀

（1）刀具材料。切削高温合金常用的刀具材料为硬质合金和高速钢两大类。YG8 和 YG6 多用于粗车；YG3、YW1 和 YW2 多用于精车；YG8、W2Mo9Cr4VCo8 和 W18Cr4V 用于高温合金的精车特形面、沟槽和螺纹等。

（2）刀具几何角度。前角取 $\gamma_0=10^\circ\sim20^\circ$，后角取 $\alpha_0=6^\circ\sim10^\circ$，在主切削刃的后刀面上平行于主刃磨出 0.3～0.4mm 宽的切削刃带。刀具其他方面的几何参数根据具体情况选择。

（3）车刀的刃磨要点。刃磨车削高温合金用的车刀，其后刀面应磨出切削刃带，前面不应磨负倒棱，车刀刃磨要锋利，刀刃不许有微小的锯齿形缺陷，各切削刃前、后的表面粗糙度应研磨至 $Ra1.6\mu m$ 以下。

2. 切削用量的选择

（1）切削速度。实践证明，切削高温合金材料时，由于刀具急剧磨损变钝，切削速度都选得较低，仅为切削普通碳钢时的 1/10。断续切削时，其切削速度还要低。

粗车时，取切削速度 $v=(40\sim60)$ m/min；有些铸件切削速度仅为 $v=(7\sim9)$ m/min。

精车时，一般取 $v=(60\sim80)$ m/min。

另外，切削速度要根据刀具材料而定，刀具材料好的，切削速度可以适当取高些，如 YW1 和 YW2 要比 YG6 和 YG8 提高 10%～20%。

（2）背吃刀量。粗车时取 $a_P=3\sim7$ mm，精车时取 $a_P=0.15\sim0.4$ mm。

（3）进给量。粗车时取 $f=(0.2\sim0.35)$ mm/r，精车时取

$f=(0.1\sim0.16)$mm/r。

3. 车削高温合金材料的几种典型刀具

(1) 加工耐热合金钢车刀。如图 11-16 所示。

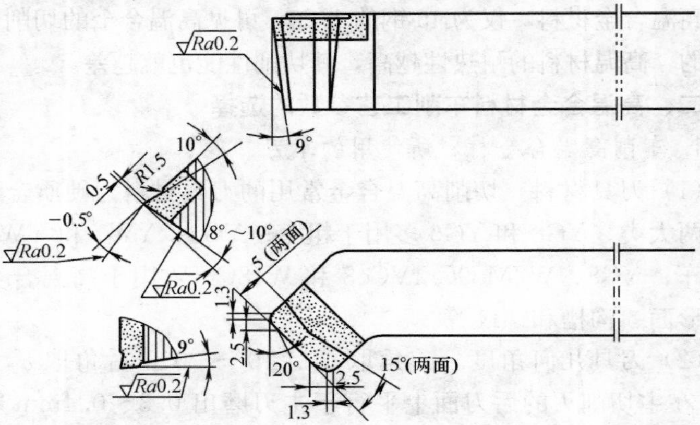

图 11-16　加工耐热合金钢车刀

1) 刀具材料。刀片材料为 YG6x、YW1 和 YW2；刀杆材料为 45 钢。

2) 车刀特点。具有双重过渡刃和修光刃，前面部分为正前角、负倒棱和圆弧槽，刀尖强度好，断屑情况良好，可以进行外圆和端面的大走刀和强力切削。

3) 切削用量。背吃刀量 $a_P=1.5\sim3$mm，进给量 $f=(0.5\sim1.2)$mm/r，切削速度 $v=(50\sim100)$m/min。

4) 应用范围。适于车削耐热合金钢及铬镍钢和铬镍钼钢。

(2) 车削耐热合金钢的双刃镗孔车刀。如图 11-17 所示。

1) 刀具材料。刀片材料为 YW2；刀杆材料为 45 钢。

2) 车刀特点。刀尖角 $\varepsilon_r=140°$，具有双面过渡刃、修光刃和双面断屑槽；刀杆强度好，排屑流畅，断屑良好，可以进行大走刀及反正走刀切削；既可用于粗镗孔，也可用于精镗孔。

3) 切削用量。背吃刀量 $a_P=1\sim2.5$mm，进给量 $f=(0.5\sim1.2)$mm/r，切削速度 $v=(50\sim100)$m/min。

4) 应用范围。适于加工铬镍钼等耐热合金钢。

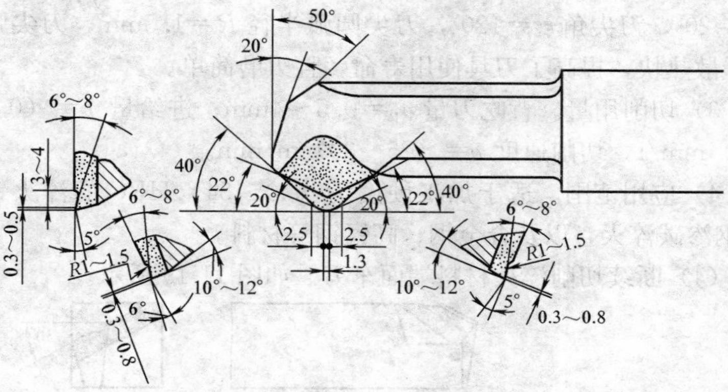

图 11-17　车削耐热合金钢的双刃镗孔车刀

（3）加工淬火钢车刀。加工淬火钢突出的特点是工件材料硬度高、脆性大、切削抗力和切削热大、刀具容易磨损和崩刃。为了适应上述加工条件，车刀应采用负前角、负刃倾角、小的主偏角和较大的刀尖圆弧半径。图 11-18 所示为加工淬火钢车刀。

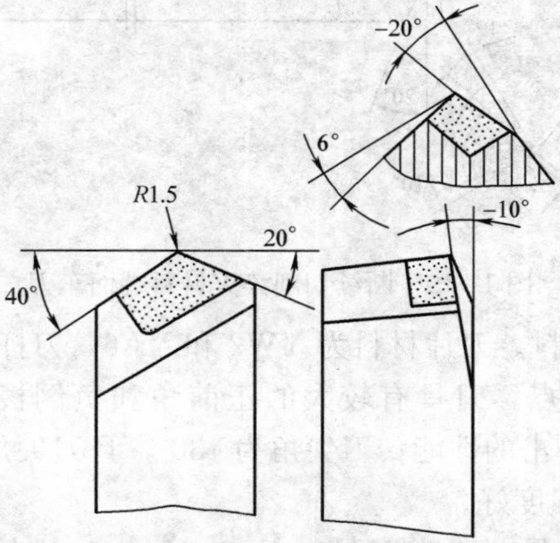

图 11-18　加工淬火钢车刀

1）刀具材料。刀片材料为 YA6、YW1，YT30，刀杆材料为 45 钢。

2）车刀特点。采用较大的负前角（$\gamma_0=-20°$），负刃倾角（$\lambda_S=-10°$），这样就增大了刀尖强度，主偏角 $K_r=40°$，副偏角

$K'_r=20°$，刀尖角 $\varepsilon_r=120°$，刀尖圆弧半径 $R=1.5$mm，刀尖强度好，散热快，提高了刀具使用寿命，且刃磨简单。

3）切削用量。背吃刀量 $a_P=0.5\sim4$mm，进给量 $f=(0.1\sim0.3)$ mm/r，切削速度 $v=(25\sim30)$ m/min。

4）应用范围。适于加工硬度为（50～54）HRC 的淬火钢或 20 钢渗碳淬火，以及合金钢、高锰钢等材料。

（4）断续切削淬火材料端面车刀。如图 11-19 所示。

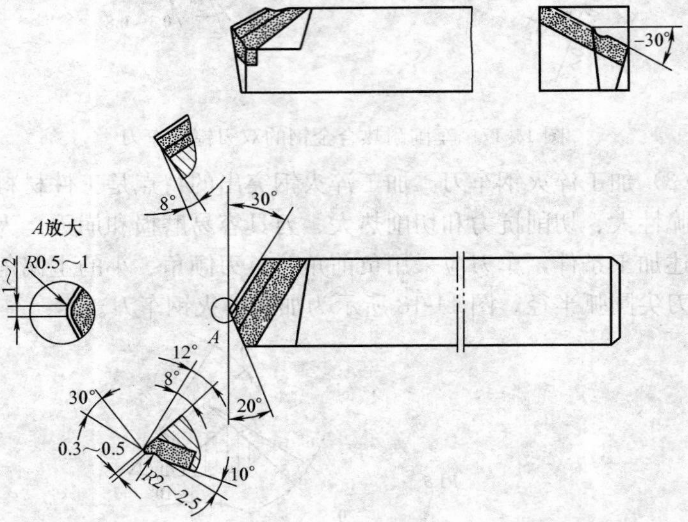

图 11-19　断续切削淬火材料端面车刀

1）刀具材料。刀片材料为 YW2 和 YA6，刀杆材料为 45 钢。

2）车刀特点。刀具有较大的正前角和负倒棱，刃倾角 $\lambda_s=-30°$，具有抗冲击的性能；刀尖角为 130°，且刀尖角有 1～2mm 的修光刃；刀具强度好。

3）切削用量。背吃刀量 $a_P=2\sim5$mm，进给量 $f=(0.2\sim0.4)$ mm/r，切削速度 $v=(50\sim100)$ m/min。

4）应用范围。适于加工余量不均或断续切削的 45 钢、铬镍钢、铬镍钼钢和淬火硬度为（45～50）HRC 的淬火钢。

（5）淬硬件车刀。如图 11-20 所示。

1）刀具材料。刀片材料为 YA6，刀杆材料为 45 钢。

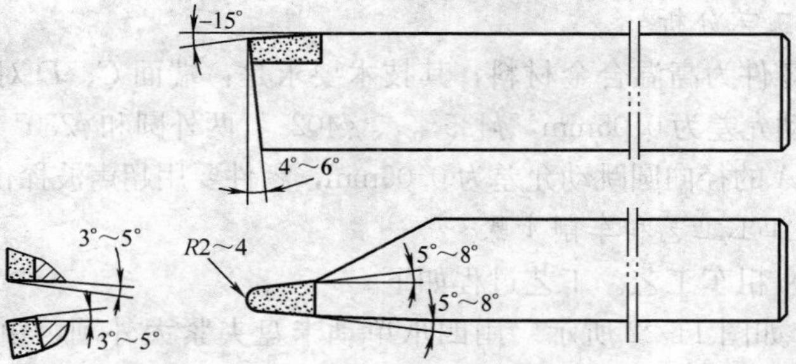

图 11-20 淬硬件车刀

2）车刀特点。前角 $\gamma_0=-15°$，刀尖圆弧半径可根据零件需要刃磨，前、后刀面应研磨至表面粗糙度在 $Ra0.2$ 以下，刀具寿命较高。

3）切削用量。背吃刀量 $a_p=0.02\sim0.03$mm，进给量 $f=(0.2\sim0.3)$mm/r，切削速度 $v=(130\sim160)$m/min。

三、车削加工实例

如图 11-21 所示，是高温合金材料的盘类零件，材料为 4Cr22Ni4N，毛坯为锻件，单件生产。

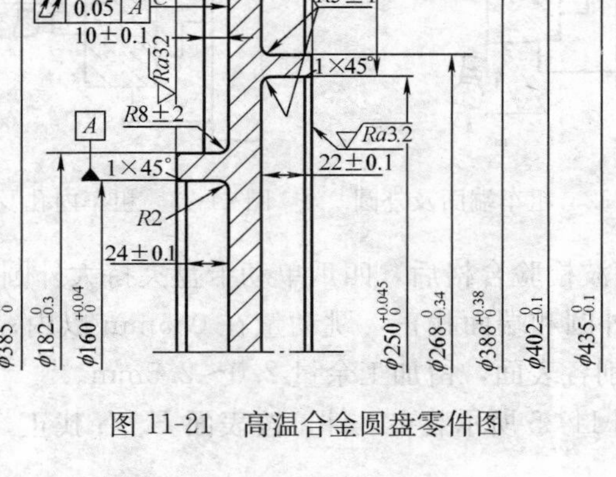

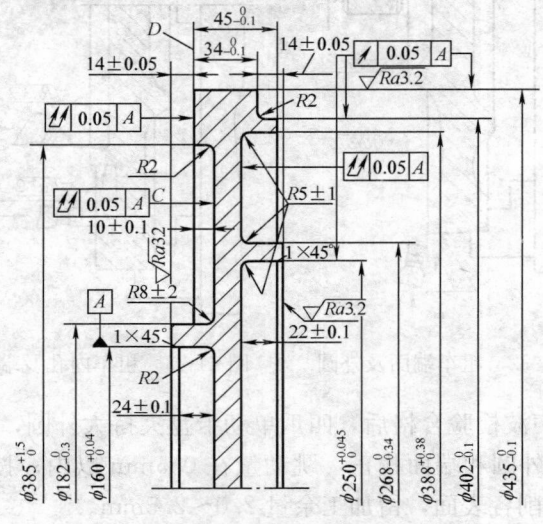

图 11-21 高温合金圆盘零件图

1. 工艺分析

该零件为高温合金材料，其技术要求是：端面 C、D 对基面 A 的全跳动允差为 0.05mm，$\phi435_{-0.1}^{\ 0}$、$\phi402_{-0.1}^{\ 0}$两外圆和$\phi250_{\ 0}^{+0.045}$内孔对基面 A 的径向圆跳动允差为 0.05mm，零件要用超声波探伤检验。

2. 加工工艺和车削步骤

(1) 粗车工艺。工艺过程如下。

1) 如图 11-22 所示。用四爪单动卡盘夹紧大外圆，由于锻件毛坯表面不规则，用顶尖顶紧圆盘的中心，按大外圆和端面找正，跳动量允差为 1.5mm，按图上标注加工部位，用 YW2 车刀车削大外圆和两端面，各留加工余量 2.0~2.5mm，并保证两端面的表面粗糙度为 $Ra3.2$（用于超声波检验），加工时使用冷却润滑液。

2) 工件调头安装。如图 11-23 所示。四爪单动卡盘夹持大外圆，并按大外圆和端面找正，保证跳动量不大于 1mm；按图中标注加工部位车削，各面留加工余量 2.0~2.5mm。两端面径向尺寸余量应留大些，以保证在超声波探伤检验时有足够宽度的检验表面，图上标注 $Ra3.2\mu m$ 处为超声波探伤检验表面；加工时使用冷却润滑液。

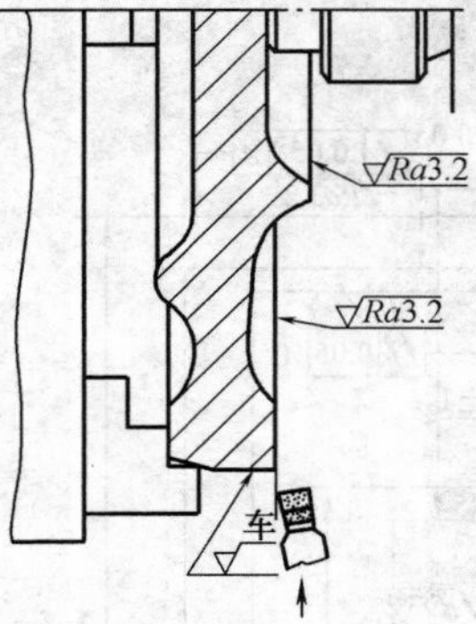

图 11-22 粗车端面及外圆

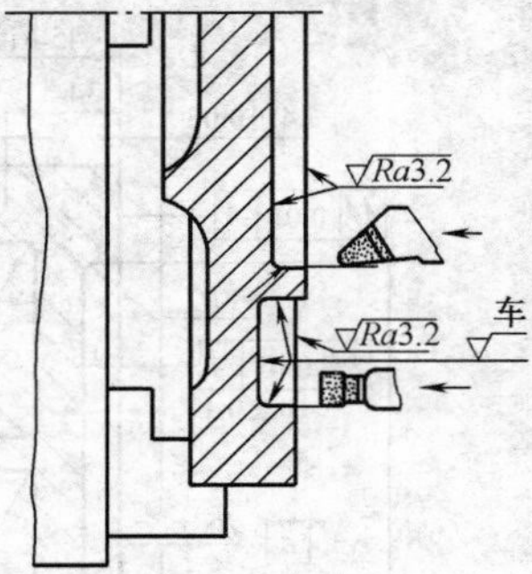

图 11-23 粗车内孔及端面

3) 超声波检验合格后，四爪单动卡盘夹持大外圆，如图 11-24 所示；按大外圆和端面找正，跳动量在 0.5mm 以内；按图中标注加工部位车削各表面，留加工余量 2.0~2.5mm。

4) 如图 11-25 所示装夹工件，按表面 E、G 找正，跳动量不大于 0.5mm；按图中标注加工部位车削，各表面留加工余量 1.0～1.5mm，尺寸 $\phi160^{+0.04}_{0}$ 和 $\phi182^{0}_{-0.03}$ 各留余量 2.0～2.5mm，用以保证下道工序装夹时有足够的刚性，车削时必须使用冷却润滑液。

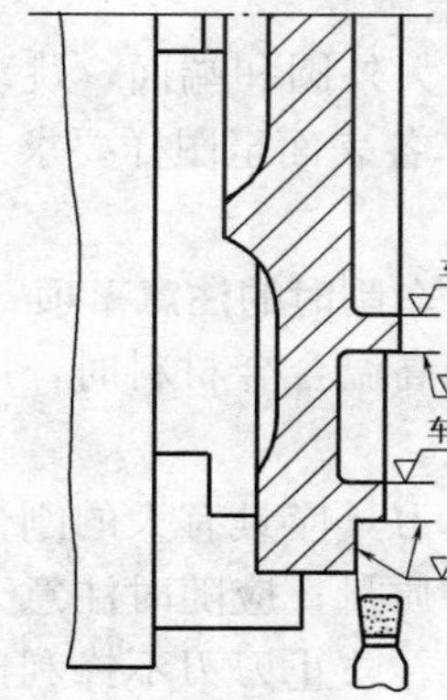

图 11-24　粗车内孔及台阶

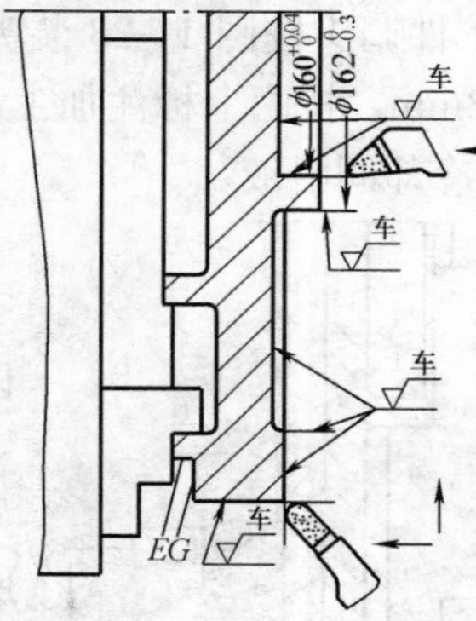

图 11-25　粗车内外圆及端面

(2) 半精车和精车。工艺过程如下。

1）按图 11-26 所示装夹工件，并按大外圆和端面找正，跳动量不大于 0.3mm；按图上标注加工部位车削各面，其中表面①～⑤应精车至图样要求，其余各面为半精车，留加工余量 1.0～1.5mm。

2）工件调头，用四爪单动卡盘夹持大外圆，如图 11-27 所示。

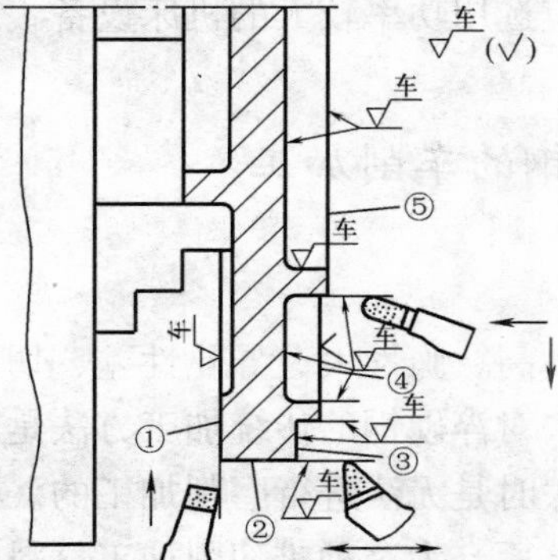

图 11-26　精车基准面

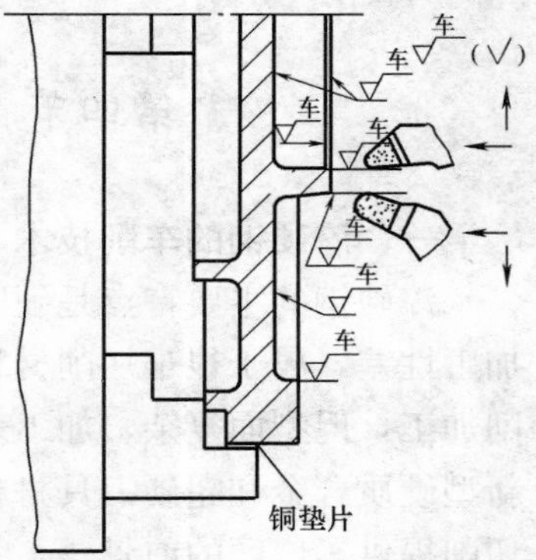

图 11-27　精车左边内孔及端面

夹紧时应垫上铜片，以免压伤精加工过的大外圆表面，夹紧力应均匀且不宜过大。按大外圆和端面找正，跳动量不大于0.02mm，按图上标注加工处精车各表面至图样要求。加工时应使用冷却润滑液。

3）工件调头按图11-28装夹，找正大外圆和端面，跳动量不大于0.02mm，按图上标注加工部位精车各表面至图样要求。加工时应使用冷却润滑液。

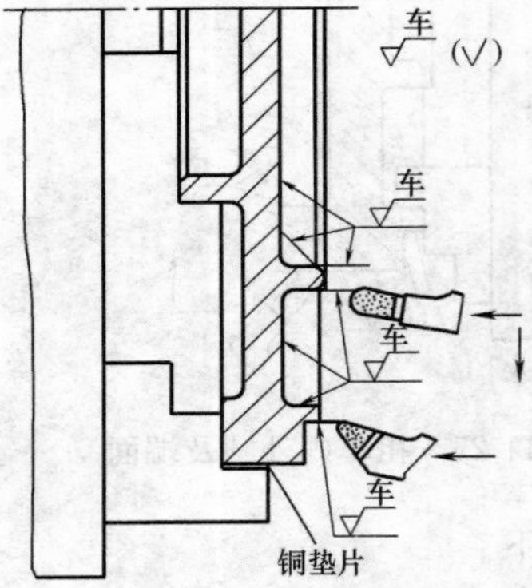

图11-28　精车右边内孔及端面

四、车削时的注意事项

车削高温合金材料时，应注意以下几点。

（1）刀具应具有大的刚性和良好的刃磨质量；应随时注意刀具的磨损情况，防止刀刃不锋利产生挤压变形、扎刀和烧伤等。

（2）使用冷却润滑液时，应连续而不间断，在车削过程中不能突然冷却，以防硬质合金刀片因温度急剧下降产生裂纹或碎裂。

（3）精车时，零件尺寸公差应控制在上限，或适当留出尺寸收缩余量，防止零件冷却至常温时，因尺寸缩小导致零件报废。

（4）在车削高温合金材料时，应选用功率较大的机床设备。

第四节　淬硬钢的车削加工

一、淬硬钢的车削技术

淬硬钢的主要特点是硬度和强度高、脆性大、导热性差、切削加工性差，属于很难切削材料。过去对淬硬钢的传统加工方法是磨削加工，但型面复杂、加工余量过大时是无法进行磨削加工的。在新型硬质合金和超硬刀具材料出现之后，为这种难切削加工材料的切削提供了广阔的前景。

1. 淬硬钢常用刀具牌号及加工特点

淬硬钢常用刀具牌号及加工特点见表 11-31。

表 11-31　　淬硬钢常用刀具牌号及加工特点

淬硬钢加工要求条件	新刀具材料已能满足淬硬钢加工要求	推荐的刀具牌号	淬硬钢加工特点
(1) 刀具硬度、强度大于工件的硬度、强度。 (2) 能达到淬硬钢工件加工技术要求、尺寸精度和表面质量	(1) 已研究和生产出多种能切削淬硬钢的刀具材料 (2) 淬硬钢车削加工时，工件表面的温度比磨削低，不易发生表面烧伤 (3) 淬硬刚性脆，不易粘刀，一般不易产生刀瘤，加工表面粗糙度值低，为以车削代替磨削创造了条件	(1) 新型牌号硬质合金刀具： YN05、YT05、YT707、YT726、YG600、YG610 (2) 金属复合陶瓷刀具： SG4、AT6、LT55 (3) 立方氮化硼刀具：DLS-F、LBN-Y	(1) 淬硬钢硬度高，强度大，切削力大，切削温度高，刀具易磨损。单位面积切削力甚至可达 4GPa 以上。因此，切削温度高，导热性差，易使刀具磨损 (2) 淬硬钢径向切削力大，往往大于主切削力。选择刀具角度应注意此特点，以免工艺系统刚度不足引起振动 (3) 切削淬硬钢，切屑与前刀面接触短，切削力与切削热易集中在主刀刃附近，易使刀具磨损和崩刃 (4) 容易获得较高表面质量，淬硬刚性脆，不粘刀，不产生刀瘤，可获得较小 Ra 值

2. 车削淬硬钢刀具角度及切削用量的选择（见表 11-32）

表 11-32　　车削淬硬钢刀具角度及切削用量的选择

项　目			参　数
刀具几何角度	前　角	γ_0	−20°～0°(一般为−10°～−5°)
	后角	α_0	8°～15°(10°用得最多)
	副后角	α_0'	—
	刃倾角	λ_s	−15°～−5°(工艺系统刚度差取小值)
	主偏角	K_r	45°～60°
	副偏角	K_r'	5°～15°
刀具几何参数	倒棱前角	γ_{01}	−20°～−10°
	倒棱宽度	b_{r1}	0.2～2mm
	刀尖圆弧半径	γ_ε	0.5～1.5mm
切削用量	切削速度	v	硬质合金:(0.42～1.0)m/s 复合陶瓷刀具:(1～2.5)m/s 立方氮化硼:(1.33～1.67)m/s
	进给量	f	(0.05～0.3)mm/r
	背吃刀量	a_P	硬质合金:0.05～2mm 复合陶瓷刀具:0.05～0.5mm 立方氮化硼:0.05～0.5mm

3. 典型淬硬钢车削加工工艺参数的选择（表 11-33）

表 11-33　　典型淬硬钢车削加工工艺参数的选择

被切削典型淬硬钢材		W18Cr4V 高速钢(58～62HRC)	W18Cr4V 高速钢(58～62HRC)	GCr5 轴承钢(61～62HRC)
刀具牌号		超细晶粒硬质合金 YM051(YH1)	超细晶粒硬质合金 YG610；钨钛钽(铌)硬质合金 YT726	超细晶粒硬质合金 YG643；钨钛钽(铌)硬质合金 YT726、YT05
刀具几何角度	γ_0	−20°～−10°	−20°～−10°	−5°
	α_0	10°～12°	8°～12°	10°
	α'_0	8°～10°	8°～10°	
	λ_s	−20°～−10°	−10°～−5°	−10°
	K_r	30°～60°	30°～40°	45°
	K'_r	10°	10°～45°	45°
主刃倒棱与刀尖圆弧	γ_{01}	−20°～−10°		
	b_{r1}	1.5～2mm		
	γ_ε	0.15	0.15	0.2
切削用量	v	0.667m/s	0.1～0.3m/s	0.52m/s
	f	0.1～0.2mm/r	0.15～0.25mm/r	0.4mm/r
	a_p	0.1～1.0mm	1～1.5mm	0.75mm
表面粗糙度 Ra		1～1.5μm		
比较		比磨削效率提高10倍	切削正常、效果良好	三种刀片连续车削都较好；断续切削并有冲击时 YT726 好
被切削典型淬硬钢材		30CrMnSiNiMoA(50HRC)	20CrMnMo(58～63HRC)	CrWMo(55HRC)
刀具牌号		超细晶粒硬质合金 YM051(YH1)	SG4 金属复合陶瓷刀片	AT6、AG2 复合金属陶瓷刀片
刀具几何角度	γ_0	12°～15°	−10°～−5°	−6°
	α_0	6°	10°	6°
	α'_0	8°		
	λ_s	6°	−10°～−5°	−5°
	K_r	90°	75°～90°	45°
	K'_r	8°		45°

续表

被切削典型淬硬钢材		30CrMnSiNiMoA（50HRC）	20CrMnMo（58～63HRC）	CrWMo（55HRC）
主刃倒棱与刀尖圆弧半径	γ_{01}			
	b_{r1}			
	γ_{ε}			
切削用量	v	0.85m/s	1.65～3.33m/s	0.54～0.58m/s
	f	0.30mm/r	0.08～0.13mm/r	0.1mm/r
	a_p	2mm	0.05～0.03mm	0.5mm
表面粗糙度 Ra			1.2～0.8μm	
比较		切削顺利	比磨削提高 2～3 倍	比超细晶粒硬质合金 YM053（YH3）耐磨性提高 3 倍

被切削典型淬硬钢材		50SiMn（50～55HRC）	T10A 优质碳素工具钢（55～62HRC）	T10A 优质碳素工具钢（59～60HRC）
刀具牌号		LBN-Y（立方氮化硼与硬质合金复合体）	SG4（金属复合陶瓷刀片）	AT6（金属复合陶瓷刀片）
刀具几何角度	γ_0	0°～2°	−10°	−8°
	α_0	5°～6°	10°	8°
	α'_0			
	λ_s			
	K_r	75°	45°	45°
	K'_r	10°	15°	15°
主刃倒棱及刀尖圆弧半径	γ_{01}		−30°	−20°
	b_{r1}		0.2～0.5	0.3
	γ_{ε}			0.5
切削用量	v	1.19m/s	0.92m/s	1.83m/s
	f	0.1mm/r	0.082mm/r	0.1mm/r
	a_p	0.2mm	0.5mm	0.25mm
表面粗糙度 Ra				
比较			SG4 优于 YT05	比 SG4 提高 2 倍
应用厂家				

二、淬硬钢车削实例

1. 淬硬耐热挤压模具钢车削

（1）车削淬硬耐热挤压模具钢工艺参数见表 11-34。

表 11-34　车削淬硬耐热挤压模具钢加工工艺（参数）

工序种类	刀具牌号	刀具几何参数				切削用量			使用机床
		前角（γ_0）	后角（α_0）	倒棱宽及前角（b_{r1}及γ_{01}）	刀尖圆弧半径 r_e（mm）	切削速度 v（m/s）	进给量 f（mm/r）	切削深度 a_p（mm）	
粗车	AG2 金属复合陶瓷 ϕ12 圆弧刀片	0°	8°～12°	0.3～2.5°	5.4～5.8	2～3	0.25～0.4	0.15～0.8	数控车床
精车	YT726 钨钛钽（铌）硬质合金	0°	8°～12°	无	3.5～4	0.67～1	0.1～0.15	0.05～0.15	

（2）车削加工特点。

1）工件材料及加工要求如图 11-29 所示。工件材料是一种耐热挤压新钢种[4Cr5MoSiV(相当美国 H13)]，硬度为(43～48)HRC，σ_b＝1.45～1.6GPa，材料导热性差，表面粗糙度值为 Ra＝0.8μm。

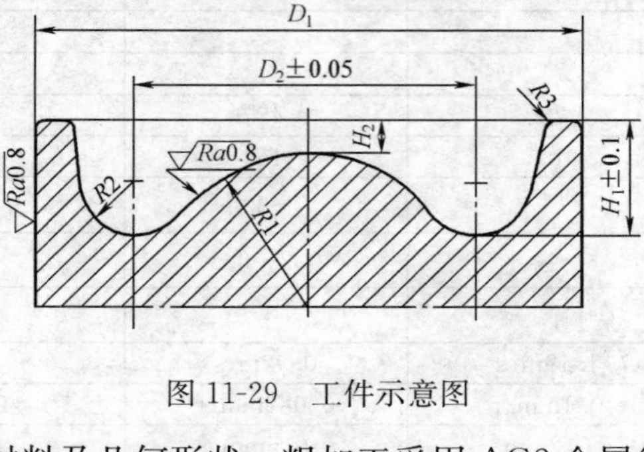

图 11-29　工件示意图

2）刀具材料及几何形状。粗加工采用 AG2 金属复合陶瓷，刀刃形状经多次试验，宜采用圆弧刃，选用 ϕ12mm 圆弧刃刀片刃磨而成，增强了刀刃强度，有效地防止了崩刃；精加工采用钨钛钽（铌）YT726 硬质合金，它的强度和抗冲击能力比陶瓷刀具好，允许刃口磨得锋利些，以便于精车。此刀具用螺纹车刀 L32 修磨而成，刀片用 M608 加工螺纹刀片改磨成圆弧刀刃，以适应曲面加工要求。

3）图 11-30 为 AG2 陶瓷刀具，图 11-31 为 YT726 硬质合金刀

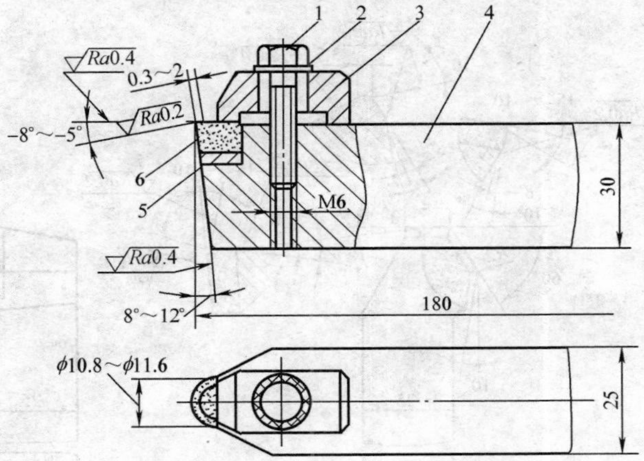

图 11-30　AG2 粗车淬火钢特形曲面陶瓷车刀

1—压紧螺钉；2—垫圈；3—压板；4—刀体；5—刀垫；6—刀片

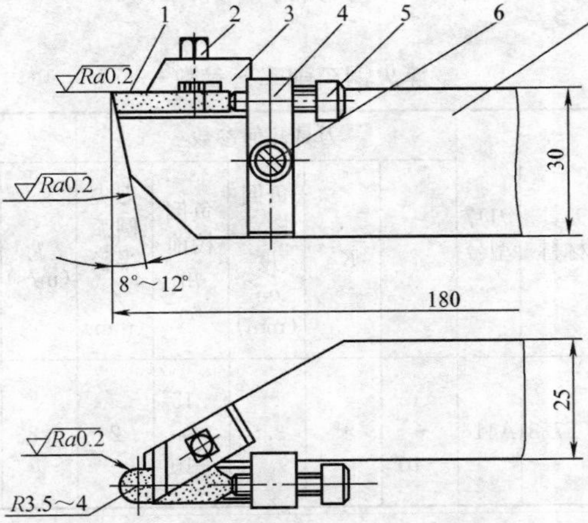

图 11-31　YT726 精车淬火钢特形曲面陶瓷车刀

1—刀片；2—压紧螺钉；3—压板；4—调整板；

5—调整螺钉；6—紧固螺钉；7—刀杆

具。刀片型号 M608 为自贡硬质合金厂生产。刀具几何参数及切削用量见表 11-34。

2. 淬火钢 60°外圆车刀

如图 11-32 所示。淬火钢车削工艺参数见表 11-35。

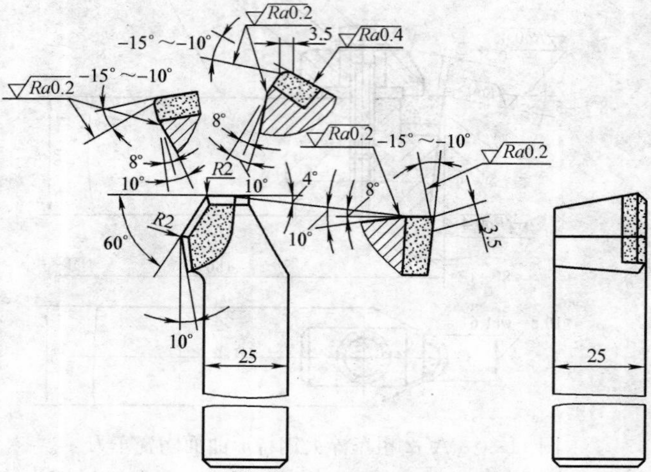

图 11-32 淬火钢 60°外圆车刀

表 11-35 **淬火钢车削工艺参数**

刀具名称	工件材料硬度/HRC	刀具材料	刀片型号	刀具几何参数					切削用量		
				γ_0	K'_r	负倒棱宽度 b_{r1} (mm)	负倒棱前角 γ_{01}	刀尖圆弧半径 γ_ε (mm)	v (m/s)	f (mm/r)	a_P (mm)
焊接式 60°外圆车刀	45～52	YT758	A416	−15°～−10°	4°	3.5	−15°～−10°	2	0.83	0.3	1

3. 淬火钢 90°外圆车刀

如图 11-33 所示。90°外圆车刀车削淬火钢工艺参数见表 11-36。

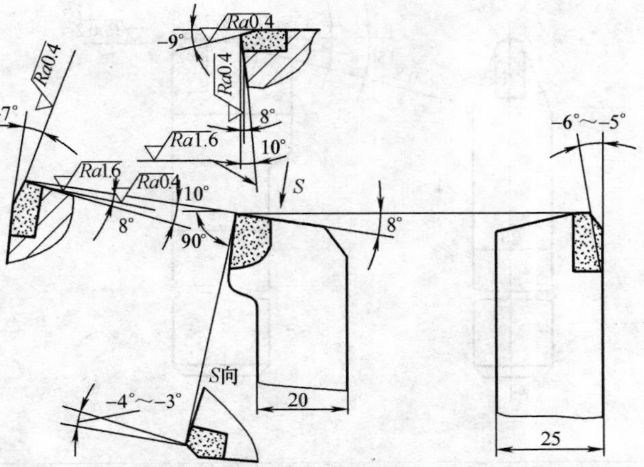

图 11-33 淬火钢 90°外圆车刀

表 11-36 焊接式 90°外圆车刀车削淬火钢工艺参数

刀具名称	工件材料硬度(HRC)	刀具材料	刀片型号	刀具几何参数(°)					切削用量		
				γ_0	γ'_0	K_r	λ_s	K'_r	v (m/s)	f (mm/r)	a_P (mm)
焊接式90°外圆车刀	50～60	YT726 YC12	A416	9	7	90	−6～−5	8	0.5	0.1～0.2	0.2～0.5

4. 圆弧刃淬火钢精车刀

如图 11-34 所示。刀刃呈圆弧形，有利于减小已加工表面粗糙度值。圆弧刃精车刀车削淬硬钢工艺参数见表 11-37。

表 11-37 圆弧刃精车刀车削淬硬钢工艺参数

刀具名称	工件材料硬度(HRC)	刀具牌号	刀片型号	切削用量		
				v (m/s)	f (mm/r)	a_P (mm)
圆弧外圆精车刀	45～55	YG6A YM052	A315	0.83～1.16	0.2	0.03～0.08

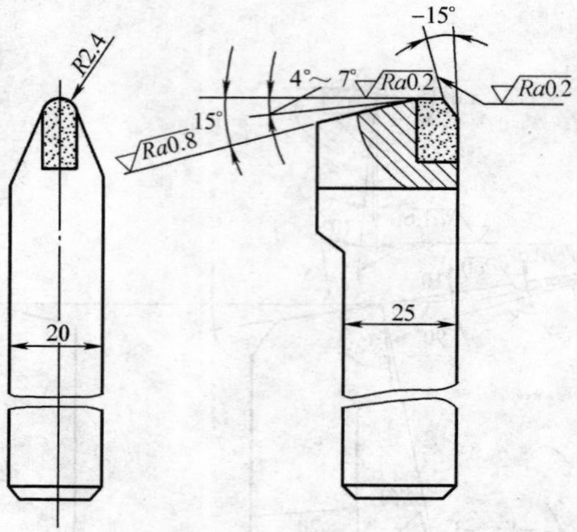

图 11-34　圆弧刃淬火钢精车刀

5. 机夹陶瓷外圆车刀

如图 11-35 所示。机夹陶瓷刀车削 GCr15 淬硬钢工艺参数见表 11-38。

表 11-38　机夹陶瓷外圆精车刀车削淬硬钢 GCr15 工艺参数

刀具名称	工件材料及硬度(HRC)	刀具材料	刀具几何参数					切削用量			表面粗糙度 Ra (μm)	比较
			γ_0	γ_0'	负倒棱宽度 b_{r1} (mm)	负倒棱前角 γ_{01}	刀尖圆弧半径 γ_ε (mm)	v (m/s)	f (mm/r)	a_P (mm)		
机夹陶瓷外圆精车刀	GCr15 (60～65)	AG2 (陶瓷刀片)	−7° ～ −6°	−6	(0.5～1.0) f	−15°	0.5～1.0	1.3～2.3	0.23～0.25	0.5～0.7	0.8	比磨削工效提高3倍

6. 机夹 75°陶瓷车刀

如图 11-36 所示。

(1) 机夹陶瓷车刀车削淬硬钢工艺参数，见表 11-39。

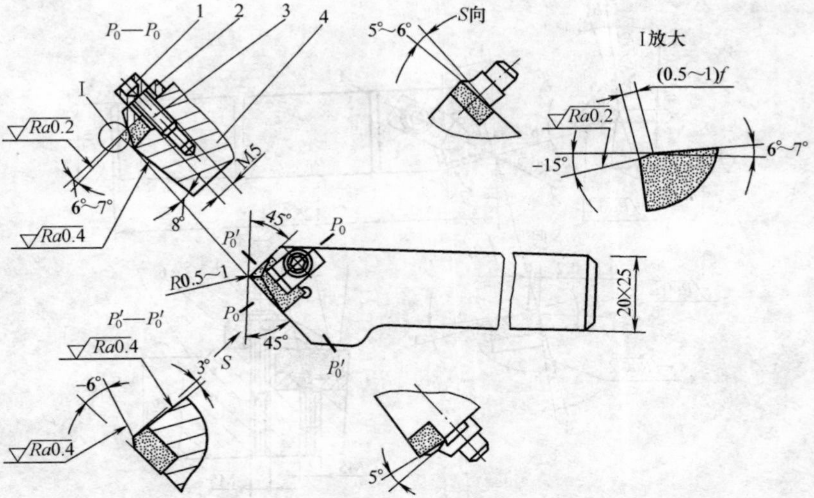

图 11-35 机夹陶瓷外圆车刀

1—内六角螺钉；2—压板；3—刀片；4—刀体

表 11-39　　机夹陶瓷车刀车削淬硬钢工艺参数

刀具名称	工件材料	刀具牌号	刀片规格 (mm)	切削用量		
				v (m/s)	f (mm/r)	a_P (mm)
机夹 75°陶瓷外圆车刀	Cr12、T12A 58～62HRC	AG2	16×16×8	1～1.33	0.125～0.3	1

(2) 机夹陶瓷刀车削淬硬钢工艺特点。

1) 用磨床修磨 Cr12 或 T12A（58～62HRC）冲头（外径 ϕ46mm），难度较大，费用高。现用金属复合陶瓷刀具 AG2，在 CW6140 车床上一次修复成功，提高工效 5 倍多，表面粗糙度值达 $Ra1.6\mu m$。

2) 该刀车削切削热量大，但能被切屑带走。切屑发红而酥化，但工件不热，避免了磨削时工件表层易发生微观组织变化和表面被烧伤的缺陷。

(3) 注意事项。

1) 精加工时，最好选用带高精度刀垫的可转位刀体。刀尖应低于工件中心 0.02～0.03mm。

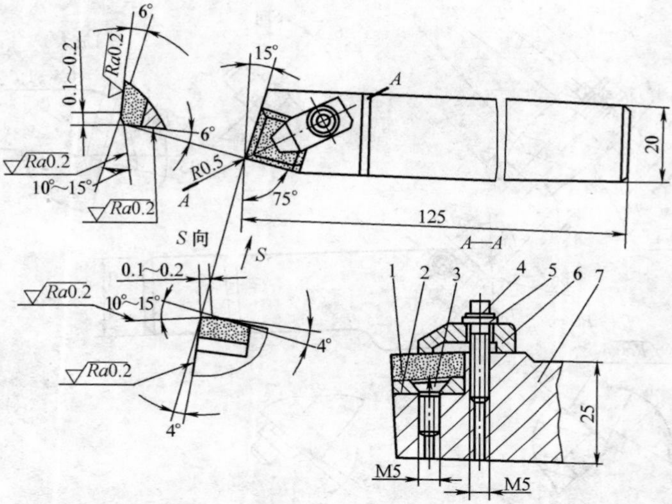

图 11-36　机夹 75°陶瓷车刀

1—AG2 陶瓷刀片；2—刀垫；3—紧固螺钉；

4—压紧螺钉；5—垫圈；6—压板；7—刀杆

2）刀片需仔细研磨。可用氮化硼粉和机油在平板上研磨。研磨前可用粒度（200/230）～（230/270）的碗形金刚石砂轮刃磨刀片，直到无锯齿时，再进行研磨。

7. 75°微调镗刀

75°微调镗刀外形如图 11-37 所示。

（1）75°微调镗刀镗孔工艺参数，见表 11-40。

表 11-40　　75°微调镗刀镗孔工艺参数

刀具名称	工件材料	刀具牌号	刀片型号	刀杆材料	切削用量			使用机床
					v (m/s)	f (mm/r)	a_P (mm)	
75°微调镗刀	ZG35、40Cr (33～38HRC)	Y707 YN05 YD05	41305A	40Cr 44～45HRC	1.33～1.67	0.05～0.2	1～2	T68

（2）75°微调镗刀镗削工艺特点。

1）采用标准化刀片安装所得正前角（$\gamma_0=12°$），负倒棱（棱宽

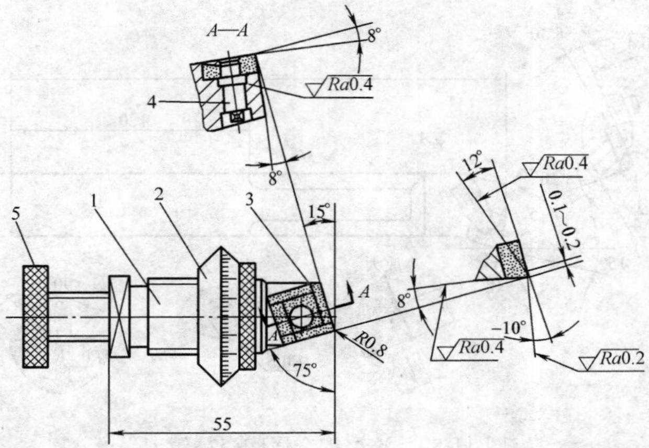

图 11-37　75°微调镗刀

1—刀体；2—微调圈；3—刀片；4—偏心销；5—螺钉

b_{r1}＝0.1～0.2mm，倒棱负前角 γ_{01}＝－10°)加工淬硬钢，为增强刃口强度。除取负倒棱外，取较大的刀尖圆弧半径(r_ε＝0.8mm)，减小粗糙度值 Ra。

2）尺寸调整方便，调整精度可达 0.01mm。

3）镗孔效果。尺寸精度可达 0.01mm，表面粗糙度值 Ra＝1.6～0.8μm。

4）注意事项。毛坯余量要均匀，背吃刀量 a_p 不宜过大。

8. 淬火钢金属陶瓷精镗刀

如图 11-38 所示。用于加工 GCr15(55～60HRC)淬硬钢套，外径为 ϕ250，内孔为 ϕ220H9，长度 $70_{-0.20}^{\ 0}$ mm，表面粗糙度值均为 Ra3.2μm。

(1)陶瓷精镗刀镗削淬火钢工艺参数见表 11-41。

表 11-41　　金属陶瓷镗刀镗削淬火钢工艺参数

刀具名称	工件材料	刀具牌号	刀片规格(mm)	切削用量			使用机床
				v (m/s)	f (mm/r)	a_P (mm)	
金属陶瓷精镗刀	GCr15 55～60HRC	AG2 金属复合陶瓷	16×16×6	1～1.33	0.08～0.15	0.02～0.2	C6160

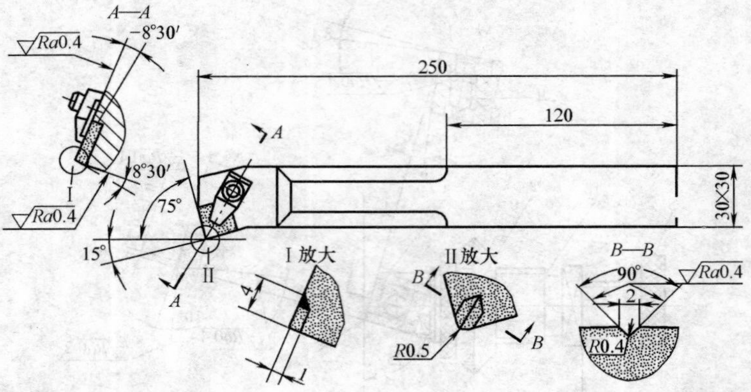

图 11-38 淬火钢金属陶瓷精镗刀

（2）金属陶瓷镗刀镗孔工艺特点。

1）主、副刀刃的平分线方向为最大后角方向，其后角约为 $\alpha_0=8°30'$，相应副前角 $\gamma_0=-8°30'$。后角值在刀尖圆弧 R 部分是个变量，从最大后角点开始，向两侧逐渐减小，直至主、副刃为最小后角，其值均为 6°。陶瓷刀具耐磨性强、抗弯强度低、抗震性差，取 6°～8°30′。后角加工淬硬钢，能保证足够的刀具寿命，同时又兼顾了刀具的强度和抗震性能。

2）刀具用于精加工，背吃刀量（a_p）和进给量（f）都很小，实际切削区域仅在 R0.5mm 的刀尖附近。为了改善刀尖处的切削性能，特在刀尖处沿对角线方向开一个深槽约 1mm、宽约 2mm、长约 4mm、夹角为 90°的槽，若能开出截形为圆形的槽更好。可用金刚石砂轮开槽。

3）开槽后的刀尖刃口，出现了很大的负刃倾角和正前角，刀刃不仅长度增加、抗冲击能力增强，而且钝圆半径减小，切削力也大为降低。

（3）使用效果。

1）让刀现象显著减轻。与不开槽陶瓷刀片比较，在排除刀具原有的弹性让刀量影响的基础上，如果使用开槽刀片，理论值与实际背吃刀量几乎相等，而使用不开槽的刀片，实际背吃刀量小于理论背吃刀量。

2）切削薄金属层能力增强。当 a_p＝0.02mm 时，由于切削层太薄，不开槽刀片常常挂不住刀刃（无法切入），而开槽刀片则可以稳定地进行切削。

3）一个刀尖可多次使用。一个刀尖在不转位条件下，对于开槽陶瓷刀片，可在刀尖磨钝后，适当地将刀杆倾斜一个角度，又可以正常使用。对于不开槽陶瓷刀片，刀尖磨钝后必须转位方可正常使用。

（4）注意事项。

1）此刀片适合内孔精加工，由于刀尖刃区强度比较单薄，不适合大负荷切削。

2）为了节约使用陶瓷刀片，可以在已经磨钝的普通陶瓷刀片上开槽，既可废物利用，又提高了使用性能。

9. 陶瓷焊接小孔镗刀

如图 11-39 所示。可加工 CrMn 淬火钢小直径孔（ϕ12mm）。

（1）焊接陶瓷刀镗小直径孔工艺参数，见表 11-42。

表 11-42　　陶瓷焊接小孔镗刀镗孔工艺参数

刀具名称	工件材料	刀具牌号	切削用量			使用机床
			v (m/s)	f (mm/r)	a_p (mm)	
陶瓷焊接小孔镗刀	CrMn 56～60HRC	Al_2O_3-TiC 陶瓷刀片	0.05	0.05	0.02～0.20	—

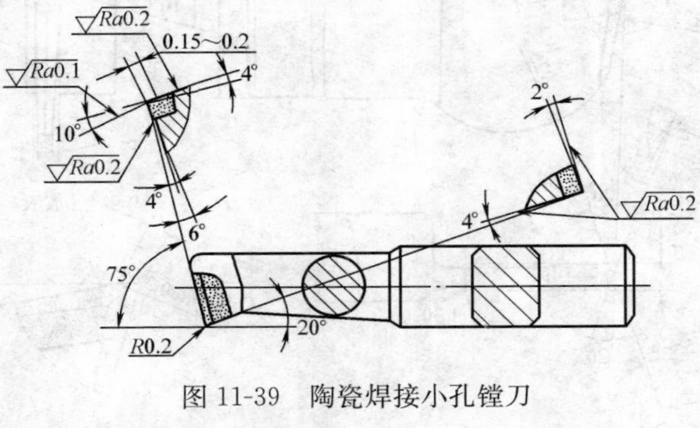

图 11-39　陶瓷焊接小孔镗刀

（2）刀具几何参数及结构特点

1）刀具几何参数。$\gamma_0=-4°$，$K_r=75°$、$\lambda_s=-2°$，负倒棱

（倒棱宽 br_2＝0.15～0.2mm，$\gamma_{01}=-10°$）。

2）刀具结构特点。该刀具的难点是解决焊后不产生裂纹的问题。经生产实践证明，开刀片槽时，底面和侧面夹角大于90°，焊接时只要把刀片底面和刀杆焊为一体，刀片上半部的四周和刀杆之间留有间隙，焊料不要填满，就能有效地防止陶瓷刀片产生裂纹。焊接工艺基本与硬质合金相同，焊料为105焊料或H62。由于焊接时只需小刀片，可把用过的陶瓷刀片割成小块，既充分利用了废刀片，又解决了小孔加工问题。被加工孔的表面粗糙度值 $Ra \leqslant 0.8\mu m$。

（3）注意事项。镗孔时刀尖宜高于工件中心0.1～0.2mm。由于陶瓷刀片抗弯强度低，对振动敏感，因此要求工艺系统刚度尽可能好些，刀杆悬伸量尽可能短些。

10. 淬火钢切断刀

如图11-40所示。工件材料为淬硬（60HRC）轴承钢；刀具牌号为YT726、YG610；刀片型号为C305。

刀具几何参数特点为：采用双偏角形切削刃和屋脊形前刀面，配以负倒棱，在双偏角刃处具有 $\lambda_s=-10°$ 刃倾角，增强了切削刃和两刀尖强度、抗冲击能力。屋脊形前刀面使切屑顺利排出，刀头散热得到改善。

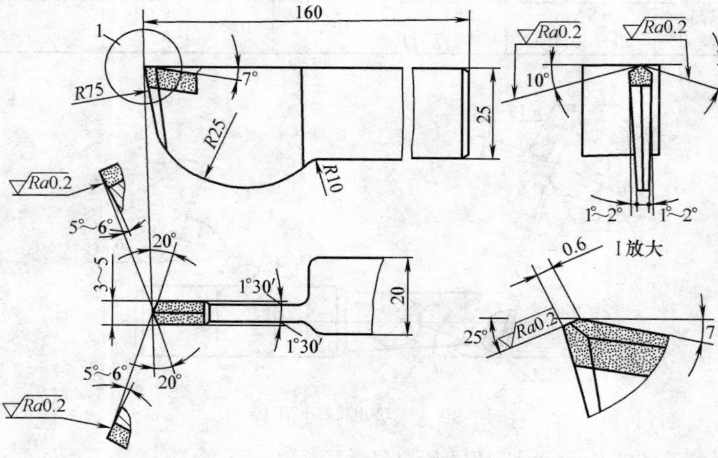

图11-40　淬火钢切断刀

11. 淬火钢螺纹车刀

如图 11-41 所示。工件材料为硬度低于 60HRC 的结构钢；刀具牌号为 YG6A、YT726；刀片型号为 C120。

刀具几何参数特点。主、副刃磨出 8°前角，标注后角的取值考虑了进给运动对工作后角的影响（即进给运动方向后角要大，相反方向小）。

注意事项。要求机床工艺系统刚度好；螺纹开头和收尾各有半扣不规则，材料越硬越明显，可先在两端倒 30°角，车完螺纹后将不规则的半扣车掉。

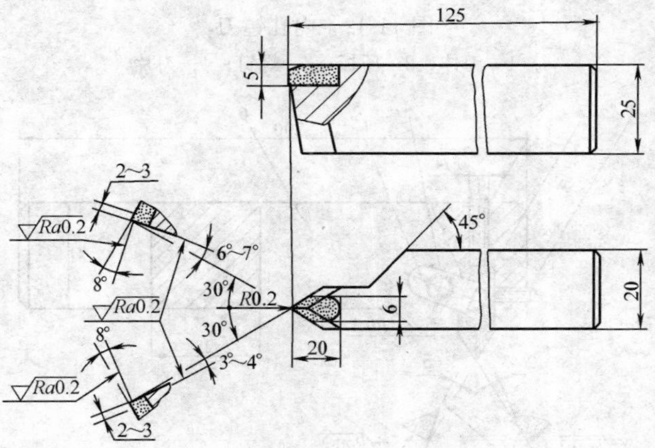

图 11-41　淬火钢螺纹车刀

12. 螺纹环规精加工用陶瓷刀具

如图 11-42 和图 11-43 所示。

加工对象为螺纹环规 M165×1.5−2，材料 CrWMn 合金淬硬钢（60～65HRC），工件各部分尺寸要求为：内径 $\phi163.36^{+0.03}_{0}$ mm；表面粗糙度值 $Ra=0.2\mu m$，中径为 $\phi163.996^{+0.03}_{0}$ mm；螺纹牙型半角 30°±12′；侧面表面粗糙度值 $Ra=0.4\mu m$。

（1）内孔镗刀。如图 11-42 所示。刀片材料为 AG2 金属复合陶瓷；刀片规格为 12mm×12mm×8mm。刀具几何参数及切削用量见表 11-43。

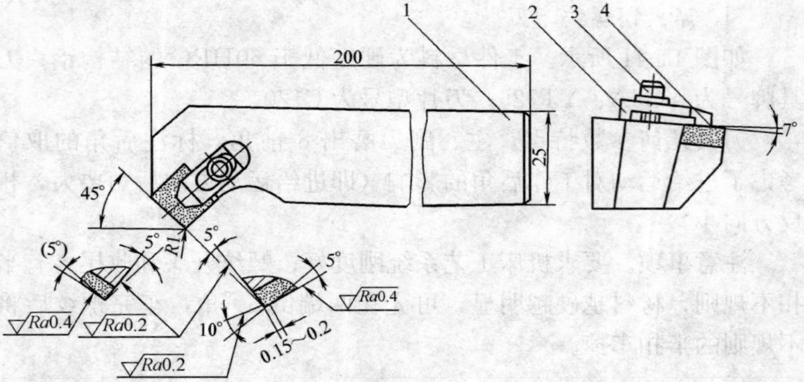

图 11-42　内孔镗刀

1—刀体；2—压板；3—螺钉；4—刀片

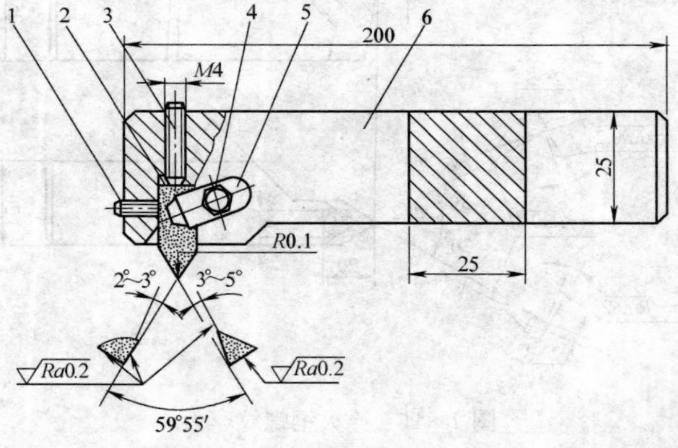

图 11-43　内螺纹车刀

1—侧压螺钉；2—刀片；3—调整螺钉；4—压紧螺钉；

5—压板；6—刀杆

表 11-43　　陶瓷内孔镗刀几何参数及切削用量

刀具几何角度（°）			刀具几何参数			切削用量		
γ_0	α_0	K_r	γ_{01} (°)	b_{r1} (mm)	γ_ε (mm)	v (m/s)	f (mm/r)	a_P (mm)
−5	5	45	−10	0.15～0.2	1	1	0.08～0.3	0.1～0.4

注意事项。在车入和车出工件时容易崩刃，采用两端先倒角、后镗孔的措施可避免崩刃。

（2）内螺纹车刀。如图 11-43 所示。刀具材料为 AT6 金属陶瓷刀片。刀片规格为 16mm×16mm×5mm。刀具几何参数及切削用量见表 11-44。

表 11-44　　陶瓷内螺纹车刀几何参数及切削用量

刀具名称	工件材料	刀具牌号	刀具几何参数				切削用量		
			γ_0	γ_ε (mm)	ε_r	α_0	v (m/s)	f (mm/r)	a_P (mm)
金属陶瓷内螺纹车刀	CrWMn 60～65HRC	AT6	0°	0.1	59°55′	左大右小	0.8～1	P	0.1 0.01

切削特点：背吃刀量 a_P 开始可以大一些，以后逐渐小到 0.01mm，加工螺纹时必须保持三面同时落屑，切屑呈浅蓝色。如出现火花应及时停机磨刀。

（3）刀片刃磨及研磨。陶瓷刀片刃磨时易出现锯齿，刃磨可用粒度 200/230 以上的金刚石砂轮；研磨可用立方氮化硼油石或人造金刚石油石，研得越光，已加工表面粗糙度值就越小。

（4）使用效果及注意事项。实践证明，用陶瓷刀具可以加工矩形、梯形、柱面、锥面各种大小螺纹量规，获得以车代磨的效果。精度可达到 0.015mm 以内，表面粗糙度值 $Ra=(0.4\sim0.2)\ \mu m$。精车螺纹量规时，对机床精度和刚度要求很高，车牙底空刀槽时，要用 30°尖刀，对刀要求准确。

第五节　钛合金材料的车削加工

一、钛合金材料的分类、牌号、主要特性和用途

1. 钛合金材料的分类

钛合金根据加入的合金元素不同，可分为 α 钛合金、β 钛合金和 $\alpha+\beta$ 钛合金三类。我国钛合金以 TA 表示 α 相钛合金；TB 表 β 相钛合金；TC 表示 $\alpha+\beta$ 相钛合金。钛合金主要牌号、性能和用途见表 11-45。

表 11-45　钛及钛合金的牌号、性能和用途

牌号		力学性能				工艺性能及用途
		σ_b (MPa)	δ (%)	a_k (MJ/m^2)	硬度 (HB)	
α相	TA0	—	—	—	—	冲压、焊接、切削性良好；用于制造350℃以下工作的零件，如飞机骨架、发动机部件、耐腐蚀阀门、泵、蒸馏塔、柴油发动机活塞、连杆、化工用冷却器三通、叶轮、紧固件等
	TA1	294	25	0.784	—	
	TA2	441	20	0.686	—	
	TA3	539	15	—	—	
	TA4	686	12	—	—	用于制造飞机外表壳面、骨架零件、压气机壳体、叶片等
	TA5	686	15	—	—	
	TA6	686	10	0.392	—	冲压性差，焊接、切削加工性好，可制作400℃以下零件，如叶片、喷管等
	TA7	784	10	0.392	240～300	
	TA8	980	10	—	—	冲压、焊接、可切削性好。可制造400℃以下工作温度的零件
β相	TB1	1078	18	0.294	—	
	TB2	980	18	—	—	
α+β相	TC1	588	15	0.588～1.176	210～250	冲压、焊接、可切削性好。可制造400℃以下的冲压、焊接件
	TC2	686	12	—	60～70HRB	用于制造500℃以下工作的焊接、模锻、弯曲件等
	TC3	882	11	0.392～0.588	230～360	
	TC4	931	10	0.49	320～340	冷冲压性能差、热压性好、焊接切削性尚可，用于制造400℃以下工作零件，如叶片、气泵等
	TC5	931	10	—	260～320	可制造350℃以下工作的零件
	TC6	931	10	0.392	266～341	—
	TC7	980	10	—	320～400	
	TC8	1029	10	0.392	310～350	热压、可加工性尚好，可制造500℃以下工作的零件
	TC9	11172	9	0.343	330～365	
	TC10	1029	12	0.343	—	冷冲压性差，热压性好，焊接性好，切削加工性好，可制作450℃以下工作的飞机构件等

注　力学性能除TB1、TB2外是棒材在退火下的性能。

2. 钛合金切削加工特点

钛合金的切削加工性属难加工范畴。其加工性的难度顺序为α

相→α+β相→β相钛合金。某些钛合金（如 TB1 和 TB2）与铸造镍基高温合金的切削加工性差不多，属很难加工材料。钛合金切削加工特点如下。

（1）切屑变形系数（ζ）小（$\zeta \leqslant 1$），常形成挤裂切屑。切屑沿前刀面流出摩擦速度大，是造成刀具磨损的主要原因之一。

（2）刀尖应力大。计算应力是 45 号钢的 1.3 倍。由于刀尖附近应力集中，因而使刀尖或主刀刃容易磨损甚至损伤。

（3）切削温度高。一是切屑与前刀面摩擦系数大，造成切屑与刀具接触面温度高；二是钛合金导热系数（λ）小［是钛的 1/5，铝的 1/16，45 钢的（1/5）～（1/7）］，散热条件差，造成切削区域温度高。

（4）化学活性高。在一定温度下大气中的氧、氮、氢等元素与钛合金生成氧化钛、氮化钛和氢化钛薄膜，使表层硬化、变脆、塑性下降，加大了加工硬化，加剧了刀具磨损。

（5）粘结磨损和扩散磨损较突出。

（6）弹性恢复大，使实际后角减小，加剧后刀面磨损，应取大后角。

二、钛合金的切削条件

1. 切削钛合金的刀具材料

切削钛合金的刀具材料应尽量选择与钛亲和作用小、导热系数高、强度大、晶粒细的钨钴类硬质合金。若采用添加钽（Ta）、铌（Nb）等稀有金属的细晶粒新型硬质合金，如 YA6（YG6A）、YG813、643M、YS2（YG10HT）和 ID15（YGRM）等，则效果更好。

根据生产实践证明，车削钛合金时，可按表 11-46 中推荐的硬质合金牌号选用。

表 11-46　适于车削钛合金的硬质合金牌号

用途	条件	硬质合金牌号
精车	低速	813-2、YD15（YGRM）、YG8N、YS2（YG10H）
	高速	YD15、YG6X、YG3X、YG8W
粗车	—	YG8W、YG8、YD15、YS2

用高速钢加工时，宜选用含钴、铝或高钒高速钢，如W2Mo9CR4V4Co8、W6Mo5Cr4V2AI、W10Mo4Cr4V3AI、W12Cr4V4Mo和W12Mo3Cr4V3Co5Si等。

2. 车刀几何参数的选择

车刀几何参数的选择见表11-47。

表11-47　钛合金切削刀具几何参数的选择

加工要求	切削刀具几何参数							
	γ_0	α_0	λ_s	K_r	K'_r	r_ε	γ_{01}	b_{r1}
一般加工	4°～8°	10°～15°	−5°～0°	30°～75°	5°～15°	0.5～1.5mm	0°～10°	0.05～0.3mm
精细加工	10°	15°	0°	45°	0°～5°	0.5mm	0°	—

3. 钛合金车削时切削用量的选择

钛合金车削时切削用量一般按表11-48和表11-49选择，单位为m/min。如果进给量和背吃刀量超出表11-48和表11-49的范围，可按下式切削速度，然后乘表11-50的修正系数。

$$v=\frac{60}{t^{0.168}a_P^{0.2}f^{0.42}}$$

式中　t——刀具寿命，min。

表11-48　硬质合金车钛合金的切削用量

进给量 f (mm/r)	切削速度 v (m/min)	进给量 f (mm/r)	切削速度 v (m/min)
0.08	81～87	0.24	51～55
0.09	77～83	0.26	50～53
0.10	74～79	0.28	48～52
0.11	71～76	0.30	47～50
0.12	69～73	0.33	45～48
0.13	66～71	0.35	44～47
0.14	64～69	0.38	42～45
0.15	63～67	0.40	41～44
0.16	61～65	0.45	39～42
0.17	59～63	0.48	38～41
0.18	58～62	0.50	38～40
0.19	57～60	0.55	36～39
0.20	55～59	0.60	35～37
0.22	53～57	0.65	34～36

注　1. 本表使用条件：刀具材料YG8，工件材料TC4，刀具几何角度 $\gamma_0=5°$，$\alpha_0=10°$，$K_r=75°$，$K'_r=15°$，$r_\varepsilon=0.5$mm，$a_P=1$mm，干切。

2. 钛合金材料不是TC4时，表中 v 应按标准进行修正。

3. 背吃刀量 a_P 不等于1mm时，表中 v 应按标准进行修正。

4. 若使用切削液，表中切削速度可适当提高。

表 11-49　　背吃刀量改变时切削速度的修正系数 K_r

a_P（mm）	K_r	a_P（mm）	K_r	a_P（mm）	K_r
0.125	1.44	1.0	1.0	3.8	0.77
0.75	1.20	1.5	0.92	5.0	0.73
0.50	1.12	2.4	0.84	6.3	0.70
0.75	1.04	3.0	0.80	8.0	0.66

表 11-50　　钛合金牌号不同时的切削速度的修正系数 $K_{\sigma b}$

材料牌号	抗拉强度 σ_b（$\times 10^7$Pa）	$K_{\sigma b}$
TA2，TA3	45～75	1.85
TA6，TA7，TC1，TC2	70～95	1.25
TC3，TC4	90～100	1.0
TC5，TC6，TC9，TC11	95～120	0.87
TB1，TB2	130～140	0.65

用实验方法求得的 TC4 钛合金车削的最佳切削速度见表 11-51。钛合金牌号不同时，表中数据也应加以修正。

车削有氧化皮的钛合金零件时，可用 YG8 或 YG8N 硬质合金刀片，切削速度可参考表 11-52 选择。

表 11-51　　TC4 钛合金车削的最佳切削速度

a_P mm	1				2				3		
f（mm/r）	0.10	0.15	0.20	0.30	0.10	0.15	0.20	0.30	0.10	0.20	0.30
v_0（m/min）	60	52	43	36	49	40	34	28	44	30	26

表 11-52　　车削有氧化皮的钛合金的切削用量

钛合金强度 σ_b（$\times 10^7$Pa）	背吃刀量 a_P（mm）	进给量 f（mm/r）	切削速度 v（m/min）
≤95	大于氧化皮深度	0.10～0.20	25～30
120		0.08～0.15	16～21
＞120		0.07～0.12	8～13

4. 钛合金车削时常用的冷却润滑液

切削钛合金时，宜采用防锈乳化液或极压添加剂的水溶性切削液。极压乳化剂的配方为石油磺酸钠 10%、石油磺酸铝 8%、氧化硬脂酸 3%、氯化石蜡 4%、油酸 3%、三乙醇胺 3.5%、20 号机油 70.5%。

三、钻削钛合金的实用技术

钻削钛合金比较困难，因为碎屑会堵塞钻头排屑槽，因而摩擦严重，使钻头容易磨损，同时也影响钻削加工精度。

1. 刀具材料

加工钛合金钻头应优先采用 W6Mo5Cr4V2Al 高速钢；如钻削特别困难，刀具寿命很低时，可采用 W2Mo9Cr4VCo8 或 W12Mo3Cr4V3Co5Si 高速钢，这两种高速钢含钴多、性能好、价格贵。普通高速钢 W18Cr4V 也可以作钻削钛合金钻头，但切削速度应降低。此外，也可采用 YG8 硬质合金钻头加工钛合金。

2. 钻头的结构及几何参数

钻削钛合金时，可以采用经过修磨的标准麻花钻或专用麻花钻。标准麻花钻的横刃修磨建议采用 S 形或 X 形，如图 11-44，经过 S 形修磨的钻头，钻削力较小；经 X 形修磨的钻头，排屑较顺利，适用于钻心厚度较大的钻头。

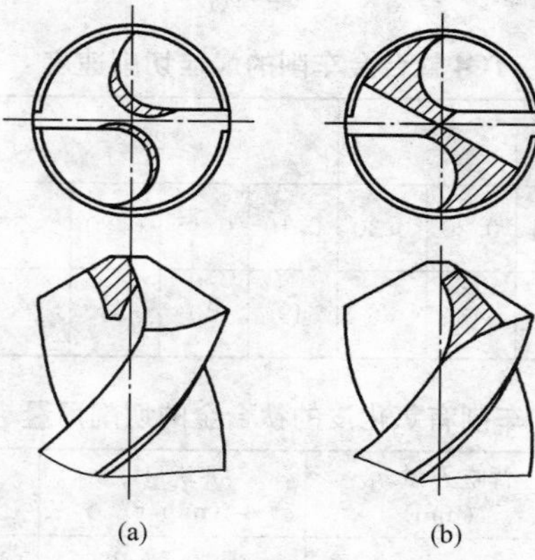

(a)　　(b)

图 11-44　麻花钻的横刃修磨形式

(a) S 形修磨；(b) X 形修磨

经 X 形修磨的标准麻花钻几何参数见图 11-45。修磨后形成第二切削刃，其几何参数名称、符号及数据见表 11-53。

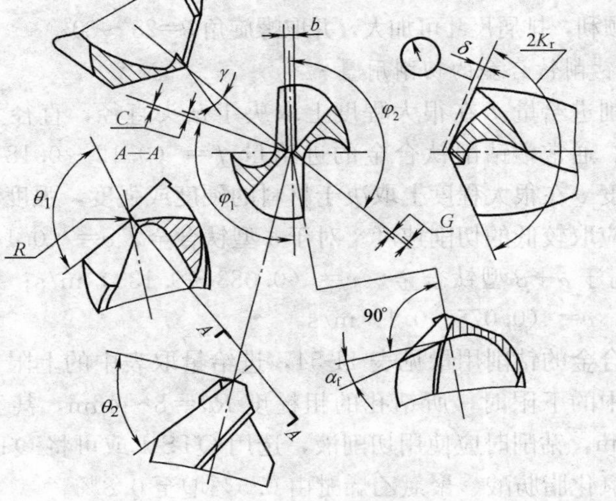

图 11-45　按 X 形修磨的标准麻花钻几何参数

表 11-53　　修磨钻头的几何参数符号及数值

符　号	名　称　或　含　义	要　求
α_f	钻头外缘（轴向）后角	$12°\pm2°$
γ	修磨横刃时形成第二切削刃处前角	$3°\sim8°$
$2K_r$	钻头顶角	$135°+5°$
θ_1	修磨横刃时的槽角（由砂轮形成）	$110°\pm5°$
θ_2	修磨横刃时钻头上抬角度	$50°^{+10°}_{-5°}$
R	修磨横刃时砂轮圆周边圆角半径	≤0.4mm
$\varphi_1$①	原始横刃斜角	$115°^{+5°}_{-10°}$
φ_2	修磨后第二切削刃之斜角	$132°^{+10°}_{-5°}$
b	修磨后横刃的长度	$(0.1\sim0.08)\ d_0$
c	原始横刃对中心（设计位置）的偏移量	0.10mm
G	修磨后第二切削刃对设计位置的偏移量	0.10mm
δ	主切削刃的端面跳动	0.05mm

① 与通常所说的横刃斜角 φ 互为补角。

钻削钛合金的专用麻花钻的结构特点是取大顶角 $2K_r=140°$；为提高钻头刚度与强度，增大钻心厚度 $d_c[d_c=(0.3\sim0.25)d_0]$；为了减轻刃带对孔壁的摩擦和粘结，应将外圆倒锥度加大到标准麻花钻的 3 倍；为排屑顺利，排屑尺寸可加大，并取螺旋角 $\beta=28°\sim30°$。

3. 钻削钛合金的切削用量

钻削进给量 f 在很大程度上取决于钻头直径，直径大选进给量大些。通常，钻削钛合金的进给量 $f=$（0.12～0.18）mm/r。切削速度 v 在很大程度上取决于材料的硬度或强度，强度大或硬度高时，应取较低的切削速度。对于 α 型钛合金，$v=$（0.1～0.167）m/s；对于 $\alpha+\beta$ 型钛合金，$v=$（0.083～0.133）m/s；对于 β 型钛合金，$v=$（0.075～0.1）m/s。

钛合金的钻削用量见表 11-54，进给量取表中的上限，切削速度取表中的下限时，所钻孔的粗糙度 $Ra=8\sim4\mu m$，甚至可达到 $Ra=2\mu m$，钻削时应使用切削液，选用 QTS-1 或可将 QTS-1 切削液中的氧化脂肪酸、聚氯乙烯醚由 0.5%增至 0.8%。

表 11-54　钻削钛合金的切削用量

钻头直径 d_0（mm）	主轴转速 n（r/min）	进给量 f（mm/r）
≤3	1000～600	0.05 或手进给
>3～6	650～400	0.06～0.12
>6～10	450～300	0.07～0.15
>10～15	300～200	0.09～0.15
>15～20	200～150	0.11～0.18
>20～25	150～100	0.11～0.20
>25～30	100～65	0.13～0.20

注　1. 如在车床钻孔时，因冷却条件差，n 及 f 均应适当减小。
2. 一般应尽可能选取大的 f 和小的 $v(n)$，但如表面粗糙度要求小时，可选小的 f 和较大的 $v(n)$。
3. 加工材料强度大或硬度高时，n 及 f 均应取小值。

中等直径的钻头钻削钛合金时，也可参照表 11-55 选取切削用量。

此外，若孔较深，因排屑和冷却条件差，切削速度和进给量均应适当降低，即应将表 11-54 及表 11-55 的切削用量乘以修正系数 K。系数 K 可根据图 11-46 确定。

表 11-55　　中等直径钻头钻削钛合金的切削用量

合金类型	抗拉强度 σ_b ($\times 10^7$Pa)	硬　度 (HB)	切削速度 v (m/min)	进给量 f (mm/r)
工业纯钛	～86	～250	7.6～9.1	0.13～0.18
α型 A7 Ti-8Al-1Mn-1V	86～119	250～300	6.1～7.6	0.13～0.18
α+β型 TC4 Ti-6Al-4V-2Sn	～119 >119	～350 >350	6.1～7.6 5.2～7.0	0.13～0.18
β型 Ti-13V-11Cr-3Al	～119 >119	～350 >350	4.6～6.1 4.6～5.2	0.025～0.1 0.013～0.05

注　钻头几何角度为 $2K_r=135°$，$\beta=30°\sim38°$，$\alpha_0=7°\sim12°$，X 形式修磨。

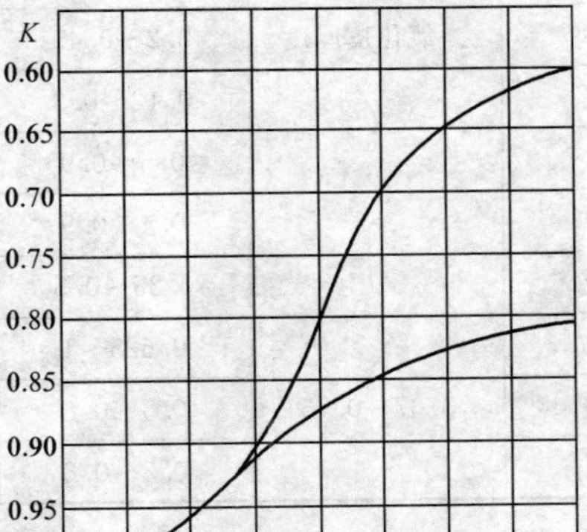

图 11-46　孔深对钻孔时切削用量的影响

四、钛合金车削实例

1. 钛合金车削工艺参数的选择

(1) 刀具几何参数的选择。钛合金车削时刀具几何参数的选择见表 11-56。

表 11-56　　TC4 钛合金车削时刀具几何参数

工　序	工件材料	刀具牌号	刀具几何角度（°）				刀尖圆弧半径 r_ε（mm）	背吃刀量 a_P（mm）
			γ_0	α_0	K_r	K_r'		
车外圆	TC4	YG8	5	10	45	15	0.5	1

（2）切削用量的选择。TC4 钛合金不同硬度车削时推荐的进给量与切削速度见表 11-57；用实验方法求得的 TC4 钛合金车削的最佳切削速度见表 11-58。

表 11-57　　TC4 钛合金不同硬度车削时推荐的切削用量

工序	工件硬度[①]	切削余量（mm）	切削速度 v（m/s）	进给量 f（mm/r）
荒车	软	＞氧化皮厚度	0.3～0.6	0.1～0.25
	中		0.2～0.45	0.08～0.15
	硬		0.12～0.3	0.06～0.12
粗车	软	＞2	0.5～0.9	0.2～0.4
	中		0.4～0.9	0.15～0.3
	硬		0.25～0.5	0.1～0.2
精车	软	0.07～0.75	0.625～1	0.07～0.15
	中		0.5～0.8	0.07～0.12
	硬		0.3～0.6	0.05～0.12

① 软——TA1～7，TC1～2；中——TC3～8；硬——TC9～10，TB1～2。

表 11-58　　TC4 钛合金车削的最佳切削速度

a_P（mm）	1				2				3		
f（mm/r）	0.10	0.15	0.20	0.30	0.10	0.15	0.20	0.30	0.10	0.20	0.30
v（m/s）	1	0.87	0.72	0.6	0.82	0.67	0.57	0.47	0.73	0.50	0.43

2. 车削钛合金的焊接式外圆车刀

车削钛合金的焊接式外圆车刀如图 11-47 所示。TC4 钛合金车削时的工艺参数的选择见表 11-59。

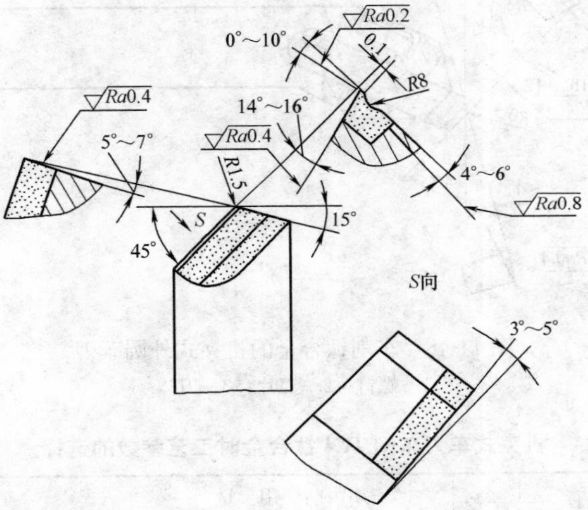

图 11-47　车削钛合金的焊接式外圆车刀

表 11-59　TC4 钛合金车削时的工艺参数的选择

刀具名称	工件材料	刀具牌号	刀片型号	工序种类	切削用量		
					v (m/s)	f (mm/r)	a_p (mm)
焊接式外圆车刀	TC4 锻造毛坯 (45～55HRC)	YG8 YG6X	A412	粗　车	0.67～0.75	0.2～0.3	5～10
				半精车	0.67～0.75	0.2～0.3	2～5
				精　车	0.83～0.92	0.1～0.15	0.5～1

3. 车削钛合金的机夹式外圆车刀

车削钛合金的机夹式外圆车刀如图 11-48 所示。

(1) 机夹式外圆车刀车削 TC4 钛合金的工艺参数的选择。机夹式外圆车刀车削 TC4 钛合金的工艺参数的选择见表 11-60。

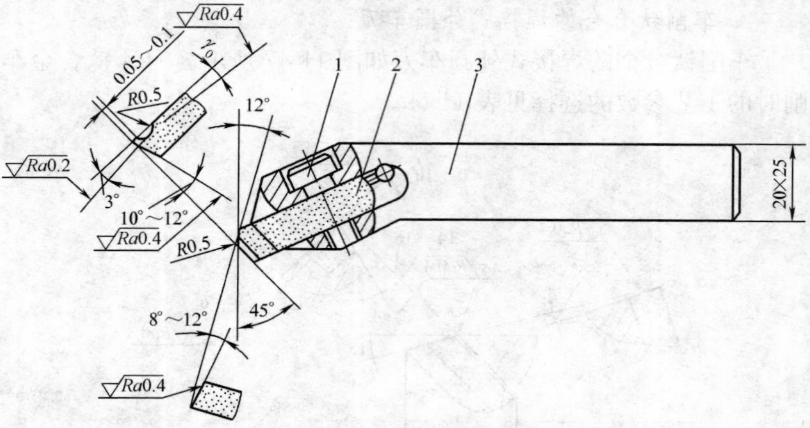

图 11-48　车削钛合金的机夹式外圆车刀

1—螺钉；2—刀片；3—刀体

表 11-60　机夹式车刀车削 TC4 钛合金时工艺参数的选择

工件材料	刀具牌号	工序种类	切削用量			冷却润滑
			v (m/s)	f (mm/r)	a_P (mm)	
TC4	YS2（YG10HT）	粗车	0.67～0.83	0.2～0.8	2～5	采用5%亚硝酸钠水溶液充分冷却
		精车	1.1～1.42	0.075～0.15	1～2	采用硫化油充分冷却

（2）机夹式外圆车刀几何参数的选择。机夹式外圆车刀车削 TC4 钛合金时几何参数的选择见表 11-61。

表 11-61　机夹式外圆车刀车削 TC4 钛合金时的几何参数

刀具几何角度（°）						刀尖圆弧半径	负倒棱	
粗车 γ_0	精车 γ_0	α_0	α'_0	K_r	K'_r	r_ε (mm)	倒棱宽 (mm)	倒棱前角 (°)
0～5	0～3	10～12	8～12	45	12	0.5	0.05～0.1	−3

4. 车削 TC4 的焊接式 90°偏刀

车削 TC4 的焊接式 90°偏刀如图 11-49 所示。它适合于粗、精车外圆，其切削用量和刀具的几何参数都与钛合金焊接式外圆车刀相同，可参照图 11-48 和表 11-59 选用。

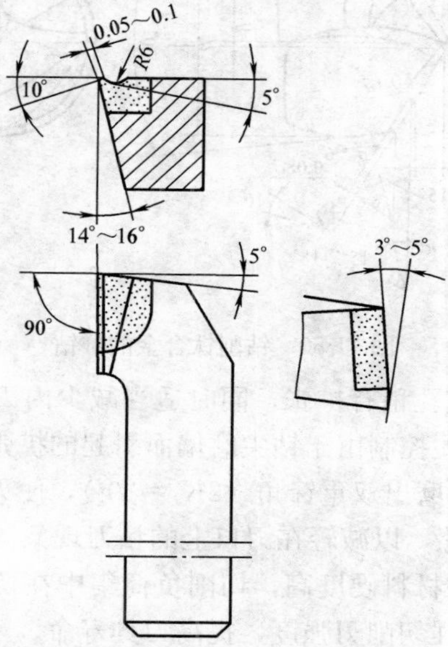

图 11-49 车削钛合金的焊接式 90°偏刀

5. 钻削钛合金的群钻

钻削钛合金的群钻如图 11-50 所示。

(1) 群钻钻削钛合金时切削用量的选择。群钻钻削钛合金时切削用量的选择见表 11-62。

表 11-62 群钻钻削钛合金时切削用量

刀具名称	工件材料	刀具材料	切削用量		
			v (m/s)	f (mm/r)	钻头直径 (mm)
群钻	TC4 (335HBS)	高速钢	0.18	0.25	ϕ10.5

(2) 钻头几何参数选择及钻削特点。

1) 根据钛合金弹性变形大、孔易收缩的特点，将钻尖稍磨偏

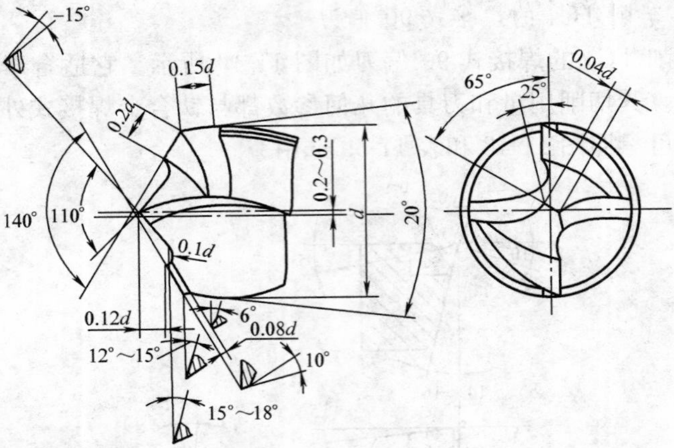

图 11-50　钻削钛合金的群钻

0.2～0.3mm，使孔稍有扩张，同时适当减少内刃锋角，增强钻头定心稳定性，以便控制由于钻尖磨偏而引起的扩张。

2）外缘转角磨出双重锋角（$2K_r=20°$），使刃带减窄，并磨出6°后角，减少摩擦，以减轻在刃口上的粘刀现象。

3）由于工件材料硬度高，切削负荷集中在切削刃附近，宜减小主刃前角，增强切削刃强度，提高刀具寿命。

第六节　不锈钢材料的车削

一、不锈钢材料的车削特性

不锈钢按其化学成分可分为两类，即铬不锈钢和铬镍不锈钢。常用的铬不锈钢，含铬量为 12%、17%和 27%等，其抗腐蚀性能随着含铬量的增加而增加。常用的铬镍不锈钢含铬量 17%～20%，含镍量 8%～11%，这种铬镍不锈钢的抗腐蚀性能及机械性能都比铬不锈钢高。

由于不锈钢的韧性大、强度高、导热性差，因此，在切削时热量难于扩散，致使刀具易于发热，降低了刀具的切削性能；在不锈钢的金属组织中，由于有分散的碳化物杂质，车削时会产生较高的腐蚀性，因而使刀具容易磨损；不锈钢在高温时仍能保持其硬度和强度，而刀具材料则由于超过热硬性限度，而产生塑性变形；不锈钢有较高的粘附性，切削时易产生切屑瘤，使加工表面粗糙度加大，同时，切屑瘤时大时小，时生时灭，使切削力不断变化，而引起振动。

此外，不锈钢铸件和锻件毛坯有硬度较高的氧化皮以及不连续和不规则的外形，都会给车削带来困难。

车削不锈钢材料时，应选用功率较大的设备，刀具应具有较大的刚性和良好的刃磨质量。

二、车削不锈钢材料的刀具几何参数

1. 刀具材料

车削不锈钢材料常用的刀具材料有硬质合金和高速钢两大类。在硬质合金材料中，YG6 和 YG8 用于粗车、半精车及切断，其切削速度 $v=(50\sim70)$m/min，若充分冷却，可以提高刀具的寿命；YT5、YT15 和 YG6X 用于半精车和精车，其切削速度 $v=(120\sim150)$ m/min，当车削薄壁零件时，为减少热变形，要充分冷却；YW1 和 YW2 用于粗车和精车，切削速度可提高 10%～20%，且刀具寿命较高。高速钢 W12Cr4V4Mo 和 W2Mo9Cr4VCo8 用于具有较高精度螺纹、特形面及沟槽等的精车，其切削速度 $v=25$m/min，在车削时，使用切削液进行冷却，以减小零件的表面粗糙度和刀具磨损；W18Cr4V 用于车削螺纹、特形面、沟槽及切断等，其切削速度 $v=20$m/min。

2. 刀具几何参数

刀具切削部分的几何角度，对于不锈钢切削加工的生产率、刀具的寿命、被加工表面的表面粗糙度、切削力以及加工硬化等方面都有很大的影响。

（1）前角 γ_0。前角过小时，切削力增大，振动增强，工件表面起波纹，切屑不易排出，在切削温度较高的情况下，容易产生积屑瘤；当前角过大时，刀具强度降低，刀具磨损加快，而且易打刀。因此，用硬质合金车刀车削不锈钢材料时，若工件为轧制锻坯，则可取 $\gamma_0=12^\circ\sim20^\circ$；若工件为铸件，则可取 $\gamma_0=10^\circ\sim15^\circ$。

（2）后角 α_0。因不锈钢的弹性和塑性都比普通碳钢大，所以后角过小时，其切削表面与车刀后面接触面积增大，摩擦产生的高温区集中于车刀后面，使车刀磨损加快，被加工表面的表面粗糙度值增大。因此，车刀后角要比车削普通钢材的后角稍大，但过大时又会降低刀刃强度，影响车刀寿命，一般取 $\alpha_0=8^\circ\sim10^\circ$。

(3) 主偏角 K_r。主偏角小，刀刃工作长度增加，刀尖角增大，散热性好，刀具寿命相对提高，但切削时容易产生振动。因此，在工艺系统刚性足够的情况下，可以使用较小的主偏角（$K_r=45^\circ$）。用硬质合金车刀加工不锈钢，一般情况下主偏角粗车时为75°，精车时为90°。

(4) 刃倾角 λ_S。刃倾角影响切屑的形成和排屑方向以及刀头强度，通常取 $\lambda_S=0^\circ\sim-5^\circ$；当车削冲击性不锈钢工件时，可取 $\lambda_S=-5^\circ\sim-10^\circ$。

(5) 排屑槽圆弧半径 R。由于车削不锈钢时不易断屑，如果排屑不好，切屑飞溅容易伤人和损坏工件已加工表面。因此，应在前刀面上磨出圆弧形排屑槽，使切屑沿一定方向排出。其排屑槽的圆弧半径和槽的宽度随着被加工直径、背吃刀量、进给量的增大而增大，圆弧半径一般取2～7mm，槽宽取3.0～6.5mm。

(6) 负倒棱。刃磨负倒棱的目的在于提高刀刃强度，并将切削热量分散到车刀前面和后面，以减轻刀刃磨损，提高刀具寿命。负倒棱的大小，应根据被切削材料的强度、硬度、刀具材料抗弯强度、进给量大小来决定。倒棱宽度和负角值均不宜过大。一般当工作材料强度和硬度越高、刀具材料抗弯强度越低、进给量越大时，倒棱的宽度和负角值应越大。当背吃刀量 $a_p<2$mm、进给量 $f<0.3$mm/r时，取倒棱宽度等于进给量的0.3～0.5倍，倒棱前角等于$-5^\circ\sim-10^\circ$；当背吃刀量 $a_p\geqslant2$mm、进给量 $f\leqslant0.7$mm/r时，取倒棱宽度等于进给量的0.5～0.8倍，倒棱前角等于-25°。

3. 车刀的刃磨要点

刀刃要锋利，刃口不许有锯齿形；车刀前面和后面及倒棱面的表面粗糙度都应控制在 $Ra0.8$ 以下；用油石精研刀面时要平整，不得改变刀刃处的实际前后角大小。

三、车削不锈钢材料的几种典型刀具

下面是经过生产实践证明行之有效的几种车削不锈钢材料的典

型刀具，在确定刀具几何参数时可供参考。

1. 车削不锈钢外圆车刀

如图 11-51 所示。

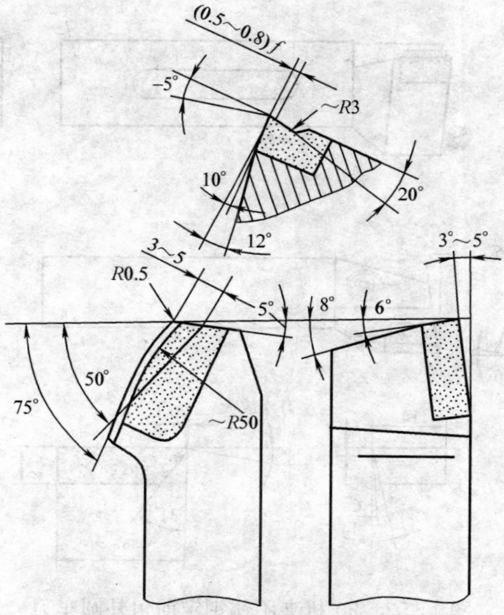

图 11-51　车削不锈钢外圆车刀

（1）刀具特点。

1）刀片材料为 YW1 或 YW2，刀杆材料为 45 钢。

2）前角 $\gamma_0=20°$，并具有（0.5～0.8）f 负倒棱，刃倾角 $\lambda_S=-3°\sim-5°$，增加了刀具强度，又减小了切屑变形。

3）主偏角 $K_r=75°$，副偏角 $K_r'=5°$，并以 $R50$mm 大圆弧圆滑接转，刀头强度好，具有抗冲击性能。

4）后角 $\alpha_0=10°$，较大的后角，减少了刀具后面与工件之间的摩擦。

（2）使用条件。

1）粗车时，切削速度 $v=(60\sim80)$m/min，背吃刀量 $a_p=3\sim7$mm，进给量 $f=(0.3\sim0.6)$mm/r。

2）精车时，切削速度 $v=(100\sim150)$m/min，背吃刀量 $a_p=$

0.5～1mm，进给量 f=(0.15～0.3)mm/r。

2. 90°机夹不锈钢定前角外圆车刀

如图 11-52 所示。

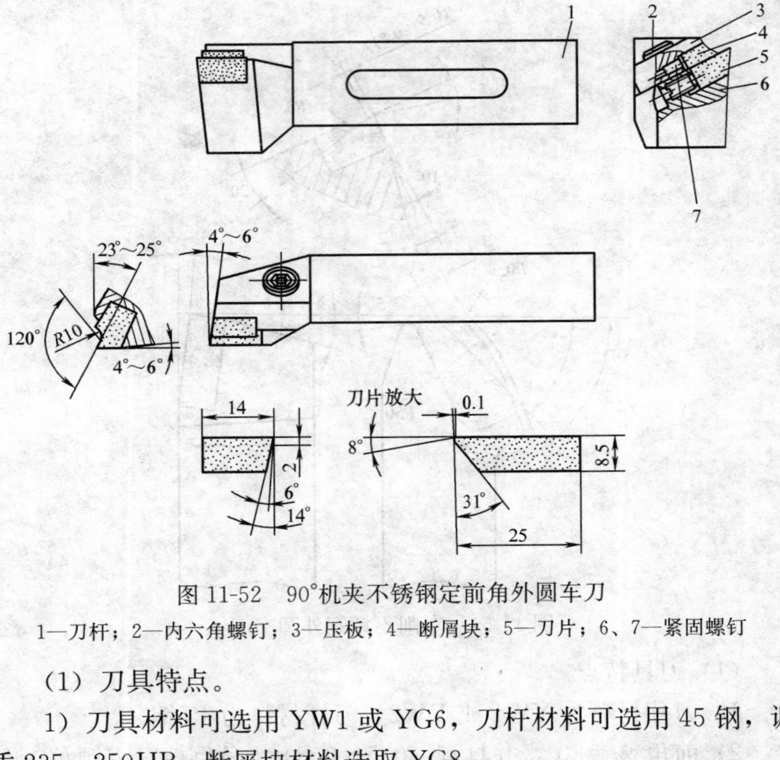

图 11-52　90°机夹不锈钢定前角外圆车刀

1—刀杆；2—内六角螺钉；3—压板；4—断屑块；5—刀片；6、7—紧固螺钉

(1) 刀具特点。

1) 刀具材料可选用 YW1 或 YG6，刀杆材料可选用 45 钢，调质 235～250HB，断屑块材料选取 YG8。

2) 采用固定前角（γ_0=23°～25°），且前角较大，切削轻快。

3) 刀具装有断屑块，其位置可任意调整，使切屑排出通畅，断屑呈“C”字形；刀片不需要磨出断屑槽，能增加刀片使用寿命，节约刀片材料。

4) 刀具几何参数：前角 γ_0=23°～25°，后角 α_0=4°～6°。主偏角 K_r=90°；副偏角 K'_r=4°～6°。

(2) 使用条件。

1) 工件材料为 1Cr18Ni9Ti，调质 137～190HB。

2) 切削用量。切削速度 v=（60～80）m/min，进给量 f=

(0.4～0.7) mm/r，背吃刀量 a_p＝5～10mm。

3）使用机床为CA6140型普通车床。

4）切削液为硫化油或乳化液。

5）适用于粗车和半精车刚性较好的外圆。

3. 不锈钢切断刀之一

如图11-53所示。

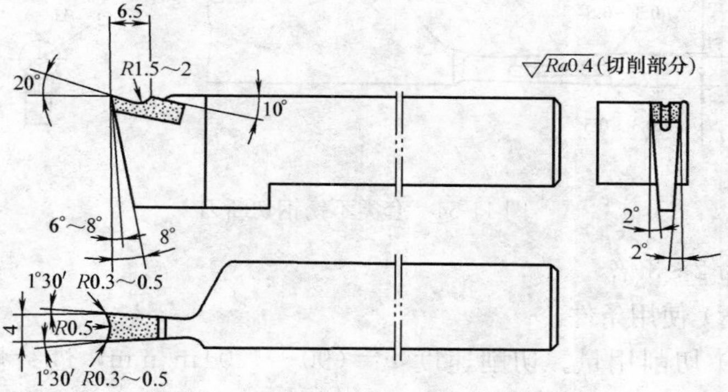

图11-53　不锈钢切断刀

(1) 刀具特点。

1）刀片材料为YW1或YW2，刀杆材料为45钢。

2）前面磨有圆弧卷屑槽，前角大，排屑顺利。刀刃磨有半径R0.5mm的消振槽，不仅能消除振动，而且保证了零件的平直度。

(2) 使用条件。

1）切削用量。切削速度 v＝(80～100) m/min，进给量 f＝(0.25～0.3)mm/r，背吃刀量 a_p＝4mm。

2）适于加工铬镍不锈钢，刀具寿命可提高6～8倍。

4. 不锈钢切断刀之二

如图11-54所示。

(1) 刀具特点。

1）刀片材料为YW1或YW2，刀杆材料为45钢。

2）在前面磨有R(1.5～2)mm的圆弧槽，具有消振作用，切削稳定，刀刃不易偏移，排屑顺利，断屑好，不易崩刃，可提高刀

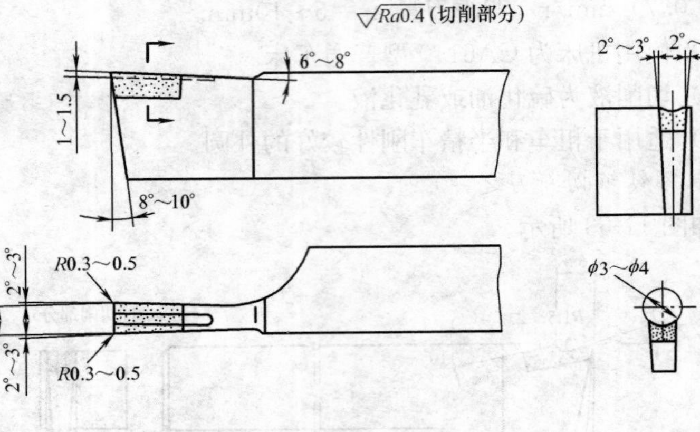

图 11-54 套类不锈钢切断刀

具寿命 2~3 倍。

(2) 使用条件。

1) 切削用量。切削速度 v=(90~120)m/min，进给量 f=(0.1~0.3)mm/r，背吃刀量 a_P=5mm。

2) 适于 1Cr18Ni9Ti 不锈钢套类零件 φ(500~700)mm 直径的切断。内外径的差值不大于 60mm。

四、车削不锈钢材料时切削用量的选择

不锈钢因含铬和镍的量不同，其机械性能有明显差异，切削加工时选用的切削用量也随之不同。一般可根据不锈钢材料的硬度、刀具材料、刀具的几何形状和几何角度及切削条件来选择切削用量。如车削 1Cr18Ni9Ti 不锈钢，切削用量选择如下。

粗车时，背吃刀量 a_P=2~7mm，进给量 f=(0.2~0.6)mm/r，切削速度 v=(50~70)m/min。

精车时，背吃刀量 a_P=0.2~0.8mm，进给量 f=(0.08~0.3)mm/r，切削速度 v=(120~150)m/min。

五、不锈钢材料的切削加工实例

车削如图 11-55 所示零件，材料为铬镍不锈钢，毛坯为锻件，单件生产。

1. 工艺分析

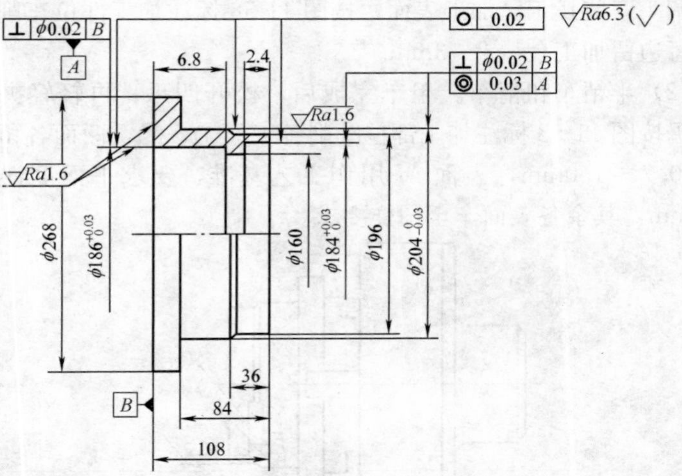

图 11-55　不锈钢套零件图

该零件材料为铬镍不锈钢，采用锻造毛坯（见图 11-56）。其技术要求为 $\phi184^{+0.03}_{0}$、$\phi186^{+0.03}_{0}$ 和 $\phi204^{+0}_{-0.03}$ 各圆的圆度允差为 0.02mm，同轴度允差为 0.03mm，内外圆对端面 B 的垂直度允差为 0.02mm。生产方式为单件生产。

2. 加工工艺和车削步骤

(1) 粗车。用四爪单动卡盘夹持毛坯外圆，找正后，按图 11-57 所标注加工部位车削大端内、外表面，每边各留余量 1.0～1.5mm。

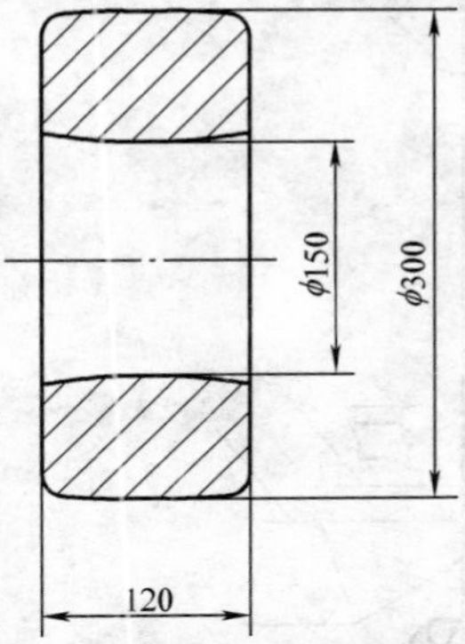

图 11-56　锻件毛坯图

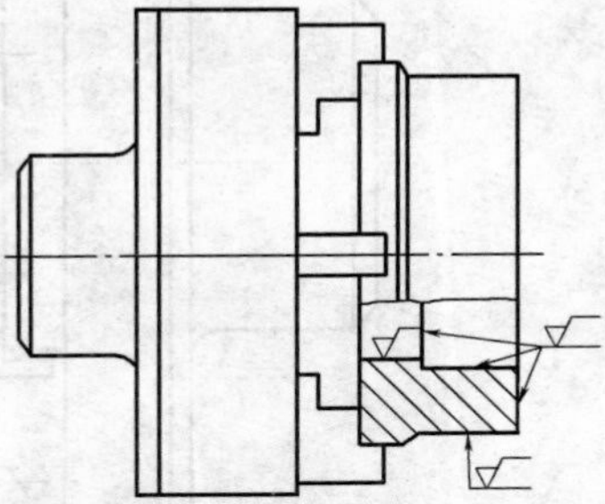

图 11-57　粗车大端各表面

调头安装找正已加工表面，按图 11-58 标注加工部位车削各表面，每边留加工余量 2～3mm。

(2) 半精车和精车。粗车完成后，松开四爪，再轻轻夹持工作，仍按图 11-58 标注加工部位车削各表面①、②，两面各留加工余量 0.7～1.0mm，表面 M 用作工艺基准，要求平面度误差为 0.02mm，其余各表面车至图样要求。

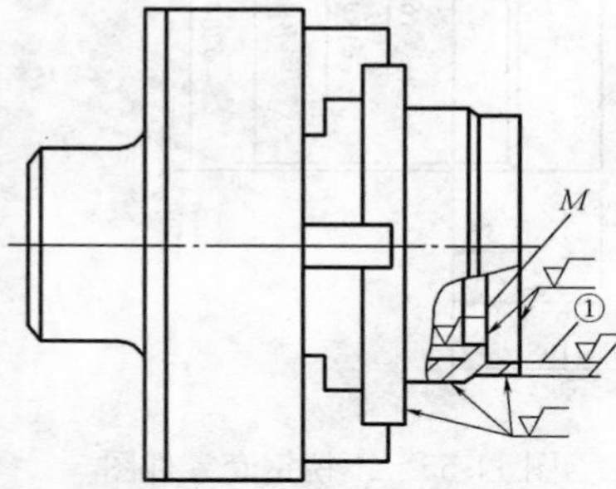

图 11-58　车削小端各表面

花盘安装工作，如图 11-59 所示。先在花盘上安装定位圆盘，并对其进行精车，就地消除安装误差；安装工件按表面②找正，跳动量不大于 0.03mm，用压盖压紧内孔台阶，按图上标注加工部位半精车和精车。

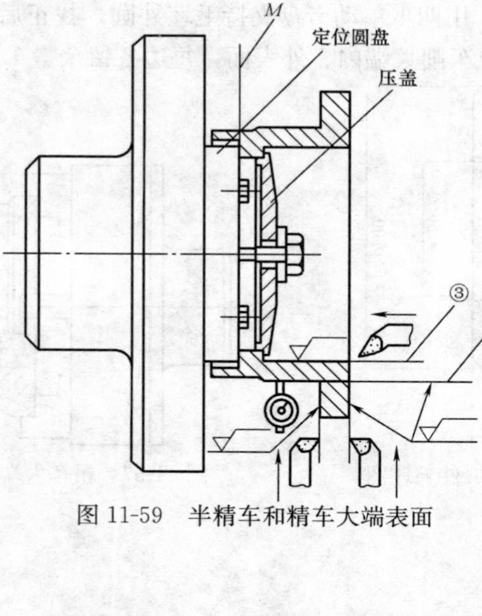

图 11-59　半精车和精车大端表面

工件调头安装在花盘大平面上，按内孔 $\phi186^{+0.03}_{0}$ 找正，跳动量在 0.01mm 以内，用压板均匀夹紧，夹紧力不宜过大，以免变形。精车小端各表面至图样要求。如图 11-60 所示。

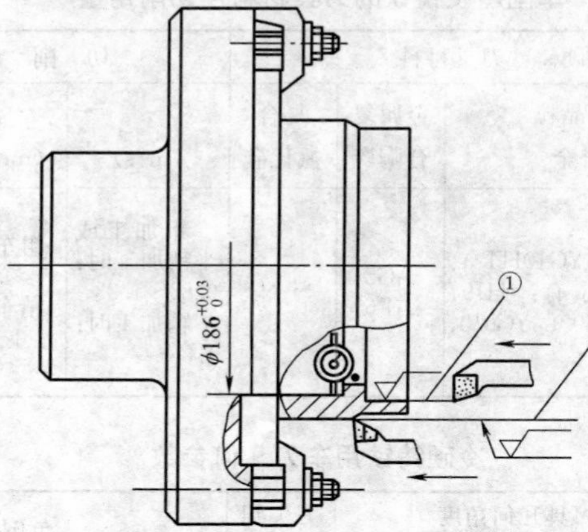

图 11-60　精车小端各表面

第七节　难加工铸铁的车削加工

工业常用的难加工铸铁主要有耐热、耐磨和耐蚀铸铁。在耐磨铸铁中，主要有减磨铸铁和抗磨铸铁两类。抗磨铸铁在摩擦严重条件下工作，要求硬度高、组织均匀，主要有冷硬铸铁和高铬铸铁等。在耐蚀铸铁中，目前应用较多的有高硅耐蚀铸铁、高铬耐蚀铸铁和锡耐蚀铸铁等。表 11-63 是常用抗磨铸铁的硬度和用途。

表 11-63　　常用抗磨铸铁的硬度和用途

铸铁名称	硬度（HRC）或（HBS）	用途
中锰球墨铸铁	48～56	球磨机磨球，衬板，煤粉机锤头
高铬白口铸铁	62～65	球磨机衬板
镍铬激冷铸铁	表层≥65	轧辊
铬钒钛白口铸铁	61.5	抛丸机叶片
稀土高硅铸铁	400～420	轧辊
高硅钼铸铁	400～450	轧辊

一、冷硬铸铁的车削条件

冷硬铸铁的车削条件见表 11-64 和表 11-65。

表 11-64　　车削冷硬铸铁的刀具材料及切削用量

车削冷硬铸铁刀具材料			切削用量		
细晶粒或超细晶粒 YG 类硬质合金	金属复合陶瓷	复合氮化硅	v (m/s)	f (mm/r)	a_p (mm)
比较好的：YMo53 YG634；YS2（YG10HT）、YG6A 也较好。还有：H19、YMo52、YG8N、YG600、YG610、YT726 等	AG2 AT6	Si_3N_4	粗加工或半精加工时：0.83～1.33 精加工时：1.33～2	粗车时：0.5 精车时：1～4	0.5～4

表 11-65　　冷硬铸铁用车刀几何参数

冷硬铸铁用车刀	刀具几何角度 (°)				刀尖圆弧半径	负倒棱	
	γ_0	λ_s	K_r	K'_r	r_ε (mm)	倒棱宽 (b_{r1}) (mm)	倒棱前角（γ_{01}）(°)
硬质合金 陶瓷刀具	0～10 −4～0	−5～0 −15～−4	15～30	6～15	1～2	0.15	硬质合金：−10～−5 陶瓷刀具：−30

二、冷硬铸铁车削实例

1. 粗车冷硬球墨铸铁轧辊外圆车刀

如图 11-61 所示。

(1) 车削冷硬球墨铸铁轧辊工艺参数见表 11-66。

表 11-66　　车削冷硬铸铁轧辊工艺参数

刀具名称	工件材料	刀具牌号	刀片型号	切削用量		
				v (m/s)	f (mm/r)	a_p (mm)
冷铸铁轧辊外圆粗车刀	冷硬球墨铸铁 480±40HBS	H19 超细粒硬质合金	A125	0.125～0.15	0.75～1	3～5

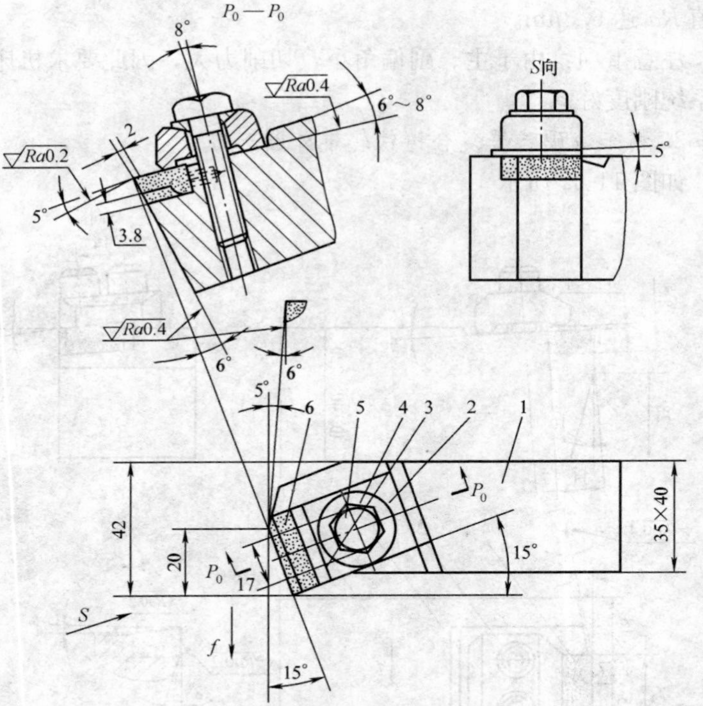

图 11-61　冷硬球墨铸铁轧辊外圆粗车刀

1—刀杆；2—压板；3—调整螺钉；4—垫圈；5—螺钉；6—刀片

(2) 刀具几何参数见表 11-67。

表 11-67　　　　**刀 具 几 何 参 数**

刀具几何角度（°）					负倒棱	
γ_0	α_0	λ_s	K_r	K'_r	负倒棱宽度 b_{r1}（mm）	负倒棱前角 γ_{01}（°）
6～8	6	−5	15	5	2	−5

使用效果：以前某厂曾用 YW1 和 YW2 刀片加工外圆，很快就磨损，无法正常加工。现采用 H19 刀片和上述几何参数车削轧辊，车一刀 45min 左右，尺寸精度完全符合图样要求，表面粗糙

度值 Ra 达 6.3μm。

注意事项：由于主、副偏角小，切削力大，因此要求机床的工艺系统刚度好。

2. 精车冷硬球墨复合铸铁轧辊外圆车刀

如图 11-62 所示。

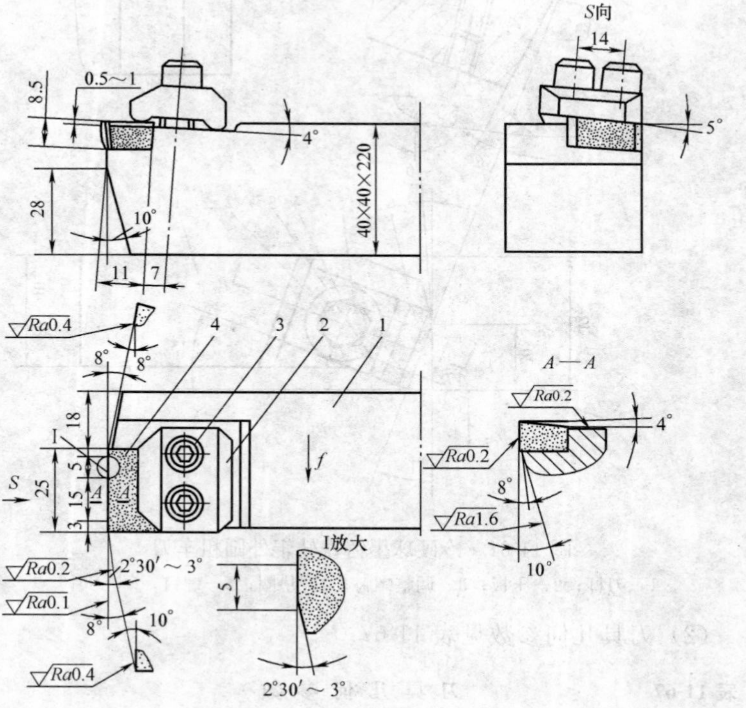

图 11-62　精车冷硬球墨复合铸铁轧辊外圆车刀

1—刀杆；2—压板；3—螺钉；4—刀片

（1）车削冷硬球墨复合铸铁轧辊工艺参数见表 11-68。

（2）刀具几何参数及切削特点。

1）取很小的主偏角 $K_r = 2°30' \sim 3°$。在背吃刀量 a_f 和进给量 f 较大的情况下，切削力分布均匀，刀刃负荷减轻，从而改善了刀具切削刃上的受力和散热状况。

表 11-68　　车削冷硬球墨复合铸铁轧辗工艺参数

刀具名称	工件材料	刀具牌号	刀片型号	切削用量		
				v (m/s)	f (mm/r)	a_P (mm)
车冷球铸铁外圆精车刀	冷硬球墨复合铸铁 72～78HS①	H19	A125	0.175	4.56	0.5

① HS为肖氏硬度。

2）取较小的正前角 $\gamma_0=4°$ 和负刃倾角 $\lambda_s=-5°$ 相匹配，使主切削刃增加了耐冲击性。

3）使用效果。某厂开始时用 YG6 刀片切削，即使在转速很低的情况下刀具也迅速磨损，几乎无法加工。经过多次切削试验，采用 H19 刀片和上述几何参数，金属材料切除率为 47.88cm³/min，明显提高了工效和刀具寿命，而且降低了已加工表面粗糙度值。

3. 车削无限冷硬铸铁轧辊车刀

如图 11-63 所示。

（1）无限冷硬铸铁轧辊车削工艺参数见表 11-69。

表 11-69　　无限冷硬铸铁轧辊车削工艺参数

刀具名称	工件材料	刀具牌号	刀片型号	切削用量		
				v (m/s)	f (mm/r)	a_P (mm)
无限冷硬铸铁轧辊外圆车刀	无限冷硬铸铁 80～83HS	YT726	A125A	0.4	0.21	0.3～0.5

（2）车削无限冷硬铸铁轧辊外圆车刀刀具几何参数见表 11-70。

表 11-70　　轧辊外圆车刀刀具几何参数

刀具几何角度（°）					刀尖圆弧半径	负倒棱	
前角 γ_0	后角 α_0	主偏角 K_r	副偏角 K'_r	刃倾角 λ_s	r_ε (mm)	倒棱宽度 b_{r1} (mm)	倒棱前角 γ_{01} (°)
−5	6	20	5	−10	1	0.5	−20～−15

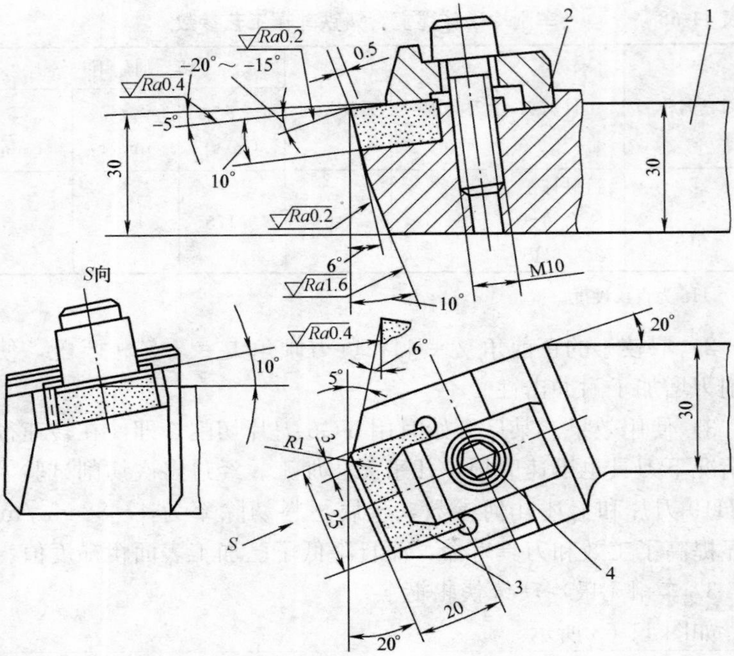

图 11-63　车削无限冷硬铸铁轧辊车刀

1—刀杆；2—压板；3—刀片；4—螺钉

（3）使用效果。上述刀具几何参数增加了刀尖强度，改善了散热条件，并且增强了刃口抗冲击能力。原来用 YW 类硬质合金刀片，v=0.168m/s，效率低且刀具磨损严重。用 YT726 刀片，采用上述几何参数加工，切削顺利，效率提高 3～5 倍。

（4）注意事项，此刀具径向切削分力较大，要求机床的工艺系统刚度好。

4. 车削无限冷硬铸铁陶瓷车刀

如图 11-64 所示。

（1）陶瓷车刀车削无限冷硬铸铁的工艺参数见表 11-71。

（2）车削无限冷硬铸铁轧辊陶瓷刀具几何参数见表 11-72。

（3）使用效果。在不改变背吃刀量 a_f 和进给量 f 的情况下，切削速度比硬质合金刀片提高 3～11 倍，寿命是硬质合金刀片的3～6

倍，已加工表面粗糙度值 Ra 可达 1.6μm，大大提高了生产率。

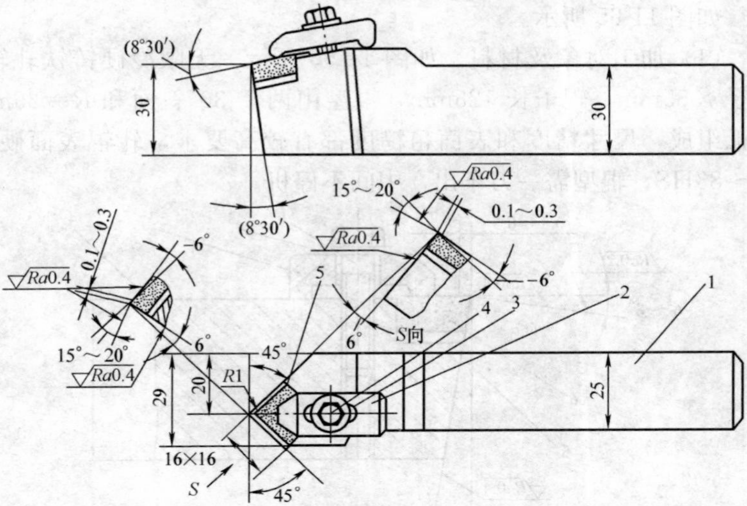

图 11-64　车削无限冷硬铸铁轧辊陶瓷车刀

1—刀杆；2—压板；3—垫圈；4—螺钉；5—刀片

表 11-71　金属复合陶瓷车刀车削无限冷硬铸铁的工艺参数

刀具名称	工件材料	刀具牌号	切削用量		
			v (m/s)	f (mm/r)	a_P (mm)
复合金属陶瓷刀具	无限冷硬铸铁 78～83HS	AG2	1.5～2	0.21	2～4

表 11-72　复合陶瓷车刀几何参数

刀具几何角度（°）					刀尖圆弧半径	负倒棱	
γ_0	α_0	K_r	K'_r	λ_s	r_ε (mm)	倒棱宽度 (mm)	倒棱前角 (°)
−6	6	45	45	−6	1	0.1～0.3	−20～−15

（4）注意事项。陶瓷刀具强度低，脆性大，加工时要求机床工艺系统刚度好，选择切削速度要避开共振区。

5. 精车冷硬铸铁轧辊陶瓷车刀

如图 11-65 所示。

（1）加工对象及材料。如图 11-66 所示。无限冷硬铸铁轧辊，直径 ϕ355mm，辊子长 125mm，辊型由两个 30°斜面和 $R=25$mm 圆弧组成，尺寸精度和表面粗糙度都有较高要求，轧辊表面硬度 78～83HS，辊型需一刀车出，中间不停机。

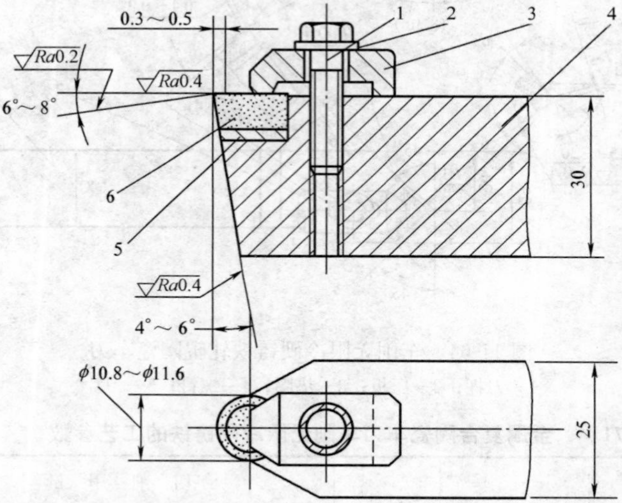

图 11-65　精车冷硬铸铁轧辊陶瓷车刀

1—螺钉；2—垫圈；3—压板；4—刀杆；5—刀垫；6—刀片

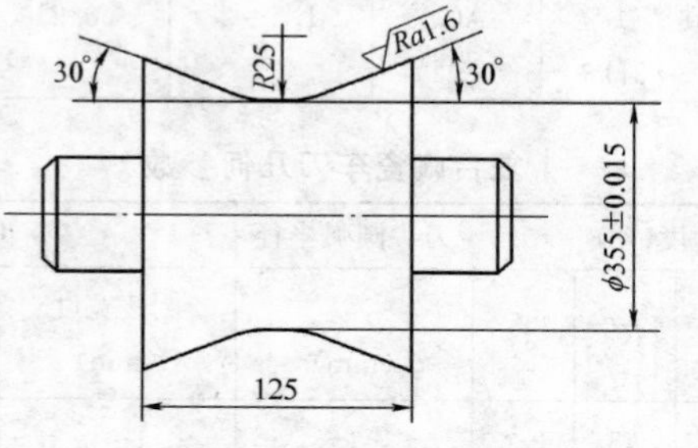

图 11-66　冷硬铸铁轧辊零件图

（2）陶瓷精车刀车削冷硬铸铁轧辊的工艺参数见表 11-73。

表 11-73　　陶瓷精车刀车削冷硬铸铁轧辊的工艺参数

刀具名称	工件材料	刀具牌号	刀片型号	切削用量		
				v (m/s)	f (mm/r)	a_P (mm)
金属复合陶瓷精车刀	冷硬铸铁	AG2 陶瓷刀片	$\phi12\times6$ 圆形刀片	1.33～1.5	0.3～1	0.1～0.3

(3) 刀具几何参数及车削特点。

1) 该刀具用在数控车床上精加工辊形，取 $\gamma_0=0°$，$b_{r_1}\times\gamma_{0_1}=(0.3\sim0.5\text{mm})\times(-8°\sim-5°)$，$\alpha_0=4°\sim6°$，增强了刀刃强度和抗冲击能力，提高了刀具寿命。

2) 使用效果。以前某厂曾用硬质合金刀片加工该轧辊，达不到加工精度要求。而采用 AG2 圆片刀，切削刃需圆滑无锯齿缺陷，刀片表面粗糙度值 $Ra\leqslant0.4\mu$m。

6. 车削冷硬铸铁陶瓷车刀

如图 11-67 所示。

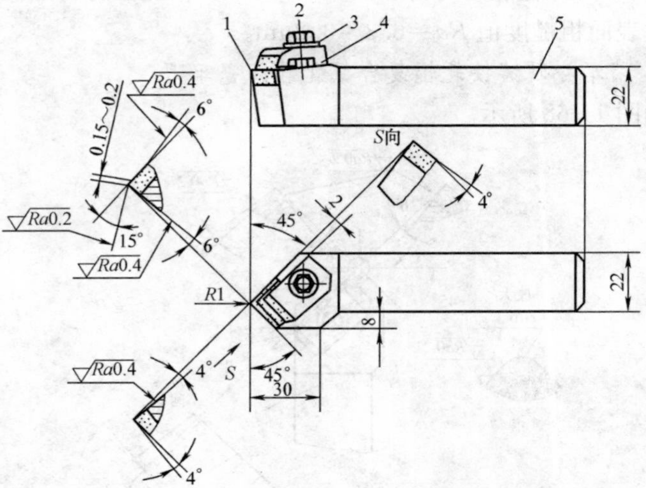

图 11-67　冷硬铸铁陶瓷车刀

1—刀片；2—螺钉；3—垫圈；4—压板；5—刀杆

(1) 金属复合陶瓷车刀车削冷硬铸铁的工艺参数见表 11-74。

表 11-74　　陶瓷车刀加工冷硬铸铁的工艺参数

刀具名称	工件材料	刀具牌号	刀片规格 (mm)	工序种类	切削用量		
					v (m/s)	f (mm/r)	a_p (mm)
金属复合陶瓷车刀	冷硬铸铁（柴油机配气挺杆）	AG2	16×16×8	粗车	0.9～1.0	0.11～0.18	2.5～4.5
				精车	1.06～1.25	0.18～0.22	0.35～0.5

(2) 金属陶瓷车刀几何参数见表 11-75。

表 11-75　　金属陶瓷车刀几何参数

刀具几何角度（°）					刀尖圆弧半径	负倒棱	
γ_0	α_0	λ_s	K_r	K'_r	r_ε (mm)	倒棱宽度 b_{r1} (mm)	倒棱前角 γ_{01} (°)
−6	6	−4	45	45	1	0.15～0.2	−15

(3) 使用效果。在 CA6140 型车床上加工挺杆，不加切削液，原采用新牌号硬质合金刀片加工，即使选用很低的切削速度，刀具寿命也很低。采用 AG2 金属陶瓷刀片后，生产效率提高十几倍。一片 AG2 刀片粗加工时可加工 45～50 件，精加工时可加工 200 件以上。表面粗糙度值 Ra=6.3～3.2μm。

7. 精车冷硬铸铁轧辊复合氮化硅陶瓷车刀

如图 11-68 所示。

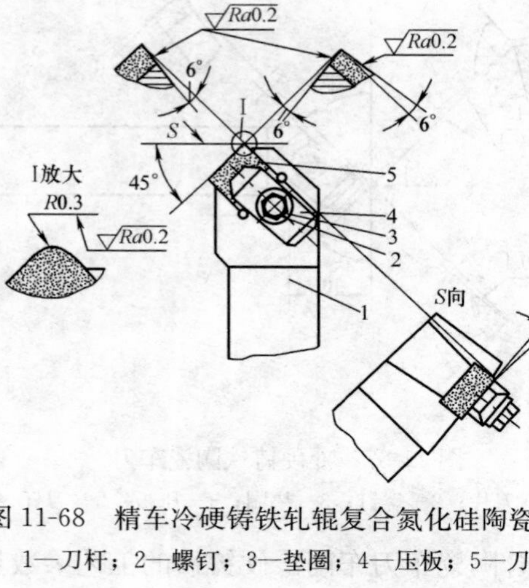

图 11-68　精车冷硬铸铁轧辊复合氮化硅陶瓷车刀

1—刀杆；2—螺钉；3—垫圈；4—压板；5—刀片

（1）复合氮化硅（Si_3N_4）陶瓷精车刀加工冷硬轧辊的工艺参数见表 11-76。

表 11-76　复合氮化硅（Si_3N_4）陶瓷精车刀车削冷硬铸铁的工艺参数

刀具名称	工件材料	刀具牌号	切削用量			刀尖圆弧半径	倒棱前角
			v (m/s)	f (mm/r)	a_P (mm)	r_ε (mm)	γ_{01} (°)
冷硬铸铁陶瓷精车刀	冷硬铸铁（68HS 以上）尺寸：ϕ550×1100	复合氮化硅陶瓷刀片（Si_3N_4）	0.65	0.25	1	0.3	0

（2）使用效果。用硬质合金刀片难以保证工件直径大，且长度长的锥度要求。使用 Si_3N_4 陶瓷刀片时，切屑呈暗红色 C 形屑，每次进给时间为 195min，完成切削路程 1100mm，加工后的工件外圆柱表面粗糙度好，锥度小于 0.1mm。

8. 车削硬镍 1＃铸铁陶瓷车刀

如图 11-69 所示。

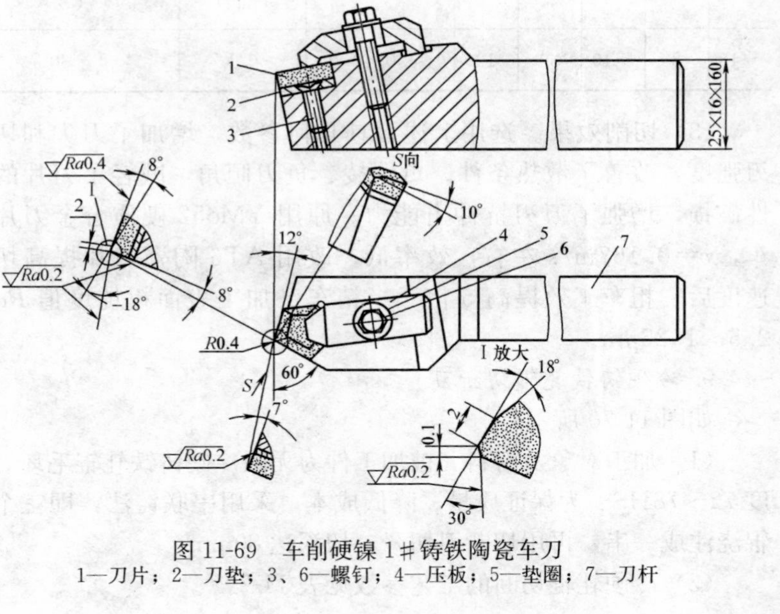

图 11-69　车削硬镍 1＃铸铁陶瓷车刀

1—刀片；2—刀垫；3、6—螺钉；4—压板；5—垫圈；7—刀杆

(1) 陶瓷车刀加工硬镍1#铸铁的工艺参数见表11-77。

表11-77　陶瓷车刀加工硬镍1#铸铁的工艺参数

刀具名称	工件材料	刀具材料	刀片规格	工序种类	切削用量		
					v (m/s)	f (mm/r)	a_P (mm)
金属复合陶瓷机夹外圆车刀	硬镍1#铸铁基体马氏体组织55～60HRC	AT6	五边形刀片	粗　车	0.64	0.25	2.5
				半精车	0.78	0.15	1

(2) 车削硬镍1#铸铁陶瓷车刀几何参数见表11-78。

表11-78　车削硬镍1#铸铁陶瓷车刀几何参数

刀具几何角度(°)					刀尖圆弧半径	负倒棱	
γ_0	α_0	λ_s	K_r	K'_r	r_ε (mm)	负倒棱宽度 b_{r1} (mm)	负倒棱前角 γ_{01} (°)
−18	8	−10	30	12	0.4	0.1	−30

(3) 切削效果。选用上述刀具几何参数，增加了刀尖和切削刃强度，改善了散热条件。负倒棱、负刃倾角，减轻了刀片的脆性破损，增强了刀刃抗冲击能力。原用YMo52硬质合金刀片粗车，v=0.167m/s左右，效率低；改用AT6陶瓷刀片提高切削速度后，粗车工效提高5倍。半精车已加工表面粗糙度值Ra=2.5～1.25μm。

9. 冷硬铸铁轧辊切断刀

如图11-70所示。

(1) 加工对象及材料。被加工件为无限冷硬铸铁轧辊毛坯，硬度72～78HS。为保证质量、降低成本，采用串联铸法，即三个轧辊浇注成一串，再用切断刀切开，切深达80mm。

(2) 冷硬轧辊切断的工艺参数见表11-79。

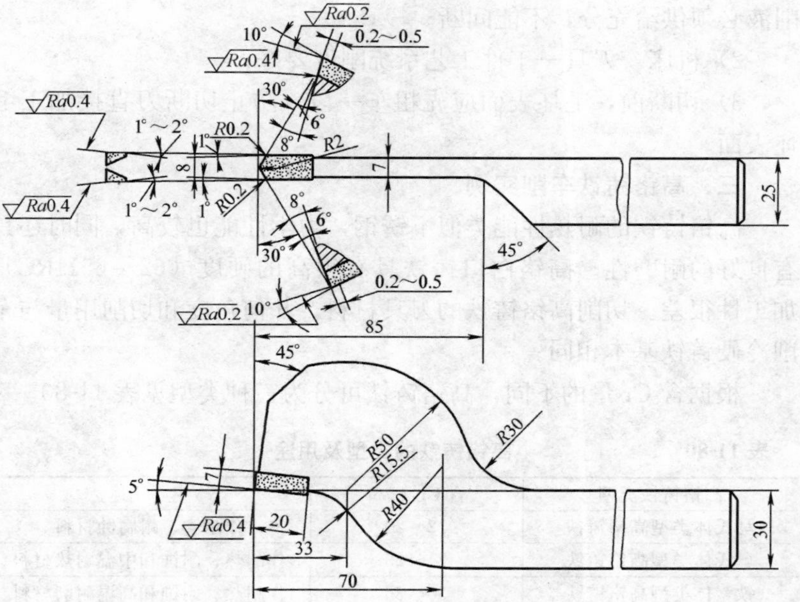

图 11-70　冷硬铸铁轧辊切断刀

表 11-79　　　　　　　冷硬铸铁轧辊切断工艺参数

刀具名称	工件材料	刀具牌号	刀片型号	切削用量	
				v (m/s)	f (mm/r)
冷硬铸铁切断刀	无限冷硬铸铁 72～78HS	YT726	C308	0.13～0.23	0.08～0.18

（3）刀具几何参数及特点。刃形采用双偏角形，刀尖角 $\varepsilon_r=120°$，以及较大的刀尖圆弧半径 $r_\varepsilon=2$mm，增加了主刃长度和刀尖强度。但要注意左右刃磨得对称，以增强切削过程的稳定性。

（4）使用效果。原采用 YG8 刀片切削，刀具磨削严重并崩刃，无法切削；后采用 YT726 刀片，180°平头焊接式试切，背吃刀量不到 2mm，刀具严重磨损；最后采用 120°刀尖角焊接式，切削顺利，效果较好，切屑呈针状卷屑。

（5）注意事项。

1）选用低浓度（95%～98%的水）乳化液进行冷却润滑，切削液必须供给充分，不能间断。

2）机床—刀具—工件工艺系统刚度要好。

3）切断前，毛坯表面应先粗车一段，防止切断刀直接加工毛坯表面。

三、高铬铸铁车削实例

高铬铸铁的耐热性能类似不锈钢，力学性能也较高，同时还具有良好的耐磨性。高铬白口铸铁具有很高的硬度（62～65HRC），加工性很差。切削高铬铸铁的刀具材料、几何角度和切削用量与车削冷硬铸铁基本相同。

根据含Cr量的不同，高铬铸铁可分为三种类型见表11-80。

表11-80　高铬铸铁的类型及用途

高铬铸铁类型	含Cr（%）	主要用途
马氏体类型高铬铸铁	12～20	作耐磨、耐腐蚀材料
奥氏体类型高铬铸铁	24～28	作耐热、耐蚀和中温耐热材料
铁素体类型高铬铸铁	30～36	作耐热、耐蚀和高温耐磨材料

1. 车削高铬铸铁圆弧陶瓷车刀

如图11-71所示。

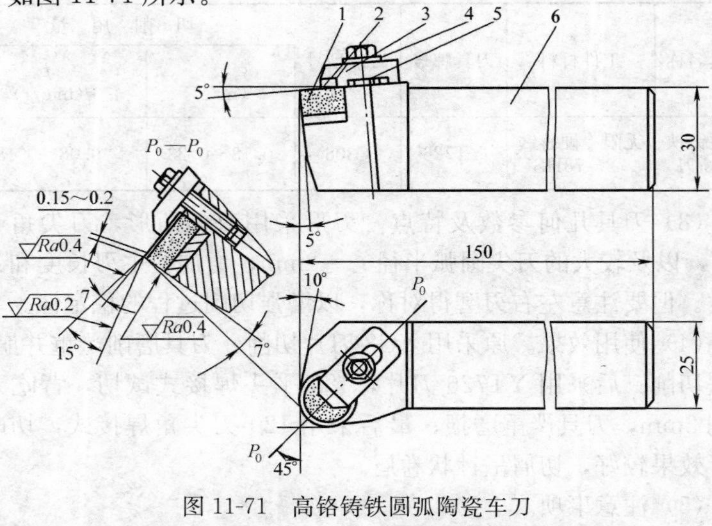

图11-71　高铬铸铁圆弧陶瓷车刀

1—刀片；2—刀垫；3—压板；4—垫圈；5—螺钉；6—刀杆

加工对象及材料：某水泵厂高铬铸铁水泵壳体，其显微组织为铁素体加碳化三铁（Fe_3C）型碳化物，硬度370～450HBS，并且具有较高的强度。

（1）金属复合陶瓷刀片车削铁素体型高铬铸铁的工艺参数见表11-81。

表 11-81　金属陶瓷外圆车刀车削高铬铸铁的工艺参数

刀具名称	刀具牌号	刀具规格（mm）	工序种类	切削用量		
				v（m/s）	f（mm/r）	a_P（mm）
机夹金属陶瓷外圆车刀	AG2	ϕ16×8	粗车	1.33～1.67	0.3	2～4.5
			精车	1.67～2	0.2	0.05～1

（2）刀具几何参数及特点。

1）采用了强度好的圆形刀片，刀具几何角度 $\gamma_0=-5°$，$\lambda_s=-5°$，增强了切削刃的抗冲击能力；且圆形主刀刃增加了使用次数，减少重磨次数。

2）沿切削刃周边磨出 $b_{r1}=0.15～0.2$mm 和 $\gamma_{01}=-15°$的负倒棱，增加了切削刃强度，提高了刀具寿命。

3）使用效果。原来用YT15车削高铬铸铁，刀片磨损严重，切削速度和刀具寿命都较低。现采用AG2陶瓷刀片，切削速度和刀具寿命，都有很大提高，生产率提高十几倍。YT15与AG2两种刀片加工高铬铸铁效果，见表11-82。

表 11-82　车削高铬铸铁时 YT15 与 AG2 的比较

刀片材料	加工材料	切削用量			加工效果	
		v（m/s）	f（mm/r）	a_P（mm）	切削时间（min）	加工件数
AG2	高铬铸铁泵壳	1.67	1	0.15	120	40～45
YT15		0.98	1	0.15	35	1～2

2. 高铬铸铁用焊接车刀

如图11-72所示。

（1）超细粒硬质合金刀片车削高铬铸铁的工艺参数见表11-83。

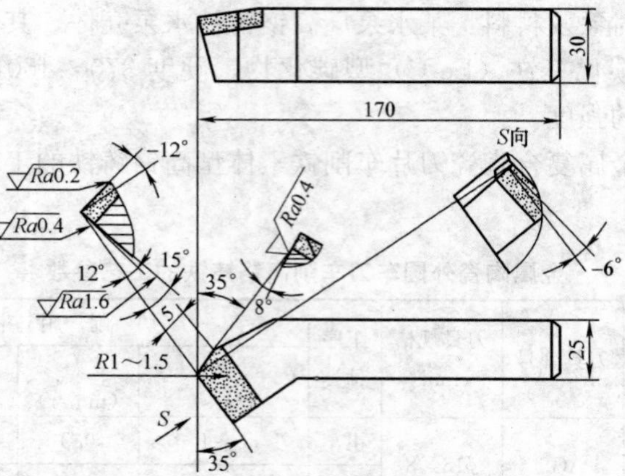

图 11-72 高铬铸铁用焊接车刀

表 11-83 YMo52 硬质合金刀片车削高铬铸铁的工艺参数

刀具名称	工件材料	刀具牌号	刀片型号	切削用量		
				v (m/s)	f (mm/r)	a_P (mm)
超细晶粒硬质合金焊接车刀	高铬耐磨铸铁 (45～50HRC)	YMo52	A112	0.5	0.24	1～2

(2) 刀具几何参数特点。采用大的负前角 $\gamma_0=-12°$ 和刃倾角 $\lambda_s=-6°$ 来增强切削刃强度，提高抗冲击能力。同时选用大的刀尖角 $\varepsilon_r=110°$，增强刀尖强度，改善散热条件。增大后角 $\alpha_0=12°$，减少与过渡表面摩擦。通过上述三方面措施可提高刀具寿命。

3. 高铬铸铁车削工艺参数

见表 11-84。

表 11-84 切削高铬铸铁工艺参数选择实例

材料名称及性能	刀片牌号	几何参数	切削用量	使用效果
煤水泵扣环高铬铸铁 58～64HRC	SG4	$\gamma_0=-10°$ $\lambda_s=-6°$ $K_r=45°$ $b_{r1}\times\gamma_{01}$ $=0.3mm\times(-30°)$	$a_P=0.15mm$ $f=0.11mm/r$ $v=0.8m/s$	一次车削路程可达 1096mm，表面粗糙度值 Ra 达 3.2μm

续表

材料名称及性能	刀片牌号	几何参数	切削用量	使用效果
高铬铸铁 MTCr15MnW 60～64HRC	AG2	$\gamma_0=-7°$ $\alpha_0=12°$ $\lambda_s=-6°$ $b_{r1}\times\gamma_{01}$ $=0.1mm\times(-30°)$	$a_P=0.5mm$ $f=(0.08\sim0.12)mm/r$ $v=3m/s$	达到了以车代磨，表面粗糙度值 Ra 达 0.8μm，解决了加工难题
高铬铸铁 引伸圈 50～55HRC	AT6	$K_r=45°$ $\gamma_0=-6°$ $\alpha_0=6°$ $\lambda_s=-4°$	$a_P=4\sim8mm$ $f=0.15mm/r$ $v=1\sim1.5m/s$	比用 YA6 刀片加工切削速度高 2～3 倍，生产率提高 4 倍，表面粗糙度值 Ra 由 6.3μm 降至 3.2μm

四、高硅铸铁车削实例

铸铁中含硅量达到 14.4%时，称为高硅铸铁。它脆性大、硬度高（40～50HRC），切屑呈针状或粉末状，切削力和切削热集中在刀刃附近，对刀具磨损严重，刀具寿命低。总的来看属于难加工材料，所用刀具材料及刀具几何参数的选择与冷硬铸铁大体相同。

1. 高硅铸铁外圆车刀

如图 11-73 所示。

（1）高硅铸铁车削工艺参数，见表 11-85。

表 11-85　　高硅铸铁车削工艺参数

刀具名称	工件材料	刀具牌号	刀片型号	工序种类	切削用量		
					v (m/s)	f (mm/r)	a_P (mm)
焊接式外圆车刀	高硅铸铁 320～360HBS	Y310 YMo52	A120	粗车	0.33～0.41	0.1～0.2	<3
				精车	0.13～0.16	2～3	0.01～0.02

（2）刀具几何参数特点。

选用 $\gamma_0=-4°\sim0°$、$\alpha_0=14°$、$K_r=15°$、$K'_r=78°$、$\lambda_s=4°$刀具角度，增加刀刃强度，减小主刃单位长度上切削力，改善了散热条件。精车时采用修光刃，刃宽为 $1.5f$。

2. 高铬铸铁端面车刀

如图 11-74 所示。

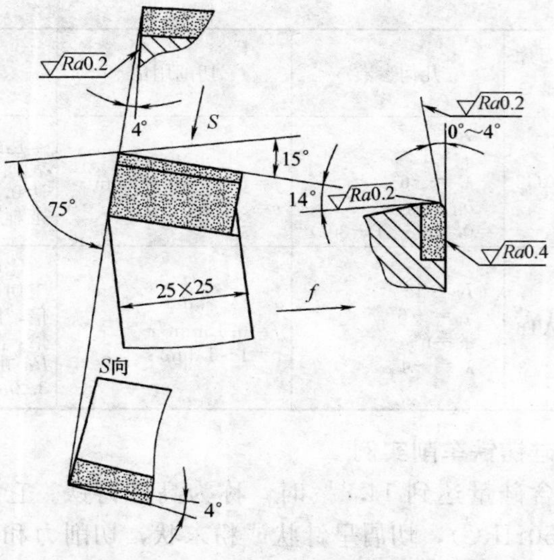

图 11-73　高硅铸铁外圆车刀

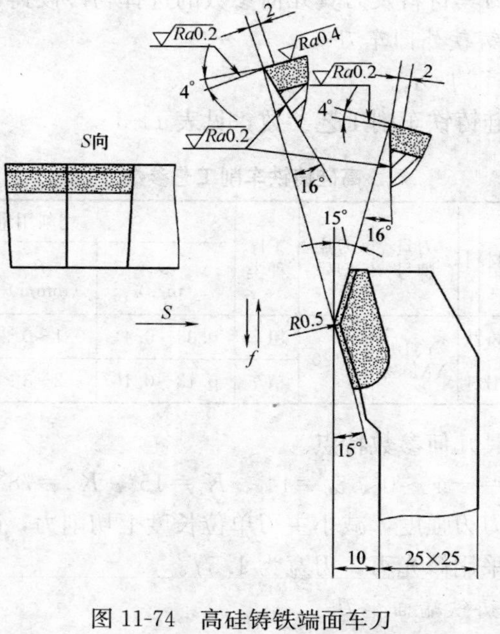

图 11-74　高硅铸铁端面车刀

（1）高铬铸铁端面车削工艺参数见表11-86。

表11-86　　高铬铸铁端面车削工艺参数

刀具名称	工件材料	刀具牌号	刀片型号	切削用量		
				v (m/s)	f (mm/r)	a_P (mm)
焊接式端面车刀	高铬铸铁 420～480HBS	Y310 Y052	A420	0.33～0.41	0.1～0.2	<3

（2）端面车刀几何参数特点。该端面车刀选用 $K_r = K'_r = 15°$，双斜对称刀刃，能从里往外或从外往里进给，防止刀具切出时产生掉边现象。见表11-87。

表11-87　　端面车刀几何参数

刀具几何角度（°）					刀尖圆弧半径	负倒棱	
						倒棱宽度	倒棱前角
γ_0	α_0	λ_s	K_r	K'_r	r_ε (mm)	b_{r1} (mm)	γ_{01} (°)
−4	16	0	15	15	0.5	2	−4

3. 高硅铸铁止口车刀

如图11-75所示。

该止口车刀宜采用反向进给，一把车刀可同时完成止口端面与外圆的切削，并能加工清根的台阶。

刀具材料Y310或Y052，刀片型号A220。切削用量同高硅铸铁端面车削。

4. 高硅铸铁切槽（切断）刀

如图11-76所示。高硅铸铁切断工艺参数见表11-88。

表11-88　　高硅铸铁切断（切槽）工艺参数

刀具名称	工件材料	刀具牌号	刀片型号	切削用量	
				v (m/s)	f (mm/r)
焊接式切断刀	高铬铸铁 420～480HBS	Y310 Y0M2	C305	0.25～0.033	0.05～0.10

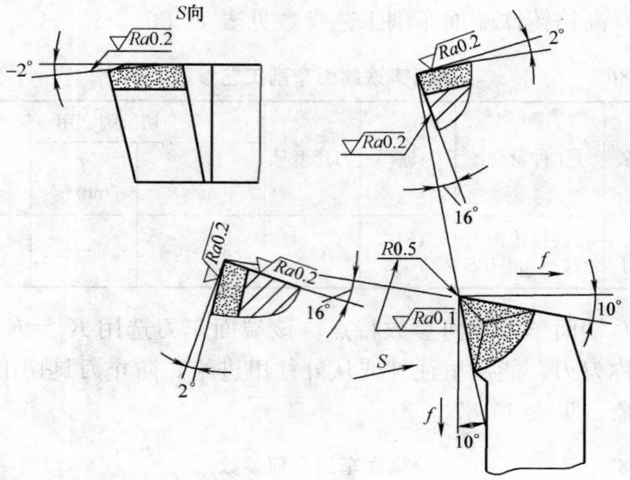

图 11-75　高硅铸铁止口车刀

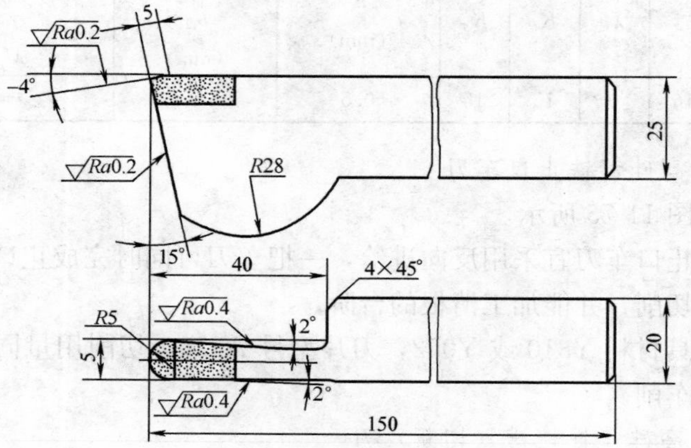

图 11-76　高硅铸铁切槽（切断）刀

5. 高硅铸铁螺纹车刀

如图 11-77 所示。为了保证螺纹精度，采用粗、精两把车刀加工，粗车时刀尖圆弧半径为 $f/2$，精车时为 $f/8$。刀片材料选 Y052，刀片型号 C120。切削用量粗车 a_P＝0.1mm，v＝（0.16～0.25）m/s；精车时 a_P＝0.05mm。

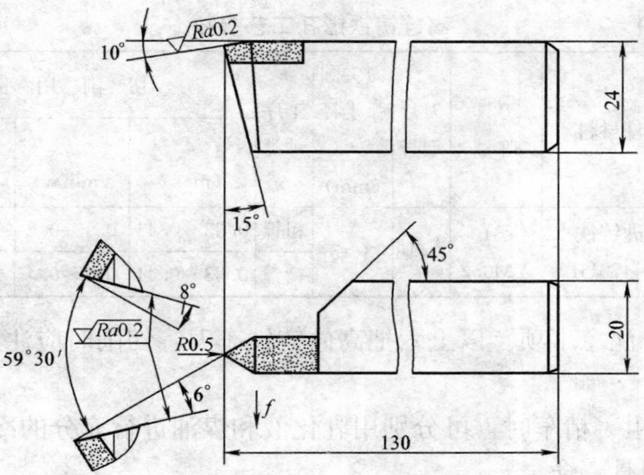

图 11-77 高硅铸铁螺纹车刀

6. 高硅铸铁镗孔车刀

如图 11-78 所示。

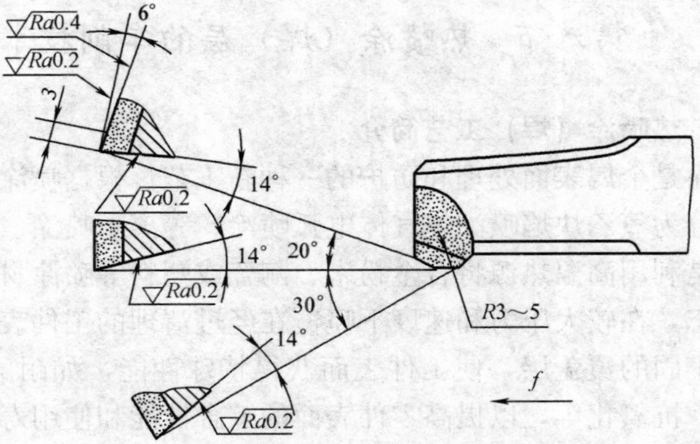

图 11-78 高硅铸铁镗孔车刀

（1）高硅铸铁镗孔工艺参数见表 11-89。

（2）刀具结构特点。刀尖磨成较大圆弧 $R=3\sim5$mm，使刀尖有较高的强度，并可减小已加工表面粗糙度值。

表 11-89　　高硅铸铁镗孔工艺参数

刀具名称	工件材料	刀具牌号	刀片型号	刀尖圆弧半径 r_ε (mm)	工序种类	切削用量 v (m/s)	切削用量 f (mm/r)	切削用量 a_r (mm)
镗孔车刀	高硅铸铁 420～480HBS	Y310 YM052	A416	3～5	粗镗	0.33～0.41	0.1～0.2	<3
					精镗	0.33～0.41	0.2～0.4	>0.5

（3）注意事项。以上六把高硅铸铁车刀，切削时应注意的事项如下。

1）粗、精车时，可分别用乳化液和煤油进行充分的冷却润滑，以提高刀具寿命。

2）刀尖准确对到工件中心，保证车削角度的准确性。

3）进给时细心操作，防止碰撞而造成崩刃和工件掉边。

4）刀具磨损主要发生在后刀面上，要经常注意后刀面磨损状况，其磨损值 V_B 要控制在 0.5mm 以内。

第八节　热喷涂（焊）层的车削技术

一、热喷涂（焊）工艺简介

喷涂是金属表面处理和防护的一种新工艺。根据喷涂的热源不同，可分为氧乙炔焰喷涂、气体电弧喷涂、等离子喷涂、爆炸喷涂等。它是利用高温热源将合金粉末、陶瓷或塑料等喷涂材料加热至熔融状态，在较大压力和速度下喷覆在经过清理的工件表面上，形成一层牢固的覆盖层，使工件表面获得特殊性能，如耐磨、耐蚀、耐高温、抗氧化等，以提高零件表面的综合性能和使用寿命。喷涂技术不但广泛应用于金属表面的处理和防护，也广泛用于金属表面（如模具型腔表面等）的修复，具有节省材料、成本低、周期短的优点。

喷涂用合金粉末可分为打底层粉末和工作层粉末两大类。打底层粉末利用其自发热作用，获得与工件表面较高的结合强度。最常用的打底层粉末有铝包镍（Al/Ni）和镍包铝（Ni/Al）两大类。

工作层粉末又有普通工作层粉末和自粘一次喷涂粉末两大类。普通工作层合金粉末有镍基、钴基、铁基、铜基、铝基等。自粘一次喷涂粉末有放热效应，与工件表面结合强度高，兼有打底层粉末和工作层粉末的功能，可直接使用。表 11-90 是常用喷涂用合金粉末的牌号、性能和用途。

表 11-90　常用喷涂用合金粉末的牌号、性能及用途

名称	牌号	典型硬度（HRC）	主要性能及用途
镍基	Ni35	35	耐磨、耐热、耐蚀，用于模具冲头、齿轮面
	Ni45	45	高温耐磨、排气阀密封面
	Ni55	55	耐磨，用于模具、凸轮、链轮、排气阀等
	Ni60	60	
	Ni62	62	造纸机磨盘、破煤机叶轮片等
钴基	Co42	42	高温耐磨、耐燃气腐蚀，用于高温排气阀
	Co50	50	同上，耐空蚀，用于高温模具、汽轮机叶片等
铁基	Fe30	30	耐磨、韧性好，用于钢轨修补
	Fe50	50	难切削，用于石油钻具等
	Fe55	55	用于工程、矿山机件的喷焊
碳化钨基	NiWC25	基体 60 WC70	超硬耐磨性、抗冲刷磨损，用于风机叶片等
	NiWC35	基体 60 WC70	
	CoWC35	基体 50 WC70	同上，高温性能好

二、喷涂层的车削加工特点

喷涂层的切削加工属难切削加工范畴，其切削难度主要表现在以下几个方面。

（1）喷涂层硬度高，切削力大。由表 11-90 可知，喷涂层硬度一般都在 30HRC 以上，当 Ni、Cr、WC 含量多时，硬度可达 60HRC 以上。所以，喷涂层切削加工时塑性变形大，加工硬化严重，致使切削力增大。

（2）刀具磨损严重。喷涂层用的合金粉末多是熔点高的合金元素，熔融过程形成高温合金，具有高的热强性，但形成大量弥散的高硬度碳化物、硼化物、氧化物和金属间化合物等硬质点。这些硬质点提高了喷涂层的耐磨性，但也增加了刀具的磨损。

（3）切削温度高。喷涂合金元素热导率低，加上喷涂层的多孔性更进一步降低了它的导热性，使切削区域温度升高，加剧了刀具的扩散和氧化磨损。

（4）喷涂层组织不均匀。软硬质点分布不均匀，加上多孔性、弥散的硬质点和喷后表面的不平整，使切削过程刀具受到高频冲击，刀刃容易产生裂纹和崩刃。

（5）表层易脱落。喷涂层和工件表面基体结合并不是完全的熔合，且喷涂层较薄，若切削力过大，表层会产生局部脱落。

由上述可知，喷涂层的切削加工性兼有淬火钢和高温合金的难度。特别是硬度高于 50HRC 以上的钴基和镍基喷涂层，切削加工困难；硬度更高（65HRC）的钴基或镍基碳化钨等难熔金属粉末的喷涂层切削加工的难度就更大。

三、喷涂层材料的切削条件

1. 刀具材料

（1）新牌号硬质合金刀具。加工喷涂材料宜选用 YG 类硬质合金，而不宜选用热导率低的 YT 类合金。一般优先选用超细晶粒硬质合金 YD05、YM051、YM052、YM053、YD15 和 YG600 等。其中 YD05 是专门用于加工喷涂材料的新牌号刀具，具有极高硬度（93.5HRA）和耐磨性，良好的热稳定性、抗塑性变形能力和导热性，并具有适中强度和抗冲击能力。可用于车、铣硬度 55～72HRC 的喷涂层，也可选用含 TaC（NbC）的硬质合金 YT726 和 YT758 等，其刀具材料牌号、性能和切削效果见表 11-91。

（2）超硬刀具材料。金属复合陶瓷刀片、立方氮化硼和多晶人造金刚石的切削条件和切削效果见表 11-92。

2. 车刀几何参数的选择

切削喷涂材料时，刀具主要几何参数的选择见表 11-93。

四、喷涂层材料车削实例

喷涂层材料车削时刀具几何参数和切削用量的选择见表 11-94。

表 11-91　硬质合金新牌号刀具材料牌号、性能和切削效果

牌号	机械性能		切削试验数据			
	硬度（HRA）	抗弯强度（GPa）	喷涂（焊）材料	硬度（HRC）	切削用量	切削效果
YD05（YC09）	94	1.2～1.4	Ni 基 102＋Fe① （喷焊外圆）	55～60	v=8.5m/min a_P=0.2～0.9mm f=0.05mm/r	切削路程 L=475m 刀具磨损 V_B=0.21mm 粗糙度 Ra=4μm
			Ni 基 102＋35%WC① （喷焊外圆）	70	v=7.6m/min a_P=0.2mm f=0.45mm/r	切削路程 L=196m 刀具磨损 V_B=0.16mm 粗糙度 Ra=4μm
			Ni 基 60① （喷焊外圆）	60	v=8.7m/min a_P=0.15mm f=0.6mm/r	切削路程 L=327m 刀具磨损 V_B=0.13mm 粗糙度 Ra=8～4μm
			Ni 基 102＋Fe① （喷焊外圆）	60	v=17m/min a_P=0.15～0.20mm f=0.30mm/r	切削路程 L=551m 刀具磨损 V_B=0.45mm 粗糙度 Ra=8～4μm
			Ni 基 60② （喷焊外圆）	56	v=25.1m/min a_P=0.2mm f=0.2mm/r	切削路程 L=600m 刀具磨损 V_B=0.2mm 粗糙度 Ra=2μm
			Ni 基 G112② （喷焊外圆）	52～54	v=25.1m/min a_P=0.2mm f=0.24mm/r	切削路程 L=350m 刀具磨损 V_B=0.2mm 粗糙度 Ra=2μm

续表

牌号	机械性能		切削试验数据			
	硬度（HRA）	抗弯强度（GPa）	喷涂（焊）材料	硬度（HRC）	切削用量	切削效果
YC08	93.8	1.3～1.5	Ni 基 102①（喷焊外圆）	55～60	v=12m/min a_P=0.15mm f=0.3mm/r	切削路程 L=197m 刀具磨损 V_B=0.21mm 粗糙度 Ra=8～4μm
YM051（YH1）	≥92.5	≥1.65	Fe07②（喷涂外圆）	54	v=15m/min a_P=1mm f=0.2mm/r	切削路程 L=500m 刀具磨损 V_B=0.20mm 粗糙度 Ra=4μm
YM052（YH2）	≥92.5	≥1.6	Fe07②（喷涂外圆）	54	v=15m/min a_P=1mm f=0.2mm/r	切削路程 L=500m 刀具磨损 V_B=0.15mm 粗糙度 Ra=4μm
YM053（YH3）	≥92.5	≥1.6	Fe07②（喷焊外圆）	54	v=15m/min a_P=1mm f=0.2mm/r	切削路程 L=500m 刀具磨损 V_B=0.18mm 粗糙度 Ra=4μm
YM053（YH3）	≥92.8	>1.5	Ni04②（喷涂内圆）	58	v=27m/min a_P=0.2mm f=0.08mm/r	切削路程 L=500m 刀具磨损 V_B=0.04mm 粗糙度 Ra=1μm
600	>93.5	≥1	313 铁基粉③（喷涂外圆）		v=70～130m/min a_P=0.1～0.2mm f=0.06～0.12mm/r	切削路程 L=2040m 刀具磨损 V_B=0.3mm

续表

牌号	机械性能		切削试验数据			
	硬度 (HRA)	抗弯强度 (GPa)	喷涂（焊）材料	硬度 (HRC)	切削用量	切削效果
610	≥93.5	≥1.2	Ni 基 102＋Fe① （喷涂外圆）	55～60	v=8.5～11m/min a_P=0.1～0.3mm f=0.3～0.6mm/r	切削路程 L=176m 刀具磨损 V_B=0.3mm 粗糙度 Ra=8～4μm
			Ni 基 102＋35％Co/WC① （喷涂外圆）	68	v=7m/min a_P=0.2～0.4mm f=0.4～0.6mm/r	切削路程 L=680m 刀具磨损 V_B=0.26mm 粗糙度 Ra=16～8μm
813	≥90.5	≥1.6	313 铁基粉③ （喷涂外圆）		v=90～110m/min a_P=0.1～0.2mm f=0.06～0.12mm/r	切削路程 L=1130m 刀具磨损 V_B=0.3mm
1号	≥91	≥1.6	313 铁基粉③ （喷涂外圆）		v=90～110m/min a_P=0.1～0.2mm f=0.06～0.12mm/r	切削路程 L=2340m 刀具磨损 V_B=0.3mm
T20	≥92	≥1.1	313 铁基粉③ （喷涂外圆）		v=80～100m/min a_P=0.1～0.2mm f=0.06～0.12mm/r	切削路程 L=1440m 刀具磨损 V_B=0.3mm

① 上海市金属切削协会提供的数据。
② 装甲兵技术学院工艺研究室的数据。
③ 戚墅堰机车车辆工艺研究所的数据。

表 11-92　超硬刀具材料切削喷涂层材料工艺参数

刀具材料及牌号	喷涂材料	切削用量			工件尺寸		后刀面磨损量 V_B
		v (m/s)	f (mm/r)	a_P (mm)	直径 ϕ(mm)	长度 L(mm)	
复合金属陶瓷刀片 SG5	镍基 102 喷涂层 (55～60HRC)	0.48	0.3	0.1	50	150	0.15
立方氮化硼 FDX-3 FDX-2	镍基 102 WC 喷涂层 (58～60HRC)	0.83～2.0	0.2	0.1～0.3	—	880	0.25
多晶人造金刚石 FJ-3 号	陶瓷喷涂层	0.5～1.5	0.15～0.2	0.1～0.5	—	—	—

表 11-93　切削喷涂材料时刀具几何参数的选择

刀具几何角度（°）					刀尖圆弧半径	负　倒　棱	
γ_0	α_0	K_r	K'_r	λ_s	r_ε (mm)	倒棱宽度 b_{r1} (mm)	倒棱前角 γ_{01} (°)
−10～−5	6～8	10～30	10～15	−5～0	粗车 0.1～0.3	—	—
0	—	—	—	—	精车 1～1.5	(0.3～0.8) f	−20～−10

表 11-94　喷涂层材料车削时工艺参数的选择

工　件　材　料	刀具牌号	刀具几何参数（°）					切削用量		
		γ_0	α_0	K_r	K'_r	λ_s	a_P (mm)	f (mm/r)	v_c (m/s)
镍基粉 102Fe、60HRC、ϕ28mm 车外圆	YD05	−6	9	15	10	−2	0.3	0.4～0.45	0.14
镍基粉 105Fe、60HRC、ϕ94mm 车外圆	YD05	−6	6	25	20	0	0.2	0.3	0.28
镍基粉 102Fe、60HRC、ϕ300mm 车外圆	YC10	3	6	20～30	20～30	20～25	0.15	0.5	0.19

续表

工件材料	刀具牌号	刀具几何参数（°）					切削用量		
		γ_0	α_0	K_r	K'_r	λ_s	a_P (mm)	f (mm/r)	v_c (m/s)
喷 120Ni、60～65HRC、ϕ150mm 车外圆	YG600 YT758	−5	8	30	45	0	—	—	—
钴基 577 堆焊大于 38HRC 车端面	YD15	−5	6	30	30	0	2	0.4	0.95
镍铬硼硅喷涂 60HRC、断续车 ϕ160mm 外圆	YM051 YM052	−5	6	20	30	0	0.5	0.65	0.1
镍基 102 喷焊 63HRC 刨削	YS2 YT726	—	—	—	—	—	0.1～0.5	0.3	0.18
Ni-60 喷焊 60HRC 车端面	DLS-F 立方氮化硼复合聚晶刀具	−5	6	90	8	0	0.2～1.5	0.1	0.59

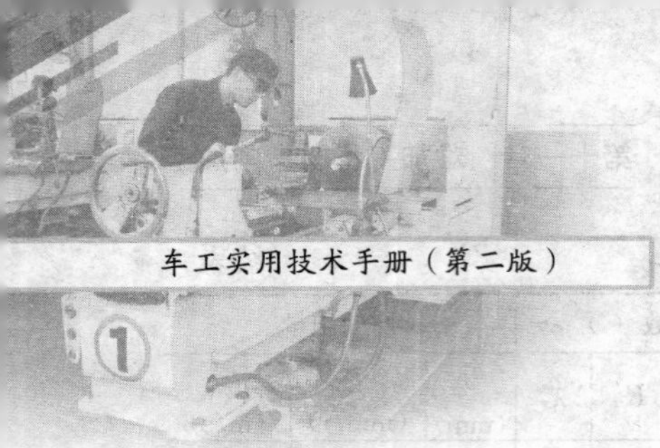

第十二章

普通卧式车床扩大加工范围

第一节　概　　述

扩大卧式车床的加工范围，对解决加工手段和改善设备能力不足具有重要意义，更重要的是能拓宽操作者的思路，为提高解决实际问题的能力积累经验。

扩大卧式车床加工范围，必须注意技术性和经济性的统一，讲究方便、实用；要考虑车床恢复原状的方便性和可能性，且无损于车床的完整性和原有精度。同时还要考虑产品零件的生产批量，如果长期生产某种零件而要对车床做较大的改变时，可修旧利废，对旧车床加以改装。

一、扩大卧式车床应用的意义和原则

所谓扩大机床应用，包含如下两个含义：

（1）扩大机床技术规格所规定的加工和使用范围。

（2）改变机床的加工工艺性能。卧式车床是各类机械制造工厂中广泛使用的、必不可少的通用机床。扩大卧式车床的应用，对解决现有设备能力不足，或机床设备使用负荷不均衡，或现有设备无法加工，或加工件工艺性太差等具体困难情况、满足生产需要，具有很大的意义。特别是对中、小型企业来说，更有现实意义。

扩大卧式车床的应用，其目的在于保证加工质量、提高劳动生产率、改善劳动条件、降低制造成本、提高经济效益。

二、扩大卧式车床加工范围的方法

一是不改变车床的任何结构，仅增添一些专用工具和夹具，在

卧式车床上进行镗削、铣削、磨削、插削、滚压、研磨等加工。

二是将车床作局部的改变，增添一些必要的辅具，如将主轴箱和刀架垫高增大车削直径，又如将小滑板、中滑板卸下，在床鞍上安装辅具，主轴孔中安装镗刀头，实现在车床上进行镗削等。

三是对车床结构进行较大的改装，并增添一些必要的辅助工具和夹具，使其成为专用的机床，如组合机床、拉床、半自动或自动机床等，以适应大批、大量生产的需要。

三、扩大卧式车床应用必须遵循的原则

扩大卧式车床的应用，必须遵循以下原则。

（1）根据工件的结构特点、技术要求、生产批量等具体情况，寻求扩大车床应用的途径。

（2）必须保证加工零件的精度和表面粗糙度要求。

（3）应考虑车床恢复原状的方便性与可能性，且无损于车床的完整和原有的精度。

（4）应讲求经济效果。经济效果的好坏是衡量扩大应用成功与否的重要标准。一般从提高劳动生产率、提高产品质量、降低生产成本、改善劳动条件、节约能源、防止环境污染，以及扩大新技术、新工艺、新结构、新材料的推广使用等方面来考虑。

（5）注意安全技术，确保安全生产。

第二节　普通卧式车床加工长工件和大型工件

一、短车床加工长工件

1. 扩大中心架的使用范围

在短车床上加工长工件，由于工件伸出床尾处中心架过长，可利用旧机架上的中心架同时支承工件，减少工件在回转和车削时弯曲变形。弯头中心架是为解决车床滑板与中心架相碰，而扩大支承的一种改装，弯头部分可以偏向主轴方向，或者偏向尾座方向。滚动托架是加工长而大的工件所需要的一种支承装置，可以代替中心架使用。如图 12-1 所示。

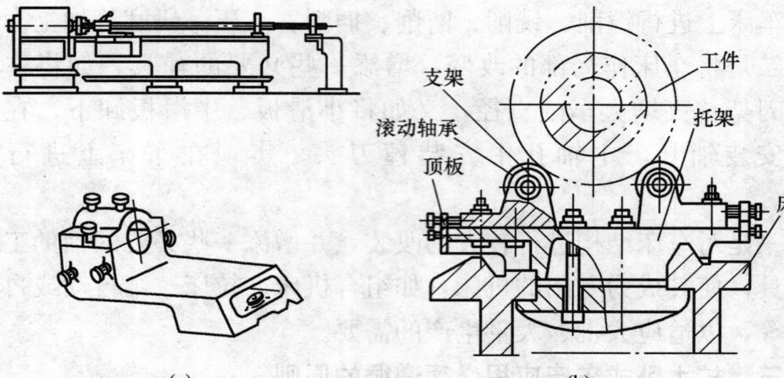

图 12-1　扩大中心架的使用范围
(a) 弯头中心架；(b) 滚动托架

2. 增加车床工作长度

如果要加工特别长的工件，可以将两台型号相同的车床并列对接起来，利用两台车床和紧固在连接平板上的改装中滑板增大车削范围，如图 12-2 所示，但要注意以下两点。

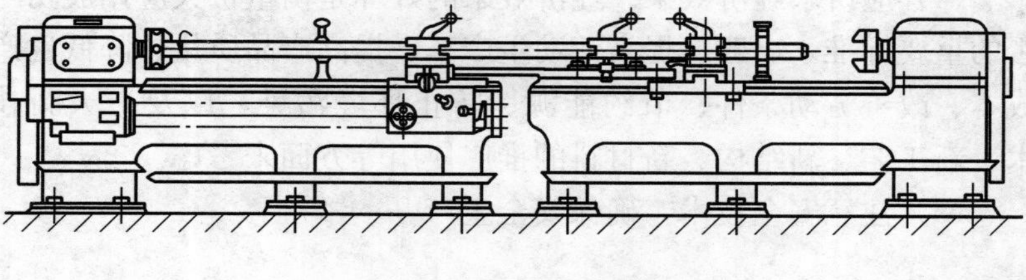

图 12-2　增加车床工作长度

(1) 严格校正被移动的车床的安装位置，保证导轨面相互平行。

(2) 被移动的一台机床必须紧固，防止车削中发生走动。如是单件加工，可用重物压住的大平板作底脚。

二、小型车床加工大型工件

1. 垫高法

在没有大型设备的条件下，若遇到较大直径的零件时，可以将床头箱、刀架及尾座同时垫高，如图 12-3 所示，使车床的最大回转直径满足工件回转的需要。随后校正床头箱、刀架及尾座的位

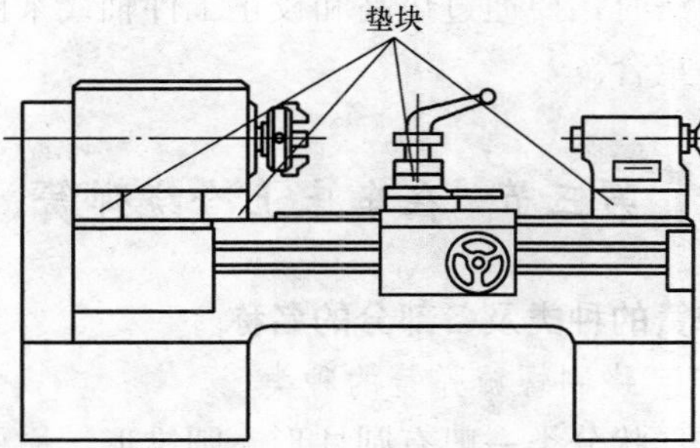

图 12-3　垫高法

置，并加以紧固。但设计垫块高度时，要考虑车床垫高后的刚度应满足加工要求。

车削时如需自动进给，可设计制作一个大直径的交换齿轮，与中间轮及三星齿轮啮合以传递运动实现自动进给。

2. 镗削法

镗削法是利用刀具的旋转和移动进给，或者刀具的旋转和工件的移动进给，对固定在床身导轨上或中滑板夹具中的工件，进行孔和端面的加工，从而使一些不规则或直径较大的工件能在普通卧式车床上完成加工。如图 12-4 所示，即为利用镗削法加工大工件的情况。

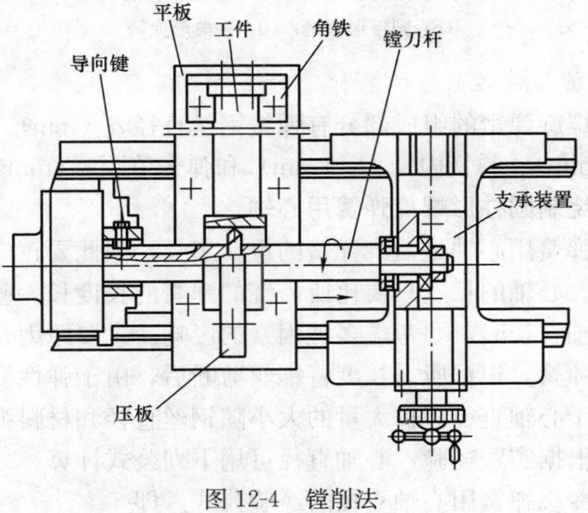

图 12-4　镗削法

采用这种方法时，要通过垫高和校正工件轴线来保证工件内孔中心和主轴中心重合。

第三节　在车床上冷绕弹簧

一、螺旋弹簧的种类及各部分的名称

1. 卧式车床可绕制螺旋弹簧的种类

螺旋弹簧按形状分类一般有圆柱形、圆锥形、橄榄形；按受力情况不同有压缩弹簧、拉伸弹簧、扭转弹簧等，如图 12-5 所示。此外，根据特殊需要还有其他形式，如圆柱扭转弹簧。

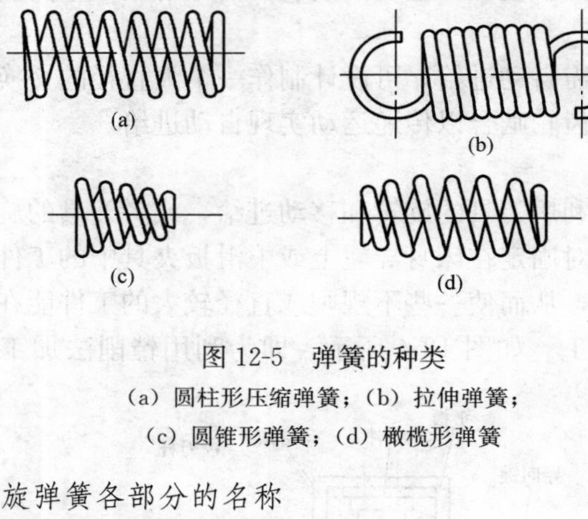

图 12-5　弹簧的种类

（a）圆柱形压缩弹簧；（b）拉伸弹簧；（c）圆锥形弹簧；（d）橄榄形弹簧

2. 螺旋弹簧各部分的名称

构成螺旋弹簧的组成部分有弹簧钢丝直径 d（mm）、弹簧大端内径 D（mm）、弹簧内径 D_1（mm）和弹簧节距 t（mm）等。

二、绕制圆柱形螺旋弹簧用心轴

绕制弹簧用心轴是盘绕弹簧的重要工具，因此要正确选定其长度和直径。心轴的长度只要比所需绕的弹簧的长度长一些即可，而在确定心轴直径时，要考虑多种因素的影响。主要原因是：盘绕在心轴上的弹簧，根据所需长度将钢丝剪断后，由于弹性复原，弹簧内径将大于心轴直径。扩大量的大小随钢丝直径和材料弹性的不同而不同。根据实践经验，心轴直径可用下列公式计算。

（1）冷绕弹簧用心轴直径的经验公式。即

$$D_0 = \left[\left(1 - 0.0167 \times \frac{d + D_1}{d}\right) \pm 0.02\right] \times D_1$$

式中　D_0——心轴直径，mm；

D_1——弹簧内径，mm；

d——钢丝直径，mm。

如果用中级弹簧钢丝，钢丝直径 $d<1$mm 时，心轴系数取 -0.02mm；$d>2.5$mm 时，取 $+0.02$mm。

当用高级弹簧钢丝、钢丝直径 $d<2$mm 时，心轴系数取 -0.02mm；$d>3.5$mm 时，取 $+0.02$mm。钢丝直径在上述范围外，此项系数可不考虑。

（2）冷绕弹簧用心轴直径的近似公式。

$$D_0 = (0.75 \sim 0.8) D_1$$

如果弹簧以内径与其他零件相配，近似公式中的系数应选用较大值；如果弹簧以外径与其他零件相配，近似公式中的系数应选用较小值。弹簧心轴直径也可由表 12-1 查得。

表 12-1　　弹 簧 心 轴 直 径　　(mm)

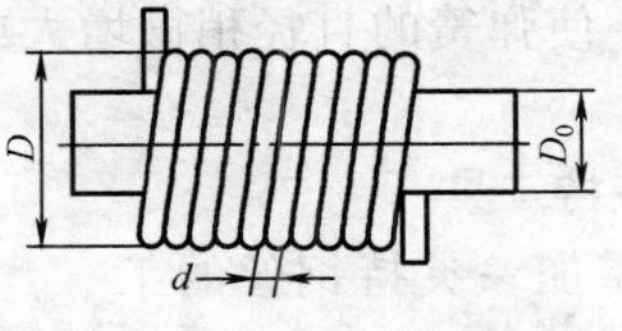

d	0.3	0.5	0.8	1.0	2.0	2.5	3.0	4.0	5.0	6.0	心轴公差
D	心轴直径 D_0										
3	2.1										
4	3.1	2.5									
5	4.0	3.5	2.7	2.0							
6	5.0	4.5	3.6	2.9							
8		6.4	5.5	4.8							±0.1
10		8.4	7.4	6.7							
12			9.3	8.5	6.1	4.8					
14			11.1	10.4	8.0	6.6	5.2				

续表

d	0.3	0.5	0.8	1.0	2.0	2.5	3.0	4.0	5.0	6.0	心轴公差
D	心轴直径 D_0										
18				14.3	11.9	10.4	9.0				±0.2
20				16.2	13.8	12.2	10.8				
22					16.6	14.1	12.7	10.5			
23					25.5	24.0	22.5	20.2	17.2	16.1	
40							30.3	28.1	26.1	24.0	
50								37.9	35.8	33.5	
60								47.2	45.0	42.5	

注 1. 在车床上热盘弹簧，心轴直径应等于弹簧内径。

2. 冷绕弹簧用的心轴直径按小于弹簧内径选定，其差值按经验决定。2 级和 3 级精度钢弹簧，可按本表的数据选用。

3. 表中 D 为弹簧外径，d 为钢丝直径。

计算和查得的心轴直径是近似的。正式绕制弹簧前，先在其一端钻一小孔，用来穿插所绕弹簧钢丝的始端，最好先进行试验，即先绕 2～3 圈，让其扩大，然后测量内径是否符合要求，再根据测量结果修正心轴直径。如果心轴直径偏差不大，也可以利用调整对钢丝牵引力的方法，使弹簧的直径稍微增大或减小直至弹簧直径合格。

三、盘绕弹簧夹持工具

盘绕弹簧时，需加一夹持钢丝的工具来拉紧和控制钢丝的进给，以有效地形成螺旋圈。钢丝放在线架上，放线架的转轴应安装在滚动轴承上，使整圈钢丝套在放线接架上能自由转动，见图 12-6。盘绕弹簧常用夹持工具如下。

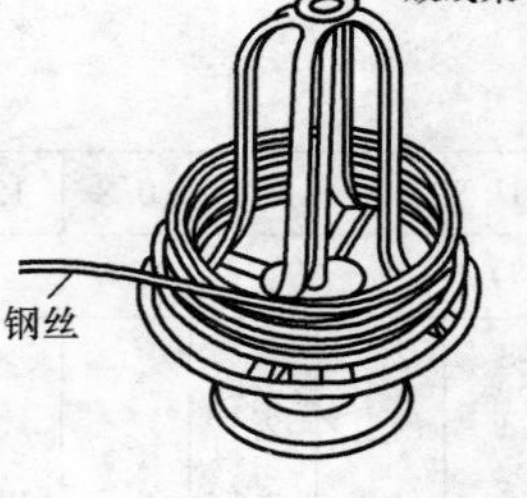

图 12-6　放线架

1. 普通夹持工具

普通夹持工具如图 12-7 所示，用一对槽铁固定在刀架上即可盘绕弹簧，但只适用于单件或小批量生产。

2. 专用夹持工具（见图 12-8）

专用夹持工具安装在刀架上，它是由体座、滚动轴承及导向板

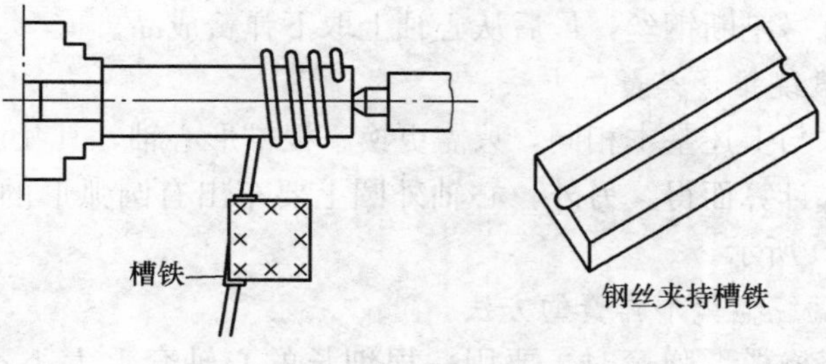

图 12-7　普通夹持工具

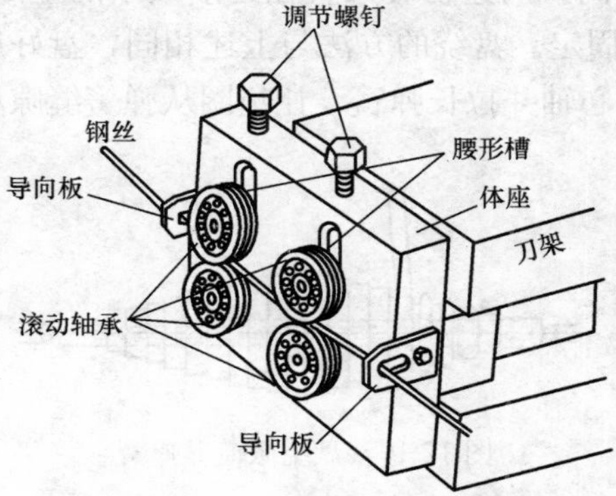

图 12-8　专用夹持工具

等组成。滚动轴承外圈加工有圆弧形凹槽，以便弹簧钢丝能在凹槽中顺利通过。四只滚动轴承分成两对组装在体座上，其中上面的两只安装在体座的腰形槽（通孔）中，背面用压板、螺钉紧固。滚动轴承能自由转动。调节螺钉是用来改变两组轴承之间通道，使其适应钢丝直径。引导钢丝的导向板应具有一定的耐磨性能。专用夹持工具应安装在刀架上。适于批量生产。

四、盘绕弹簧的方法

1. 盘绕圆柱形弹簧的方法

（1）根据弹簧的技术参数，计算盘绕圆柱形弹簧心轴的直径，并在车床上车出圆柱形弹簧心轴。

（2）根据弹簧节距调整进给箱手柄位置及交换齿轮。

（3）装上圆柱形心轴，将钢丝头插入心轴端的小孔中，并引向刀架上的夹持槽铁；若是专用夹持工具，则钢丝经导向板、滚动轴承通道、导向板，再插入心轴端小孔。注意钢丝不能夹得过紧，夹紧力以能适当用力拉出为宜。

（4）启动车床盘绕弹簧，当弹簧绕至所需长度即可停车，用钢丝钳或锯弓割断钢丝，最后从心轴上取下弹簧成品。

2. 盘绕锥形弹簧的方法

方法与上述基本相同，只需更换一根锥形心轴，其几何尺寸也可用公式计算而得。另外，心轴外圆上要车出有圆弧形的螺旋槽，如图 12-9 所示。

3. 盘绕橄榄形弹簧的方法

盘绕橄榄形弹簧时，要用一根细长的心轴套上大小不同的垫圈。先把直径最大的套在中间，两边再套入直径逐渐减小的垫圈，如图 12-10 所示，并用紧圈固定。盘绕的方法与上述相同，盘好后切断钢丝，松开紧圈，抽出心轴并拉长弹簧，让垫圈从弹簧缝隙里掉下来。

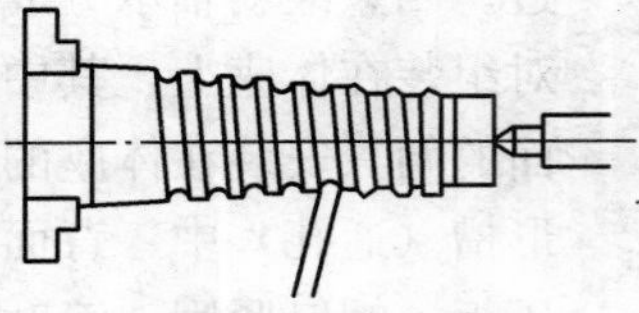

图 12-9　盘绕锥形弹簧

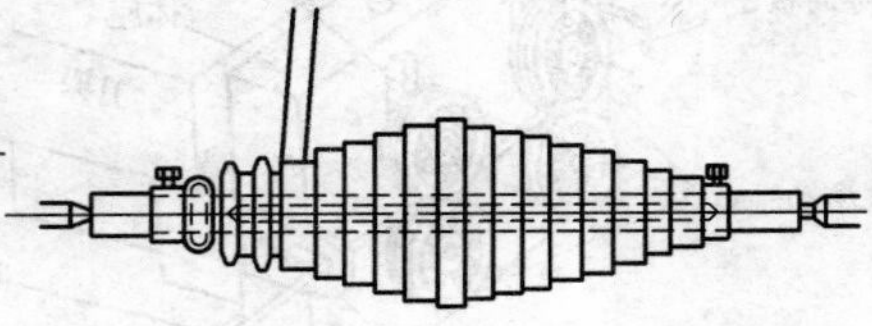

图 12-10　盘绕橄榄形弹簧

第四节　在车床上拉削加工

常见的车床拉削加工有梯形螺纹孔的拉削、螺旋花键孔的拉削及花键孔的拉削等。

一、梯形螺纹孔的拉削

如图 12-11 所示，先把工件套入丝锥的前引导部，再将工件装

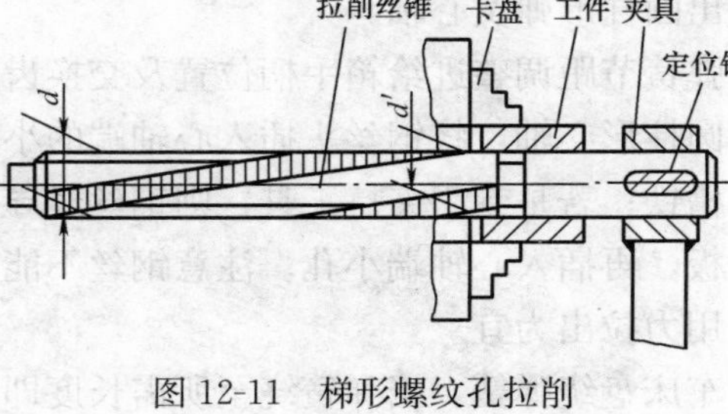

图 12-11　梯形螺纹孔拉削

夹在车床的三爪卡盘上（或夹具上），然后把丝锥柄部插入夹具的定位孔中，用定位销使丝锥与夹具连接起来；夹具固定在车床刀架上，滑板带动拉削丝锥运动。

1. 运动方式

拉削右螺纹时，车床主轴带动工件反转；拉削左螺纹时，车床主轴带动工件正转；车床滑板带动丝锥向尾座方向移动。拉削时，要保证丝锥移动一个螺距（多头螺纹为一个导程），工件旋转一转，当丝锥全部通过工件时，螺纹即加工完毕。

2. 刀具要求

拉削丝锥是根据被加工螺纹孔的特征和要求专门设计制造的，制造时要保证一定的齿升量和几何形状，以及前引导部、柄部对工件内孔、夹具的配合精度。

3. 注意事项

（1）拉削时参与工作的齿数多，切削力大，故工件夹紧要可靠，以防在拉削过程中，因工件移位而造成丝锥刃口损坏和工件报废。

（2）拉削过程中要充分浇注切削液，以提高工件加工质量和丝锥寿命。

（3）切削速度一般选用（0.04～0.12）m/s。

（4）此法适于加工通孔螺纹，特别是梯形螺纹孔和锯齿形螺纹孔的加工。

二、螺旋花键孔的拉削

1. 结构说明

如图12-11所示，利用车床的三爪自动定心卡盘和尾座，将构件安装在车床上。花键轴丝杆的一端与固定在三爪自动定心卡盘上的花键套相连接，另一端与拉刀卡头相连接，可随车床主轴旋转；丝杆旋合在固定于尾座的螺母内，由于尾座固定在床身导轨上，所以丝杆可在主轴旋转中得到轴向运动；拉刀通过插销固定在拉刀卡头中，护套保证插销在工作时不会掉出；支承套的一端在尾座内定位，另一端定位支承工件；支承套的窗口用于装卸刀具和排屑；轴承可使工件在拉刀带动下轻快旋转，并减少“自导运动”阻力。

2. 运动方式

工件套在拉刀上，同时工件需轴向固定，只要主轴旋转，拉刀作轴向运动，工件就沿着拉刀做螺旋运动，即可完成螺旋花键槽的加工。

3. 运动方式

拉削运动要求丝杆的旋转方向必须与螺旋线方向相同，即工件是右螺旋线时，丝杆也为右螺旋线；主轴旋向在加工右螺旋线时，工作行程开反车，退刀行程开正车，而左螺旋线则相反。主轴转速可在车床允许转速范围内任意选择，参见图 12-12。

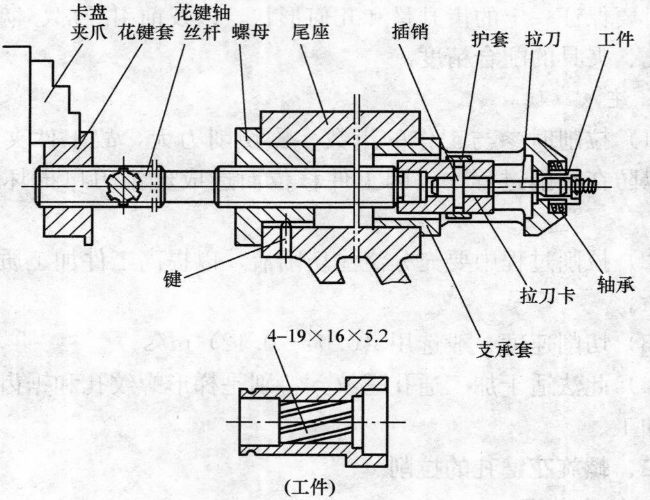

图 12-12　螺旋花键孔的拉削

4. 刀具要求

拉刀是根据被加工螺旋花键孔的特征和尺寸要求，专门设计和制造的。

5. 注意事项

（1）车床的进给系统在拉削过程中应不予使用。

（2）拉削过程中，要充分使用普通冷却液进行冷却，并及时刃磨拉刀，以保证刀刃的锋利和拉刀的寿命。

三、花键孔的拉削

1. 结构说明

如图 12-13 所示，分度齿轮（$m=2.5$，$z=120$）装在卡盘连接盘的小直径处，用定位键定位，并连接卡盘连接盘。卡盘连接盘安装在车床主轴上，用来装夹工件。如果工件较长，可在工件前端用中心架支持。刀杆装在刀架上，拉刀头装夹在刀杆方孔内，用螺钉固定。分度定位插销是用来分度定位的，它的安装位置可见上图所示。分度装置中，要求定位插销的轴线通过分度齿轮轴线。定位插销固定在支架上，支架被紧固底板和螺栓固定在床身平面上。

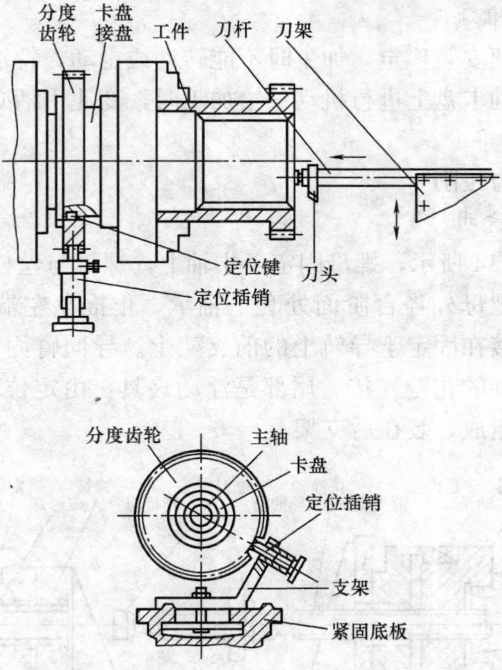

图 12-13　花键孔的拉削

2. 运动方式

拉削时，先将拉刀头安装在刀杆的方孔内，调节刀杆及刀头使主切削刃的水平平分线与主轴轴线等高，然后使主轴处于空挡，固定不动。若将增大螺距手柄放在增大螺距位置，则主丝杆旋转而卡盘不转动，溜板即可带着拉刀沿床身导轨作纵向移动，进行拉削加工。按照螺纹车削的方法，采用多次等量进刀，即能完成一道键槽的拉削过程。

拉削分度键槽时，只需将定位插销拉出，使分度齿按 120 齿/n 分度后（n 为工件花键槽数），再插入分度齿轮，即可重复上述加工拉出第二、第三道键槽，直至拉出全部键槽。

3. 刀具要求

尽量将拉刀头的宽度按所加工的花键槽的宽度尺寸磨好，且刀头长度要大于槽深。

4. 注意事项

工件必须安装稳定，加工时不能转动或走动，特别是当工件夹持在车床主轴卡盘上进行机动进给加工时，变速手柄必须可靠地处在空挡位置。

四、强力拉削

1. 结构说明

如图 12-14 所示，螺母固定于主轴上，螺母与丝杠花键轴的丝杠端啮合。螺母外径台阶面处套一轴承，止推盘左端顶在轴承外圈，右端连接在固定于导轨上的前支架上。导向臂固定在刀架上，与丝杠花键轴的花键连接。尾部是浮动夹具，由定位套、球形环、弹簧、螺母组成，装在后支架上。

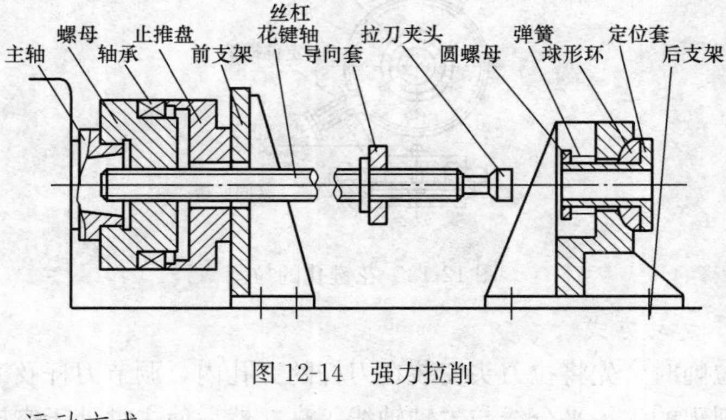

图 12-14　强力拉削

2. 运动方式

主轴带动螺母旋转使丝杠产生轴向运动，轴承、止推盘、前支架抵消主轴的轴向力。导向套通过花键限制丝杠转动。尾部浮动装置消除零件端面对孔的垂直度误差，防止孔拉偏或折断拉刀。

3. 注意事项

前支架与止推盘及轴承接触要良好，使受力均匀；为增加前支架的刚度，其底面与导轨面接触部分要求刮研达到（12～15）点/(25mm×25mm)；前后支架要增加强度和刚度，同时可在导轨间设置紧固板。

第五节　在卧式车床上进行镗削加工

一、在普通卧式车床上进行镗削加工的特点

1. 目的

在卧式车床上进行镗削，主要是解决镗床设备不足，或是一些工件不适于镗床加工的矛盾。镗削与车削主要不同之处是，镗削时刀具作回转运动，工件作进给运动。在卧式车床上进行镗削加工，需要在车床主轴前端安装刀杆或刀座，用以装夹刀具，在床鞍或中滑板上安装辅具和工件，以实现镗削加工的成形运动。

2. 在卧式车床上进行镗削与镗床镗削的差异

（1）卧式镗床的主轴能轴向移动和垂直移动，以适应被加工工件内孔的轴线位置。

（2）卧式车床的主轴只能转动，不能轴向和垂直移动，因此，在卧式车床上镗削时，应保证被加工内孔的轴线与车床主轴轴线重合。横向可由夹具或利用中滑板调整，高度方向（竖向）通常由夹具或将工件垫高来保证，当工件内孔中心高于车床主轴中心时，则需要采取将车床主轴箱垫高的方法使两轴线等高。

二、卧式车床镗削常用辅助工、夹具

1. 镗刀杆

图 12-15 所示为一种镗刀杆，左边锥柄部分与车床主轴锥孔相配，右边刀杆部分可一次安装数把刀具（根据工件需要），用以镗削带台阶的内孔，刀具在刀杆径向方孔内可按需要调整伸出长度，便于加工不同尺寸的内孔。镗刀杆右端中心孔与车床尾座顶尖相

配，支承镗刀杆增加刀杆刚度。

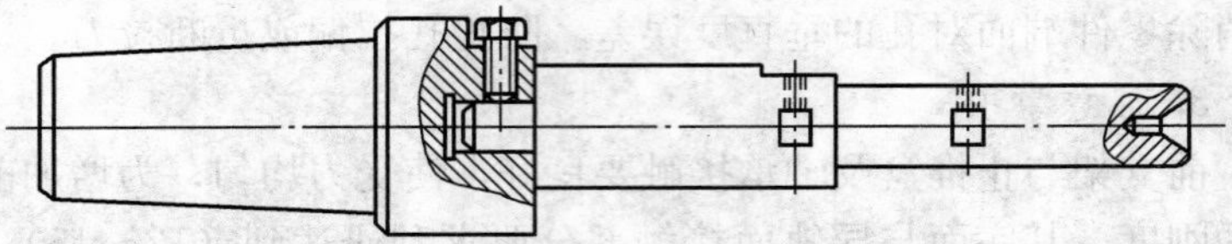

图 12-15 镗刀杆

2. 镗头

与镗床用镗头结构相同（见图 12-16），但其左端锥柄部分应与车床主轴锥孔相配。

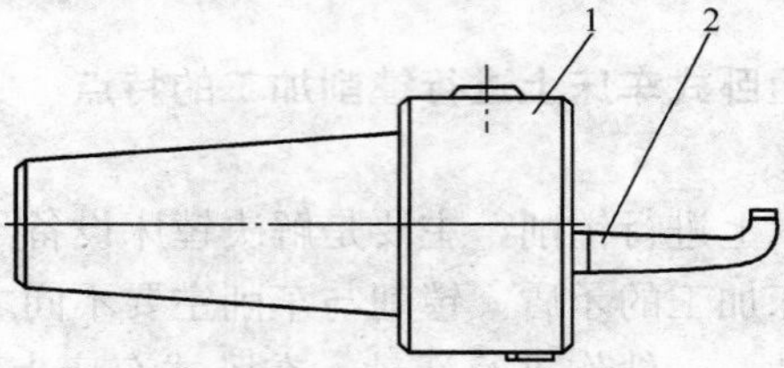

图 12-16 镗头

1—镗头；2—镗刀

3. 刀座

图 12-17 所示为装在车床花盘上使用的刀座，主要用于镗削具有大直径内孔的工件。

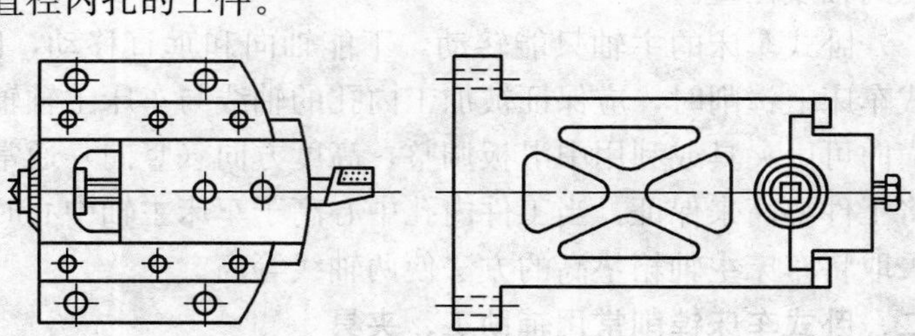

图 12-17 刀座

4. 工作台

图 12-18 所示为在车床上镗削使用的工作台。工作台安装在车床的中滑板上，分别移动中滑板和床鞍，可进行横（径）向和纵（轴）向进给。在工作台上运用通用的角铁、定位块、螺钉压板和

压板架等，可以定位和装夹工件，也可以在工作台上安装万能虎钳或其他专用辅具，实现多位孔或较大的工件的镗削加工。

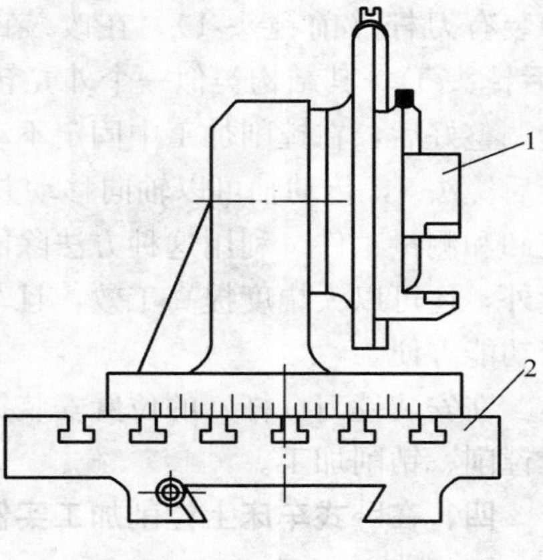

图 12-18　带万能虎钳的工作台

1—万能虎钳；2—工作台

三、在卧式车床上进行镗削加工的应用

除没有镗床或镗床设备不足，需在卧式车床上进行镗削加工外，一些批量较大、精度要求较高的单孔或多孔小型箱体类或板类零件，在镗床上加工时很不经济，且生产效率不高。在车床上配备合适的镗具和辅具，代替镗床进行镗削加工，零件的几何精度全由工装保证，车床只起动力和进给的作用，可取得良好的效果。

使用专用辅具和对车床进行适当的改装，可以在卧式车床上实现双轴镗削、双头镗削等加工，图 12-19 所示为在卧式车床上进行双头镗。卸去车床小滑板及刀架，装夹工件 3 的专用弯板支座 2 安装在中滑板上，由床鞍左、右往复移动实现镗削进给。车床主轴孔

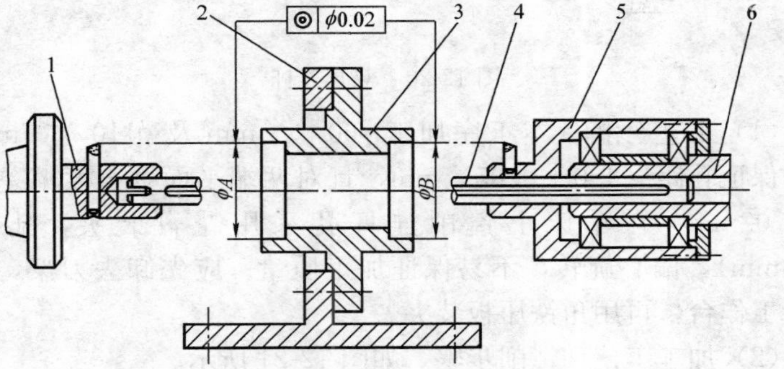

图 12-19　在卧式车床上进行双头镗

1—前镗头；2—弯板支座；3—工件；4—传动轴；5—后镗头；6—尾座套筒

中装有刀杆（前镗头 1）。在改装的尾座套筒 6 上装有镗孔装置（后镗头 5），其结构类似一个外壳转动的回转顶尖。安装时尾座位置调整好后，在镗削加工中固定不动。主轴动力通过传动轴 4 传递给后镗头 5，传动轴可以轴向移动并能缩入尾座套筒 6 中，以便于装卸和测量工件。利用这种方法除能保证工件两端孔的相对位置精度外，还可以大幅度提高工效，且车床改装工作量不大，恢复原车床功能方便。

在安装镗刀（杆）的位置安装镗刀或钻头，可实现在车床上进行镗削、钻削加工。

四、在卧式车床上镗削加工实例

1. 镗削连杆孔

如图 12-20 所示连杆，材料为 45 钢，上下两端面已平磨，两孔已粗加工并留余量，小批量生产。

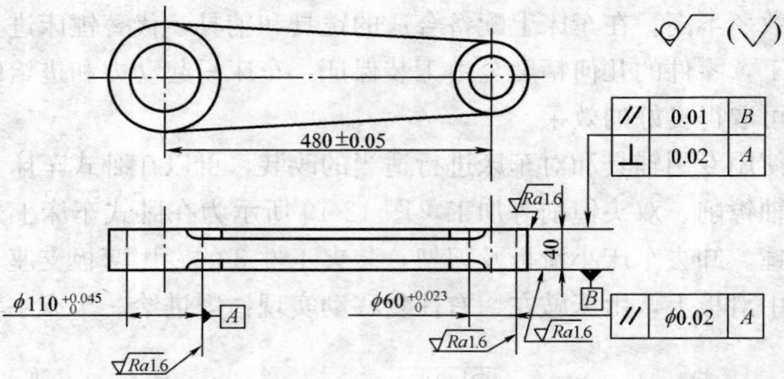

图 12-20　双孔连杆

（1）工艺分析。本工序加工 $\phi60^{+0.023}_{0}$ mm 及 $\phi110^{+0.045}_{0}$ mm 两孔，保证孔距（480±0.05）mm，且对两端平面垂直度偏差不大于 0.02mm。在车床上镗削连杆孔采用花盘装夹，孔距大（480mm），偏心旋转，不易保证加工质量；应先卸去刀架，然后装上工作台，再用角铁压板装夹。

（2）加工工艺和镗削步骤。如图 12-21 所示。

1）将工作台、垫铁、角铁等安装在车床溜板上，用百分表校正角铁，使其工作平面与主轴垂直，如图 12-21（a）所示。

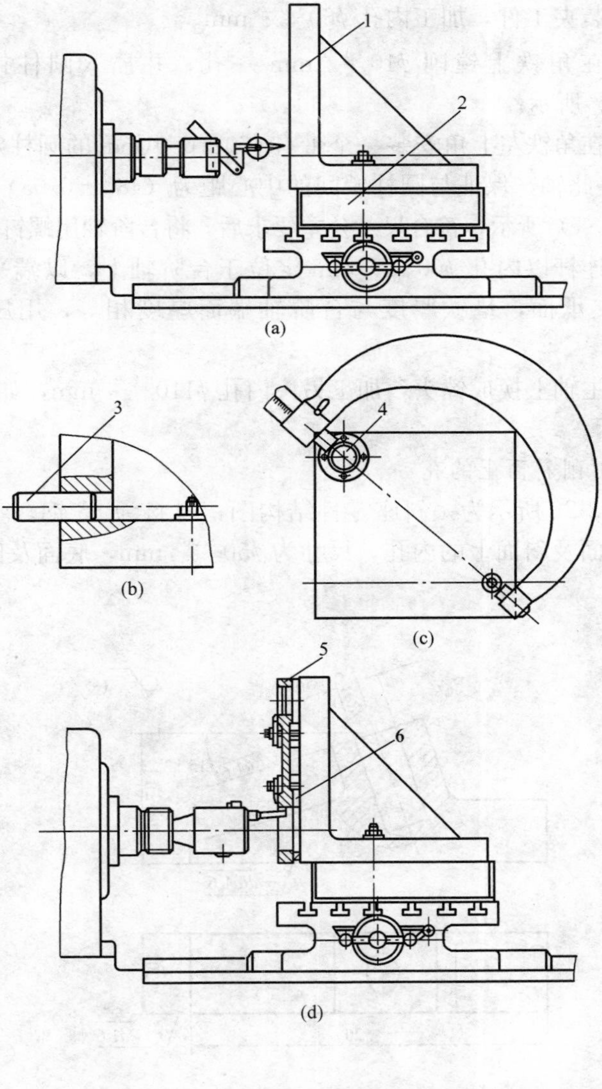

图 12-21　镗削连杆孔加工示意图

1—角铁；2—平铁；3—测量用圆柱销；4—定位用台阶轴；

5—工件；6—垫铁（与定位销台面等厚）

2）装夹工件，加工内孔 $\phi60^{+0.023}_{0}$ mm。

3）在角铁上镗削 $\phi10^{+0.01}_{0}$ mm 一孔，并插入圆柱销，如图 12-21（b)所示。

4）在角铁左上角安装一个带有 $\phi60\pm0.01$mm 的圆柱定位台阶轴，调整此轴，保证与圆柱销间的中心距为（480 ± 0.05）mm，如图 12-21（c）所示，符合尺寸公差要求后，将台阶轴用螺钉紧固。

5）连杆以内孔 $\phi60^{+0.023}_{0}$ mm 定位于台阶轴上，以端平面作为定位和支承面，垫铁厚度与台阶轴端面厚度相等，用压板压紧工件。

6）主轴上换成镗头，加工另一内孔 $\phi110^{+0.045}_{0}$ mm，如图 12-21（d）所示。

2. 键削斜面上的孔

图 12-22 所示为一斜座零件结构图，材料为 45 钢。本工序镗削 15°斜面及斜面上的内孔，尺寸为 $\phi50^{+0.035}_{0}$ mm，底面及侧面已精加工完。

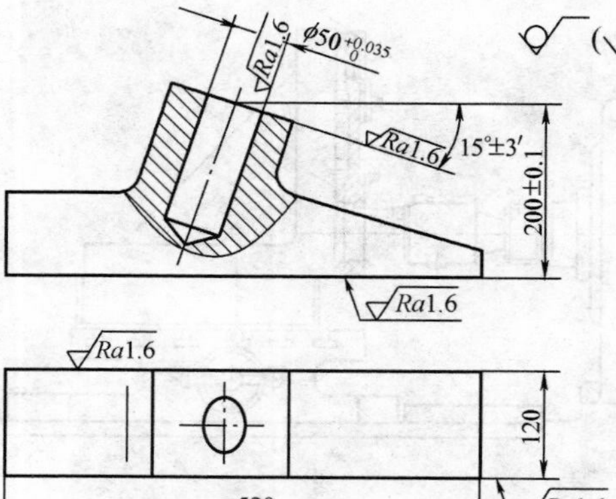

图 12-22　斜座零件图

（1）工艺分析。此零件在车床上加工，采用花盘装夹难以保证斜角 15°±3′要求；卸去刀架装上工作台，采用角铁压板装夹，则比较容易达到图样要求。

（2）加工工艺和镗削步骤见图 12-23。

1）装夹、定位与调整工件将角铁安装在工作台上，如图 12-23（a）所示。角铁工作平面倾斜 15°，用正弦尺和块规校正，工件底面紧贴在角铁上，侧面以垫铁定位，并使 $\phi 50^{+0.035}_{0}$ mm 孔中心与主轴中心等高，用压板压紧。

2）镗削内孔 $\phi 50^{+0.035}_{0}$ mm 主轴安装上镗头及刀具，工作台作纵向进给，如图 12-23（b）所示。

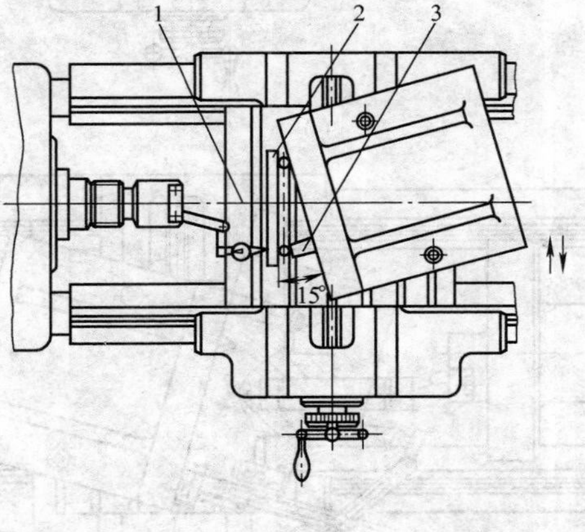

(a)

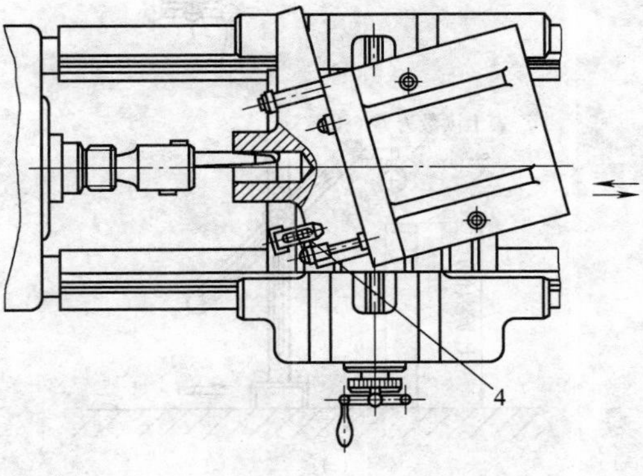

(b)

图 12-23　斜座镗削加工示意图（一）

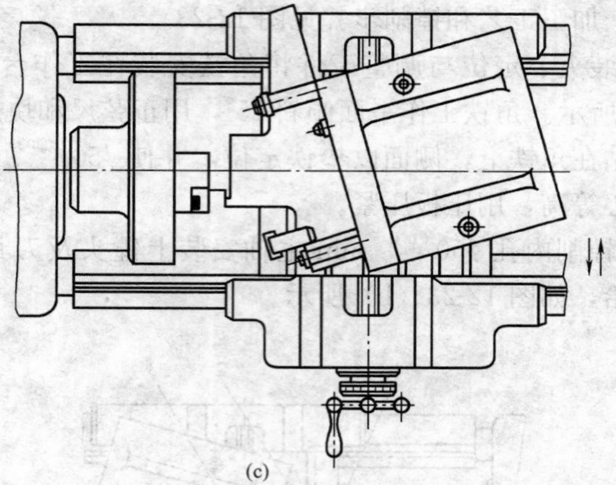

(c)

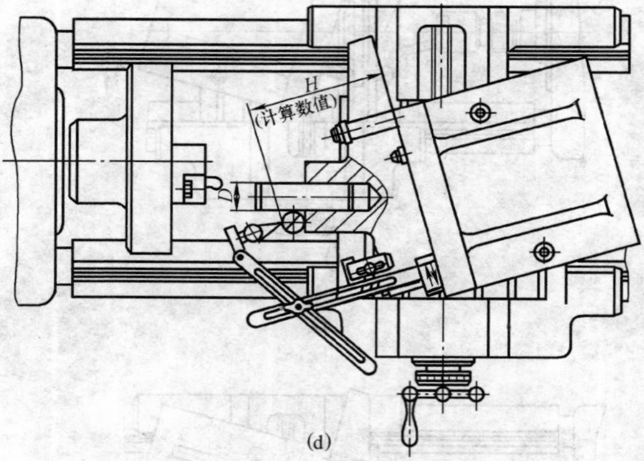

(d)

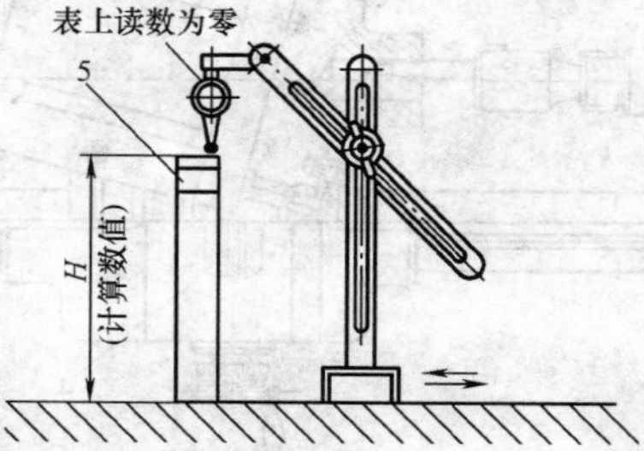

(e)

图 12-23　斜座镗削加工示意图（二）

1—百分表；2—正弦尺；3、5—量块；4—压板

3）换上花盘和刀座镗削斜面工作台作横向进给，如图 12-23（c）所示。

4）测量。如图 12-23（d）、（e）所示，用直径为 D 的圆柱量棒插入孔中（应无间隙量），用 ϕ10mm 的圆柱量棒紧贴斜面和直径为 D 的圆柱量棒，测量尺寸 H，由此可间接测得（200±0.1）mm 的尺寸数值。测量尺寸 H 的值可通过几何关系计算如下。

$$H = 200 + 5 + \left(5 + \frac{D}{2}\right)\sin 15^\circ + 5\cos 15^\circ$$

根据计算值 H 用块规控制尺寸，将百分表调整到零位［如图 12-23（e）所示］；然后，将对好尺寸和零位的百分表连同表座，以角铁工作平面为基准检测工件［如图 12-23（d）所示］，当表上读数在±0.1mm 以内，则表示尺寸（200±0.1）mm 合格。

3. 镗削镗杆支架孔

如图 12-24 所示为一镗杆支架，材料为铸铁（HT200），外圆 $\phi 32_{-0.025}^{\ 0}$ mm 已精车完，小批量生产（现场无镗床）。

（1）工艺分析。由于没有镗床，采取在车床上加工。为保证孔 $\phi 60_{\ 0}^{+0.030}$ mm 对外圆 $\phi 32_{-0.025}^{\ 0}$ mm 的垂直度 0.02mm，在方刀架上装一夹具就地镗孔后，装夹工件加工。

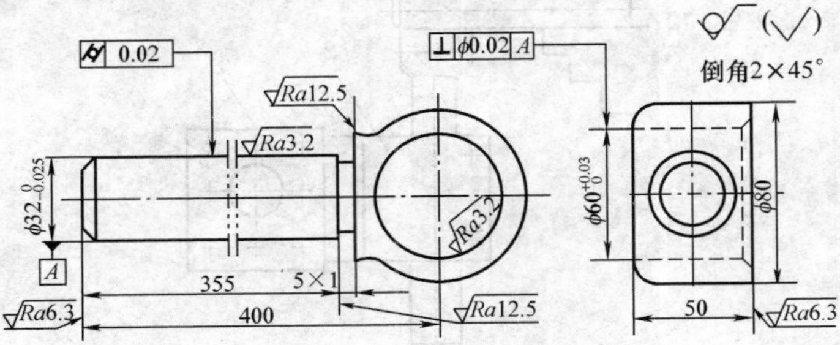

图 12-24　镗杆支架零件图

（2）加工工艺和镗削步骤。

1）工件的装夹。为保证工件内孔和外圆的垂直度要求，将一夹具体装夹在刀架上，并镗一孔与工件外圆 $\phi 32_{-0.025}^{\ 0}$ mm 相配合，以孔定位。为夹紧工件，在夹具体上镗一槽，在槽中垫一相应垫

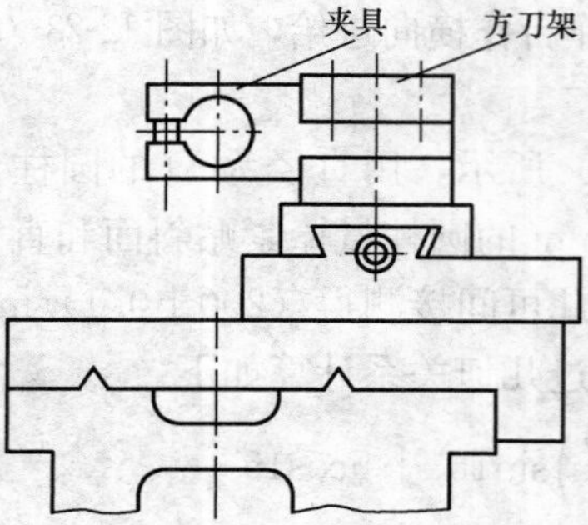

图 12-25 在车床上就地镗孔的夹具

片，用螺栓固紧，如图 12-25 所示。这样，就保证了主轴轴线与工件轴线的高度相等。夹持工件的夹具随刀架一起转 90°；移动中溜板和小刀架，可将工件上 $\phi60^{+0.030}_{0}$ mm 孔中心与主轴轴线调整重合，这样就保证了垂直度。

2）粗镗。如图 12-26 所示，用三爪卡盘夹紧刀杆，旋转刀杆按划线找正工件，考虑孔的加工余量是否均匀，外观是否对称，相互是否垂直，然后夹紧。粗镗内孔 $\phi60^{+0.030}_{0}$～$\phi61$mm，刮端面保持尺寸 50～50.5mm。

3）精镗。待一批工件粗镗之后，再集中进行精镗。装夹找正方法同粗镗。换装精镗刀，镗 $\phi60^{+0.030}_{0}$ mm 孔至图样尺寸和表面粗糙度 $Ra3.2$ 要求。

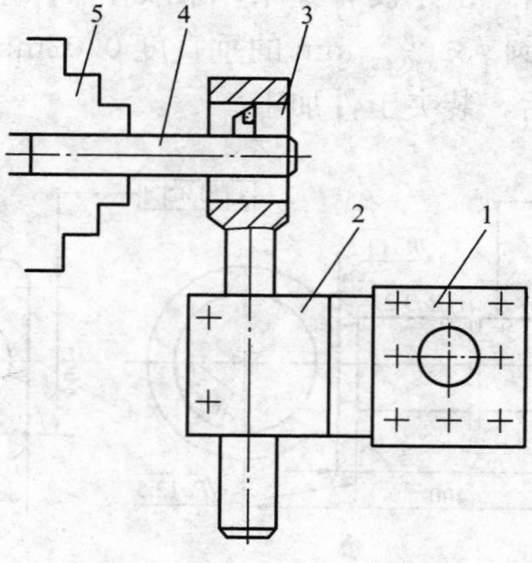

图 12-26 镗孔示意图

1—方刀架；2—夹具；3—工件；4—刀杆；5—三爪自定心卡盘

4. 同时镗削两排孔

图 12-27 所示镗削头，可使车床对一个工件上的两排孔同时进行镗削。

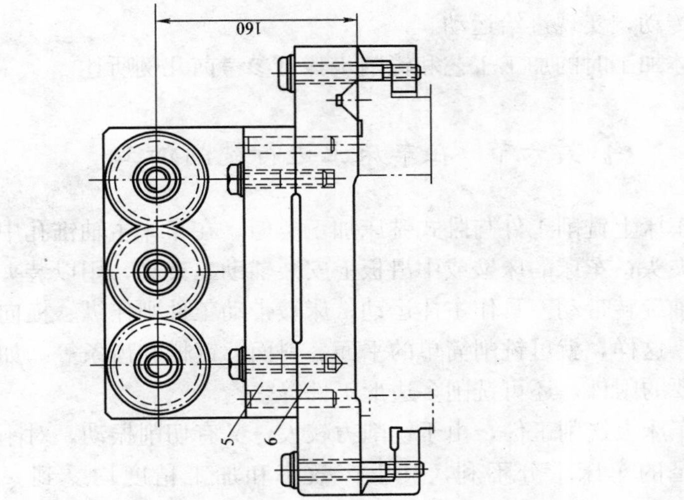

图 12-27　双主轴镗削头

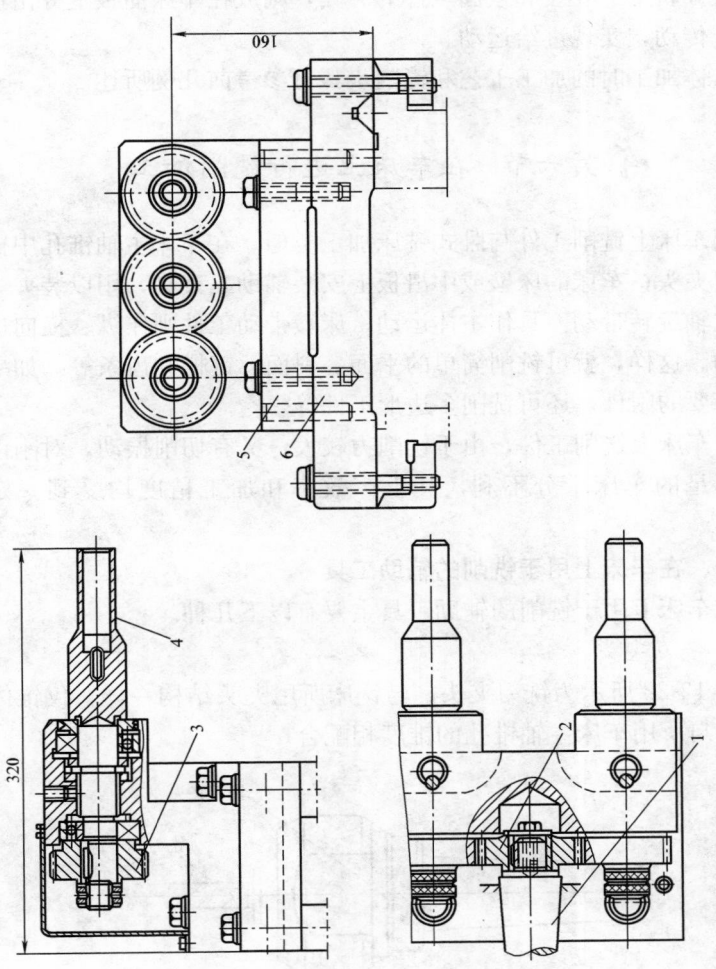

1—与车床主轴相连的小轴；2—主动齿轮；3—从动齿轮；4—镗削头主轴；5—壳体；6—平板

镗削头的主轴4由车床主轴通过小轴1主动齿轮2和固定在主轴4左端的从动齿轮3带动旋转。镗削头的壳体5安装在平板6上，传动齿轮校正之后，壳体5和平板6用锥销定位，紧固并安装在床身导轨上。安装和紧固工件的夹具，则放在车床溜板上并由进给系统传动，实现进给运动。

具体加工时的加工工艺和镗削步骤可参考前几例所述。

第六节　在车床上进行铣削加工

用车床上铣削工件与卧式铣床加工类似。在车床主轴锥孔中插入铣刀夹头；车床的床鞍或中滑板上安装辅助工夹具，用以装夹工件。主轴旋转带动刀具作主体运动；床鞍带动工件则作纵、横向进给运动。这样，就可铣削简单的平面、斜面、键槽和齿条等。如果配上必要的附件，还可铣削多边形工件等。

在车床上铣削工件，由于铣削力较大，又有切削振动，对刚性强度不足的车床十分不利，其生产效率和加工精度均受到一定限制。

一、在车床上用于铣削的辅助工具

在车床上用于铣削的辅助工具主要有以下几种。

1. 铣刀夹头

图12-28所示为铣刀夹头，与铣床所用夹头结构一样，仅锥体部分应与所用车床主轴锥孔的锥度相配合。

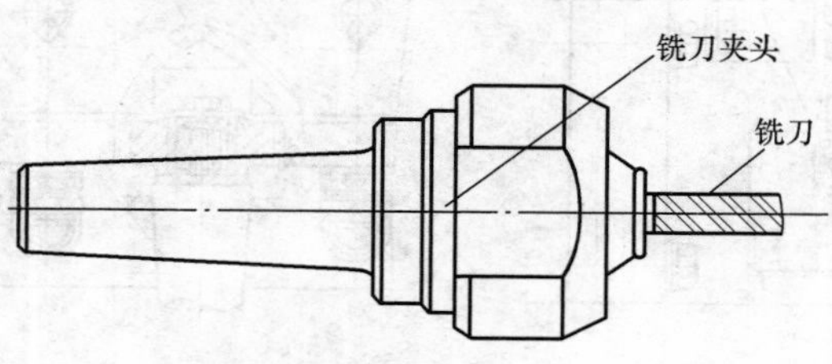

图12-28　铣刀夹头

2. 万能虎钳

如图12-28所示，在工作台上安装一万能虎钳，可在水平和垂直两个方向旋转。使用时，卸去车床刀架，将工作台连同万能虎钳一起装在床鞍上，用万能虎钳夹持工件，可以铣削平面、斜面等。

3. 铣削平面和键槽用附件

图 12-29 所示为一用于铣削平面的附件，使用时将其装在方刀架上即可。

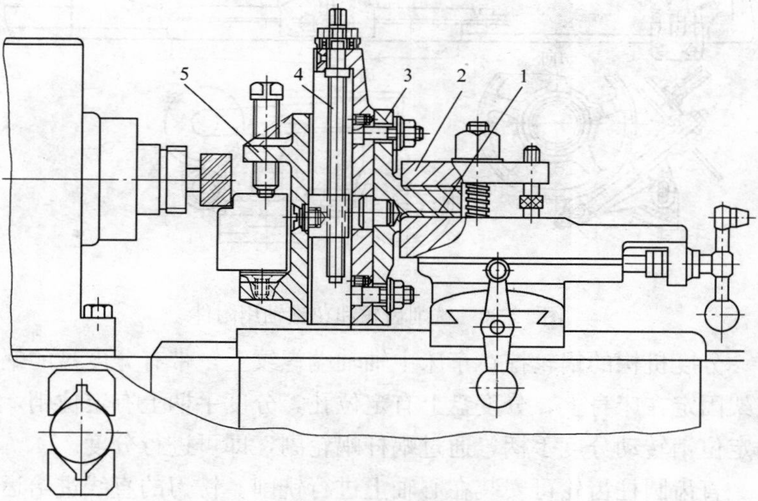

图 12-29　铣平面附件

1—安装平面；2—方刀架；3—壳体；4—丝杆；5—滑块

此附件的壳体 3 具有安装平面 1，由方刀架 2 支持。在壳体 3 上的滑块 5 可在垂直方向手动移动。垂直移动的丝杆 4 带有进给刻度盘。刀架的纵横向进给可水平移动车床滑板实现。

当铣削键槽时，利用 V 形铁将小轴夹紧定位即可。

4. 铣削花键用附件

图 12-30 所示铣削齿轮和花键轴用附件。它由两部分机构组成，即铣刀的旋转机构和花键的分度机构。

铣刀旋转机构夹持在刀架的上部，铣刀安装在附件主轴轴端上，单独电动机通过皮带传动和蜗杆蜗轮传动带动铣刀旋转。铣刀转速可交换皮带轮得到两级速度。铣刀轴垂直安装并可按工件轴心线上下调整铣刀位置。皮带的张紧可通过电动机偏心支架调整。

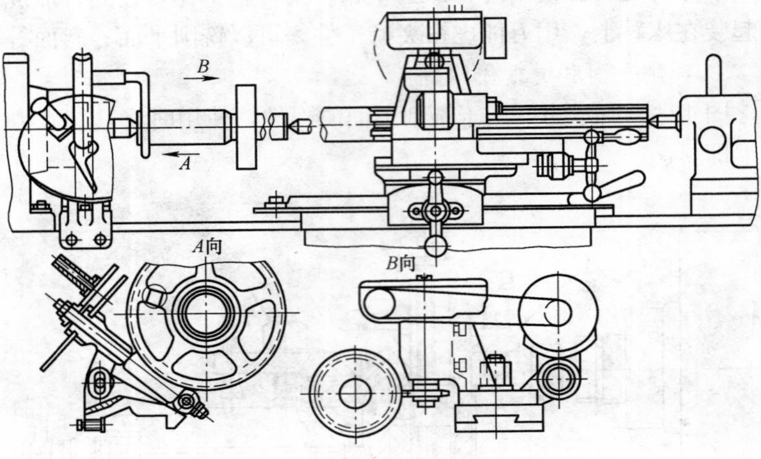

图 12-30 铣削齿轮和花键轴用附件

分度机构的蜗轮拧在车床主轴轴端螺纹上，带有分度盘的蜗杆支架固定在床身上，分度盘上有定位孔，分度手柄上有定位销，拔出定位销转动分度手柄，通过蜗杆蜗轮副，即可进行分度。

直齿圆柱齿轮可安装在心轴上进行铣削。铣刀的直线进给运动可通过刀架的纵向进给运动实现。只要附件有足够的刚度，分度机构精确操作，就可加工出适宜的形状和尺寸精度的花键。

同理，借助此附件也可铣削短齿锥齿轮。这时，只须将刀架上部转一个所需的角度，进给运动则用手摇上刀架实现（见图 12-30）。

5. 旋风铣削螺纹机构

旋风铣削螺纹是一种高速的切削方法。切削时，装有一组 YTI5 硬质合金螺纹刀具（一般 4 把）的刀盘作高速旋转（主运动）；工件慢速转动，刀盘沿工件轴向移动（进给运动），工件每旋转一周，刀盘即轴向移动一个螺距 P。图 12-31 为旋风铣削加工螺纹的示意图，这是在丝杠加工中用得比较普遍的一种，在中批及大批生产中用以对螺纹进行粗加工和半精加工，以提高生产率。由于加工时工件套在刀盘内，故称为内旋风切削法。

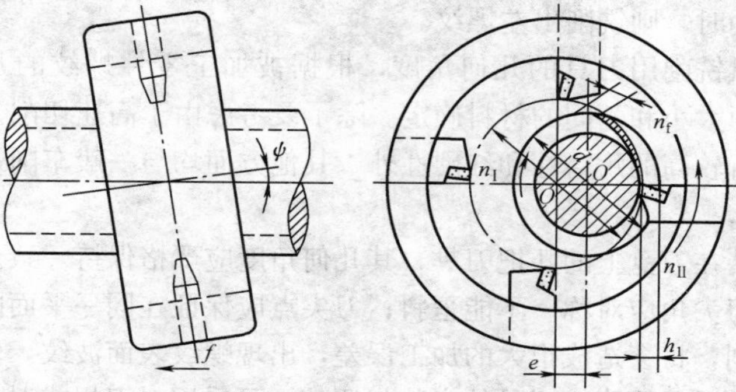

图 12-31　螺纹的旋风铣削

旋风铣削时，把车床小滑板拆除，将旋风铣削头安装于中滑板上，并使旋风铣削头主轴的回转轴心线对工件轴线倾斜一个角度ψ，其大小取决于工件螺纹的螺旋升角，方向则由螺纹的旋转方向决定。图 12-32 所示为旋风铣削头结构。

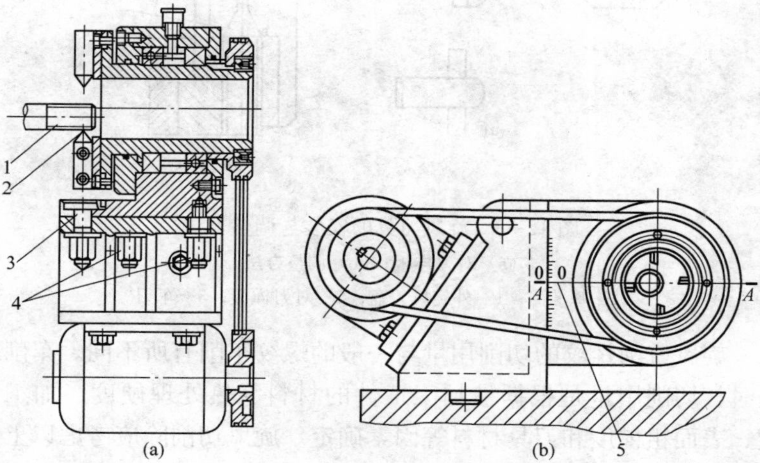

图 12-32　旋风铣削头结构

1—工件；2—刀头；3—刀头旋转中心轴；4—紧固螺钉；5—刻度盘

当旋风头向车头方向倾斜一个角度，床鞍向车头方向移动时，则铣削出右螺纹；当旋风头向尾座方向倾斜一个角度，床鞍向尾座方向移动时，则铣削出左螺纹。

旋风铣削用刀具的几何角度，根据被加工零件螺纹的几何尺寸、螺距大小和不同的材料确定。除了要考虑由于高速切削刀具材料应具有较高的耐磨性和红硬性外，其他方面均与一般车削螺纹相类似。

安装在刀盘上的几把刀具，其几何角度应严格保持一致。每一刀具的刀尖角应对称。不能歪斜；刀尖点应保证在同一平面的圆周内。否则，将会造成很大的加工误差，出现螺纹表面波纹，使其精度和表面质量下降。刀具的安装与调整，可采用对刀规或对刀样板控制。如图 12-33 所示。

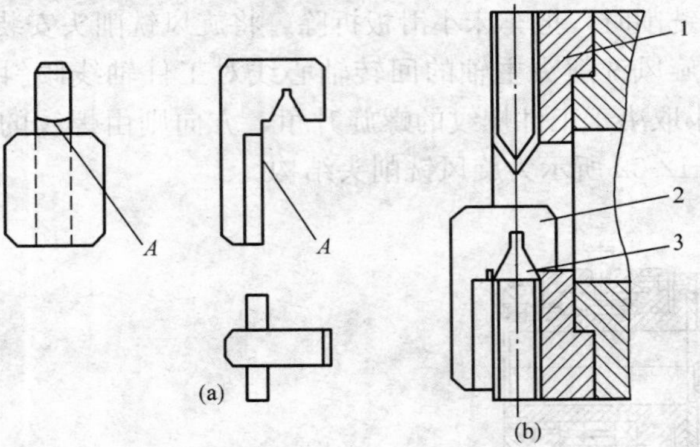

图 12-33　旋风刀具的安装与调整方法

(a) 对刀样板；(b) 调整方法

A—基准面；1—外旋风刀盘；2—对刀样板；3—车刀

旋风铣削螺纹的切削用量与一般的螺纹车削有所不同。车削螺纹时，切削用量是根据被加工工件的材料、热处理硬度、加工精度、表面粗糙度和刀具材料等因素确定。旋风切削除应考虑以上因素外，还应考虑刀盘的装刀数和工件直径的大小。一般用一次走刀完成切削。当螺距大于 6mm 时，则用两次或三次走刀达到螺纹深度要求，此时背吃刀量用中滑板手柄刻度值控制。旋风铣削头的转速一般为（1000～1800）r/min，工件的转速一般为（5～20）r/min。

旋风铣削螺纹，由于系高速切削，应考虑尽可能增大旋风头的刚性，以减少切削时的振动。为了防止切屑飞溅伤人，必须安装一定的防护装置。

二、在车床上铣削加工实例

图 12-34 所示为一双头梯形螺纹丝杠，现在车床上用旋风铣削头加工。

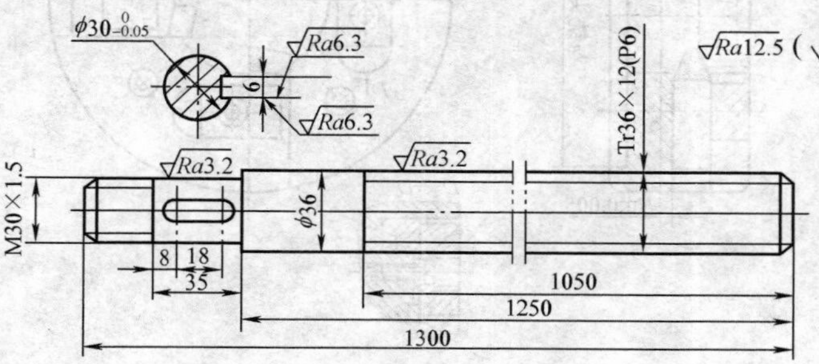

图 12-34　双头梯形螺纹丝杠零件图

1. 加工分析

加工此双头梯形螺纹有如下两种方案。

第一方案是采用单排刀铣削。当铣切完第一头螺纹后，分度，再铣切第二头螺纹。此方案往往由于铣刀反复不断敲击工件产生切削热而使工件伸长和变形，会出现明显的螺距不等现象。

第二方案是采用双排刀铣削。两排刀的安装位置前后相差一个螺距，同时铣切两个头的螺纹。此方案不但省去了分头的辅助时间，生产率成倍提高，而且保证了质量。

2. 加工工艺和铣削步骤

(1) 双排刀铣刀盘的结构及其安装。图 12-35 所示即为双排刀铣刀盘。其上有两排装刀槽，在圆周上错开对称排列，以免切削时引起工件变形和振动。两排装刀槽的定位基面 A 和 E，在铣刀盘轴截面上的距离为 H，它直接影响分头精度，应仔细计算和精确加工。旋风铣削螺纹属于法向装刀，因此，距离 H 应小于螺距 P，可按下式计算。

$$H=P\times\cos\psi$$

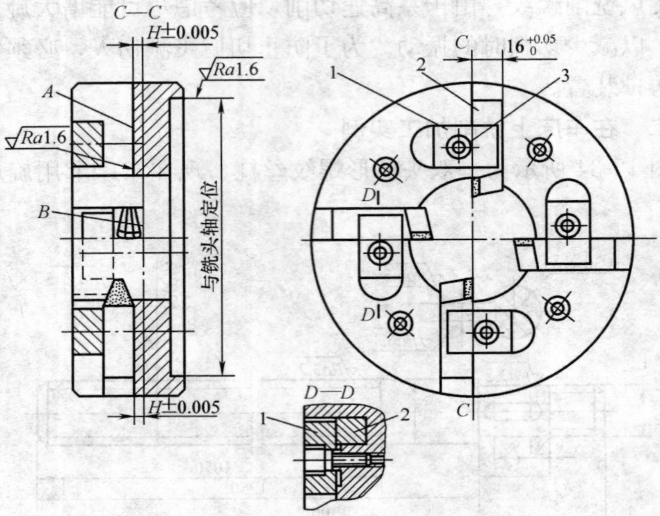

图 12-35　双排刀铣刀盘

1—压板（4 块）；2—旋风铣刀（4 把）；3—压板螺钉（4 个）

式中　ψ——工件的螺旋升角，亦即铣头安装时与车床主轴轴线倾斜的角度，(°)。

铣切 Tr36×12（*P*6）丝杠时，$\psi=6°36'$。

$$H=6\times\cos6.6°=6\times0.9933=5.96\ (\text{mm})$$

铣刀盘采用槽式和压板的装刀结构，有利于刀盘的加工和铣刀的微调。

（2）旋风铣刀和简易磨刀盘的应用。图 12-36 所示为螺纹旋风铣刀，刀杆四面都精确加工，尺寸统一，装入刀盘之后，各面都有较小的间隙。

图 12-37 所示为旋风铣刀的简易磨刀盘。四把刀装入磨刀盘的定位盘之后，通过螺钉和压刀盘夹紧铣刀。以盘体的同一端面作基准，统一刃磨铣刀各角度，保证四把刀几何角度一样，顶刃宽度一样，刀尖角平分线与刀杆的基面位置一样。刃磨后，四把刀都要打上组别号码，以便于分组使用。

由于定位盘的四个装刀槽，都低于它的中心线（*h*），因此，

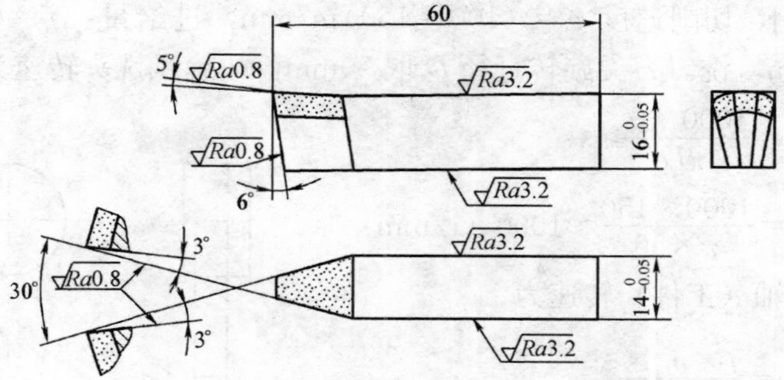

图 12-36　螺纹旋风铣刀

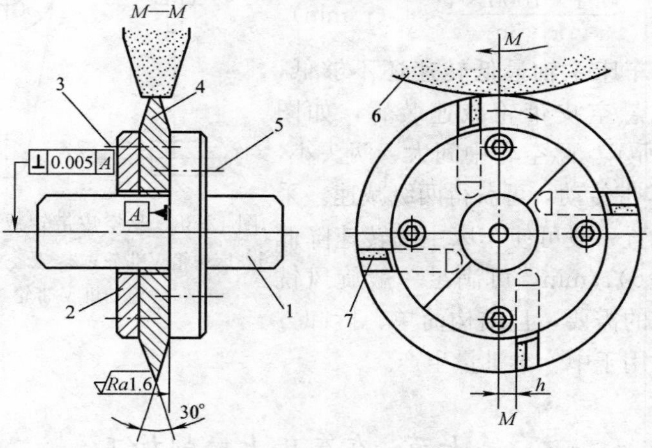

图 12-37　简易磨刀盘

1—盘体；2—压刀盘（两半组成）；3—沉头紧固螺栓；4—定位盘；5—压刀沉头螺栓；6—砂轮；7—铣刀

采用普通外圆磨床磨削外圆和靠磨两侧面的方法，磨至定位盘的成形表面就可磨削出后角 α。h 值可用下式近似计算。

$$h=\sin\alpha\times R=0.1045R$$

式中　h——装刀盘上平面与定位盘轴线间的距离，mm；

α——铣刀后角，一般取 6°，故 $\sin6°=0.1045$；

R——定位盘大外圆半径，mm。

（3）旋风铣削用量的确定。车刀切削部分的材料用 YT15。加工 45 钢，切削速度 $v_c=(100\sim150)$ m/min，进给量：$f=0.06\sim0.10$mm，铣刀刀尖旋转直径 D 取 50mm，故旋风铣头转速为

$$n_m=\frac{1000\times v_c}{\pi D}=\frac{1000\times150}{\pi\times50}\approx1000\ (\text{r/min})$$

车床主轴（工件）转速为

$$n_\omega=\frac{f\times n_m\times z}{\pi D}=\frac{0.1\times1000\times4}{\pi\times36}\approx4\ (\text{r/min})$$

若车床主轴最低转速还不够低，可采用悬空皮带轮减速装置，如图 12-38 所示。悬空轮中间大、两头小，通过 V 带传动，可获得两级减速。采用此装置一般可使车床主轴转速降低到(3～6) r/min，可满足一般旋风铣切螺纹的需要，且结构简单、拆卸方便，适用于中、小批量生产。

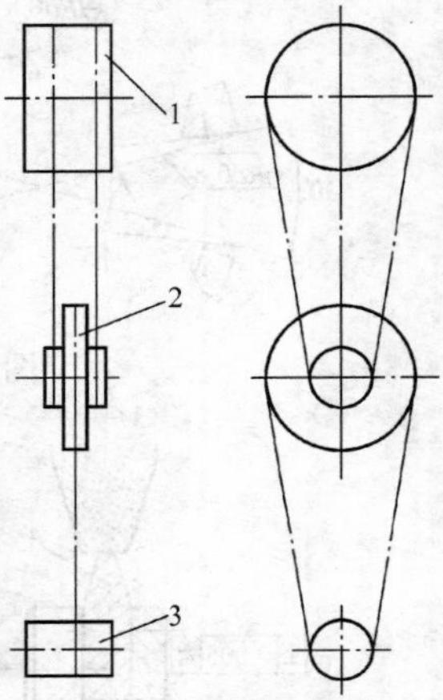

图 12-38　悬空皮带轮减速装置
1—床头箱 V 带轮；2—悬空 V 带轮；3—电动机 V 带轮

第七节　在车床上磨削加工

一、在卧式车床上进行磨削加工的特点

利用卧式车床进行磨削，一般不需要改装车床，只须将磨削用辅助工具——磨头直接安装在车床刀架上，或拆除小滑板，将磨头架安装在中滑板上。磨头由电动机驱动，可进行外圆、内孔、端面、锥面和特形面的磨削加工。但由于车床的传动系统不如磨床传动系统平稳，因此在车床上磨削，加工精度和加工表面质量不如磨床。此外，受车床和所使用附件或磨具的限制，在车床上磨削时，磨削用量一般较小，其生产效率较一般磨床要低。

二、磨削加工相关工艺知识

在车床上装置磨削用辅助工具，可以加工普通磨床无法磨削或

难以磨削的零件（如重型轴类零件），也可用来代替生产现场短缺的磨床设备或解决磨削生产不均衡等问题。利用车床磨削，一般不需改装车床，只须在小滑板刀架上安装辅助工具即可磨削加工，其工件表面粗糙度一般在 $Ra1.6\mu m$ 以下。

1. 磨削用辅助工具的结构型式

车床上使用的磨削用辅助工具，除具有一般磨床上磨头的结构特点和精度要求外，还应具备体积小、装卸方便、操作及修理和制造容易、工作时振动小、安全可靠等特点。下面介绍几种常见的车床磨削用辅助工具。

（1）磨削内孔的辅助工具。图 12-39 所示为一种紧固在刀架上部，主要由电动机和磨头组成的磨削内孔的辅助工具。它可磨削内圆柱孔和内圆锥孔。磨头主轴的旋转通过 V 带传动实现。交换 V 带轮可在一定范围内变换主轴的转速。V 带拉紧可转动电动机座实现。将磨头转一定角度，即可磨削锥孔，此时须手动进给。

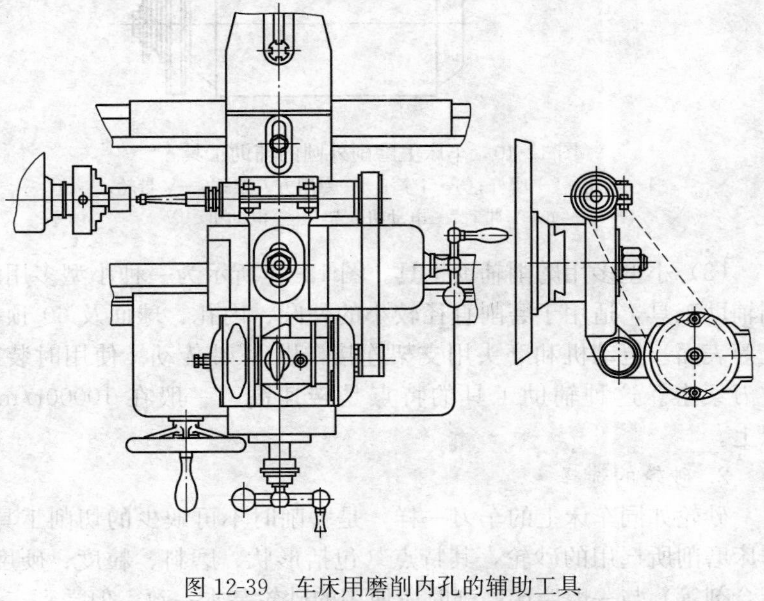

图 12-39 车床用磨削内孔的辅助工具

（2）磨削外圆的辅助工具。图 12-40 所示为一磨削外圆的辅助工具。电动机与磨头装夹在一特制的刀架上。使用时，只需卸去方刀架，装上辅助工具即可。磨头的旋转通过V带传动实现，更换不同直径的V带轮即可改变主轴的转速。这种辅具适合于中、小型零件的粗、精磨削。

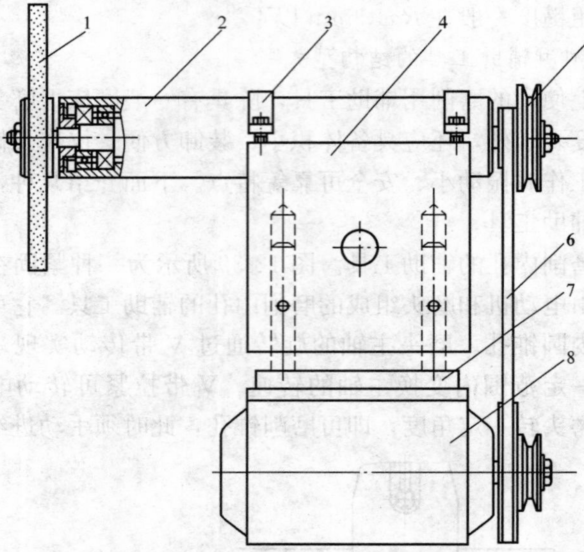

图 12-40　车床上磨削外圆的辅助工具

1—砂轮；2—磨杆；3—卡箍；4—专用方刀架；5—V带轮；6—V带；7—电动机支架；8—电动机

(3) 小型多用磨削辅助工具。图12-41所示为一种小型多用磨削辅助工具，适用于磨削直径较小的外圆、内孔、球面及60°顶针孔等表面。电动机和磨头用支架连接，以V带传动。使用时装在方刀架上。这种辅助工具的特点是转速高，一般在10000r/min以上。

2. 砂轮的选择

砂轮如同车床上的车刀一样，是磨削时不可缺少的切削工具。车床磨削所选用的砂轮，其特点（包括形状、磨料、粒度、硬度、结合剂等）与一般磨床磨削时所使用的砂轮基本一致，但受到车床及其所用辅助工具许多条件（如功率小、强度差、转速低、切削用量小等）的限制。

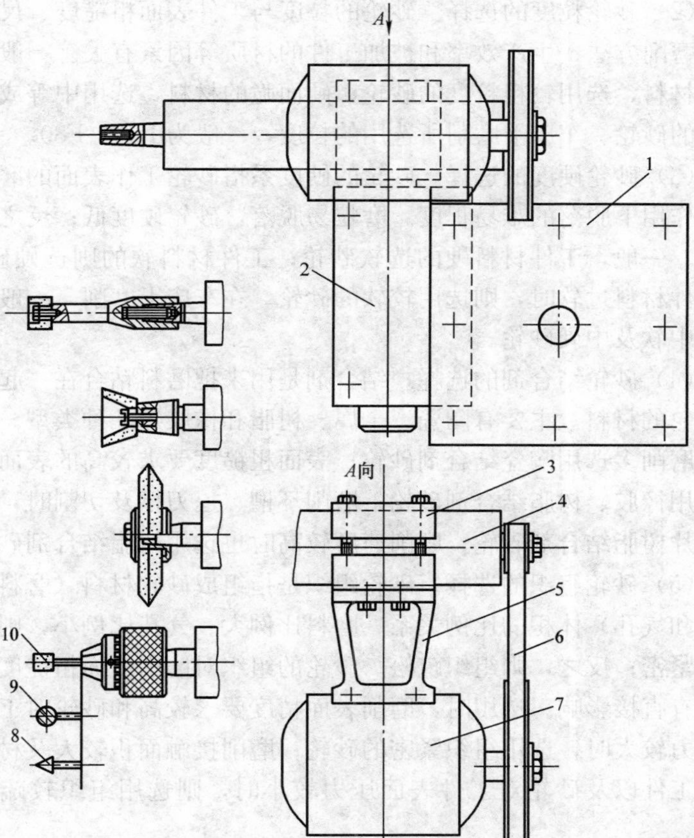

图 12-41　车床用小型多用磨削辅助工具

1—方刀架；2—夹紧套；3—磨杆支承架；4—磨杆；5—电动机支承架；6—V 带；7—电动机；8—铁杆锥形小砂轮；9—铁杆球形小砂轮；10—铁杆圆柱小砂轮

（1）砂轮磨料的选择。一般磨削碳素钢、合金钢、可锻铸铁、铬钢，镍铬钢等抗拉强度高的金属材料时，采用普通氧化铝砂轮；对于淬火后硬度较高的工件，可用白色氧化铝砂轮；磨削硬而脆的材料用碳化硅砂轮；磨削铸铁用黑色碳化硅砂轮；磨削硬质合金刀具则用绿色碳化硅砂轮。

（2）砂轮粒度的选择。砂轮的粒度与工件表面粗糙度、尺寸精度、磨削方法、生产效率和被加工工件的材质等因素有关。一般软而韧的材料，选用较粗粒度的砂轮；硬而脆的材料，选用中等或较粗粒度的砂轮。车床上磨削所选用的粒度，一般为 F36～F80。

（3）砂轮硬度的选择。砂轮的硬度系指砂轮工作表面的磨粒在外力作用下脱落的难易程度。磨粒易脱落，砂轮硬度低；反之硬度就高。一般，工件材料硬的选软砂轮；工件材料软的则选硬砂轮；但工件材料过软时，则选用较软的砂轮。在车床上磨削，一般选用软、中软及中硬砂轮。

（4）砂轮结合剂的选择。结合剂是用来把磨料粘合在一起而构成砂轮的材料。主要有陶瓷、金属、树脂和橡胶等几种类型。一般工件磨削多选用陶瓷结合剂砂轮；表面粗糙度要求较高的表面磨削多选用橡胶、树脂结合剂砂轮；磨削环槽、退刀槽及切割时，则选用薄片树脂结合剂砂轮；磨削速度较高时也选用树脂结合剂砂轮。

（5）砂轮组织的选择。砂轮组织是指组成砂轮材料（磨料、结合剂和气孔）体积的比例关系。磨料比例大、气孔比例小，则砂轮组织紧密；反之，则组织疏松。砂轮的组织对磨削表面粗糙度和生产率有直接影响。选用时，磨削表面精度要求较高和砂轮对工件表面压力较大时，选用组织紧密的砂轮；磨削接触面积较大及材料较软的工件以及砂轮对工件表面压力较小时，则选用组织较疏松的砂轮。

（6）砂轮形状和尺寸的选择。应根据工件形状和车床上磨削的具体情况确定。一般，砂轮外径尽可能取大些，这样磨削速度高，生产率高，但不要超过砂轮上标注的安全线速度。砂轮的宽度在纵向磨削时可选宽些。磨削内孔时，砂轮外径一般取孔径的 2/3 左右。在车床上磨削，砂轮外径一般取 $\phi(80\sim200)$mm。

3. 砂轮的平衡

砂轮不平衡在高速旋转时会产生振动，从而影响加工质量，严重时还会造成砂轮破裂和机床损坏。引起砂轮不平衡的原因有砂轮几何形状不对称、砂轮各部分的密度不均匀以及安装时偏心等。

砂轮平衡的方法，一般采用静平衡法（参看图 12-42），其方法如下。

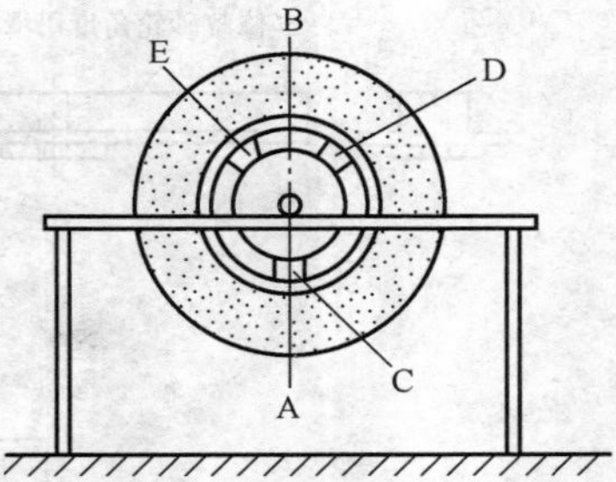

图 12-42　砂轮静平衡

（1）找出砂轮重心所在的直径 AB。

（2）于重心的位置上加上平衡块 C，并使 A 和 B 两点位置不变。

（3）再加上平衡块 D、E，并使 A 和 B 两点的位置不变；如有变动调整 D、E，使 A 和 B 两点恢复原位。此时砂轮左右已平衡。

（4）将砂轮转动 90°，若能保持不动，即达到平衡。如不平衡，将 D、E 两个平衡块同时向一个方向移动，直到平衡为止。

（5）经过上述反复之后，一般砂轮在八个方位都能保持平衡。

平衡砂轮时应注意如下事项。

（1）平衡架应调整水平。

（2）砂轮要紧固在法兰盘上，平衡块及平衡块槽应擦净。

（3）砂轮上的磨削液应甩净。

（4）砂轮法兰盘内锥孔与平衡心轴相互配合接触应良好，心轴不应弯曲。

（5）平衡架的刀口或圆棒应检查是否生锈或弯曲。若生锈或弯曲、应拆下重新磨削达到精度要求。

（6）砂轮平衡好后，平衡块应紧固。

4. 砂轮的修整

砂轮的修整和车刀的刃磨一样重要。当砂轮工作表面出现磨粒钝化、堵塞、外形失真等现象时，将影响磨削工作的正常进行，且直接影响加工工件的表面质量。因此，砂轮修整是保证磨削加工正常进行和工件表面质量的必要条件。

修整砂轮时，需使用砂轮修整器。图 12-43 所示为专用砂轮修整架，其上可安装修整砂轮的金刚石刀具，修整架可安装在车床导轨上。安装金刚石刀具处与车床主轴轴心线等高，但在水平面内可转 360°，砂轮修整架的底部还可作纵横方向位置的调整。

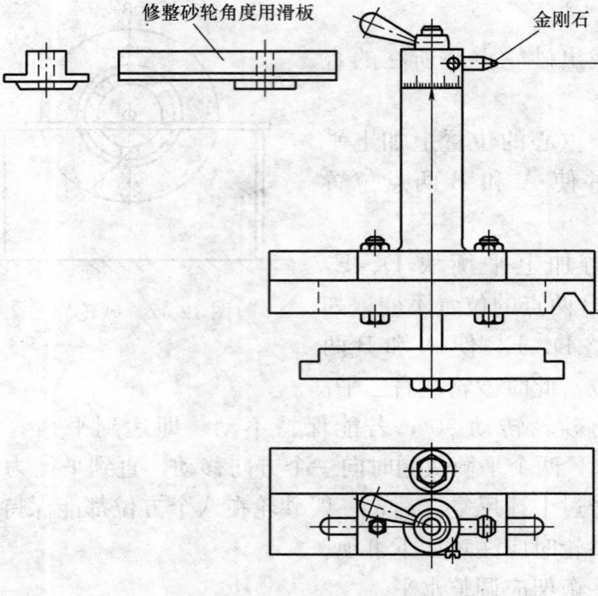

图 12-43　专用砂轮修整架

修整砂轮时，要根据零件结构形状来确定对砂轮不同部位的修整方法。当磨具装在小滑板刀架上使用砂轮修整器时，其具体修整方法如下。

（1）磨削外圆及内圆时，应移动床鞍来修整砂轮。

（2）磨削内外端面时，应移动中滑板来修整砂轮。

（3）磨削外圆与外端面，内圆与内端面时，砂轮必须修整成90°，以保证轴线与端面的垂直度要求。

（4）磨削内外锥面时，应按工件锥角大小移动小滑板刀架来修整砂轮。

（5）成型磨削锥面时，将修整架上端换成修整角度用的滑板，扳成所需要的角度，移动金刚石座来修整砂轮。

（6）磨削特殊型面外形时，移动大溜板来修整砂轮外圆，手持金刚石修整砂轮转接处，使砂轮成圆弧形以便双手控制磨削。

（7）磨削特殊圆弧形面时，须将磨头垂直于主轴和机床导轨安装，并以工件端面为基准，移动金刚石座来修整，以便使砂轮直接磨削出所需形面。

（8）修整砂轮每次进给量，一般在 0.02～0.05mm，最后停止进给，反复修整两次，可使砂轮达到平细要求。

5. 在车床上磨削加工的一般工艺特点

（1）需要经过磨削加工才能达到尺寸精度和表面粗糙度要求，而在一般磨床上磨削困难或难以加工的零件，可以考虑在车床上磨削。

（2）超过一般磨床加工范围的零件，或为解决磨床设备的不足及磨床生产负荷不均衡的矛盾，可以考虑在车床上完成磨削加工。

（3）材料硬度≥50HRC，尺寸精度在 IT6～IT7 级，形状和位置公差 0.005～0.020mm 之内，表面粗糙度 $Ra<1.25\mu m$ 的零件和组合件，车削达不到要求，又不适合在磨床上磨削时，可以考虑在车床上磨削。

（4）对组合件加工表面有车削与磨削要求部分，为保证加工质量，可以在车床上采取一次装夹定位，同时完成车削与磨削工序。

（5）特殊型面加工，既不能车削，又没有专用磨床（如靠模磨床，坐标磨床等），在单件生产条件下可在车床上磨削。

（6）精度高、表面粗糙度小的某些深孔件可以在车床上磨削。

（7）在车床上磨削的零件与组合件，要求加工余量均匀，热处理后变形量尽可能小，对低碳钢渗碳淬火件更为重要，应避免在磨削后零件部分表面失去渗碳层。

（8）对易变形的薄壁件，在车床上完成车削后磨削，易达到精度要求。

6. 在车床上磨削时工件装夹与找正特点

在车床上磨削加工常用的装夹工具仍然是三爪自定心卡盘，四爪单动卡盘和花盘等。但卡盘的卡爪夹紧力不均匀，易使工件产生不同程度的变形。而在车床上磨削的工件大多刚性差或形状复杂，装夹比较困难且易变形。因此，合理的装夹和找正工件是保证零件加工精度的重要条件之一。

（1）环形件和薄壁件磨削，采用三爪或四爪卡盘装夹时，要注意卡爪移动的灵活性，夹紧力不宜过大。粗磨后应松动卡爪，重新调整夹紧力，使精磨时的夹紧力减小到足以夹持进行精磨即可。可以用百分表测量工件夹紧面或找正表面，使测头接触表面，表针摆动量控制在0.01～0.02mm之内。

(2) 在车床上磨削易变形工件时，如在粗车工序或热处理工序后已有变形现象（如呈椭圆状），采用四爪单动卡盘装夹时，可按工件直径最大与最小点两处分别装夹，并用百分表按最大与最小点两处分别找正工件。

(3) 找正盘类、环形类工件时，先找正端面（平面或台阶平面），后找正外圆或内孔，最后再找正端面。端面与外圆（或内孔）均按四点对称找正。找正轴类件时，需考虑工件内外圆柱面对主轴旋转轴线的平行度。

(4) 有较大基准面的工件和组合件，一般采用花盘装夹与定位。接触的工件基准面应研磨，然后用压板压紧工件，以提高定位精度。压板作用于工件的力应当均匀，并保证工件受力点低于压板支承点0.5～1.0mm，防止工件产生移动或变形。

7. 磨削用量的选择

在车床上磨削与在磨床上磨削不同，磨削用量受车床和所使用附件或磨具的限制，一般较小，生产效率较一般磨床要低。

在车床上磨削常用参考磨削用量如下。

(1) 粗磨。背吃刀量 a_p=0.05～0.1mm，进给量 f=(0.1～0.2)mm/r。

车床主轴转速随加工工件直径大小而变。

1) 当工件直径 D<100mm时，n=(250～600)r/min;

2) 当工件直径 100<D<200mm时，n=(90～250)r/min;

3) 当工件直径 200<D<350mm时，n≤90r/min。

(2) 精磨。背吃刀量 a_p=0.01～0.02mm，最后精磨时应停止进给而光磨二次；进给量 f=(0.05～0.2)mm/r；车床主轴转速为：

1) 当工件直径 D<100mm时，n=(150～300)r/min;

2) 当工件直径 100<D<200mm时，n=(90～150)r/min;

3) 当工件直径 200<D<350mm时，n=(20～90)r/min。

三、在车床上磨削加工实例

（一）磨削内孔

图 12-44 所示为一组合件，由圆盘和套筒组成。套筒材料为 20 钢，经渗碳淬火后的硬度 50～55HRC。本工序加工套筒内孔 $\phi120^{+0.045}_{0}$，使其与圆盘的校正圆表面 $Ra1.6\mu m$ 处保持同轴，对圆盘底面保持垂直要求。小批单件生产。

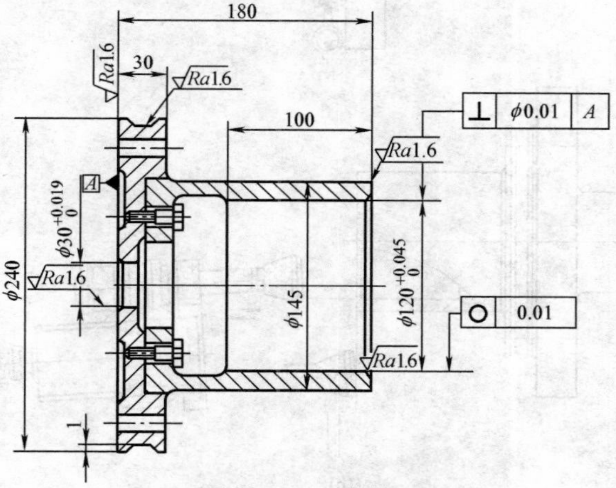

图 12-44　圆盘套筒组合件

1. 工艺分析

此套筒组合中，套筒系渗碳淬火件，硬度较高（50～55HRC），不宜车削，适于磨成。现场如无相应的内圆磨床，在小批单件生产的情况下，在车床刀架上装上内圆磨削附具进行磨削加工，达到图样技术要求是比较方便的。

2. 加工工艺和磨削步骤

参看图 12-45。

（1）以花盘螺栓装夹套筒组合件，用千分表找正圆盘校正圆，其偏差不大于 0.005mm，如图 12-45（a）所示。

（2）将磨具装于小滑板刀架上，使磨具旋转轴线与主轴轴线位于同一水平面内，并将磨具沿顺时针方向旋转 5°～10°以便磨削，如图 12-45（b）所示。

（3）修整砂轮，使磨削内孔的砂轮外缘与工件内孔表面平行一

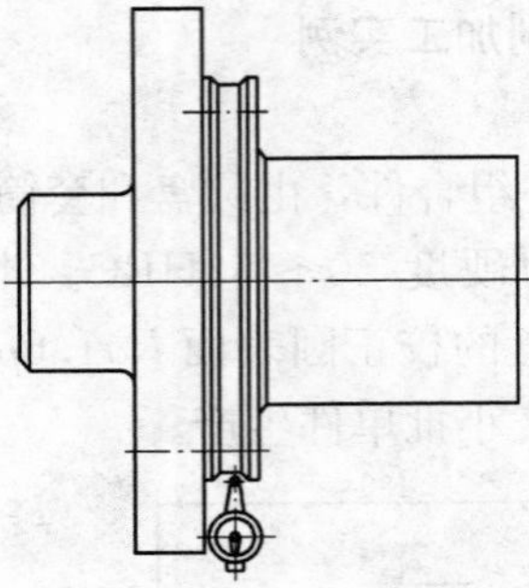
(a)

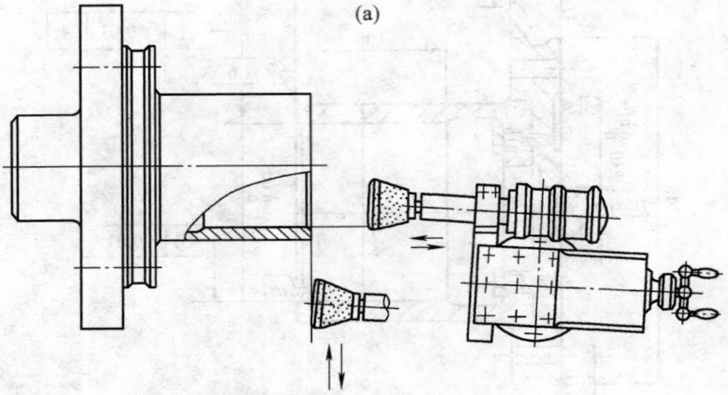
(b)

图 12-45 套筒组合磨削加工示意图
(a) 用千分表找正圆盘校正圆；(b) 磨削

致，宽度约 6～8mm，并与砂轮端面相互成 90°，以保证工件内孔轴线对端面的垂直度。

(4) 粗磨。切削用量可适当加大以提高生产效率，留精磨余量每边为 0.05～0.08mm。

(5) 在常温下精磨到尺寸，保证尺寸精度，表面粗糙度和形位精度要求。

(二) 磨削外圆及锥面

图 12-46 所示为一弹簧心轴，系专用的车床夹具，锥体材料为 20 钢、渗碳淬火 50～55HRC，弹性套筒材料为 T8 工具钢。要求装夹圆盘校正表面，弹性锥套表面，圆锥表面及中心孔等对夹具旋转轴线保持同轴，偏差不大于 0.02mm。本工序主要加工表面为 1、

2、3、4 及中心孔。弹性套筒的内锥孔和可调外锥体均已精加工完。

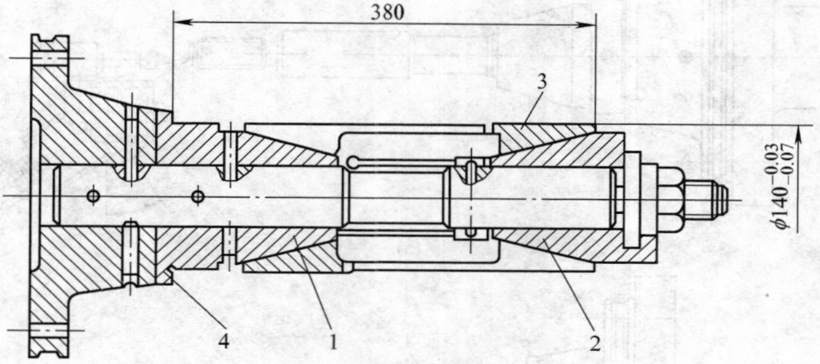

图 12-46　弹簧心轴

1. 工艺分析

这种心轴技术要求高，每个零件单件加工后装配难以保证总的技术要求，因此在工艺上采取装配后集中加工来保证精度。

2. 加工工艺和磨削步骤

参看图 12-47。

(1) 将弹簧心轴有关零件装配好后，以装夹圆盘底面为基准安装在车床花盘上，按已经加工好的校正外圈用千分表找正，使工件轴线与主轴轴线同轴，偏摆不大于 0.005mm，如图 12-47 (a) 所示。

(2) 修磨中心孔。小滑板刀架旋转 30°，将小型磨具装于小滑板刀架上，修整砂轮成 60°（在实际操作中砂轮角度应小于 60°），然后磨削中心孔，如图 12-47 (a) 所示。

(3) 磨削圆锥体 1 [图 12-47 (b)]。移动小刀架修整好砂轮圆锥面 [图 12-47 (c)]。用活顶尖支持工件右端，换上磨具，小滑板刀架旋转 15°（与工件角度相等），分粗、精磨，保证圆锥体 1 磨削表面与弹簧套筒圆锥孔着色研合面积达 90%。

(4) 磨削圆柱面 2 [图 12-47 (b)]。小滑板刀架扳到零位以中溜板进刀，手摇床鞍修整好砂轮 [图 12-47 (d)]，磨削工件圆柱面 2（磨削时床鞍纵向走刀，中滑板横向进给）。

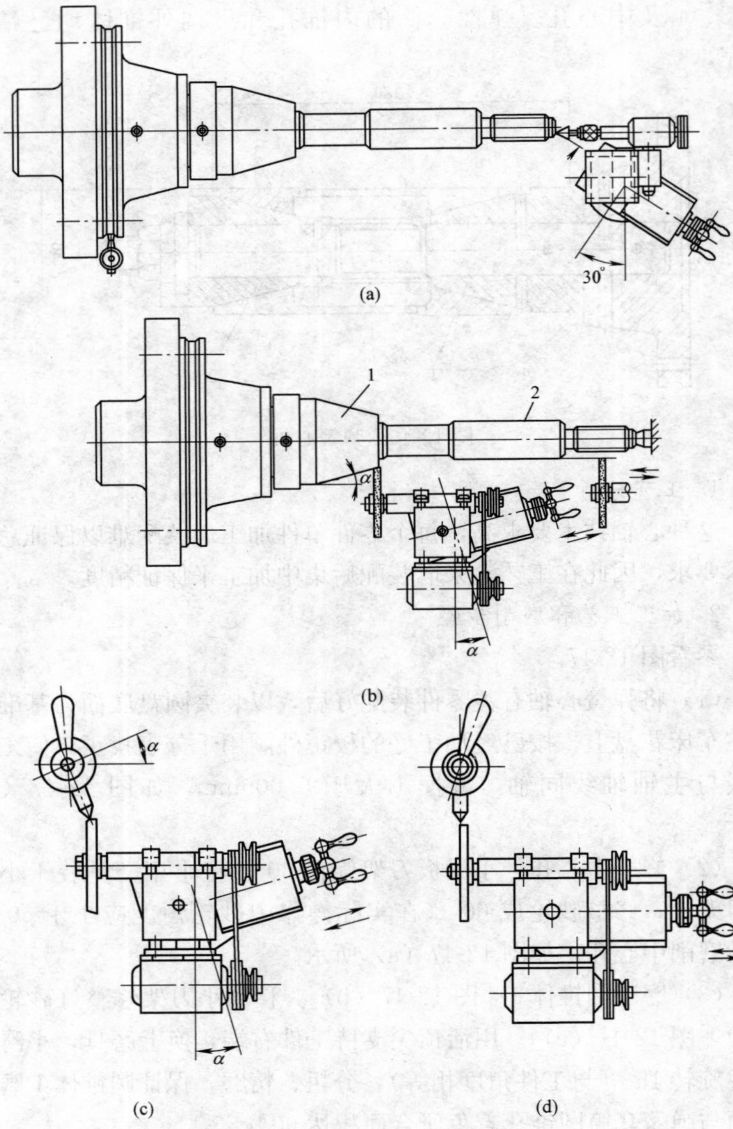

图 12-47　弹簧心轴加工示意图（一）

（a）安装找正工件；修磨顶尖孔；（b）磨削圆锥面 1 和圆柱面 2；
（c）修整磨削圆锥面的砂轮表面；（d）修整磨削圆柱面的砂轮表面；

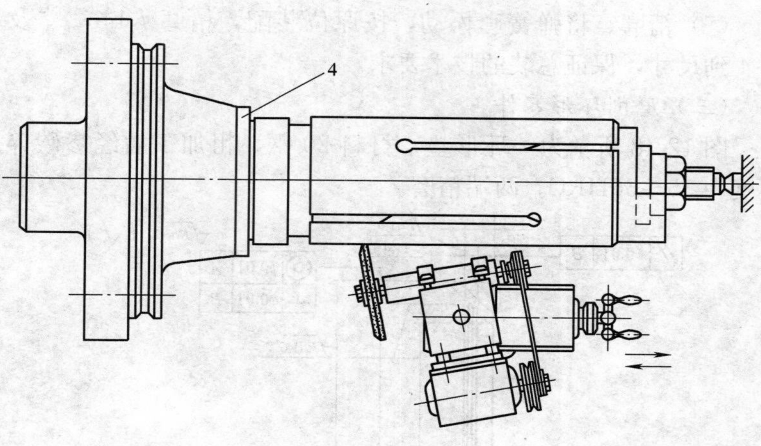

(e)

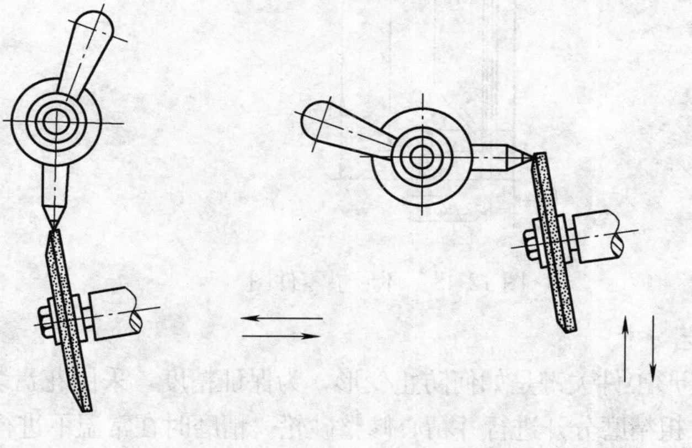

(f)

图 12-47　弹簧心轴加工示意图（二）

（e）磨削弹簧套筒外圆及端面 4；（f）修整磨削圆柱面和端面 4 的砂轮表面

（5）总装全部零件，重新装夹磨具，如图 12-47（e）所示。

（6）粗磨弹簧套外径 $\phi 140_{-0.07}^{-0.03}$ mm 及端面 4［图 12-47（e）］。弹簧套应在胀大 0.03～0.07mm 状态下磨削。磨削前先修整砂轮的外圆与端面，相互成 90°，如图 12-47（f）所示。每边留精磨余量。

（7）精磨。将弹簧套松动，按原位装配，精磨 $\phi 140_{-0.07}^{-0.03}$ 及端面 4 到尺寸，保证总装的技术要求。

（三）磨削环形零件

图 12-48 所示为一环形垫，材料 20 钢，粗加工后经渗碳淬火硬度为 55～66HRC。两端精磨。

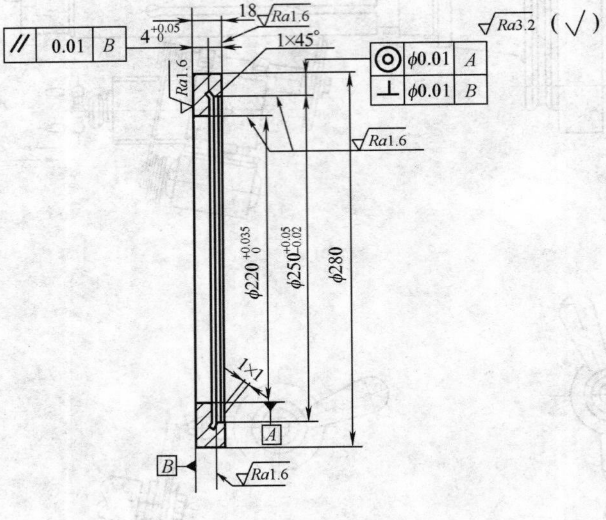

图 12-48　环形垫零件图

1. 工艺分析

磨削环形工件关键是如何防止变形，为保证精度，采用花盘装夹、端面压紧，粗精磨分开进行并精心修整砂轮。精磨时在常温下进行。

2. 加工工艺和磨削步骤

参看图 12-49。

（1）以工件端面为基准，在花盘上用压板装夹，百分表找正工件内孔最大与最小点两处，找正好后轻轻夹紧，如图 12-49（a）所示。

（2）将磨具安装在小滑板刀架上，磨具轴线与车床主轴轴线相互成适当角度（以不碰工件夹紧机构和磨削方便为原则）。修整砂轮，先修整磨削内端面的砂轮端面，宽 3～4mm；后修整磨削内孔的砂轮外缘表面，宽 5～6mm，而且相互成 90°，以保证工件内孔与端面的垂直度。

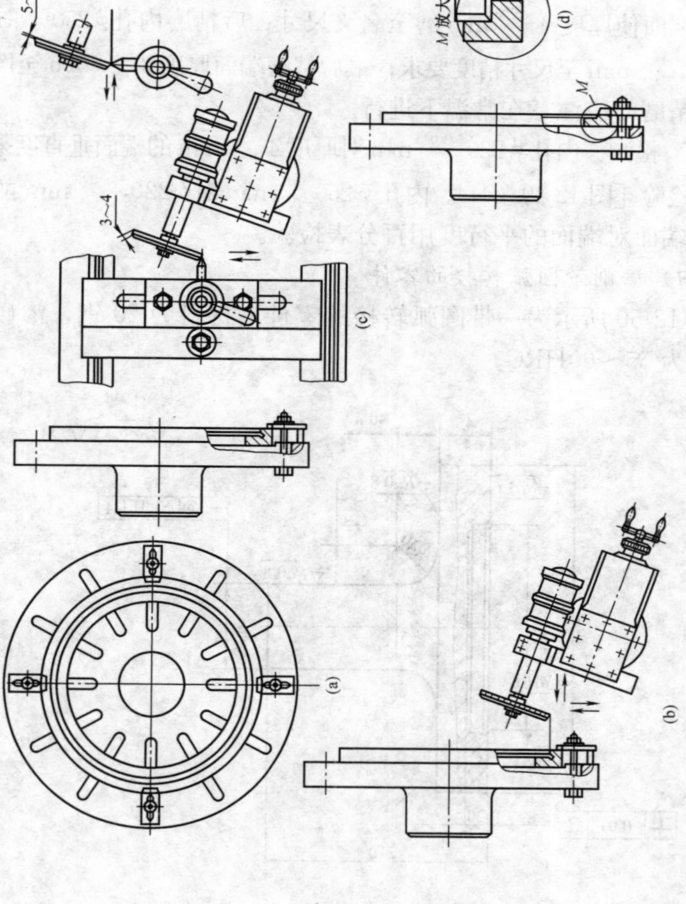

图 12-49　环形垫加工示意图

(a) 用花盘压板安装找正工件；(b) 将磨具安装在小滑板刀架上；(c) 修整磨削内孔用的砂轮端面和外缘；(d) 用直角尺检验垂直度

(3) 粗磨。粗磨内孔时以中滑板进给，床鞍走刀；粗磨端面时，以床鞍进给，中滑板走刀；并留出精磨余量每边0.05～0.10mm。

(4) 检验工件两端面。若有挠曲变形，可在平面磨床上重新精磨两端面，保持平行度在0.01mm以内。

(5) 精磨。工件的装夹找正与粗磨时相同。要经常修整砂轮。先精磨端面使厚度$4^{+0.05}_{0}$mm磨至名义尺寸；后精磨内孔$\phi 250^{+0.05}_{-0.02}$mm及$\phi 220^{+0.035}_{0}$mm至尺寸精度要求；最后精磨端面厚度$4^{+0.05}_{0}$mm至图样要求。精磨时应注意在常温下进行。

(6) 检测。内孔$\phi 220^{+0.035}_{0}$mm对厚度$4^{+0.05}_{0}$mm的端面垂直度采用直角尺检验［图12-49 (d)］。内孔$\phi 250^{+0.05}_{-0.02}$mm对$\phi 220^{+0.035}_{0}$mm的同轴度及端面对端面的平行度用百分表检验。

（四）磨削带圆弧转接的零件

图12-50所示为一带圆弧转接的零件，材料为20钢，渗碳淬火硬度为55～60HRC。

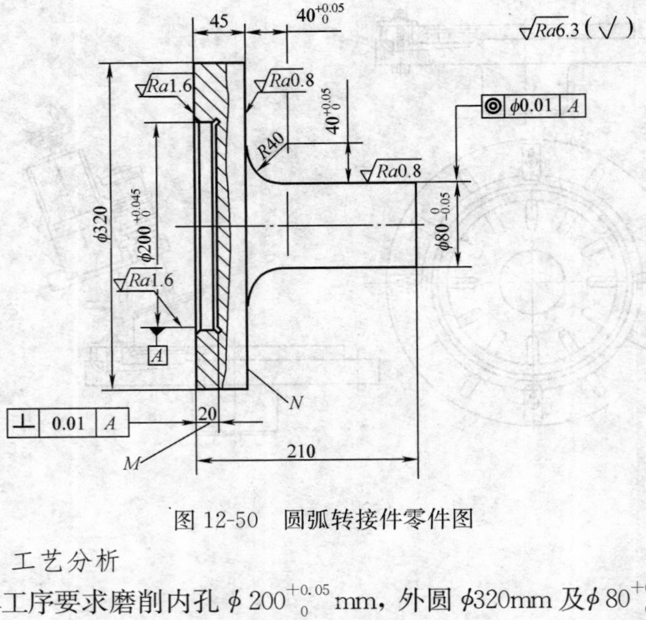

图12-50 圆弧转接件零件图

1. 工艺分析

本工序要求磨削内孔$\phi 200^{+0.05}_{0}$mm，外圆$\phi 320$mm及$\phi 80^{+0.05}_{0}$mm，

端面 M、N 及 $R40$mm 圆弧转接处。其左端的内孔、外圆和端面磨削与一般内外圆的磨削方式基本相同；圆弧转接处的磨削有一定难度，关键是解决好砂轮的修整、磨削的顺序和操作。

2. 加工工艺和磨削步骤

参看图 12-51。

（1）三爪自定心卡盘装夹磨削内外圆及端面如图 12-51（a）所示。

（2）以内孔定心，四爪单动卡盘夹持工件，卡爪与内圆柱面之间垫铜皮，用百分表找正外圆 $\phi320$mm 和端面 M，使工件轴线与主轴轴线同轴。粗磨型面部分，如图 12-51（b）所示。磨具不需重新安装即可磨削，在直径方向留精磨余量 0.5～1mm。

（3）精磨外圆 $\phi 80_{-0.05}^{0}$ mm 到尺寸要求。

（4）重新安装磨具，修整砂轮，精磨工件圆弧转接处，如图 12-51（c）所示。砂轮的旋转轴线垂直于车床主轴。修整砂轮是以工件粗磨的端面为基准，将金刚石座放在工件端面上，用于上下移动进行修整，砂轮外圆修整至 $\phi 80_{0}^{+0.05}$ mm，直接精磨出半径 $R\,40_{0}^{+0.05}$ mm的圆弧，如图 12-51（d）所示。

（5）磨削端面 N，见图 12-51（d）。

（6）检测。圆弧半径 $R\,40_{0}^{+0.05}$ mm 及转接处，用样板检查，透光度均匀，间隙不大于 0.03mm。

四、在车床上磨削时的注意事项

（1）工件的磨削余量不宜过大，一般在 0.2～0.3mm 之间。

（2）合理选择砂轮，宽度不宜过大，否则易产生振动；砂轮必须经过静平衡，外圆不应跳动，如有跳动，应进行修整。

（3）磨头必须具有足够的刚性，特别是在磨削内孔时，磨具主轴应尽可能加粗。选用轴承钢（如 GCr15），以减少磨削时的振动和工件的形状误差。

（4）砂轮旋转轴线与工件的旋转轴线必须等高。

（5）当工件刚性较差时，如磨细长轴，应采用跟刀架支承工件，以减少磨削时的振动。

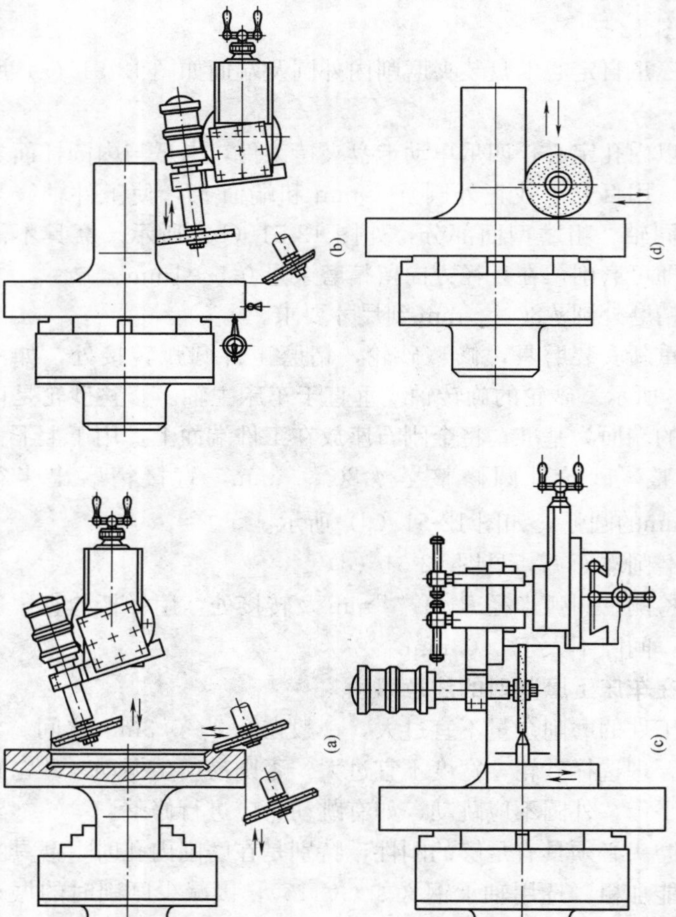

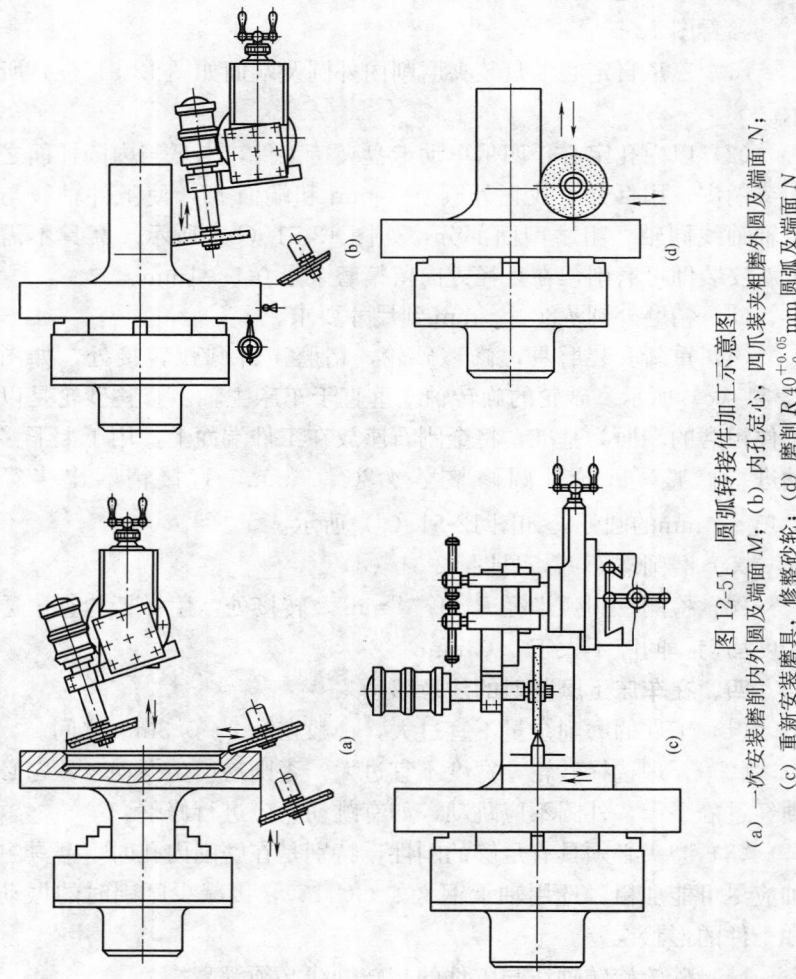

图 12-51　圆弧转接件加工示意图

(a) 一次安装磨削内外圆及端面 M；(b) 内孔定心，四爪装夹粗磨外圆及端面 N；
(c) 重新安装磨具，修整砂轮；(d) 磨削 $R40^{+0.05}_{0}$ mm 圆弧及端面 N

（6）选择切削用量时，工件转速不宜过快，一般在 10～15m/min 范围内；砂轮转速应保持在 25～30m/s；砂轮的旋转方向应使其相对于工件的磨削方向垂直向下；磨头的径向进给由中溜板移动完成，每次进给量为 0.02～0.04mm，轴向进给量不宜过慢，一般为（0.5～1.0）mm/r。

（7）磨削时，必须充分浇注硫化乳化液，进行冷却润滑。

（8）在车床上进行磨削时，应仔细将机床导轨封闭，防止磨削粉尘落在导轨面上，而导致车床过早磨损，失去精度。

第八节　在卧式车床上珩磨加工

一、珩磨原理及其工艺特点

珩磨是利用珩磨工具对工件表面施加一定压力，珩磨工具同时作相对旋转和直线往复运动，切除工件上极小余量的精加工方法。

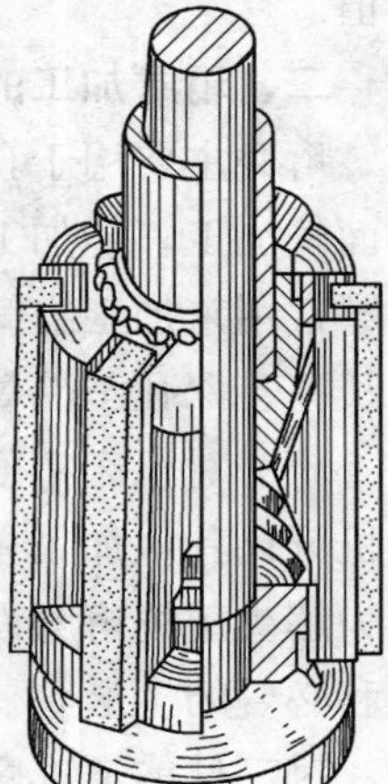

图 12-52　珩磨头

珩磨使用的主要工具是珩磨头，其结构如图 12-52 所示，由数条细粒度的磨条，沿圆周均布构成，珩磨头中的机构使磨条以一定的压力压向工件。珩磨时，珩磨头相对工件的旋转和直线往复运动，使磨条上的磨粒从工件表面上切去一层极薄的金属。磨条上每一磨粒在加工表面上的切削轨迹呈交叉而又不重复的网纹，如图 12-53 所示。由于珩磨中磨粒的切削方向经常连续变化，因此能较长期地保持磨粒的锋利和较高的磨削效率。

珩磨过程中，金属的切除与磨削过程很相似，也有切削、挤压和刮擦等过程。金属的切除率主要取决于加在磨条上的压力大小和相对旋转与直线往复运动速度的大小。

与普通磨削相比，珩磨时磨具的单位面积压力较小，因而每一磨粒的负荷很小，加工表面的变形层很薄；珩磨条的速度很低，故珩磨的效率很低；珩磨时，须加注大量的切削液，以便及

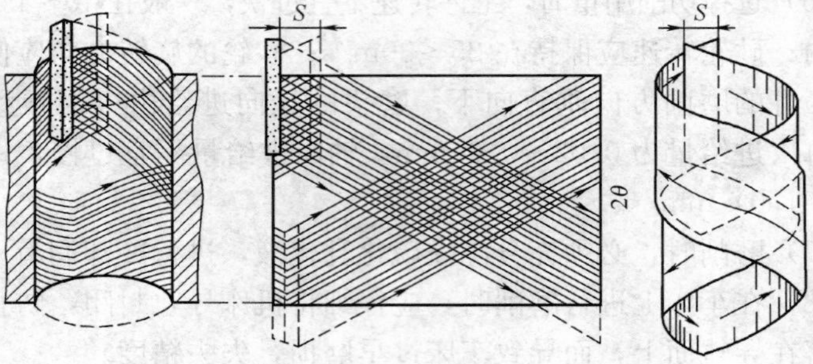

图 12-53　珩磨内孔时磨条磨粒的运动轨迹

时冲走脱落的磨粒，同时使工件表面得到充分的冷却。因此，工件表面传入热量很少，不易产生烧伤。由于磨条上压强小，磨粒切深很浅，磨粒粒度又很细，因此珩磨可以获得很小的表面粗糙度值。

二、珩磨加工的适用范围

珩磨主要用于孔加工，也能进行外圆、平面、球面及其他成形表面的加工，能加工孔径 2～1500mm，孔长 10mm～20m 的工件。珩磨常用来加工缸筒、阀孔、套孔、外形不便旋转的大型工件以及细长孔、深孔工件等。

珩磨对机床精度的要求低。在满足同样精度要求的条件下，珩磨机床比其他加工方法的机床精度要低一级或更多。在车床上珩磨是为解决现场珩磨设备的短缺，而对车床作相应的改装，加上珩磨头和必要的工装，就可满足生产的需要。特别是用珩磨轮进行珩磨，对工件前道工序的表面质量要求不高，即使车削表面也可直接进行轮式珩磨。图 12-54 所示为双轮珩磨外圆的加工原理。工件 3 安装在两顶尖之间，两侧各安装一珩磨轮 1，珩磨轮轴线与工件轴线交叉成 α 角，两轮方向相反。珩磨轮在弹簧力作用下紧贴工件，机床主轴带动工件回转时，工件带动珩磨轮回转，并在工件与珩磨轮接触表面间产生相对滑动，从而产生切削作用。与此同时，珩磨轮作轴向往复进给运动，对工件进行珩磨，其运动关系（见图 12-55）为

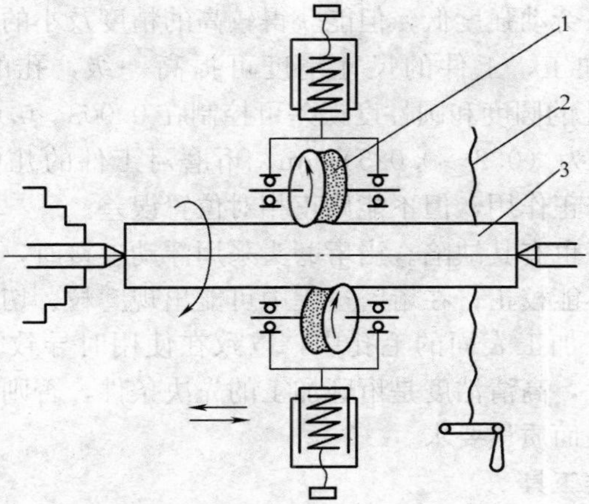

图 12-54　双珩磨轮珩磨外圆原理图

1—珩磨轮；2—左右旋丝杠；3—工件

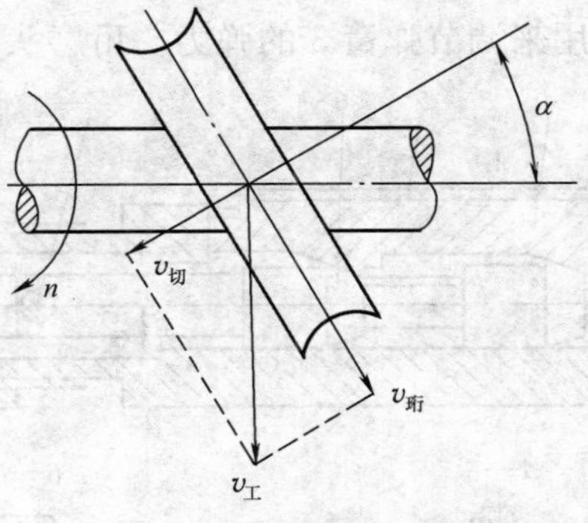

图 12-55　珩磨轮的运动关系

工件表面线速度　$v_{工}=\frac{\pi Dn}{1000}$(m/min)

珩磨轮线速度　$v_{珩}=v_{工}\cos\alpha$(m/min)

切削速度　$v_{切}=v_{工}\sin\alpha$(m/min)

式中　D——工件直径，mm；

n——工件转速，r/min；

α——珩磨轮轴线与工件轴线交叉角，(°)。

珩磨加工劳动强度低，但能获得较高的精度及小的表面粗糙度值。经珩磨加工，工件的尺寸精度可提高一级，孔的精度可达IT7～IT6，孔的圆度和圆柱度误差可控制在0.003～0.005mm，表面粗糙度 Ra 为（0.2～0.025）μm。珩磨对工件的几何形状误差具有一定的修正作用，但不能修正相对位置误差。

珩磨加工也有其缺陷。当珩磨头采用浮动连接时，对被加工孔的轴线位置不能校正；在珩磨过程中可能出现磨粒、切屑小块或其他杂质压入被加工表面的毛孔中，以致在使用时导致零件过早磨损。应当注意，高清洁度是珩磨加工的先决条件，否则将达不到应有的精度和表面质量要求。

三、珩磨工具

1. 磨条式珩磨头

图12-56所示，为常用的磨条式内圆珩磨头结构图。珩磨头本体2上开有三条沿圆周均布的长槽，长槽中装有可沿径向滑动的磨条座4，磨条5用粘结剂粘在磨条座4上。珩磨头本体2的中心孔前端的弹簧座1，用来调节弹簧3的弹力。珩磨头本体2内装有可

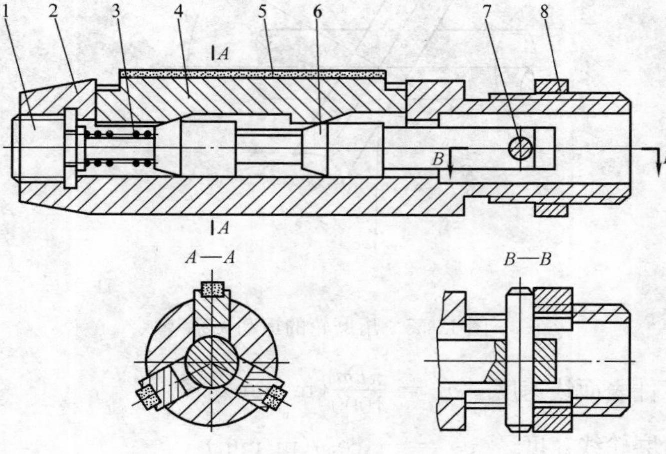

图12-56 磨条式内圆珩磨头结构

1—弹簧座；2—珩磨头本体；3—弹簧；4—磨条座；
5—磨条；6—锥体；7—销轴；8—调节螺母

沿轴线方向滑动的锥体 6，并通过销轴 7 连在一起，销轴 7 在弹簧 3 作用下抵紧在调节螺母 8 上。旋动调节螺母，推动销轴沿珩磨头本体后端的两长形导向槽滑动，带动锥体前移，锥面推动磨条座径向滑动，实现磨条的径向进给。

磨条的磨料根据工件材料确定，一般钢件选用刚玉类磨料，铸铁件则选用碳化硅类磨料。磨条必须保证磨料粒度均匀，不允许混有粗磨粒和杂质，并应具有一定的弹性和抗压性能。珩磨头上磨条的数量根据被珩孔的大小确定，常为 3 的整数倍，磨条的总宽度为被珩磨内孔圆周长度的 15%～30%，珩磨小孔时，磨条总宽度所占比例应大些，但不超过小孔圆周长度的 50%。工件材料过硬时，磨条宽度应选窄些；反之，工件材料较软时，磨条宽度应选宽些。金刚石磨条的宽度应窄，约为普通磨料磨条宽度的 1/3～1/2。磨条数量和宽度的选择可参照表 12-2。磨条的长度影响磨削作用和珩磨时的导向作用，与被珩磨孔的直径 D 和长度 L 有关。对于一般长孔（$L/D \geqslant 3$），当珩磨不校正原始孔的直线度时，磨条长度 $l \geqslant (1 \sim 1.5)D$；当珩磨同时用于校正原始孔的直线度时，$l \geqslant (0.8 \sim 1)L$。对于一般短孔（$D \geqslant L$），磨条长度较短，不宜用作导向，$l = (0.67 \sim 0.75)L$。

表 12-2　　内圆珩磨磨条的数量和宽度

磨头直径（mm）	磨条数量（条）	磨条宽度（mm）
<10	2	3～5
10～20	2～3	3～8
20～50	2～4	5～10
50～150	3～6	7～15
150～250	4～10	11～20
>250	>8	>15

2. 用珩磨轮组成的珩磨头

用珩磨轮组成的珩磨头，可以珩磨外圆，也可珩磨孔径较大的内孔。珩磨头有单轮式、双轮式、三轮式和多轮式多种结构。

（1）单轮式外圆珩磨头。图 12-57 所示，为珩磨外圆柱表面的单轮式珩磨头结构图。

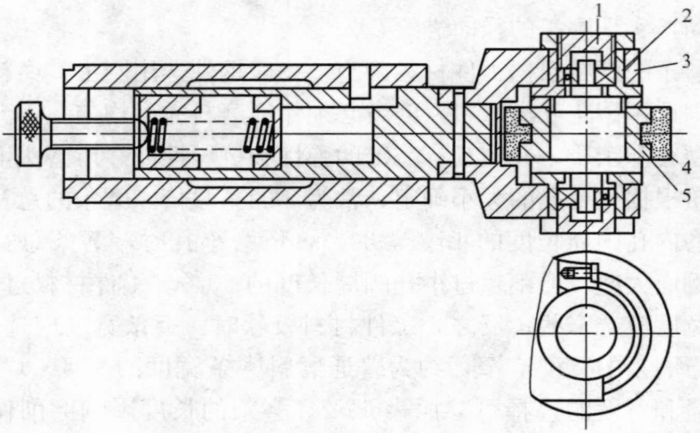

图 12-57　单轮式外圆珩磨头

1—螺塞；2—轴承套；3—压盖；4—砂轮；5—内圈

（2）双轮式内圆珩磨头。图 12-58 所示，为珩磨内圆柱表面的双轮式内圆珩磨头结构图。

（3）三轮式内圆珩磨头。图 12-59 所示，为三轮式珩磨头，用以珩磨 ϕ（185～190）mm 内孔。

（4）四轮式内圆珩磨头。图 12-60 所示为四轮式内圆珩磨头，用于珩磨直径 200～240mm 的内孔。

珩磨轮磨料选用白刚玉或金刚砂，粒度按工件的表面粗糙度要求选择，如需工件表面粗糙度 $R_a<0.10\mu m$ 时，粒度应选 W20 或更细。结合剂用环氧树脂。珩磨轮的直径大小对工件表面粗糙度影响不大，直径大，珩磨轮修整次数少，寿命高。珩磨外圆时，珩磨轮直径一般较工件直径大些；珩磨内孔时，根据工件孔径和珩磨头结构确定。珩磨轮的宽度对珩磨质量的影响也不显著，在相同进给速度条件下，宽度大则表面粗糙度值相应小，但过宽会导致磨削力增大，工件容易发热变形。珩磨轮宽度一般按珩磨轮直径的 1/3 选取。

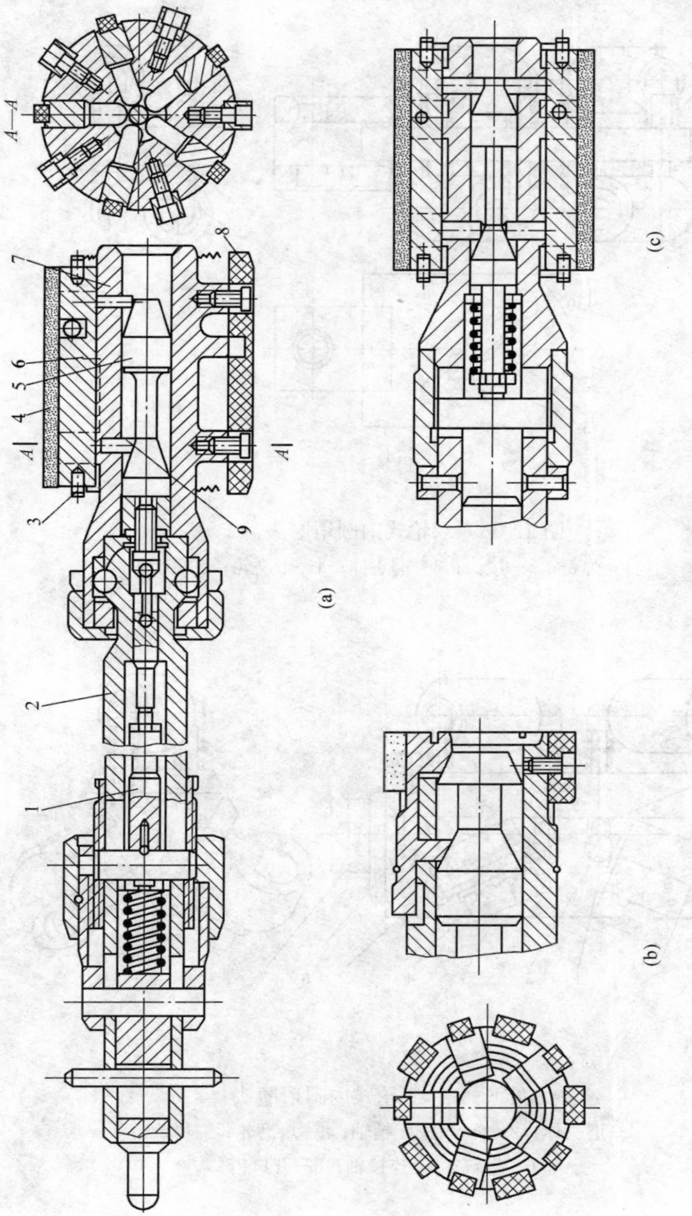

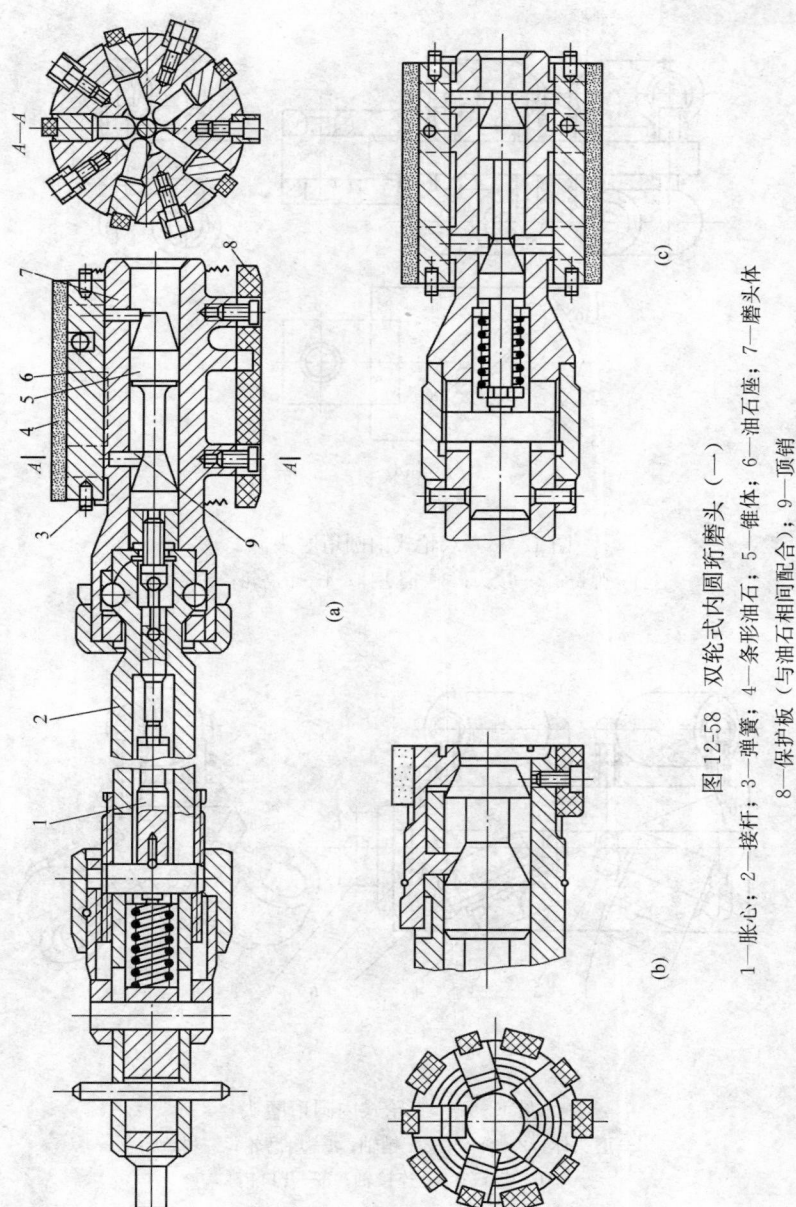

图 12-58　双轮式内圆珩磨头（一）

1—胀心；2—接杆；3—弹簧；4—条形油石；5—锥体；6—油石座；7—磨头体

8—保护板（与油石相间配合）；9—顶销

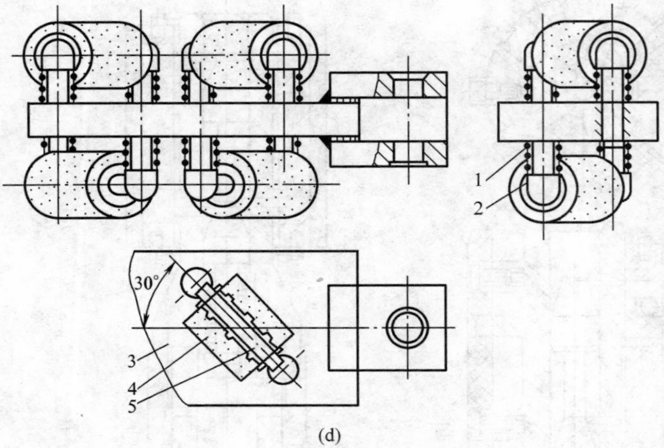

图 12-58　双轮式内圆珩磨头（二）

1—弹簧；2—接头；3—磨头体；4—珩磨轮；5—销轴

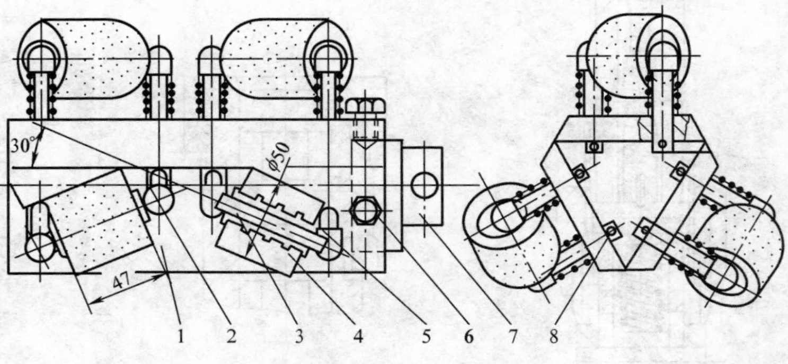

图 12-59　三轮式内圆珩磨头

1—磨头体；2—弹簧；3—销轴；4—珩磨轮；5—接头；
6—螺钉；7—连接轴；8—开口销

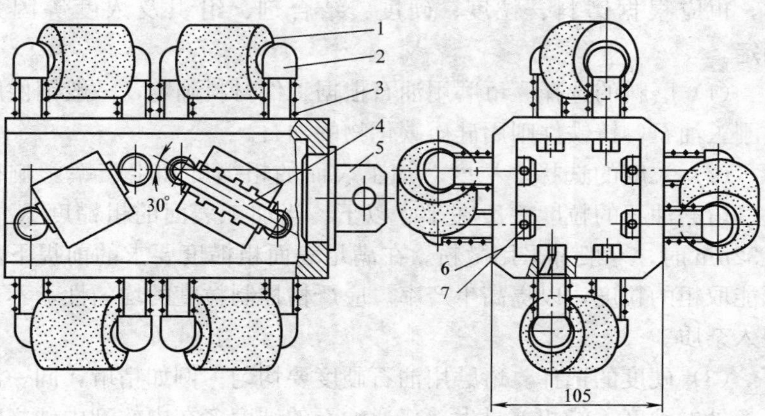

图 12-60　四轮式内圆珩磨头

1—珩磨轮；2—接头；3—弹簧；4—销轴；
5—连接轴；6—磨头体；7—开口销

使用时将珩磨头通过销轴与镗杆或刀杆相连，并插入镗床或车床主轴孔内，即可进行珩磨。镗杆或刀杆的结构如图 12-61 所示。刀杆尾部锥度应同所使用机床主轴锥孔相配。

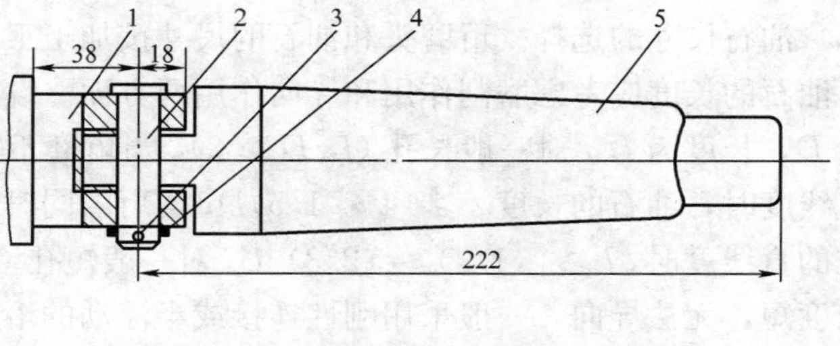

图 12-61　连接镗杆或刀杆结构

1—磨头体；2—轴销；3—开口销；4—垫；5—镗杆或刀杆

四、珩磨工艺参数及其选择

（一）用磨条珩磨时的工艺参数

1. 磨条油石的选择

珩磨油石必须保证粒度均匀、硬度均匀、不允许有粗磨粒和杂质，要求具有一定弹性和抗压性能，油石的选择同磨削用砂轮一样，也应根据磨料、粒度、硬度、结合剂、组织及浓度等因素确定。

（1）磨料的选择。珩磨用油石根据工件材料确定，一般钢件用白刚玉油石，铸铁件则用硅质碳化物的油石。

（2）粒度的选择。粒度对加工表面的粗糙度和生产率影响很大。珩磨油石的粒度一般在100以下。当加工表面的粗糙度 $R_a<0.32\mu m$ 时，一般都采用微粉。在满足表面粗糙度要求的前提下尽可能取粗的粒度，以提高生产率。应严格控制粒度的均匀性，不要混入杂质。

（3）硬度的选择。珩磨用油石硬度要均匀。例如精珩，同一油石各处的硬度不能相差过大。普通油石的硬度多在中软到中硬之间选用。金刚石油石的硬度常在中到硬之间选用。

（4）结合剂的选择。珩磨油石的结合剂主要有陶瓷、树脂、青铜、电镀金属四种。陶瓷结合剂性能稳定，不受温度影响，但脆性大，普通磨料均采用这种结合剂。树脂结合剂强度高、有一定弹性、抗震性好、气孔不易堵塞，受高压时仍能保持切削性能。青铜结合剂强度高、可承受大的载荷、寿命长，但是只适用于脆性材料。电镀金属结合剂与青铜结合剂性能相似。

（5）油石尺寸的选择。珩磨头和油石的尺寸按加工工件的孔径确定。油石的长度应考虑磨削作用和导向作用两方面。设加工孔的直径为 D，长度为 L，对一般长孔（$L/D\geqslant 3$），当珩磨不校正原始孔的直线度时，油石的长度 $l\geqslant(1\sim1.5)D$；当珩磨同时用于校正原始孔的直线度时，$l\geqslant[(1/2)\sim(2/3)]L$。对一般短孔（$D\geqslant L$），油石长度短，无法导向，一般采用刚性连接或半浮动的珩磨头，可取油石长度 $l=(2/3)L$。

油石的总宽度占孔的圆周长度的15%～30%，最多不超过50%，如磨头直径 ϕ（20～50）mm，放置油石2～4条，每条油石宽度5～10mm；磨头直径 ϕ（50～150）mm，设置油石3～6条，每条油石宽度7～15mm。

2. 工艺参数的选择

（1）珩磨切削速度。珩磨的切削速度由珩磨头的回转运动速度和轴向往复运动速度两部分合成组成，其运动轨迹是沿内孔表面上的螺旋线（图 12-53）。增大珩磨头的往复运动速度能增强切削作用，提高生产率，提高珩磨头的回转运动圆周线速度能减小工件的表面粗糙度值。珩磨头的圆周速度根据被加工工件材料，可参照表 12-3 确定。

（2）磨条的工作压力。磨条工作压力就是珩磨时加在工件被加工表面单位面积上的压力。工作压力大，则工件被加工表面的金属切除量和磨条磨耗量增大，加工精度降低，表面粗糙度值增大。磨条工作压力的选择可参照表 12-4。选用时，应考虑工件材料、机床功率、工件结构和珩磨头刚性等因素适当增减。

（3）磨条的径向进给。珩磨过程中的径向进给，是通过珩磨头上的磨条径向扩张实现的。进给方式分定压进给和定量进给两种。保持磨条工作压力不变的进给称为定压进给；保持磨条径向扩张量不变的进给称为定量进给。定量进给易于实现，其磨削能力较强。为减小工件的表面粗糙度值，常在珩磨的最后阶段作短时间的无进给珩磨，进行修光。定量进给量的大小与被加工工件材料、精度、磨条材料、生产效率等有关，可参照表 12-5 选择。

（4）珩磨余量。珩磨余量一般按前道工序精度要求允许误差的 2 倍确定，但不宜超过 0.1mm。表 12-6 为按照工件在珩磨前后的表面粗糙度选择珩磨余量，供参考。

表 12-3　　　　珩磨头的回转和往复运动速度

工件材料	珩磨头的圆周速度(m/min)	珩磨头的纵向移动速度(m/min)				
		*Ra*1.25(μm)	*Ra*0.63(μm)	*Ra*0.32(μm)	*Ra*0.16(μm)	*Ra*0.08(μm)
淬火钢(60HRC)、氮化钢(80HRB)	12～20	—	—	5～10	4～8	3～6
调质钢(321～363HB)	20～30	—	10～18	8～15	6～12	—
非淬火钢	30～35	20～28	10～18	10～18	9～14	—
铸铁	40～50	13～20	10～18	8～12	6～10	—

注　加工特种钢零件的深孔，珩磨头的圆周速度采用(25～27)m/min，纵向移动速度采用(7～11)m/min。

表 12-4　　磨条工作压力的选择

加工工序	磨条工作压力（MPa）	
	铸　铁	钢
粗加工	0.5～1.0	0.8～2.0
精加工	0.2～0.5	0.4～0.8
超精加工	0.05～0.1	0.05～0.1

表 12-5　　珩磨时磨条的径向进给量

被加工材料	磨条的径向进给量 f（μm/r）	
	粗　珩	精　珩
钢	0.35～1.12	0.10～0.30
铸铁	1.40～2.70	0.50～1.0

（5）珩磨切削液。珩磨加工使用切削液，用以润滑和冷却。切削液应洁净，加注充分与均匀。珩磨钢件和铸铁件时，常用80%～90%煤油和 20%～10%硫化油或动物性油；珩磨青铜件时，使用煤油或干珩磨。

表 12-6　　按工件表面粗糙度要求选择内孔珩磨余量

表面粗糙度 Ra（μm）		珩磨余量（μm）
原　始	要　求	
6.3～1.6	1.6～0.4	30～40
3.2～1.6	0.8～0.2	25～30
1.6～0.8	0.8～0.2	25～30
0.8～0.2	0.4～0.1	15～20
0.4～0.1	0.2～0.05	10～15
0.2～0.05	0.1～0.025	5～10

（二）用珩磨轮珩磨时的工艺参数

1. 珩磨轮的选择

（1）珩磨轮尺寸的选择。珩磨轮外径的大小对工件表面粗糙度影响不大。外径大，珩磨轮寿命高，修整次数少一些。当工件线速度为(60～65)m/min 时，珩磨轮外径为 90～110mm。

珩磨轮的宽度对珩磨质量的影响也不显著。同样的进给速度，宽度大些则表面粗糙度小一些。进给量一般随珩磨轮宽度确定，加大珩磨轮宽度可以提高进给量；但过宽将导致磨削力增大、工件易发热变形，一般采用宽度为 25～35mm。

（2）珩磨轮粒度的选择。一般按加工工件表面粗糙度要求选择，可参考表 12-7。

表 12-7　珩磨轮磨料粒度的选择

被加工工件表面粗糙度 Ra（μm）	珩磨料粒度
$0.8<Ra<1.6$	F100～F300
$Ra<0.1$	W20
$0.025<Ra<0.05$	W10

2. 工艺参数的选择

（1）珩磨轮轴线与工件轴线的交叉角。在一定范围内增大交叉角 α，使珩磨的切削速度相应增大，这对减小加工表面粗糙度值和提高生产率有利。但 α 角过大，会引起珩磨轮自锁。一般取交叉角 $\alpha=25^\circ\sim35^\circ$，工件直径小时 α 可取大值。

（2）工件速度。工件转速大，则珩磨切削速度大。但工件转速过大会引起机床振动和顶尖发热，使工件表面出现振痕；反而，将影响加工精度和增大表面粗糙度值。一般外圆珩磨时工件速度 $v_{工}=(60\sim65)$m/min，内圆珩磨时 $v_{工}=(50\sim60)$m/min。

（3）珩磨轮的纵向进给量。粗珩时，$f_{纵}=(0.16\sim0.33)$m/min；精珩时，$f_{纵}=(0.04\sim0.08)$m/min。

（4）珩磨轮对工件的压力。压力过大或过小均不宜，一般取

100～200N。

(5) 珩磨余量。一般为0.005～0.020mm。珩磨前工件经磨削加工，表面粗糙度 Ra 为0.4μm。

(6) 珩磨切削液。粗珩磨时，不加注切削液，只加注少量油酸(珩磨余量大时可加入研磨膏，以提高生产率)，珩磨至除去表面上前道工序留下的加工痕迹。精珩磨时，应连续充分浇注切削液，切削液可用100%煤油或80%～90%煤油与20%～10%硫化油或动物性油的混合液。

(三) 油石和珩磨轮的修整

1. 珩磨油石的修整

油石座在珩磨头上装配调整好之后，必须在其他机床上用专用夹具校正和修整，使油石与被加工内孔接触良好，并使油石在珩磨头中径向移动灵活。

如果被珩磨的内孔要求不高，用一般油石采用浮动连接磨头时，可用珩磨头上的调整机构调整油石位置，用废工件或加工余量大的工件通过试珩磨加以校正。

2. 珩磨轮的修整

对于外圆珩磨轮，其修整方法可分为粗修整与精修整两步：

(1) 粗修整。在外圆磨床上把珩磨轮外径磨到所需尺寸。

(2) 精修整。浇铸氧化铝修整棒，粒度为F100～F280，将修整棒外径磨到与被加工工件外径相同或大于工件外径0.10mm(一直使用到不小于工件外径0.10mm)。然后将修整棒作为被加工工件，安装在车床两顶尖间，开动机床，主轴带动修整棒旋转，并将珩磨轮紧靠修整棒，作往复轴向移动。此外，还可利用废旧细粒度的平形砂轮修整，方法与修整棒相同。但初修整好的珩磨轮不能直接作精珩磨用，这是由于在修整过程中砂轮磨粒会嵌在珩磨轮中，易造成工件拉毛，只有经过粗珩磨后，方可用于精珩磨。

对于内圆珩磨轮，其修理方法可利用废旧珩磨轮或普通细粒度砂轮作为修整轮，先将修整轮内孔用金刚石刀具修整至被加工工件的内孔尺寸，然后将珩磨轮放在修整轮内孔中，作往复运动进行修整。

五、在车床上珩磨加工实例

1. 液压筒的珩磨

图 12-62 所示的液压筒，材料为铸铁，内孔 $\phi 70^{+0.190}_{0}$ mm 要求表面粗糙度为 $Ra0.4$，批量生产。

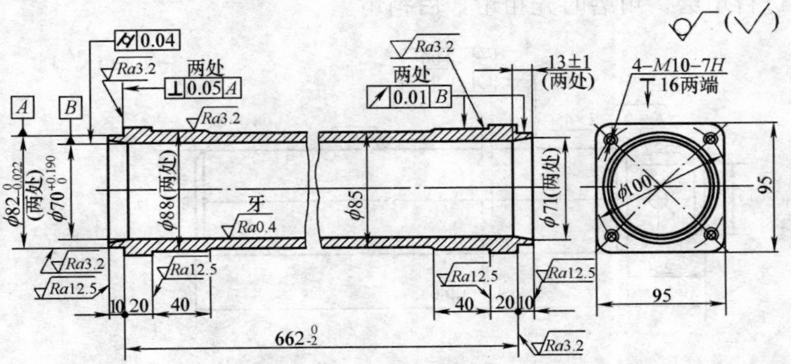

图 12-62　液压筒零件图

此零件全部加工过程分为粗加工、半精加工和精加工三个阶段。为达到图样技术要求，内孔 $\phi 70^{+0.190}_{0}$ 的加工顺序为粗镗、精镗、铰孔、粗珩、精珩。

根据工件材料和加工要求，珩磨用油石采用黑色碳化硅(TH)，粒度：粗珩用 F180；精珩用 W40～W28。油石根数采用六条，圆周均布，长度 100～120mm，宽度 10～12mm。珩磨头结构通过锥体心轴径向调整尺寸。

液压筒经精镗、铰孔后，$\phi 70^{+0.190}_{0}$ mm 内孔尺寸达到 $\phi 70^{+0.080}_{0}$ mm，表面粗糙度达到 $Ra3.2$。

珩磨时，工件以（100～20）r/min 的转速旋转，珩磨头以（10～12）m/min 的线速度往复移动。采用 80%～90%的煤油和 10%～20%的机油混合作为冷却润滑液，从车头一端加入使其充分润滑冷却。先粗珩，后精珩，最后达到图样的尺寸精度和表面粗糙度要求。

2. 细长轴的珩磨

在普通车床上珩磨一直径 $\phi 32^{-0.010}_{-0.027}$ mm、长 1460mm 的细长轴

(图 12-63)，表面粗糙度 $Ra0.8$，材料为 45 钢，小批量生产。

(1) 工艺分析。该零件加工工艺安排为：粗车→调质→精车→珩磨。即在普通车床上完成精车后，留珩磨余量 0.02～0.04mm。卸下刀架，在中溜板上装上如图 12-53 所示的双轮外圆珩磨装置即可进行珩磨。珩磨时先粗珩，后精珩。

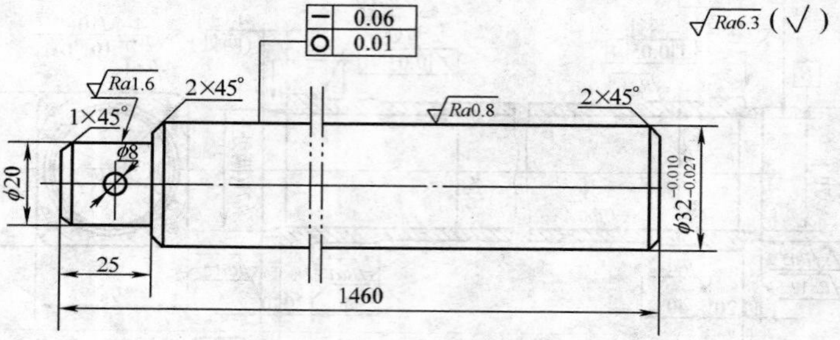

图 12-63　细长轴零件图

(2) 珩磨轮的选择。珩磨轮用磨料为白刚玉（BG）；粒度：粗珩时用 F60～F80；精珩用 F120～F240；珩磨轮直径：ϕ（50～100）mm，宽度 30mm 左右。

(3) 珩磨工艺参数。

1) 珩磨轮轴线和工件轴线的交叉角 $\alpha=27°\sim30°$。

2) 按未淬火钢件选择切削用量。

①切削速度 v_c：粗珩时，为 40m/min；精珩时，为 46m/min。

②纵向进给量 f：粗珩时，为 0.3mm/r；精珩时，为 0.08mm/r。

3) 珩磨轮与工件之间的接触压力 F，粗珩时为 80～100N；精珩时为 50～80N。

第九节　在卧式车床上研磨和抛光

研磨和抛光工艺方法，在机器制造业的精密加工中占有一定的地位。当用研磨和抛光方法成批、大量生产高精度零件时，通常使用专用的研磨机床、珩磨机床和抛光机床进行加工，而在单件、小批量生产时，则常在卧式车床上进行手工研磨和抛光。

一、在卧式车床上研磨

研磨是一种用研磨工具和研磨剂，从工件上研去一层极薄表面层的精加工方法。研磨可以获得很高的加工精度尺寸公差和几何形状公差在 2～5μm 和很小值的表面粗糙度[Ra 为(0.100～0.012)μm]。研磨应用于用磨床加工达不到加工精度和表面粗糙度要求或另有特殊使用要求（如密封性、着色检查的结合面等）的零件加工，常见的有气动与液压元件、密封元件、圈锥配合面、精密机床主轴、量块、精密量规、钢球、轧辊、喷油嘴、精密齿轮和工、夹具上的钻套等。

1. 研磨剂的组成和作用

研磨剂由磨料（微粉）、研磨液和辅助材料混合而成。研磨剂是影响研磨加工质量和研磨生产效率的主要因素之一。

(1) 磨料。磨料直接影响被加工工件的表面粗糙度。磨料通常根据工件材料进行选择。一般钢件粗、精研磨选用氧化物（刚玉）类；铸铁件和有色金属（黄铜、青铜等）件选用碳化物类（碳化硅）；硬质合金件则选用超硬磨料类（如碳化硼、氮化、人造金刚石等）。磨料的粒度根据工件研磨表面粗糙度要求选择，表面粗糙度值大磨料粒度粗，表面粗糙度值小则磨料粒度细。一般粗研磨选用磨料粒度为 W28～W14；半精研磨选用 W10～W5；精、细研磨选用 W3.5～W0.5。精、细研磨用的磨料（粒度在 W5 以下）都要经过水滤。水滤的方法是将磨料的微粉放入水中，加水玻璃搅拌，放置 2～3h，使其沉淀后排水，取出沉淀块缓慢烤干，再经 300＃以上的筛子过筛后备用。磨料的名称、代号、特性及其应用范围和磨料粒度尺寸及其选用可参阅有关资料或手册。

(2) 研磨液。研磨液在研磨时起冷却润滑和调整磨料均匀分布的作用。常用的研磨液为煤油与机械油的混合液（混合比例2：1）。

(3) 辅助材料。常用的辅助材料为表面活性附加剂硬脂酸、油酸等，其作用是使工件表面形成极易脱落的氧化物薄膜，从而提高研磨效率。附加剂的添加量以 2.0%～2.5%为宜。

2. 研磨工具材料的选择

选择原则是使磨料能嵌入研磨工具表面，而不会嵌入被加工工件表面。因此，研磨工具的材料相对被加工材料要软，但应防止材料太软造成磨料全部嵌入研磨工具表面而失去研磨作用。常用的研磨工具材料主要有如下几种。

(1) 灰铸铁。具有强度低、润滑性能好的特点，研磨效率较高，是最常用的研磨工具材料。

(2) 低碳钢。强度较灰铸铁高，不易变形和折断，主要用于研磨小直径工件和螺纹。

(3) 黄铜和纯铜。用于研磨余量较大的粗研或半精研磨。

(4) 铅。主要用于较软的有色金属材料的研磨。

(5) 铸造铝合金。一般用作研磨铜料等工件。

(6) 轴承合金（巴氏合金）。用于软金属的精研磨，如高精度的铜合金等。

(7) 硬木材。用于研磨软金属。

3. 常用的研磨工具及其使用

进行研磨加工的表面常见的有平面或内、外圆柱面和内、外圆锥面及一些特殊形面（如螺纹表面）等。在卧式车床上手工研磨的主要是内、外圆柱面，其中内孔的研磨比外圆研磨要困难，因此在车床上研磨内孔较为普遍。根据零件结构的不同，研磨工具的结构形式较多。下面介绍常用的研磨工具及其使用方法。

(1) 外圆研磨工具。图 12-64 所示为常见的外圆研磨套。工件

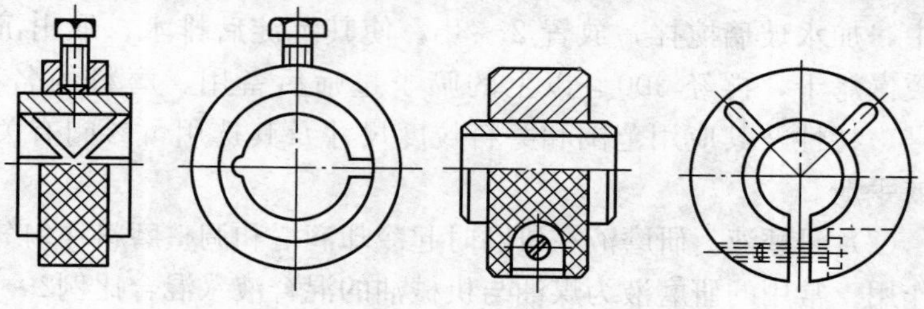

(a) (b)

图 12-64　外圆研磨套

(a) 粗研套；(b) 精研套

安装在车床的卡盘内或顶尖间，由主轴带动低速回转。研磨套套在工件上，通过螺钉调整，使研磨套与工件间保持一定的配合间隙。研磨时，将研磨剂均匀涂覆在工件表面上，在工件低速回转的同时，用于扶持研磨套沿工件轴线方向作往复移动。在工件与研磨套的相对运动中，研磨剂中的磨料对工件起微刃切削作用，辅助材料与工件表面起化学作用，加速研磨过程。粗研用的研磨套，内壁加工有储油槽［见图 12-64（a)］；精研用的研磨套，内壁无储油槽［见图 12-64（b)］。

图 12-65 所示为使用较广泛的套式外圆研磨工具。研磨套 2 由铸铁材料制成，它的内径尺寸按工件 1 尺寸确定，长度为工件加工表面长度的 1/2，内壁加工有数条左、右旋向的螺旋槽。使用时，将夹箍 3 套在研磨套外圆上，用螺栓 4 调节研磨套与工件表面间的间隙（一般为 0.01～0.03mm）。当车床主轴带动工件低速回转时，手持夹箍的手柄使研磨工具沿工件轴线方向往复移动进行研磨。这种研磨工具适用于外径尺寸较大的工件。

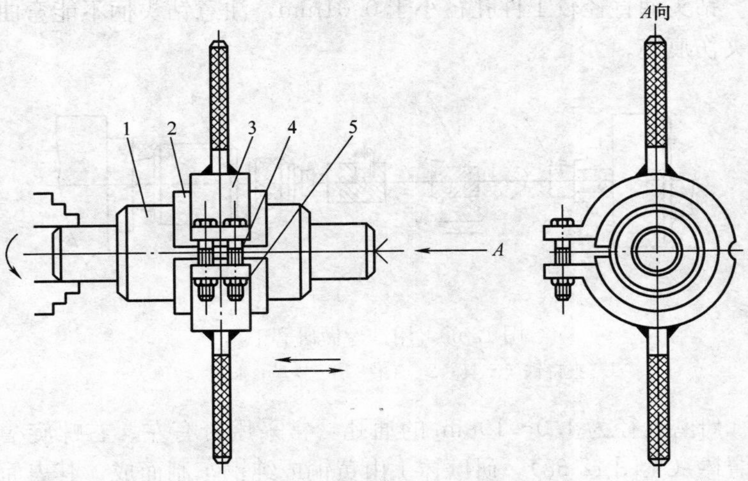

图 12-65　外圆研磨工具

1—工件；2—研磨套；3—夹箍；4—螺栓；5—螺母

对于一些长度较短，不适于使用研磨套，且精度要求不太高的外圆表面，可用铸铁板或有机玻璃板做研磨工具进行研磨。

(2) 内孔（通孔）的研磨工具。通孔的研磨工具有整体和可胀式两种。孔径较小时均使用整体式，它具有结构简单、容易制造的特点，但工具磨损后不能调节和修复。研磨孔径较大的工件，可采用可胀式研磨工具。

研磨孔径为 0.3～1.0mm 的小孔，可使用铁丝或钻头柄做研磨工具。图 12-66 所示为用铁丝做研磨工具的简图。在车床主轴和尾座回转顶尖上安装有夹持铁丝工具 1，夹持铁丝 3 两端，并将其拉紧。铁丝由主轴带动回转，转速为（750～1200） r/min。工件 2 内孔套在铁丝上并由手扶持工件左、右轴向移动进行研磨。铁丝的直径应按工件内孔直径选择，通常小于 0.01mm。用这种方法研磨的工件，内孔精度可达 IT7 级，表面粗糙度 $Ra0.8\mu m$。图 12-67 所示为用钻头柄作研磨工具的简图。钻头尾柄 2 倒夹在钻夹头 1 内，由车床主轴带动回转，手持工件 3 在钻头柄上往复移动进行研磨。钻头柄直径较工件孔径小于 0.01mm，注意钻头柄不能弯曲和有夹伤痕迹。

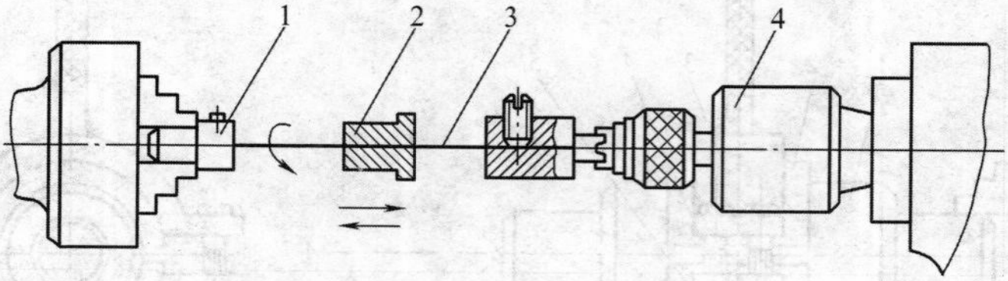

图 12-66 用铁丝做研磨工具

1—夹持铁丝工具；2—工件；3—铁丝；4—回转顶尖

研磨孔径为 1.0～10mm 的通孔，常采用带有左、右螺旋槽的研磨棒（见图 12-68）。研磨棒 1 由黄铜或纯铜车制而成，其表面加工左、右螺旋槽。研磨棒由主轴带动回转，转速为 380～600r/min，手持工件 2 在研磨棒上往复移动进行研磨。当制作 ϕ(1.0～3)mm 的研磨棒有困难时，可选用铜丝代替。

图 12-69 所示为可胀式研磨工具的示意图，适用于孔径为

$\phi(10\sim80)$mm的通孔研磨。研具（研磨套 2）材料采用灰铸铁，制成可胀式结构。内锥面与心轴锥面相配（圆锥半角 $\alpha/2$ 取 $1°30'\sim3°$），并经着色检查。研磨套外径较工件 1 孔径小 0.01～0.03mm。研磨时，将工件套在研磨工具上，研磨工具由主轴带动回转，转速为(90～150)r/min，工件沿轴向往复移动进行研磨。当研磨套外径磨损时，由于轴向开有 0.5～1.0mm 的切口，往主轴箱方向移动研磨套，可使其外胀而多次使用。研磨孔径更大的通孔工件，可采用两端可胀式的研磨工具。

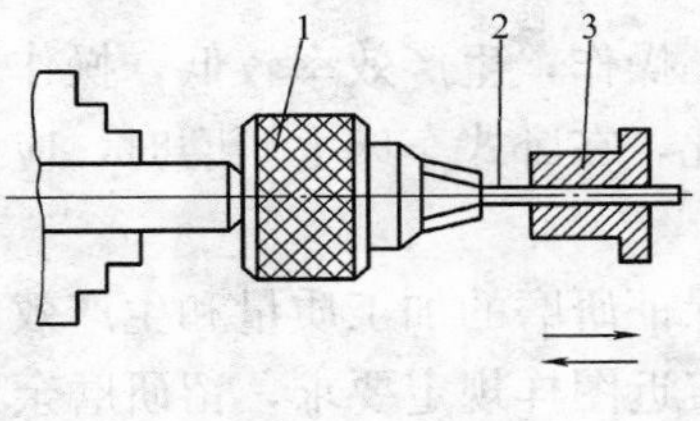

图 12-67　用钻头柄作研磨工具

1—钻夹头；2—钻头尾柄；3—工件

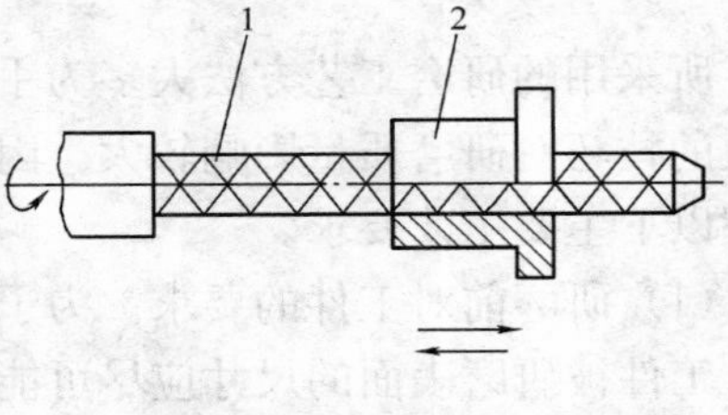

图 12-68　带左、右螺旋槽的研磨棒

1—研磨棒；2—工件

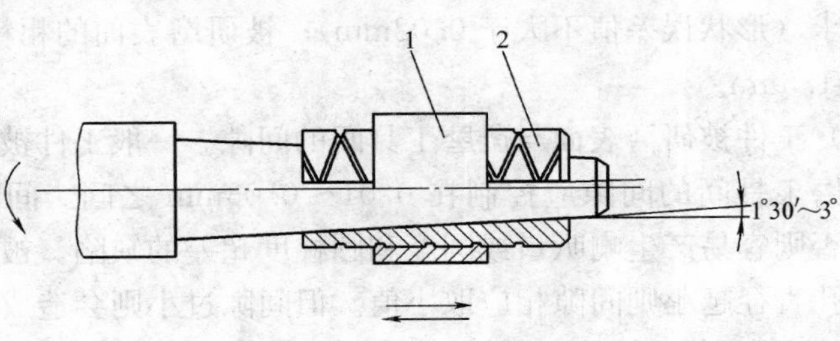

图 12-69　可胀式研磨工具

1—工件；2—研磨套

(3) 不通孔与阶台孔用研磨工具。不通孔的研磨工具，其工作长度应小于工件孔长度的 1/3，以避免工件内孔研磨后出现孔径口大内小（俗称喇叭口）的缺陷。有较高同轴度要求的阶台孔的研磨，可将研磨工具制成整体（见图 12-70）并保持其阶台工作表面同轴。

4. 在卧式车床上研磨的工艺特点

在卧式车床上研磨加工的生产批量，大都属于单件或小批生

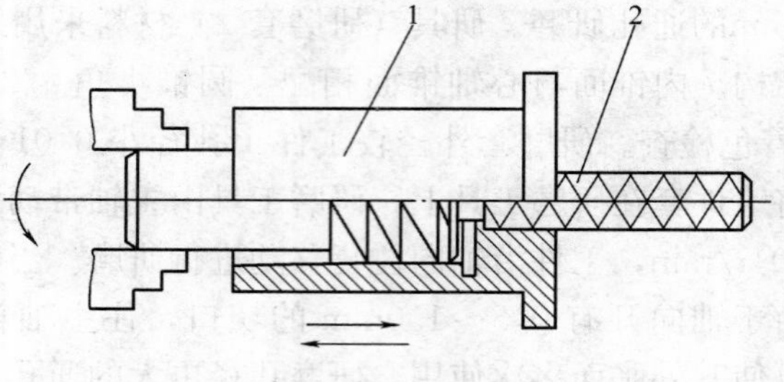

图 12-70　不通孔与阶台孔用研磨工具

1—工件；2—整体式研磨工具

产，所采用的研磨工艺方法大多为手工操作，生产效率较低，操作工人的技巧对研磨质量影响较大。因此，在卧式车床上研磨时，应掌握以下主要工艺要求。

（1）研磨前对工件的要求。为了保证研磨的加工质量和生产效率，工件被研磨表面的尺寸应尽可能接近图样规定要求，留研磨余量在 0.005～0.03mm 之间或外圆表面达到最大极限尺寸、内孔表面达到最小极限尺寸；被研磨表面的几何形状精度应基本达到图样规定要求（形状误差值不大于 0.02mm）；被研磨表面的粗糙度 Ra 不大于 1.6μm。

（2）工件被研磨表面与研磨工具间的间隙。一般工件被研磨表面与研磨工具间的间隙应控制在 0.01～0.03mm 之间。间隙不宜过大，否则容易产生喇叭口或圆度和圆柱度超差的缺陷。被研磨外圆或内孔直径越小则间隙相应取小值。但间隙过小则会造成研磨操作困难，研磨剂不易进入工件被研磨表面与研磨工具之间，影响研磨效果。

（3）研磨速度。在研磨时，不致产生过大的摩擦热和切削热的条件下，提高研磨速度可以提高效率。通常工件与研磨工具之间的相对回转线速度在(3～30)m/min 的范围内。工件相对于研磨工具的轴向移动速度与主轴回转速度相适应，以使研出的纹路成 45°的网状线为最合适。

（4）研磨工序的划分。通常研磨分粗研和精研两个工序进行。粗研主要是校正工件的几何形状，精研主要是达到要求的精度和表面粗糙度。粗研时，一般选用大而脆的磨料，精研时则需更换成细小粒度的磨料。研磨高精度和表面粗糙度值小的工件时，可分成粗研、半精研、精研和细研等工序，以保证质量要求。

（5）文明作业。研磨是一种精密加工工艺方法，高清洁度是保证研磨质量的先决条件。必须保持工作地洁净，研磨工具应经常用煤油洗净，研磨剂要及时更换，确保其中无杂质，避免工件表面在研磨中被拉毛。

5. 在卧式车床上研磨加工实例

如图 12-71 所示零件为一磨床主轴轴瓦，两端轴颈各用三片，材料为钢套镶铜，每块轴瓦都支承在球面支承螺钉的球面上（如图 12-72 所示）。当砂轮主轴旋转后，三片轴互瓦自在球面螺钉的球头上摆动到平衡位置，形成油楔，支承主轴旋转。

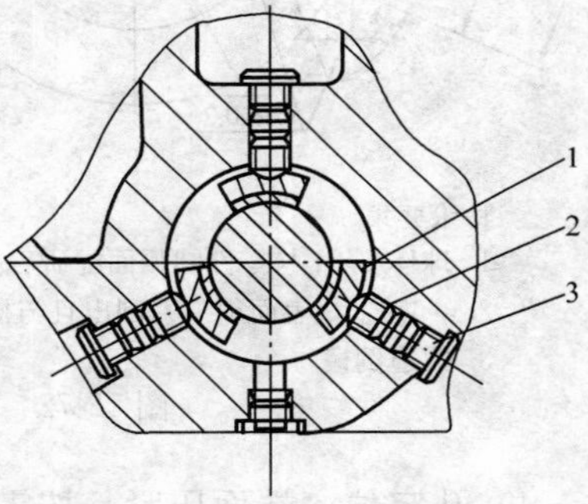

图 12-71　轴瓦支承状态图
1—钢套锻铜瓦片；2—球面支承螺钉；3—锁紧螺钉

（1）工艺分析。轴瓦零件技术要求 $\phi 65^{+0.030}_{0}$ mm，表面粗糙度 $R_a 0.2\mu m$，精度要求高，采用一般的磨削方法不易达到图样要求。特别是采用“短三瓦”结构，在制造上具有一定难度，球面 $\phi 24$mm 与零件圆弧面配研后，接触面不小于 80%，$\phi 65^{+0.030}_{0}$ mm 表面须一刀刮出且与检查心轴的接触面不小于 80%，在加工中必须采取措施加以保证。

（2）加工工艺和加工步骤。

1）毛坯用 15 钢/钢套离心浇铸 30 铝青铜。

2）粗车步骤为：①车外圆 $\phi 100^{-0.035}_{-0.071}$ mm 处至尺寸 $\phi 100^{+0.4}_{+0.3}$ mm；②车端面和内孔 $\phi 65^{+0.030}_{0}$ mm 处至尺寸 $\phi 65^{-0.15}_{-0.14}$ mm；③调头，车端面，保证尺寸(50±0.5)mm。

3）心轴装夹，磨外圆 $\phi 100^{-0.035}_{-0.071}$ mm 至图样尺寸，表面粗糙度 $Ra1.6$。

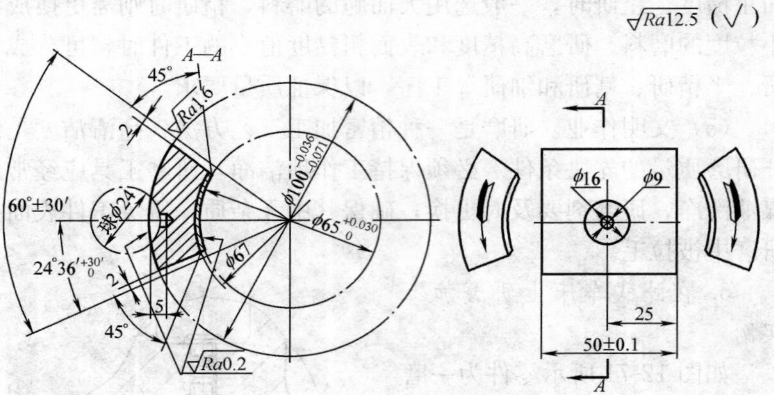

技术要求

1. 球体 Sϕ24 与零件圆弧面配研后打字配对，接触面不小于 80%；
2. $\phi 65^{+0.030}_{0}$ 表面须一刀刮出且与检查心轴接触面不小于 80%；
3. 锐边倒棱。

图 12-72　轴承零件图

4）孔定位，端面压紧，按零件图将工件铣成六块。

5）修毛刺，倒角 45°，清洗。

6）以内圆弧及一侧端面定位，钻孔至尺寸 ϕ9mm，保证尺寸 5mm，球面粗糙度 $Ra3.2\mu$m。

7）钳工两端面打箭头，方向应一致。

8）以外圆弧和一侧面定位夹紧，机刮 $\phi 65^{+0.030}_{0}$ mm 圆弧面（留研磨余量 0.04～0.05mm），表面粗糙度 $Ra0.4\mu$m。

9）配研 Sϕ24mm 球面，接触面不小于 80%，表面粗糙度 $Ra0.2\mu$m。

10）检验并在端面上打上与配研件相同的编号，且配对转入下道工序。

11）研磨 $\phi 65^{+0.030}_{0}$ mm 圆弧面至图样尺寸，表面粗糙度 $Ra0.2\mu$m。

12）检验 $\phi 65^{+0.030}_{0}$ mm 圆弧面，用标准心轴着色检查接触面不小于 80%，注意与相配件不要搞混。

13）配对入库。

（3）研磨方法。研磨 $\phi 65^{+0.030}_{0}$ mm 圆弧面时分粗研与精研，磨料采用碳化硅系，粗研的磨粉粒度为 W20，精研的微粉粒度用 W10 或 W7。研磨工具材料采用灰铸铁，工作长度大于零件孔长的 2/3 倍，直径按孔径减小 0.01～0.03mm，工作部分车削有正、反螺旋槽，用以储存研磨粉和润滑液。

研磨工件的装夹定位，采用类似于主轴轴瓦工作条件的夹具结构，如图 12-73 所示。

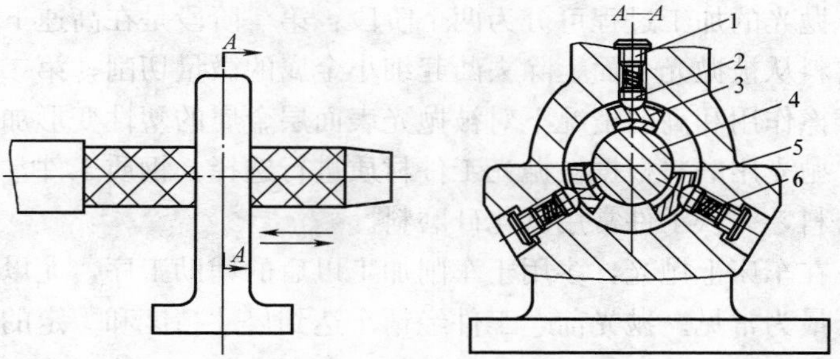

图 12-73　研磨工件的装夹定位

1—调节螺钉；2—球面支承螺钉；3—工件；
4—研磨棒；5—夹具体；6—弹簧

研磨时，研磨棒由车床主轴带动旋转，转速（20～100）r/min 范围内。夹具安装在车床滑板上，工件装入夹具，其中心应调整到与研磨棒轴线重合，并由溜板带动左右移动，移动速度在（10～15）m/min 的范围内。先进行粗研，使用粒度稍粗的磨料和煤油、机油混合液润滑。粗研后，清洗研磨棒、工件和夹具，更换磨料、润滑液，然后进行精研达到图样要求。

二、在卧式车床上抛光

抛光是一种利用机械、化学或电化学的作用，使工件获得光亮、平整表面的加工方法。抛光分尺寸抛光和光亮抛光两种：当工件加工后所留余量太小，无法用车刀或砂轮进行切削，而用来保证工件尺寸精度的抛光叫做尺寸抛光；用于改善工件表面质量，减小表面粗糙度值的抛光叫做光亮抛光。无论是尺寸抛光还是光亮抛光，其加工余量一般都在 0.01mm 以下。抛光加工所能获得的表面粗糙度 Ra 为 0.80～0.050μm。但抛光不能用来提高工件原有的形状精度。抛光多作为磨削、精车的后继工序，用来对工件进行修饰加工或进行表面电镀前的准备。

抛光是用极细的磨料由有弹性的抛光轮或抛光带携带，相对工件高速运动下进行的精密加工。抛光工具常用材料有皮革、毛毡、呢料、斜纹布、亚麻布、橡胶和木材等。

抛光的加工过程可分为两个阶段：第一阶段是在高速下用极细的磨料从被抛光表面上除去凸起细小金属的微量切削；第二阶段是在摩擦作用和高温情况下对被抛光表面层金属的塑性变形加工。

抛光用磨料根据被抛光工件材质进行选择，钢质工件常用刚玉类磨料，铸铁工件常用碳化硅磨料。

在车床上抛光，多用于车削加工以后的辅助工序，尤以特形面加工最为常见。抛光前，工件经精车达到尺寸精度和一定的表面粗糙度[Ra 为(3.2～1.6)μm]。抛光时，主轴带动工件高速回转，手持涂覆或粘有抛光膏的抛光工具，轻压工件表面进行加工。

第十节　旋　压　加　工

旋压加工是一种无屑成型的压力加工，它是坯料在冷或热的状态下，利用随主轴旋转的芯模及相对移动的旋轮，对装夹于芯模的薄板坯料施加一定压力，使其形状（或厚度）变化，逐点成型为空心回转体零件的一种加工工艺。旋压成型过程及旋压轮工具如图 12-74 所示。

一、旋压加工特点

1. 旋压加工工艺特点

（1）旋压加工工装简便，工艺方法简单，能加工普通车削无法加工的复杂形面的薄壁零件。与冲压相比，需 6～7 次冲压成型的零件，一次旋压即可完成，且模具费用低。它适用于小批量生产。

（2）有一些形状复杂的零件或高强度难变形的材料，传统工艺很难甚至无法加工，用旋压成形却可以方便地加工出来。

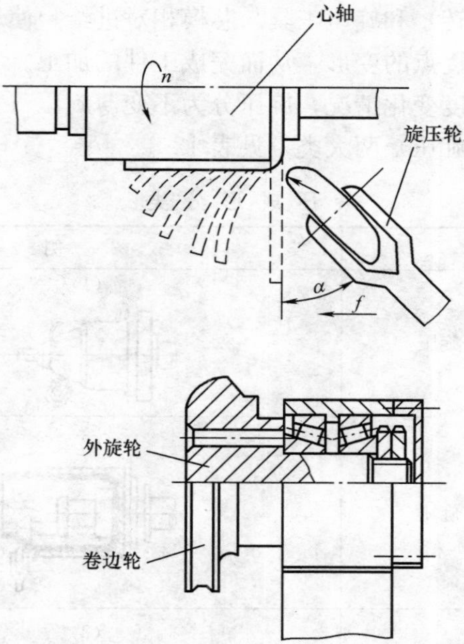

图 12-74　旋压成型过程及旋压轮工具

（3）材料利用率高。旋压是一种少切削或无切削加工工艺，能充分利用毛坯材料。

（4）加工工艺性好。旋压时，由于金属与滚轮是逐点接触，接触面小，压力大，易发生变形，能使金属表现出较高的塑性和较好的成型性，故可加工高强度或低塑性的材料。

（5）产品质量好。经旋压后材料组织致密，纤维连续，晶粒细化，并有一定的方向性，提高了零件的机械性能。旋压后与旋压前对比，抗拉强度提高，硬度提高，延伸率则大幅下降。

（6）表面粗糙度细，一般可达 $Ra1.6\mu m \sim Ra3.2\mu m$，最高可达 $Ra0.2\mu m \sim Ra0.4\mu m$，经多次旋压可达 $Ra0.1\mu m$。

（7）有检验缺陷的作用。由于旋压时材料逐点变形，因此其中任何夹渣、夹层、裂纹、砂眼等缺陷易暴露出来。

2. 旋压加工分类

旋压加工属于回转加工，是利用坯料随芯模旋转（或旋压工具绕坯料与芯模旋转）和旋压工具与芯模相对进给，使坯料受压力作用并产生连续、逐点的变形，从而完成工件的加工。

根据坯料厚度变化情况，旋压分为不变薄旋压（普通旋压）和变薄旋压（强力旋压）两大类，见表12-8。

表 12-8　　旋压成形分类

类别		图例
不变薄旋压	拉深旋压	(1) 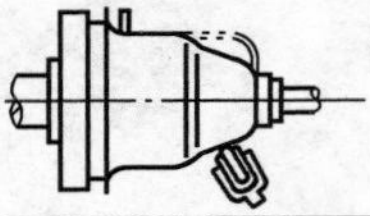
	缩口旋压	(2) 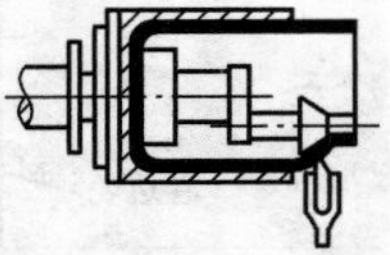
	胀形旋压	(3) 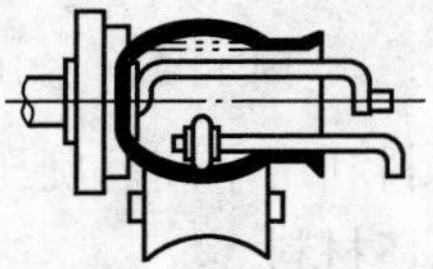
	翻边旋压	(4) 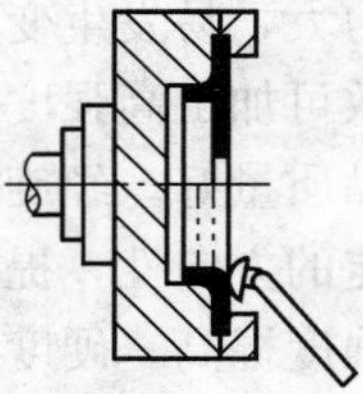
	扩口旋压	(5) 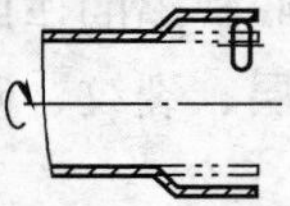

续表

类别			图例
变薄旋压	锥形件变薄旋压 （剪切旋压）		(6) 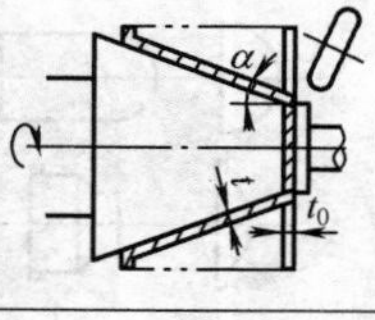
	筒形件 变薄旋压	正旋	(7) 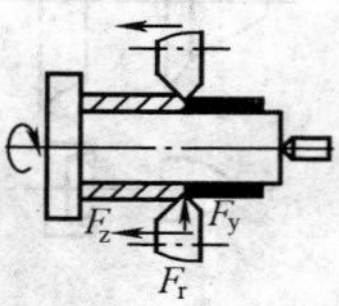
		反旋	(8) 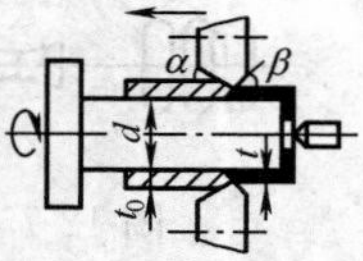

3. 可旋压加工的材料

可旋压加工的材料见表 12-9。

表 12-9　　旋压加工常用材料

材料	牌号
优质碳素钢	20 钢，30 钢，35 钢，45 钢，60 钢，15Mn，16Mn
合金钢	40Cr，40Mn2，30CrMnSi，15MnPV，15MnCrMoV，14MnNi，40SiMnCrMoV，28CrSiNiMoWV，45CrNiMoV，PCrNiMo
不锈钢	1Cr13，lCr18Ni9Ti，lCr21Ni5Ti
耐热合金	CH-30，CH128，Ni-Cr-Mo
非铁金属及其合金	T2，HNi65-5，HSn62-1，LO_2，LO_8，LF_3，LF_5，LF_6，LF_{12}，LF_{21}，LY_{12}，LD_2，LD_{10}，$LC_{4,147,164,183,919}$，LT_{24}
难熔金属稀有金属	烧结纯钼，纯钨，纯钽，铝合金 C-103，Cb-275，纯钛，TC_4，TB_1，6AI-4V-Ti，纯锆，Zr-2

4. 可旋压加工的工件形状特点

可旋压的工件形状只能是旋转体（见图 12-75），主要有筒形、锥形、曲母线形和组合形（前三种相互组合而成）四类。

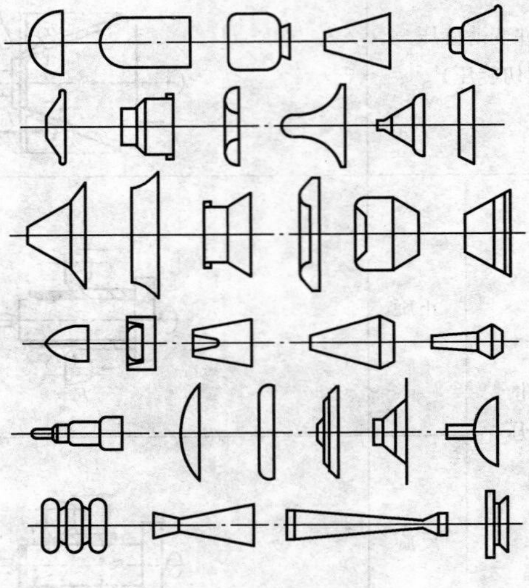

图 12-75　旋压件的形状示例

旋压成形可以完成旋转体工件的拉深、缩口、扩口、胀形、翻边、弯边、叠缝等不同工序，见表 12-8。

5. 旋轮的形状和主要尺寸

各种旋轮的形状如图 12-76 所示。对应旋轮的主要尺寸可参照表 12-10 选择确定。

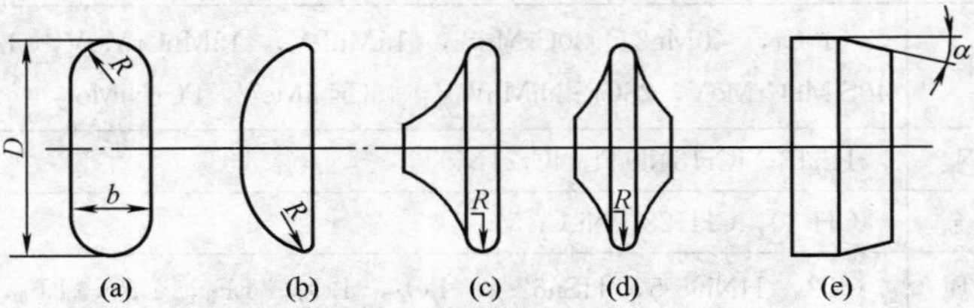

图 12-76　旋轮的形状

（a）旋压空心件用；（b）变薄旋压用；

（c）缩口、滚波纹管用；（d）、（e）精加工用

二、旋压加工工艺因素

1. 旋压工具及其安装方法

（1）旋压轮工具。旋压轮可用工具钢、轴承钢、模具钢、高速钢等制成。热处理硬度60～68HRC。

旋压轮工具由旋压轮、轮架、轴承、端盖等组成。

表12-10　　旋轮的主要尺寸　　（单位：mm）

旋轮直径 D	旋轮宽度 b（旋压空心件用）	旋轮圆角半径 R				
		图12-76(a)	图12-76(b)	图12-76(c)	图12-76(d)	图12-76(e)
140	45	22.5	6	5	5	4 $\alpha=2°$
160	47	23.5	8	6	6	
180	47	23.5	8	8	8	
200	47	23.5	10	10	10	
220	52	26	10	10	10	
250	62	31	10	10	10	

旋压轮的结构形状，由工件材料、结构特点和加工要求来决定，一般与滚压加工的滚轮相同，也可制成与工件所需形状相同。旋压轮的凸尖半径一般为2～4mm，以2mm为最佳；压光带宽度0～2mm，一般为零值。工作表面质量要良好，表面粗糙度 $Ra=0.1\sim0.2\mu m$，圆弧过渡要求光滑连接。

轮架的结构可视加工时旋压工具的受力情况，设计成单臂或双支臂形式。

旋压轮工具可通过刀杆部分安装在刀架上，旋压轮应与工件的接触角 α 为15°～45°，以30°为最好。

（2）芯模。芯模可用铸铁、铸钢、工具钢及高速钢等，硬度50～64HRC。

芯模是工件成型的模具，应根据工件所需形状和成型方向选择其结构形式，并保证装卸工件方便和成型可靠。心轴直径设计，一般取小于工件孔径0.05mm。

芯模一般可插装在车床主轴锥孔内或装卡在卡盘上。

（3）尾顶。尾顶常用50钢制造，硬度为54～60HRC。

尾顶通常被用来将毛坯顶紧在芯模端面上，在旋压时以使毛坯、芯模随主轴一起旋转，保证旋压过程顺利进行，车床上的旋压加工，通常直接利用其原有的尾座垫上形状适当的垫块顶紧。尾顶装在车床尾架上。

2. 旋压加工工艺因素

旋压加工工艺因素及其简要说明见表 12-11。

表 12-11　旋压加工工艺因素

工艺因素	简要说明
变薄率	$\varepsilon=(t_0-t)/t$ 其中：t_0—旋压前壁厚（mm）；t—旋压后壁厚（mm）。 ε过小成型较困难，生产效率低，ε过大壁厚公差变大且易产生毛刺及鱼鳞状叠层等缺陷。推荐 ε=18%～30%
旋压次数	坯料塑性越差、工件的厚度越厚，旋压成型次数越多。旋压次数一般应在 4～5 次为宜，只有壁厚很薄、形状又简单的零件，可以一次成型
旋压方向	正旋时壁厚公差、内径公差均大于反旋，故一般采用反向旋压法。也可根据加工特点，选用正向旋压法
旋压用量	芯模线速度一般选用 $v=(0.5\sim1)$m/s； 旋压轮纵向进给量 $f_{纵}=(0.1\sim0.4)$mm/r
旋压温度	对于大于 5mm 或会引起加工硬化的坯料，不能在常温下加工，应考虑采用火焰局部加热旋压或增加中间退火处理来增加塑性，降低变形抗力，提高材料的可旋性。另外，也可利用摩擦生热原理，应用成型工具对高速旋转的工件加一定压力，使工件摩擦生热实现热旋压加工
冷却润滑	常用二硫化钼或氯化石蜡润滑脂进行冷却，以防金属粘附到旋压轮上
其他要求	要求车床振动小，精度好，以保证旋压过程能平稳而正常地进行

三、在车床上旋压加工实例

1. 旋压成型技术在航空和宇航工业中的应用

航空和宇航工业是旋压产品的主要用户。例如，发动机整流罩、燃烧室、机匣壳体、涡轮轴、导弹和卫星的鼻锥和封头、助推器壳体、喷管等，都是旋压成形的。图 12-77 所示是卫星鼻锥，用不锈钢经两次变薄旋压和一次不变薄旋压而成。

2. 旋压成型技术在机电工业中的应用

旋压成形技术在机电工业中的应用正在日益扩大，主要用于制造汽车和拖拉机的车轮、制动器缸体、减振管等，各种机械设备的带轮、耐热合金管、复印机卷筒、雷达屏和聚光镜罩等。图 12-78 所示是汽车轮辐，其厚度向外周渐薄，原用普通冲压成型，工序较多，改用旋压工艺后，用圆板坯料直接旋压成型，工艺简单，生产效率高。

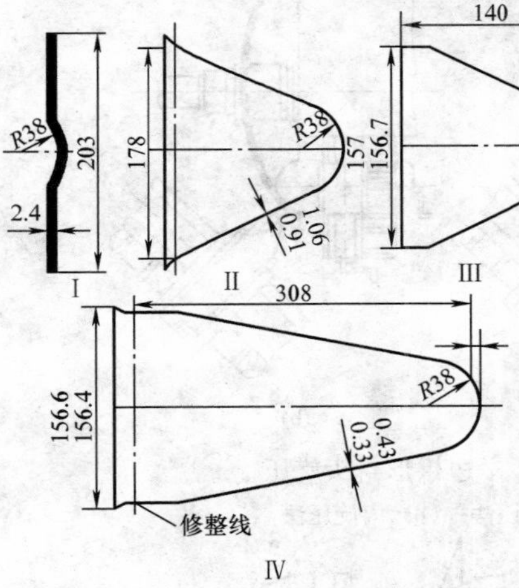

图 12-77　卫星“探险者”1 号鼻锥

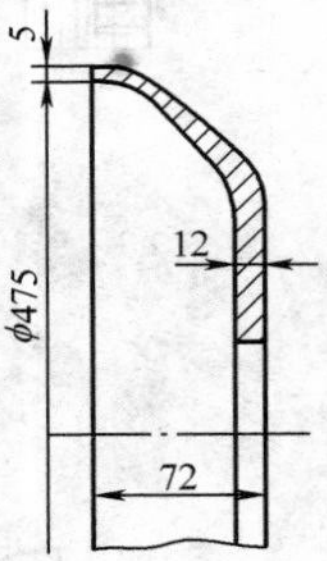

图 12-78　汽车轮辐

3. 大型封头零件的旋压工艺特点

大型封头零件的传统工艺为拉深，也有采用爆炸成形的。但作为主要加工手段，现已转为旋压工艺。如图 12-79 所示是容器或锅

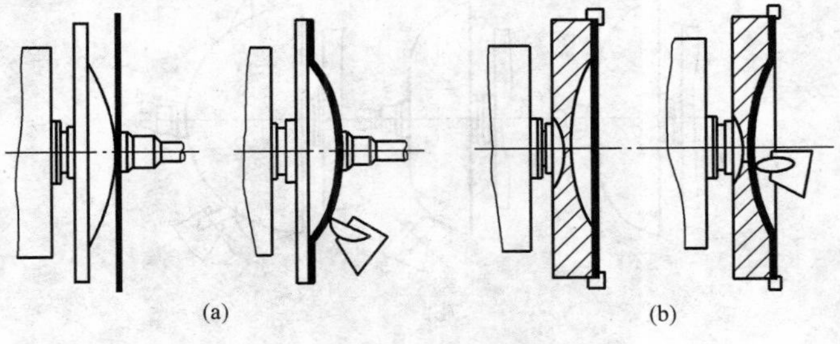

图 12-79　平底封头和碟形封头旋压

(a) 平底封头；(b) 碟形封头

炉常用的平底封头和碟形封头的旋压成形，借助旋压机上可作纵向和横向调节的辅助旋轮，可旋压不同直径的封头。图 12-80 是平边拱形封头的两种旋压法。半球形封头可一次装夹或两次装夹旋压而成（见图 12-81），前者用于硬化指数不大的材料（如铝板和钢板）。

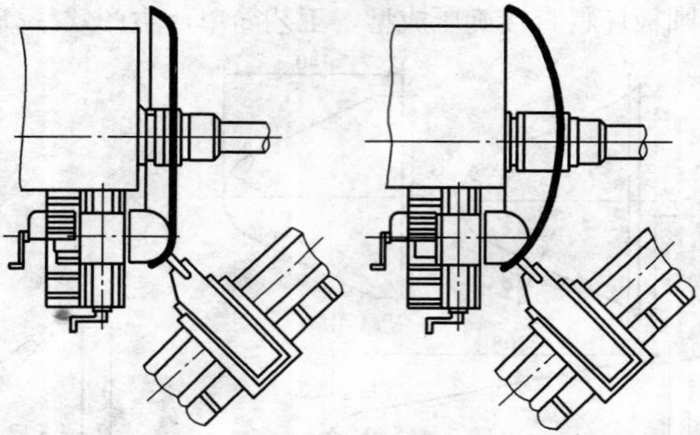

(a) (b)

图 12-80 平边拱形封头旋压

(a) 外旋压法；(b) 内旋压法

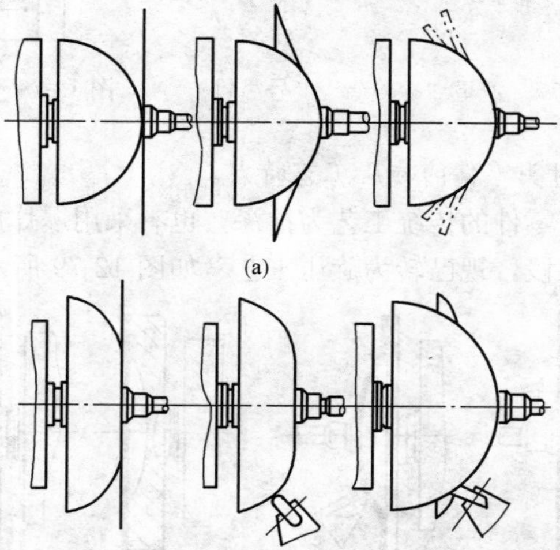

(a)

(b)

图 12-81 半球形封头旋压

(a) 一次装夹旋压法；(b) 两次装夹旋压法

封头旋压工艺水平正在不断提高，一步法和两步法封头旋压设备已在我国研制成功。

第十一节　在卧式车床上滚压加工

一、滚压加工原理和滚压加工形式

1. 滚压加工原理

滚压加工是用滚压工具对金属坯料或工件施加压力，使其产生塑性变形，从而将坯料成形或滚光工件表面的加工方法。坯料成形的滚压加工一般在专用滚压机床进行；在卧式车床上进行滚压加工，主要是工件的光整和表面强化加工。工件经滚压后的表面粗糙度 Ra 可达 0.4～0.025μm，尺寸精度达 IT7～IT6 级。滚压使工件表面层材料的金相组织形成有利的残余应力分布，从而提高零件的力学性能和使用寿命。滚压后工件表面硬化层深度达 0.1～3mm，表面硬度增高 5%～50%，使零件的疲劳强度、耐磨性和耐腐蚀性能显著提高。

图 12-82 所示为用一钢球挤压加工内孔原理图。钢球的直径比内孔直径稍大，钢球在压力机的作用下使工件内孔表面金属产生塑性变形。借助钢球加工孔的方法可以获得低的表面粗糙度值，并具有较高生产率。钢球加压之后，内孔表面由于冷作硬化，硬度明显提高，可获得光滑而发亮的表面。在加压的过程中使用机油润滑，或用机油与石墨组成的混合液润滑。

图 12-83 所示为用一滚轮滚压加工外圆表面的原理图。已淬硬

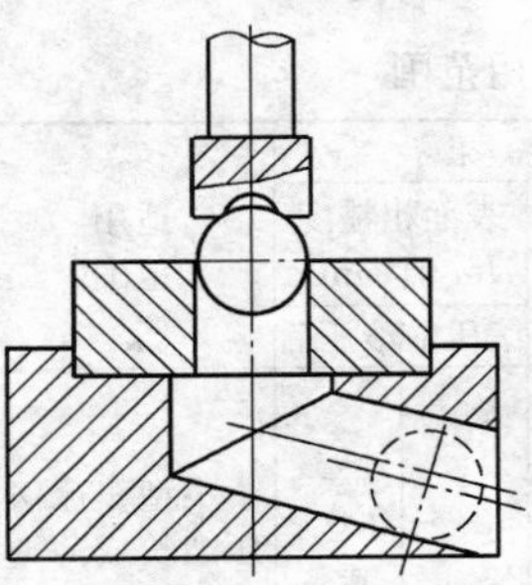

图 12-82　钢球挤压内孔原理图

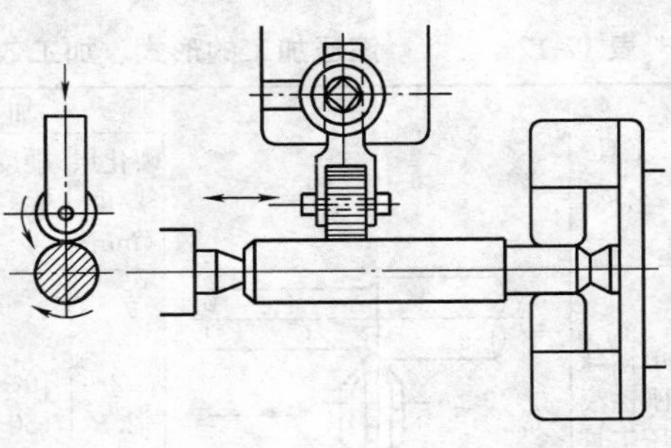

图 12-83　滚轮滚压加工原理图

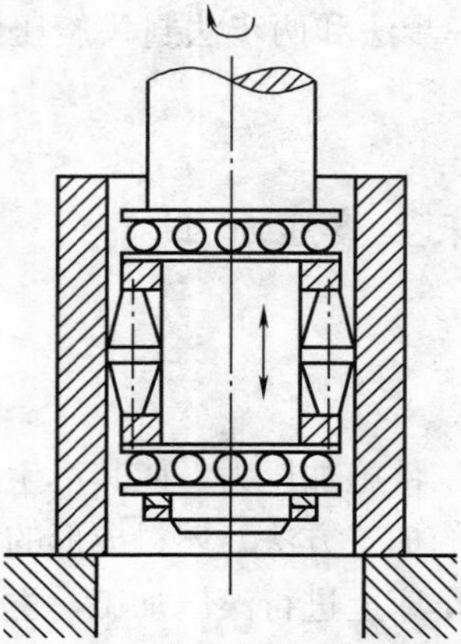

图 12-84　滚压头滚压加工内孔的原理图

的钢质滚轮由滚动轴承支持，滚轮支架紧固在刀架上，刀架横向移可对工件施加压力；工件由车床主轴带动旋转，通过摩擦力也带动滚轮旋转；刀架带着滚轮通过溜板作纵向走刀运动。

图 12-84 所示为用一滚压头加工内孔的原理图。滚压头上带有 10～12 个钢质淬硬的圆柱滚子，这些滚子可在滚压头已淬硬的枢轴外表面上滚动。滚压头夹持在车床或钻床的主轴上，用以精加工较大直径的内孔。加工时滚压头作旋转运动的同时，沿内孔轴线做相对移动。滚压头的圆周速度为 40～70m/min，而进给量为 150～200mm/min。滚压加工时用机油润滑。

用滚压头滚压内孔，工件表面粗糙度减小，表面层的机械性能显著提高，这种对中等或较大尺寸内孔的精加工方法，也是完善工艺技术的有效方法之一。

2. 滚压加工常用的形式

表 12-12 所列为在卧式车床上进行滚压加工常用的各种形式、种类、加工效果及适用范围。根据工件结构尺寸和形状、材料和技术要求，可参照表列类型，合理选择滚压的形式、滚压工具，以达到预期的滚压效果。

表 12-12　　滚压加工的形式、加工效果和适用范围

工具名称	示图	加工效果					适用范围
		硬化层厚度(mm)	硬度提高(%)	达到精度等级	表面粗糙度 Ra 值(μm)		
					滚压前	滚压后	
单钢球刚性滚压工具	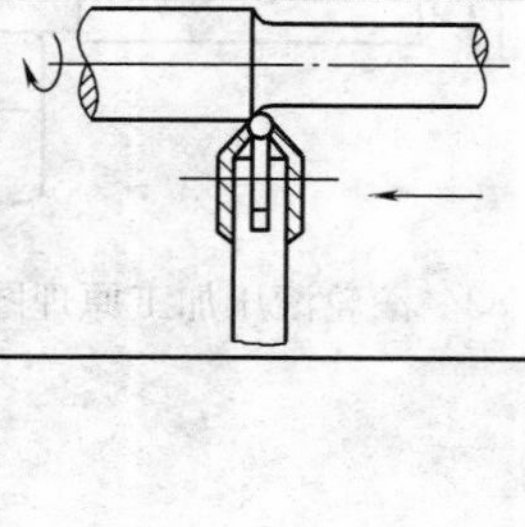	0.2～2.5	10～50	IT6	6.3～3.2	0.8～0.2	小型车床滚压细长或薄壁零件

续表

工具名称	示图	加工效果 硬化层厚度(mm)	硬度提高(%)	达到精度等级	表面粗糙度 Ra 值(μm) 滚压前	滚压后	适用范围
单钢球弹性滚压工具	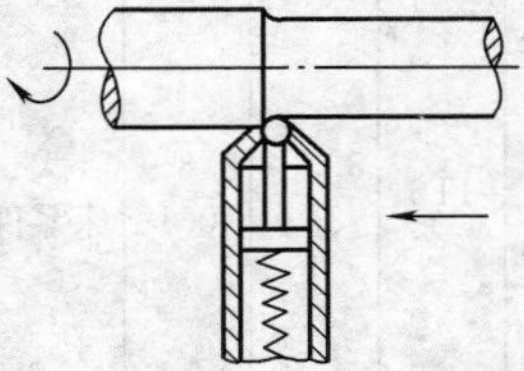	0.2～1	5～30	IT6	6.3～3.2	0.4～0.2	小型车床滚压细长或薄壁零件
多钢球刚性滚压工具	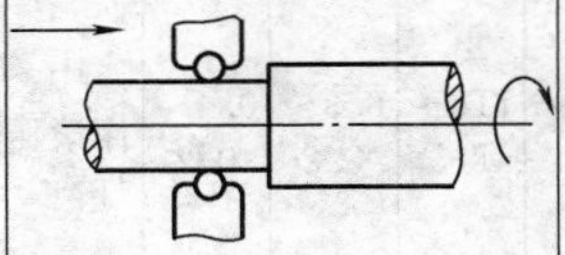	0.2～2	5～50	IT6	6.3～3.2	0.2～0.1	小型车床滚压细长或薄壁零件
单轮刚性滚压工具	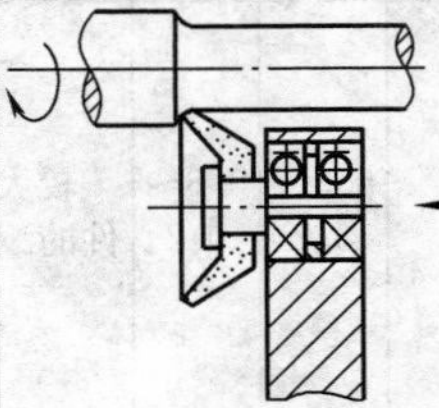	0.2～0.3	5～50	IT6～IT5	6.3～3.2	0.4～0.1	中、小型车床滚压刚性较好的轴类零件
锥形头滚压工具	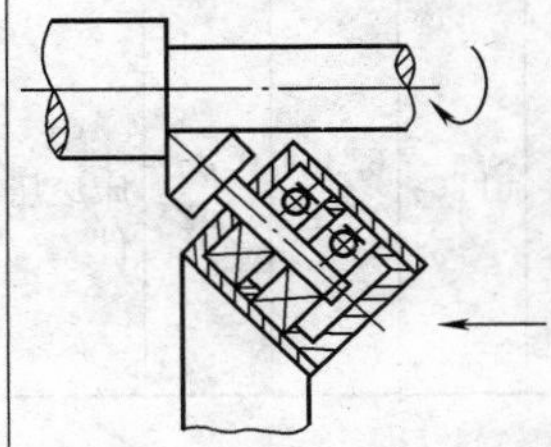	0.1～1	5～25	IT6	3.2～1.6	0.8～0.2	小型车床滚压一般轴类零件
单滚柱弹性滚压工具	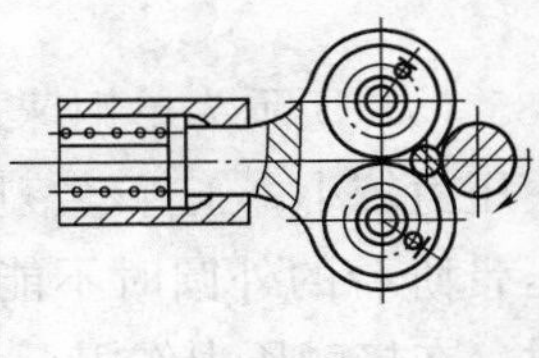	0.1～1.5	5～30	IT6～IT6	3.2～1.6	0.8～0.2	小型车床滚压细长轴类零件

续表

工具名称	示图	加工效果					适用范围
		硬化层厚度(mm)	硬度提高(%)	达到精度等级	表面粗糙度 *Ra* 值(μm)		
					滚压前	滚压后	
三辊液压滚压工具	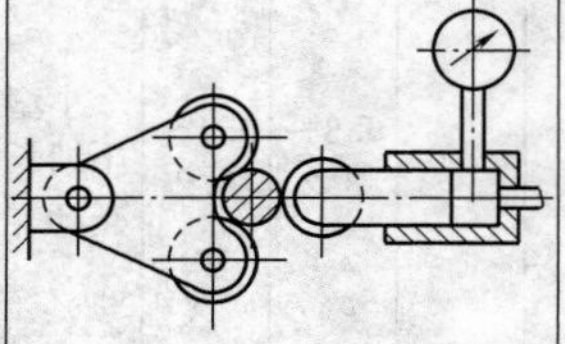	0.2～3	10～50	IT6	6.3～3.2	0.8～0.1	大、中型车床零件滚压
液压单滚轮滚压工具	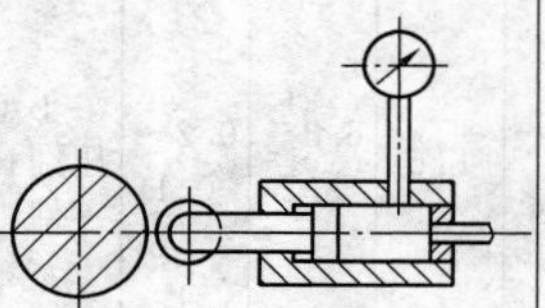	0.5～3	15～50	IT6～IT5	6.3～3.2	0.4～0.2	中、小型车床滚压轴类零件
单辊圆角滚压工具	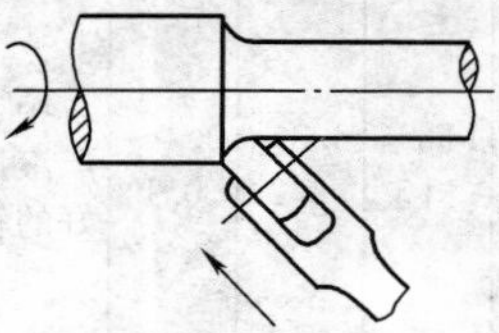	0.2～3	10～30	IT6	6.3～3.2	0.8～0.2	较大圆角零件的滚压
液压单滚轮弹性滚压工具	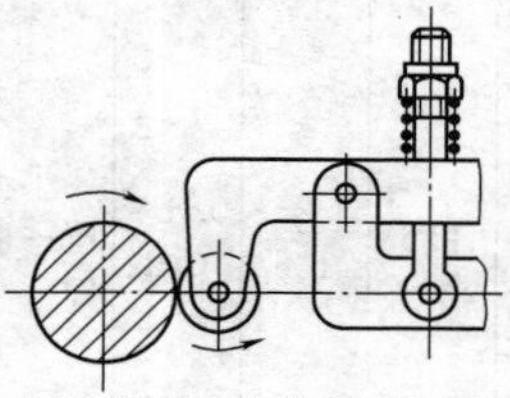	0.1～1.5	10～30	IT6	6.3～3.2	0.8～0.2	中、小型车床滚压轴类零件

二、常用的滚压工具

1. 外圆滚压工具

(1) 单钢球外圆滚压工具。图 12-85 (a) 所示为单钢球式外圆滚压工具，其滚压头只有 1 个钢球，滚压力较小，工件经滚压后表面粗糙度 *Ra* 为 0.1～0.05μm，但滚压带阶台的外圆时不能清根。当滚压头大钢球与回转的工件 1 接触时，在接触压力作用下大钢球

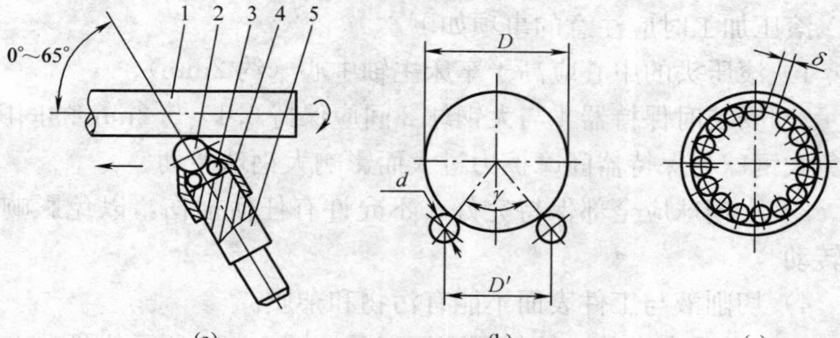

图 12-85　单钢球式外圆滚压头

(a) 滚压头；(b) 大、小钢球和小钢球盘直径；(c) 小钢球间累积间隙

1—工件；2—大钢球；3—小钢球盘；4—保持器；5—刀杆

2 在小钢球盘内自由旋转，同时沿车床纵向进给方向进给，旋压工件，使工件表面产生塑性变形，从而获得很小的表面粗糙度值。大钢球的回转中心靠小钢球盘定心，为保证纵向进给时，大钢球中心不发生上下、左右偏移，小钢球平面与工件轴线应保持一定的夹角(25°～30°)。滚压头主要零件参数的设计［见图 12-85（b）、(c)］：

大钢球直径 D：9.5～10.3mm。

小钢球直径 d：3.0～3.2mm。

小钢球间累积间隙 δ：0.1～0.3mm。

大钢球中心与小钢球盘上相对的两小钢球切点形成的夹角 $\gamma=$ 65°～85°（在此情形下大钢球滚动性能良好）。

小钢球盘的直径 D'　$D' = 2\dfrac{d\sin(180° - A)/2}{\sin A} + B$

式中　D'——小钢球盘直径，mm；

d——小钢球直径，mm；

A——相邻小钢球所夹圆心角，$A = 360°/z$（z 为小钢球数量），(°)；

B——小钢球的间隙系数（取 0.05）。

滚压工艺参数：轴向进给量(0.08～0.12)mm/r，滚压力为 250～350N，滚压速度(30～60)m/min，滚压时用锭子油或乳化液润滑。

滚压加工时应注意的事项如下。

1）滚压头的中心应高于车床主轴中心（约 2mm）。

2）安装时保持器 4 与大钢球 2 间应保持 0.1～0.2mm 的间隙，以免大钢球与保持器间摩擦力过大而影响大钢球转动。

3）小钢球应全部保持完好，不允许有任何损伤，以免影响正常转动。

4）切削液与工件表面不能有污物和杂质。

（2）硬质合金单滚轮外圆滚压工具。图 12-86 所示为硬质合金单滚轮外圆滚压工具，其特点是采用硬质合金滚轮，使用寿命长，具有较大的压入滚研效果。不需施加很大的压力，不需使用切削液，滚压工件的表面粗糙度值稳定，可以滚压带有阶台的轴类零件。

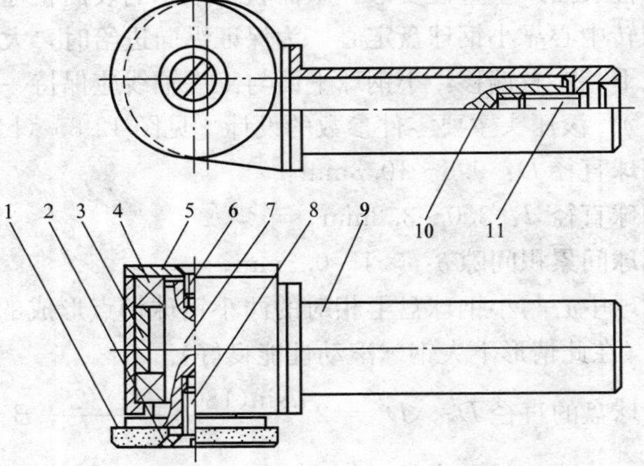

图 12-86　硬质合金单滚轮外圆滚压工具

1—滚轮；2、3—垫圈；4—轴承；5—后盖；6、8、11—螺钉；
7—心轴；9—刀体外套；10—刀体心轴

滚压工艺参数：滚压速度为(60～250)m/min，轴向进给量为(0.1～0.2)mm/r，滚压时的挤压过盈量一般为 0.4～0.5mm，实际压入量（滚压后比滚压前轴径实际减小量）为 0.02～0.04mm，一次进给完成滚压加工。

滚压加工时应注意的事项如下。

1）滚轮的径向跳动量应小于 0.01mm，端面应对轴线保持垂直；滚轮挤压部分的表面粗糙度 Ra 应小于 0.4μm。

2）滚轮轴线和工件轴线应等高；滚压时两轴线间有 1°～2°的倾角。

3）滚轮和工件表面应保持清洁，无油污。

（3）三点式滚压工具。图 12-87 所示为一细长轴滚压工具，采用圆周均布三点滚压，工作时三个硬质合金（YG6）滚柱向工件施

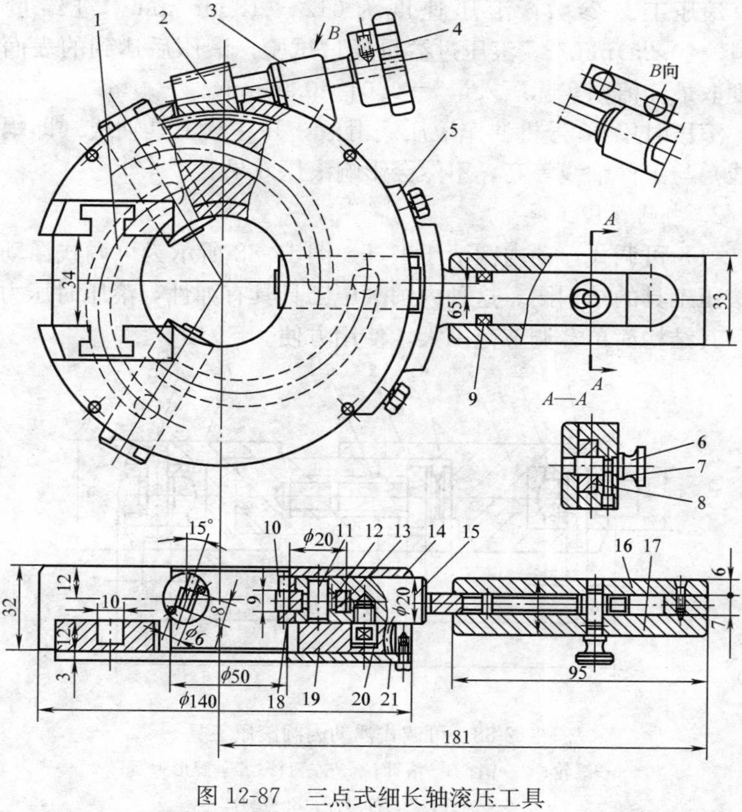

图 12-87　三点式细长轴滚压工具

1—联块；2—蜗杆；3—蜗杆架；4—手柄；5—支架；6—插销；7—钢球；8—弹簧；9—橡胶垫；10—滚柱；11—小轴；12—滚针；13—外圈；14—本体；15—滑柱；16、21—盖板；17—方杆；18—滚柱保持架；19—蜗轮；20—柱头

压，使工件所受径向力平衡，不易产生弯曲变形。

3个滚柱的径向位置可用手柄4通过蜗杆传动蜗轮端面的三条平面螺旋槽作同步调整，可滚压 $\phi(12\sim30)$mm 的细长轴。滚柱轴线与工件轴线成15°交角，使相互接触面减小而增加对工件的单位面积压力，从而得到较好的滚压效果。滚压工具直接安装在车床刀架上，且可径向浮动，不会产生工具与工件不同轴问题。工具装卸和调节方便，只需将联块1卸下，即可退出刀架，不影响刀架上其他刀具的使用。

滚压工艺参数：滚压速度为（12～18）m/min，进给量为（0.15～0.25）mm/r，滚压过盈量通过试验，滚压后达到的表面粗糙度取最佳值；实际压入量 $t=0.01\sim0.03$mm。

滚压时用20号机油作滚压润滑液，并注意工具轴线（即蜗轮轴线）与工件轴线等高，不然会影响滚压效果。

2. 内圆滚压工具

（1）可调式浮动内圆滚压工具。图12-88所示为可调式浮动内圆滚压工具的结构图。这种内圆滚压工具具有弹性，滚压时压力均匀，其结构简单，调节范围大，使用方便。

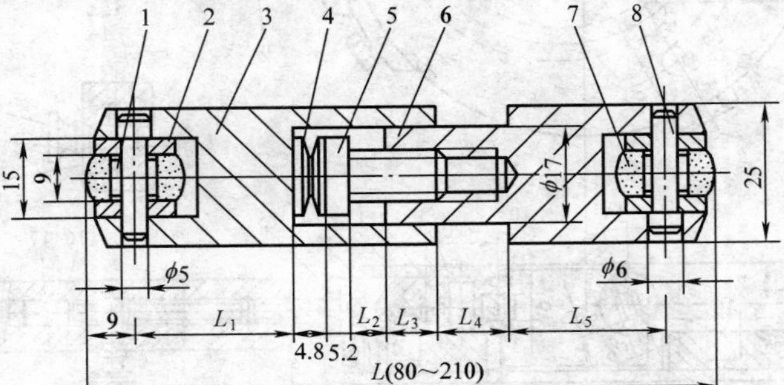

图12-88　可调式浮动内圆滚压工具

1—滚轮；2—销；3—滚针；4—左刀杆；5—碟形弹簧；6—螺钉；7—右刀杆；8—垫片

滚压工艺参数：滚压速度为（30～40）m/min，轴向进给量为（0.10～0.15）mm/r，滚压时的挤压过盈量为0.4～0.5mm，实际压入量（滚压后比滚压前孔径实际增大量）为 0.02～0.03mm，滚压次数不宜超过 2 次，以免工件表面层材料疲劳破坏和表面粗糙度值增大。

工件表面滚压前的表面粗糙度 Ra 应小于 6.3μm，滚压时加工表面必须清洁，润滑充分。这种滚压工具的调节范围达 10～15mm，适用于直径 80～210mm 的内圆表面的滚压。

（2）单滚珠弹性滚压头。这种滚压头结构简单、操作方便，主要用于小批量生产中，可滚压内圆表面或平面。图 12-89（a）所示结构的滚珠支承在 4 个小滚珠上，转动灵活，摩擦阻力小，滚压力通过调节弹簧来控制。图 12-89（b）所示结构的滚珠支承在液性塑料上，能减小摩擦力，大大提高滚压速度。

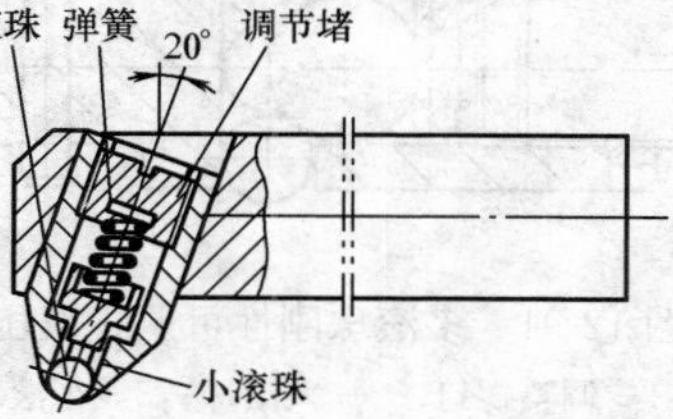

(a)

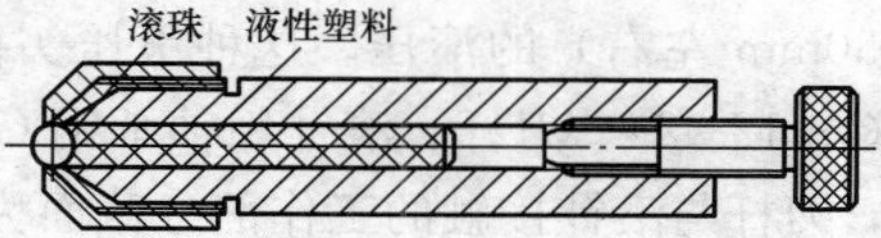

(b)

图 12-89　单滚珠弹性滚压头

（3）多滚柱（珠）、刚性可调式滚压头。锥滚柱（或滚珠）支承在滚道（或大滚珠）上，承受径向滚压力，保证转动灵活，轴承滚压力通过支承销（或大滚珠）作用于止推轴承上（图 12-90 和图 12-91）。滚柱（滚珠）滚道和支承销均采用 GCr15 制造，硬度 63～66HRC。利用调整套或调整螺钉来调整滚压头工作直径。滚压头与机床主轴采用浮动连接，滚压头端面有支承柱，承受全部轴向力，球形接触点能自动调心。

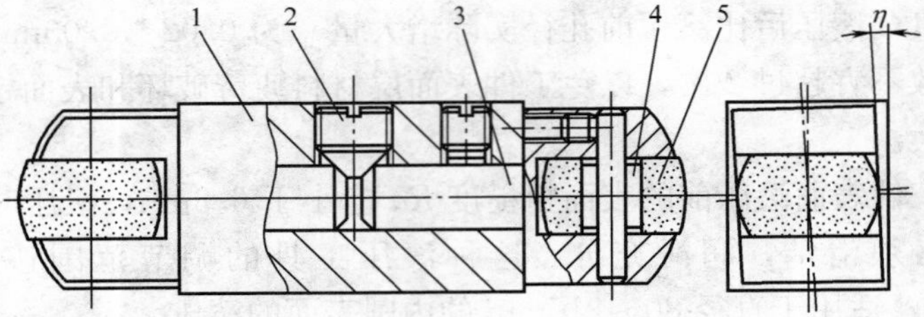

图 12-90　多滚柱刚性可调式滚压头

1—滚道；2—滚柱；3—支承销；4—调整套；5—支承柱

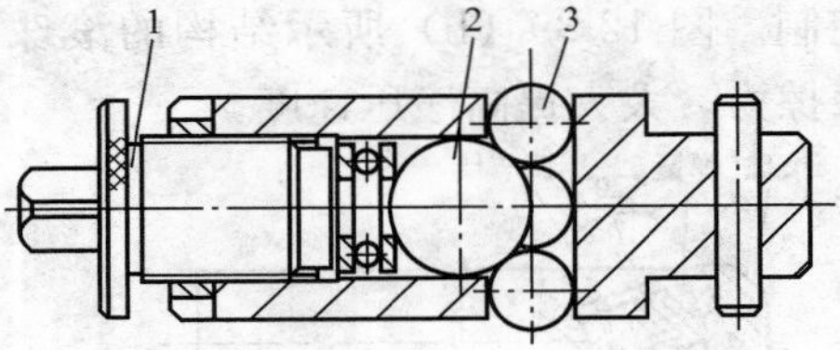

图 12-91　多滚珠刚性可调式滚压头

1—调整螺钉；2—大滚珠；3—小滚珠

（4）多滚柱（针）、刚性不可调、脉冲式滚压头。主要用于小直径孔（$\phi6\sim\phi30$mm 左右）的滚压。这种滚压头由刀杆、滚针、保持器等组成（图 12-92）。刀杆、滚针用轴承钢 GCr15 制造，硬度 60～65HRC，刀杆与滚针接触的工作部分截面为圆弧与弦（直线）相间隔而形成的多边形，保持器的圆周上开有六条轴向等分小槽，各槽内装入六根高精度滚针。保持器连同滚针与刀杆作相对转动。刀杆旋转时，使滚针依次与刀杆工作部分的圆弧及平面循环接触，于是发生短促冲击，形成脉冲式滚压，对工件内孔表面进行挤压，使内孔达到较细的表面粗糙度值，强化了工件表层。滚压时，滚针对孔表面的径向压力很小，压力在表面层扩展的深度也不深，不会引起工件宏观变形，因此它可加工强度低、刚性差的薄壁工件。由于滚针与加工表面的接触时间短，因此可提高滚压速度（根据滚压材料的不同 $v\geqslant130$m/min）和进给量 f，具有较高的效率和较长的寿命，广泛用于钢、铸铁、铜和铝合金等工件的精整孔形和

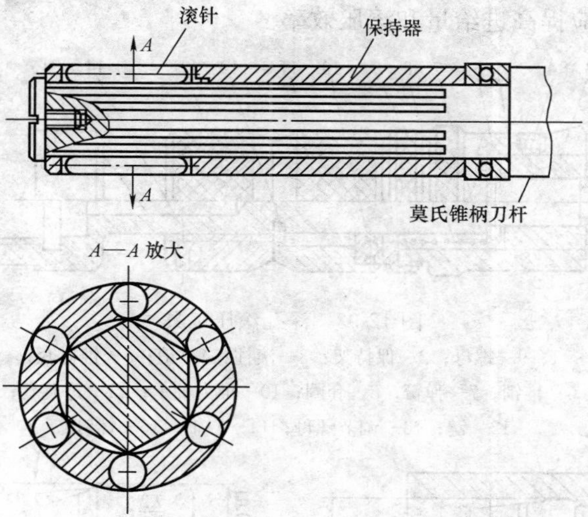

图 12-92　多滚针刚性不可调脉冲式滚压头

压光表面。这种滚压头广泛地用于滚压铝合金的活塞销孔（ϕ22～ϕ28mm），采用滚压过盈量 $i=0.04\sim0.05$mm，进给量 $f=(0.25\sim0.5)$ mm/r，粗糙度 $Ra0.4\sim0.2\mu$m，圆柱度小于 0.005mm。

汽车传动轴上各种叉子（45 钢）的耳孔 $\phi 39_{-0.035}^{-0.007}$ mm 采用滚挤孔作最后加工，$v\geqslant51$m/min，进给量 $f\approx1.4$mm/r，滚压过盈量 $i=0.02\sim0.045$mm，表面粗糙度达 $Ra1.6\mu$m。使用这种滚压头加工时与机床主轴为浮动连接。

（5）深孔滚压工具。图 12-93 所示为一深孔滚压工具结构图。其特点是采用圆锥形滚柱滚压（见图 12-94），滚柱 3 用 GCr15 钢材制造，淬硬后硬度为 62～64HRC，滚柱前端磨出 $R=2$mm 的圆弧并与锥面光滑连接，滚柱锥面斜角为 45°。滚柱装在滚压工具的保持架 2 中，与具有斜角为 30°的锥衬套 5 相接触，使滚柱表面与加工工件表面间形成 1°左右的后角，既保证了滚柱与工件有一定的接触长度，又避免了接触过长，提高了孔壁滚压的表面质量。圆锥滚柱的数量，根据加工孔径尺寸的大小选取，一般为 4、6 或 8 个，滚柱的外径尺寸必须一致，滚柱数量增多，滚压面接触增大，因此可相应提高进给量和滚压效率。

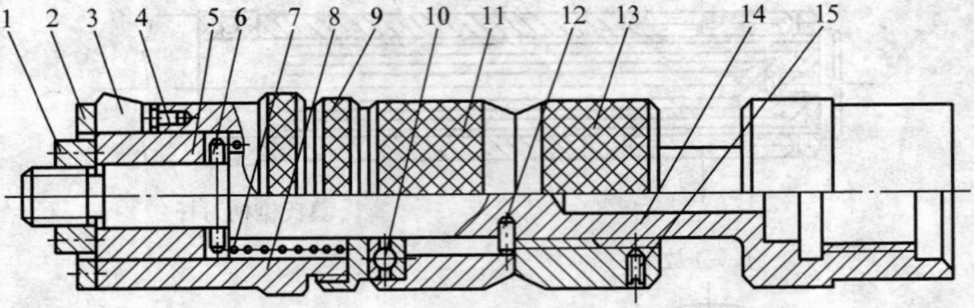

图 12-93 深孔滚压工具

1、9—螺母；2—保持架；3—滚柱；4—销；5—锥衬套；6—锥销；7—弹簧；8—套圈；10—推力轴承；11—过渡套；12—键；13—调节螺母；14—心轴；15—螺钉

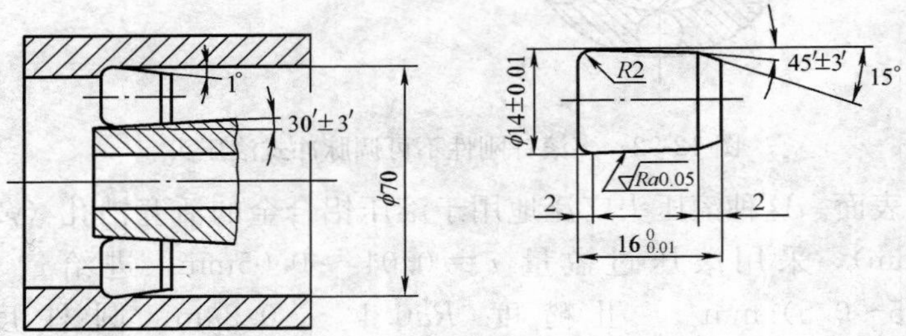

图 12-94 圆锥形滚柱的内孔滚压

滚压过程中，滚柱 3 受轴向力的作用，向右顶在销 4（也可用钢球）上，销 4 将轴向力传给套圈 8 和螺母 9，向右顶在推力轴承 10 上，此时滚压工具外径为滚压内孔的工作尺寸。滚压完毕后，滚压工具从已滚压内孔中退出，滚柱反向通过工件内孔，受到向左的轴向力作用，并传给保持架 2 经套圈 8 压缩弹簧 7，同时滚柱 3 沿锥衬套 5 向左移动，使滚压工具外径缩小，避免碰伤已滚压好的内圆表面。当滚压工具完全退出后，滚柱在弹簧 7 的作用下复位。转动调节螺母 13 使锥衬套 5 沿心轴 14 轴向移动，从而使滚柱 3 沿径向伸缩，改变滚压工具的径向尺寸，实现微量调节，以适应不同滚压量的需要。

滚压工艺参数：滚压速度为(60～80)m/min，轴向进给量为(0.15～0.25)mm/r，滚压时的挤压过盈量为 0.1～0.12mm，实际压入量（滚压后比滚压前孔径实际增大量）为 0.02～0.03mm。滚压时切削液采用 50%硫化切削液加 50%柴油或机油，也可用煤油作切削液。滚压次数不超过 2 次，以免工件表面出现“脱皮”现象。

工件表面滚压前表面粗糙度 Ra 应不大于 3.2μm。滚压前孔壁应清洗，保持清洁，无残留切屑。滚压工具轴线与工件回转轴线应同轴。

三、在车床上滚压加工实例

1. 外圆滚压加工

图 12-95 所示一大型曲轴，材料为 40CrNiMo，重约 2t。轴颈尺寸为 $\phi 210_{-0.02}^{0}$ mm，表面粗糙度 Ra0.8μm。单件生产。

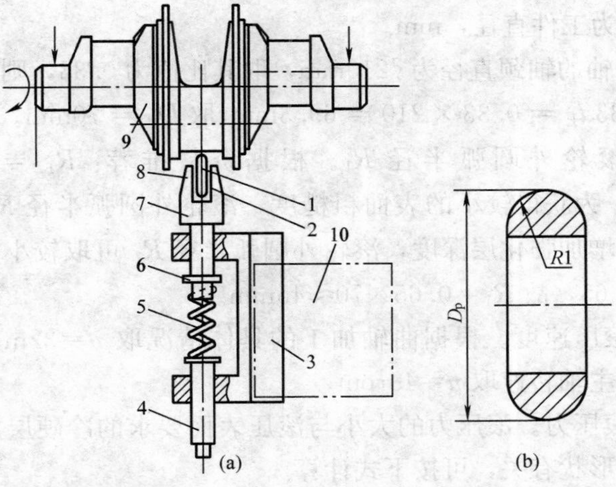

图 12-95　曲轴滚压加工示意图

1—滚轮；2—垫圈；3—支架；4—调整螺杆；5—压力弹簧；6—垫圈；7—主体；8—销轴；9—曲轴；10—刀架

（1）工艺分析。该零件几何形状复杂，精度要求高（轴颈尺寸为 $\phi 210_{-0.02}^{0}$ mm，表面粗糙度 Ra0.8μm），应在大型曲轴车床和磨床上加工，在没有这种设备的情况下，可在 C6150 型车床上粗精车后，采取表面滚压加工达到要求。

（2）加工工艺和滚压步骤。如图 12-95（a）所示，采用弹性滚轮滚压器滚压加工。它由滚轮 1（材料 T10A，淬火 58～60HRC，表面粗糙度 $Ra<0.2\mu m$），垫圈 2（QSn6.5～0.4，$Ra3.2\mu m$），支架 3（材料 45 钢，调质 T235），调整螺杆 4（材料 45 钢，调质 T235），压力弹簧 5（材料 65Mn，热定型），垫圈 6（材料 45 钢，$Ra6.3\mu m$），主体 7（材料 45 钢，调质 T235），销轴 8（材料 45 钢、调质 T235）组成。

曲轴经粗、精车后对轴颈外圆及圆角进行滚压加工。

（3）工艺参数的确定。滚压时主要工艺参数确定如下。

1）滚轮直径。滚轮的形状如图 12-95（b）所示。滚轮的直径与工件的直径有关，当工件直径小于 ϕ75mm 时，则 $D_P/d_P<4$；当工件直径大于 ϕ75mm 时，则 $D_P/d_P\leqslant 1$。式中 D_P 为滚轮直径，mm；d_P 为工件直径，mm。

此曲轴的轴颈直径为 ϕ210mm，取其比值为 0.33，则滚轮直径 $D_P=0.33d_P=0.33\times 210=69.3$mm，取 $D_P=70$mm。

2）滚轮外圆弧半径 R_1。根据资料推荐：$R_1=(0.5\sim 0.75)D_P$。为获得较小的表面粗糙度，滚轮外圆弧半径 R_1 可取大值；为了增加强化层深度，滚轮外圆弧半径 R_1 可取较小值。现取中间值 0.65，故 $R_1=0.65\times 70\approx 45$mm。

3）滚压速度。根据曲轴加工的具体情况取 $v=32$m/min，按机床实际主轴转速取 $n=48$rpm。

4）滚压力。滚压力的大小与滚压表面要求的冷硬层深度和滚轮的几何形状有关，可按下式计算。

$$F=\frac{t}{1.8}\sqrt{\frac{t}{0.18A}}$$

式中 F——滚压力，N；

t——强化层深度，mm；

A——系数，其值为 $\left(\frac{1}{D_P}+\frac{1}{d_P}\right)$mm。已知 D_P、d_P 之值，则

$$A=\frac{1}{70}+\frac{1}{210}=0.19。$$

此曲轴要求强化层深度为 2mm，故

$$F=\frac{2}{1.8}\times\sqrt{\frac{2}{0.18\times0.19}}=2680(\mathrm{N})$$

5）滚压进给量。实践证明，如果滚压前的表面粗糙度为 $Ra6.3$，则其粗滚压进给量为(0.3～0.6)mm/r；精滚压进给量为(0.15～0.30)mm/r。滚压此曲轴时，粗滚压取 f=0.4mm/r；精滚压取 f=0.15mm/r。经过三次粗滚压和一次精滚压后，其表面粗糙度可达 $Ra1.6$～$0.8\mu m$，强化层深度在 2mm 左右。

6）滚压前的毛坯尺寸。此曲轴要求滚压后的尺寸为 $\phi210_{-0.02}^{0}$ mm，滚压前的精车尺寸为 $\phi210_{+0.004}^{+0.035}$ mm。

7）冷却润滑液。滚压时，为防止脱皮和烧伤，并改善滚压工具的工作状况，采用 20 号机油进行冷却润滑。

2. 内孔滚压

图 12-96 所示为一液压油缸，材料 45 钢，内孔 $\phi80_{0}^{+0.06}$ mm，表面粗糙度 $Ra0.8\mu m$，其内孔表面不允许有纵向和横向刀痕。中批量生产。

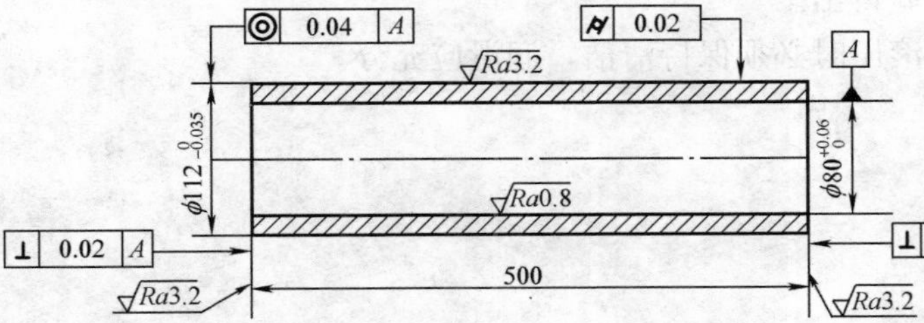

图 12-96　液压油缸零件图

(1) 工艺分析。此零件孔加工在车床上完成，经过粗镗、半精镗、精镗后，在车床上进行滚压，采用双排钢球滚压内圆柱孔。双排钢球内孔滚压工具与图 12-93 所示结构大体相似，滚压头尾部与刀杆采用浮动连接，将车床尾架稍加改装，以尾架套筒定心，利用尾架中丝杆螺母副传动。丝杆与滚压头刀杆连接，螺母与 V 带轮连接。借助 V 带传动，将车床光杠的转动传递给尾架丝杆，使尾架丝杆带动滚压轴向移动。工件则利用带有相应长度的套筒式夹具，由车床主轴带动旋转，并用中心架支持。为防止变形，工件下料时留有工艺长度，外圆车有工艺槽，采用端面轴向夹紧。

(2) 加工工艺和滚压步骤。

滚压加工工艺参数的确定：主轴转速 200r/min 左右，进给量为 0.25mm/r 左右。滚压过盈量约为 0.1mm。

孔 $\phi 80^{+0.06}_{0}$ mm 精镗后的尺寸为 $\phi 80^{0}_{-0.02}$ mm，表面粗糙度为 $Ra3.2$，经滚压加工后，孔的尺寸为 ϕ ($80^{+0.02}_{0}\sim80^{+0.03}_{0}$) mm，表面粗糙度为 $Ra0.8\mu m$。

滚压时，冷却润滑液使用柴油。

内孔加工好后，切去工艺长度部分，以内孔定心磨外圆至图样要求。

四、滚压加工时注意事项

(1) 严格控制过盈量的大小，过盈量太小表面粗糙度大；过盈量过大滚压表面会出现“脱皮”现象。

(2) 滚压用量的具体数据，根据工件材料及其壁厚等条件，最好通过实验得出。

(3) 滚压时必须保持清洁，润滑应充分。

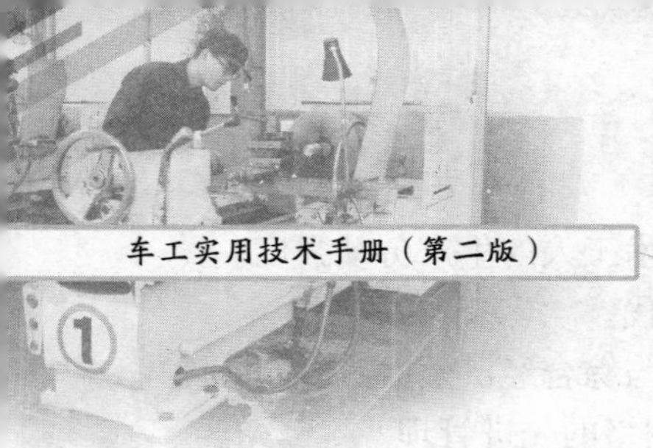

第十三章

数控车削技术

第一节 数控机床概述

在社会生产与科学技术日益进步和发展的今天，人们总是在不断地探索某些先进的生产模式，以适应和满足社会对机械产品多样化的要求。伴随着电子技术、计算机技术、自动化以及精密机械与测量技术的高速发展和综合运用，产生了进行自动化加工的机电一体化的新型加工装备——数控机床。

数控机床又称 CNC 机床，也就是数字程序控制亦即电子计算机数字化信号控制的机床。它能够按照人们所给定的程序，生产加工出我们所需要的几何形状。

一、数控机床的发展

1. 数控机床的发展意义

数控机床的产生，使人们找到了科学解决原来不能解决的问题，显示出了其独特的优越性和强大的生存能力，是当前机械制造业发展的一个倾向，其意义非常重大。表现在以下多个方面。

（1）推动了航天、航空、船舶、机电、军事等领域的发展与壮大。

（2）解决了某些形状复杂、一致性要求较高的中小批零件加工自动化问题。

（3）大大提高了生产效率。

（4）增加了加工生产的柔性。

（5）稳定与保证了产品的加工质量。

（6）缩短了生产准备周期。

（7）节省了人力开支，减轻了技术工人的生产劳动强度。

（8）加快了产品的开发和更新换代。

（9）提高了企业的市场适应能力与综合经济效益。

（10）易于企业自主实行计算机网络的先进管理。

（11）促进和加速了民族工业的进步与社会主义现代化建设。

（12）成为现代化机床自动化发展的一个重要方向。

2. 数控机床的发展简况

数控机床的核心部位是其计算机控制系统，它决定着数控机床的整体水平。因此，计算机技术与微电子技术的飞速发展也就使得数控机床不断地更新换代，先后经历了五个阶段的发展。

二、数控机床的组成

数控机床一般由主机部分、控制部分、伺服系统装置和辅助装置等组成。

1. 主机部分

它是数控机床的主体，是数控机床的机械部件。主机部分包括床身、主轴箱、刀架、尾座和进给机构等。

2. 控制部分

控制部分又称CNC装置部分，其系统原理见图13-1所示。它是数控机床的核心。它包括机床印制板电路、屏幕显示器、键盘、纸带、磁带和驱动电路等。

3. 伺服系统装置

伺服系统是数控机床的驱动系统，用来实现数控机床的进给予主轴的伺服控制。

（1）进给伺服控制。进给伺服系统的组成如图13-2所示，它包括位置、速度控制单元与测量反馈单元以及执行电动机。它能够接受来自计算机的各种指令，以此来驱动执行电动机的运行。它对数控机床的加工精度和生产效率有着直接的影响。

（2）主轴伺服控制。主轴伺服系统包括主轴控制单元、主轴电动机、测量反馈单元等，它是数控机床主轴运动的控制部分。

4. 辅助装置

辅助装置是指数控机床的一些配套部件。它包括液压、气动装

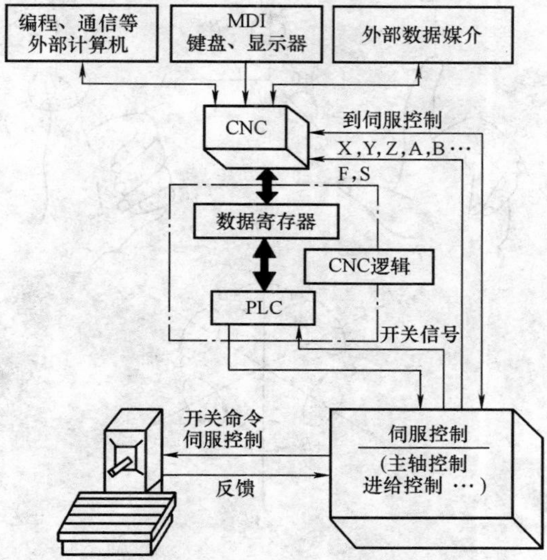

图 13-1　CNC 系统原理图

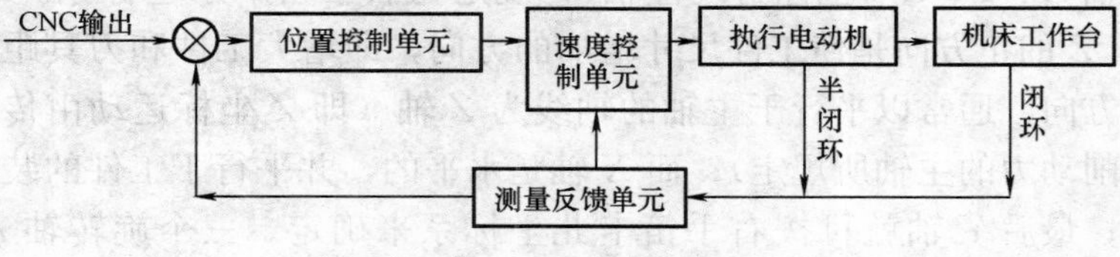

图 13-2　进给伺服系统的组成

置以及冷却系统和排屑装置。

第二节　数控加工编程技术简介

一、数控机床的坐标系统

（一）数控机床的坐标轴和运动方向

对数控机床的坐标轴和运动方向做出统一的规定，可以简化程序编制的工作和保证记录数据的互换性，还可以保证数控机床的运行、操作及程序编制的一致性。按照等效于 ISO 841 的我国标准 JB/T 3051—1999 规定：如图 13-3 所示，数控机床直线运动的坐

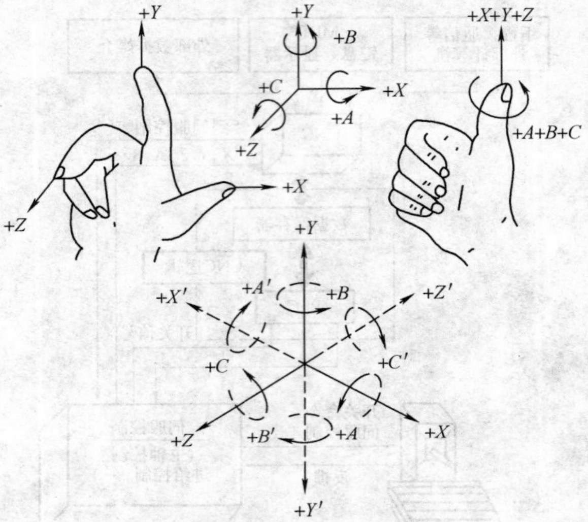

图 13-3　数控机床坐标系

标轴 X、Y、Z（也称为线性轴），规定为右手笛卡尔坐标系。X、Y、Z 的正方向是使工件尺寸增加的方向，即增大工件和刀具距离的方向。通常以平行于主轴的轴线为 Z 轴（即 Z 坐标运动由传递切削动力的主轴所规定）；而 X 轴是水平的，并平行于工件的装卡面；最后 Y 轴就可按右手笛卡儿坐标系来确定。三个旋转轴 A、B、C 相应的表示其轴线平行于 X、Y、Z 的旋转运动。A、B、C 的正方向相应地为在 X、Y、Z 坐标正方向向上按右旋螺纹前进的方向。上述规定是工件固定、刀具移动的情况。反之若工件移动，则其正方向分别用 X′、Y′、Z′表示。通常以刀具移动时的正方向作为编程的正方向。

除了上述坐标外，还可使用附加坐标，在主要线性轴（X、Y、Z）之外，另有平行于它的依次有次要线性轴（U、V、W）、第三线性轴（P、Q、R）。在主要旋转轴（A、B、C）存在的同时，还有平行于或不平行于 A、B 和 C 的两个特殊轴（D、E）。数控机床各轴的标示乃是根据右手定则，当右手拇指指向正 X 轴方向，食指指向 Y 轴方向时，中指则指向正 Z 轴方向。图 13-4 所示为立式数控机床的坐标系，图 13-5 所示为卧式数控机床的坐标系。

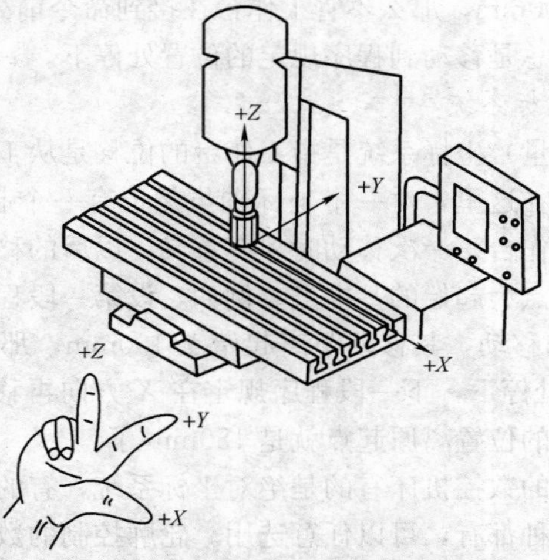

图 13-4 立式数控机床坐标系

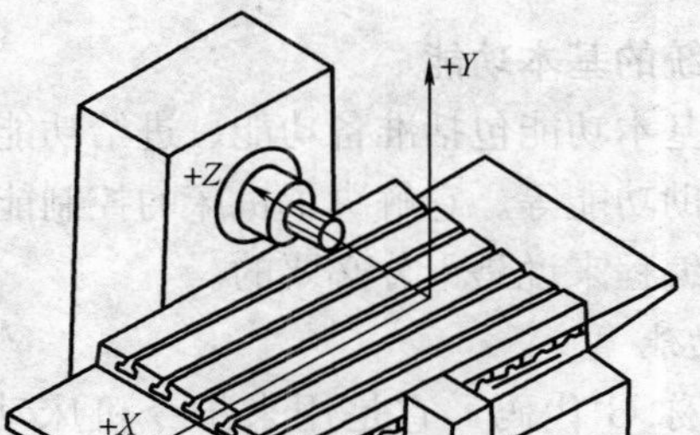

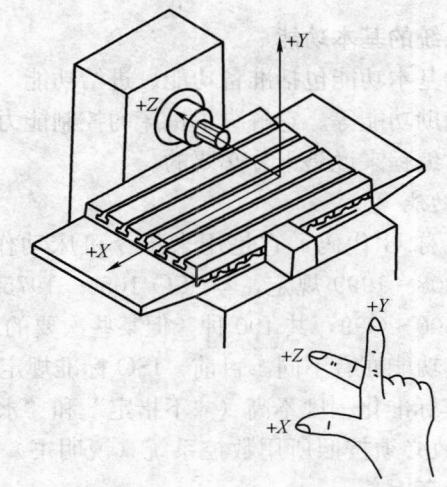

图 13-5 卧式数控机床坐标系

（二）绝对坐标系统与相对坐标系统

1. 绝对坐标系统

绝对坐标系统是指工作台位移是从固定的基准点开始计算的，例如，假设程序规定工作台沿 X 坐标方向移动，其移动距离为离固定基准点 100mm，那么不管工作台在接到命令前处于什么位置，它接到命令后总是移动到程序规定的位置处停下。

2. 相对坐标系统

相对（增量）坐标系统是指工作台的位移是从工作台现有位置开始计算的。在这里，对一个坐标轴虽然也有一个起始的基准点，但是它仅在工作台第一次移动时才有意义，以后的移动都是以工作台前一次的终点为起始的基准点。例如，设第一段程序规定工作台沿 X 坐标方向移动，其移动距离起始点 100mm，那么工作台就移动到 100mm 处停下，下一段程序规定在 X 方向再移动 50mm，那么工作台到达的位置离原起点就是 150mm 了。

点位控制的数控机床有的是绝对坐标系统，有的是相对坐标系统，也有的两种都有，可以任意选用。轮廓控制的数控机床一般都是相对坐标系统。编程时应注意到不同的坐标系统，其输入要求不同。

二、数控系统的基本功能

数控系统的基本功能包括准备功能、进给功能、主轴功能、刀具功能及其他辅助功能等。它解决了机床的控制能力，正确掌握和应用各种功能对编程来说是十分必要的。

（一）准备功能

准备功能也称 G 代码，它是用来指令机床动作方式的功能。按我国 JB/T 3208—1999 规定，与 ISO 1056—1975E 规定基本一致，G 代码从 G00～G99，共 100 种，但某些次要的 G 代码，根据不同的设备，其功能亦有不同。目前，ISO 标准规定的这种地址字(表 13-1)，因其标准化程度不高（“不指定”和“永不指定”的功能项目较多)，故必须按照所用数控系统（说明书）的具体规定使用，切不可盲目套用。

G 代码按其功能的不同分为若干组。G 代码有两种模态，即模态式 G 代码和非模态式 G 代码。00 组的 G 代码属于非模态式的 G 代码，只限定在被指定的程序段中有效，其余组的 G 代码属于模态式 G 代码，具有延续性，在后续程序段中，在同组其他 G 代码未出现前一直有效。

表 13-1　　准备功能 G 代码

代码	功能	代码	功能
G00	点定位	G53	直线偏移，注销
G01	直线插补	G54～G59	直线偏移（坐标轴、坐标平面）
G02	顺时针方向圆弧插补	G60	准确定位 1（精）
G03	逆时针方向圆弧插补	G61	准确定位 2（中）
G04	暂停	G62	快速定位（粗）
G05	不指定	G63	攻螺纹
G06	抛物线插补	G64～G67	不指定
G07	不指定	G68/G69	刀具偏置，内角/外角
G08/G09	加速/减速	G70～G79	不指定
G10～G16	不指定	G80	固定循环注销
G17～G19	（坐标）平面选择	G81～G89	固定循环
G20～G32	不指定	G90	绝对尺寸
G33	螺纹切削，等螺距	G91	增量尺寸
G34	螺纹切削，增螺距	G92	预置寄存
G35	螺纹切削，减螺距	G93	时间倒数，进给率
G36～G39	永不指定	G94	每分钟进给
G40	刀具补偿/偏置注销	G95	主轴每转进给
G41/G42	刀具补偿－左/右	G96	恒线速度
G43/G44	刀具偏置－正/负	G97	主轴每分钟转数
G45/G52	刀具偏置（＋、－或 0）	G98、G99	不指定

注　1. 指定了功能的代码，不能用于其他功能。

2. “不指定”代码，在将来有可能规定其功能。

3. “永不指定”代码，在将来也不指定其功能。

不同组的 G 代码在同一程序段中可以指令多个，但如果在同一程序段中指令了两个或两个以上属于同一组的 G 代码时，则只有最后一个 G 代码有效。在固定循环中，如果指令了 01 组的 G 代码，则固定循环将被自动取消或为 G80 状态（即取消固定循环），但 01 组的 G 代码不受固定循环 G 代码的影响。如果在程序指令了 G 代码表中没有列出的 G 代码，则显示报警。

（二）进给功能

进给功能是用来指令坐标轴的进给速度的功能，也称 F 机能。

进给功能用地址 F 及其后面的数字来表示。在 ISO 规定 F1～F2 位。其单位是 mm/min，或用 in/min 表示。如

F1 表示切削速度为 1mm/min 或 0.01in/min；

F150 表示进给速度为 150mm/min 或 1.5in/min。

对于数控车床，其进给方式又可分为以下两种：①每分钟进给，用 G94 配合指令，单位为 mm/min；②每转进给，用 G95 配合指令，单位为 mm/r。

对于其他数控机床，通常只用每分钟进给方式。除此以外，地址符 F 还可用在螺纹切削程序段中指令其螺距或导程，以及在暂停（G04）程序段中指令其延时时间（s）等。

（三）主轴功能

主轴功能是用来指令机床主轴转速的功能，也称为 S 功能。

主轴功能用地址 S 及其后面的数字表示，目前有 S2 位和 S4 位之分。其单位是 r/min。如：指定机床转速为 1500r/min 时，可定成 S1500。

在编程时，除用 S 代码指令主轴转速外，还要用辅助代码指令主轴旋转方向。如正转 CW 或 CCW。

例：S1500 M03　表示主轴正转，转速为 1500r/min；
　　S800 M04　表示主轴反转，转速为 800r/min。

对于有恒定表面速度控制功能的机床，还要用 G96 或 G97 指令配合 S 代码来指令主轴的转速。

（四）刀具功能

刀具功能是用来选择刀具的功能。也称为 T 机能。

刀具功能是用地址 T 及其后面的数字表示，目前有 T2 和 T4 位之分。如：T10，则表示指令第 10 号刀具。

T 代码与刀具相对应的关系由各生产刀具的厂家与用户共同确定，也可由使用厂家自己确定。

（五）辅助功能

辅助功能是用来指令机床辅助动作及状态的功能，因其地址符规定为 M，故又称为 M 功能或 M 指令，它的后续数字一般为两位数（00～99），也有少数的数控系统使用三位数。例如：

（1）M02，M30。表示主程序结束、自动运转停止、程序返回程序的开头。

（2）M00。M00 指令的程序段起动执行后，自动运转停止。

与单程序段停止相同，模态的信息全被保存。随着 CNC 的起动，自动运转重新开始。

（3）M01。与 M00 一样，执行完 M01 指令的程序段之后，自动运转停止，但是，只限于机床操作面板上的“任选停止开关”接通时才能执行。

（4）M98（调用子程序）。用于子程序调出时。

（5）M99（子程序结束及返回）。表示子程序结束。此外，若执行 M99，则返回到主程序。

辅助功能是由地址 M 及其后面的数字组成，由于数控机床实际使用的符合 ISO 标准规定的这种地址符（表 13-2），其标准化程度与 G 指令一样不高，JB 3028—1983 规定辅助功能从 M00～M99 共 100 种，其中有许多不指定功能含义的 M 代码。另外，M 功能代码常因机床生产厂家以及机床结构的差异和规格的不同有差别，因而在进行编程时必须熟悉具体机床的 M 代码，仍应按照所用数控系统（说明书）的具体规定使用，不可盲目套用。

表 13-2　辅助功能字 M

代码	功能	代码	功能
M00	程序停止	M31	互锁旁路
M01	计划停止	M32～M35	不指定
M02	程序结束	M36/M37	进给范围 1/2
M03	主轴顺时针方向	M38/M39	主轴速度范围 1/2
M04	主轴逆时针方向	M40～M45	齿轮换挡或不指定
M05	主轴停止	M46、M47	不指定
M06	换刀	M48	注销 M49
M07/M08	2 号/1 号冷却液开	M49	进给率修正旁路
M09	冷却液关	M50/M51	3 号/4 号冷却液开
M10/M11	夹紧/松开	M52～M54	不指定
M12	不指定	M55/M56	刀具直线位移，位置 1/2
M13	主轴顺时针方向，冷却液开	M57～M59	不指定
M14	主轴逆时针方向，冷却液开	M60	更换工件
M15/M16	正/负运动	M61/M62	工件直线位移，位置 1/2
M17/M18	不指定	M63～M70	不指定
M19	主轴定向停止	M71/M72	工件角度位移，位置 1/2
M20～M29	永不指定	M73～M89	不指定
M30	程序（纸带）结束	M90～M99	永不指定

三、数控编程概述

(一)程序编制概述

1. 数控加工程序的概念

数控机床之所以能够自动加工出各种不同形状、尺寸及精度的零件，是因为这种机床按事先编制好的加工程序，经其数控装置“接收”和“处理”，从而对整个加工过程进行自动控制。

由此可以得出数控机床加工程序的定义是：用数控语言和按规定格式描述零件几何形状和加工工艺的一套指令。

2. 程序编制及其分类

(1) 程序编制的概念。在数控机床上加工零件时，需要把加工零件的全部工艺过程和工艺参数，以信息代码的形式记录在控制介质上，并用控制介质的信息控制机床动作，实现零件的全部加工过程。

从分析零件图样到获得数控机床所需控制介质（加工程序单或数控带等）的全过程，称为程序编制。主要内容有工艺处理、数学处理、填写（打印）加工程序单及制备控制介质等。

(2) 程序编制的分类。有手工编程和自动编程两大类。

1) 手工编程。由操作者或程序员以人工方式完成整个加工程序编制工作的方法，称为手工编程。

2) 自动编程。在做好各种有关的准备工作之后，主要由计算机及其外围设备组成的自动编程系统完成加工程序编制工作的方法，称为自动编程（即计算机辅助编程）。

(二)程序编制的一般过程

1. 一般过程

无论是手工编程还是自动编程，其一般过程均如图 13-6 所示。

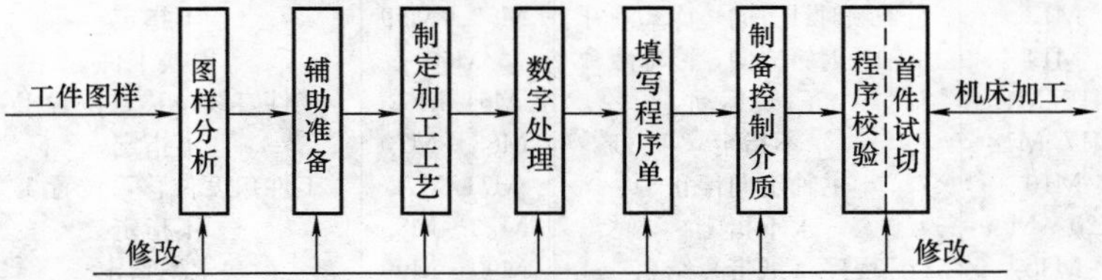

图 13-6　程序编制的一般过程

2. 手工编程的步骤

（1）图样分析。包括对零件轮廓形状、有关标注（尺寸精度、形状和位置精度及表面粗糙度要求等）及材料和热处理等项要求所进行的分析。

（2）辅助准备。包括确定机床和夹具、机床坐标系、编程坐标系、对刀点位置及机械间隙值等。

（3）工艺处理。其内容包括加工余量与分配、刀具的运动方向与加工路线、加工用量及确定程序编制的允许误差等方面。

（4）数学处理。包括尺寸分析与作图、选择处理方法、数值计算及对拟合误差的分析和计算等。

（5）填写加工程序单。按照数控系统规定的程序格式和要求填写零件的加工程序单及其加工条件等内容。

（6）制备控制介质。数控机床在自动输入加工程序时，必须有输入用的控制介质，如穿孔带、磁带及软盘等。这些控制介质是以代码信息表示加工程序的一种方式。穿孔带的制备一般由手工操作完成，现已逐步淘汰。

（7）程序校验。包括对加工程序单的填写、控制介质的制备、刀具运动轨迹及首件试切等项内容所进行的单项或综合校验工作。

（三）手工编程的意义

手工编程的意义在于：加工形状较简单的零件（如直线与直线或直线与圆弧组成的轮廓）时，快捷、简便；不需要具备特别的条件（价格较高的自动编程机及相应的硬件和软件等）；对机床操作者或程序员不受特别条件的制约；还具有较大的灵活性和编程费用少等优点。

手工编程在目前仍是广泛采用的编程方式。即使在自动编程高速发展的将来，手工编程的重要地位也不可取代，仍是自动编程的基础，在先进的自动编程方法中，许多重要的经验都来源于手工编程，并不断丰富和推动自动编程的发展。

四、程序编制有关术语及含义

（一）程序

1. 程序段

能够作为一个单位来处理的一组连续的字，称为程序段。它是组成加工程序的主体，一条程序段就是一个完整的机床控制信息。

程序段由顺序号字、功能字、尺寸字及其他地址字组成，末尾用结束符“LF”或“＊”作为这一段程序的结束以及与下一段程序的分隔，在填写、打印或屏幕显示时，一般情况下每条程序均占一行位置，故可省略其结束符，但在键盘输入程序段时，则不能省略。

2. 程序段格式

指对程序段中各字、字符和数据的安排所规定的一种形式，数控机床采用的程序段格式一般有固定程序段格式和可变程序段格式。

（1）固定程序段格式。指程序段中各字的数量、字的出现顺序及字中的字符数量均固定不变的一种形式，固定程序段格式完全由数字组成，不使用地址符，在数控机床中，目前已较少采用。

（2）可变程序段格式。指程序段内容各字的数量和字符的数量均可以变化的一种形式，它又包括使用分隔符和使用地址符的两种可变程序段格式。

1）使用分隔符格式。指预先规定程序段中所有可能出现的字的顺序（这种规定因数控装置不同而不同），格式中每个数据字前均有一个分隔符（如 B），在这种形式中，程序段的长度及数据字的个数都是可变的。

2）使用地址符格式。是目前在各种数控机床中，采用最广泛的一种程序段格式，也是 ISO 标准的格式，我国有关标准也规定采用这种程序段格式，因为这种格式比较灵活、直观，且适应性强，还能缩短程序段的长度，其基本格式的表达形式通常为：

N×××× G×× X±×××××.××× Y±×××××.××× Z±×××××.××× F××××.××× S××××/×× T×××× M×× ＊

（二）各种原点

在数控编程中，涉及的各种原点较多，现将一些主要的原点（图 13-7）及其与机床坐标系、工件坐标系和编程坐标系有关的术语介绍如下。

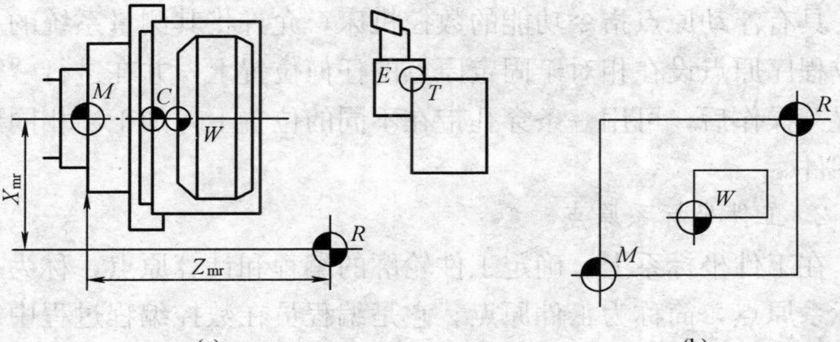

(a)　　(b)

图 13-7　数控机床坐标原点

（a）数控车床；（b）数控镗床

1. 机床坐标系中的各原点

（1）机床坐标系原点。机床坐标系原点简称机床原点，也称为机床零位，又因该坐标系是由右手笛卡尔坐标系而规定的标准坐标系，故其原点又称为准原点，并用 M（或⊕）表示。

机床坐标系原点的位置通常由机床的制造厂确定、设置在机床上的一个物理位置，其作用是使机床与控制系统同步，建立测量机床运动坐标的起始点。如图 13-7（a）数控车床坐标系原点的位置大多规定在其主轴轴线与装夹卡盘与法兰盘端面的交点上，该原点是确定机床固定原点的基准。

（2）机床固定原点。机床固定原点简称固定原点，用 R（或⊕）表示，又称为机床原点在其进给坐标轴方向上的距离，在机床出厂时已准确确定，使用时可通过“寻找操作”方式进行确认。

数控机床设置固定原点的目的主要是：

1）在需要时，便于将刀具或工作台自动返回该点。

2）便于设置换刀点。

3）可作为行程限制（超程保护）的终点。

4）可作为进给位置反馈的测量基准点。

（3）浮动原点。当其固定原点不能或不便满足编程要求时，可根据工件位置而自行设定的一个相对固定、又不需要永久存储其位置的原点，称为浮动原点。

具有浮动原点指令功能的数控机床，允许将其测量系统的基准点或程序原点设在相对于固定原点的任何位置上，并在进行“零点偏置”操作后，可用一条穿孔带在不同的位置上，加工出相同形状的零件。

2. 工件坐标系原点

在工件坐标系上，确定工件轮廓的编程和计算原点，称为工件坐标系原点，简称为工件原点。它是编程员在数控编程过程中定义在工件上的几何基准点，用 C（或⊕）表示。

在加工中，因其工件的装夹位置是相对于机床而固定的，所以工件坐标系在机床坐标系中位置也就确定了。

3. 编程坐标原点

指在加工程序编制过程中，进行数值换算及填写加工程序段时所需各编程坐标系（绝对与增量坐标系）的原点。

4. 程序原点

指刀具（或工作台）按加工程序执行时的起点，实质上，它也是一个浮动原点，用 W（或⊕）表示。

对数控车削加工而言，程序原点又可称为起刀点，在对刀时所确定的对刀点位置一般与程序原点重合。

（三）刀尖圆弧半径补偿的概念

数控程序一般是针对刀具上的某一点即刀位点，按工件轮廓尺寸编制的。车刀刀位点一般为理想状态下的假想刀尖 A 点或刀尖圆弧圆心 O 点。但实际加工中的车刀，由于工艺或其他要求，刀尖往往不是一理想点，而是一段圆弧。当切削加工时刀具切削点在刀尖圆弧上变动，造成实际切削点与刀位点之间的位置偏差，故造成过切或少切。这种由于刀尖不是一理想点而是一段圆弧，造成的加工误差，可用刀尖圆弧半径补偿功能来消除。刀尖圆弧半径补偿是通过 G41、G42、G40 代码及 T 代码指定的刀尖圆弧半径补偿号，加入或取消半径补偿。

G40：取消刀尖半径补偿。

G41：左刀补（在刀具前进方向左侧补偿），如图 13-8。

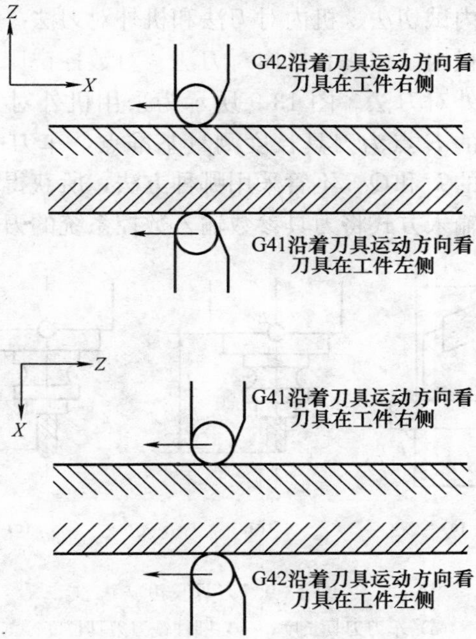

图 13-8　左刀补和右刀补

G42：右刀补（在刀具前进方向右侧补偿），如图 13-8。

注意：G40、G41、G42 都是模态代码，可相互注销。

（四）刀具长度补偿的概念

为了简化零件的数控加工编程，使数控程序与刀具形状和刀具尺寸尽量无关。现代 CNC 系统除了具有刀具半径补偿功能外，还具有刀具长度补偿功能。刀具长度补偿使刀具垂直于走刀平面（比如 *XY* 平面，由 G17 指定）偏移一个刀具长度修正值，因此在数控编程过程中，一般无需考虑刀具长度。

刀具长度补偿要视情况而定。一般而言，刀具长度补偿对于二坐标和三坐标联动数控加工是有效的，但对于刀具摆动的四、五坐标联动数控加工，刀具长度补偿则无效，在进行刀位计算时可以不考虑刀具长度，但后置处理计算过程中必须考虑刀具长度。

刀具长度补偿在发生作用前，必须先进行刀具参数的设置。设置的方法有机内试切法、机内对刀法和机外对刀法。对数控车床来说，一般采用机内试切法和机内对刀法。对数控铣床而言，较好的方法是采用机外对刀法。图 13-9 所示为采用机外对刀法测量的刀具长度，图中的 E 点为刀具长度测量基准点，车刀的长度参数有两个，即图中的 L 和 Q。不管采用哪种方法，所获得的数据都必须通过手动数据输入方式将刀具参数输入数控系统的刀具参数表中。

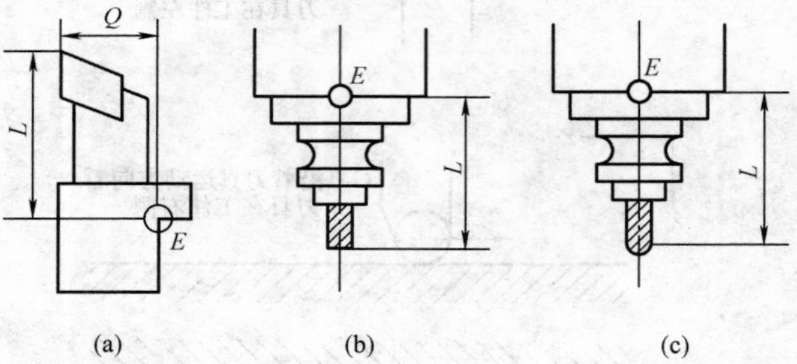

图 13-9 刀具长度
（a）车刀刀具长度；（b）圆柱铣刀刀具长度；
（c）球形铣刀刀具长度

对于数控铣床，刀具长度补偿指令由 G43 和 G44 实现：G43 为刀具长度正补偿或离开工件补偿，如图 13-10（a）所示；G44 为刀具长度负补偿或趋向工件补偿，使用非零的 Hnn 代码选择正确的刀具长度偏置寄存器号。取消刀具长度补偿用 G49 指定。

例如，刀具快速接近工件时，到达距离工件原点 15mm 处，如图 13-10（b）所示。可以采用以下语句：

G90　G00　G43　Z15.0 H01

当刀具长度补偿有效时，程序运行，数控系统根据刀具长度定位基准点使刀具自动离开工件一个刀具长度的距离，从而完成刀具长度补偿，使刀尖（或刀心）走程序要求的运动轨迹，这是因为数

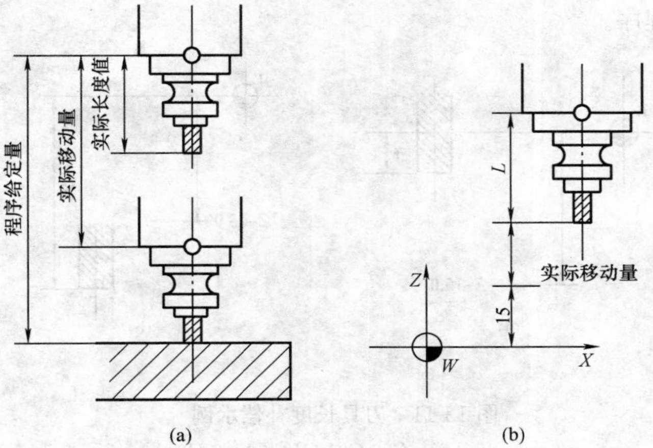

图 13-10 刀具长度补偿

(a) 刀具长度补偿示意图；(b) 刀具快速定位

控程序假设的是刀尖（或刀心）相对于工件运动。而在刀具长度补偿有效之前，刀具相对于工件的坐标是机床上刀具长度定位基准点 E 相对于工件的坐标。

在加工过程中，为了控制背吃刀量或进行试切加工，也经常使用刀具长度补偿。采用的方法是：加工之前在实际刀具长度上加上退刀长度，存入刀具长度偏置寄存器中，加工时使用同一把刀具，而调用加长后的刀具长度值，从而可以控制背吃刀量，而不用修正零件加工程序（控制背吃刀量也可以采用修改程序原点的方法）。

例如，刀具长度偏置寄存器 H01 中存放的刀具长度值为 11，对于数控铣床，执行以下语句“G90 G01 G43 Z-15.0 H01”后，刀具实际运动到 $Z(-15.0+11)=Z-4.0$ 的位置，如图 13-11（a）所示；如果该语句改为“G90 G01 G44 Z-15.0 H01”，则执行该语句后，刀具实际运动到 $Z(-15.0-11)=Z-26.0$ 的位置，如图 13-11（b）所示。

从这两个例子可以看出，在程序命令方式下，可以通过修改刀具长度偏置寄存器中的值达到控制背吃刀量的目的，而无需修改零件加工程序。

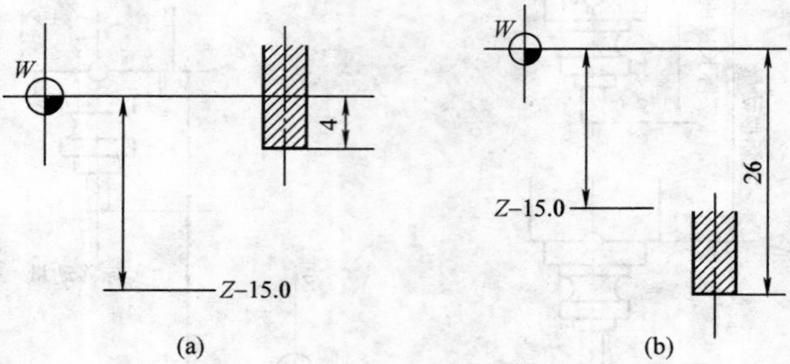

图 13-11　刀具长度补偿示例

(a) 正补偿：G90 G01 G43 Z-15.0 H01;

(b) 负补偿：G90 G01 G44 Z-15.0 H01

值得进一步说明的是，机床操作者必须十分清楚刀具长度补偿的原理和操作（应参考机床操作手册和编程手册）。数控编程员则应记住：零件数控加工程序假设的是刀尖（或刀心）相对于工件的运动，刀具长度补偿的实质是将刀具相对于工件的坐标由刀具长度基准点（或称刀具安装定位点）移到刀尖（或刀心）位置。

第三节　广州数控 980T 数控系统编程与操作

一、数控系统的编程

（一）基础知识

1. 系统使用 X 轴和 Z 轴组成的直角坐标系进行定位和插补运动

X 轴为水平面的前后方向，Z 轴为水平面的左右方向。向工件靠近的方向为负方向，离开工件的方向为正方向。如图示，前后刀座的坐标系，X 方向正好相反，而 Z 方向是相同的。在以后的图示和例子中，用前置刀架来说明编程的应用，而后置刀架车床系统可以类推，如图 13-12 和图 13-13。

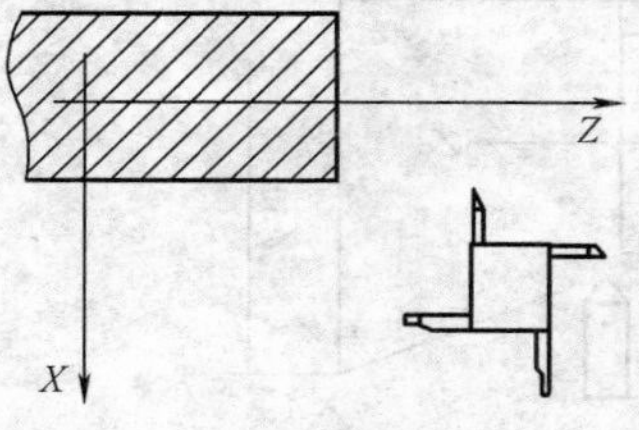

图 13-12　前置刀架

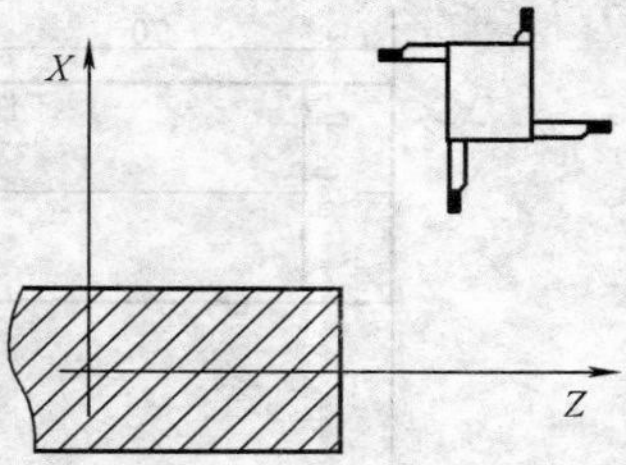

图 13-13　后置刀架

机械原点安装在车床上的固定位置，通常机械原点安装在 X 轴和 Z 轴的正方向的最大行程处。若你的车床上没有安装机械原点，请不要使用本系统提供的有关机械原点的功能（如 G28）。系统可用绝对坐标（X，Z 字段），相对坐标（U，W 字段），或混合坐标（X/Z，U/W 字段，绝对和相对坐标同时使用）进行编程。相对坐标是相对于当前的坐标，对于 X 轴，还可使用直径编程或半径编程。

2. 绝对坐标值

“距坐标系原点的距离”即刀具要移到的坐标位置。见图13-14 绝对坐标。

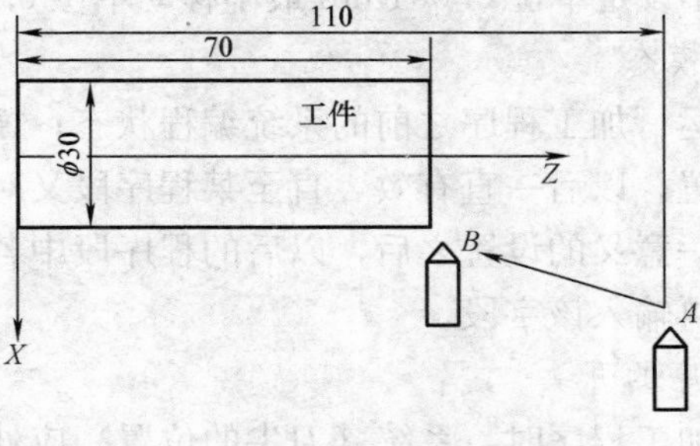

图 13-14　绝对坐标

刀具从 A 点移动到 B 点，使用 B 点的坐标值，其指令：X30.0 Z70.0；

3. 增量坐标值

指令从前一个位置到下一个位置的距离。见图 13-15 相对坐标。

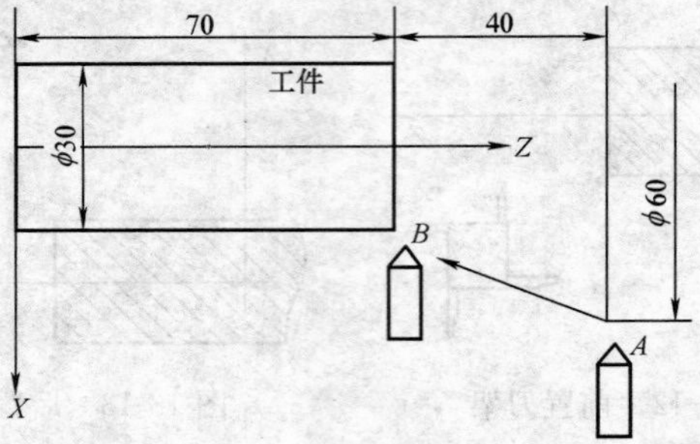

图 13-15　相对坐标

刀具从 A 点移动到 B 点，其指令如下：U—30.0 W—40.0；

4. 坐标的单位及范围

系统的最小单位为 0.001mm，编程的最大移动范围是 ±9999.999mm。

X 轴：最小设定单位 0.001mm 最小移动单位 0.0005mm（直径编程）；

最小设定单位 0.001mm 最小移动单位 0.001mm（半径编程）。

Z 轴：最小设定单位 0.001mm 最小移动单位 0.001mm。

5. 初态与模态

初态是指运行加工程序之前的系统编程状态；模态是指相应字段的值一经设置，以后一直有效，直至某程序段又对该字段重新设置。模态的另一意义的设置之后，以后的程序段中若使用相同的功能，可以不必再输入该字段。

6. 加工程序的开头

开始执行加工程序时，系统（刀尖的位置）应处于加工程序的起点位置（即加工原点，或机械零点）。刀具为程序要使用的第一把刀，并且刀偏为 0（即无刀偏状态）。一般情况下，程序的第一把刀的刀具偏值应是（0，0）即无刀偏。程序的最后一段以 M30 来结束加工程序的运行。执行这些结束程序功能之前必须使系统回到加工原点，取消刀具偏置。

7. 加工程序的结束

程序的最后一段以 M30 来结束加工程序的运行。执行这些结束程序功能之前必须使系统回到加工原点，取消刀具偏置。

8. 进给功能

决定进给速度的功能称为进给功能。为了切削零件，用指定的速度使刀具运动称为进给，进给速度用数值指令。例如，让刀具以 150mm/min 进给时，程序指令为：F150.0。

9. 加工坐标系

本系统以刀具起点为参考点来定义加工程序使用的坐标系，要求加工程序用 G50 指令定义坐标系。本系统使用的是 G50 指令定义的浮动坐标系，如程序中无 G50，则以当前绝对坐标值为参考点。在车床上，坐标系一般设定为：

（1）把坐标系原点设在卡盘面上。见图 13-16 卡盘端面原点设置。

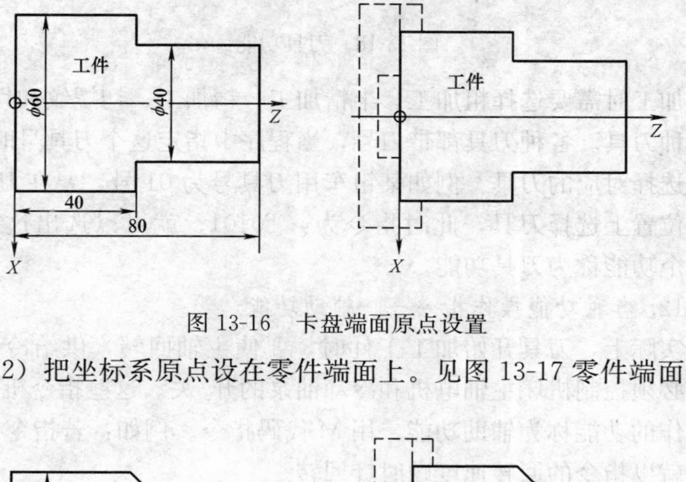

图 13-16　卡盘端面原点设置

（2）把坐标系原点设在零件端面上。见图 13-17 零件端面原点设置。

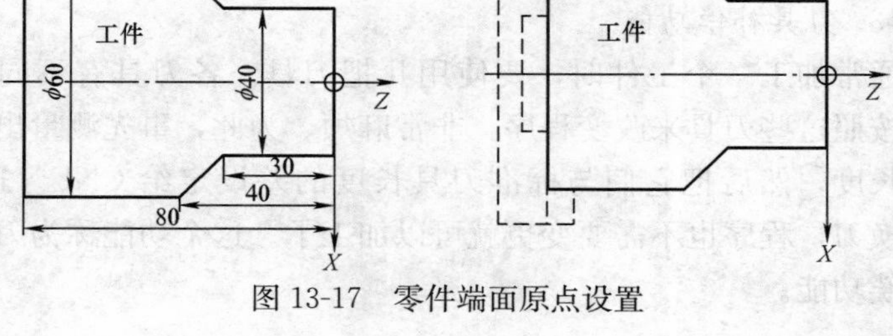

图 13-17　零件端面原点设置

10. 切削速度——主轴功能

把切削工件时刀具相对工件的速度称为切削速度。CNC 可以用主轴转速 RPM 来指令这个切削速度。例如：刀具直径为 100mm，切削速度用 80m/min 加工时，根据主轴转速 $n=1000v_c/\pi D$ 的关系，主轴转速约为 250r/min，指令为：S250。

11. 各种加工时选用的刀具——刀具功能

见图 13-18 刀具功能。

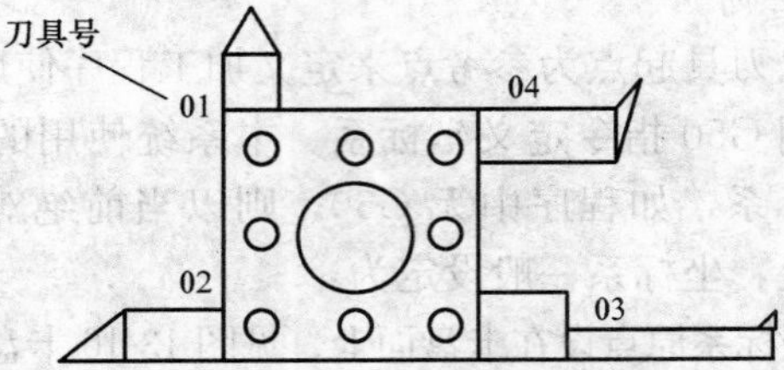

图 13-18　刀具功能

加工时需要选择粗加工、半精加工、精加工、切螺纹和切沟槽等各种刀具。各种刀具都带刀号，当程序中指定这个刀具号时，就自动选择对应的刀具。例如某粗车用刀具号为 01 号，要在刀库 01 号的位置上选择刀具，此时指令为：T0101；就可以选出这把刀。把这个功能称为刀具功能。

12. 各种功能操作指令——辅助功能

实际上，刀具开始加工工件时，要使主轴回转，供给冷却液，为此必须控制机床主轴电机和冷却油泵的开/关。这些指令机床开/关动作的功能称为辅助功能，用 M 代码指令。例如：若指令 M03，主轴就以指令的回转速度顺时针回转。

13. 刀具补偿功能

通常加工一个工件时，要使用几把刀具。各刀具有不同的形状，按照这些刀具来改变程序，非常麻烦。为此，事先测量出各刀具的长度，然后把它们与标准刀具长度的差设定给 CNC。这样，即使换刀，程序也不需要变更就可以加工了。这个功能称为刀具长度补偿功能。

（二）G 功能

1. G 代码的种类、组别和功能

G 功能由 G 代码及后接 2 位数表示，规定其所在的程序段的意义。G 代码有两种类型：①一次性代码，只在被指令的程序段有效；②模态 G 代码，在同组其他 G 代码指令前一直有效。

例如 G01 和 G02 是同组的模态 G 代码

G01 X_；

Z_；　　　　G01 有效

G00Z_；　　　　G00 有效

G 代码如表 13-3 所示。

表 13-3　　G 代码表

G 代码	组别	功能
G00	01	定位（快速移动）
* G01		直线插补（切削进给）
G02		圆弧插补 CW（顺时针）
G03		圆弧插补 CCW（逆时针）
G04	00	暂停，准停
G28	.00	返回参考点
G32	01	螺纹切削
G50	00	坐标系设定
G65	00	宏程序命令
G70	00	精加工循环
G71	—	外圆粗车循环
G72	—	端面粗车循环
G73	—	封闭切削循环
G74	—	端面深孔加工循环
G75	—	外圆，内圆切槽循环
G90	01	外圆，内圆车削循环
G92		螺纹切削循环
G94		端面切削循环

续表

G代码	组别	功能
G96	02	恒线速开
G97		恒线速关
* G98	03	每分进给
G99		每转进给

注 1. 带有 * 记号的G代码，当电源接通时，系统处于这个G代码的状态。

2. 00组的G代码是一次性G代码。

3. 如果使用了G代码一览表中未列出的G代码，则出现报警（N0.010），或指令了不具有的选择功能的G代码，也报警。

4. 在同一个程序段中，可以指令几个不同组的G代码，如果在同一个程序段中指令了两个以上的同组G代码时，后一个G代码有效。

5. 在恒线速控制下，可设定主轴最大转速（G50）。

6. G代码分别用各组号表示。

7. G02，G03的顺逆方向由坐标系方向决定。

2. 定位（G00）

用G00定位，刀具以快速移动速度到指定的位置。见图13-19。

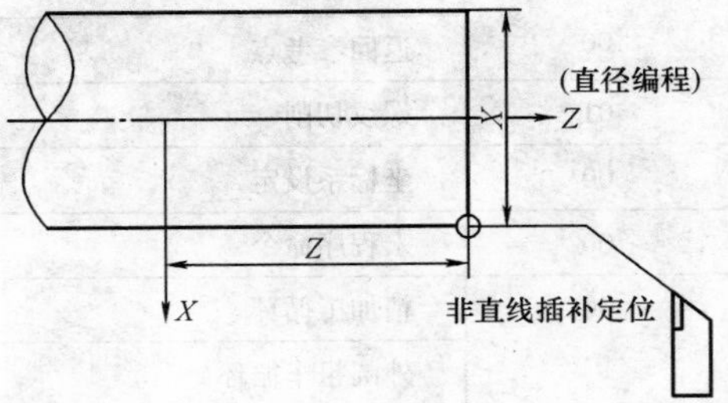

图 13-19　G00定位

指令形式：G00（U）_Z（W）_；

刀具以各轴独立的快速移动速度定位。

3. 直线插补（G01）

指令形式：G01X（U）_Z（W）_F_；

利用这条指令可以进行直线插补。根据指令的 *X*，*Z*/*U*，*W*

分别为绝对值或增量值，由 F 指定进给速度，F 在没有新的指令以前，总是有效的，因此不需一一指定。

例如用直径编写程序，见图 13-20 G01 编程。

程序编写如下：G01 X40.0 Z20.0；或 G01 U20.0 W-26.0；

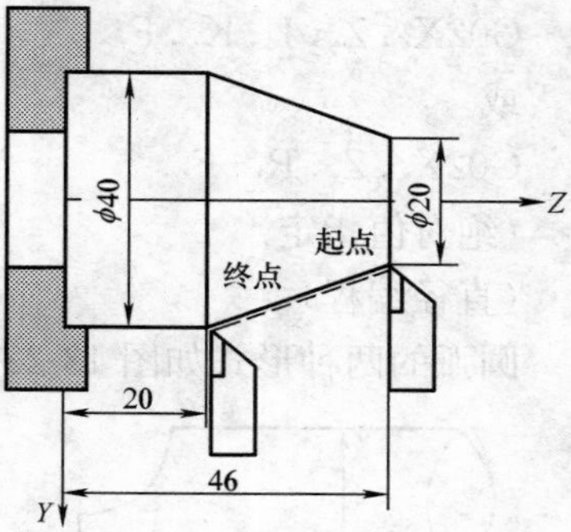

图 13-20　G01 编程

4. 圆弧插补（G02，G03）

用下面指令，刀具可以沿着圆弧运动。见表 13-4。

G02 X _ Z _ R _ F

G03 X _ Z _ I _ K _ F

表 13-4　　指令含义

指定内容	命令	意义
回转方向	G02	顺时针转 CW
	G03	反时针转 CCW
绝对值	X、Z	零件坐标系中的终点位置
终点位置相对值	U、W	从始点到终点的距离
从始点到圆心的距离	I、K	
圆弧半径	R	圆弧半径（半径指定）
进给速度	F	沿圆弧的速度

所谓顺时针和反时针是指在右手直角坐标系中，对于 ZX 平面，从 Z 轴的正方向往负方向看而言，如图 13-21 右手坐标系。

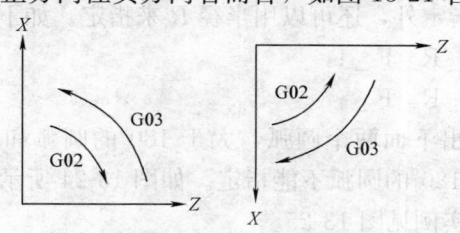

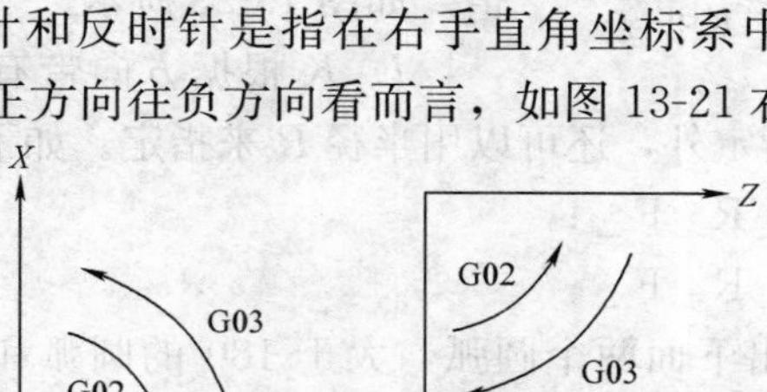

图 13-21　右手坐标系

G02X..Z..I..K..F..　　　　G03X..Z..I..K..F..
或　　　　或
G02X..Z..R..F..　　　　G03X..Z..R..F..
（绝对值指定）　　　　（绝对值指定）
（直径编程）　　　　（直径编程）

圆弧的两种形式如图 13-22 顺圆弧和逆圆弧。

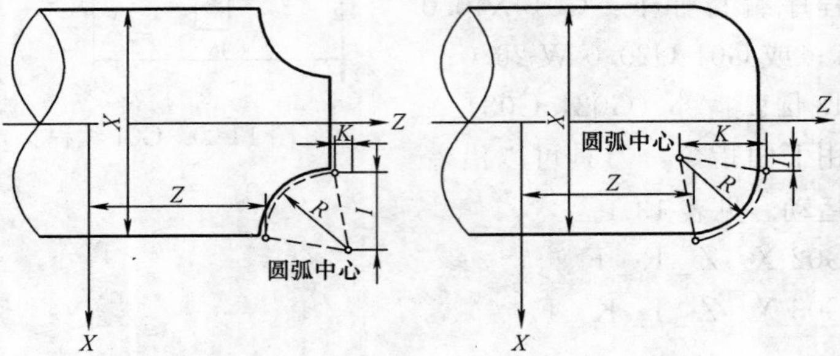

图 13-22　顺圆弧和逆圆弧

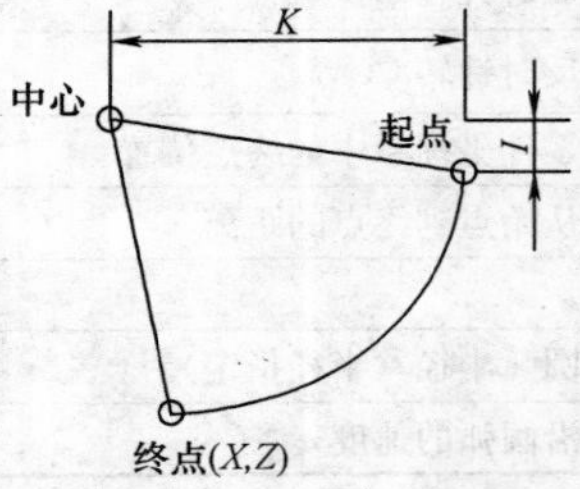

图 13-23　I、K 指定

用地址 X，Z 或者 U，W 指定圆弧的终点，用绝对值或增量值表示。增量值是从圆弧的始点到终点的距离值。圆弧中心用地址 I，K 指定。它们分别对应于 X，Z 轴。但 I，K 后面的数值是从圆弧始点到圆心的矢量分量，是增量值。如图 13-23 所示。

I、K 根据方向带有符号。圆弧中心除用 I，K 指定外，还可以用半径 R 来指定。如下：

G02X _ Z _ R _ F _ ；

G03X _ Z _ R _ F _ ；

此时可画出下面两个圆弧，大于 180°的圆弧和小于 180°的圆弧。对于大于 180°的圆弧不能指定。如图 13-24 所示。

程序编制实例见图 13-25。

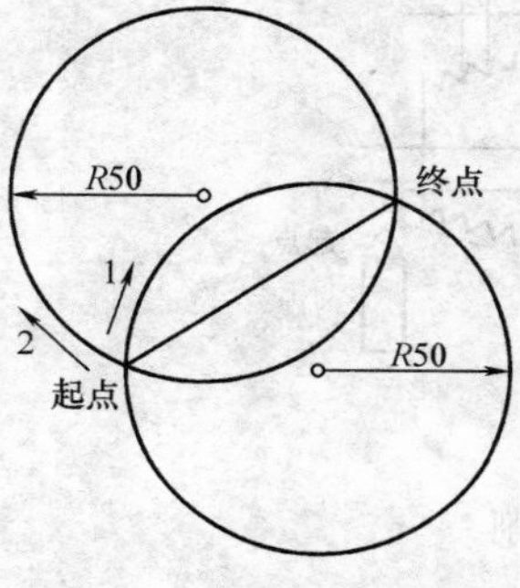

图 13-24　圆弧指定

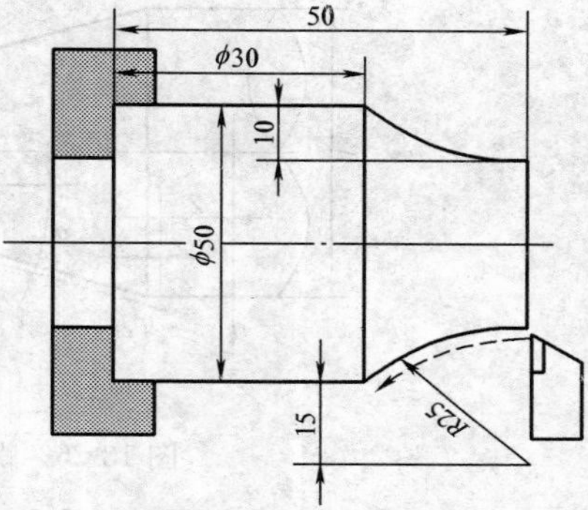

图 13-25　程序编制实例

把图 13-25 的轨迹分别用绝对值方式和增量方式编程：

G02 X50.0 Z30.0I25.0 F30；或

G02 U20.0 W-20.0I25.0 F30；或

G02 X50.0 Z30.0R25.0 F30；或

G02 U20.0 W-20.0R25.0 F30；

圆弧插补的进给速度用 F 指定，为刀具沿着圆弧切线方向的速度。

说明：①I0、K0 可以省略。

②X、Z 同时省略表示终点和始点是同一位置，用 I、K 指令圆心时，为 360°的圆弧。G02I _ ；（全圆）。使用 R 时，表示 0°的圆：G02R _ ；（不移动）。

③刀具实际移动速度相对于指令速度的误差在±2%以内，而指令速度是刀具沿着补偿后的圆弧运动的速度。

④I、K 和 R 同时指令时，R 有效，I、K 无效。

⑤使用 I、K 时，在圆弧的始点和终点即使有误差，也不报警。

5. 切螺纹（G32）

用 G32 指令，可以切削相等导程的直螺纹，锥螺纹和端面螺纹。用下列指令按 F 代码后续的数值指定的螺距，进行公制螺纹切削。见图 13-26。

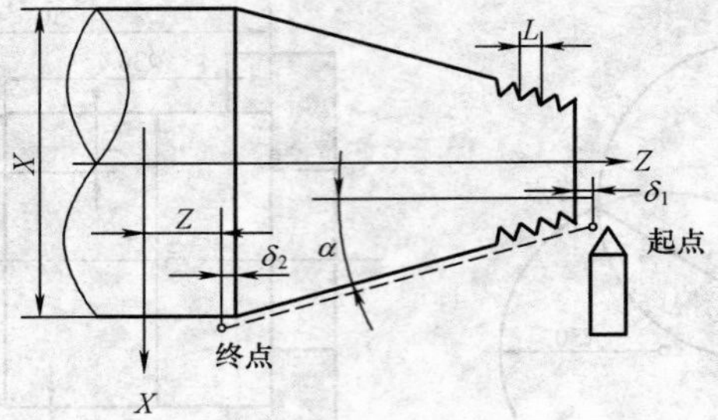

图 13-26　螺纹切削

G32 X（U）_ Z（W）_ F _ ；（米制螺纹）

F 是长轴方向的导程（0.001～500.000mm）。

用下列指令按 I 代码后续的数值指定的牙数，进行英制螺纹切削。

G32X（U）_ Z（W）_ I _ ；（英制螺纹）

I 是长轴方向的每英寸牙数（0.060～254000.000 牙/in）

一般加工螺纹时，从粗车到精车，用同一轨迹要进行多次螺纹切削。因为螺纹切削开始是从检测出主轴上的位置编码器一转信号后才开始的，因此即使进行多次螺纹切削，零件圆周上的切削点仍是相同的，工件上的螺纹轨迹也是相同的。但是从粗车到精车，主轴的转速必须是一定的。当主轴转速变化时，有时螺纹会或多或少产生偏差。螺纹的导程，是指长轴方向的。如图 13-27 导程的确定。

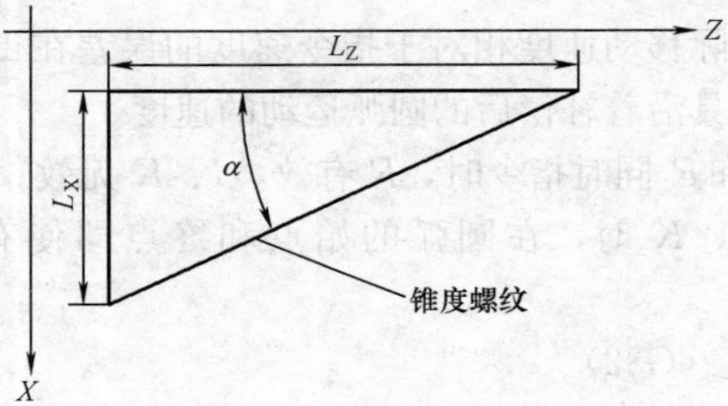

图 13-27　导程的确定

如 $\alpha \leqslant 45°$ 导程是 L_z；如 $\alpha > 45°$ 导程是 L_x。

导程通常用半径指定。在螺纹切削开始及结束部分，一般由于升降速的原因，会出现导程式不正确部分，考虑此因素影响，指令螺纹长度比需要的螺纹长度要长。

程序实例（见图 13-28）：

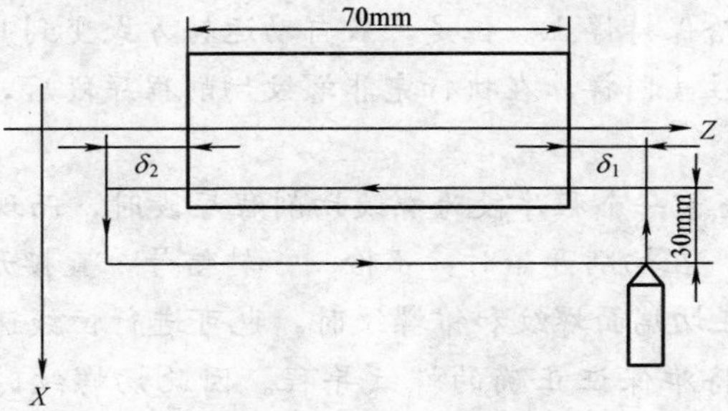

图 13-28　螺纹切削

螺纹导程：4mm

$$\delta_1=3mm;\ \delta_2=1.5mm$$

在 X 方向切深：1mm（两次切入）

（公制输入，直径编程）

G00 U-62.0

G32 W-74.5F4.0

W74.5

U-64.0（第二次再切入 1mm）

G32 W-74.5F40

G00 U64.0

W74.5；

注 1：在切削螺纹中，进给速度倍率无效，固定在 100%。

注 2：在螺纹切削中，主轴不能停止，进给保持在螺纹切削中无效。在执行螺纹削切状态之后的第一个非螺纹切削程序段后面，用单程序段来停止。

注 3：在进入螺纹切削状态后的一个非螺纹切削程序段时，如果再按了一次进给保持按钮（或者持续按着时）则在非螺纹切削程序中停止。

注4：如果在单程序段状态进行螺纹切削时，在执行完非螺纹切削程序段后停止。

注5：在螺纹切削中途，由自动运转方式变更到手动运转方式时，与注3的持续按进给保持按钮相同，在非螺纹切削程序段的开始。作为进给保持停止。但是，从自动运转方式变到其他自动运转方式时，和注4同样，在执行完非螺纹切削程序段后，用单程序段状态停止。

注6：当前一个程序段为螺纹切削程序段时，而现在程序段也是螺纹切削，在切削开始时，不检测一转信号，直接开始移动。

注7：在切端面螺纹和锥螺纹时，也可进行恒线速控制，由于改变转速，将难保证正确的螺纹导程。因此切螺纹时，指定G97不使用恒线速控制。

注8：在螺纹切削前的移动指令程序段可指定倒角，但不能是圆角 *R*。

注9：在螺纹切削程序段中，不能指定倒角和圆角 *R*。

注10：在螺纹切削中主轴倍率有效，但在切螺纹中，如果改变了倍率，由于升降速的影响等因素不能切出正确的螺纹。

6. 自动返回机械原点（G28）

指令格式：G28 X（U） _ Z（W） _ ；

利用上面指令，可以使指令的轴自动返回到参考点。X（U） _ Z（W） _ 指定返回到参考点沿途经过的中间点，用绝对值指令或增量值指令。

（1）快速从当前位置定位到指令轴的中间点位置（*A* 点—*B* 点）。

（2）快速从中间点定位到参考点（*B* 点—*R* 点）。

（3）若非机床锁住状态，返回参考点完毕时，回零灯亮。如图13-29所示。

7. 暂停（G04）

利用暂停指令，可以推迟下个程序段的执行，推迟时间为指令的时间，其格式如下：

G04 P _ ；或者 G04 X _ ；或者 G04 U _ ；

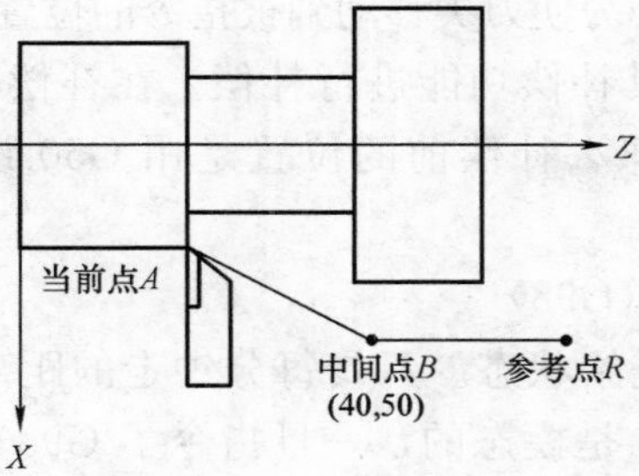

图 13-29　返回参考点的动作

注 1：在电源接通后，如果一次也没进行手动返回参考点，指令 G28 时，从中间点到参考点的运动和手动返回参考点时相同，此时从中间点运动的方向为参数（No. 006ZMZ）设定的返回参考点的方向。

注 2：若程序加工起点与参考点（机械原点）一致，可执行 G28 返回程序加工起点。

注 3：若程序加工起点与参考点（机械原点）不一致，不可执行 G28 返回程序加工起点，可通快速定位指令或回程序起点方式回程序加工起点。

以秒为单位指令暂停时间。指令范围从 0.001～99 999.999s。如果省略了 P 和 X，指令则可看作是准确停。

8. 坐标系设定（G50）

所用指令设定坐标系是：G50 X(x)Z(z)；

根据此指令，建立一个坐标系，使刀具上的某一点，例如刀尖在此坐标系中的坐标为 (x,z)。

此坐标称为零件坐标系。坐标系一旦建立，后面指令中绝对值指令的位置都是用此坐标系中该点位置的坐标值来表示的。

当直径指定时，X 值是直径值；半径指定时，是半径值。

例　直径指定时的坐标系设定：

G50 X100.0 Z150.0

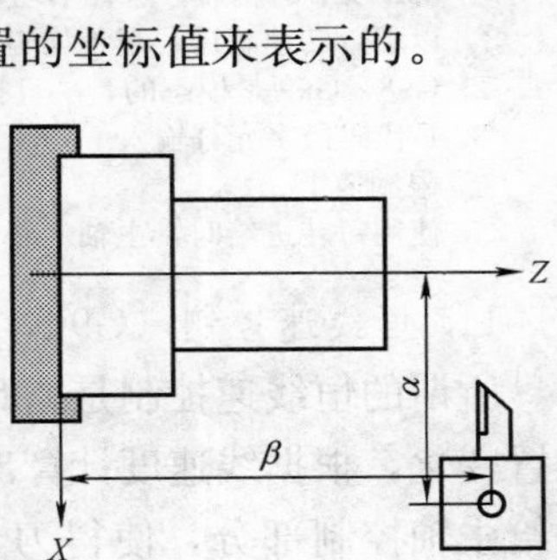

图 13-30　坐标系设定

如图 13-30 所示，把转塔的某一基准点与起刀点重合，在程序的开头，用 G50 设定坐标系。这样，如果用绝对值指令，基准点就会移到被指令的位置上。为使刀尖移动到被指令的位置上，把基准点和刀尖位置的差用刀具补偿功能进行补偿。在补偿状态，如果用 G50 设定的坐标系，那么补偿前的位置是用 G50 设定的坐标系中的位置。

9. 每分进给（G98）

G98 是每分进给状态。刀具每分钟走的距离，用 F 后续的数值直接指令。G98 是模态的，一旦指令了 G98 状态，在 G99（每转进给）指令之前，一直有效。见表 13-5。

10. 每转进给（G99）

G99 是每转进给状态。主轴每转刀具的进给量用 F 后续的数值直接指令。G99 是模态的，一旦指令性了 G99 状态，在 G98（每分进给）指令之前，一直有效。见表 13-5。

表 13-5　　每分进给和每转进给

	每分进给	每转进给
指定地址	F	F
指定代码	G98	G99
指定范围	(1～8000)mm/min(F1～F8000)	(0.01～500.00)mm/min(F1～F50000)
限制值	每分进给、每转进给都限制在某一固定的速度上。此限制值由机床厂家设定（限制值是倍率后的数值）	
倍率	每分进给、每转进给都可用 0%～150%的倍率（10%一挡）	

注　1. 当位置编码器的转速在 1r/min 以下时，速度会出现不均匀地加工，可用 1r/min 以下的转速，这种不均匀会达到什么程度，不能一概而论，不过在 1r/min 以下，转速越慢，越不均匀。
2. G98，G99 是模态的，一旦指令了，在另一个代码出现前，一直有效。
3. F 代码最多允许输入 7，但是，即使输入进给速度值超过限制值，移动时也在限制值上。
4. 使用每转进给时，主轴上必须装有位置编码器。

11. 恒线速控制（G96，G97）

所谓的恒线速控制是指 S 后面的线速度是恒定的，随着刀具的位置变化，根据线速度计算出主轴转速，并把与其对应的电压值输出给主轴控制部分，使得刀具瞬间的位置与工件表面保持恒定的关系。

恒线速控制指令为：G96 S_；S后指定线速度。

恒线速控制指令取消为：G97 S_；S后指令主轴转速。

恒线速控制时，旋转轴必须设定在零件坐标的 Z 轴（$X=0$）上。

（1）主轴速度倍率。对于指定的线速度或转速，根据主轴的倍率选择，可以使用 50%、60%、70%、80%、90%、100%、110%、120%的倍率。

（2）主轴最高转速限制。用 G50S 后续的数值，可以指令恒线速控制的主轴最高转速（r/min）。为 G50 S——；

在恒线速控制时，当主轴转速高于上述程序中指定的值时，则被限制在主轴最高转速上。

（3）快速进给（G00）时的恒线速控制。对于用 G00 指令的快速进给程序段，当恒线速控制时，不进行时刻变化的刀具位置的线速度控制，而是计算程序段终点位置的线速度。这是因为快速不进行切削的缘故。

注 1：当电源接通时，对于没设定主轴最高转速的状态，即为不限制状态。

注 2：对于限制，只适用于 G96 状态，G97 状态时不限制。

注 3：G50，S0；意味着限制到 0m/min。

注 4：在 G96 状态中，被指令的 S 值，即使在 G97 状态中也保持着。当返回到 G96 状态时，其值恢复。

G96 S50；（50m/min）

G97 S1000；（1000r/min）

G96 X3000；（50m/min）

注 5：机床锁住时，机械不动，对应程序中 X 坐标值的变化，进行恒线速控制。

注 6：切螺纹时，恒线速控制也是有效的，因此，切螺纹时，用 G97 方式使恒线速控制无效，以使主轴以同一转速转动。

注 7：每转进给（G99），在恒线速控制方式下（G96），虽然无使用意义，但仍有效。

注 8：从 G96 状态变为 G97 状态时，G97 程序段如果没有指令S码（r/min)，那么G96状态的最后转速作为G97状态的S码使用。

N100 G97 S800；(800r/min)

…

N200 G96 S100；(100m/min)

…

…

N300 G97；(Xr/min)

*X*是N300前一个程序段的转速，即从G96状态变为G97状态时，主轴速度不变。G97—G96时，G96状态的*S*值有效。如果*S*值没有指令，则*S*=0m/min。

注9：恒线速控制中指定的线速度是相对于编程轨迹的，而不是刀补后的位置的线速度。

程序编制实例见图13-31。

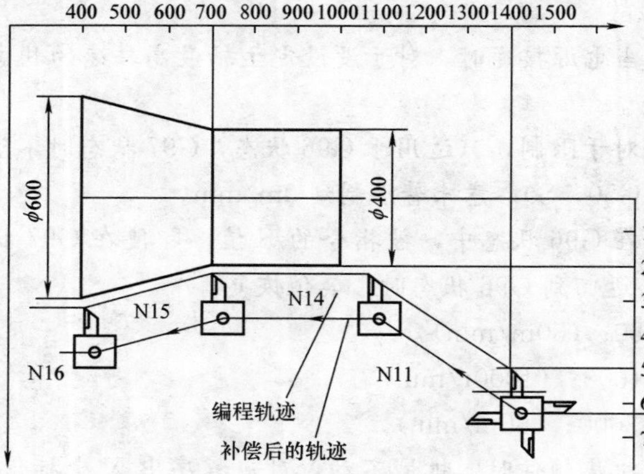

图13-31 恒线速度示意

(直径指定)

N8 G00 X1000. 0Z1400. 0；

N9 T0303；

N11 X400. 0 Z1050. 0；

N12 G50 S3000；（指定最高转速）

N13 G96 S200；（线速度 200m/min）

N14 G01 Z700.0 F1000；

N15 X600.0 Z400.0；

N16 Z…

CNC 是用程序中的 X 坐标值进行线速度计算，使其达到指定的线速度。当有补偿时，不是用补偿后的 X 值进行计算的。上例的 N15 的终点，不是转塔中心，而是刀尖，也就是说，在 $\phi600$ 处，线速度为 200m/min，X 值为负时，取绝对值进行计算。

12. 单一型固定循环（G90，G92，G94）

在有些特殊的粗车加工中，由于切削量大，同一加工路线要反复切削多次，此时可利用固定循环功能。用一个程序段可实现通常由于 3～10 多个程序段指令才能完成的加工路线。并且在重复切削时，只需要改变数值。这个固定循环对简化程序非常有效。

在下面的说明图中，是用直径指定的。半径指定时，用 U/2 替代 U，X/2 替代 X。

（1）外圆、内圆车削循环（G90）用下述指令，可以进行圆柱切削循环。见图 13-32。

G90 X（U）_Z（W）_F_；

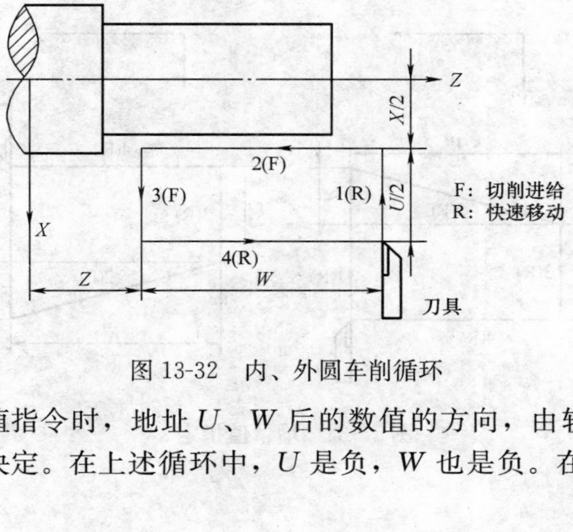

图 13-32 内、外圆车削循环

增量值指令时，地址 U、W 后的数值的方向，由轨迹 1 和 2 的方向来决定。在上述循环中，U 是负，W 也是负。在单程序段时，用循环下去进行 1，2，3，4 动作。

（2）用下述指令，可以进行圆锥切削循环。见图 13-33～图 13-35。

G90 X（U）_Z（W）_R_F_；

增量值指定时，地址 U、W、R 后的数值的符号和刀具轨迹的关系如下所示：

1）$U<0$，$W<0$，$R<0$

2）$U>0$，$W<0$，$R>0$

3）$U\leqslant 0$，$W<0$，$R>0$

4）$U>0$，$W<0$，$R<0$

但 $|R|\leqslant|U/2|$

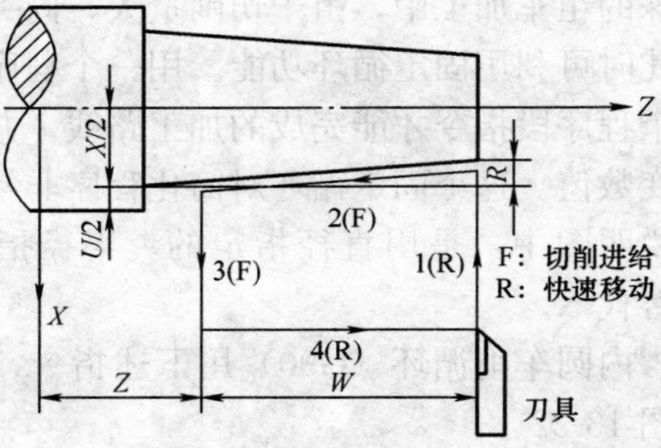

图 13-33　圆锥切削循环

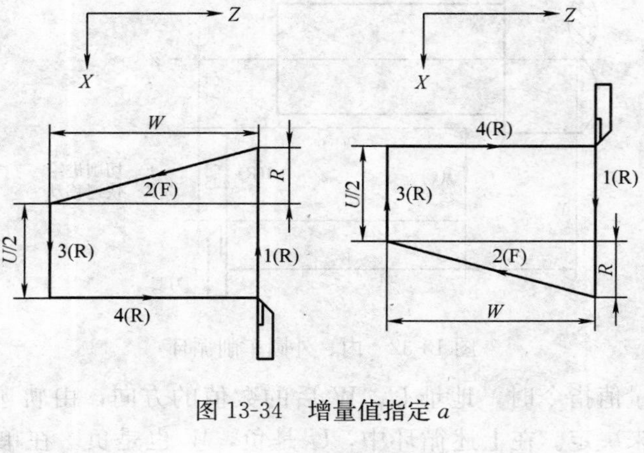

图 13-34　增量值指定 a

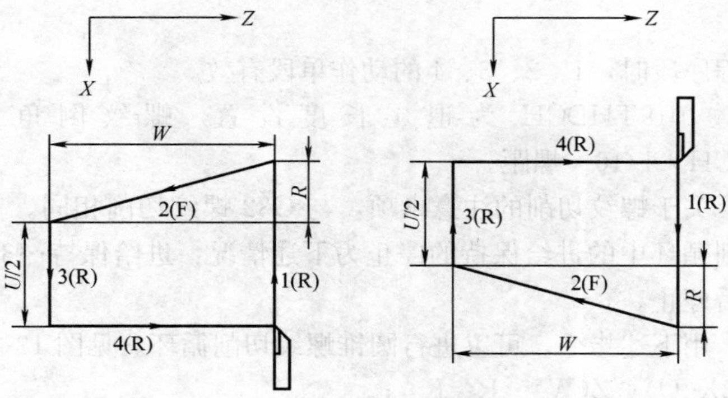

图 13-35　增量值指定 b

13. 螺纹切削循环（G92 切螺纹可以不需退刀槽）

(1) 用下述指令，可以进行直螺纹切削循环。见图 13-36。

G92X（U）_Z（W）_F_；（米制螺纹）

指定螺纹导程（L）

G92X（U）_Z（W）_I_；（英制螺纹）

指定螺纹导程（牙数/英寸）

英制螺纹导程“I”为非模态指令，不能省略。

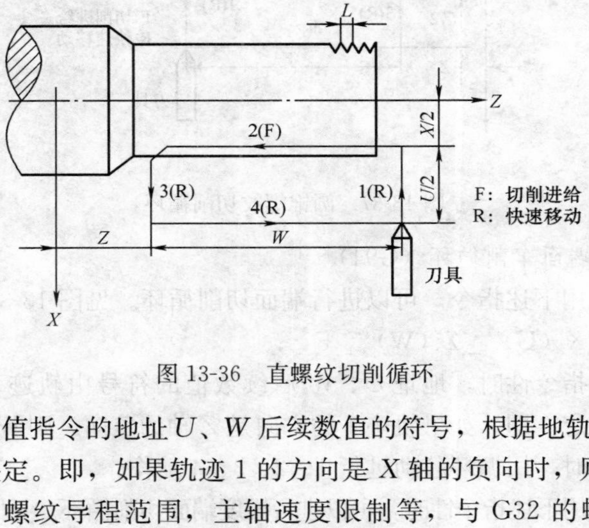

图 13-36　直螺纹切削循环

增量值指令的地址 U、W 后续数值的符号，根据地轨迹 1 和 2 的方向决定。即，如果轨迹 1 的方向是 X 轴的负向时，则 U 的数值为负。螺纹导程范围，主轴速度限制等，与 G32 的螺纹切削相同。

单程序段时，1、2、3、4 的动作单段有效。

参数 019THDCH 为退尾长度设置，螺纹倒角宽度=THDCH＊1/10＊螺距。

注：关于螺纹切削的注意事项，与 G32 螺纹切削相同。但是，螺纹切削循环中的进给保持的停止为下述情况：进给保持…3 的动作结束后停止。

(2) 用下述指令，可以进行圆锥螺纹切削循环。见图 13-37。

G92X(U) _ Z(W) _ R _ F _ ;

指定螺纹导程(L)

G92X(U) _ Z(W) _ R _ I _ ;

指定螺纹导程(牙数/英寸)

英制螺纹导程“I”为非模态指令，不能省略。

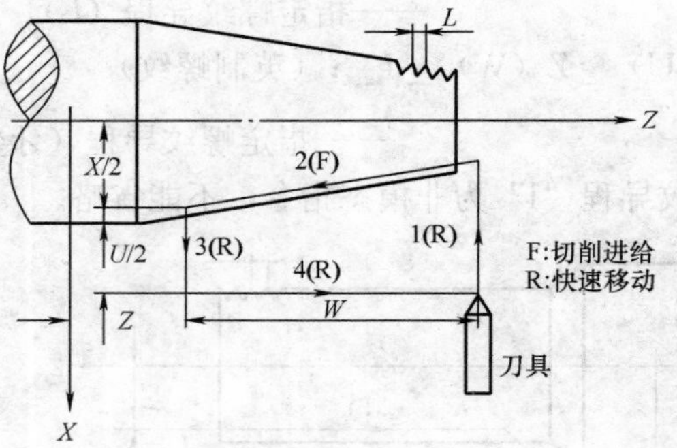

图 13-37 圆锥螺纹切削循环

14. 端面车削循环 (G94)

(1) 用下述指令，可以进行端面切削循环。见图 13-38。

G94 X (U) _ Z (W) _ F _ ;

增量指令性时，地址 U、W 后续数值的符号由轨迹 1 和 2 的方向来决定。即，如果轨迹 1 的方向是 Z 轴的负向，则 W 为负值。单程序段时，用循环起动进行 1、2、3、4 动作。

(2) 用下述指令性时，可以进行锥度端面切削循环。见图 13-39。

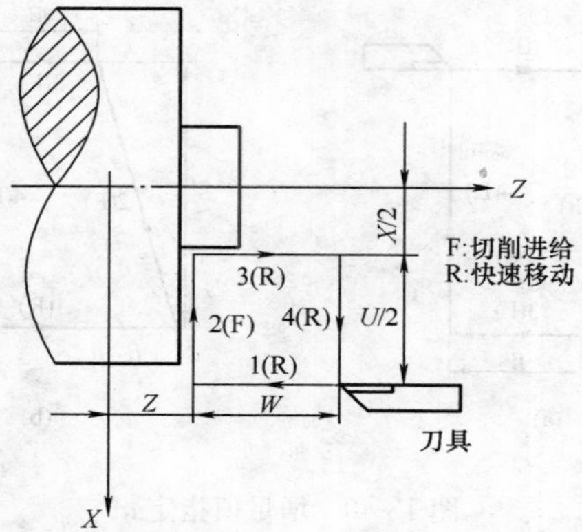

图 13-38　端面车削循环

G94 X（U）＿Z（W）＿R＿F＿;

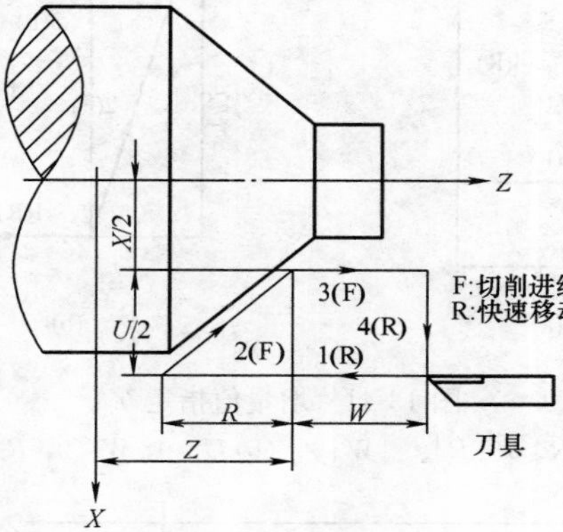

图 13-39　锥度端面切削循环

增量值指定时，地址 U、W、R 后续数值的符号和刀具轨迹的关系如下所示。参见图 13-40、图 13-41。

1）固定循环中的数据 $X(U)$、$Z(W)$、R 和 G90、G92、G94 一样，都是模态值，所以当没有指定新的 $X(U)$、$Z(W)$、R 的数据，当指令了 G04 以外的非模态 G 代码或 G90、G92、G94 以外的 01 级的代码时，被清除。

程序编制实例见图 13-42。

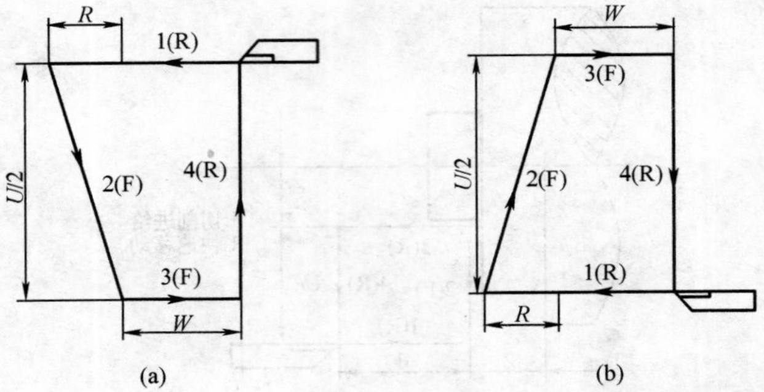

图 13-40　增量值指定 a

(a) $U<0$，$W<0$，$R<0$；(b) $U>0$，$W<0$，$R<0$

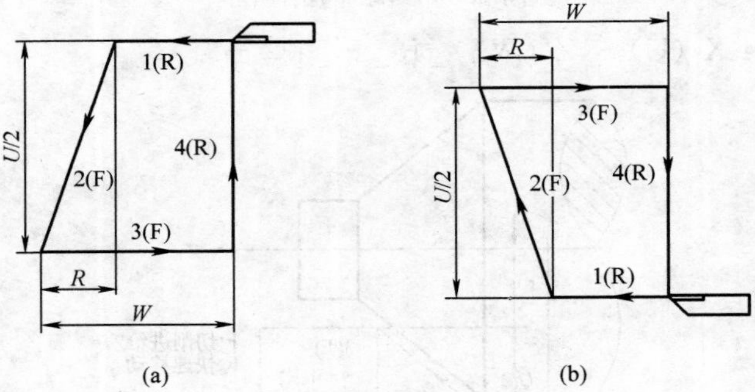

图 13-41　增量值指定 b

(a) $U<0$，$W<0$，$R>0(|R|\leqslant|W|)$；(b) $U>0$，$W<0$，$R>0(|R|\leqslant|W|)$

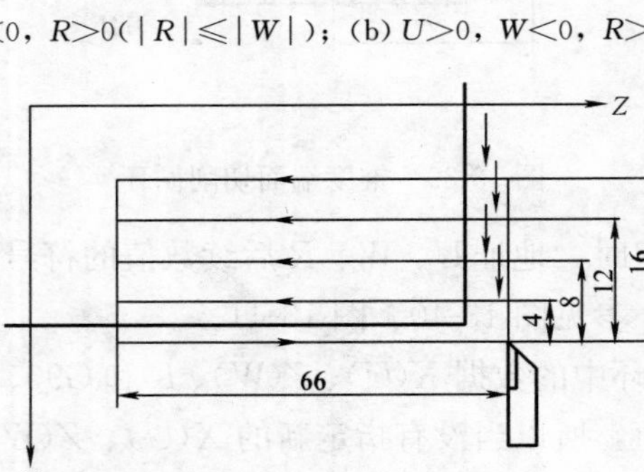

图 13-42　固定循环

用下面的程序实现上图的循环。

N030 G90 U-8.0 W-66.0 F4000;

N031 U-16.0;

N032 U-24.0;

N033 U-32.0;

2）下述三种情况是允许的。

a. 在固定循环的程序段后面只有 EOB（;）的程序段或者无移动指令的程序时，则重复此固定循环。

b. 用录入方式指令固定循环时，当此程序逻辑段结束后，只用起动按钮，可以进行和前面同样的固定循环。

c. 在固定循环状态中，如果指令了 M、S、T，那么，固定循环可以和 M、S、T 功能同时进行。如果不巧，像下述例子那样指令 M、S、T 后取消了固定循环（由于指令 G00，G01）进给，请再次指令固定循环。

例如：N003 T0101；

…

…

N010 G90 X20.0 Z10.0 F2000；

N011 G00 T0202；

N012 G90 X20.5 Z10.0；

d. 固定循环的使用方法。

根据毛坯形状和零件形状，选择适当的固定循环，见图 13-43。

15. 复合型车削固定循环（G70～G75）

这个选择功能是为更简化编程而提供的固定循环。例如，只给出精加工形状的轨迹，便可以自动决定中途进行粗车的刀具轨迹。

(1) 外圆粗车循环（G71）。如图 13-44 所示，在程序中，给出 A—A′—B 之间的精加工形状，留出 $\Delta U/2$，ΔW 精加工余量，用 ΔD 表示每次的背吃刀量。

格式：

G71 U(Δ) R(E);

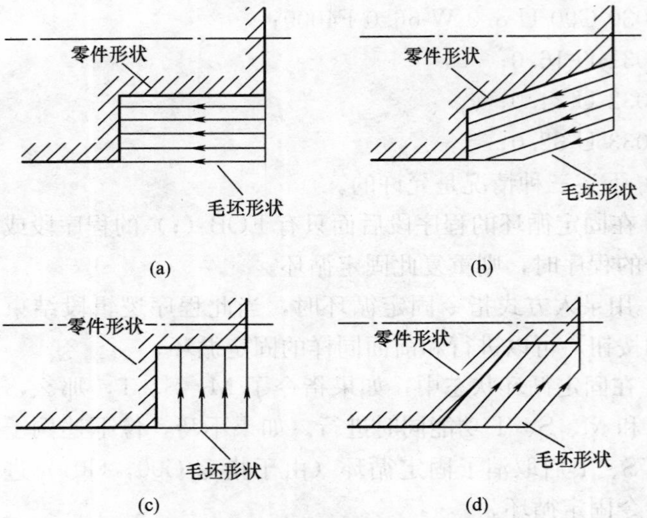

图 13-43 毛坯形状

(a) 圆柱切削循环；(b) 圆锥切削循环；

(c) 端面切削循环；(d) 端面圆锥切削循环

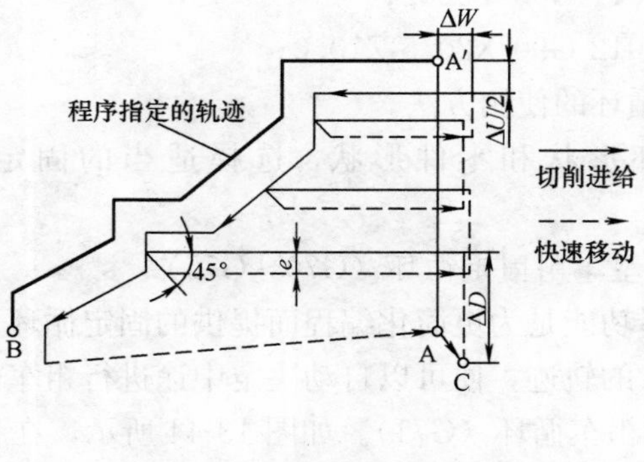

图 13-44 外圆粗车循环

G71 P(NS) Q(NF) U(ΔU) W(ΔW) F(F) S(S) T(T)；

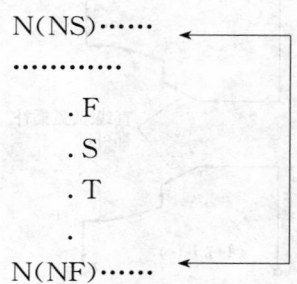

```
N(NS)……  ←┐
…………       │  A→A′→B 的精加工形状的
  .F       │  指令，由顺序号 NS 到 NF 的程
  .S       │  序来指令，精加工形状的每条
  .T       │  移动指令必须带行号。
  .        │
N(NF)……  ←┘
```

ΔD：背吃刀量，无符号。切入方向由 AA' 方向决定（半径指定）。该指定是模态的，一直到下个指定以前均有效。并且用参数（No. 051）也可指定。根据程序指令，参数值也改变。

E：退刀量。是模态值，在下次指定前均有效。用参数（No. 052）也可设定，用程序指令时，参数值也改变。

NS：精加工形状程序段群的第一个程序段的顺序号。

NF：精加工形状程序段群的最后一个程序段的顺序号。

ΔU：X 轴方向精加工余量的大小及方向（直径/半径指定）。

ΔW：Z 轴方向精加工余量的大小及方向。

F、S、T：在 G71 循环中，顺序号 NS～NF 之间程序段中的 F、S、T 功能都无效，全部忽略，仅在有 G71 指令的程序段中，F、S、T 是有效的。

注 1：ΔD，ΔU 都用同一地址 U 指定，其区分是根据该程序段有无指定 P，Q 区别。

注 2：循环动作由 P，Q 指定的 G71 指令进行。

在 A 至 B 间的移动指令中的 F、S 及 T 无效，G71 程序段或以前指令的 F、S、T 有效。另外，在带有恒线速控制选择功能时，在 A 到 B 间的移动指令中的 G96 或 G97 无效，在含 G71 或以前程序段指令的有效。用 G71 切削的形状，有下述四种情况。无论哪种都是根据刀具平行 Z 轴移动进行切削的，ΔU 和 ΔW 的符号如图 13-45 所示。

在 A 至 A' 间，顺序号 NS 的程序段中，可含有 G00 或 G01 指

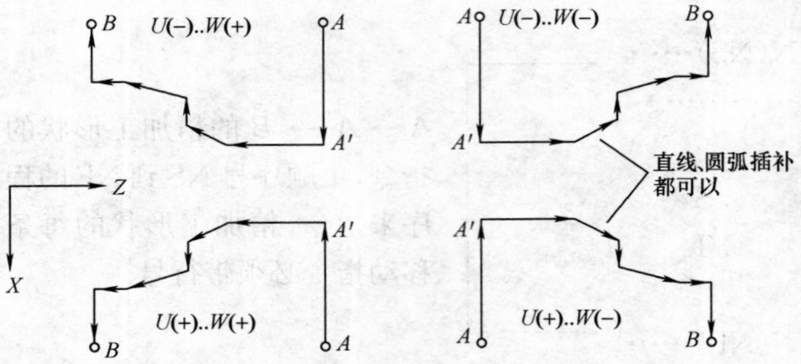

图 13-45　切削的形状

令，但不能含有 Z 轴指令。在 A' 至 B 间，X 轴，Z 轴必须都是单调增大或减小。

注 3：在顺序号 NS 到 NF 的程序段中，不能调用子程序。

（2）端面粗车循环（G72）。如图 13-46 所示，与 G71 相同，用与 X 轴平行的动作进行切削。

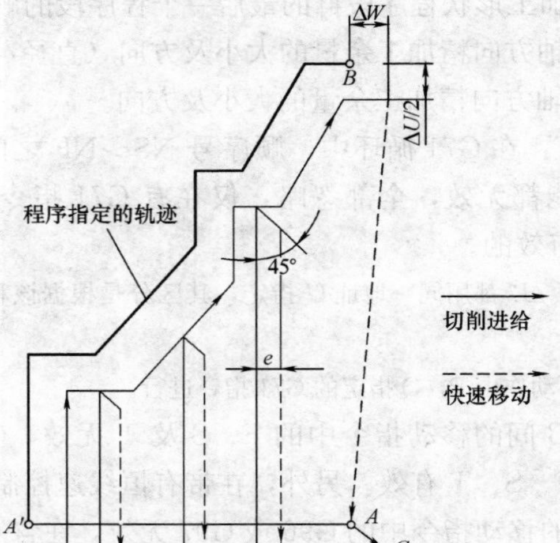

图 13-46　端面粗车循环

用 G72 切削的形状，有下列四种情况。无论哪种，都是根据

刀具重复平行于 X 轴的动作进行切削。ΔU 和 ΔW 的符号如图13-47所示。

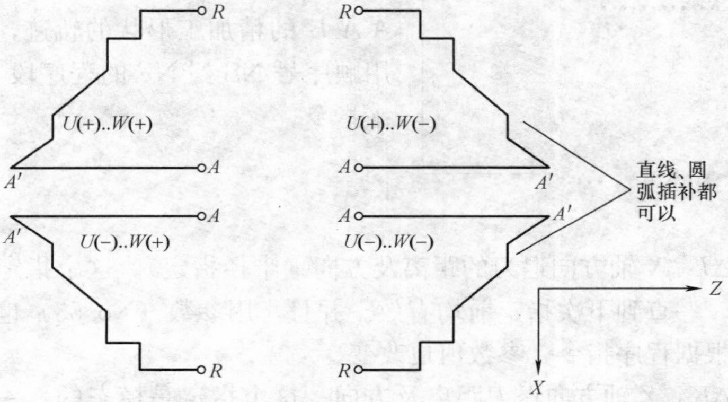

图 13-47 切削形状

(3) 封闭切削循环 (G73)。使用该循环，可以按同一轨迹重复切削，每次切削刀具向前移动一次，因此，对于锻造、铸造等粗加工已初步形成的毛坯，可以高效率加工。见图 13-48。

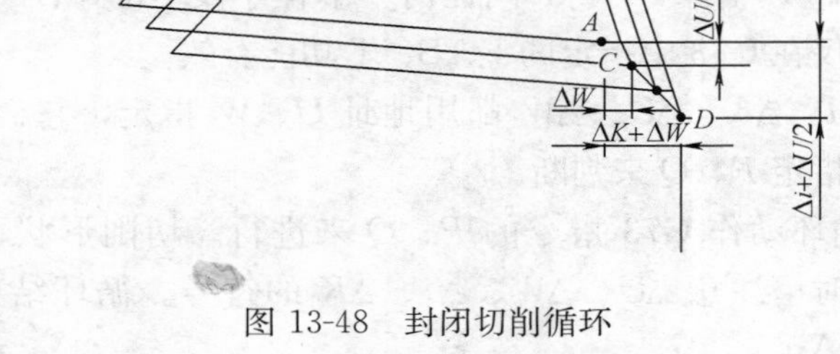

图 13-48 封闭切削循环

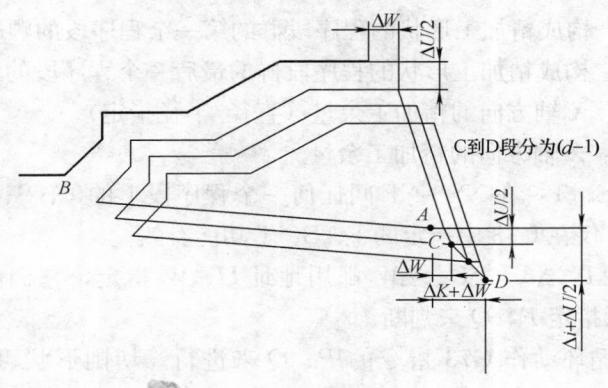

程序中指令的图形，A 点→A'点→B 点

```
G73 U(ΔI)W(ΔK) R(D);
G73 P(NS) Q(NF) U(ΔU) W(ΔW) F(F) S(S)T(T);
```

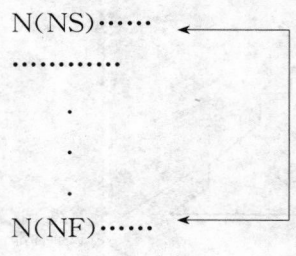

```
N(NS)……     ←┐
…………          │
  .           │  A A B 的精加工形状的轨迹，
  .           │  用顺序号 NS 到 NF 的程序段
  .           │  来指令。
N(NF)……     ←┘
```

ΔI：X 轴方向退刀的距离及方向（半径指定）。这个指定是模态的，一直到下次指定前均有效。并且，用参数（No. 53）也可设定。根据程序指令，参数值也改变。

ΔK：Z 轴方向退刀距离及方向。这个指定是模态的，一直到下次指定之前均有效。另外，用参数（No. 054）也可设定。根据程序指令，参数值也改变。

D：分割次数……等于粗车次数。该指定是模态的，直到下次指定前均有效。也可以用参数（No. 055）设定。根据程序指令，参数值也改变。

NS：构成精加工形状的程序段群的第一个程序段的顺序号。

NF：构成精加工形状的程序段群的最后一个程序段的顺序号。

ΔU：X 轴方向的精加工余量（直径/半径指定）。

ΔW：Z 轴方向的精加工余量。

F、S、T：在 NS～NF 间任何一个程序段上的 F、S、T 功能均无效。仅在 G73 中指定的 F、S、T 功能有效。

1）ΔI、ΔK、ΔU、ΔW 都用地址 U、W 指定，它们的区别，根据有无指定 P、Q 来判断。

2）循环动作 G73 指令的 P、Q 来进行。切削形状可分为四种，编程时请注意 ΔU、ΔW、ΔI、ΔK 的符号。循环结束后，刀具就返回 A 点。

（4）精加工循环（G70）　在用 G71、G72、G73 粗车后时，可以用下述指令精车。

G70 P (ns) Q (nf);

NS：构成精加工形状的程序段群的第一个程序段的顺序号。

NF：构成精加工形状的程序段群的最后一个程序段的顺序号。

NS 与 NF 顺序号之间只有包含五个程序段。

1）在含 G71、G72、G73 程序段中指令的 F、S、T 对于 G70 的程序段无效，而顺序号 NS～NF 间指令的 F、S、T 为有效。

2）G70 的循环一结束，刀具就用快速进给返回始点，并开始读入 G70 循环的下个程序段。

3）在 G70～G73 间被使用的顺序号 NS～NF 间程序段中，不能调用子程序。

（5）端面深孔加工循环（G74）。按照下面程序指令，进行如图 13-49 所示的动作。在此循环中，可以处理外形切削的断屑，另外，如果省略 $X(U)$，P，只是 Z 轴动作，则为深孔钻循环。

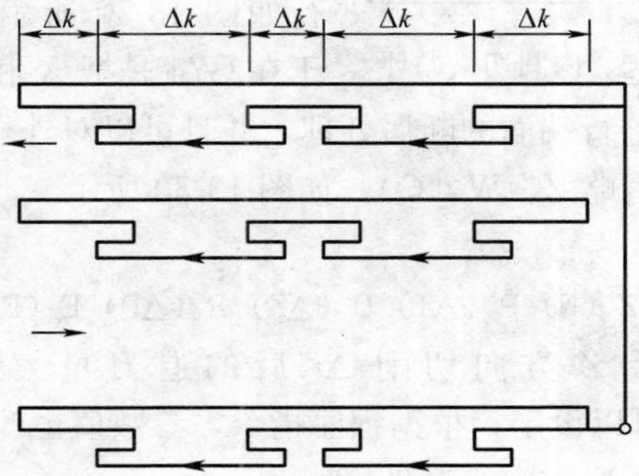

图 13-49　端面深孔加工循环

G74 R（e）；

G74 X（U）Z（W）P（Δi）Q（Δk）R（Δd）F（f）；

e：每次沿 Z 方向切削 Δk 后的退刀量。另外，没有指定 R（e）时，用参数（No. 056）也可以设定，根据程序指令，参数值也改变。

X：B 点的 X 方向绝对坐标值。

U：A 到 B 的增量。

Z：C 点的 Z 方向绝对坐标值。

W：A 到 C 的增量。

Δi：X 方向的每次循环移动量（无符号）（直径）。

Δk：Z 方向的每次切削移动量（无符号）。

Δd：切削到终点时 X 方向的退刀量（直径），通常不指定，省略 X（U）和 ΔI 时，则视为 0。

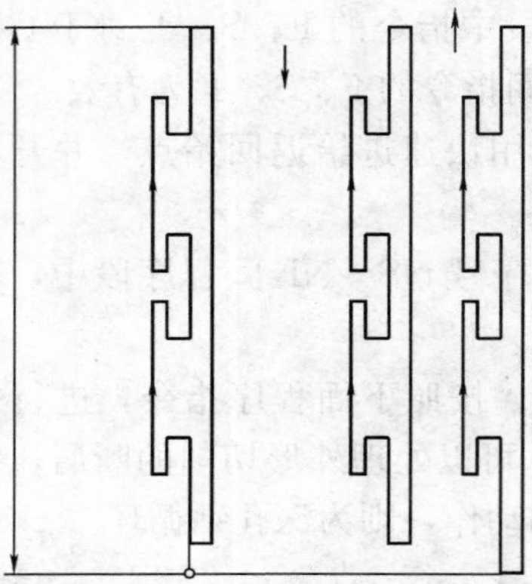

图 13-50　外圆、内圆切槽循环

f：进给速度。

1）e 和 Δd 都用地址 R 指定，它们的区别根据有无指定 X（U），也就是说，如果 X（U）被指令了，则为 Δd。

2）循环动作用含 X（U）指定的 G74 指令进行。

（6）外圆、内圆切槽循环（G75）。根据下面程序指令，进行如图 13-50 所示的动作。相当于在 G74 是把 X 和 Z 调换，在此循环中，可以进行端面的断屑处理，并且可以对外径进行沟槽加工和切断加工（省略 Z、W、Q）。如图 13-50 所示。

G75R（E）；

G75X（U）Z（W）P（ΔI）Q（ΔK）R（ΔD）F（F）；

e：每次沿 Z 方向切削 Δi 后的退刀量。另外，用参数（No. 056）也可以设定，根据程序指令，参数值也改变。

X：C 点的 X 方向绝对坐标值。

U：A 到 C 的增量。

Z：B 点的 Z 方向绝对坐标值。

W：A 到 B 的增量。

Δi：X 方向的每次循环移动量（无符号）（直径）。

Δk：Z 方向的每次切削移动量（无符号）。

Δd：切削到终点时 Z 方向的退刀量，通常用不指定，省略 X（U）和 ΔI 时，则视为 0。

f：进给速度。

G74，G75 都可用于切断、切槽或孔加工。可以使刀具进行自动退刀。

复合型固定循环（G70～G75）的注意事项如下。

1）在指定复合型固定循环的程序段中，*P*、*Q*、*X*、*Z*、*U*、*W*、*R* 等必要的参数，在每个程序段中必须正确指令。

2）在 G71、G72、G73 指令的程序段中，如果有 P 指令了顺序号，那么对应此顺序号的程序段必须指令 01 组 G 代码的 G00 或 G01，否则 P/S 报警（No65）。

3）在 MDI 方式中，不能执行 G70、G71、G72、G73 指令。如果指令了，则 P/S 报警（No67）。G74、G75 可以执行。

4）在指令 G70、G71、G72、G73 的程序段以及这些程序段中的 P 和 Q 顺序号之间的程序段中，不能指令 M98/M99。

5）在 G70、G71、G72、G73 程序段中，用 P 和 Q 指令顺序号的程序段范围内，不能有下面指令。

a. 除 G04（暂停）外的一次性代码。

b. G00、G01、G02、G03 以外的 01 组代码。

c. 06 组 G 代码。

d. M98/M99。

二、数控系统的操作

（1）广州数控 980T 的控制面板见图 13-51。部分按键的含义见表 13-6。

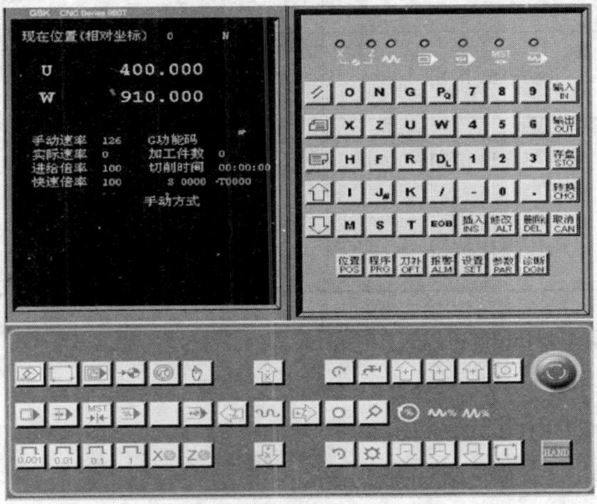

图 13-51　控制面板

(2) 编程与操作。

例：以一个简单的车削外圆的实例来说明，见图 13-52。

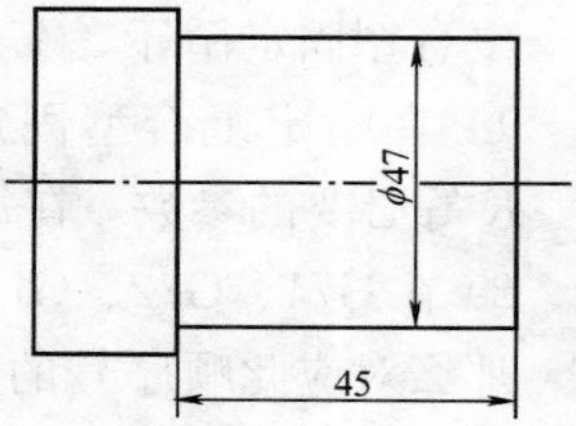

图 13-52　车外圆

编写程序：

```
O1234;
N1 G99 T0101 M03 S600;
N2 G00 X52.0 Z2.0;
N3 G01 X47.0 F0.3;
```

表 13-6　　按 键 说 明

图标	键名	图标	键名
	编辑方式按钮		空运行按钮
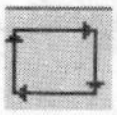	自动加工方式按钮		返回程序起点按钮
	录入方式按钮		单步/手轮移动量按钮
	回参考点按钮	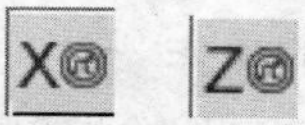	手摇轴选择
	单步方式按钮		紧急开关
	手动方式按钮		手轮方式切换按钮
	单程序段按钮		辅助功能锁住
	机床锁住按钮		

```
N4 Z-45.0 F0.15;
N5 X52.0;
N6 G00 X100.0 Z100.0;
N7 M05;
N8 M30;
```

（3）操作步骤

1）回参考点。打开急停按钮，按回参考点按钮，分别按和键，车床回参考点。见图 13-53 回参考点。

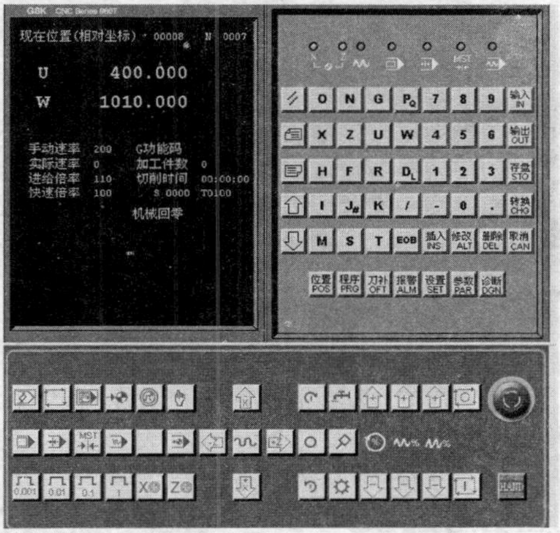

图 13-53　回参考点

2）输入编写程序。按编辑键，再按程序键，进入编辑状态。如图 13-54 程序编辑。

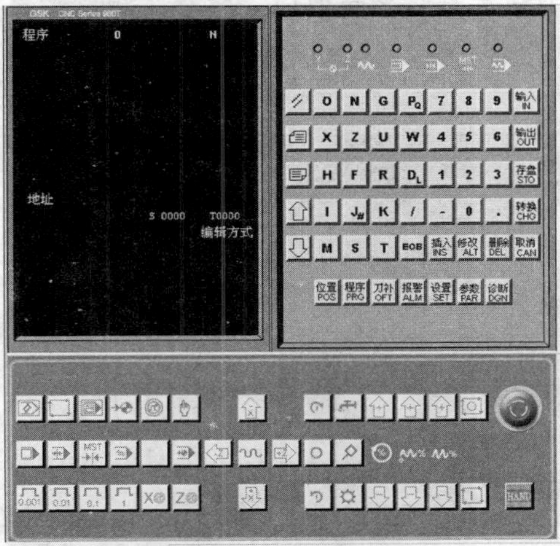

图 13-54　程序编辑

O1234→EOB→N1 G99 T0101 M03 S600→EOB→N2 G00 X52.0 Z2.0→EOB…M30 EOB→// （复位按钮），如图 13-55 输入程序。

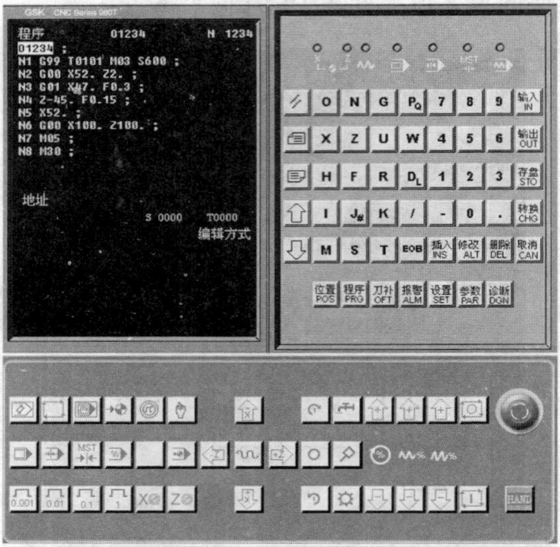

图 13-55 输入程序

3）输入刀偏值。先在外圆处对刀，在手动状态下试切工件的外圆，X 向不退刀，车刀沿 Z 向退出。停车后测量直径，记下测量直径值。按刀补OFT刀补键→反复按下翻页键，直到出现如图 13-56 刀

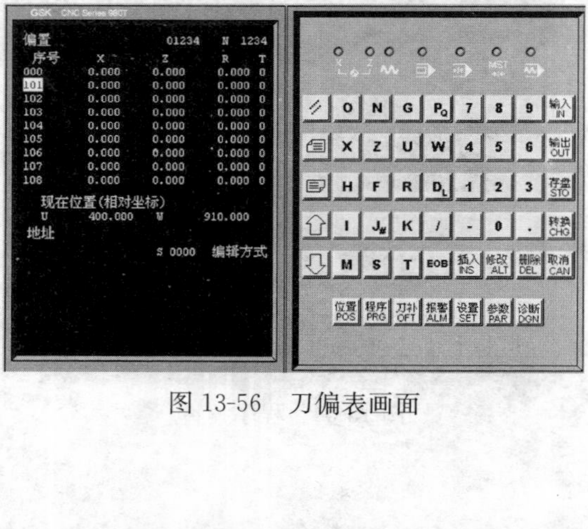

图 13-56 刀偏表画面

偏表画面。输入 X48.655（实际测量直径值）。再按输入键。再在长度处对刀（即 Z 向对刀）。端面对刀后可沿 X 向退出，Z 向不能移动。输入 Z0。再按输入键。其结果见图 13-57 刀偏表值。

4）自动加工。在手动状态下退刀，按自动方式键，再按循环启动键，即可正常加工。

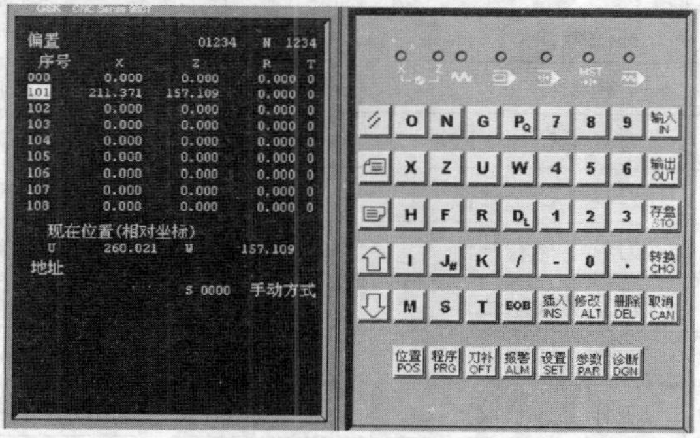

图 13-57　刀偏表值

第四节　华中世纪星数控系统编程与操作

一、数控系统的编程

（一）准备功能

准备功能主要用来指令机床或数控系统的工作方式。华中（HNC-21/22T）系统的准备功能由地址符 G 和其后一位或二位数字组成，它用来规定刀具和工件的相对运动轨迹、机床坐标系、坐标平面、刀具补偿、坐标偏置等多种加工操作。具体的 G 指令代码见表 13-7。

表 13-7　华中世纪星（HNC-21）准备功能 G 指令代码

G 指令	组号	功　能	G 指令	组号	功　能
G00		快速定位	G03		逆时针方向圆弧插补
G01	01	直线插补	G04	00	暂停指令
G02		顺时针方向圆弧插补	G20	08	英制单位设定

续表

G指令	组号	功　能	G指令	组号	功　能
G21		米制单位设定	G59		工作坐标系设定
G28		从中间点返回参考点	G71	06	内外径粗车复合循环
G29	00	从参考点返回	G72		端面粗车复合循环
G32	01	螺纹车削	G73		闭环车削复合循环
G36	16	直径编程	G76		螺纹车削复合循环
G37		半径编程	G80	01	内外径车削固定循环
G40	09	刀具半径补偿取消	G81		端面车削固定循环
G41		刀具半径左补偿	G82		螺纹车削固定循环
G42		刀具半径右补偿	G90	13	绝对值编程
G53	00	机床坐标系选择	G91		增量值编程
G54	11	工作坐标系设定	G92	00	工件坐标系设定
G55		工作坐标系设定	G94	14	每分钟进给
G56	11	工作坐标系设定	G95		每转进给
G57		工作坐标系设定	G96	16	恒线速度控制
G58		工作坐标系设定	G97		取消恒线速度控制

G指令根据功能的不同分成若干组，其中00组的G功能称非模态G功能，指令只在所规定的程序段中有效，程序段结束时被注销。其余组的称模态G功能，这些功能一旦被执行，则一直有效，直到被同一组的G功能注销为止。模态G功能组中包含一个默认G功能，通电时将初始化该功能。

没有共同地址符的不同组G指令代码可以放在同一程序段中，而且与顺序无关。例如，G90、G17可与G01放在同一程序段。

（二）辅助功能

辅助功能也称M功能，主要用于控制零件程序的走向，以及机床各种辅助功能的开关动作，如主轴的开、停，切削液的开关等。华中（HNC-21　22T）系统辅助功能由地址符M和其后的一位或两位数字组成。具体的M指令代码见表13-8。

M功能与G功能一样，也有非模态M功能和模态M功能两种形式。非模态 M 功能（当段有效代码），只在书写了该代码的程序段中有效；模态 M 功能（续效代码），一组可相互注销的 M 功能，这些功能在被同一组的另一个功能注销前一直有效。模态 M 功能组中包含一个默认功能，系统通电时将初始化该功能。

另外，M 功能还可分为前作用 M 功能和后作用 M 功能两类。前作用 M 功能是指在程序段编制的轴运动之前执行；而后作用 M 功能则在程序段编制的轴运动之后执行。

其中：M00、M02、M30、M98、M99 用于控制零件程序的走向，是 CNC 内定的辅助功能，不由机床制造商设计决定，也就是说，与 PLC 程序无关。其余 M 代码用于机床各种辅助功能的开关动作，其功能不由 CNC 内定，而是由 PLC 程序指定，所以有可能因机床制造厂不同而有差异，请使用者参考机床说明书。

表 13-8　　辅助功能 M 代码

M 指令	模态	功　能	M 指令	模态	功　能
M00	非模态	程序暂停	M07	模态	切削液开
M02	非模态	主程序结束	M09	模态	切削液关
M03	模态	主轴正转起动	M30	非模态	主程序结束并返回程序起点
M04	模态	主轴反转起动			
M05	模态	主轴停转	M98	非模态	调用子程序
M06	非模态	换刀	M99	非模态	子程序结束

（三）CNC 内定的辅助功能

1. 程序暂停指令 M00

当 CNC 执行到 M00 指令时，暂停执行当前程序，以方便操作者进行刀具和工件的尺寸测量、工件调头、手动变速等操作。暂停时，机床的进给停止，而全部现存的模态信息保持不变，欲继续执行后续程序，重按操作面板上的“循环启动”键，M00 为非模态后作用 M 功能。

2. 程序结束指令 M02

M02 一般放在主程序的最后一个程序段中。当 CNC 执行到 M02 指令时，机床的主轴、进给、切削液全部停止，加工结束。

使用M02的程序结束后，若要重新执行该程序，就得重新调用该程序，然后再按操作面板上的“循环启动键”，M02为非模态后作用M功能。

3. 程序结束并返回到零件程序头指令M30

M30和M02功能基本相同，只是M30指令还兼有控制返回到零件程序头（%）的作用。使用M30的程序结束后，若要重新执行该程序，只需再次按操作面板上的“循环启动”键。

4. 子程序调用指令M98及从子程序返回指令M99

M98用来调用子程序。M99表示子程序结束，执行M99使控制返回到主程序。子程序的格式为：

```
%  *  *  *  *
……
M99
```

在子程序开头，必须规定子程序号，以作为调用入口地址。在子程序的结尾用M99，以控制执行完该子程序后返回主程序。调用子程序的格式为：

```
M98  P____  L____
```

P为被调用的子程序号；L为重复调用次数。

（四）PLC设定的辅助功能

1. 主轴控制指令M03、M04、M05

M03启动主轴以程序中编制的主轴速度顺时针方向（从Z轴正向朝Z轴负向看）旋转。M04启动主轴以程序中编制的主轴速度逆时针方向旋转，M05使主轴停止旋转。M03、M04为模态前作用M功能；M05为模态后作用M功能，为默认功能。M03、M04、M05可相互注销。

2. 切削液打开、停止指令M07、M09

M07指令将打开冷却液管道。M09指令将关闭切削液管道。M07为模态前作用M功能；M09为模态后作用M功能，为默认功能。

3. 进给功能

进给功能主要用来指令切削的进给速度，表示工件被加工时刀具相对工件的合成进给速度。对于车床，进给方式可分为每分钟进给和每转进给两种，与 FANUC、SIEMENS 系统一样，华中（HNC-21 22T）系统也用 G94、G95 规定。

（1）每转进给指令 G95。主轴转一周时刀具的进给量。在含有 G95 程序段后面，遇到 F 指令时，则认为 F 所指定的进给速度单位为 mm/r。

（2）每分钟进给指令 G94。在含有 G94 程序段后面，遇到 F 指令时，则认为 F 所指定的进给速度单位为 mm/min。与 SIEMENS 系统刚好相反，系统开机状态为 G94 状态，只有输入 G95 指令后，G94 才被取消。

当工作在 G01、G02 或 G03 方式下，编程的 F 一直有效，直到被新的 F 值所取代；而工作在 G00 方式下，快速定位的速度是各轴的最高速度，与所编 F 无关。

借助机床控制面板上的倍率按键，F 可在一定范围内进行倍率修调。当执行攻螺纹循环 G76、G82、螺纹切削 G32 时，倍率开关失效，进给倍率固定在 100%。当使用每转进给方式时，必须在主轴上安装一个位置编码器。

4. 主轴转速功能

主轴转速功能主要用来指定主轴的转速，单位为 r/min。

（1）恒线速度控制指令 G96。G96 是接通恒线速度控制的指令。系统执行 G96 指令后，S 后面的数值表示切削线速度。

（2）主轴转速控制指令 G97。G97 是取消恒线速度控制的指令。系统执行 G97 指令后，S 后面的数值表示主轴每分钟的转数。例如："G97 S600"表示主轴转速为 600r/min，系统开机状态为 G97 状态。S 是模态指令，S 功能只有在主轴速度可调节时有效。S 所编程的主轴转速可以借助机床控制面板上的主轴倍率开关进行修调。

5. 刀具功能

刀具功能主要用来指令数控系统进行选刀或换刀，华中（HNC-21/22T）系统与 FANUC 系统相同，用 T 代码与其后的 4 位数字（刀具号+刀补号）表示，例如 T0202 表示选用 2 号刀具和 2 号刀补（SIEMENS 系统用 T2D2 表示）。当一个程序段中同时包含 T 代码与刀具移动指令时，先执行 T 代码指令，而后执行刀具移动指令。

（五）华中（HNC-21/22T）系统基本编程指令

1. 米制和英寸制输入指令 G21/G20

G20 和 G21 是两个互相取代的模态功能，机床出厂时一般设定为 G21 状态，其各项参数均以米制单位设定。

2. 绝对/相对尺寸编程指令 G90/G91

绝对/增量尺寸编程指令 G90/G91 的程序段格式为：

$$\begin{cases} G90 \\ G91 \end{cases} X\_\_\_\_\ Z\_\_\_\_$$

华中（HNC-21/22T）系统绝对值编程时，用 G90 指令后面的 X、Z 表示 X 轴、Z 轴的坐标值，所有程序段中的尺寸均是相对于工件坐标系原点的。增量编程时，用 U、W 或 G91 指令后面的 X、Z 表示 X 轴、Z 轴的增量值，其后的所有程序段中的尺寸均是以前一位置为基准的增量尺寸，直到被 G90 指令取代。其中表示增量的字符 U、W 不能用于循环指令 G80、G81、G82、G71、G72、G73、G76 程序段中，但可用于定义精加工轮廓的程序中。G90、G91 为模态功能，可相互注销，G90 为默认值。

3. 直径、半径方式编程指令 G36　G37

数控车床的工件外形通常是旋转体，其 X 轴尺寸可以用两种方式加以指定：直径方式和半径方式。G36 为直径编程，G37 为半径编程。G36 为默认值，机床出厂一般设为直径编程。本书例题，未经说明均为直径编程。

4. 建立工件坐标系指令 G92

G92X____ Z____

G92 是一种根据当前刀具的位置来建立工件坐标系的方法，这种方法与机床坐标系无关，这一指令通常出现在程序的第一段。

X、Z 为起刀点到工件坐标系原点的有向距离。当执行 G92XαZβ 指令后，系统内部即对（α，β）进行记忆，并建立一个以刀具当前点坐标值为（α，β）的坐标系，系统控制刀具在此坐标系中按程序进行加工。执行该指令只建立一个坐标系，刀具并不产生运动。G92 指令为非模态指令。

执行该指令时，若刀具当前点恰好在工件坐标系的 α 和 β 坐标值上，即刀具当前点在对刀点位置上，此时建立的坐标系即为工件坐标系，加工原点与程序原点重合。若刀具当前点不在工件坐标系的 α 和 β 坐标值上，则加工原点与程序原点不一致，加工出的产品就有可能产生误差或报废，甚至出现危险。因此执行该指令时，刀具当前点必须恰好在对刀点上，即在工件坐标系的 α 和 β 坐标值上，由上可知要正确加工，加工原点与程序原点必须一致，故编程时加工原点与程序原点考虑为同一点。实际操作时怎样使两点一致，由操作时对刀完成。

例如，图 13-58 所示，当以工件左端面为工件原点时，应按下行建立工件坐标系。

G92X180Z254；

当以工件右端面为工件原点时，应按下行建立工件坐标系。

G92X180Z44；

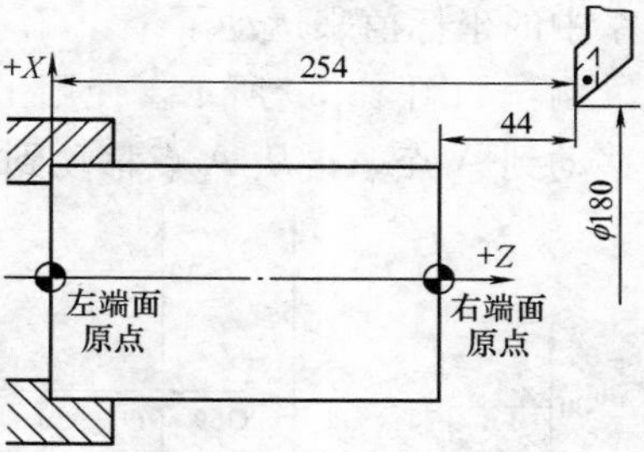

图 13-58　G92 设立坐标系

显然，当 α 和 β 不同或改变刀具位置时，即刀具当前点不在对刀点位置上，则加工原点与程序原点不一致。因此在执行程序段 G92 $X\alpha Z\beta$ 前，必须先对刀。

5. 选择工件坐标系（零点偏移）指令 G54～G59

工件坐标系是编程人员为了编程方便人为设定的坐标系。G54～G59 指令与 G92 指令都是用于设定工件坐标系的，但 G92 指令是根据当前刀具要处于所建工件坐标系中的位置并通过程序来建立工件坐标系的。G92 指令所设定的工件原点与当前刀具所处的位置有关，这一工件原点在机床坐标系中的位置是随当前刀具位置的不同而改变的。

有时编程人员在编写程序时，需要确定工件与机床坐标系之间的关系。为了编程方便，系统允许编程人员使用 6 个特殊的工件坐标系。这 6 个工件坐标系可以预先通过 CRT/MDI 操作面板在参数设置方式下设定，并在程序中用 G54～G59 来选择它们。工件坐标系一旦选定，后续程序段中绝对值编程时的指令值均为相对此坐标系原点的值。

G54～G59 设定的工件原点在机床坐标系中的位置是不变的，在系统断电后也不破坏，再次开机后仍有效，并与刀具的当前位置无关，除非再通过 CRT/MDI 方式更改。用 G54～G59 建立工件坐标系不像 G92 那样需要在程序段中给出预置寄存的坐标数据，操作者在安装工件后，测量工件原点相对于机床原点的偏置量，并把工件坐标系在各轴方向上相对于机床坐标系的位置偏置量，输入工件坐标偏置存储器中，其后系统在执行程序时，就可以按照工件坐标系中的坐标值来运动了。

例：如图 13-59 所示，使用工件坐标系编程：要求刀具从当前点移动到 A 点，再从 A 点移动到 B 点。

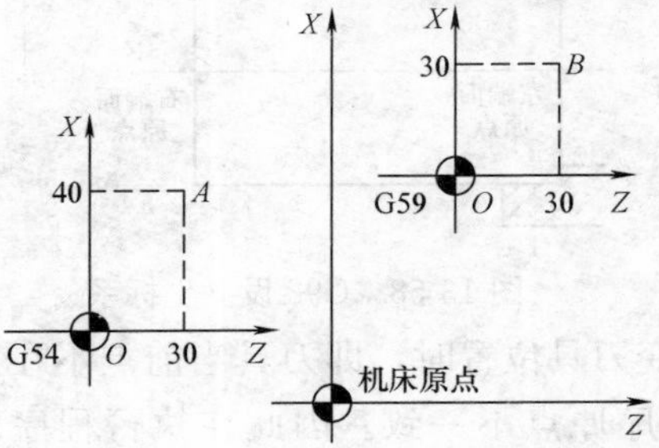

图 13-59 使用工件坐标系编程

```
%0001;
N01 G54 G00 G90 X40 Z30;
N02 G59;
N03 G00 X30 Z30;
N04 M30;
```

(1) 使用该组指令前，先用 MDI 方式输入各坐标系的坐标原点在机床坐标系中的坐标值。

(2) 使用该组指令前，必须先回参考点。

6. 选择机床坐标系指令 G53

机床坐标系是机床固有的坐标系，在机床调整后，一般此坐标系是不允许变动的。当完成“手动返回参考点”操作之后，就建立了一个以机床原点为坐标原点的机床坐标系，此时显示器上显示当前刀具在机床坐标系中的坐标值均为零。

G53 是以机床坐标系进行编程的，在含有 G53 的程序段中，绝对值编程时的指令值是在机床坐标系中的坐标值。G53 为非模态指令。

7. 快速点定位指令 G00

G00 指令的程序段格式为：G00X（U）Z（W）G00 是模态（续效）指令，它命令刀具以点定位控制方式从刀具所在点以机床的最快速度移动到坐标系的设定点。它只是快速定位，而无运动轨迹要求。

8. 直线插补及倒角指令 G011

（1）直线插补指令的程序段格式为

G01 X（U）____ Z（W）____

采用绝对尺寸编程时，刀具从当前点以 F 指令的进给速度进行直线插补，移至坐标值为 X、Z 的点上；采用增量尺寸编程时，刀具则移至距当前点（始点）的距离为 U、W 值的点上，即前一程序段的终点为下一程序段的始点。在程序中，应用第一个 G01 指令时，一定要规定一个 F 指令。在以后的程序段中，若没有新的F 指令，进给速度将保持不变，所以不必在每个程序段中都写入F 指令。

例：用直线插补指令编制图 13-60 所示工件的加工程序。

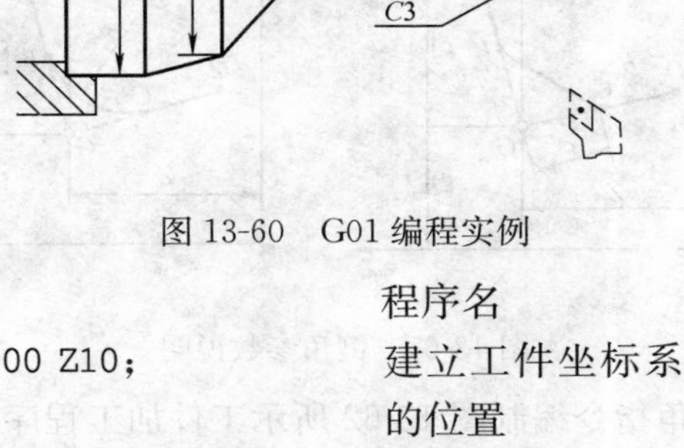

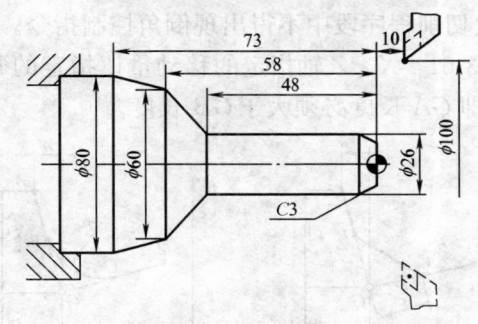

图 13-60　G01 编程实例

% 0002;　　程序名

N1 G92 X100 Z10;　　建立工件坐标系，定义起刀点的位置

N2 G00 X16 Z2 S600 M03;　　移到倒角延长线，Z 轴 2mm 处，

```
                                 主轴正转，转速 600r/min
N3 G01 U10 W-5 F300;             倒 C3 角
N4 Z-48;                         车削 φ26 外圆
N5 U34 W -10;                    车削第一段圆锥
N6 U20 Z-73;                     车削第二段圆锥
N7 X90;                          退刀
N8 G00 X100 Z10;                 快退回起刀点
N9 M05;                          主轴停转
N10 M30;                         主程序结束并复位
```

(2) 倒直角指令的程序段格式为

G01 X (U) ____ Z (W) ____ C ____

(3) 倒圆角指令的程序段格式为

G01 X (U) ____ Z (W) ____ R ____

直线倒角 G01，指令刀具从 A 点到 B 点，然后到 C 点，如图 13-62 所示。*X*、*Z* 为绝对编程时未倒角前两相邻轨迹程序段的交点 G 的坐标值；*U*、*W* 为增量编程时 G 点相对于起始直线轨迹的始点 A 的移动距离。*C* 为相邻两直线的交点 G 相对于倒角始点 B 的距离。*R* 为倒角圆弧的半径值。

1) 在螺纹切削程序段中不得出现倒角控制指令。

2) 见图 13-61，*X*、*Z* 轴指定的移动量比指定的 *R* 或 *C* 小时，系统将报警，即 *GA* 长度必须大于 *GB* 长度。

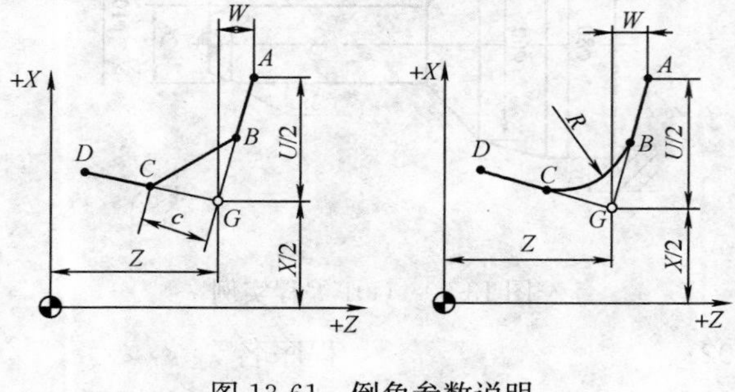

图 13-61　倒角参数说明

例：用倒角指令编制图 13-62 所示工件加工程序。

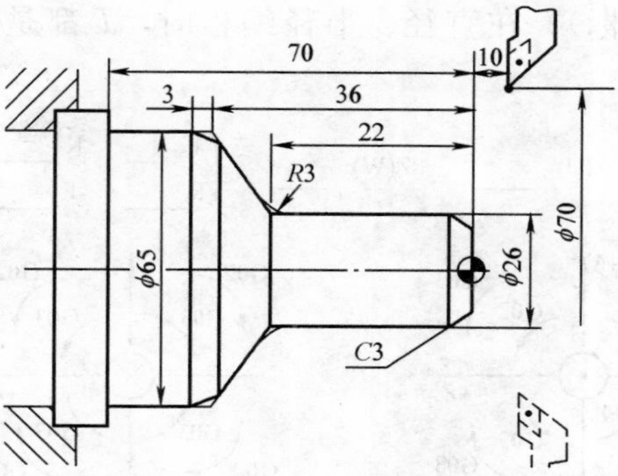

图 13-62　倒角编程实例

% 0003；	程序名
N1 G92 X70 Z10；	建立工件坐标系，定义起刀点的位置
N2 G00 U-70 W-10 S600 M03；	从起刀点，移到工件前端面中心处，主轴正转
N3 G01 U26 C3 F100；	倒 C3 直角
N4 W -22 R3；	车 φ26 外圆，并倒 R3 圆角
N5 U39 W-14 C3；	车圆锥并倒边长为 3 等腰直角
N6 W -34；	车削 φ65 外圆
N7 G00 U5 W 80；	回到起刀点
N8 M05；	主轴停转
N9 M30；	主程序结束并复位

9. 圆弧插补指令 G02/G03　G02/G03 指令的程序段格式如下。

（1）用绝对尺寸编程时，X、Z 为圆弧终点坐标；用增量尺寸编程时，U、W 为圆弧终点相对起点的增量值。

（2）R 是圆弧半径，当圆弧所对应的圆心角≤180°时，R 取正值；当所对应的圆心角>180°时，R 取负值。

（3）不论是用绝对尺寸编程还是用增量尺寸编程，I、K 都为圆心在 X、Z 轴方向上相对起始点的坐标增量（等于圆心坐标减去圆弧起点的坐标)；在直径、半径编程时，I 都是半径值，如图 13-63所示。

$\begin{cases}G02\\G03\end{cases}$ X(U) ____ Z(W) ____ $\begin{cases}I\_\_\_\_ \quad K\_\_\_\_ \quad F\_\_\_\_\\R\_\_\_\_ \quad F\_\_\_\_\end{cases}$

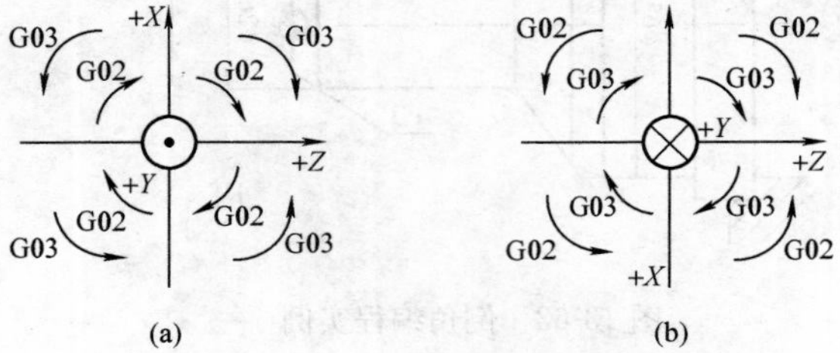

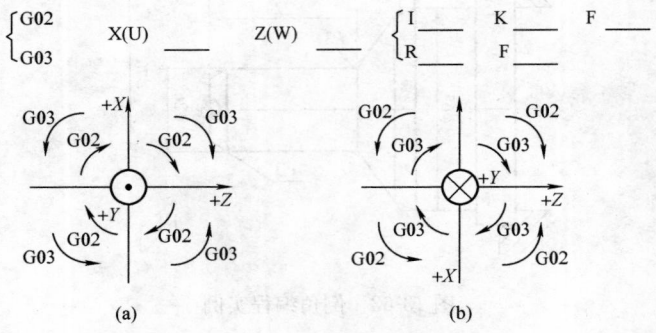

图 13-63 G02、G03 插补方向

(a) 上手刀，刀架在操作者的外侧；(b) 下手刀，刀架在操作者的内侧

(4) 若程序段中同时出现 I、K 和 R，以 R 为优先，I、K 无效。

(5) 圆弧插补的顺逆是从垂直于圆弧所在平面（如 XZ 平面）的坐标轴的正方向看到的回转方向［见图 13-64（a）上手刀］，即观察者站在 Y 轴的正向（正向指向自己），沿 Y 轴的负方向看去，顺时针方向为 G02，逆时针方向为 G03。反之，如果观察者站在 Y 轴的负向，沿 Y 轴的正向看去［见图 13-64（b）下手刀］，顺时针方向为 G03，逆时针方向为 G02。该法则同样适合数控铣床。

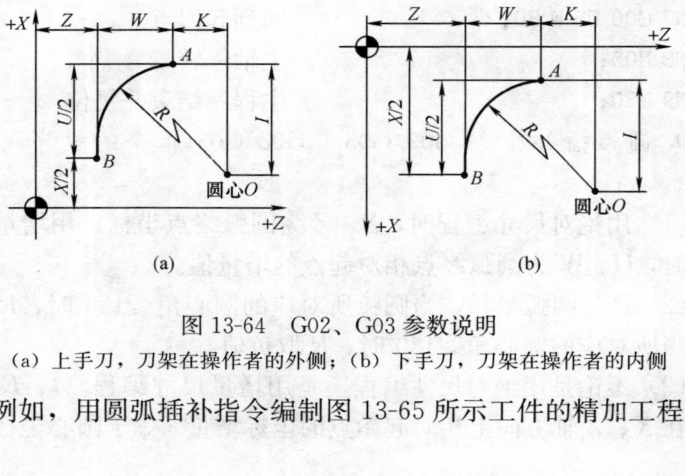

图 13-64 G02、G03 参数说明

(a) 上手刀，刀架在操作者的外侧；(b) 下手刀，刀架在操作者的内侧

例如，用圆弧插补指令编制图 13-65 所示工件的精加工程序。

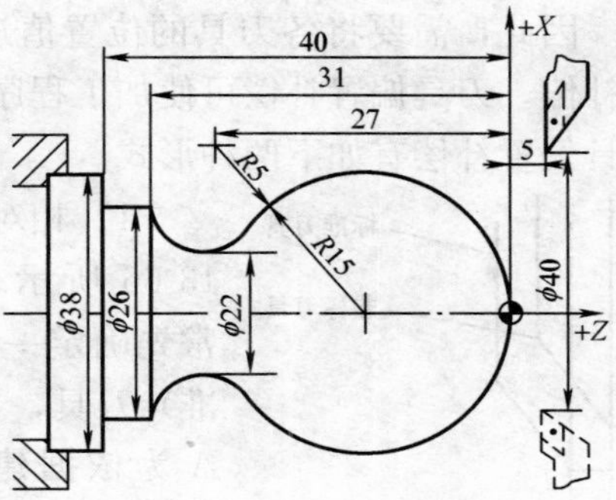

图 13-65　圆弧插补编程实例

% 0004;	程序名
N1 G92 X40 Z5;	建立工件坐标系，定义起刀点的位置
N2 M03 S1000;	主轴正转，转速 1000r/min
N3 G96 S80;	恒线速度有效，线速度为 80m/min
N4 G00 X0;	刀到中心，转速升高，直到主轴最大限速
N5 G95 G01 Z0 F0.1;	工进接触工件，每转进给
N6 G03 U24 W-24 R15;	加工 $R15$ 圆弧段
N7 G02 X26 Z-31 R5;	加工 $R5$ 圆弧段
N8 G01 Z-40;	加工 $\phi 26$ 外圆
N9 G01 X38;	加工 $\phi 38$ 端面
N10 G00 X40 Z5;	快退回起刀点
N11 G97 S300;	取消恒线速度功能，设定主轴按 300r/min 旋转
N12 M30;	主轴停转、主程序结束并复位

10. 刀具补偿功能指令

刀具的补偿包括刀具的偏置和磨损补偿、刀尖半径补偿。

(1) 刀具偏置（几何）补偿和刀具磨损补偿。编程时，设定刀架上各刀在工作位置时，其刀尖位置是一致的。但由于刀具的几何形状及安装的不同，其刀尖位置是不一致的，其相对于工件原点的距离也是不同的。因此，需要将各刀具的位置值进行比较或设定，这称为刀具偏置补偿。刀具偏置补偿可使加工程序不随刀尖位置的不同而改变。刀具偏置补偿有如下两种形式。

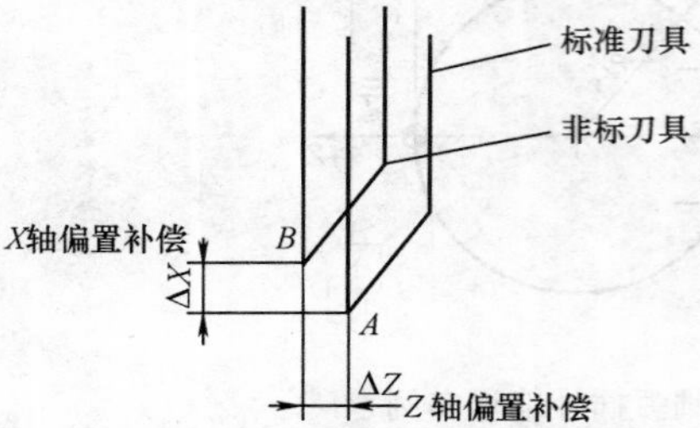

图 13-66　刀具偏置的相对补偿形式

1）相对补偿形式。如图 13-66 所示。在对刀时，通常先确定一把刀为基准（标准）刀具，并以其刀尖位置 A 为依据建立工件坐标系。这样，当其他各刀转到加工位置时，刀尖位置 B 相对基准刀刀尖位置 A 就会出现偏置，原来建立的坐标系就不再适用，因此应对非基准刀具相对于基准刀具之间的偏置值 ΔX、ΔZ 进行补偿，使刀尖位置从 B 移至位置 A。

2）绝对补偿形式，即机床回到机床零点时，工件坐标系零点相对于刀架工作位置上各刀刀尖位置的有向距离。当执行刀偏补偿时，各刀以此值设定各自的加工坐标系。如图 13-67 所示。

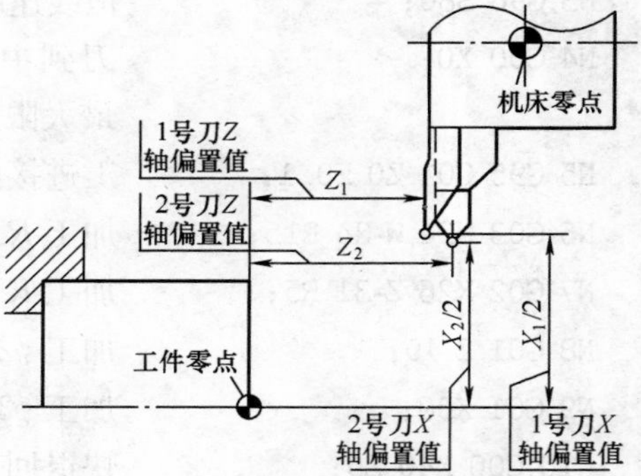

图 13-67　刀具偏置的绝对补偿形式

刀具使用一段时间后，会因磨损而使产品尺寸产生误差，因此需要对其进行补偿。该补偿与刀具偏置补偿存放在同一个寄存器的地址号中。各刀的磨损补偿只对该刀有效（包括基准刀）。

刀具的补偿功能由 T 代码指定，其后的 4 位数字分别表示选择的刀具号和刀具偏置补偿号。例如 T0303 表示选用 3 号刀具和 3 号刀补。

刀具补偿号是刀具偏置补偿寄存器的地址号，该寄存器存放刀具的 X 轴和 Z 轴偏置补偿值、刀具的 X 轴和 Z 轴磨损补偿值。

T 加补偿号表示开始补偿功能。补偿号为 00 表示补偿量为 0，即取消补偿功能。系统对刀具的补偿或取消都是通过滑板的移动来实现的。

（2）刀尖圆弧半径补偿指令 G41/G42/G40。数控程序是针对刀具上的某一点即刀位点，按工件轮廓尺寸编制的。车刀的刀位点一般为理想状态下的假想刀尖点或刀尖圆弧圆心点。但实际加工中的车刀，由于工艺或其他要求，刀尖往往不是一理想点，而是一段圆弧。切削加工时，刀具切削点在刀尖圆弧上变动。在切削内孔、外圆及端面时，刀尖圆弧不影响加工尺寸和形状；但在切削锥面和圆弧时，会造成过切或少切现象（见图 13-68）。此时，可以用刀尖半径补偿功能来消除误差。

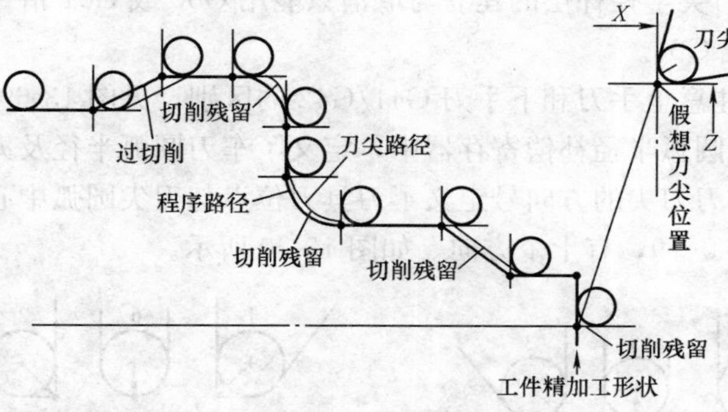

图 13-68　刀尖圆弧造成的少切和过切

刀尖圆弧半径补偿是通过 G41、G42、G40 代码及 T 代码指定的刀尖圆弧半径补偿号来加入或取消半径补偿的。其程序段格式为：

$$\begin{Bmatrix} \text{G40} \\ \text{G41} \\ \text{G42} \end{Bmatrix} \begin{Bmatrix} \text{G00} \\ \text{G01} \end{Bmatrix} \text{X}\_\_\_\_ \ \text{Z}\_\_\_\_$$

G40 为取消刀尖半径补偿。G41 为左刀补（在刀具前进方向左侧补偿），G42 为右刀补。（在刀具前进方向右侧补偿），如图 13-69 所示。

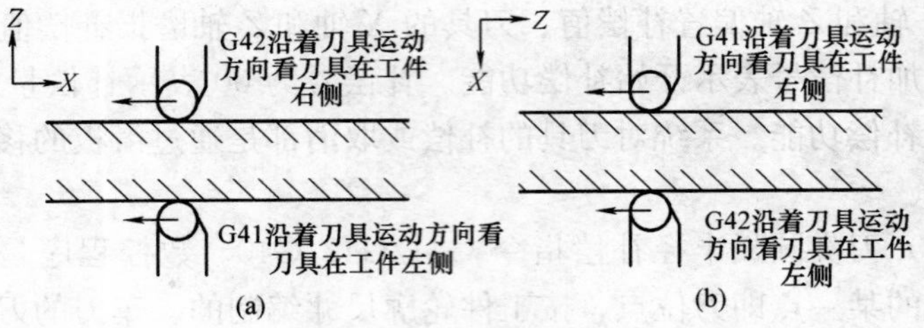

图 13-69　左刀补和右刀补

（a）上手刀，刀架在操作者的外侧；（b）下手刀，刀架在操作者的内侧

1）G41/G42 不带参数，其补偿号（代表所用刀具对应的刀尖半径补偿值）由 T 代码指定。其刀尖圆弧补偿号与刀具偏置补偿号对应。

2）刀尖半径补偿的建立与取消只能用 G00 或 G01 指令，不能用 G02 或 G03。

3）注意上手刀和下手刀 G41/G42 的区别，见图 13-69。

刀尖圆弧半径补偿寄存器中，定义了车刀圆弧半径及刀尖的方向号。车刀刀尖的方向号定义了刀具刀位点与刀尖圆弧中心的位置关系，从 0～9，有十个方向，如图 13-70 所示。

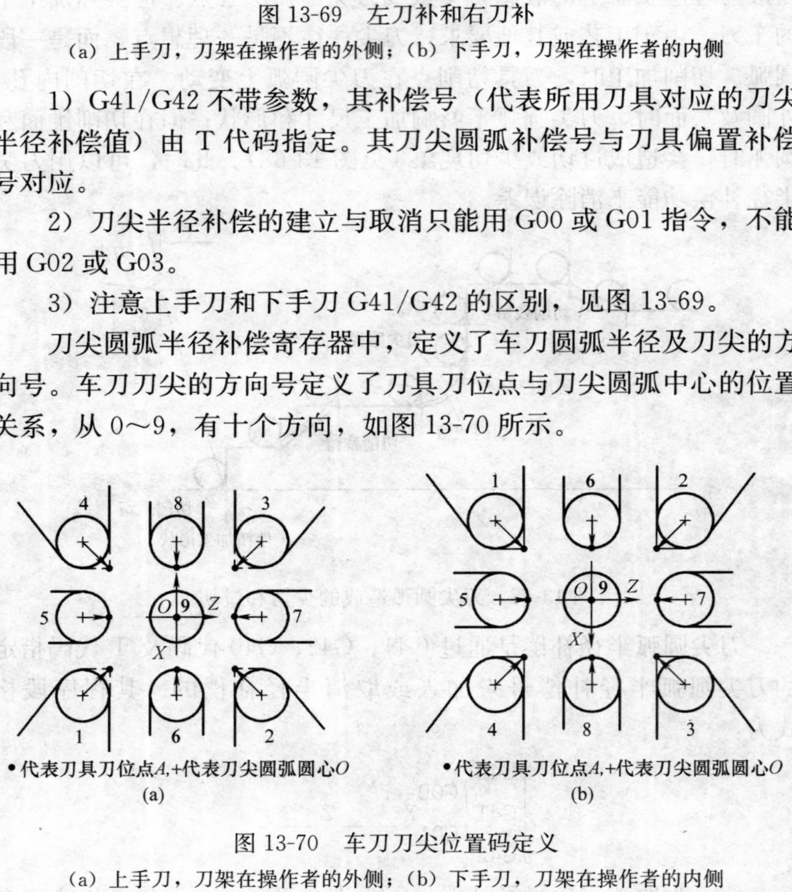

图 13-70　车刀刀尖位置码定义

（a）上手刀，刀架在操作者的外侧；（b）下手刀，刀架在操作者的内侧

例： 考虑刀尖半径补偿，编制图 13-62 所示工件的加工程序。

% 0005；　　　　　　　　程序名

N1 G92 X40 Z5 T0101; 建立工件坐标系，换1号刀，定义起刀点的位置

N2 M03 S1000; 主轴正转，转速1000r/min

N3 G96 S80; 恒线速度有效，线速度为80m/min

N4 G00 X0; 刀到中心，转速升高，直到主轴到最大限速

N5 G95 G01 G42 Z0 F0.1; 加入刀具圆弧半径补偿，进给速度为0.1mm/r

N6 G03 U24 W-24 R15; 加工 $R15$ 圆弧段

N7 G02 X26 Z-31 R5; 加工 $R5$ 圆弧段

N8 G01 Z-40; 加工 $\phi 26$ 外圆

N9 G01 X38; 加工 $\phi 38$ 端面

N10 G00 G40 X40 Z5; 取消半径补偿，快退回起刀点

N11 G97 S300; 取消恒线速度功能，设定主轴，按300r/min旋转

N12 M30; 主轴停转，主程序结束并复位

11. 螺纹切削指令 G32

螺纹切削分为单行程螺纹切削、螺纹切削循环和螺纹切削复合循环。

单行程螺纹切削指令 G32 程序段格式为

G32 X (U) ____ Z (W) ____ R ____ E ____ P ____ F ____

G32 指令可以执行单行程螺纹切削，车刀进给运动严格根据输入的螺纹导程进行，如图13-71所示。切削螺纹一般分四步形成一个循环：进刀（AB）→切削（BC）→退刀（CD）→返回（DA）。这四个步骤均需编入程序。

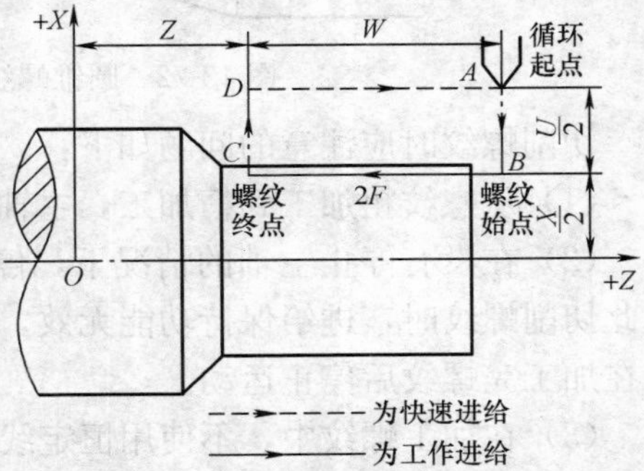

图13-71 圆柱螺纹加工图

X、Z：绝对编程时，为有效螺纹终点在工件坐

标系中的坐标。

U、W：增量编程时，为有效螺纹终点相对螺纹切削起点的增量。

F：螺纹导程，即主轴每转一圈，刀具相对工件的进给值。

R、E：螺纹切削的退尾量，R 为 Z 向退尾量；E 为 X 向退尾量。R、E 在绝对或增量编程时都是以增量方式指定，其值如果为正，表示沿 Z、X 正向回退；如果为负，表示沿 Z、X 负向回退。使用 R、E 可免去退刀槽。R、E 如省略，表示不用回退功能。根据螺纹标准 R 一般取 0.75～1.75 倍的螺距，E 取螺纹的牙型高。P 为主轴基准脉冲处距离螺纹切削起始点的主轴转角，默认值为 0，可省略不写。

对圆柱螺纹，由于车刀的轨迹为一直线，所以 X（U）为 0，其格式为

G32 Z (W) ____ R ____ E ____ P ____ F ____

锥螺纹（见图 13-72）的斜角 α 在 45°以下时，螺纹导程以 Z 轴方向指定；在 45°以上至 90°时，以 X 轴方向指定，该指令一般很少使用。

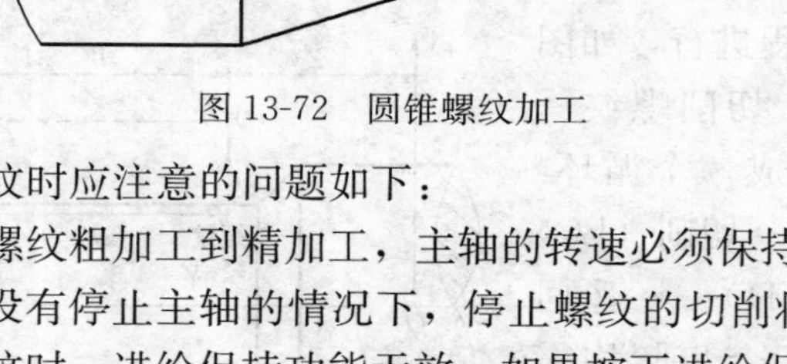

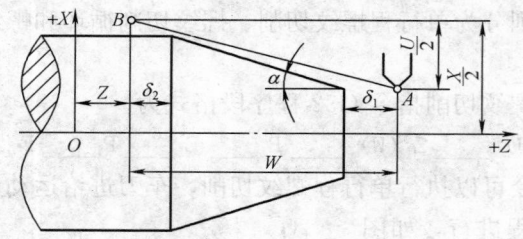

图 13-72　圆锥螺纹加工

切削螺纹时应注意的问题如下：

（1）从螺纹粗加工到精加工，主轴的转速必须保持一常数。

（2）在没有停止主轴的情况下，停止螺纹的切削将非常危险。因此切削螺纹时，进给保持功能无效，如果按下进给保持按键，刀具在加工完螺纹后停止运动。

（3）在加工螺纹中，不使用恒定线速度控制功能。

（4）在加工螺纹中，径向起点（编程大径）的确定决定于螺纹

大径。径向终点（编程小径）的确定取决于螺纹小径。螺纹小径 d' 可按经验公式 $d'=d-2(0.55\sim0.6495)P$ 确定。式中：d 为螺纹公称直径；d' 为螺纹小径(编程小径)；P 为螺距。

（5）在螺纹加工轨迹中应设置足够的升速进刀段（空刀导入量）δ_1 和降速退刀段（空刀导出量）δ_2，如图 13-72 所示，以消除伺服滞后造成的螺距误差。δ_1 的数值与工件螺距和主轴转速有关，按经验，一般 δ_1 取 1～2 倍螺距，δ_2 取 0.5 倍螺距以上。

（6）在加工多线螺纹时，可先加工完第一条螺纹，然后在加工第二条螺纹时，车刀的轴向起点与加工第一条螺纹的轴向起点偏移一个螺距 P 即可。

（7）分层背吃刀量，如果螺纹牙型较深、螺距较大，可分几次进给。每次进给的背吃刀量用螺纹深度减精加工背吃刀量所得的差按递减规律分配。

例如编制图 13-73 所示圆柱螺纹（M24×1.5）的加工程序，其中 $\delta_1=3$mm，$\delta_2=1$mm

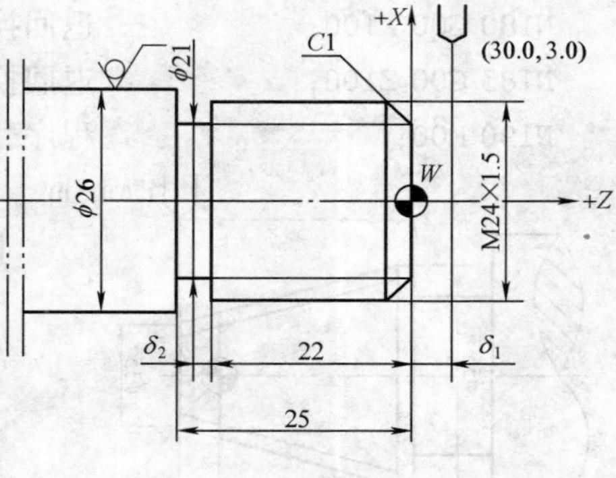

图 13-73　圆柱螺纹加工

1）计算螺纹小径 d'。

$d'=d-2\times0.62P=(24-2\times0.62\times1.5)\text{mm}=22.14\text{mm}$

2）确定背吃刀量分布：1mm、0.5mm、0.3mm、0.06mm。

加工程序：

```
N100 S300 M03;          主轴正转，转速 300r/min
N105 T0303;             换 3 号螺纹刀
N110 G00 X23 Z3;        快速进刀至螺纹起点
N115 G32 Z-23 F1.5;     切削螺纹，背吃刀量 1mm（或
                        G32W-26.5 F1.5）
N120 G00 X30;           X 轴向快速退刀
N125 G00 Z3;            Z 轴快速返回螺纹起点处
```

N130 G00 X22.5；	X 轴快速进刀至螺纹起点处
N134 G32 Z-23 F1.5；	切削螺纹，背吃刀量 0.5mmN140 G00 X30；X 轴向快速退刀
N145 G00 Z3；	Z 轴快速返回螺纹起点处
N150 G00 X22.2；	X 轴快速进刀至螺纹起点处
N155 G32 Z-23 F1.5；	切削螺纹，背吃刀量 0.3mm
N160 G00 X30；	X 轴向快速退刀
N165 G00 Z3；	Z 轴快速返回螺纹起点处
N170 G00 X22.14；	X 轴快速进刀至螺纹起点处
N175 G32 Z-23 F1.5；	切削螺纹，背吃刀量 0.06mm
N180 G00 X100；	退回换刀点
N185 G00 Z100；	退回换刀点
N190 M00；	程序暂停

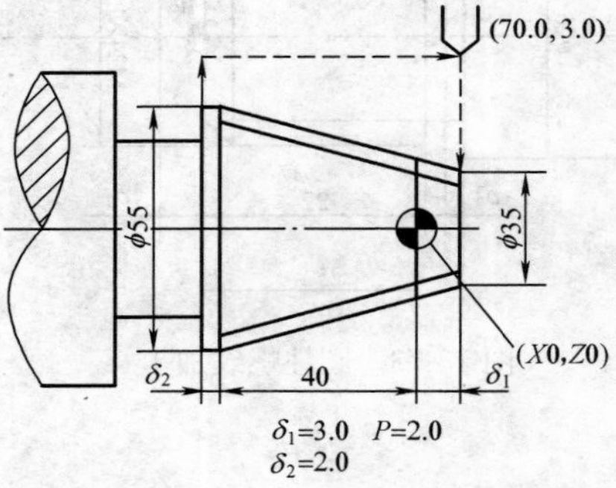

图 13-74 圆锥螺纹加工

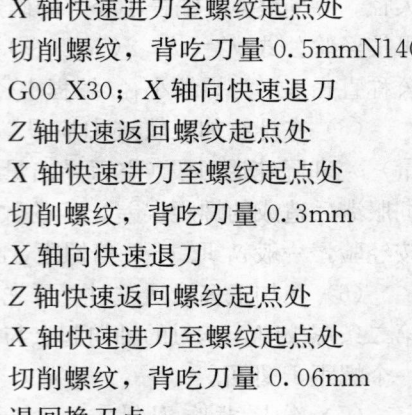

例： 编制图 13-74 所示圆锥螺纹的加工程序，其中螺距 $P=2$mm，$\delta_1=3$mm，$\delta_2=2$mm。

1）计算锥螺纹小端小径：

$$d'_1=d_1-2\times0.62P=35-2\times0.62\times2=32.52\ (\text{mm})$$

2）计算锥螺纹大端小径：

$$d'_2=d_2-2\times0.62P=55-2\times0.62\times2=52.52\ (\text{mm})$$

3）确定背吃刀量分布：

1mm、0.7mm、0.5mm、0.2mm、0.08mm。

4）加工程序。

%0007；	程序名
N100 T0303；	换 3 号螺纹刀
N105 S300 M03；	主轴正转，转速 300r/min

```
N110 G00 X70 Z3;                快速进刀
N115 G00 X34;                   X 轴快速进刀至螺纹起点处
N120 G32 X54 Z-42 F2;           切削锥螺纹，背吃刀量 1mm
N125 G00 X70;                   X 轴向快速退刀
N130 Z3;                        Z 轴快速返回螺纹起点处
N135 X33.3;                     X 轴快速进刀至螺纹起点处
N140 G32 X53.3 Z-42 F2;         切削锥螺纹，背吃刀量 0.7mm
N145 G00 X70 Z3;                快速退刀
N150 X32.8;                     X 轴快速进刀至螺纹起点处
N155 G32 X52.8 Z-42 F2;         切削锥螺纹，背吃刀量 0.5mm
N160 G00 X70 Z3;                快速退刀
N165 X32.6;                     X 轴快速进刀至螺纹起点处
N170 G32 X52.6 Z-42 F2;         切削锥螺纹，背吃刀量 0.2mm
N175 G00 X70 Z3;                快速退刀
N180 X32.52;                    X 轴快速进刀至螺纹起点处
N185 G32 X52.52 Z-42 F2;        切削锥螺纹，背吃刀量 0.08mm
N190 G00 X100 Z100;             退回换刀点
N195 M00;                       程序暂停
```

12. 螺纹切削循环指令 G82

直螺纹切削循环指令 G82 程序段格式为：

G82 X (U) ____ Z (W) ____ R ____ E ____ C ____ P ____ F ____

锥螺纹切削循环指令 G82 程序段格式为：

G82 X (U) ____ Z (W) ____ I ____ R ____ E ____ C ____ P ____ F ____

螺纹切削循环指令 G82 可切削圆柱螺纹和圆锥螺纹。图 13-75 为圆柱螺纹循环，图 13-76 为圆锥螺纹循环。刀具从循环起点 *A* 开始，按 *A*→*B*→*C*→*D*→*A* 进行自动循环。

X、*Z*：绝对编程时，为有效螺纹终点在工件坐标系中的坐标。

U、*W*：增量编程时，为有效螺纹终点相对螺纹切削起点的增量。

I：为锥螺纹起点 *B* 与有效螺纹终点 *C* 的半径差。

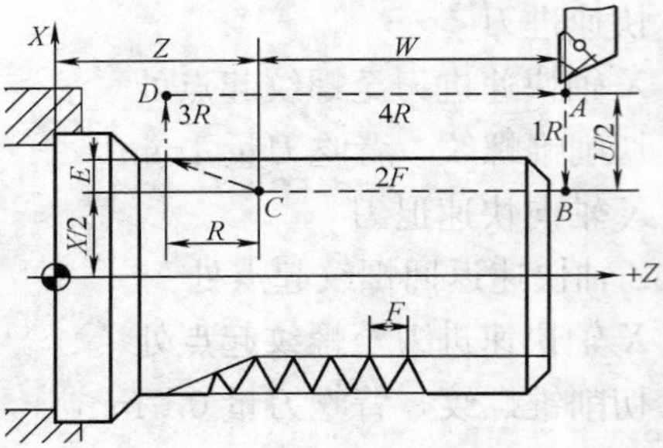

图 13-75　圆柱螺纹切削循环

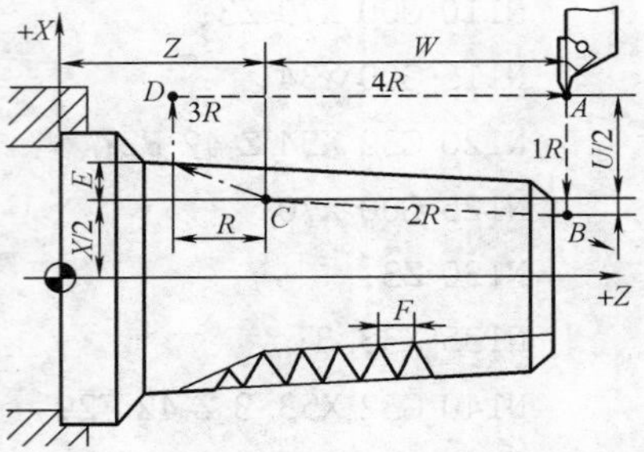

图 13-76　圆锥螺纹切削循环

R、*E*：螺纹切削的退尾量，*R* 为 *Z* 向退尾量；*E* 为 *X* 向退尾量，*R*、*E* 在绝对或增量编程时都是以增量方式指定，其值如正表示沿 *Z*、*X* 正向回退，如负表示沿 *Z*、*X* 负向回退。使用 *R*、*E* 可免去退刀槽。*R*、*E* 如省略，表示不用回退功能，可省略不写。

C：螺纹线数，0 或 1 时为切削单线螺纹，可省略不写。

P：单线螺纹切削时，为主轴基准脉冲处距离切削起始点的主轴转角（缺省值为 0）；多线螺纹切削时，为相邻螺纹线的切削起始点之间对应的主轴转角。

F：螺纹导程，即主轴每转一圈，刀具相对工件的进给值。

例：用 G82 螺纹循环指令编制图 13-74 所示圆锥螺纹的加工程序。

%0008;	程序名
N100 T0303;	换 3 号螺纹刀
N105 S300 M03;	主轴正转，转速 300r/min
N110 G00 X70 Z3;	快速进刀
N115 G82 X54 Z-42 I-10 F2;	锥螺纹切削循环 1，背吃刀量 1mm
N120 G82 X53.3 Z-42 I-10 F2;	锥螺纹切削循环 2，背吃刀量 0.7mm
N125 G82 X52.8 Z-42 I-10 F2;	锥螺纹切削循环 3，背吃刀量 0.5mm
N130 G82 X52.6 Z-42 I-10 F2;	锥螺纹切削循环 4，背吃刀

	量 0.2mm
N135 G82 X52.52 Z-42 I-10 F2;	锥螺纹切削循环 5，背吃刀量 0.08mm
N140 G00 X100 Y100;	退回起刀点
N145 M00;	程序暂停

13. 内（外）径粗车复合循环 G71

（1）无凹槽加工时。如图 13-77 所示。

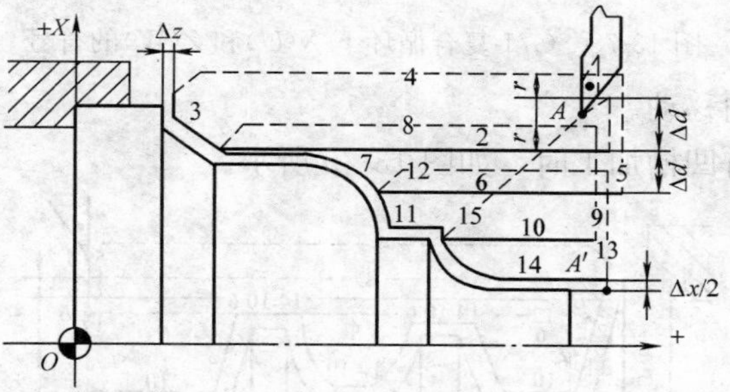

图 13-77　内、外径粗车复合循环

格式：G71 U(Δd) R(r) P(ns) Q(nf) X(Δx) Z(Δz) F(f) S(s) T(t);

说明：该指令执行的粗加工和精加工，其中精加工路径为 $A \rightarrow A' \rightarrow B' \rightarrow B$ 的轨迹。

Δd：背吃刀量(每次切削量)，指定时不加符号，方向由矢量 AA'决定；

r：每次退刀量；

ns：精加工路径第一程序段(即图中的 AA')的顺序号；

nf：精加工路径最后程序段(即图中的 $B'B$)的顺序号；

Δx：X 方向精加工余量；

Δz：Z 方向精加工余量；

f、s、t：粗加工时 G71 中编程的 F、S、T 有效，而精加工时处于 ns 到 nf 程序段之间的 F、S、T 有效。

G71 切削循环下，切削进给方向平行于 Z 轴，$X(U)$和 $Z(W)$的符号如图 13-78 所示。其中(+)表示沿轴正方向移动，(−)表示

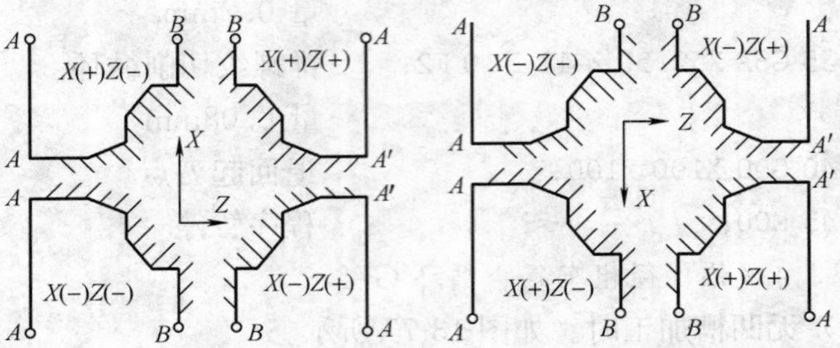

图 13-78　G71 复合循环下 X(U)和 Z(W)的符号

沿轴负方向移动。

(2) 有凹槽加工时，如图 13-79 所示。

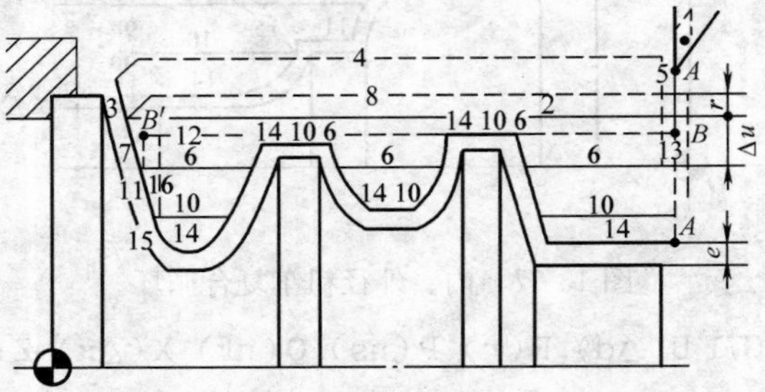

图 13-79　内（外）径粗车复合循环 G71

格式：

G71 U(Δd) R(r) P(ns) Q(nf) E(e) F(f) S(s) T(t);

说明：

该指令执行如图 13-79 所示的粗加工和精加工，其中精加工路径为 $A \to A' \to B' \to B$ 的轨迹。

Δd：背吃刀量(每次切削量)，指定时不加符号，方向由矢量 AA'决定；

r：每次退刀量；

ns：精加工路径第一程序段(即图中的 AA')的顺序号；

nf：精加工路径最后程序段(即图中的 $B'B$)的顺序号；

e：精加工余量，其为 X 方向的等高距离；外径切削时为正，内径切削时为负；

f、s、t：粗加工时 G71 中编程的 F、S、T 有效，而精加工时处于 ns 到 nf 程序段之间的 F、S、T 有效。

1）G71 指令必须带有 P，Q 地址 ns、nf，且与精加工路径起、止顺序号对应，否则不能进行该循环加工。

2）ns 的程序段必须为 G00/G01 指令，即从 A 到 A' 的动作必须是直线或点定位运动。

3）在顺序号为 ns 到顺序号为 nf 的程序段中，不应包含子程序。

14. 端面粗车复合循环 G72

格式：

```
G72 W(Δd) R(r) P(ns) Q(nf) X(Δx) Z(Δz) F(f) S(s) T(t);
```

说明：

该循环与 G71 的区别仅在于切削方向平行于 X 轴。该指令执行如图 13-80 所示的粗加工和精加工，其中精加工路径为 $A \to A' \to B' \to B$ 的轨迹。

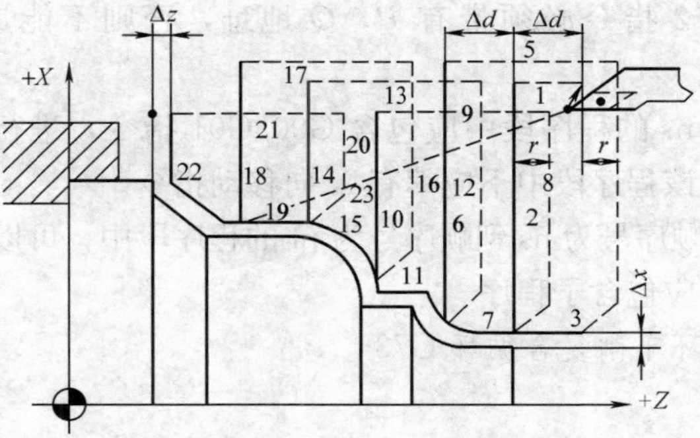

图 13-80　端面粗车复合循环 G72

其中：

Δd：背吃刀量(每次切削量)，指定时不加符号，方向由矢量 AA' 决定；

r：每次退刀量；

ns：精加工路径第一程序段(即图中的 AA')的顺序号；

nf：精加工路径最后程序段(即图中的 $B'B$)的顺序号；

Δx：X 方向精加工余量；

Δz：Z 方向精加工余量；

f、s、t：粗加工时 G71 中编程的 F、S、T 有效，而精加工时处于 ns 到 nf 程序段之间的 F、S、T 有效。

G72 切削循环下，切削进给方向平行于 X 轴，X（ΔU）和 Z（ΔW）的符号如图 13-81 所示。其中（+）表示沿轴的正方向移动，（−）表示沿轴负方向移动。

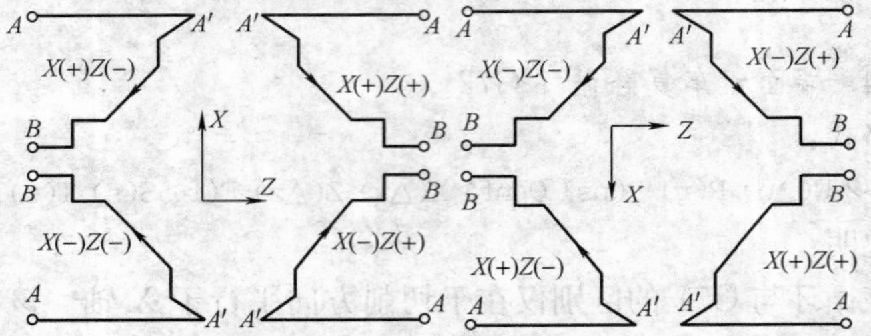

图 13-81　G72 复合循环下 X（ΔU）和 Z（ΔW）的符号

(1) G72 指令必须带有 P，Q 地址，否则不能进行该循环加工。

(2) 在 ns 的程序段中应包含 G00/G01 指令，进行由 A 到 A' 的动作，且该程序段中不应编有 X 向移动指令。

(3) 在顺序号为 ns 到顺序号为 nf 的程序段中，可以有G02/G03 指令，但不应包含子程序。

15. 闭环车削复合循环 G73

格式：

G73 U(ΔI) W(ΔK) R(r) P(ns) Q(nf) X(Δx) Z(Δz) F(f) S(s) T(t)

说明：

该功能在切削工件时刀具轨迹为如图 13-82 所示的封闭回路。刀具逐渐进给，使封闭切削回路逐渐向零件最终形状靠近，最终切削成工件的形状。其精加工路径为 $A \to A' \to B' \to B$。这种指令能对铸造、锻造等粗加工中已初步成形的工件，进行高效率切削。

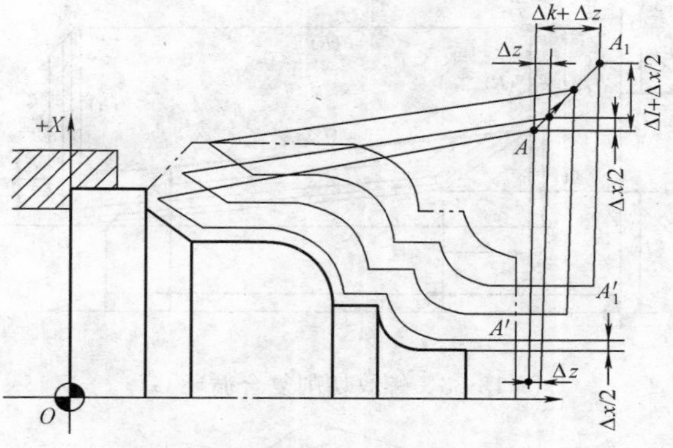

图 13-82　闭环车削复合循环 G73

其中：

ΔI：X 轴方向的粗加工总余量；

Δk：Z 轴方向的粗加工总余量；

r：粗切削次数；

ns：精加工路径第一程序段（即图中的 AA'）的顺序号；

nf：精加工路径最后程序段（即图中的 $B'B$）的顺序号；

Δx：X 方向精加工余量；

Δz：Z 方向精加工余量；

f、s、t：粗加工时 G71 中编程的 F、S、T 有效，而精加工时处于 ns 到 nf 程序段之间的 F、S、T 有效。

注意：

ΔI 和 ΔK 表示粗加工时总的切削量，粗加工次数为 r，则每次 X，Z 方向的切削量为 $\Delta I/r$，$\Delta K/r$；按 G73 段中的 P 和 Q 指令值实现循环加工，要注意 Δx 和 Δz，ΔI 和 ΔK 的正负号。

16. 螺纹切削复合循环 G76

格式：

G76C(c)R(r)E(e)A(a)X(x)Z(z)I(i)K(k)U(d)V($\Delta d_{\min}$)Q(Δd)P(p)F(L)；

说明：

螺纹切削固定循环 G76 执行如图 13-83 所示的加工轨迹。其单边切削及参数如图 13-84 所示。

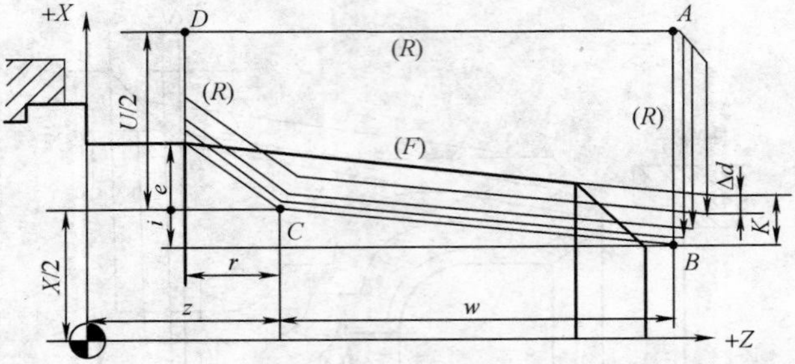

图 13-83 螺纹切削复合循环 G76

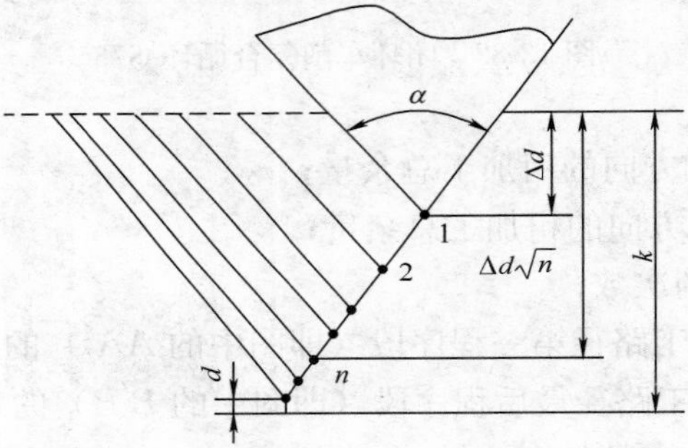

图 13-84 G76 循环单边切削及其参数

其中：

c：精整次数（1～99），为模态值；

r：螺纹 Z 向退尾长度（00～99），为模态值；

e：螺纹 X 向退尾长度（00～99），为模态值；

a：刀尖角度（二位数字），为模态值，在 80°、60°、55°、30°、29°和 0°六个角度中选一个；

x、z：绝对值编程时，为有效螺纹终点 C 的坐标，增量值编程时，为有效螺纹终点 C 相对于循环起点 A 的有向距离（用 G91 指令定义为增量编程，使用后用 G90 定义为绝对编程）；

i：螺纹两端的半径差，如 $i=0$，为直螺纹(圆柱螺纹)切削方式；

k：螺纹高度，该值由 X 轴方向上的半径值指定；

$\Delta d_{\min}$：最小背吃刀量（半径值），当第 n 次背吃刀量，小于 $d_{\min}$时，则背吃刀量设定为 $d_{\min}$；

d：精加工余量（半径值）；

Δd：第一次背吃刀量（半径值）；

p：主轴基准脉冲处距离切削起始点的主轴转角；

L：螺纹导程（同 G32）；

按 G76 段中的 $X(x)$和 $Z(z)$指令实现循环加工，增量编程时，要注意 u 和 w 的正负号(由刀具轨迹 AC 和 CD 段的方向决定)。

G76 循环进行单边切削，减小了刀尖的受力。第一次切削时背吃刀量为 d，第 n 次的总背吃刀量为 d_n，每次循环的背吃刀量为）图 13-83 中，C 到 D 点的切削速度由 F 代码指定，而其他轨迹均为快速进给。

复合循环指令注意事项为：

G71，G72，G73 复合循环中地址 P 指定的程序段，应有准备机能 01 组的 G00 或 G01 指令，否则产生报警；在 MDI 方式下，不能运行 G71，G72，G73 指令，可运行 G76 在复合循环 G71，G72，G73 中由 P，Q 指定顺序号的程序段之间，不应包含 M98 子程序调用及 M99 子程序返回指令。

二、数控系统的操作

（一）数控机床的上电、关机、急停

1. 华中数控 HNC-21T 的控制面板

如图 13-85 所示，标准机床控制面板的大部分按键除急停按钮外位于急停按钮位于操作台的右上角，机床控制面板用于直接控制机床的动作或加工过程。

2. MPG 手持单元

MPG 手持单元由手摇脉冲发生器、坐标轴选择开关组成，用于手摇方式增量进给坐标轴。MPG 手持单元的结构如图 13-86 所示。

3. 软件操作界面

HNC-21T 的软件操作界面如图 13-87 所示。其界面由如下几个部分组成：

（1）图形显示窗口：可以根据需要用功能键 F9 设置窗口的显示内容。

（2）菜单命令条：通过菜单命令条中的功能键 F1～ F10 来完

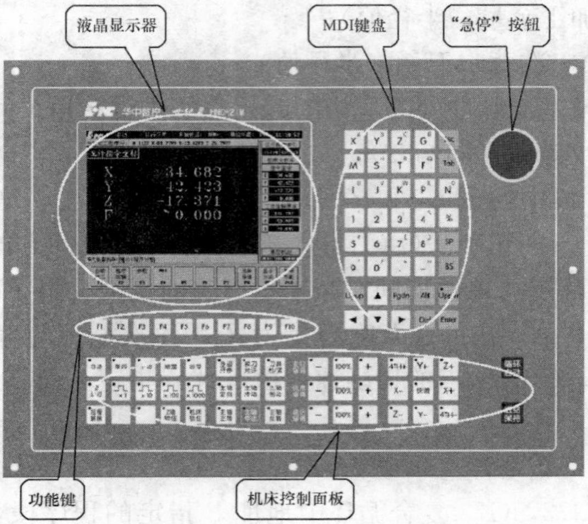

图 13-85　华中世纪星车床数控装置操作台

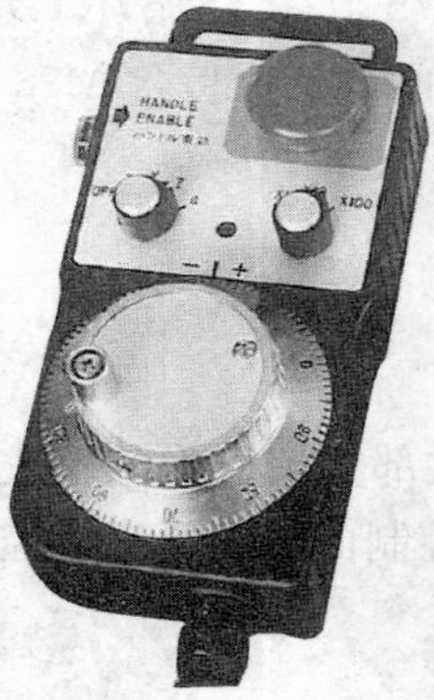

图 13-86　MPG 手持单元结构

成系统功能的操作。

（3）运行程序索引：自动加工中的程序名和当前程序段行号。

（4）选定坐标系下的坐标值：坐标系可在机床坐标系/工件坐标系/相对坐标系之间切换。显示值可在指令位置/实际位置/剩余进给/跟踪误差/负载电流/补偿值之间切换。

（5）工件坐标零点：工件坐标系零点在机床坐标系下的坐标。

（6）倍率修调：主轴修调当前主轴修调倍率；进给修调当前进给修调倍率；快速修调当前快进修调倍率。

（7）辅助机能：自动加工中的 MST 代码。

（8）当前加工程序行：当前正在或将要加工的程序段。

（9）当前加工方式、系统运行状态及当前时间。

工作方式：系统工作方式根据机床控制面板上相应按键的状可在自动（运行）、单段（运行）、手动（运行）、增量（运行）回零、

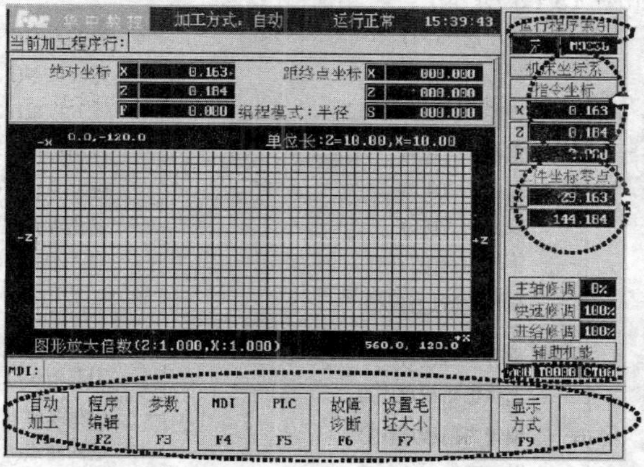

图 13-87　HNC-21T 的软件操作界面

急停、复位等之间切换。

运行状态：系统工作状态在运行正常和出错间切换。

系统时钟：当前系统时间。

操作界面中最重要的一块是菜单命令条。系统功能的操作主要通过菜单命令条中的功能键 F1～F10 来完成。由于每个功能包括不同的操作，菜单采用层次结构，即在主菜单下选择一个菜单项后，数控装置会显示该功能下的子菜单，用户可根据该子菜单的内容选择所需的操作，如图 13-88 所示后在子菜单下按 F4。

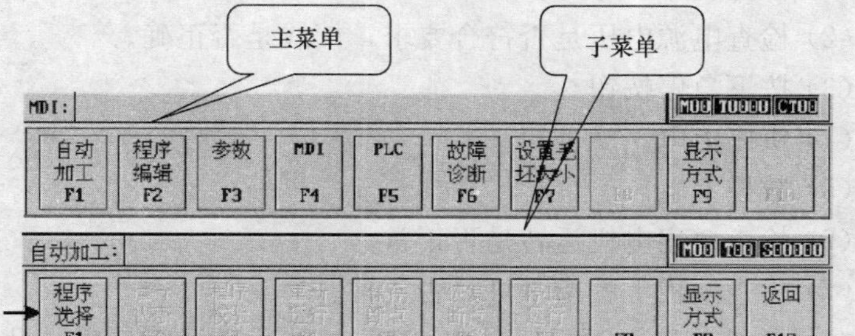

图 13-88　菜单层次

当要返回主菜单时，按子菜单下的 F10 键即可。HNC-21T 的菜单结构如图 13-89 所示。

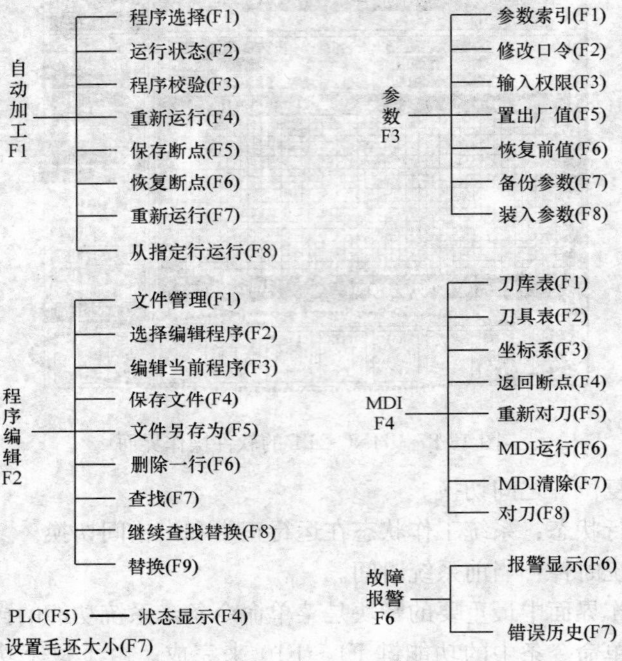

图 13-89　HNC-21T 的功能菜单结构

4. 数控系统的上电

(1) 检查机床状态是否正常。

(2) 检查电源电压是否符合要求，接线是否正确。

(3) 按下急停按钮。

(4) 机床上电。

(5) 数控上电。

(6) 检查风扇电机运转是否正常。

(7) 检查面板上的指示灯是否正常。

接通数控装置电源后，HNC-21T 自动运行系统软件，此时液晶显示器显示系统上电屏幕软件操作界面。工作方式为“急停”。

5. 数控系统的复位

系统上电进入软件操作界面时，系统的工作方式为“急停”，为控制系统运行，需左旋并拔起操作台右上角的“急停”按钮使系统复位，并接通伺服电源。系统默认进入“回参考点”方式。软件操作界面的工作方式变为回零。

6. 返回机床参考点

控制机床运动的前提是建立机床坐标系，为此系统接通电源、复位后首先应进行机床各轴回参考点操作。方法如下。

（1）如果系统显示的当前工作方式不是回零方式，按一下控制面板上面的“回零”按键，确保系统处于回零方式。

（2）根据X轴机床参数“回参考点方向”按一下“＋X”（“回参考点方向”为“＋”）或“－X”（“回参考点方向”为“－”）按键，X轴回到参考点后，“＋X”或“－X”按键内的指示灯亮。

（3）用同样的方法使用“＋Z”、“－Z”按键使Z轴回参考点，所有轴回参考点后即建立了机床坐标系。

注意事项如下：

（1）在每次电源接通后，必须先完成各轴的返回参考点操作，然后再进入其他运行方式，以确保各轴坐标的正确性。

（2）同时按下X、Z轴向选择按键，可使X、Z轴同时返回参考点。

（3）在回参考点前，应确保回零轴位于参考点的“回参考点方向”相反侧（如X轴的回参考点方向为负，则回参考点前，应保证X轴当前位置在参考点的正向侧），否则应手动移动该轴直到满足此条件。

（4）在回参考点过程中，若出现超程，请按住控制面板上的“超程解除”按键，向相反方向手动移动该轴，使其退出超程状态。

7. 急停

机床运行过程中，在危险或紧急情况下，按下“急停”按钮，CNC即进入急停状态，伺服进给及主轴运转立即停止工作（控制柜内的进给驱动电源被切断）。松开“急停”按钮（左旋此按钮，自动跳起），CNC进入复位状态。解除紧急停止前，先确认故障原因是否排除，且紧急停止解除后应重新执行回参考点操作，以确保坐标位置的正确性。

注意：在上电和关机之前应按下“急停”按钮，以减少设备电冲击。

8. 超程解除

在伺服轴行程的两端各有一个极限开关，作用是防止伺服机构碰撞而损坏。每当伺服机构碰到行程极限开关时，就会出现超程。当某轴出现超程（“解除按键”内指示灯亮时），系统视其状况为紧急停止，要退出超程状态时，则必须进行如下操作。

(1) 松开“急停”按钮，置工作方式为“手动”或“手摇”方式。

(2) 一直按压着“超程解除”按键（控制器会暂时忽略超程的紧急情况）。

(3) 在手动(手摇)方式下，使该轴向相反方向退出超程状态。

(4) 松开“超程解除”按键。

若显示屏上运行状态栏“运行正常”取代了“出错”，表示恢复正常，可以继续操作。

注意：在操作机床退出超程状态时，请务必注意移动方向及移动速率，以免发生撞机。

9. 关机

(1) 按下控制面板上的“急停”按钮，断开伺服电源。

(2) 断开数控电源。

(3) 断开机床电源。

(二) 机床的手动操作

1. 手动操作主要的内容

(1) 手动移动机床坐标轴（点动、增量、手摇）。

(2) 手动控制主轴（启停、点动）。

(3) 机床锁住、刀位转换、卡盘松紧、冷却液启停。

(4) 手动数据输入（MDI）运行。

机床手动操作主要由手持单元和机床控制面板共同完成，机床控制面板如图 13-90 所示。

2. 坐标轴移动

手动移动机床坐标轴的操作由手持单元和机床控制面板上的方式选择、轴手动、增量倍率、进给修调、快速修调等按键共同完

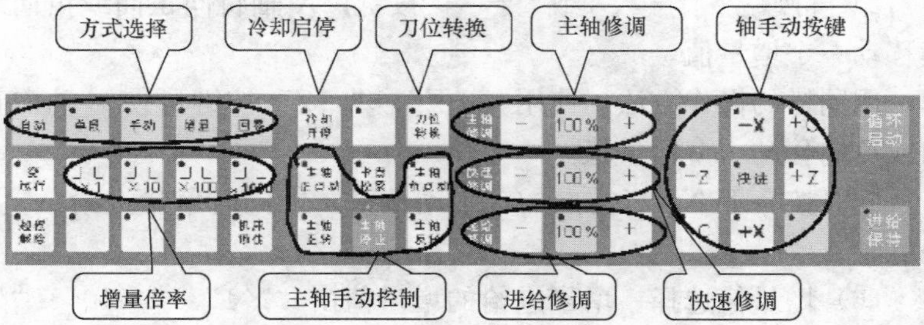

图 13-90　机床控制面板

成。按一下“手动”按键（指示灯亮）系统处于点动运行方式，可点动移动机床坐标轴（下面以点动移动 X 轴为例说明）。

（1）按压“＋X”或“－X”按键（指示灯亮），X 轴将产生正向或负向连续移动。

（2）松开“＋X”或“－X”按键（指示灯灭），X 轴即减速停止。用同样的操作方法使用“＋Z”、“－Z”按键，可使 Z 轴产生正向或负向连续移动。在点动运行方式下，同时按压 X、Z 方向的轴手动按键，能同时手动连续移动 X、Z 坐标轴。

（3）点动快速移动。在点动进给时若同时按压“快进”按键，则产生相应轴的正向或负向快速运动。

（4）点动进给速度选择。在点动进给时，进给速率为系统参数“最高快移速度”的 1/3 乘以进给修调选择的进给倍率。点动快速移动的速率为系统参数“最高快移速度”乘以快速修调选择的快移倍率。按压进给修调或快速修调右侧的“100％”按键（指示灯亮），进给或快速修调倍率被置为 100％，按一下“＋”按键，修调倍率递增 5％，按一下“－”按键，修调倍率递减 5％。

（5）增量进给。当手持单元的坐标轴选择波段开关置于“Off”挡时，按一下控制面板上的“增量”按键（指示灯亮），系统处于增量进给方式，可增量移动机床坐标轴（下面以增量进给 X 轴为例说明）。

1）按一下“＋X”或“－X”按键（指示灯亮）X 轴将向正向或负向移动一个增量值。

2）再按一下“＋X”或“－X”按键，X轴将向正向或负向继续移动一个增量值。

用同样的操作方法，使用“＋Z”、“－Z”按键可使Z轴向正向或负向移动一个增量值。

同时按一下X、Z方向的轴手动按键，能同时增量进给X、Z坐标轴。

（6）增量值选择。增量进给的增量值由“×1”、“×10”、“×100”、“×1000”四个增量倍率按键控制。增量倍率按键和增量值的对应关系如表13-9所示。

表13-9　对 应 关 系

增量倍率按键	×1	×10	×100	×1000
增量值（mm）	0.001	0.01	0.1	1

注意这几个按键互锁，即按一下其中一个，指示灯亮其余几个会失效（指示灯灭）。

（7）手摇进给。当手持单元的坐标轴选择波段开关置于“X”、“Y”、“Z”、“4TH”挡（对车床而言，只有“X”、“Z”有效）时，按一下控制面板上的“增量”按键（指示灯亮），系统处于手摇进给方式，可手摇进给机床坐标轴。下面以手摇进给X轴为例说明。

1）手持单元的坐标轴选择波段开关置于“X”挡。

2）顺时针/逆时针旋转手摇脉冲发生器一格，可控制“X”轴向正向或负向移动一个增量值。

用同样的操作方法使用手持单元，可以控制Z轴向正向或负向移动一个增量值。手摇进给方式每次只能增量进给1个坐标轴。

（8）手摇倍率选择。手摇进给的增量值（手摇脉冲发生器每转一格的移动量），由手持单元的增量倍率波段开关“×1”、“×10”、“×100”控制。增量倍率波段开关的位置和增量值的对应关系见表13-10。

表13-10　手 摇 倍 率 选 择

增量倍率按键	×1	×10	×100
增量值（mm）	0.001	0.01	0.1

3. 主轴控制

主轴手动控制由机床控制面板上的主轴手动控制按键完成。

（1）主轴正转。在手动方式下，按一下“主轴正转”按键（指示灯亮），主电机以机床参数设定的转速正转，直到按压“主轴停止”或“主轴反转”按键。

（2）主轴反转。在手动方式下，按一下“主轴反转”按键（指示灯亮），主电机以机床参数设定的转速反转，直到按压“主轴停止”或“主轴正转”按键。

（3）主轴停止。在手动方式下，按一下“主轴停止”按键（指示灯亮）主电机停止运转。

注意：“主轴正转”、“主轴反转”、“主轴停止”这几个按键互锁，即按一下其中一个（指示灯亮），其余两个会失效（指示灯灭）。

（4）主轴点动。在手动方式下，可用“主轴正点动”、“主轴负点动”按键，点动转动主轴。

1）按压“主轴正点动”或“主轴负点动”按键（指示灯亮），主轴将产生正向或反向连续转动。

2）松开“主轴正点动”或“主轴负点动”按键（指示灯灭），主轴即减速停止。

（5）主轴速度修调。主轴正转及反转的速度可通过主轴修调调节。按压主轴修调右侧的“100％”按键（指示灯亮）主轴修调倍率被置为100％，按一下“＋”按键，主轴修调倍率递增5％，按一下“－”按键，主轴修调倍率递减5％。机械齿轮换挡时，主轴速度不能修调。

4. 机床锁住

机床锁住禁止机床所有运动。在手动运行方式下，按一下“机床锁住”按键（指示灯亮）。再进行手动操作，系统继续执行显示屏上的坐标轴位置信息变化，但不输出伺服轴的移动指令，所以机床停止不动。

5. 其他手动操作

（1）刀位转换。在手动方式下，按一下“刀位转换”按键，转塔刀架转动一个刀位。

（2）冷却启动与停止。在手动方式下，按一下“冷却开停”按键，冷却液开（默认值为冷却液关）。再按一下又为冷却液关，如此循环。

（3）卡盘松紧。在手动方式下，按一下“卡盘松紧”按键松开工件（默认值为夹紧），可以进行更换工件操作，再按一下又为夹紧，工件可以进行加工工件操作，如此循环。

6. 手动数据输入（MDI）运行（F4→F6）

如图 13-87 所示的主操作界面下，按 F4 键进入 MDI 功能子菜单。命令行与菜单条的显示如图 13-91 所示。

图 13-91　MDI 功能子菜单

在 MDI 功能子菜单下按 F6，进入 MDI 运行方式，命令行的底色变成了白色，并且有光标在闪烁，如图 13-92 所示。这时可以从 NC 键盘输入并执行一个 G 代码指令段，即“MDI”运行。

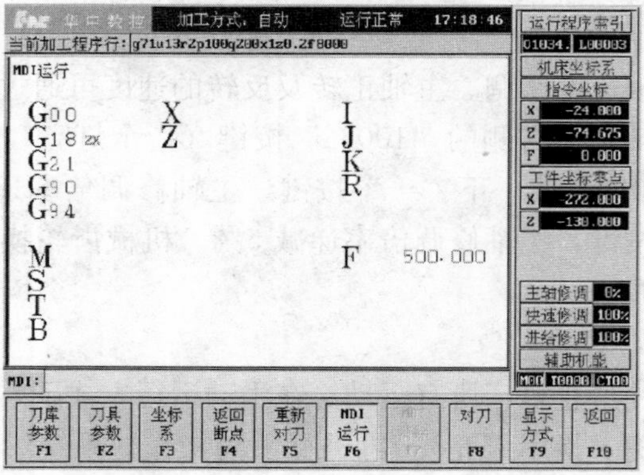

图 13-92　MDI 运行

（1）输入 MDI 指令段。MDI 输入的最小单位是一个有效指令字。因此输入一个 MDI 运行指令段可以有下述两种方法。

1）一次输入即一次输入多个指令字的信息。

2）多次输入即每次输入一个指令字信息。

在输入命令时，可以在命令行看见输入的内容，在按 Enter 键之前，发现输入错误可用 BS、▶、◀键进行编辑。按 Enter 键后，系统发现输入错误，会提示相应的错误信息。

（2）运行 MDI 指令段。在输入完一个 MDI 指令段后，按一下操作面板上的“循环启动”键，系统即开始运行所输入的 MDI 指令。如果输入的 MDI 指令信息不完整或存在语法错误，系统会提示相应的错误信息，此时不能运行 MDI 指令。

（3）修改某一字段的值。在运行 MDI 指令段之前，如果要修改输入的某一指令字，可直接在命令行上输入相应的指令字符及数值。

例如：在输入“×100”并按 Enter 键后，希望 X 值变为 109，可在命令行上输入“×109”并按 Enter 键。

（4）清除当前输入的所有尺寸字数据。在输入 MDI 数据后，按 F7 键，可清除当前输入的所有尺寸字数据（其他指令字依然有效）显示窗口内 X、Z、I、K、R 等字符。后面的数据全部消失。此时可重新输入新的数据。

（5）停止当前正在运行的 MDI 指令。在系统正在运行 MDI 指令时，按 F7 键可停止 MDI 运行。

（三）数据设置

这里将介绍机床的手动数据输入（MDI）操作，主要包括坐标系数据设置、刀库数据设置、刀具数据设置。

在图 13-87 所示的软件操作界面下，按 F4 键进入 MDI 功能子菜单。命令行与菜单条的显示如图 13-93 所示。

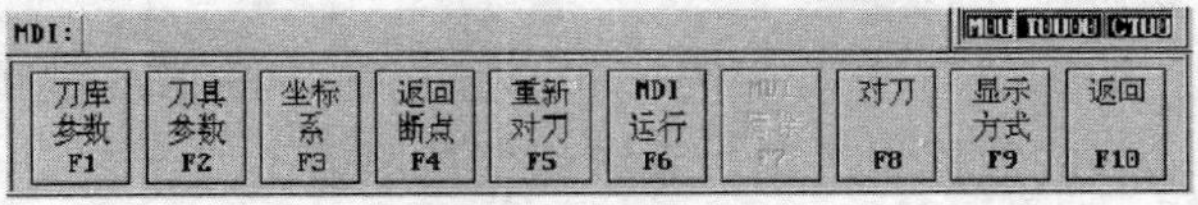

图 13-93　MDI 功能子菜单

在 MDI 功能子菜单下可以输入刀具坐标系等数据。

1. 坐标系

(1) 手动输入坐标系偏置值 (F4→F3)。MDI 手动输入坐标系数据的操作步骤如下。

1) 在 MDI 功能子菜单 (图 13-93) 下按 F3 键，进入坐标系手动数据输入方式，图形显示窗口首先显示 G54 坐标系数据，如图 13-94 所示。

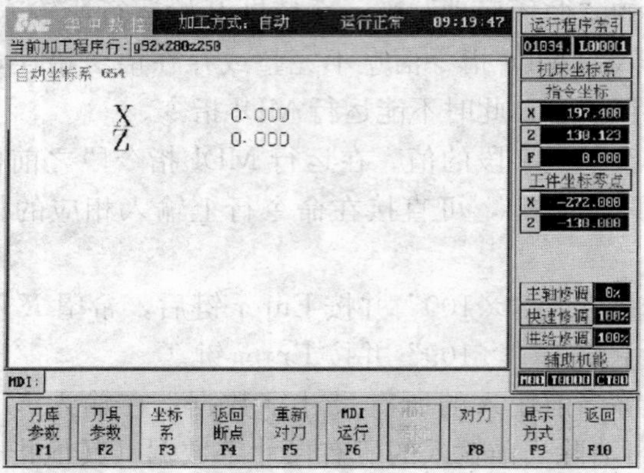

图 13-94 MDI 方式下的坐标系设置

2) 按 Pgdn 或 Pgup 键，选择要输入的数据类型：G54/G55/G56/G57/G58/G59 坐标系/当前工件坐标系等的偏置值 (坐标系零点相对于机床零点的值)，或当前相对值零点。

3) 在命令行输入所需数据，如在图 13-92 所示情况下输入 “X0、Z0”，并按 Enter，键将设置 G54 坐标系的 X 及 Z 偏置分别为 0，0。

4) 若输入正确，图形显示窗口相应位置将显示修改过的值，否则值不变。

注意：编辑过程中，在按 Enter 键之前，按 Esc 键可退出编辑，此时输入的数据将丢失，系统将保持原值不变。

(2) 自动设置坐标系偏置值 (F4→F8)。

1) 在 MDI 功能子菜单 (图 13-93) 下按 F8 键，进入坐标系自动数据设置方式，如图 13-95 所示。

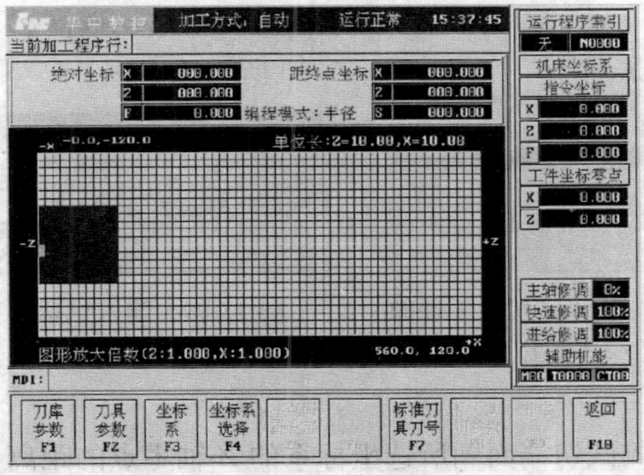

图 13-95　自动数据设置

2）按 F4 键，弹出如图 13-96 所示对话框。用▲或▼移动蓝色亮条，选择要设置的坐标系。

3）选择一把已设置好刀具参数的刀具试切工件外径，然后沿着 Z 轴方向退刀。

4）按 F5 键弹出如图 13-97 所示对话框，用▲或▼移动蓝色亮条，选择 X 轴对刀。

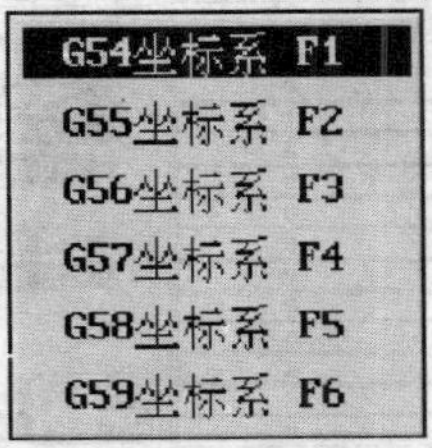

图 13-96　选择要设置的坐标系　　图 13-97　选择对刀轴

5）按 Enter 键，弹出如图 13-98 所示输入框。

6）输入试切后工件的直径值（直径编程）或半径值（半径编程），系统将自动设置所选坐标系下的 X 轴零点偏置值。

7）选择一把已设置好刀具参数的刀具试切工件端面，然后沿着 X 轴方向退刀。

8）按 F5 键，弹出如图 13-97 所示对话框，选择 Z 轴对刀。

9）按 Enter 键，弹出如图 13-99 所示输入框。

图 13-98　输入试切后工件的直（半）径值

图 13-99　输入试切后工件的直（半）径值

10）输入试切端面到所选坐标系的 Z 轴零点的距离，系统将自动设置所选坐标系下的 Z 轴零点偏置值。

a. 自动设置坐标系零点偏置前，机床必须先回机械零点；

b. Z 轴距离有正有负之分。

2. 刀库参数（F4→F1）

MDI 输入刀库数据的操作步骤如下。

(1) 在 MDI 功能子菜单下（图 13-93）按 F1 键，进行刀库设置，图形显示窗口将出现刀库数据，如图 13-100 所示。

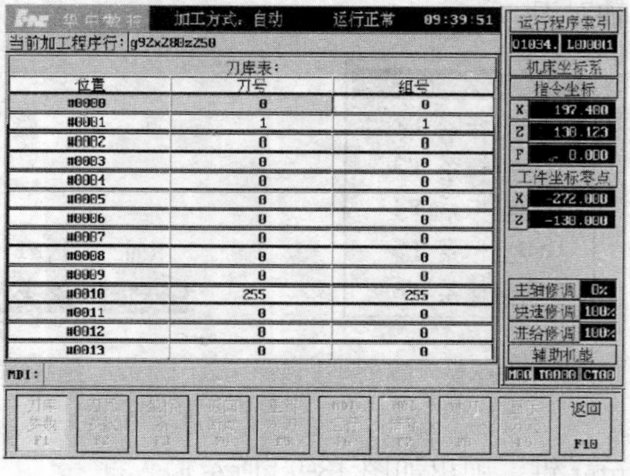

图 13-100　刀库参数的修改

(2) 用▲、▼、▶、◀、Pgup、Pgdn 键移动蓝色亮条，选择要编辑的选项。

(3) 按 Enter 键，蓝色亮条所指刀库数据的颜色和背景都发生变化，同时有一光标在闪烁。

（4）用▶、◀、BS、Del 键进行编辑修改。

（5）修改完毕，按 Enter 键确认。

（6）若输入正确，图形显示窗口相应位置将显示修改过的值，否则原值不变。

（四）程序输入与文件管理

在图 13-98 所示的软件操作界面下，按 F2 键进入编辑功能子菜单。命令行与菜单条的显示如图 13-101 所示。

图 13-101　编辑功能子菜单

在编辑功能子菜单下，可以对零件程序进行编辑、存储与传递以及对文件进行管理。

1. 选择编辑程序（F2→F2）

在编辑功能子菜单下（图 13-101），按 F2 键，将弹出如图 13-102 所示的“选择编辑程序”菜单。

其中：① 磁盘程序：保存在电子盘、硬盘、软盘或网络路径上的文件；② 正在加工的程序：当前已经选择存放在加工缓冲区的一个加工程序。

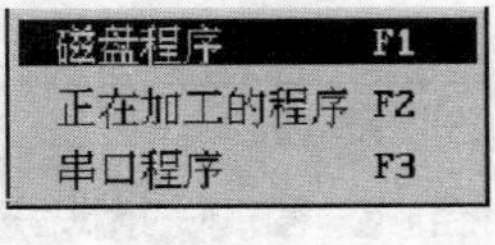

图 13-102　选择编辑程序

2. 选择磁盘程序（含网络程序）

选择磁盘程序（含网络程序）的操作方法如下。

（1）在“选择编辑程序”菜单（图 13-102）中，用▲或▼选中“磁盘程序”选项（或直接按快捷键 F1，下同）。

（2）按 Enter，键弹出如图 13-103 所示对话框。

（3）如果选择缺省目录下的程序，跳过步骤（4）～（7）。

（4）连续按 Tab 键，将蓝色亮条移到“搜寻”栏。

（5）按▼键弹出系统的分区，表用▲或▼选择分区。

（6）按 Enter 键，文件列表框中显示被选分区的目录和文件。

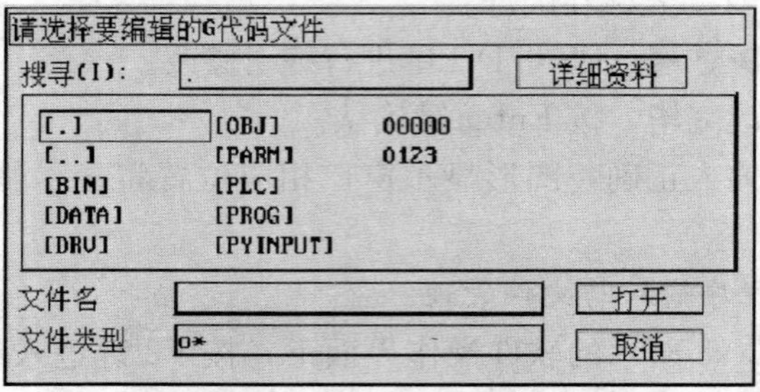

图 13-103　选择要编辑的零件程序

(7) 按 Tab 键，进入文件列表框。

(8) 用▲、▼、▶、◀、Enter 键，选中想要编辑的磁盘程序的路径和名称，如当前目录下的 01234。

(9) 按 Enter 键，如果被选文件不是零件程序，将弹出如图 13-104 所示对话框，不能调入文件。

(10) 如果被选文件是只读 G 码文件（可编辑但不能保存，只能另存），将弹出如图 13-105 所示对话框。否则，直接调入文件到编辑缓冲区（图形显示窗口）进行编辑，如图 13-106 所示。

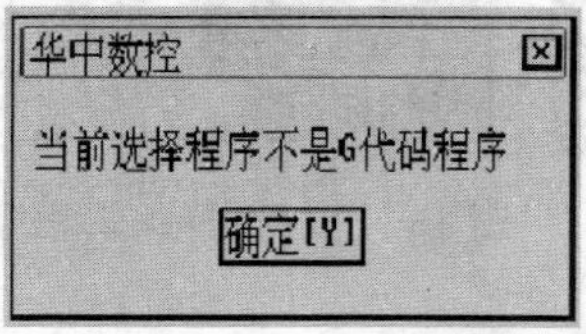

图 13-104　提示文件类型错

图 13-105　提示文件只读

1) 数控零件程序文件名一般是由符号“%”开头，后跟四个（或多个）数字组成。HNC-21T 缺省认为零件程序名是由“%”开头的；

2) HNC-21T 扩展了标识零件程序文件的方法，可以使用任意 DOS 文件名（即 8＋3 文件名：1～8 个字母或数字后加点，再加 0～3个字母或数字组成，如“MyPart. 001”、“%1234”等）标识零件程序。

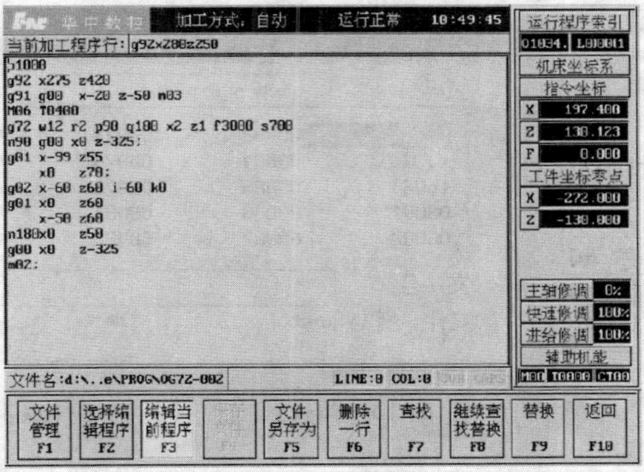

图 13-106　调入文件到编辑缓冲区

3. 读入串口程序

读入串口程序编辑的操作步骤如下。

（1）在“选择编辑程序”菜单（图 13-102）中用▲或▼选中“串口程序”选项。

（2）按 Enter 键，系统提示“正在和发送串口数据的计算机联络”。

（3）在上位计算机上执行 DNC 程序，弹出如图 13-107 所示主菜单。

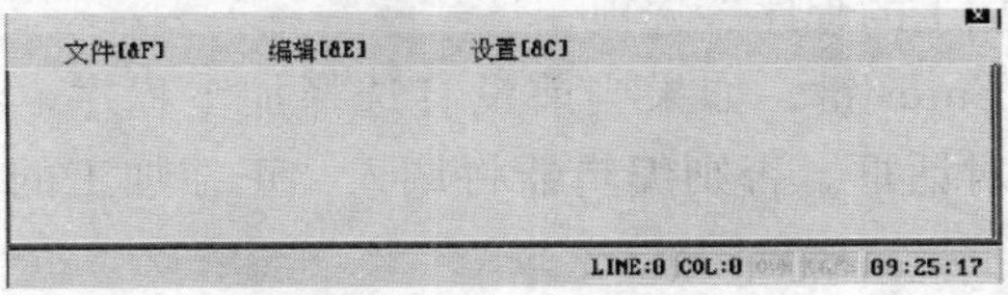

图 13-107　DNC 程序主菜单

（4）按 ALT+F，弹出如图 13-108 所示文件子菜单。

（5）用▲或▼键选择“发送 DNC”程序选项。

（6）按 Enter 键弹出如图 13-109 所示对话框。

（7）选择要发送的 G 代码文件。

（8）按 Enter 键，弹出如图 13-110 所示对话框，提示“正在和接收数据的 NC 装置联络”。

图 13-108 文件子菜单

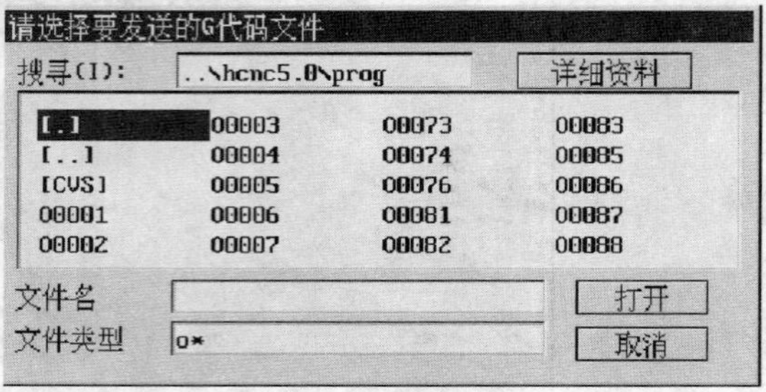

图 13-109 在上位计算机选择要发送的文件

(9) 联络成功后，开始传输文件，上位计算机上有进度条显示传输文件的进度，并提示“请稍等，正在通过串口发送文件，要退出请按 Alt-E ”，HNC-21T 的命令行提示“正在接收串口文件”。

(10) 传输完毕，上位计算机上弹出对话框提示文件发送完毕，HNC-21T 的命令行提示“接收串口文件完毕”，编辑器将调入串口程序到编辑缓冲区。

4. 选择当前正在加工的程序

选择当前正在加工的程序操作步骤如下。

(1) 在“选择编辑程序”菜单（图 13-102）中，用▲或▼键选中“正在加工的程序”选项。

(2) 按 Enter 键。如果当前没有选择加工程序，将弹出如图 13-111 所示对话框。否则编辑器将调入“正在加工的程序”到编辑缓冲区。

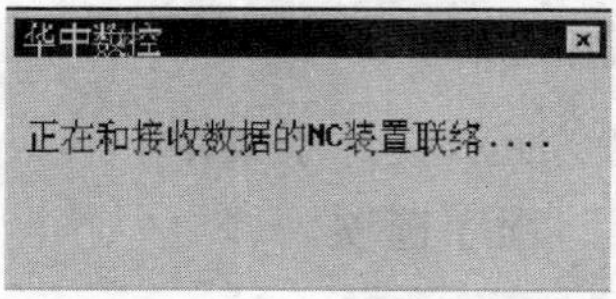

图 13-110 提示正在和接收数据的 NC 装置联络

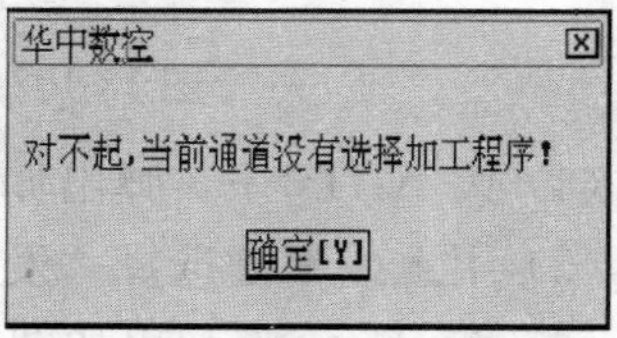

图13-111 提示没有加工程序

(3) 如果该程序处于正在加工状态，编辑器会用红色亮条标记

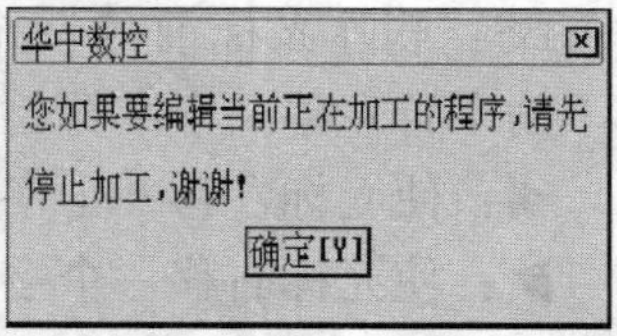

图 13-112　提示停止程序加工

当前正在加工的程序行，此时若进行编辑，将弹出如图 13-112 所示对话框。

(4) 停止该程序的加工，就可以进行编辑了。

如果“当前正在加工的程序”不处于正在加工状态，可省去步骤 (3) 和 (4)，直接进行编辑。

5. 选择一个新文件

新建一个文件进行编辑的操作步骤如下。

(1) 在“选择编辑程序”菜单（图 13-102）中，用▲、▼键选中“磁盘程序”选项。

(2) 按 Enter 键，弹出如图 13-103 所示对话框。

(3) 按选择“磁盘程序（含网络程序）”节的步骤 (4) ～(8)，选择新文件的路径。

(4) 按 Tab 键，将蓝色亮条移到“文件名”栏。

(5) 按 Enter 键，进入输入状态（蓝色亮条变为闪烁的光标）。

(6) 在“文件名”栏输入新文件的文件名，如“NEW”。

(7) 按 Enter 键，系统将自动产生一个 0 字节的空文件。

注意：新文件不能和当前目录中已经存在的文件同名。

(五) 程序编辑（F2→）

1. 编辑当前程序（F2→F3）

当编辑器获得一个零件程序后，就可以编辑当前程序了。但在编辑过程中退出编辑模式后，再返回到编辑模式时，如果零件程序不处于编辑状态，可在编辑功能子菜单下（图 13-101）按 F3 键进入编辑状态。编辑过程中用到的主要快捷键如下。

Del：删除光标后的一个字符，光标位置不变，余下的字符左移一个字符位置。

Pgup：使编辑程序向程序头滚动一屏，光标位置不变，如果到了程序头，则光标移到文件首行的第一个字符处。

Pgdn：使编辑程序向程序尾滚动一屏，光标位置不变，如果到了程序尾，则光标移到文件末行的第一个字符处。

BS：删除光标前的一个字符，光标向前移动一个字符位置，余下的字符左移一个字符位置。

◀：使光标左移一个字符位置。

▶：使光标右移一个字符位置。

▲：使光标向上移一行。

▼：使光标向下移一行。

2. 删除一行（F2→F6）

在编辑状态下，按 F6 键将删除光标所在的程序行。

3. 查找（F2→F7）

在编辑状态下，查找字符串的操作步骤如下。

（1）在编辑功能子菜单下（图 13-103），按 F7 键，弹出如图 13-113 所示的对话框，按 Esc 键，将取消查找操作。

（2）在“查找”栏输入要查找的字符串。

（3）按 Enter 键，从光标处开始向程序结尾搜索。

（4）如果当前编辑程序不存在要查找的字符串，将弹出如图 13-114 所示的对话框。

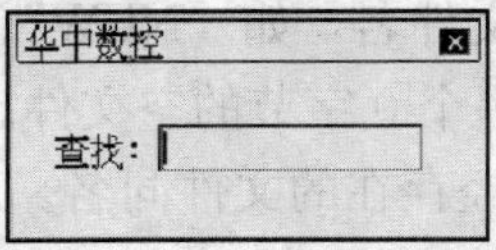

图 13-113 输入查找字符串

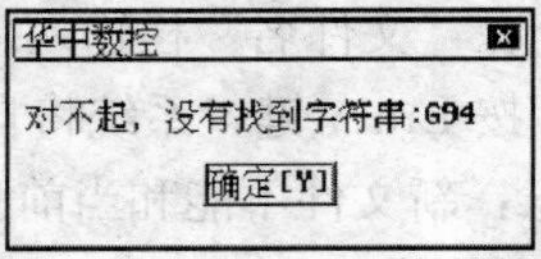

图 13-114 提示找不到字符串

（5）如果当前编辑程序存在要查找的字符串，光标将停在找到的字符串后，且被查找到的字符串颜色和背景都将改变。

（6）若要继续查找，按 F8 键即可。

查找总是从光标处向程序尾进行，到文件尾后再从文件头继续往下查找。

4. 替换（F2→F9）

在编辑状态下替换字符串的操作步骤如下。

（1）在编辑功能子菜单下（图 13-101）按 F9 键，弹出如图 13-115 所示的对话框，按 Esc 键，将取消替换操作。

（2）在“被替换的字符串”栏输入被替换的字符串。

（3）按 Enter 键，将弹出如图 13-116 所示的对话框。

图 13-115　输入被替换字符串

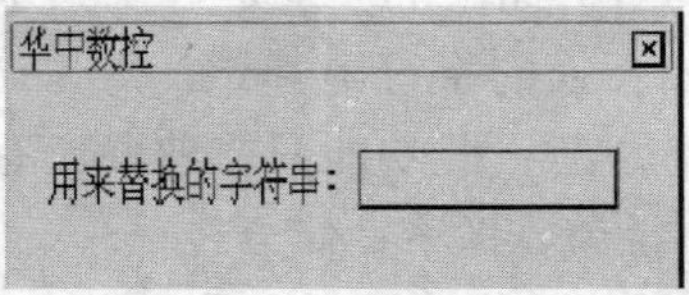

图 13-116　输入替换字符串

（4）在“用来替换的字符串”栏输入用来替换的字符串。

（5）按 Enter 键，从光标处开始向程序尾搜索。

（6）如果当前编辑程序不存在被替换的字符串，将弹出如图 13-117 所示的对话框。

（7）如果当前编辑程序存在被替换的字符串，将弹出如图 13-118 所示的对话框。

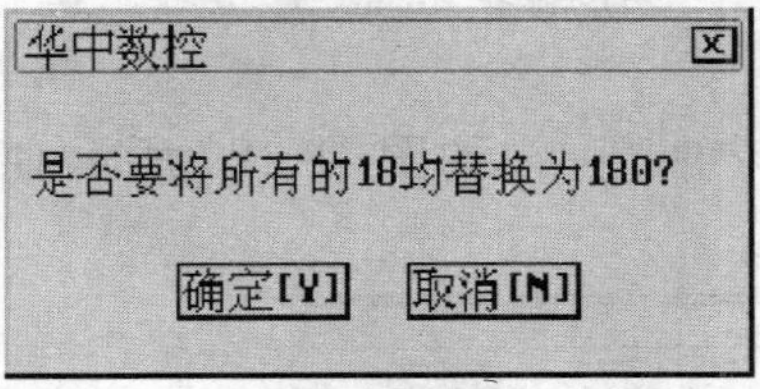

图 13-117　确认是否全部替换

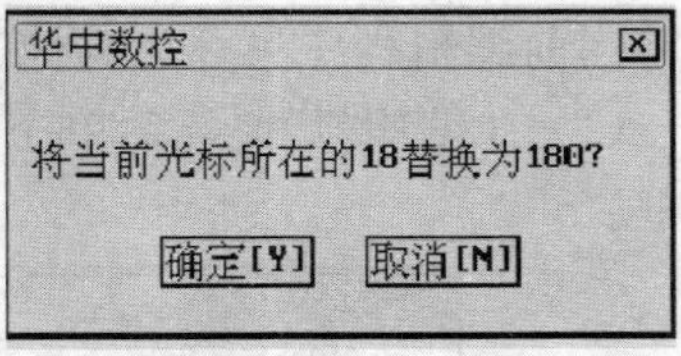

图 13-118　是否替换当前字串

（8）按 Y 键，则替换所有字符串；按 N 键，则光标停在找到的被替换字符串后，且弹出如图 13-107 所示的对话框。

（9）按 Y 键，则替换当前光标处的字符串；按 N 键，则取消操作。

（10）若要继续替换，按 F8 键即可。

替换也是从光标处向程序结尾进行，到文件尾后再从文件头继续往下替换。

5. 继续查找替换（F2→F8）

在编辑状态下，F8 键的功能取决于上一次进行的是查找还是替换操作。

（1）如果上一次是查找某字符串，则按 F8 键则继续查找上一次要查找的字符串。

(2) 如果上一次是替换某字符串，则按 F8 键则继续替换上一次要替换的字符串。

注意：此功能只在前面已有查找或替换操作时才有效。

(六) 程序存储与传递

1. 保存程序 (F2→F4)

在编辑状态下，按 F4 键可对当前编辑程序进行存盘。如果存盘操作不成功，系统会弹出如图 13-119 所示的提示信息。此时只能用“文件另存为 (F2→F5)”功能，将当前编辑的零件程序另存为其他文件。

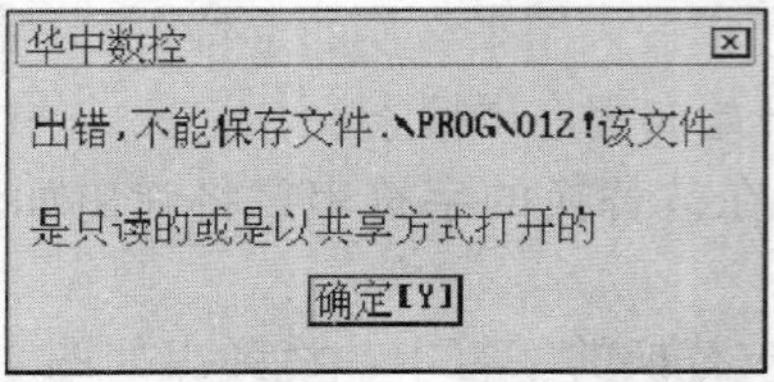

图 13-119　提示不能保存程序

2. 文件另存为(F2→F5)

在编辑状态下按 F5 键，可将当前编辑程序另存为其他文件。

(1) 在编辑功能子菜单下按 F5 键，弹出如图 13-120 所示对话框。

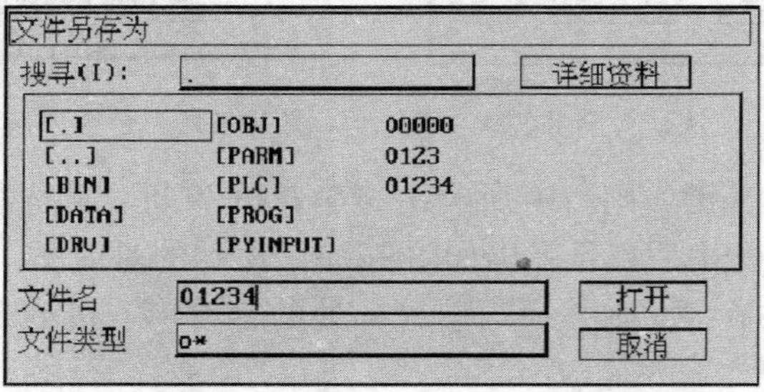

图 13-120　输入另存文件名

(2) 按“选择磁盘程序 (含网络程序)”节的步骤 (4) ～ (8)，选择另存文件的路径。

(3) 按“选择当前正在加工的程序”节的步骤 (4) ～ (6)，在“文件名”栏输入另存文件的文件名。

(4) 按 Enter 键完成另存操作。此功能用于备份当前文件或被编辑的文件是只读的情况。

3. 文件管理（F2→F1）

在编辑子菜单下按 F1 键，将弹出如图 13-121 所示的文件管理菜单。其中每一项的功能如下。

图 13-121　文件管理菜单

（1）新建目录：在指定磁盘或目录下建立一个新目录，但新目录不能和已存在的目录同名。

（2）更改文件名：将指定磁盘或目录下的一个文件，更名为其他文件，但更改的新文件不能和已存在的文件同名。

（3）拷贝文件：将指定磁盘或目录下的一个文件拷贝到其他的磁盘或目录下，但拷贝的文件不能和目标磁盘或目录下的文件同名。

（4）删除文件：将指定磁盘或目录下的一个文件彻底删除，只读文件不能被删除。

（5）映射网络盘：将指定网络路径映射为本机某一网络盘符，即建立网络连接，只读网络文件编辑后不能被保存。

（6）断开网络盘：将已建立网络连接的网络路径与对应的网络盘符断开。

（7）接收串口文件：通过串口接收来自上位计算机的文件。

（8）发送串口文件：通过串口发送文件到上位计算机。

（七）程序运行

在软件操作界面下，按 F1 键进入程序运行子菜单。命令行与菜单条的显示如图 13-122 所示。

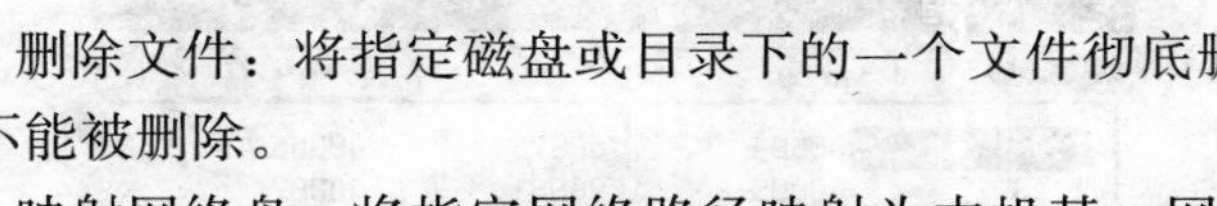

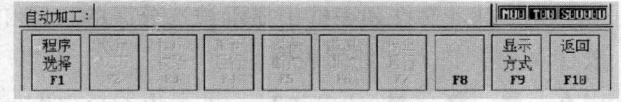

图 13-122　程序运行子菜单

在程序运行子菜单下，可以装入、检验并自动运行一个零件程序。

1. 选择运行程序（F1→F1）

在程序运行子菜单（图 13-122）下按 F1 键，将弹出如图 13-123 所示的“选择运行程序”子菜单（按 Esc 键可取消该菜单）。

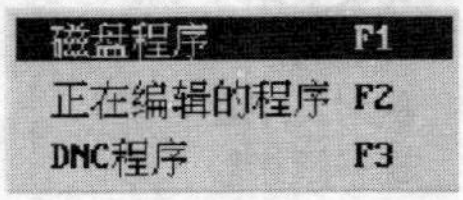

图 13-123 选择运行程序

（1）磁盘程序：保存在电子盘、硬盘、软盘或网络上的文件。

（2）正在编辑的程序：编辑器已经选择存放在编辑缓冲区的一个零件程序。

（3）DNC 程序：通过 RS232 串口传送的程序。

2. 选择磁盘程序（含网络程序）

选择磁盘程序（含网络程序）的操作方法如下。

（1）在选择程序菜单（图 13-123）中用▲或▼键选中“磁盘程序”选项（或直接按快捷键）。

（2）按 Enter 键，弹出如图 13-124 所示对话框。

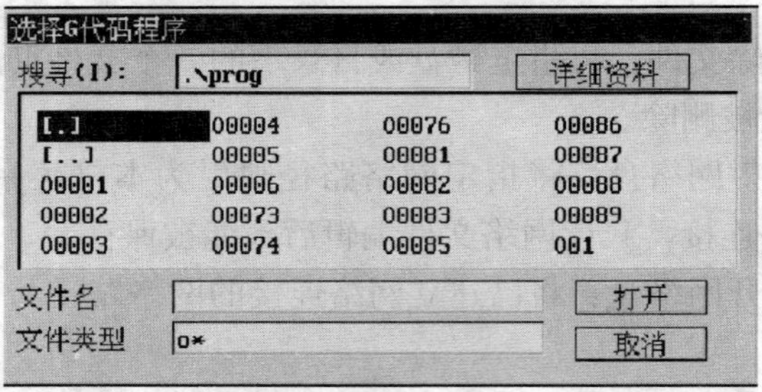

图 13-124 选择要运行的磁盘程序

（3）如果选择缺省目录下的程序，跳过步骤（4）～（7）。

（4）连续按 Tab 键，将蓝色亮条移到“搜寻”栏。

（5）按▼键，弹出系统的分区表，用▲或▼键选择分区。

（6）按 Enter 键，文件列表框中显示被选分区的目录和文件。

（7）按 Tab 键，进入文件列表框。

（8）用▲、▼、▶、◀、Enter 键，选中想要运行的磁盘程序的路径和名称，如当前目录下的 01234。

（9）按 Enter 键。如果被选文件不是零件程序，将弹出如图 13-125 所示对话框，不能调入文件。否则直接调入文件到运行缓冲区进行加工。

3．选择正在编辑的程序

选择正在编辑的程序操作步骤如下。

（1）在“选择运行程序”菜单（图 13-123）中用▲或▼键选中“正在编辑的程序”选项。

（2）按 Enter 键。如果编辑器没有选择编辑程序，将弹出如图 13-126 所示提示信息，否则解释器将调入“正在编辑的程序”文件到运行缓冲区。

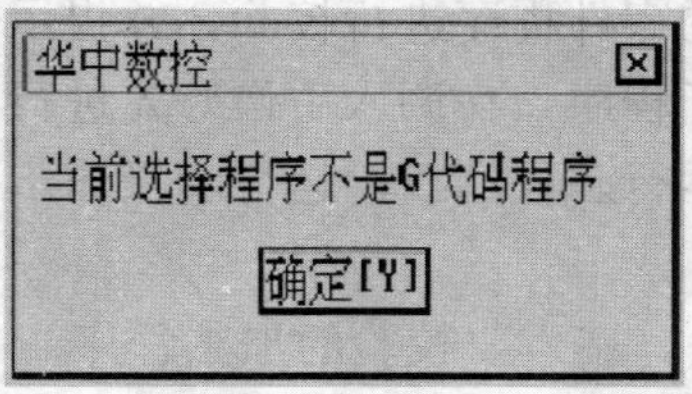

图 13-125　提示文件类型错

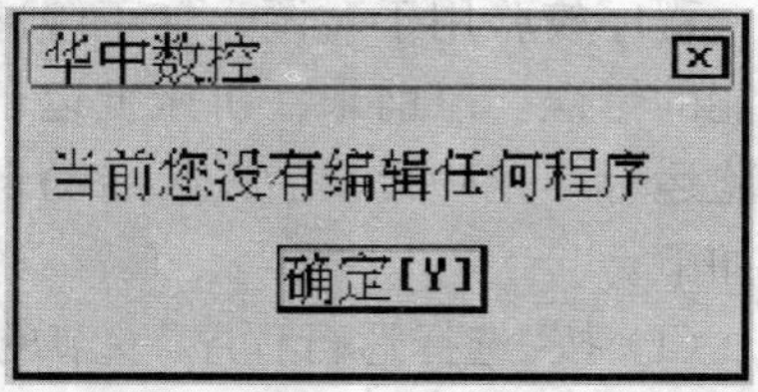

图 13-126　提示没有编辑程序

系统调入加工程序后，图形显示窗口会发生一些变化，其显示的内容取决于当前图形显示方式。

4．DNC 加工

DNC 加工（加工串口程序）的操作步骤如下。

（1）在“选择加工程序”菜单（图 13-123）中用▲或▼键，选中 DNC 程序选项。

（2）按 Enter 键，系统命令行提示“正在和发送串口数据的计算机联络”。

（3）在上位计算机上执行 DNC 程序，弹出 DNC 程序主菜单。

（4）按 ALT＋C，在“设置”子菜单下设置好传输参数。

（5）按 ALT＋F，在“文件”子菜单下选择发送 DNC 程序命令。

（6）按 Enter 键，弹出“请选择要发送的 G 代码文件”对话框。

（7）选择要发送的 G 代码文件。

(8) 按 Enter 键，弹出对话框，提示“正在和接收数据的 NC 装置联络”。

(9) 联络成功后，开始传输文件，上位计算机上有进度条显示传输文件的进度，并提示“请稍等，正在通过串口发送文件，要退出请按 Alt-E”。HNC-21T 的命令行提示“正在接收串口文件”，并将调入串口程序到运行缓冲区。

(10) 传输完毕，上位计算机上弹出对话框提示文件发送完毕，HNC-21T 的命令行提示“DNC 加工完毕”。

5. 程序校验（F1→F3）

程序校验用于对调入加工缓冲区的零件程序进行校验，并提示可能的错误。以前未在机床上运行的新程序，在调入后最好先进行校验运行，正确无误后，再启动自动运行。程序校验运行的操作步骤如下。

(1) 按“选择运行程序”一节的方法，调入要校验的加工程序。

(2) 按机床控制面板上的“自动”按键，进入程序运行方式。

(3) 在程序运行子菜单下，按 F3 键，此时软件操作界面的工作方式显示改为“校验运行”。

(4) 按机床控制面板上的“循环启动”键，程序校验开始。

(5) 若程序正确，校验完后，光标将返回到程序头，且软件操作界面的工作方式显示改回为“自动”；若程序有错，命令行将提示程序的哪一行有错。

1) 校验运行时，机床不动作；

2) 为确保加工程序正确无误，请选择不同的图形显示方式，来观察校验运行的结果，如何控制图形显示方式。

(八) 启动、暂停、中止、再启动

1. 启动自动运行

系统调入零件加工程序，经校验无误后，可正式启动运行。

(1) 按一下机床控制面板上的“自动”键（指示灯亮），进入程序运行方式。

(2) 按一下机床控制面板上的“循环启动”键（指示灯亮），机床开始自动运行调入的零件加工程序。

2. 暂停运行

在程序运行的过程中，需要暂停运行，可按下述步骤操作。

（1）在程序运行子菜单下，按F7键，弹出如图13-127所示对话框。

（2）按N键，则暂停程序运行，并保留当前运行程序的模态信息。

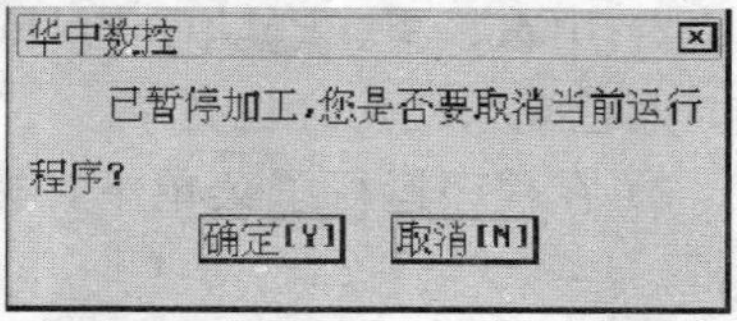

图13-127　程序运行过程中停止运行

3. 中止运行

在程序运行的过程中，需要中止运行，可按下述步骤操作。

（1）在程序运行子菜单下，按F7键，弹出如图13-127所示对话框。

（2）按Y键，则中止程序运行，并卸载当前运行程序的模态信息。

4. 暂停后的再启动

在自动运行暂停状态下，按一下机床控制面板上的“循环启动”键，系统将从暂停前的状态重新启动，继续运行。

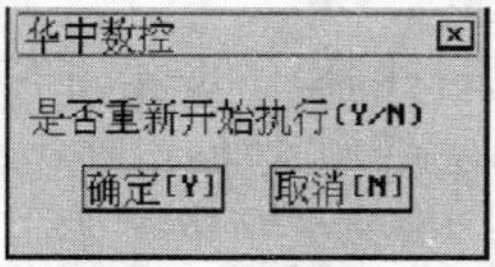

图13-128　自动方式下重新运行程序

5. 重新运行

在当前加工程序中止自动运行后，希望从程序头重新开始运行时，可按下述步骤操作。

（1）在程序运行子菜单下，按F4键，弹出如图13-128所示对话框。

（2）按Y键，则光标将返回到程序头；按N键，则取消重新运行。

（3）按机床控制面板上的“循环启动”键，从程序首行开始重新运行当前加工程序。

6. 从任意行执行

在自动运行暂停状态下，除了能从暂停处重启动继续运行外，还可控制程序从任意行执行。

（1）从红色行开始运行，从红色行开始运行的操作步骤如下。

1）在程序运行子菜单下，先按 F7 键，然后按 N 键，暂停程序运行。

2）用▲、▼、PgUp、PgDn 键，移动蓝色亮条到开始运行时，此时蓝色亮条变为红色亮条。

3）在程序运行子菜单下，按 F8 键，弹出如图 13-129 所示对话框。

4）用▲或▼键，选择从“红色行开始运行”选项，弹出如图 13-130 所示对话框。

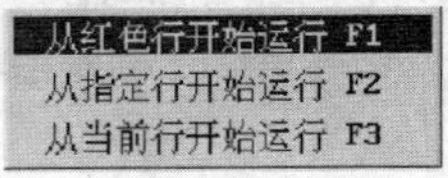

图 13-129　暂停运行时从任意行运行

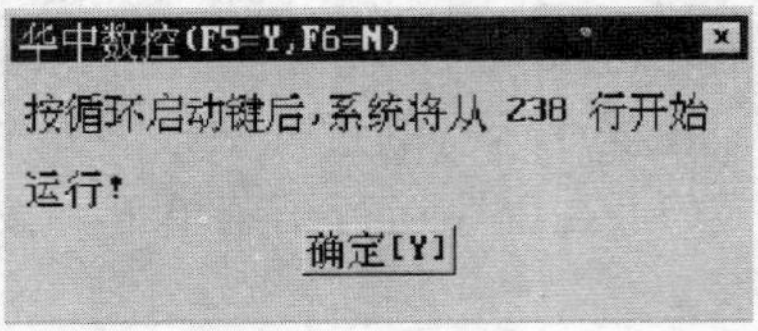

图 13-130　从红色行开始运行

5）按 Y 或 Enter 键，红色亮条变成蓝色亮条。

6）按机床控制面板上的“循环启动”键，程序从蓝色亮条（即红色行）处开始运行。

（2）从指定行开始运行。从指定行开始运行的操作步骤如下。

1）在程序运行子菜单下，先按 F7 键，然后按 N 键，暂停程序运行。

2）在程序运行子菜单下，按 F8 键，弹出如图 13-130 所示对话框。

3）用▲、▼键选择“从指定行开始运行”选项，弹出如图 13-131所示输入框。

图 13-131　从指定行开始运行

4）输入开始运行行号弹出如图 13-130 所示对话框。

5）按 Y 或 Enter 键，蓝色亮条移动到指定行。

6）按机床控制面板上的“循环启动”键，程序从指定行开始运行。

（3）从当前行开始运行。从当前行开始运行的操作步骤如下。

1）在程序运行子菜单下，先按 F7 键，然后按 N 键，暂停程序运行。

2）用▲、▼、PgUp、PgDn 键，移动蓝色亮条到开始运行时，此时蓝色亮条变为红色亮条。

3）在程序运行子菜单下，按 F8 键，弹出如图 13-129 所示对话框。

4）用▲或▼键，选择“从当前行开始运行”选项。

5）按 Y 或 Enter 键，红色亮条消失，蓝色亮条回到移动前的位置。

6）按机床控制面板上的“循环启动”按键，程序从蓝色亮条处开始运行。

7. 空运行

在自动方式下，按一下机床控制面板上的“空运行”键（指示灯亮），CNC 处于空运行状态。程序中编制的进给速率被忽略，坐标轴以最大快移速度移动。

空运行不做实际切削，目的在于确认切削路径及程序。在实际切削时，应关闭此功能，否则可能会造成危险。此功能对螺纹切削无效。

8. 单段运行

按一下机床控制面板上的“单段”键（指示灯亮），系统处于单段自动运行方式，程序控制将逐段执行。

（1）按一下“循环启动”键，运行一程序段，机床运动轴减速停止，刀具、主轴电机停止运行。

（2）再按一下“循环启动”键，又执行下一程序，段执行完了后又再次停止。

9. 加工断点保存与恢复

一些大零件，其加工时间一般都会超过一个工作日，有时甚至需要好几天。如果能在零件加工一段时间后，保存断点（让系统记住此时的各种状态）后关断电源，并在隔一段时间后，打开电源，恢复断点（让系统恢复上次中断加工时的状态）从而继续加工，可为用户提供极大的方便。

保存加工断点（F1→F5）。保存加工断点的操作步骤如下。

（1）在程序运行子菜单下按 F7 键。

（2）按 N 键，暂停程序运行，但不取消当前运行程序。

（3）按 F5 键，弹出如图 13-132 所示对话框。

（4）按“新建目录”节的步骤(3)～(7)，选择断点文件的路径。

（5）按“新建目录”节的步骤(8)～(10)，在“文件名”栏输入断点文件的文件名，如“PARTBRK1”。

（6）按 Enter 键，系统将自动建立一个名为“PARTBRK1. BP1”的断点文件。

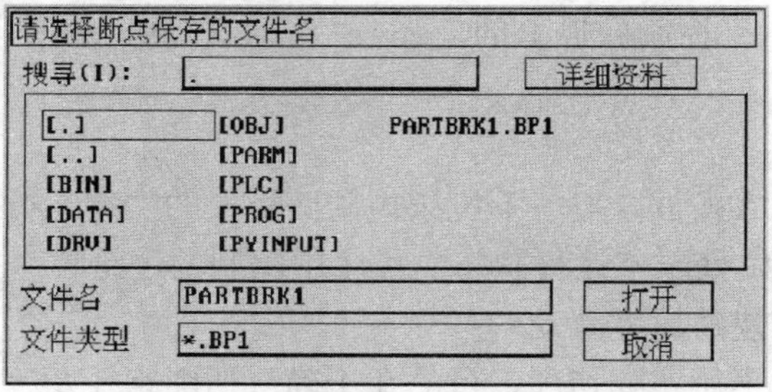

图 13-132　输入保存断点的文件名

1）按 F4 键保存断点之前，必须在自动方式下装入了加工程序，否则系统会弹出如图 13-133 所示对话框，提示没有装入零件程序；

2）按 F4 键保存断点之前，必须暂停程序运行，否则系统会弹出如图 13-134 所示对话框，提示“有程序正在加工，请先停止”。

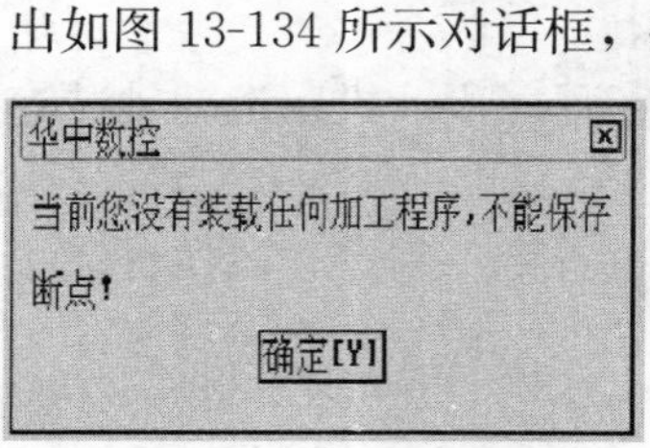

图 13-133　提示没有装入程序

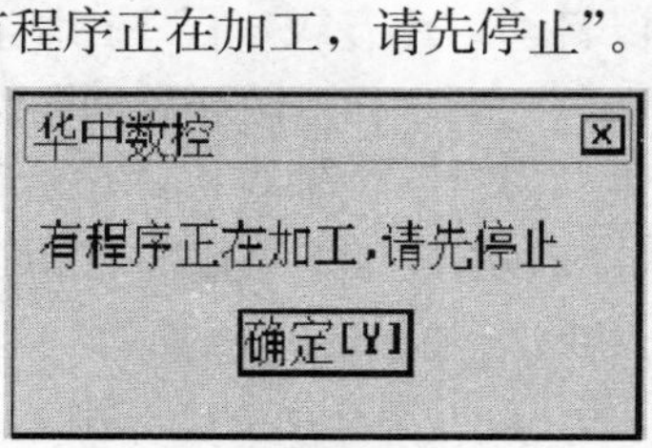

图 13-134　提示停止加工

10. 恢复断点（F1→F6）

恢复加工断点的操作步骤如下。

（1）如果在保存断点后，关断了系统电源，则上电后首先应进行回参考点操作，否则直接进入步骤（2）。

（2）按 F6，键弹出如图 13-135 所示对话框。

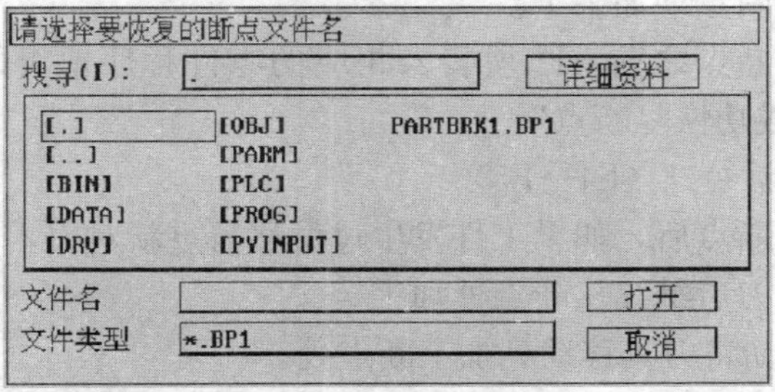

图 13-135　选择要恢复的断点文件名

（3）按“新建目录”节的步骤（4）～（7），选择要恢复的断点文件路径及文件名，如当前目录下的“PARTBRK1. BP1”。

（4）按 Enter 键，系统会根据断点文件中的信息，恢复中断程序运行时的状态并弹出如图 13-136 或图 13-137 所示对话框。

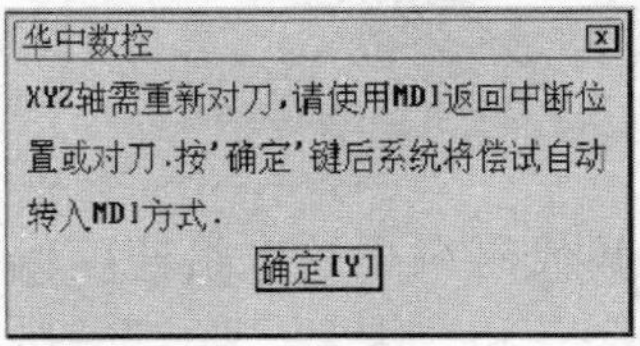

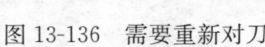

图 13-136　需要重新对刀

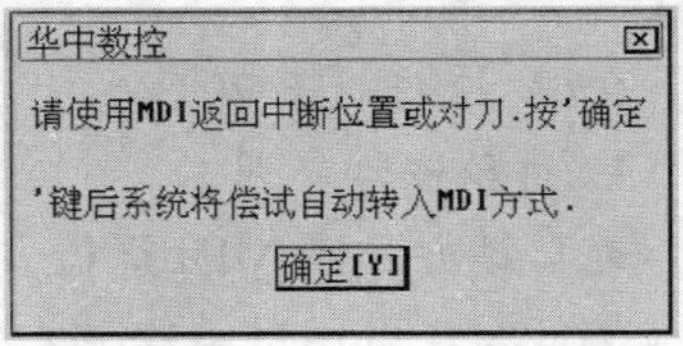

图 13-137　需要返回断点

（5）按 Y 键，系统自动进入 MDI 方式。

11. 定位至加工断点（F4→F4）

如果在保存断点后，移动过某些坐标轴要继续从断点处加工，必须先定位至加工断点。

（1）手动移动坐标轴到断点位置附近，并确保在机床自动返回断点时不发生碰撞。

（2）在 MDI 方式子菜单下按 F4 键，自动将断点数据输入 MDI

运行程序段。

(3) 按"循环启动"键，启动MDI运行，系统将移动刀具到断点位置。

(4) 按F10键退出MDI方式。

(5) 定位至加工断点后，按机床控制面板上的"循环启动"键即可继续从断点处加工了。

在恢复断点之前，必须装入相应的零件程序，否则系统会提示："不能成功恢复断点"。

12. 重新对刀(F4→F5)

在保存断点后，如果工件发生过偏移需重新对刀，可使用本功能。重新对刀后继续从断点处加工。

(1) 手动将刀具移动到加工断点处。

(2) 在MDI方式子菜单下按F5键，自动将断点处的工作坐标输入MDI运行程序段。

(3) 按"循环启动"键，系统将修改当前工件坐标系原点，完成对刀操作。

(4) 按F10键，退出MDI方式。重新对刀并退出MDI方式后，按机床控制面板上的"循环启动"键，即可继续从断点处加工。

(九) 运行时干预

1. 进给速度修调

在自动方式或MDI运行方式下，当F代码编程的进给速度偏高或偏低时，可用进给修调右侧的"100%"和"+"、"−"键，修调程序中编制的进给速度。

按压"100%"键(指示灯亮)，进给修调倍率被置为"100%"按一下"+"键，进给修调倍率递增5%；按一下"−"键，进给修调倍率递减5%。

2. 快移速度修调

在自动方式或MDI运行方式下，可用快速修调右侧的"100%"和"+"、"−"键，修调G00快速移动时系统参数"最高快移速度"设置的速度。

按压“100％”键（指示灯亮），快速修调倍率被置为100％。按一下“＋”键，快速修调倍率递增5％；按一下“－”键，快速修调倍率递减5％。

3. 主轴修调

在自动方式或MDI运行方式下，当S代码编程的主轴速度偏高或偏低时，可用主轴修调右侧的“100％”和“＋”、“－”按键，修调程序中编制的主轴速度。按压“100％”键（指示灯亮），主轴修调倍率被置为100％。按一下“＋”键，主轴修调倍率递增5％；按一下“－”键，主轴修调倍率递减5％。机械齿轮换挡时，主轴速度不能修调。

4. 机床锁住

禁止机床坐标轴动作。在自动运行开始前，按一下“机床锁住”键（指示灯亮），再按“循环启动”键，系统继续执行程序，显示屏上的坐标轴位置信息变化，但不输出伺服轴的移动指令，所以机床停止不动。这个功能用于校验程序。

（1）即便是G28、G29，功能刀具不运动到参考点。

（2）机床辅助功能M、S、T仍然有效。

（3）在自动运行过程中，按“机床锁住”键，机床锁住无效。

（4）在自动运行过程中，在运行结束时，方可解除机床锁住。

（5）每次执行此功能后，须再次进行回参考点操作。

三、显示

在一般情况下（除编辑功能子菜单外），按F9键，将弹出如图13-138所示的显示方式菜单。

在显示方式菜单下，可以设置显示模式、显示值、显示坐标系、图形放大倍数、夹具中心绝对位置、内孔直径、毛坯大小。

图13-138　显示方式

（一）主显示窗口

HNC-21T的主显示窗口如图13-139所示。

（二）显示模式

HNC-21T的主显示窗口共有3种显示模式可供选择。

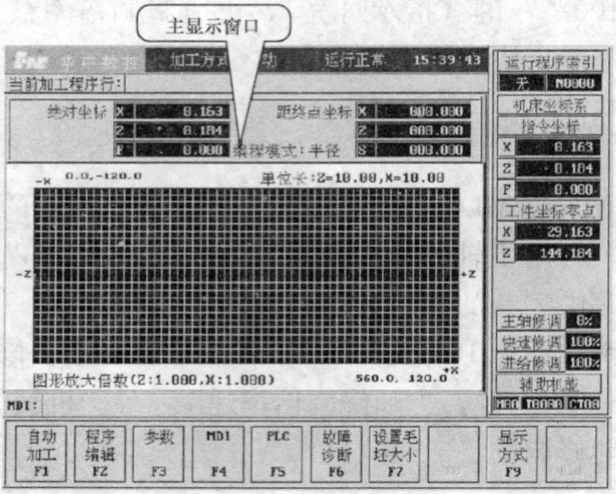

图 13-139 主显示窗口

(1) 正文——当前加工的 G 代码程序。

(2) 大字符——由“显示值”菜单所选显示值的大字符。

(3) ZX 平面图形——在 ZX 平面上的刀具轨迹。

1. 正文显示

选择正文显示模式的操作步骤如下。

(1) 在“显示方式”菜单(图 13-138)中,用▲或▼键选中“显示模式”选项。

(2) 按 Enter 键,弹出如图 13-140 所示显示模式菜单。

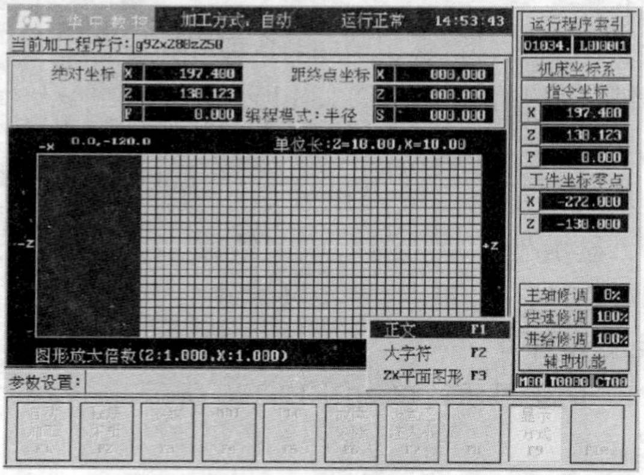

图 13-140 选择显示模式

（3）用▲或▼键选择正文选项。

（4）按 Enter 键，显示窗口将显示当前加工程序的正文，如图 13-141 所示。

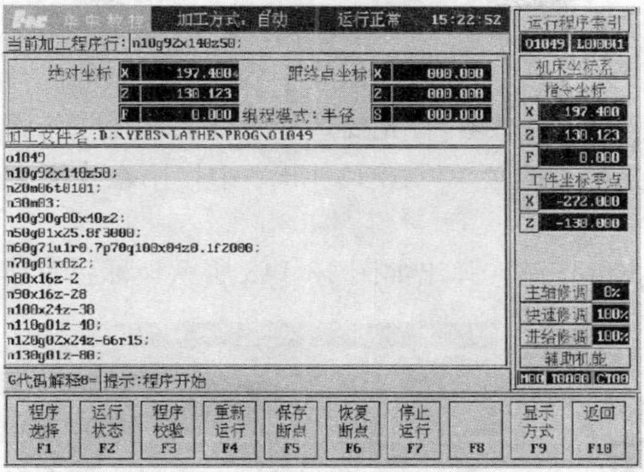

图 13-141　正文显示

2. 当前位置显示

当前位置显示（见图 13-142）包括下述几种位置值的显示。

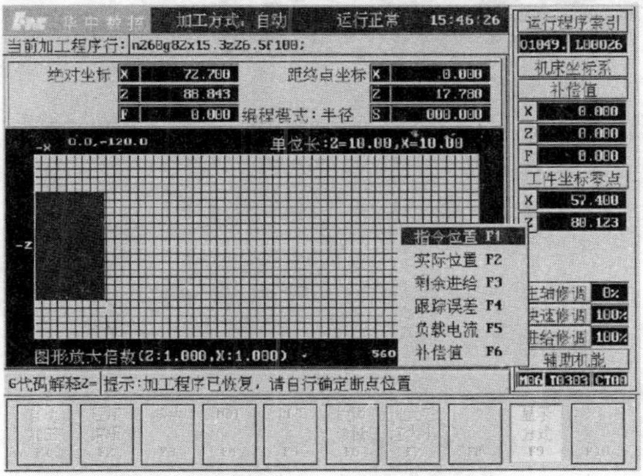

图 13-142　选择显示

（1）指令位置：CNC 输出的理论位置。

（2）实际位置：反馈元件采样的位置。

（3）剩余进给：当前程序段的终点与实际位置之差。

(4) 跟踪误差：指令位置与实际位置之差。

(5) 负载电流。

(6) 补偿值。

3. 坐标系选择

由于指令位置与实际位置依赖于当前坐标系的选择，要显示当前指令位置与实际位置，首先要选择坐标系，操作步骤如下。

(1) 在显示方式菜单（图 13-138）中，用▲或▼键选中坐标系选项。

(2) 按 Enter 键，弹出如图 13-143 所示坐标系菜单。

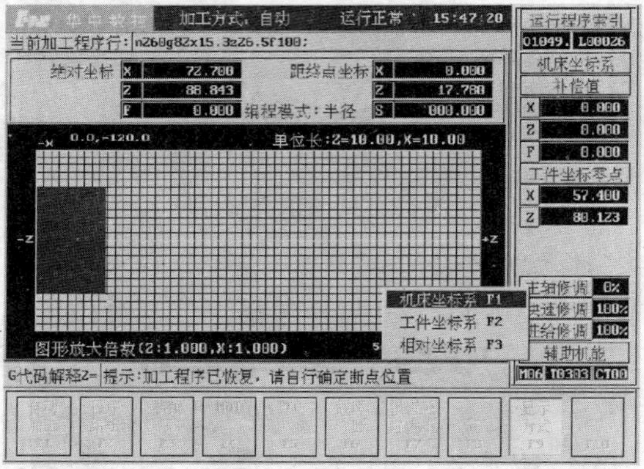

图 13-143　选择坐标系

(3) 用▲或▼键选择所需的坐标系选项。

(4) 按 Enter 键，即可选中相应的坐标系。

4. 位置值类型选择

选好坐标系后再选择位置值类型。

(1) 在“显示方式”菜单（图 13-138）中，用▲或▼键选中显示值选项。

(2) 按 Enter 键，弹出如图 13-144 所示显示值菜单。

(3) 用▲或▼键，选择所需的显示值选项。

(4) 按 Enter 键，即可选中相应的显示值。

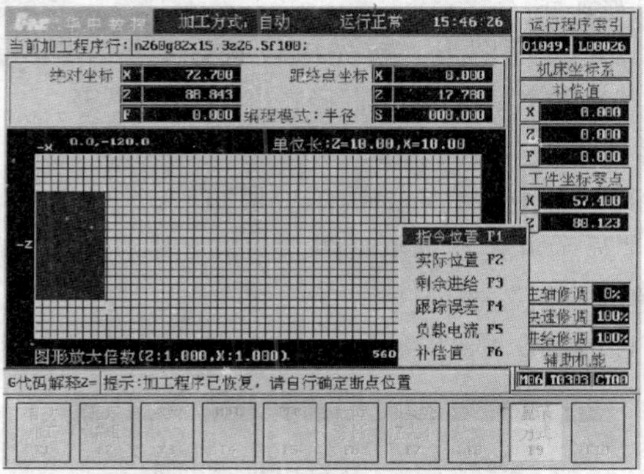

图 13-144　选择显示值

5. 当前位置值显示

选好坐标系和位置值类型后，再选择当前位置值显示模式。

（1）在显示方式菜单（图 13-138）中，用▲或▼键选中显示模式选项。

（2）按 Enter 键，弹出如图 13-140 所示显示模式菜单。

（3）用▲或▼键选择“大字符”选项。

（4）按 Enter 键，显示窗口将显示当前位置值，如图 13-145 所示。

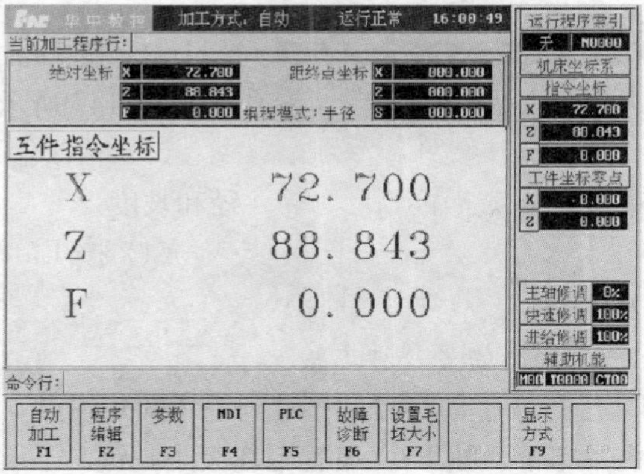

图 13-145　当前位置值显示

(三) 图形显示

要显示 ZX 平面图形，首先应设置好如图 13-146 显示参数：①夹具中心绝对位置；②内孔直径；③毛坯大小等。

1. 设置夹具中心绝对位置

设置夹具中心绝对位置的操作步骤如下。

(1) 在“显示方式”菜单（图 13-139）中，用▲或▼键，选中“夹具中心绝对位置”选项。

(2) 按 Enter 键，弹出如图 13-146 所示对话框。

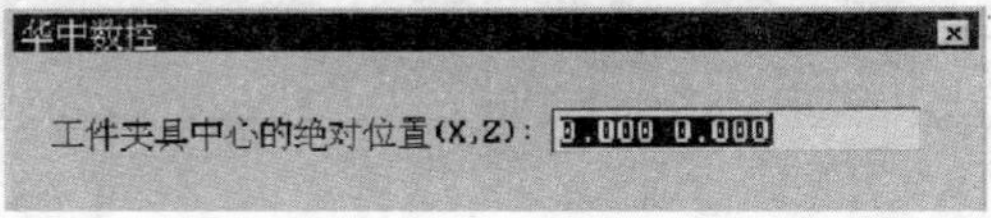

图 13-146　输入夹具中心绝对位置

(3) 输入夹具中心（也就是显示的基准点）在机床坐标系下的绝对位置。

(4) 按 Enter 键，完成图形夹具中心绝对位置的输入。

2. 设置毛坯大小

设置毛坯大小的操作步骤如下。

(1) 在“显示方式”菜单（图 13-139）中，用▲或▼键选中毛坯大小选项。

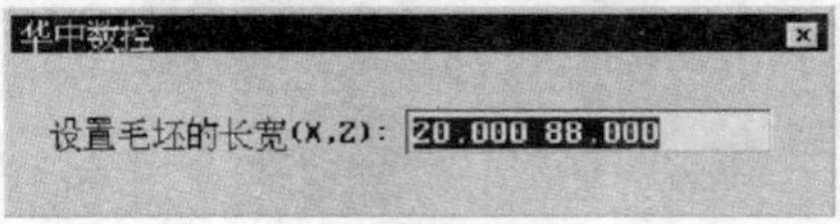

图 13-147　输入毛坯大小

(2) 按 Enter 键，弹出如图 13-147 所示对话框。

(3) 依次输入毛坯的外径和长度。

(4) 按 Enter 键，完成毛坯大小的输入。

3. 设置毛坯大小的另一种方法

(1) MDI 运行或手动将刀具移动到毛坯的外顶点。

(2) 在主菜单下，按 F7（设置毛坯大小）键。

4. 设置内孔直径

如果是内孔加工，还需设置毛坯的内孔直径，操作步骤如下。

（1）在显示方式菜单（图 13-139）中，用▲或▼键选中内孔直径选项。

图 13-148　输入毛坯内孔直径

（2）按 Enter 键，弹出如图 13-148 所示对话框。

（3）输入毛坯的内孔直径。

（4）按 Enter 键，完成毛坯内孔直径的输入。

5. 设置显示坐标系

设置显示坐标系的操作步骤如下。

（1）在“显示方式”菜单（图 13-139）中，用▲或▼键选中显示坐标系设定选项。

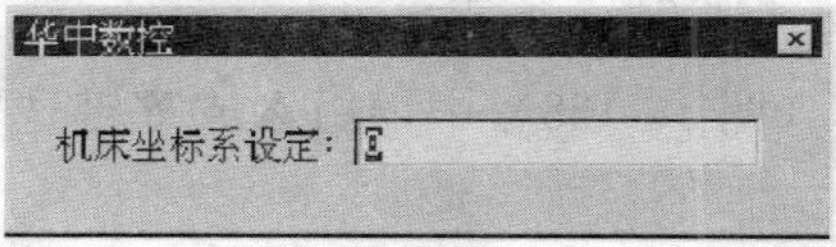

图 13-149　输入显示坐标系形式

（2）按 Enter 键，弹出如图 13-149 所示输入框。

（3）输入 0，则显示坐标系形式 X 轴正向朝下；输入 1，则显示坐标系形式 X 轴正向朝上。

（4）按 Enter 键，完成显示坐标系的设置。

6. 设置图形显示模式

设置图形显示模式的操作步骤如下。

（1）在显示方式菜单（图 13-138）中，用▲或▼键选中显示模式选项。

（2）按 Enter 键，弹出如图 13-140 所示显示模式菜单。

（3）用▲或▼键选择 ZX 平面图形选项。

（4）按 Enter 键，显示窗口将显示 ZX 平面的刀具轨迹，如图 13-150 所示。

在加工过程中可随时切换显示模式，不过系统并不保存刀具的移动轨迹，因而在切换显示模式时，系统不会重画以前的刀具轨迹。

7. 图形放大倍数

设置图形放大倍数的操作步骤如下。

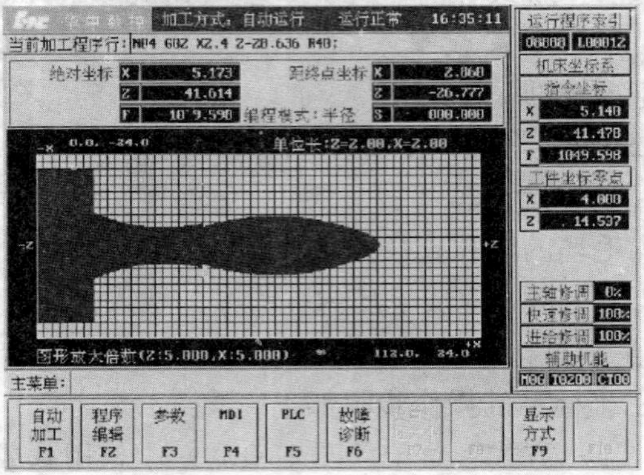

图 13-150　ZX 平面图形显示模式

(1) 在“显示方式”菜单（图 13-138）中，用▲或▼键选中“图形放大倍数”选项。

(2) 按 Enter 键，弹出如图 13-151 所示对话框。

图 13-151　图形放大倍数

(3) 输入 X 和 Z 轴图形放大倍数。

(4) 按 Enter 键，完成图形放大倍数的输入。

(四) 运行状态显示

在自动运行过程中，可以查看刀具的有关参数或程序运行中变量的状态，操作步骤如下。

(1) 在自动加工子菜单下，按 F2 键，弹出如图 13-152 所示运行状态菜单。

(2) 用▲或▼键选中其中某一选项，如“系统运行模态”。

(3) 按 Enter 键，弹出如图 13-153 所示画面。

(4) 用▲、▼、Pgu、pPgdn 键可以查看每一子项的值。

(5) 按 Esc 键，则取消查看。

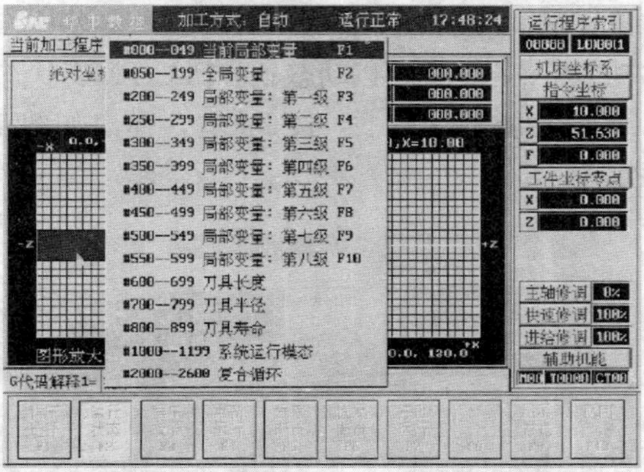

图 13-152　运行状态

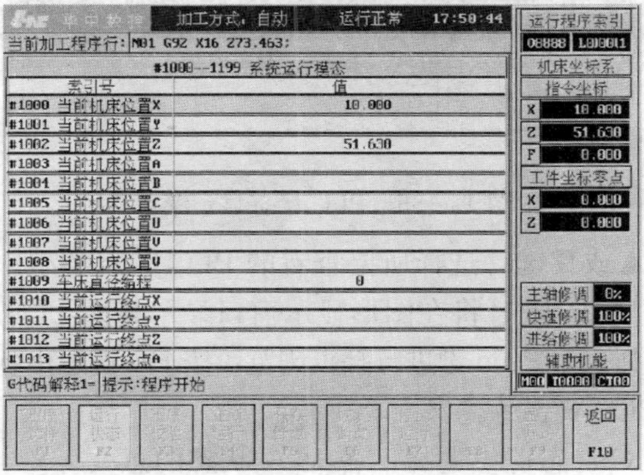

图 13-153　系统运行模态

（五）PLC 状态显示

在主操作界面下，按 F5 键进入 PLC 功能，命令行与菜单条的显示如图 13-154 所示。

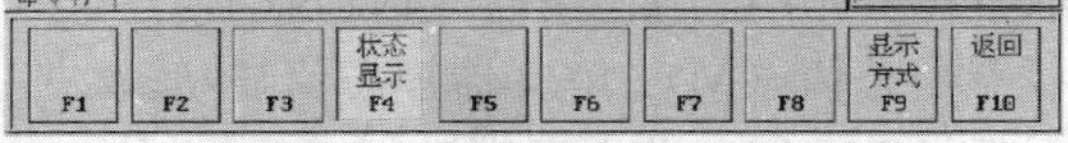

图 13-154　PLC 功能子菜单

1. 动态显示操作步骤

在PLC功能子菜单下，可以动态显示PLC(PMC)状态操作步骤。

(1) 在PLC功能子菜单下，按F4键，弹出如图13-155所示PLC状态显示菜单。

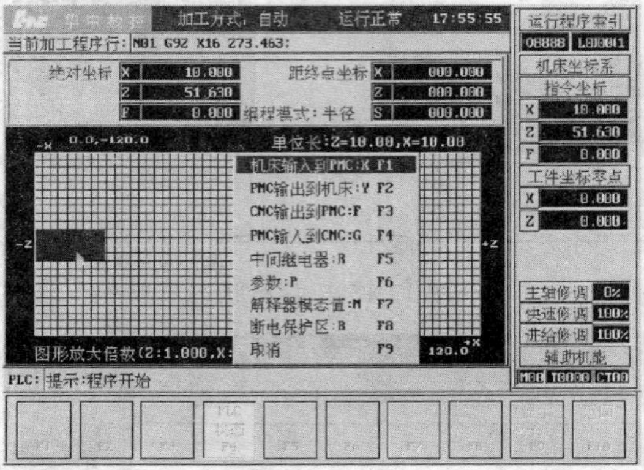

图13-155　PLC状态显示菜单

(2) 用▲或▼键，选择所要查看的PLC状态类型。

(3) 按Enter键，将在图形显示窗口显示相应PLC状态。

(4) 按Pgup、Pgdn键进行翻页浏览，按Esc键退出状态显示。

2. 各PLC状态的意义

8种PLC状态可供选择，各PLC状态的意义。

(1) 机床输入到PMC (X)：PMC输入状态显示。

(2) PMC输出到机床 (Y)：PMC输出状态显示。

(3) CNC输出到PMC (F)：CNC→PMC状态显示。

(4) PMC：输入到CNC (G) PMC→CNC状态显示。

(5) 中间继电器 (R)：中间继电器状态显示。

(6) 参数 (P)：PMC用户参数的状态显示。

(7) 解释器模态值 (M)：解释器模态值显示。

(8) 断电保护区 (B)：断电保护数据显示。

3. 断电保护区除了能显示外，还能进行的编辑

(1) 在PLC状态显示子菜单 (图13-155) 下，选择断电保护

区选项。

（2）按 Enter 键，将在图形显示窗口显示如图 13-156 所示的断电保护区状态。

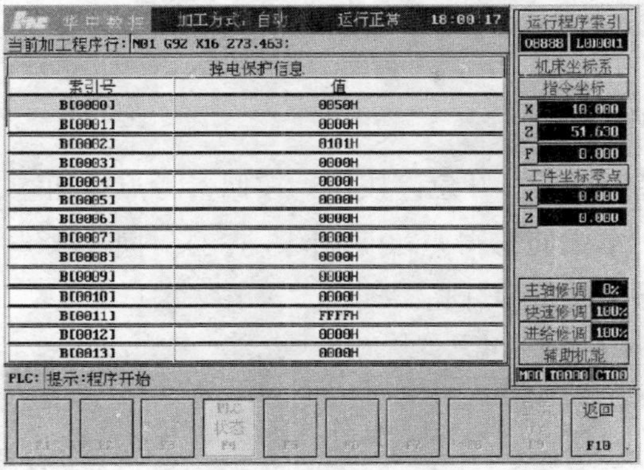

图 13-156　断电保护

（3）按 Pgup、Pgdn、▲、▼键，移动蓝色亮条到想要编辑的选项上。

（4）按 Enter 键，即可看见一闪烁的光标，此时可用▶、◀、BS、Del 键，移动光标对此项进行编辑，按 Esc 键将取消编辑，当前选项保持原值不变。

（5）按 Enter 键，将确认修改的值。

（6）按 Esc 键，退出断电保护区编辑状态。

四、车削编程实例

（一）简单程序编制

1. 简单车削外圆的实例

见图 13-157。

（1）编写程序。

```
%1234
N1 G95 T0101 M03 S600
N2 G00 X52.0 Z2.0
```

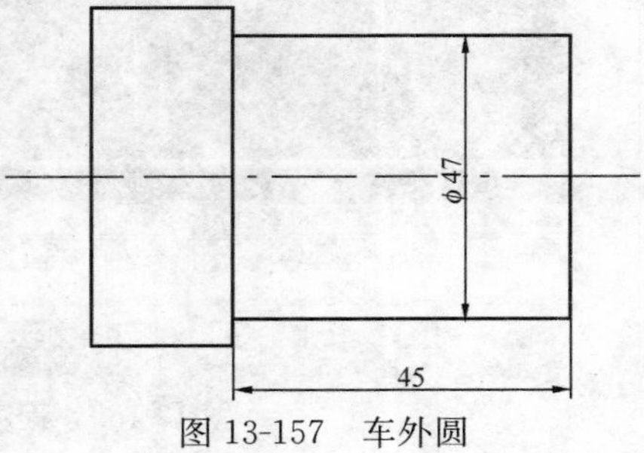

图 13-157　车外圆

N3 G01 X47. 0 F0. 3

N4 Z-45. 0 F0. 15

N5 X52. 0

N6 G00 X100. 0 Z100. 0

N7 M05

N8 M30

（2）操作步骤。

1）回参考点。打开急停按钮，按回参考点按钮，再分别按、键，车床回参考点（见图 13-158）。回参考点后，“＋X”和“＋Z”键上的指示灯亮。

图 13-158　回参考点

2）输入编写程序。新建一个文件名后，直接按键盘上的相应按键输入程序，如图 13-159 所示。

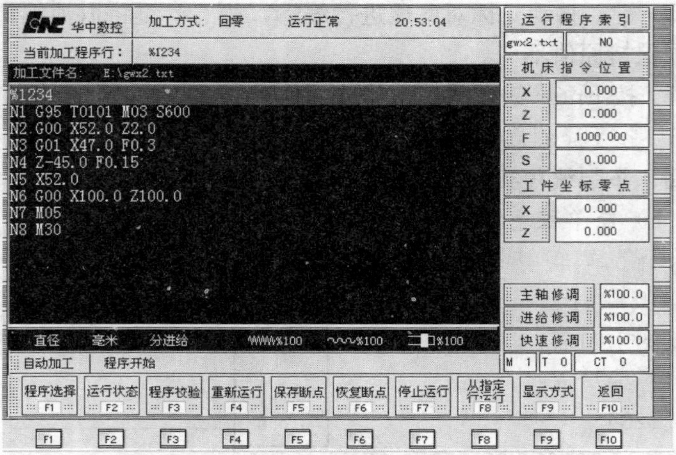

图 13-159　程序输入

3）输入刀偏值。先在外圆处对刀，记下试切的直径（ϕ49.107），按（手动）键，在手动状态下试切工件的外圆，X 向不退刀，车刀延 Z 向退出。停车后测量直径，记下测量直径值。按（MDI）键→（刀偏表）键，将出现图 13-160 画面。按▶、◀键，将光标移动到＃0001，试切直径处，输入直径值为 49.147。按下 Enter 键，在 X 偏置栏的数字就会变成－388.714，如图 13-161 所示。

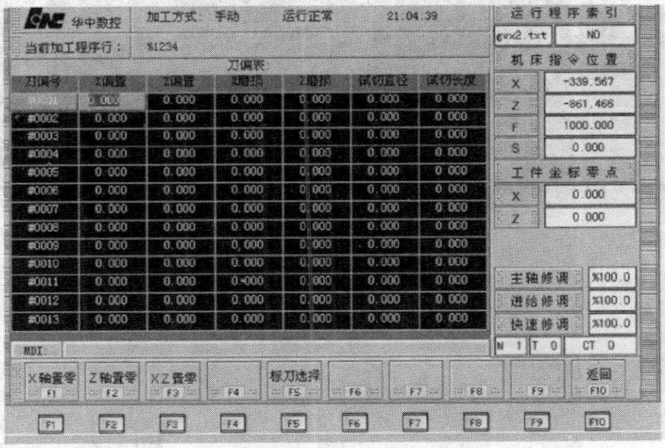

图 13-160　刀偏表 1

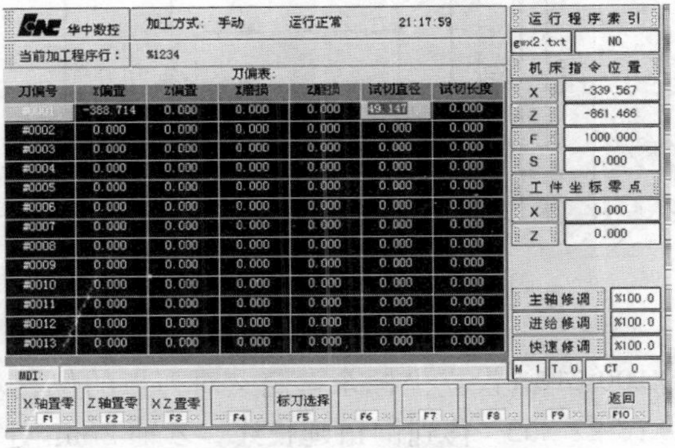

图 13-161　刀偏表 2

再在长度处对刀（即 Z 向对刀）。端面对刀后，可沿 X 向退出，Z 向不能移动。输入 Z0。再按 Enter 键。其结果如图 13-162

所示。按 (返回) 键，返回程序主界面。将车刀退到一个安全的距离，按 (自动) 按键，再按 (循环启动) 键，车床就能自动加工了。

刀偏号	X偏置	Z偏置	X磨损	Z磨损	试切直径	试切长度
#0001	-388.714	-859.383	0.000	0.000	49.147	0.000
#0002	0.000	0.000	0.000	0.000	0.000	0.000
#0003	0.000	0.000	0.000	0.000	0.000	0.000
#0004	0.000	0.000	0.000	0.000	0.000	0.000
#0005	0.000	0.000	0.000	0.000	0.000	0.000
#0006	0.000	0.000	0.000	0.000	0.000	0.000
#0007	0.000	0.000	0.000	0.000	0.000	0.000
#0008	0.000	0.000	0.000	0.000	0.000	0.000
#0009	0.000	0.000	0.000	0.000	0.000	0.000
#0010	0.000	0.000	0.000	0.000	0.000	0.000
#0011	0.000	0.000	0.000	0.000	0.000	0.000
#0012	0.000	0.000	0.000	0.000	0.000	0.000
#0013	0.000	0.000	0.000	0.000	0.000	0.000

图 13-162　刀偏表 3

2. 用直线插补指令编程

如图 13-163 所示。

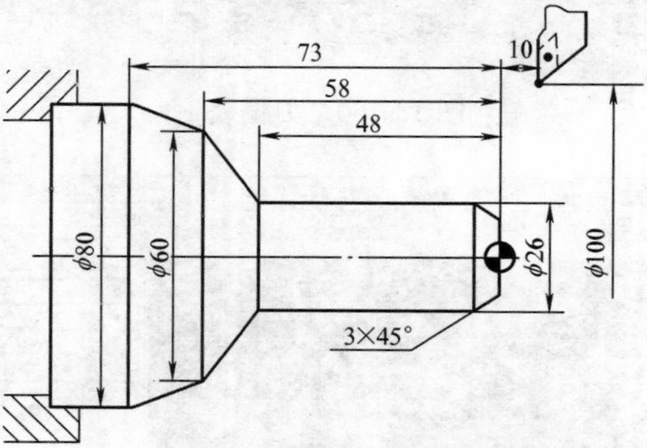

图 13-163　直线插补指令编程

%4001

N1 G92 X100 Z10 (设立坐标系，定义对刀点的位置)

N2 G00 X16 Z2 M03 (移到倒角延长线，Z 轴 2mm 处)

N3 G01 U10 W-5 F300 (倒 3×45°角)

N4 Z-48 (加工 ϕ26 外圆)

N5 U34 W-10 (切第一段锥)

N6 U20 Z-73（切第二段锥）

N7 X90（退刀）

N8 G00 X100 Z10（回对刀点）

N9 M05（主轴停）

N10 M30（主程序结束并复位）

3. 用倒角指令编程

如图 13-164 所示。

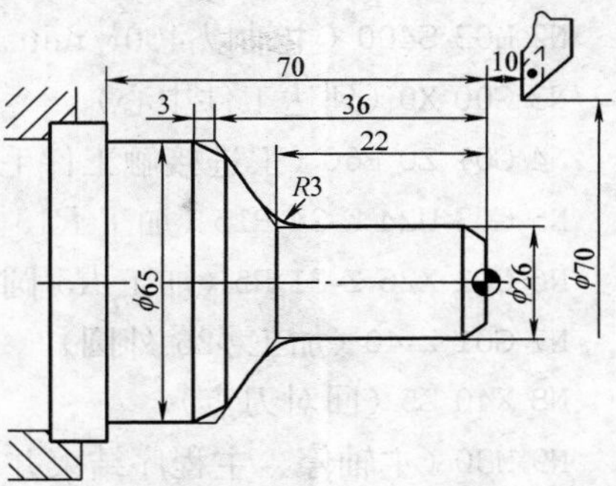

图 13-164 倒角指令编程

%4002

N1 G00 U-70 W-10（从编程规划起点，移到工件前端面中心处）

N2 G01 U26 C3 F100（倒 3×45°直角）

N3 W-22 R3（倒 $R3$ 圆角）

N4 U39 W-14 C3（倒边长为 3 等腰直角）

N5 W-34（加工 φ65 外圆）

N6 G00 U5 W80（回到编程规划起点）

N7 M30（主轴停、主程序结束并复位）

4. 用圆弧插补指令编程

如图 13-165 所示。

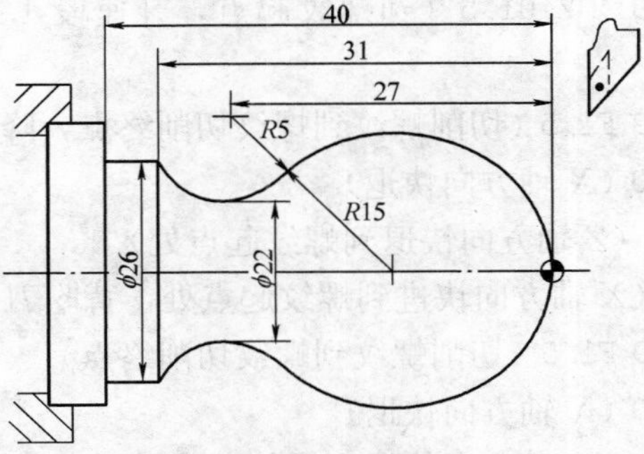

图 13-165 圆弧插补指令编程

%4003

N1 G92 X40 Z5（设立坐标系，定义对刀点的位置）

N2 M03 S400（主轴以 400r/min 旋转）

N3 G00 X0（到达工件中心）

N4 G01 Z0 F60（工进接触工件毛坯）

N5 G03 U24 W-24 R15（加工 $R15$ 圆弧段）

N6 G02 X26 Z-31 R5（加工 $R5$ 圆弧段）

N7 G01 Z-40（加工 $\phi26$ 外圆）

N8 X40 Z5（回对刀点）

N9 M30（主轴停、主程序结束并复位）

5. 对图 13-166 所示的圆柱螺纹编程

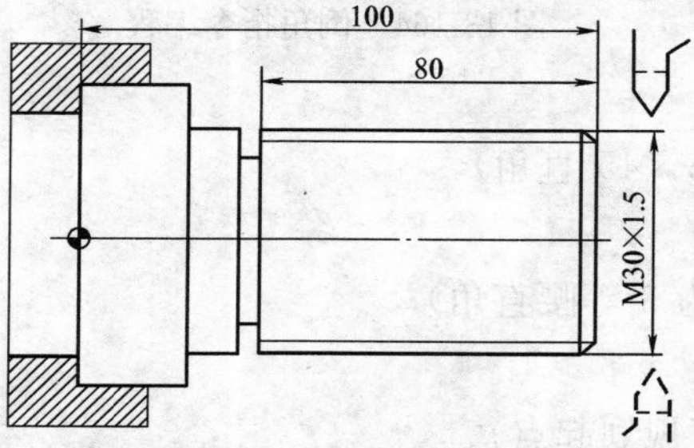

图 13-166 圆柱螺纹编程

螺纹导程为 1.5mm，δ＝1.5mm，δ'＝1mm，每次背吃刀量（直径值）分别为 0.8mm、0.6mm、0.4mm、0.16mm。

%4004

N1 G92 X50 Z120（设立坐标系，定义对刀点的位置）

N2 M03 S300（主轴以 300r/min 旋转）

N3 G00 X29.2 Z101.5（到螺纹起点，升速段 1.5mm，背吃刀量 0.8mm）

N4 G32 Z19 F1.5（切削螺纹到螺纹切削终点，降速段 1mm）

N5 G00 X40（X 轴方向快退）

N6 Z101.5（Z 轴方向快退到螺纹起点处）

N7 X28.6（X 轴方向快进到螺纹起点处，背吃刀量 0.6mm）

N8 G32 Z19 F1.5（切削螺纹到螺纹切削终点）

N9 G00 X40（X 轴方向快退）

N10 Z101.5（Z 轴方向快退到螺纹起点处）

N11 X28.2（X 轴方向快进到螺纹起点处，背吃刀量 0.4mm）

N12 G32 Z19 F1.5（切削螺纹到螺纹切削终点）

N13 G00 X40（X 轴方向快退）

N14 Z101.5（Z 轴方向快退到螺纹起点处）

N15 U-11.96（X 轴方向快进到螺纹起点处，背吃刀量 0.16mm）

N16 G32 W-82.5 F1.5（切削螺纹到螺纹切削终点）

N17 G00 X40（X 轴方向快退）

N18 X50 Z120（回对刀点）

N19 M05（主轴停）

N20 M30（主程序结束并复位）

6. 用恒线速度功能编程如图 13-167 所示。

%4005

N1 G92 X40 Z5（设立坐标系，定义对刀点的位置）

N2 M03 S400（主轴以 400r/min 旋转）

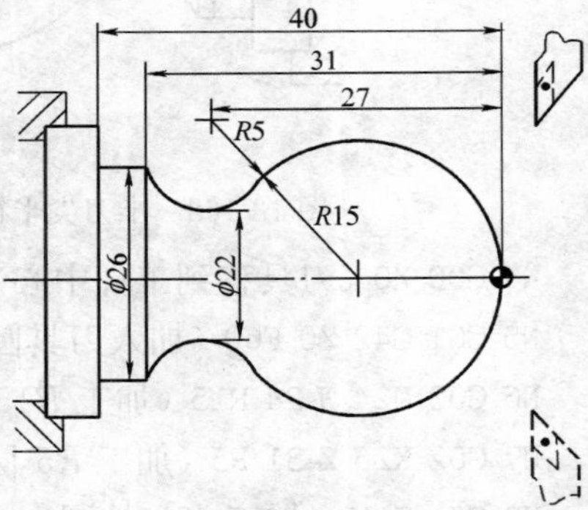

图 13-167 恒线速度功能编程

N3 G96 S80（恒线速度有效，线速度为 80m/min）

N4 G00 X0（刀到中心，转速升高，直到主轴到最大限速）

N5 G01 Z0 F60（工进接触工件）

N6 G03 U24 W-24 R15（加工 $R15$ 圆弧段）

N7 G02 X26 Z-31 R5（加工 $R5$ 圆弧段）

N8 G01 Z-40（加工 $\phi26$ 外圆）

N9 X40 Z5（回对刀点）

N10 G97 S300（取消恒线速度功能，设定主轴按 300r/min 旋转）

N11 M30（主轴停、主程序结束并复位）

7. 考虑刀尖半径补偿，编制如图 13-168 所示零件的加工程序

%4006

N1 T0101（换一号刀，确定其坐标系）

N2 M03 S400（主轴以 400r/min 正转）

N3 G00 X40 Z5（到程序起点位置）

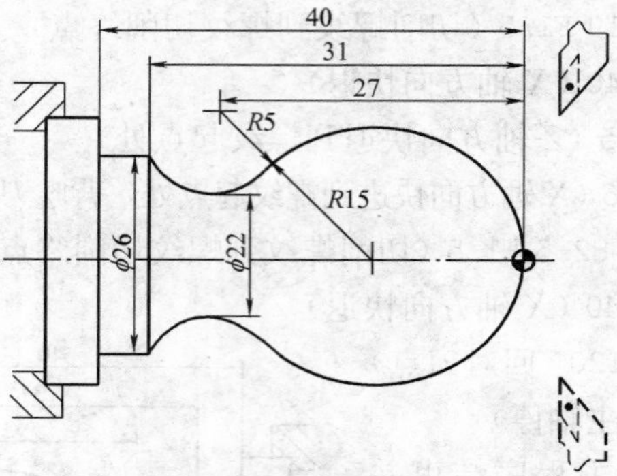

图 13-168　半刀尖半径补偿的零件编程

N4 G00 X0（刀具移到工件中心）

N5 G01 G42 Z0 F60（加入刀具圆弧半径补偿，工进接触工件）

N6 G03 U24 W-24 R15（加工 $R15$ 圆弧段）

N7 G02 X26 Z-31 R5（加工 $R5$ 圆弧段）

N8 G01 Z-40（加工 $\phi26$ 外圆）

N9 G00 X30（退出已加工表面）

N10 G40 X40 Z5（取消半径补偿，返回程序起点位置）

N11 M30（主轴停、主程序结束并复位）

8. 用 G80 指令编程

如图 13-169 所示，点画线代表毛坯。

%4007

N1 G95 T0101 M03 S400（主轴以 400r/min 旋转）

N2 G91 G80 X-10 Z-33 I-5.5 F0.1（加工第一次循环，背吃刀量 3mm）

X-13 Z-33 I-5.5（加工第二次循环，背吃刀量 3mm）

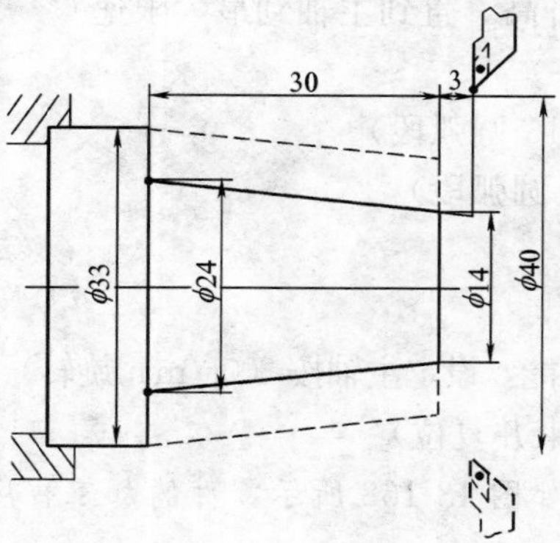

图 13-169　G80 指令编程

X-16 Z-33 I-5.5（加工第三次循环，背吃刀量 3mm）

M30（主轴停、主程序结束并复位）

9. 用 G81 指令编程

如图 13-170 所示，点画线代表毛坯。

%4008

N1 G54 G90 G00 X60 Z45 M03（选定坐标系，主轴正转，到循环起点）

N2 G81 X25 Z31.5 K-3.5 F100（加工第一次循环，背吃刀量 2mm）

N3 X25 Z29.5 K-3.5（每次吃刀均为 2mm）

N4 X25 Z27.5 K-3.5（每次切削起点位，距工件外圆面 5mm，故 *K* 值为－3.5）

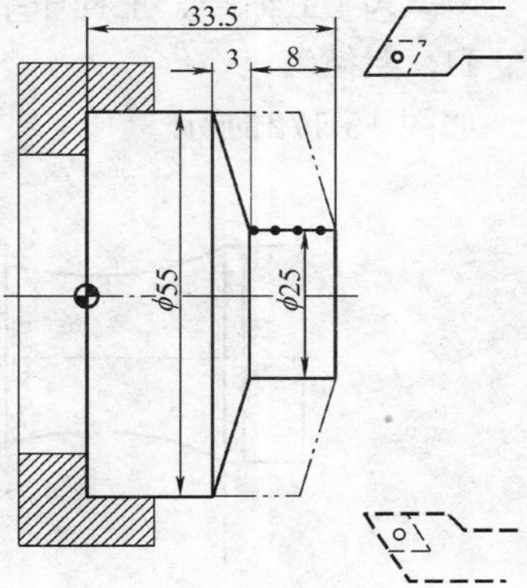

图 13-170　G81 指令编程

N5 X25 Z25.5 K-3.5（加工第四次循环，背吃刀量 2mm）

N6 M05（主轴停）

N7 M30（主程序结束并复位）

10. 用 G82 指令编程

如图 13-171 所示，毛坯外形已加工完成。

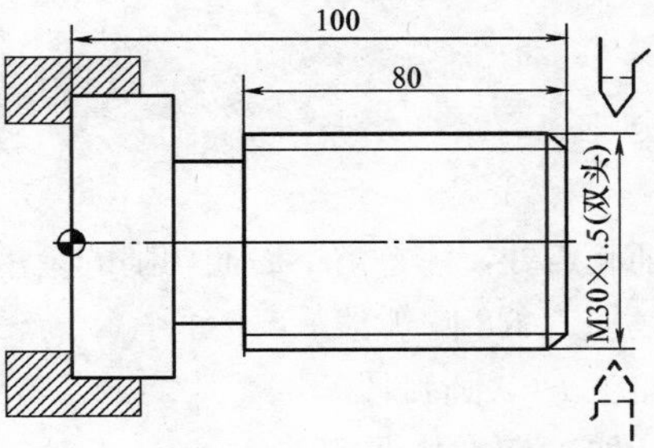

图 13-171　G82 指令编程

%4009

N1 G55 G00 X35 Z104（选定坐标系 G55，到循环起点）

N2 M03 S300（主轴以 300r/min 正转）

N3 G82 X29.2 Z18.5 C2 P180 F3（第一次循环切螺纹，背吃刀量 0.8mm）

N4 X28.6 Z18.5 C2 P180 F3（第二次循环切螺纹，背吃刀量 0.4mm）

N5 X28.2 Z18.5 C2 P180 F3（第三次循环切螺纹，背吃刀量

0.4mm)

N6 X28.04 Z18.5 C2 P180 F3（第四次循环切螺纹，背吃刀量0.16mm)

N7 M30（主轴停、主程序结束并复位）

11. 半径编程

如图 13-172 所示。

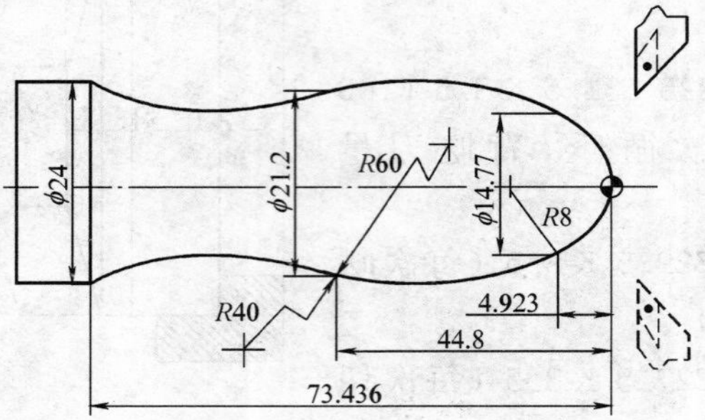

图 13-172 半径编程

%4010

N1 G92 X16 Z1（设立坐标系，定义对刀点的位置）

N2 G37 G00 Z0 M03（移到子程序起点处、主轴正转）

N3 M98 P0003 L6（调用子程序，并循环 6 次）

N4 G00 X16 Z1（返回对刀点）

N5 G36（取消半径编程）

N6 M05（主轴停）

N7 M30（主程序结束并复位）

%0003（子程序名）

N1 G01 U-12 F100（进刀到切削起点处，注意留下后面切削的余量）

N2 G03 U7.385 W-4.923 R8（加工 $R8$ 圆弧段）

N3 U3.215 W-39.877 R60（加工 $R60$ 圆弧段）

N4 G02 U1.4 W-28.636 R40（加工切 $R40$ 圆弧段）

N5 G00 U4（离开已加工表面）

N6 W73.436（回到循环起点 Z 轴处）

N7 G01 U-4.8 F100（调整每次循环的切削量）

N8 M99（子程序结束，并回到主程序）

（二）复杂工件的编程与车削

1. 调用子程序编程

如图 13-173 所示，调用子程序编程，切槽刀的宽度为 4mm，分粗、精车，采用一夹顶装夹。

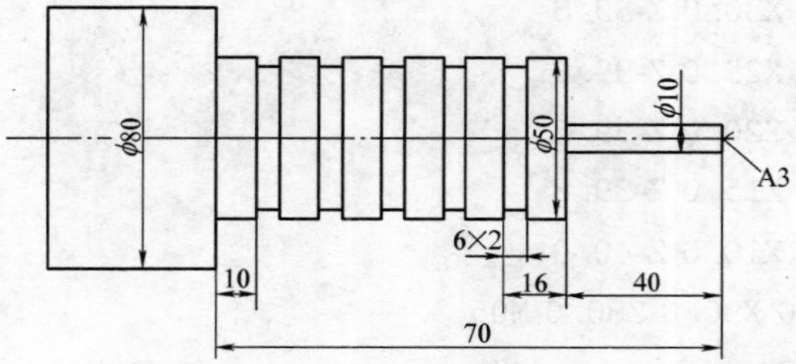

图 13-173　调用子程序编程

```
%4011
N1 G95 T0101 M03 S500
N2 G00 X82.0 Z2.0
N3 G80 X75.0 Z-129.8 F0.2
       X70.0 Z-129.8
       X65.0 Z-129.8
       X60.0 Z-129.8
       X55.0 Z-129.8
       X51.0 Z-129.8
       X50.4 Z-129.8
       X50.0 Z-130.0
N4 G00 X90.0 Z80.0 M05
N7 T0202 M03 S300
N8 G00 X52.0
       Z-40.0 M08
N9 M98 P1112 L5
N10 G00 X90.0 M05 M09
       Z80.0
```

```
N11 T0101
N12 G00 X52.0 Z2.0
N13 G80 X45.0 Z-39.8 F0.2
      X40.0 Z-39.8
      X35.0 Z-39.8
      X30.0 Z-39.8
      X25.0 Z-39.8
      X20.0 Z-39.8
      X15.0 Z-39.8
      X10.0 Z-40.0
N14 G00 X90.0 Z80.0 M05
N15 M30
% 1112
N1 G00 W-16.0
N2 G01 X46.2 F0.15
N3 X51.0
   W2.0
   X46.0
   W-2.0
N4 X51.0
N6 M99
```

2. 用 G71、G82 指令编程（一）

如图 13-174 所示，用 G71、G82 指令编程，圆球的右半球用 90°车刀车削，左半球用切槽刀车削。

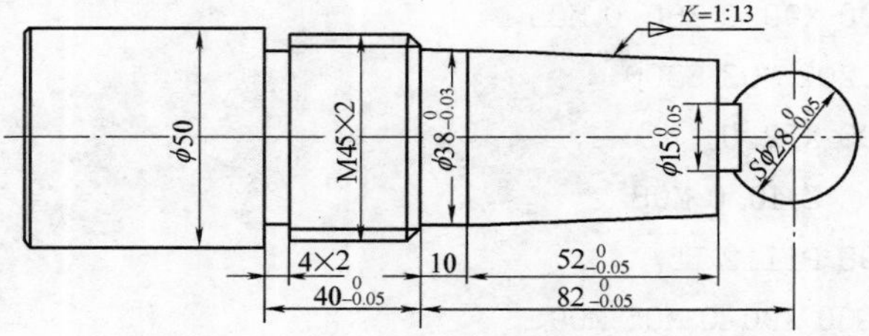

图 13-174 G71、G82 指令编程（一）

```
%4012
N1 G95 T0101 M03 S500
N2 G0 X52. 0 Z2. 0
N3 G71 U2. R1. P4 Q10 X0. 4 Z0. 2 F0. 2
N4 G00 X0
   Z0
   G3 X28. 0 Z-14. 0 R14
   G01 Z-34. 0
   X34. 0 F0. 1
   X38. 0 Z-86. 0
   Z-96. 0
   X41. 0
   X45. 0 W-2. 0
   Z-136. 0
   U7. 0
N10 X52. 0
    G00 X80. 0 Z70. 0
N11 T0202 S300
    G00 X36. 0
    Z-34. 0
    G01 X15. 2 F0. 15
        X29. 0
    G00 W4. 0
    G01 X15. 2
        X29. 0
        W0. 178
        X15. 0
        Z-34. 0 F0. 1
        X35. 0 F0. 4
    G00 X52. 0
        Z-136. 0
```

```
    G01 X41.0 F0.15
        U10.0
    G00 Z-18.0
        X32.0
N15 G71 U1. R0.5 P16 Q18 X0.3 Z0.1 F0.2
N16 G01 X28.0
    G03 X15.0 Z-29.822 R14 F0.1
N18 G01 X32.0
    G00 X70.0 Z70.0
N20 T0303 M03 S400
    G00 X50.0 Z-95.0
    G82 X44.0 Z-133.0 F2
        X43.2 Z-133.0 F2
        X42.4 Z-133.0 F2
    G00 X70.0 Z70.0
N21 T0101 M05
N22 M30
```

3. 用 G71、G82 指令编程（二）

如图 13-175 所示，用 G71、G82 指令编程。

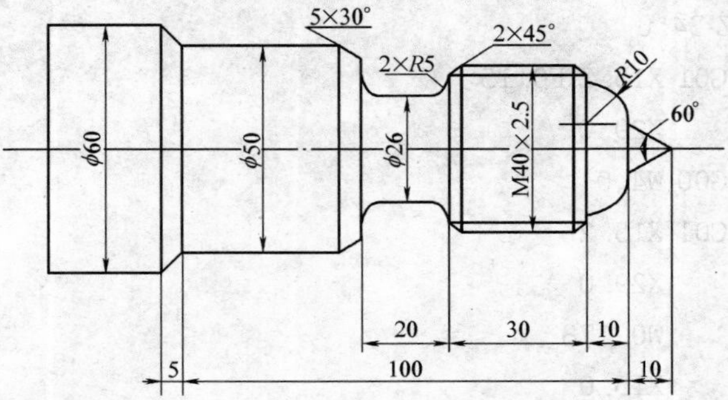

图 13-175　G71、G82 指令编程（二）

```
%4013
N1 G95 S800 T0101 M03
```

```
G00 X62.0 Z2.0
G71 U2.0 R1.0 P4 Q6 X0.2 Z2.0 F0.15
N4 G01 X0 Z0
G01 X11.55 Z-10.0 F0.1
G03 X31.55 Z-20.0 R10.0 F0.15
G01 X36.0
X40.0 Z-22.0
Z-70.0
X45.0
X50.0 Z-74.33
Z-100.0
X60.0 Z-116.55 F0.15
N6 X100.0
G00 X90.0 Z100.0
N7 T0202 S500
G01 X60.0
Z-70.0
G01X31.0
X50.0
Z-65.0
X27.0
X50.0
Z-60.0
X27.0
X50.0
Z-55.0
X31.0
X60.0
Z-53.0
X36.0 Z-55.0 F0.15
N8 G02X26.0Z-60.0 R5 F0.15
```

```
G01Z-65.0
G02X31.0 Z-70.0R5 F0.15
G01 X70.0
G00X80.0 Z100.0
N9 T0303 S300
G00X41.0 Z-19.0
G82 X39.5 Z-50.5 F2.5
X38.0 F2.5
X37.0 F2.5
X36.0 F2.5
G01 X80.0
G00 X90.0 Z100.0 M05
T0101
N10 M30
```

4. 用复合循环编写程序（一）

用外径粗加工复合循环编写图 13-176 所示零件的加工程序。

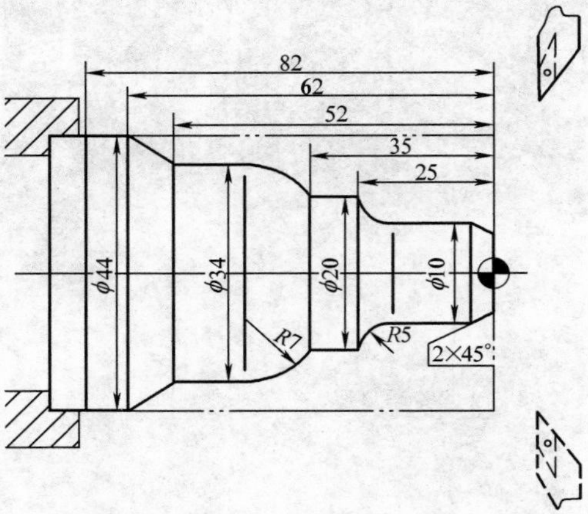

图 13-176　外径粗加工

要求循环起始点在 A（46，3），背吃刀量为 1.5mm（半径量）。退刀量为 1mm，X 方向精加工余量为 0.4mm，Z 方向精加工余量为 0.1*mm*，其中双点划线部分为工件毛坯。

%5001

N1 G59 G00 X80 Z80（选定坐标系 G55，到程序起点位置）

N2 M03 S400（主轴以 400r/min 正转）

N3 G01 X46 Z3 F100（刀具到循环起点位置）

N4 G71U1.5R1P5Q13X0.4 Z0.1（粗切量：1.5mm 精切量：X0.4mm Z0.1mm）

N5 G00 X0（精加工轮廓起始行，到倒角延长线）

N6 G01 X10 Z-2（精加工 2×45°倒角）

N7 Z-20（精加工 ϕ10 外圆）

N8 G02 U10 W-5 R5（精加工 R5 圆弧）

N9 G01 W-10（精加工 ϕ20 外圆）

N10 G03 U14 W-7 R7（精加工 R7 圆弧）

N11 G01 Z-52（精加工 ϕ34 外圆）

N12 U10 W-10（精加工外圆锥）

N13 W-20（精加工 ϕ44 外圆，精加工轮廓结束行）

N14 X50（退出已加工面）

N15G00 X80 Z80（回对刀点）

N16 M05（主轴停）

N17 M30（主程序结束并复位）

5. 用复合循环编写程序（二）

用内径粗加工复合循环编写图 13-177 所示零件的加工程序。

要求循环起始点在 A（46，3），背吃刀量为 1.5mm（半径量），退刀量为 1mm，X 方向精加工余量为 0.4mm，Z 方向精加工余量为 0.1mm。其中双点划线部分为工件毛坯。

%5002

N1 T0101（换一号刀，确定其坐标系）

N2 G00 X80 Z80（到程序起点或换刀点位置）

N3 M03 S400（主轴以 400r/min 正转）

N4 X6 Z5（到循环起点位置）

G71U1R1P8Q16X-0.4Z0.1 F100（内径粗切循环加工）

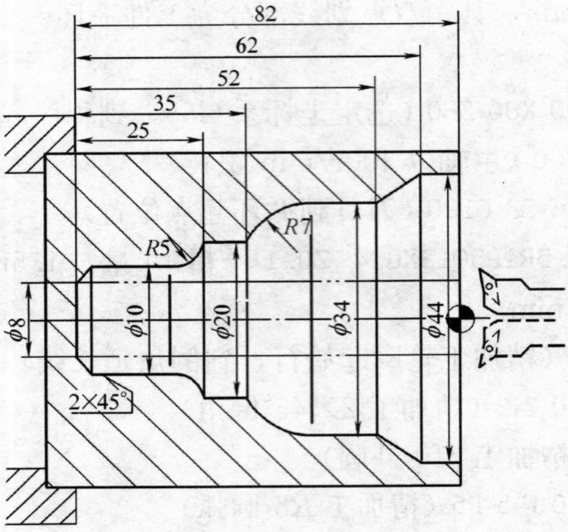

图 13-177　内径粗加工

N5 G00 X80 Z80（粗切后，到换刀点位置）

N6 T0202（换二号刀，确定其坐标系）

N7 G00 G42 X6 Z5（二号刀加入刀尖圆弧半径补偿）

N8 G00 X44（精加工轮廓开始，到 $\phi44$ 外圆处）

N9 G01 W-20 F80（精加工 $\phi44$ 外圆）

N10 U-10 W-10（精加工外圆锥）

N11 W-10（精加工 $\phi34$ 外圆）

N12 G03 U-14 W-7 R7（精加工 $R7$ 圆弧）

N13 G01 W-10（精加工 $\phi20$ 外圆）

N14 G02 U-10 W-5 R5（精加工 $R5$ 圆弧）

N15 G01 Z-80（精加工 $\phi10$ 外圆）

N16 U-4 W-2（精加工倒 2×45°角，精加工轮廓结束）

N17 G40 X4（退出已加工表面，取消刀尖圆弧半径补偿）

N18 G00 Z80（退出工件内孔）

N19 X80（回程序起点或换刀点位置）

N20 M30（主轴停、主程序结束并复位）

6. 用复合循环编写程序（三）

用有凹槽的外径粗加工复合循环编写图 13-178 所示零件的加

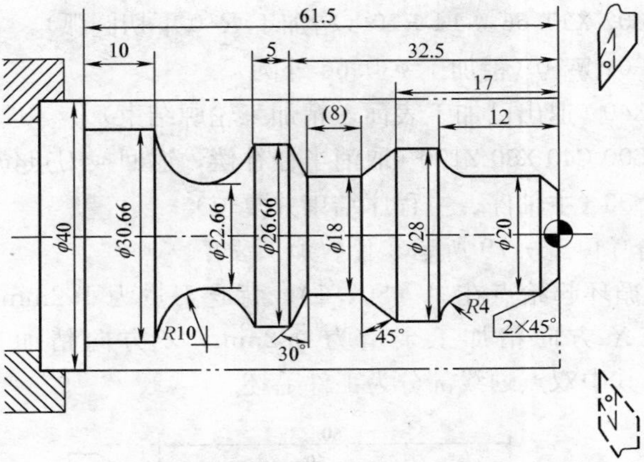

图 13-178 凹槽的外径粗加工

工程序。其中双点划线部分为工件毛坯。

%5003

N1 T0101（换一号刀，确定其坐标系）

N2 G00 X80 Z100（到程序起点或换刀点位置）

M03 S400（主轴以 400r/min 正转）

N3 G00 X42 Z3（到循环起点位置）

N4G71U1R1P8Q19E0.3F100（有凹槽粗切循环加工）

N5 G00 X80 Z100（粗加工后，到换刀点位置）

N6 T0202（换二号刀，确定其坐标系）

N7 G00 G42 X42 Z3（二号刀加入刀尖圆弧半径补偿）

N8 G00 X10（精加工轮廓开始，到倒角延长线处）

N9 G01 X20 Z-2 F80（精加工倒 2×45°角）

N10 Z-8（精加工 ϕ20 外圆）

N11 G02 X28 Z-12 R4（精加工 R4 圆弧）

N12 G01 Z-17（精加工 ϕ28 外圆）

N13 U-10 W-5（精加工下切锥）

N14 W-8（精加工 ϕ18 外圆槽）

N15 U8.66 W-2.5（精加工上切锥）

N16 Z-37.5（精加工 ϕ26.66 外圆）

N17 G02 X30.66 W-14 R10（精加工 R10 下切圆弧）

N18 G01 W-10（精加工 ϕ30.66 外圆）

N19 X40（退出已加工表面，精加工轮廓结束）

N20 G00 G40 X80 Z100（取消半径补偿，返回换刀点位置）

N21 M30（主轴停、主程序结束并复位）

7. 编写图 13-179 所示零件的加工程序

要求循环起始点在 A（80，1），背吃刀量为 1.2mm。退刀量为 1mm，X 方向精加工余量为 0.2mm，Z 方向精加工余量为 0.5mm，其中双点划线部分为工件毛坯。

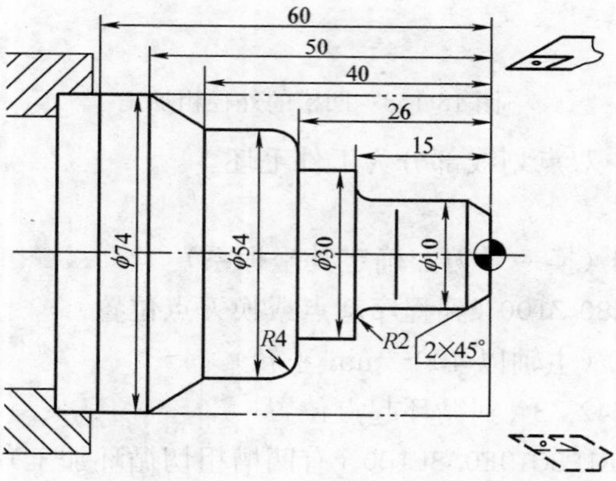

图 13-179 加工零件

%5004

N1 T0101（换一号刀，确定其坐标系）

N2 G00 X100 Z80（到程序起点或换刀点位置）

N3 M03 S400（主轴以 400r/min 正转）

N4 X80 Z1（到循环起点位置）

N5 G72W1.2R1P8Q17X0.2Z0.5F100（外端面粗切循环加工）

N6 G00 X100 Z80（粗加工后，到换刀点位置）

N7 G42 X80 Z1（加入刀尖圆弧半径补偿）

N8 G00 Z-56（精加工轮廓开始，到锥面延长线处）

N9 G01 X54 Z-40 F80（精加工锥面）

N10 Z-30（精加工 ϕ54 外圆）

N11 G02 U-8 W4 R4（精加工 $R4$ 圆弧）

N12 G01 X30（精加工 $Z26$ 处端面）

N13 Z-15（精加工 ϕ30 外圆）

N14 U-16（精加工 Z15 处端面）

N15 G03 U-4 W2 R2（精加工 $R2$ 圆弧）

N16 Z-2（精加工 ϕ10 外圆）

N17 U-6 W3（精加工倒 2×45°角，精加工轮廓结束）

N18 G00 X50（退出已加工表面）

N19 G40 X100 Z80（取消半径补偿，返回程序起点位置）

N20 M30（主轴停、主程序结束并复位）

8. 编写图 13-180 所示零件的加工程序

要求循环起始点在 A（6，3），背吃刀量为 1.2mm。退刀量为 1mm，X 方向精加工余量为 0.2mm，Z 方向精加工余量为 0.5mm，其中点划线部分为工件毛坯。

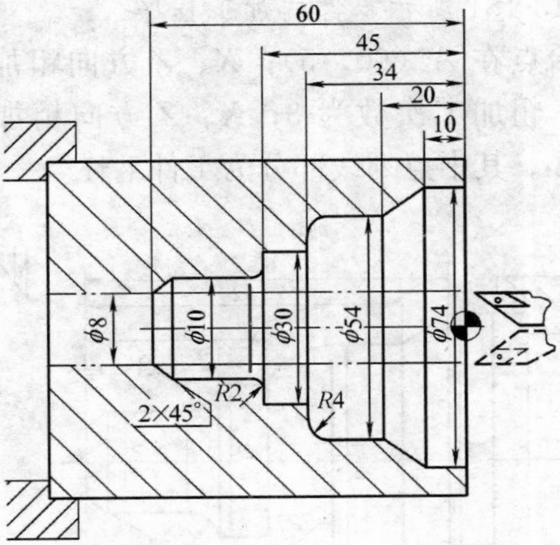

图 13-180　粗加工零件加工示意图

%5005

N1 G92 X100 Z80（设立坐标系，定义对刀点的位置）

N2 M03 S400（主轴以 400r/min 正转）

N3 G00 X6 Z3（到循环起点位置）

G72W1.2R1P5Q15X-0.2Z0.5F100（内端面粗切循环加工）

N5 G00 Z-61（精加工轮廓开始，到倒角延长线处）

N6 G01 U6 W3 F80（精加工倒 2×45°角）

N7 W10（精加工 ϕ10 外圆）

N8 G03 U4 W2 R2（精加工 R2 圆弧）

N9 G01 X30（精加工 Z45 处端面）

N10 Z-34（精加工 ϕ30 外圆）

N11 X46（精加工 Z34 处端面）

N12 G02 U8 W4 R4（精加工 R4 圆弧）

N13 G01 Z-20（精加工 ϕ54 外圆）

N14 U20 W10（精加工锥面）

N15 Z3（精加工 ϕ74 外圆，精加工轮廓结束）

N16 G00 X100 Z80（返回对刀点位置）

N17 M30（主轴停、主程序结束并复位）

9. 编写图 13-181 所示零件的加工程序

设切削起始点在 A（60，5）；X、Z 方向粗加工余量分别为 3mm、0.9mm；粗加工次数为 3；X、Z 方向精加工余量分别为 0.6mm、0.1mm。其中点划线部分为工件毛坯。

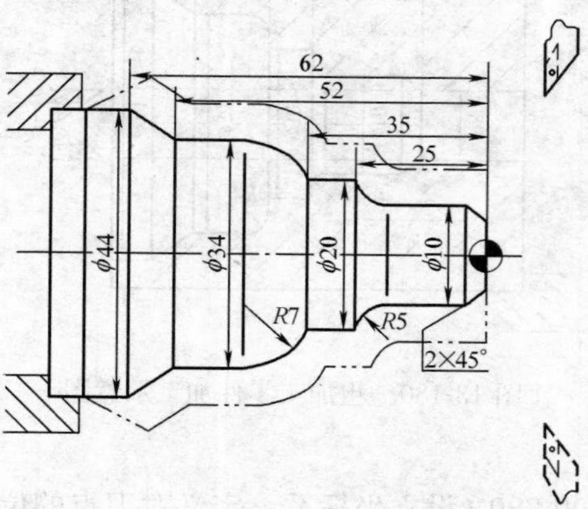

图 13-181　切削零件加工示意图

```
%5006
N1 G58 G00 X80 Z80（选定坐标系，到程序起点位置）
N2 M03 S400（主轴以 400r/min 正转）
N3 G00 X60 Z5（到循环起点位置）
N4 G73U3W0.9R3P5Q13X0.6Z0.1F120（闭环粗切循环加工）
N5 G00 X0 Z3（精加工轮廓开始，到倒角延长线处）
N6 G01 U10 Z-2 F80（精加工倒 2×45°角）
N7 Z-20（精加工 φ10 外圆）
N8 G02 U10 W-5 R5（精加工 R5 圆弧）
N9 G01 Z-35（精加工 φ20 外圆）
N10 G03 U14 W-7 R7（精加工 R7 圆弧）
N11 G01 Z-52（精加工 φ34 外圆）
N12 U10 W-10（精加工锥面）
N13 U10（退出已加工表面，精加工轮廓结束）
N14 G00 X80 Z80（返回程序起点位置）
N15 M30（主轴停、主程序结束并复位）
```

10. 用螺纹切削复合循环 G76 指令编程

加工螺纹为 ZM60×2，工件尺寸见图 13-182，其中括弧内尺寸根据标准得到。

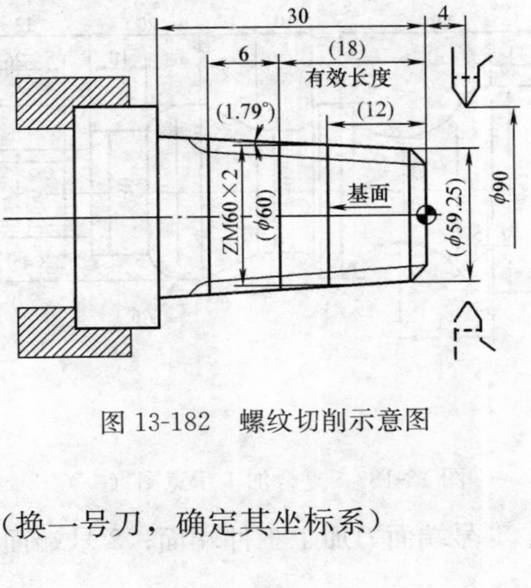

图 13-182 螺纹切削示意图

```
%5007
N1 T0101（换一号刀，确定其坐标系）
```

N2 G00 X100 Z100（到程序起点或换刀点位置）

N3 M03 S400（主轴以 400r/min 正转）

N4 G00 X90 Z4（到简单循环起点位置）

N5 G80 X61.125 Z-30 I-0.94 F80（加工锥螺纹外表面）

N6 G00 X100 Z100 M05（到程序起点或换刀点位置）

N7 T0202（换二号刀，确定其坐标系）

N8 M03 S300（主轴以 300r/min 正转）

N9 G00 X90 Z4（到螺纹循环起点位置）

N10 G76C2R-3E1.3A60X58.15Z-24I-0.94K1.299U0.1V0.1Q0.9F2

N11 G00 X100 Z100（返回程序起点位置或换刀点位置）

N12 M05（主轴停）

N13 M30（主程序结束并复位）

11. 编写图 13-183 所示零件的加工程序

工艺条件：工件材质为 45 钢或铝；毛坯为直径 ϕ54mm、长 200mm 的棒料。

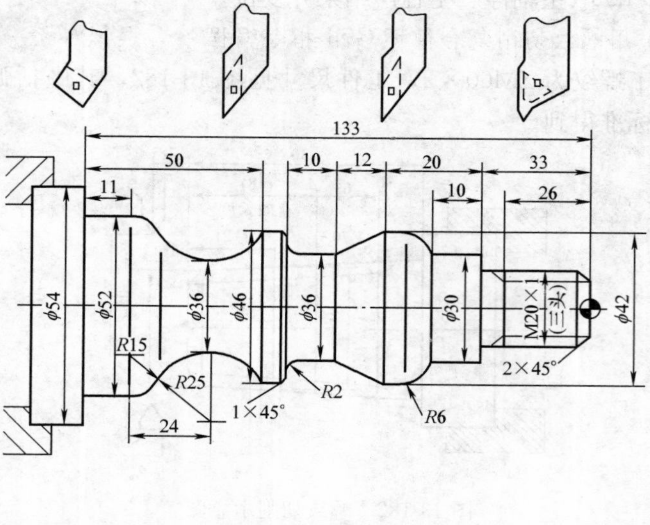

图 13-183 复合加工示意图（一）

刀具选用：1 号端面刀加工工件端面；2 号端面外圆刀粗加工

工件轮廓；3 号端面外圆刀精加工工件轮廓；4 号外圆螺纹刀加工导程为 3mm、螺距为 1mm 的三头螺纹。

%5008

N1 T0101（换一号端面刀，确定其坐标系）

N2 M03 S500（主轴以 400r/min 正转）

N3 G00 X100 Z80（到程序起点或换刀点位置）

N4 G00 X60 Z5（到简单端面循环起点位置）

N5 G81 X0 Z1.5 F100（简单端面循环，加工过长毛坯）

N6 G81 X0 Z0（简单端面循环加工，加工过长毛坯）

N7 G00 X100 Z80（到程序起点或换刀点位置）

N8 T0202（换二号外圆粗加工刀，确定其坐标系）

N9 G00 X60 Z3（到简单外圆循环起点位置）

N10 G80 X52.6 Z-133 F100（简单外圆循环，加工过大毛坯直径）

N11 G01 X54（到复合循环起点位置）

N12 G71 U1 R1 P16 Q32 E0.3（有凹槽外径粗切复合循环加工）

N13 G00 X100 Z80（粗加工后，到换刀点位置）

N14 T0303（换三号外圆精加工刀，确定其坐标系）

N15 G00 G42 X70 Z3（到精加工始点，加入刀尖圆弧半径补偿）

N16 G01 X10 F100（精加工轮廓开始，到倒角延长线处）

N17 X19.95 Z-2（精加工倒 2×45°角）

N18 Z-33（精加工螺纹外径）

N19 G01 X30（精加工 Z33 处端面）

N20 Z-43（精加工 $\phi30$ 外圆）

N21 G03 X42 Z-49 R6（精加工 $R6$ 圆弧）

N22 G01 Z-53（精加工 $\phi42$ 外圆）

N23 X36 Z-65（精加工下切锥面）

N24 Z-73（精加工 $\phi36$ 槽径）

N25 G02 X40 Z-75 R2（精加工 $R2$ 过渡圆弧）

N26 G01 X44（精加工 Z75 处端面）

N27 X46 Z-76（精加工倒 1×45°角）

N28 Z-84（精加工 ϕ46 槽径）

N29 G02 Z-113 R25（精加工 R25 圆弧凹槽）

N30 G03 X52 Z-122 R15（精加工 R15 圆弧）

N31 G01 Z-133（精加工 ϕ52 外圆）

N32 G01 X54（退出已加工表面，精加工轮廓结束）

N33 G00 G40 X100 Z80（取消半径补偿，返回换刀点位置）

N34 M05（主轴停）

N35 T0404（换四号螺纹刀，确定其坐标系）

N36 M03 S200（主轴以 200r/min 正转）

N37 G00 X30 Z5（到简单螺纹循环起点位置）

N38G82X19.3Z-20R-3E1C2P120F3（加工两头螺纹，背吃刀量 0.7）

N39G82X18.9Z-20R-3E1C2P120F3（加工两头螺纹，背吃刀量 0.4）

N40G82X18.7Z-20R-3E1C2P120F3（加工两头螺纹，背吃刀量 0.2）

N41G82X18.7Z-20R-3E1C2P120F3（光整加工螺纹）

N42 G76C2R-3E1A60X18.7Z-20 K0.65U0.1V0.1Q0.6P240F3

N43 G00 X100 Z80（返回程序起点位置）

N44 M30（主轴停、主程序结束并复位）

12. 编制图 13-184 所示零件的加工程序

工艺条件：工件材质为 45 钢或铝；毛坯为直径 ϕ55mm、长 150mm 的棒料。

刀具选用：切槽刀刀头宽度为 3mm；其余按加工要求自选。

```
%5009
G95 T0101 M03 S500
G00 X57.0 Z2.0
G81 X-1.0 Z1.0 F0.1
G81 X-1.0 Z0.0 F0.1
G71 U3.0 R1.0 P3 Q4 X1.0 Z0.2 F0.2
G00 X100.0 Z50.0
```

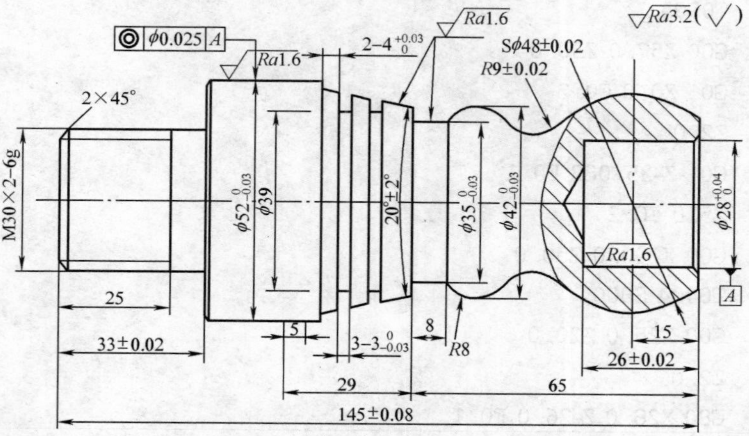

图 13-184　复合加工示意图（二）

```
T0707 M03 S1000
G00 X57.0 Z2.0
N3 G00 X37.47
G01 Z0.0 F0.1
G03 X35.06 Z-31.383 R24.0 F0.1
G02 X36.46 Z-44.333 R9.0 F0.1
G03 X35.0 Z-57.0 R8.0 F0.1
G01 Z-65.0 F0.1
X41.773
X52.0 Z-94.0
Z-112.0
N4 G01 X57.0 F0.2
G00 X100.0 Z50.0
T0202 S400
G00 X57.0 Z2.0
Z-68.0
M98 P8888 L3
G00 X100. Z50.0
```

```
T0505
G00 X57.0 Z30.0
G01 X0.0 F0.2
Z2.0
G01 Z-35.082 F0.1
Z5.0 F0.2
G00 X100.0 Z50.0
T0404 S800
G00 X25.0 Z20.0
Z2.0
G80 X28.0 Z-26.0 F0.1
G00 X100.0 Z50.0
M00
T0606 S500
G00 X57.0 Z2.0
G81 X-1.0 Z0.0
G80 X50.0 Z-33.0 F0.1
G80 X45.0 Z-33.0 F0.1
G80 X40.0 Z-33.0 F0.1
G80 X35.0 Z-33.0 F0.1
S1000
G00 X21.8
G01 X29.8 Z-2.0 F0.1
Z-33.0
X50.0
x52.0 Z-34.0
X57.0 F0.3
G00 X100.0 Z50.0
T0303 S400
G00 X35.0 Z5.0
G82 X28.8 Z-25.225 E1.3 R-1.0 F2
```

```
G82 X28.0 Z-25.225 E1.3 R-1.0 F2
G82 X27.5 Z-25.225 E1.3 R-1.0 F2
G82 X27.2 Z-25.225 E1.3 R-1.0 F2
G00 X100.0 Z50.0
T0101
M30
%8888
G01 W-7.0 F0.1
X39.0
X55.0
M99
```

第五节　数控车床的维护与保养

数控车床是采用了数控技术的车床，它是利用数字信号控制车床运动及其加工过程的，是一种典型的机电一体化产品。只有保证了数控车床的正确安装调试，掌握了数控车床维护保养、故障诊断及维修技术，才能排除数控车床工作过程中产生的各种故障，保证数控车床实现机械加工的高速度、高精度和高度自动化。

一、数控车床的选用

（一）选用依据

数控机床在各单位使用要求与侧重点各不相同，但最基本的出发点是相同的，就是满足使用要求，包括典型加工对象的类型、加工范围、内容和要求、生产批量及坯料情况等。使用要求不同，选用的侧重点也不同，具体有以下一些原则。

1. 数控车床的适用范围

数控车床与普通车床相比，具有许多优点，应用范围不断扩大。但是数控设备的初始投资费用比较高、技术复杂，对编程、维修人员的素质要求也比较高。在实际选用中，一定要充分考虑其技术经济效益。当零件不太复杂、生产批量又较少时，适合采用普遍车床；当生产批量很大时，宜采用专用车床；而当零件形状复杂、加工精度要求高和中小批量轮番生产或产品更新频繁、生产周期要求短时，适合采用数控车床。

2. 工件的加工批量应大于经济批量

普通车床上加工中小批量工件时，由于种种原因，纯切削时间只能占实际工时的10%～20%，但如果采用数控车床，则使这个比例可能上升到70%～80%。因此，与普通车床相比，数控车床的单件机动加工工时要短得多，但准备调整工时又要长得多。所以用来加工批量太小的工件是不经济的，而且生产周期也不一定缩短。

经济批量可参考下式估算。

$$经济批量=\frac{数控车床准备工时-普通车床准备工时}{K（普通车床单件工时-数控车床单件工时）}$$

式中　K——修正值系数。

数控车床准备工时包括工艺准备、程序准备、现场准备（机床调整、工件加工程序试运行和试切削等）。对重复性生产的零件，工艺准备和程序，准备工时就应再除以重复投产次数。

数控车床单件工时应包括对应数控车床各加工工序的工时总和，再适当考虑工序集中后对工件整个加工周期缩短的影响。

修正系数K是考虑到数控车床的工时成本要比普通车床高得多，希望一台数控车床能顶替几台普通车床使用，所以K一般取2以上。

经济批量与数控车床准备工时成正比，而准备工时又取决于使用车床的技术水平、管理水平和配置的附件等情况。随着使用水平的提高，配置工具和手段的齐全，经济批量的基数是可以越来越小的。对一般复杂程度的工件，有10件左右的批量，就可以考虑使用数控车床了。

3. 根据典型加工对象选用数控车床的类型

用户单位在确定典型加工对象时，应根据添置设备技术部门的技术改造或生产发展要求，确定有哪些零件的哪些工序准备用数控车床来完成，然后采用成组技术把这些零件进行归类。在归类时，往往遇到零件的规格大小相差很多、各类零件的综合加工工时大大超过机床满负荷工时等问题。因此，就要做进一步的选择，确定比较满意的典型加工对象后，再来选择合适的加工机床。

（二）选用的内容

选用数控车床的大致方向确定后，接下来就是对具体车床的选用。选用内容包括车床主参数、精度和功能等。

1. 车床主参数

在车床所有参数中，坐标轴的行程是最主要的参数。基本轴 X、Z 两个坐标轴的行程反映了车床的加工范围。一般情况下，加工件的轮廓尺寸应在车床坐标轴的行程内，个别情况也可以有工件尺寸大于车床坐标轴的行程范围，但必须要求零件上的加工区处在车床坐标轴的行程范围之内。而且要考虑机床导轨或工作台的允许承载能力，以及工件是否与车床换刀空间干涉及其在工件台上回转时，是否与护罩等附件干涉一系列问题。

主轴转速、进给速度范围和主轴电动机功率等也是主要参数，它代表了机床的效率，也从一个侧面反映了机床的刚性。如果加工过程中以使用小直径刀具为主，则一定要选择高速主轴，否则加工效率无法提高。

2. 车床精度

影响零件加工精度的因素很多，但主要有两个，即机床因素和工艺因素。在一般情况下，零件的加工精度主要取决于机床。在机床因素中，主要有主轴回转精度、导轨导向精度、各坐标之间的相互位置精度、机床的热变形特性等。

不同类型的机床，对精度的侧重点是不同的。车床主要以尺寸精度为主。

3. 车床功能

数控机床的功能包括坐标轴数和联动轴数、辅助功能、数控系统功能选择等多项内容。

在所有功能中，坐标轴数和联动轴数是主要选择内容。对于用户来说，坐标轴数和联动轴数越多，则机床功能越强。每增加一个标准坐标轴，则机床价格约增加 30%～40%，故不能盲目追求坐标轴数量。

数控机床的辅助功能很多，如零件的在线测量、机上对刀、砂轮修正与自动补偿、断刀监测、刀具磨损监测、刀具内冷却方式、切屑输送方式和刀具寿命管理等。选择辅助功能应以实用为原则。

在选择数控机床功能的时候，还有一个较难处理的功能预留问题。要处理好功能预留问题，应结合企业的产品结构、发展与投资计划，对于生产线上用的数控机床，主要考虑效率和几个指标问题，则可不必考虑功能预留。对中小批量生产用的数控机床，要考虑产品经常变化及适合各种零件的加工，功能比效益更重要，则数控机床必须考虑功能预留。

在选用数控系统时，除了需有快速运动，直线及圆弧插补、刀具补偿和固定循环等基本功能外，还需结合使用要求，可选择几何软件包、切削过程动态图形显示、参数编程、自动编程软件包和离线诊断程序等功能。目前，在我国使用比较广泛的有德国SIMENS公司、日本FANUC公司、美国A-B公司等数控系统。此外，我国国产的数控系统（如华中数控）也日渐完善。

4. 其他

除了上述内容外，数控机床选用还要考虑机床的刚度、可靠性、厂商知名度与信誉、售后服务等因素。

机床的刚度取决于机床的结构和质量。

机床运转的可靠性包括两个方面的含义，一是在使用寿命期内故障尽可能少；二是机床连续运转稳定可靠。在选购数控机床时，一般选择正规或著名厂家的品牌机床，并通过走访老用户，了解使用情况和售后服务情况的方法，对所选择机型的可靠性做出估计。定购多台数控机床时，应尽可能选用同一厂家的产品，这样会在定购备件、故障诊断与维修方面带来方便，同样可提高机床的运行可靠性。

（三）购置订货时应注意的问题

在选型工作完成后，接下来就应该签订供货合同，还应该注意以下几方面的问题。

1. 要订购一定数量的备件

有一定数量的备件储备，对数控机床的维修来说是十分重要的。一般可采用厂家推荐的备件清单，优先选择易损件。

2. 要求供方提供技术资料和人员培训

要求供货方提供尽可能多的技术资料和较充分的操作维修培训时间。订货时，可要求供货方提供一套说明书，以供翻译、整理和操作维修人员学习使用。这样，在供货方提供培训及安装调试时，可学到更多东西。

3. 复杂零件的加工问题

如果将来加工的零件较复杂，且有较大批量，可要求供方提供全套的刀具、夹具和程序，并加工出合格零件，作为机床加工试件列入验收项目。

4. 配置必要的附件和刀具

为充分发挥数控机床的作用，增强其加工能力，必须配置必要的附件和刀具，如刀具预调仪、测量头、自动编程器、中心找正器和刀具系统等。这些附件和刀具一般在数控机床说明书中都有介绍，在选购时应考虑本单位加工产品的特点，以满足加工要求。

5. 优先选用国内生产的数控机床

在价格性能比相当的情况下，优先选择国内生产的数控机床。一方面是对国内机床制造业的支持；另一方面在技术培训、售后服务、附件配套和备件补充等方面要方便一些。

二、数控车床的安装与调试

数控车床的安装与调试是使机床恢复和达到出厂时的各项性能指标的重要环节。由于数控机床价值很高，其安装与调试工作比较复杂，一般要请供方的服务人员来进行。作为用户，要做的主要是安装调试的准备工作，配合工作及组织工作。

（一）安装调试的准备工作

准备工作主要有以下几个方面。

（1）厂房设施，必要的环境条件。

（2）地基准备：按照地基图打好地基，并预埋好电、油、水管线。

（3）工具仪器准备：起吊设备、安装调试中所用工具、机床检验工具和仪器。

（4）辅助材料：如煤油、机油、清洗剂、棉纱棉布等。

（5）将机床运输到安装现场，但不要拆箱。拆箱工作一般要等供方服务人员到场。如果有必要提前开箱，一要征得供方同意，二要请商检局派员到场，以免出现问题发生争执。

（二）安装调试的配合工作

1. 在安装调试期间，要做的配合工作

（1）机床的开箱与就位，包括开箱检查、机床就位、清洗防锈等工作。

（2）机床调水平，附加装置组装到位。

（3）接通机床运行所需的电、气、水、油源；电源电压与相序、气水油源的压力和质量要符合要求。这里主要强调两点，一是要进行地线连接，二是要对输入电源电压、频率及相序进行确定。

数控设备一般都要进行地线连接。地线要采用一点接地型，即辐射式接地法。这种接地法要求将数控柜中的信号地、强电地、机床地等直接连接到公共接地点上，而不是相互串接连接在公共接地点上。并且数控柜与强电柜之间应有足够粗的保护接地电缆。而总的公共接地点必须与大地接触良好，一般要求接地电阻小于4～7Ω。

2. 对于输入电源电压、频率及相序的确认要求

（1）检查确认变压器的容量是否满足控制单元和伺服系统的电能消耗。

（2）电源电压波动范围是否在数控系统的允许范围之内。一般日本的数控系统允许在电压额定值的110％～85％范围内波动，而欧美的一系列数控系统要求较高一些。否则需要外加交流稳压器。

（3）对于采用晶闸管控制元件的速度控制单元的供电电源，一定要检查相序。在相序不对的情况下接通电源，可能使速度控制单元的输入熔体烧断。相序的检查方法有两种：一种是用相序表测量，当相序接法正确时，相序表按顺时针方向旋转，另一种是用双线示波器来观察两相之间的波形，两相波形在相位上相差120°。

（4）检查各油箱油位，需要时给油箱加油。

（5）机床通电并试运转。机床通电操作可以是一次各部件全面

供电，或各部件供电，然后再作总供电试验。分别供电比较安全，但时间较长。检查安全装置是否起作用，能否正常工作，能否达到额定指标。例如启动液压系统时先判断液压泵电动机转动方向是否正确，液压泵工作后管路中是否形成油压，各液压元件是否正常工作，有无异常噪声，各接头有无渗漏；气压系统的气压是否达到规定范围值等。

（6）机床精度检验、试件加工检验。

（7）机床与数控系统功能检查。

（8）现场培训包括操作、编程与维修培训，保养维修知识介绍，机床附件、工具、仪器的使用方法等。

（9）办理机床交接手续。若存在问题，但不属于质量、功能、精度等重大问题，可签署机床接收手续，并同时签署机床安装调试备忘录，限期解决遗留问题。

（三）安装调试的组织工作

在数控机床安装调试过程中，作为用户要做好安装调试的组织工作。

安装调试现场均要有专人负责，赋予现场处理问题的权力，做到一般问题不请示即可现场解决，重大问题经请示研究要尽快答复。

安装调试期间，是用户操作与维修人员学习的好机会，要很好地组织有关人员参加，并及时提出问题，请供方服务人员回答解决。

对待供方服务人员，应原则问题不让步，但平时要热情，招待要周到。

三、数控车床的检测与验收

数控机床的检测验收是一项复杂的工作。它包括对机床的机、电、液和整机综合性能及单项性能的检测，另外还需对机床进行刚度和热变形等一系列试验，检测手段和技术要求高，需要使用各种高精度仪器。对数控机床的用户，检测验收工作主要是根据订货合同和机床厂检验合格证上所规定的验收条件及实际可能提供的检测手段，全部或部分地检测机床合格证上的各项技术指标，并将数据记入设备技术档案中，以作为日后维修时的依据。机床验收中的主要工作有以下几个方面。

（一）开箱检查

开箱检查的主要内容有以下几个方面。

（1）检查随机资料，包括装箱单、合格证、操作维修手册、图纸资料、机床参数清单及软盘等。

（2）检查主机、控制柜、操作台等有无明显碰撞变形、损伤、受潮、锈蚀、油漆脱落等现象，并逐项如实填写“设备开箱验收登记卡”和入档。

（3）对照购置合同及装箱单，清点附件、备件、工具的数量、规格及完好状况。如发现上述有短缺、规格不符或严重质量问题，应及时向有关部门汇报，并及时进行查询，取证或索赔等紧急处理。

（二）机床几何精度检查

数控机床的几何精度，综合反映了该机床各关键部件精度及其装配质量与精度，是数控机床验收的主要依据之一。数控机床的几何精度检查与普通机床的几何精度检查基本类似，使用的检测工具和方法也很相似，只是检查要求更高，主要依据是厂家提供的合格证（精度检验单）。

常用的检测工具有精密水平仪、直角尺、精密方箱、平尺、平行光管、千分表、测微仪、高精度主轴检验芯棒。检测工具和仪器必须比所测几何精度高一个等级。

各项几何精度的检测方法按各机床的检测条件规定。

需要注意的是，几何精度必须在机床精调后一次完成，不允许调整一项检测一项，因为有些几何精度是相互联系、相互影响的。另外，几何精度检测必须在地基及地脚螺钉的混凝土完全固化以后进行。考虑地基的稳定时间过程，一般要求数月到半年后再对机床精调一次水平。

（三）机床定位精度检查

数控机床的定位精度是指机床各坐标轴在数控系统的控制下运动所能达到的位置精度。因此，根据实测的定位精度数值，可判断出该机床自动加工过程中能达到的最好的零件加工精度。定位精度的主要检测内容如下。

（1）各直线运动轴的定位精度和重复定位精度。

（2）各直线运动轴参考点的返回精度。

（3）各直线运动轴的反向误差。

（4）旋转轴的旋转定位精度和重复定位精度。

（5）旋转轴的反向误差。

（6）旋转轴参考点的返回精度。

测量直线运动的检测工具有测微仪、成组块规、标准长度刻线尺、光学读数显微镜及双频激光干涉仪等。标准长度测量以双频激光干涉仪为准。旋转运动检测工具有360齿精密分度的标准转台或角度多面体、高精度圆光栅及平行光管等。

（四）机床切削精度检查

机床切削精度检查，是在切削加工条件下对机床几何精度和定位精度的综合检查。一般分为单项加工精度检查和加工一个综合性试件检查两种。对于卧式加工中心，其切削精度检查的主要内容是形状精度、位置精度和表面粗糙度。

被切削加工试件的材料除特殊要求外，一般都采用一级铸铁，使用硬质合金刀具按标准切削用量切削。

（五）数控机床功能检查

数控机床功能检查包括机床性能检查和数控功能检查两个方面。

1. 机床性能检查

以立式加工中心为例介绍机床性能检查内容。

（1）主轴系统性能。用手动方式试验主轴动作的灵活性和可靠性；用数据输入方法，使主轴从低速到高速旋转，实现各级转速，同时观察机床的振动和主轴的温升；试验主轴准停装置的可靠性和灵活性。

（2）进给系统性能。分别对各坐标轴进行手动操作，试验正反方向不同进给速度和快速移动的启、停、点动等动作的平衡性和可靠性；用数据输入方式或MDI方式测定点定位和直线插补下的各种进给速度。

(3) 自动换刀系统性能。检查自动换刀系统的可靠性和灵活性，测定自动交换刀具的时间。

(4) 机床噪声。机床空转时总噪声不得超过标准规定的80dB。机床噪声主要来自于主轴电机的冷却风扇和液压系统液压泵等处。

除了上述的机床性能检查项目外，还有电气装置（绝缘检查、接地检查）、安全装置（操作安全性和机床保护可靠性检查）、润滑装置（如定时润滑装置可靠性、油路有无渗漏等检查）、气液装置（闭封、调压功能等）和各附属装置的性能检查。

2. 数控功能检查

数控功能检查要按照订货合同和说明书的规定，用手动方式或自动方式，逐项检查数控系统的主要功能和选择功能。检查的最好方法是自己编一个检验程序，让机床在空载下自动运行8～16h。检查程序中要尽可能把机床应有的全部数控功能、主轴和各种转速、各轴的各种进给速度、换刀装置的每个刀位、台板转换等全部包含进去。对于有些选择功能要专门检查，如图形显示、自动编程、参数设定、诊断程序、参数编程、通信功能等。

四、数控机床的设备管理

设备管理是一项系统工程，应根据企业的生产发展及经营目标，通过一系列技术、经济、组织措施及科学方法来进行。前面所介绍的设备选用、安装、调试、检测与验收等，只属于该工作的前期管理部分，接下来它还应包括使用、维修以及改造更新，直到设备报废整个过程中的一系列管理工作。

在设备管理的具体运用上，可视各企业购买和使用数控机床的情况，选择下面的一些阶段进行。

(1) 在使用数控机床的初期，尚无一套成熟的管理办法和使用设备的经验，编程、操作和维修人员都较生疏，在这种情况下，一般都将数控机床划归生产车间管理，重点培养几名技术人员学习手动编程、自动编程和维修技术，然后再教给操作工，并在相当长的时间内让技术员与操作工人一样顶班操作，挑选本企业典型的关键零件，进行编制工艺、选择刀具、确定夹具和编制程序等技术准备工作，程序试运行，调整刀具、首件试切，工艺文件和程序归档等。

(2) 在掌握了一定的应用技术及数控机床有一定数量之后，可对这些设备采用专业管理、集中使用的方法。工艺技术准备由工艺部门负责，生产管理由工厂统一平衡和调度，数控设备集中在数控段或数控车间。在数控车间无其他类型普通机床的情况下，数控车床可只承担“协作工序”。

(3) 企业数控机床类型和数量较多，各种辅助设施比较齐全，应用技术比较成熟，编程、操作和维修等方面的技术队伍比较强大，可在数控车间配备适当的普通机床，使数控车间扩大成封闭的独立车间，具备独立生产完整产品件的能力。必要时，可实现设备和刀具的计算机管理，使机床的开动率较高，技术经济效益都比较好。

无论采用哪个阶段，设备管理都必须建立各项规章制度。如建立定人、定机、定岗制度，进行岗位培训，禁止无证操作。根据各设备特点，制定各项操作和维修安全规程。在设备保养上，要严格执行记录，即对每次的维护保养都作好保养内容、方法、时间、保养部位状况、参加人员等有关记录；对故障维修要认真做好有关故障记录和说明，如故障现象、原因分析、排除方法、隐含问题和使用备件情况等，并做好为设备保养和维修用的各类常用的备品配件主要有各种印刷电路板、电气元件（如各类熔断器、直流电动机电刷、开关按钮、继电器、接触器等）和各类机械易损件（如皮带、轴承、液压密封圈、过滤网等）。做好有关设备技术资料的出借、保管、登记工作。

五、数控车床的维护与保养

(一) 现代数控系统维修的基本条件

1. 维修人员应具备的基本素质

维修工作开展得好坏，首先取决于维修人员的素质。维修人员应具备以下基本素质。

(1) 要有高度的责任心和良好的职业道德。

(2) 具备计算机技术、模拟与数字电路技术基础、自动控制技术、检测技术以及机械工艺、刀具等方面的知识。

（3）进行过良好的数控技术培训，已掌握有关数控、驱动及PLC的工作原理，了解NC编程和编程语言。

（4）熟悉各种机床的基本结构，具有较强的动手操作能力。

（5）掌握各种常用检测仪器、仪表和各种维修工具的使用。

2. 应具备的维修手段

（1）准备好常用备件、配件。

（2）随时可以得到微电子元器件的供应。

（3）必要的维修工具（仪器、仪表、接线等），最好有小型编程或编程器等。

（4）完整的技术资料、手册、线路图、维修说明书（包括CNC操作说明书）、接口、调整诊断、驱动说明书、PLC说明（包括PLC用户程序单）、元器件表格等。

3. 维修前的准备

接到用户的维修要求之后，应及时与用户直接取得联系，以尽快地了解现场的情况，获取到现场的各种信息。如数控机床的进给与主轴驱动型号、报警指示或故障现象，用户现场有无备件等。然后，根据以上情况，预先分析可能出现的故障原因与部位。准备好有关的技术资料与维修服务工具、仪器、备件等。

（二）现代数控系统维修的阶段划分与维修的实施

1. 阶段的划分

现代数控系统的维修一般划分为三个阶段：①准备阶段；②现场维修阶段；③维修后的处理阶段。

准备阶段包括现场调研、故障信息的采集、工具与备件的准备等。它是开展维修工作的基础和前提，也是搞好维修工作的基本保障。

现场维修阶段是维修的具体工作过程，它包括对故障的诊断、检测、分析、故障定位、修复等。

2. 维修工作的步骤

（1）维修档案建立。维修档案包括技术档案和故障档案。

1）技术档案。技术档案是指数控设备的技术资料。维修人员应在认真消化、吸收的基础上，充分理解和掌握数控系统的构成和功能，还要对各种参数（特别是系统参数、PLC 参数）应该作为机床重要的技术资料加以保存，以备维修之用。这些参数随机床在安装调整时，应根据现场状况要调整一些参数，一旦参数调整好后，用户不能随意修改。当数控系统与机床相连时，在数控系统和可编程控制器的执行中，这些数据可使机床具有最佳的工作性能。

2）故障档案。数控设备一旦出现故障，应保护好现场，除非出现影响设备或人身安全的紧急情况。不要立即关断电源，而应先记录下故障出现时的机床工作状态、工作方式、故障位置、报警号及 CRT 的位置显示等。这些记录往往是分析故障原因、查找故障源的重要依据。另外，还应记录排除故障的分析过程，包括误判、排除方法、维修时间等，建立起相应的故障维修档案，从中总结经验、教训，提高重复维修的速度，有利于提高维修的技术水平。

（2）设备的测绘。设备的测绘包括设备各部件的物理位置、功能、控制系统的原理线路测绘（控制系统框图、部件线路原理图、设备间的连接图表）。维修人员最好能熟悉系统的软硬件原理，对设备的运行过程了如指掌，这样才能在维修过程中得心应手。

（三）技术资料的种类

技术资料是分析故障的依据，是解决问题的前提条件。因此，一定要重视数控设备技术资料的收集及日常管理工作。

由于数控设备所涉及的技术领域较多，因此资料涉及的面也广，主要有以下几类。

1. 设备的安装调试资料

主要有安装基础图、搬运吊装图、精度检验表、合格证、装箱单、购买合同中技术协议所规定的功能表等。

2. 设备的使用操作资料

如设备制造厂编制的使用说明书、维修保养手册、设备所配数控系统的编程手册、操作手册等。

3. 维修保养资料

维修保养资料主要包括以下几种。

（1）设备厂商编制的维修保养手册。

(2) 数控系统生产厂提供的有关资料。主要有数控维修手册、诊断手册、参数手册、固定循环手册、伺服放大器及伺服电机的参数手册和维护调整手册，以及一些特殊功能的说明书、数控系统的安装使用手册等。

(3) 设备的电气图纸资料。如设备的电气原理图、电气接线图、电器元件位置图，可编程控制器部分的梯形图或语句表，PLC输入输出点的定义表，梯形图中的计时器、计数器、保持继电器的定义及详细说明，所用的各种电器的规格、型号、数量、生产厂家等明细表。

(4) 机械维修资料。主要有设备结构图、运动部件的装配图、关键件、易耗件的零件图，零件明细表等。如加工中心应携带的机械资料有：①各伺服轴的装配图；②主轴单元组件图；③主轴拉、松刀及吹气部分结构图；④自动刀具更换部分、自动工作台交换部分以及旋转轴部分的装配图；⑤上述各部分的零件明细表，各机械单元的调整资料等。

(5) 有关液压系统的维修调整资料。包括液压系统原理图、液压元件安装位置图、液压管路图、液压元件明细表、液压马达的调整资料、液压油的标号及检验更换周期资料、液压系统清理方法及周期等。

(6) 气动部分的维修调整资料。主要有气动原理、气动管路图、气动元件明细表，有关过滤、调压、油化雾化三点组合的调整资料，使用的雾化油的牌号等。

(7) 润滑系统维修保养资料。数控设备一般采用自动润滑单元，设备生产厂应提供的资料有润滑单元管路图、元件明细表、管道及分配器的安装位置图、润滑点位置图、所用润滑油的标号、润滑周期及润滑时间的调整方法等。

(8) 冷却部分的维修保养资料。数控设备冷却部分有切削液循环系统、电器柜空调冷却器、有关精密部件的恒温装置等，这些部分的主要资料是安装调整维修说明书。

(9) 有关安全生产的资料。如安全警示图、保护接地图、设备安全事项、操作安全事项等。

（10）设备使用过程中的维修保养资料。如维修记录、周期保养记录、设备定期调试记录等。

（四）故障发生时的处理

当数控系统故障发生时，操作人员应采取紧急措施，停止运行，保护现场。如果操作人员不能及时排除故障，除应及时通知维修人员之外，还应对故障做如下详细的记录。

（1）故障的种类。要了解机床在出现故障时，机床处于何种运行方式，如手动数据输入方式（MDI）、存储器方式、编辑、手轮操作方式、点动操作方式，以及NC系统的状态显示、CRT有无报警显示、刀具轨迹和速度、定位误差等。

（2）故障的频繁程度。故障发生的时间、发生的次数，发生故障时的外界情况；故障是否是在特定条件及环境下发生的；是否与进给速度、换刀方式、螺纹切削等有关；出现故障的程序段（指当时机床运行到哪一段）等。

（3）故障的重复性。将引起故障的程序段重复执行几次，观察故障的重复性，即再现故障（以不发生任何危险为原则），将该程序段的编程值与系统内的实际数值比较，有无判别；是否程序输入有误；重复故障是否与外界因素有关。等等。

（4）外界状态。外界状态包括环境温度；是否有强烈振动；以及其他干扰源（吊车、高频机械、焊机或电加工机床、电压不稳等）。

（5）操作状况。切削液、冷却油是否溅进数控系统，系统是否受水浸渍；数控系统是否有阳光直射；输入电压值是否稳定；现场是否存在大电流装置；附近是否有正在维修或正在调试的机床。要注意在维修或调试附近的机床是否发生过同样的故障或维修。

（6）运转情况。机床在运转中是否改变过或调整过运转方式；机床是否处于报警状态；是否作好了运转准备，保险丝是否正常；机床是否处于锁住状态；系统是否处于急停状态；机床操作面板上的速度倍率开关是否设定为“0”；进给保持按钮是否被按下；是否处于进给保险期限状态。

（7）机床情况。机床的调整状况；机床在运行过程中是否发生振动；刀尖是否正常；更换刀具时是否设置了偏移量；间隙补偿是否合适；机械零件是否局部发热、变形（即随温度而变形）；机床测量系统是否受到了污染。等等。

(8) 机床与数控系统之间的接线及接口情况。信号屏蔽线接地是否正确；电缆线是否正常、完整无损，特别是在拐弯处是否有破裂或损伤，信号线与电源线是否分开走线；交流电源线和系统内部电缆是否分开安装；继电器、电机、电磁铁等电磁部件是否装有噪声抑制器?

(9) 数控装置的外观检查及程序检查。此外，有无其他偶然或突发因素，如突然停电，外线电压波动较大、打雷、某部件进水等。

六、华中世纪星数控机床故障诊断与维修综合实例

(一) 简易数控机床“掉步”问题的处理

由于简易数控机床属于开环数控机床，伺服驱动装置采用步进电机，故简易数控车、铣床在某些情况下存在着“掉步”。解决此问题，一般可从如下方面进行故障诊断与处理。

(1) 查看属于哪个方向（X、Y、Z 向）出现“掉步”。

(2) 若某个方向出现“掉步”，再查看这个方向是正方向还是反方向出现“掉步”。

(3) 查看出现“掉步”方向的步进电机或驱动板（电源）是否正常。若正常，且某个方向的正（负）向不“掉步”，而其负（正）向出现“掉步”，则可断定为步进电机的传动同步带磨损或撕裂，或此方向的最高快移速度设置太高，或工作环境不好。

(4) 若步进电机传动的同步带磨损或撒裂，应换成同规格的新同步带。

(5) 右某方向的最高快移速度设置太高，则按前述修改机床参数的方法，修改此参数为合适值（一般低于 3000mm/min）。

(6) 若工作环境不好，一般为连续工作时间太长，致使机床工作温度太高，或移动部件润滑不充分，或太潮湿且灰尘太多等。解决办法是停机，待工作环境好后，再开机工作。

(二) 某工作轴不动作

使数控机床工作在点动工作方式，在操作面板上点动不动作的

进给轴方向键，若此轴仍不动作，则需检查维修如下方面。

（1）使用皮带传动的，检查皮带是否脱落或断裂。

（2）依次检查从驱动电机、电柜中驱动单元或驱动电源、电缆信号线各环节工作是否正常，有无松脱，电源开关是否跳闸等。

（三）急停报警

对于简易数控机床，出现急停报警的原因一般为两个：①因安全问题，人为按压“急停”按钮；②超程引起的急停。对于半闭环或闭环数控机床，产生急停报警的原因还有其他因素，如伺服驱动系统出现故障产生的飞车急停等。这里主要讨论简易数控机床的急停报警处理，可按下述步骤进行。

（1）因安全原因。人为按压“急停”按钮后，要解除急停报警，则要顺着“急停”按钮箭头指示的方向转抬，即可解除。

（2）超程引起的急停。一般有急停报警显示在 CRT 上，且“超程”指示灯亮，为进给轴超程引起。超程有两种：一种是硬超程；另一种是软超程。

对于硬超程，则表示行程开关碰到了超程位置处的行程挡块。解除硬超程，需在点动工作方式下，按住“超程解除”键不放，再按超程的反方向进给键，使工作台（铣床）或刀架（车床）向超程的反方向移动，直至“超程”指示灯灭为止。

对于软超程，是指进给轴实际位置超出了机床参数中设定的进给轴极限位置。解除软超程，需按如下步骤进行：

从数控系统基本功能菜单开始，按 F3（参数）→F3（输入权限）→选“数控厂家”菜单项→输入密码“×××”（“×××”为数控厂家给定用户的密码）→F1（参数索引）→轴 *（* 为软超程的轴序号，如“1”、“2”或“3”）→向软极限位置（* 为软超程的正极限位置或负极限位置方向，如“+×”、“−×”等）输入值×1000（输入值的绝对值比原来值要小）→按两次 F10，选“保存退出”菜单项目→Ait-×（退出数控系统）→E，回车（从内存中退出）→n，回车（重新启动数控系统），即可解除软超程。

当上述硬超程或软超程解除后，屏幕上的“急停报警”信息即可消除。

(四) 切削刀具路径未显示CRT工作区域中央

在进行程序校验或空运行或试切削或加工时，往往需要将切削刀具路径显示在CRT图形显示窗口中央，以观察切削路径的正确性，避免产生加工故障。

当切削刀具路径未显示在CRT图形显示窗口中央时，可通过如下步骤进行。

(1) 在数控系统功能菜单区，选择F9（显示方式)。

(2) 在弹出式菜单下，选择“图形显示参数”项。

(3) 在“请输入显示起始坐标（X，Y，Z)；”提示行下，输入屏幕右边显示的工件指令坐标或工件坐标零点值。

(4) 在“请输入X，Y，Z轴放大系数:”提示行下，输入合适的放在系数值。

(5) 观察图形显示窗口中的红点是否在中央，若在中央，则可正常进行切削刀具路径的显示。

(五) 联机不通时的检查维修

联机不通时，数控机床操作面板上“联机”指示灯不亮，可从如下方面进行检查各维修。

(1) 计算机并口和操作面板上的接口是否正常，联结电缆是否松动。

(2) 电源输入单元问题，输入单元的保险是否烧断。

(3) 电源单元的工作允许信号EN是不消失；NC板是否有12VAC信号。一般通过测量比较法进行。

(4) 光电隔离板工作是否正常。

(5) 操作面板上的电源开关（ON，OFF按钮）是否损坏或接触不良。

(六) 加工零件时出现表面烧伤的检查与维修

加工零件时出现表面烧伤后，除零件不合格外，严重时会损坏刀具或机床，解决此故障，可从如下检查和维修。

(1) 选用的切削用量和切削刀具是否合适，冷却是否充分。

(2) NC指令中M03（主轴正转）和M04（主轴反转）是否用反了，应选刀具切削刃（而不是刀背）切入工件的方向为主轴旋转方向。

（3）数控机床的动力电源（380V）的相位是否接反，造成了指令 M03 本应主轴正转而实际上主轴反转。这时应采用测量比较法，将电源的相位调正确。

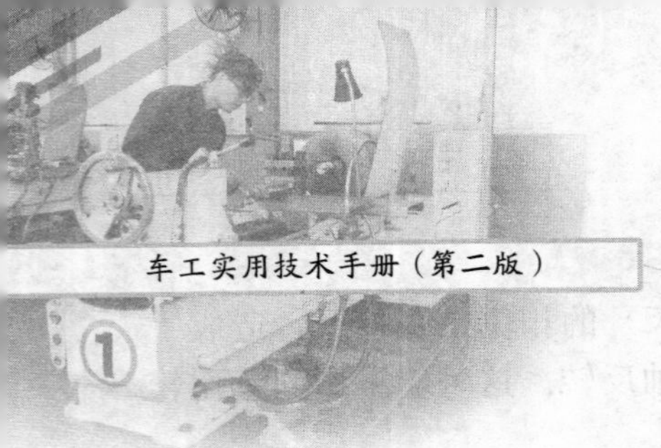

第十四章 典型零件的车削工艺分析

制造机器要经历由原材料到毛坯制造、零件加工和热处理、产品装配、调试、检验以及油漆、包装这样一些互相关联的劳动过程，这种将原材料转变为成品的全过程称为生产过程。而工艺过程是指在生产过程中改变生产对象的形状、尺寸及相对位置和性质等，使其成为成品或半成品的过程。在机械加工车间里，直接用来改变原材料或毛坯的形状、尺寸，使之变成半成品或成品的过程称为机械加工工艺过程。在装配车间里，将零件装配成机器的某一部件或整台机器的过程称为装配工艺过程。

第一节 机械加工精度与表面质量

一、加工精度与加工误差

加工精度是指零件加工后的实际几何参数（包括尺寸、形状和位置等）与理想几何参数之间的符合程度。加工误差是指零件加工后的实际几何参数对理想几何参数的偏离程度。加工误差越小，加工精度就越高。

加工误差产生的原因与消除方法如下。

（1）加工中产生尺寸误差的原因与消除方法见表 14-1。

表 14-1 产生尺寸误差的原因及消除方法

获得尺寸精度的方法	影响精度的因素	消除方法
试切法	（1）试切中的测量误差	（1）合理选用量具、量仪，控制测量条件

续表

获得尺寸精度的方法	影响精度的因素	消除方法
试切法	(2) 微量进给误差	(2) 提高进给机构的制造精度，传动刚度，减小摩擦力。准确控制进给量，采用新型微量进给机构
	(3) 微薄切削层的极限厚度	(3) 选择刀刃钝圆、半径小的刀具材料，精细研磨刀具刃口，提高刀具刚度
调整法	(1) 定程机构的重复定位误差	(1) 提高定程机构的刚度和操纵机构的灵敏度
	(2) 抽样误差	(2) 试切一组工件、提高一批工件尺寸分布中心位置的判断准确性
	(3) 刀具磨损	(3) 及时调整车床或更换刀具
	(4) 仿形车时，构件的尺寸误差，对刀块、导套的位置误差	(4) 提高样件的制造精度和对刀块、导套的安装精度
	(5) 工件的装夹误差	(5) 正确选用定位基准面，提高定位副的制造精度
	(6) 工艺系统热变形	(6) 合理使用切削液，合理确定调整尺寸，系统热平衡后再调整加工
定尺寸刀具法	(1) 刀具的尺寸误差	(1) 刀具尺寸精度应高于加工表面的尺寸精度
	(2) 刀具的磨损	(2) 控制刀具的磨损量，提高耐磨性能
	(3) 刀具的安装误差	(3) 对刀具安装提出位置精度的要求，按要求进行安装
	(4) 刀具热变形	(4) 提高冷却润滑效果，选用合理的切削用量
自动控制法	控制系统的灵活度与可靠性	(1) 提高自动检测精度 (2) 提高进给机构的灵敏性与重复定位精度 (3) 减小刀刃钝圆半径与提高刀具刚度

（2）加工中产生形状误差的原因与消除方法分别见表 14-2 和 14-3。

表 14-2　　产生形状误差的基本原因与消除方法

加工方法	产生误差的原因	消除方法
轨迹法	车床主轴回转误差 采用滑动轴承时，主轴颈的圆度误差造成工件加工表面的圆度误差 采用滚动轴承时，轴承内外环滚道不圆，滚道有波经纬度，滚动件尺寸不等，轴颈与箱体孔不圆等造成加工圆度误差，滚道的端面圆跳动，主轴止推轴承，过渡套或垫圈等端面圆跳动误差造成加工端面的平面度误差	（1）提高主轴支承轴颈与轴瓦的形状精度 （2）对前后轴承进行角度选配 （3）采用高精度滚动轴承或液体、气体静压轴承 （4）对滚动轴承预加载荷，消除间隙 （5）采用死顶尖支承工件、避免主轴回转误差的影响 （6）选用高精度夹具
	车床导轨的导向误差 导轨在水平面或垂直面内的直线度误差，前后导轨的平行度误差，造成工件与刀刃间的相对位移，若此位移系沿被加工表面法线方向，使加工表面产生平面度或圆柱度误差	（1）选择合理的导轨形式和结合方式适当增加刀架与床身导轨的配合长度 （2）提高导轨的制造精度和刚度 （3）保证机床的安装技术要求 （4）采用液体静压导轨或合理的刮油润滑方式，适当控制润滑油压力 （5）预加反向变形，抵消导轨制造误差
	成形运动轨迹间几何位置关系误差造成圆度、圆柱度误差	提高车床的几何精度
	刀尖磨损，加工大型表面、难加工材料、精度要求高的表面，自动车床连续加工时造成圆柱度形状误差	（1）精细研磨刀具并定时检查 （2）采用耐磨性好的刀具材料 （3）选择适当的切削用量 （4）自动补偿刀具磨损

续表

加工方法	产生误差的原因	消除方法
成形法	刀具的制造误差、安装误差与磨直接造成加工表面的形状误差	提高刀具的制造精度、安装精度、刃磨质量与耐磨性
	加工螺纹时成形运动间的速比关系误差等造成螺距误差。造成速比关系误差的原因有：母丝杠的制造安装误差；机床交换齿轮的近似传动比，传动齿轮的制造与安装误差等	（1）采用短传动链结构 （2）提高母丝杠的制造、安装精度 （3）采用降速传动 （4）提高末端传动元件的制造安装精度 （5）采用校正装置

表 14-3　　在加工中产生的形状误差与消除方法

在加工中影响的因素		消　除　方　法
工艺系统的热变形	机床热变形破坏车床的静态几何精度	（1）减轻热源的影响，移出热源、隔离热源、冷却热泵 （2）用补偿法均衡温度场，减少热变形 （3）合理安排主轴箱、修整器等定点装置，减小热变形的影响 （4）进行空运转或局部加热，保证工艺系统的热平衡 （5）改变摩擦特性，减少发热，注意润滑 （6）控制环境温度
工艺系统的热变形	工件受热变形时，冷却到室温后出现形状误差	（1）进行充分有效的冷却，合理选用切削液 （2）选择适当的切削用量 （3）改善细长轴、薄板等热容量小的零件装夹方法，以提高散热能力 （4）根据工件热变形的规律，预加反向变形
	在一次进给时间较长时，刀具热变形造成工件表面的形状误差	（1）充分冷却 （2）减小刀杆悬伸长度，增大截面，使刀具具有较好的散热性

在加工中影响的因素		消除方法
工艺系统受力变形	工艺系统刚度在不同加工位置上差别较大时，造成形状误差	（1）提高工艺系统刚度（尤其是低刚度环节） （2）采用辅助支承跟刀架等减小刚度变化
	毛坯余量或材料硬变不均引起切削力变化造成加工误差。工艺系统刚度较低时有较大的误差复映	（1）改进刀具几何角度，减小背吃刀量抗力，适当减小前角。 （2）精度高的零件需要安排预加工工序
工件残余应力引起的变形	加工时破坏了残余应力平衡条件，引起残余应力重新分布，工件形状发生变化	（1）改善结构，使壁厚均匀，焊缝均匀，减小毛坯的残余应力 （2）铸、锻、焊接件进行回火或退火，零件淬火后回火 （3）用热校直代替冷校直（精密零件除外） （4）粗、精加工应间隔一定时间，松开后施加较小的夹紧力 （5）精密零件加工需安排多次时效，毛坯加工及粗加工后进行高温时效，半精加工后进行低温时效

（3）加工中产生的位置误差与消除方法见表14-4。

表14-4　　位置误差产生的原因与消除方法

装夹方式	产生误差的原因	消除方法
直接装夹	（1）刀具切削成形面与车床装夹面的位置误差 （2）工件定位基准面与加工面设计基准面间位置误差	（1）提高机床几何精度 （2）采用加工面的设计基准面为定位基准面 （3）提高加工面的设计基准面与定位基准面间的位置精度

续表

装夹方式	产生误差的原因	消除方法
找正装夹	(1) 找正方法与量具的误差 (2) 找正基面或基线的误差 (3) 工人操作技术水平的误差	(1) 采用与加工精度相适应的找正工具 (2) 提高找正基面与基线的精度 (3) 提高操作技术水平
夹具装夹	(1) 刀具切削成形面与车床装夹面的位置误差 (2) 工件定位基准面与加工面设计基准面间的位置误差 (3) 夹具的制造误差与刚度 (4) 夹具的安装误差与接触变形 (5) 工件定位基准误差	(1) 提高车床的几何精度 (2) 提高夹具的制造、安装精度及刚度 (3) 减少定位误差

(4) 影响加工表面粗糙度的因素与消除方法见表 14-5。

表 14-5　影响加工表面粗糙度的因素与消除方法

表面缺陷	影响因素	消除方法
残留面积	由刀具相对于工件表面作切削时，其运动轨迹所残留未被切除的面积	(1) 减少进给量 f (2) 减小主、副偏角 K_r、K'_r (3) 增大刀尖圆弧半径 r
鳞刺毛刺等	积屑瘤	(1) 注意冷却降温 (2) 根据具体情况，选择好切削速度和进给量的大小
切削纹变形（残留面积）	(1) 车床、刀具、工件等发生振动 (2) 刀具副后刀面的磨损 (3) 崩碎切屑的影响	(1) 增加车床，夹具、工件的刚度，减少周围振动源 (2) 及时修复刀具副后刀面 (3) 提高排屑、断屑的平稳性
其他缺陷	(1) 切削刃自身表面粗糙度的“复映” (2) 切屑将已加工表面拉毛	(1) 减小切削刃的表面粗糙度值 (2) 改善排屑、断屑性能

二、典型零件加工误差的综合分析

1. 轴类零件

轴类零件加工产生误差和达不到表面粗糙度要求的原因与消除方法见表 14-6。

表 14-6　　轴类零件车削中产生误差的原因与消除方法

误差因素		产生原因	消除方法
尺寸误差		操作失误，看错图样或刻度盘使用不当	集中精力，认真操作，加强工作责任心
尺寸误差		测量出误差	（1）正确选用和使用合格量具 （2）避免加工温度对测量的影响
尺寸误差		毛坯加工余量不够	车削前要检查毛坯的加工余量是否足够
尺寸误差		工件弯曲未矫直	较长棒料必须矫直后才能加工
尺寸误差		工件装夹后未校正	工件装夹后必须进行外圆和端面的校正
尺寸误差		中心孔位置不正确	修正中心孔或增加修正器
尺寸误差		车刀磨损或挡铁对刀不良	（1）及时修磨车刀。注意冷却，并选择好切削速度，进给量和背吃刀量 （2）提高挡铁的调整和对刀的精度
形位误差	产生椭圆或棱圆	车床主轴间隙太大	调整主轴和轴承的间隙，加强设备保养，保证加工精度
形位误差	产生椭圆或棱圆	毛坯余量不均匀，在切削过程中，背吃刀量发生变化	根据加工余量，进行粗车、半精车后，修正加工余量再进行精车
形位误差	产生椭圆或棱圆	中心孔或活顶尖有偏差，使得顶尖与孔接触不良，以及活顶尖产生扭动	修正中心孔和选用高精度的尾座活顶尖，将顶尖顶紧力调整适当
形位误差	产生椭圆或棱圆	夹具误差使旋转时产生不平衡	调整夹具误差，使工件在装夹系统中处于平衡

续表

误差因素		产生原因	消除方法
形位误差	产生锥度	1. 在一夹一顶或两顶尖安装工件时，后顶尖中心线不在主轴的中心线	粗车时，首先校正锥度，使两中心线同线，主轴箱偏移，校正主轴箱主轴中心尾座位置偏移，则调整尾座
		2. 车床导轨跟主轴中心线不平行	调整车床主轴跟导轨的平行度，达到要求
		3. 工件悬臂较长，在切削力的作用下，使前端产生退让	减少悬伸长度，或是增加顶尖，加强安装刚度
		4. 刀具中途逐渐磨损	适当降低切削速度，选用硬度高、耐磨性强的刀具
	产生弯曲	1. 工件内部有残余内应力	（1）车削前应作消除内应力的处理 （2）粗车中适当增加调头次数 （3）在半精车或粗车前要进行一次检校
		2. 工件装夹刚度不够或后顶尖顶力不当	（1）加工长轴时，注意散热、冷却、适当放松后顶尖的顶力，以便热胀 （2）增加装夹刚度 （3）适当地增加刀具前角，减少切削力
	表面粗糙度达不到要求	1. 车床调整、装配不好，产生振动	（1）调整车床各部分的间隙，减少或防止车床刚度不足而引起的振动 （2）减少外界振动源的干扰
		2. 车刀刚度不足或安装不当，引起振动	（1）增加车刀的刚度，减少悬伸长度 （2）正确安装刀具，使其安装在中心上
		3. 车刀几何形状不正确或车刀磨损	（1）选用合理的车刀角度，适当增大前角，合理选取后角，减小副偏角，适当增大刀尖半径，并研磨切削刀，减小表面粗糙度值 （2）控制排屑、断屑，防止其擦伤已加工表面

续表

误差因素		产生原因	消除方法
形位误差	表面粗糙度达不到要求	4. 工件刚度不够，引起振动	增加工件的安装刚度
		5. 切削用量选用不当	(1) 进给量不宜过大，精车余量和切削速度选择适当 (2) 合理选用切削液
		6. 积屑瘤斑痕	(1) 修正刀具几何形状，合理选用切削用量 (2) 合理选用切削液

2. 套类零件

套类零件加工中产生误差和达不到表面粗糙度要求的原因与消除方法见表14-7～14-9。

表14-7　　钻孔时产生误差的原因与消除方法

误差因素	产生原因	消除方法
钻孔偏歪	1. 工件端面不平或与轴线不垂直	钻孔前，必须车平端面，其中心不能留有凸点
	2. 尾座轴心与主轴轴心线产生了偏移	调整尾座，使其轴心与主轴同轴
	3. 钻头悬伸过长，刚度不够，起钻时进给量过大	选用较短的钻头或先用中心钻钻出导向孔。起钻时，可采用高速慢进给，或加挡铁支顶，防止钻头摆动
	4. 钻头顶角不对称	对钻头进行修磨
	5. 工件内部有偏孔，砂眼、夹渣等	降低转速，减少进给量
钻孔直径过大	1. 选错钻头直径	看清图样，正确选用钻头
	2. 钻头切削刃不对称	修磨钻头，使其两切削刃对称，且横刃中心通过轴心线
	3. 钻头未对准工件中心	调整尾座，检查钻头是否弯曲钻夹头，钻套是否安装正确
	4. 钻头发生摆动	起钻时，用挡铁支顶防止摆动，并要保证钻头锥柄的良好配合

表 14-8　　车孔时产生误差的原因与消除方法

误差因素	产生原因	消除方法
内孔尺寸达不到要求	1. 镗孔时测量误差	正确使用量具，认真测量，并注意工件的热影响
	2. 镗孔过大，造成加工余量不足	一般选取的钻头直径应小于孔径 2～3mm，并防止钻孔时偏歪
	3. 镗孔刀安装不好，使刀杆与孔壁相碰，迫使镗刀扎入工件，将孔扩大	正确安装镗刀，或是换用较小的刀杆
	4. 产生积屑瘤和刀具磨损使尺寸变化	提高刀具刃磨质量，运用切削液散热，适当调整切削速度或增大前角
	5. 在热环境下精车、工件冷却后，内孔收缩	研磨切削刃，保持其锐利，进行切削液冷却，并在冷却后再进行测量
	6. 浮动镗刀片自动定心不良	提高配合精度，清除脏物，镗刀两切削刃的偏角修光刃必须修磨对称，两切削刃中心要与工件轴心线在同一平面上
内孔有锥度	1. 刀具磨损	提高刀具的耐磨性能，选用硬质合金刀具
	2. 刀杆过细，切削刃不锋利，造成让刀现象	提高刀杆刚度，精研切削刃保持锋利，减少切削用量
	3. 主轴心线与床面导轨在水平面或垂直面上不平行	检修车床，调整主轴与导轨的平行度误差，使之达到要求
	4. 床身导轨磨损，使走刀轨迹与工件轴心线不平	大修车床
内孔不圆	1. 孔壁较薄、装夹时产生弹性变形，松开后产生椭圆或棱圆	选择合理的装夹方法，适当减少夹紧力
	2. 工件余量或材质硬度不均	增加半精车，把不均匀余量车出，防止误差复映。在半精车前，也可进行适当的调质处理

续表

误差因素	产生原因	消除方法
内孔不圆	3. 主轴间隙和轴颈产生椭圆或棱圆	调整主轴间隙，检查主轴的圆度误差并进行修理
	4. 工件旋转时不平衡	用花盘、角铁装夹时，必须严格平衡好，精车时可再平衡一次
表面质量差	1. 内孔车刀刃磨不良，装刀时低于中心	研磨切削刃，精车时，可略高于工件中心来装夹刀具
	2. 切削用量选用不当	适当减少进给量
	3. 刀杆刚度不够产生振动	增加刀杆刚度，选用粗刀杆或降低切削速度
	4. 积屑瘤和振动波纹的影响	使用切削液、修正刀具的几何形状，减少切削用量，调整车床各部分间隙，减少振动

表 14-9　　铰孔时产生误差的原因与消除方法

误差因素	产生原因	消除方法
尺寸达不到精度要求，孔径扩大	铰刀直径太大	仔细测量尺寸，根据孔径尺寸选择或研磨铰刀
	铰削时转速太高，铰刀径向圆跳动误差超差	降低转速，修磨铰刀刃口，使用切削液
	铰刀与工件轴线不重合	校正尾座，对准轴心线，使用浮动刀杆并调节灵活
	加工余量或进给量选用不当	选适当的加工余量，调整进给量
	切削速度过高，产生积屑瘤和使铰刀温度升高	降低转速，使用切削液、清除刀刃上的积屑瘤
孔径缩小	铰刀磨损	测量铰刀刀刃直径，更换磨损的铰刀
	铰削钢料时，铰削余量小，而铰刀刃口不锋利时，产生较大的弹性复原	适当控制铰削余量，并保持铰刀切削刃的锋利

续表

误差因素	产生原因	消除方法
孔径缩小	铰刀的偏角过小	选用偏角较大的铰刀
	内孔处于高温时铰削	避免工件高温时进行精铰，使用切削液
产生喇叭口	铰刀夹头位置不对	调整位置对准轴心线或改用浮动夹头
	铰刀偏角大导向不良	选用小偏角的铰刀
	铰削时导套有松动现象	加固导套和夹具的联接，增强夹具刚度
	铰孔时工件端面不平整	修正工件端面，或铰刀对准轴心线后再慢慢进刀
孔不圆	工件装夹不牢，产生松动	重新装夹，选择可靠定位面
	薄壁工件装夹过紧，卸下后变形	适当降低夹紧力或改变装夹方式
	铰削不平稳振动	调整各处间隙，防止窜动、振动
	切削用量选用不合理	选用合理的切削用量
	切削液不充分，部分未润滑	供应充分的切削液
轴心线不直	铰孔前孔径不直	增加半精车工序，并在铰孔前进行校正
	切削刃导向部分不良	修磨导向刃，选用偏角小的铰刀
	断续孔中铰削产生位移	选用有导柱的铰刀和调整切削用量
表面质量达不到要求	铰刀切削刃不锋利及刃上有崩口毛刺	重新研磨刀刃，保证铰刀的表面粗糙度要求
	余量过大或过小	选择适当的加工余量
	切削刃留有积屑瘤或毛刺	降低切削速度，并修整铰刀，注意使用切削液
	出屑槽内切屑粘积过多	及时清除切屑或用切削液冲除
	切削液选用不当	合理选择切削液

3. 圆锥类零件

圆锥表面加工中产生误差和达不到粗糙度要求的原因及消除方法见表 14-10。

表 14-10　圆锥表面加工误差的原因及消除方法

误差因素	产生原因	消除方法
圆锥度不正确	用转动小滑板车削时 (1) 小滑板转动角度计算有误 (2) 小滑板移动时松紧不匀	(1) 仔细计算小滑板应转的角度和方向，并反复校正圆锥度 (2) 调整好镶条松紧使小滑板移动均匀
	用偏移尾座法车削时 (1) 尾座偏移位置不正确 (2) 工件长度不一致	(1) 认真计算和调整尾座偏移量 (2) 如工件数量较多，各件的长度必须一致
	用宽切削刃车削时 (1) 装刀不正确 (2) 刀刃不直	(1) 调整切削刃的角度和对准中心 (2) 修磨切削刃的直线度误差达到要求
	铰锥孔时 (1) 铰刀锥度不正确 (2) 铰刀的安装轴线与工件旋转轴线不同轴	(1) 修磨铰刀 (2) 用百分表和试棒调整尾座中心
	用靠模法车削时： (1) 靠模角度调整不正确 (2) 滑块与靠板配合不良	(1) 重新调整靠板角度 (2) 调整滑块和靠板之间的间隙
	采用专用夹具车削圆锥时，由于安装或角度调整不正确	正确安装夹具，调整锥角，反复校正，直至正确为止
圆锥尺寸不正确	车削时没有经常测量大小端直径	常测量大小端直径，并按计算尺寸控制进给量
圆锥母线不直	车刀装夹过高或过低	调整刀具，使车刀准确定在工件中心
	砂布抛光不均匀	抛光时应均匀地按顺序进行

续表

误差因素	产生原因	消除方法
表面粗糙度达不到要求	切削用量选择不当	正确选择切削用量
	车刀角度不正确，刀尖不锋利	要研磨车刀，使刀尖保持锋利，各角度要正确
	抛光或铰削余量不够	要留适当的抛光或铰削余量

4. 特形面类零件

特形面车削时产生误差和表面粗糙度达不到要求的原因与消除方法见表 14-11。

表 14-11　　特形面车削误差的因素与消除方法

误差因素	产生原因	消除方法
轮廓不正确	用成形车刀车削 （1）车刀的形状刃磨得有误差 （2）车刀安装中未对准工件中心	 （1）修磨切削刃 （2）重新安装调整刀具，使其对准工件中心
	用手进给车削时，因纵横进给不协调造成误差	提高操作技能，认真操作
	用靠模加工时： （1）靠模自身形状有误 （2）靠模安装不正确 （3）靠模与车刀间的传动机构有松动的间隙	 （1）修磨靠模，使其达到技术标准 （2）调整靠模，正确安装 （3）调整各部分间隙进行试车调整
表面粗糙度达不到要求	切削刃研磨质量受限制或进给量过大	认真修磨切削刃，减少进给量
	工件、刀具刚度不够	增加工件、刀具的装夹刚度、适当地减少刀具、工件的悬伸长度
	刀具的几何角度选择不当	正确选用合理的几何角度
	产生积屑瘤	对工件进行合理的预先处理，选用合理的切削速度及切削量

续表

误差因素	产生原因	消除方法
滚花加工中出现乱纹	工件外径周长不能被滚花刀节距除尽	可把外圆略车小些或增大滚花刀节距
	滚花开始时，吃刀压力太小，或滚花刀跟工件表面接触面过大	开始滚花时，就要使用较大的压力，把滚花刀偏一个很小的角度
	滚花刀转动不灵或滚花刀跟刀杆小轴配合间隙太大	检查原因或调换小轴
	工件转速太高、滚花刀跟工件表面产生滑动	降低转速
	滚花前没有消除滚花刀中的细屑或滚花刀齿部磨损	消除细屑或更换滚轮

5. 螺纹零件

螺纹车削中产生误差和表面粗糙度达不到要求的原因与消除方法见表14-12。

表 14-12　　螺纹车削时产生误差的因素与消除方法

误差因素	产生原因	消除方法
尺寸不正确	车削外螺纹前的直径尺寸不对	根据计算尺寸车削外圆，注意认真测量
	车削内螺纹前的孔径尺寸	根据计算尺寸认真测量，车削内孔
	车刀刀尖磨损	经常检查车刀并及时修磨或选用合金刀具
	螺纹车刀背吃刀量过大或过小	严格掌握螺纹背吃刀量
螺纹不正确	交换齿轮计算或搭配错误和进给箱手柄位置放错	在车削第一个工件时，先车出一条很浅的螺旋线，停车测量螺纹是否正确，然后调整车床

续表

误差因素	产生原因	消除方法
螺纹不正确	局部螺距不正确 (1) 车床丝杠和主轴的窜动较大 (2) 溜板箱手轮转动时轻重不均匀	加工螺纹之前，将主轴与丝杠轴向窜动和开合螺母的间隙进行调整，并将大滑板的手轮与传动齿条脱开，使大滑板能匀速运动
	开倒顺车车螺纹时，开合螺母抬起	调整开合螺母的塞铁，用重物挂在开合螺母的手柄上
牙型不正确	切削用量选择不当	用样板对刀，正确选用切削用量
	车刀刀尖角度不正确	正确修磨和测量刀尖角
	车刀磨损	合理选用切削量和及时修磨车刀或用合金刀
表面粗糙度达不到要求	高速切削螺纹时，切屑厚度太小或切屑倾斜方向排出拉毛已加工表面	高速切削螺纹时，最后一刀切削厚度一般要大于 0.1mm，切屑要垂直轴心线方向排出
	产生积屑瘤	高速钢在切削时，降低切削速度，切削厚度小于 0.05mm，并加切削液
	刀杆刚度不够，切削时产生振动	刀杆不能悬伸过长，稍降低切削速度
扎刀和顶弯工件	车刀径向前角太大，中滑板丝杠间隙较大	减小车刀前角，调整中滑板的丝杠间隙
	工件刚度差，而切削用量过大	根据工件刚性大小来合理选择切削用量，增加工件的装夹刚度
	车刀安装过低	调整车刀，对准工件中心

三、各种加工方法的经济精度和机械加工表面质量

1. 各种加工方法能达到的尺寸经济精度（见表 14-13～表 14-18）。

表 14-13 孔加工的经济精度

加工方法		公差等级(IT)
钻孔及用钻头扩孔		11～12
扩孔	粗扩	12
	铸孔或冲孔后一次扩孔	11～12
	钻或粗扩后的精扩	9～10
铰孔	粗铰	9
	精铰	7～8
	细铰	7
镗孔	粗镗	11～12
	精镗	8～10
	高速镗	8
	细镗	6～7
	金刚镗	6
拉孔	粗拉铸孔或冲孔	7～9
	粗拉或钻孔后精拉	7
磨孔	粗磨	7～8
	精磨	6～7
	细磨	6
研磨、珩磨		6
滚、金刚石挤压		6～10

表 14-14 圆锥形孔加工的经济精度

加工方法		公差等级(IT)	
		锥　孔	深锥孔
扩　孔	粗	11	
	精	9	
磨　孔		≤7	7
镗　孔	粗	9	9～11
	精	7	
研　磨		6	6～7
铰　孔	机　动	8	7～9
	手　动	≤7	

表 14-15　圆柱形深孔加工的经济精度

加工方法		公差等级（IT）
麻花钻、扁钻、环孔钻钻孔	钻头回转	11～13
	工件回转	11
	钻头工件都回转	11
扩钻、扩孔		9～11
深孔钻钻孔或镗孔	刀具回转	9～11
	工件回转	9
	刀具工件都回转	9
镗刀块镗孔		7～9
铰　孔		7～9
磨　孔		7
珩　孔		7
研　磨		6～7

表 14-16　外圆柱表面加工的经济精度

加工方法	公差等级（IT）	加工方法	公差等级（IT）
粗车	11～12	精磨	6～7
半精车或一次车	8～10	细磨	5～6
精车	6～7	研磨、超精加工	5
细车、金刚车	5～6	滚压、金刚石压平	5～6
粗磨	8		

表 14-17　端面加工的经济精度

加工方法		直　径			
		≤50	>50～120	>120～260	>260～500
车削	粗	0.15	0.20	0.25	0.40
	精	0.07	0.10	0.13	0.20
磨削	普通	0.03	0.04	0.05	0.07
	精密	0.02	0.025	0.03	0.035

注　指端面至基准的尺寸精度。

表 14-18 公制螺纹加工的经济精度

加工方法		公差带
车削	外螺纹	4h～6h
	内螺纹	5H6H～7H
梳形刀车螺纹	外螺纹	4h～6h
	内螺纹	5H6H～7H
用丝锥攻内螺纹		4H5H～7H
用圆板牙加工外螺纹		6h～8h
带圆梳刀自动张开式板牙		4h～6h
梳形螺纹铣刀		6h～8h
带径向或切向梳刀的自动张开式板牙头		6h
旋风切削		6h～8h
搓丝板搓螺纹		6h
滚丝模滚螺纹		4h～6h
单线或多线砂轮磨螺纹		4h 以上
研磨		4h

注 外螺纹公差带代号中的“h”换为“g”，不影响公差大小。

2. 机械加工表面质量

机械加工表面质量主要包括表面的几何形特征和表面层的物理力学性能的变化两部分。表面的几何形状特征又分为表面粗糙度和表面波度。表面层物理力学性能是指表面层的加工硬化、表面层的金相组织变化和表面残余应力。这里，我们只讲述表面粗糙度。各种加工方法所能达零件表面粗糙度见表 14-19。

表 14-19 各种加工方法所能达零件表面粗糙度 (μm)

加工方法		表面粗糙度 Ra	加工方法		表面粗糙度 Ra
带锯或圆盘锯割断		＞10～80	车削外圆	半精车	＞2.5～10
切断	车	＞10～80		精车	＞0.63～5
	铣	＞10～40		细车(金刚石车)	＞0.16～1.25
	砂轮	＞1.25～5			

续表

加工方法			表面粗糙度 *Ra*
车削端面		粗车	＞5～20
车削端面		半精车	＞2.5～10
车削端面		精车	＞1.25～10
车削端面		细车	＞0.32～1.25
切　槽		一次行程	＞10～20
切　槽		二次行程	＞2.5～10
高速车削			＞0.16～1.25
钻　孔		≤ϕ15mm	＞2.5～10
钻　孔		≥ϕ15mm	＞5～40
扩　孔		粗（有表皮）	＞5～20
扩　孔		精	＞1.25～10
锪倒角（孔的）			＞1.25～5
带导向的锪平面			＞2.5～10
镗　孔		粗镗	＞5～20
镗　孔		半精镗	＞2.5～10
镗　孔		精镗	＞0.63～5
镗　孔		细镗	＞0.16～1.25
高速镗			＞0.16～1.25
铰孔	半精铰一次铰孔	钢	＞2.5～10
铰孔	半精铰一次铰孔	黄铜	＞1.25～10
铰孔	精　铰	铸铁	＞0.63～5
铰孔	精　铰	钢、轻合金	＞0.63～2.5
铰孔	精　铰	黄铜、青铜	＞0.38～1.25
铰孔	细　铰	钢	＞0.16～1.25
铰孔	细　铰	轻合金	＞0.38～1.25
铰孔	细　铰	黄铜、青铜	＞0.08～0.32

加工方法		表面粗糙度 *Ra*
圆柱铣刀铣削	粗	＞2.5～20
圆柱铣刀铣削	精	＞0.63～5
圆柱铣刀铣削	细	＞0.32～0.63
面铣刀铣削	粗	＞0.25～5
面铣刀铣削	精	＞0.32～5
面铣刀铣削	细	＞0.16～1.25
高速铣削	粗	＞0.63～2.5
高速铣削	精	＞0.16～0.63
刨削	粗	＞5～20
刨削	精	＞1.25～5
刨削	细（光整加工）	＞0.16～1.25
刨削	槽的表面	＞2.5～10
插削	粗	＞10～40
插削	精	＞1.25～10
拉削	精	＞0.32～2.5
拉削	细	＞0.08～0.32
推削	精	＞0.16～1.25
推削	细	＞0.02～0.63
外圆磨内圆磨	半精（一次加工）	＞0.63～10
外圆磨内圆磨	精	＞0.16～1.25
外圆磨内圆磨	细	＞0.08～0.32
外圆磨内圆磨	用精密修整的砂轮磨削	＞0.02～0.08
外圆磨内圆磨	镜面磨削（外圆磨）	≥0.008～0.08

续表

加工方法		表面粗糙度 *Ra*
平面磨	精	>0.32～1.25
	细	>0.04～0.32
珩磨	粗（一次加工）	>0.16～1.25
	精（细）	>0.02～0.32
刮	粗	>0.63～5
	精	>0.04～0.63
滚压加工		>0.04～0.63
研磨	粗	>0.16～0.63
	精	>0.04～0.32
	细（光整加工）	≥0.008～0.08
超精加工	精	>0.08～1.25
	细	>0.04～0.16
	镜面的（两次加工）	≥0.008～0.04
抛光	精	>0.08～1.25
	细（镜面的）	>0.02～0.16
	砂带抛光	>0.08～0.32
	砂布抛光	>0.08～2.5
	电抛光	>0.01～2.5
螺纹加工	板牙、丝锥自开式板牙头	>0.63～5
	车刀或梳削车、铣	>0.63～10
	磨	>0.16～1.25
	研磨	>0.04～1.25
	搓丝模	>0.63～2.5
	滚丝模	>0.16～2.5
齿轮及花键加工	粗滚	>1.25～5
	精滚	>0.63～2.5
	精插	>0.63～2.5
	精刨	>0.63～5
	拉	>1.25～5
	剃齿	>0.16～1.25
	磨	>0.08～1.25
	研	>0.16～0.63
	热轧	>0.32～1.25
	冷轧	>0.08～0.32
钳工锉削		>0.63～20
砂轮清理		>5～80

四、车削加工中产生振动的原因与消除方法

车削过程中的振动严重恶化加工表面质量，振动较大时还会加速刀具的磨损，甚至损坏。产生振动的原因是多方面的，有车削工作环境中的周期性干扰力作用下的振动，即所谓受迫振动；

有车床、工件、车刀这一车削工艺系统本身的周期干扰力的作用与系统本身固有频率共振，即所谓自激振动。由上述两种原因引起的振动而使加工表面形成振纹，下一次走刀，因振纹切削力变化又引起系统振动，即所谓再生振动。因而想要消除车削过程中的振动，必须进行综合考虑。这里仅从刀具方面讨论消振问题。消振方法如下。

1. 合理选择车刀几何参数，使其具有消振功能

如图 14-1 所示的消振车刀，在后刀面上磨出消振棱，其垂直宽度为 0.1～0.3mm，角度是－（5°～10°）；另一方法是采用较小的后角，这一方法也有抑制低频振动的作用。在实际生产中，将车刀装得略高于中心高，使实际切削后角变小，也能起消振作用。

2. 改进车刀结构

如图 14-2 所示。采用弹性刀杆，缓冲因切削力的作用使刚性刀杆引起的高频振动。这种弹性刀杆垂直方向刚度高，起消振作用，但水平方向刚度低，会使复映误差增大。

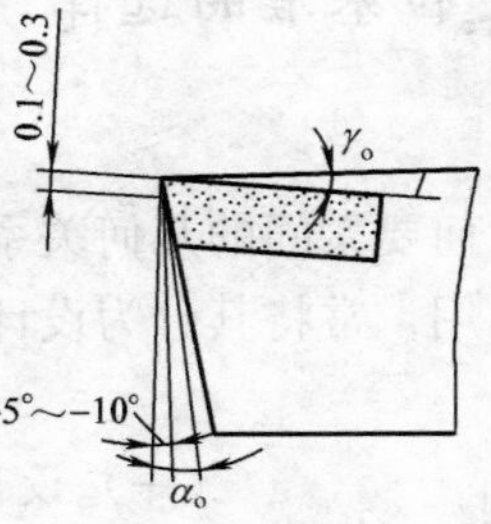

图 14-1　消振车刀

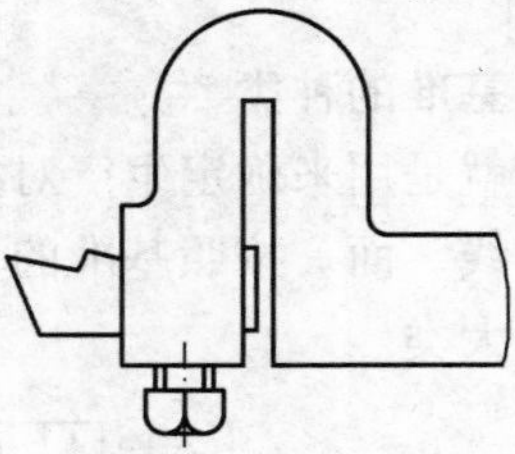

图 14-2　弹性刀杆

3. 采用减振器

图 14-3 所示，是车刀减振器的一种。其消振原理是增加阻尼，增加振动时的能量消散。

减振器有多种，图 14-3 所示是可调整预压力冲击式减振器。减振器体 4 用螺钉紧固在车刀 3 上，旋转螺母 1 可调整弹簧 5 对消振阻尼块 2 的压力，当车刀产生振动时，阻尼块 2 沿导向螺柱振动，起阻尼作用，达到消振的目的。

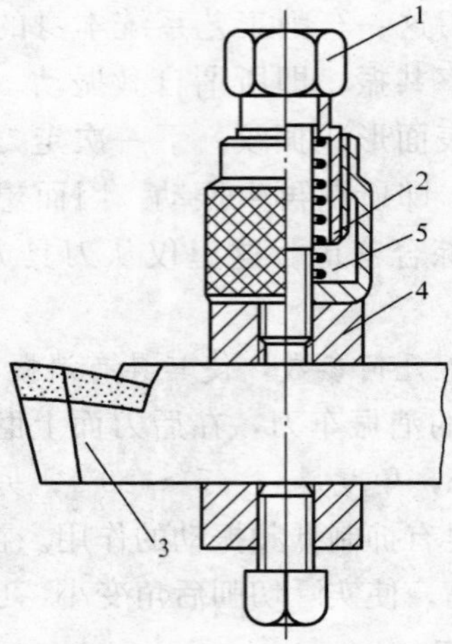

图 14-3 调整预压力冲击式减振器

1—螺母；2—阻尼块；3—车刀；4—减振器件；5—弹簧

第二节 基准和定位基准的选择

一、基准的种类

基准就是用来确定生产对象上几何要素间的几何关系所依据的那些点、线、面。按照基准的不同作用，常将其分为设计基准和工艺基准两大类。

(一) 设计基准

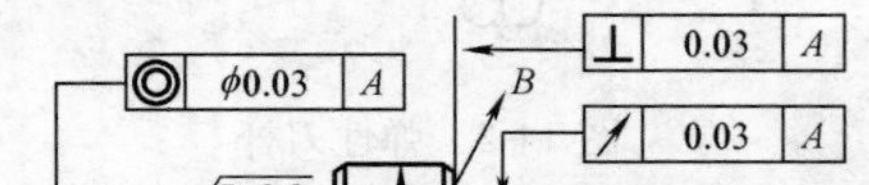

图 14-4 台阶轴

在设计图样上所采用的基准称为设计基准。它是加工、测量和安装的依据。见图 14-4，零件上 ϕ40h7 的外圆的轴线，为该台阶轴零件各档外圆的设计基准，长度尺寸则以端面 B 为依据，因此该

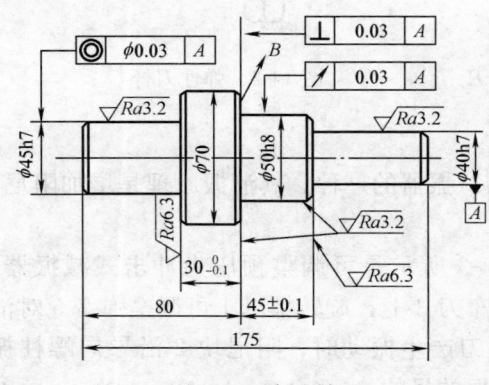

零件的轴向设计基准是端面 B。

（二）工艺基准

在工艺过程中所采用的基准，称为工艺基准。根据用途不同，工艺基准又可分为定位基准、测量基准和装配基准。

1. 定位基准

在加工中用作工件定位的基准称为定位基准。在实际定位中，作为定位基准的点和线，往往是由零件的某些表面体现出来的，这种表面就被称为定位基面。如图 14-5 所示，用三爪自定心卡盘装夹小轴，外圆轴线就为定位基准，外圆表面就是定位基面。又如图 14-4 中的台阶轴，用两顶尖装夹车削时，定位基准就是零件的轴心线，两端中心孔圆锥面就是定位基面。

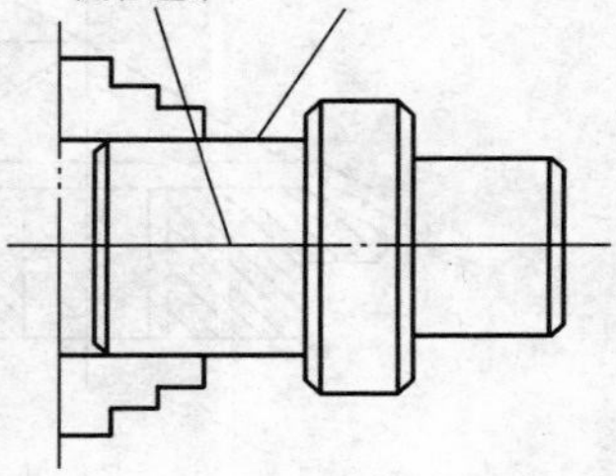

图 14-5　定位基准示例

2. 测量基准

用来检验已加工表面尺寸或相对位置的基准，称为测量基准。在图 14-4 中，ϕ40h7 外圆轴线是检验 ϕ50h8 外圆径向圆跳动的测量基准；表面 B 是测量 $30_{-0.10}^{\ 0}$ mm 和（45±0.10）mm 等长度尺寸的测量基准。

3. 装配基准

装配时用来确定零件或部件在产品中的相对位置所采用的基准，称为装配基准。如在图 14-6 所示的圆锥齿轮装配图中，ϕ25H7 为径向装配基准，端面 B 为轴向装配基准。此圆锥齿轮在齿形加工时，应装夹在心轴上，以孔和端面为定位基准。检验齿部对轴线的径向圆跳动时，也是把齿轮装在心轴上，以孔和端面作为测量基准，所以齿轮轴线和端面 B 既是设计基准，又是定位基准、测量基准和装配基准，这就叫基准重合。基准重合是保证零件和产品质量最理想的工艺手段。

二、定位基准的选择

定位基准有粗基准和精基准两种。工件在第一次加工时，由于其表面都是未加工过的毛坯表面，在装夹时只能用这些表面作为定位基

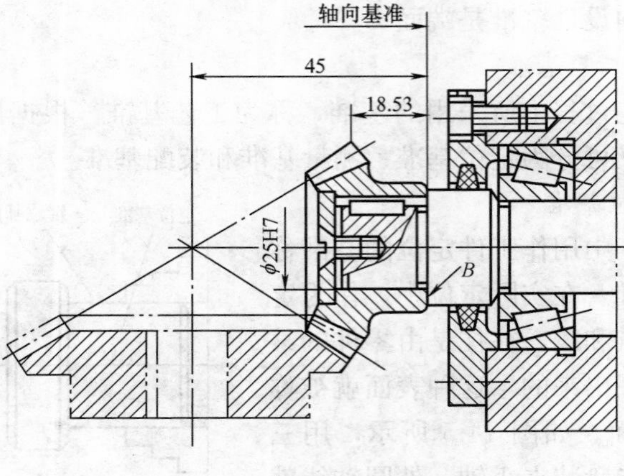

图 14-6　圆锥齿轮装配图

准，所以就称为粗基准。在以后的加工装夹时，可采用已加工过的表面作为定位基准，这些表面就称为精基准。为了保证零件的尺寸精度的相互位置精度，在装夹时必须首先正确选择该零件的定位基准。

（一）粗基准的选择

选择粗基准时，必须达到以下两个基本要求。

首先应该保证所有加工表面都有足够的加工余量；其次应该保证零件上加工表面和不加工表面之间具有一定的位置精度。粗基准的选择原则如下。

(1) 选择不加工表面作为粗基准。如车削图 14-7 所示的手轮，

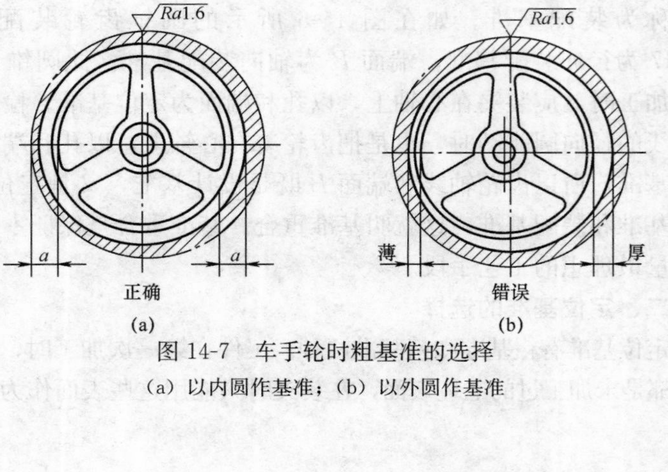

图 14-7　车手轮时粗基准的选择

(a) 以内圆作基准；(b) 以外圆作基准

因为铸造时有一定的形位误差，在第一次装夹时，应选择手轮内缘的不加工表面作为粗基准，这样加工后就能保证轮缘厚度 a 基本相等［图 14-7（a）］。如果选择手轮外圆（加工表面）作为粗基准，加工后因铸造误差不能消除，使轮缘厚薄明显不一致［图 14-7（b）］。也就是说，在车削时，应根据手轮内缘找正，或用三爪自定心卡盘支撑在手轮内缘上找正。

（2）对所有表面都要加工的零件，应根据加工余量最小的表面找正。这样不会因位置偏移而造成余量太少的部分车不出。如图 14-8 所示的台阶轴锻件毛坯，C 段余量最小，A、B 段余量较大，粗车时应找正 C 段，再适当考虑 A、B 段的加工余量。

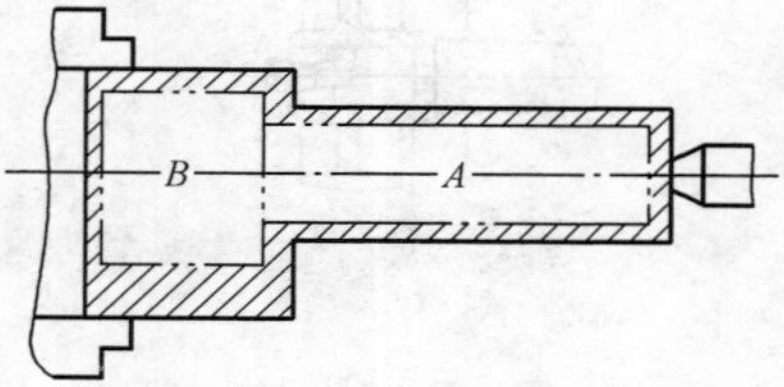

图 14-8　根据余量最小的表面找正

（3）应选用比较牢固可靠的表面作为基准，否则会使工件夹坏或松动。

（4）粗基准应选择平整光滑的表面。铸件装夹时应让开浇冒口部分。

（5）粗基准不能重复使用。

（二）精基准的选择

精基准的选择原则如下。

（1）尽可能采用设计基准或装配基准作为定位基准。一般的套、齿轮坯和带轮在精加工时，多数利用心轴以内孔作为定位基准来加工外圆及其他表面［图 14-9（a）、（b）、（c）］。这样，定位基准与装配基准重合，装配时较容易达到设计所要求的精度。

在车配三爪自定心卡盘连接盘时［图 14-9（d）］，一般先车好内孔和内螺纹，然后把它旋在主轴上再车配安装三爪自定心卡盘的凸肩和端面。这样容易保证三爪自定心卡盘和主轴的同轴度。

（2）尽可能使定位基准与测量基准重合。如图 14-10（a）所示的套，长度尺寸及公差要求是端面 A 和 B 之间的距离为 $42_{-0.02}^{\ 0}$ mm。测量基准面为 A。用图 14-10（b）所示心轴加工时，

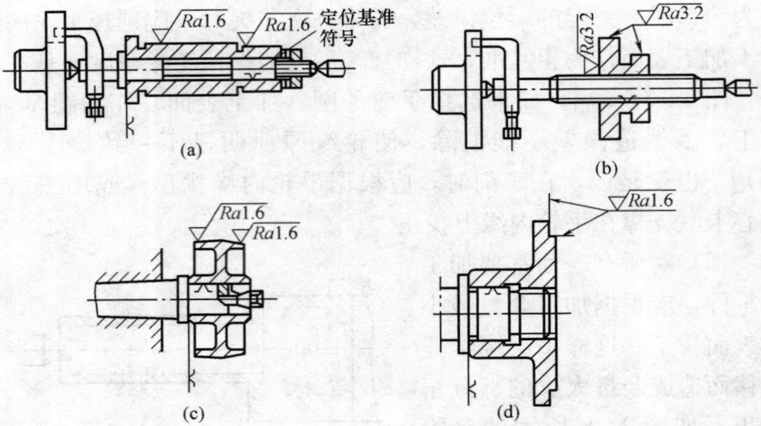

图 14-9　以内孔为精基准

(a)、(b)、(c) 以内孔为基准；(d) 以内孔为基准车配连接盘

因为轴向定位基准是 A 面，这样定位基准与测量基准重合，使工件容易达到长度公差要求。如果图 14-10 (c) 中用 C 面作为长度定位基准，由于 C 面和 A 面之间也有一定误差，这样就产生了间接误差，很难保证长度 $42_{-0.02}^{\ 0}$ mm 的尺寸要求。

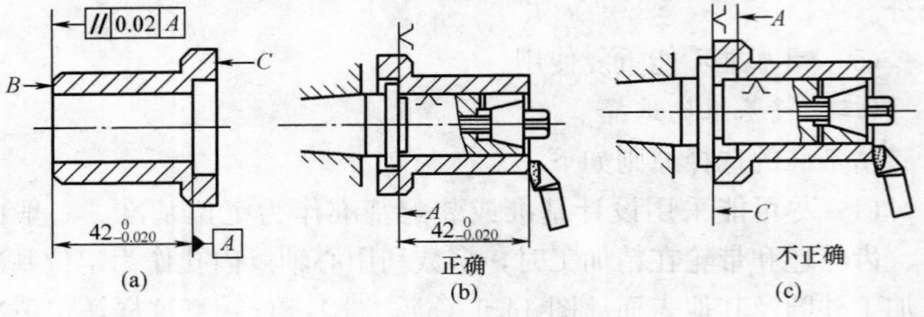

图 14-10　定位基准与测量基准

(a) 工件；(b) 直接定位；(c) 间接定位

(3) 尽可能使基准统一。除第一道工序外，其余工序尽量采用同一个精基准。因为统一基准后，可以减少定位误差，提高加工精度，使装夹方便。如一般轴类零件的中心孔，在车、铣、磨等工序中，始终用它作为精基准。又如齿轮加工时，先把内孔加工好，然后始终以孔作为精基准。

必须指出，当本原则跟上述原则（2）相抵触而不能保证加工精度时，就必须放弃这个原则。

（4）选择精度较高、装夹稳定可靠的表面作为精基准，并尽可能选用形状简单和尺寸较大的表面作为精基准。这样可以减少定位误差和使定位稳固。

如图 14-11（a）所示的内圆磨具套筒。外圆长度较长，形状简单。而两端要加工的内孔长度较短，形状复杂。在车削和磨削内孔时，应以外圆作为精基准。

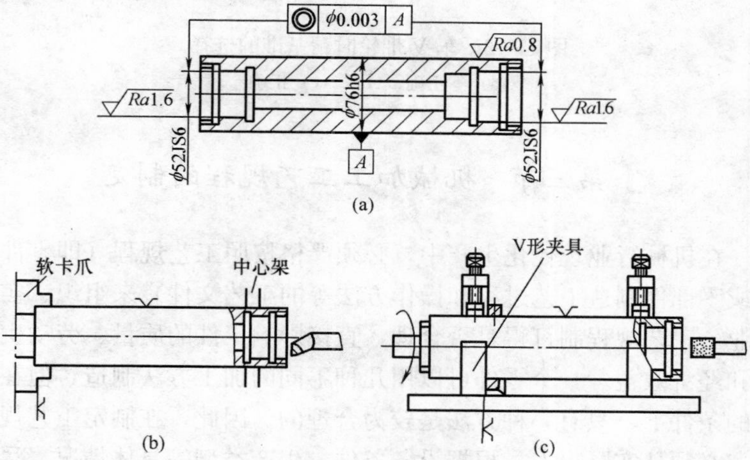

图 14-11　以外圆为精基准

（a）工件；（b）车内孔；（c）磨内孔

车削内孔和内螺纹时，应该一端用软卡爪夹住，一端搭中心架，以外圆作为精基准，如图 14-11（b）所示。磨削两端内孔时，把工件装夹在 V 形夹具［图 14-11（c）］中，同样以外圆作为精基准。

又如内孔较小，外径较大的 V 带轮，就不能以内孔装夹在心轴上车削外缘上的梯形槽。这是因为心轴刚性不够，容易引起振动［图 14-12（a）］，并使切削用量无法提到。因此，车削直径较大的 V 带轮时，可采用图 14-12（b）反撑的方法，使内孔和各条梯形槽在一次安装中加工完毕。或先把外圆、端面及梯形槽车好以后，装夹在软爪中以外圆为精基准精车内孔，如图 14-12（c）所示。

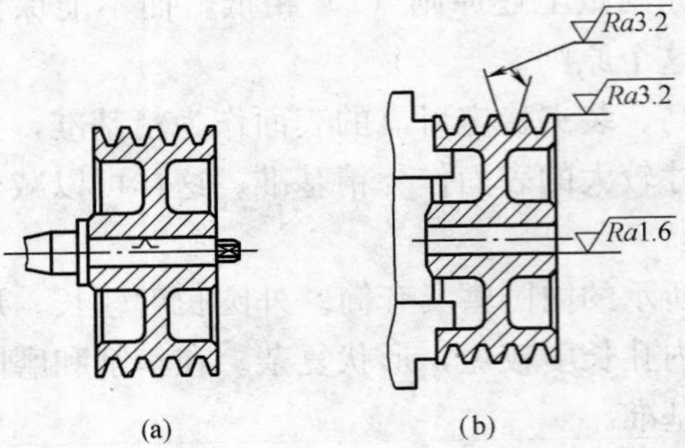

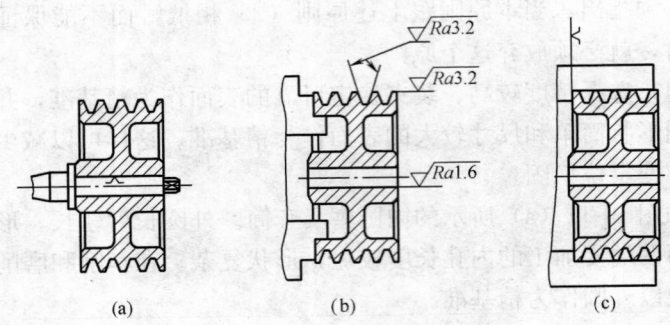

图 14-12　车 V 带轮时精基准的选择
(a) 不正确；(b)、(c) 正确

第三节　机械加工工艺规程的制定

在机械行业现代化生产中，必须严格按照工艺规程（即零件产品或零部件制造工艺过程和操作方法等的工艺文件）来组织、实施作业。工艺规程制订得是否合理，直接影响工件的质量、劳动生产率和经济效益。一个零件可以用几种不同的加工方法制造，但在一定的条件下，只有一种方法是较为合理的。因此，在制定工艺规程时，必须从实际出发，根据设备条件、生产类型等具体情况，尽量采用先进工艺，制定出合理的工艺规程。

一、工艺规程

把工艺规程的各项内容用表格（或以文件）形式确定下来，并用于指导和组织生产的工艺文件称工艺规程。其格式可根据各工厂具体情况自行确定。常见的有以下几种卡片。

1. 机械加工工艺过程卡片

过程卡片主要列出零件加工所经过的步骤（包括毛坯制造、机械加工、热处理等），各工序的说明不具体。一般不用于直接指导工人操作，而多作为生产管理方面使用。但是在单件小批生产时，通常用这种卡片指导生产，这时就应编制得详细一些。工艺过程卡片的格式和内容见表 14-20。

表 14-20　　机械加工工艺过程卡片

(工厂)	机械加工工艺过程卡片	产品型号		零(部)件图号		共 页
		产品名称		零(部)件名称		第 页

材料牌号		毛坯种类		毛坯外形尺寸		每毛坯件数		每台件数		备注	

	工序号	工序名称	工序内容	车间	工段	设备	工艺装备	工时 准终	工时 单件
描图									
描校									
底图号									
装订号									

标记	处数	更改文件号	签字	日期	标记	处数	更改文件号	签字	日期	编制（日期）	审核（日期）	标准化（日期）	会签（日期）

2. 机械加工工艺卡片

工艺卡片是以工序为单位，详细说明零件工艺过程的工艺文件，它用来指导工人操作和帮助管理人员及技术人员掌握零件加工的全过程，广泛用于批量生产的零件和小批生产的重要零件。工艺卡片的格式和内容见表 14-21。

3. 机械加工工序卡片

工序卡片是用来具体指导生产的一种详细的工艺文件。它根据工艺过程卡片以工序为单元制订，包括加工工序图和详细的工步内容，多用于大批、大量生产。其格式和内容见表 14-22。

二、工艺规程的作用

工艺规程是指导工人操作和用于生产、工艺管理工作及保证产品质量可靠性的主要技术文件，又是新产品投产前进行生产准备和技术准备的依据和新建、扩建车间或工厂的原始资料。典型和标准的工艺规程能缩短工厂的生产准备时间。

三、制订工艺规程的原则

制订工艺规程的基本原则是：所制订的工艺规程能在一定的生产条件下，以最快的速度、最少的劳动量和最低的费用，可靠地加工出符合图样要求的零件。

四、制订工艺规程的原始资料

(1) 产品图样和产品验收的质量标准。

(2) 产品的生产纲领（年产量）。

(3) 毛坯图或毛坯供应资料。

(4) 本厂的生产条件，包括生产车间面积，加工设备的种类、规格、型号，现场起重能力，工装制造能力，工人的操作技术水平和操作习惯特点，质量控制和检测手段等。

(5) 国内外同类产品工艺技术的参考资料。

五、制订工艺规程的步骤

(1) 熟悉和分析制订工艺规程的主要依据和生产条件，确定零件的生产纲领和生产类型，进行零件的结构工艺性分析。

(2) 确定毛坯，包括选择毛坯类型及其制造方法。

(3) 拟定工艺路线。这是制订工艺规程的关键。

表 14-21　　机械加工工艺卡片

（工厂）	机械加工工艺卡片	产品型号		零(部)件图号		共　页
		产品名称		零(部)件名称		第　页

材料牌号		毛坯种类		毛坯外形尺寸		每毛坯件数		每台件数		备注	

工序	装夹	工步	工序内容	同时加工零件数	切削用量				设备名称及编号	工艺装备名称及编号			技术等级	工时	
					背吃刀量（mm）	切削速度（m/min）	每分钟转数或往复次数	进给量（mm 或 mm/双行程）		夹具	刀具	量具		单件	准终

										编制（日期）	审核（日期）	会签（日期）
标记	处数	更改文件号	签字	日期	标记	处数	更改文件号	签字	日期			

表 14-22 机械加工工序卡片

（工厂）	机械加工工序卡片	产品型号		零(部)件图号			
		产品名称		零(部)件名称		共　页	第　页
				车间	工序号	工序名称	材料牌号
				毛坯种类	毛坯外形尺寸	每毛坯件数	每台件数
				设备名称	设备型号	设备编号	同时加工件数
				夹具编号	夹具名称		切削液
				工位器具编号	工位器具名称	工时 准终	工时 单件

	工步号	工步内容	工艺装备	主轴转速 (r/min)	切削速度 (m/min)	进给量 (mm/r)	背吃刀量 (mm)	进给次数	工时 机动	工时 辅助
描图										
描校										
底图号										
装订号										

										编制（日期）	审核（日期）	标准化（日期）	会签（日期）	
标记	处数	更改文件号	签字	日期	标记	处数	更改文件号	签字	日期					

（4）确定各工序的加工余量，计算工序尺寸及其公差。

（5）确定各主要工序的技术要求及检验方法。

（6）确定各工序的切削用量和时间定额。

（7）进行技术经济分析，选择最佳方案。

（8）填写工艺文件。

第四节　典型工件车削工艺分析

一、车床主轴加工工艺分析

（一）主轴轴工工艺过程

图 14-13 是 CA6140 型车床主轴示意图。在对轴在结构特点、技术进行深入分析后，即可根据生产批量、设备条件等，考虑该车床主轴的加工工艺过程。成批生产 CA6140 型车床主轴的加工工艺过程见表 14-23。

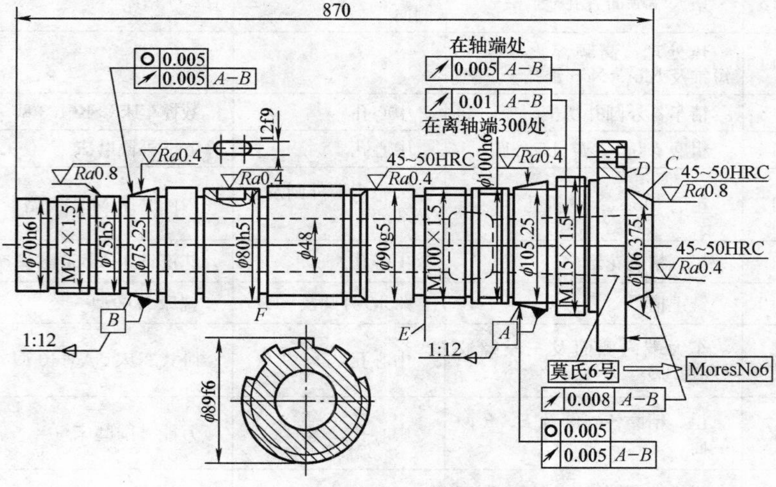

图 14-13　车床主轴零件图

表 14-23　　车床主轴加工工艺过程

序号	工序内容	定位基面	加工设备
1	备料		

续表

序号	工序内容	定位基面	加工设备
2	精锻		立式精锻机
3	热处理、正火		
4	锯头		
5	铣端面、钻中心孔	外圆表面	专用机床
6	荒车各外圆面	中心孔	卧式车床
7	热处理、调质220～240HB		
8	车大端各部	中心孔	卧式车床C620B型
9	仿形车小端各部	中心孔	仿形车床CE7120型
10	钻深孔ϕ48mm	大、小端外圆及小端端面	深孔钻床
11	车小端内锥孔（配1：20锥堵）	大、小端外圆及大端端面	卧式车床C620B型
12	车大端锥孔（配MorseNo6锥堵）、车外短锥及端面	大、小端外圆及小端端面	卧式车床C620B型
13	钻大端端面各孔	大端外圆及大端内侧面	Z55钻床
14	热处理：高频淬火ϕ90g5、短锥及MorseNo6锥孔		
15	精车各外圆并切槽	中心孔	数控车床CSK6163型
16	粗磨ϕ90g5、ϕ70h5外圆	中心孔	万能外圆磨床
17	粗磨MorseNo6锥孔	大、小端外圆及小端端面	内圆磨床M2120型
18	粗、精铣花键	中心孔	花键铣床YB6016型
19	铣键槽	ϕ80h5外圆及ϕ90g5	铣床X52型
20	车大端内侧面及三段螺纹（配螺母）	中心孔	卧式车床CA6140型
21	粗、精磨各外圆及E、F两端面	中心孔	万能外圆磨床
22	粗、精磨圆锥面（组合磨三圆锥面及短锥面）	中心孔	专用组合磨床
23	精磨MorseNo6锥孔	ϕ80h5、ϕ100h6外圆及小端端面	主轴锥孔磨床
24	检查	按图样技术要求检查	

（二）主轴加工工艺分析过程

从前面车床主轴加工工艺过程可以看出，在拟定主轴类零件工艺过程时，应考虑下列一些共同性的问题。

1. 合理选择定位基准

中心孔是轴类零件常用的定位基准。因为轴类零件各外圆表面、锥孔、螺纹表面的同轴度，以及端面对旋转轴线的垂直度是其相互位置精度的主要项目，而这些表面的设计基准一般都是轴的中心线，如果用两中心孔定位，则符合基准重合的原则。而且，用中心孔作为定位基准，能够最大限度地在一次安装中加工出多个外圆和端面，这也符合基准统一的原则。

当不能用中心孔时（如加工轴的锥孔时），可采用轴的外圆表面作为定位基准，或是以外圆表面和中心孔共同作为定位基准。

2. 安排足够的热处理工序

在主轴加工的整个过程中，应安排足够的热处理工序，以保证主轴的力学性能及加工精度的要求，并改善工件的切削加工性能。

一般在主轴毛坯锻造后，首先需安排正火处理，以消除锻造应力、改善金属组织、细化晶粒、降低硬度、改善切削性能。在粗加工后，安排第二次热处理——调质处理，以获得均匀细致的回火索氏体组织，提高零件的综合力学性能，同时，索氏体组织经加工后，表面粗糙度值较小。最后，尚须对有相对运动的轴颈表面和经常装卸工具的前锥孔进行表面淬火处理，以提高其耐磨性。

3. 加工阶段的划分

由于主轴是多阶梯带通孔的零件，切除大量的金属后，会引起内应力重新分布而变形。因此，在安排工序时，应将粗、精加工分开，先完成各表面的粗加工，再完成各表面的半精加工和精加工，而主要表面的精加工则放在最后进行。这样，主要表面的精度就不会受到其他表面加工或内应力重新分布的影响。

从上述主轴加工工艺过程可以看出，表面淬火以前的工序，为各主要表面的粗加工阶段，表面淬火以后的工序，基本上是半精加工和精加工阶段，要求较高的支承轴颈和 MorseNo6 锥孔的加工，则放在最后进行。同时，还可以看出，整个主轴加工的工艺过程，就是以主要表面（特别是支承轴颈）的粗加工、半精加工和精加工为基准，适当穿插其他表面的加工工序而组成的。

4. 工序安排顺序

经过上述几个问题的分析，对主轴加工工序安排大体如下：准备毛坯→正火→中心孔→粗车→调质→半精车→精车→表面淬火→粗、精磨外圆表面→磨内锥孔。

二、液压缸加工的工艺分析

（一）液压缸的技术要求

液压缸是典型的长套筒零件，如图 14-14 所示，其主要技术要求如下。

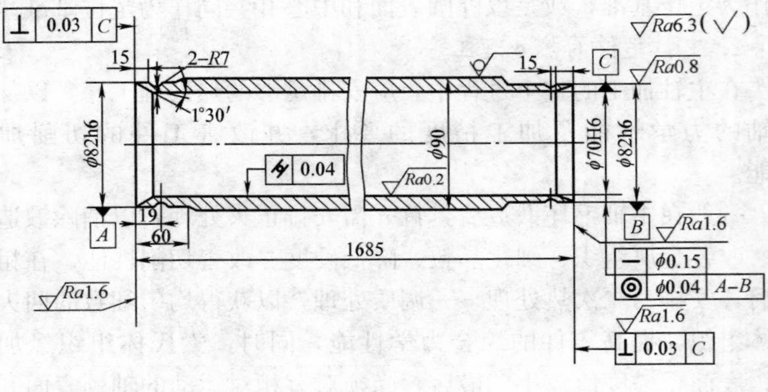

图 14-14　液压缸简图

（1）内孔必须光洁，无纵向刻痕。

（2）内孔圆柱度为 0.04mm。

（3）内孔轴线的直线度为 ϕ0.15mm。

（4）内孔轴线与两端面的垂直度为 0.03mm。

（5）内孔对两端支承外圆（ϕ82h6）的同轴度为 ϕ0.04mm。

（6）若为铸件，组织应紧密，不得有砂眼、针孔及疏松，必要时要验漏。

（二）液压缸的加工工艺过程

液压缸加工工艺过程见表 14-24。

表 14-24　　液压缸加工工艺过程

序号	工序名称	工序内容	定位与夹紧
1	配料	无缝钢管切断	
2	车	（1）车 ϕ82mm 外圆到 ϕ88mm 及 M88×1.5 螺纹（工艺用）	三爪自定心卡盘夹一端，大头顶尖顶另一端
		（2）车端面及倒角	三爪自定心卡盘夹一端，搭中心架托 ϕ88mm 处
		（3）调头车 ϕ82mm 外圆到 ϕ84mm	三爪自定心卡盘夹一端，大头顶尖顶另一端
		（4）车端面及倒角取总长 1686mm（留加工余量 1mm）	三爪自定心卡盘夹一端，搭中心架托 ϕ88mm 处
3	深孔推镗	（1）半精推镗孔	一端用 M88×1.5mm，螺纹固定在夹具中，另一端搭中心架
		（2）精推镗孔	
		（3）精铰（浮动镗刀镗孔）	
4	滚压孔	用滚压头滚压孔至 ϕ70H6mm，Ra 为 0.2μm	一端螺纹固定在夹具中，另一端搭中心架
5	其他	（1）车去工艺螺纹，车 ϕ82h6 至尺寸，切 $R7$ 槽	软爪夹一端，以孔定位顶另一端
		（2）车锥孔 1°30′及车端面	软爪夹一端，中心架托另一端（百分表找正孔）
		（3）调头，车 ϕ82h6 到尺寸	软爪夹一端，顶另一端
		（4）车锥孔 1°30′及车端面取总长 1685mm	软爪夹一端，中心架托另一端（百分表找正孔）

（三）液压缸加工工艺过程分析

1. 定位基准选择

液压缸的加工中，为保证内、外圆的同轴度，在加工外圆时，一般与空心主轴的安装相似，即以孔的轴线为定位基准，用双顶尖顶孔口棱边或一头夹紧另一头用顶尖顶孔口；加工孔时，与深孔加工相同，一般采用夹一头，另一头用中心架托住外圆。作为定位基准的外圆表面应为已加工表面，以保证基准精确。

2. 加工方法选择

液压缸零件因孔的尺寸精度要求不高，但为保证活塞与内孔的相对运动顺利，对孔的形位精度要求和表面质量要求均较高。因而终加工采用滚压，以提高表面质量，精加工采用车孔和浮动铰孔，以保证较高的圆柱度和孔轴线的直线度要求。由于毛坯采用无缝钢管，毛坯精度高，加工余量小，内孔直接半精镗。该孔加工方案为：半精镗→精镗→精铰→滚压。

3. 夹紧方式选择

液压缸壁薄，采用径向夹紧易变形。但由于轴向长度大，加工时需要两端支承，装夹外圆表面。为使外圆受力均匀，先在一端外圆表面上加工出工艺螺纹，使下面的工序都能用工艺螺纹夹紧外圆，当终加工孔后，再车去工艺螺纹达到外圆要求的尺寸。

三、支架套筒加工工艺分析

(一) 支架的技术要求

图 14-15 所示支架套筒零件，是机器中常见的零件之一，其技术要求与结构特点如下。

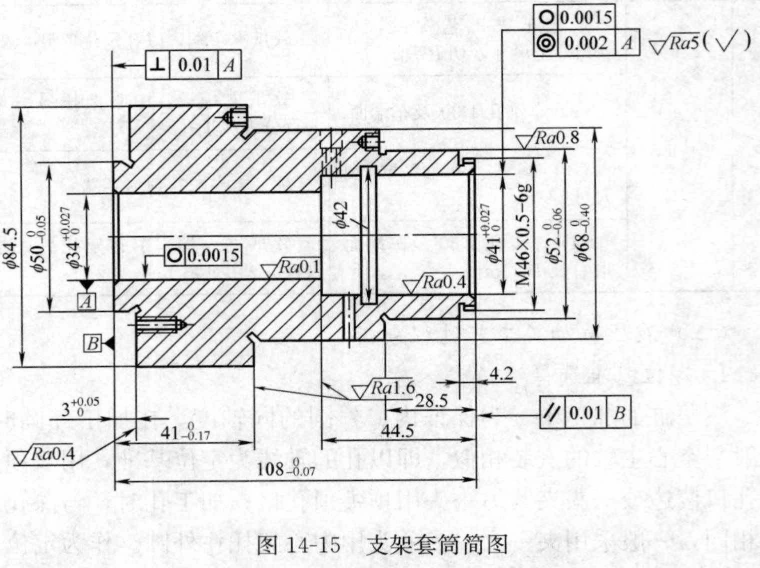

图 14-15 支架套筒简图

(1) 主孔 $\phi 34^{+0.027}_{0}$ mm 内安装滚针轴承的滚针及仪器主轴颈。

(2) 端面 B 是止推面，要求有较小的表面粗糙度值。

(3) 外圆及孔均有阶梯，并且有横向孔需要加工。

(4) 外圆台阶面螺孔，用来固定转动摇臂。

(5) 因转动要求精确度高，所以对孔的圆度及同轴度都有较高要求。

(二) 支架的加工工艺过程

支架加工工艺过程见表 14-25。

表 14-25　　支架加工工艺过程

序号	工序名称	工序内容	定位与夹紧
1	粗车	(1) 车端面、外圆 ϕ84.5mm；钻孔 ϕ30mm×70mm (2) 调头车外圆 ϕ68mm；车 ϕ52mm；钻孔为 ϕ38mm×44.5mm	三爪夹小头 三爪夹大头
2	半精车	(1) 半精车端面及 ϕ84.5mm、$\phi 34^{+0.027}_{0}$ 及 $\phi 50^{0}_{-0.05}$，留磨量 0.5mm，倒角及车槽 (2) 调头车右端面；车 $\phi 68^{0}_{-0.40}$；ϕ52mm 留磨量；车 M46×0.5 螺纹，车孔 $\phi 41^{+0.027}_{0}$ 留磨量，车 ϕ42mm 槽，车外圆斜槽并倒角	夹小头 夹大头
3	钻	(1) 钻端面轴向孔 (2) 钻径向孔 (3) 攻螺纹	夹外圆
4	热处理	淬火 60～62HRC	
5	磨外圆	(1) 磨外圆 ϕ84.5mm 至尺寸，磨外圆 $\phi 50^{0}_{-0.05}$mm 及 $3^{+0.05}_{0}$ mm 端面 (2) 调头磨外圆 $\phi 52^{0}_{-0.06}$mm 及 28.5mm 端面并保证两段同轴度 0.002mm	ϕ34mm 可胀心轴
6	粗磨孔	校正 $\phi 52^{0}_{-0.06}$mm 外圆；粗磨孔 $\phi 34^{+0.027}_{0}$ mm 及 $\phi 41^{+0.027}_{0}$mm，留磨量 0.2mm	端面及外圆
7	检验		

续表

序号	工序名称	工序内容	定位与夹紧
8	发蓝		
9	喷漆		
10	磨平面	磨左端面，留研磨量，平行度 0.01mm	右端面
11	粗研	粗研左端面 Ra 为 0.16μm，平行度 0.01mm	右端面
12	精磨孔	(1) 精磨孔 $\phi34^{+0.027}_{0}$mm 及 $\phi41^{+0.027}_{0}$mm，一次安装下磨削 (2) 精细磨孔 $\phi34^{+0.027}_{0}$mm 及 $\phi41^{+0.027}_{0}$mm	端面定位，找正外圆，轴向压紧
13	精研	精研左端面至 Ra 为 0.04μm	右端面
14	检验	圆度仪测圆柱度 $\phi34^{+0.027}_{0}$mm 及 $\phi41^{+0.027}_{0}$mm 尺寸	

(三) 支架套加工工艺过程分析

1. 加工方法选择

支架套零件因孔精度要求高，表面粗糙度值又较小（Ra 为 0.10μm），因此最终工序采用精研磨。该孔的加工顺序为：钻孔→半精车孔→粗磨孔→精磨孔→精研磨孔。

2. 加工阶段划分

支架套加工工艺划分较细。淬火前为粗加工阶段，粗加工阶段又可分为粗车与半精车阶段，淬火后套筒加工工艺划分较细。在精加工阶段中，也可分为两个阶段，烘漆前为精加工阶段，烘漆后为精密加工阶段。

四、精密丝杠加工的工艺分析

精密丝杠是精密机床、数控机床及其他精密机械和仪器的传动零件，精密丝杠的加工工艺过程要根据精密等级、工件材料及热处理方式、产量大小和工厂的具体条件而定。典型精密丝杠的工艺过程见表 14-26。

表 14-26　　几种典型精密丝杠的工艺过程

典型丝杠名称	性能特点	工艺过程
SG8620 精密丝杠车床	（1）6 级精度，接长丝杠，T10A （2）热处理三次（不包括球化退火）以消除内应力 （3）先不车出梯形截面，最初车矩形，加工二次，最后精车成梯形螺纹，以减小毛坯弯曲对螺距精度影响 （4）加工过程中绝对不允许校直，每次车削前，先修整顶尖孔	检查：材料成分，毛坯直线度，金相组织（应为球化珠光体）备料 （1）粗车 （2）热处理：高温时效 （3）半精车：先修顶尖孔表面粗糙度值达度 0.8μm，L 车端面，车矩形螺纹 （4）热处理：高温时效 （5）半精车：找正，修顶尖孔表面粗糙度值 $Ra0.8\mu m$，半精车矩形螺纹 （6）热处理：低温时效 （7）精车紧固螺纹：修顶尖孔表面粗糙度值 $Ra0.08\mu m$，车紧固螺纹 （8）磨外圆 （9）钳：接装丝杠的接长部分 （10）精车梯形传动螺纹：将矩形车成 Tr85×16-6 级梯形螺纹，不要碰螺纹底径
Y7520W 万能螺纹磨床	（1）6 级精度、9Mn2V 合金钢 （2）热、冷处理五次。淬火后有一次冰处理，使残余奥氏体转化为马氏体，可避免磨削裂纹，使丝杠的尺寸稳定，精加工后不至于变形。 （3）粗磨和半精磨螺纹时，均可磨成矩形，精磨螺纹时，才磨出梯形螺纹 （4）每次磨螺纹前要磨或研磨两端中心孔 （5）在淬过火的圆棒上直接磨出螺纹	锻：锻造及球化退火 检查 （1）粗车外圆 （2）高温时效 （3）精车外圆 （4）粗磨外圆 （5）淬火（中温回火） （6）研磨顶尖顶孔 （7）粗磨外圆（淬火后） （8）粗磨螺纹 （9）低温时效 （10）研修两端顶尖孔 （11）半精磨外圆 （12）半精磨螺纹 （13）低温时效 （14）研修中心孔 （15）精磨外圆 （16）精磨螺纹 （17）研修中心孔 （18）终磨螺纹 （19）终磨外圆

续表

典型丝杠名称	性能特点	工艺过程
M6110D 拉刀磨床丝杠	(1) 7级精度、GCr15，55～57HRC (2) 未作冰冷处理，可能存有部分残余奥氏体 (3) 螺纹加工工序：粗车、粗磨，半精磨，精磨双圆弧螺纹，是车磨结合的工艺 (4) 淬火和两次低温时效处理后，检查丝杠的径向圆跳动前两次允许校直，最后一次低温时效后则不能校直 (5) 先车出螺纹→淬火→磨螺纹	(1) 粗车 (2) 热处理：退火 (3) 车：车端面，重新打顶尖孔，精车外圆 (4) 粗磨外圆 (5) 车：车螺纹（为圆弧螺纹，留磨量0.8～0.9mm） (6) 铣：铣键槽至尺寸要求 (7) 钳：去毛刺 (8) 热处理：淬火（55～57HRC）校直，全长径向圆跳动允差≤0.2mm (9) 研磨顶尖孔 (10) 半精磨外圆 (11) 低温时效，校直，全长径向圆跳动允差≤0.2mm (12) 修磨顶尖孔 (13) 半精磨外圆 (14) 低温时效，全长径向圆跳动允差≤0.2mm (15) 研磨顶尖孔 (16) 精磨外圆 (17) 精度双圆弧滚珠螺纹 (18) 精磨紧固螺纹

五、活塞杆加工工艺分析

图14-16所示是C6150接长型卧式车床上加工活塞杆零件的深孔。工件材料为38CrMoALA渗氮钢，调质后硬度260～290HBS。深孔孔径为ϕ30mm，长度为1500mm。

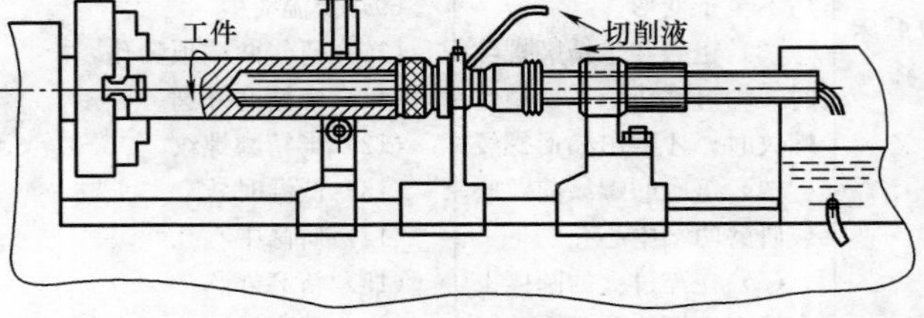

图14-16　活塞杆

活塞杆的工艺分析与工艺过程见表14-27。

表 14-27　活塞杆的工艺分析与过程

工艺分析	工艺过程
（1）38CrMoALA材料的强度高、韧性好，钻削时很难断屑，容易粘刀 （2）由于刀杆细长，刚性较差，容易产生振动、钻偏等现象，造成孔中心歪斜，产生锥度、波纹等 （3）深孔加工时刀具基本处在半封闭状态下工作，切削液难以流进切削区，而刀具与切屑、刀具与工件之间的摩擦很大，会产生较高的切削热。因而选用 ϕ28mm 钻齿内排屑深孔钻 （4）因孔较深，对及时排除切屑带来困难，而排屑困难又加剧了刀具的磨损，甚至造成刀具折断	（1）锻件退火 （2）粗车外圆，留余量 8～10mm，长度放长 20mm （3）调质后、硬度 260～290HBS （4）粗车外圆和端面，调头控制总长至尺寸 （5）钻导向孔 （6）深孔钻削 （7）去应力处理 （8）以内孔为基准，半精车外圆留余量 3mm （9）粗、精镗孔至尺寸要求 （10）以内孔为基准，精车外圆各尺寸至要求

六、六拐曲轴的加工工艺分析

曲轴的形状复杂，根据用途的不同分为两拐、四拐、六拐、八拐等多种，曲轴与曲颈之间分别互为 90°、120°、180°等角度。图 14-17 所示是一六拐曲轴，材料为 45 钢，毛坯采用自由锻造。

（一）曲轴的技术要求

曲轴在高速旋转时，受周期性的弯曲力矩、扭转力矩等作用，要求曲轴有高的强度、刚度、耐磨性、耐疲劳性及冲击韧度。因此，曲轴除有较高的尺寸精度、形状和位置精度，以及较小的表面粗糙度值要求外，应有下列技术要求。

（1）钢制的曲轴毛坯，需经锻造，使金属组织紧密，以提高强度。

（2）钢制曲轴应进行正火或调质处理，各轴颈表面淬硬；球墨铸铁曲轴也应进行正火处理，以改善力学性能，提高强度和耐磨性。

（3）曲轴不准有裂纹、气孔、夹砂、分层等铸造和锻造缺陷。

（4）曲轴的轴颈以及轴肩的连接圆角，应光洁圆滑，不准有压痕、凹痕和磕碰拉毛、划伤等现象。

（5）曲轴精加工后，应进行超声波探伤和动平衡试验。

（二）曲轴的加工工艺分析

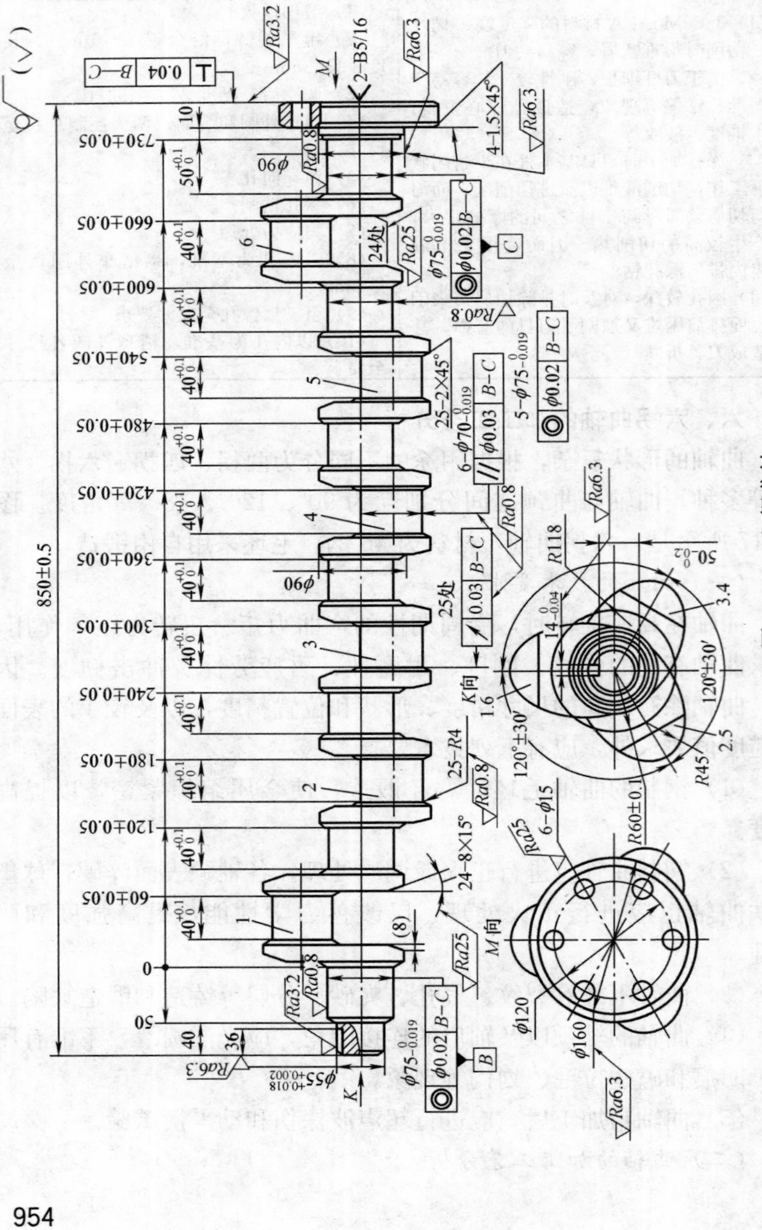
850±0.5
730±0.05
660±0.05
600±0.05
540±0.05
480±0.05
420±0.05
360±0.05
300±0.05
240±0.05
180±0.05
120±0.05
60±0.05
0
50
40
36
10
2-B5/16
4-1.5×45°
25-2×45°
25-R4
24-8×15°
24处
25处
6-φ70
5-φ75
φ90
φ55
φ120
φ160
6-φ15
R60±0.1
R118
R45
120°±30′
K向
M向
B—C
0.04
0.02
0.03

图 14-17　六拐曲轴

六拐曲轴的加工工艺分析过程见表 14-28。

表 14-28　　六拐曲轴的加工工艺过程

序号	工序	加工内容与要求	方法与作用
1	钳	划线：划出轴向长度上 0 位面的基准线，并划钻两端面主轴颈中心孔	检查各加工面是否有足够的加工余量，并为后续工序找出基准
2	车	(1) 一夹一顶，分两次装夹，在两端主轴颈上车出搭中心架的工艺基准 (2) 一夹一托，分两次装夹，车曲轴两端面法兰盘端面留余量 2mm。并在两端面重新钻出中心孔 (3) 一夹一顶，分两次装夹，粗车各主轴颈、轴肩，法兰盘的外径和 $R4$ 圆角轴向长度上，每个加工面留余量 2mm；$\phi75$mm 主轴颈留余量 3mm 工艺要求： 1) 两端主轴颈为等直径，允差为 0.03mm 2) 轴端 $\phi55$mm 轴颈加工至 $\phi60_{-0.02}^{\ 0}$mm 3) 上面轴颈均与法兰盘外径同轴，允差为 $\phi0.02$mm	(1) 曲轴从 0 位到 600mm 之间相邻的主轴颈同向轴肩距都为 12mm，它是车床丝杠螺距的整数倍，因此可利用丝杠进行轴向长度移矩、定位 (2) 各主轴颈的粗车次序，从尾座向床头逐挡进行 (3) 如使用中心架，则从床头逐挡引向尾座 (4) 最后光车工艺要求部分
3	钳	划线：在法兰盘端面上，划一条主轴颈中心与曲轴柄颈中心的连线并使各轴柄颈的加工余量均匀和非加工表面位置不偏	为加工各曲柄颈的余量均匀，找出基准，为后工序准备
4	镗	曲轴以两端主轴颈为基准。在镗床工作台上，用两块 V 形块装夹工件，钻镗法兰盘上 $\phi15$mm 孔 (1) 三个与曲柄颈同轴的 $\phi15$mm 孔加工至 $\phi8$H7，孔口锪 $\phi16$mm×60°锥面 (2) 三个 $\phi8$H7 孔相互同对主轴颈中心线的偏心夹角为 120°±10′ (3) $\phi8$H7 孔对主轴颈的偏心距为（60±0.05）mm (4) 钻其余三个 $\phi15$mm 孔至尺寸 $\phi13$mm	曲轴安装在一等高的 V 形块上后，通过找正后，使曲轴主轴颈与镗床主轴同轴，上工序的划线与台面平行，V 形块紧固于工作台，工件紧固于 V 形块上，横向移动工作台（60±0.02）mm，先钻镗第一个与曲柄颈同轴的 $\phi8$H7 孔，然后在孔内插上检棒，根据曲轴测量方法与原理，加工其余两个 $\phi8$H7 孔，它比移动工作台和镗床主轴加工出的孔间偏心夹角误差要小

续表

序号	工序	加工内容与要求	方法与作用
5	车	粗车各曲柄颈，轴肩的外径和$R4$圆角 轴向长度每个加工面留余量2mm 辅肩直径留余量2mm 曲柄颈直径留余量3mm	(1) 曲柄颈的粗车次序应为5、4、3、2、1，有时为了减少装夹次数，同向曲柄颈在一次装夹中车出，它的次序为4、3、5、2、6、1 (2) 使用中心架时，车削次序是：车3→托3车4→车2托2车5→车6→车1
6	铣	铣削曲柄臂8mm×15°斜面181mm为参考尺寸，进行静平衡调整	为最后动平衡打好基础
7	热	低温定性	消除应力，减小变形
8	检	在曲轴长为200mm、400mm、600mm左右三处检测曲轴变形情况	为修正后工序的定位、装夹、找正等工艺基准，提供修正数据与方向
9	车	1. 四爪一夹一顶，找正，分两次装 根据检测提供变形情况，修正供中心架使用的基准轴颈	当工件变形有不大，使用原有主轴颈中心孔能保证各轴颈有加工。余量时，可不进行四爪修正
		2. 一夹一托，分两次装夹。车两端面至总长$850^{+0.5}_{0}$mm 法兰盘中心孔处车ϕ30mm深0.2mm凹台，为最后精车端面接平用，并修车两端中心孔	ϕ30mm深0.2mm凹台为最后一夹一顶精车端面接平，防止在中心条上一端面时拉毛已精加工过的主轴颈表面
		3. 一夹一顶分两次装夹车两端主轴颈，直径大于ϕ76mm为等直径，允差为0.03mm，车法兰盘外径至ϕ161mm，且和两端主轴颈同轴度允差为ϕ0.03mm	为在镗床上修正法兰盘上用于车削曲柄颈的偏心定位孔作定位，找正基准

续表

序号	工序	加工内容与要求	方法与作用
10	镗	装夹方法同工序4，扩镗法兰盘上ϕ15mm孔 工艺要求： （1）扩镗3个与曲柄颈同轴的ϕ15mm孔至ϕ15H7 （2）3个ϕ15H7孔相互间对立轴颈中心线偏心夹角为120°±15° （3）ϕ15H7对主轴颈偏心距为60±0.03mm （4）扩镗其余3个ϕ15mm孔至尺寸	修正基准定位孔的基本方法与工序4镗削加工相同但精度已提高，应根据修正后的主轴定位基准中心来移距修镗各定位孔，而不是原定位孔的扩大
11	车	1. 四爪一夹一顶，找正主轴颈基准C，半精车各主轴颈，轴肩和$R4$圆角 轴肩0位面留余量0.1mm，其余各轴肩的轴向长度每个加工面留余量0.3mm ϕ75mm主轴颈留余量0.5mm轴肩490mm和高度车至尺寸要求 工艺要求：轴端处ϕ55mm轴颈加工至$\phi58_{-0.02}^{\ 0}$	（1）支撑方法同工序2 （2）先车出0位基准面，然后再对其余轴肩面进行长度定位 （3）各主轴颈半精车的次序是先车中间，然后向左右两边延伸，最后车两端主轴颈
		2. 车削各曲柄颈轴肩直径ϕ90mm和高度至要求尺寸 半精车各曲柄颈直径和$R4$圆角，留余量0.5mm 精车各曲柄颈直径$R4$圆角至要求尺寸 使用研磨膏抛光	（1）先车削好全部曲柄颈的轴肩的半精车曲柄颈的外径，最后再逐个精车曲柄颈直径和圆角至尺寸要求 （2）曲柄颈的车削顺序为4、3、5、2、6、1 （3）测量长度应注意轴肩0位基准面留0.1mm余量
		3. 四爪一夹一顶，找正分两次装夹 精车法兰盘外径和端面与ϕ30mm，深0.2mm凹台接平及1.5mm×45°至要求尺寸 精车$\phi55_{+0.002}^{+0.018}$mm至尺寸，精车0位面基准 精车各主轴颈直径和轴肩与$R4$至要求尺寸 使用研磨膏抛光	（1）先车法兰盘后调头。一次装夹完成全部主轴颈的精车 （2）主轴颈的精车次序先中间后两边

续表

序号	工序	加工内容与要求	方法与作用
12	铣	铣键槽至要求尺寸	
13	钳	拆下法兰盘支承套，修毛倒圆锐边毛刺并校直主轴颈的同轴度	使用反击法校直，但不能碰伤曲轴提轴颈表面 $R4$ 圆角
14	钳	动平衡试验	
15	检	探伤试验	

七、凸轮的加工工艺分析

图 14-18 所示为凸轮加工工艺图，生产批量为 50 件。

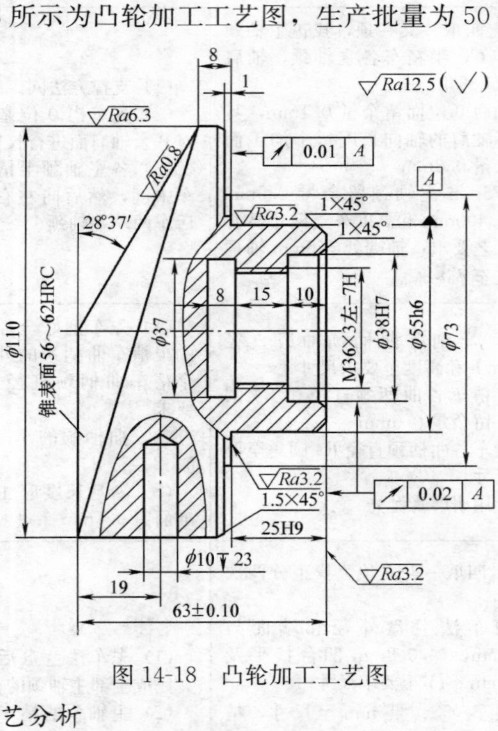

图 14-18　凸轮加工工艺图

(一) 工艺分析

(1) 从零件图和部件装配图（图未画出）可知在零件 ϕ55h6 外径处装有推力轴承，ϕ38H7 孔和 M36×3－7H 螺纹与主轴连接。由主轴旋转带动凸轮转动，凸轮端面与高硬度的滚轮接触，它们之间有滚动摩擦和滑动摩擦，因此端面也有高的硬度和较小的表面粗糙度值，零件上的 ϕ10mm 深 ϕ23mm 孔，是在装配或维修时便于装卸零件。

(2) 零件是一个端面凸轮，它的凸轮面是个圆锥面，其圆锥轴线与 ϕ55h6 轴的夹角等于 $28°37'/2$（即 $14°18'30''$）。

(3) 零件圆锥面经车削后进行表面淬硬，再磨削圆锥面，才能保证表面粗糙度要求。

(4) 零件除圆锥外，对其余各加工面，把粗车和精车分开。粗车时适当将工序分散，但精车 ϕ55h6 外径，25H9 两端平面，ϕ38H7 孔和内螺纹 M36×3 左－7H 的车削，应采用工序集中的方法，以保证零件的位置精度要求。

(5) 零件圆锥面应采用高频淬火，可以减小变形和影响已加工好的精度。

(6) 加工的关键是与 ϕ55h6 轴夹角 $28°37'/2$ 的圆锥面的加方法问题，应设计制造车削，磨削圆锥面的专用夹具。

(二) 工艺过程

工艺过程见表 14-29。

表 14-29　　凸轮的加工工艺过程

序号	工序	加工内容与要求
1	热处理	热处理退火（材料为 T8A 锻件）
2	车	用三爪类夹具，车削 ϕ55mm 毛坯外圆 (1) 车端面 (2) 车 ϕ110mm 外圆至尺寸 (3) 0.5mm×45°倒角去毛刺
3	车	调头用软爪类夹具，车削 ϕ110mm 外圆，车平端面 (1) 粗车端面取总长 63mm 尺寸至 65mm (2) 粗车 ϕ55h6 外圆至尺寸 ϕ58mm 长 25mm (3) 钻、镗 M36mm×3mm 左螺纹小径至尺寸 ϕ31mm 深 34mm (4) 切槽 ϕ37mm×8mm 至尺寸

续表

序号	工序	加工内容与要求
4	车	软夹 ϕ110mm 外圆，车平端面 (1) 精车 ϕ55h6 端面，取 63mm 至尺寸 64.5mm (2) 精车 ϕ55h6，25H9 至尺寸 (3) 车 ϕ73mm 高 1mm 至尺寸 (4) 车 ϕ38H7 深 10mm 孔至尺寸，螺纹孔口倒角 (5) 车 M36×3 左－7H 螺纹至尺寸 (6) 各内、外圆按图样要求倒角
5	钳	装夹于凸轮车夹具上 (1) 工件旋紧夹具上，在 ϕ110mm 凸轮面最低位置圆上，划出 ϕ10mm 的中心线 (2) 卸下工件，钻 ϕ10mm 深 23mm 孔至尺寸，孔口倒角
6	车	夹具安装，车床主轴进行反转切削 (1) 车凸轮圆锥面，取总长尺寸至 $63^{+0.70}_{+0.50}$mm (2) 用锉刀修锉锐边至 $R1$
7	热处理	高频淬火凸轮圆锥表面 56～62HRC
8	磨	安装夹具，磨凸轮圆锥面至尺寸（63±0.10）mm，去毛刺，最后上油入库